Claudio Romeni

1 Fisica e realtà.blu

Meccanica e Termodinamica

Seconda edizione

alla mia famiglia, meraviglioso sistema dinamico

GABRIELE
MASALA III H

PER IL COMPUTER E PER IL TABLET

L'eBook multimediale

1 REGÌSTRATI A MYZANICHELLI

Vai su **my.zanichelli.it** e regìstrati come studente

2 SCARICA BOOKTAB

- Scarica **Booktab** e installalo
- Lancia l'applicazione e fai login

3 ATTIVA IL TUO LIBRO

- Clicca su **Attiva il tuo libro**
- Inserisci la **chiave di attivazione** che trovi sul **bollino argentato** adesivo (qui accanto un esempio di bollino con chiave di attivazione)

W0405284

4 CLICCA SULLA COPERTINA

Scarica il tuo libro per usarlo offline

GUARDA! I video del libro sul tuo smartphone

1 SCARICA LA APP Guarda! **DA:**

Scarica su App Store — DISPONIBILE SU Google Play

2 INQUADRA, SCATTA, GUARDA

- **Inquadra** con la fotocamera del tuo smartphone l'immagine che ha l'icona
- **scatta**
- **guarda** il video

Per saperne di più, vai su.zanichelli.it/guarda

in 3 minuti ZANICHELLI — Per ripassare In 3 minuti

LE GRANDEZZE DELLA FISICA

- La velocità
- L'accelerazione
- Le forze
- Il lavoro delle forze
- La potenza
- L'energia cinetica
- L'energia potenziale della forza-peso
- La quantità di moto
- Il momento angolare
- La pressione
- La temperatura
- L'entropia

LE LEGGI DELLA FISICA

- $F = ma$
- Il teorema dell'energia cinetica
- La legge della gravitazione universale
- Il primo principio della termodinamica

App disponibile in italiano e in inglese su:

Scarica su App Store — DISPONIBILE SU Google Play

Trovi *Le grandezze e le leggi della fisica in 3 minuti* anche nell'eBook.

Per la versione completa su smartphone, attiva il tuo libro su **myZanichelli**

SCIENZE ZANICHELLI

Realizzazione editoriale:
- Redazione: Giorgio Bettineschi, Sara Domenichelli
- Segreteria di redazione: Deborah Lorenzini
- Progetto grafico: Studio 8vo, Bologna
- Impaginazione: Studio 8vo (Bologna), Stilgraf (Bologna)
- Disegni: Graffito, Cusano Milanino (MI)

Contributi:
- Collaborazione alla stesura degli esercizi: Markus Cirone, Andrea Martinelli, Nicola Manca, Giuseppe Olivieri, Raffaele Pellicelli, Roberta Stradiotto, Grazia Strano, Katia Vittor, Andrea Zanibellato
- Revisione critica della teoria e degli esercizi: Leila Ali Cavasonza, Laura Basiricò, Markus Cirone, Cristian Massimi, Dario Neri, Lara Palla, Argia Rubeo, Katia Vittor
- Stesura di *Sei pronto per l'esame?*: Giuseppe Bruzzaniti
- *Physics Highlights*: Marina Emilio, Roger Loughney (revisione linguistica)

Si ringrazia l'Associazione per l'Insegnamento della Fisica (AIF) per la gentile concessione dei testi delle Olimpiadi Italiane di Fisica

Si ringrazia Macmillan Publishers per la gentile concessione di alcuni esercizi tratti da College Physics di Paul A. Tipler

Progettazione esecutiva e sviluppo software dell'applicazione GUARDA!: Yoomee Technologies, Bologna | Ravenna

I contributi alla realizzazione dei contenuti multimediali si trovano nell'eBook

Copertina:
- Progetto grafico: Miguel Sal & C., Bologna
- Ideazione: Studio 8vo, Bologna
- Realizzazione: Roberto Marchetti e Francesca Ponti
- Immagine di copertina: Artwork Studio 8vo, Bologna

Prima edizione: 2012
Seconda edizione: marzo 2017

Ristampa:
7 6 5 2020 2021 2022

Zanichelli garantisce che le risorse digitali di questo volume sotto il suo controllo saranno accessibili, a partire dall'acquisto dell'esemplare nuovo, per tutta la durata della normale utilizzazione didattica dell'opera. Passato questo periodo, alcune o tutte le risorse potrebbero non essere più accessibili o disponibili: per maggiori informazioni, leggi my.zanichelli.it/fuoricatalogo

File per sintesi vocale
L'editore mette a disposizione degli studenti non vedenti, ipovedenti, disabili motori o con disturbi specifici di apprendimento i file pdf in cui sono memorizzate le pagine di questo libro. Il formato del file permette l'ingrandimento dei caratteri del testo e la lettura mediante software screen reader. Le informazioni su come ottenere i file sono sul sito http://www.zanichelli.it/scuola/bisogni-educativi-speciali

Grazie a chi ci segnala gli errori
Segnalate gli errori e le proposte di correzione su **www.zanichelli.it/correzioni**.
Controlleremo e inseriremo le eventuali correzioni nelle ristampe del libro.
Nello stesso sito troverete anche l'errata corrige, con l'elenco degli errori e delle correzioni.

Zanichelli editore S.p.A. opera con sistema qualità
certificato CertiCarGraf n. 477
secondo la norma UNI EN ISO 9001:2015

Questo libro è stampato su carta che rispetta le foreste.
www.zanichelli.it/chi-siamo/sostenibilita

Stampa: Arti Grafiche Battaia
Via Giovanni XXIII, 5 - 20080 Zibido San Giacomo (Milano)
per conto di Zanichelli editore S.p.A.
Via Irnerio 34, 40126 Bologna

INDICE

0 RICHIAMI SU MOTI, VETTORI E FORZE

1. I moti 2
2. I vettori 9
3. Le forze 15

ESERCIZI 23

PROBLEMA #motorettilineo 23
PROBLEMA #velocità 25
PROBLEMA #accelerazione 26
PROBLEMA #vettori 27
PROBLEMA #vettori 29

1 I PRINCIPI DELLA DINAMICA

1. La dinamica e le forze 34
2. Il primo principio della dinamica 34
3. La relatività galileiana 37
4. Il secondo principio della dinamica 42
5. Il terzo principio della dinamica 45
6. I vincoli 48
7. Sistemi di riferimento accelerati e forze fittizie 51

LE FORMULE 56

ESERCIZI 57

PROBLEMA #trasformazioniGalileo 58
PROBLEMA #secondoprincipio 59
PROBLEMA #secondoprincipio #attritostatico 61
PROBLEMA #terzoprincipio #secondoprincipio 63
PROBLEMA #forzefittizie 66
SEI PRONTO PER LA VERIFICA? 73

INDICE

2 LE FORZE E I MOTI

1. La caduta libera 74
2. Moto di un proiettile lanciato in direzione orizzontale 76
3. Moto di un proiettile lanciato in direzione obliqua 79
4. Resistenza in un fluido 82
5. Il moto circolare uniforme 86
6. Riferimenti in moto circolare uniforme e forze fittizie 91
7. Il moto armonico 94
8. La dinamica del moto armonico 98

LE FORMULE 107

ESERCIZI 108

PROBLEMA #motoparabolico 108

PROBLEMA #motoparabolico 111

PROBLEMA #resistenzaaerodinamica 113

PROBLEMA #accelerazionecentripeta 115

PROBLEMA #forzacentripeta #tensione 116

PROBLEMA #forzacentrifuga 118

PROBLEMA #oscillatorearmonico 121

SEI PRONTO PER LA VERIFICA? 127

3 IL LAVORO E L'ENERGIA

1. Il lavoro di una forza 128
2. L'energia cinetica 134
3. Le forze conservative 136
4. L'energia potenziale 140
5. L'energia potenziale gravitazionale 144
6. L'energia potenziale elastica 145
7. La conservazione dell'energia meccanica 146
8. La potenza 152

LE FORMULE 155

ESERCIZI 156

PROBLEMA #lavoro 157

PROBLEMA #energiacinetica 158

PROBLEMA #energiapotenziale 159

PROBLEMA #energiapotenziale #terzoprincipio 162

PROBLEMA #conservazioneenergia 164

PROBLEMA #forzenonconservative 167

PROBLEMA #potenza 169

SEI PRONTO PER LA VERIFICA? 173

4 LA QUANTITÀ DI MOTO

1.	La quantità di moto	174
2.	L'impulso di una forza	176
3.	La conservazione della quantità di moto	179
4.	Urti e leggi di conservazione	183
5.	Urti anelastici	185
6.	Urti elastici	188
7.	Il centro di massa	193
	LE FORMULE	197

ESERCIZI		198
PROBLEMA	#quantitàdimoto	198
PROBLEMA	#impulso	199
PROBLEMA	#impulso #conservazioneenergia	200
PROBLEMA	#quantitàdimoto	202
PROBLEMA	#urtoanelastico	205
PROBLEMA	#urtoanelastico #forzenonconservative	206
PROBLEMA	#urtoelastico	208
PROBLEMA	#centrodimassa	210
SEI PRONTO PER LA VERIFICA?		215

5 LA DINAMICA DEI CORPI IN ROTAZIONE

1.	Il corpo rigido e il moto rotatorio	216
2.	Grandezze angolari nel moto circolare	217
3.	Il moto di rotolamento	222
4.	Dinamica rotazionale	224
5.	Il momento angolare	230
	LE FORMULE	236

ESERCIZI		237
PROBLEMA	#velocitàangolare	237
PROBLEMA	#accelerazioneangolare #accelerazione	238
PROBLEMA	#rotolamento	239
PROBLEMA	#secondoprincipio	242
PROBLEMA	#momentoangolare	244
SEI PRONTO PER LA VERIFICA?		249

INDICE

6 LA GRAVITAZIONE

1. Le leggi di Keplero 250
2. La legge di gravitazione universale 253
3. Attrazione gravitazionale e peso dei corpi 256
4. Le orbite dei satelliti 259
5. L'energia potenziale gravitazionale 266
6. Conservazione dell'energia, velocità di fuga e buchi neri 269
7. Le leggi di Newton e le leggi di Keplero 272
8. Dall'azione a distanza al campo gravitazionale 274

LE FORMULE 278

ESERCIZI 279

PROBLEMA #accelerazionegravità 279

PROBLEMA #velocitàorbitale 281

PROBLEMA #energiapotenziale 282

PROBLEMA #energiatotalesatellite 283

PROBLEMA #energiatotalesatellite #forzenonconservative 284

PROBLEMA #terzaleggeKeplero 285

SEI PRONTO PER LA VERIFICA? 290

7 DINAMICA DEI FLUIDI

1. Richiami di statica dei fluidi 291
2. Fluidi in movimento 294
3. Equazione di Bernoulli 300
4. Viscosità e tensione superficiale 306

LE FORMULE 311

ESERCIZI 312

PROBLEMA #Stevino 313

PROBLEMA #equazionedicontinuità #Bernoulli 315

PROBLEMA #Torricelli #motoparabolico 317

SEI PRONTO PER LA VERIFICA? 321

8 LA TEMPERATURA

1. La temperatura e la sua misura 322
2. Equilibrio termico e principio zero della termodinamica 323
3. La dilatazione termica di solidi e liquidi 325
4. Le leggi dei gas 330
5. L'equazione di stato del gas perfetto 336
6. Dalla massa al numero di particelle: la legge di Avogadro 338
7. L'equazione del gas perfetto in termini di moli 341

LE FORMULE 344

ESERCIZI 345

PROBLEMA #dilatazionetermica 346
PROBLEMA #pressione #leggeBoyle 348
PROBLEMA #gasperfetto 350
PROBLEMA #massamolare 351
PROBLEMA #gasperfetto 353
PROBLEMA #leggeBoyle #pressioniparziali 354

SEI PRONTO PER LA VERIFICA? 359

9 I GAS E LA TEORIA MICROSCOPICA DELLA MATERIA

1. La teoria microscopica della materia 360
2. La teoria cinetica dei gas e la pressione 363
3. La teoria cinetica dei gas e la temperatura 368
4. Il cammino libero medio 374
5. La distribuzione delle velocità molecolari 376
6. I gas reali 381
7. Le fluttuazioni all'equilibrio 384

LE FORMULE 386

ESERCIZI 387

PROBLEMA #pressione 387
PROBLEMA #energiainterna #gasperfetto 389
PROBLEMA #vanderWaals 392

SEI PRONTO PER LA VERIFICA? 397

INDICE

10 IL CALORE

1. Da fluido calorico a energia in transito 398
2. Capacità termica e calore specifico 399
3. La calorimetria 402
4. La propagazione del calore: conduzione e convezione 404
5. La propagazione del calore: irraggiamento 408
6. Gli stati della materia 413
7. I cambiamenti di stato dal punto di vista microscopico 414
8. Evaporazione ed equilibrio liquido-vapore 417
9. I passaggi liquido-vapore per i gas reali 421

LE FORMULE 424

ESERCIZI 425

PROBLEMA #capacitàtermica 425
PROBLEMA #temperaturaequilibrio 426
PROBLEMA #poterecalorifico #capacitàtermica 428
PROBLEMA #poterecalorifico #Fourier 429
PROBLEMA #cambiamentidistato 431
PROBLEMA #calorespecifico #cambiamentidistato 432
PROBLEMA #vaporesaturo #umiditàrelativa 433
SEI PRONTO PER LA VERIFICA? 437

11 IL PRIMO PRINCIPIO DELLA TERMODINAMICA

1. La termodinamica 438
2. Stati termodinamici e trasformazioni 439
3. Il lavoro in una trasformazione termodinamica 443
4. Il primo principio della termodinamica 447
5. Applicazioni del primo principio 451
6. Calori molari del gas perfetto 454
7. Trasformazioni adiabatiche 460

LE FORMULE 465

ESERCIZI 466

PROBLEMA #trasformazioni 466
PROBLEMA #lavoro 468
PROBLEMA #primoprincipiotermo 470
PROBLEMA #lavoro #primoprincipiotermo 472
PROBLEMA #caloremolare 474
PROBLEMA #adiabatica #lavoro 476
SEI PRONTO PER LA VERIFICA? 479

12 IL SECONDO PRINCIPIO DELLA TERMODINAMICA

1. Le macchine termiche 480
2. I motori a combustione interna 483
3. Il secondo principio della termodinamica: l'enunciato di Kelvin 487
4. Le macchine frigorifere 488
5. Il secondo principio della termodinamica: l'enunciato di Clausius 491
6. Trasformazioni reversibili e teorema di Carnot 493
7. Macchina di Carnot e ciclo di Carnot 497
8. L'entropia 501
9. Il secondo principio della termodinamica e l'entropia 507
10. Il secondo principio della termodinamica dal punto di vista microscopico 513
11. Il terzo principio della termodinamica 517

LE FORMULE 518

ESERCIZI 519

PROBLEMA #rendimento #capacitàtermica 519

PROBLEMA #capacitàtermica #coefficientediprestazione 521

PROBLEMA #rendimento #macchinaCarnot 522

PROBLEMA #entropia 524

SEI PRONTO PER LA VERIFICA? 530

SEI PRONTO PER L'ESAME? 532

PHYSICS HIGHLIGHTS 538

Indice analitico 562

Tabelle 565

PER PREPARARTI ALL'ESAME

Nella prova scritta di fisica dovrai risolvere un problema e tre quesiti, che richiedono queste competenze: (▶ **ls-osa.uniroma.it**)

1. Esaminare la situazione fisica proposta, formulando ipotesi esplicative attraverso modelli o analogie o leggi
2. Formalizzare situazioni problematiche e applicare gli strumenti matematici e disciplinari rilevanti per la loro risoluzione
3. Interpretare e/o elaborare i dati proposti, anche di natura sperimentale, verificandone la pertinenza al modello scelto
4. Descrivere il processo risolutivo adottato e comunicare i risultati ottenuti, valutandone la coerenza con la situazione problematica proposta.

Due livelli di allenamento

Gli esercizi per allenarsi hanno due colori, il **blu** per il livello base e il **rosso** per un livello più vicino a quello dell'esame:

- i **problemi blu** sono su un solo concetto
- i **problemi rossi** sono su più concetti e i **quesiti rossi** sono sulle competenze

Un concetto

4 PROBLEMA **Due stati, una isoterma?**
#trasformazioni

Considera lo stato *A* di 0,80 mol di gas perfetto rappresentato nel diagramma.

▶ Determina la temperatura del gas.

▶ Stabilisci se lo stato *B* appartiene alla stessa isoterma di *A*.

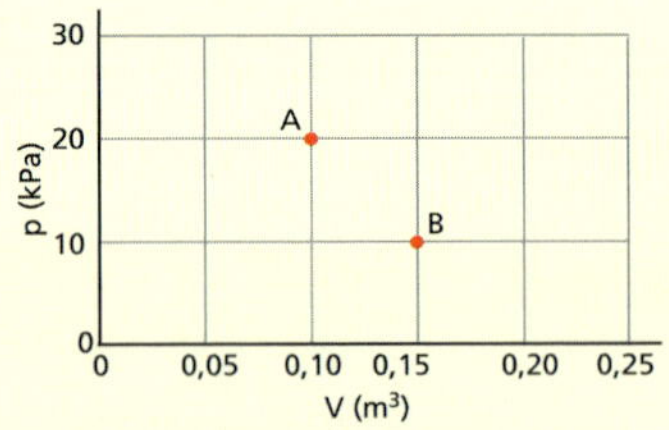

Due concetti

53 PROBLEMA SU PIÙ CONCETTI **La Stazione Spaziale Internazionale precipita!**
#energiatotalesatellite #forzenonconservative

In una comunicazione della NASA si legge: «In January 2009, the altitude [of International Space Station] was 340 kilometers. By March it has lost 8 kilometers». La causa è l'attrito con l'alta atmosfera. La massa della stazione è 420 t.

▶ Calcola l'energia dissipata per attrito.

Competenze

- SPIEGA PERCHÉ
- CHE COSA SUCCEDE?
- FAI UN'IPOTESI
- TROVA IL MODELLO
- LEGGI IL GRAFICO
- DISEGNA IL GRAFICO
- ARGOMENTA
- FAI UNA STIMA

4 QUESITO **FAI UN'IPOTESI** Vuoi installare nel tuo appartamento una presa d'aria che permetta al gas, eventualmente fuoriuscito nel caso di una perdita, di fluire verso l'esterno. La densità dell'aria è 1,2 kg/m^3.

▶ Se nel tuo appartamento usi il metano (ρ = 0,71 kg/m^3), in che posizione del muro installi la presa d'aria: in alto o in basso?

▶ E se, invece, usi il GPL (ρ = 1,87 kg/m^3)?

Tre tipi di prove

Dopo l'allenamento ci si mette alla prova:

- **Sei pronto per la verifica?** prepara alla verifica in classe **in 1 ora** con due problemi blu e uno rosso
- **Sei pronto per l'esame?** è una prova rapida di esame **in 2 ore** con tre quesiti rossi e un problema rosso
- **Prove generali dell'esame** alla fine del volume di quinta: simulazioni dell'esame **in 4 ore**, con un problema rosso e tre quesiti rossi da scegliere tra due problemi e sei quesiti

SEI PRONTO PER LA VERIFICA? — IN 1 ORA

1 Gli ascensori più veloci del grattacielo World Financial Center di Shanghai salgono a 35 km/h portando un carico massimo di 2,0 t.

► Calcola la potenza erogata da motore. [190 kW] ..... / 20

SEI PRONTO PER L'ESAME? — IN 2 ORE

PROVA DI MECCANICA • 1

1 QUESITO

Un buon modello per descrivere la forza esercitata su una freccia scoccata da un arco è costituito da una molla ideale di costante elastica k. Hai a disposizione due archi, uno con costante elastica doppia dell'altro. Supponi di tendere i due archi con la stessa forza e di scoccare la freccia secondo l'angolo corrispondente alla gittata massima.

► Quale scegli per ottenere, a parità di angolo di tiro, la gittata maggiore?

► Qual è il rapporto tra le due gittate? [2]

PROVA GENERALE DELL'ESAME — IN 4 ORE

Svolgi un problema e tre quesiti a tua scelta

PROBLEMI

1 Cerca la riga 21 cm

In particolari condizioni, l'idrogeno emette una radiazione nelle microonde con lunghezza d'onda 21,11 cm. Le grandi nubi interstellari di gas e polveri sono sostanzialmente trasparenti per questa radiazione, mentre invece sono opache alla radiazione visibile che viene assorbita e diffusa. Gli astronomi utilizzano questa riga dello spettro di emissione dell'idrogeno per misurare la velocità relativa delle galassie rispetto alla Terra.

► Individua il fenomeno su cui si basa questo metodo e forniscine una sintetica illustrazione.

CAPITOLO

0 RICHIAMI SU MOTI, VETTORI E FORZE

1 I moti

Descrizione del moto

Nello studio del moto, un corpo può essere considerato come un **punto materiale** ogni volta che le sue dimensioni sono trascurabili rispetto alle distanze che percorre.

Si dice **traiettoria** l'insieme dei punti attraverso i quali passa un punto materiale durante il suo moto.

La traiettoria più semplice è quella rettilinea.

#motorettilineo

Un corpo si sposta con **moto rettilineo** quando la sua traiettoria è un segmento di retta.

Il moto di un ascensore o di un corpo lasciato cadere da fermo sono esempi di moti rettilinei.

Il moto rettilineo di un corpo può essere descritto mediante un **sistema di riferimento** costituito da:

- un **asse coordinato** che contiene la traiettoria del corpo, cioè una retta sulla quale sono fissati un punto, detto **origine** (O), un verso positivo e un'unità di misura di lunghezza;
- un **orologio** per misurare i tempi.

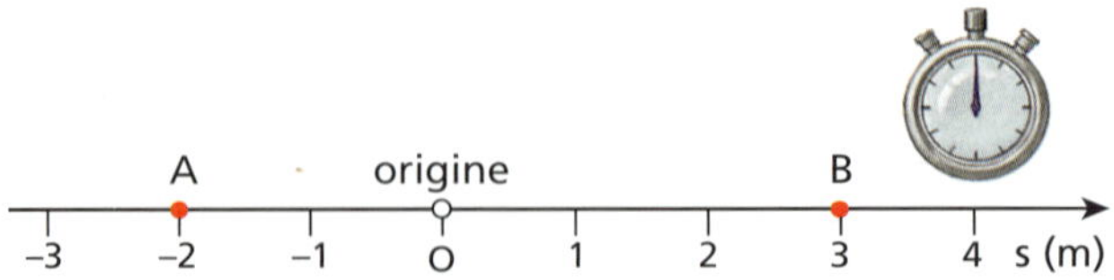

A ciascun punto della traiettoria corrisponde un punto dell'asse e quindi una coordinata s, detta **posizione** del corpo. Per esempio, nell'asse rappresentato in figura abbiamo: $s_A = -2$ m, $s_B = 3$ m.

L'orologio consente di stabilire l'**istante di tempo** t in cui il corpo è in una data posizione s.

Per descrivere il moto di un corpo bisogna conoscere la relazione che lega la posizione s del corpo e l'istante di tempo t.

La **legge oraria** di un corpo è la relazione che lega l'istante di tempo t e la posizione s del corpo a quell'istante.

La legge oraria può essere rappresentata in un diagramma cartesiano, in cui l'asse orizzontale è quello dei tempi t e l'asse verticale è quello delle posizioni s. L'insieme delle coppie (t, s) è detto **grafico spazio-tempo**.

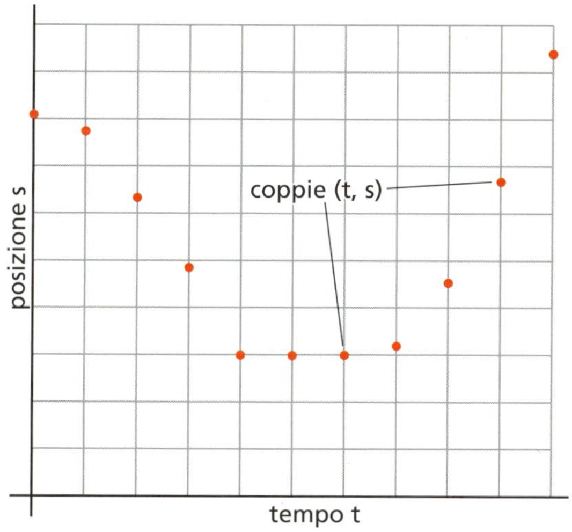

Se un corpo si trova nella posizione s_1 all'istante t_1 e nella posizione s_2 all'istante t_2,

lo **spostamento** Δs è la variazione di posizione del corpo:

$$\Delta s = \text{posizione finale} - \text{posizione iniziale} = s_2 - s_1$$

Δs si legge «delta s». L'unità di misura dello spostamento nel Sistema Internazionale è il *metro* (m).

■ Lo spostamento è positivo se $s_2 > s_1$: il corpo compie un movimento nel verso positivo dell'asse di riferimento.

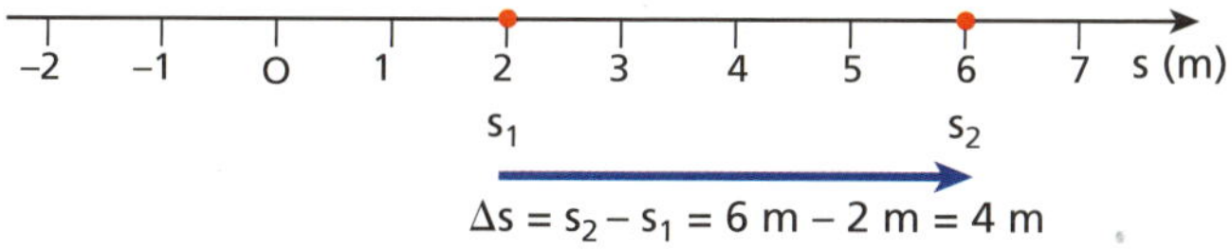

■ Lo spostamento è negativo se $s_2 < s_1$: il corpo compie un movimento nel verso negativo dell'asse di riferimento.

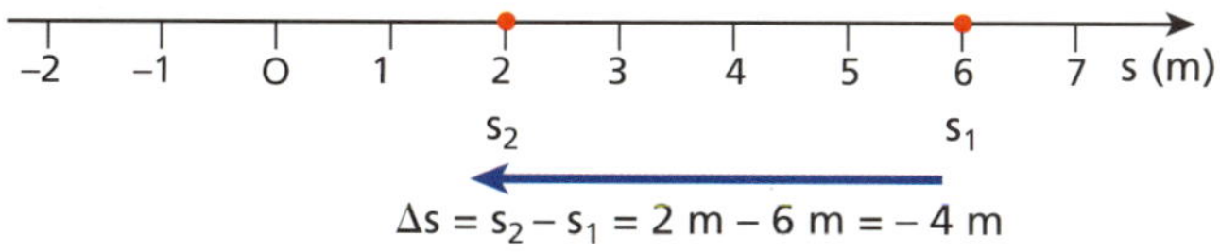

Osserviamo che lo spostamento effettuato da un corpo in moto e la distanza da esso percorsa sono due grandezze differenti. Ogni volta che un ascensore sale e poi torna al piano terra ha compiuto uno spostamento nullo, ma ha coperto una distanza diversa da zero.

→ PROBLEMA **Diagramma del moto** • pag. 23
#motorettilineo

Velocità e moto rettilineo uniforme

Velocità media

Una delle grandezze fondamentali per descrivere il moto di un corpo è la velocità media.

#velocità

La **velocità media** v_m di un corpo è il rapporto fra lo spostamento Δs del corpo e l'intervallo di tempo Δt in cui esso è avvenuto:

$$v_m = \frac{\Delta s}{\Delta t}$$

La velocità dei mezzi di locomozione, come auto e treni, è in genere espressa in *kilometri all'ora* (km/h), mentre nel Sistema Internazionale la velocità si misura in *metri al secondo* (m/s). Queste unità di misura si possono convertire l'una nell'altra ricordando che 1 km = 1000 m e 1 h = 3600 s:

$$1\ \text{km/h} = \frac{1\ \text{km}}{1\ \text{h}} = \frac{1000\ \text{m}}{3600\ \text{s}} = \frac{1}{3,6}\ \text{m/s}$$

La tabella seguente riassume la procedura da seguire per la conversione e fornisce un esempio.

km/h → m/s	**Dividi per 3,6** 90 km/h = (90 : **3,6**) m/s = 25 m/s
m/s → km/h	**Moltiplica per 3,6** 10 m/s = (10 × **3,6**) km/h = 36 km/h

→ PROBLEMA Il podista • pag. 25
#velocità

Velocità istantanea

Joingate / Shutterstock

In un generico moto, la velocità non rimane costante, ma cambia nel tempo. Se vogliamo determinare la velocità di un corpo in un dato istante, cioè la **velocità istantanea** v, dobbiamo misurare lo spostamento Δs in un intervallo di tempo Δt molto piccolo e calcolare la velocità media:

$$v_m = \frac{\Delta s}{\Delta t}$$

Poiché Δt è molto piccolo, la velocità istantanea del corpo non cambia in modo apprezzabile durante la misurazione e coincide proprio con la velocità media durante quell'intervallo di tempo:

$$v = v_m = \frac{\Delta s}{\Delta t} \quad \text{quando } \Delta t \text{ è molto piccolo}$$

Il tachimetro indica la velocità istantanea di un veicolo, ma in realtà misura la velocità media in un intervallo di tempo molto piccolo.

Grafico spazio-tempo e velocità

Il grafico spazio-tempo fornisce informazioni sulla velocità del corpo. Supponiamo di aver rilevato il moto di un carrellino su una rotaia e di aver ottenuto il grafico spazio-tempo mostrato in figura.

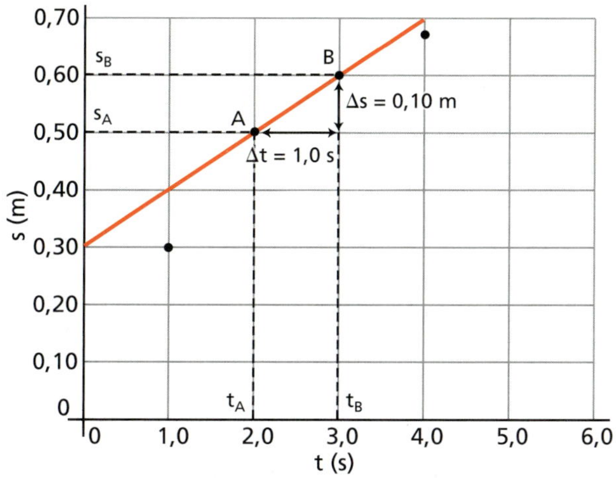

Consideriamo, per esempio, il moto del carrello tra gli istanti $t_A = 2{,}0$ s e $t_B = 3{,}0$ s, cioè nell'intervallo di tempo

$$\Delta t = t_B - t_A = 3{,}0 \text{ s} - 2{,}0 \text{ s} = 1{,}0 \text{ s}$$

La posizione del carrellino cambia da $s_A = 0{,}50$ m a $s_B = 0{,}60$ m, quindi lo spostamento è

$$\Delta s = s_B - s_A = 0{,}60 \text{ m} - 0{,}50 \text{ m} = 0{,}10 \text{ m}$$

Il rapporto $\Delta s/\Delta t$ è detto **pendenza** o **coefficiente angolare** della retta passante per A e B:

$$\text{pendenza della retta } AB = \frac{\Delta s}{\Delta t} = \frac{0{,}10 \text{ m}}{1{,}0 \text{ s}} = 0{,}10 \text{ m/s}$$

Notiamo che il rapporto $\Delta s/\Delta t$ è per definizione la velocità media del carrellino tra gli istanti $t_A = 2{,}0$ s e $t_B = 3{,}0$ s. In generale

la velocità media in un dato intervallo di tempo è uguale alla **pendenza della retta** che congiunge i due punti del grafico spazio-tempo corrispondenti agli estremi di quell'intervallo.

Consideriamo un istante di tempo t e un istante successivo t_0 dopo un intervallo $\Delta t = t_0 - t$. La pendenza della retta passante per i punti P e P_0, corrispondenti rispettivamente a t e t_0 nel grafico spazio-tempo, è uguale alla velocità media nell'intervallo Δt. Scegliendo t_0 sempre più vicino a t:

- l'intervallo Δt diventa sempre più piccolo;
- la velocità media nell'intervallo Δt tende a diventare la velocità all'istante t;
- la retta che passa per P e P_0 ed è secante al grafico spazio-tempo tende a diventare la retta tangente al grafico nel punto P.

Concludiamo che:

la velocità all'istante t è la **pendenza della tangente** al grafico spazio-tempo nel punto di ascissa t.

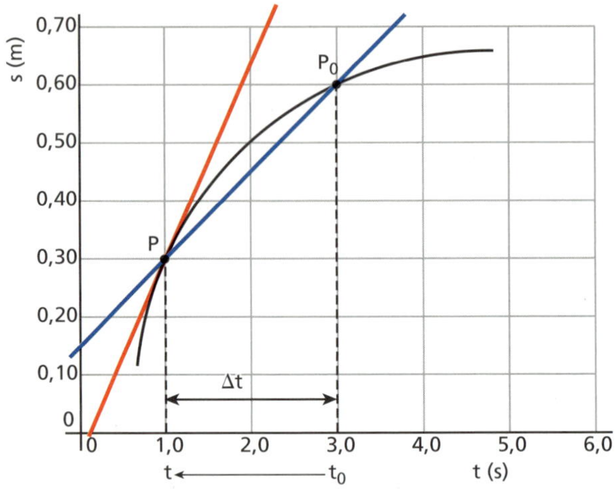

Moto rettilineo uniforme

Il moto di un corpo che si sposta lungo una retta con velocità costante è detto **moto rettilineo uniforme**.

In un moto rettilineo uniforme la velocità di un corpo non cambia col passare del tempo. Non importa in quale intervallo Δt si calcola la velocità media, perché questa ha sempre lo stesso valore v. In conseguenza di ciò

in un moto rettilineo uniforme gli spostamenti Δs sono proporzionali agli intervalli di tempo Δt in cui hanno luogo.

Le caratteristiche del moto rettilineo uniforme sono contenute nella sua legge oraria.

Se un corpo si muove lungo una retta con velocità costante v e all'istante $t_0 = 0$ s occupa la posizione s_0, al generico istante t la sua posizione s è data dalla **legge oraria** del moto rettilineo uniforme:

$$s = s_0 + vt$$

Accelerazione e moto uniformemente accelerato

Accelerazione media

La grandezza che descrive come varia la velocità di un corpo nel tempo è l'accelerazione media.

#accelerazione

L'**accelerazione media** a_m di un corpo è il rapporto fra la variazione di velocità Δv del corpo e l'intervallo di tempo Δt in cui essa è avvenuta:

$$a_m = \frac{\Delta v}{\Delta t}$$

Nel Sistema Internazionale l'accelerazione si misura in *metri al secondo quadrato* (m/s^2).

Se un corpo ha velocità v_1 all'istante t_1 e velocità v_2 all'istante t_2, la sua accelerazione media nell'intervallo di tempo fra t_1 e t_2 si calcola con la formula

$$a_m = \frac{v_2 - v_1}{t_2 - t_1}$$

Il segno dell'accelerazione media dipende dal segno della variazione della velocità.

- Se la velocità finale è maggiore di quella iniziale allora l'accelerazione media è positiva:

$$v_2 > v_1 \quad \Rightarrow \quad a_m > 0$$

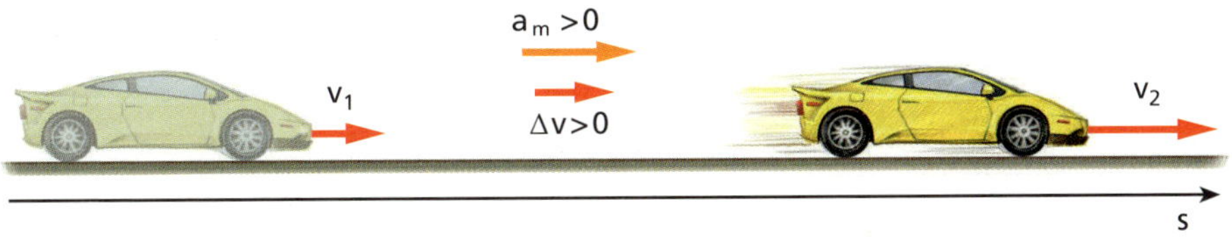

- Se la velocità finale è minore di quella iniziale allora l'accelerazione media è negativa:

$$v_2 < v_1 \quad \Rightarrow \quad a_m < 0$$

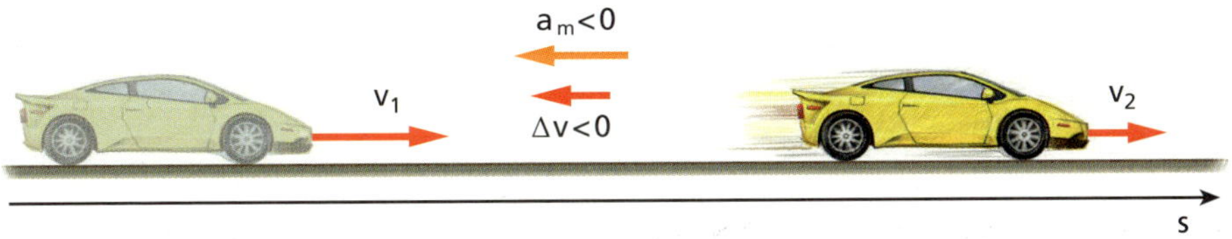

Sulla pista, la Ferrari 488 GTB, partendo da ferma, raggiunge i 100 km/h in 3,0 s. La sua accelerazione media è

$$a_m = \frac{\Delta v}{\Delta t} = \frac{100\ \text{km/h}}{3{,}0\ \text{s}} = \frac{\frac{100}{3{,}6}\ \text{m/s}}{3{,}0\ \text{s}} = 9{,}3\ \text{m/s}^2$$

Ciò significa che ogni secondo la velocità aumenta in media di 9,3 m/s, circa 33 km/h.

Accelerazione istantanea

In un generico moto, l'accelerazione non rimane costante, ma cambia nel tempo. Per calcolare l'**accelerazione istantanea** a, dobbiamo misurare la variazione di velocità Δv in un intervallo di tempo Δt molto piccolo e calcolare l'accelerazione media:

$$a_m = \frac{\Delta v}{\Delta t}$$

Poiché Δt è molto piccolo, l'accelerazione del corpo non cambia sensibilmente durante la misurazione e coincide proprio con l'accelerazione media durante quell'intervallo di tempo:

$$a = a_m = \frac{\Delta v}{\Delta t} \quad \text{quando } \Delta t \text{ è molto piccolo}$$

SIMULAZIONE

Velocità e accelerazione

(PhET, University of Colorado)

Moto rettilineo uniformemente accelerato

Il moto accelerato più semplice è quello che ha luogo su una retta con accelerazione costante.

Un corpo si muove con **moto rettilineo uniformemente accelerato** quando si sposta lungo una retta con accelerazione costante.

In un moto rettilineo uniformemente accelerato, l'accelerazione non cambia col passare del tempo. In qualsiasi intervallo Δt, l'accelerazione a_m del corpo è sempre la stessa ed è uguale all'accelerazione istantanea a.

Le caratteristiche del moto rettilineo uniformemente accelerato sono descritte dalle sue leggi.

Legge velocità-tempo

Un corpo che si muove con accelerazione costante a e che all'istante $t_0 = 0$ s ha velocità v_0, all'istante t ha velocità

$$v = v_0 + at$$

Legge oraria

Se un corpo si muove lungo una retta con accelerazione costante a e all'istante $t_0 = 0$ s occupa la posizione s_0 e ha velocità v_0, al generico istante t la sua posizione s è data dalla formula

$$s = s_0 + v_0 t + \frac{1}{2}at^2$$

Il grafico della legge oraria nel diagramma spazio-tempo è un arco di parabola.

- Partenza dall'origine ($s_0 = 0$ m), da fermo ($v_0 = 0$ m/s), con accelerazione $a = 0{,}5$ m/s^2:

$$s = \frac{1}{2}(0{,}5 \text{ m/s}^2)t^2$$

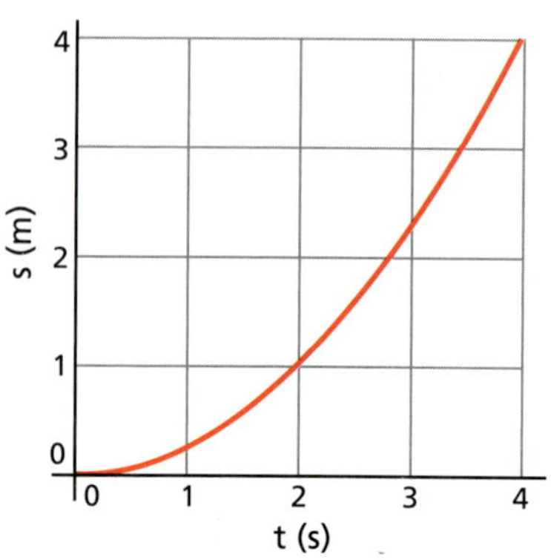

- Partenza da $s_0 = 4$ m, da fermo ($v_0 = 0$ m/s), con accelerazione $a = -0{,}5$ m/s^2:

$$s = 4 \text{ m} - \frac{1}{2}(0{,}5 \text{ m/s}^2)t^2$$

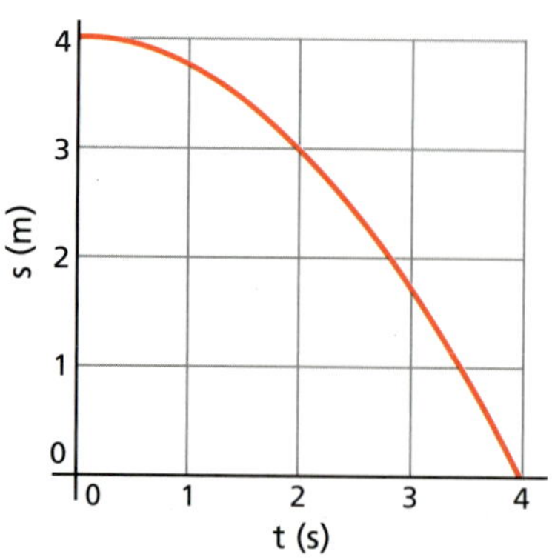

- Partenza da $s_0 = 1$ m, con velocità $v_0 = -2$ m/s e accelerazione $a = 2$ m/s^2:

$$s = 1 \text{ m} - (2 \text{ m/s})t + \frac{1}{2}(2 \text{ m/s}^2)t^2$$

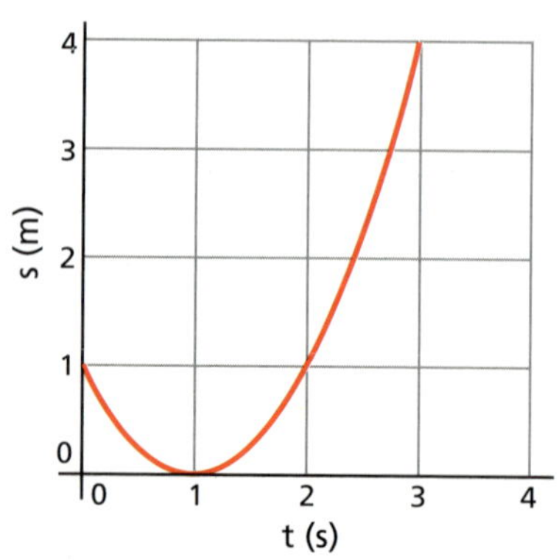

Due formule utili

Può essere comodo ricordare che:

- se un corpo si muove con accelerazione costante a, la sua velocità media v_m è la media delle velocità iniziale v_1 e finale v_2, ovvero

$$v_m = \frac{1}{2}(v_1 + v_2)$$

- per un corpo che passa con accelerazione costante a dalla velocità v_0 alla velocità v, compiendo uno spostamento Δs, vale la relazione

$$v^2 = v_0^2 + 2a\Delta s$$

→ PROBLEMA Rallentare • pag. 26
#accelerazione

2 I vettori

Fra le grandezze fisiche ce ne sono alcune, come la temperatura, che sono dette **grandezze scalari** e possono essere descritte da un valore numerico. Altre, invece, come gli spostamenti o le forze, sono dette **grandezze vettoriali**.

Una **grandezza vettoriale**, o semplicemente un **vettore**, è una grandezza descritta in modo completo dall'insieme di tre informazioni:

- il **modulo**, o **intensità**, ossia il valore della misura espresso nell'unità propria della grandezza;
- la **direzione**;
- il **verso**.

#vettori

Una grandezza vettoriale è indicata da una lettera con una freccia sopra, mentre il suo modulo si indica con la stessa lettera senza freccia:

$$\vec{A} \leftrightarrow \text{vettore} \qquad A \leftrightarrow \text{modulo del vettore } \vec{A}$$

Per rappresentare graficamente un vettore si traccia un freccia con le seguenti caratteristiche:

- la *lunghezza* è uguale al modulo del vettore nella scala utilizzata per la rappresentazione;
- la *direzione* e il *verso* sono quelli del vettore.

Per esempio, lo spostamento di un corpo che si muove da A a B, con A che dista 50 m da B, è indicato dal vettore $\Delta\vec{s}$.

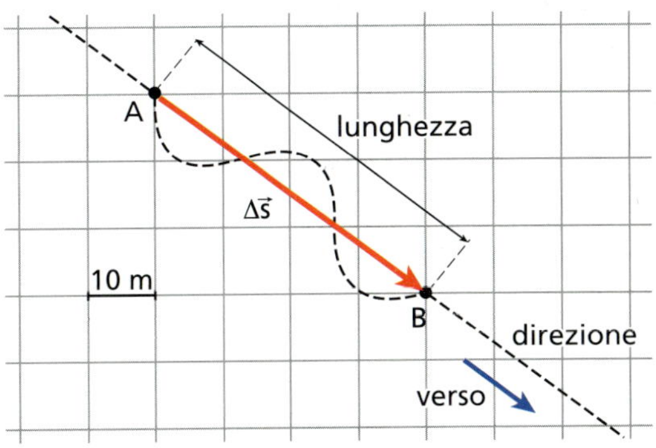

Operazioni con i vettori

Moltiplicazione di un vettore per un numero

Il prodotto di uno scalare k per un vettore $\vec{A}$ è un vettore $\vec{B} = k\vec{A}$ che ha:

- il modulo uguale al prodotto di A per il valore assoluto di k: $B = |k| A$;
- la stessa direzione di $\vec{A}$;
- il verso di $\vec{A}$ se k è positivo, il verso opposto se k è negativo.

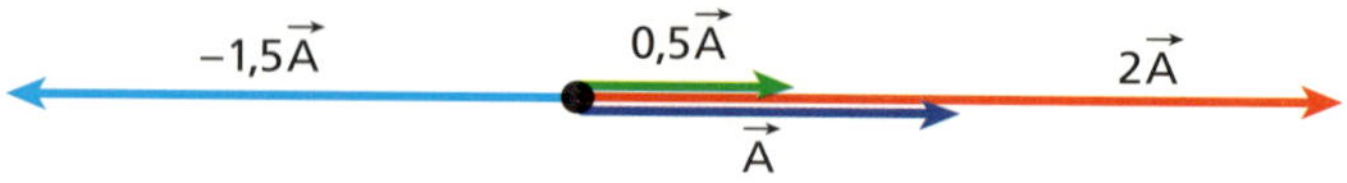

Dato un vettore $\vec{A}$ il suo opposto $-\vec{A}$ è un vettore che ha stesso modulo e stessa direzione di $\vec{A}$, ma verso opposto. Si ottiene moltiplicando $\vec{A}$ per $k = -1$.

Somma di vettori

La somma di due vettori è ancora un vettore e rappresenta la loro azione complessiva. Esistono due procedure per determinare il vettore $\vec{C}$, somma dei vettori $\vec{A}$ e $\vec{B}$.

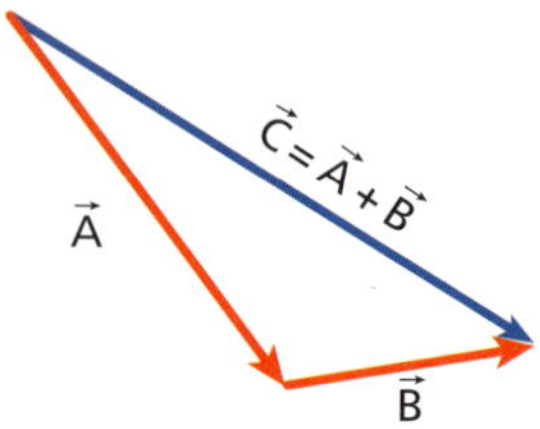

Metodo punta-coda

Si disegnano i vettori $\vec{A}$ e $\vec{B}$ in maniera consecutiva, facendo coincidere la coda di $\vec{B}$ con la punta di $\vec{A}$, poi si traccia il vettore $\vec{C}$ avente la coda coincidente con quella di $\vec{A}$ e la punta coincidente con quella di $\vec{B}$.

Metodo del parallelogramma

- Si trasporta il vettore $\vec{B}$ parallelamente a se stesso in modo da far coincidere la sua coda con la coda di $\vec{A}$.
- Dalla punta di ciascun vettore si traccia la retta parallela all'altro e si determina il punto d'incontro delle due rette.
- Si traccia il vettore $\vec{C}$ avente la coda coincidente con quelle dei vettori $\vec{A}$ e $\vec{B}$ e la punta nell'intersezione delle rette parallele a essi.

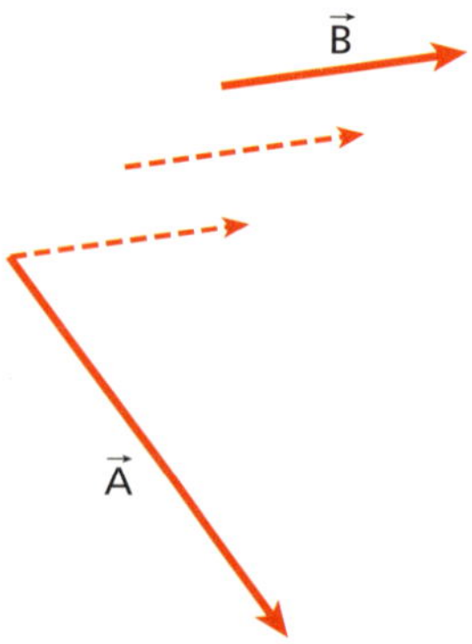

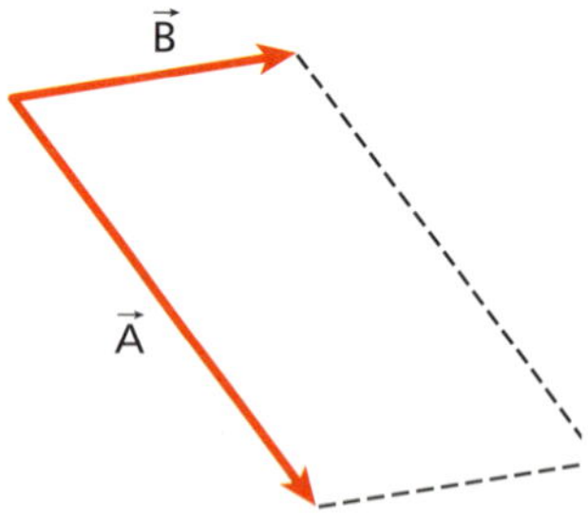

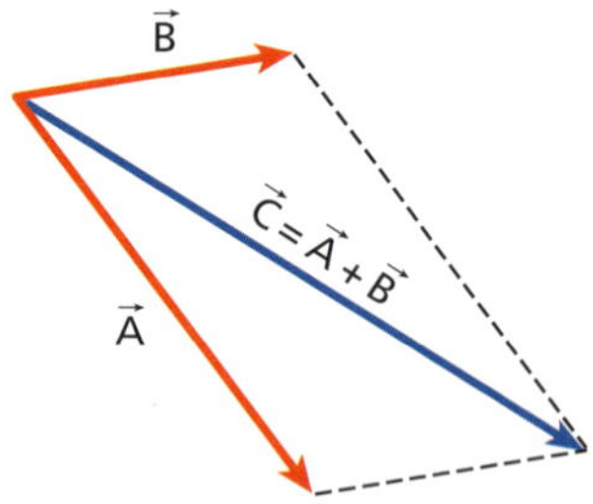

La somma di due vettori gode della proprietà commutativa:

$$\vec{A} + \vec{B} = \vec{B} + \vec{A}$$

Differenza di vettori

La differenza di due numeri, per esempio 3 – 1, può essere vista come la somma del primo con l'opposto del secondo: 3 + (–1). Analogamente

il vettore differenza $\vec{D}$ di due vettori $\vec{A}$ e $\vec{B}$ è la somma del primo con l'opposto del secondo:

$$\vec{D} = \vec{A} - \vec{B} = \vec{A} + \left(-\vec{B}\right)$$

Per determinare il vettore differenza $\vec{A} - \vec{B}$ è quindi sufficiente addizionare al vettore $\vec{A}$ il prodotto tra il vettore $\vec{B}$ e il numero -1.

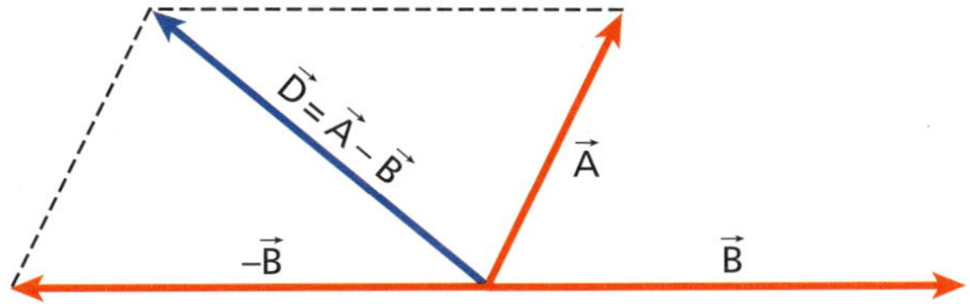

Scomposizione di un vettore lungo assi assegnati

La scomposizione di un vettore $\vec{A}$ lungo due direzioni assegnate r e s consiste nel determinare un vettore $\vec{B}$ su r e un vettore $\vec{C}$ su s tali che la loro somma sia $\vec{A}$:

$$\vec{A} = \vec{B} + \vec{C}$$

Si tratta di eseguire una sorta di regola inversa del parallelogramma: dalla punta di $\vec{A}$ si tracciano la parallela a r e la parallela a s. L'intersezione di ciascuna di esse determina, su ognuna delle direzioni assegnate, la punta di un vettore avente la coda coincidente con quella di $\vec{A}$.

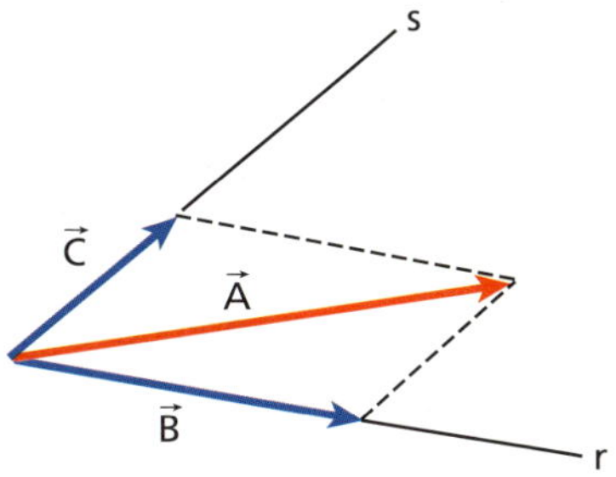

Proiezione di un vettore

La proiezione di un vettore $\vec{A}$ lungo una direzione r è il vettore che si ottiene congiungendo la coda di $\vec{A}$ con il piede della perpendicolare a r condotta dalla punta di $\vec{A}$ e si indica con $\vec{A}_r$.

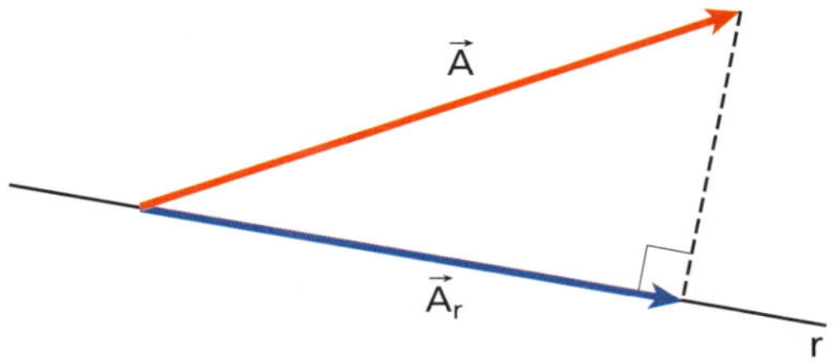

Prodotto scalare di due vettori

Dati due vettori $\vec{A}$ e $\vec{B}$ e calcolata la proiezione di $\vec{A}$ lungo la direzione di $\vec{B}$, il prodotto scalare $\vec{A} \cdot \vec{B}$ dei due vettori è un numero che si ottiene dal prodotto tra il modulo di $\vec{A}_B$ e il modulo di $\vec{B}$. Il prodotto scalare è positivo se $\vec{A}_B$ e $\vec{B}$ hanno lo stesso verso; è negativo se hanno verso opposto.

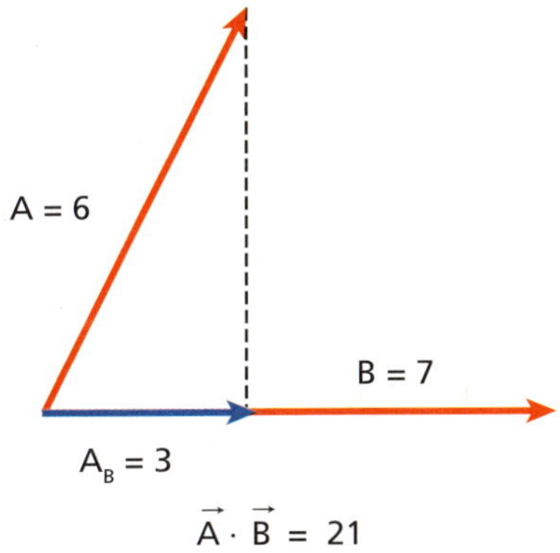

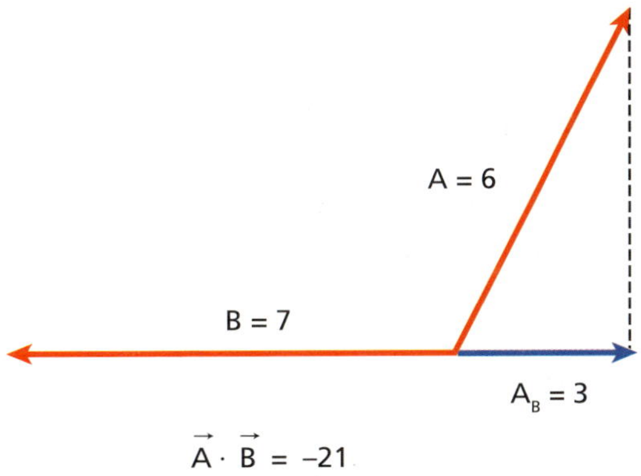

Il prodotto scalare $\vec{A}\cdot\vec{B}$ si può calcolare indifferentemente usando la proiezione $\vec{A}_B$ e $\vec{B}$ oppure la proiezione $\vec{B}_A$ e $\vec{A}$: ciò dipende dal fatto che i due triangoli OPQ e ORS sono simili, in quanto sono rettangoli e hanno l'angolo $\hat{O}$ in comune. I triangoli OPQ e ORS hanno quindi i lati in proporzione; in particolare

$$\frac{B}{B_A} = \frac{A}{A_B}$$

da cui segue l'uguaglianza

$$B\,A_B = A\,B_A$$

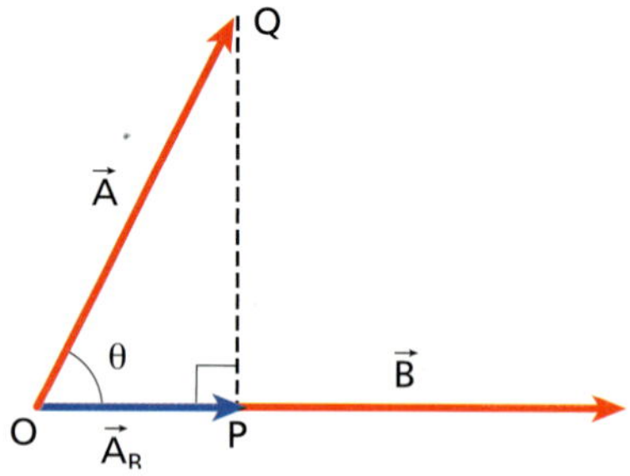

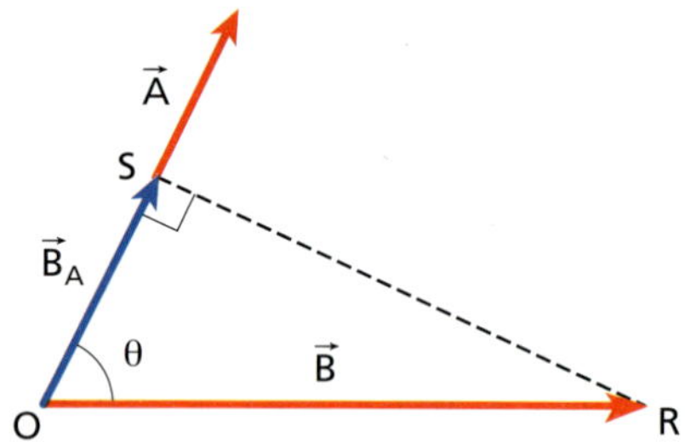

Osservando le figure precedenti, notiamo che

$$A_B = A\cos\theta \qquad B_A = B\cos\theta$$

ma essendo

$$A_B B = (A\cos\theta)B = A(B\cos\theta) = A\,B_A$$

si conclude che

$$\vec{A}\cdot\vec{B} = AB\cos\theta$$

In generale:

il **prodotto scalare** di due vettori $\vec{A}$ e $\vec{B}$ è il numero

$$\vec{A}\cdot\vec{B} = AB\cos\theta$$

dove θ è l'angolo formato dai vettori.

Dalla definizione deriva che il prodotto scalare

- è nullo se $\vec{A}$ e $\vec{B}$ sono perpendicolari:

$$\vec{A}\perp\vec{B} \quad\Rightarrow\quad \vec{A}\cdot\vec{B} = 0$$

- è massimo se $\vec{A}$ e $\vec{B}$ sono paralleli e concordi:

$$\vec{A}/\!/\vec{B} \quad\Rightarrow\quad \vec{A}\cdot\vec{B} = AB$$

Il prodotto scalare gode delle seguenti proprietà:

- proprietà commutativa:

$$\vec{A}\cdot\vec{B}=\vec{B}\cdot\vec{A}$$

- proprietà distributiva rispetto all'addizione:

$$\left(\vec{A}+\vec{B}\right)\cdot\vec{C}=\vec{A}\cdot\vec{C}+\vec{B}\cdot\vec{C}$$

Prodotto vettoriale

Il **prodotto vettoriale** di due vettori $\vec{A}$ e $\vec{B}$ è il vettore $\vec{C}=\vec{A}\times\vec{B}$ che ha:

- modulo

$$C=AB\,\text{sen}\,\theta$$

  dove θ è l'angolo formato dai due vettori;
- direzione perpendicolare al piano che contiene i vettori $\vec{A}$ e $\vec{B}$;
- verso dato dalla regola della mano destra, cioè il verso uscente dal palmo della mano destra se il pollice è posto nel verso di $\vec{A}$ e le altre dita nel verso di $\vec{B}$.

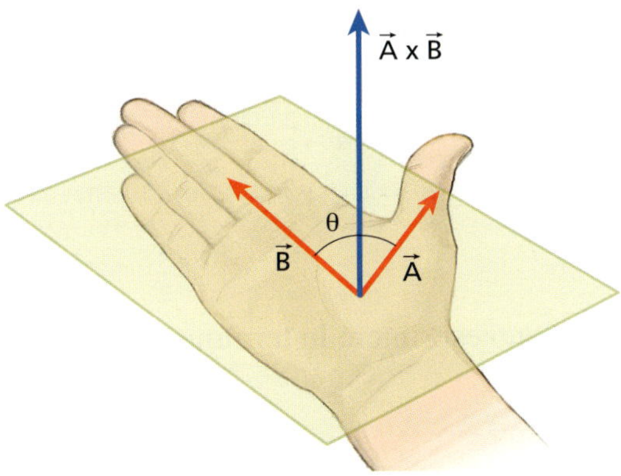

Dalla definizione si ricava che il prodotto vettoriale

- è nullo se $\vec{A}$ e $\vec{B}$ sono paralleli:

$$\vec{A}/\!/\vec{B}\quad\Rightarrow\quad\vec{A}\times\vec{B}=0$$

- è massimo se $\vec{A}$ e $\vec{B}$ sono perpendicolari:

$$\vec{A}\perp\vec{B}\quad\Rightarrow\quad\vec{A}\times\vec{B}=AB$$

Il prodotto vettoriale gode della proprietà anticommutativa:

$$\vec{A}\times\vec{B}=-\vec{B}\times\vec{A}$$

→ PROBLEMA Proprietà associativa • pag. 27
#vettori

Vettori in coordinate cartesiane

Consideriamo un sistema di riferimento cartesiano xy. Scomponendo un vettore $\vec{A}$ del piano lungo gli assi coordinati, si ottengono due vettori $\vec{A}_x$ e $\vec{A}_y$ tali che

$$\vec{A} = \vec{A}_x + \vec{A}_y$$

Le **componenti cartesiane**, o **componenti**, A_x e A_y del vettore $\vec{A}$ sono così definite:

- la componente A_x ha valore uguale al modulo di $\vec{A}_x$ e ha segno positivo se $\vec{A}_x$ ha lo stesso verso dell'asse x e segno negativo in caso contrario;
- la componente A_y si determina in maniera analoga.

Un vettore $\vec{A}$ può essere indicato mediante le sue componenti rispetto al sistema di riferimento scelto, come indicato nella figura seguente.

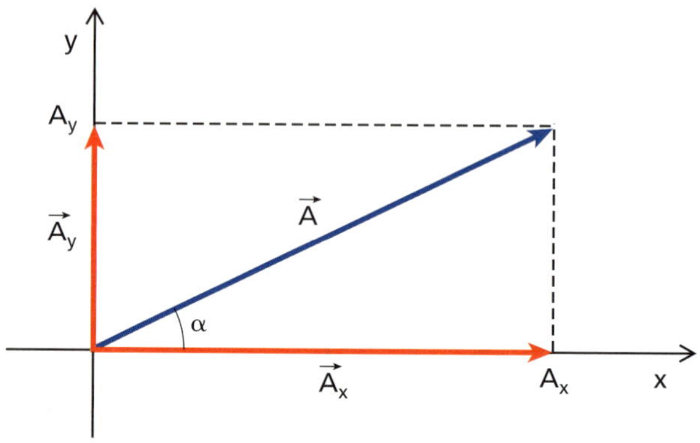

Le componenti di $\vec{A}$ si possono esprimere in termini del modulo A e dell'angolo α:

$$A_x = A \cos\alpha \qquad A_y = A \operatorname{sen}\alpha$$

Operazioni con i vettori in coordinate cartesiane

La rappresentazione mediante componenti cartesiane consente di effettuare le operazioni fra vettori in modo semplice e preciso.

Consideriamo due vettori $\vec{A} = (A_x, A_y)$ e $\vec{B} = (B_x, B_y)$ nel piano xy e lo scalare k. Riportiamo le formule con cui determinare il risultato di operazioni con questi vettori a partire dalle loro componenti.

- Il prodotto $\vec{E} = k\vec{A}$ è il vettore di componenti

$$E_x = kA_x \qquad E_y = kA_y$$

- La somma $\vec{C} = \vec{A} + \vec{B}$ è il vettore di componenti

$$C_x = A_x + B_x \qquad C_y = A_y + B_y$$

- La differenza $\vec{D} = \vec{A} - \vec{B}$ è il vettore di componenti

$$D_x = A_x - B_x \qquad D_y = A_y - B_y$$

- Il prodotto scalare $\vec{A} \cdot \vec{B}$ è il numero

$$A_x B_x + A_y B_y$$

Per dimostrare l'ultima relazione, consideriamo i due vettori $\vec{A}$ e $\vec{B}$ come somma dei rispettivi vettori componenti sugli assi x e y:

$$\vec{A} = \vec{A}_x + \vec{A}_y \qquad \vec{B} = \vec{B}_x + \vec{B}_y$$

Il prodotto scalare è quindi

$$\vec{A} \cdot \vec{B} = \left(\vec{A}_x + \vec{A}_y\right) \cdot \left(\vec{B}_x + \vec{B}_y\right)$$

Applicando due volte la proprietà distributiva si ottiene

$$\left(\vec{A}_x + \vec{A}_y\right) \cdot \left(\vec{B}_x + \vec{B}_y\right) = \vec{A}_x \cdot \left(\vec{B}_x + \vec{B}_y\right) + \vec{A}_y \cdot \left(\vec{B}_x + \vec{B}_y\right) =$$

$$= \vec{A}_x \cdot \vec{B}_x + \vec{A}_x \cdot \vec{B}_y + \vec{A}_y \cdot \vec{B}_x + \vec{A}_y \cdot \vec{B}_y$$

ma

- $\vec{A}_y \cdot \vec{B}_x = 0$ e $\vec{A}_x \cdot \vec{B}_y = 0$ perché i vettori sono perpendicolari fra loro;
- $\vec{A}_x \cdot \vec{B}_x = A_x B_x$ e $\vec{A}_y \cdot \vec{B}_y = A_y B_y$ perché i vettori sono paralleli fra loro.

In definitiva

$$\vec{A} \cdot \vec{B} = A_x B_x + A_y B_y$$

→ **PROBLEMA** **Componenti** • pag. 29
#vettori

3 Le forze

In fisica una forza è una grandezza che provoca un effetto nei corpi su cui agisce. Indipendentemente dalla sua origine, una forza può deformare un corpo oppure modificarne la velocità. L'esperienza mostra che questi effetti non dipendono solo da quanto è intensa la forza, ma anche dalla direzione e dal verso lungo cui agisce: la forza è una **grandezza vettoriale**.

L'intensità di una forza si misura con uno strumento detto *dinamometro* e si esprime in *newton* (N).

Quando si studia l'azione di due o più forze che agiscono contemporaneamente su un corpo, è sempre possibile sostituirle con la loro somma vettoriale, detta anche **risultante** o **forza totale**. Infatti

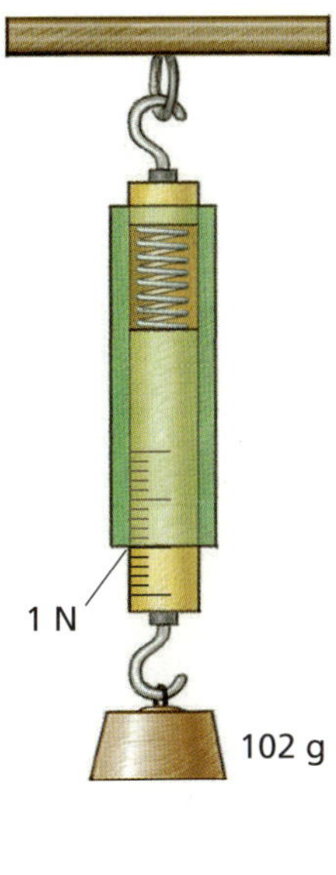

la **risultante** di due o più forze che agiscono su un corpo è la forza che dà luogo allo stesso effetto provocato sul corpo dall'azione complessiva di esse.

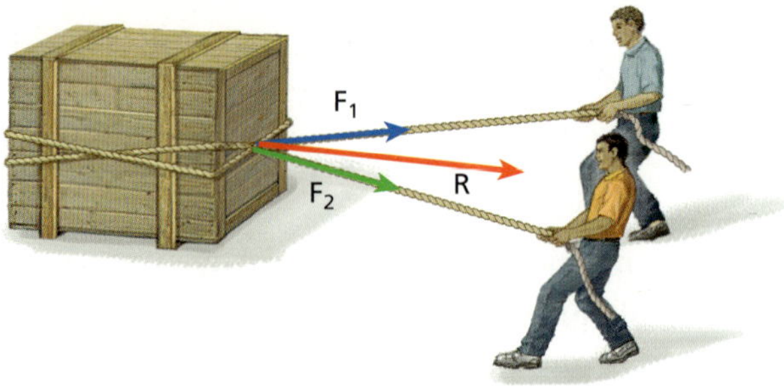

Equilibrio di un punto materiale

A seconda delle forze a cui è sottoposto, un corpo inizialmente fermo rimane in quiete oppure si muove.

Un corpo è in **equilibrio statico**, o semplicemente in **equilibrio**, quando è fermo e continua a rimanere fermo.

Il caso più semplice da analizzare è l'equilibrio di un punto materiale, ossia di un oggetto che ha dimensioni trascurabili rispetto all'ambiente in cui si trova.

Quando approssimiamo un corpo come un punto materiale

- trascuriamo la sua estensione e la sua struttura e lo consideriamo un semplice punto dotato di massa;
- ipotizziamo che tutte le forze agenti su di esso siano applicate nello stesso punto.

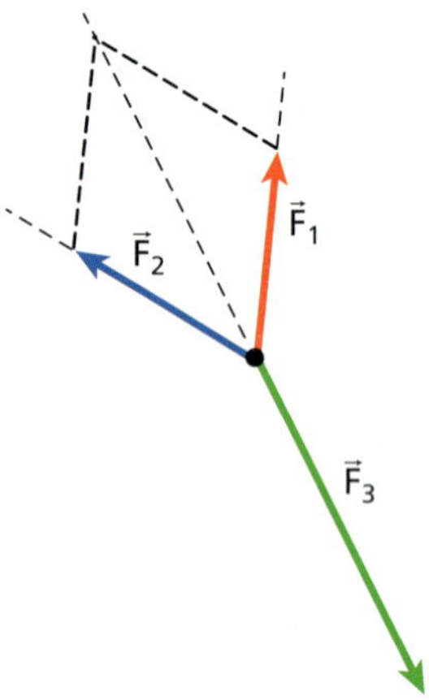

Le esperienze mostrano che:

- se un corpo rimane fermo allora è sottoposto a forze con risultante nulla;
- se su un corpo fermo agiscono forze con risultante nulla, allora il corpo resta fermo.

Possiamo quindi formulare la **condizione di equilibrio statico per un punto materiale**:

un punto materiale è in equilibrio statico quando la risultante delle forze che agiscono su di esso è nulla.

Forza peso

Fin da piccoli impariamo che un qualsiasi oggetto lasciato libero cade verso il suolo. Questo effetto è dovuto alla gravità, cioè alla forza con cui la Terra attrae i corpi.

#forzapeso

La **forza peso**, o **peso** di un corpo, è la forza con cui esso è attratto dalla Terra. Il peso di un corpo di massa m è

$$\vec{P} = m\vec{g}$$

dove $\vec{g}$ è l'accelerazione di gravità diretta verso il centro della Terra.

Il modulo g dell'accelerazione di gravità si misura in N/kg o in m/s^2 ed ha le seguenti proprietà:

- in un dato luogo, è lo stesso per tutti i corpi, indipendentemente dalla loro massa;
- può variare da luogo a luogo; per esempio, all'Equatore, a Roma e al Polo Nord vale rispettivamente 9,78 m/s^2, 9,80 m/s^2 e 9,83 m/s^2.

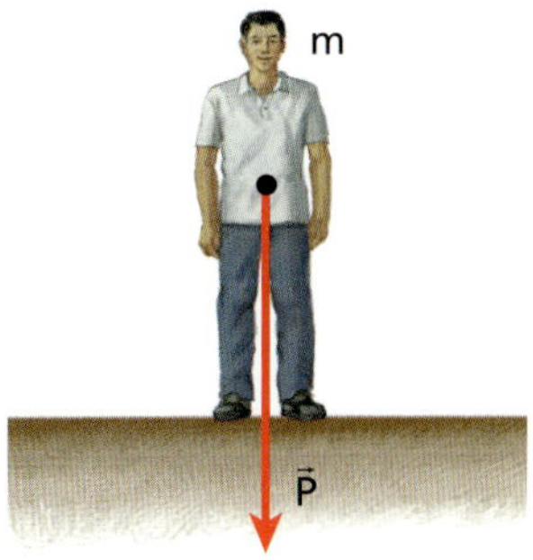

Nel seguito adottiamo, per semplicità, un valore medio di 9,8 N/kg.

Per conoscere la forza peso con cui sei attratto dalla Terra, basta che moltiplichi per 9,8 N/kg il valore indicato dalla bilancia su cui ti stai pesando. Per esempio, se la bilancia indica 56 kg, significa che la Terra ti sta attraendo con una forza peso di circa

$$P = mg = (56\ \text{kg})(9{,}8\ \text{N/kg}) = 550\ \text{N}$$

Tensione

In molte situazioni usiamo cavi, funi o fili per applicare forze ai corpi.

Per esempio, nella foto i cavi esercitano forze che equilibrano i pesi del ragazzo e del ponte sospeso lungo la via ferrata.

Massimo Romeni

Per mantenere ferma e tesa una fune, applichiamo ai suoi estremi due forze uguali e contrarie.

■ Ogni punto della fune rimane fermo perché è sottoposto a una coppia di forze opposte, con modulo T.

#tensione

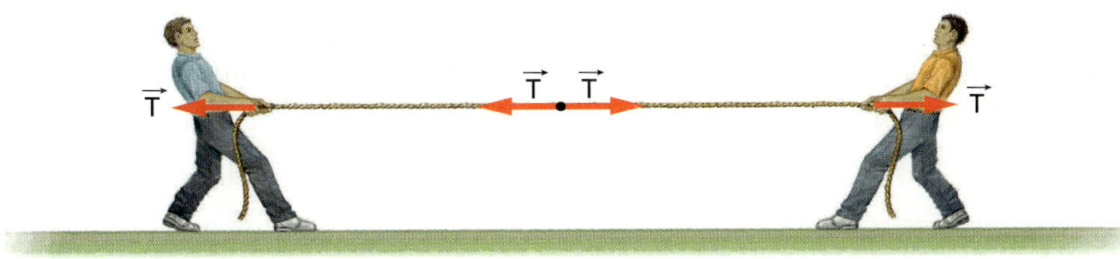

■ Se tagliamo la fune, i due capi si allontanano l'uno dall'altro. Per mantenere la fune tesa, bisogna applicare una forza di modulo T a entrambi i capi.

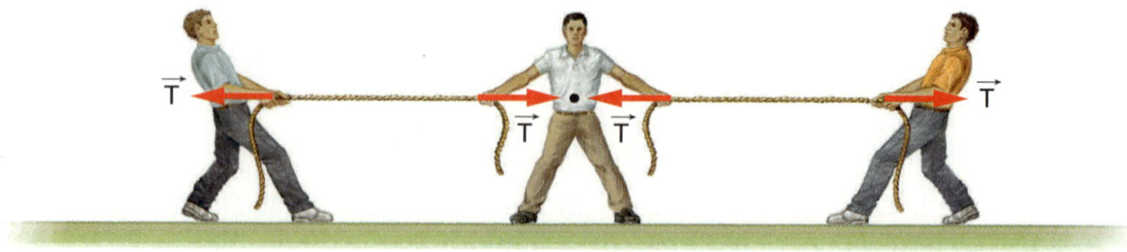

Mediante la misura di T, siamo in grado di misurare la **tensione** della fune, cioè la forza che ogni punto della fune esercita sul punto adiacente.

Su un corpo attaccato a un estremo di una fune si esercita una forza che ha come modulo la tensione della fune e che è diretta lungo la fune verso l'altro estremo.

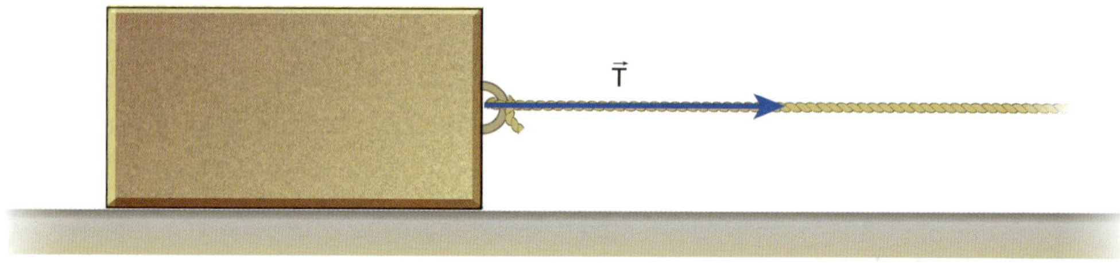

Per semplicità, nel seguito consideriamo solo *funi ideali*, ovvero funi che

- sono inestensibili, cioè mantengono invariata la lunghezza anche sotto tensione;
- hanno massa trascurabile, per cui la tensione è costante per tutta la lunghezza.

Forza elastica

Nella fase di riscaldamento gli atleti usano spesso bande elastiche di gomma. All'inizio, per tendere la banda elastica, l'atleta esercita una forza di piccola intensità, che però cresce al crescere dell'allungamento. Se l'atleta lascia la banda, non esercita più alcuna forza su di essa, ma la banda si muove accorciandosi: questo movimento è dovuto a una forza di richiamo interna alla banda.

holbox / Shutterstock

In modo analogo, quando tiriamo o spingiamo l'estremo libero di una molla, esercitiamo uno sforzo muscolare perché stiamo contrastando l'azione di una forza: la **forza elastica di richiamo** della molla. Se lasciamo andare la presa, l'estremo si muove sotto l'azione di questa forza e la molla torna alla sua lunghezza a riposo.

Per studiare la forza elastica di una molla, consideriamo il vettore spostamento $\vec{x}$ che va dalla posizione a riposo dell'estremo libero della molla alla sua posizione finale.

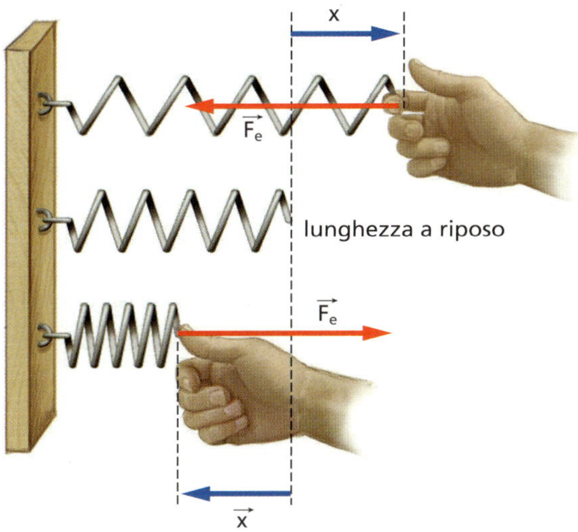

La forza elastica è una forza di richiamo, che tende a riportare la molla alla sua lunghezza a riposo: pertanto ha sempre la stessa direzione del vettore spostamento ma verso opposto.

Gli esperimenti mostrano che la forza è proporzionale all'allungamento, come afferma la **legge di Hooke**:

quando l'estremo libero di una molla è allontanato dalla posizione di riposo di uno spostamento $\vec{x}$, la forza elastica di richiamo è

$$\vec{F}_e = -k\vec{x}$$

#forzaelastica

DENTRO LA FORMULA

- k è la costante elastica della molla; si misura in N/m e il suo valore dipende dalla forma e dal materiale di cui è fatta la molla.
- Più rigida è la molla, più grande è k.
- $\vec{x}$ è lo spostamento dell'estremo libero della molla rispetto al punto in cui si trova quando la molla è a riposo ed è sempre lungo la direzione della molla.
- La forza ha la stessa direzione dello spostamento.
- Il segno meno indica che la forza ha verso opposto allo spostamento.

La legge di Hooke è una relazione sperimentale che vale solo nel caso in cui la forza esterna non provochi alla molla un allungamento eccessivo. Se ciò accade, la molla si deforma in modo permanente e la forza elastica non è più proporzionale all'allungamento.

Forza d'attrito

Quando spingiamo una poltrona sentiamo una forza che si oppone allo spostamento: si tratta dell'attrito radente.

L'**attrito radente** è una forza che si origina tra due superfici a contatto. Questa forza agisce in direzione parallela alle superfici e ne ostacola il moto relativo, cioè lo scivolamento di una rispetto all'altra.

Attrito statico

Consideriamo due corpi a contatto, fermi uno rispetto all'altro: per esempio, un blocchetto di legno appoggiato su un tavolo orizzontale.

La forza peso del blocchetto lo preme sul tavolo in direzione perpendicolare alle superfici di contatto, con intensità $F_\perp$. In generale, $\vec{F}_\perp$ è la forza premente totale che si esercita fra le due superfici in direzione perpendicolare a esse.

Analizziamo che cosa succede quando esercitiamo sul blocchetto una forza orizzontale $\vec{F}$ di intensità crescente. Poiché il blocchetto rimane in quiete, possiamo concludere che su esso è applicata una forza totale nulla.

All'inizio l'intensità della forza è piccola e il blocchetto rimane fermo. La forza orizzontale totale è nulla perché si origina una forza di attrito statico $\vec{F}_s$ uguale e contraria alla forza applicata:

$$\vec{F}_s = -\vec{F}$$

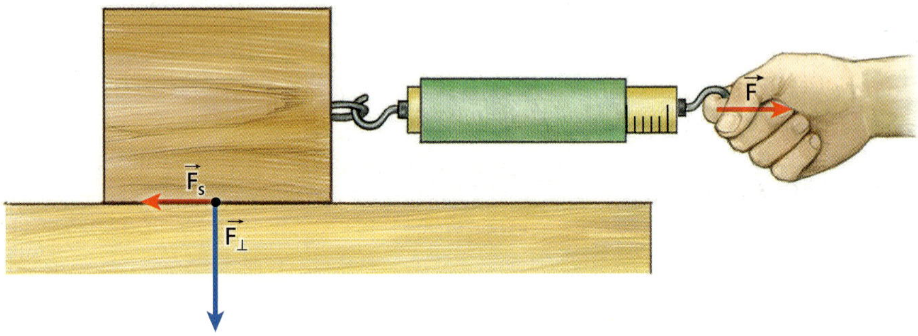

All'aumentare della forza esterna, cresce anche la forza di attrito. Quando l'intensità della forza esterna supera un particolare valore F_s^{max}, il blocchetto comincia a muoversi.

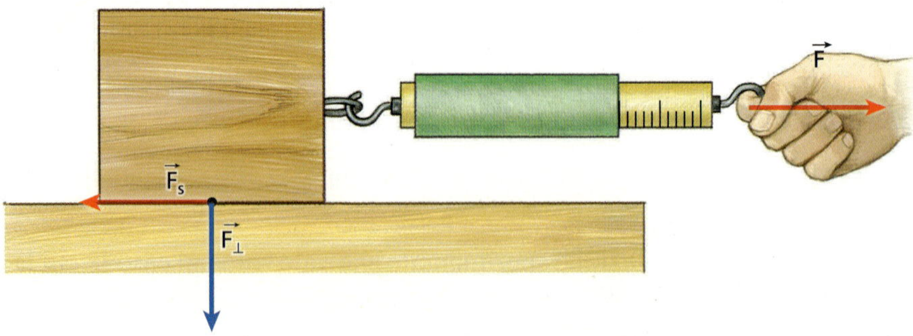

L'intensità massima della forza di attrito tra il blocchetto e il tavolo è proprio F_s^{max}. Si verifica che l'intensità della forza di attrito F_s^{max} è direttamente proporzionale all'intensità della forza premente $F_\perp$.

#attritostatico

La **forza di attrito statico** $\vec{F}_s$ fra due superfici ferme e premute una contro l'altra con una forza $\vec{F}_\perp$ perpendicolare a esse

- si origina quando una forza $\vec{F}$ parallela alle due superfici tende a farle slittare l'una sull'altra;

- ha direzione parallela alle superfici;
- ha verso opposto a $\vec{F}$;
- ha intensità uguale a $\vec{F}$ fino a quando non raggiunge il valore massimo

$$F_s^{max} = \mu_s F_\perp$$

DENTRO LA FORMULA

- La costante μ_s è detta **coefficiente di attrito statico**: è un numero adimensionale che dipende dalla natura delle superfici poste a contatto.
- Con buona approssimazione la forza di attrito fra due superfici non dipende dall'area di contatto.

Attrito dinamico

L'attrito dinamico è la forza che si origina tra due superfici a contatto che si muovono l'una rispetto all'altra.

Un oggetto lanciato su un piano si ferma proprio per l'azione dell'attrito dinamico $\vec{F}_d$ che si origina tra le superfici dell'oggetto e del tavolo.

Per mantenere costante la velocità dell'oggetto bisogna esercitare su di esso una forza uguale e contraria all'attrito dinamico.

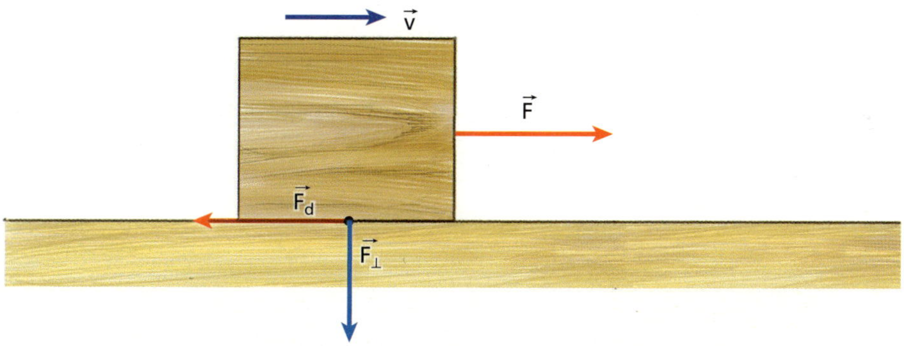

La forza di attrito dinamico $\vec{F}_d$ fra due superfici in moto relativo e premute l'una contro l'altra con una forza $\vec{F}_\perp$ perpendicolare a esse ha

- direzione parallela alle superfici;
- verso opposto a quello del moto relativo delle due superfici;
- intensità

$$F_d = \mu_d F_\perp$$

#attritodinamico

La costante μ_d è detta **coefficiente di attrito dinamico**: è un numero adimensionale che dipende dalla natura delle superfici a contatto.

In genere il coefficiente di attrito dinamico fra due superfici è minore del corrispondente coefficiente di attrito statico. Per questo motivo è più facile spingere una poltrona quando si sta già muovendo, rispetto a quando è ferma.

Richiami su moti, vettori e forze

IN 3 MINUTI
La velocità • L'accelerazione • Le forze

Velocità

$$v_m = \frac{\Delta s}{\Delta t}$$

velocità media (m/s)
spostamento del corpo (m)
intervallo di **tempo** (s)

Accelerazione

$$a_m = \frac{\Delta v}{\Delta t}$$

accelerazione media (m/s²)
variazione di **velocità** (m/s)
intervallo di **tempo** (s)

Moto rettilineo uniforme

$$s = s_0 + vt$$

Moto rettilineo uniformemente accelerato

$$v = v_0 + at$$

$$s = s_0 + v_0 t + \frac{1}{2}at^2$$

$$v_m = \frac{1}{2}(v_1 + v_2)$$

$$v^2 = v_0^2 + 2a\Delta s$$

Vettori

Prodotto scalare

$$\vec{A}\cdot\vec{B} = AB\cos\theta$$

Prodotto vettoriale

$$\vec{C} = \vec{A}\times\vec{B}$$

$$C = AB \operatorname{sen}\theta$$

Forze

Forza peso

$$\vec{P} = m\vec{g}$$

Forza elastica

$$\vec{F}_e = -k\vec{x}$$

k: costante elastica
$\vec{x}$: spostamento dalla posizione di equilibrio

Forza di attrito statico

$$F_s^{max} = \mu_s F_\perp$$

F_s^{max}: forza massima di attrito statico
$F_\perp$: forza premente
μ_s: coefficiente di attrito statico

Forza di attrito dinamico

$$F_d = \mu_d F_\perp$$

μ_d: coefficiente di attrito dinamico

ESERCIZI

ZTE ONLINE
Mettiti alla prova
con 20 esercizi interattivi

1 I moti

Descrizione del moto

1 Un punto materiale si muove dalla posizione iniziale $s_1 = 3$ m a quella finale $s_2 = -8$ m.

▶ Determina lo spostamento del punto. [−11 m]

2 Considera il moto di un modellino radiocomandato di cui sono stati rilevati i dati seguenti:

t (s)	15	16	17	18	20
s (m)	12,5	17,5	22	28	40

▶ Traccia il grafico spazio-tempo.

▶ Stima la posizione occupata dal modellino all'istante $t = 19$ s. [34 m]

3 **PROBLEMA** **Diagramma del moto**
#motorettilineo

Il diagramma riporta la legge spazio-tempo di un corpo che si muove lungo una retta.

▶ Descrivi il moto del corpo.

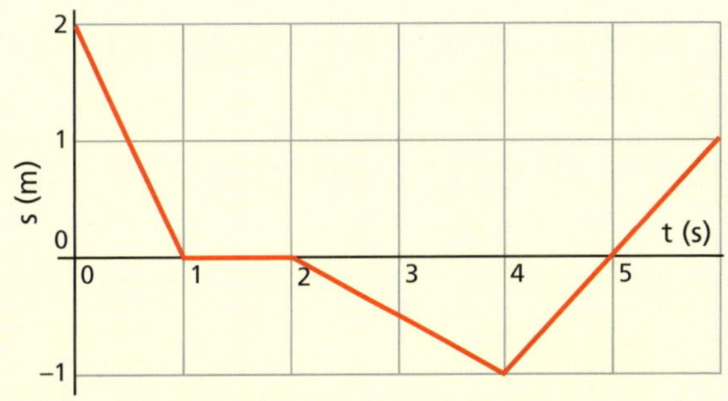

LA RISOLUZIONE

Le caratteristiche del moto del corpo sono riportate in corrispondenza dei rispettivi tratti del grafico spazio-tempo.

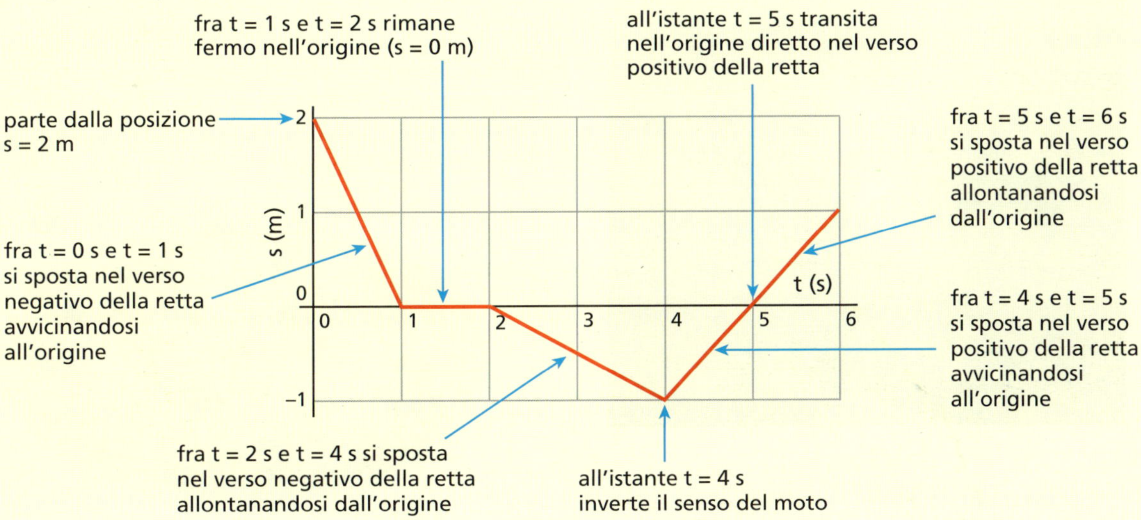

4 Il diagramma riporta la legge spazio-tempo di un corpo che si muove lungo una retta.

▶ Completa le seguenti affermazioni:

a il corpo parte da s = ...;

b si sposta nel verso positivo della retta tra gli istanti t = ... e t = ... e tra gli istanti t = ... e t = ...;

c si sposta nel verso positivo della retta tra gli istanti t = ... e t = ...;

d tra gli istanti $t = 1$ s e $t = 2$ s è .... nell'origine.

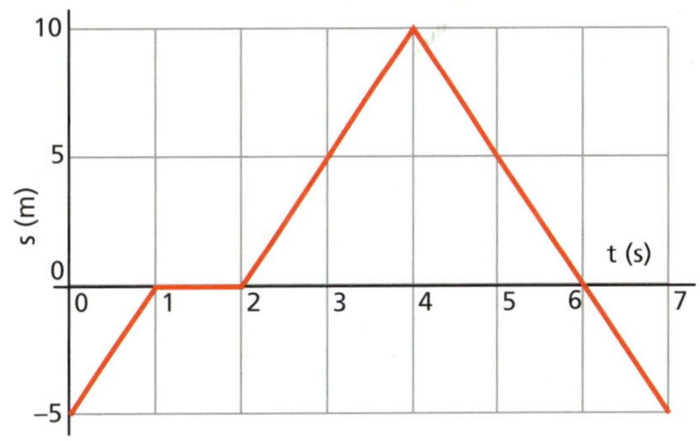

5 Il diagramma riporta la posizione, in diversi istanti di tempo, di due corpi A e B, che scorrono su due rotaie parallele.

▶ Stabilisci se le seguenti affermazioni sono vere o false.

a Il moto di nessuno dei due corpi ha inizio nell'origine dell'asse delle posizioni. V F

b Il corpo B si avvicina all'origine nei primi 2 s di moto. V F

c Entrambi i corpi si fermano dopo 2,5 s nella posizione $s = 2$ m. V F

d La distanza fra i due corpi aumenta col tempo. V F

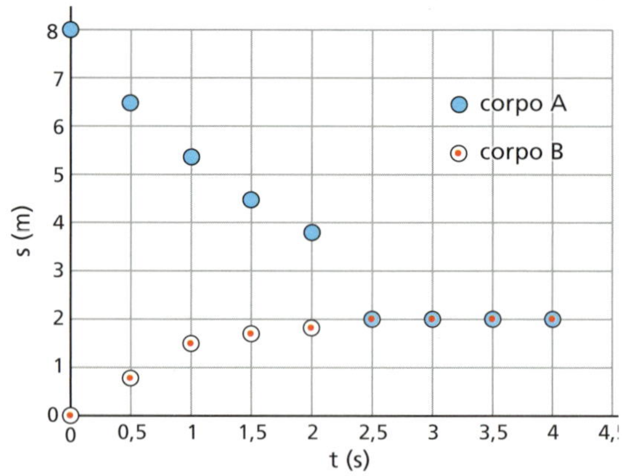

Velocità e moto rettilineo uniforme

6 In un tornado si possono registrare venti che soffiano anche a 300 km/h.

▶ Converti questa velocità in m/s. [83 m/s]

Fer Gregory / Shutterstock

7 Un automobilista parte da Bologna e arriva a Milano in due ore e mezza. Nel suo tragitto ha percorso 215 km.

▶ Calcola la velocità media dell'auto. [86 km/h]

8 Lanci un grido di fronte a una parete rocciosa che dista 700 m. Il suono si propaga a 340 m/s.

▶ Dopo quanto tempo senti l'eco? [4 s]

9 Un'auto transita sotto una telecamera Tutor alle ore $8^h25'05''$ e sotto la successiva, che dista 4,8 km, alle ore $8^h27'00''$.

▶ Quanto vale la velocità media dell'auto? [150 km/h]

10 In autostrada l'inizio di ogni kilometro è contrassegnato da un cartello. Percorrendo un tratto rettilineo di autostrada, ti accorgi che passano 45 s tra un cartello e il successivo.

▶ A quale velocità stai progredendo?

▶ A quella velocità, impieghi più o meno di 1 s per oltrepassare un pullman lungo 12 m? [80 km/h]

11 Nella produzione industriale di pizze, ogni pizza transita all'interno di un forno lungo 12 m su un nastro trasportatore, che la sposta a 4 cm/s.

▶ Calcola il tempo di cottura. [5 min]

Laborant / Shutterstock

12 Un maratoneta è in grado di mantenere a lungo una velocità costante di 1 km ogni 3 min.

▶ Quanto tempo impiega il maratoneta per percorrere 800 m?

▶ Quanto impiegherebbe per correre tutta una maratona (42,195 km) a quella velocità? [$2'24''$; $2^h6'35''$]

13 **PROBLEMA** **Il podista**
#velocità

Un podista percorre 200 m in 2,0 min e poi 200 m in 1′10″.
▶ Calcola la sua velocità media.

LA RISOLUZIONE

1. La velocità media calcolata sullo spostamento totale è il rapporto

$$v_m = \frac{\Delta s_{tot}}{\Delta t_{tot}}$$

2. Risulta:

$$\Delta s_{tot} = \Delta s_1 + \Delta s_2$$

$$\Delta t_{tot} = \Delta t_1 + \Delta t_2$$

I DATI E IL RISULTATO

$\Delta s_1 = 200$ m
$\Delta s_2 = 200$ m
$\Delta t_1 = 2{,}0$ min $= 120$ s
$\Delta t_2 = 1{,}0$ min $+ 10$ s $= 70$ s

$$v_m = \frac{200\ \text{m} + 200\ \text{m}}{120\ \text{s} + 70\ \text{s}} = 2{,}1\ \text{m/s}$$

14 Un podista si allena per correre la maratona. In una sessione di allenamento deve mantenere una velocità media di 6,0 m/s per 5400 m. Nei primi 1500 m corre a 5,0 m/s.
▶ Quale velocità deve mantenere nel secondo tratto per ottenere la velocità media voluta?
[6,5 m/s]

15 In una ditta di conserve alimentari, una scatola viene spostata da un nastro trasportatore per 8,4 m a 1,2 m/s e poi per 15 m a 0,75 m/s.
▶ Calcola la velocità media della scatola sull'intero percorso.
▶ Traccia il diagramma spazio-tempo della scatola.
[0,87 m/s]

16 Dagli estremi di una rotaia lunga 4,20 m sono fatti partire contemporaneamente due carrelli che si muovono a velocità costante. La velocità di un carrello è, in valore assoluto, doppia di quella dell'altro. I due carrelli si urtano dopo 0,70 s.
▶ Qual è la velocità di ciascun carrello?
[2,0 m/s, –4,0 m/s]

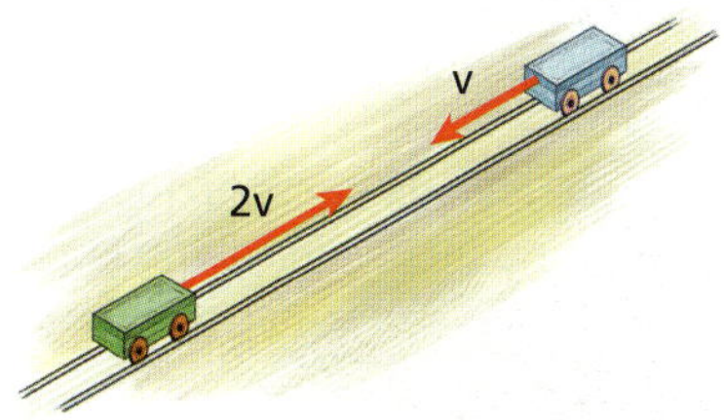

17 Due carrelli, A e B, si muovono lungo rotaie parallele con le seguenti leggi orarie:

$$s_A = (3{,}6\ \text{m/s})\,t - 8{,}0\ \text{m}$$
$$s_B = -(1{,}2\ \text{m/s})\,t + 28\ \text{m}$$

▶ Determina la distanza tra i due carrelli all'istante $t = 0$ s.
▶ Trova l'istante di tempo e la posizione in cui i due carrelli si incrociano.
[36 m; 7,5 s; 19 m]

Accelerazione e moto uniformemente accelerato

18 Un'auto procede a 90 km/h. Per evitare un ostacolo, il conducente frena e arresta l'auto in 3,8 s.
▶ Calcola l'accelerazione dell'auto.
[$-6{,}6$ m/s^2]

19 Alla partenza di un Gran Premio di Formula 1, una monoposto ha fatto registrare i seguenti dati:

t (s)	0	2,6	3,9	5,1	7,3
v (km/h)	0	100	160	200	250

▶ Riporta i dati in un grafico velocità-tempo.
▶ Qual è l'accelerazione media con cui la monoposto è passata da 0 km/h a 100 km/h?
▶ Quale accelerazione media aveva passando da 200 km/h a 250 km/h?
[11 m/s^2; 6,3 m/s^2]

20 PROBLEMA **Rallentare**
#accelerazione

Lungo un tratto rettilineo di un'autostrada è allestito un cantiere per il rinnovo dei guardrail. Due cartelli posti a distanza di 50 m segnalano la diminuzione della velocità massima consentita da 110 km/h a 80 km/h.

▶ Quale accelerazione subisce un automobilista che rispetti tale prescrizione?

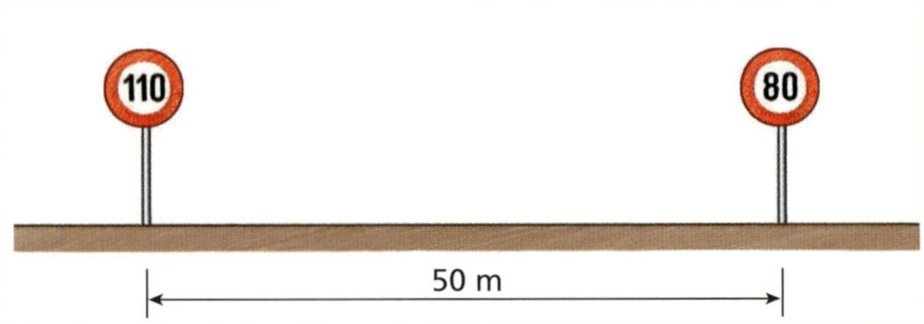

LA RISOLUZIONE

1. Per passare dalla velocità v_0 alla velocità v in un tratto Δs l'accelerazione a è tale che

$$v^2 = v_0^2 + 2a\Delta s$$

2. Esplicitiamo l'accelerazione

$$a = \frac{v^2 - v_0^2}{2\Delta s}$$

I DATI E IL RISULTATO

$v_0 = 110$ km/h

$v = 80$ km/h

$\Delta s = 50$ m

$$a = \frac{\left(\frac{80}{3{,}6}\text{ m/s}\right)^2 - \left(\frac{110}{3{,}6}\text{ m/s}\right)^2}{2(50\text{ m})} = -4{,}4\text{ m/s}^2$$

21 Con un arco da competizione, una freccia passa da 0 m/s a 50 m/s in soli 60 cm.

▶ Quale accelerazione media subisce la freccia? [2100 m/s²]

Diego Barbieri / Shutterstock

22 Per raggiungere la velocità record di 1342 km/h, Felix Baumgartner si è lanciato da una capsula portata da un pallone pieno di elio nella stratosfera, all'altezza di 39 km. A quella quota l'accelerazione di gravità è 9,7 m/s². Trascura la resistenza dell'aria.

▶ Quanto tempo ha impiegato Baumgartner per raggiungere la velocità record?

▶ Per quanti kilometri è sceso prima di raggiungere tale velocità?

[38 s; 7,0 km]

23 Un corpo si sposta fra gli istanti $t = 0$ s e $t = 3$ s con la legge oraria mostrata in figura. Stabilisci quando:

▶ il corpo è nell'origine;

▶ la velocità è nulla;

▶ il modulo della velocità è massimo.

[2 s; 2 s; 0 s]

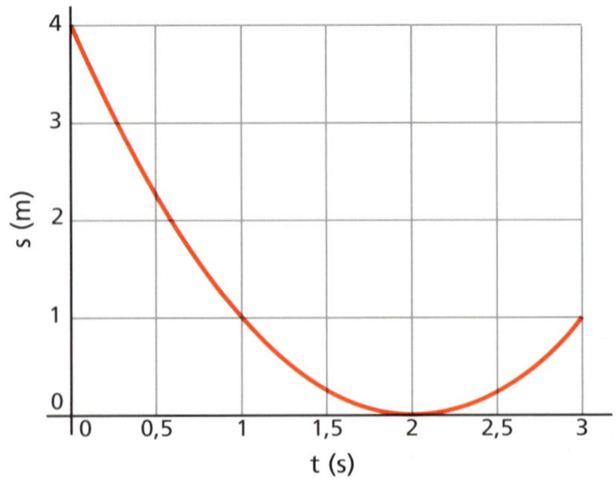

24 Un corpo si muove lungo una retta con la legge oraria

$$s = 5\text{ m} - (1{,}2\text{ m/s})t + (1{,}8\text{ m/s}^2)t^2$$

▶ Traccia il diagramma posizione-tempo.

▶ Determina la sua posizione e la sua velocità all'istante $t = 2{,}8$ s. [16 m; 8,9 m/s]

2 I vettori

Operazioni con i vettori

25 Francesca vola da Bari e Roma e poi da Roma a Palermo.

▶ Traccia il vettore spostamento totale.

26 Considera la seguente affermazione: «Se $\vec{A} = \vec{B} + \vec{C}$, allora A è sempre maggiore sia di B sia di C».

▶ Stabilisci se l'affermazione è vera fornendo una giustificazione.

27 È noto che $\vec{A} = \vec{B} + \vec{C}$ e che $A = B + C$.

▶ Come è orientato il vettore $\vec{B}$ rispetto al vettore $\vec{C}$?

28 È noto che $\vec{A} = \vec{B} - \vec{C}$ e che $A = B + C$.

▶ Come è orientato il vettore $\vec{B}$ rispetto al vettore $\vec{C}$?

29 Considera il vettore $\vec{A}$ di figura.

▶ Traccia i vettori $2\vec{A}$, $0{,}5\vec{A}$, $-\vec{A}$, $-1{,}5\vec{A}$.

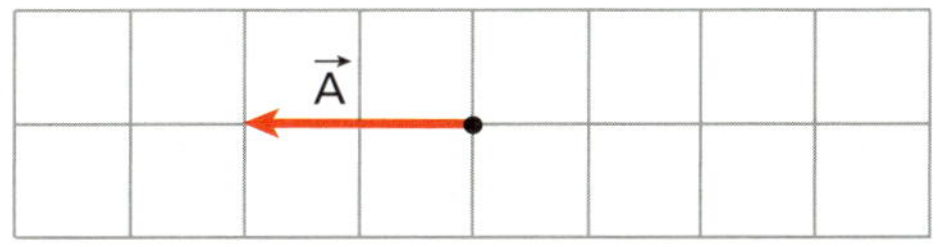

30 Considera il vettore $\vec{A}$ di figura.

▶ Determina il vettore $\vec{B}$ su r e il vettore $\vec{C}$ su s, tali che la loro somma sia $\vec{A}$.

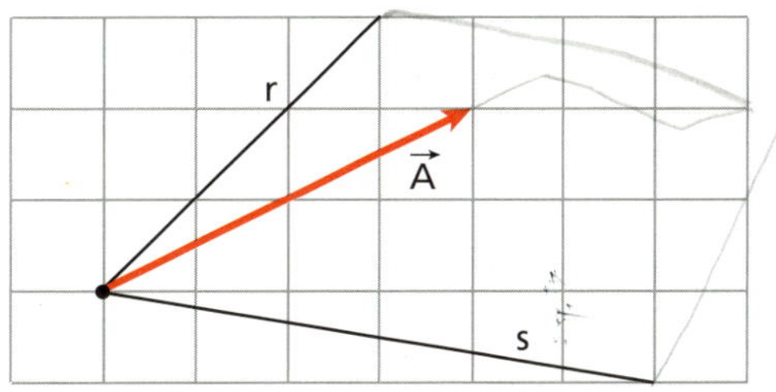

31 Considera i vettori $\vec{A}$ e $\vec{B}$ in figura.

▶ Traccia la somma dei due vettori prima con il metodo punta-coda e poi con il metodo del parallelogramma.

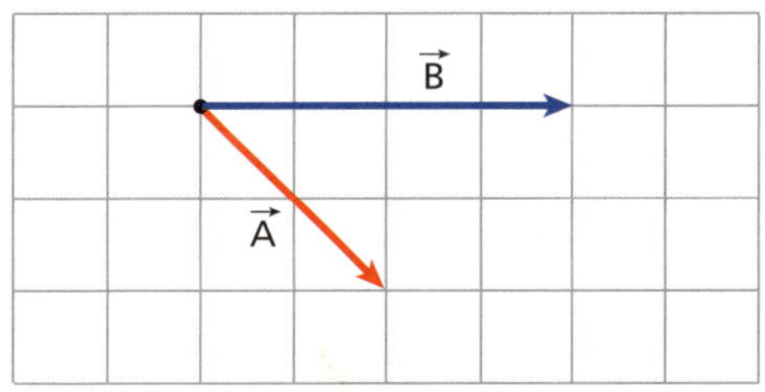

32 PROBLEMA **Proprietà associativa**
#vettori

L'addizione tra vettori gode della proprietà associativa: comunque siano scelti tre vettori $\vec{A}$, $\vec{B}$ e $\vec{C}$ si ha che

$$\left(\vec{A} + \vec{B}\right) + \vec{C} = \vec{A} + \left(\vec{B} + \vec{C}\right)$$

Ciò significa che il vettore somma non dipende dall'ordine con cui sono addizionati i vettori.

▶ Verifica la proprietà associativa nel caso particolare dei tre vettori mostrati in figura.

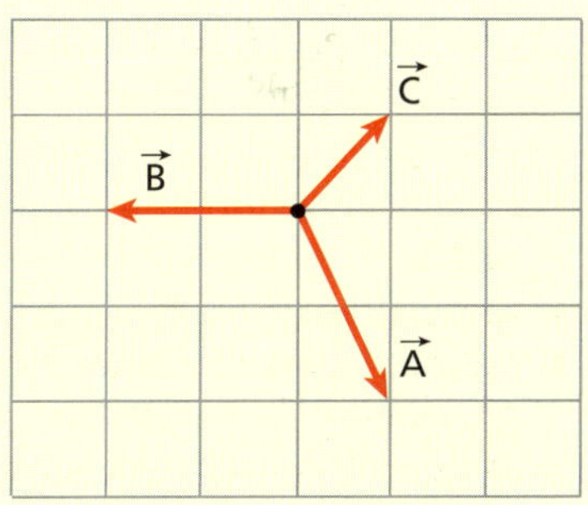

LA RISOLUZIONE

1. Per prima cosa tracciamo la somma $\vec{A} + \vec{B}$:

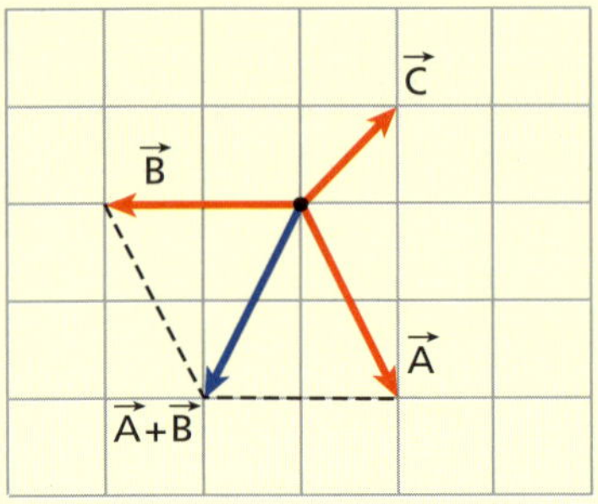

2. Prendiamo il vettore somma e addizioniamolo a $\vec{C}$:

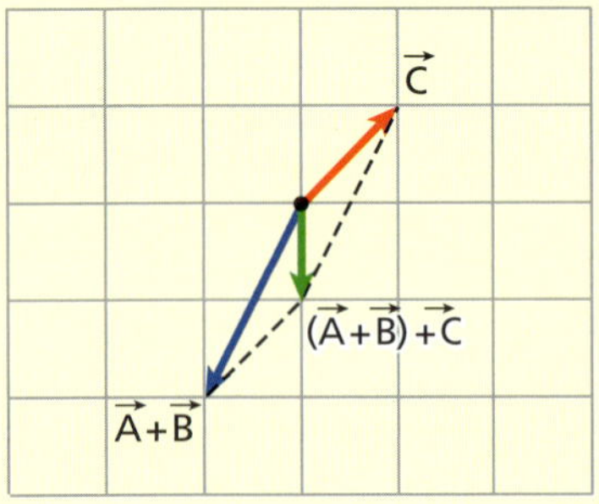

3. Ora tracciamo la somma $\vec{B} + \vec{C}$:

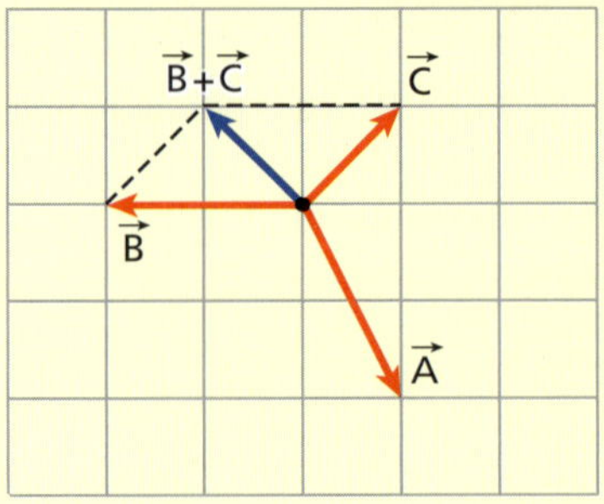

4. Prendiamo il vettore somma appena calcolato e addizioniamolo ad $\vec{A}$:

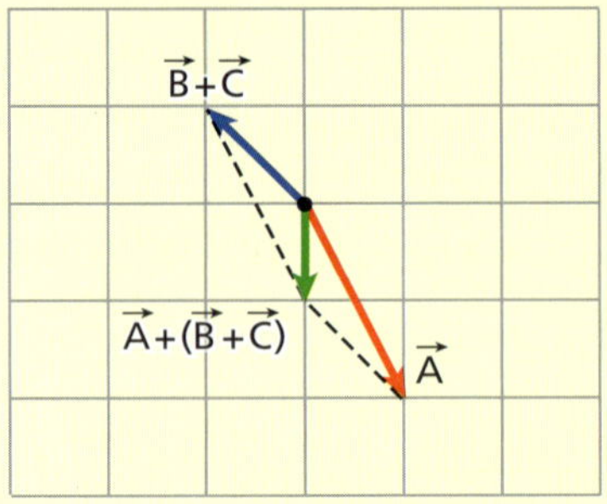

5. Come si vede: $(\vec{A} + \vec{B}) + \vec{C} = \vec{A} + (\vec{B} + \vec{C})$.

33 Considera i vettori $\vec{A}$, $\vec{B}$ e $\vec{C}$ mostrati in figura.
▶ Verifica che la loro somma è nulla.

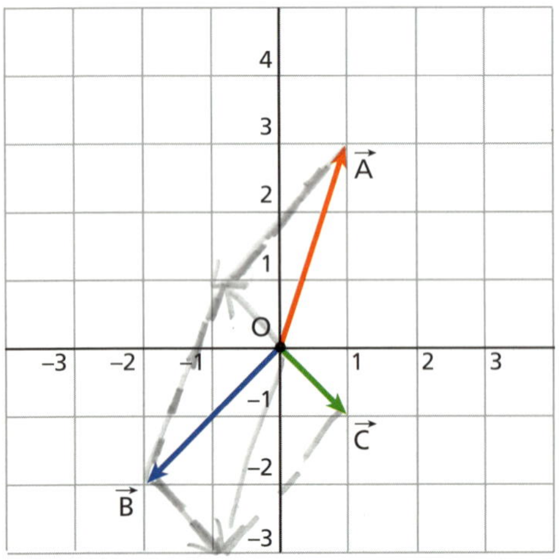

34 Considera tre vettori $\vec{A}$, $\vec{B}$ e $\vec{C}$ applicati allo stesso punto P.
▶ Tracciali su un foglio a quadretti.
▶ Verifica la seguente uguaglianza:
$(\vec{A} + \vec{B}) - \vec{C} = \vec{A} + (\vec{B} - \vec{C})$.

35 Considera attentamente i vettori rappresentati nella figura.
▶ Disegna: $-\vec{A} + \vec{B}$, $\vec{A} + \vec{B}$, $\vec{A} + 0{,}5\vec{B}$.

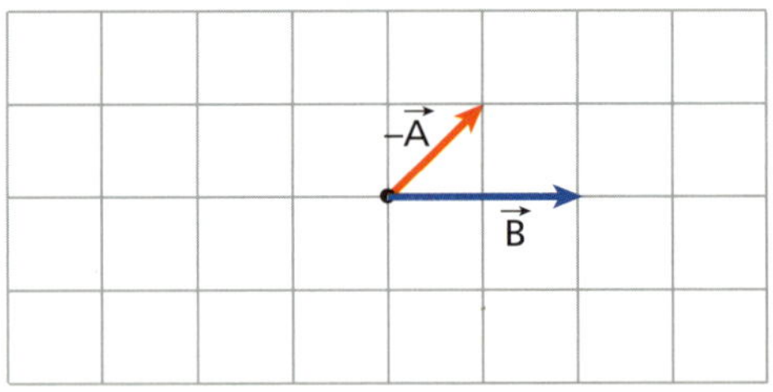

36 I vettori $\vec{A}$ e $\vec{B}$ formano un angolo di 65° e hanno moduli $A = 5{,}0$ e $B = 6{,}0$.
▶ Disegna su un foglio i due vettori in una scala opportuna.
▶ Determina graficamente il modulo della loro somma.

37 Il vettore $\vec{A}$ è parallelo al vettore $\vec{C}$, mentre il vettore $\vec{B}$ è perpendicolare al vettore $\vec{C}$.
▶ Che cosa puoi dire del prodotto scalare $\vec{A} \cdot \vec{B}$?

38 Il vettore $\vec{A}$ ha modulo 13, mentre $\vec{B}$ ha modulo 16. I due vettori formano un angolo di 30°.
▶ Calcola il prodotto scalare $\vec{A} \cdot \vec{B}$.
▶ Determina il modulo del prodotto vettoriale $\vec{A} \times \vec{B}$. [180; 104]

Vettori in coordinate cartesiane

39 Considera i vettori $\vec{A}$ e $\vec{B}$ rappresentati in figura.
▶ Determina le componenti cartesiane dei due vettori.

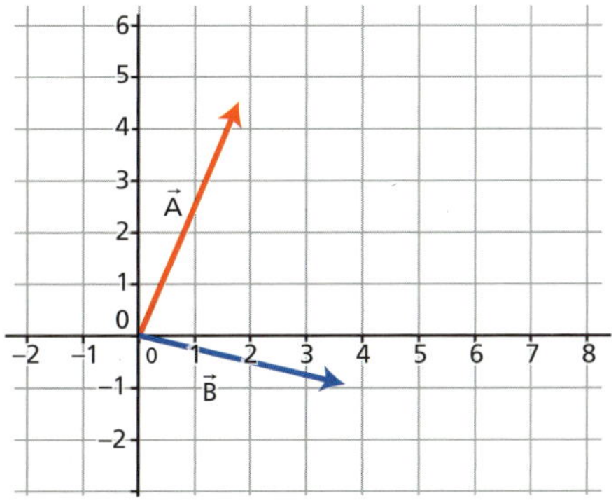

40 Considera i vettori $\vec{A}$ e $\vec{B}$ rappresentati in figura.
▶ Determina le componenti cartesiane dei due vettori.

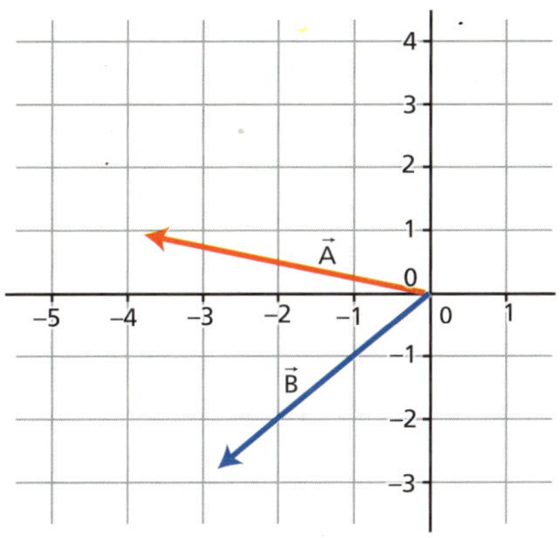

41 Il vettore $\vec{A}$ di figura rappresenta una forza di 18,0 N.
▶ Calcola le sue componenti cartesiane.

[$\vec{A}$ = (15,6 N, 9,0 N)]

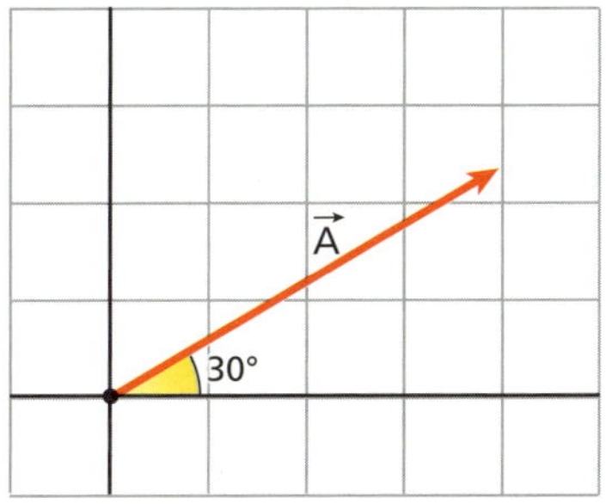

42 Considera i vettori $\vec{A}$ e $\vec{B}$ rappresentati in figura. I loro moduli sono $A = 7{,}30$ e $B = 8{,}40$.
▶ Determina le componenti cartesiane dei due vettori.

[$\vec{A}$ = (−3,65, 6,32), $\vec{B}$ = (−5,94, −5,94)]

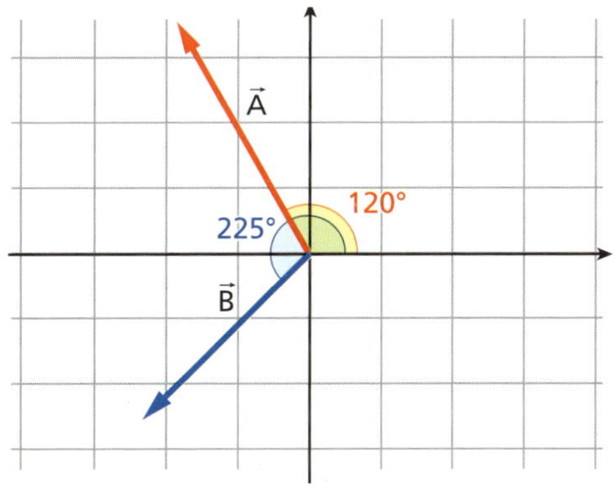

43 **PROBLEMA** **Componenti**
#vettori

Considera i vettori $\vec{A}$ e $\vec{B}$ rappresentati in figura.
▶ Determina le componenti del vettore somma $\vec{C}$.
▶ Calcola il modulo C di tale vettore.

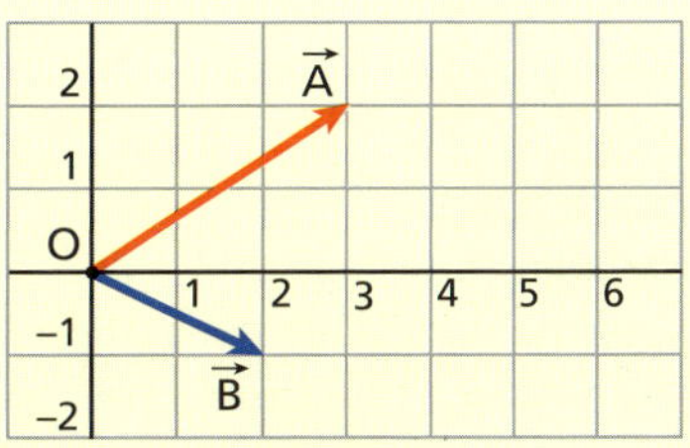

LA RISOLUZIONE

1. Le componenti del vettore somma $\vec{C} = \vec{A} + \vec{B}$ sono (C_x, C_y).

2. Ogni componente è la somma delle componenti di $\vec{A}$ e di $\vec{B}$:

$$C_x = A_x + B_x$$

$$C_y = A_y + B_y$$

3. Dal grafico si ottiene:

$$\vec{A} = (3, 2) \qquad \vec{B} = (2, -1)$$

4. Le componenti di $\vec{C}$ risultano:

$$C_x = 3 + 2 = 5$$

$$C_y = 2 - 1 = 1$$

5. Il modulo di C è

$$C = \sqrt{C_x^2 + C_y^2} = \sqrt{5^2 + 1^2} = \sqrt{26} = 5{,}1$$

44 Considera i vettori $\vec{A}$ e $\vec{B}$ rappresentati in figura.
- ▶ Utilizzando le informazioni presenti nel grafico, scrivi le componenti del vettore somma. [(0, 2,7)]

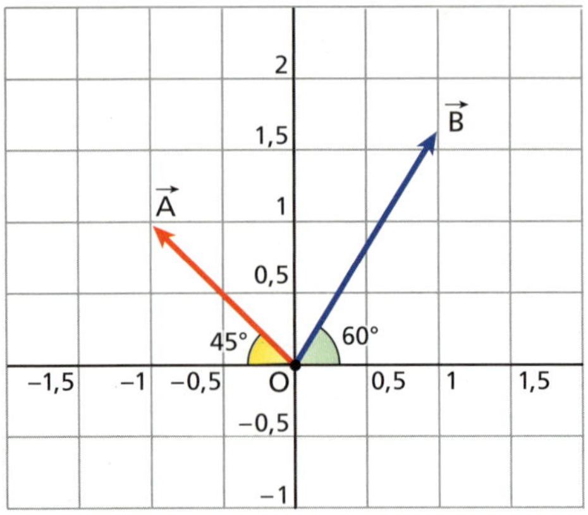

45 Considera il vettore $\vec{A}$ mostrato in figura e un vettore $\vec{B} = (5, -1)$.
- ▶ Determina graficamente il vettore somma $\vec{C} = \vec{A} + \vec{B}$.
- ▶ Calcola il modulo C di tale vettore. [(4,1)]

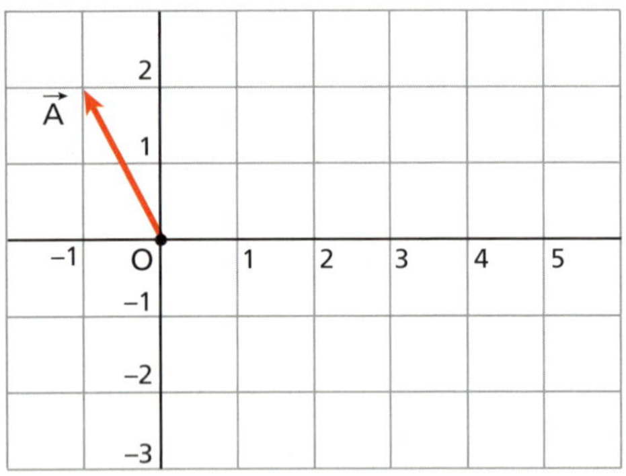

46 Considera i vettori di figura.
- ▶ Scrivi le componenti cartesiane di $\vec{A}$ e di $\vec{B}$.
- ▶ Scrivi le componenti cartesiane del vettore $\vec{C}$ sull'asse x e del vettore $\vec{D}$ sull'asse y, tali che $\vec{C} + \vec{D} = \vec{A}$.
- ▶ Verifica che $\vec{A} + \vec{B} = \vec{C} + \vec{D} + \vec{B}$.

[$\vec{A} = (2, 2)$, $\vec{B} = (-2, 1)$; $\vec{C} = (2, 0)$, $\vec{D} = (0, 2)$]

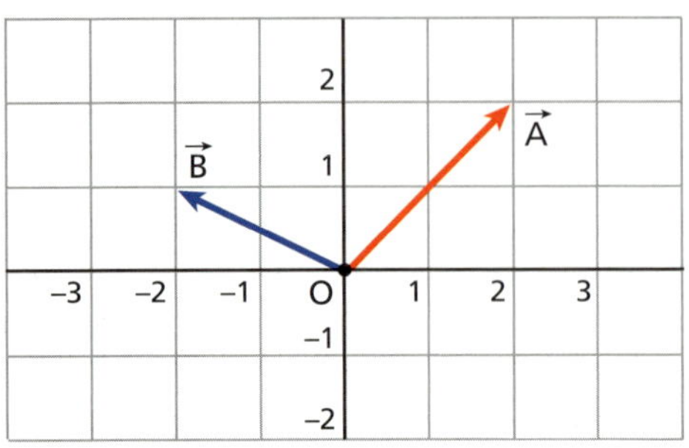

47 Considera i vettori $\vec{A} = (-3, -1)$ e $\vec{B} = (2, -3)$.
- ▶ Disegna i vettori in un riferimento cartesiano.
- ▶ Calcola le componenti dei vettori: $\vec{A} + \vec{B}$, $-(\vec{A} + \vec{B})$, $2\vec{A} - 3\vec{B}$.

[(−1, −4), (1, 4), (−12, 7)]

48 Un escursionista effettua in successione i tre spostamenti mostrati in figura, lunghi rispettivamente $A = 500$ m, $B = 300$ m, $C = 250$ m.
- ▶ Scrivi le componenti dei tre vettori spostamento.
- ▶ Trova le componenti dello spostamento totale $\vec{s}$.

[$\vec{A} = (250$ m, 433 m$)$, $\vec{B} = (212$ m, -212 m$)$; $\vec{C} = (-250$ m, 0 m$)$, $\vec{s} = (212$ m, 221 m$)$]

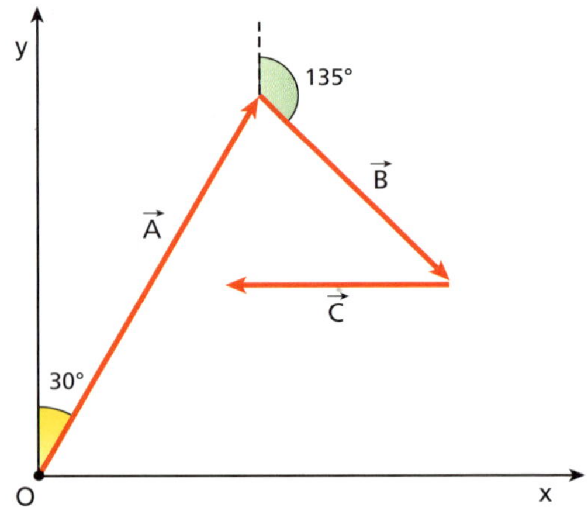

49 Sono dati il vettore $\vec{A} = (-112, 156)$ e il vettore $\vec{B}$ che ha modulo 190 e forma un angolo di 48° con l'asse delle x.
- ▶ Determina le componenti di $\vec{B}$.
- ▶ Calcola il prodotto scalare $\vec{A} \cdot \vec{B}$.

[$\vec{B} = (127, 141)$; 7772]

50 Considera i vettori $\vec{A} = (8, 4)$ e $\vec{B} = (x, 6)$.
- ▶ Calcola il valore di x che rende nullo il prodotto scalare $\vec{A} \cdot \vec{B}$. [−3]

51 Considera i vettori $\vec{A} = (3, 2)$ e $\vec{B} = (-18, x)$.
- ▶ Per quale valore di x il prodotto scalare $\vec{A} \cdot \vec{B}$ è nullo? [27]

52 Considera i vettori $\vec{A} = (12, 57)$, $\vec{B} = (-12, 57)$, $\vec{C} = (57, 12)$.
- ▶ Stabilisci quale fra i seguenti prodotti vettoriali è nullo: $\vec{A} \times \vec{B}$, $\vec{A} \times \vec{C}$, $\vec{B} \times \vec{C}$.

3 La forze

Forza peso

53 Quanto varrebbe la costante g se 4,0 kg pesassero 3,0 N? [0,75 N/kg]

54 La massa totale di una bottiglia di vetro e della bevanda analcolica che essa contiene è 0,81 kg.
▶ Calcola il peso totale. [7,9 N]

55 In un sacchetto di massa trascurabile ci sono 2 pacchi di zucchero da 1 kg ciascuno, 4 yogurt da 125 g ciascuno e 5 pacchi di pasta da 500 g ciascuno.
▶ Calcola il peso della borsa. [49 N]

56 In un laboratorio di fisica, uno studente pesa con un dinamometro un blocchetto di metallo e legge 3,8 N.
▶ Qual è la massa del blocchetto? [0,39 kg]

57 Sulla Luna la costante di proporzionalità fra peso e massa è 1,6 N/kg. Un astronauta pesa 790 N sulla Terra.
▶ Qual è la sua massa?
▶ Quanto pesa sulla Luna? [81 kg; 130 N]

58 La gru nella foto è in grado di operare con barche fino a 40 t.
▶ Calcola la massima forza che riesce a equilibrare. [$3{,}9 \cdot 10^5$ N]

monticexpo.it

59 Un cubetto di marmo ha un volume di 1,5 dm^3 e una densità di 2500 kg/m^3.
▶ Calcola la massa e il peso del cubetto. [3,8 kg; 37 N]

60 Al Polo Nord si ha $g = 9{,}83$ N/kg mentre a Roma $g = 9{,}80$ N/kg.
▶ Calcola la diminuzione percentuale del peso di un corpo al Polo Nord rispetto a Roma. [0,3%]

Tensione

61 Un lampadario di 5,3 kg è appeso al soffitto mediante un cavo di massa trascurabile.
▶ Calcola la tensione del cavo. [52 N]

62 Una gru tiene sospeso mediante un cavo un carico di 300 kg di cemento.
▶ Stima la tensione del cavo. [3 kN]

63 Una massa di 5,2 kg è appesa mediante un filo di massa trascurabile come mostrato in figura.
▶ Calcola la tensione del filo. [51 N]

64 Due sfere uguali di massa $m = 3{,}5$ kg sono sospese mediante un filo di massa trascurabile che passa per una carrucola.
▶ Calcola al tensione del filo. [34 N]

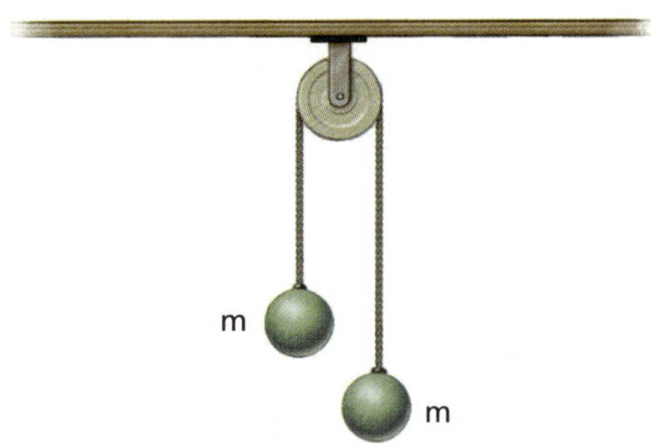

65 Per mantenere il cavo a una tensione costante, gli impianti di risalita a fune (skilift, seggiovie, funivie ecc.) utilizzano un sistema di contrappesi simile a quello riportato in figura.

▶ Calcola la tensione della fune che regge i seggiolini. [$Mg/2$]

66 Una sfera di metallo è appesa al soffitto mediante due cavi come rappresentato in figura.

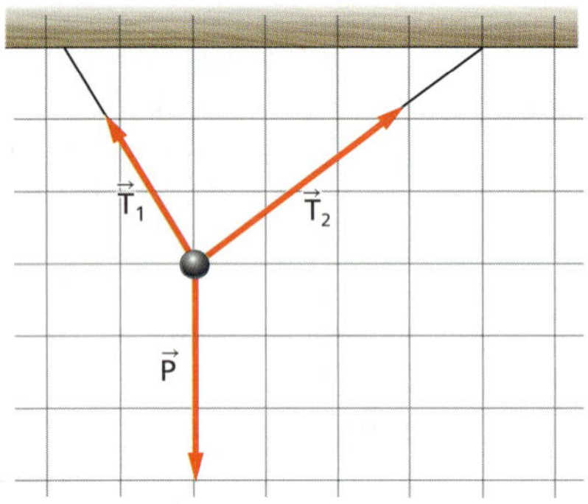

▶ Utilizza una costruzione grafica per verificare che la situazione raffigurata non è in equilibrio.

67 Considera la situazione rappresentata in figura.

▶ Disegna la tensione $\vec{T}_2$ che mantiene ferma la sfera appesa al soffitto.

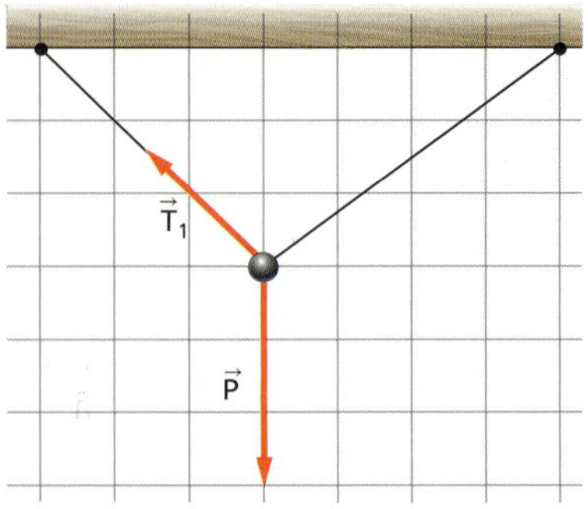

68 Un quadro di 2 kg è sospeso tramite due fili di lunghezza uguale che formano un angolo θ con l'orizzontale, come mostrato in figura.

▶ Determina la tensione nei fili se θ = 30°. [20 N]

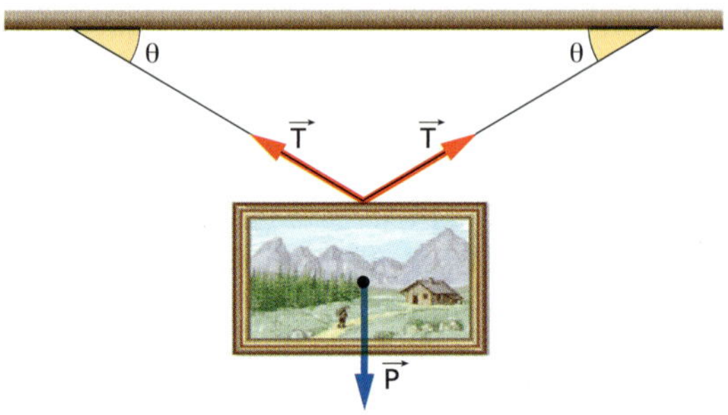

Forza elastica

69 Un elastico si allunga di 45 cm quando è sottoposto a una forza di 15 N. L'elastico si comporta coma una molla.

▶ Determina la costante elastica. [33 N/m]

70 Una molla con costante elastica $k = 250$ N/m si allunga di 20 cm sotto l'azione di una forza.

▶ Calcola il modulo della forza. [50 N]

71 Una molla con costante elastica $k = 80$ N/m viene allungata con una forza di 20 N.

▶ Di quanto si allunga la molla? [0,25 m]

72 Una molla è appesa al soffitto. Al suo estremo libero è fissata una massa di 0,75 kg. Quando la massa viene tolta, la molla si accorcia di 0,23 m.

▶ Calcola la costante elastica della molla. [32 N/m]

73 Un elastico si comporta come una molla con costante elastica $k = 160$ N/m.

▶ Quanto si allunga l'elastico quando viene tirato con una forza di 72 N? [0,45 m]

74 Un dinamometro ha una molla con costante elastica di 55 N/m. La scala del dinamometro è graduata in grammi.

▶ Cosa indica il dinamometro quando l'allungamento della molla è 4,8 cm? [270 g]

75 La figura mostra il grafico della forza esercitata da una molla in funzione del suo allungamento.

▶ Calcola la costante elastica della molla. [50 N/m]

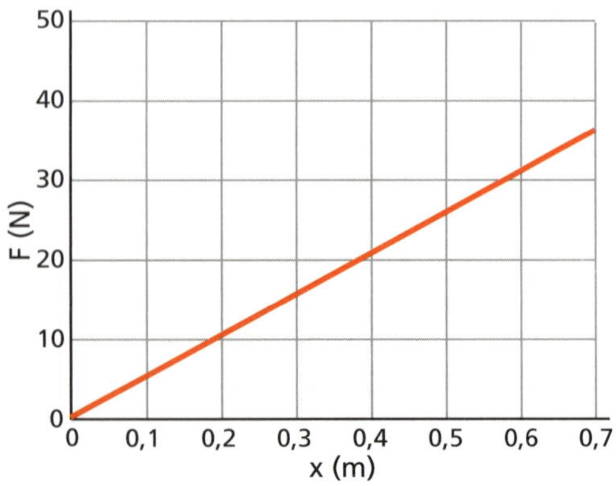

76 Per rinforzare la muscolatura degli avambracci si usa un manubrio che contiene una molla a spirale. Per comprimere la molla di 2,0 cm è necessaria una forza di 90 N.

▶ Che forza bisogna applicare per comprimere la molla di 3,5 cm? [160 N]

77 Le molle *A* e *B* di figura sono identiche. Ciascuna di esse si allunga di 10 cm quando viene sottoposta a una forza di 25 N.

▶ Calcola la forza necessaria per allungarle di 20 cm nei due casi mostrati in figura.

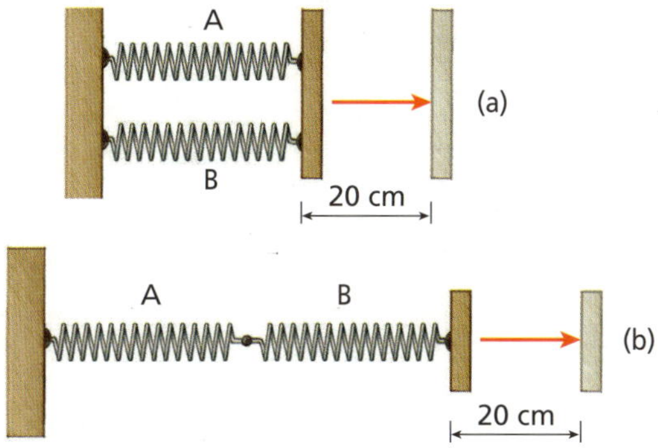

[(a) 100 N; (b) 25 N]

Forza d'attrito

78 Un blocchetto di legno di 450 g è fermo su una superficie piana, anch'essa di legno. Il coefficiente di attrito statico tra blocchetto e superficie è 0,3.

▶ Calcola l'intensità della forza di attrito tra blocchetto e superficie. [0 N]

79 Un libro di massa 0,67 kg è appoggiato su un tavolo e il coefficiente di attrito statico tra le due superfici è 0,34. Il libro viene spinto orizzontalmente con una forza di 1,8 N.

▶ Il libro si muove?

80 Il coefficiente di attrito statico fra due superfici di plastica è 0,5. Le due superfici vengono premute una contro l'altra con una forza di 12 N.

▶ Calcola la massima forza di attrito radente fra esse. [6 N]

81 Un blocco di plastica di 0,35 kg è posto su un piano orizzontale. Il coefficiente di attrito statico fra le due superfici è 0,6. Sul blocco viene messo un pesetto di 180 g.

▶ Calcola la massima forza di attrito statico fra il blocco di plastica e il piano. [3,1 N]

82 Un blocco di 2,3 kg viene tirato per mezzo di una fune fissata a un dinamometro. Il blocco inizia a muoversi quando il dinamometro segna una forza di 3,4 N.

▶ Calcola il coefficiente di attrito statico fra blocco e piano. [0,15]

83 Per mantenere costante la velocità di una slitta di 45 kg sulla neve si deve esercitare una forza di 44 N.

▶ Calcola il coefficiente di attrito dinamico fra la slitta e la neve. [0,1]

TEST

1 Atleti terrestri che gareggiassero alle olimpiadi su un pianeta alieno avente una forza di gravità pari a metà di quella terrestre avrebbero, in alcune discipline, prestazioni significativamente diverse da quelle sulla Terra. Quale delle seguenti affermazioni, relativa alle prestazioni sul pianeta alieno, NON è corretta?

A Nel sollevamento pesi si potrebbero alzare bilancieri di massa significativamente maggiore.
B Nel salto con l'asta l'altezza raggiunta sarebbe significativamente maggiore.
C Nel lancio del martello la distanza raggiunta sarebbe significativamente maggiore.
D Nei 200 metri dorso il tempo segnato sarebbe significativamente maggiore.
E In una cronoscalata ciclistica il tempo segnato sarebbe significativamente minore.

(Ammissione a Odontoiatria, 2012/2013)

2 Un corpo di massa pari a 2,0 kg pesa 10,0 N sul pianeta X. L'accelerazione di gravità sul pianeta X vale:

A 0,20 m/s^2.
B 0,50 m/s^2.
C 5,0 m/s^2.
D 9,8 m/s^2.
E 20 m/s^2.

(Olimpiadi della Fisica, 2011/2012)

CAPITOLO 1

I PRINCIPI DELLA DINAMICA

1 La dinamica e le forze

La cinematica descrive i moti dei corpi senza fare riferimento alle cause che li producono, cioè alle forze.

La dinamica studia i moti dei corpi in relazione alle forze che agiscono su di essi.

Se si conoscono la massa di un corpo e le forze che agiscono su di esso, la dinamica permette di determinare l'accelerazione del corpo e le caratteristiche del suo moto.

La dinamica si fonda su **tre princìpi**, che furono enunciati da Isaac Newton (1642-1727) nei *Philosophiae naturalis principia mathematica* (noti come *Principia*) nel 1687:

- primo principio o principio di inerzia;
- secondo principio o principio fondamentale della dinamica;
- terzo principio o principio di azione e reazione.

Il termine *princìpi* sottolinea che le proprietà che essi stabiliscono non sono deducibili da qualche legge fondamentale, ma sono frutto di una generalizzazione compiuta a partire da innumerevoli osservazioni sperimentali.

2 Il primo principio della dinamica

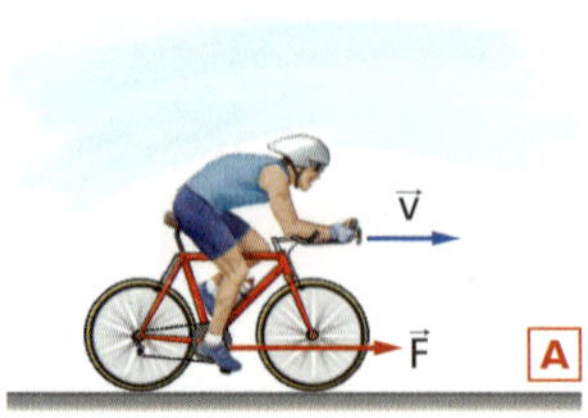

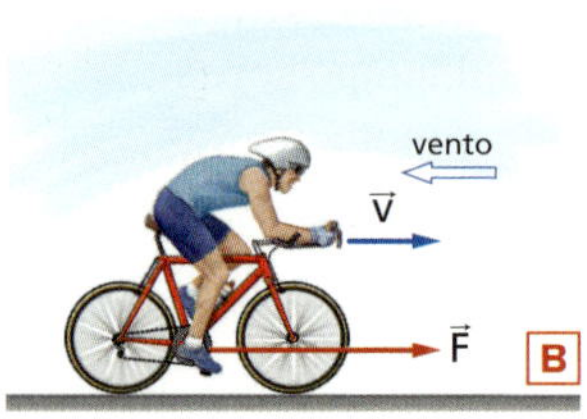

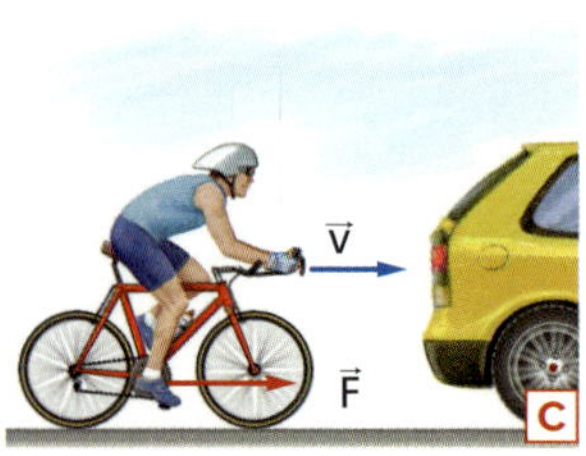

Immaginiamo di spostarci in bicicletta lungo un rettilineo a 20 km/h (figura A). Per esperienza sappiamo che, per aumentare la velocità, è necessario esercitare una forza maggiore sui pedali, mentre per rallentare basta smettere di pedalare.

Formuliamo quindi la seguente ipotesi:

la velocità è proporzionale alla forza con cui si spinge sui pedali.

Improvvisamente ci investe una folata di vento in verso contrario al moto. Per mantenere la velocità di 20 km/h dobbiamo esercitare una forza maggiore di prima (figura B).

Poi il vento cessa e ci troviamo a pedalare dietro un'auto che viaggia a 20 km/h. Questa volta dobbiamo esercitare una forza minore di quella iniziale (figura C).

La velocità rispetto alla strada è rimasta invariata, ma abbiamo esercitato forze diverse nelle tre situazioni. Concludiamo che la nostra ipotesi è sbagliata:

la velocità *non* è proporzionale alla forza con cui si spinge sui pedali.

In effetti quando abbiamo formulato la nostra ipotesi non abbiamo considerato un fattore determinante: sul ciclista agiscono forze che si oppongono al moto, come gli attriti e la resistenza dell'aria.

Un esperimento mentale

Come nel caso del ciclista, ogni corpo in moto è soggetto a resistenze di vario genere che si oppongono al suo moto. Galileo per primo si chiese che cosa accadrebbe se si annullassero tutte queste resistenze. Egli giunse alla risposta mediante un «esperimento mentale», ossia sviluppando un ragionamento basato su una situazione ideale che non viola le leggi della fisica, ma impossibile da realizzare in pratica.

Galileo immaginò come si muoverebbe una sferetta su un piano perfettamente liscio, levigato in modo da eliminare qualsiasi impedimento esterno, se si potesse trascurare la resistenza dell'aria.

- Su un piano in discesa, accelererebbe sempre di più.

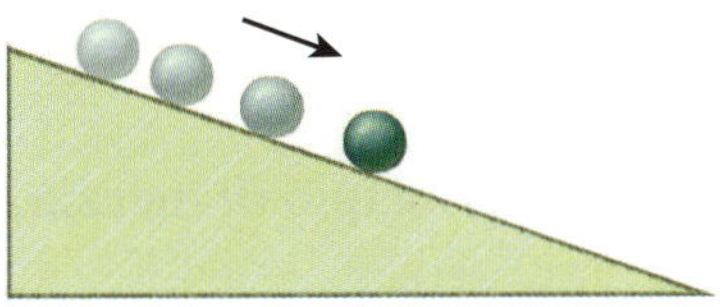

- Su un piano in salita, rallenterebbe sempre di più fino a fermarsi.

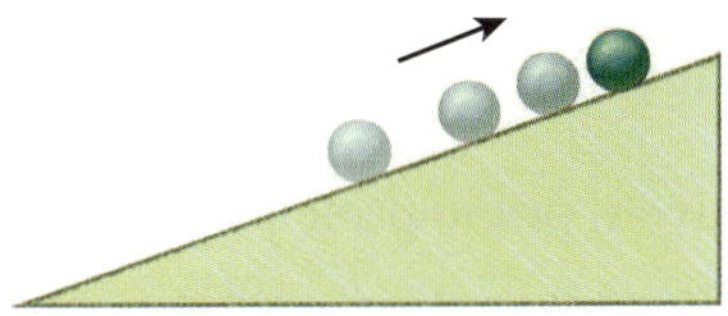

- Su una superficie orizzontale, continuerebbe a muoversi senza accelerare né rallentare.

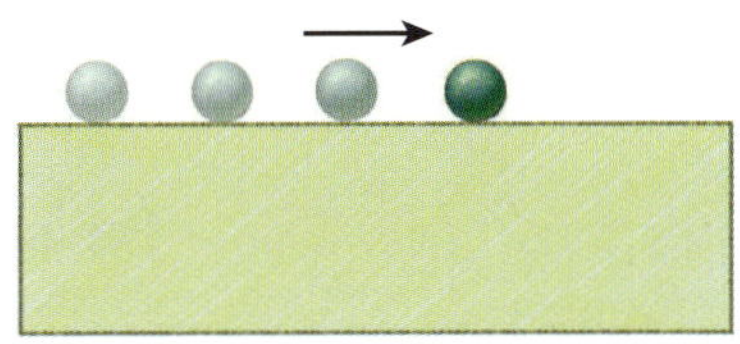

Dunque la sferetta si muoverebbe indefinitamente sul piano orizzontale con la sua velocità iniziale. Galileo concluse che

in assenza di attriti e senza l'azione di alcuna forza, un corpo mantiene la sua velocità iniziale.

Il primo principio della dinamica

Nella realtà, l'attrito a cui è sottoposto un corpo in moto non può essere eliminato ma può essere ridotto.

Anton Gvozdikov / Shutterstock

Per esempio, per mantenere la velocità impressa alla *stone*, i giocatori di curling riducono l'attrito col ghiaccio agendo con apposite scope davanti alla stone.

FISICA QUOTIDIANA
Il curling

Se però l'attrito è equilibrato da una forza motrice uguale e opposta a esso, come nel caso del ciclista che pedala per vincere la resistenza dell'aria, il corpo procede a velocità costante.

In generale, le osservazioni sperimentali indicano che ogni corpo mantiene la sua velocità iniziale quando è sottoposto a una forza totale nulla, cioè quando la somma vettoriale di tutte le forze che agiscono sul corpo è pari a zero. Questo fatto è noto come **primo principio della dinamica**:

#primoprincipio

un corpo rimane nel suo stato di quiete o di moto rettilineo uniforme fino a quando non agisce su di esso una forza totale che modifica tale stato.

GUARDA!

Notiamo che sia lo stato di quiete sia lo stato di moto rettilineo uniforme sono l'effetto di una forza totale nulla sul corpo.

Indichiamo con $\vec{F}$ la forza totale che agisce su un corpo e con $\vec{v}$ la sua velocità:

il primo principio della dinamica stabilisce che:

- se $\vec{F} = 0$ allora $\vec{v}$ = costante;
- se $\vec{v}$ = costante allora $\vec{F} = 0$.

Pertanto un corpo accelera, cioè cambia la sua velocità, solo quando è soggetto a forze che hanno risultante non nulla.

La tendenza dei corpi a mantenere il loro stato di quiete o di moto rettilineo uniforme si dice **inerzia**.

Per questo motivo il primo principio della dinamica è detto **principio di inerzia**.

I sistemi di riferimento inerziali

In molte situazioni della vita quotidiana sembra che non valga il primo principio della dinamica. Consideriamo un'auto che procede su una strada rettilinea.

Quando l'auto si muove a velocità costante, il passeggero è in quiete rispetto all'auto stessa perché è soggetto a una forza totale nulla.

Nel sistema di riferimento dell'auto a velocità costante vale il principio di inerzia.

Quando l'auto frena bruscamente, il passeggero accelera rispetto al sedile senza che intervengano forze esterne. Il passeggero rimane al suo posto solo per l'azione della cintura di sicurezza.

Nel sistema di riferimento dell'auto in frenata non vale il principio di inerzia.

Immaginiamo ora che un pedone fermo sul marciapiede osservi la scena: mentre l'auto frena per effetto della forza esercitata dai freni, il passeggero è soggetto a una forza totale nulla e mantiene la sua velocità costante. Infatti, il pedone vede il sedile anteriore accelerare verso il passeggero, non il passeggero accelerare verso il sedile.

Nel sistema di riferimento del pedone vale il principio di inerzia.

GUARDA!

Un **sistema di riferimento** è detto **inerziale** quando in esso vale il principio di inerzia.

Il sistema di riferimento del pedone è un riferimento inerziale, mentre quello dell'automobile in frenata è un **riferimento non inerziale** perché in esso non vale il principio di inerzia.

L'esperienza mostra che la Terra è, con buona approssimazione, un riferimento inerziale in cui studiare moti che hanno durata breve (molto inferiore a un giorno) e che coinvolgono spostamenti piccoli (molto minori del raggio terrestre). Salvo diversa indicazione, nel seguito assumeremo sempre che la Terra e ogni riferimento solidale con essa siano sistemi di riferimento inerziali.

Riferimenti in moto uniforme rispetto a un riferimento inerziale

Riprendiamo l'esempio del passeggero nell'auto. Quando l'auto si muove a velocità costante, per il passeggero vale il principio d'inerzia proprio come avviene per il pedone fermo nel riferimento terrestre. Dunque l'auto che si muove a velocità costante rispetto al suolo è un riferimento inerziale.

In effetti gli esperimenti mostrano che vale la seguente proprietà:

ogni sistema di riferimento che si muove con velocità costante rispetto a un riferimento inerziale è anch'esso inerziale.

Per esempio, quando siamo nello scompartimento di un treno che viaggia su un rettilineo, un trolley appoggiato sul pavimento rimane in quiete proprio come accade quando il treno è fermo in stazione.

FISICA QUOTIDIANA
Sul treno in moto

3 La relatività galileiana

Galileo per primo comprese che in tutti i sistemi inerziali valgono le stesse leggi del moto. Per rendersi conto di ciò, egli propose una serie di semplici esperimenti da effettuarsi all'interno di una nave, allo scopo di determinare se questa è in moto.

■ Immaginiamo di trovarci all'interno di una cabina sottocoperta mentre la nave è ferma. Osserviamo il volo di un insetto e lanciamo una palla a un amico. L'insetto si muove con la stessa velocità in tutte le direzioni e, per coprire la stessa distanza, dobbiamo lanciare la palla con la stessa forza in tutte le direzioni. Insomma, tutti i fenomeni si svolgono come siamo abituati a vederli sulla terra ferma.

■ Immaginiamo ora di ripetere gli stessi esperimenti mentre la nave si muove con una velocità qualsiasi, purché il moto sia rettilineo uniforme. Tutti i fenomeni si svolgono come se la nave fosse ferma e non è possibile notare nessuna differenza: non c'è nessuna variazione che possa farci capire se la nave è ferma o in movimento.
In altri termini, le leggi che governano il moto sono le stesse sulla nave ferma e sulla nave in moto uniforme.

Dunque l'unico modo per accertare se la nave è ferma o in moto uniforme rispetto al mare è guardare fuori. Galileo mette in luce un fatto fondamentale:

non è possibile rilevare il moto di un sistema inerziale mediante esperimenti condotti all'interno di esso.

Nella fisica moderna, la proprietà fondamentale scoperta da Galileo viene enunciata come **principio di relatività galileiana**:

le leggi del moto sono le stesse in tutti i sistemi di riferimento inerziali.

Le trasformazioni di Galileo

Un passeggero di una nave da crociera osserva una sedia ferma sul ponte della nave. Un pescatore seduto sul molo osserva la stessa sedia sulla nave che si sta allontanando a velocità costante. Il molo e la nave sono riferimenti inerziali, per cui in entrambi vale il principio di inerzia: i due osservatori concordano nell'affermare che la risultante delle forze sulla sedia è nulla perché la sedia non accelera.

Però essi danno una descrizione differente della posizione e del moto della sedia: per il pescatore la sedia si muove a velocità costante, per il passeggero è ferma.

Vogliamo determinare le relazioni che legano la posizione e la velocità di un corpo in due sistemi di riferimento inerziali.

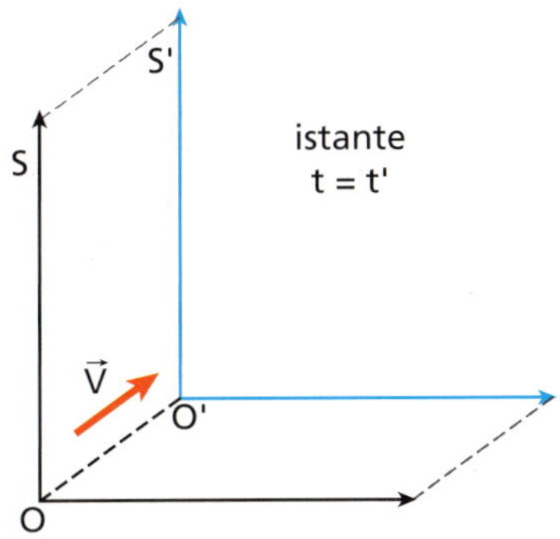

Consideriamo due riferimenti inerziali S (il molo) e S' (la nave) e supponiamo che, visto da S, il riferimento S' si muova con velocità costante $\vec{V}$. Facciamo le ipotesi seguenti:

- in ciascuno dei riferimenti è presente un sistema di coordinate cartesiane;
- il tempo è misurato con orologi identici che segnano sempre lo stesso valore, $t = t'$, e indicano $t = t' = 0$ s nell'istante in cui coincidono le origini O e O' dei due sistemi di coordinate.

Indichiamo con P un corpo (la sedia) fermo rispetto al riferimento S'. $\vec{s}\,'$ è il vettore posizione di P rispetto a S' e $\vec{s}$ il vettore posizione rispetto a S.

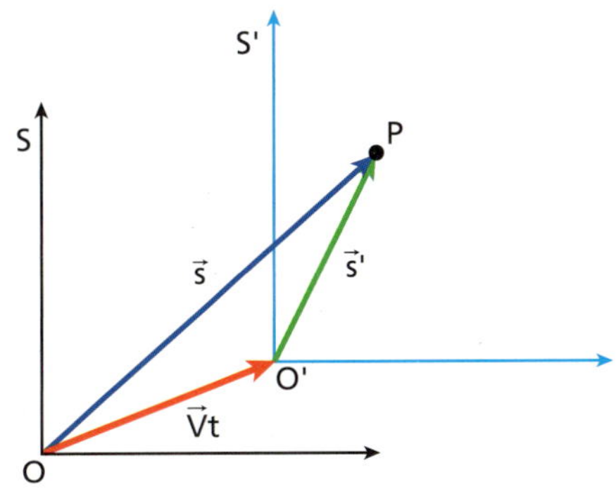

Notiamo che all'istante t la posizione dell'origine O' di S' nel riferimento S è $\vec{V}t$.

All'istante iniziale si ha $\vec{s} = \vec{s}\,'$, poi $\vec{s}$ cambia, perché P si allontana da O, mentre $\vec{s}\,'$ rimane costante.

Per stabilire la relazione che lega $\vec{s}$ e $\vec{s}\,'$ notiamo che all'istante t il vettore che individua P nel riferimento S è la risultante di $\vec{V}t$ e $\vec{s}\,'$:

$$\vec{s} = \vec{V}t + \vec{s}\,'$$

Se isoliamo $\vec{s}\,'$ a sinistra e ricordiamo che $t = t'$ otteniamo le **trasformazioni di Galileo**.

Note la posizione $\vec{s}$ di un punto P rispetto al riferimento inerziale S e la velocità $\vec{V}$ costante con cui il riferimento inerziale S' si muove rispetto a S, la posizione $\vec{s}\,'$ di P rispetto a S' all'istante t è

$$\begin{cases} \vec{s}\,' = \vec{s} - \vec{V}t \\ t' = t \end{cases} \qquad (1)$$

#trasformazioniGalileo

Quando sono indicati rispetto a terne di assi cartesiani, i vettori $\vec{s}\,'$, $\vec{s}$ e $\vec{V}$ sono

$$\vec{s}\,' = (x', y', z') \qquad \vec{s} = (x, y, z) \qquad \vec{V} = (V_x, V_y, V_z)$$

per cui l'equazione vettoriale (1) dà luogo alle tre equazioni scalari

$$x' = x - V_x t \qquad y' = y - V_y t \qquad z' = z - V_z t$$

I due riferimenti inerziali S e S' sono equivalenti, per cui si può descrivere la posizione di P rispetto a S a partire da $\vec{s}\,'$e dalla velocità con cui S si allontana da S'. Questa velocità è $-\vec{V}$ perché è uguale e opposta a quella con cui S' si allontana da S.

Si ottiene quindi

#trasformazioniGalileo

$$\begin{cases} \vec{s} = \vec{s}\,' + \vec{V}t \\ t = t' \end{cases}$$

→ **PROBLEMA** Lungo il fiume • pag. 58
#trasformazioniGalileo

La composizione galileiana delle velocità

Supponiamo che un corpo si muova rispetto a S, passando dalla posizione $\vec{s}_1$ nel tempo t_1 alla posizione $\vec{s}_2$ nel tempo t_2. La relazione (1) stabilisce che le posizioni del corpo riferite a S' sono rispettivamente

$$\vec{s}\,'_1 = \vec{s}_1 - \vec{V}t_2 \qquad \vec{s}\,'_2 = \vec{s}_2 - \vec{V}t_1$$

Sottraiamo la prima dalla seconda membro a membro:

$$\vec{s}\,'_2 - \vec{s}\,'_1 = \vec{s}_2 - \vec{V}t_2 - \left(\vec{s}_1 - \vec{V}t_1\right)$$

$$\vec{s}\,'_2 - \vec{s}\,'_1 = \vec{s}_2 - \vec{s}_1 - \vec{V}\left(t_2 - t_1\right)$$

Indichiamo con $\Delta\vec{s}\,' = \vec{s}\,'_2 - \vec{s}\,'_1$ e $\Delta\vec{s} = \vec{s}_2 - \vec{s}_1$ lo spostamento del corpo rispettivamente nei riferimenti S' e S e con $\Delta t = t_2 - t_1$ l'intervallo di tempo. La relazione precedente diviene

$$\Delta\vec{s}\,' = \Delta\vec{s} - \vec{V}\Delta t$$

Dividiamo per l'intervallo di tempo Δt:

$$\frac{\Delta\vec{s}\,'}{\Delta t} = \frac{\Delta\vec{s}}{\Delta t} - \vec{V}$$

Ricordiamo che l'intervallo di tempo durante il quale avviene lo spostamento del corpo ha lo stesso valore in S e in S' perché $t = t'$: quindi $\Delta t = \Delta t'$ e

$$\frac{\Delta\vec{s}\,'}{\Delta t'} = \frac{\Delta\vec{s}}{\Delta t} - \vec{V}$$

Notiamo che, se lo spostamento avviene in un intervallo di tempo piccolissimo,

- $\vec{v}\,' = \dfrac{\Delta\vec{s}\,'}{\Delta t'}$ è la velocità istantanea del corpo rispetto a S';
- $\vec{v} = \dfrac{\Delta\vec{s}}{\Delta t}$ è la velocità istantanea del corpo rispetto a S.

Vale quindi la legge di **composizione galileiana delle velocità**:

#composizionevelocità

la velocità di un corpo rispetto al riferimento S' è

$$\vec{v}\,' = \vec{v} - \vec{V} \qquad (2)$$

dove $\vec{v}$ è la velocità del corpo misurata nel riferimento inerziale S e $\vec{V}$ è la velocità di S' misurata in S.

Quando sono indicati rispetto a terne di assi cartesiani, i vettori $\vec{v}'$, $\vec{v}$ e $\vec{V}$ sono

$$\vec{v}' = (v'_x, v'_y, v'_z) \qquad \vec{v} = (v_x, v_y, v_z) \qquad \vec{V} = (V_x, V_y, V_z)$$

per cui l'equazione vettoriale (2) dà luogo alle tre equazioni scalari

$$v'_x = v_x - V_x \qquad v'_y = v_y - V_y \qquad v'_z = v_z - V_z$$

Quando sono note la velocità $\vec{v}'$ di un corpo rispetto al riferimento S' e la velocità $\vec{V}$ di S' rispetto al riferimento S, la velocità $\vec{v}$ del corpo rispetto a S si ottiene esplicitando $\vec{v}$ nella (2):

$$\vec{v} = \vec{v}' + \vec{V} \qquad (3)$$

FISICA QUOTIDIANA
Le correnti a getto

In alcune situazioni la composizione dei moti dà luogo a fenomeni interessanti, come nel caso di un aereo che incontra una corrente a getto.
Le correnti a getto sono immensi flussi d'aria che si spostano nell'alta atmosfera, in genere da ovest verso est, con velocità spesso molto superiori ai 100 km/h. Alle nostre latitudini sono localizzate a circa 10-12 km di quota.

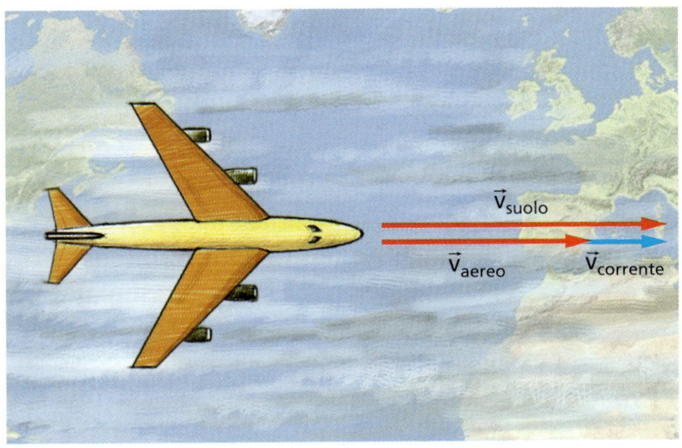

Nei viaggi intercontinentali da ovest verso est, per esempio dagli Stati Uniti all'Europa, i piloti utilizzano le correnti a getto per diminuire consumi e tempi di viaggio. La velocità $\vec{v}_{aereo}$ dell'aereo rispetto all'aria e la velocità $\vec{v}_{corrente}$ della corrente a getto hanno stessa direzione e stesso verso.

Per la (3) l'aereo si sposta rispetto al suolo con velocità di modulo

$$v_{suolo} = v_{aereo} + v_{corrente}$$

Considerando che $v_{aereo} \approx 800$ km/h, le correnti a getto possono incrementare di oltre il 10% la velocità dell'aereo rispetto al suolo.

E le accelerazioni?

Il passeggero di un treno che si muove a velocità costante osserva i corpi cadere verso il basso all'interno dello scompartimento *come* se fosse fermo in stazione. Se fosse dotato di opportuni strumenti di misura, verificherebbe che un corpo lasciato cadere accelera verso il basso con accelerazione g, proprio come quando il treno è fermo in stazione.

Questa osservazione deriva da una proprietà fondamentale dei sistemi di riferimento inerziali:

l'accelerazione di un corpo è la stessa in tutti i riferimenti inerziali.

In altri termini: se un corpo si muove con accelerazione $\vec{a}$ in un riferimento inerziale S, in ogni altro riferimento inerziale la sua accelerazione $\vec{a}'$ è tale che $\vec{a}' = \vec{a}$.

4 Il secondo principio della dinamica

GUARDA!

Il primo principio della dinamica stabilisce che la velocità di un corpo cambia solo quando è soggetto a una forza totale non nulla. Quindi le forze provocano variazioni di velocità dei corpi, cioè accelerazioni.

Esperimenti molto accurati dimostrano che in ogni sistema inerziale esiste una precisa relazione tra forza e accelerazione:

l'accelerazione $\vec{a}$ di un corpo è direttamente proporzionale alla forza totale $\vec{F}$ che agisce su di esso:

$$\vec{a} \propto \vec{F}$$

(il simbolo $\propto$ si legge «è proporzionale a»). Ciò significa che i vettori accelerazione e forza hanno

- stessa direzione e verso;
- moduli direttamente proporzionali.

La costante di proporzionalità dipende da una caratteristica intrinseca del corpo: la sua massa m. Maggiore è la massa, minore è l'accelerazione impressa dalla stessa forza:

$$\vec{a} = \frac{1}{m}\vec{F}$$

La relazione precedente è stata scoperta da Newton ed è nota come **secondo principio della dinamica** o **principio fondamentale della dinamica**. Il secondo principio è spesso formulato come segue.

#secondoprincipio

In ogni sistema inerziale, una forza $\vec{F}$ che agisce su un corpo di massa m ne provoca un'accelerazione $\vec{a}$ tale che

$$\vec{F} = m\vec{a} \qquad (4)$$

DENTRO LA FORMULA

- L'accelerazione ha direzione e verso coincidenti con quelli della forza.
- A parità di forza applicata, maggiore è la massa di un corpo, minore è la variazione della sua velocità, cioè la sua accelerazione.
- Una forza di 1 N imprime a un corpo di massa 1 kg un'accelerazione di 1 m/s^2.
- Come il primo principio, anche il secondo principio vale solo nei sistemi di riferimento inerziali.
- $\vec{F}$ è la risultante delle sole forze *esterne* che agiscono sul corpo. Le forze *interne*, cioè le forze che si esercitano tra le parti del corpo, non contribuiscono al moto.

PER ESEMPIO **Il gigante dei cieli**

L'airbus A380 è l'aereo passeggeri più grande al mondo. Ha una massa di circa 500 t e decolla quando raggiunge la velocità di 270 km/h, dopo aver percorso 3 km sulla pista.

▶ Quanto vale la forza totale che agisce sull'aereo durante il decollo?

Se l'aereo parte da fermo ($v_0 = 0$ km/h), l'accelerazione media è

$$a = \frac{v^2 - v_0^2}{2s} = \frac{(270\ \text{km/h})^2}{2\,(3\ \text{km})} = \frac{(75\ \text{m/s})^2}{6000\ \text{m}} = 0{,}9\ \text{m/s}^2$$

La risultante delle forze che agiscono sull'A380 è quindi

$$F = ma = (5 \cdot 10^5\ \text{kg})(0{,}9\ \text{m/s}^2) \approx 500\ \text{kN}$$

pari a circa il 10% del suo peso.

Degtyaryov Andrey / Shutterstock

FISICA QUOTIDIANA
Incidente stradale

In un incidente in moto o in auto, il nostro corpo passa dalla velocità iniziale $v_i = v$ alla quiete ($v_f = 0$ km/h) in uno spazio s, subendo un'accelerazione di modulo

$$a = \left| \frac{v_f^2 - v_i^2}{2s} \right| = \frac{v^2}{2s}$$

dovuta all'azione di una forza di intensità media

$$F = \frac{mv^2}{2s}$$

In genere s è molto piccolo: in un urto contro l'asfalto, senza protezione, l'accelerazione si realizza in meno di 1 cm e il danno è quasi sempre irreversibile.
I sistemi di sicurezza passivi, come caschi, cinture e airbag, aumentano lo spazio di arresto s durante l'urto e quindi diminuiscono la forza a cui il nostro corpo è sottoposto e il conseguente rischio di danno biologico.

La natura vettoriale del secondo principio

SIMULAZIONE
Forze e moto
(PhET, University of Colorado)

Il secondo principio stabilisce l'uguaglianza fra due vettori: la forza totale $\vec{F}$ applicata a un corpo è il vettore $m\vec{a}$, ottenuto moltiplicando l'accelerazione del corpo per la sua massa. Ma due vettori sono uguali quando hanno le componenti uguali, per cui in ogni sistema cartesiano con assi x, y, z l'equazione vettoriale $\vec{F} = m\vec{a}$ equivale a tre equazioni scalari:

$$F_x = ma_x \qquad F_y = ma_y \qquad F_z = ma_z \qquad (5)$$

Quindi

il secondo principio della dinamica vale per ciascuna delle componenti in cui si analizza il moto di un corpo rispetto a un sistema di riferimento scelto.

FISICA QUOTIDIANA
Andatura di bolina

Una interessante applicazione della natura vettoriale del secondo principio è la *bolina*, cioè l'andatura con cui le barche a vela sono in grado di risalire il vento.

■ La forza $\vec{F}_{\text{vento}}$ sulla vela si scompone in una componente $\vec{F}_{\perp}$ perpendicolare alla vela e in una componente $\vec{F}_{\parallel}$ parallela alla vela:

$$\vec{F}_{\text{vento}} = \vec{F}_{\perp} + \vec{F}_{\parallel}$$

La forza $\vec{F}_{\parallel}$ spinge l'aria lungo la vela e non esercita alcuna forza sull'imbarcazione. Al contrario, la forza $\vec{F}_{\perp}$ esercita sulla vela una forza che, attraverso l'albero, è applicata allo scafo.

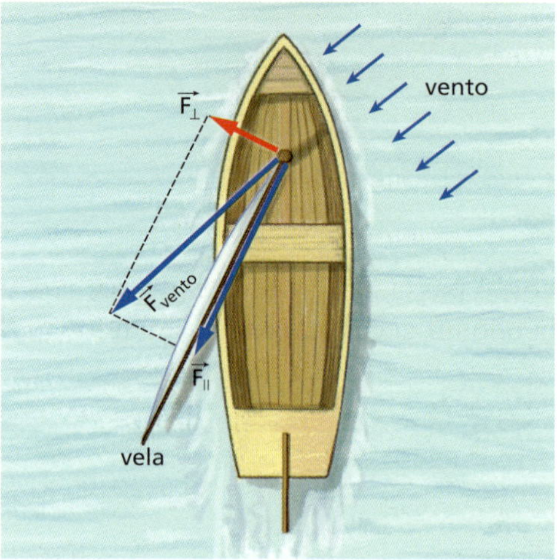

■ La forza perpendicolare alla vela può essere scomposta in una componente $\vec{F}_{\text{b}}$ parallela allo scafo e in una componente $\vec{F}_{\text{s}}$ perpendicolare allo scafo:

$$\vec{F}_{\perp} = \vec{F}_{\text{b}} + \vec{F}_{\text{s}}$$

La forza $\vec{F}_{\text{s}}$ dà luogo allo *scarroccio*, cioè allo spostamento laterale della barca, mentre la forza $\vec{F}_{\text{b}}$ spinge la barca in avanti e le consente di risalire il vento con l'andatura detta di *bolina*.

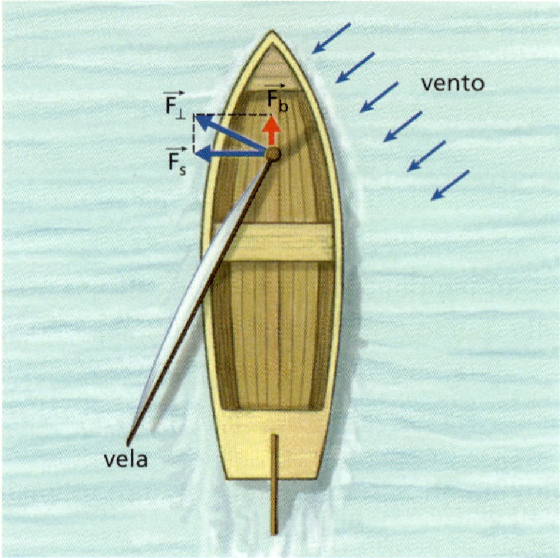

Risolvere i problemi di dinamica per un corpo

Il problema fondamentale della dinamica è quello di calcolare le accelerazioni dei corpi a partire dalle forze che agiscono su di essi. Quando il corpo è soggetto a moti di traslazione ma non a moti di rotazione, qualunque problema di dinamica può essere risolto attraverso i seguenti passaggi:

1 **Tracciare il diagramma di corpo libero.** Isolare il corpo dall'ambiente esterno e rappresentarlo come un punto. Applicare al punto tutte le forze esterne che agiscono sul corpo, ma *non* le forze che questo esercita su altri corpi.

2 **Scegliere un sistema di riferimento.** Conviene individuare un riferimento comodo per scomporre le forze.

3 **Impostare e risolvere le equazioni del moto.** Scrivere le equazioni scalari del secondo principio nel riferimento scelto e risolvere rispetto alle incognite:

$$F_x = ma_x \qquad F_y = ma_y \qquad F_z = ma_z$$

→ PROBLEMA **Moto sul piano** • pag. 59
#secondoprincipio

→ PROBLEMA SU PIÙ CONCETTI **Una frenata dolce** • pag. 61
#secondoprincipio #attritostatico

5 Il terzo principio della dinamica

Nell'interazione tra due corpi non agisce mai una sola forza: tutte le forze si presentano in coppie. Per esempio, durante una schiacciata a pallavolo

- la mano esercita una forza $\vec{F}_{m \to p}$ sulla palla che ne cambia repentinamente la velocità;
- la palla esercita una forza $\vec{F}_{p \to m}$ che decelera la mano e che è avvertita dal giocatore durante l'impatto.

GUARDA!

Ciò accade in ogni interazione fra due corpi A e B: quando A esercita una forza su B allora B esercita una forza su A. Insieme formano una **coppia di forze di azione e reazione**.

Le forze di azione e reazione hanno una proprietà fondamentale, enunciata da Newton come **terzo principio della dinamica** e nota anche come **principio di azione e reazione**:

Quando due corpi A e B interagiscono, la forza $\vec{F}_{AB}$ che A esercita su B è uguale e opposta alla forza $\vec{F}_{BA}$ che B esercita su A:

$$\vec{F}_{AB} = -\vec{F}_{BA}$$

#terzoprincipio

Il terzo principio si può enunciare sinteticamente così: *a ogni azione corrisponde una reazione uguale e contraria.*

Se una delle due forze è detta «azione», l'altra è la «reazione», ma la scelta di quale sia l'«azione» è arbitraria.

Ricordiamo che l'azione e la reazione sono forze che agiscono su due corpi diversi.

Reazione e locomozione

I diversi modi che usiamo per muoverci nell'ambiente hanno tutti una cosa in comune: per avanzare esercitiamo un'azione (vettori rossi) in verso opposto a quello in cui vogliamo spostarci.

■ Il piede della persona che cammina spinge indietro.

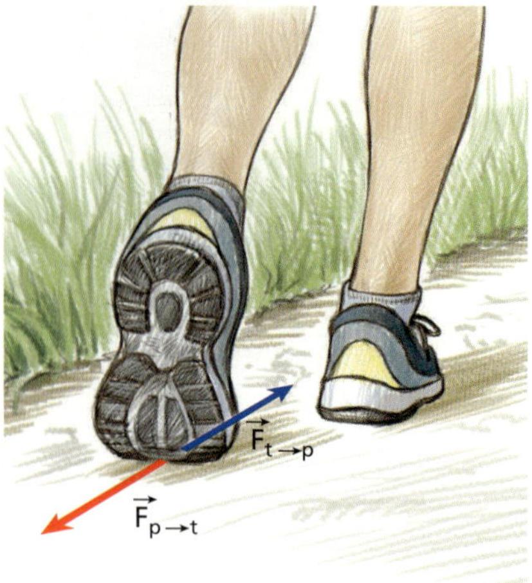

■ Il nuotatore avanza spingendo indietro l'acqua.

■ Nel salto in alto, l'atleta esercita una spinta contro la pista.

La locomozione è dovuta alla reazione (vettori blu). Per esempio, nel caso della camminata:

- *azione*: il piede esercita una forza $\vec{F}_{p \to t}$ sul terreno;
- *reazione*: il terreno esercita una forza $\vec{F}_{t \to p}$ sul piede.

Stessa forza, diversa accelerazione

Gli effetti delle forze di azione e reazione su due corpi che interagiscono dipendono dalle loro masse.

Consideriamo un ragazzo su una canoa e una barca: inizialmente sono fermi, quindi su ciascuno di essi agisce una forza totale nulla.

■ Il ragazzo esercita contro la barca una forza $\vec{F}_{r \to b}$ (azione) e la barca esercita sul ragazzo una forza $\vec{F}_{b \to r}$ (reazione).

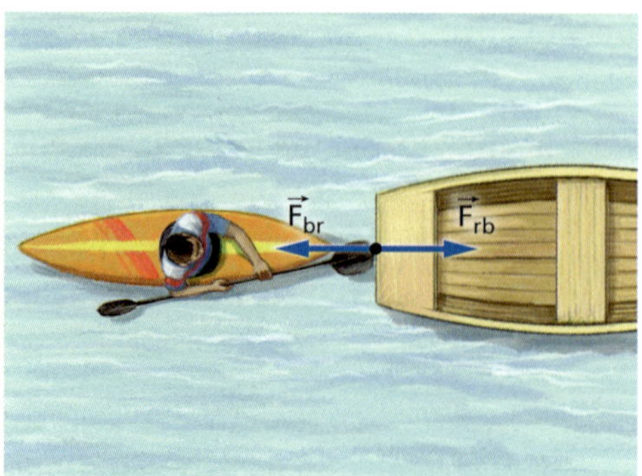

■ La canoa si muove con accelerazione $\vec{a}_r$ e la barca si muove in direzione opposta con accelerazione $\vec{a}_b$.

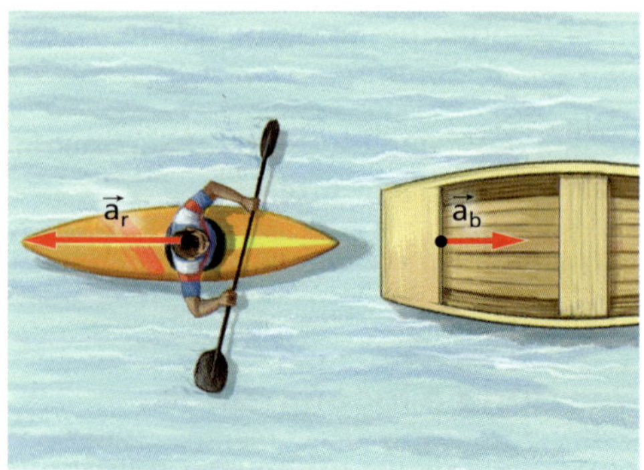

Per il terzo principio

$$\vec{F}_{b\to r} = -\vec{F}_{r\to b}$$

Se m_r è la massa totale del ragazzo con la canoa e m_b quella della barca, per il secondo principio si ha:

$$m_r\vec{a}_r = -m_b\vec{a}_b$$

Passando ai moduli possiamo scrivere

$$m_r a_r = m_b a_b$$

ovvero

$$\frac{a_r}{a_b} = \frac{m_b}{m_r}$$

Le accelerazioni del ragazzo e della barca sono quindi inversamente proporzionali alle rispettive masse. In generale

durante un'interazione, due corpi A e B non soggetti a forze esterne si muovono con accelerazioni inversamente proporzionali alle loro masse:

$$\frac{a_A}{a_B} = \frac{m_B}{m_A} \qquad (6)$$

PER ESEMPIO **La forza del pallone**

Un calciatore tira un rigore e imprime al pallone (m_p = 0,6 kg) una velocità di 90 km/h (25 m/s). Il contatto della gamba (m_g = 15 kg) con il pallone dura 0,05 s.

► Quanto vale l'accelerazione a cui è soggetta la gamba?

L'accelerazione del pallone è

$$a_p = \frac{25\ \text{m/s}}{5\cdot 10^{-2}\ \text{s}} = 5\cdot 10^2\ \text{m/s}^2$$

Poiché

$$\frac{a_g}{a_p} = \frac{m_p}{m_g}$$

la decelerazione della gamba è

$$a_g = \frac{m_p}{m_g}a_p = \frac{0{,}6\ \text{kg}}{15\ \text{kg}}(5\cdot 10^2\ \text{m/s}^2) = 20\ \text{m/s}^2 \approx 2g$$

Se il calciatore non colpisce il pallone, la sua gamba deve essere frenata dai muscoli e dai legamenti, che possono subire traumi a causa dell'intensità delle forze a cui sono sottoposti.

→ **PROBLEMA SU PIÙ CONCETTI** **Scatole a contatto** • pag. 63
#terzoprincipio #secondoprincipio

6 I vincoli

Un treno non può muoversi in una direzione qualsiasi, ma deve spostarsi lungo le rotaie che ne vincolano il moto.

Un **vincolo** è un corpo che limita la possibilità di movimento ai corpi a contatto con esso.

Per esempio, un filo di massa trascurabile attaccato a un corpo può essere considerato un particolare vincolo che «trasmette» al corpo la forza applicata all'altro suo estremo.

Le forze di reazione vincolare

Il vincolo più semplice è la superficie, come il pavimento che ci impedisce di cadere verso il centro della Terra.

#reazionevincolare

Quando un corpo preme contro una superficie, questa esercita sul corpo una **reazione vincolare** $\vec{R}_v$, ossia una forza perpendicolare alla superficie stessa.

La reazione vincolare è anche detta **forza normale**, proprio perché agisce in direzione perpendicolare, o normale, alla superficie.

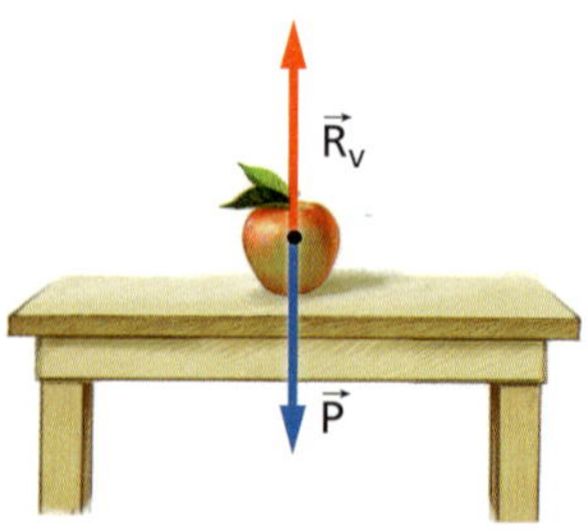

Consideriamo per esempio una mela appoggiata su un tavolo. La mela è soggetta alla forza peso $\vec{P} = m\vec{g}$ e alla reazione vincolare del tavolo $\vec{R}_v$. Poiché la mela è ferma, per il secondo principio deve essere $\vec{P} + \vec{R}_v = 0$, ossia $\vec{R}_v = -\vec{P}$. La reazione vincolare è uguale e opposta al peso.

Se invece il sistema mela-tavolo è accelerato, per esempio se si trova dentro un ascensore, per il secondo principio vale $\vec{P} + \vec{R}_v = m\vec{a}$, ossia $\vec{R}_v = m\left(\vec{a} - \vec{g}\right)$. La reazione vincolare in questo caso ha modulo diverso dal peso.

Quando la mela non poggia più sul tavolo, la reazione vincolare viene meno.

FISICA QUOTIDIANA
La sensazione di peso

Quando siamo in piedi sul pavimento o sdraiati sul divano, la forza di gravità con cui la Terra ci attrae è equilibrata dalla reazione vincolare dell'oggetto con cui siamo a contatto.
A causa della reazione vincolare, che agisce sulla superficie del nostro corpo, si originano forze interne fra le varie parti del corpo che ci fanno percepire la sensazione di peso.
Quando non siamo a contatto con un vincolo, la sensazione di peso scompare perché non siamo più soggetti a reazioni vincolari. Ciò accade quando ci tuffiamo o saltiamo: nella fase di volo abbiamo la sensazione di *essere senza peso* anche se la Terra continua ad attrarci con la solita forza peso.

Il piano inclinato

SIMULAZIONE
Forze e moto su un piano inclinato
(PhET, University of Colorado)

Un corpo appoggiato su un piano orizzontale rimane fermo perché la reazione vincolare del piano equilibra la forza peso del corpo.

Su un piano inclinato privo di attrito il corpo scivola per effetto di una forza non equilibrata: la componente del suo peso lungo la direzione di discesa.

■ Sul corpo agiscono due forze: il peso $\vec{P}$ e la reazione vincolare $\vec{R}_v$ del piano.

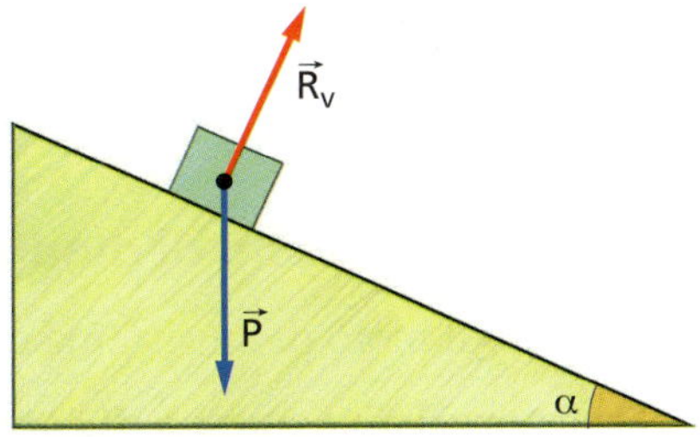

■ Scomponiamo il peso lungo le direzioni parallela e perpendicolare al piano inclinato. La reazione vincolare è uguale e opposta alla forza normale $\vec{P}_\perp$:

$$\vec{R}_v = -\vec{P}_\perp$$

Quindi in direzione normale al piano la risultante delle forze sul corpo è nulla e il corpo non accelera.

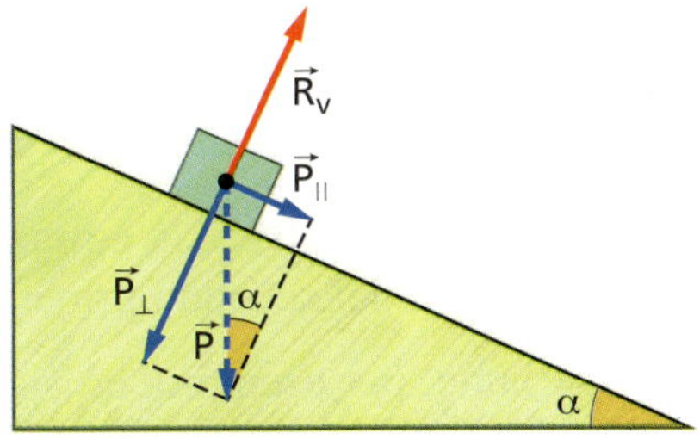

■ In direzione parallela al piano, il corpo è soggetto alla forza non equilibrata $\vec{P}_\parallel$ e scende lungo il piano inclinato con accelerazione costante $\vec{a}_\parallel$ tale che

$$\vec{P}_\parallel = m\vec{a}_\parallel$$

Detto α l'angolo di inclinazione del piano inclinato, si ha che

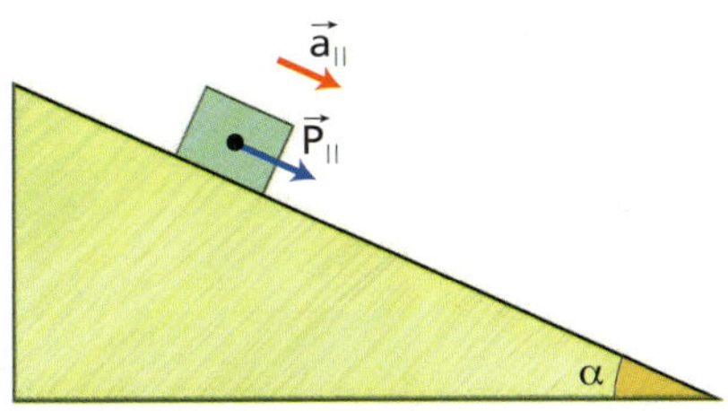

$$P_\parallel = mg \operatorname{sen}\alpha$$

Applicando il secondo principio:

$$mg \operatorname{sen}\alpha = m a_\parallel \quad \Rightarrow \quad a_\parallel = g \operatorname{sen}\alpha$$

La discesa di un corpo lungo un piano inclinato privo di attrito è un moto con accelerazione costante e indipendente dalla massa del corpo.

Sistemi di corpi in moto sotto l'azione di forze

Un insieme di corpi forma un **sistema** quando posizione e moto di ciascuno di essi dipende da posizione e moto di tutti gli altri.

Kirill Livshitskiy / Shutterstock

Per esempio, un ascensore è un sistema di corpi, in quanto è composto, tra l'altro, dalla cabina, dal contrappeso e dai cavi che li connettono. Inoltre posizione, velocità e accelerazione della cabina dipendono dalle corrispondenti grandezze di tutti gli altri corpi del sistema.

Sui corpi di un sistema agiscono:

- **forze esterne**, dovute all'interazione con corpi che non appartengono al sistema;
- **forze interne**, ossia le forze come le reazioni vincolari che le parti del sistema esercitano le une sulle altre.

Nel caso dell'ascensore, una forza esterna è la gravità, mentre una forza interna è la tensione del cavo che connette cabina e contrappeso.

Risolvere i problemi di dinamica per un sistema

Per studiare il moto di un sistema usiamo la seguente procedura.

1. **Tracciare il diagramma di corpo libero per ciascun corpo del sistema.** Riportare le forze esterne e le reazioni vincolari che agiscono su ciascun corpo.
2. **Individuare un sistema di riferimento** in cui sia agevole scomporre forze e accelerazioni.
3. **Impostare e risolvere le equazioni del moto per ciascun corpo**, ossia le equazioni scalari del secondo principio della dinamica.

Consideriamo, per esempio, un sistema formato da due blocchi A e B di massa rispettivamente m_A e m_B e connessi da una molla con costante elastica k. I blocchi si muovono con accelerazione costante $\vec{a}$ su un piano per effetto della forza orizzontale $\vec{F}$ applicata su B. L'attrito fra i blocchi e il piano è trascurabile.

Vogliamo determinare l'accelerazione del sistema e l'allungamento d della molla a partire dalla conoscenza di $\vec{F}$ e di k.

Per ciascun costituente del sistema, tracciamo il diagramma di corpo libero:

- sul corpo A agiscono la forza peso $\vec{P}_A$, la reazione vincolare del piano $\vec{R}_{vA}$ e la forza elastica $\vec{F}_{elA}$;
- sul corpo B agiscono agiscono la forza peso $\vec{P}_B$, la reazione vincolare del piano $\vec{R}_{vB}$, la forza $\vec{F}$ e la forza elastica $\vec{F}_{elB}$.

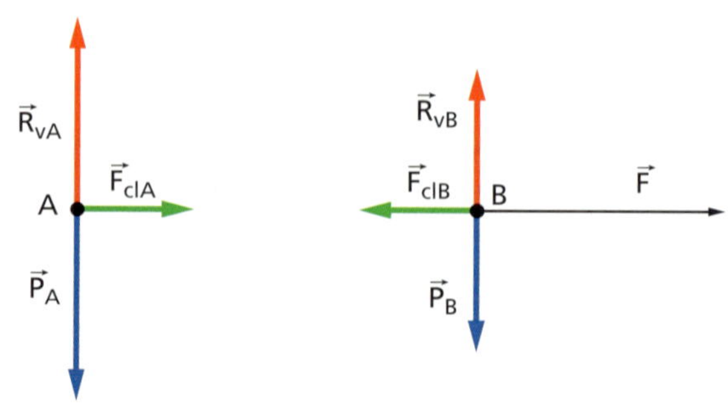

I corpi del sistema non si muovono in direzione perpendicolare al piano: ciò significa che

$$\vec{R}_{vA} + \vec{P}_A = 0 \qquad \vec{R}_{vB} + \vec{P}_B = 0$$

Invece lungo l'asse x il secondo principio della dinamica stabilisce che

$$F_{elA} = m_A a_A \qquad F - F_{elB} = m_B a_B$$

Osserviamo i fatti seguenti:

- il corpo A è fermo rispetto a B, quindi si muove con la stessa accelerazione di B:

$$a_A = a_B = a$$

- i corpi A e B sono connessi mediante la molla, che agisce come una specie di vincolo; poiché le forze elastiche di richiamo agli estremi di una molla sono uguali in modulo, si ha

$$F_{elA} = F_{elB} = kd$$

In definitiva, le equazioni che legano l'accelerazione del sistema alle forze agenti su di esso divengono

$$\begin{cases} kd = m_A a \\ F - kd = m_B a \end{cases}$$

Sostituendo la prima equazione nella seconda otteniamo

$$F - m_A a = m_B a \quad \Rightarrow \quad a = \frac{F}{m_A + m_B}$$

I due corpi si muovono come un singolo corpo di massa $m_A + m_B$.

Sostituendo l'espressione di a nella prima equazione del sistema otteniamo l'allungamento d:

$$kd = \frac{m_A}{m_A + m_B} F \quad \Rightarrow \quad d = \frac{m_A}{m_A + m_B} \frac{F}{k}$$

La forza elastica è quindi

$$F_{el} = kd = \frac{m_A}{m_A + m_B} F$$

7 Sistemi di riferimento accelerati e forze fittizie

Viaggiando su un mezzo di trasporto capita spesso di sentire strane forze che agiscono sul nostro corpo. Per esempio, quando un autobus frena, ci sentiamo spingere in avanti come se fossimo sottoposti a una forza che prima non c'era e che svanisce al termine della frenata.

Questa forza non è dovuta all'interazione fra corpi, come nel caso dell'attrazione gravitazionale o delle forze di contatto fra corpi durante un urto. Si tratta di una **forza fittizia** che percepiamo stando all'interno di un sistema di riferimento che è accelerato e quindi non inerziale.

Forze fittizie

I riferimenti inerziali godono delle seguenti proprietà, analizzate nel paragrafo 3:

- l'accelerazione di un corpo è la stessa in tutti i riferimento inerziali;
- un riferimento in moto con velocità costante rispetto a un riferimento inerziale è inerziale.

Ma se il riferimento in cui si osserva il moto di un corpo è accelerato rispetto a un riferimento inerziale, le cose sono più complesse.

Consideriamo un riferimento inerziale S e un riferimento S' che trasla rispetto a S con un'accelerazione $\vec{a}_{\text{rel}}$.

■ Un corpo ha accelerazione $\vec{a}_{S'}$ misurata nel sistema S'.

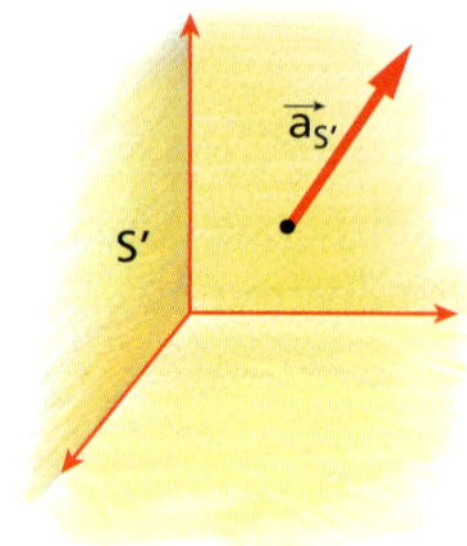

■ Il sistema S' ha un'accelerazione $\vec{a}_{\text{rel}}$ misurata nel sistema S.

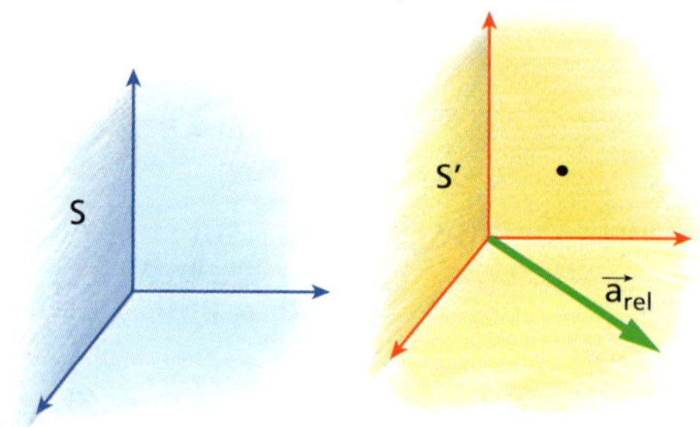

■ L'accelerazione $\vec{a}_S$ del corpo, misurata nel sistema S, è data dalla somma vettoriale delle accelerazioni:

$$\vec{a}_S = \vec{a}_{S'} + \vec{a}_{\text{rel}}$$

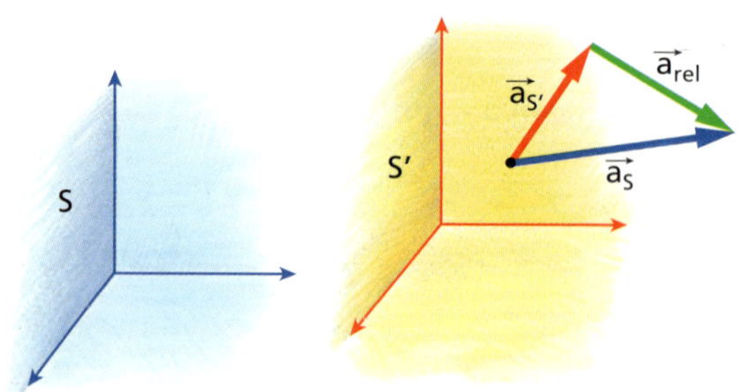

Il sistema S' non è un sistema di riferimento inerziale. Per verificarlo, consideriamo nel sistema inerziale S un corpo soggetto a una forza totale nulla. Per il primo principio la sua accelerazione è nulla e la sua velocità rimane costante. Un osservatore nel sistema S' vede il corpo muoversi con accelerazione $a_{S'}$ tale che

$$0 = \vec{a}_{S'} + \vec{a}_{\text{rel}}$$

ossia

$$\vec{a}_{S'} = -\vec{a}_{\text{rel}}$$

L'osservatore in S' attribuisce questa accelerazione all'azione di una forza

$$\vec{F}_{\text{fit}} = m\vec{a}_{S'}$$

ossia

$$\vec{F}_{\text{fit}} = -m\vec{a}_{\text{rel}} \qquad (7)$$

#forzefittizie

Questa forza non dipende dall'interazione del corpo con altri corpi: è un effetto dell'accelerazione del sistema S' rispetto al sistema inerziale S. Nel sistema non inerziale S' questa forza si dice **forza fittizia**.

La relazione precedente mostra una caratteristica delle forze fittizie:

le forze fittizie sono proporzionali alle masse dei corpi.

Le forze fittizie non sono esercitate da alcun corpo, per cui non danno luogo a nessuna reazione. Quindi non soddisfano il terzo principio della dinamica.

Il secondo principio della dinamica nei riferimenti accelerati

Il secondo principio della dinamica può essere applicato anche nei sistemi di riferimento non inerziali, a patto di aggiungere alle forze reali anche le forze fittizie dovute alle accelerazioni del sistema. Pertanto, l'accelerazione $\vec{a}_{\text{NI}}$ di un corpo osservato in un sistema non inerziale è legata alle forze reali e alle forze fittizie dalla relazione

$$\vec{F} + \vec{F}_{\text{fit}} = m\vec{a}_{\text{NI}}$$

dove:

- $\vec{F}$ è la forza totale dovuta all'interazione fra corpi;
- $\vec{F}_{\text{fit}} = -m\vec{a}_{\text{rel}}$ è la forza fittizia nel sistema di riferimento non inerziale;
- $\vec{a}_{\text{rel}}$ è l'accelerazione del sistema non inerziale misurata nel sistema inerziale;
- $\vec{a}_{\text{NI}}$ è l'accelerazione del corpo di massa m nel sistema non inerziale.

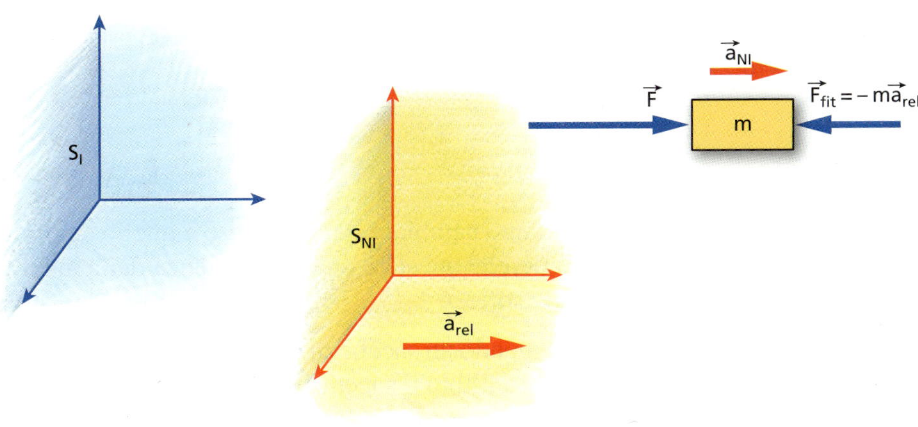

FISICA QUOTIDIANA
L'autobus in frenata

Quando un autobus frena, con decelerazione $\vec{a}_{rel}$ rispetto al terreno, i passeggeri si sentono spinti in avanti.

Nel sistema di riferimento non inerziale dell'autobus, l'autobus rimane fermo mentre il passeggero si muove in avanti con accelerazione $\vec{a}_p = -\vec{a}_{rel}$, uguale e opposta a quella dell'autobus visto dalla strada, e aumenta la sua velocità come se fosse spinto da una forza $\vec{F}_{fit} = -m\vec{a}_{rel}$.

PER ESEMPIO **Una frenata brusca**

Un autobus frena violentemente con una decelerazione a_{rel} = 3 m/s^2. Un passeggero di m = 70 kg si sente spinto in avanti da una forza fittizia $\vec{F}_{fit}$.

▶ Quanto è intensa tale forza?

Per la (7) si ha $\vec{F}_{fit} = -m\vec{a}_{rel}$ e passando ai moduli

$$F_{fit} = m a_{rel} = (70\ \text{kg})(3\ \text{m/s}^2) = 2 \cdot 10^2\ \text{N}$$

che equivale al peso di due confezioni di acqua minerale.

➜ **PROBLEMA** **Stesso pendolo, diverse interpretazioni** • pag. 66
#forzefittizie

Peso apparente

Quando l'ascensore accelera sentiamo cambiare il nostro peso e quello degli oggetti che teniamo sospesi. Vediamo perché questa è una conseguenza della natura non inerziale del riferimento dell'ascensore.

Una persona entra in ascensore reggendo un sacchetto della spesa di massa m. Quando l'ascensore è fermo, la persona equilibra il sacchetto esercitando una forza uguale e opposta al peso del sacchetto.

■ Scegliamo il verso positivo diretto in alto. Quando l'ascensore inizia a salire con accelerazione $\vec{a}$ diretta verso l'alto, la persona sente che il peso apparente del sacchetto è maggiore del peso reale mg. Infatti, per il secondo principio della dinamica

$$P_{ap} - mg = ma$$

e quindi

$$P_{ap} = m(g + a)$$

da cui

$$P_{ap} > mg$$

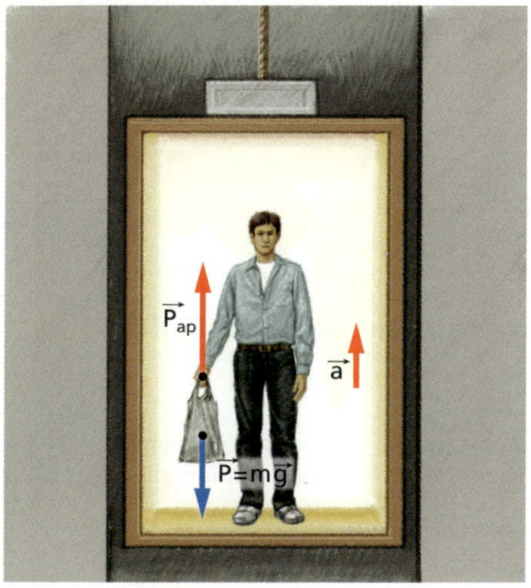

■ Quando l'ascensore sta arrivando al piano e rallenta con accelerazione $-\vec{a}$ diretta verso il basso, la persona sente che il peso apparente del sacchetto è minore del peso reale. Infatti, per il secondo principio della dinamica

$$P_{ap} - mg = -ma$$

e quindi

$$P_{ap} = m(g - a)$$

da cui

$$P_{ap} < mg$$

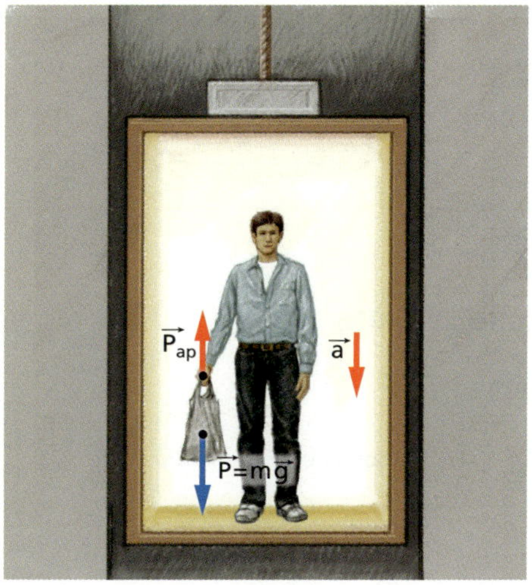

In modo analogo, se una persona di massa M stesse in ascensore su una bilancia che misura in newton, nel primo caso la bilancia segnerebbe un peso apparente $P_{ap} = M(g + a)$ e nel secondo caso $P_{ap} = M(g - a)$.

Il **peso apparente** di un corpo è il peso che misura una bilancia su cui è posto il corpo, mentre il **peso** di un corpo è la forza con cui è attratto dalla Terra.

Il peso apparente coincide col peso se la misura è eseguita con una bilancia in quiete in un sistema di riferimento inerziale, cioè non accelerato.

Se l'ascensore fosse in *caduta libera* (situazione che si verifica, per esempio, in alcune attrazioni dei parchi giochi) il peso apparente sarebbe nullo. Infatti, in tal caso, si avrebbe $a = g$ e quindi $P_{ap} = M(g - g) = 0$. Durante la caduta libera una persona sperimenta la situazione detta di **assenza di gravità**.

Negli ascensori dei grattacieli, per esempio, si registrano accelerazioni in salita di oltre 1 m/s^2. In questo caso, il rapporto fra il peso apparente e il peso reale è:

$$\frac{P_{ap}}{P} = \frac{m\,(g + a)}{mg} = 1{,}1$$

cioè, il peso apparente è maggiore del peso reale del 10%.

I principi della dinamica

IN 3 MINUTI
$F = ma$

Trasformazioni di Galileo

$$\vec{s}\,' = \vec{s} - \vec{V}t$$

- $\vec{V}$: **velocità** di S' rispetto a S
- $\vec{s}\,'$: **posizione** nel riferimento S'
- $\vec{s}$: **posizione** nel riferimento S

$$t' = t$$

$$\vec{s} = \vec{s}\,' + \vec{V}t$$

- $\vec{V}$: **velocità** di S' rispetto a S
- $\vec{s}$: **posizione** nel riferimento S
- $\vec{s}\,'$: **posizione** nel riferimento S'

$$t = t'$$

Composizione delle velocità

$$\vec{v}\,' = \vec{v} - \vec{V}$$

- $\vec{v}\,'$: **velocità** del corpo in S'
- $\vec{v}$: **velocità** del corpo in S

$$\vec{v} = \vec{v}\,' + \vec{V}$$

- $\vec{v}\,'$: **velocità** del corpo in S'
- $\vec{v}$: **velocità** del corpo in S

Secondo principio della dinamica

$$\vec{F} = m\vec{a}$$

- $\vec{F}$: **forza** totale che agisce sul corpo (N)
- $\vec{a}$: **accelerazione** del corpo (m/s^2)
- m: **massa** del corpo (kg)

Terzo principio della dinamica

$$\vec{F}_{AB} = -\vec{F}_{BA}$$

- $\vec{F}_{AB}$: **forza** che A esercita su B
- $\vec{F}_{BA}$: **forza** che B esercita su A

Reazione vincolare

$$\vec{R}_v = -\vec{P}_{\perp}$$

- $\vec{R}_v$: reazione vincolare (N)
- $\vec{P}_{\perp}$: componente della forza peso perpendicolare al piano (N)

ESERCIZI

ZTE ONLINE
Mettiti alla prova
con 20 esercizi interattivi

2 Il primo principio della dinamica

1 Una goccia di pioggia di 0,5 g cade alla velocità costante di 4 m/s.
- ▶ Quanto vale il modulo della forza totale che agisce su di essa?

2 Una cassa col peso di 80 N è calata a velocità costante mediante una corda.
- ▶ Calcola la tensione della corda.
- ▶ La tensione cambia quando la cassa è alzata a velocità costante?

3 Una slitta di massa totale 180 kg viene trainata sulla neve da una muta di 6 cani. Quando procede alla velocità costante di 12 km/h, sulla slitta agisce una forza d'attrito di 420 N. I cani sono legati a un cavo fissato alla slitta.
- ▶ Calcola la tensione del cavo.
- ▶ Trova la forza esercitata da ciascun cane.

[420 N; 70 N]

4 Un aereo è in volo a velocità e quota costanti su una traiettoria rettilinea. I suoi motori producono una spinta totale di $1{,}6 \cdot 10^3$ N.
- ▶ Calcola la risultante delle forze e la forza frenante generata dall'aria.
- ▶ Quanto vale la risultante delle forze nel caso in cui l'aereo stia prendendo quota con una velocità verticale costante di 1,2 m/s?

[0 N, $-1{,}6 \cdot 10^3$ N; 0 N]

5 LEGGI IL GRAFICO Un corpo si muove con il diagramma velocità-tempo mostrato in figura.
- ▶ Che cosa puoi dire delle forze che agiscono su di esso?

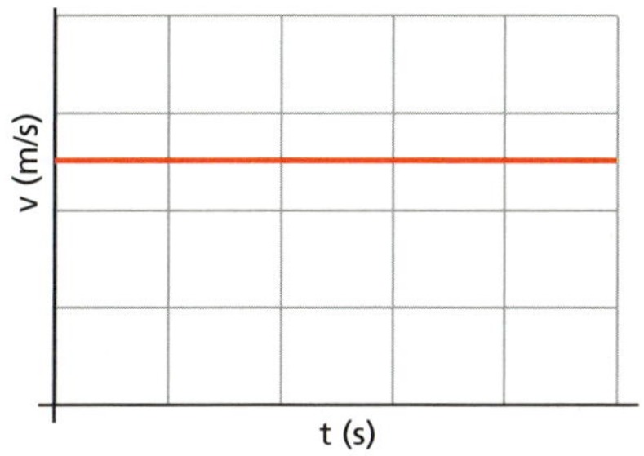

6 LEGGI IL GRAFICO Un corpo ha la legge oraria mostrata in figura.
- ▶ Puoi concludere che su di esso non agisce alcuna forza?

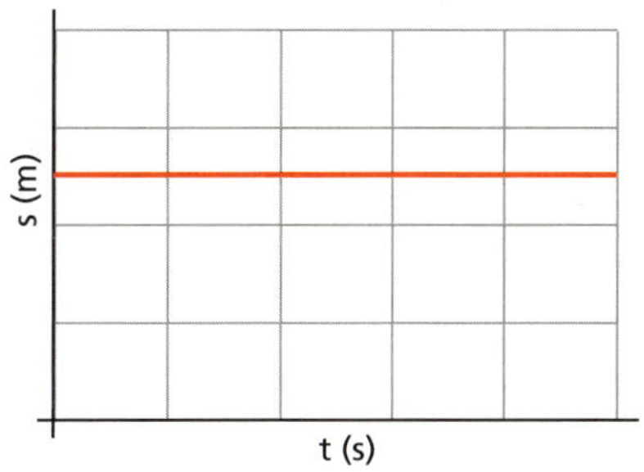

3 La relatività galileiana

7 Un nuotatore risale la corrente di un fiume che scorre a 0,8 m/s, mantenendo per 2,0 min una velocità di 1,3 m/s rispetto all'acqua.
- ▶ Calcola di quanto risale il fiume.

[60 m]

8 Un'anatra risale per 2,0 min la corrente di un fiume che scorre a 0,60 m/s. L'anatra nuota alla velocità di 0,80 m/s rispetto all'acqua.
- ▶ Di quanto si sposta l'anatra rispetto all'acqua?
- ▶ E di quanto rispetto alla riva?

[96 m; 24 m]

9 L'anatra dell'esercizio precedente inverte il senso del moto e nuota per 3,0 min lungo la corrente.
- ▶ Di quanto si sposta rispetto all'acqua?
- ▶ E di quanto rispetto alla riva?

[144 m; 252 m]

aabeele / Shutterstock

10 PROBLEMA **Lungo il fiume**

#trasformazioniGalileo

Una barca scende lungo un fiume trasportata dalla corrente con velocità $V = 0{,}45$ m/s. Un ragazzo si tuffa dalla barca e nuota perpendicolarmente alla riva con una velocità $v = 0{,}85$ m/s mentre viene trasportato anche lui dalla corrente. Un pescatore osserva la scena dal ponte sotto il quale la barca transita all'istante in cui il ragazzo si tuffa.

▶ Calcola a quale distanza dalla barca si trova il ragazzo dopo 15 s.

▶ Determina a quale distanza dal pescatore si trova il ragazzo nello stesso istante.

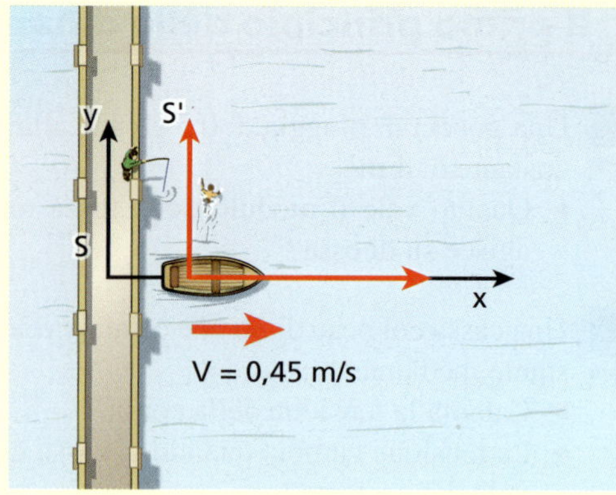

LA SITUAZIONE FISICA E IL MODELLO

Scegliamo i sistemi di coordinate raffigurati: supponiamo che le due origini coincidano all'istante iniziale.
Nel riferimento S' della barca, il ragazzo si muove con moto rettilineo uniforme lungo l'asse y'.
Nel riferimento S del pescatore, la barca si muove con moto rettilineo uniforme lungo l'asse x.
Scriviamo le equazioni scalari che descrivono il moto del ragazzo rispetto alla barca e poi utilizziamo le trasformazioni di Galileo per determinare le corrispondenti leggi orarie rispetto al ponte.
Mediante le relative leggi orarie calcoliamo le distanze richieste.

LA RISOLUZIONE

1. Nel sistema di coordinate scelto, il ragazzo ha velocità $\vec{v} = (0, v)$ e le sue leggi orarie lungo gli assi del riferimento S' sono

$$x' = 0 \qquad \text{e} \qquad y' = vt$$

2. Rispetto a S, la velocità della barca è

$$\vec{V} = (V, 0).$$

3. Per le trasformazioni di Galileo, le leggi orarie del ragazzo rispetto al pescatore sono

$$x = x' + V_x t$$

$$y = y' + V_y t$$

Sostituendo le relazioni precedenti si ottiene

$$x = 0 + Vt \quad \Rightarrow \quad x = Vt$$

$$y = vt + 0 \cdot t \quad \Rightarrow \quad y = vt$$

4. Le distanze dalla barca e dal pescatore si ottengono calcolando per $t = 15$ s i moduli dei vettori spostamento

$$d_{S'} = \sqrt{x'^2 + y'^2} = \sqrt{0^2 + (vt)^2} = vt$$

$$d_S = \sqrt{(Vt)^2 + (vt)^2}$$

I DATI E IL RISULTATO

$V = 0{,}45$ m/s
$v = 0{,}85$ m/s
$t = 15$ s

⇨

$$d_{S'} = (0{,}85 \text{ m/s})(15 \text{ s}) = 13 \text{ m}$$

$$d_S = \sqrt{[(0{,}45 \text{ m/s})(15 \text{ s})]^2 + [(0{,}85 \text{ m/s})(15 \text{ s})]^2} = 14 \text{ m}$$

11 PROBLEMA SIMILE

Risolvi il problema precedente, in cui però i moduli delle due velocità sono invertiti. [6,8 m; 14 m]

12 Considera la situazione del problema svolto. Il ragazzo nuota con velocità di modulo 0,85 m/s in una direzione che forma un angolo di 45° rispetto all'asse x del riferimento della barca.

▶ Scrivi le leggi orarie del moto del ragazzo rispetto alla barca e al pescatore.

13 Due aerei si muovono con verso opposto lungo la rotta che va dalla città *A* alla città *B*, distanti 300 km, in un giorno in cui spira un vento a 150 km/h da *A* a *B*. Entrambi gli aerei hanno una velocità di crociera di 750 km/h rispetto all'aria.

▶ Calcola il tempo che ciascuno di essi impiega per spostarsi da una città all'altra.

[da *A* a *B* 20 min; da *B* ad *A* 30 min]

14 Lanciando da ferma, una giavellottista è in grado di imprimere all'attrezzo la velocità iniziale di 18 m/s. In gara, l'atleta lancia l'attrezzo con un angolo di 35° rispetto al terreno dopo aver raggiunto la velocità di 6,2 m/s.

▶ Calcola il modulo della velocità iniziale dell'attrezzo rispetto al terreno. [23 m/s]

15 Un aereo è investito da una corrente a getto con velocità $\vec{v}_{corrente}$ di modulo 120 km/h e inclinata verso il basso di 58°. I motori dell'aereo assicurano una velocità di 750 km/h rispetto all'aria.

▶ Calcola il modulo della velocità dell'aereo rispetto al suolo. [820 km/h]

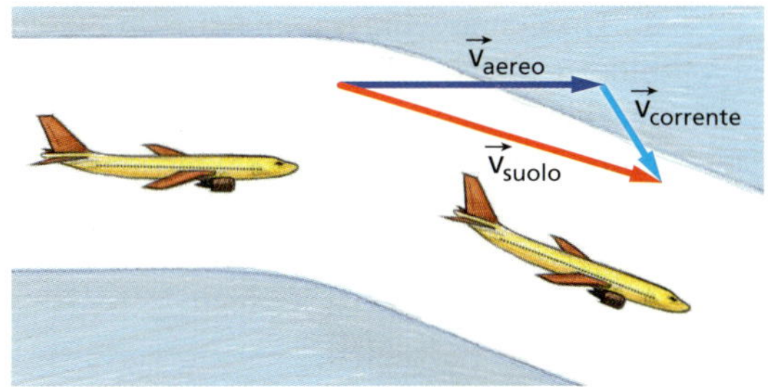

16 Un'imbarcazione attraversa un fiume largo 300 m, mantenendo una velocità media di 1,2 m/s rispetto all'acqua. La velocità della corrente è 0,5 m/s.

▶ Calcola il modulo della velocità dell'imbarcazione rispetto alla riva.

▶ Quanto tempo impiega l'imbarcazione ad attraversare il fiume?

▶ Di quanto si sposta verso valle?

[1,3 m/s; 250 s; 125 m]

4 Il secondo principio della dinamica

17 Durante un incidente a velocità moderata il guidatore (m = 70 kg) viene fermato solamente dalla cintura di sicurezza ed è soggetto a un'accelerazione di circa 10 g.

▶ Qual è la forza esercitata dalla cintura sul guidatore? [7 kN]

18 L'Eurofighter Typhoon è un caccia in dotazione alle forze aeree europee. Ha una massa al decollo di $2{,}1 \cdot 10^4$ kg e due motori che esercitano una spinta complessiva di $2{,}8 \cdot 10^5$ N.

▶ Qual è la sua accelerazione massima? [13 m/s^2]

19 Un blocco di 4,2 kg si muove su un piano orizzontale, soggetto a una forza di attrito di 0,69 N, mentre una forza orizzontale lo traina, determinando un'accelerazione di 0,54 m/s^2 parallelamente alla sua direzione.

▶ Calcola l'intensità della forza di traino.

[3,0 N]

20 Un blocco di 6,2 kg può scorrere senza attrito su un piano orizzontale. Quando gli viene applicata una forza, inclinata rispetto al piano di 45° verso l'alto, accelera di 4,5 m/s^2.

▶ Calcola l'intensità della forza. [39 N]

21 QUESITO ARGOMENTA Un corpo di massa m si sposta con velocità costante v_x lungo l'asse x e con accelerazione costante a_y lungo l'asse y.

▶ Che cosa puoi concludere sulla forza totale $\vec{R}$ che agisce sul corpo?

22 PROBLEMA **Moto sul piano**
#secondoprincipio

Un blocchetto di massa 1,3 kg si muove su un piano orizzontale sotto l'azione della forza $\vec{F}$, di modulo 2,1 N e parallela al piano, e della forza di attrito radente $\vec{F}_a$. L'accelerazione del corpo è 1,1 m/s^2.

▶ Calcola l'intensità della forza d'attrito $\vec{F}_a$ fra blocchetto e piano.

LA SITUAZIONE FISICA E IL MODELLO

L'accelerazione del blocchetto è l'effetto della forza totale $\vec{F} + \vec{F}_a$ che agisce in direzione del moto. La forza d'attrito si oppone al moto: $\vec{F}_a$ ha la stessa direzione ma verso opposto della forza $\vec{F}$ che spinge il blocchetto.

LA RISOLUZIONE

1. Tracciamo il diagramma di corpo libero per il blocchetto. Non disegniamo la forza peso e la reazione vincolare perché in direzione verticale il corpo è in equilibrio: il moto avviene solo in orizzontale.

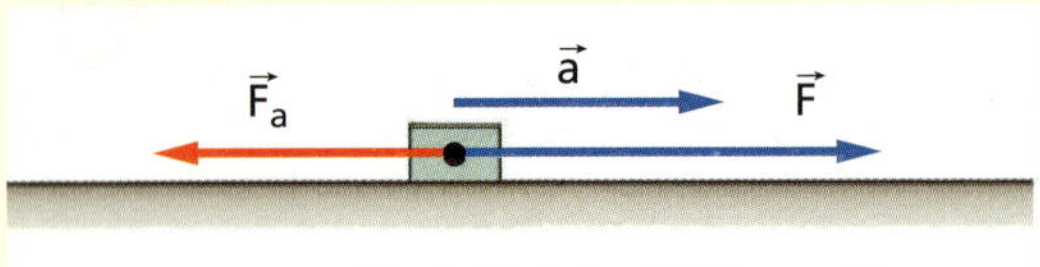

2. Il moto avviene lungo una retta: scegliamo l'asse x con direzione e verso concordi a $\vec{F}$.

3. Scriviamo il secondo principio della dinamica:

$$F - F_a = ma$$

quindi isoliamo l'incognita:

$$\boxed{F_a = F - ma}$$

I DATI E IL RISULTATO

$m = 1{,}3$ kg
$F = 2{,}1$ N
$a = 1{,}1$ m/s^2

$$F_a = 2{,}1 \text{ N} - (1{,}3 \text{ kg})(1{,}1 \text{ m/s}^2) = 0{,}7 \text{ N}$$

23 **PROBLEMA SIMILE**

Considera la situazione descritta nel problema precedente, in cui però il blocchetto rallenta di 1,2 m/s^2 quando transita nella zona scabra del piano.

▶ Calcola l'intensità della forza d'attrito. [3,7 N]

24 Una pattinatrice di 56 kg procede per inerzia con una velocità iniziale di 2,3 m/s. A causa dell'attrito rallenta con accelerazione negativa costante e si ferma dopo 4,2 m.

▶ Calcola l'intensità della forza esercitata dall'asfalto sui pattini. [35 N]

25 Una certa forza applicata a una particella di massa m_1 le imprime un'accelerazione di 20 m/s^2. La stessa forza applicata a una particella di massa m_2 le imprime un'accelerazione di 30 m/s^2.

▶ Calcola l'accelerazione nel caso in cui le due particelle vengano unite l'una all'altra e venga applicata su di esse la stessa forza. [12 m/s^2]

26 Un corpo di 12 kg viene trainato su un piano orizzontale privo di attrito da una forza che lo accelera di 3,7 m/s^2. Durante il moto e a parità di forza applicata, un secondo corpo viene appoggiato sul primo determinando una diminuzione dell'accelerazione di 1,2 m/s^2.

▶ Determina l'intensità della forza.
▶ Qual è la massa del secondo corpo? [44 N; 6 kg]

27 **QUESITO** **CHE COSA SUCCEDE?** Su un punto materiale in moto con velocità $\vec{v}$ agiscono tre forze di uguale intensità.

▶ Descrivi il moto del punto materiale in ognuna delle situazioni rappresentate.

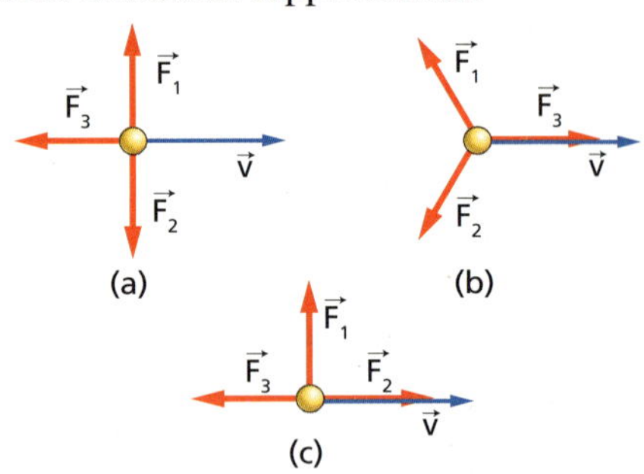

28 Un corpo è soggetto a un'accelerazione costante di 4 m/s^2 se su di esso agisce una forza costante F_0. Un secondo corpo è soggetto a un'accelerazione di 8 m/s^2 se sottoposto all'azione della stessa forza F_0.

▶ Qual è l'accelerazione del primo corpo se la forza raddoppia?
▶ Quanto vale il rapporto tra le masse dei due corpi?
▶ Considera i due corpi fissati l'uno all'altro e calcola l'accelerazione prodotta dalla forza F_0. [8 m/s^2; 1/2; 3 m/s^2]

29 Una singola forza di 10 N agisce su un corpo di massa m. Il corpo, inizialmente fermo, percorre in linea retta un tratto di 18 m in 6,0 s.

▶ Quanto vale m? [10 kg]

30 Un corpo, sottoposto a una forza totale di 3,2 N, passa da una velocità di 2,80 m/s a una velocità di 3,60 m/s in 2,4 s.

▶ Qual è la massa del corpo? [9,6 kg]

31 Un'automobile di massa $1{,}5 \cdot 10^3$ kg viene frenata da una forza costante di $1{,}6 \cdot 10^3$ N in 90 m.

▶ A che velocità viaggiava l'auto? [50 km/h]

32 Nel salto con l'asta, gli atleti atterrano su materassi spessi 80 cm. Un atleta di 60 kg, che cade da un'altezza di 6 m, comprime il materasso per 3/4 del suo spessore.

▶ Calcola, in unità g, l'accelerazione media a cui è sottoposto.

▶ Calcola l'intensità media della forza a cui è soggetto. [10 g; 6 kN]

33 Un astronauta nello spazio sta spostando una cassa di massa 13 kg a una velocità di 33 cm/s. Urta una parete e una mano gli rimane schiacciata tra la cassa e la parete. La cassa prima di arrestarsi schiaccia la mano di 0,50 cm.

▶ Calcola la forza media che ha agito sulla mano.

▶ Paragona la forza precedente con il peso della cassa sulla Terra. [$1{,}4 \cdot 10^2$ N; $1{,}3 \cdot 10^2$ N]

34 Una forza orizzontale di 12 N viene applicata a una cassa di 8,6 kg che si trova inizialmente ferma sul pavimento. Supponiamo che l'attrito sia trascurabile. Dopo 7,0 s il verso della forza viene invertito e la sua intensità viene variata in modo da arrestare il blocco in uno spazio di 9,3 m.

▶ Che velocità massima raggiunge il blocco?

▶ Calcola il modulo dell'accelerazione subita dal corpo in frenata.

▶ Determina l'intensità della forza di arresto. [9,8 m/s; 5,2 m/s^2; 45 N]

35 Una ragazza ferma spinge con una forza costante una boccia da bowling di 6,9 kg per una distanza orizzontale di 85 cm in 1,1 s.

▶ Calcola l'accelerazione della boccia.

▶ Determina il modulo della forza esercitata dalla ragazza. [1,4 m/s^2; 9,7 N]

36 DISEGNA IL GRAFICO Un treno di massa $2{,}6 \cdot 10^5$ kg parte da fermo con un'accelerazione di 0,81 m/s^2. Dopo 6,0 s la forza viene ridotta rispetto a quella iniziale di 70 kN e mantenuta per altri 15 s.

▶ Traccia il grafico velocità-tempo.

▶ Calcola la velocità finale. [13 m/s]

37 PROBLEMA SU PIÙ CONCETTI **Una frenata dolce**

#secondoprincipio #attritostatico

Il coefficiente d'attrito statico tra il pianale di un camion e una cassa appoggiata su di esso è 0,30. Il camion viaggia a 80 km/h.

▶ Qual è la minima distanza in cui può fermarsi il camion senza che la cassa strisci?

LA SITUAZIONE FISICA E IL MODELLO

La cassa non scivola sul pianale quando ha la stessa accelerazione del camion. L'accelerazione del camion dipende dallo spazio d'arresto:

$$v_f^2 - v_i^2 = 2as \quad \Rightarrow \quad s = -\frac{v_i^2}{2a}$$

La forza orizzontale che frena la cassa è la forza d'attrito col pianale del camion: l'intensità massima di questa forza è $F_s = \mu_s mg$, dove m è la massa della cassa.

LA RISOLUZIONE

1. La distanza minima s_{min} è quella che corrisponde all'accelerazione di modulo massimo:

$$s_{min} = -\frac{v_i^2}{2a_{max}}$$

2. Per il secondo principio, l'accelerazione massima dovuta alla forza d'attrito statico è

$$\left.\begin{aligned} -F_s &= ma_{max} \\ F_s &= \mu_s mg \end{aligned}\right\} \Rightarrow \quad a_{max} = -\frac{F_s}{m} = -\frac{\mu_s mg}{m} = -\mu_s g$$

3. La cassa non striscia sul pianale quando ha la stessa accelerazione del camion. Lo spazio di arresto del camion è

$$s_{min} = -\frac{v_i^2}{2a_{max}} = -\frac{v_i^2}{-2\mu_s g} = \frac{v_i^2}{2\mu_s g} = 84 \text{ m}$$

38 Partendo da fermo, un camioncino passa da 30 km/h a 70 km/h in 4,5 s. Il camioncino trasporta sul pianale una scatola.

▶ Qual è il minimo coefficiente di attrito statico fra scatola e pianale per cui la scatola non scivola sul pianale?

[0,25]

39 QUESITO **SPIEGA PERCHÉ** Per estrarre la tovaglia da sotto gli oggetti appoggiati sul tavolo, senza farli cadere, si deve dare uno strappo molto rapido.

▶ Come mai?

40 Un'automobile a trazione anteriore accelera costantemente da 0 km/h a 99 km/h in 12 s lungo una strada piana.

▶ Calcola il minimo coefficiente d'attrito necessario tra la strada e i pneumatici (supponi che le ruote non slittino).

[0,47]

41 I coefficienti d'attrito statico e dinamico tra gli pneumatici di un'automobile 4 × 4 e la strada sono rispettivamente $\mu_s = 0,60$ e $\mu_d = 0,50$.

▶ Qual è l'accelerazione massima dell'automobile se la forza risultante che agisce su di essa è la forza d'attrito statico che viene esercitata dalla strada?

▶ Qual è la distanza minima in cui l'automobile può fermarsi se sta viaggiando a 30 m/s e le ruote non slittano?

▶ Determina lo spazio di frenata se le ruote slittano.

[5,9 m/s²; 77 m; 92m]

42 Un muratore di 74 kg si cala da una impalcatura alta 5 m mediante un fune che passa in una carrucola. All'altro capo della fune è attaccato un sacco di sabbia di massa 51 kg.

▶ Con quale velocità tocca terra?

[4,2 m/s]

43 Un cubetto di 2,6 kg si trova su un piano orizzontale privo di attrito. Esso è collegato a una molla orizzontale di costante elastica 520 N/m mantenuta compressa e quindi rilasciata al fine di imprimere al cubetto un'accelerazione iniziale uguale a *g*.

▶ Di quanto è inizialmente compressa la molla?

[4,9 cm]

44 Una cassa di 6,7 kg si trova su un piano orizzontale con attrito. Una molla con costante elastica $k = 640$ N/m, compressa di 4,5 cm, esercita una forza orizzontale sulla cassa.

▶ Qual è il minimo coefficiente di attrito statico per il quale la cassa rimane ferma?

[0,44]

45 Un blocco di 100 kg viene tirato con accelerazione costante lungo un tavolo privo di attrito da un cavo che si allunga di 3,0 cm. Il blocco è inizialmente fermo e percorre 4,0 m in 4,0 s. Supponi che il cavo obbedisca alla legge di Hooke.

▶ Quanto vale la costante elastica del cavo?

▶ Di quanto si allunga il cavo se il blocco è sospeso a esso verticalmente e fermo?

[$1,7 \cdot 10^3$ N/m; 0,58 m]

46 L'apparecchio mostrato in figura, chiamato *macchina di Atwood*, è utilizzato per determinare *g* a partire dalla misura dell'accelerazione *a* dei corpi. Supponi che corda e carrucola abbiano massa trascurabile e che la carrucola sia priva di attrito.

▶ Dimostra che il modulo di *a* e la tensione della corda sono rispettivamente

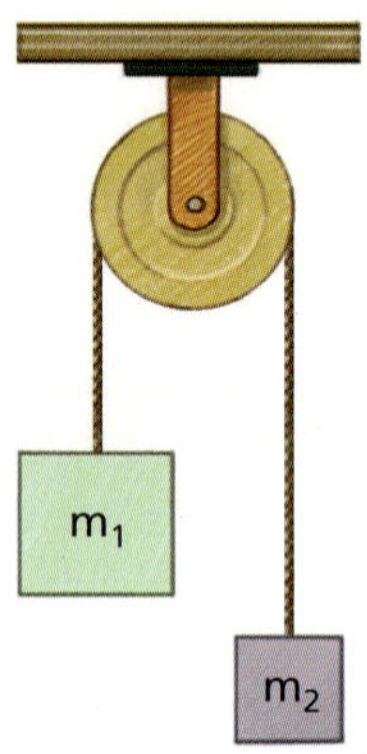

$$a = \frac{m_1 - m_2}{m_1 + m_2} g \quad \text{e} \quad T = \frac{2 m_1 m_2}{m_1 + m_2} g$$

47 Le due masse $M = 32$ kg e $m = 15$ kg sono collegate a un paranco costituito da due carrucole uguali e di massa trascurabile. Gli attriti sono nulli. La fune ha massa trascurabile ed è inestensibile. Inizialmente le due masse sono tenute ferme, poi vengono lasciate libere di muoversi.

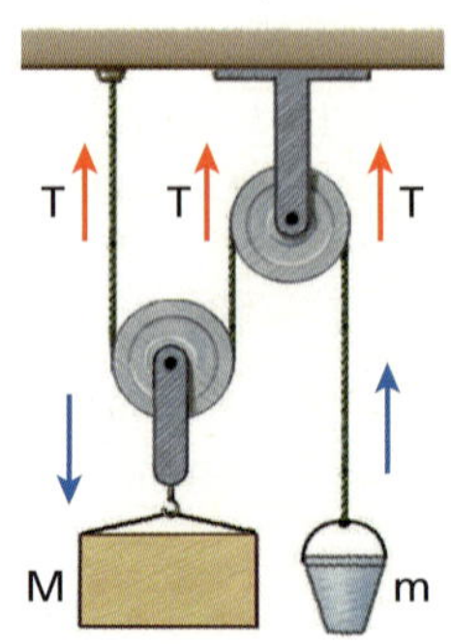

▶ Quale delle due masse scende?

▶ Quanto vale il rapporto tra l'accelerazione di *M* e quella di *m*?

▶ Qual è la tensione *T* della fune?

[1/2; $1,5 \cdot 10^2$ N]

5 Il terzo principio della dinamica

48 QUESITO **SPIEGA PERCHÉ** Soffiare in una cannuccia diritta non è molto interessante, ma le cose cambiano se la cannuccia è piegata ad angolo retto: la cannuccia si sposta in verso opposto al flusso d'aria uscente.

▶ Spiega perché.

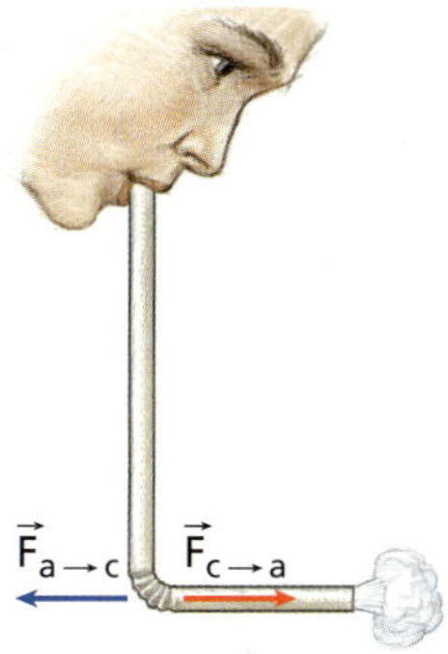

49 QUESITO **ARGOMENTA** Durante un urto fra un pallone da basket e una pallina da tennis, stabilisci quale dei due corpi subisce:

▶ la forza più intensa;

▶ l'accelerazione maggiore.

50 QUESITO **ARGOMENTA** In un film d'azione, l'eroe colpisce il cattivo con un pugno alla mascella facendolo volare a terra qualche metro più distante. L'eroe, intanto, rimane fermo e mostra di non aver subito conseguenze per il pugno dato.

▶ Cosa c'è che non torna?

51 PROBLEMA SU PIÙ CONCETTI **Scatole a contatto**

#terzoprincipio #secondoprincipio

Una mano spinge due scatole con una forza $\vec{F}$ di modulo $F = 6{,}0$ N lungo un piano orizzontale privo di attrito, come mostrato in figura. Le masse delle due scatole sono $M = 2{,}0$ kg e $m = 1{,}0$ kg.

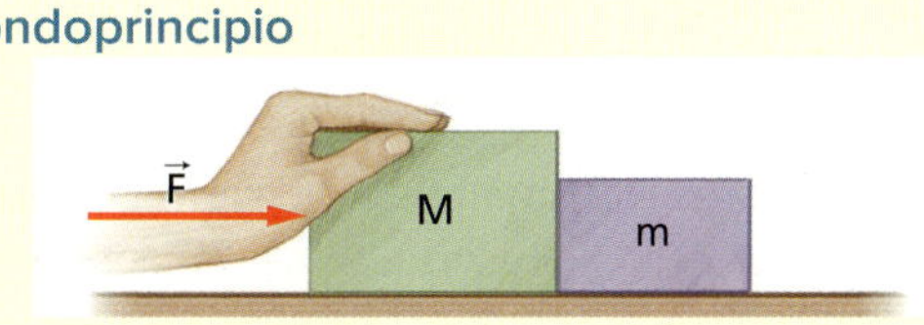

▶ Qual è l'accelerazione orizzontale del sistema formato dalle due scatole?

▶ Calcola l'intensità della forza risultante che agisce sulla scatola di massa m.

▶ Determina l'intensità della forza risultante che agisce sulla scatola di massa M.

LA SITUAZIONE FISICA E IL MODELLO

Le due scatole non si muovono in direzione perpendicolare al piano, quindi su ciascuna di esse la forza risultante in quella direzione è nulla.

In direzione orizzontale, il sistema composto dalle due scatole si muove sotto l'azione della sola forza esterna $\vec{F}$. Per il secondo principio della dinamica, l'accelerazione orizzontale $\vec{a}$ del sistema è tale che

$$\vec{F} = (M + m)\,\vec{a}$$

La scatola di massa m si muove con accelerazione $\vec{a}$ per effetto della forza $\vec{F}_{M\to m}$ esercitata dalla scatola di massa M.

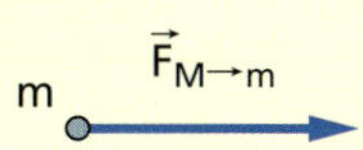

Sulla scatola di massa M agiscono due forze orizzontali: la forza esterna $\vec{F}$ e la forza $\vec{F}_{m\to M}$ esercitata dall'altra scatola.

Per il terzo principio della dinamica, $\vec{F}_{M\to m}$ e $\vec{F}_{m\to M}$ sono una coppia di forze di azione-reazione, quindi

$$\vec{F}_{M\to m} + \vec{F}_{m\to M} = 0$$

LA RISOLUZIONE

1. L'accelerazione orizzontale del sistema è

$$a = \frac{F}{M + m} = 2{,}0 \text{ m/s}^2$$

2. La forza orizzontale sulla scatola di massa m ha intensità

$$F_{M\to m} = ma = 2{,}0 \text{ N}$$

3. La forza orizzontale sulla scatola di massa M ha intensità

$$F - F_{m\to M} = 4{,}0 \text{ N}$$

COSA SUCCEDE SE

Se si scambiano le due scatole, in modo che la mano agisca sulla massa m, rimangono invariate l'accelerazione del sistema e la forza risultante su ciascuna scatola. Cambia, invece, l'intensità delle forze della coppia azione-reazione: poiché la massa M si muove con accelerazione 2,0 m/s^2, $F_{m \to M}$ = (2,0 kg)(2,0 m/s^2) = 4,0 N e quindi anche $F_{M \to m}$ = 4,0 N.

52 Due corpi di massa m_1 = 2 kg e m_2 = 4 kg sono appoggiati su un tavolo orizzontale privo d'attrito. Una forza di modulo F = 3 N è applicata come mostrato nella figura.

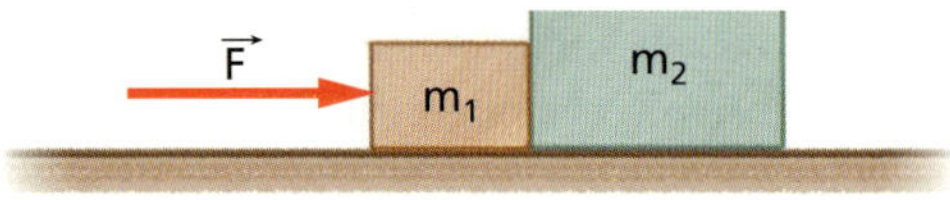

- Qual è l'accelerazione dei corpi?
- Quanto vale la forza di contatto F_c esercitata da un corpo sull'altro? [0,5 m/s^2; 2 N]

53 Un treno merci, composto da due vagoni di massa $m_1 = 3{,}6 \cdot 10^4$ kg e $m_2 = 5{,}4 \cdot 10^4$ kg e da una locomotiva, accelera a 0,11 m/s^2.

- Calcola la forza che agisce tra i due vagoni nel caso in cui la locomotiva sia agganciata al vagone più pesante.
- Ripeti il calcolo nel caso in cui la locomotiva sia agganciata al vagone più leggero. [4,0 kN; 5,9 kN]

54 Marco (65 kg) e Lucia (42 kg) giocano al tiro alla fune su una pista di pattinaggio. Marco tira verso di sé la fune esercitando una forza di 26 N. La fune ha massa trascurabile. Assumi che il verso positivo del moto sia quello che va da Marco a Lucia.

- Quanto vale la forza che la fune esercita su Lucia?
- Determina l'accelerazione di Marco e quella di Lucia. [26 N; 0,40 m/s^2; – 0,62 m/s^2]

55 Un pesetto con m = 25 g è connesso a un carrellino con M = 520 g mediante una corda inestensibile. La corda e la carrucola hanno massa trascurabile e il carrellino si muove senza attrito.

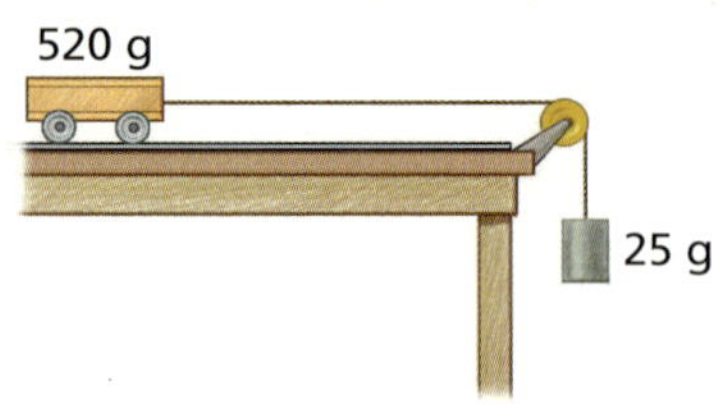

- Calcola l'accelerazione del carrellino. [0,45 m/s^2]

56 Un modellino di treno è composto da una locomotiva e da tre vagoni identici di massa 0,13 kg. Il trenino si muove con accelerazione 0,65 m/s^2. Trascura tutti gli attriti.

- Calcola la forza che la locomotiva esercita sul primo vagone.
- Quanto valgono le forze tra i vagoni?
- Calcola la forza risultante su ciascun vagone. [F_1 = 0,25 N; $F_{12} = F_{21}$ = 0,17 N, $F_{23} = F_{32}$ = 0,085 N; F_r = 0,085 N per tutti e tre i vagoncini]

6 I vincoli

57 Un blocco di 1,4 kg scende lungo un piano privo di attrito, inclinato di 30°.

- Calcola il modulo della reazione vincolare del piano. [12 N]

58 Un blocco scende lungo un piano inclinato privo di attrito alto 1,2 m e lungo 2,5 m.

- Quanto vale l'accelerazione del blocco? [4,7 m/s^2]

59 Un blocco scende con un'accelerazione di 3,8 m/s^2 su un piano inclinato privo d'attrito e lungo 1,5 m.

- Qual è l'altezza del piano inclinato? [0,58 m]

60 Un blocco di 6,4 kg si trova su un piano inclinato di 25° privo di attrito, trainato verso l'alto da una forza F = 38 N a sua volta inclinata di 33° rispetto al piano inclinato. Assumi come positivo il verso del moto quando avviene in salita.

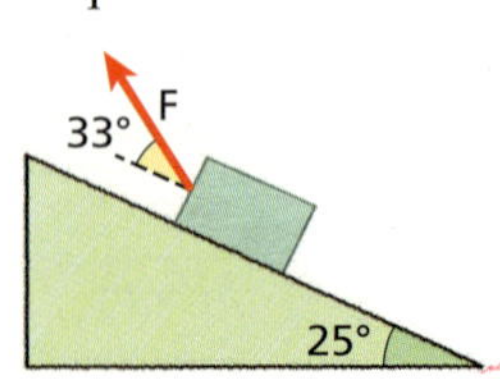

- Qual è il valore dell'accelerazione del blocco?
- Il moto del blocco avviene in salita oppure in discesa? [0,8 m/s^2]

61 Nella figura i corpi sono attaccati a dinamometri tarati in newton. Supponi che le corde siano prive di massa e che il piano inclinato sia privo di attrito.

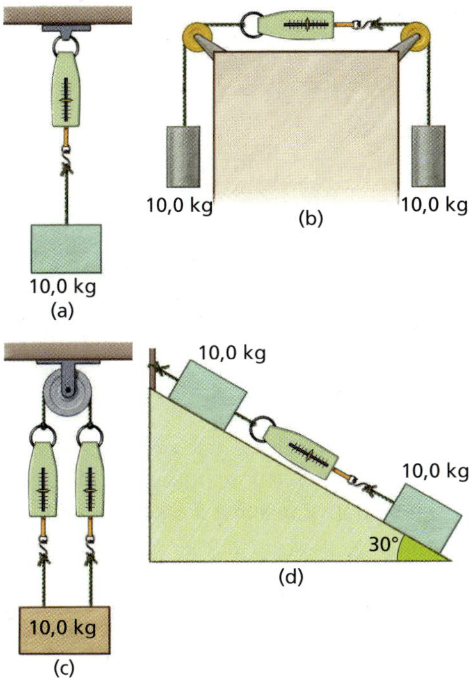

► Che valore misura ciascun dinamometro?

[98 N; 98 N; 49 N, 49 N; 49 N]

62 Un corpo è tenuto fermo da un cavo lungo un piano inclinato privo di attrito.

► Esprimi la tensione del cavo e la forza normale esercitata dal piano in funzione di θ e di m.

► Calcolane i valori per $\theta = 60°$ e $m = 50$ kg.

[$T = 420$ N, $N = 250$ N]

63 Un blocco di massa $m = 0{,}37$ kg poggia su un piano, inclinato di 27° rispetto all'orizzontale, ed è tenuto fermo da una molla di costante elastica $k = 22$ N/m come illustrato in figura. Il coefficiente d'attrito statico tra il piano e il blocchetto è 0,21.

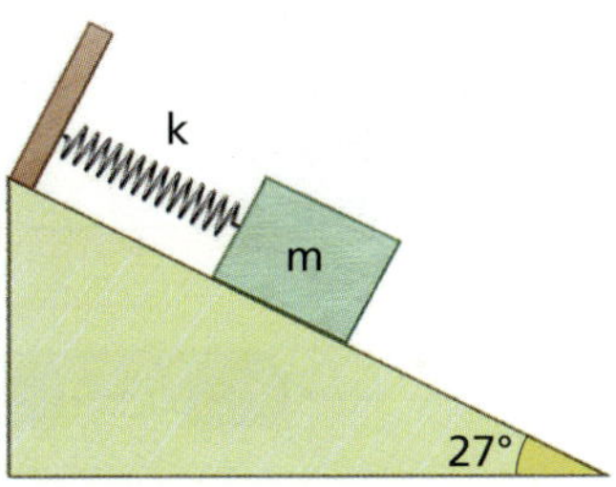

► Calcola l'allungamento massimo e minimo della molla per cui si ha una posizione di equilibrio.

[$\Delta x_{max} = 0{,}11$ m, $\Delta x_{min} = 0{,}044$ m]

64 Un blocco di 13 kg si trova su un piano inclinato di 37°, trainato verso l'alto da una forza di 85 N parallela al piano. Il blocco sale con un'accelerazione di 0,18 m/s^2.

► Quanto vale l'intensità della forza di attrito che ostacola il moto del blocco?

[6 N]

65 Due corpi di massa $m_1 = 3{,}3$ kg e $m_2 = 4{,}7$ kg sono disposti come in figura. L'angolo θ vale 23° e il coefficiente d'attrito tra il piano e il corpo m_1 è 0,30.

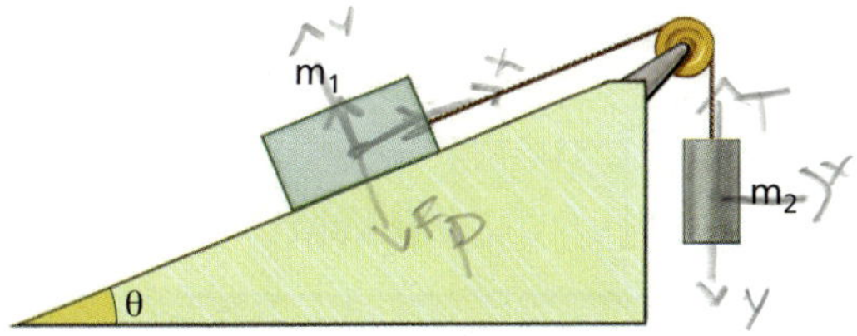

► Determina l'accelerazione dei corpi.

[3,1 m/s^2]

66 Due blocchi sono collegati per mezzo di una corda come in figura. La superficie è liscia e inclinata di un angolo di 30° con l'orizzontale e il blocco che si trova sulla superficie ha una massa di 6,6 kg.

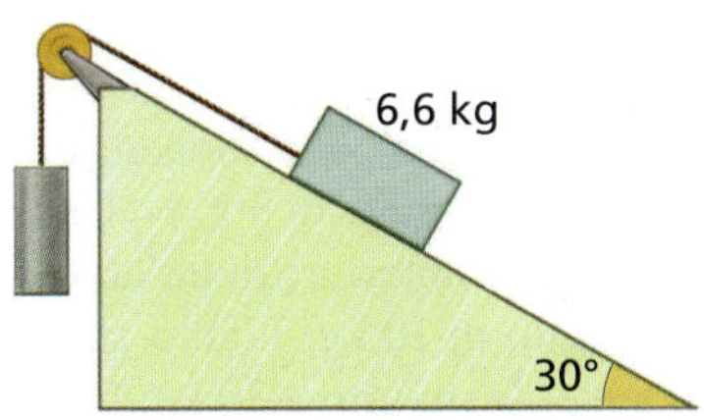

► Determina il valore della massa del secondo blocco affinché il sistema delle due masse sia in equilibrio.

► Esiste un valore della massa del secondo blocco tale che il sistema delle due masse si muova con accelerazione 2g? Spiega.

[3,3 kg]

67 Su un piano ghiacciato, in cui possiamo trascurare l'attrito, una boccia (*stone*) da curling ($m_c = 20$ kg) e una boccia da bowling ($m_b = 7{,}3$ kg) sono vincolate ai due estremi di una molla con costante elastica $k = 580$ N/m. La molla viene compressa di $d = 15$ cm e poi le bocce, inizialmente ferme, vengono lasciate libere di muoversi.

► Calcola i moduli delle loro accelerazioni iniziali a_c e a_b.

[4,4 m/s^2; 12 m/s^2]

68 Due blocchi di massa rispettivamente 1,5 kg e 4,5 kg sono collegati agli estremi di una molla inizialmente compressa di 2,5 cm. Quando la molla viene lasciata espandere, il blocco più massiccio ha un'accelerazione iniziale di 1,4 m/s^2.
- ▶ Calcola:
  - l'accelerazione dell'altro blocco;
  - la costante elastica della molla.

[4,2 m/s^2; 250 N/m]

69 Due blocchi uguali di massa 2,5 kg ciascuno si spostano su un piano privo di attrito sotto l'azione di una forza di 15 N come mostra la figura. I blocchi sono collegati da una molla con costante elastica k = 150 N/m.

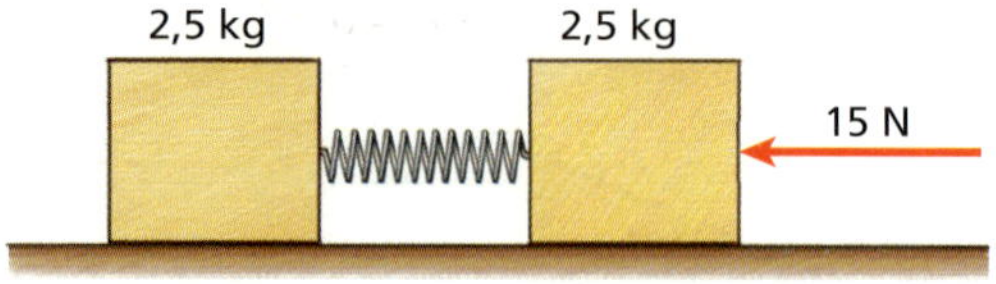

▶ Determina l'accorciamento subito dalla molla.

[5,0 cm]

70 Nella figura la massa m_2 = 10 kg striscia su una superficie orizzontale levigata. I coefficienti d'attrito statico e dinamico tra la massa m_2 e la massa m_1 = 5,0 kg sono rispettivamente μ_s = 0,60 e μ_d = 0,40. La massa del filo è trascurabile.

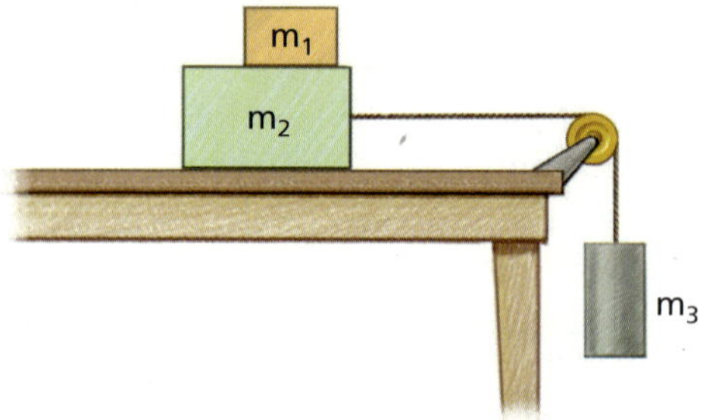

▶ Calcola l'accelerazione massima di m_1.

▶ Determina il valore massimo di m_3 affinché m_1 si muova insieme a m_2 senza strisciare.

[5,9 m/s^2; 23 kg]

7 Sistemi di riferimento accelerati e forze fittizie

71 Sei sul sedile di un treno che sta accelerando a 2,3 m/s^2. La tua massa è 58 kg.

▶ Quali sono il modulo e il verso della forza fittizia che agisce su di te? [130 N]

72 QUESITO TROVA IL MODELLO Una persona, in media, è in grado di trattenere tra le braccia un corpo con una forza di 300 N. Una mamma viaggia sul sedile anteriore di un'auto e tiene in braccio il figlio di 10 kg. L'auto subisce un piccolo incidente: in un urto a 30 km/h subisce un'accelerazione di 10 g.

▶ La mamma è in grado di trattenere il bambino?

73 Una massa di 7,1 kg è appesa con uno spago al soffitto di un ascensore. Lo spago può sopportare una tensione di 78 N. Quando l'ascensore inizia a salire, lo spago si rompe.

▶ Quanto vale, come minimo, l'accelerazione dell'ascensore?

[1,2 m/s^2]

74 Una ragazza di 60 kg si pesa su una bilancia all'interno di un ascensore che accelera verso il basso di 2,0 m/s^2.

▶ Che cosa indica la bilancia?

[48 kg]

75 PROBLEMA **Stesso pendolo, diverse interpretazioni**
#forzefittizie

Un treno parte dalla stazione con accelerazione costante $\vec{a}$. In uno scompartimento un passeggero osserva un pendolo e nota che rimane in quiete formando un angolo α con la verticale.

▶ Traccia il diagramma di corpo libero del pendolo nel riferimento S della stazione e nel riferimento S' del passeggero.

▶ Quale spiegazione del fenomeno fornisce il passeggero e quale spiegazione dà il capostazione fermo sul binario?

LA SITUAZIONE FISICA E IL MODELLO

Il riferimento S della stazione è inerziale, mentre il riferimento S' non è inerziale perché il treno sta accelerando.

Nel diagramma di corpo libero della massa del pendolo devono essere riportate le forze che agiscono nel riferimento scelto. Nello scrivere il secondo principio della dinamica dobbiamo tener presente che S' non è inerziale per cui in esso compare una forza fittizia.

LA RISOLUZIONE

1. Nel riferimento S della stazione, le forze agenti sulla massa del pendolo sono il suo peso $\vec{P}$ e la tensione $\vec{T}$ del filo.

2. La massa del pendolo si muove con la stessa accelerazione orizzontale $\vec{a}$ del treno. Per il secondo principio della dinamica

$$\vec{P} + \vec{T} = m\vec{a}$$

La risultante $\vec{F} = \vec{P} + \vec{T}$ delle forze che agiscono sulla massa è una forza parallela ad $\vec{a}$, quindi orizzontale.

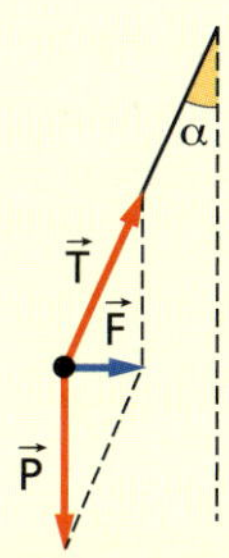

3. Nel riferimento S' del passeggero, la massa del pendolo è ferma in equilibrio, per cui su di essa agisce una forza totale nulla.

4. La massa è quindi soggetta a una forza fittizia $\vec{F}_{\text{fit}}$ che equilibra la risultante di tensione e peso che tenderebbero a farlo scendere. Per il secondo principio della dinamica

$$\vec{F}_{\text{fit}} + \vec{P} + \vec{T} = 0$$

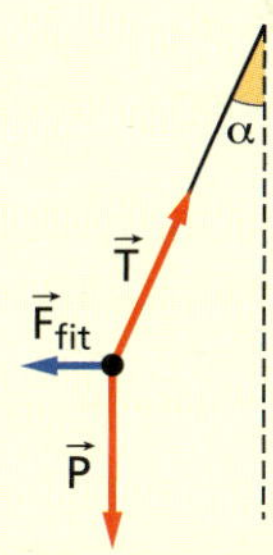

COSA SUCCEDE SE

Se il treno cessa di accelerare e procede a velocità costante, il riferimento S' diviene inerziale e *sparisce* la forza fittizia che teneva il pendolo fuori dalla posizione naturale di equilibrio, quella in cui il filo è verticale. Il passeggero vedrà la massa del pendolo scendere e cominciare a oscillare.

76 **PROBLEMA SIMILE**

Considera la situazione descritta nel problema.

▶ Spiega se il passeggero e il capostazione misurano la stessa tensione $\vec{T}$ e lo stesso peso $\vec{P}$.

77 Un ragazzo vuole valutare le prestazioni della nuova auto sportiva del padre. Alla partenza osserva che un ciondolo appeso allo specchietto retrovisore forma un angolo di 30° rispetto alla verticale.

▶ Quanto vale l'accelerazione dell'auto?

[5,7 m/s²]

78 **QUESITO** **CHE COSA SUCCEDE?** Un'automobile è ferma a un semaforo con i finestrini chiusi. Nell'auto ci sono un pendolo, formato da una sfera metallica tenuta da un filo fissato al tettuccio, e un palloncino riempito di elio che fluttua tenuto da un filo fissato sul pavimento. L'auto inizia a muoversi con accelerazione costante $\vec{a}$.

▶ Che cosa succede al pendolo?

▶ Che cosa succede al palloncino?

(*Suggerimento*: la spinta di Archimede complessiva sul palloncino è diretta nel verso opposto rispetto alla forza risultante sull'aria all'interno dell'abitacolo.)

79 **QUESITO** **TROVA IL MODELLO** Stai viaggiando su un treno e hai con te una molla di costante elastica k nota, una piccola massa m e un righello.

▶ Come puoi costruire un rudimentale accelerometro con cui determinare l'accelerazione del treno?

80 Un blocco di massa $m = 2{,}3$ kg è appoggiato su una piattaforma di massa $M = 6{,}8$ kg ed è fissato all'estremità libera di una molla con costante elastica $k = 230$ N/m. Gli attriti sono trascurabili. Una forza orizzontale $\vec{F}$ agisce sulla piattaforma e le imprime un'accelerazione costante di 4,5 m/s^2.

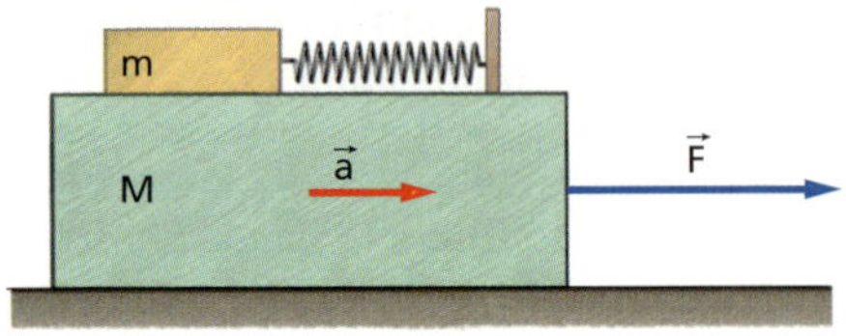

- Descrivi il moto del blocco nel sistema di riferimento della piattaforma.
- Calcola l'intensità della forza quando il blocco è fermo rispetto alla piattaforma.

[41 N]

81 Un flacone di mercurio (densità $13{,}6 \cdot 10^3$ kg/m^3) alto 48 cm e completamente pieno si trova appoggiato su un piano orizzontale all'interno di un ascensore. L'ascensore sale con un'accelerazione di 1,6 m/s^2.

- Calcola la pressione (relativa a quella dell'aria presente nella cabina), in Pa e in mmHg, sul fondo del flacone quando l'ascensore è fermo e quando è accelerato.

[$6{,}4 \cdot 10^4$ Pa; 480 mmHg; $7{,}4 \cdot 10^4$ Pa; 560 mmHg]

82 Il coefficiente d'attrito tra la scatola, avente massa 2,0 kg, e il carrello di figura è 0,60.

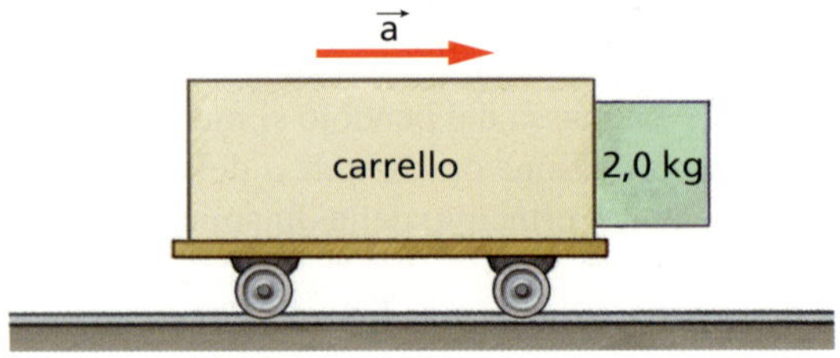

- Calcola l'accelerazione minima del carrello affinché la scatola non cada.
- Determina il modulo della forza d'attrito nella situazione precedente.
- Se l'accelerazione è maggiore del valore minimo, la forza d'attrito sarà maggiore? Spiega perché.

[16 m/s^2; 20 N]

PROBLEMI FINALI

83 **Montagne russe in America**

Top Thrill Dragster è una montagna russa situata a Cedar Point in Ohio (USA). All'inizio della corsa, il treno viene accelerato su un percorso orizzontale per un tempo di 3,8 s fino a raggiungere una velocità di 193 km/h.

- Calcola la forza che agisce su una persona di 70 kg che si trova sul treno.

[$9{,}9 \cdot 10^2$ N]

84 QUESITO FAI UN'IPOTESI

Calamite da frigo

Considera i souvenir magnetici da attaccare alla porta del frigorifero.

- Qual è la forza che impedisce al magnete di scivolare verso il basso?
- Qual è la forza che determina la forza precedente?

Thomas Urbelionis / Shutterstock

85 **Discesa da brivido**

La funicolare del Lago Gelmer, con la sua pendenza di 47°, è la più ripida d'Europa. La massa del vagone è di 2,5 t e porta 24 passeggeri (media di 70 kg ciascuno).

- Calcola la tensione del cavo a vagone completo di passeggeri.

Il coefficiente di attrito statico tra le ruote e la rotaia, entrambe in acciaio, è di 0,3.

- Determina, nel malaugurato caso in cui il cavo si dovesse spezzare, se l'operatore sarebbe in grado di fermare il vagone frenandone le ruote o se occorrerebbe un ulteriore sistema frenante.

[$3{,}0 \cdot 10^4$ N]

viaggiatorilowcost.it

86 Carrello su un piano inclinato

La costruzione della diga di Krasnojarsk, in Siberia, ha interrotto la navigabilità del fiume Enisej. Per permettere alle navi di oltrepassare la diga è stata costruita una gigantesca ferrovia a cremagliera in grado di sollevare le navi fino al bacino soprastante. Il tratto inclinato è lungo 1024 m e copre un dislivello di 104 m. Può sollevare navi lunghe fino a 80 m con massa fino a 1500 t, mentre il carrello ha una massa di 2100 t.

- ▶ Calcola la forza che devono esercitare le ruote dentate quando il carrello sale a pieno carico a velocità costante.

[3,6 MN]

87 Vento di mare

Un elicottero della guardia costiera vola a 80 m/s mentre dal mare soffia un vento teso a 30 m/s perpendicolarmente alla spiaggia. Il pilota vuole sorvolare una spiaggia nel senso della sua lunghezza.

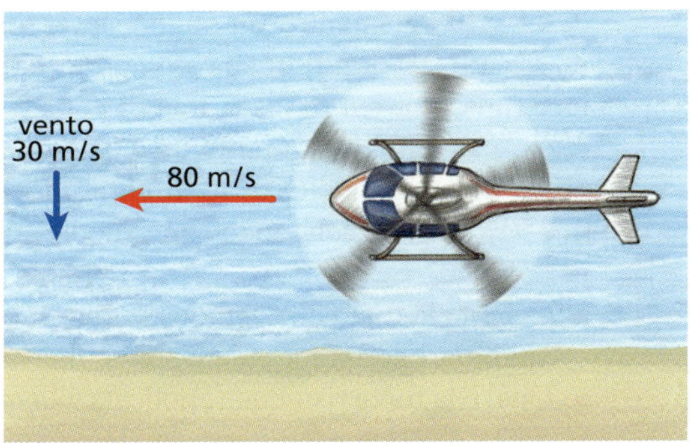

- ▶ Come deve orientare l'elicottero mantenendo una velocità rispetto all'aria di 80 m/s?
- ▶ Qual è la velocità dell'elicottero rispetto alla spiaggia?

[74 m/s]

88 Attenzione, mi è sfuggito il carrello!

I sistemi a cuscino d'aria permettono di annullare quasi completamente gli attriti e sono usati non solo per i carrellini degli esperimenti di fisica ma anche in reali sistemi di trasporto (*hovercraft*) e in ambito industriale per la movimentazione di componenti. Sistemi di trasporto di questo tipo possono portare carichi fino a 280 t. Un sistema del genere deve essere utilizzato con le dovute cautele: supponi che si sposti a una velocità di 1 m/s.

- ▶ Calcola in quanto spazio fermano questo carico 10 uomini in grado di esercitare una forza media di $9{,}0 \cdot 10^2$ N ciascuno.

[16 m]

89 Un lancio con il paracadute

Un paracadutista di massa 82 kg si lancia da un aereo e dopo un tratto di 150 m in caduta libera (trascura la resistenza dell'aria) apre il paracadute, che in 5,4 s lo rallenta alla velocità di 3,2 m/s; da questo momento scende a velocità costante.

- ▶ Calcola la forza media della cinghia che lo tiene al paracadute durante la decelerazione e durante il resto della discesa.

[$7{,}7 \cdot 10^2$ N; $8{,}0 \cdot 10^2$ N]

90 La frizione

La frizione di un'automobile è costituita da due dischi di ferodo (coefficiente d'attrito 0,65) premuti uno contro l'altro da sei molle (costante elastica $2{,}8 \cdot 10^4$ N/m). Il pedale del guidatore permette di diminuire la compressione delle molle, riducendo la forza di contatto tra i dischi fino a separarli del tutto: è così possibile modulare la forza trasmessa dal motore alle ruote.

- ▶ Qual è la massima forza trasmessa dalla frizione se la massima compressione delle molle è di 20 mm? [2,2 kN]

91 Eppur si muove

Un ragazzo sposta una pesante cassa facendola strisciare sul pavimento. Per il principio di azione e reazione, la forza $\vec{F}_{r\to c}$ che il ragazzo esercita sulla cassa è uguale e opposta alla forza $\vec{F}_{c\to r}$ che la cassa esercita sul ragazzo.

- ▶ Come è possibile che il ragazzo sposti la cassa?
- ▶ Disegna le forze orizzontali che agiscono sul ragazzo e sulla cassa.

92 Volare a pochi centimetri da terra

L'aeroporto di Shangai è collegato al centro della città con un treno a levitazione magnetica, che viaggia sospeso a pochi centimetri dal suolo grazie a potenti elettromagneti. Durante il suo moto è soggetto solo alla forza dei motori e all'attrito dell'aria. La sua velocità massima in esercizio è di 431 km/h, che può raggiungere in 129 s, e la forza esercitata dai motori in accelerazione vale in media 147 kN.

Alex Needham / Wikipedia

- ▶ Quale forza devono esercitare i magneti per tenerlo sospeso? (Trascura l'attrito dell'aria.)

[$1{,}55 \cdot 10^6$ N]

93 Il gigante del mare

■■■ La *Oasis of the Seas* è la più grande nave da crociera costruita fino a oggi e ha un dislocamento di $1{,}02 \cdot 10^3$ ton (1 ton ≈ 1016 kg), In partenza dalla banchina, trainata da una coppia di rimorchiatori identici disposti come in figura, si allontana di moto uniformemente accelerato percorrendo 2,0 m in 19 s.

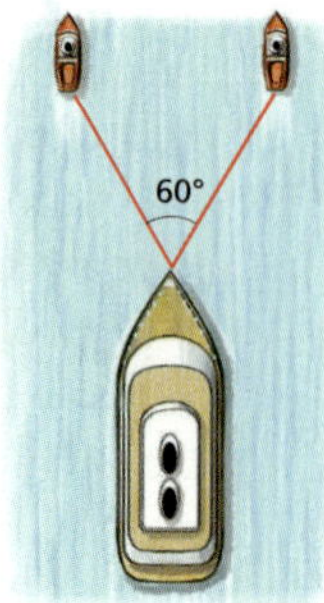

▶ Calcola quanto vale la tensione di ciascun cavo.

[$6{,}6 \cdot 10^3$ N]

94 Sembra rigida

■■■ Durante l'urto con la mazza la pallina da golf si deforma anche di 2 cm. La pallina, di massa 46 g, è realizzata in materiale elastico e segue con buona approssimazione la legge di Hooke con una costante elastica di $7{,}6 \cdot 10^5$ N/m. Considera il momento di massima compressione.

▶ Calcola la forza che agisce sulla pallina.

▶ Qual è l'accelerazione della pallina?

[$1{,}5 \cdot 10^4$ N; $3{,}3 \cdot 10^5$ m/s^2]

95 Un salto nel vuoto

■■■ Il *bungee jumping* è un'attività sportiva in cui i praticanti si lanciano da un'altezza elevata dopo essersi agganciati a una fune elastica. Roberto (m = 78 kg) decide di lanciarsi da un ponte imbracandosi a una corda elastica con massa trascurabile, lunghezza a riposo 14 m e costante elastica 55 N/m. Quando Roberto si trova nel punto più basso della sua traiettoria, il cavo è lungo 52 m.

▶ Calcola l'accelerazione a cui è sottoposto Roberto in tale punto nell'istante in cui inizia la risalita.

Dopo la terza oscillazione, Roberto viene recuperato dal suo team e ritorna sul ponte.

▶ A quale distanza dal ponte si sarebbe fermato se avesse aspettato che le oscillazioni terminassero?

[17 m/s^2; 28 m]

96 Supervelcro

■■■ Recentemente è stato sviluppato un «supervelcro» in grado di reggere forze (indipendenti dalla direzione) fino 35 N per ogni cm^2 di superficie. Si vuole utilizzare questo materiale per sollevare a velocità costante una massa di 50 kg lungo un piano inclinato di 45°.

▶ Calcola la superficie minima che si deve utilizzare.

Supponi, poi, che la massa subisca anche un'accelerazione di 1,2 m/s^2 lungo la direzione del piano e verso l'alto.

▶ Quanto è in questo caso la superficie necessaria?

[9,9 cm^2; 12 cm^2]

97 In partenza per la Luna

■■■ Il razzo americano Saturno V utilizzato per le missioni Apollo di esplorazione della Luna da parte della NASA, aveva alla partenza una massa complessiva di 2970 tonnellate. Alla partenza del razzo, il primo stadio forniva una spinta di $34{,}0 \cdot 10^6$ N. La rampa di lancio era alta approssimativamente come il razzo, cioè 110 m.

▶ Calcola l'accelerazione iniziale del razzo.

▶ Quanto tempo impiegava a oltrepassare la rampa di lancio?

[1,6 m/s^2; 12 s]

98 Alta velocità

■■■ La motrice di un treno ETR 500 ha una massa di $6{,}8 \cdot 10^4$ kg, mentre un vagone passeggeri ha massa $4{,}0 \cdot 10^4$ kg. Il treno è composto da 13 vetture (una motrice di testa, una di coda e 11 carrozze passeggeri). Durante un viaggio, il treno passa da una velocità di 75 km/h a una velocità di 150 km/h accelerando in modo costante per 35 s.

▶ Calcola la forza che la motrice di testa esercita sui binari per poter essere spinta in avanti.

▶ Qual è la forza risultante applicata alla motrice?

▶ Se la motrice esercitasse la stessa spinta ma fosse staccata dal resto del convoglio, quale sarebbe la sua accelerazione?

[$3{,}4 \cdot 10^2$ kN; 40 kN; 5,0 m/s^2]

99 Curiosity scende su Marte

■■■ Il rover NASA Curiosity, un robot in grado di analizzare campioni di terreno e roccia, è atterrato su Marte nel 2012. Durante l'atterraggio, il rover, di massa $9{,}0 \cdot 10^2$ kg, è sceso agganciato a un apparato di razzi di massa $2{,}6 \cdot 10^3$ kg. Trovandosi ormai vicino alla superficie marziana, i razzi lo hanno decelerato da 78 m/s a 0,75 m/s in 32 s, esercitando una forza di 21,4 kN verso l'alto. Per semplicità assumiamo che la massa totale sia rimasta costante.

Wikimedia Commons

▶ Qual è l'accelerazione di gravità su Marte?

[3,7 m/s^2]

100 Andare a vela nel cosmo

L'agenzia spaziale giapponese ha lanciato nel maggio 2010 la sonda Ikaros per l'esplorazione di Venere. Una volta raggiunto lo spazio a bordo di un missile, questa sonda ha «spiegato le vele» per sfruttare la spinta di circa 9,6 μN/m^2 esercitata dal vento solare. La vela di Ikaros è un quadrato di 14 m di lato e la massa complessiva della sonda è di $3{,}0 \cdot 10^2$ kg.

newsspazio.blogspot.com

- ▶ Determina la velocità che può acquisire la sonda se la vela agisce ininterrottamente per un anno (trascura tutte le altre forze).

[$2{,}0 \cdot 10^2$ m/s]

101 Gita in treno sul fiordo

La linea Flam-Songerfiord, in Norvegia, è una delle ferrovie di tipo tradizionale (non a cremagliera) più ripide d'Europa: in alcuni tratti raggiunge pendenze del 55‰. La massa della locomotiva è di 64 t con 8 ruote motrici. Supponi che il peso sia equamente distribuito tra tutte le ruote e che il coefficiente d'attrito statico tra esse e la rotaia sia 0,3.

- ▶ Quante carrozze di massa 42 t sarebbe in grado di trainare prima di slittare? [7]

102 Skilift

Uno skilift traina gli sciatori su un pendio innevato che forma un angolo di 30° con l'orizzontale. Il cavo di traino a sua volta forma un angolo di 30° rispetto al pendio. Il coefficiente d'attrito tra la soletta degli sci e la neve è 0,050 e la massa delta sciatore è 76 kg.

- ▶ Stima la tensione del cavo.

Negli impianti francesi invece del cavo c'è un bastone telescopico con una molla all'interno.

- ▶ Se il bastone si allunga di 2,0 m quanto vale la costante elastica?

[$4{,}5 \cdot 10^2$ N; $2{,}3 \cdot 10^2$ N/m]

STRMTG

103 Moto contrario

Considera i due blocchi in figura. La fune e la carrucola hanno massa trascurabile. La fune scorre senza attrito sulla carrucola, che è fissata al piano. Il coefficiente di attrito tra i due blocchi e tra il blocco più grande e il piano è 0,40. Sotto l'azione della forza $\vec{F}$, i blocchi si spostano con un'accelerazione di 0,30 m/s^2.

- ▶ Calcola il modulo di $\vec{F}$.

[72 N]

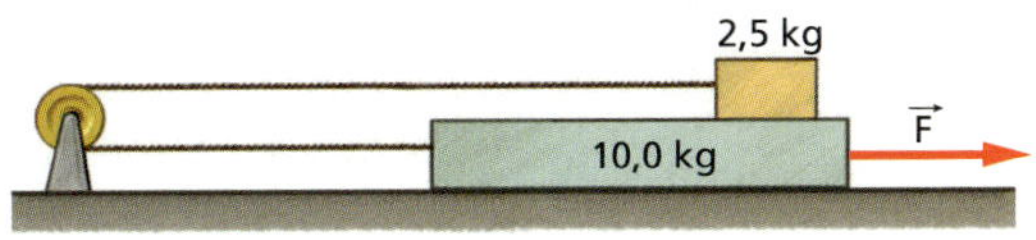

104 Sollevarsi con le proprie forze

Una ragazza sta in piedi su una piattaforma (massa totale = 75 kg) per dipingere una casa. Una fune le consente di sollevare sé stessa e la piattaforma, come mostrato in figura. La ragazza inizia a muoversi con un'accelerazione di 0,80 m/s^2 e dopo 1 s tira la fune in modo da salire con una velocità costante di 1 m/s.

- ▶ Con quale forza la ragazza deve tirare la corda inizialmente?
- ▶ Quanto vale la forza che deve esercitare sulla corda dopo 1 s?

[$4{,}0 \cdot 10^2$ N; $3{,}7 \cdot 10^2$ N]

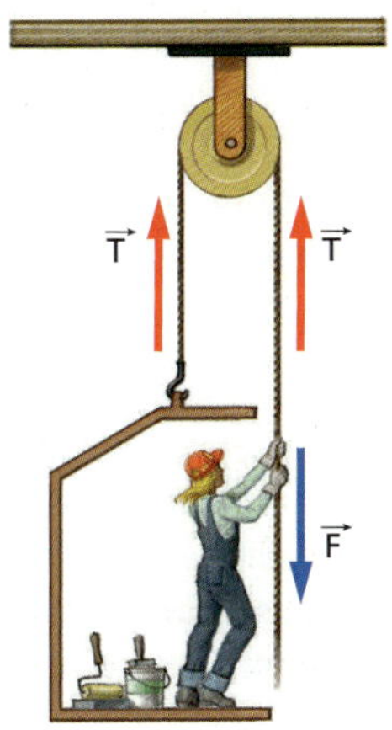

105 **Galileo lo sapeva già**

Nelle sue indagini sui moti, Galileo scoprì che il tempo di caduta di un corpo di massa *m* che scivola senza attrito lungo una corda di una circonferenza verticale di raggio *R* *non* dipende dall'angolo che la corda forma con la direzione verticale.

▶ Dimostra che il tempo di caduta è

$$t = \sqrt{\frac{4R}{g}}$$

▶ Spiega perché è ragionevole attendersi che il tempo di caduta *non* dipenda né dall'angolo α né dalla massa del corpo.

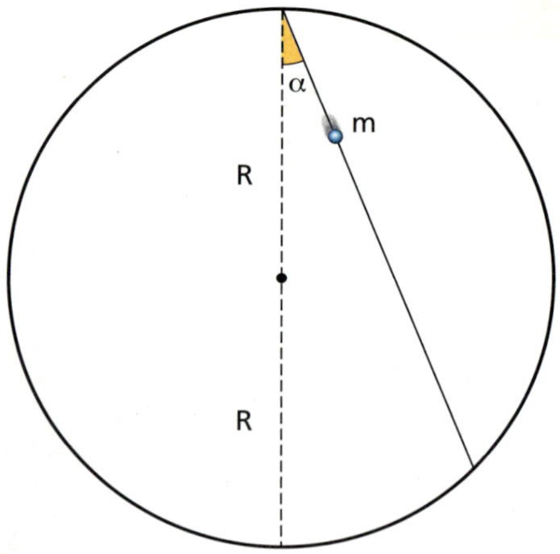

TEST

1 Sia dato un corpo di massa 15 kg, che giace in quiete sopra un tavolo. Il tavolo sopporta il peso del corpo, senza cedere. Appoggio un secondo corpo sopra il primo. Il secondo corpo abbia massa pari a 30 kg. Il tavolo seguita a reggere entrambi i pesi che restano, entrambi, in quiete. Quanto vale l'accelerazione del primo corpo per effetto della risultante di tutte le forze a esso applicate (detta *g* l'accelerazione di gravità)?

- [A] zero.
- [B] g.
- [C] $2g$.
- [D] $15/g$ m/s^2.
- [E] 15 m/s^2.

(Ammissione a Odontoiatria, 2002/2003)

2 Una forza di 10 N applicata a una massa di 20 kg inizialmente ferma e appoggiata su di un piano orizzontale da ritenersi ad attrito trascurabile, produce:

- [A] una velocità costante di 0,5 m/s.
- [B] una velocità costante di 2 m/s.
- [C] un'accelerazione costante di 0,5 m/s^2.
- [D] un'accelerazione costante di 2 m/s^2.
- [E] un aumento di massa del 10%.

(Ammissione a Odontoiatria, 2008/2009)

3 Se si possono trascurare gli effetti dovuti agli attriti, un corpo lasciato scivolare lungo un piano inclinato ed inizialmente ad altezza *H* dal suolo, o un corpo di massa doppia lasciato cadere lungo la verticale sempre da un'altezza *H* rispetto al suolo:

- [A] avranno la stessa velocità al momento del loro arrivo al suolo.
- [B] arriveranno a terra nello stesso istante se partono allo stesso istante.
- [C] il corpo di massa doppia acquisterà una velocità doppia nell'arrivare al suolo.
- [D] il corpo che percorre la verticale arriverà al suolo sempre con velocità maggiore indipendentemente dalla sua massa.
- [E] le velocità di arrivo al suolo dipendono dall'inclinazione del piano inclinato.

(Ammissione a Veterinaria, 2005/2006)

4 Una persona è in piedi su una bilancia a molla posta su di un ascensore. Prima che l'ascensore cominci a salire la bilancia segna 637 N. Quando l'ascensore accelererà verso l'alto la bilancia segnerà:

- [A] un valore minore a causa dell'accelerazione verso l'alto.
- [B] un valore maggiore a causa dell'accelerazione verso l'alto.
- [C] lo stesso valore perché la massa non varia.
- [D] lo stesso valore perché l'accelerazione è costante.
- [E] lo stesso valore perché la superficie a contatto col corpo non varia.

(Ammissione a Veterinaria, 2008/2009)

SEI PRONTO PER LA VERIFICA?

IN 1 ORA

1 Una forza F trascina a velocità costante un corpo di peso 20 N lungo un piano orizzontale con coefficiente d'attrito $\mu = 0{,}30$.

▶ Determina l'intensità della forza F. ..... / 20

[6,0 N]

2 Considera la situazione schematizzata in figura. Il blocco superiore è fissato con la colla a quello inferiore. È noto che $F_1 = 4{,}2$ N e $F_2 = 9{,}9$ N.

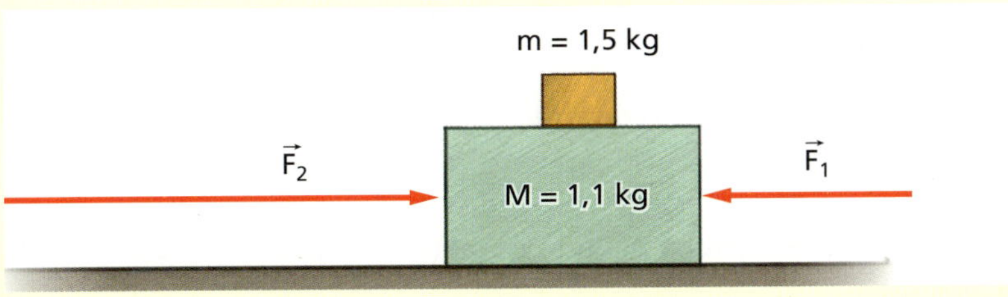

▶ Determina modulo, direzione e verso dell'accelerazione del sistema formato dai due blocchi.

[2,2 m/s^2 verso destra] ..... / 20

3 Un blocchetto di 3,6 kg è mantenuto fermo contro una parete verticale da una forza orizzontale $\vec{F}$.

a Come è possibile? ..... / 15

Tra blocchetto e parete i coefficiente d'attrito statico e dinamico sono rispettivamente $\mu_s = 0{,}65$ e $\mu_d = 0{,}45$.

b Calcola la minima intensità di $\vec{F}$ che impedisce al blocchetto di cadere. ..... / 15

c Descrivi che cosa accade se il modulo di $\vec{F}$ è $F = 28$ N. ..... / 15

Supponi che sul blocchetto agisca una forza $\vec{G}$ di modulo uguale al suo peso in una direzione che forma un angolo α con la parete come mostrato in figura.

d Dimostra che il blocchetto non scivola verso il basso se $\mu_s \operatorname{sen}\alpha + \cos\alpha \geq 1$.

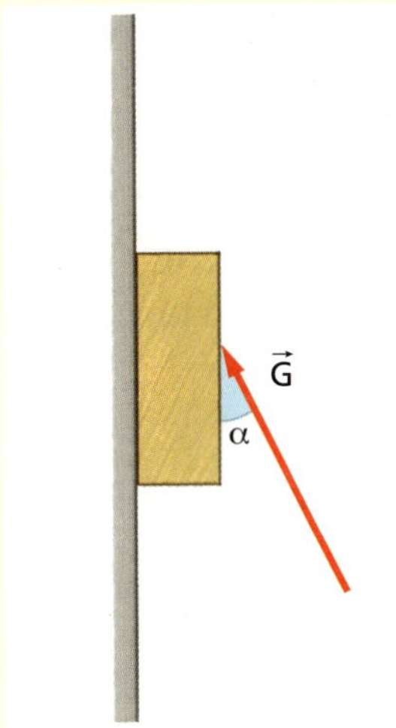

[54 N; $a = 6{,}3$ m/s^2] ..... / 15

TOTALE .... / 100

CAPITOLO 2
LE FORZE E I MOTI

1 La caduta libera

Quando l'attrito dell'aria è trascurabile, su un corpo lasciato cadere o lanciato agisce solo la forza peso.

Un corpo è in **caduta libera** quando durante il moto è soggetto solo alla propria forza peso.

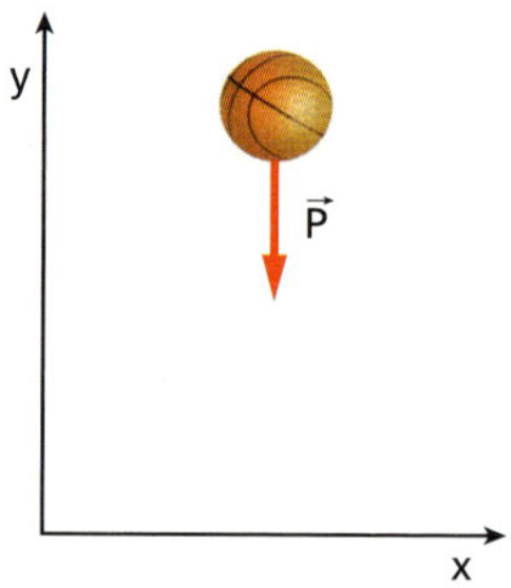

In caduta libera un corpo di massa m accelera solo per effetto del suo peso $\vec{P} = m\vec{g}$, dove $\vec{g}$ è l'accelerazione di gravità diretta verso il centro della Terra.

Analizziamo il moto di caduta libera nel riferimento terrestre, in cui consideriamo un sistema di assi cartesiani x-y con l'asse x orizzontale e l'asse y verticale diretto verso l'alto. Ipotizziamo che gli effetti dell'aria siano trascurabili e che l'accelerazione di gravità sia costante, diretta verso il basso e abbia modulo $g = 9{,}8\ \text{m/s}^2$.

In questo sistema, il peso del corpo è il vettore $\vec{P} = (0, -mg)$ per cui il vettore accelerazione di un corpo in caduta libera ha componenti:

$$a_x = \frac{1}{m}(0) = 0 \qquad a_y = \frac{1}{m}(-mg) = -g$$

Quindi

in caduta libera un corpo si muove
- con moto uniforme ($a_x = 0$) lungo la direzione orizzontale;
- con moto uniformemente accelerato ($a_y = -g$) lungo la direzione verticale.

GUARDA!

Il fatto che il moto orizzontale e il moto verticale di un corpo in caduta libera siano indipendenti è una conseguenza del secondo principio della dinamica: l'accelerazione lungo una direzione dipende solo dalla forza totale agente lungo quella direzione.

Possiamo studiare i vari moti di caduta applicando le leggi orarie e le relazioni velocità-tempo dei moti con velocità costante e con accelerazione costante riviste nel capitolo «Richiami su moti, vettori e forze».

Corpi lanciati in aria: i proiettili

Il moto di un corpo non dipende solo dalle forze agenti su di esso ma anche dalle condizioni iniziali da cui il corpo parte.

Se trascuriamo l'effetto dell'aria, un pallone da pallacanestro è in caduta libera dopo che l'arbitro lo ha lanciato verso l'alto in un salto a due ma anche dopo che un giocatore lo ha tirato a canestro.

Eppure le traiettorie del pallone sono molto diverse perché dipendono dalla velocità iniziale con cui il pallone è stato lanciato.

Nei paragrafi seguenti prendiamo in esame il moto di un **proiettile**, cioè di un corpo lanciato con velocità iniziale $\vec{v}_0$.

MINDBUILDING

Basta cambiare sistema di riferimento!

Per renderci conto che il moto verticale di un proiettile avviene sempre con accelerazione costante $\vec{g}$ consideriamo la seguente situazione. Una ragazza lancia una pallina verso l'alto mentre il treno su cui viaggia transita a velocità costante $\vec{v}_0$ in una stazione.

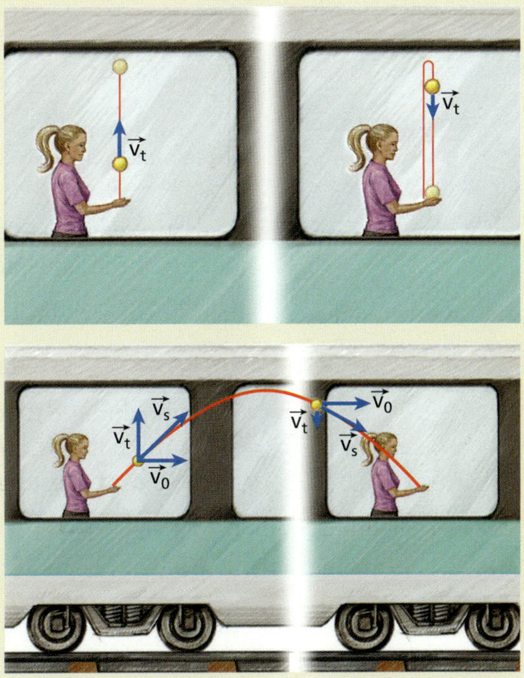

Descriviamo il moto della pallina in due sistemi di riferimento inerziali: quello del treno e quello della stazione.

Vista dal treno, la pallina è un proiettile lanciato verso l'alto che effettua un moto uniformemente accelerato con accelerazione $\vec{g}$. In ogni istante di volo, la sua velocità $\vec{v}_t$ è verticale.

Vista dalla stazione, la pallina è un proiettile lanciato in direzione obliqua, che si muove in verticale con velocità $\vec{v}_t$ e in orizzontale con la velocità $\vec{v}_0$ del treno.

Per la legge di composizione galileiana delle velocità, la velocità della pallina nel sistema di riferimento della stazione è

$$\vec{v}_s = \vec{v}_t + \vec{v}_0$$

La velocità $\vec{v}_0$ del treno rispetto alla stazione è orizzontale, per cui la componente verticale della velocità $\vec{v}_s$ della pallina vista dalla stazione è sempre $\vec{v}_t$, cioè proprio la velocità della pallina misurata sul treno. Si conclude che

il moto verticale di un proiettile lanciato in direzione obliqua è uguale a quello di un proiettile lanciato in direzione verticale.

2 Moto di un proiettile lanciato in direzione orizzontale

GUARDA!

■ Consideriamo una pallina che esce dal bordo di un tavolo con velocità orizzontale $\vec{v}_0$. La foto stroboscopica mostra la posizione della pallina in volo a intervalli di tempo costante.

■ Il grafico del moto della pallina è quello rappresentato in figura.

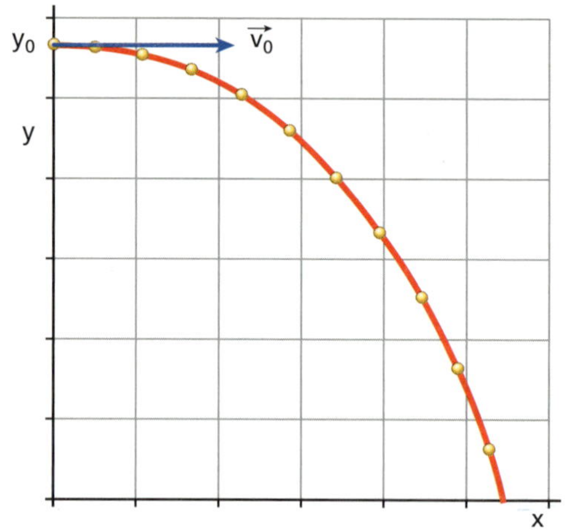

Nel sistema di riferimento scelto, le equazioni del moto sono le seguenti.

#motoparabolico

	Spazio-tempo	Velocità-tempo
Moto uniforme lungo *x*	$x = v_0 t$	$v_x = v_0$
Moto uniformemente accelerato lungo *y*	$y = y_0 - \frac{1}{2}gt^2$	$v_y = -gt$

A partire da queste equazioni si può risolvere qualunque problema relativo al moto del proiettile lanciato in direzione orizzontale.

Il tempo di volo

Il tempo durante il quale il proiettile resta in aria, o **tempo di volo** t_v, dipende dall'altezza iniziale. Infatti la caduta lungo l'asse y ha termine quando l'ordinata del proiettile è $y = 0$. Inserendo questo valore nell'equazione spazio-tempo dell'asse y si ha

$$0 = y_0 - \frac{1}{2}gt_v^2$$

quindi

$$t_v = \sqrt{\frac{2y_0}{g}} \qquad (1)$$

Nel caso in cui il proiettile atterri in un punto con quota y_1, nell'equazione precedente si sostituisce y_0 con $y_0 - y_1$.

La gittata

La **gittata** è la distanza orizzontale fra il punto di lancio e il punto di arrivo del proiettile. Per calcolarla si utilizza l'indipendenza dei moti orizzontale e verticale.

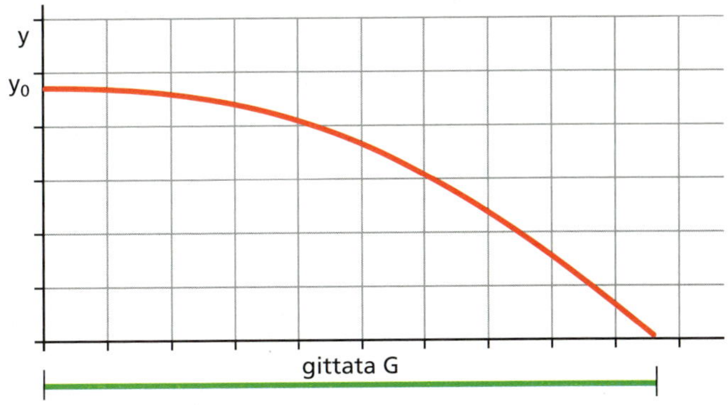

- Asse x: mentre è in aria, il proiettile avanza con la velocità iniziale v_0.
- Asse y: per arrivare alla quota $y = 0$, il proiettile rimane in aria per il tempo di volo

$$t_v = \sqrt{\frac{2\,y_0}{g}}$$

- Quindi la gittata del proiettile è $G = v_0 t_v$, cioè

$$G = v_0 \sqrt{\frac{2\,y_0}{g}} \qquad (2)$$

PER ESEMPIO **La battuta**

Un pallavolista, stando a 9 m dalla rete, colpisce la palla a 3,2 m di altezza, circa 80 cm sopra la rete, e le imprime una velocità orizzontale di 25 m/s.

▶ La palla supera la rete?

Utilizzando la (1), vediamo che la palla scende di 80 cm in un tempo

$$t_v = \sqrt{\frac{2\,y_0}{g}} = \sqrt{\frac{2\,(0{,}8\ \text{m})}{9{,}8\ \text{m/s}^2}} = 0{,}40\ \text{s}$$

La gittata dopo il tempo di volo è

$$G = v_0 t_v = (25\ \text{m/s})(0{,}40\ \text{s}) = 10\ \text{m}$$

A 10 m dal punto di battuta la palla è scesa al livello della rete (80 cm più in basso rispetto al punto iniziale), quindi in corrispondenza della rete doveva trovarsi più in alto: la palla non va in rete, ma la sfiora.

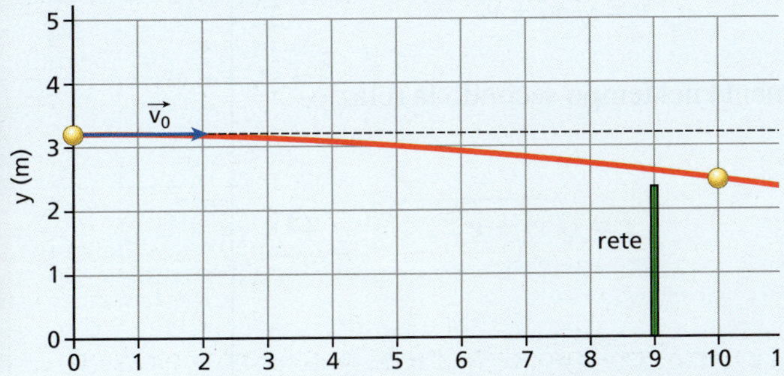

L'equazione della traiettoria

In molte situazioni è interessante conoscere l'equazione della traiettoria del proiettile, cioè la relazione che lega direttamente fra loro le coordinate x e y di ogni punto della traiettoria.

A partire dalle relazioni

$$x = v_0 t$$

$$y = y_0 - \frac{1}{2} g t^2$$

esplicitiamo t nella prima equazione e sostituiamolo nella seconda:

$$t = \frac{x}{v_0}$$

$$y = y_0 - \frac{1}{2} g \left(\frac{x}{v_0}\right)^2$$

L'equazione della traiettoria è

#motoparabolico

$$y = y_0 - \frac{1}{2} \frac{g}{v_0^2} x^2 \qquad (3)$$

Nel piano x-y l'equazione rappresenta una parabola con il vertice nel punto $(0, y_0)$ e la concavità rivolta verso il basso.

La velocità del proiettile

Durante la caduta, la componente orizzontale della velocità rimane costante:

$$v_x = v_0$$

ma quella verticale cambia nel tempo:

$$v_y = -gt$$

Quindi il modulo della velocità

$$v = \sqrt{v_x^2 + v_y^2}$$

aumenta nel tempo secondo la relazione

$$v = \sqrt{v_x^2 + g^2 t^2} \qquad (4)$$

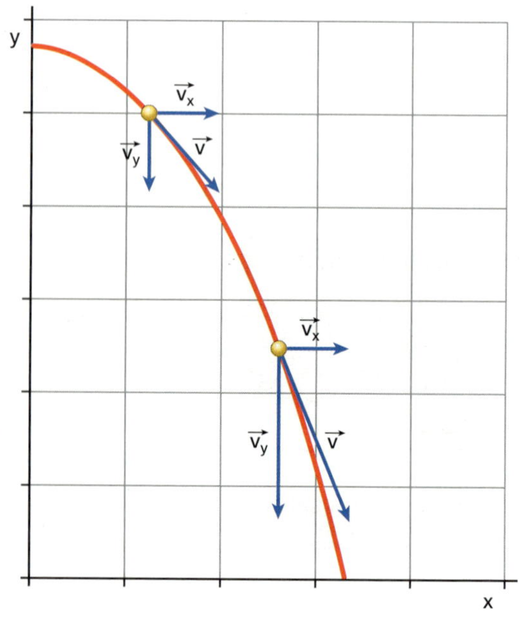

PER ESEMPIO **Con quale velocità tocca terra?**

Una pallina, lanciata a 3,0 m/s su un tavolo orizzontale alto 80 cm, supera il bordo e cade.

► Con quale velocità tocca terra?

La pallina arriva a terra con una velocità orizzontale di 3,0 m/s e una velocità verticale di

$$\sqrt{\frac{2\,(0{,}80\ \text{m})}{9{,}8\ \text{m/s}^2}}\,(9{,}8\ \text{m/s}^2) = 4{,}0\ \text{m/s}$$

La velocità totale è

$$\sqrt{(3{,}0\ \text{m/s})^2 + (4{,}0\ \text{m/s})^2} = 5{,}0\ \text{m/s}$$

→ **PROBLEMA** **Tuffo con rincorsa** • pag. 108
#motoparabolico

3 Moto di un proiettile lanciato in direzione obliqua

GUARDA!

Una pallina è lanciata dall'origine in direzione obliqua con una velocità iniziale $\vec{v}_0$.

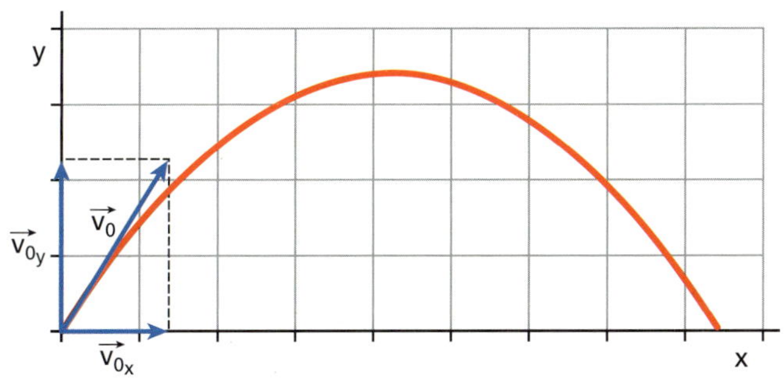

Nel sistema di riferimento scelto, la velocità iniziale ha componenti $\vec{v}_0 = (v_{0x}, v_{0y})$ e le equazioni del moto sono le seguenti.

	Spazio-tempo	Velocità-tempo
Moto uniforme lungo *x*	$x = v_{0x}t$	$v_x = v_{0x}$
Moto uniformemente accelerato lungo *y*	$y = v_{0y}t - \frac{1}{2}gt^2$	$v_y = v_{0y} - gt$

#motoparabolico

A partire da queste equazioni si può risolvere qualunque problema relativo al moto del proiettile lanciato in direzione obliqua.

Il tempo di volo

Il tempo durante il quale il proiettile resta in aria, o tempo di volo t_v, dipende dalla velocità iniziale nella direzione y.

Consideriamo il caso in cui il punto di atterraggio è alla stessa altezza del punto di lancio $y = 0$. La caduta lungo l'asse y termina quando l'ordinata del proiettile è $y = 0$; inserendo questo valore nell'equazione spazio-tempo dell'asse y si ottiene l'equazione nell'incognita t:

$$0 = v_{0y}t - \frac{1}{2}gt^2 \quad \Rightarrow \quad t\left(v_{0y} - \frac{1}{2}gt\right) = 0$$

che ha come soluzioni

$$t = 0 \quad \text{e} \quad t = 2\frac{v_{0y}}{g}$$

La prima soluzione corrisponde all'istante del lancio, mentre la seconda dà il tempo di volo:

$$t_v = 2\frac{v_{0y}}{g} \tag{5}$$

In alternativa, si può ragionare nel modo seguente. Il proiettile sale fino a quando la sua velocità verticale si annulla e ciò avviene per

$$0 = v_{0y} - gt_s \quad \Rightarrow \quad t_s = \frac{v_{0y}}{g}$$

Il tempo di volo è il doppio del tempo di salita t_s, per cui si ottiene la (5):

$$t_v = 2t_s = 2\frac{v_{0y}}{g}$$

La gittata

Consideriamo il caso in cui il proiettile atterra in un punto con la stessa quota del punto di lancio.

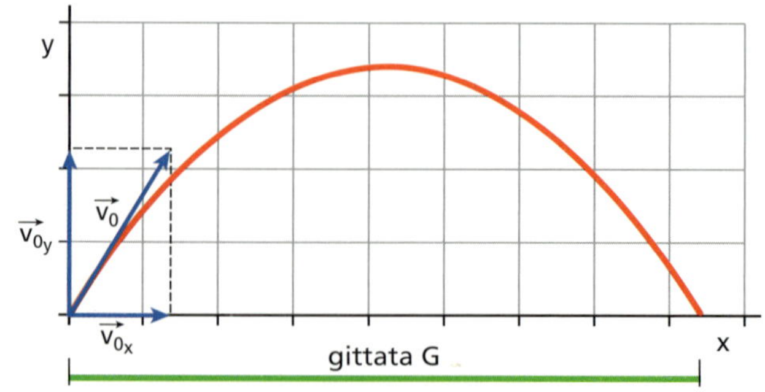

I moti orizzontale e verticale sono indipendenti, perciò lungo gli assi x e y abbiamo la seguente situazione.

- Asse x: mentre è in aria, il proiettile avanza con la velocità iniziale v_{0x}.
- Asse y: per arrivare alla quota $y = 0$, il proiettile rimane in aria per il tempo di volo

$$t_v = 2\,\frac{v_{0y}}{g}$$

Quindi la gittata del proiettile è $G = v_{0x} t_v$, cioè

$$G = 2\,\frac{v_{0x} v_{0y}}{g} \qquad (6)$$

La gittata massima

Per una data velocità iniziale $\vec{v}_0$, la gittata varia al variare dell'*angolo di lancio* α, cioè dell'angolo che la velocità iniziale forma con l'asse orizzontale: la gittata massima si ha per $\alpha = 45°$. Per dimostrarlo, scriviamo le componenti di $\vec{v}_0$ in funzione di α e sostituiamole nella (6), che diviene

$$G = \frac{2\,(v_0 \cos\alpha)\,(v_0 \operatorname{sen}\alpha)}{g} = \frac{2\,v_0^2 \cos\alpha\,\operatorname{sen}\alpha}{g} = \frac{v_0^2}{g}\operatorname{sen}(2\alpha) \qquad (7)$$

dove abbiamo utilizzato l'uguaglianza $\operatorname{sen}(2\alpha) = 2\operatorname{sen}\alpha\,\cos\alpha$.

Quando $\alpha = 45°$, $\operatorname{sen}(2\alpha)$ assume il suo valore massimo, cioè 1. Quindi la gittata massima con velocità iniziale di modulo v_0 si ottiene per un angolo di lancio di 45° e vale

$$G_{\max} = \frac{v_0^2}{g}$$

L'equazione della traiettoria

A partire dalle equazioni del moto

$$x = v_{0x}t \quad \text{e} \quad y = v_{0y}t - \frac{1}{2}gt^2$$

si determina l'equazione della traiettoria del proiettile.

Esplicitiamo t nella prima equazione e sostituiamo il valore trovato nella seconda:

$$t = \frac{x}{v_{0x}}$$

$$y = v_{0y}\,\frac{x}{v_{0x}} - \frac{1}{2}\,g\left(\frac{x}{v_{0x}}\right)^2$$

L'equazione della traiettoria è

$$y = \frac{v_{0y}}{v_{0x}}\,x - \frac{g}{2\,v_{0x}^2}\,x^2 \qquad (8)$$

#motoparabolico

I valori di v_{0x}, v_{0y} e g sono costanti durante il moto, quindi l'equazione rappresenta, nel piano x-y, una parabola del tipo

$$y = -ax^2 + bx$$

passante per (0, 0) e con la concavità rivolta verso il basso.

➔ PROBLEMA Che sagoma! • pag. 111
#motoparabolico

4 Resistenza in un fluido

Un corpo che si muove in un fluido, come l'aria o l'acqua, è soggetto a una forza di resistenza, detta **attrito viscoso**, che si oppone al suo moto. Il modulo di questa forza dipende in modo complicato da vari fattori, come la densità del mezzo, la forma del corpo, la velocità relativa.

■ Il tuffatore sente una resistenza minore nell'aria che nell'acqua, perché l'aria ha una densità minore.

■ Il paracadute ha una grande sezione trasversale proprio per assicurare una grande resistenza dell'aria.

■ La resistenza dell'aria sulla mano aumenta progressivamente con la velocità dell'auto.

Concentriamo l'attenzione sulla resistenza che l'aria esercita sui corpi in moto.

La resistenza aerodinamica

La forza d'attrito che agisce sui corpi in moto nell'aria è detta **resistenza aerodinamica**. Gli esperimenti mostrano che

#resistenzaaerodinamica

la resistenza aerodinamica $\vec{R}$ su un corpo che si muove con velocità relativa $\vec{v}$ rispetto all'aria è una forza che ha stessa direzione della velocità relativa ma verso opposto e modulo

$$R = Cv^2 \tag{9}$$

DENTRO LA FORMULA

- Il coefficiente C ha dimensioni $N \cdot s^2/m^2 = kg/m$ e dipende dallo stato dell'aria, oltre che dalla dimensione e dalla forma del corpo in moto.
- Nella maggior parte dei casi C deve essere determinato sperimentalmente.
- C è proporzionale alla densità dell'aria e alla sezione del corpo trasversale alla sua velocità.

Notiamo che la resistenza è dovuta alla velocità relativa del corpo rispetto all'aria. Quindi un flusso d'aria con velocità di modulo v_{rel} genera su un corpo fermo una forza con la stessa intensità di quella che agisce sul corpo quando avanza con velocità v_{rel} rispetto all'aria ferma.

Questo spiega perché si usano le gallerie del vento per misurare la resistenza aerodinamica di un'auto.

FISICA QUOTIDIANA
Galleria del vento

La relazione (9) vale quando la velocità del corpo è tanto elevata (almeno 5 m/s) che il corpo lascia dietro di sé una scia di aria turbolenta, nella quale le particelle del fluido si muovono in modo caotico.

Gli aerei di linea volano a quote attorno ai 9 km perché a quell'altezza la densità dell'aria, e quindi il coefficiente C, è circa il 40% del valore a livello del mare. Così facendo risparmiano circa il 60% di carburante.

FISICA QUOTIDIANA
Aerei

→ **PROBLEMA** La resistenza di un'auto • pag. 113
#resistenzaaerodinamica

La velocità limite

Finora abbiamo trascurato l'attrito dell'aria sui corpi in caduta. Per valutarne gli effetti, consideriamo un corpo di massa m che inizia a cadere da fermo e studiamone il moto rispetto a un asse verticale diretto verso il basso.

■ Inizialmente $v = 0$ m/s e l'unica forza che agisce sul corpo è il suo peso mg, quindi

$$mg = ma \quad \Rightarrow \quad a = g$$

Pertanto l'accelerazione iniziale è g.

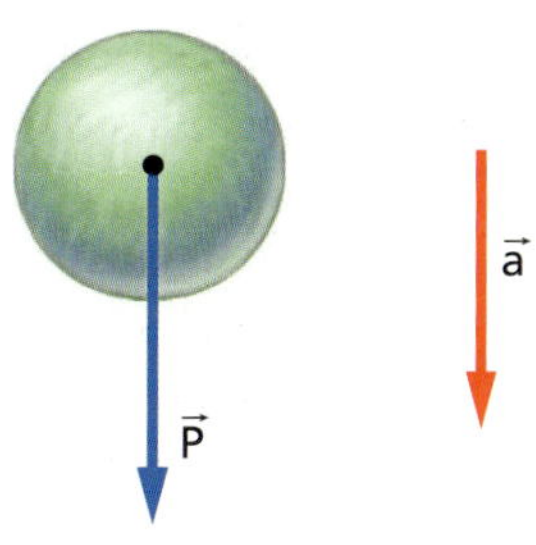

■ All'aumentare della velocità, aumenta la resistenza aerodinamica $R = Cv^2$, per cui diminuisce la forza totale applicata al corpo:

$$mg - Cv^2 = ma \quad \Rightarrow \quad a = \frac{mg - Cv^2}{m} = g - \frac{C}{m}v^2$$

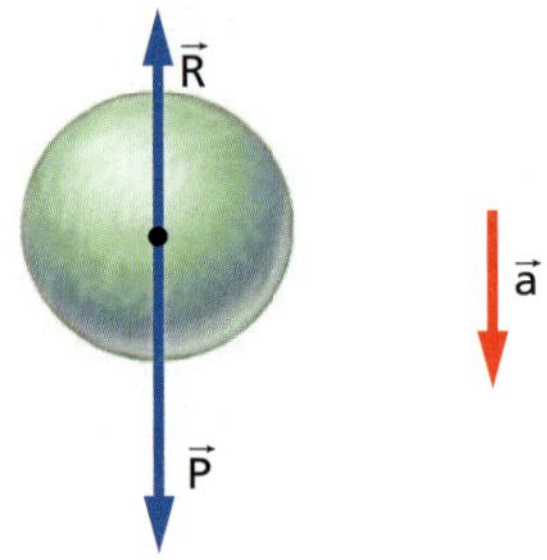

■ Il modulo della resistenza aumenta fino a diventare uguale al peso:

$$R = mg \quad \Rightarrow \quad mg - Cv^2 = 0$$

Ciò avviene per la **velocità limite** v_{lim}:

$$v_{lim} = \sqrt{\frac{mg}{C}} \qquad (10)$$

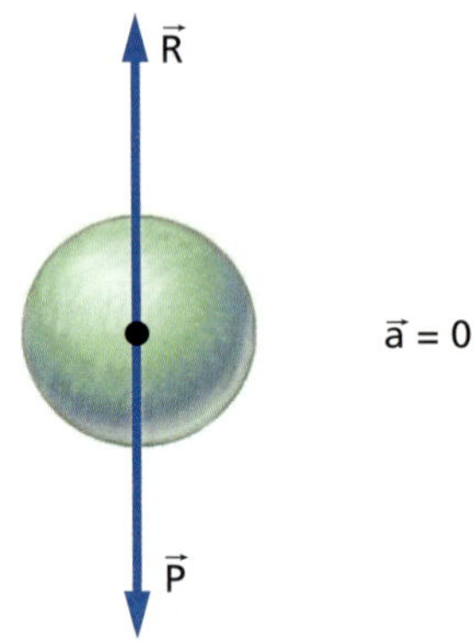

Da questo momento il corpo cade con la velocità costante v_{lim}.

La **velocità limite** di un corpo in un fluido è la velocità alla quale la resistenza del fluido uguaglia il peso del corpo.

Il grafico seguente mostra l'andamento della velocità verso il basso, in funzione del tempo, di un corpo che cade da fermo.

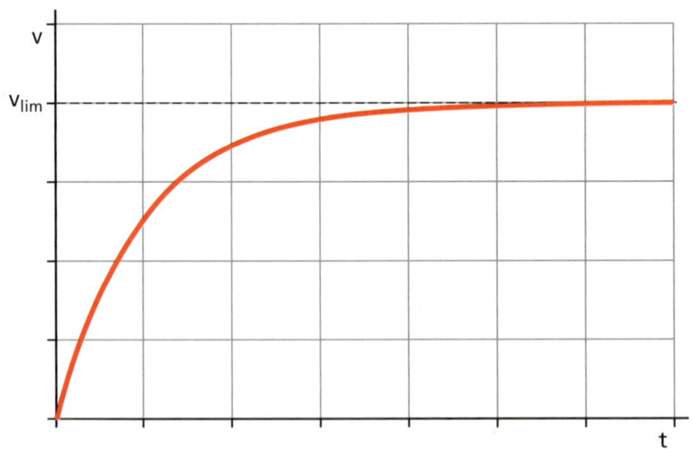

La relazione (10) spiega alcuni fenomeni che vediamo nella caduta dei corpi.

■ Se due corpi hanno la stessa forma, cade più velocemente quello che ha massa maggiore: la velocità limite della pallina da tennis-tavolo è minore di quella della sfera d'acciaio avente lo stesso diametro.

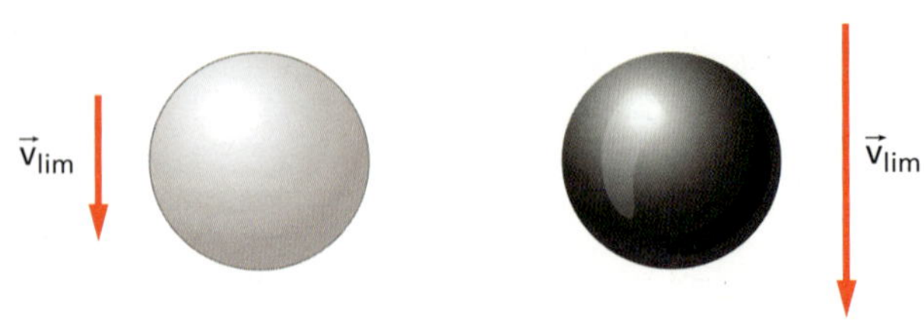

■ Se due corpi hanno la stessa massa, cade più velocemente quello che ha C minore: la velocità limite di un paracadutista è maggiore quando il paracadute è chiuso.

PER ESEMPIO **Un paracadutista**

Prima di aprire il paracadute, un paracadutista di 80 kg può raggiungere la velocità limite di 180 km/h (50 m/s) tenendo le braccia vicino al corpo e le gambe tese e unite.

► Quanto vale il suo coefficiente C in questa posizione?

La velocità limite è

$$v_{lim} = \sqrt{\frac{mg}{C}}$$

Elevando al quadrato entrambi i membri ed esplicitando C otteniamo

$$C = \frac{mg}{v_{lim}^2} = \frac{(80 \text{ kg})(9{,}8 \text{ m/s}^2)}{(50 \text{ m/s})^2} = 0{,}3 \text{ kg/m}$$

Gli effetti dell'aria sulla gittata dei proiettili

L'aria provoca sul moto dei proiettili effetti non trascurabili: per esempio ne diminuisce la gittata. Il proiettile, infatti, non è in caduta libera e la resistenza dell'aria lo fa decelerare. Questa decelerazione è maggiore all'aumentare della velocità del proiettile e del tempo di volo. Per questo motivo la gittata massima in presenza di aria si ha per angoli minori di 45°, in genere tra i 30° e i 35°.

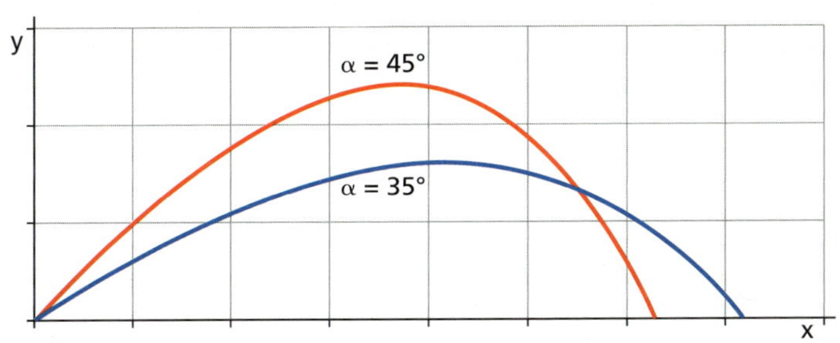

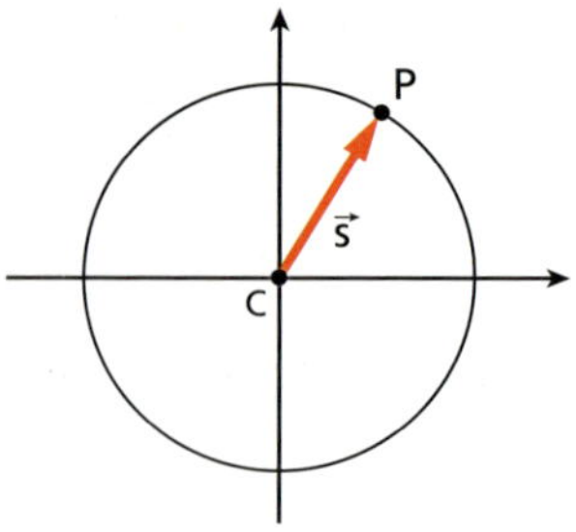

5 Il moto circolare uniforme

Un corpo si muove di moto circolare se la sua traiettoria è una circonferenza.

Possiamo descrivere il suo moto in un sistema di riferimento in cui l'origine è posta nel centro C della circonferenza e il vettore posizione $\vec{s}$ relativo a un punto P è il raggio orientato da C a P.

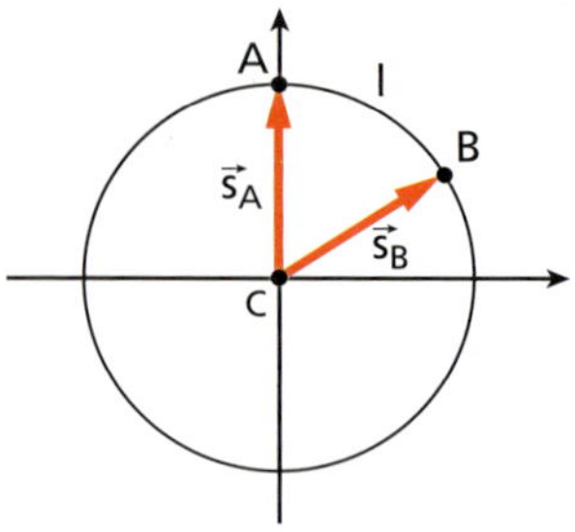

La velocità

Nel moto circolare il modulo della velocità viene calcolato a partire dalla distanza che il corpo ha percorso lungo la traiettoria nel tempo Δt, cioè dalla lunghezza l dell'arco di circonferenza che ha percorso per passare da A a B:

$$v = \frac{l}{\Delta t}$$

Per stabilire direzione e verso della velocità istantanea in un moto circolare uniforme notiamo che, quando l'intervallo di tempo Δt è molto piccolo:

- le posizioni A e B del corpo sulla traiettoria circolare sono tanto vicine che l'arco AB tende a confondersi con la corda AB: $\widehat{AB} \approx AB$;
- la corda AB tende ad avere la stessa direzione della tangente alla circonferenza in A e quindi a diventare perpendicolare al raggio CA.

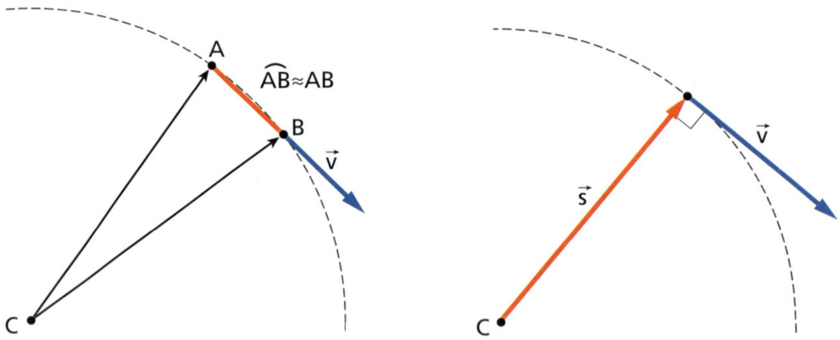

Concludiamo che

nel moto circolare il vettore velocità istantanea è tangente alla traiettoria e perpendicolare al vettore posizione.

Il moto circolare più semplice si ha quando il valore della velocità non varia:

un corpo si muove di **moto circolare uniforme** quando percorre una traiettoria circolare a velocità di modulo costante.

Periodo e frequenza

Per descrivere il moto circolare uniforme si introducono due nuove grandezze fisiche: il periodo e la frequenza.

Il **periodo** T è l'intervallo di tempo che un corpo impiega a compiere un giro.

La **frequenza** f è il numero di giri che un corpo effettua in un secondo.

Le due grandezze sono una l'inversa dell'altra:

$$f = \frac{1}{T} \qquad T = \frac{1}{f}$$

#motocircolareuniforme

Nel Sistema Internazionale il periodo si misura in secondi, mentre per la frequenza si introduce l'hertz (Hz), dal nome del fisico tedesco Heinrich Hertz:

$$1 \text{ Hz} = 1 \text{ s}^{-1}$$

Un corpo effettua un moto circolare uniforme con la frequenza di 1 Hz quando compie 1 giro/s.

Il modulo della velocità di un corpo in moto circolare uniforme su una circonferenza di raggio r può essere espresso in funzione del periodo T o della frequenza f. Ricordando che la circonferenza è lunga $2\pi r$, abbiamo:

$$v = \frac{2\pi r}{T} \qquad v = 2\pi r f \qquad (11)$$

PER ESEMPIO **La velocità di una ruota**

Bosch

Per verificare il bilanciamento della ruota di un'automobile dopo il cambio dello pneumatico, un dispositivo la mantiene in rotazione a 15 giri/s. La ruota ha raggio $r = 0{,}30$ m.

▶ A quale velocità si muovono i punti sul bordo esterno dello pneumatico?

$v = 2\pi r f = v = 2\pi\,(0{,}30 \text{ m})(15 \text{ Hz}) \approx 30 \text{ m/s} \approx 100 \text{ km/h}$

L'accelerazione centripeta

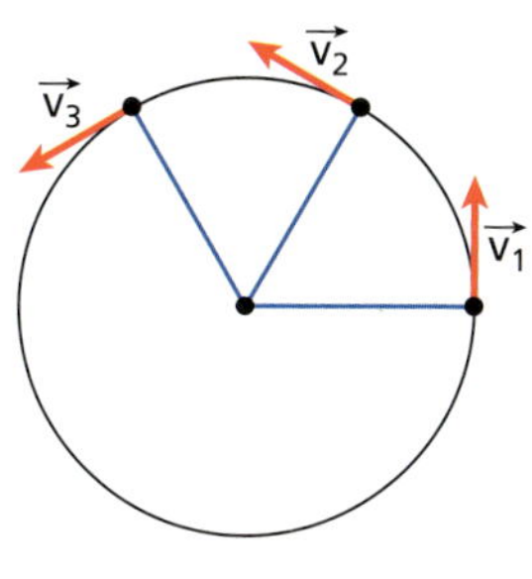

Consideriamo un punto materiale che si muove di moto circolare uniforme.

Al passare del tempo, la direzione del vettore velocità istantanea varia, mentre il suo modulo rimane costante.

Se si rappresentano i vettori velocità, applicandoli nello stesso punto al variare del tempo, si vede che questi ruotano nel piano e che le loro punte stanno tutte sulla stessa circonferenza.

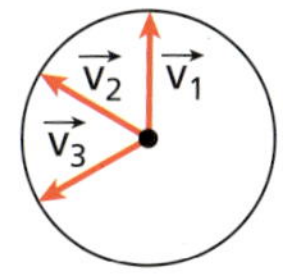

Nel moto circolare uniforme il vettore velocità istantanea di un corpo cambia continuamente direzione. Quindi il corpo è soggetto a un'accelerazione istantanea. Però il modulo della velocità con cui il corpo si sposta lungo la circonferenza non cambia: concludiamo che l'accelerazione istantanea non ha alcuna componente nella

SIMULAZIONE

Moto circolare

(PhET, University of Colorado)

direzione del vettore velocità istantanea, cioè lungo la tangente alla traiettoria. L'accelerazione istantanea ha quindi direzione radiale. Più precisamente

#accelerazionecentripeta

su un corpo in moto con velocità di modulo costante v lungo una circonferenza di raggio r, agisce un'**accelerazione centripeta** che:

- è diretta verso il centro della circonferenza;
- ha modulo

$$a_c = \frac{v^2}{r} \qquad (12)$$

DENTRO LA FORMULA

- Le unità di misura sono quelle di un'accelerazione:

$$\frac{(\text{m/s})^2}{\text{m}} = \text{m/s}^2$$

- Centripeta significa diretta verso il centro.

PER ESEMPIO **Accelerazioni spaziali**

Nell'Ames Research Centre della NASA, gli scienziati dispongono di una centrifuga per effettuare test medici di resistenza sugli astronauti. La centrifuga ha un raggio di 8,8 m e raggiunge la velocità tangenziale di 150 km/h (42 m/s).

► Qual è l'accelerazione centripeta massima che un astronauta può sperimentare?

L'accelerazione massima è

$$a_c = \frac{(42\ \text{m/s})^2}{8{,}8\ \text{m}} = 2 \cdot 10^2\ \text{m/s}^2 = 20\,g$$

In realtà, il corpo umano non può sopportare per tempi prolungati un'accelerazione di $20\,g$. Per questa ragione nei test sugli astronauti la centrifuga è limitata a «soli» $12{,}5\,g$.

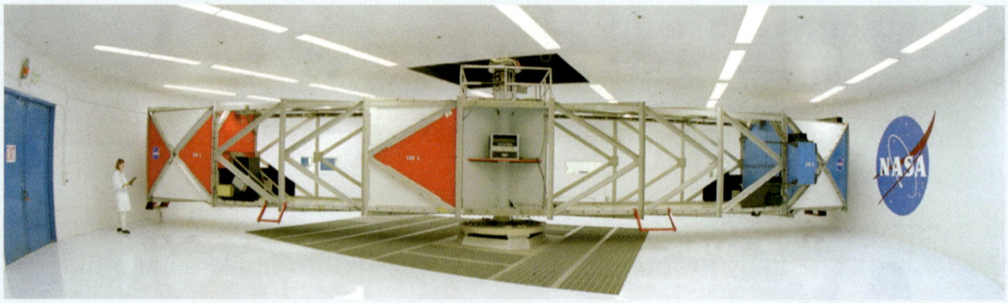

NASA

→ **PROBLEMA** **Un piccolo, grande aereo** • pag. 115
#accelerazionecentripeta

L'accelerazione centripeta secondo Newton

Per dimostrare le proprietà dell'accelerazione centripeta partiamo dall'osservazione di Newton secondo il quale

il moto circolare può essere pensato come la composizione di un moto rettilineo uniforme in direzione tangenziale e di un moto di caduta verso il centro con accelerazione a_c.

Consideriamo un corpo in moto con velocità v lungo una circonferenza di raggio r per un piccolo intervallo di tempo Δt.

■ Se non subisce accelerazioni, il corpo si sposta di moto rettilineo di un tratto $v\Delta t$.

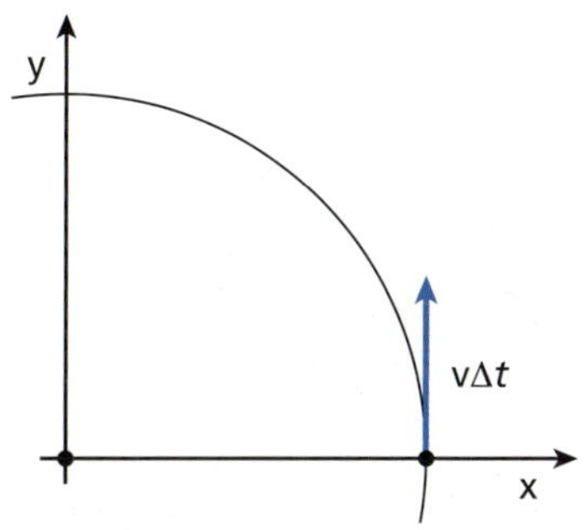

■ In realtà, il corpo si sposta lungo un piccolo arco di cerchio. Questo spostamento è la somma dello spostamento rettilineo e della caduta h verso il centro della traiettoria.

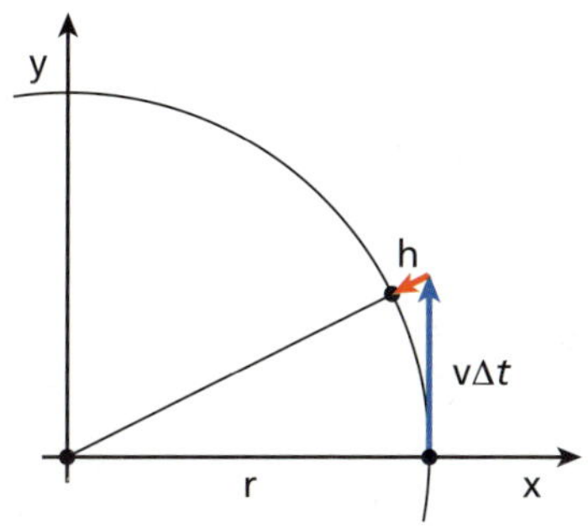

Per il teorema di Pitagora:

$$(r + h)^2 = r^2 + (v\Delta t)^2$$

Sviluppiamo il quadrato e sottraiamo a entrambi i membri r^2:

$$2rh + h^2 = v^2(\Delta t)^2$$

Quando Δt è molto piccolo, h è molto più piccolo di r e quindi si può trascurare h^2 rispetto a $2rh$:

$$2rh = v^2(\Delta t)^2$$

Lo spostamento h verso il centro avviene per effetto di una accelerazione a_c tale che

$$h = \frac{1}{2} a_c (\Delta t)^2$$

Sostituendo questo valore nella relazione precedente e semplificando per $(\Delta t)^2$ si ha

$$r a_c = v^2$$

e quindi si ottiene la relazione (12):

$$a_c = \frac{v^2}{r}$$

La forza centripeta

Dopo averne descritto le caratteristiche, analizziamo la dinamica del moto circolare uniforme. Un corpo che si sposta con velocità $\vec{v}$ su una traiettoria circolare di raggio r è sottoposto a un'accelerazione centripeta $a_c = v^2/r$.

Per il secondo principio della dinamica, sul corpo deve agire una forza che ha la stessa direzione e lo stesso verso della sua accelerazione: la **forza centripeta**.

#forzacentripeta

Un corpo di massa m si muove con velocità di modulo costante v lungo una circonferenza di raggio r quando è sottoposto a una forza centripeta di modulo

$$F_c = m\frac{v^2}{r} \tag{13}$$

La forza centripeta è sempre diretta verso il centro della traiettoria circolare ed è la risultante delle forze che mantengono il corpo in moto circolare uniforme: può essere, per esempio, una forza di attrito, come nel caso di un'automobile in curva, una tensione come quella del cavo di un lanciatore di martello o la forza di gravità come accade per il moto della Luna attorno alla Terra.

motorsport.motorionline.com

fidat.it

Matej Paulansky / Shutterstock

PER ESEMPIO **Forza in curva**

Una monoposto di Formula 1 percorre una curva di raggio 80 m a 180 km/h. La testa di un pilota con il casco ha una massa di circa 7 kg.

► Quanto è intensa la forza centripeta sulla testa di un pilota?

La testa del pilota «curva» per effetto di una forza centripeta di intensità

$$F_c = \frac{(7\ \text{kg})(180\ \text{km/h})^2}{80\ \text{m}} = \frac{(7\ \text{kg})(50\ \text{m/s})^2}{80\ \text{m}} = 2 \cdot 10^2\ \text{N}$$

È una forza molto intensa perché corrisponde a circa 3 volte il peso della testa con il casco. Per evitare affaticamenti eccessivi della muscolatura del collo, i caschi sono vincolati a una struttura che si fissa sulle spalle del pilota.

→ **PROBLEMA SU PIÙ CONCETTI** Un pendolo che gira e non oscilla • pag. 116
#forzacentripeta #tensione

6 Riferimenti in moto circolare uniforme e forze fittizie

All'interno di riferimenti in moto circolare uniforme percepiamo l'azione di strane forze. Per esempio, quando l'auto curva a sinistra, ci sentiamo spinti verso destra. Si tratta di una forza fittizia, non dovuta all'azione di un corpo su di noi ma al fatto che il nostro sistema di riferimento, l'auto in curva, non è un riferimento inerziale.

Prendiamo in esame due particolari forze fittizie che si manifestano in riferimenti in moto circolare: la forza centrifuga e la forza di Coriolis.

La forza centrifuga

Supponiamo che un'automobile sia in moto su una traiettoria circolare di raggio r con velocità di modulo costante v. L'auto curva perché sottoposta a una accelerazione a_t relativa al terreno che è l'accelerazione centripeta $\vec{a}_t = \vec{a}_c$. Nel riferimento non inerziale S' dell'auto un passeggero fermo sul sedile percepisce un'accelerazione $\vec{a}_{S'} = -\vec{a}_t = -\vec{a}_c$ e la attribuisce all'azione di una forza fittizia

$$\vec{F}_{\text{fit}} = -m\vec{a}_t = -m\vec{a}_c$$

#forzacentrifuga

diretta radialmente verso l'esterno, che per questo chiama **forza centrifuga**.

Come ogni forza fittizia,

la forza centrifuga non è dovuta all'azione di altri corpi ma è solo l'effetto della non inerzialità di un sistema di riferimento soggetto a una accelerazione centripeta.

→ **PROBLEMA** Salto dal trampolino • pag. 118
#forzacentrifuga

Un sistema di riferimento posto sulla superficie terrestre non è inerziale a causa della rotazione della Terra attorno al proprio asse. Questo ha un'interessante conseguenza: l'accelerazione di gravità non è costante sulla superficie terrestre, ma varia con la latitudine.

FISICA QUOTIDIANA
L'accelerazione gravitazionale varia

Un osservatore posto sull'equatore si trova in un riferimento che si muove di moto circolare uniforme attorno all'asse terrestre e risente di una forza fittizia: la forza centrifuga.

Nel suo sistema non inerziale, questo osservatore scrive il secondo principio come:

$$\vec{P} - \vec{F}_c = m\vec{a}$$

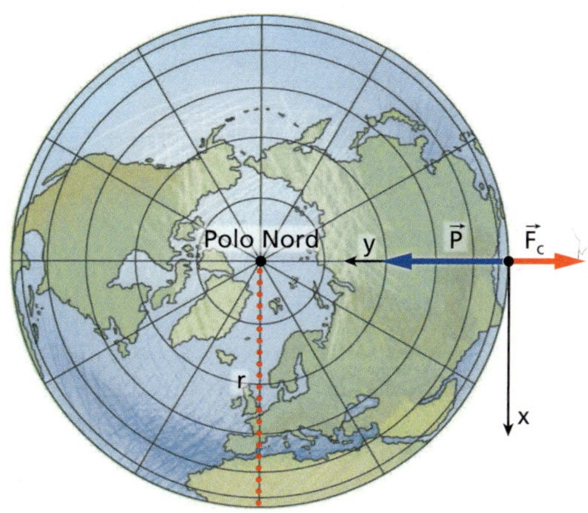

Nella direzione y si ha:

$$mg - m\frac{v^2}{r} = ma$$

quindi, per l'osservatore sull'equatore terrestre l'accelerazione di gravità vale:

$$a = g - \frac{v^2}{r}$$

Un osservatore che si trovi in uno dei poli, invece, non risente di alcuna accelerazione centripeta, per cui ai poli l'accelerazione di gravità misurata è g.

La forza di Coriolis

In un riferimento S' in moto circolare uniforme, oltre alla forza centrifuga su un corpo in moto si manifesta un'altra forza fittizia, detta **forza di Coriolis**. Per comprenderne l'origine, supponiamo di descrivere il moto di un corpo che si sposta senza attrito dal centro verso l'esterno di una piattaforma rotante. Per agevolare la comprensione, nelle figure sono indicati alcuni punti e alcune linee.

Descriviamo il moto da un sistema inerziale solidale fermo rispetto al centro della piattaforma, che ruota in senso antiorario: mentre la piattaforma compie un quarto di giro, il corpo si sposta lungo una traiettoria rettilinea perché su di esso agisce una forza totale nulla.

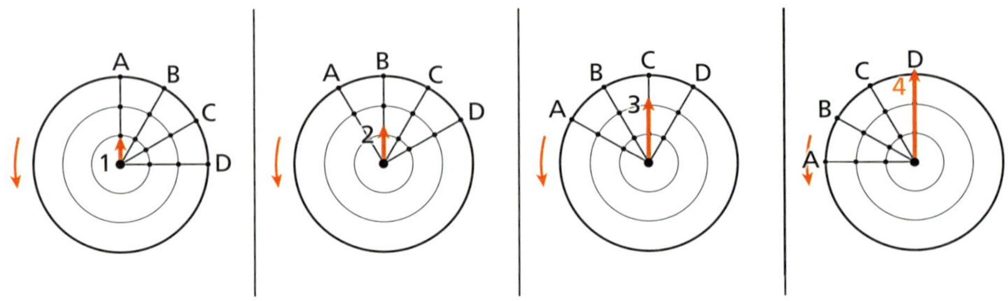

Una ragazza ferma nel punto A della piattaforma rotante è in un sistema di riferimento non inerziale e descrive il moto in modo differente: il corpo non si muove in linea retta ma devia verso destra rispetto alla direzione della sua velocità istantanea lungo una traiettoria curvilinea 1-2-3-4.

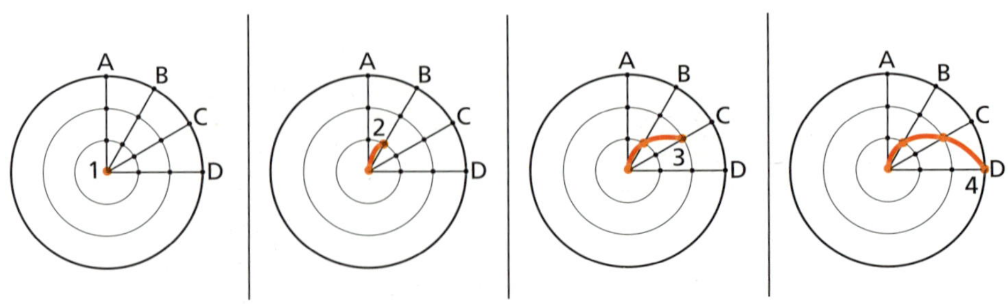

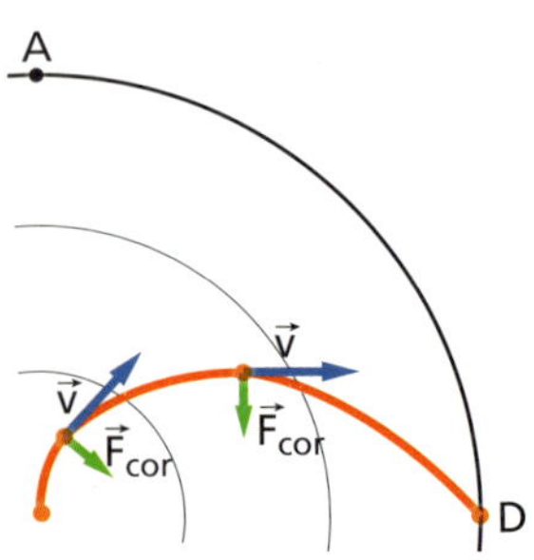

Nel suo riferimento non inerziale, la ragazza conclude che sul corpo agisce una forza perpendicolare alla velocità istantanea del corpo: la **forza di Coriolis** $\vec{F}_{\text{cor}}$.

Se la piattaforma e la ragazza girassero in senso orario, la forza di Coriolis sembrerebbe agire nel verso opposto, deviando verso sinistra i corpi in moto.

La forza di Coriolis è una forza fittizia che agisce su tutti i corpi in moto sulla Terra perché questa è un sistema non inerziale. Possiamo interpretare la figura precedente come il moto di un corpo nell'emisfero settentrionale della Terra vista da un punto sopra il polo nord.

Nel riferimento non inerziale della Terra, la forza di Coriolis è una forza fittizia che agisce su un corpo in moto parallelamente alla superficie terrestre con velocità istantanea $\vec{v}$

- in direzione perpendicolare a $\vec{v}$, deviandolo verso destra nell'emisfero nord e verso sinistra nell'emisfero sud;
- provocandone un'accelerazione massima $a_{cor} = 1{,}4 \cdot 10^{-4}\ m/s^2$.

L'accelerazione di Coriolis è molto piccola rispetto a g e, in genere, i suoi effetti sono trascurabili. Ma nel caso di spostamenti su grande scala, come avviene per i moti delle masse d'aria nell'atmosfera, la forza di Coriolis genera effetti importanti.

FISICA QUOTIDIANA
Circolazione atmosferica

■ Se la Terra non ruotasse, le masse d'aria si muoverebbero in modo radiale verso le zone a bassa pressione.

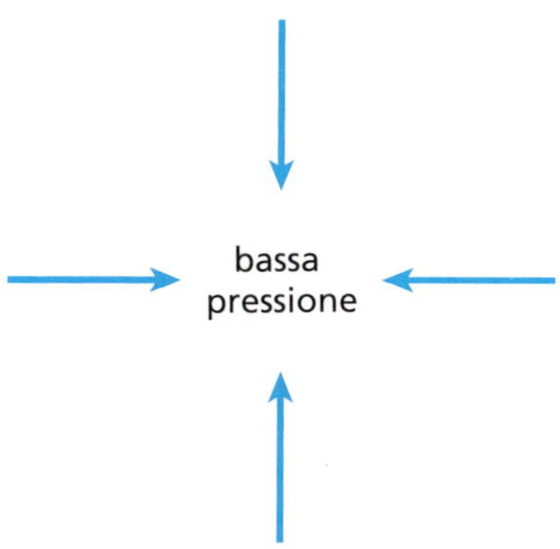

■ Per effetto della rotazione terrestre, la forza di Coriolis devia le masse d'aria verso destra nell'emisfero nord e verso sinistra nell'emisfero sud.

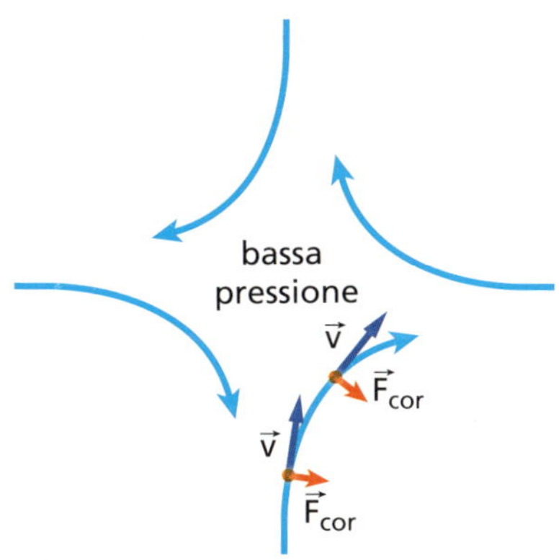

Si formano così immensi vortici che nei casi più violenti evolvono in cicloni tropicali.

7 Il moto armonico

GUARDA!

Un'osservazione attenta svela corrispondenze impreviste fra moti apparentemente assai diversi fra loro:

- il moto con attrito trascurabile di una massa fissata all'estremo libero di una molla;

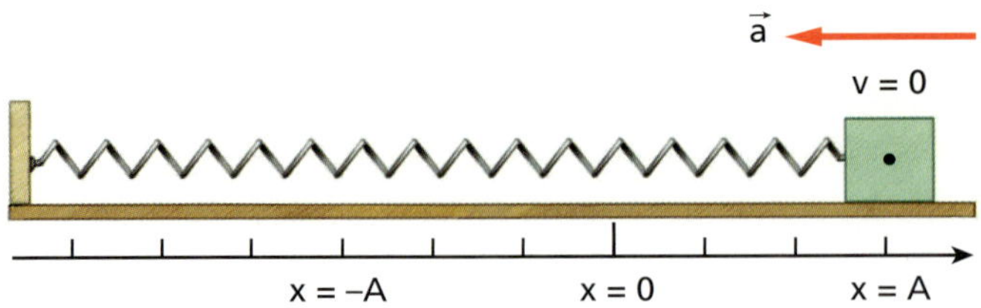

- il moto di un pendolo, formato da una massa appesa all'estremo di un filo inestensibile, inizialmente spostato di un piccolo angolo dalla posizione verticale;

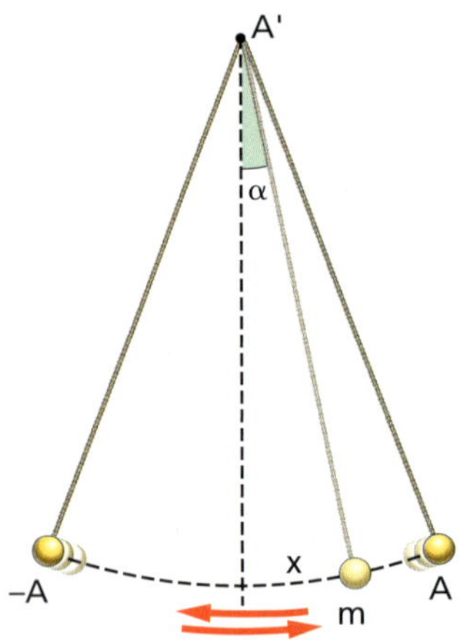

- il moto di un oggetto posto su un piatto rotante, come quello di un vecchio giradischi, visto parallelamente al piatto.

Come vedremo, si tratta di **moti armonici**.

Esaminiamo alcune delle principali caratteristiche comuni a questi moti.

- Il corpo si muove avanti e indietro con regolarità passando per la posizione centrale o di equilibrio. Si tratta infatti di particolari moti oscillatori detti **moti periodici**: dopo un'oscillazione completa il corpo ritorna nella posizione iniziale con la stessa velocità iniziale.
- Il **periodo** T, cioè l'intervallo di tempo in cui il corpo compie un'oscillazione completa, e la **frequenza** f, cioè il numero di oscillazioni al secondo, sono legate dalla relazione $f = 1/T$.
- Se gli attriti sono trascurabili, periodo e frequenza sono costanti.
- Il moto è limitato: durante ogni oscillazione lo spostamento massimo del corpo dal punto centrale è A in entrambi i versi; il valore A è detto **ampiezza** del moto.

La legge oraria dei moti è del tutto analoga a quella ottenuta con un sensore di posizione nel caso di una massa connessa a una molla e lasciata andare da una posizione distante 0,10 m dalla posizione di equilibrio:

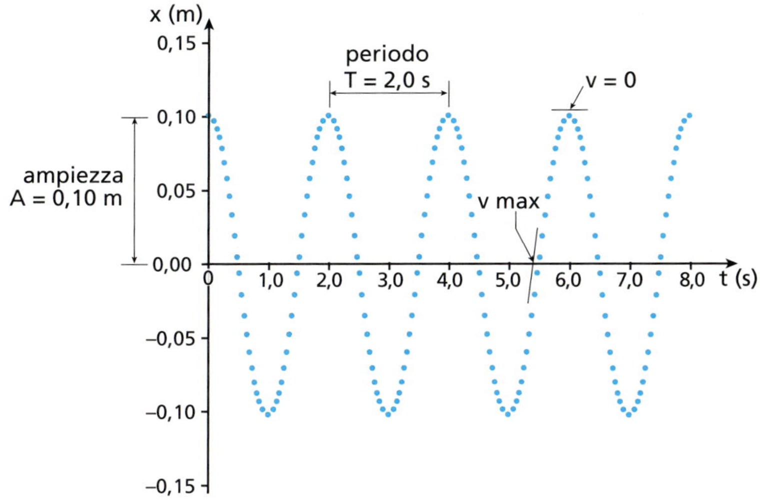

Nel grafico della legge oraria di un corpo, la velocità all'istante t è la pendenza della tangente al grafico nel punto di ascissa t. La pendenza varia nel tempo, per cui concludiamo che la velocità in questo tipo di moti cambia nel tempo in modo regolare. In particolare:

- quando il corpo transita nella posizione di equilibrio ($x = 0$ m) la sua velocità è massima;
- quando il corpo arriva nel punto più distante dalla posizione di equilibrio ($x = 0{,}10$ m o $x = -0{,}10$ m) la sua velocità è nulla.

Accelerazione e spostamento in un moto armonico

Consideriamo il moto di un punto P che si muove in modo uniforme lungo una circonferenza di raggio r.

Se osserviamo il corpo P da una direzione tangente al piano su cui giace la sua traiettoria, notiamo che il corpo si muove avanti e indietro lungo una direzione, quella dell'asse x.

La proiezione P' del punto P si muove con moto periodico ma la sua velocità cambia continuamente e si inverte due volte in ogni periodo: P' è soggetto a un'accelerazione che dipende dalla posizione di P lungo la sua traiettoria rettilinea.

Vale infatti il seguente risultato:

l'accelerazione $\vec{a}_x$ di P' è proporzionale all'opposto del suo spostamento $\vec{x}$.

Per dimostrarlo, consideriamo un corpo puntiforme P che si muove con moto circolare uniforme lungo una circonferenza di raggio r. La sua proiezione P' lungo l'asse x si muove con un'accelerazione $\vec{a}_x$ legata all'accelerazione centripeta $\vec{a}$ di P.

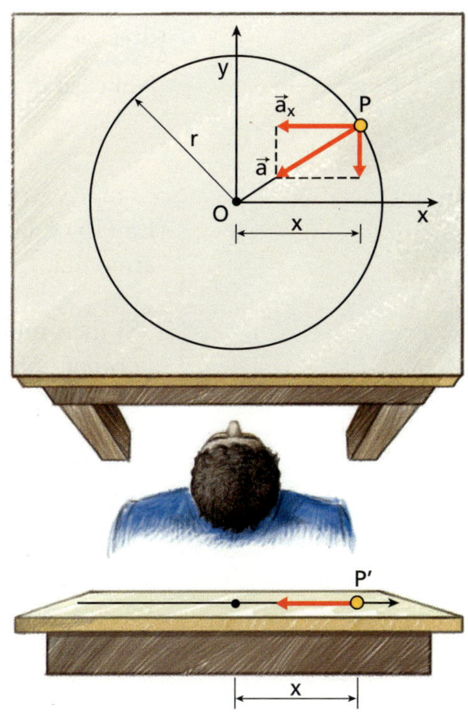

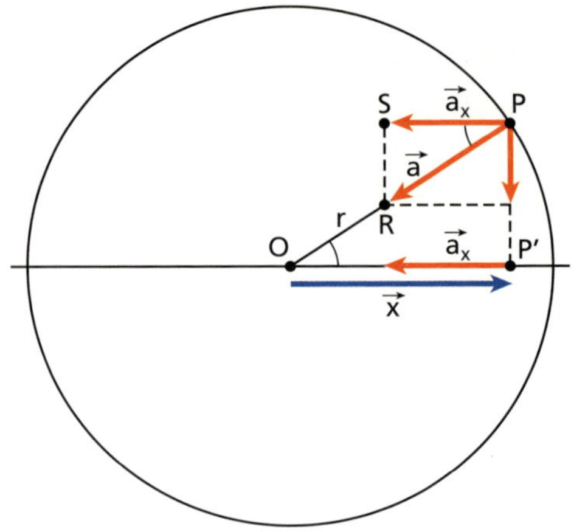

Infatti i triangoli *PRS* e *OPP′* sono simili, perché sono rettangoli, e $S\hat{P}R = P\hat{O}P$ perché alterni interni rispetto alle rette parallele passanti rispettivamente per *PS* e per *P′O*, tagliate da *OP*. Quindi i lati sono in proporzione e in particolare

$$\frac{PS}{OP'} = \frac{PR}{OP}$$

ossia

$$\frac{a_x}{x} = \frac{a}{r}$$

e quindi

$$a_x = \frac{a}{r}x \qquad (14)$$

Notiamo i seguenti fatti:

- durante il moto di *P*, e quindi di *P′*, il raggio *r* della traiettoria di *P* e il modulo dell'accelerazione centripeta rimangono costanti, per cui il rapporto a/r è una costante positiva indicata come ω^2;
- $\vec{a}_x$ ha il verso opposto allo spostamento $\vec{x}$, per cui nell'equazione precedente si inserisce un segno meno.

In definitiva l'accelerazione di *P′* è proporzionale all'opposto dello spostamento $\vec{x}$:

$$\vec{a}_x = -\omega^2\vec{x} \qquad (15)$$

dove ω è una costante positiva, detta **pulsazione**, avente dimensioni $1/s = s^{-1}$.

Nel caso di *P*

$$\omega^2 = \frac{a}{r} \qquad (16)$$

La (15) è la relazione distintiva di una importante classe di moti periodici, i moti armonici.

Si dice **moto armonico** il moto di un corpo che ha accelerazione direttamente proporzionale allo spostamento e verso opposto a esso:

$$\vec{a}_x = -\omega^2\vec{x}$$

Periodo e frequenza di un moto armonico

La costante ω è legata a importanti caratteristiche del moto armonico del punto *P′*. Vale infatti il risultato seguente:

il moto armonico di un corpo sottoposto a un'accelerazione $\vec{a}_x = -\omega^2 \vec{x}$ ha:

- periodo

$$T = \frac{2\pi}{\omega} \tag{17}$$

- frequenza

$$f = \frac{\omega}{2\pi} \tag{18}$$

DENTRO LA FORMULA

- Le relazioni precedenti valgono per qualsiasi moto armonico, indipendentemente dalle caratteristiche fisiche responsabili dell'accelerazione.
- La costante ω si misura in Hz o in s^{-1}.
- Il periodo e la frequenza non dipendono dall'ampiezza del moto.

Per dimostrare le due relazioni precedenti, consideriamo un particolare moto armonico, quello della proiezione P' di un punto P che si muove con moto circolare uniforme lungo una circonferenza di raggio r sottoposto a un'accelerazione centripeta

$$a = \frac{v^2}{r} \tag{19}$$

Quando P compie un giro, il punto P' compie un'oscillazione completa lungo l'asse x, tornando alla posizione di partenza con la stessa velocità iniziale. Quindi il periodo del moto di P' è uguale al periodo di P, ossia all'intervallo di tempo T in cui P percorre la circonferenza lunga $2\pi r$ con velocità di modulo costante v:

$$T = \frac{2\pi r}{v} \tag{20}$$

Nella (16) esplicitiamo a:

$$a = \omega^2 r$$

Da questa relazione e dalla (19) risulta

$$\frac{v^2}{r} = \omega^2 r$$

e quindi

$$v^2 = \omega^2 r^2$$

Poiché tutte le quantità sono positive, vale l'uguaglianza fra le radici quadrate di entrambi i membri:

$$v = \omega r$$

Sostituita la relazione precedente nella (20) abbiamo in definitiva la (17):

$$T = \frac{2\pi r}{\omega r} = \frac{2\pi}{\omega}$$

Ricordando che la frequenza f è l'inverso del periodo T, si ottiene la (18):

$$f = \frac{\omega}{2\pi}$$

8 La dinamica del moto armonico

Prendiamo in esame le caratteristiche principali del moto di due sistemi meccanici elementari: l'**oscillatore armonico** e il **pendolo**.

Per entrambi il moto oscillatorio è l'effetto delle seguenti condizioni:

- il sistema ha una posizione di equilibrio stabile;
- quando viene spostato dall'equilibrio e lasciato libero, il sistema tende a essere riportato nella posizione di equilibrio dall'azione di una forza di richiamo.

L'oscillatore armonico

Consideriamo una massa m su un piano orizzontale privo d'attrito e fissata all'estremo libero di una molla di costante elastica k. Inizialmente la molla è a riposo e la massa è nella posizione di equilibrio. Quando la molla è allungata o accorciata di un tratto $\vec{x}$, sulla massa si esercita una forza di richiamo elastica

$$\vec{F} = -k\vec{x}$$

dove $\vec{x}$ è lo spostamento della massa dalla posizione di equilibrio.

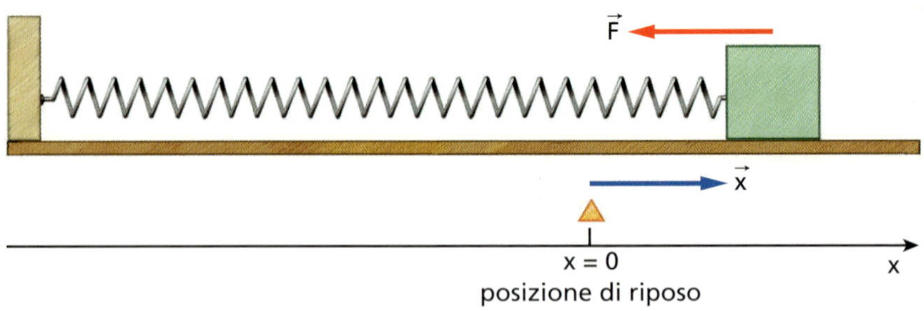

Quando la massa viene lasciata libera, inizia a oscillare muovendosi lungo l'asse x con accelerazione data dal secondo principio della dinamica:

$$-kx = ma \quad \Rightarrow \quad a = -\frac{k}{m}x$$

Il rapporto k/m è una costante poiché non varia durante il moto. Ma abbiamo visto che un corpo sottoposto a una accelerazione proporzionale all'opposto del suo spostamento

$$a = -\omega^2 x$$

si muove con un particolare tipo di moto periodico: il moto armonico.

Concludiamo pertanto che

una massa che oscilla fissata all'estremo libero di una molla si muove con moto armonico.

Il sistema formato dalla massa e dalla molla si dice **oscillatore armonico**.

Per determinare periodo e frequenza di questo moto, confrontiamo tra loro le due equazioni precedenti e otteniamo ω:

$$-\omega^2 x = -\frac{k}{m}x \quad \Rightarrow \quad \omega^2 = \frac{k}{m}x \quad \Rightarrow \quad \omega = \sqrt{\frac{k}{m}}$$

Sostituendo k nelle relazioni (17) e (18) otteniamo

$$T = \frac{2\pi}{\omega} = \frac{2\pi}{\sqrt{k/m}} = 2\pi\sqrt{\frac{m}{k}}$$

$$f = \frac{\omega}{2\pi} = \frac{\sqrt{k/m}}{2\pi} = \frac{1}{2\pi}\sqrt{\frac{k}{m}}$$

In definitiva:

un oscillatore armonico di massa m e costante elastica k soggetto a un'accelerazione

$$\vec{a} = -\frac{k}{m}\vec{x}$$

si muove lungo l'asse x con moto armonico avente

- periodo

$$T = 2\pi\sqrt{\frac{m}{k}}$$

- frequenza

$$f = \frac{1}{2\pi}\sqrt{\frac{k}{m}}$$

#oscillatorearmonico

DENTRO LA FORMULA

- Il rapporto k/m si misura in

$$\frac{\text{N/m}}{\text{kg}} = \frac{(\text{kg}\cdot\text{m/s}^2)/\text{m}}{\text{kg}} = 1/\text{s}^2$$

- Il periodo e la frequenza non dipendono dall'ampiezza del moto, ma solo dalla costante elastica della molla e dalla massa.

PER ESEMPIO **Un contasecondi a molla**

Disponendo di una molla con k = 1,2 N/m si può costruire un contasecondi a molla.

► Quanto deve essere la massa m da agganciare alla molla?

Per avere il periodo $T = 1$ s, m deve essere tale che

$$T = 2\pi\sqrt{\frac{m}{k}} = 1\ \text{s} \quad \Rightarrow \quad m = \frac{kT^2}{4\pi^2} = \frac{(1{,}2\ \text{N/m})(1\ \text{s})^2}{4\pi^2} = 0{,}03\ \text{kg} = 30\ \text{g}$$

→ PROBLEMA È armonico? • pag. 121
#oscillatorearmonico

Il pendolo

Il pendolo è costituito da un piccolo corpo di massa m appeso all'estremo libero di un filo inestensibile e con massa trascurabile, come mostra la figura.

Il moto della massa m è l'effetto dell'azione di due forze, la sua forza peso $\vec{P}$ e la tensione $\vec{T}$ del filo. Scomponiamo la forza peso lungo le direzioni tangente e perpendicolare alla traiettoria, ossia parallela al filo:

- la risultante della tensione $\vec{T}$ e di $\vec{P}_r$ è la forza centripeta che mantiene il corpo in moto circolare;
- la componente $\vec{P}_t$ accelera il corpo lungo la traiettoria circolare.

Per determinare il modulo di $\vec{P}_t$ consideriamo i triangoli ABO e AEC, che sono simili in quanto sono rettangoli e hanno uguali gli angoli $\hat{O}$ ed $\hat{E}$. Vale la proporzione

$$P_t : AB = P : L$$

Sostituendo $P = mg$ ed esplicitando $\vec{P}_t$ otteniamo

$$P_t = \frac{P}{L}AB = \frac{mg}{L}AB$$

Nel caso di piccole oscillazioni, ossia quando l'angolo θ è piccolo (minore di 10°)

- il segmento AB differisce di meno di 1 parte su 1000 dell'arco $\widehat{AG} = x$;
- il vettore $\vec{P}_t$ ha praticamente la stessa direzione del vettore spostamento $\vec{x}$, ma verso opposto.

Con queste ipotesi la forza di richiamo agente sulla massa m è

$$\vec{P}_t = -\frac{mg}{L}\vec{x}$$

Per il secondo principio della dinamica, l'equazione del moto del pendolo, nel caso di piccole oscillazioni, è

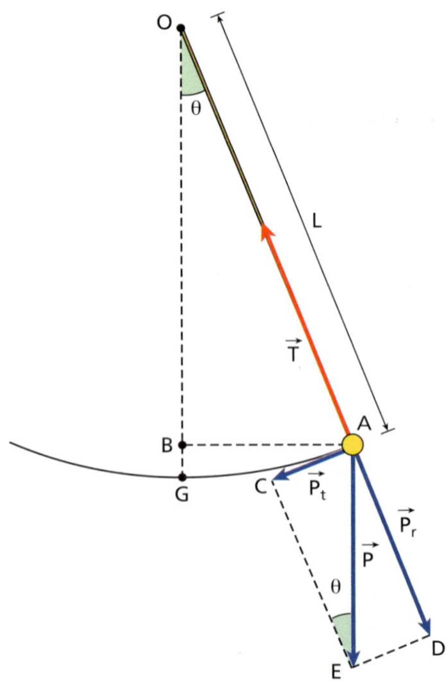

$$\vec{P}_t = m\vec{a} \quad \Rightarrow \quad -\frac{mg}{L}\vec{x} = m\vec{a}$$

ossia, isolando l'accelerazione,

$$\vec{a} = -\frac{g}{L}\vec{x}$$

Il rapporto $g/L = \omega^2$ è una costante: l'accelerazione è quindi proporzionale all'opposto dello spostamento. Ricordando le relazioni (17) e (18), concludiamo che

per piccole oscillazioni, un pendolo si muove di moto armonico con

- periodo

$$T = 2\pi\sqrt{\frac{L}{g}}$$

- frequenza

$$f = \frac{1}{2\pi}\sqrt{\frac{g}{L}}$$

#pendolo

Il rapporto L/g si misura in $\frac{\text{m}}{\text{m/s}^2} = \text{s}^2$.

Il periodo e la frequenza dipendono solo dalla lunghezza del filo e dall'accelerazione di gravità. Vale quindi il seguente risultato, noto come **legge di isocronismo del pendolo**:

per piccole oscillazioni, il periodo e la frequenza di un pendolo non dipendono dall'ampiezza dell'oscillazione.

PER ESEMPIO **Quanto è lungo un secondo?**

Un pendolo ha periodo di 1,0 s.

▶ Quanto è lungo il suo filo?

Un pendolo ha un periodo di 1,0 s quando la sua lunghezza L è tale che

$$T = 2\pi\sqrt{\frac{L}{g}} = 1{,}0\ \text{s} \quad \Rightarrow \quad L = \frac{gT^2}{4\pi^2} = \frac{(9{,}8\ \text{m/s}^2)(1\ \text{s})^2}{4\pi^2} = 25\ \text{cm}$$

MINDBUILDING

Modelli numerici per il problema del moto

Il secondo principio consente di risolvere il problema fondamentale della dinamica: se sono note a un certo istante la posizione e la velocità di un corpo e la forza totale che agisce su di esso, è possibile calcolare la legge oraria $s = s(t)$ e la velocità $v = v(t)$ del corpo negli istanti successivi.

Dal punto di vista matematico questo problema è molto complicato perché le grandezze coinvolte non sono numeri, ma funzioni: la risoluzione analitica è possibile solo nei casi più semplici.

In molti casi interessanti, però, è possibile calcolare delle soluzioni numeriche che approssimano in modo soddisfacente le funzioni incognite $s = s(t)$ e $v = v(t)$, utilizzando una procedura iterativa (iterare = ripetere) gestita da un programma di calcolo.

Il modello numerico

Consideriamo il caso di un moto lungo una sola direzione, del quale conosciamo le condizioni iniziali s_0 e v_0. Per semplicità, facciamo le seguenti ipotesi:

- il tempo è discreto, cioè procede per piccoli intervalli Δt a partire dall'istante iniziale t_0, quindi in ogni iterazione il tempo aumenta di Δt:

$$t_{n+1} = t_n + \Delta t$$

- le accelerazioni rimangono costanti durante ogni intervallo di tempo e cambiano solo fra un istante e il successivo, quindi la velocità a ogni iterazione si calcola come

$$v_{n+1} = v_n + a_n \Delta t$$

- le velocità rimangono costanti durante ogni intervallo di tempo e cambiano solo fra un istante e il successivo, quindi la posizione a ogni iterazione si calcola come

$$s_{n+1} = s_n + v_n \Delta t$$

- a ogni iterazione l'accelerazione si calcola mediante il secondo principio a partire dai valori di tempo, posizione e velocità di quell'istante:

$$a_n = \frac{F_n}{m}$$

  con F_n calcolato usando t_n, s_n e v_n.

Con queste ipotesi si può impostare la risoluzione numerica del problema del moto mediante il seguente schema di calcolo.

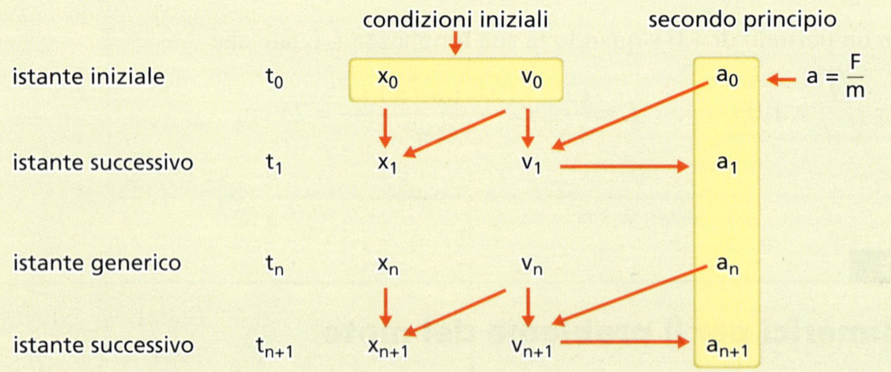

Lo schema di calcolo si traduce in una procedura iterativa, in cui il valore di ogni grandezza è calcolato a partire dai valori precedenti della grandezza stessa e delle altre da cui dipende. Questa procedura può essere eseguita, per esempio, impostando un foglio di calcolo.

Esempio 1: caduta verticale di un corpo in presenza dell'aria

Un paracadutista di 80 kg cade da un'altezza di 1000 m. Oltre alla forza peso, è sottoposto alla resistenza aerodinamica ($C = 0{,}3\ \mathrm{N{\cdot}s^2/m^2}$). Vogliamo descrivere il suo moto attraverso le funzioni $s = s(t)$ e $v = v(t)$.

La situazione fisica e il modello

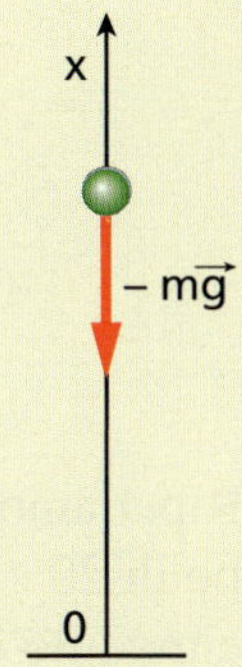

Scegliamo un sistema di riferimento con l'origine sul terreno e l'asse x verticale. Su un corpo di massa m agiscono due forze opposte: il suo peso e la resistenza aerodinamica.

Il secondo principio della dinamica stabilisce che

$$-mg + Cv^2 = ma$$

e quindi che il corpo cade con accelerazione che decresce, in valore assoluto, a mano a mano che aumenta la velocità:

$$a = -g + C\frac{v^2}{m}$$

Come abbiamo visto, la velocità di caduta del paracadutista cresce sempre meno, fino al valore limite

$$v_{\text{lim}} = \sqrt{\frac{mg}{C}}$$

La risoluzione

In un foglio di calcolo inseriamo i dati e le formule, ripetendo i calcoli per istanti di tempo successivi con $\Delta t = 0{,}1$ s.

- All'istante iniziale si avrà:

  $t_0 = 0$ s

  $x_0 = 1000$ m

  $v_0 = 0$ m/s

  $$a_0 = -g + C\frac{v_0^2}{m} = -9{,}8\ \text{m/s}^2 + \left(0{,}3\ \text{N·s}^2/\text{m}^2\right)\frac{(0\ \text{m/s})^2}{80\ \text{kg}} = -9{,}8\ \text{m/s}^2$$

- All'istante successivo:

  $t_1 = t_0 + \Delta t = 0\ \text{s} + 0{,}1\ \text{s} = 0{,}1\ \text{s}$

  $x_1 = x_0 + v_0\Delta t = 1000\ \text{m} + (0\ \text{m/s})(0{,}1\ \text{s}) = 1000\ \text{m}$

  $v_1 = v_0 + a_0\Delta t = 0\ \text{m/s} - (9{,}8\ \text{m/s}^2)(0{,}1\ \text{s}) = -0{,}98\ \text{m/s}$

  $$a_1 = -g + C\frac{v_0^2}{m} = -9{,}8\ \text{m/s}^2 + \left(0{,}3\ \text{N·s}^2/\text{m}^2\right)\frac{(0\ \text{m/s})^2}{80\ \text{kg}} = -9{,}8\ \text{m/s}^2$$

- E così via.

Nel tabulato A sono mostrati i dati e le formule inserite, mentre nel tabulato B si vede l'aspetto del foglio di calcolo con i valori corrispondenti.

◇	A	B	C	D	E	F	G
1	**Moto di caduta di un corpo in aria**						A
2							
3	m=	80	kg		v_lim=	=RADQ(B3*B5/B4)	
4	C=	0,3	Ns^2/m^2				
5	g=	9,8	m/s^2				
6	x0=	1000	m	t	x	v	a
7	v0=	0	m/s	=0	=B6	=B7	=-$B$5+$B$4/$B$3*F7^2
8	Δt=	0,1	s	=D7+$B$8	=E7+F7*$B$8	=F7+G7*$B$8	=-$B$5+$B$4/$B$3*F8^2
9				=D8+$B$8	=E8+F8*$B$8	=F8+G8*$B$8	=-$B$5+$B$4/$B$3*F9^2

◇	A	B	C	D	E	F	G
1	**Moto di caduta di un corpo in aria**						
2							
3	m=	80	kg		v_lim=	51,12	
4	C=	0,3	Ns^2/m^2				
5	g=	9,8	m/s^2				
6	x0=	1000	m	t	x	v	a
7	v0=	0	m/s	0	1000,00	0,00	-9,80
8	Δt=	0,1	s	0,1	1000,00	-0,98	-9,80
9				0,2	999,90	-1,96	-9,79

Ripetiamo le stesse operazioni per 200 righe, in modo da descrivere il moto del paracadutista per un tempo di 20 s. Utilizzando lo stesso foglio di calcolo, poi, possiamo rappresentare le funzioni posizione $x(t)$ e modulo della velocità $|v(t)|$ in due grafici per osservarne l'andamento.

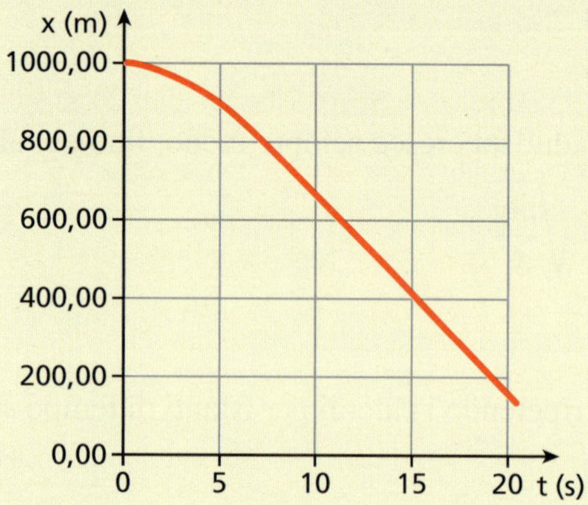

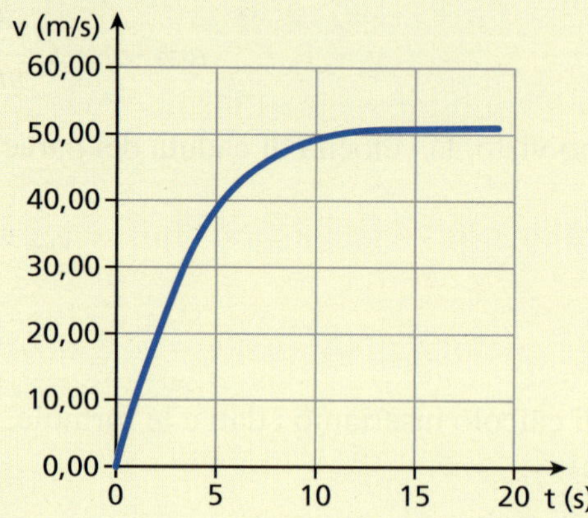

Vantaggi e limiti della risoluzione numerica

La procedura illustrata consente di:

- *risolvere problemi complessi* con semplici calcoli di tipo algebrico: anche se in maniera approssimata è possibile determinare le caratteristiche principali del problema;
- *risolvere problemi diversi* con lo stesso schema di calcolo, cambiando la legge con cui si calcola l'accelerazione;
- *fare esperimenti numerici*: si possono analizzare situazioni simili semplicemente cambiando il valore dei dati del problema.

I limiti della procedura sono dovuti a:

- *approssimazioni del modello*: si assume che l'accelerazione e la velocità rimangano costanti in ogni intervallo Δt, mentre in realtà variano in modo continuo;
- *approssimazioni di calcolo*: il risultato di ogni calcolo è approssimato perché il software mantiene solo un numero limitato di cifre e introduce errori di arrotondamento.

Per diminuire gli errori dovuti alle approssimazioni del modello, bisogna utilizzare degli intervalli di tempo molto piccoli, per esempio $\Delta t = 0{,}000\,001$ s, durante i quali l'accelerazione e la velocità cambino così poco che si possono ritenere costanti. In questo modo, però, aumenta il numero di calcoli che si devono effettuare e, di conseguenza, aumentano il tempo necessario per eseguire la procedura e gli errori dovuti alle approssimazioni di calcolo.

Indicativamente,

può essere un buon compromesso mantenere il numero n di iterazioni compreso fra 100 e 1000. Quindi, se un fenomeno ha durata T, dovremo scegliere degli intervalli $\Delta t = T/n$.

Esempio 2: il moto di un proiettile in aria

Una palla da baseball di 0,15 kg viene lanciata a 160 km/h con un angolo di 45° gradi rispetto all'orizzontale. Vogliamo descrivere il suo moto in assenza di attrito e con resistenza aerodinamica ($C = 1{,}2 \cdot 10^{-3}$ N·s^2/m^2).

La situazione fisica e il modello

In presenza dell'aria, sulla palla da baseball agiscono due forze: la forza peso $\vec{P}$, diretta sempre verso il basso, e la resistenza aerodinamica $\vec{R}$, diretta sempre in verso opposto alla velocità e con modulo $R = Cv^2$.

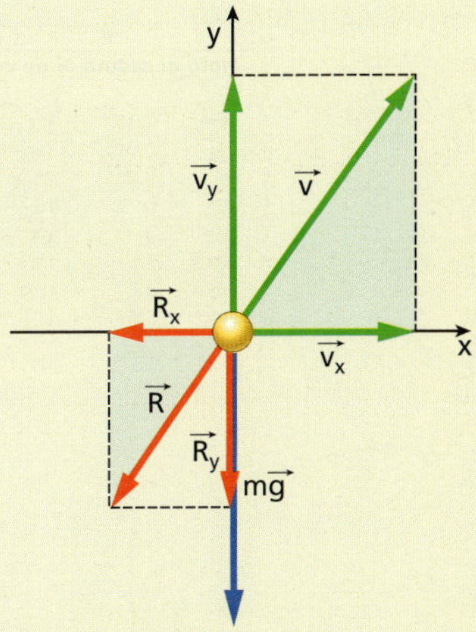

Determiniamo le componenti R_x e R_y della resistenza aerodinamica rispetto a un sistema di riferimento con l'asse verticale y diretto verso l'alto.

In salita i vettori sono disposti come mostra la figura. I due triangoli colorati sono simili perché $\vec{R}$ e $\vec{v}$ agiscono lungo la stessa retta. Quindi

$$R_x : R = v_x : v \quad \Rightarrow \quad R_x = v_x \frac{R}{v}$$

$$R_y : R = v_y : v \quad \Rightarrow \quad R_y = v_y \frac{R}{v}$$

Ricordando che $R = Cv^2$, si ha

$$R_x = \frac{Cv^2}{v} v_x = Cvv_x \qquad\qquad R_y = \frac{Cv^2}{v} v_y = Cvv_y$$

Ma R_x e R_y hanno sempre verso opposto rispettivamente a v_x e v_y, quindi

$$R_x = -Cvv_x \qquad\qquad R_y = -Cvv_y$$

Anche in discesa le componenti della resistenza hanno la stessa forma. Scriviamo, quindi, il secondo principio della dinamica

$$F_x = ma_x \quad \Rightarrow \quad -Cvv_x = ma_x$$

$$F_y = ma_y \quad \Rightarrow \quad -Cvv_y = ma_y$$

Esplicitiamo le equazioni rispetto alle accelerazioni e ricordiamo che il modulo della velocità è

$$v = \sqrt{v_x^2 + v_y^2}$$

Otteniamo in definitiva:

$$a_x = -\frac{C}{m}\sqrt{v_x^2 + v_y^2}\, v_x$$

$$a_y = -\frac{C}{m}\sqrt{v_x^2 + v_y^2}\, v_y - g$$

Notiamo che, contrariamente alla caduta libera, i moti lungo x e y non sono indipendenti: le accelerazioni a_x e a_y dipendono sia da v_x che da v_y.

La risoluzione

Impostiamo il foglio di calcolo inserendo i dati e le formule, come illustrato nel tabulato *C*. In questo caso, a ogni iterazione, è necessario calcolare sia la coordinata x, sia la coordinata y. Inoltre, determiniamo le componenti della velocità v_x e v_y e dell'accelerazione a_x e a_y. Nell'ultima colonna della tabella viene calcolato il modulo della velocità v.

C

◇	A	B	C	D	E	F	G	H
1	**Moto di caduta di un corpo in aria**							
2								
3	m=	0,15	kg					
4	C=	0,0012	Ns²/m²					
5	g=	9,8	m/s²					
6	x0=	0	m					
7	y0=	0	m	t	x	y	vx	vy
8	v0x=	32	m/s	=0	=B6	=B7	=B8	=B9
9	v0y=	32	m/s	=D8+$B$10	=E8+G8*$B$10	=F8+H8*$B$10	=G8+I8*$B$10	=H8+J8*$B$10
10	Δt=	0,02	s	=D9+$B$10	=E9+G9*$B$10	=F9+H9*$B$10	=G9+I9*$B$10	=H9+J9*$B$10
11				=D10+$B$10	=E10+G10*$B$10	=F10+H10*$B$10	=G10+I10*$B$10	=H10+J10*$B$10
12				=D11+$B$10	=E11+G11*$B$10	=F11+H11*$B$10	=G11+I11*$B$10	=H11+J11*$B$10

I	J	K
ax	ay	|v|
=-$B$4/$B$3*G8*K8	=-$B$5-$B$4/$B$3*H8*K8	=RADQ(G8^2+H8^2)
=-$B$4/$B$3*G9*K9	=-$B$5-$B$4/$B$3*H9*K9	=RADQ(G9^2+H9^2)
=-$B$4/$B$3*G10*K10	=-$B$5-$B$4/$B$3*H10*K10	=RADQ(G10^2+H10^2)
=-$B$4/$B$3*G11*K11	=-$B$5-$B$4/$B$3*H11*K11	=RADQ(G11^2+H11^2)
=-$B$4/$B$3*G12*K12	=-$B$5-$B$4/$B$3*H12*K12	=RADQ(G12^2+H12^2)

La traiettoria della palla si ottiene tracciando il grafico x-y delle colonne E e F: se si imposta $C = 0\ \text{N·s}^2/\text{m}^2$ si ottiene la traiettoria che la palla segue in assenza di attrito (linea rossa); se $C = 1{,}2 \cdot 10^{-3}\ \text{N·s}^2/\text{m}^2$ si ottiene la traiettoria che la palla segue quando è sottoposta a resistenza aerodinamica (linea blu).

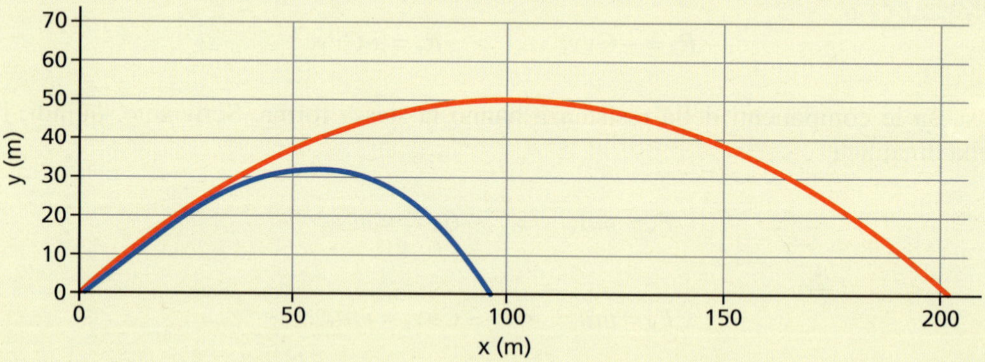

Prova tu

Un corpo di 75 kg cade da un'altezza di 100 m con velocità iniziale nulla. L'attrito è trascurabile.

- Imposta un foglio di calcolo per risolvere numericamente l'equazione del moto.
- Traccia il grafico della legge oraria e della legge velocità-tempo

Modifica il foglio di calcolo per descrivere il caso in cui la velocità iniziale in direzione verticale del corpo sia

- 35 m/s verso l'alto;
- 12 m/s verso il basso.

Le forze e i moti

Proiettile lanciato in orizzontale

Spazio-tempo

$$x = v_0 t \qquad y = y_0 - \frac{1}{2} g t^2$$

Velocità-tempo

$$v_x = v_0 \qquad v_y = -gt$$

Tempo di volo

$$t_v = \sqrt{\frac{2y_0}{g}}$$

Gittata

$$G = v_0 \sqrt{\frac{2y_0}{g}}$$

Resistenza aerodinamica

$$R = Cv^2$$

- R: resistenza aerodinamica (N)
- C: coefficiente ($N \cdot s^2/m^2 = kg/m$)
- v: velocità relativa rispetto all'aria

Velocità limite

$$v_{lim} = \sqrt{\frac{mg}{C}}$$

Pendolo

Accelerazione

$$\vec{a} = -\frac{g}{L}\vec{x}$$

Periodo

$$T = 2\pi \sqrt{\frac{L}{g}}$$

- L: lunghezza del filo

Moto armonico

Accelerazione

$$\vec{a}_x = -\omega^2 \vec{x}$$

Periodo

$$T = \frac{1}{f} = \frac{2\pi}{\omega}$$

- ω: pulsazione (s^{-1})

Oscillatore armonico

Accelerazione

$$\vec{a} = -\frac{k}{m}\vec{x}$$

Periodo

$$T = 2\pi \sqrt{\frac{m}{k}}$$

- k: costante elastica della molla

Moto circolare uniforme

Velocità

$$v = \frac{2\pi r}{T} = 2\pi r f$$

- f: frequenza (Hz)
- T: periodo (s)

Accelerazione centripeta

$$a_c = \frac{v^2}{r}$$

Forza centripeta

$$F_c = m\frac{v^2}{r}$$

ESERCIZI

ZTE ONLINE
Mettiti alla prova con 20 esercizi interattivi

2 Moto di un proiettile lanciato in direzione orizzontale

1 Un treno passa in una stazione con una velocità di 25 m/s. Una borsa cade dal portapacchi e arriva sul pavimento con una velocità verticale di 5,5 m/s.

▶ Quanto vale il modulo della velocità finale della borsa rispetto alla stazione? [26 m/s]

2 **PROBLEMA** **Tuffo con rincorsa**
#motoparabolico

Un pallone viene calciato orizzontalmente alla velocità di 12 m/s, poi prosegue la sua corsa cadendo da una scogliera alta 16 m sul mare. Trascura la resistenza dell'aria.

- ▶ Dopo quanti secondi arriva in mare?
- ▶ Che distanza percorre in orizzontale?
- ▶ Qual è il modulo della velocità con cui il pallone arriva sulla superficie dell'acqua?

LA SITUAZIONE FISICA E IL MODELLO

Si tratta di un moto di caduta libera, che riferiamo al sistema di assi cartesiani indicati in figura.
Il tempo di volo t_v dipende solo dall'altezza h e da g, mentre la gittata dipende da t_v e dalla velocità iniziale v_x.
La velocità d'impatto con l'acqua è la risultante delle velocità orizzontale e verticale e ha modulo

$$v = \sqrt{v_x^2 + v_y^2}$$

Nell'istante dell'impatto la velocità verticale ha modulo $v_y = g t_v$.

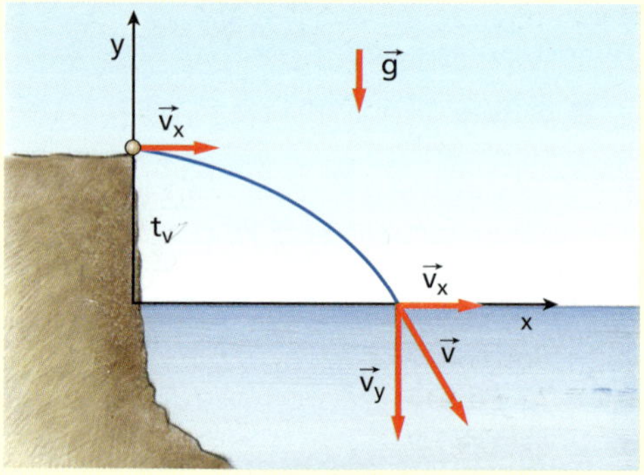

LA RISOLUZIONE

1. Il tempo di volo è

$$t_v = \sqrt{\frac{2h}{g}}$$

2. Il pallone percorre una distanza orizzontale

$$G = v_x t_v$$

3. La velocità verticale acquistata dal pallone durante la caduta ha modulo

$$v_y = g t_v$$

4. Il pallone entra in acqua con una velocità di modulo

$$v = \sqrt{v_x^2 + v_y^2}$$

I DATI E IL RISULTATO

$v_x = 12$ m/s

$h = 16$ m

$$t_v = \sqrt{\frac{2h}{g}} = \sqrt{\frac{2\,(16\text{ m/s})}{9{,}8\text{ m/s}^2}} = 1{,}8\text{ s}$$

$$G = v_x t_v = (12\text{ m/s})(1{,}8\text{ m/s}) = 22\text{ m}$$

$$v = \sqrt{v_x^2 + (g t_v)^2} = \sqrt{(12\text{ m/s})^2 + [(9{,}8\text{ m/s}^2)(1{,}8\text{ s})]^2} = 21\text{ m/s}$$

HA SENSO?

Abbiamo trascurato le dimensioni del pallone, considerandolo puntiforme. È un'ipotesi ragionevole, perché il raggio del pallone, circa 10 cm, è molto minore dell'altezza di caduta.

3 **PROBLEMA SIMILE**

Considera la situazione illustrata nel problema precedente. Il pallone rimane in aria per 1,1 s.

- Qual è l'altezza della scogliera?
- Che distanza percorre in orizzontale?
- Qual è il modulo della velocità con cui il pallone arriva sulla superficie dell'acqua?

[5,9 m; 13 m; 16 m/s]

4 Un ragazzo si allena al tiro con carabina ad aria compressa e spara un colpo in direzione orizzontale da un'altezza di 1,6 m: il proiettile esce a 48 m/s. Supponi che il ragazzo manchi il bersaglio. Trascura la resistenza dell'aria.

- Qual è il tempo di volo del proiettile?
- Determina la gittata.

[0,57 s; 27 m]

5 Una pietra lanciata orizzontalmente dalla sommità di una torre alta 24 m tocca il suolo alla distanza di 18 m dalla base della torre.

- Qual è la velocità con cui è stata lanciata la pietra?
- Calcola il modulo della velocità che ha la pietra subito prima di toccare il suolo.

[8,1 m/s; 23 m/s]

6 Un lanciatore di baseball tira una palla orizzontale a 140 km/h verso la base, che dista 18,4 m. La palla cade prima di raggiungere la base. Trascura l'attrito dell'aria.

- Quanto mancava perché la palla potesse raggiungere la base? [−1,1 m]

7 Una freccia viene lanciata orizzontalmente verso il bersaglio, che dista 11 m. La freccia, lanciata con una velocità di 32 m/s, non fa centro e colpisce più in basso. Trascura l'attrito dell'aria.

- Calcola dove la freccia colpisce il bersaglio.

[58 cm sotto il centro]

8 Un aereo viaggia alla velocità di 456 km/h parallelamente al suolo e lascia cadere una cassa di aiuti umanitari. Il paracadute non si apre e la cassa precipita, raggiungendo il suolo dopo 7,00 s. Supponi che la cassa al momento del distacco abbia la stessa velocità dell'aereo. Trascura l'attrito dell'aria.

- Calcola la quota dell'aereo rispetto al suolo.
- Determina le componenti della velocità della cassa quando raggiunge il suolo.

[240 m; v_x = 456 km/h, v_y = 247 km/h]

9 Un veicolo vola orizzontalmente alla quota di 20 km dalla superficie della Luna a una velocità di $2{,}5 \cdot 10^3$ km/h quando perde un motore. L'accelerazione gravitazionale lunare è di 1,6 m/s^2.

- Quanto tempo impiega il motore a toccare il suolo lunare?
- Quale distanza orizzontale avrà percorso il motore quando toccherà il suolo?
- Calcola a quale distanza si trova il motore dall'aereo quando il motore tocca il suolo, supponendo che l'aereo continui a volare come se niente fosse accaduto.

[$1{,}6 \cdot 10^2$ s; $1{,}1 \cdot 10^2$ km; 20 km]

10 Un gabbiano vola orizzontalmente con velocità costante di 9 m/s. A un tratto lascia cadere dal becco una sardina che raggiunge il suolo con una velocità di 19 m/s.Trascura l'attrito dell'aria.

- A quale altezza stava volando il gabbiano?
- Calcola la posizione del gabbiano nel momento in cui la sardina ha toccato il suolo.

[14 m; 15 m]

11 Un grosso masso poggia su una rupe che sovrasta di 400 m un piccolo villaggio. Se il masso rotolasse giù, si staccherebbe dalla rupe con una velocità orizzontale di 30 m/s. A valle c'è uno stagno di 200 m di diametro e la sua riva si trova a 100 m dalla base della rupe.

- Il masso cadrebbe nello stagno o il villaggio sarebbe in pericolo?
- Quale sarebbe la velocità del masso al suolo?
- Quanto tempo resterebbe in aria?

[93 m/s; 9,0 s]

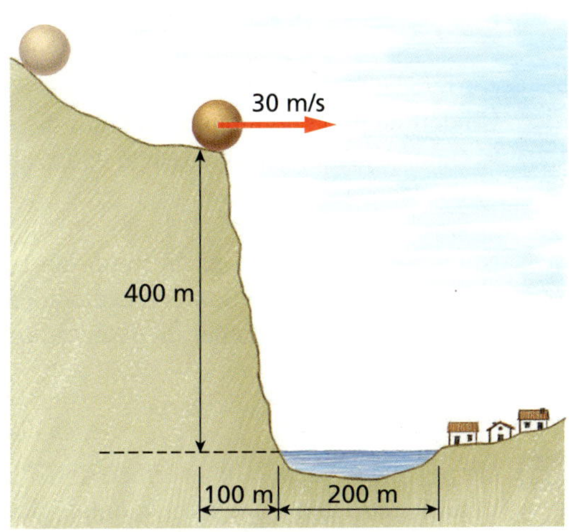

12 Durante una partita di baseball, un lanciatore scaglia la palla verso una base con una velocità orizzontale di modulo 24 m/s. La palla raggiunge la base dopo 0,47 s e qui viene presa. Trascura l'attrito dell'aria.
- ▶ Calcola a quale distanza dal lanciatore viene presa la palla.
- ▶ Di quanto è diminuita la quota della palla rispetto all'altezza di lancio? [11 m; 1,1 m]

13 **PROVA ESPERTA** Un fucile ad aria compressa è puntato su un piccolo bersaglio fissato su un muro verticale alla stessa altezza della canna del fucile. Nell'istante in cui la pallottola esce dalla canna, il bersaglio si sgancia e inizia a cadere. Il proiettile percorre la distanza orizzontale che lo separa dal muro prima che il bersaglio arrivi a terra.
- ▶ **COSA SUCCEDE?** Il proiettile passa sopra, colpisce o passa sotto al bersaglio?
- ▶ **TROVA IL MODELLO** Come descrive i moti della pallottola e del bersaglio un osservatore in caduta libera?
- ▶ **ARGOMENTA** Qual è l'unica condizione che impedisce al proiettile di colpire il bersaglio?

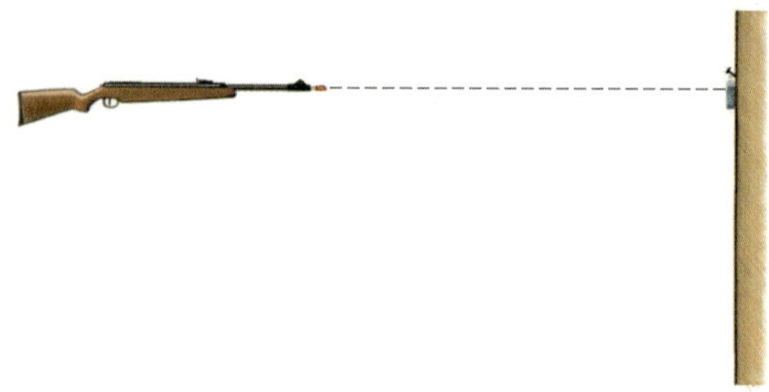

3 Moto di un proiettile lanciato in direzione obliqua

14 Il Paris-Geschütz era un cannone costruito dai tedeschi durante la prima guerra mondiale per bombardare Parigi da più di 100 km di distanza.
- ▶ Qual era la velocità iniziale del proiettile?
- ▶ Che altezza raggiungeva il proiettile? [10^3 m/s; 26 km]

www.one357h.com

15 Un delfino può raggiungere 40 km/h di velocità.
- ▶ Calcola la lunghezza massima di un salto fuori dall'acqua. [13 m]

16 Nello scompartimento di un treno, un bambino lancia una palla verso l'alto con velocità 5,1 m/s. La velocità della palla per un osservatore a terra è di 22 m/s.
- ▶ Calcola la velocità del treno. [21 m/s]

17 Un pallone è calciato in direzione di 60° rispetto al suolo, con una velocità orizzontale di 12 m/s. Trascura l'attrito dell'aria.
- ▶ Qual è la componente verticale della sua velocità dopo 1 s? [11 m/s]

18 Osservando le riprese televisive di un'eruzione si può stimare la velocità verticale v_y dei materiali lanciati dal vulcano: basta misurare il tempo di volo. Seguendo un frammento di roccia, hai misurato un tempo di volo di circa 8 s.
- ▶ Stima la sua velocità iniziale. [40 m/s]

19 Le componenti della velocità iniziale di un proiettile sono $v_x = 30$ m/s e $v_y = 40$ m/s.
- ▶ Quanto vale il modulo della sua velocità dopo 1,8 s? [37 m/s]

20 Un proiettile viene lanciato con una velocità iniziale di 50 m/s e un'inclinazione di 60° rispetto all'orizzontale.
- ▶ Determina modulo e direzione della velocità nel suo punto più alto.
- ▶ Determina modulo, direzione e verso della sua accelerazione. [25 m/s; 9,8 m/s^2]

21 Un pallone viene calciato con una velocità iniziale verticale di 10 m/s e una velocità orizzontale di 12 m/s. Trascura l'attrito dell'aria.
- ▶ Quanto tempo impiega per raggiungere l'altezza massima?
- ▶ Quale distanza sull'orizzontale avrà percorso? [1,0 s; 12 m]

22 PROBLEMA Che sagoma!
#motoparabolico

Un giocatore di hockey su ghiaccio colpisce con il bastone il disco fermo sul ghiaccio. Il disco parte con una velocità di 23 m/s inclinata di 38° rispetto alla direzione orizzontale. A 47 m di distanza dal punto iniziale è posizionata una sagoma di legno alta 1,8 m.

▶ Calcola la gittata del disco.
▶ Il disco supera la sagoma o la colpisce?

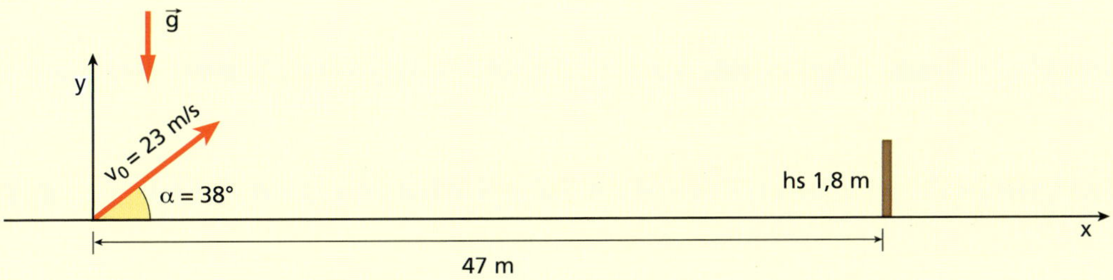

LA SITUAZIONE FISICA E IL MODELLO

Dopo il lancio, il proiettile è in caduta libera: nel sistema di coordinate scelto, l'accelerazione è $g = -9{,}8\ \text{m/s}^2$ e le componenti della velocità iniziale sono:

$$v_{0x} = v_0 \cos\alpha \qquad v_{0y} = v_0 \operatorname{sen}\alpha$$

La gittata si calcola con la formula (7). Il disco supera la sagoma se il punto (x_s, y_s) della sua traiettoria, con $x_s = 47$ m, ha un'ordinata maggiore dell'altezza della sagoma h_s. Dalle equazioni del moto segue che

- l'ascissa del disco dipende solo dalla velocità iniziale lungo x e dal tempo t_s trascorso dal lancio:

$$x_s = v_{0x} t_s$$

- l'ordinata del disco dipende dalla velocità iniziale lungo y, dall'accelerazione di gravità e dal tempo t_s:

$$y_s = v_{0y} t_s - \frac{1}{2} g t_s^2$$

LA RISOLUZIONE

1. La gittata è

$$G = \frac{2 v_0^2 \cos\alpha \operatorname{sen}\alpha}{g}$$

2. Il tempo t_s in cui il disco dista 47 m in orizzontale dal punto di lancio è

$$t_s = \frac{x_s}{v_{0x}} = \frac{x_s}{v_0 \cos\alpha}$$

3. Quando $x_s = 47$ m il disco è all'altezza

$$y_s = v_{0y} t_s - \frac{1}{2} g t_s^2 = (v_0 \operatorname{sen}\alpha) t_s - \frac{1}{2} g t_s^2$$

I DATI E IL RISULTATO

$v_0 = 23$ m/s

$\alpha = 38°$

$$G = \frac{2(23\ \text{m/s})^2 (\cos 38°)(\operatorname{sen} 38°)}{9{,}8\ \text{m/s}^2} = 52\ \text{m}$$

$$t_s = \frac{47\ \text{m}}{(23\ \text{m/s})(\cos 38°)} = 2{,}6\ \text{s}$$

$$y_s = (23\ \text{m/s})(\operatorname{sen} 38°)(2{,}6\ \text{s}) - \frac{1}{2}(9{,}8\ \text{m/s}^2)(2{,}6\ \text{s})^2 = 3{,}7\ \text{m}$$

Poiché $y_s > h_s$, concludiamo che il disco supera la sagoma.

COSA SUCCEDE SE

Otteniamo lo stesso risultato per y_s se sostituiamo $x = 47$ m nell'equazione (9) della traiettoria:

$$y_s = v_{0y} t_s - \frac{1}{2} g t_s^2 = v_{0y} \frac{x_s}{v_{0x}} - \frac{1}{2} g \left(\frac{x_s}{v_{0x}}\right)^2 = \frac{\text{sen}\,\alpha}{\cos\alpha} x_s - \frac{g}{2 v_0^2 \cos^2\alpha} x_s^2 =$$

$$= \frac{\text{sen}\,38°}{\cos 38°}(47\ \text{m}) - \frac{9{,}8\ \text{m/s}^2}{2(23\ \text{m/s})^2(\cos^2 38°)}(47\ \text{m})^2 = 3{,}8\ \text{m}$$

23 **PROBLEMA SIMILE**

Considera la situazione illustrata nel problema precedente.
- ▶ Calcola l'altezza massima raggiunta dal disco.
- ▶ Se la sagoma è alta 6,5 m ed è posta a 35 m dal punto iniziale, il disco la supera? [10 m]

24 Un idrante espelle un getto d'acqua in direzione di 55° rispetto al terreno. L'acqua esce alla velocità di 22 m/s. Supponi che l'acqua si muova come un proiettile e trascura l'attrito dell'aria.
- ▶ Qual è l'altezza massima del getto?
- ▶ A che distanza arriva il getto? [17 m; 46 m]

25 Un proiettile viene sparato in aria dalla sommità di una rupe alta 200 m, che sovrasta una pianura. La sua velocità iniziale ha modulo di 60 m/s e forma un angolo di 60° con l'orizzontale. Trascura l'attrito dell'aria.
- ▶ A quale distanza d il proiettile toccherà terra? [408 m]

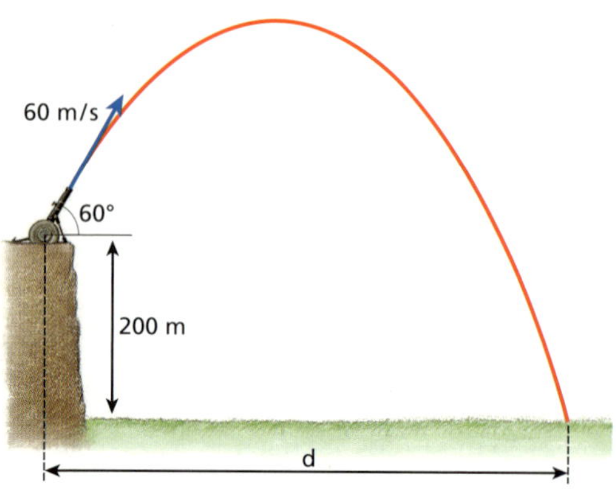

26 Un cannone ha un angolo di inclinazione di 45° e spara un proiettile con una velocità di 300 m/s.
- ▶ Calcola la quota che raggiunge il proiettile.
- ▶ Quanto tempo resta in aria?
- ▶ Determina la gittata. [2,3 km; 43 s; 9,2 km]

27 Un giocatore di golf deve lanciare la pallina fuori dal bunker di sabbia che si trova a una quota di 3 m inferiore a quella della buca che deve raggiungere. Il giocatore lancia la pallina con una velocità di 32 m/s e un angolo di 60° rispetto all'orizzontale. Trascura l'attrito dell'aria.
- ▶ Calcola a quale distanza d dal punto di lancio la pallina toccherà terra. [89 m]

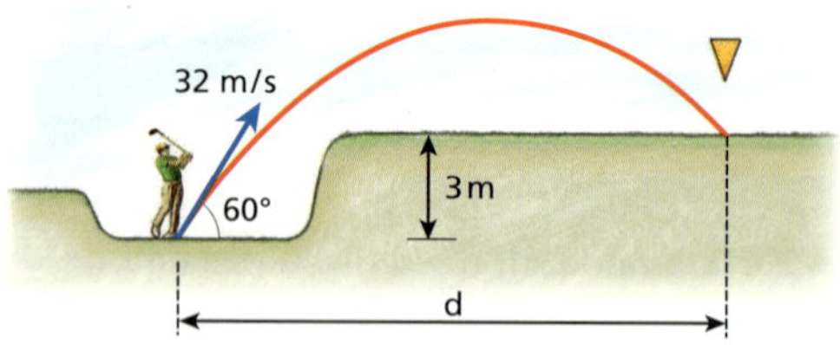

28 **QUESITO** **ARGOMENTA** Dimostra che la gittata è la stessa per angoli di lancio simmetrici rispetto a 45°.

4 Resistenza in un fluido

29 Un container di aiuti umanitari di $8 \cdot 10^2$ kg scende alla velocità costante di 4 m/s, grazie a un grande paracadute.
- ▶ Quanto vale la resistenza aerodinamica sul paracadute? [8 kN]

30 Un paracadutista di massa complessiva 83 kg, con un coefficiente $C = 4{,}5$ kg/m, scende con velocità costante per 1,5 km.
- ▶ Quanto tempo impiega per effettuare la discesa? [110 s]

31 Una Ferrari Enzo imprime alle ruote una forza massima di 5,0 kN e raggiunge i 350 km/h. Una Fiat Doblò imprime alla ruota una forza massima di 1,7 kN e raggiunge i 160 km/h.

▶ Stima il coefficiente *C* per entrambe le vetture. [$5 \cdot 10^{-1}$ N·s²/m², $9 \cdot 10^{-1}$ N·s²/m²]

32 Un'automobile viaggia a 120 km/h. Il coefficiente di resistenza aerodinamica è $C = 0{,}80$ kg/m.

▶ Determina la forza che l'aria esercita sull'automobile. [0,89 kN]

33 Una cassa di 12 kg con paracadute viene lasciata cadere da un elicottero a un'altezza di 650 m. La discesa dura 6,0 min.

▶ Calcola il coefficiente *C* del paracadute (trascura lo spazio percorso durante la fase di apertura del paracadute e di raggiungimento della velocità limite). [36 kg/m]

34 **PROBLEMA** **La resistenza di un'auto**
#resistenzaaerodinamica

La resistenza aerodinamica di un'auto è indicata dal coefficiente C_x. Questo coefficiente dipende solo dalla forma dell'auto e non dipende dalla densità dell'aria né dalla dimensioni dell'auto. Se *A* è l'area frontale dell'auto, cioè l'area della proiezione dell'auto su un piano perpendicolare alla direzione di moto, e se ρ è la densità dell'aria, il coefficiente *C* è dato dalla formula

$$C = \frac{1}{2}\rho A C_x$$

In condizioni normali $\rho = 1{,}2$ kg/m³. La berlina con la migliore forma aerodinamica mai costruita ha $C_x = 0{,}22$ e area frontale $A = 2{,}1$ m².

▶ Determina la resistenza aerodinamica sull'auto quando procede a 120 km/h con un vento contrario di 30 km/h.

LA SITUAZIONE FISICA E IL MODELLO

La resistenza aerodinamica dipende dal coefficiente *C* e dal quadrato della velocità relativa del corpo rispetto all'aria. Poiché l'auto procede con vento contrario alla direzione di marcia, si ha

$$\vec{v}_{\text{rel}} = \vec{v}_{\text{a}} - \vec{v}_{\text{v}}$$

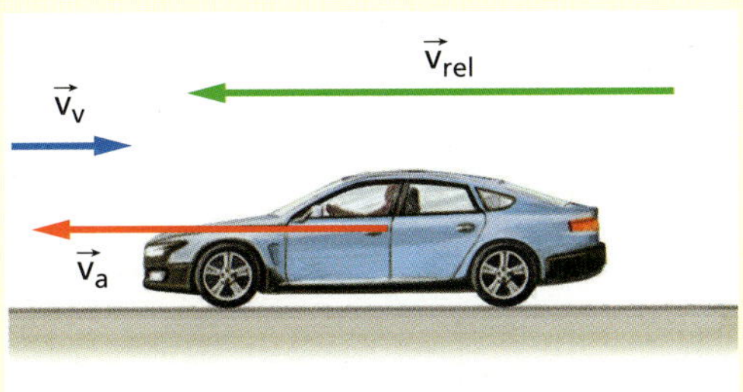

LA RISOLUZIONE

1. Il coefficiente *C* è

$$C = \frac{1}{2}\rho A C_x$$

2. La resistenza aerodinamica sull'auto è

$$R = C v_{\text{rel}}^2$$

3. La velocità relativa tra auto e aria è

$$v_{\text{rel}} = v_{\text{a}} + v_{\text{v}}$$

4. In definitiva

$$\boxed{R = \frac{1}{2}\rho A C_x (v_{\text{v}} + v_{\text{a}})^2}$$

I DATI E IL RISULTATO

$\rho = 1{,}2$ kg/m³
$C_x = 0{,}22$

$$R = \frac{1}{2}(1{,}2\ \text{kg/m}^3)(2{,}1\ \text{m}^2)(0{,}22)\left(\frac{30 + 120}{3{,}6}\ \text{m/s}\right)^2 = 481\ \text{N}$$

35 **PROBLEMA SIMILE**

Calcola la resistenza aerodinamica nel caso in cui l'auto del problema precedente si muova a 95 km/h con un vento a favore di 22 km/h. [110 N]

36 Un ciclista medio ha coefficiente di resistenza $C_d = 1{,}1$ e area frontale $0{,}51\ m^2$.

► Calcola la resistenza dell'aria ($\rho = 1{,}2\ kg/m^3$) a una velocità di 25 km/h. [16 N]

37 Un corpo a forma di cilindro cade in aria ($\rho_a = 1{,}2\ kg/m^3$) mantenendosi verticale. Il coefficiente di resistenza di un lungo cilindro è $C_x = 0{,}82$. Il cilindro ha diametro 2,5 cm, altezza 42 cm ed è fatto di legno ($\rho_l = 5{,}4 \cdot 10^2\ kg/m^3$).

► Determina il coefficiente *C*.

► Qual è la velocità limite del cilindro?

[$2{,}4 \cdot 10^{-4}$ kg/m; 67 m/s]

38 Due sfere di identico diametro vengono lasciate cadere in aria. La velocità limite di una è il doppio dell'altra.

► Quanto vale il rapporto tra le loro masse? [4]

39 Un corpo di 0,68 kg scende lungo un piano lungo inclinato di 32° avente coefficiente di attrito dinamico 0,28. La resistenza dell'aria determina una velocità limite di 1,4 m/s.

► Calcola il coefficiente *C* del corpo. [0,99 kg/m]

40 **QUESITO** **LEGGI IL GRAFICO**

Il grafico riporta la legge oraria $y = y(t)$ di un corpo che cade nell'aria. Per agevolarne l'interpretazione è stata aggiunta una retta rossa.

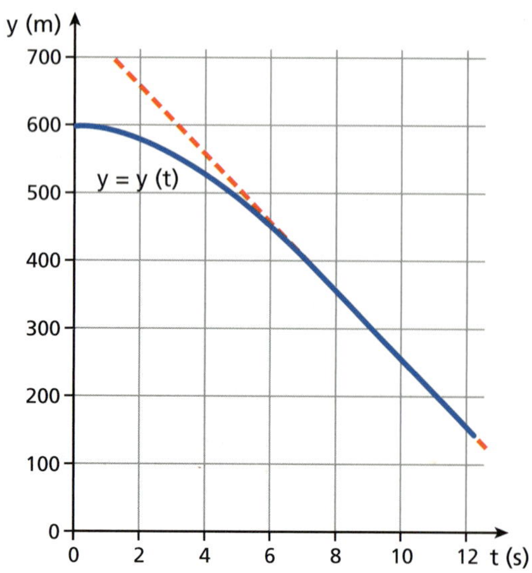

► Da quale altezza è partito?

► Qual era la sua velocità iniziale?

► Determina in modo approssimato la sua velocità limite. [600 m; 0 m/s; 50 m/s]

41 Un corpo di 0,60 kg scivola senza attrito su un lungo piano inclinato di 30°. Sul corpo agisce la resistenza aerodinamica $R = (0{,}80\ kg/m)\,v^2$.

► Calcola la velocità limite del corpo. [1,9 m/s]

42 Un cilindro di ferro (densità $7{,}96 \cdot 10^3\ kg/m^3$) di diametro 5,0 cm e altezza 1,0 m è in caduta libera in acqua (densità $1{,}00 \cdot 10^3\ kg/m^3$). In queste condizioni sul cilindro si esercita una resistenza $R = Cv^2$, con $C = 6{,}4$ kg/m.

► Qual è la sua velocità limite? [4,6 m/s]

43 **QUESITO** **LEGGI IL GRAFICO** Il grafico riporta la relazione velocità-tempo di un corpo che cade nell'aria.

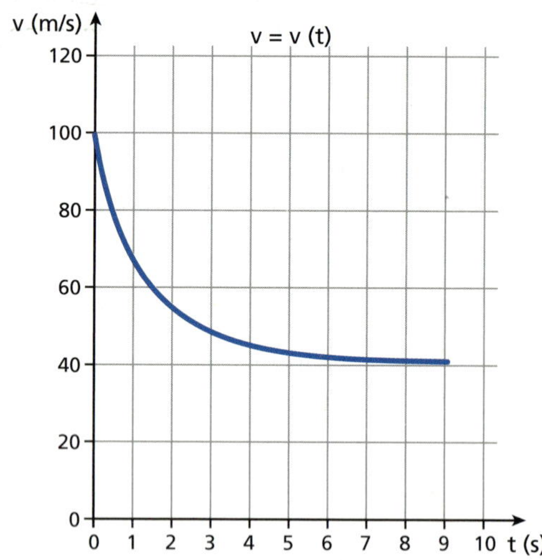

► Qual è la sua velocità iniziale?

► Determina la sua velocità limite.

► Spiega perché la sua decelerazione diminuisce nel tempo.

[100 m/s; 40 m/s]

44 L'equazione del moto di un corpo di massa *m* che cade nell'aria è

$$mg - Cv^2 = ma$$

dove *C* è il coefficiente di resistenza aerodinamica del corpo.

▶ Dimostra che l'accelerazione del corpo è data dalla relazione

$$a = \left(1 - \frac{v^2}{v_1^2}\right) g$$

dove v_1 è la velocità limite del corpo.

▶ Traccia in un grafico l'andamento qualitativo dell'accelerazione in funzione del tempo.

5 Il moto circolare uniforme

45 In un tratto pianeggiante di una discesa libera, uno sciatore affronta a 110 km/h una curva circolare di raggio 85 m.

▶ Calcola l'accelerazione centripeta a cui è sottoposto. [11 m/s^2]

46 **QUESITO** **ARGOMENTA** Fissiamo su un tavolo orizzontale una guida a forma di arco di circonferenza, come quella mostrata in figura. Poi lanciamo una pallina in modo che entri nella guida in direzione tangente al punto di entrata A.

▶ Quale traiettoria percorre la pallina dopo aver oltrepassato il punto B?

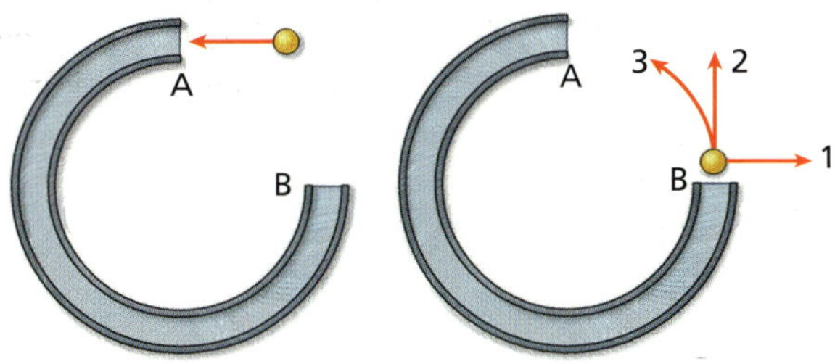

47 **PROBLEMA** **Un piccolo, grande aereo**
#accelerazionecentripeta

Il Piaggio P180 Avanti è un aereo italiano caratterizzato da prestazioni eccezionali, che si traducono in un consumo assai inferiore a quello degli aerei concorrenti. La propulsione è garantita da due turboeliche di 2,16 m di diametro che ruotano a $n = 2{,}00 \cdot 10^3$ giri/min.

▶ Considera la punta estrema della pala di un'elica e calcolane la velocità.

▶ Qual è la sua accelerazione centripeta in unità g?

LA SITUAZIONE FISICA E IL MODELLO

La punta di un'elica si muove lungo una traiettoria circolare di diametro $d = 2r$ con velocità costante $v = 2\pi r f$ e con frequenza

$$f = \frac{n}{60 \text{ s/min}}$$

In questo moto è soggetta all'accelerazione centripeta

$$a_c = \frac{v^2}{r}$$

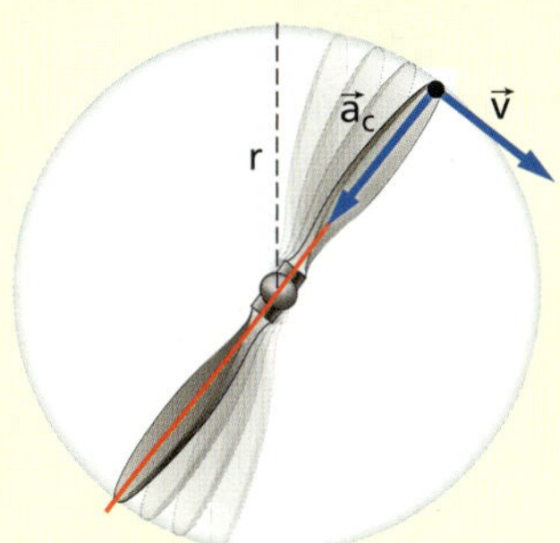

LA RISOLUZIONE

1. La frequenza del moto circolare della punta è

$$f = \frac{n}{60 \text{ s/min}}$$

2. La velocità della punta è

$$v = 2\pi r f$$

3. L'accelerazione centripeta è

$$a_c = \frac{v^2}{r} = \frac{4\pi^2 r^2 f^2}{r} = 4\pi^2 r f^2$$

I DATI E IL RISULTATO

$d = 2r = 2{,}16$ m
$r = 1{,}08$ m
$n = 2{,}00 \cdot 10^3$ min^{-1}

$$f = \frac{2{,}00 \cdot 10^3 \text{ min}^{-1}}{60 \text{ s/min}} = 33{,}3 \text{ s}^{-1}$$
$$v = 2\pi(1{,}08 \text{ m})(33{,}3 \text{ s}^{-1}) = 226 \text{ m/s}$$
$$a_c = 4\pi^2(1{,}08 \text{ m})(33{,}3 \text{ s}^{-1})^2 = 47\,300 \text{ m/s}^2 = 4830\,g$$

48 **PROBLEMA SIMILE**

In un generatore eolico, l'energia elettrica è generata grazie al movimento rotatorio delle pale mosse dal vento. Uno dei più grandi generatori eolici è Enercon E-112: il diametro delle pale è 114 m e la massima velocità di rotazione è 13 giri/min. Considera il punto della pala più lontano dall'asse di rotazione.
- ▶ Calcola la sua massima velocità.
- ▶ Determina la massima accelerazione centripeta in unità g. [78 m/s; 11 g]

49 Nei Gran Premi di Formula 1 i piloti sono spesso sottoposti ad accelerazioni centripete di circa $5g$. Supponi che un pilota percorra un tratto di curva circolare alla velocità di 210 km/h subendo un'accelerazione centripeta di $4{,}8\,g$.
- ▶ Calcola il raggio della curva. [72 m]

50 L'hard disk di un computer è il serbatoio in cui vengono immagazzinati i file dell'utente e i programmi installati. I dati vengono letti e memorizzati da una testina che scorre su un disco di metallo in rotazione (diametro di 9,5 cm). Per problemi costruttivi la velocità di rotazione è solitamente fissata a 7200 giri/min.
- ▶ Determina la velocità tangenziale del bordo del disco.
- ▶ Calcola l'accelerazione centripeta a cui è sottoposto il materiale sul bordo del disco. [36 m/s; $2{,}7 \cdot 10^4$ m/s^2]

51 Un ragazzo fa ruotare una palla legata a una corda descrivendo una circonferenza di raggio orizzontale pari a 1,5 m.
- ▶ Quale deve essere la velocità della palla affinché l'accelerazione centripeta sia uguale in modulo all'accelerazione di gravità?
- ▶ A questa velocità quanti giri al minuto compie la palla? [3,8 m/s; 24 giri/min]

52 **PROBLEMA SU PIÙ CONCETTI** **Un pendolo che gira e non oscilla**
#forzacentripeta #tensione

Una pietra di massa $m = 2{,}0$ kg legata a una corda viene fatta ruotare su una circonferenza orizzontale avente raggio $r = 41$ cm. La corda forma un angolo $\theta = 38°$ con la verticale.
- ▶ Quanto vale la tensione nella corda?
- ▶ Qual è la velocità della pietra?

LA SITUAZIONE FISICA E IL MODELLO

Analizziamo la situazione nel riferimento del laboratorio. La massa si muove lungo una traiettoria circolare per effetto di due forze: la tensione $\vec{T}$ e la sua forza peso $\vec{P}$. La loro risultante è la forza centripeta $\vec{F}_c$ che mantiene la massa in moto circolare uniforme. La velocità della pietra dipende dal raggio della traiettoria e dall'accelerazione centripeta.

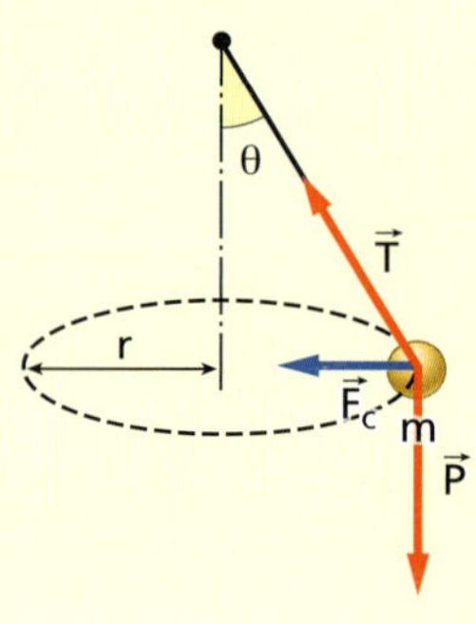

LA RISOLUZIONE

1. Scriviamo il secondo principio della dinamica nel sistema inerziale del laboratorio. La massa è soggetta alla forza peso e alla tensione della corda:

$$\begin{cases} T\cos\theta - mg = 0 & \text{in verticale} \\ T\,\text{sen}\,\theta = ma_c & \text{in orizzontale} \end{cases}$$

2. Risolviamo il sistema nelle incognite T e a_c:

$$T = \frac{mg}{\cos\theta} = \frac{(2{,}0\ \text{kg})(9{,}8\ \text{m/s}^2)}{\cos 38°} = 25\ \text{N}$$

$$a_c = g\,\text{tg}\,\theta = (9{,}8\ \text{m/s}^2)(\text{tg}\,38°) = 7{,}7\ \text{m/s}^2$$

3. La relazione che lega l'accelerazione centripeta alla velocità è $a_c = v^2/r$, da cui si ricava

$$v = \sqrt{a_c r} = \sqrt{(7{,}7\ \text{m/s}^2)(0{,}41\ \text{m})} = 1{,}8\ \text{m/s}$$

53 Considera la situazione descritta nel problema precedente.
- ▶ Calcola il periodo del moto della pietra.
- ▶ Che cosa cambia se la pietra è sostituita con una sferetta di massa doppia? [1,4 s]

54 Un aeromodello avente la massa di 0,5 kg vola lungo una circonferenza orizzontale di 6,0 m di raggio attaccato a una corda orizzontale. Il peso dell'aeromodello è equilibrato dalla spinta verso l'alto (portanza) delle ali. L'aeromodello compie un giro in 4,0 s.
- ▶ Qual è la sua velocità?
- ▶ Determina la sua accelerazione centripeta.
- ▶ Qual è la tensione della corda?

[9,4 m/s; 15 m/s²; 7,4 N]

55 La curva di un circuito ha un raggio r = 190 m misurato nel centro della carreggiata. La curva è sopraelevata in modo che un'auto la percorre alla velocità costante v = 130 km/h senza che si eserciti alcuna forza d'attrito radiale fra gli pneumatici e l'asfalto.
- ▶ Calcola l'angolo di inclinazione della curva. [35°]

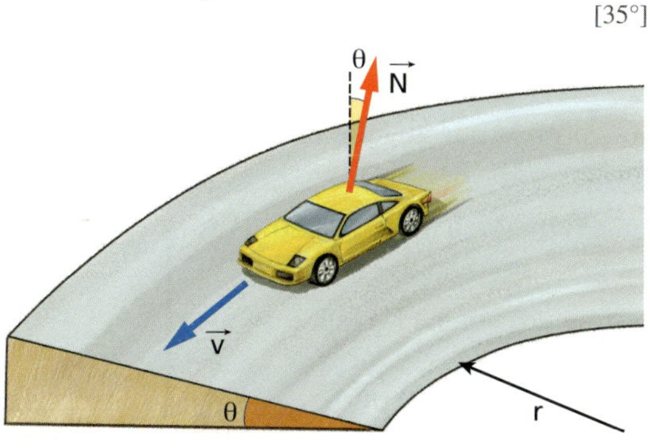

56 Una moneta è posta su un disco che accelera gradualmente fino a 78 giri/min. La moneta resta sul disco se posta a una distanza minore di 8,0 cm dal centro, ma striscia se la distanza è maggiore.
- ▶ Calcola il coefficiente d'attrito tra la moneta e il disco. [0,54]

57 Il circuito automobilistico di Daytona è uno dei più famosi del mondo. I due grandi tornanti sono curve di raggio $3{,}0 \cdot 10^2$ m soprelevate di 31°.
- ▶ Calcola a quale velocità deve affrontare tali curve un'auto per percorrerle senza sfruttare l'attrito con l'asfalto.

Nella realtà le auto sfruttano l'attrito per mantenere velocità superiori a quella calcolata prima.
- ▶ Determina, in tal caso, qual è la direzione della forza d'attrito. [42 m/s]

Walter G.Arce / Shutterstock

58 Un aereo vola a 54 m/s in orizzontale quando esegue una picchiata in caduta libera. Dopo aver perso $1{,}1 \cdot 10^3$ m di quota, interrompe la caduta descrivendo un arco di circonferenza di raggio $9{,}1 \cdot 10^2$ m (cabrata).
- ▶ Quanto vale l'accelerazione all'inizio della cabrata? [27 m/s²]

59 Un blocco di massa m_1, è attaccato a una corda lunga l_1, che è fissata all'altra estremità. La massa si muove su un tavolo privo d'attrito, descrivendo una circonferenza orizzontale. Un secondo blocco di massa m_2 viene attaccato al primo con una corda lunga l_2. I due blocchi girano attorno al centro in modo tale che le due corde siano allineate.

▶ Calcola la tensione in ciascuna corda, indicando con t il periodo del moto.

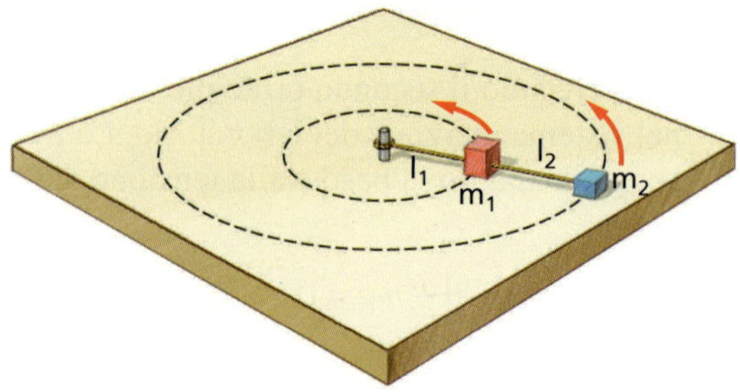

6 Riferimenti in moto circolare uniforme e forze fittizie

60 QUESITO ARGOMENTA Per effetto della rotazione attorno al proprio asse, la Terra è un riferimento non inerziale.

▶ Un corpo risente di un'accelerazione centrifuga uguale in tutti i punti della superficie terrestre?

61 QUESITO SPIEGA PERCHÉ Un corpo di massa m risente di una attrazione gravitazionale $F = mg$ diretta verso il centro della Terra. Il peso apparente del corpo dipende dalla latitudine λ a cui si trova.

▶ Spiega perché.

62 PROBLEMA **Salto dal trampolino**
#forzacentrifuga

In una gara di salto con gli sci, un'atleta di 56 kg scende lungo un trampolino e arriva nel punto finale alla velocità $v = 83$ km/h. Supponi che il profilo della parte finale del trampolino sia un arco di circonferenza di raggio $r = 98$ m e che la velocità iniziale del volo sia in direzione orizzontale.

▶ Calcola la forza verticale che la pista esercita sull'atleta nel punto finale del trampolino.

▶ Qual è il peso apparente dell'atleta immediatamente prima di spiccare il volo?

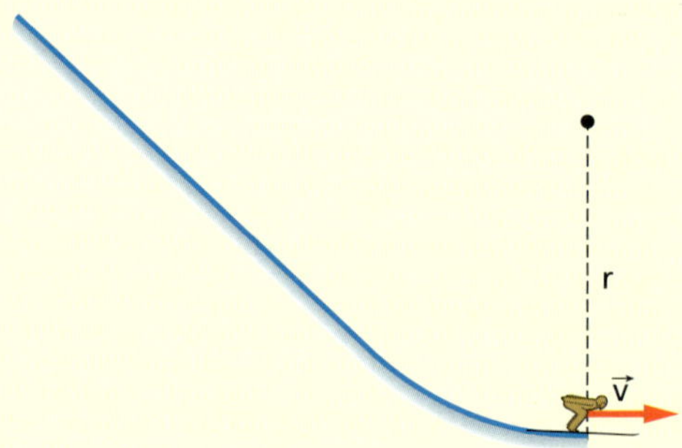

LA SITUAZIONE FISICA E IL MODELLO

Risolviamo il problema nel riferimento dell'atleta: quando l'atleta percorre l'arco finale, il riferimento è non inerziale. Il secondo principio della dinamica per i riferimenti non inerziali stabilisce che

$$\vec{F} + \vec{F}_{\text{fit}} = m\vec{a}$$

dove

- $\vec{F}$ è la risultante delle forze dovute all'interazione fra corpi, in questo caso la forza peso $\vec{P} = m\vec{g}$ e la reazione vincolare $\vec{R}_v$ della pista;
- $\vec{F}_{\text{fit}}$ è la forza centrifuga percepita dall'atleta: si tratta di una forza diretta verso il basso con modulo mv^2/r;
- $\vec{a}$ è l'accelerazione dell'atleta nel suo sistema di riferimento: poiché l'atleta è fermo nel suo riferimento tale accelerazione è nulla: $\vec{a} = 0$.

Il peso apparente è uguale in modulo alla reazione vincolare che tiene fermo l'atleta in posizione verticale.

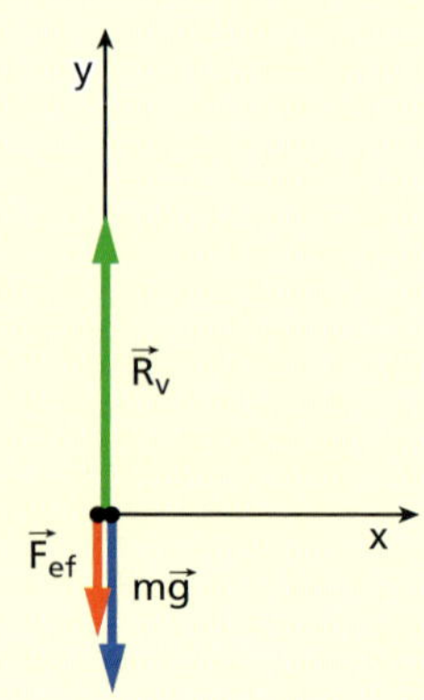

LA RISOLUZIONE

1. Per il secondo principio della dinamica:

$$\vec{F} + \vec{F}_{\text{fit}} = m\vec{a} \quad \Rightarrow \quad \vec{P} + \vec{R}_{\text{v}} + \vec{F}_{\text{cf}} = 0$$

Scriviamo l'equazione scalare nell'asse verticale scelto:

$$-mg + R_{\text{v}} - \frac{mv^2}{r} = 0$$

2. La reazione vincolare della pista sull'atleta ha modulo

$$R_{\text{v}} = mg + \frac{mv^2}{r} = m\left(g + \frac{v^2}{r}\right)$$

3. Il peso apparente dell'atleta ha lo stesso modulo della reazione vincolare:

$$P_{\text{app}} = R_{\text{v}} = m\left(g + \frac{v^2}{r}\right)$$

I DATI E IL RISULTATO

$m = 56$ kg

$r = 98$ m

$v = 83$ km/h $= 23$ m/s

$$P_{\text{app}} = (56\ \text{kg})\left(9{,}8\ \text{m/s}^2 + \frac{(23\ \text{m/s})^2}{98\ \text{m}}\right) = 850\ \text{N}$$

HA SENSO?

Come sperimentiamo sciando con discreta velocità, in fondo a un avvallamento della pista il peso apparente è maggiore del peso reale. Ci si sente «spingere» verso il basso: i muscoli devono esercitare una forza maggiore del peso reale per mantenerci fermi rispetto agli sci e non farci cadere verso di essi.

63 **PROBLEMA SIMILE**

Quando arriva nel punto finale del trampolino, l'atleta «sente» un peso apparente che è il 150% del proprio peso reale.

▸ Qual è la sua velocità? [22 m/s]

64 Un'automobile viaggia alla velocità costante di 53 km/h, quando incontra una variazione di pendenza che può essere schematizzata con un arco di circonferenza di raggio r. La forza normale esercitata dal sedile su un autista di massa 76 kg è di $9{,}8 \cdot 10^2$ N quando l'auto attraversa questa zona.

▸ Calcola il raggio r e determina se si tratta di un dosso o di una cunetta. [70 m]

65 Una bilancia tarata in newton è posta sul pianale di un camion che viaggia a una velocità costante di 14 m/s. Una cassa del peso di $5{,}0 \cdot 10^3$ N è posta sulla bilancia.

▸ Determina l'indicazione della bilancia se il camion passa sul culmine di un dosso che ha il profilo di un arco di circonferenza di raggio 65 m.

▸ Cosa indica, invece, se il camion passa sul fondo di un avvallamento che ha il profilo di un arco di circonferenza di raggio 120 m? [3,5 kN; 5,8 kN]

66 **PROVA ESPERTA** Un blocco scivola senza attrito all'interno di un profilo circolare di raggio R posto in verticale. Se il blocco arriva nel punto più alto della traiettoria con una velocità minore di v_{min}, si stacca dal profilo.

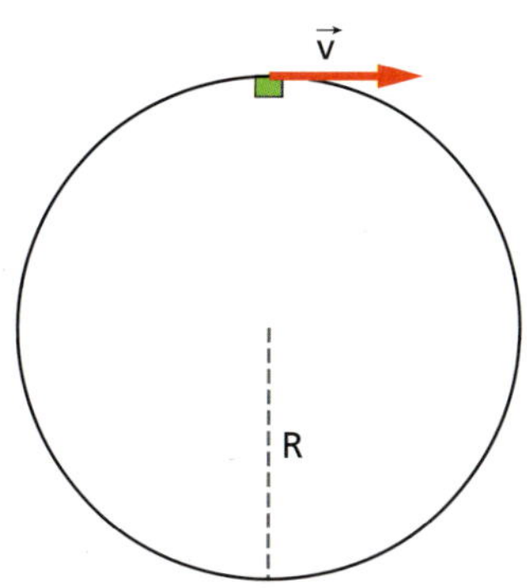

▸ **ARGOMENTA** Dimostra che $v_{\text{min}} = \sqrt{gR}$. Supponi che il blocco arrivi nel punto più alto con una velocità minore di v_{min}.

▸ **TROVA IL MODELLO** Disegna in modo qualitativo il moto del blocco dopo essersi staccato dal profilo. Di che moto si tratta?

67 In un'attrazione di un parco divertimenti i partecipanti stanno con le spalle contro la parete interna di un cilindro rotante ($r = 4{,}0$ m) e sono tenuti su dall'attrito, mentre il pavimento si allontana dai loro piedi.

▶ Determina la minima velocità di rotazione, in giri al minuto, se il coefficiente d'attrito tra la parete e i partecipanti è di 0,40.

[24 giri/min]

7 Il moto armonico

68 Un corpo si muove con moto circolare uniforme con una frequenza di 4,0 Hz. La sua proiezione su un diametro della circonferenza si muove con moto armonico.

▶ Quanto vale il periodo? [0,25 s]

69 QUESITO ARGOMENTA Una ragazza si muove avanti e indietro lungo un corridoio di 6 m. La ragazza si muove con velocità costante fino a quando raggiunge un estremità del corridoio: lì si ferma, si gira e ricomincia a muoversi con velocità costante.

▶ Si tratta di un moto periodico o di un moto armonico?

70 Considera un moto armonico con frequenza 7,5 Hz.

▶ Scrivi la relazione che lega accelerazione e spostamento.

71 Un corpo è sottoposto a un'accelerazione che dipende dallo spostamento secondo la legge $a = -(3{,}2\ \text{s}^{-2})x$.

▶ Il corpo si muove di moto armonico?

▶ Calcola il periodo del moto. [3,5 s]

72 Considera la situazione dell'esercizio precedente.

▶ Scrivi la relazione accelerazione-spostamento nel caso di un moto con frequenza doppia.

▶ E se il moto ha periodo doppio?

73 QUESITO LEGGI IL GRAFICO Il grafico in figura rappresenta la legge oraria di un corpo che oscilla con moto armonico.

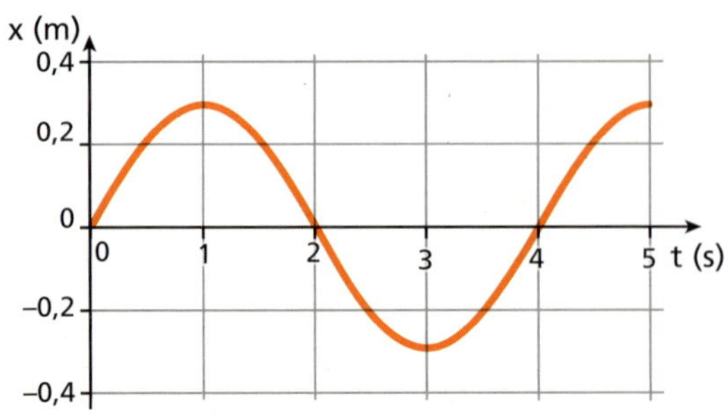

▶ Da quale posizione parte il corpo all'istante $t = 0$ s?

▶ Quali caratteristiche ha la sua velocità all'istante $t = 0$ s?

▶ Quando ripassa per la prima volta nel punto di partenza, che caratteristiche ha la sua velocità?

▶ Calcola il periodo e la frequenza del moto.

[4,0 s; 0,25 Hz]

74 Un corpo si muove lungo una circonferenza di raggio 1,2 m con una velocità di modulo 1,8 m/s. La sua proiezione su un diametro della traiettoria si muove con moto armonico.

▶ Scrivine la relazione accelerazione-spostamento.

75 Un corpo si muove di moto circolare uniforme e completa un giro in 4,70 s. La sua proiezione su un diametro della traiettoria si muove con moto armonico.

▶ Scrivine la relazione accelerazione-spostamento.

76 Un corpo è sottoposto a un'accelerazione centripeta costante di 32 m/s^2 e si muove lungo una circonferenza di raggio 6,8 m. La sua proiezione su un diametro della traiettoria si muove con moto armonico.

▶ Scrivine la relazione accelerazione-spostamento.

77 Un corpo si muove lungo una circonferenza con una velocità di modulo 2,4 m/s. La sua proiezione su un diametro della traiettoria si muove con moto armonico la cui relazione accelerazione-spostamento è $a = -(1{,}6\ \text{s}^{-2})x$.

▶ Calcola il raggio della circonferenza.

[1,9 m]

78 QUESITO TROVA IL MODELLO Due corpi A e B si muovono con moto circolare uniforme, ma con diverse velocità, su circonferenze concentriche aventi raggi r_A e r_B.

▶ È possibile che le loro proiezioni si muovano con lo stesso moto armonico?

8 La dinamica del moto armonico

79 Un oscillatore armonico ha una frequenza di 2 Hz. La sua massa viene quadruplicata.
▶ Quanto vale la nuova frequenza? [1 Hz]

80 Un pendolo oscilla con periodo 4 s. La lunghezza del pendolo viene ridotta a un quarto.
▶ Quanto diventa il periodo? [2 s]

81 Una massa di 0,35 kg è appesa a una molla verticale e oscilla di moto armonico con periodo 1,2 s.
▶ Calcola la frequenza del moto. [0,83 Hz]

82 Un oscillatore armonico è formato da una massa di 3,7 kg e da una molla avente costante elastica 28 N/m.
▶ Calcola il periodo del moto. [2,3 s]

83 Un pendolo oscilla con periodo 3,0 s. A causa delle variazioni di temperatura e umidità, il filo si allunga del 2%.
▶ Come cambia il periodo?

84 QUESITO LEGGI IL GRAFICO Il grafico rappresenta la legge oraria di un pendolo.
▶ Quanto è lungo il filo? [1 m]

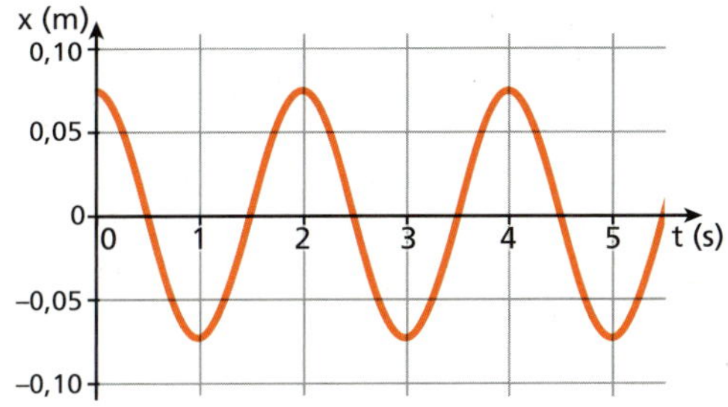

85 Su Marte l'accelerazione di gravità è circa il 37% di quella terrestre.
▶ Calcola il periodo con cui oscillerebbe sulla superficie marziana un pendolo lungo 1,0 m. [3,3 s]

86 Un pendolo effettua 24 oscillazioni in 43 s.
▶ Calcola la lunghezza del filo. [0,80 m]

87 PROBLEMA **È armonico?**
#oscillatorearmonico

Un oggetto di massa m attaccato a una molla orizzontale con lunghezza a riposo l_0 oscilla con moto armonico attorno a $x = l_0$. Trascura gli attriti e la massa della molla.

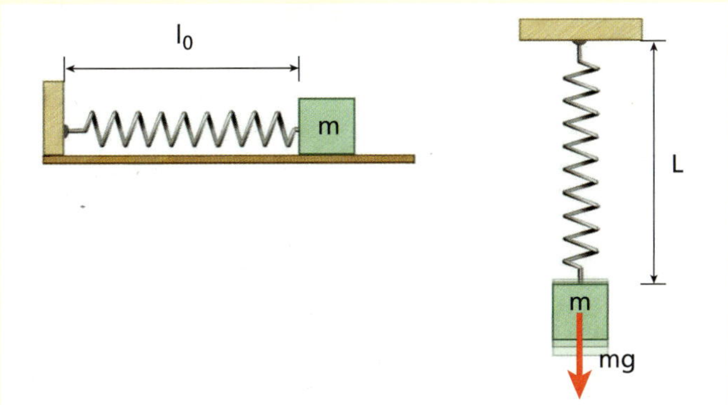

▶ Mostra che, se la molla è messa in verticale, allora l'oggetto oscilla con moto armonico attorno alla posizione $x = l_0 + mg/k$.
▶ Mostra che la nuova posizione di equilibrio si ha quando la molla ha lunghezza $L = l_0 + mg/k$.
▶ Verifica se in posizione verticale il sistema è un oscillatore armonico.
▶ Il periodo di oscillazione cambia rispetto alla posizione orizzontale?

LA SITUAZIONE FISICA E IL MODELLO

La nuova posizione di equilibrio si ottiene calcolando l'allungamento della molla provocato dalla massa appesa. Si tratta di moto armonico se l'accelerazione è direttamente proporzionale allo spostamento e ha verso opposto.

LA RISOLUZIONE

1. La massa appesa rimane ferma quando la forza di richiamo elastica equilibra il peso della massa m:

$$kx = mg \quad \Rightarrow \quad x = \frac{mg}{k}$$

Quindi la posizione di equilibrio corrisponde a una lunghezza totale della molla

$$L = l_0 + \frac{mg}{k}$$

2. Se la massa viene spostata di un tratto d dalla posizione di equilibrio, la molla esercita su di essa una forza non equilibrata

$$F = -kd$$

La molla si muove con accelerazione tale che

$$ma = -kd \quad \Rightarrow \quad a = -\frac{k}{m}d$$

Si tratta di moto armonico perché a è direttamente proporzionale allo spostamento dalla posizione di equilibrio e ha verso opposto.

3. Dalla relazione precedente segue

$$\omega^2 = \frac{k}{m}$$

quindi il periodo di oscillazione è lo stesso del caso orizzontale

$$T = \frac{2\pi}{\omega} = 2\pi\sqrt{\frac{m}{k}}$$

HA SENSO?

Il sistema formato da una massa vincolata all'estremo libero di una molla, mentre l'altro estremo è fissato in un punto, è un oscillatore armonico sia quando è su un piano orizzontale privo d'attrito sia quando è in verticale. Periodo e frequenza dei due moti sono gli stessi, cambia solo l'elongazione della molla all'equilibrio ma ciò non influenza periodo e frequenza del moto.

88 **PROBLEMA SIMILE**

Calcola periodo e frequenza di un oscillatore armonico formato da una massa m = 560 g appesa a una molla con costante elastica k = 170 N/m. [0,36 s; 2,8 Hz]

89 Una molla è lunga 25 cm; quando le appendi un oggetto compatto di massa 0,60 kg, diventa lunga 30 cm. Tiri verso il basso l'oggetto fino a quando la molla diventa lunga 35 cm e lo lasci andare. Trascura le eventuali oscillazioni laterali.

- ▶ Determina le caratteristiche del moto dell'oggetto.

[Moto armonico di periodo T = 0,45 s e ampiezza 5 cm]

90 Una massa di 280 g oscilla appesa a una molla verticale con una frequenza di 1,2 Hz. Fra il punto più basso e il punto più alto dell'oscillazione c'è una distanza di 50 cm. Calcola

- ▶ l'ampiezza dell'oscillazione;
- ▶ la costante elastica della molla. [25 cm; 16 N/m]

91 All'estremo libero di una molla verticale sono appese due masse rispettivamente di 275 g e di 155 g, come mostra la figura. La molla si allunga di 10,7 cm. Successivamente viene tagliato il filo a cui è appesa la massa di 155 g.

- ▶ Calcola il periodo di oscillazione della massa di 275 g. [0,53 s]

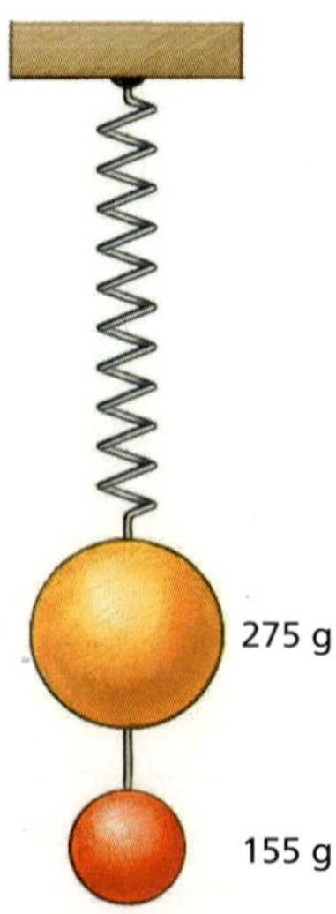

PROBLEMI FINALI

92 **La legge del fuoricampo**

Nel baseball, un *home run* è una battuta grazie alla quale il battitore manda la palla fuori dal campo, segnando in tal modo un punto per la propria squadra. La distanza minima tra il battitore e la recinzione di fondo è circa 120 m.

- ▶ Qual è la velocità minima che il battitore deve imprimere alla palla per segnare un home run? [34 m/s]

93 Eleganza e forza

In una figura del pattinaggio artistico di coppia, l'uomo tiene la donna per un braccio e, facendo perno sui suoi pattini, fa ruotare la donna intorno a sé. Considera una situazione in cui il periodo è di 2,1 s, il raggio di rotazione è di 1,1 m e la massa della donna è di 42 kg.

▶ Quanto vale la forza orizzontale che deve esercitare l'uomo? [$4 \cdot 10^2$ N]

Valeria73 / Shutterstock

94 Il treno proiettile

Per diminuire la resistenza aerodinamica, gli ingegneri giapponesi hanno studiato una particolare forma per l'ultimo modello di Shinkansen (letteralmente «treno proiettile»), ottenendo un coefficiente $C = 20$ kg/m, mentre una locomotiva ordinaria ha $C = 50$ kg/m.

▶ A che velocità dello Shinkansen si ha la stessa resistenza dell'aria che su una locomotiva ordinaria che viaggi a 180 km/h? [280 km/h]

Wikimedia Commons

95 Il pendolo di Foucault

Sotto la cupola del Panthéon a Parigi è installato un pendolo formato da una sfera di 28 kg appesa a un filo lungo 67 m.

▶ Calcola il periodo di oscillazione del pendolo. [16 s]

96 Gomme da neve

L'attrito tra due superfici dello stesso materiale è spesso molto alto perché i legami chimici si formano con più facilità. Per sfruttare questo fenomeno, le gomme invernali hanno molte piccole incisioni che durante la marcia su strada innevata si riempiono di neve: così l'attrito è governato dal coefficiente neve-neve (0,4), invece che gomma-neve (0,2) e la tenuta di strada migliora.

▶ Qual è la differenza di velocità massima con cui si può affrontare una curva di raggio 20 m grazie a questo sistema? [9 km/h]

97 Una stella in rapida rotazione

Una pulsar è una stella di neutroni che emette radiazioni pulsanti a causa della rapida rotazione intorno al suo asse. Nel gruppo Terzan 5 della costellazione del Sagittario si trova una delle pulsar più veloci, che ruota con una frequenza di 0,72 kHz, Il diametro di questa pulsar è di 16 km.

▶ Calcola la velocità tangenziale di un punto sull'equatore della stella.

▶ Qual è il valore minimo dell'accelerazione di gravità alla superficie, in unità di g?

[$36 \cdot 10^6$ m/s; $1{,}7 \cdot 10^{10}\,g$]

98 Centrifughe per uranio

La centrifugazione è uno dei metodi con cui viene preparato l'uranio per le centrali nucleari e per gli ordigni atomici. Dopo averlo trasformato in un composto gassoso, l'uranio viene inviato in una serie di centrifughe formate da un tamburo di circa 20 cm di raggio che ruota attorno al proprio asse con un periodo di $1{,}25 \cdot 10^{-3}$ s. Considera un punto esterno al tamburo. Calcola:

▶ la frequenza del suo moto circolare;

▶ la velocità;

▶ l'accelerazione centripeta.

[800 Hz; 1,0 km/s $5{,}0 \cdot 10^6$ m/s^2]

99 Le curve del Pendolino

L'organo dell'equilibrio umano è molto sensibile alle accelerazioni laterali, mentre è molto meno sensibile alle variazioni di accelerazione lungo la verticale. Per rendere più confortevole i viaggi, sono stati realizzati treni a cassa oscillante (Pendolino) che inclinano la cabina dei passeggeri in modo che la composizione della forza di gravità con la forza centrifuga sia rivolta lungo la verticale del passeggero. Il Pendolino può inclinarsi fino a 8° e viaggia a una velocità di 200 km/h.

▶ Calcola fino a che raggio di curvatura riesce a compensare le accelerazioni laterali.

[2 km]

100 Una giostra colossale

Il rotore di uno dei 9 alternatori della centrale idroelettrica Enel «Luigi Einaudi», presso Entracque, è composto da 8 elettromagneti di massa 35 t ciascuno posti intorno a un asse su una circonferenza di 1,3 m di raggio. Una turbina collegata all'alternatore lo fa ruotare a $6{,}0 \cdot 10^2$ giri/min.

- Determina la forza radiale esercitata da uno degli elettromagneti sull'asse e paragonala al suo peso. [$1{,}8 \cdot 10^8$ N, 520 volte il suo peso]

101 Al luna park

Osservando una giostra in movimento, ti accorgi che le catene dei seggiolini formano un angolo di 45° rispetto all'orizzontale e ruotano su una circonferenza di raggio 5 m.

- Quanti giri al minuto compie ogni passeggero? [13 giri/min]

Jamaludin / Shutterstock

102 Le curve degli aerei

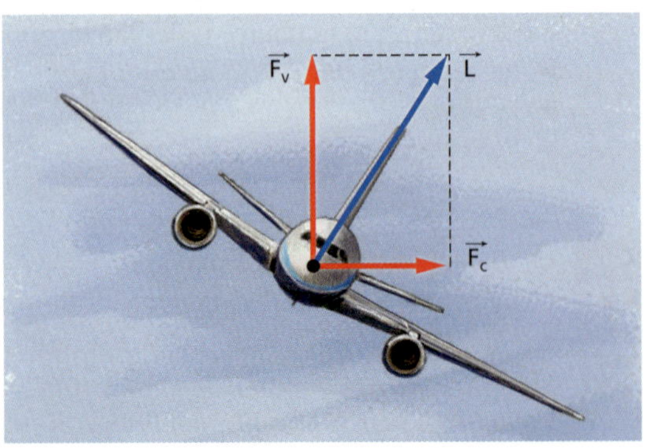

La permanenza in volo di un aereo è garantita da una forza, la portanza $\vec{L}$, che si origina sulle ali per effetto della velocità relativa con l'aria. La portanza è sempre perpendicolare al piano alare. Per effettuare una virata su un piano orizzontale, il pilota inclina l'aereo di un angolo α in modo che la portanza abbia una componente orizzontale, che assicura la necessaria forza centripeta $\vec{F}_c$. La componente verticale $\vec{F}_v$, equilibra il peso dell'aereo. Un aereo di linea di 55 t che procede a 850 km/h può virare con un angolo massimo di 30°. In questa situazione calcola:

- il modulo della portanza;
- il modulo della forza centripeta che agisce sull'aereo;
- l'accelerazione centripeta a cui sono sottoposti i passeggeri;
- il raggio della virata.

[$6{,}2 \cdot 10^5$ N; $3{,}1 \cdot 10^5$ N; 5,6 m/s^2; 9,9 km]

103 QUESITO LEGGI IL GRAFICO

Un corpo viene lanciato verso il basso con una velocità iniziale maggiore della sua velocità limite. I grafici seguenti riportano la legge velocità-tempo e la legge oraria $y = y(t)$ del corpo. Per agevolarne l'interpretazione, nel grafico della legge oraria è stata inserita una retta rossa.

- Determina la velocità iniziale e la velocità limite
- Spiega le caratteristiche della legge oraria

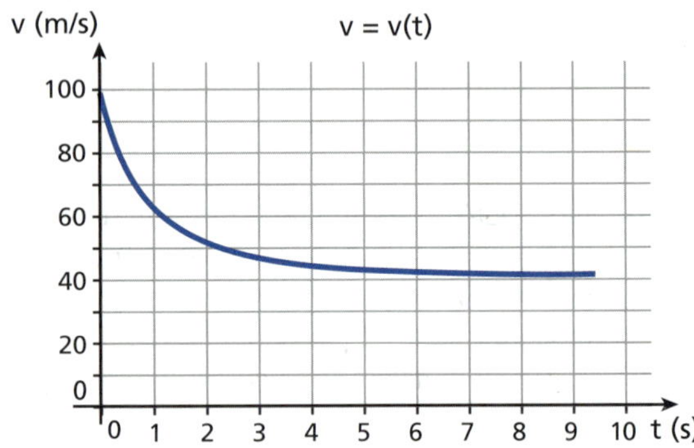

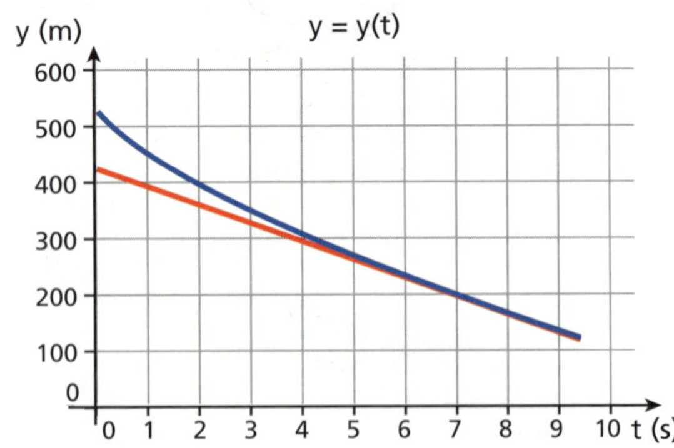

104 Una terribile traiettoria

Alle 8:14 del 6 agosto 1945 venne utilizzata per la prima volta una bomba nucleare in un'azione di guerra. Little Boy fu sganciata da un bombardiere B-29 (Enola Gay) che volava a 9467 m di quota e a una velocità di 528 km/h. La detonazione avvenne a 580 m dal suolo per massimizzarne l'effetto distruttivo. Trascura l'attrito dell'aria.

▶ Calcola la traiettoria di Little Boy (in unità del Sistema Internazionale).
▶ Dopo quanti secondi dal lancio avvenne la detonazione? [$P = (147\,t,\ 9467 - 4{,}9\,t^2)$; 43 s]

105 **Quale emisfero?**

La foto mostra il ciclone Jasmine ripreso da un satellite in orbita attorno alla Terra.

▶ In quale emisfero si è sviluppato? Spiega.

NASA

106 **È più accelerato un orso polare o un leone?**

Il diametro della Terra è $1{,}3 \cdot 10^7$ m. Un corpo sulla superficie terrestre si muove con moto circolare uniforme attorno all'asse di rotazione terrestre.

▶ Determina l'espressione che lega l'accelerazione centripeta del corpo e la sua latitudine (λ). [$a_c = 3{,}4 \cdot 10^{-2} \cos\lambda$ m/s^2]

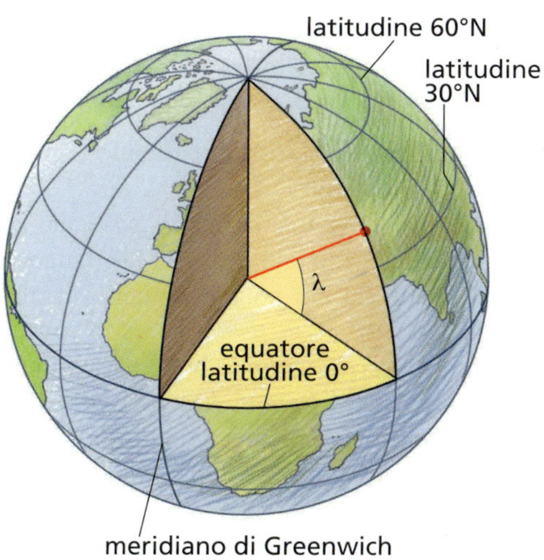

107 **Gli effetti del vento**

Mentre la forza di gravità a volte ostacola e a volte aiuta il moto del ciclista, la resistenza dell'aria lo ostacola sempre.

▶ Quale effetto ha il vento sulla resistenza che l'aria esercita su un ciclista?

Un ciclista avanza in rettilineo a 30 km/h con un vento che soffia a 40 km/h in direzione perpendicolare alla strada.

▶ Nel sistema di riferimento del ciclista, quali sono direzione e velocità del flusso d'aria che lo investe?
▶ Questo flusso d'aria esercita una resistenza in direzione dell'avanzamento? Spiega.

108 **In bici**

Quando un ciclista viaggia in pianura la resistenza dell'aria è il principale attrito a cui è sottoposto. Un ciclista esercita la stessa forza sia per viaggiare in pianura a 42 km/h sia per salire lungo una salita del 3,5% a 15 km/h. La massa totale del ciclista e della bicicletta è 72 kg.

▶ Quanto vale il coefficiente C? [0,21 N·s^2/m^2]

109 **Un tiro morbido**

Un calcio di rigore viene effettuato a una distanza di 11 m dalla linea di porta (altezza 2,44 m). Il «cucchiaio», o pallonetto, è un tiro lento e centrale. Considera un calcio di rigore a cucchiaio in cui la palla (diametro 22 cm) raggiunge un'altezza massima di 3 m e atterra 1 m oltre la linea di porta. Trascura l'attrito dell'aria.

▶ Calcola le componenti del vettore velocità della palla al momento del calcio.
▶ Quanto vale il tempo di volo della palla?
▶ La palla riesce a passare sotto la traversa? [$\vec{v}$ = (7,7 m/s, 7,7 m/s); 1,6 s]

110 **Giostra angolare**

Una giostra è formata da un disco rotante al cui bordo sono attaccati i cavi dei seggiolini su cui stanno le persone. Considera una giostra con queste caratteristiche: raggio disco 2 m, lunghezza cavi 3,5 m, cavo inclinato di 20°.

▶ Determina il periodo di rotazione della giostra.
▶ Calcola la tensione del cavo se nel seggiolino sta un bambino di 30 kg. [6 s; 0,31 kN]

111 **La danza del galleggiante**

Un galleggiante è formato da un lungo cilindro di materiale a bassa densità di sezione $A = 4{,}0$ cm^2, appesantito da una sfera di metallo in modo che galleggi mantenendosi verticale. L'oggetto ha una massa $m = 180$ g ed è immerso in acqua (densità 1,00 g/cm^3). Se lo immergi un poco e lo lasci andare, il galleggiante oscilla. Supponi che la densità del cilindro sia trascurabile e che l'attrito non influenzi in modo apprezzabile le prime oscillazioni.

▶ Dimostra che si tratta di un moto armonico.

▶ Calcola il periodo di oscillazione del galleggiante. [$T = 1{,}3$ s]

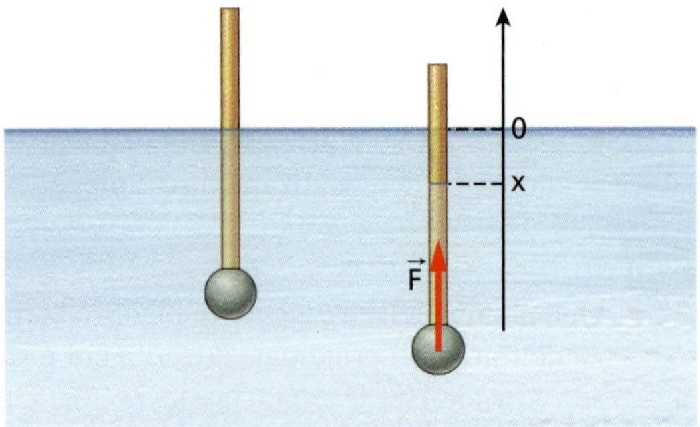

112 **Acceleratore di particelle**

Il Nardo Ring, in Puglia, è un circuito circolare di 12,5 km di diametro per prove di velocità di veicoli. La pista è rialzata di un angolo tale che un'auto a 245 km/h riceve la forza centripeta solo dalla componente orizzontale della normale e non dall'attrito dei pneumatici. Il record attuale di velocità per un autoveicolo è di 404 km/h.

▶ Calcola il minimo coefficiente di attrito (statico) tra le ruote e la pista necessario per questo record. [0,13]

113 **La grandine**

La formazione della grandine è dovuta a venti molto intensi che spingono verso l'alto le gocce d'acqua di una nuvola. Le gocce d'acqua raggiungono così zone con temperature molto inferiori allo zero e solidificano, formando piccoli chicchi di grandine. Questi chicchi cadono all'interno della nuvola e raccolgono altra acqua, che si deposita sulla loro superficie. Le forti correnti ascensionali che incontrano li fanno risalire nelle zone più fredde della nuvola e così l'acqua si solidifica attorno a essi e ne aumenta la massa. Questo processo può ripetersi varie volte, fino a quando il chicco, a causa del peso raggiunto, cade definitivamente al suolo. Il coefficiente d'attrito per una sfera in aria può essere espresso come $C = kS$ con $k = 0{,}4$ kg/m^3 e S sezione massima della sfera.

▶ Determina la velocità dei venti ascensionali in una nube temporalesca in caso di una grandinata con chicchi di 2,0 cm di raggio. [90 km/h]

TEST

1 In un veicolo che si avvia su strada diritta, tutto il contenuto è sottoposto ad una forza:

- A detta di Coriolis.
- B proporzionale alla velocità.
- C proporzionale alla accelerazione di gravità.
- D diretta in verso opposto alla velocità.
- E diretta in verso concorde alla velocità.

(Ammissione a Medicina e Chirurgia, 2003/2004)

2 Per costringere un corpo a muoversi percorrendo un'orbita circolare di modulo costante con una velocità costante in un piano orizzontale praticamente privo di attrito, il corpo stesso va sollecitato con:

- A una forza ortogonale al piano d'appoggio.
- B due forze uguali ed opposte.
- C una forza costante diretta verso il centro del cerchio.
- D un'opportuna spinta iniziale e poi lasciato libero di muoversi.
- E una forza diretta lungo la direzione del moto.

(Ammissione a Odontoiatria, 2006/2007)

3 Facciamo compiere piccole oscillazioni a un pendolo, costituito da un peso sostenuto da un filo di massa trascurabile. Quando il pendolo si trova alla massima ampiezza di oscillazione tagliamo il filo. Cosa succede al peso?

- A Cade in verticale, partendo con velocità iniziale nulla.
- B Descrive una parabola, partendo con una velocità iniziale verso l'alto, tangente alla traiettoria del pendolo quando il filo viene tagliato.
- C Descrive una parabola, partendo con una velocità iniziale in direzione orizzontale.
- D Cade lungo una traiettoria che per i primi istanti coincide con quella che seguirebbe se il filo fosse integro.
- E Sale in verticale per un breve tratto sino a fermarsi, per poi iniziare a cadere.

(Ammissione a Medicina e Chirurgia, 2010/2011)

SEI PRONTO PER LA VERIFICA?

IN 1 ORA

1 Un blocco scivola senza attrito all'interno di un profilo circolare di raggio R posto in verticale. Quando il blocco arriva nel punto più alto della traiettoria con una velocità di modulo v, il profilo esercita su di esso la reazione vincolare $\vec{R}_v$.

► Quali sono modulo e verso di $\vec{R}_v$? ..... / 20

2 Un oscillatore armonico è composto da una massa di 830 g fissata all'estremo di una molla avente costante elastica 34 N/m.

► Calcola la lunghezza del pendolo che
- ha la stessa frequenza dell'oscillatore;
- ha periodo doppio dell'oscillatore. [0,24 m; 0,96 m] ..... / 20

3 Il David di Michelangelo rappresenta l'omonimo personaggio biblico che uccise il gigante Golia lanciando una pietra con la frombola (fionda). La frombola consiste in un laccio di cuoio con una tasca in cui inserire la pietra. Per lanciare la pietra si fa ruotare il laccio in un piano verticale, tenendo fermo il gomito, e poi si lascia un capo del laccio. Una pietra di 280 g viene inserita nel laccio e fatta ruotare a 54 cm dal gomito a 5,6 giri/s, poi viene lanciata. Trascura l'attrito dell'aria.

Jörg Bittner Unna

a Qual è la velocità iniziale della pietra? ..... / 15

b Calcola il modulo della tensione che i lacci esercitano prima del lancio. ..... / 15

c Qual è la gittata massima? ..... / 15

d Supponi che la velocità sia 21 m/s e l'angolo di lancio sia $\alpha = 35°$. La pietra supera un muro alto 6,2 m posto a 24 m dal punto di lancio? [19 m/s; 190 N; 37 m] ..... / 15

TOTALE .... / 100

CAPITOLO

3 IL LAVORO E L'ENERGIA

1 Il lavoro di una forza

La grandezza fisica **lavoro** esprime l'azione di una forza lungo uno spostamento. Più precisamente, una forza compie lavoro su un corpo solo se:

- il corpo si sposta sotto l'azione della forza;
- la forza ha una proiezione non nulla lungo la direzione dello spostamento.

Il lavoro di una forza costante

In termini generali, il **lavoro di una forza costante** è definito nel modo seguente.

#lavoro

Una forza costante $\vec{F}$ agisce su un corpo lungo uno spostamento $\vec{s}$. Indicato con $F_{\parallel}$ il modulo della proiezione della forza in direzione parallela allo spostamento, il **lavoro** compiuto dalla forza è

$$L = +F_{\parallel}s \qquad \text{se } \vec{F}_{\parallel} \text{ ha lo stesso verso di } \vec{s}$$
$$L = -F_{\parallel}s \qquad \text{se } \vec{F}_{\parallel} \text{ ha verso opposto a } \vec{s} \qquad (1)$$

DENTRO LA FORMULA

L'unità di misura del lavoro è il newton per metro, detto joule (J):

$$1\ \text{J} = (1\ \text{N})(1\ \text{m}) = (1\ \text{kg}\cdot\text{m/s}^2)(1\ \text{m}) = 1\ \text{kg}\cdot\text{m}^2/\text{s}^2$$

PER ESEMPIO Lavoro in salita e in discesa

Giulia gioca con un secchiello pieno di sabbia (m = 1 kg). Lo alza da terra di 0,5 m e poi lo riappoggia, muovendolo sempre con velocità costante.

► Quanto lavoro compie?

Per muovere il secchiello esercita una forza uguale al suo peso, circa 10 N:

- in salita la forza applicata da Giulia agisce nel verso dello spostamento e compie un lavoro positivo di

$$L = (10\ \text{N})(0{,}5\ \text{m}) = 5\ \text{J}$$

- in discesa la forza agisce nel verso opposto allo spostamento e compie un lavoro negativo di

$$L = -(10\ \text{N})(0{,}5\ \text{m}) = -5\ \text{J}$$

Il lavoro è una **grandezza additiva**: se B è un punto intermedio nello spostamento tra A e C, allora il lavoro compiuto per andare da A a C è uguale alla somma del lavoro compito nei due tratti da A a B e da B a C.

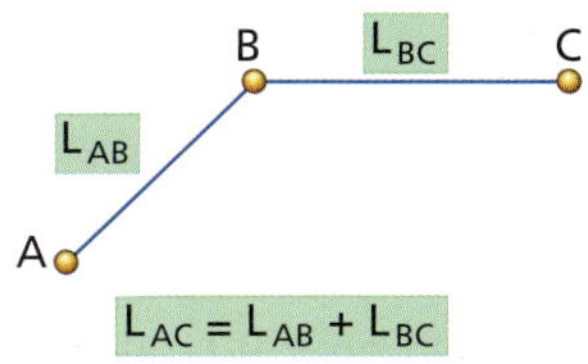

Il lavoro e la fatica muscolare

In varie situazioni i nostri muscoli si affaticano anche se apparentemente non compiamo alcun lavoro. Consideriamo per esempio un ragazzo che regge un bilanciere. Poiché agisce con una forza $\vec{F}$ su un corpo che sta fermo ($\vec{s} = 0$), per la fisica egli compie un lavoro nullo. Eppure lui si affatica: la soluzione di questo apparente paradosso sta nel meccanismo di contrazione dei muscoli striati.

L'unità base delle fibre muscolari è il sarcomero, che è costituito da un fascio di filamenti proteici che scorrono parallelamente l'uno sull'altro. Il muscolo esercita una forza quando i sarcomeri si accorciano.

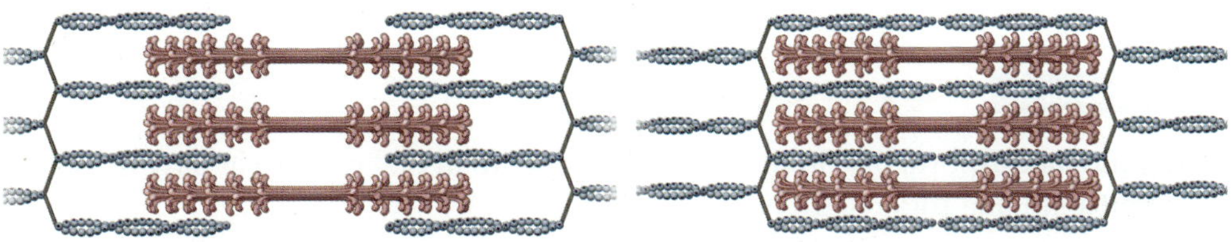

Si può pensare la contrazione come l'effetto di tante mani che recuperano una fune. Ciascuna di esse tira la fune, esercitando una forza $\vec{F}$ per un tratto $\vec{s}$ e compiendo un lavoro $L = Fs$, poi la lascia perché non è in grado di mantenere la presa: la fune scorre per un piccolo tratto prima di essere recuperata da altre mani, e così via.

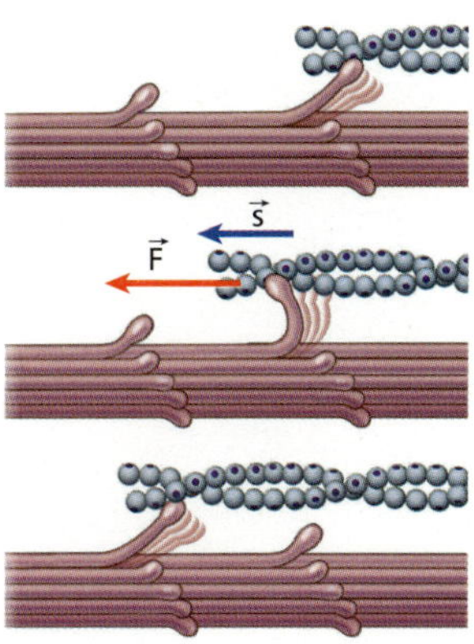

Quando il muscolo deve contrastare una forza statica, per esempio per reggere un peso, l'attività nei sarcomeri continua incessantemente: nuove prese recuperano funi che altre mani hanno lasciato andare. Il peso rimane fermo, e quindi non compiamo lavoro su di esso, ma il muscolo è in continua attività di contrazione-rilascio e dunque genera a livello cellulare un costante lavoro che ci affatica.

Il lavoro come prodotto scalare di forza e spostamento

Il lavoro è una grandezza scalare ottenuta a partire da due vettori: una forza $\vec{F}$ e uno spostamento $\vec{s}$. La formula (1) può essere espressa in termini sintetici utilizzando il **prodotto scalare** di $\vec{F}$ e $\vec{s}$:

#lavoro

$$L = \vec{F} \cdot \vec{s} \qquad (2)$$

Infatti il lavoro si calcola proprio come il prodotto scalare dei due vettori $\vec{F}$ e $\vec{s}$:

- è uguale al prodotto del modulo di uno di essi per il modulo della proiezione dell'altro sul primo;
- ha il segno positivo se il vettore e la proiezione hanno lo stesso verso, mentre ha segno negativo se hanno verso opposto.

Quando è nolo l'angolo α formato da $\vec{F}$ e $\vec{s}$, la (2) può essere scritta nella forma seguente:

$$L = Fs \cos\alpha \qquad (3)$$

I moduli F e s sono positivi, quindi il segno del lavoro dipende dal valore del coseno dell'angolo α tra i vettori $\vec{F}$ e $\vec{s}$.

- Se $0° < \alpha < 90°$, allora $\cos\alpha > 0$ e $L > 0$; la forza compie un **lavoro motore**.

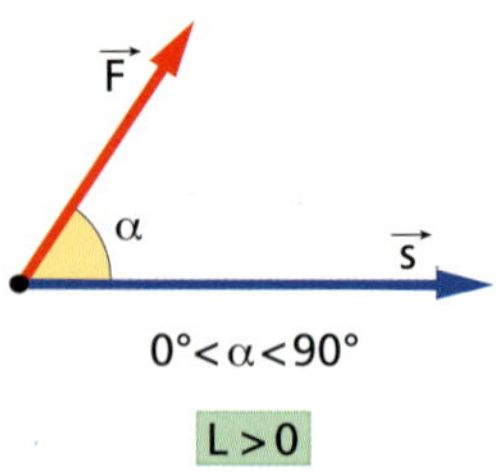

- Se $\alpha = 90°$, allora $\cos\alpha = 0$ e $L = 0$; la forza non compie alcun lavoro.

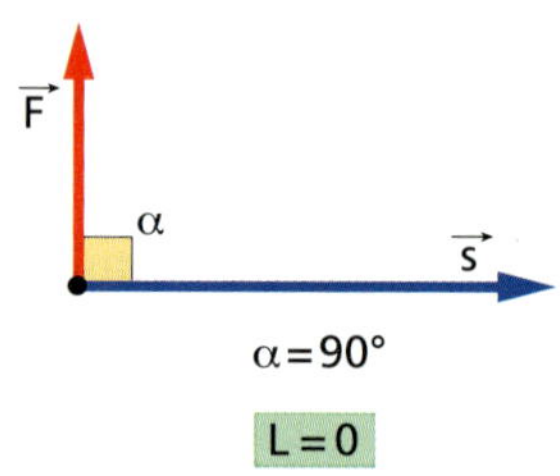

- Se $90° < \alpha < 180°$, allora $\cos\alpha < 0$ e $L < 0$; la forza compie un **lavoro resistente**.

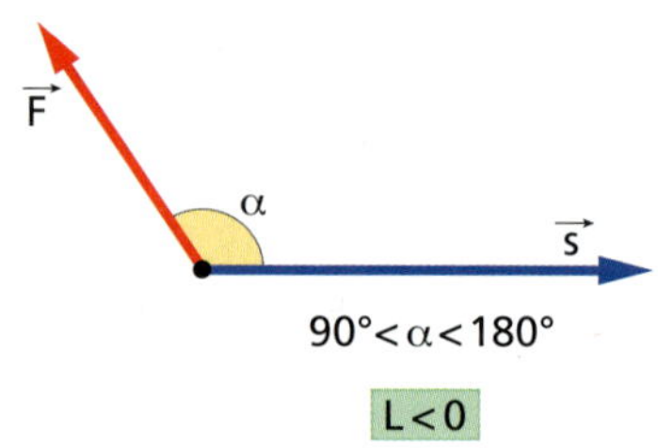

PER ESEMPIO **Viaggiare è un lavoro!**

Un turista trasporta per 50 m un trolley inclinato di 60° rispetto al pavimento, applicando una forza di 20 N.

▸ Quanto lavoro compie?

$$L = Fs \cos\alpha = (20\ \text{N})(50\ \text{m}) \cos 60° = 500\ \text{J}$$

Il lavoro di una forza che dipende dalla posizione

Le forze che agiscono fra corpi in genere non sono costanti ma variano con la posizione. Per esempio, il grafico riportato in alto alla pagina seguente mostra la forza che devono esercitare i muscoli per allungare un tendine di medie dimensioni.

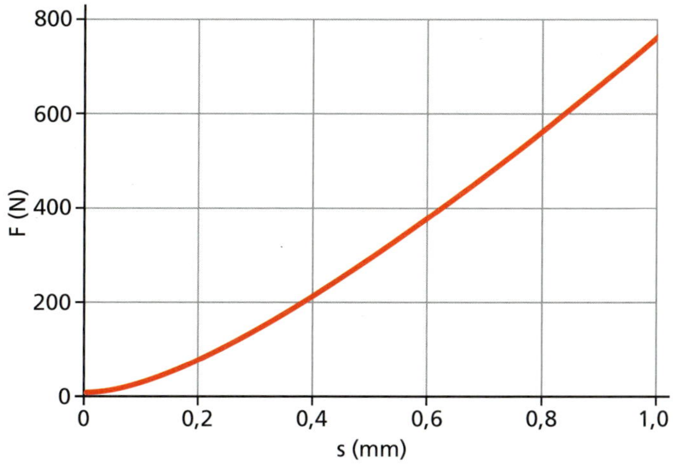

Il lavoro che i muscoli compiono per allungare il tendine non può essere calcolato con la formula $L = Fs$ perché F non rimane costante, ma cambia con l'allungamento e quindi con la posizione. Bisogna utilizzare altre procedure, come quella grafica illustrata a partire dal caso delle forze costanti.

Consideriamo una forza costante $\vec{F}$ che agisce su un corpo in direzione parallela allo spostamento.

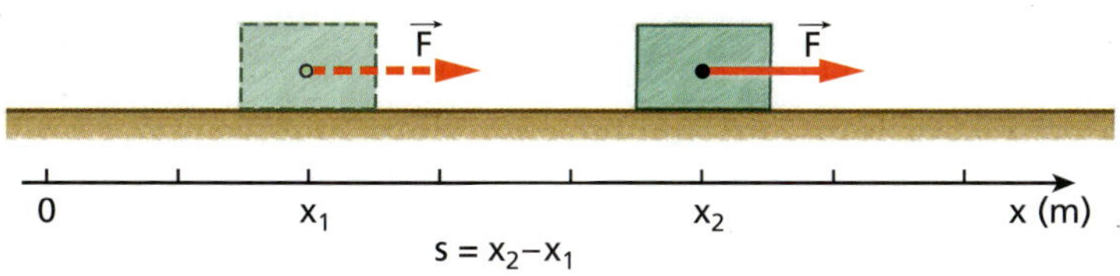

In questo caso, il modulo della forza ha lo stesso valore in tutti i punti del percorso: disegnando il suo grafico in funzione della posizione x si ottiene una retta orizzontale.

La forza agisce per un tratto $s = x_2 - x_1$ e compie un lavoro $L = Fs$. L'area colorata sottesa dal grafico della forza tra i punti di ascissa x_1 e x_2 vale:

$$\text{Area} = F(x_2 - x_1) = Fs$$

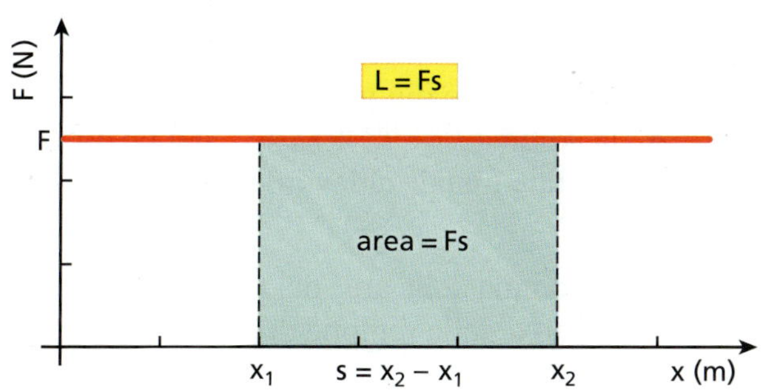

Quindi, il lavoro è numericamente uguale all'area della porzione di piano che si trova sotto al grafico della forza ed è compresa fra i punti iniziale e finale dello spostamento. Questo risultato vale in generale, anche se la forza non è costante:

il lavoro compiuto da una forza che sposta un oggetto da x_1 a x_2 è uguale all'area compresa tra il grafico della forza, in funzione di x, e l'asse x.

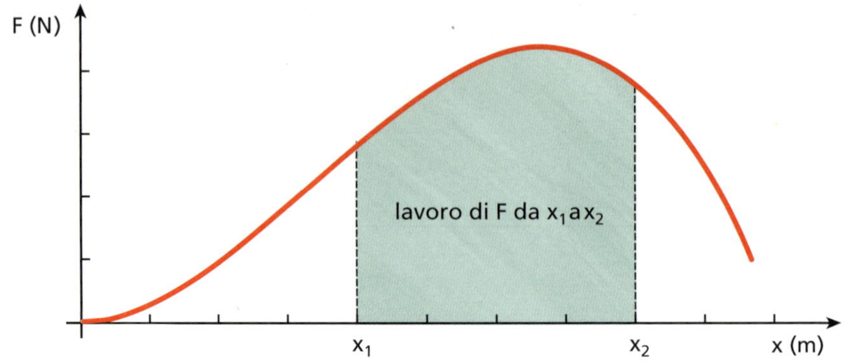

Vediamo una giustificazione del risultato precedente.

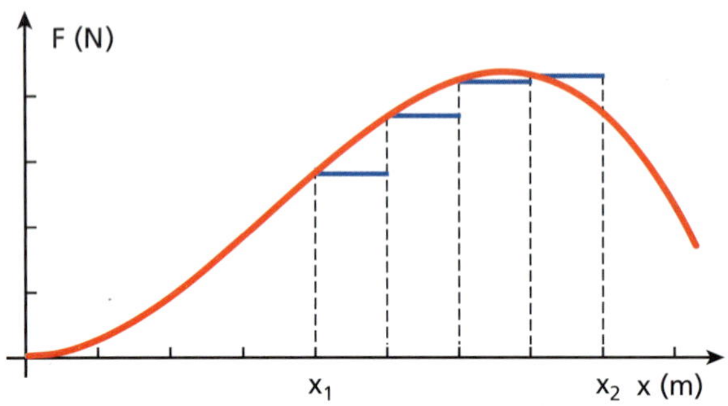

■ Dividiamo lo spostamento fra x_1 e x_2 in una serie di piccoli tratti Δx. Lungo ciascuno di essi la forza cambia. Supponiamo però che in ogni tratto agisca una forza costante, uguale a quella che agisce all'inizio del tratto.
Questo corrisponde a sostituire al grafico di F, che è una curva che varia con continuità, una serie di segmenti orizzontali che ne seguono l'andamento. Al segmento i-esimo corrisponde la forza costante F_i.

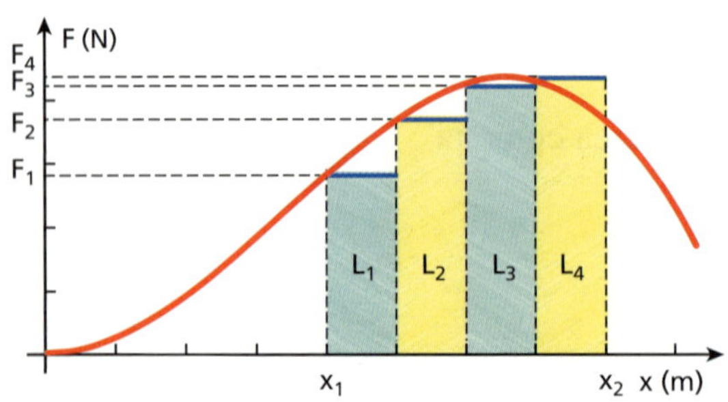

■ Il lavoro compiuto lungo ciascun tratto è dato dall'area del rettangolo avente come base il tratto Δx e come altezza il valore costante F_i.
La somma $L_1 + L_2 + L_3 + ...$ dei lavori compiuti lungo lutti i tratti Δx è un'approssimazione del lavoro totale L effettivamente compiuto dalla forza variabile F.

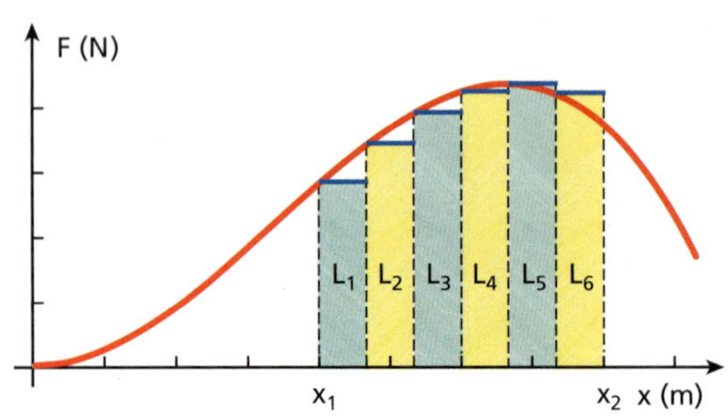

■ Quando il numero di trattini Δx cresce e ognuno di essi diventa sempre più piccolo:

- la somma $L_1 + L_2 + L_3 + ...$ dei lavori compiuti tende a diventare uguale al lavoro totale L fatto dalla forza variabile F;
- la somma delle aree dei rettangoli tende a diventare uguale all'area della regione di piano compresa tra il grafico di F e l'asse x.

Quindi l'area sottesa dal grafico è uguale al lavoro della forza variabile.

PER ESEMPIO **Stimiamo gli sforzi di allungamento**

Riprendiamo il grafico della forza che esercitano i muscoli per allungare un grosso tendine.

► Quanto lavoro serve per un allungamento di 1 mm?

Possiamo stimare il lavoro calcolando l'area del triangolo colorato:

$$L = \frac{1}{2}(8 \cdot 10^2\ \text{N})(1 \cdot 10^{-3}\ \text{m}) = 0{,}4\ \text{J}$$

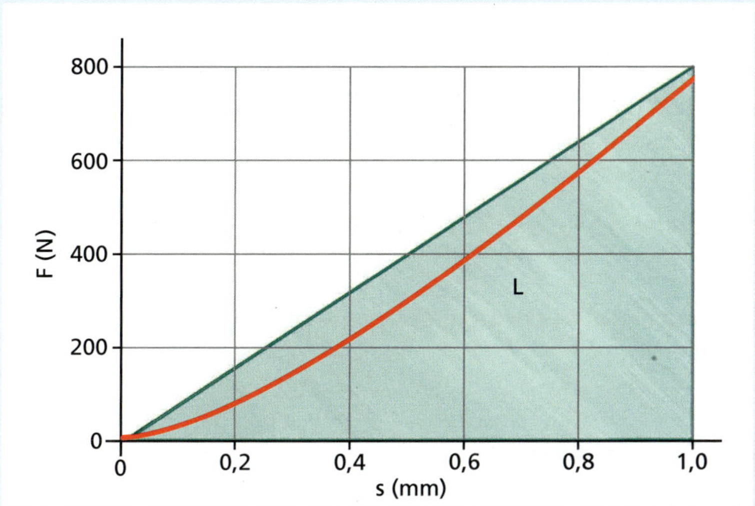

Il lavoro contro una forza elastica

Una molla allungata di un tratto x esercita una forza di richiamo elastica

$$F_{\text{el}} = -kx$$

dove k è la costante elastica della molla. Per mantenere l'allungamento x della molla bisogna quindi esercitare una forza uguale e contraria

$$F = kx$$

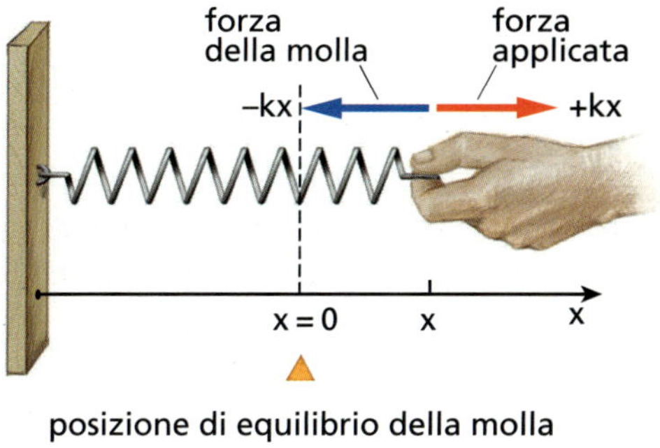

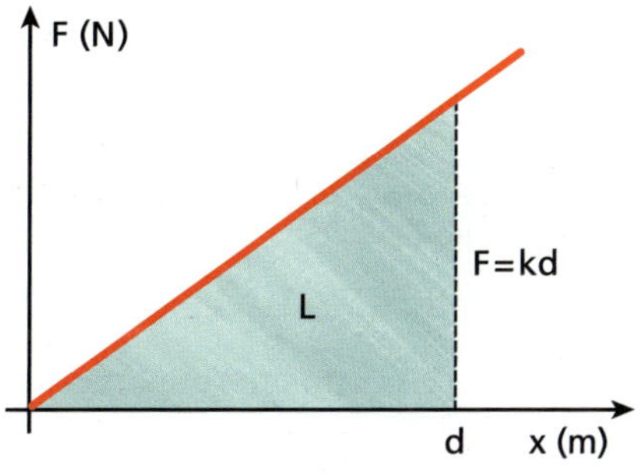

L'andamento di F in funzione dell'allungamento x è dato dal grafico a destra. Il lavoro fatto dalla forza esterna per allungare la molla di un tratto d è uguale all'area del triangolo che ha base d e altezza kd:

$$L = \frac{1}{2}(\text{base} \times \text{altezza}) = \frac{1}{2} d \cdot kd = \frac{1}{2} kd^2$$

In modo analogo si trova che il lavoro per comprimere la molla di un tratto d dalla posizione di riposo è sempre

$$L = \frac{1}{2} kd^2$$

In generale:

per modificare di un tratto x la lunghezza a riposo di una molla con costante elastica k, una forza esterna deve compiere un lavoro

$$L = \frac{1}{2} kx^2 \qquad (4)$$

→ **PROBLEMA** Prima o poi la corda si spezza • pag. 157
#lavoro

2 L'energia cinetica

I principi della dinamica consentono in teoria di prevedere il moto di un corpo a partire dalle forze che agiscono su di esso. Nelle situazioni reali, però, l'applicazione dei princìpi porta spesso a equazioni molto difficili da risolvere. In questi casi può essere vantaggioso utilizzare una nuova grandezza fisica, l'**energia**, che gode di una fondamentale proprietà: si conserva durante il moto.

Cominciamo a introdurre una forma di energia, detta **energia cinetica**, che è strettamente legata al lavoro di una forza.

#energiacinetica

L'energia cinetica di un corpo di massa m che si muove a velocità v è

$$K = \frac{1}{2} mv^2 \qquad (5)$$

L'unità di misura dell'energia cinetica è il joule (J), infatti

$$\text{kg·m}^2/\text{s}^2 = (\text{kg·m/s}^2)\,\text{m} = \text{N·m} = \text{J}$$

PER ESEMPIO Un cavallo al galoppo

Un cavallo di $5 \cdot 10^2$ kg è lanciato al galoppo a 60 km/h (17 m/s).

► Qual è la sua energia cinetica?

$$K = \frac{1}{2} mv^2 = \frac{1}{2}(5 \cdot 10^2\ \text{kg})(1{,}7 \cdot 10\ \text{m/s})^2 = 7 \cdot 10^4\ \text{J}$$

Il teorema dell'energia cinetica

Il legame tra le grandezze fisiche *energia cinetica* e *lavoro* è messo in luce dalle seguenti considerazioni. Per variare l'energia cinetica di un corpo bisogna accelerarlo, cioè modificare la sua velocità mediante una forza. Mentre la forza agisce, il corpo si sposta e la forza compie un lavoro su di esso. Quindi la variazione dell'energia cinetica del corpo è conseguenza del lavoro compiuto dalla forza.

Si può dimostrare il seguente risultato, noto come **teorema dell'energia cinetica**.

La variazione di energia cinetica di un corpo è uguale al lavoro L della forza totale che ha agito su di esso:

$$K_f - K_i = L \qquad (6)$$

#energiacinetica

dove K_f e K_i indicano rispettivamente l'energia cinetica finale e iniziale.

La relazione (6) può essere posta nella forma

$$\Delta K = L$$

Notiamo che

- se la forza totale compie un lavoro positivo, l'energia cinetica finale è maggiore di quella iniziale: la forza ha compiuto un lavoro motore;
- se la forza totale compie un lavoro negativo, l'energia cinetica finale è minore di quella iniziale: la forza ha compiuto un lavoro resistente.

PER ESEMPIO In curva

Durante una frenata, una moto da corsa ($m = 2{,}3 \cdot 10^2$ kg) passa da 290 km/h a 70 km/h (ovvero da $8{,}1 \cdot 10$ m/s a $1{,}9 \cdot 10$ m/s).

▶ Quanto lavoro hanno fatto i freni?

Il lavoro è stato

$$L = \frac{1}{2} m v_f^2 - \frac{1}{2} m v_i^2 = \frac{1}{2} m \left(v_f^2 - v_i^2\right) =$$

$$= \frac{1}{2}(2{,}3 \cdot 10^2\ \text{kg})\left[(1{,}9 \cdot 10\ \text{m/s})^2 - (8{,}1 \cdot 10\ \text{m/s})^2\right] = -7{,}1 \cdot 10^5\ \text{J}$$

Quindi la frenata comporta una perdita di energia cinetica.

→ **PROBLEMA** Dragster • pag. 158
#energiacinetica

Il teorema dell'energia cinetica vale per qualunque tipo di forza agente su un corpo in moto. Per semplicità, però, dimostriamo il teorema nel caso di un corpo che si muove lungo l'asse x, sottoposto a una forza costante, di modulo F, che agisce lungo la direzione del moto.

Per il secondo principio della dinamica, il corpo subisce un'accelerazione tale che $F = ma$. La forza agisce per un tratto Δx e compie un lavoro $L = F\Delta x$, ossia

$$L = ma\Delta x \tag{7}$$

La forza è costante e quindi il moto del corpo è uniformemente accelerato. La velocità finale e iniziale sono legate dalla relazione

$$v_f^2 - v_i^2 = 2a\Delta x$$

che può essere posta nella forma

$$a\Delta x = \frac{1}{2}v_f^2 - \frac{1}{2}v_i^2$$

Sostituendo nella (7) si ha:

$$L = \frac{1}{2}mv_f^2 - \frac{1}{2}mv_i^2 \tag{8}$$

Il membro di destra è la differenza tra le energie cinetiche finale e iniziale del corpo

$$\frac{1}{2}mv_f^2 - \frac{1}{2}mv_i^2 = K_f - K_i$$

quindi la relazione (7) può essere scritta nella forma

$$K_f - K_i = L$$

che corrisponde all'enunciato del teorema dell'energia cinetica.

3 Le forze conservative

La forza peso gode di una proprietà importante:

> il lavoro compiuto dalla forza peso su un corpo che si sposta non dipende dalla traiettoria del moto ma solo dai punti iniziale e finale.

Verifichiamo che il lavoro compiuto dalla forza peso di un blocco, quando il blocco si sposta da A a C, è lo stesso nei due cammini seguenti:

- cammino 1: piano inclinato da A a C;
- cammino 2: spostamento orizzontale da A a B e caduta verticale da B a C.

Siamo interessati solo al lavoro della forza peso, per cui non consideriamo l'eventuale lavoro compiuto da altre forze, come l'attrito.

Cammino 1: lungo il piano inclinato, compie lavoro solo la componente $P_{\parallel}$ della forza peso nella direzione dello spostamento

$$L_{A \to C} = P_{\parallel}\, l$$

Ricordando che, nel caso di un piano inclinato, si ha

$$P_{\parallel} = \frac{h}{l}P$$

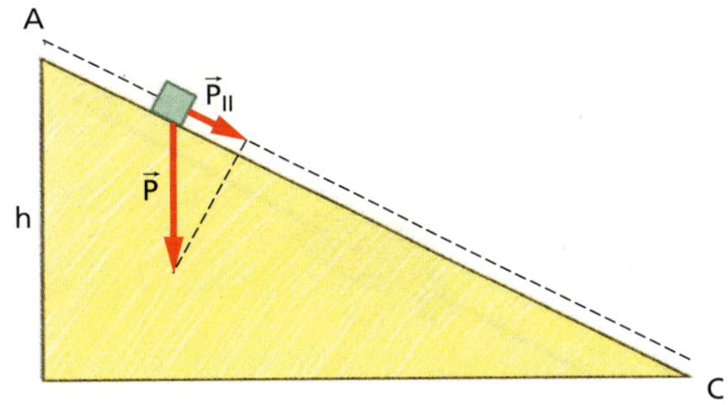

il lavoro risulta:

$$L_{A\to C} = \frac{h}{l}Pl = Ph = mgh$$

Cammino 2: il lavoro totale è

$$L_{A\to C} = L_{A\to B} + L_{B\to C}$$

dove:

- $L_{A\to B} = 0$ perché nel tratto AB il vettore $\vec{P}$ è perpendicolare allo spostamento;
- $L_{B\to C} = Ph$ perché la forza peso è parallela allo spostamento verticale h.

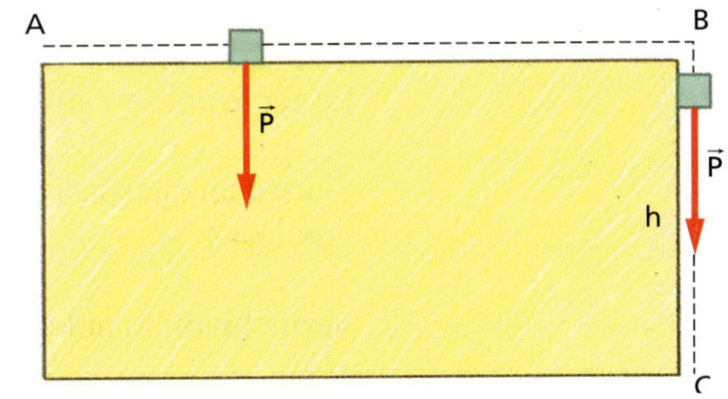

Quindi si ottiene

$$L_{A\to C} = 0 + Ph = mgh$$

Lungo i due cammini, la forza peso compie lo stesso lavoro, che dipende dal dislivello h dei punti iniziale e finale. Il risultato ottenuto vale in generale: se il corpo percorre una traiettoria curva tra A e B, si può approssimare la traiettoria con una successione di piani inclinati AA_1, A_1A_2, ..., A_nB e calcolare il lavoro compiuto dalla forza peso lungo ciascuno di essi: $L_{A\to A_1}$, $L_{A_1\to A_2}$, ..., $L_{A_n\to B}$.

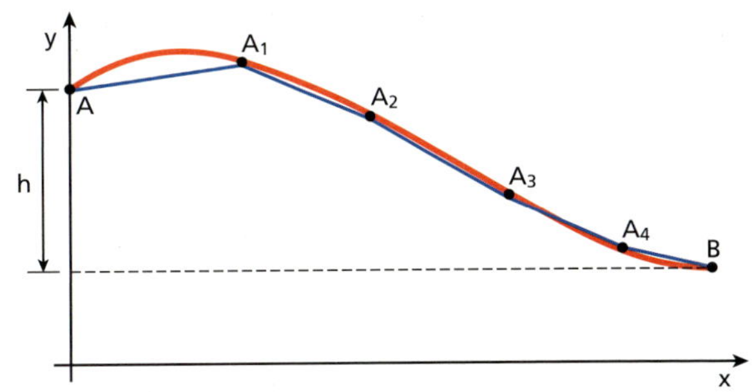

Anche in questo caso si ha:

$$L_{A\to B} = L_{A\to A_1} + L_{A_1\to A_2} + \dots + L_{A_n\to B} = Ph = mgh$$

PER ESEMPIO **Il lavoro di un lancio**

Un paracadutista di 70 kg si lancia da 3 km.

► Quanto lavoro compie la forza di gravità?

La forza di gravità compie un lavoro che non dipende dalla traiettoria di discesa e vale

$$L = mgh = (70\ \text{kg})(9{,}8\ \text{m/s}^2)(3\cdot 10^3\ \text{m}) = 2\cdot 10^6\ \text{J}$$

Le forze conservative

Una forza si dice **conservativa** quando il lavoro che essa compie su un corpo che si sposta dal punto A al punto B non dipende dalla traiettoria percorsa ma solo dalla posizione di A e B.

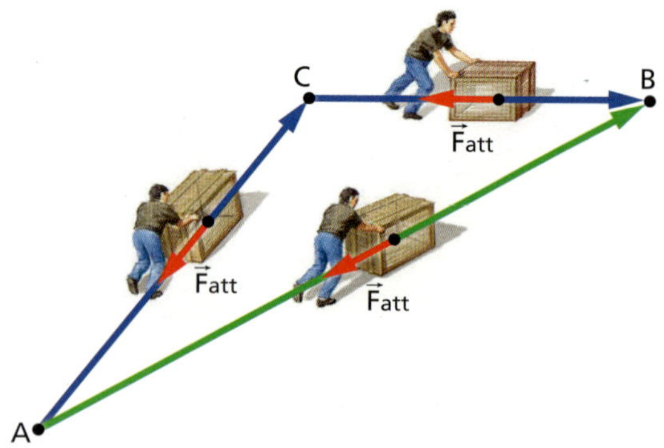

Abbiamo già visto che la forza peso è una forza conservativa. Al contrario, la forza d'attrito è una forza non conservativa.

Per verificarlo basta osservare che la forza d'attrito compie, su un corpo in movimento, un lavoro che dipende dalla lunghezza della traiettoria.

Per spingere una cassa dal punto *A* al punto *B*, dovendo vincere la forza di attrito con il pavimento, cercheresti senz'altro di percorrere la traiettoria più breve andando fino a *B* in maniera diretta, senza passare dal punto *C*.

Il lavoro di una forza lungo un percorso chiuso

Le forze conservative hanno una caratteristica importante:

lungo un qualsiasi percorso chiuso una forza conservativa compie un lavoro totale nullo.

Verifichiamolo nel caso di una particolare forza conservativa: la forza di gravità.

Un bambino di massa *m* sale sulla scaletta, scende lungo lo scivolo di altezza *h* e torna a salire sulla scaletta. Calcoliamo il lavoro che la forza di gravità fa sul bambino a ogni giro.

- Il lavoro totale lungo il percorso che parte e arriva in *A* è

$$L_{\text{tot}} = L_{A\to B} + L_{B\to C} + L_{C\to D} + L_{D\to A}$$

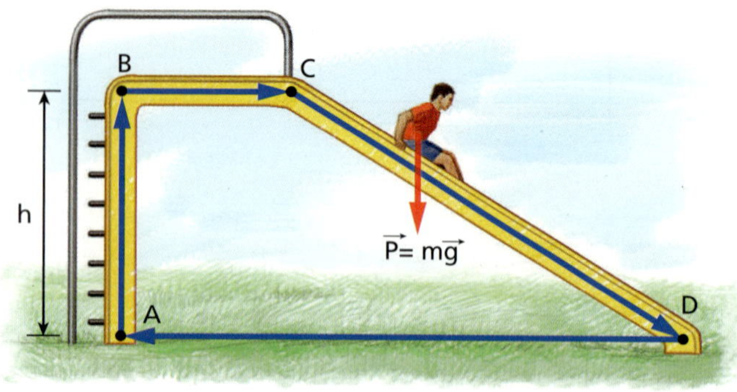

In particolare:

- $L_{A\to B} = -mgh$ perché lungo *AB* la forza peso ha verso opposto allo spostamento;
- $L_{B\to C} = L_{D\to A} = 0$ perché nei tratti orizzontali la forza peso è perpendicolare allo spostamento;
- $L_{C\to D} = mgh$ perché la forza peso è conservativa e, come abbiamo visto precedentemente, il lavoro dipende dal dislivello tra i punti *C* e *D* e non dalla traiettoria percorsa.

- Quindi il lavoro totale sul cammino chiuso è nullo:

$$L_{\text{tot}} = L_{A\to B} + L_{B\to C} + L_{C\to D} + L_{D\to A} = -mgh + 0 + mgh + 0 = 0$$

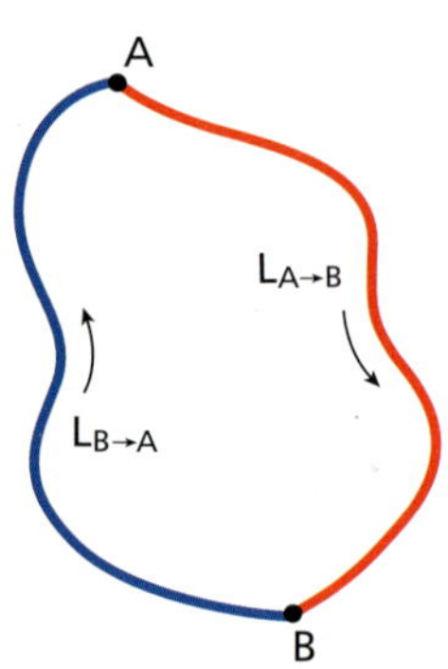

Da questa proprietà deriva un'altra caratteristica delle forze conservative.

Consideriamo un percorso chiuso che inizia e finisce in *A* e passa per *B*. Se la forza è conservativa il lavoro sul percorso chiuso $A\to B\to A$ è nullo:

$$L_{A\to B\to A} = 0$$

Ma il lavoro totale $L_{A\to B\to A}$ è la somma del lavoro $L_{A\to B}$ compiuto da *A* a *B* e del lavoro $L_{B\to A}$ compiuto da *B* ad *A*, per cui

$$L_{A \to B \to A} = L_{A \to B} + L_{B \to A} = 0$$

Concludiamo che

il lavoro che una forza conservativa compie in un percorso da A a B è l'opposto del lavoro che la forza compie in un percorso da B ad A:

$$L_{A \to B} = -L_{B \to A} \qquad (9)$$

Al contrario di una forza conservativa, una forza non conservativa compie sempre un lavoro totale non nullo lungo un percorso chiuso. In particolare, se una forza compie un lavoro negativo si dice che è una **forza dissipativa**.

Consideriamo, per esempio, la resistenza che l'aria esercita su una moto durante un giro di circuito. Questa forza ha sempre il verso opposto allo spostamento della moto e quindi compie un lavoro totale negativo: si tratta di una forza dissipativa.

PER ESEMPIO **Lavoro contro**

Durante un Gran Premio, una moto risente di una resistenza aerodinamica media $R = 5 \cdot 10^2$ N. Un giro di circuito è lungo $4 \cdot 10^3$ m.

► Quanto lavoro compie la resistenza sulla moto lungo un giro?

Durante ogni giro, la resistenza aerodinamica compie un lavoro resistente

$$L = -Rs = -(5 \cdot 10^2 \text{ N})(4 \cdot 10^3 \text{ m}) = -2 \cdot 10^6 \text{ J}$$

La forza elastica è una forza conservativa

Per stabilire se una forza è conservativa si può verificare se compie un lavoro nullo lungo un percorso chiuso qualsiasi. Mediante questo criterio verifichiamo se la forza elastica è una conservativa.

Consideriamo una molla con un estremo fisso e calcoliamo il lavoro totale che la forza elastica compie lungo un percorso chiuso, quando l'estremo libero è portato in A a distanza x dalla posizione O di riposo e poi è riportato in O.

■ Durante un allungamento a velocità costante da O ad A, la forza elastica $\vec{F}_{el}$ è uguale e contraria alla forza esterna $\vec{F}_{est}$ che provoca l'allungamento, per cui $\vec{F}_{el}$ compie un lavoro $L_{el\,O \to A}$ uguale e opposto al lavoro $L_{est\,O \to A}$ della forza esterna $\vec{F}_{est}$:

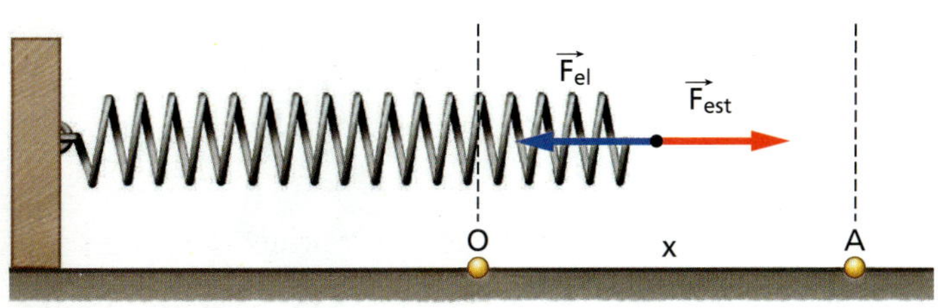

$$L_{el\,O \to A} = -L_{est\,O \to A}$$

Per la (4)

$$L_{est\,O \to A} = \frac{1}{2} kx^2 \quad \to \quad L_{el\,O \to A} = -\frac{1}{2} kx^2$$

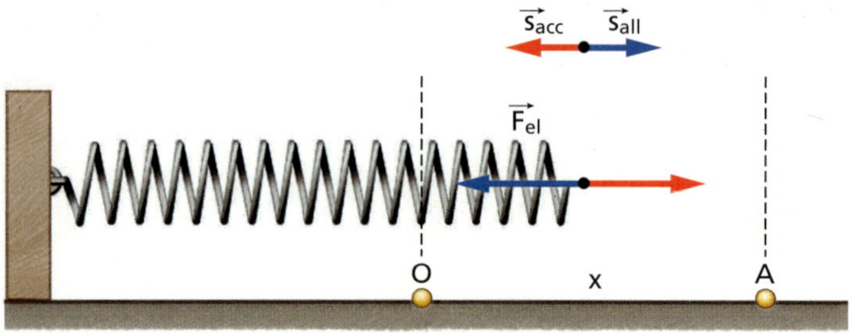

■ Nell'accorciamento da A a 0, in ogni punto la forza elastica è la stessa che agiva durante l'allungamento, ma il verso dello spostamento è opposto a prima. Quindi il lavoro nell'accorciamento è uguale e opposto a quello nell'allungamento:

$$L_{\text{el}\,A\to O} = -L_{\text{el}\,O\to A} = -\left(-\frac{1}{2}kx^2\right) = \frac{1}{2}kx^2$$

■ Il lavoro totale lungo il percorso chiuso $O\to A\to O$ è nullo:

$$L_{O\to A\to O} = L_{\text{el}\,O\to A} + L_{\text{el}\,A\to O} = -\frac{1}{2}kx^2 + \frac{1}{2}kx^2 = 0$$

Concludiamo che

la forza elastica è una forza conservativa.

4 L'energia potenziale

Le forze conservative e l'energia potenziale

I seguenti esempi illustrano la sostanziale differenza tra forze conservative e forze non conservative.

■ Per spostare la cassa viene fatto un lavoro contro la forza di attrito. Questo lavoro non può essere recuperato: quando cessa l'azione della forza esterna, la cassa rimane ferma.

■ La gru compie un lavoro contro la forza di gravità per alzare la cassa. Questo lavoro non va perduto: se i cavi dovessero spezzarsi, la cassa cadrebbe e acquisterebbe energia cinetica.

Il lavoro fatto contro una forza conservativa è «immagazzinato» sotto forma di **energia potenziale** che resta disponibile per essere convertita in energia cinetica.

Al contrario, una forza non conservativa non ammette una energia potenziale perché non si può accumulare il lavoro fatto contro di essa.

A ogni forza conservativa è associata una corrispondente energia potenziale che dipende dalla posizione dei corpi sui quali la forza agisce.

■ Quando sale sfruttando una corrente ascensionale, la poiana accumula energia potenziale gravitazionale, che si trasforma in energia cinetica durante una discesa in picchiata.

Hunta / Shutterstock

■ Mentre viene compressa, la molla che lancia la pallina di un flipper accumula energia potenziale clastica, che si converte poi in energia cinetica della pallina.

The Consumerist / Wikimedia Commons

L'**energia potenziale** U di un sistema associata alla forza conservativa $\vec{F}$ è definita mediante la seguente procedura:

- si sceglie in modo arbitrario uno stato O in cui l'energia potenziale è posta uguale a zero: $U_O = 0$;
- si calcola l'energia potenziale U_P nel generico stato P come l'opposto del lavoro compiuto da $\vec{F}$ sul sistema nel passaggio dallo stato O allo stato P:

$$U_P = -L_{O \to P} \qquad (10)$$

#energiapotenziale

DENTRO LA FORMULA

- Come il lavoro e l'energia cinetica, l'energia potenziale si misura in joule.
- Lo stato di riferimento O è arbitrario, ma la sua scelta è dettata dalla natura della forza $\vec{F}$.
- Il valore di U_P dipende solo dagli stati O e P e non dal percorso scelto fra O e P perché la forza $\vec{F}$ è conservativa.
- L'energia potenziale U_P è negativa se la forza $\vec{F}$ compie un lavoro positivo nello spostamento da O a P, mentre è positiva se $\vec{F}$ compie un lavoro negativo da O a P.

Notiamo che non esiste un'energia potenziale associata a una forza non conservativa proprio perché avrebbe valori diversi a seconda del percorso tra O e P scelto per calcolarla.

L'energia potenziale è una proprietà del sistema di corpi

Per calcolare l'energia potenziale si considera il lavoro che la forza conservativa $\vec{F}$ compie su un corpo, per esempio il lavoro che la gravità compie su un tuffatore. Ma la forza $\vec{F}$ è dovuta all'azione di altri corpi: in questo caso, la forza peso del tuffatore è dovuta all'attrazione gravitazionale della Terra. L'energia potenziale gravitazionale è, quindi, una proprietà del sistema tuffatore-Terra nel suo insieme. In generale:

l'energia potenziale è una proprietà del **sistema** formato dai corpi che interagiscono.

Quando il tuffatore sale sul trampolino cambia l'energia potenziale gravitazionale del sistema tuffatore-Terra. Il moto della Terra è però trascurabile rispetto a quello del tuffatore: per semplicità si parla quindi di *energia potenziale del tuffatore*.

Nei casi come questo, in cui un corpo si muove e le altre componenti del sistema hanno moti trascurabili, si parla per semplicità di *energia potenziale del corpo* e non di *energia potenziale del sistema*.

Un'espressione alternativa dell'energia potenziale

Per la (9) il lavoro che una forza conservativa compie in un percorso da O a P è l'opposto del lavoro che la forza compie in un percorso da P a O:

$$L_{P\to O} = -L_{O\to P}$$

Inserendo questa espressione nella relazione (10) si ottiene:

$$U_P = -L_{O\to P} = L_{P\to O}$$

Quindi si può definire l'energia potenziale nello stato P come il lavoro compiuto da $\vec{F}$ lungo uno spostamento da P a O:

$$U_P = L_{P\to O} \qquad (11)$$

Questa definizione mette in evidenza che l'energia potenziale nello stato P è

- positiva ($U_P > 0$), se la forza $\vec{F}$ compie un lavoro positivo lungo il percorso da P a O;
- negativa ($U_P < 0$), se la forza $\vec{F}$ compie un lavoro negativo lungo il percorso da P a O.

Il lavoro e l'energia potenziale

L'energia potenziale di un corpo in uno stato P dipende dalla scelta dello zero dell'energia potenziale, cioè dello stato O in cui si fissa arbitrariamente $U_O = 0$.

L'informazione fisica significativa non è però il valore dell'energia potenziale in uno stato quanto la differenza di energia potenziale fra gli stati iniziale e finale:

il lavoro che una forza conservativa compie su un corpo che si sposta da A a B è uguale alla differenza fra il valore iniziale e il valore finale della corrispondente energia potenziale:

$$L_{A\to B} = U_A - U_B \qquad (12)$$

#energiapotenziale

Dimostriamo la relazione precedente.

■ La forza è conservativa quindi il lavoro $L_{A\to B}$ non dipende dal cammino percorso; lo possiamo calcolare lungo un percorso $A\to O\to B$ che passa per il punto O scelto come zero dell'energia potenziale:

$$L_{A\to B} = L_{A\to O} + L_{O\to B}$$

■ Per la (9), il lavoro della forza conservativa da O a B è uguale e opposto al lavoro da B a O, cioè $L_{O\to B} = -L_{B\to O}$. Quindi

$$L_{A\to B} = L_{A\to O} - L_{B\to O}$$

I termini a destra sono legati all'energia potenziale dalla relazione (11):

$$L_{A\to O} = U_A \qquad L_{B\to O} = U_B$$

■ Sostituendo questi valori nella relazione precedente otteniamo, in definitiva,

$$L_{A\to B} = U_A - U_B$$

Il calcolo del lavoro $L_{A\to B}$ non dipende quindi dal punto O ma solo dai punti iniziale e finale A e B.

È consuetudine indicare la variazione di una grandezza come la differenza fra il suo valore finale e il suo valore iniziale. Nello spostamento da A a B, la variazione di energia potenziale è

$$\Delta U = U_B - U_A$$

Quindi la relazione (12) si scrive anche

$$L_{A\to B} = -(U_B - U_A)$$

oppure

$$L_{A\to B} = -\Delta U \qquad (13)$$

→ PROBLEMA Forza conservativa • pag. 159
#energiapotenziale

5 L'energia potenziale gravitazionale

Applichiamo la procedura vista nel paragrafo precedente per calcolare l'energia potenziale della forza peso o energia potenziale gravitazionale di un corpo di massa m posto a un'altezza h dal pavimento.

■ Scegliamo come zero dell'energia potenziale un qualsiasi punto sul pavimento; per la (10) si ha

$$U_P = -L_{O \to P}$$

La forza peso è conservativa, quindi possiamo calcolare il lavoro $L_{O \to P}$ che essa compie dal pavimento a P lungo un qualsiasi percorso, per esempio la verticale da O a P.

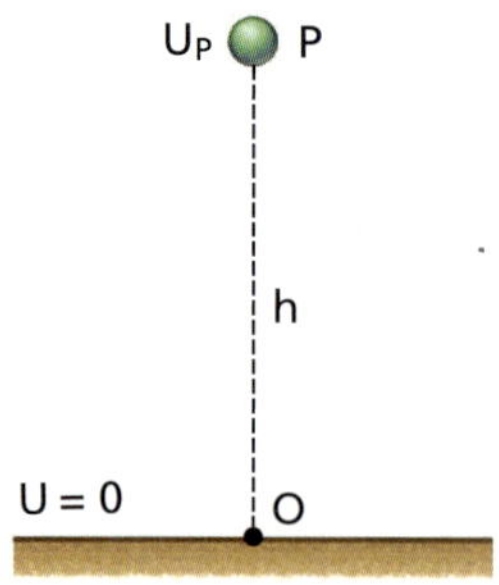

■ Nel percorso lungo h, la forza di gravità ha modulo costante mg e ha verso opposto allo spostamento: quindi compie un lavoro negativo

$$L_{O \to P} = -mgh$$

In definitiva

$$U_P = -L_{O \to P} = -(-mgh) = mgh$$

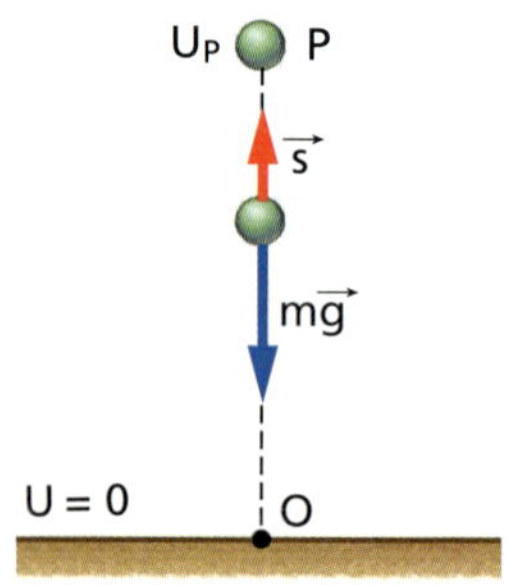

In generale

#energiapotenziale #forzapeso

> l'energia potenziale gravitazionale di un corpo di massa m posto a un'altezza h dal livello zero scelto è
>
> $$U = mgh \qquad (14)$$

Abbiamo già visto che il valore dell'energia potenziale dipende dal livello in cui si pone $U = 0$. Per esempio, se si sceglie come livello zero dell'energia potenziale il suolo O' e il pavimento ha un'altezza H rispetto a esso, l'energia potenziale del corpo nel punto P è

$$U_P = mg(h + H)$$

mentre quella del corpo sul pavimento O è

$$U_O = mgH$$

Notiamo però che anche in questo caso la *differenza* di energia potenziale fra P e O è

$$U_P - U_O = mg(h + H) - mgH = mgh$$

Quando si risolvono problemi relativi al moto di corpi, si può fissare il livello zero dell'energia potenziale gravitazionale in modo arbitrario. L'importante è calcolare tutte le energie potenziali rispetto allo stesso livello: in questo modo le differenze di energia potenziale tra le varie posizioni dei corpi forniscono il corretto valore del lavoro compiuto dalla gravità nei vari spostamenti.

PER ESEMPIO **Sui tetti di Firenze**

Una ragazza di 55 kg osserva Firenze dall'alto dei 96 m della Cupola del Brunelleschi.

▶ Quant'è l'energia potenziale gravitazionale della ragazza?

$$U = mgh = (5{,}5 \cdot 10\ \text{kg})(9{,}8\ \text{m/s}^2)(9{,}6 \cdot 10\ \text{m}) = 5{,}2 \cdot 10^4\ \text{J}$$

6 L'energia potenziale elastica

La forza elastica è una forza conservativa: quando viene allungata o accorciata, una molla accumula **energia potenziale elastica** U_{el}. Per determinare U_{el} mediante la procedura descritta, dobbiamo stabilire dove porre $U_{el} = 0$ e poi calcolare il lavoro compiuto dalla forza elastica durante la deformazione della molla.

- La scelta più naturale dello zero dell'energia potenziale è fissarlo in corrispondenza dell'estremo libero della molla a riposo. In questa situazione, infatti, la molla non accumula energia che può restituire come energia cinetica.

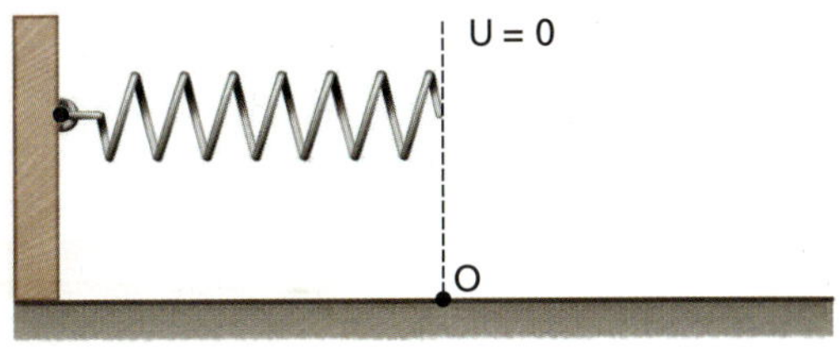

- Per allungare o accorciare la molla di un tratto x, una forza esterna $\vec{F}_{est}$ compie un lavoro, dato dalla (4),

$$L = \frac{1}{2}kx^2$$

mentre la forza elastica compie un lavoro L_{el}. L'estremo libero della molla è fermo sia all'inizio sia alla fine dell'allungamento (o della compressione) e quindi la variazione della sua energia cinetica ΔK è nulla.

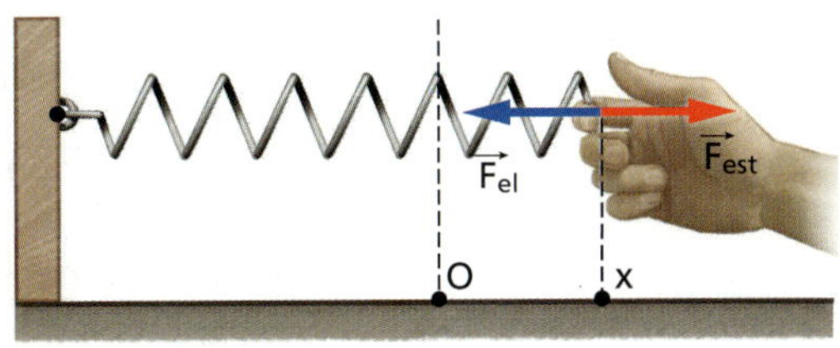

- Per il teorema dell'energia cinetica

$$\Delta K = L_{el} + L_{est}$$

quindi

$$L_{el} + \frac{1}{2}kx^2 = 0$$

cioè

$$L_{el} = -\frac{1}{2}kx^2$$

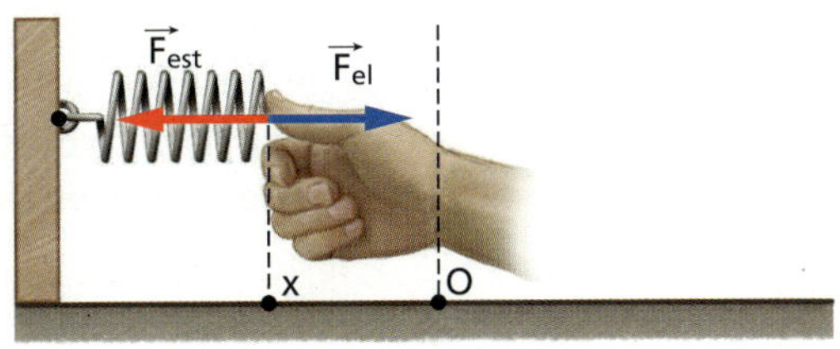

■ Per la (10) risulta pertanto:

$$U = -L_{el} = -\left(-\frac{1}{2}kx^2\right) = \frac{1}{2}kx^2$$

In generale

l'energia potenziale elastica di una molla con costante elastica k, allungata o accorciata di un tratto x dalla posizione di riposo è

#energiapotenziale
#forzaelastica

$$U_{el} = \frac{1}{2}kx^2 \qquad (15)$$

Una molla accumula sempre energia potenziale positiva, sia quando viene allungata sia quando viene accorciata. Questa energia è uguale al lavoro compiuto dalla forza esterna e viene interamente restituita dalla molla quando torna nella sua posizione di riposo.

PER ESEMPIO **Un ormeggio a molla**

Una molla da ormeggio per piccole imbarcazioni ha una costante elastica di $3{,}5 \cdot 10^3$ N/m.

► Quanta energia potenziale accumula quando si allunga di 25 cm?

$$U = \frac{1}{2}kx^2 = \frac{1}{2}(3{,}5 \cdot 10^3 \text{ N/m})(2{,}5 \cdot 10^{-1} \text{ m})^2 = 1{,}1 \cdot 10^2 \text{ J}$$

→ PROBLEMA SU PIÙ CONCETTI Unione di due molle • pag. 162
#energiapotenziale #terzoprincipio

7 La conservazione dell'energia meccanica

A partire dalle energie cinetica e potenziale si definisce una nuova grandezza fisica:

l'**energia meccanica** E di un corpo è la somma dell'energia cinetica K e dell'energia potenziale totale U del corpo stesso:

#conservazioneenergia

$$E = K + U \qquad (16)$$

In presenza di forze conservative l'energia meccanica è una grandezza che caratterizza il moto di un corpo. Vale infatti il fondamentale risultato, noto come **teorema della conservazione dell'energia meccanica**:

l'energia meccanica di un corpo soggetto solo a forze conservative si conserva.

SIMULAZIONE
Conservazione dell'energia
(PhET, University of Colorado)

In presenza di sole forze conservative, l'energia cinetica K e l'energia potenziale U possono cambiare nel tempo, ma la loro somma $E = K + U$ rimane costante.

■ Se si sceglie come zero dell'energia potenziale la posizione di partenza della moneta, l'energia iniziale è tutta cinetica:

$$E = K$$

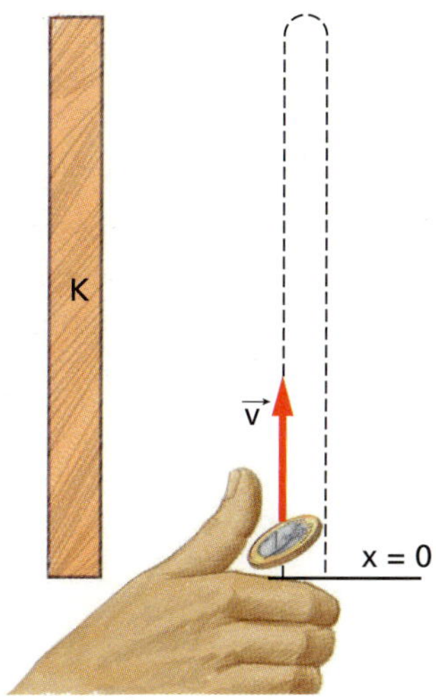

■ A metà dell'altezza massima, l'energia della moneta è per metà potenziale e per metà cinetica:

$$U = K = \frac{1}{2}E$$

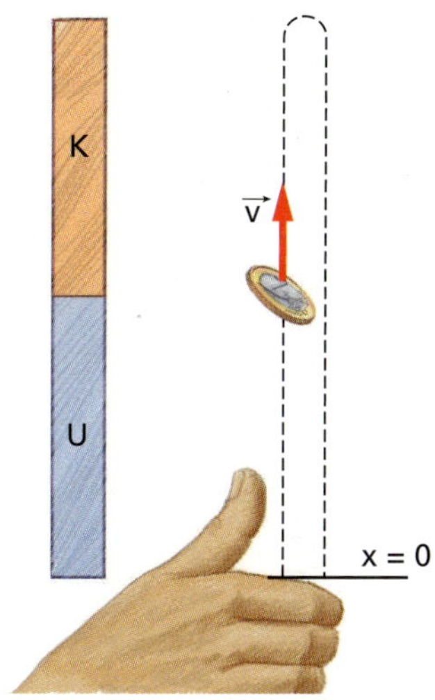

■ Nel punto più alto, la moneta è ferma e la sua energia è solo potenziale:

$$E = U$$

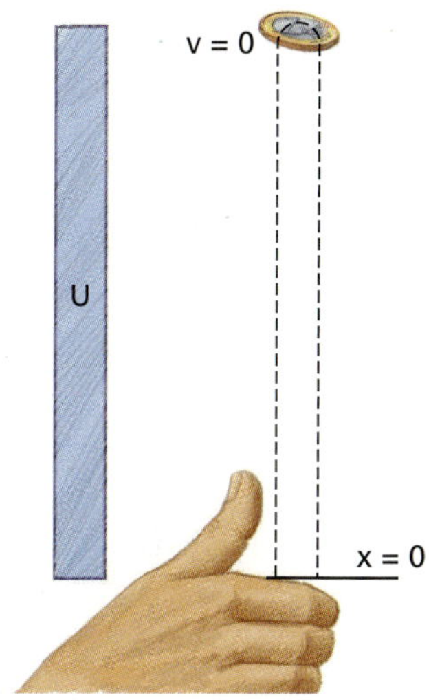

Per dimostrare che l'energia meccanica E si conserva, cioè mantiene invariato il suo valore iniziale, consideriamo un corpo che si sposta dal punto A al punto B sotto l'azione di forze conservative.

■ Per il teorema dell'energia cinetica (6), la variazione di energia cinetica di un corpo è uguale al lavoro totale delle forze che hanno agito su di esso:

$$K_B - K_A = L_{A \to B}$$

■ Per ipotesi agiscono solo forze conservative, quindi il lavoro che queste compiono sul corpo è legato alla variazione dell'energia potenziale totale dalla relazione (13):

$$L_{A \to B} = -\Delta U = -(U_B - U_A)$$

Sostituendo nell'espressione precedente si ha:

$$K_B - K_A = -(U_B - U_A)$$

ossia

$$K_B + U_B = K_A + U_A$$

■ Secondo quest'ultima relazione, l'energia finale del corpo in B è uguale all'energia iniziale in A, cioè

$$E_\mathrm{f} = E_\mathrm{i}$$

La scelta dei punti A e B è arbitraria: quanto dimostrato vale per ogni situazione iniziale e finale.

I sistemi isolati e la conservazione dell'energia meccanica

Con il termine **sistema fisico**, o semplicemente **sistema**, si denota un insieme di corpi che interagiscono fra loro mediante forze di vario tipo. Sui corpi di un sistema possono agire:

- **forze interne**, cioè forze che i corpi del sistema esercitano gli uni sugli altri;
- **forze esterne**, cioè forze originate dall'interazione con corpi esterni al sistema.

Un **sistema** è **isolato** quando non è soggetto a forze esterne o quando la risultante delle forze esterne è nulla.

■ Il sistema blocco-molla non è isolato perché sul blocco agisce la forza di gravità che è esterna al sistema.

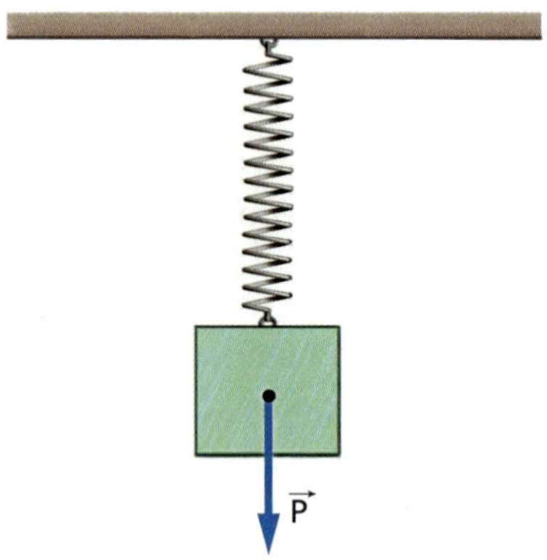

■ Su un piano privo di attrito, il sistema formato da due blocchi connessi da una molla è isolato perché le forze esterne al sistema, cioè le reazioni vincolari e le forze peso, si equilibrano.

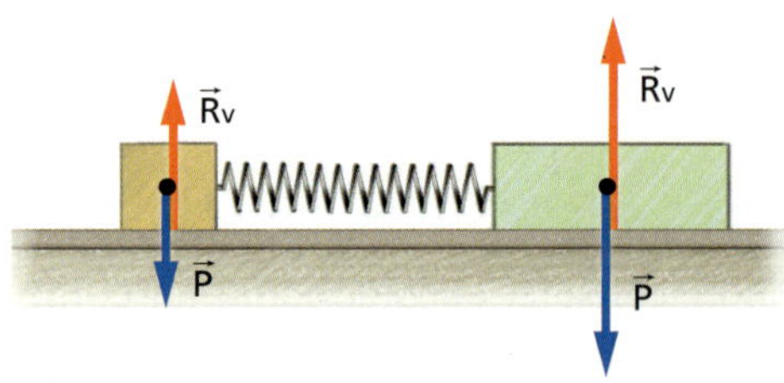

Un sistema isolato, in cui agiscono solo forze conservative, ha un'energia meccanica $E_{si} = K_{si} + U_{si}$ dove:

- K_{si} è la somma delle energie cinetiche dei corpi che lo compongono;
- U_{si} è l'energia potenziale totale, che è legata alla sua configurazione spaziale, cioè alle posizioni relative dei corpi che lo costituiscono.

Durante l'evoluzione del sistema, K_{si} e U_{si} possono cambiare, per esempio i due blocchi connessi dalla molla possono oscillare, ma la loro somma rimane costante.

#conservazioneenergia

In un sistema isolato in cui agiscono solo forze conservative l'energia meccanica si conserva:

$$E_{si} = K_{si} + U_{si} = \text{costante} \quad (17)$$

L'aggettivo «conservativa», nel caso di una forza, significa che, sotto la sua azione, l'energia meccanica di un sistema si conserva, cioè mantiene un valore costante.

→ PROBLEMA In caduta • pag. 164
#conservazioneenergia

MINDBUILDING

Informazioni sul moto dal grafico dell'energia potenziale

Consideriamo una forza conservativa $\vec{F}$ che agisce su un corpo lungo la direzione x. Il grafico della sua energia potenziale U contiene molte informazioni sul moto del corpo.

La forza è legata alla pendenza del grafico di *U*

Il lavoro che $\vec{F}$ compie lungo uno spostamento Δx è dato dalla relazione (13): $L_{A \to B} = -\Delta U$, dove ΔU è la variazione dell'energia potenziale. Se Δx è molto piccolo, in modo che $\vec{F}$ sia praticamente costante, si ha $F\Delta x = -\Delta U$ e quindi

$$F = -\frac{\Delta U}{\Delta x} \tag{18}$$

Nel grafico dell'energia potenziale $\Delta U/\Delta x$ è il coefficiente angolare della retta che passa per i punti del grafico con ascissa x_A e x_B.

Quando Δx tende a zero, la forza ha modulo uguale all'opposto del coefficiente angolare della tangente al grafico di U.

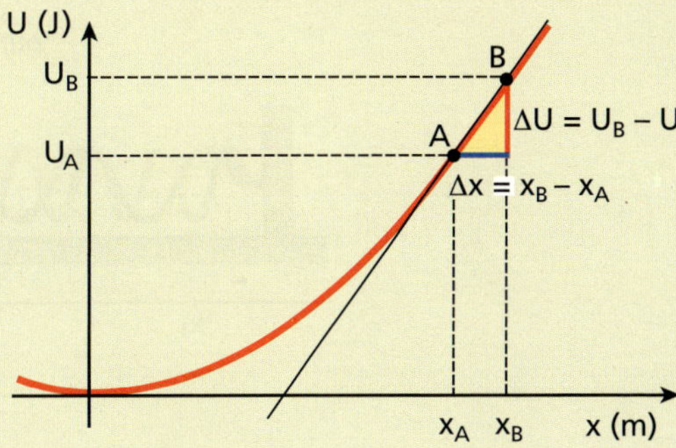

Nei punti lungo l'asse x in cui la tangente a U

- ha coefficiente angolare positivo, la forza è diretta nel verso negativo dell'asse;
- ha coefficiente angolare negativo, la forza è diretta nel verso positivo dell'asse;
- è orizzontale, la forza è nulla; se in quel punto il corpo è in quiete, rimane fermo: tale punto è detto **punto di equilibrio**.

Il grafico seguente illustra il caso dell'energia potenziale elastica.

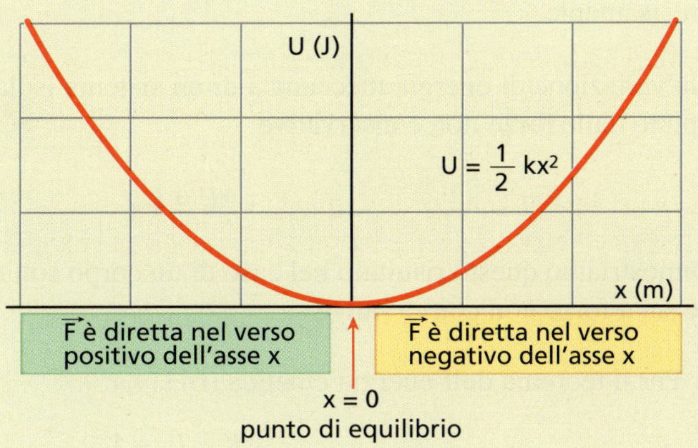

I punti di inversione del moto

Per stabilire i punti in cui un corpo con energia meccanica E può muoversi sotto l'azione di $\vec{F}$ basta tracciare nello stesso grafico la curva $U = U(x)$ e la retta $U = E$.

Nei punti in cui $U = E$ tutta l'energia del corpo è potenziale, quindi il corpo è fermo. Inoltre, il corpo non può oltrepassare questi punti, perché non può avere un'energia maggiore di E.

Quindi in questi punti il corpo si ferma e inverte il verso del moto: per tale motivo essi sono detti **punti di inversione del moto**. Il moto del corpo rimane confinato fra questi punti.

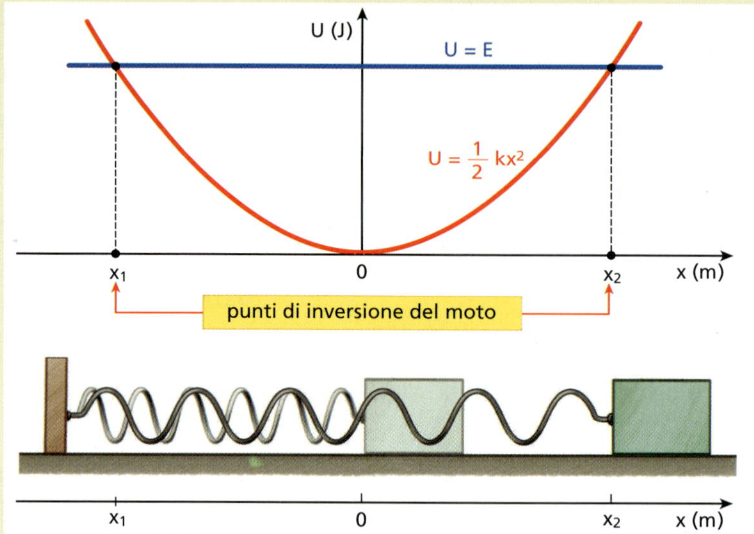

Pio3 / Shutterstock

L'energia meccanica e le forze non conservative

Un bambino che sale sul suo triciclo e inizia a pedalare, aumenta la sua energia cinetica. Così facendo aumenta anche la sua energia meccanica perché l'energia potenziale rimane invariata. In modo analogo, quando frena diminuisce l'energia meccanica. Quando spinge sui pedali o frena, il bambino esercita forze di tipo non conservativo.

L'azione di forze non conservative modifica il valore dell'energia meccanica. Più precisamente

#forzenonconservative

la variazione di energia meccanica di un sistema isolato è uguale al lavoro compiuto dalle forze non conservative:

$$\Delta E = L_{nc} \qquad (19)$$

Dimostriamo questo risultato nel caso di un corpo sottoposto sia a forze conservative sia a forze non conservative.

- Per il teorema dell'energia cinetica (6) si ha:

$$\Delta K = L_c + L_{nc}$$

dove L_c è il lavoro delle forze conservative e L_{nc} quello delle forze non conservative.

- Per la (13) il lavoro delle forze conservative è l'opposto della differenza di energia potenziale fra il punto finale e quello iniziale.

$$L_c = -\Delta U$$

Sostituendo nella relazione precedente si ha:

$$\Delta K = -\Delta U + L_{nc}$$

e quindi

$$\Delta K + \Delta U = L_{nc}$$

■ La somma delle variazioni dell'energia cinetica e dell'energia potenziale è uguale alla variazione dell'energia meccanica

$$\Delta K + \Delta U = \Delta E$$

per cui concludiamo che

$$\Delta E = L_{nc}$$

ossia che la variazione dell'energia meccanica è uguale al lavoro compiuto sul corpo dalle forze non conservative.

→ **PROBLEMA** Con l'attrito • pag. 167
#forzenonconservative

Il principio di conservazione dell'energia

Quando in un sistema agisce una forza dissipativa, cioè una forza non conservativa che compie un lavoro negativo $L_{nc} < 0$, per la (19) si ha $\Delta E = E_f - E_i < 0$ e quindi $E_f < E_i$: l'energia meccanica del sistema diminuisce. Questo tipo di forza dissipa, cioè disperde, parte dell'energia meccanica del sistema che non è più immediatamente disponibile per il moto.

L'energia dispersa non viene perduta ma si trasforma in altri tipi di energia, come energia termica, chimica o elettrica.

■ La forza d'attrito che viene esercitata dai tacchetti del freno sulla ruota trasforma energia meccanica in energia termica: in una violenta frenata la temperatura dei tacchetti aumenta.

myoldbicycle.com

■ Pedalare con la dinamo a contatto della ruota è più faticoso: parte dell'energia cinetica della ruota viene trasformata dalla dinamo in energia elettrica che la lampadina trasforma poi in energia luminosa.

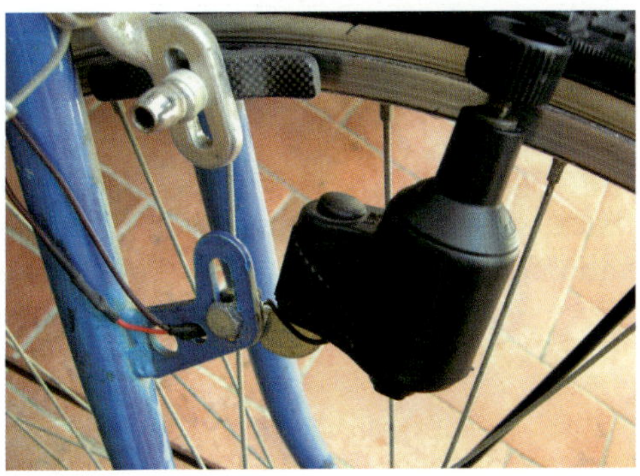

GRTX

Questa fondamentale caratteristica dell'energia è nota come principio di **conservazione dell'energia**:

in un sistema isolato, l'energia totale si conserva.

Sperimentalmente non si è mai osservata nessuna violazione a questo principio: in una trasformazione o trasferimento di energia da un sistema all'altro, l'energia totale non aumenta, né diminuisce.

8 La potenza

FISICA QUOTIDIANA
La potenza dei pesisti

static4.demotix.com

Sollevare 230 kg non è necessariamente una prestazione sensazionale: avendo a disposizione un'intera giornata, ciascuno di noi sarebbe in grado di farlo con relativa facilità. La cosa eccezionale è farlo in circa 2 s, come fanno i migliori specialisti della disciplina. Questi atleti eseguono un lavoro molto grande in un intervallo di tempo breve.

Per indicare la rapidità con cui viene compiuto un lavoro si introduce una nuova grandezza fisica: la potenza.

#potenza

La **potenza** P è il rapporto fra il lavoro L compiuto e l'intervallo di tempo Δt impiegato per compierlo:

$$P = \frac{L}{\Delta t} \qquad (20)$$

DENTRO LA FORMULA

- La potenza esprime il lavoro compiuto nell'unità di tempo.
- La potenza è una grandezza scalare, perché è il rapporto di due grandezze scalari.
- Nel Sistema internazionale l'unità di misura della potenza è il joule/secondo (J/s) o watt (W), dal nome dello scozzese James Watt:

$$1 \text{ W} = 1 \text{ J/s}$$

Come per ogni grandezza che esprime la velocità con cui varia un'altra grandezza fisica, si parla di **potenza media** quando l'intervallo di tempo Δt in cui avviene la variazione è finito, mentre si parla di **potenza istantanea** se Δt tende a zero.

PER ESEMPIO **Una rampa in salita**

Una ragazza di 60 kg sale in 10 s su una rampa di scale alta 3,5 m.

▶ Quanta potenza genera?

La ragazza compie un lavoro uguale alla sua variazione di energia potenziale $L = mgh$.

Quindi eroga una potenza

$$P = \frac{L}{\Delta t} = \frac{mgh}{\Delta t} = \frac{(60\ \text{kg})(9{,}8\ \text{m/s}^2)(3{,}5\ \text{m})}{10\ \text{s}} = 2{,}1 \cdot 10^2\ \text{W}$$

Per salire la rampa in soli 5 s deve produrre una potenza doppia ($4{,}2 \cdot 10^2$ W): una persona poco allenata riesce a produrre una potenza del genere solo per brevi periodi.

La potenza come rapidità di trasformazione dell'energia

Il lavoro comporta la trasformazione di energia da una forma a un'altra. La potenza tiene conto della rapidità con cui viene trasformata l'energia:

la potenza è il rapporto fra l'energia trasformata e l'intervallo di tempo impiegato nella trasformazione:

$$P = \frac{E}{\Delta t} \qquad (21)$$

Questa definizione consente di comprendere le indicazioni di potenza che si leggono nei dispositivi di uso comune. Per esempio:

- un asciugacapelli da 2 kW converte energia elettrica in energia termica e meccanica al ritmo di $2 \cdot 10^3$ J/s;
- una lampada da 22 W converte energia elettrica in energia termica e luminosa al ritmo di 22 J/s;
- una caldaia a gas da 24 kW converte $2{,}4 \cdot 10^4$ J/s di energia chimica in energia termica e meccanica.

Il nostro organismo necessita di una potenza minima, detta **metabolismo basale**, per svolgere le funzioni vitali, come la respirazione e la circolazione sanguigna. Per un uomo di 70 kg è circa 80 W.

FISICA QUOTIDIANA **Metabolismo basale**

Una persona adulta in buone condizioni è in grado di sviluppare circa 300 W per un periodo piuttosto lungo, qualche decina di minuti, ma il periodo si riduce a meno di un minuto se lo sforzo fisico richiede una potenza doppia (600 W). Per brevi intervalli, i ciclisti o i centometristi riescono a erogare potenze di circa 2000 W.

Potenza e velocità

Consideriamo una forza $\vec{F}$ costante che agisce per un intervallo di tempo Δt su un corpo mentre questo compie uno spostamento $\Delta\vec{s}$. La forza compie un lavoro

$$L = \vec{F} \cdot \Delta\vec{s}$$

ed eroga una potenza

$$P = \frac{\vec{F} \cdot \Delta \vec{s}}{\Delta t}$$

Se Δt è molto piccolo, più precisamente tende a zero, il rapporto $\Delta \vec{s}/\Delta t = \vec{v}$ è la velocità istantanea del corpo: quindi

#potenza

la potenza istantanea erogata da una forza $\vec{F}$ a un corpo in moto con velocità $\vec{v}$ è

$$P = \vec{F} \cdot \vec{v} \qquad (22)$$

DENTRO LA FORMULA

- L'unità a secondo membro è il watt: infatti N·m/s = (N·m)/s = J/s = W.
- Indicando con α l'angolo tra la forza e lo spostamento, la relazione precedente diviene

$$P = Fv \cos\alpha$$

FISICA QUOTIDIANA
In salita

La (22) spiega perché camminiamo più piano in salita che in pianura. La potenza che siamo in grado di sviluppare è un valore costante: se serve più forza, come per salire, dobbiamo ridurre la velocità perché il prodotto $Fv = P$ è costante.
Allo stesso modo, funziona l'auto: la potenza massima messa a disposizione dal motore è limitata, quindi in salita, per avere più forza nella trazione, si riduce la velocità di avanzamento.

→ PROBLEMA Discesa frenata • pag. 169
#potenza

MINDBUILDING

La morale è sempre quella: vai piano!

Quando un'automobile viaggia a grande velocità, diciamo oltre i 100 km/h, si può ritenere che la resistenza aerodinamica sia la forza più intensa che si oppone al moto. È quindi una buona approssimazione considerarla l'unica forza che ostacola il moto. La resistenza aerodinamica dipende dalla velocità secondo la legge $R = Cv^2$, dove C è un coefficiente che dipende dalla forma dell'automobile. L'automobile si muove a velocità costante se il motore esercita una spinta uguale e contraria alla resistenza aerodinamica. Quindi la potenza che il motore deve erogare per mantenere l'automobile alla velocità v è

Maksim Toome / Shutterstock

$$P = Rv = Cv^3$$

La potenza cresce con il cubo della velocità: per aumentare la velocità del 50%, passando da v a $1{,}5\,v$, bisogna erogare una potenza $1{,}5^3$ volte maggiore e quindi consumare una quantità di carburante 3,4 volte maggiore ($1{,}5^3 = 3{,}4$).

Il lavoro e l'energia

IN 3 MINUTI

Il lavoro delle forze • L'energia cinetica • Il teorema dell'energia cinetica • L'energia potenziale della forza peso • La potenza

Lavoro

$$L = \vec{F} \cdot \vec{s} = Fs \cos\alpha$$

lavoro (J) — L; **forza** — $\vec{F}$; **spostamento** — $\vec{s}$; **angolo** fra la forza applicata e lo spostamento — α

Foza elastica

$$L = \frac{1}{2}kx^2$$

costante elastica della molla — k

Energia cinetica

$$K = \frac{1}{2}mv^2$$

energia cinetica (J) — K; **massa** del corpo — m; **velocità** del corpo — v

Teorema dell'energia cinetica

$$\Delta K = L$$

Energia meccanica

Forze conservative

$$E = K + U = \text{costante}$$

Forze dissipative

$$\Delta E = L_{\text{nc}}$$

Forze conservative

$$L_{A \to B} = -L_{B \to A}$$

Energia potenziale

$$U_P = -L_{O \to P}$$

energia potenziale nello stato P (J) — U_P; **lavoro** compiuto per andare da O a P — $L_{O \to P}$; stato con energia potenziale nulla — O

Variazione di energia potenziale

$$\Delta U = U_B - U_A = -L_{A \to B}$$

Energia potenziale gravitazionale

$$U = mgh$$

Energia potenziale elastica

$$U = \frac{1}{2}kx^2$$

Potenza

$$P = \frac{L}{\Delta t} = \frac{E}{\Delta t}$$

potenza (W) — P; **lavoro** compiuto — L; **energia** trasformata — E; **tempo** impiegato — Δt

$$P = \vec{F} \cdot \vec{v} = Fv \cos\alpha$$

ESERCIZI

1 Il lavoro di una forza

1 Devi piantare una puntina da disegno in un pezzo di legno. La puntina è lunga 1 cm e tu premi con una forza di 50 N.

▶ Quanto lavoro fai? [0,5 J]

2 Vuoi spostare orizzontalmente di 6 m una lavatrice di 60 kg. Uno straccio sotto la lavatrice riduce il coefficiente d'attrito a 0,30.

▶ Quanto lavoro devi compiere? [$1 \cdot 10^3$ J]

3 Un masso di 150 kg precipita da 20 m.

▶ Quanto lavoro fa la forza peso? [$2{,}9 \cdot 10^4$ J]

4 Spingi un carrello per 5,0 m usando una barra che forma un angolo di 45° col terreno. La forza che eserciti è 20 N.

▶ Determina il lavoro che compi. [71 J]

5 Una sciatrice è trainata da uno skilift per 520 m. La fune dello skilift ha una tensione di 320 N e forma un angolo di 70° con la direzione del moto.

▶ Qual è il lavoro compiuto dallo skilift sulla sciatrice? [$5{,}7 \cdot 10^4$ J]

6 Un camion rallenta per 850 m a causa della forza di $3{,}0 \cdot 10^3$ N che esercitano i suoi freni.

▶ Qual è il lavoro compiuto sul camion da questa forza?

▶ È un lavoro positivo o negativo?

7 Trascini una cassa di 70 kg sul pavimento, tirando orizzontalmente con una fune. Il coefficiente d'attrito vale 0,30. Ti muovi a velocità costante e sposti la cassa di 5,0 m.

▶ Calcola il lavoro compiuto:
- dalla forza d'attrito;
- dalla tensione della fune;
- dalla forza peso;
- dalla reazione vincolare del pavimento.

[−1,0 kJ; 1,0 kJ; 0 J; 0 J]

8 Una cassa di 12 kg è calata a velocità costante lungo un piano inclinato di 55° e lungo 2,6 m mediante una fune. Il coefficiente di attrito dinamico tra cassa e piano è 0,45.

▶ Qual è il lavoro compiuto dalla tensione della fune? [−170 J]

9 QUESITO TROVA IL MODELLO Durante una virata un aereo è soggetto a una forza centripeta.

▶ Questa forza compie lavoro sull'aereo?

10 QUESITO ARGOMENTA Il motore di un'auto assicura una forza costante F. Trascura gli attriti che si oppongono al moto dell'auto.

▶ La forza F compie un lavoro maggiore per portare l'auto da ferma alla velocità v o dalla velocità v alla velocità $2v$?

11 Un pesetto di massa m cade per un tratto h e trascina un carrello di massa M.

▶ Qual è il lavoro fatto dalla tensione della fune sul carrello?

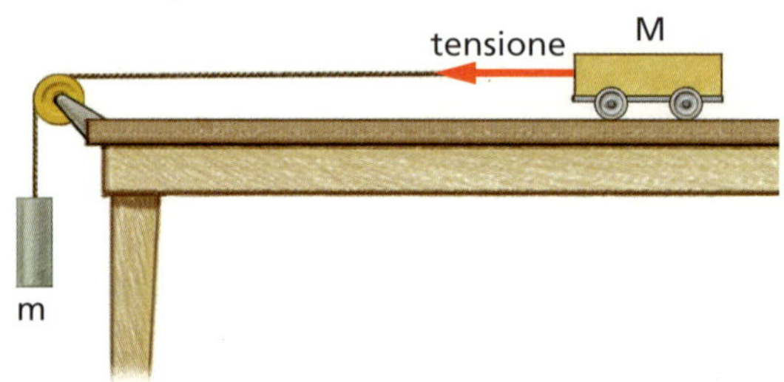

12 Trascini una cassa di 70 kg su per una rampa inclinata di 20° rispetto all'orizzontale, tirando con una fune parallela alla rampa. Il coefficiente d'attrito dinamico vale 0,30. Ti muovi a velocità costante e sposti la cassa di 5,1 m.

▶ Calcola il lavoro compiuto:
- dalla forza di attrito;
- dalla tensione della fune;
- dalla forza peso;
- dalla reazione vincolare della rampa.

[$-9{,}9 \cdot 10^2$ J; $2{,}2 \cdot 10^3$ J; $-1{,}2 \cdot 10^3$ J; 0 J]

13 Un carico di 120 kg scivola sul piano ribaltabile di un autocarro per 4,3 m. Il coefficiente d'attrito dinamico vale 0,40. Il piano è reclinato di 38°.

▶ Calcola il lavoro compiuto dalla forza di attrito.

▶ Calcola il lavoro compiuto dalla forza peso.

▶ Stabilisci se il carico si sta muovendo a velocità costante.

[$-1{,}6 \cdot 10^3$ J; $3{,}1 \cdot 10^3$ J]

14 **PROBLEMA** **Prima o poi la corda si spezza**
#lavoro

Una corda è composta da fili intrecciati di materiale elastico. Il grafico mostra la relazione forza-allungamento della corda, che si spezza quando il suo allungamento supera 0,80 m.

▶ Calcola il lavoro necessario per spezzare la corda.

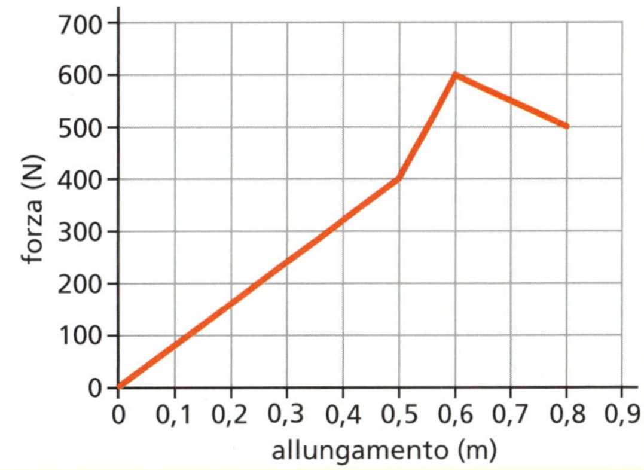

LA SITUAZIONE FISICA E IL MODELLO

Il lavoro totale che una forza esterna deve esercitare sulla corda per spezzarla è uguale all'area sottesa dal grafico della relazione forza-allungamento della corda.

LA RISOLUZIONE

1. L'area totale sottesa dal grafico è $L = L_1 + L_2 + L_3$.
2. L_1 è pari all'area di un triangolo, L_2 e L_3 a quella di due trapezi.

I DATI E IL RISULTATO

$$L_1 = \frac{1}{2}(400\text{ N})(0{,}50\text{ m}) = 100\text{ J}$$

$$L_2 = \frac{1}{2}(400\text{ N} + 600\text{ N})(0{,}10\text{ m}) = 50\text{ J}$$

$$L_3 = \frac{1}{2}(600\text{ N} + 500\text{ N})(0{,}20\text{ m}) = 110\text{ J}$$

$$L = 100\text{ J} + 50\text{ J} + 110\text{ J} = 260\text{ J}$$

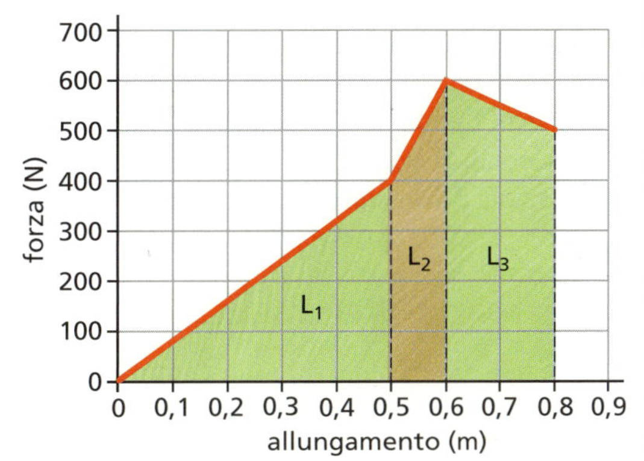

15 **PROBLEMA SIMILE**

Considera la corda del problema precedente. Una forza esterna agisce sulla corda quando questa ha già un allungamento di 0,30 m.

▶ Stima il lavoro che la forza deve compiere per spezzare la corda. [220 J]

16 **PROVA ESPERTA** Un particolare congegno dà origine a una forza che dipende dalla posizione e che è rappresentata nel grafico seguente. Un oggetto di massa 2,0 kg arriva nel raggio d'azione di questa forza, nel punto $x = 0$ m, con una velocità $v_0 = 3{,}0$ m/s.

▶ **LEGGI IL GRAFICO** Calcola il lavoro compiuto dalla forza quando l'oggetto si sposta da $x = 0$ m a $x = 4$ m.

▶ **TROVA IL MODELLO** È maggiore la velocità in $x = 0$ m o in $x = 2$ m? Perché?

▶ **TROVA IL MODELLO** È maggiore la velocità in $x = 2$ m o in $x = 4$ m? Perché?

[12 J]

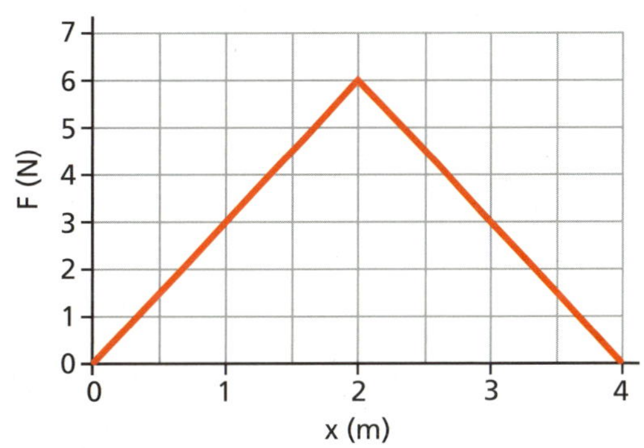

17 QUESITO SPIEGA PERCHÉ Un blocco scivola su un piano inclinato lungo d. Indicando con F_a la forza d'attrito sul blocco (coefficiente μ_s), il lavoro resistente totale compiuto dall'attrito lungo la discesa è $L_a = -F_a d$. Lo stesso blocco scende, poi, lungo una guida verticale che ha la forma di una semicirconferenza di raggio R. Il coefficiente d'attrito con la guida è uguale a quello del piano inclinato.

▶ In questo caso il lavoro resistente totale è ancora $L_a = -F_a d$? Spiega.

2 L'energia cinetica

18 L'asteroide Apophis 99942 ($m = 4{,}6 \cdot 10^{10}$ kg) orbita vicino alla Terra e ha una probabilità molto piccola di cadere sulla Terra dopo il 2030. Se ciò accadesse, impatterebbe sulla superficie terrestre con una velocità di circa 13 km/s.

▶ Che energia cinetica avrebbe l'asteroide?

L'energia rilasciata dall'esplosione della bomba atomica che ha distrutto Hiroshima era circa 15 kton (1 kton = $4{,}2 \cdot 10^{12}$ J).

▶ All'esplosione di quante bombe analoghe equivarrebbe l'energia liberata nell'impatto?

19 PROBLEMA **Dragster**
#energiacinetica

Nelle gare Top Fuel Dragster i concorrenti si sfidano in spettacolari prove di accelerazione sui 400 m con partenza da fermo con autoveicoli estremi, i dragster. Un dragster di questo tipo ha una massa di 1050 kg e raggiunge in pochi secondi la velocità di 520 km/h.

▶ Calcola l'intensità della forza motrice media del dragster.

crankmotoring.co.za

LA SITUAZIONE FISICA E IL MODELLO

L'energia cinetica del dragster cambia per effetto del lavoro L compiuto dalla forza motrice lungo il tratto s.
Poiché è richiesta l'intensità della forza motrice media, supponiamo che sul dragster agisca una forza costante F_m nel verso del moto: quindi $L = F_m s$.

LA RISOLUZIONE

1. Per il teorema dell'energia cinetica
$$K_f - K_i = L$$
2. Il dragster parte da fermo:
$$K_i = 0\ \text{J} \quad \Rightarrow \quad K_f = L \quad \Rightarrow \quad \frac{1}{2}mv^2 = F_m s$$
3. L'intensità della forza motrice media è
$$F = \frac{m v_f^2}{2s}$$

I DATI E IL RISULTATO

$m = 1050$ kg
$v_f = 520$ km/h $= 144$ m/s
$s = 400$ m

$$F = \frac{(1050\ \text{kg})(144\ \text{m/s})^2}{2(400\ \text{m})} = 2{,}7 \cdot 10^4\ \text{N}$$

20 PROBLEMA SIMILE

Dopo aver raggiunto la velocità massima, il dragster frena e si ferma in 850 m.

▶ Calcola l'intensità della forza frenante media. [$1{,}3 \cdot 10^4$ N]

21 Un proiettile di massa 30 g, sparato alla velocità di 100 m/s, colpisce un palloncino di diametro 30 cm pieno di liquido. Il proiettile esce dal palloncino a 80 m/s.
▶ Quale forza media ha incontrato il proiettile nell'attraversare il palloncino? [0,18 kN]

22 Una moto di massa 260 kg, che sta viaggiando a 10 m/s, accelera, spinta da una forza di 1200 N, per un tratto di 50 m.
▶ Qual è la sua velocità alla fine del tratto? [24 m/s]

23 In una gara di lancio del martello, un atleta impartisce all'attrezzo, di massa 7,3 kg, una velocità iniziale di 29 m/s.
▶ Calcola il lavoro compiuto per lanciare il martello. [$3{,}1 \cdot 10^3$ J]

24 Un furgone di massa 3,5 t viaggia a 30 km/h. Una moto (con il guidatore) ha una massa di 350 kg.
▶ Calcola quale deve essere la velocità della moto, per avere la stessa energia cinetica del furgone. [95 km/h]

25 Un treno ad alta velocità con una massa totale di 440 t parte da fermo e raggiunge i 10 m/s in 45 m.
▶ Calcola l'energia cinetica dopo 1 s dalla partenza e dopo 10 s dalla partenza. [270 kJ; 27 MJ]

26 Sei al volante di un'auto di massa 800 kg che viaggia a 20 m/s. Nel verso opposto sta viaggiando un'auto identica con velocità −20 m/s.
▶ Qual è l'energia cinetica totale delle due auto per una persona che è ferma lungo la strada?
▶ Qual è l'energia cinetica delle due auto per te che stai guidando e usi la tua auto come sistema di riferimento? [$3{,}2 \cdot 10^5$ J; $6{,}4 \cdot 10^5$ J]

27 QUESITO FAI UNA STIMA La maggior parte dei giubbotti antiproiettile sono realizzati in Kevlar: a parità di peso questo materiale è infatti 5 volte più resistente dell'acciaio. I giubbotti di livello 3a proteggono da proiettili di 15,6 g sparati da una 44 Magnum alla velocità di 400 m/s.
▶ Stima la forza media che il giubbotto esercita sul proiettile. [10^5 N]

3 Le forze conservative
4 L'energia potenziale

28 Quanto lavoro compie la forza di gravità durante un'oscillazione completa di un pendolo?

29 QUESITO SPIEGA PERCHÉ La forza d'attrito dinamico per un corpo appoggiato su un piano orizzontale vale $F_{att} = \mu mg$ ed è costante come la forza peso $F_p = mg$.
▶ Perché la forza peso è conservativa e la forza d'attrito non lo è?

30 QUESITO ARGOMENTA Considera la relazione che lega il lavoro fatto da una forza conservativa nello spostamento da A a B alla differenza delle corrispondenti energie potenziali in A e in B:

$$L_{A \to B} = U_A - U_B$$

▶ Mediate questa relazione dimostra che una forza conservativa compie un lavoro nullo lungo uno spostamento chiuso.

31 PROBLEMA **Forza conservativa**
#energiapotenziale

Un corpo è soggetto solo all'azione di una forza conservativa $\vec{F}_c$. È noto che la forza $\vec{F}_c$ compie un lavoro $L_{A \to B} = 120$ J nel passaggio del corpo da A a B e un lavoro $L_{B \to C} = -40$ J nel passaggio da B a C.
▶ Che lavoro $L_{C \to A}$ compie la forza sul corpo nel passaggio da C ad A?
Scegli il livello zero dell'energia potenziale nel punto B.
▶ Determina l'energia potenziale del corpo in A e in C.

LA SITUAZIONE FISICA E IL MODELLO

La forza $\vec{F}_c$ è conservativa per cui

- il lavoro che compie in uno spostamento non dipende dal cammino percorso ma solo dai punti iniziale e finale;
- il lavoro che compie nello spostamento da C ad A è uguale e opposto al lavoro che compie da A a C:

$$L_{C\to A} = -L_{A\to C}$$

- il lavoro da A a C è la somma dei lavori da A a B e da B a C:

$$L_{A\to C} = L_{A\to B} + L_{B\to C}$$

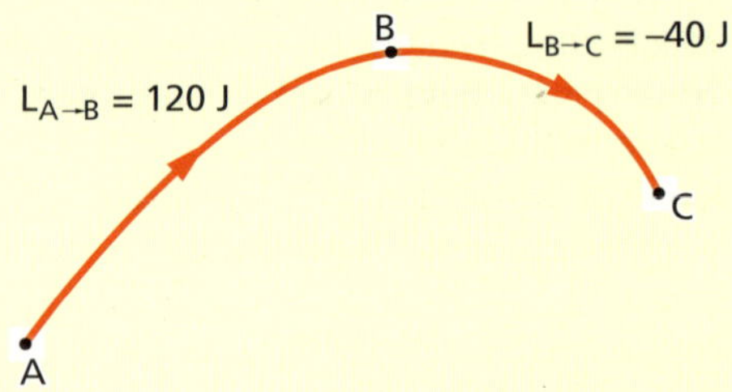

La variazione di energia potenziale e il lavoro compiuto da una forza conservativa nel passaggio di un corpo da A a B sono legati dalla relazione $L_{A\to B} = U_A - U_B$.

LA RISOLUZIONE

1. Per le proprietà delle forze conservative

$$L_{C\to A} = -L_{A\to C} = -(L_{A\to B} + L_{B\to C})$$

2. Posto per ipotesi $U_B = 0$ si ha

$$U_A - U_B = L_{A\to B} \Rightarrow U_A = L_{A\to B}$$

$$U_B - U_C = L_{B\to C} \Rightarrow U_C = -L_{B\to C}$$

I DATI E IL RISULTATO

$L_{A\to B} = 120$ J
$L_{B\to C} = -40$ J
$U_B = 0$ J

$$L_{C\to A} = -(120\text{ J} - 40\text{ J}) = -80\text{ J}$$

$$U_A = 120\text{ J}$$

$$U_C = 40\text{ J}$$

32 **PROBLEMA SIMILE**

Scegli il livello zero dell'energia potenziale nel punto A.

▶ Determina l'energia potenziale del corpo in B e in C. [−120 J; 80 J]

33 Un corpo si sposta sotto l'effetto di una forza conservativa $\vec{F}_c$ dal punto A al punto B. In A il corpo ha un'energia potenziale di −130 J associata a $\vec{F}_c$. Nello spostamento da A a B $\vec{F}_c$ compie un lavoro di −340 J sul corpo.

▶ Qual è l'energia potenziale del corpo in B?

Nel punto C l'energia potenziale del corpo è nulla.

▶ Calcola il lavoro compiuto dalla forza per spostare il corpo
- da B a C;
- da C a B;
- da C ad A.

[210 J; 210 J; −210 J; 130 J]

34 **QUESITO** **CHE COSA SUCCEDE?** Due amici devono raggiungere il terzo piano di un'abitazione. Alessio sale 3 piani di scale, mentre Giulia prende l'ascensore. La massa di Alessio è superiore del 20% alla massa di Giulia.

▶ La forza peso compie lavori diversi su di essi? Spiega.

5 L'energia potenziale gravitazionale

35 **QUESITO** **FAI UNA STIMA** Quanta energia potenziale ha una tegola di 4 kg sul tetto di un palazzo di 5 piani?

[$6 \cdot 10^2$ J]

chaiyawat chaidet / Shutterstock

36 Un pendolo è formato da un filo di massa trascurabile e lungo 85 cm e da una massa di 1,7 kg. Il pendolo è appeso al soffitto di una stanza alto 2,9 m. All'istante iniziale il filo forma un angolo di 65° rispetto alla verticale.
- ▶ Qual è l'energia potenziale del pendolo se si sceglie come livello di riferimento il pavimento?
- ▶ Quanto vale se si sceglie, invece, il soffitto?

[42 J; −6,0 J]

37 Considera la situazione del problema precedente. Dopo essere stato lasciato libero, il pendolo oscilla fino a fermarsi.
- ▶ Di quanto varia l'energia potenziale gravitazionale?
- ▶ Devi specificare il livello di riferimento che hai scelto per l'energia potenziale gravitazionale? Spiega

[−8,2 J]

38 QUESITO **LEGGI IL GRAFICO** Il grafico mostra l'andamento dell'energia potenziale di un blocchetto di 110 g in funzione della sua posizione su una guida composta da due tratti orizzontali raccordati da un tratto obliquo.
- ▶ Qual è la pendenza del tratto obliquo?

[26°]

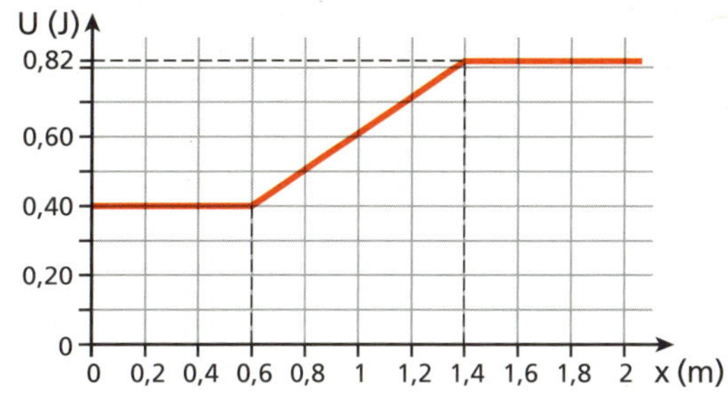

39 QUESITO **LEGGI IL GRAFICO** Il grafico mostra l'andamento dell'energia potenziale di un blocchetto di 1,3 kg in funzione della sua posizione su una guida composta da due tratti orizzontali raccordati da un tratto obliquo.
- ▶ Calcola la pendenza del tratto obliquo rispetto alla direzione orizzontale.

[−27°]

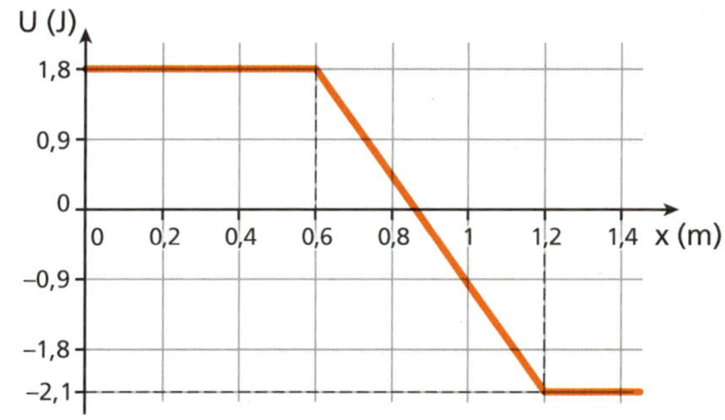

6 L'energia potenziale elastica

40 QUESITO **LEGGI IL GRAFICO** Il grafico rappresenta l'andamento dell'energia potenziale di una molla in funzione del suo allungamento dalla posizione di equilibrio.
- ▶ Determina la costante elastica della molla.

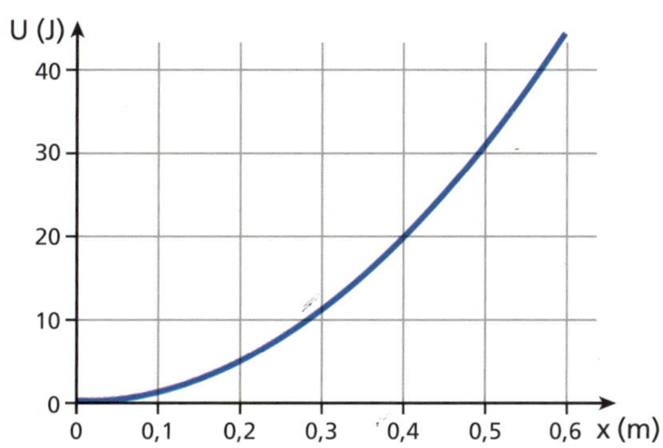

[250 N/m]

41 Una molla immagazzina un'energia potenziale elastica di 75 J quando è allungata di 30 cm.
- ▶ Calcola la costante elastica della molla.

[1,7 kN/m]

42 Una molla è lunga 50 cm Per portarla alla lunghezza di 30 cm devi comprimerla con una forza di 40 N.
- ▶ Quanto lavoro devi fare?

[4,0 J]

43 QUESITO **SPIEGA PERCHÉ** Una molla con costante elastica k viene allungata di un tratto x dalla posizione di equilibrio. Successivamente la molla viene allungata di un ulteriore tratto x.
- ▶ Si compiono due lavori uguali? Spiega.

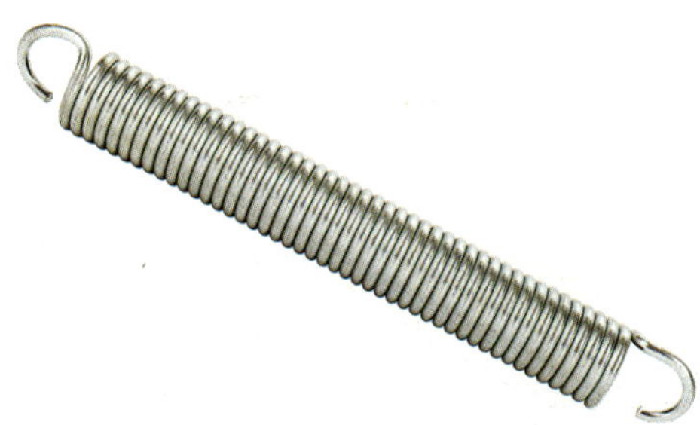

Richard Peterson / Shutterstock

44 ■■■ PROBLEMA SU PIÙ CONCETTI **Unione di due molle**
#energiapotenziale #terzoprincipio

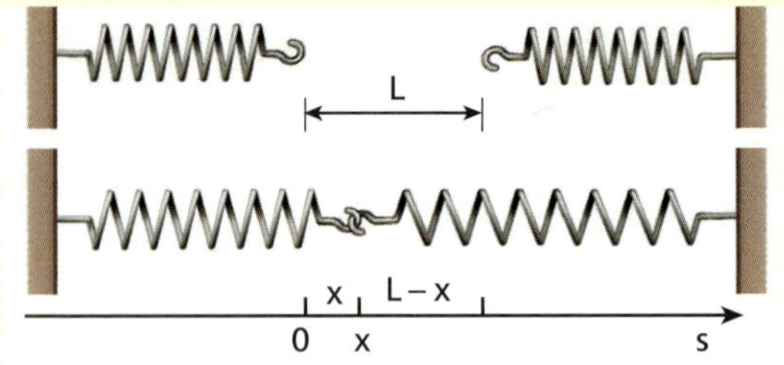

Le due molle in figura hanno costanti elastiche k_1 e k_2, con $k_1 > k_2$. La distanza fra i due estremi liberi è L. Successivamente le due molle vengono agganciate e il sistema raggiunge l'equilibrio.

- ▶ Determina la coordinata del punto di aggancio nel sistema di riferimento indicato in figura.
- ▶ Esprimi in funzione di k_1, k_2 e L l'energia immagazzinata dal sistema nella configurazione finale.
- ▶ Quale delle due molle immagazzina la maggiore quantità di energia?

LA SITUAZIONE FISICA E IL MODELLO

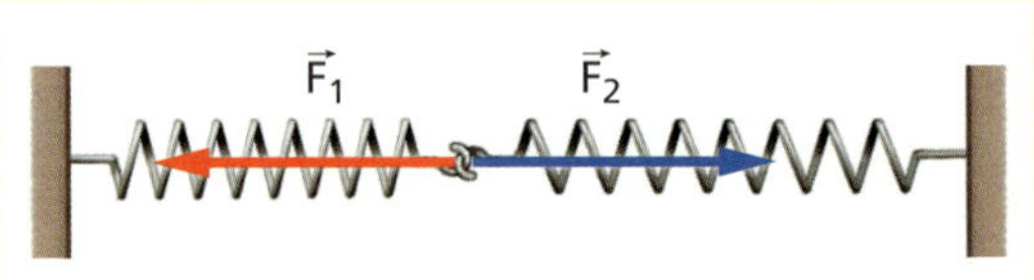

All'equilibrio, sull'estremo comune ogni molla esercita una forza uguale e opposta all'altra, secondo il principio di azione e reazione

$$\vec{F}_1 = -\vec{F}_2 \quad \Rightarrow \quad F_1 = F_2$$

L'energia immagazzinata è la somma delle energie potenziali delle due molle.

Per stabilire se è maggiore l'energia potenziale U_1 della prima molla o l'energia potenziale U_2 della seconda, valutiamo il rapporto U_1/U_2.

LA RISOLUZIONE

1. All'equilibrio le forze delle due molle sono opposte, ma hanno lo stesso modulo:

$$k_1 x = k_2(L - x)$$

Imponendo $F_1 = F_2$ otteniamo l'allungamento della molla di sinistra

$$k_1 x = k_2(L - x) \quad \Rightarrow \quad x = L\frac{k_2}{k_1 + k_2}$$

L'allungamento della molla di destra è

$$L - x = L\frac{k_1}{k_1 + k_2}$$

2. L'energia immagazzinata dal sistema è $U = U_1 + U_2$ con

$$U_1 = \frac{1}{2}\frac{k_1 k_2}{(k_1 + k_2)^2}L^2 k_2 \qquad U_2 = \frac{1}{2}\frac{k_1 k_2}{(k_1 + k_2)^2}L^2 k_1$$

3. Poiché $k_1 > k_2$, il rapporto $U_1/U_2 = k_2/k_1$ è minore di 1: la molla con costante elastica minore accumula la maggiore quantità di energia potenziale.

COSA SUCCEDE SE

Se una delle due molle ha una costante elastica molto maggiore dell'altra, il suo allungamento è praticamente nullo e quindi la sua energia potenziale è trascurabile. Per esempio, se $k_1 \gg k_2$ si ha

$$x = \frac{k_2}{k_1 + k_2}L \approx \frac{k_2}{k_1}L \approx 0 \quad \Rightarrow \quad U_1 \approx 0$$

Quindi l'energia viene immagazzinata quasi totalmente dall'altra molla.

45 ■■■ Considera il problema precedente nel caso in cui $L = 0{,}28$ m, $k_1 = 220$ N/m e $k_2 = 130$ N/m.

- ▶ Qual è l'energia immagazzinata nella configurazione finale da ciascuna delle molle? [1,2 J; 2,0 J]

46 ■■■ Due molle con costanti elastiche rispettivamente $k_1 = 220$ N/m e $k_2 = 370$ N/m sono connesse in serie, cioè sono agganciate una all'estremo dell'altra. Il sistema da esse formato viene allungato di 18 cm.

- ▶ Calcola il lavoro compiuto. [2,2 J]

47 Due molle aventi la stessa lunghezza e costanti elastiche rispettivamente k_1 = 320 N/m e k_2 = 170 N/m sono connesse in parallelo come mostra il disegno. Il sistema da esse formato viene compresso di 15 cm.
▶ Calcola il lavoro compiuto.

[5,5 J]

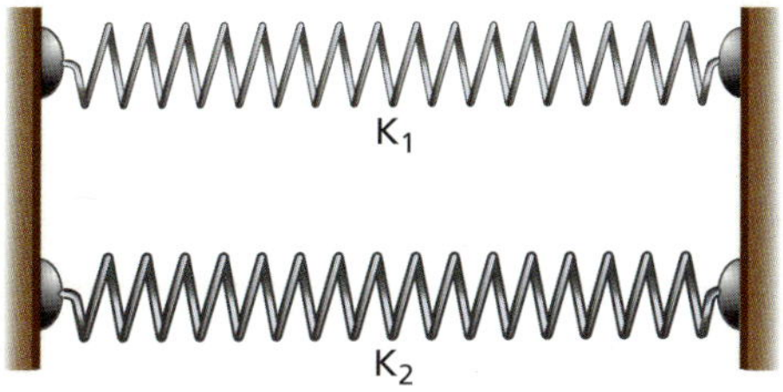

48 QUESITO DISEGNA IL GRAFICO Le molle precompresse sono molle le cui spire si toccano, per cui non sono comprimibili; inoltre se si vuole produrre un allungamento è necessario superare una forza iniziale F_0. Considera una molla di costante elastica k = 40 N/cm, precompressa con una forza F_0 = 20 N.
▶ Calcola il lavoro necessario ad allungare la molla di 10 cm.
▶ Disegna il grafico dell'energia potenziale.

[22 J]

49 Una molla di costante elastica k e di massa trascurabile è appesa verticalmente per un suo estremo. Si attacca una massa m all'estremo libero della molla: il sistema massa + molla si stabilizza in una posizione di equilibrio. L'energia potenziale gravitazionale della massa è nulla nell'origine del sistema di riferimento scelto.
▶ Dimostra che in questa posizione l'energia potenziale totale del sistema è minima.

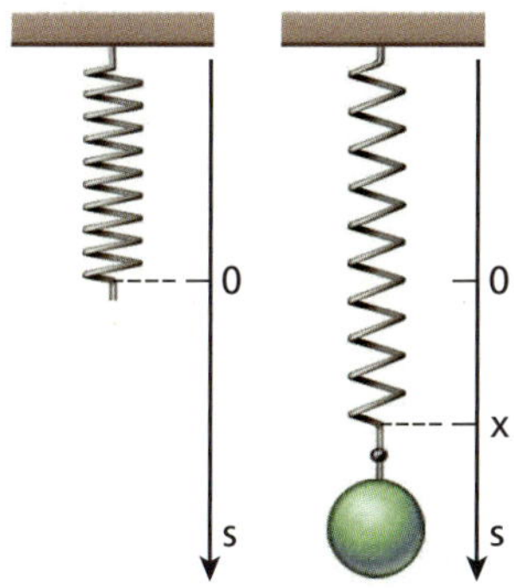

50 Considera il problema *Unione di due molle*. Al variare dell'allungamento di una delle due molle, cambia l'energia potenziale immagazzinata dal sistema. Questa energia assume il valore minimo nella configurazione di equilibrio.
▶ Dimostralo.

7 La conservazione dell'energia meccanica

51 Un oggetto di 0,35 kg è lanciato verticalmente a 13 m/s e raggiunge l'altezza di 7,2 m con velocità nulla.
▶ Calcola il lavoro esercitato dalla resistenza dell'aria. [–4,9 J]

52 Una atleta di 50 kg salta da 2 m di altezza su un tappeto elastico: nel rimbalzo sale fino a 1,6 m.
▶ Quanta energia è stata dissipata?

[$2 \cdot 10^2$ J]

53 Un vaso di massa 3,0 kg, cadendo da un balcone, passa davanti a una finestra e, nell'attraversarla, la sua energia cinetica cambia da 25 J a 70 J.
▶ Calcola l'altezza della finestra.

[1,5 m]

54 Un oggetto indeformabile di massa 4 kg cade da un'altezza di 10 m e urta contro il pavimento di legno arrestandosi di colpo, ma deformando il pavimento di legno di circa un centimetro.
▶ Stima il modulo della forza che lo ha fermato.

[$4 \cdot 10^4$ N]

55 QUESITO ARGOMENTA Due sferette identiche vengono fatte partire contemporaneamente da ferme rispettivamente dai punti A e B. Ogni guida è priva d'attrito e ha la forma di un quarto di circonferenza; le due guide hanno raggi uguali.
▶ Stabilisci quale delle due sferette arriva nel tratto piano CD:
- con velocità maggiore;
- prima dell'altra.

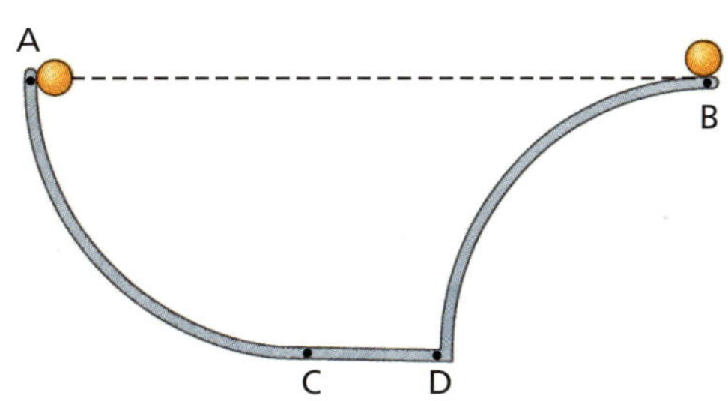

56 Una forza costante di modulo $F = 375$ N solleva all'altezza $h = 12{,}0$ m una cassa di 24,3 kg.

- ▶ Che lavoro ha compiuto la forza?
- ▶ Qual è l'energia potenziale gravitazionale della cassa all'altezza di 12 m rispetto al terreno?
- ▶ Con che velocità la cassa arriva all'altezza h?

[4,50 kJ; 2,86 kJ; 11,6 m/s]

57 QUESITO **LEGGI IL GRAFICO** Il grafico mostra l'energia cinetica di un corpo che si muove su un piano orizzontale.

- ▶ Spiega che cosa succede al corpo nei tratti AB, BC e CD.

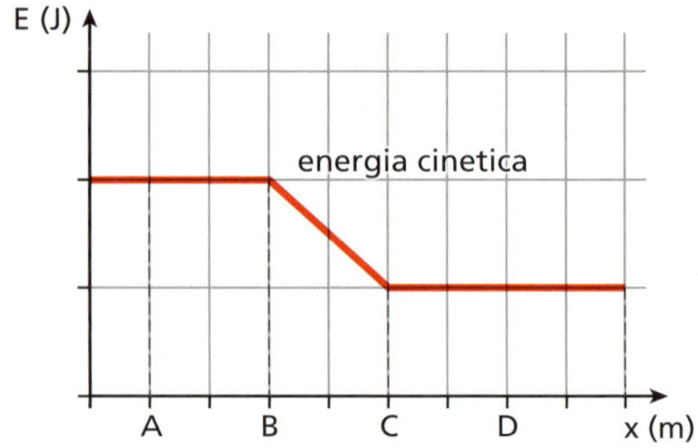

58 PROBLEMA **In caduta**
#conservazioneenergia

Un sasso di 45 g viene lanciato con velocità $v_0 = 12$ m/s in direzione orizzontale da una scogliera a strapiombo sul mare alta $h_0 = 22$ m. Assumi che l'attrito dell'aria sia trascurabile e che il livello di riferimento sia la superficie del mare.

- ▶ Calcola l'energia potenziale e l'energia cinetica del sasso dopo $\Delta t = 1{,}3$ s dal momento del lancio.

LA SITUAZIONE FISICA E IL MODELLO

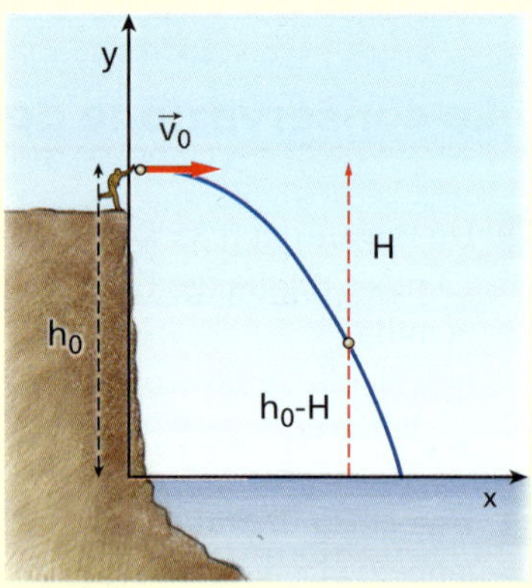

In assenza di attrito, l'energia meccanica totale del sasso rimane uguale alla sua energia iniziale E_0. Nel sistema di riferimento indicato, dopo un intervallo $\Delta t = 1{,}3$ s il sasso è sceso di un tratto H e la sua altezza sul mare è $h = h_0 - H$.
L'energia potenziale è diventata

$$U = mg\,(h_0 - H)$$

mentre la sua energia cinetica è

$$K = E_0 - U$$

LA RISOLUZIONE

1. L'energia iniziale del sasso è

$$E_0 = mgh_0 + \frac{1}{2}mv_0^2$$

2. In 1,3 s il sasso cade di un tratto verticale

$$H = \frac{1}{2}g(\Delta t)^2$$

3. L'energia potenziale del sasso è

$$U = mg\,(h_0 - H) = mg\left[h_0 - \frac{1}{2}g\,(\Delta t)^2\right]$$

4. L'energia cinetica del sasso è

$$K = E_0 - U = mgh_0 + \frac{1}{2}mv_0^2 - mg\left[h_0 - \frac{1}{2}g\,(\Delta t)^2\right] =$$

$$K = \frac{1}{2}mv_0^2 + \frac{1}{2}mg^2(\Delta t)^2 = \frac{1}{2}m\left[v_0^2 + g^2(\Delta t)^2\right]$$

I DATI E IL RISULTATO

$v_0 = 12$ m/s
$h_0 = 22$ m
$m = 45$ g $= 4{,}5 \cdot 10^{-2}$ kg
$\Delta t = 1{,}3$ s

$$U = (4{,}5 \cdot 10^{-2}\ \text{kg})(9{,}8\ \text{m/s}^2)\left[22\ \text{m} - \frac{1}{2}(9{,}8\ \text{m/s}^2)(1{,}3\ \text{s})^2\right] = 6{,}1\ \text{J}$$

$$K = \frac{1}{2}(4{,}5 \cdot 10^{-2}\ \text{kg})\left[(12\ \text{m/s})^2 + (9{,}8\ \text{m/s})^2(1{,}3\ \text{s})^2\right] = 6{,}9\ \text{J}$$

COSA SUCCEDE SE

In una situazione reale, la resistenza dell'aria frena la caduta del sasso diminuendone la velocità totale e quindi le componenti orizzontale e verticale. Dopo 1,3 s il sasso è sceso meno di H, quindi è a una quota maggiore, per cui la sua energia potenziale è maggiore. Al contrario, la sua energia cinetica è minore del caso senz'aria per la somma di due effetti: ha un'energia potenziale maggiore e la resistenza dell'aria ha diminuito la velocità rispetto a prima.

59 **PROBLEMA SIMILE**

Calcola l'energia potenziale e l'energia cinetica del sasso 1,7 s prima che arrivi in mare. [9,5 J; 3,5 J]

60 Un blocchetto scivola senza attrito su una guida verticale che ha la forma di un quarto di circonferenza con raggio R. Il blocchetto parte dal punto più alto con velocità nulla.

- ▶ Durante la discesa la reazione vincolare della guida compie lavoro sul blocchetto? Spiega
- ▶ Esprimi la velocità del blocchetto in funzione dell'angolo α.

Dopo essere sceso lungo la guida, il blocchetto si muove su un piano orizzontale scabro ($\mu_d = 0{,}25$) e si ferma dopo un tratto L.

- ▶ Esprimi L in fuzione di R.

61 Un corpo scivola su una guida priva d'attrito, partendo da un punto ad altezza $H = 5{,}4$ m e staccandosi dalla guida con velocità orizzontale alla quota $h = 1{,}7$ m.

- ▶ Che distanza L percorre in orizzontale prima di toccare il suolo? [5,0 m]

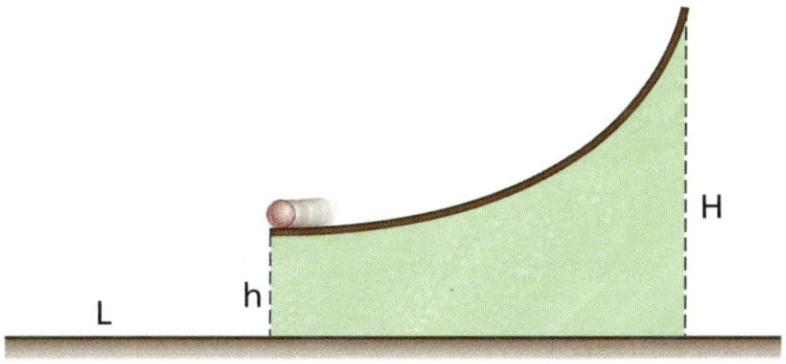

62 Un proiettile di massa 0,80 kg è stato lanciato da terra con un certo angolo. Nel punto più alto della sua traiettoria si trova a 20 m d'altezza e ha una velocità di 7,5 m/s.

- ▶ Calcola l'energia totale del proiettile.
- ▶ Con quale velocità iniziale è stato lanciato?
- ▶ Con quale angolo è stato lanciato?

[0,18 kJ; 21 m/s; 69°]

63 Un carrello di massa 0,600 kg è su un piano ad altezza 2,00 m. C'è una discesa seguita da una risalita che porterà il carrello a 3,00 m d'altezza (figura). Trascura l'attrito.

- ▶ Calcola l'energia potenziale del carrello rispettivamente nella situazione iniziale e finale.
- ▶ Qual è la minima velocità iniziale che consente al carrello di giungere all'altezza di 3,00 m?

[11,8 J, 17,6 J; 4,4 m/s]

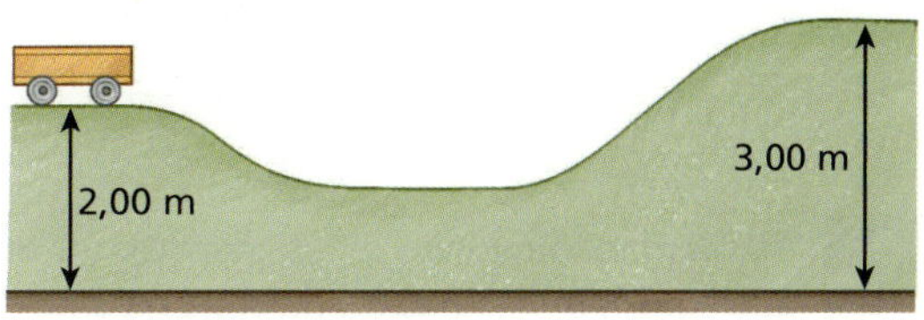

64 A una molla di lunghezza (a riposo) pari a 20 cm e costante elastica $k = 20$ N/m è attaccata una massa di 510 g. La molla è appesa al soffitto. La massa viene sollevata fino a che la molla si accorcia di 10 cm e poi è lasciata andar giù.

- ▶ Di quanto scende la massa prima di fermarsi e tornare a risalire? [70 cm]

65 Un pendolo è costituito da una massa di 0,80 kg, appesa a un filo lungo 1,6 m. Il pendolo viene lasciato andare partendo da un angolo di 45° rispetto alla verticale.

- Che lavoro fa la forza peso nel tratto tra il punto di partenza e il punto più basso della sua traiettoria?
- Quanto vale il lavoro fatto della tensione della fune in questo tratto?
- Qual è la velocità della massa nel punto più basso delle traiettoria? [3,7 J; 0 J; 3,0 m/s]

66 Un carrello di massa m si muove con velocità v lungo una rotaia senza attrito. Alla fine della rotaia c'è una molla di costante k che fa da respingente. La molla si accorcia e frena il carrello. La massima forza esercitata dalla molla si ha nel momento in cui il carrello è fermo.

- Determina il valore di questa forza.

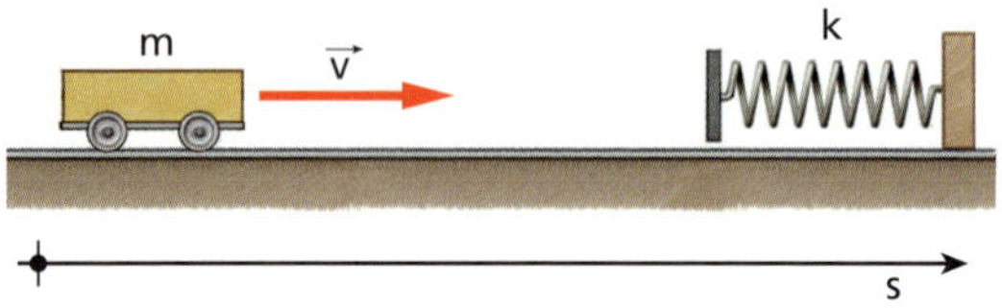

67 Un blocchetto di massa 250 g viene lasciato cadere da fermo da un'altezza h = 18 cm sopra una molla avente costante elastica k disposta verticalmente. La molla, avente lunghezza iniziale 12 cm, si comprime di 3,8 cm.

- Calcola la costante elastica della molla. [740 N/m]

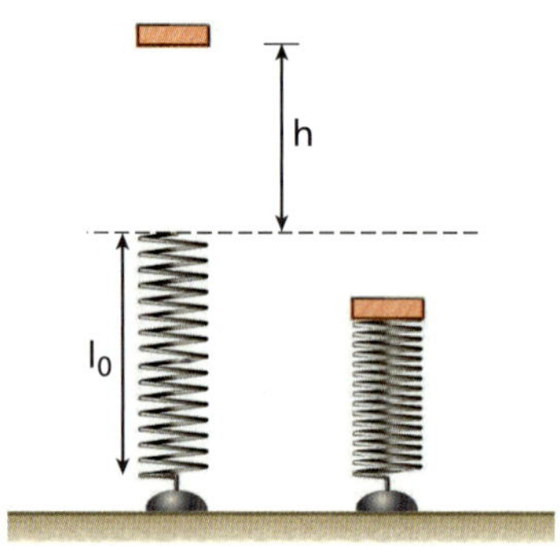

68 Su un piano inclinato di 23° rispetto all'orizzontale è posizionata una molla con costante elastica k = 110 N/m. La molla viene compressa di 8,0 cm mediante un blocco di 35 g, tenuto inizialmente fermo da una forza esterna nel punto che assumiamo come origine. Quando la forza esterna viene tolta in modo repentino, la molla lancia il blocco.

- Che distanza percorre il blocco prima di fermarsi e tornare a scendere? [2,6 m]

69 **QUESITO** **ARGOMENTA** Un blocchetto scivola senza attrito su un cuneo. Puoi scegliere di fissare il cuneo al piano oppure lasciare che questo si muova senza attrito su di esso.

- In quale dei due casi il blocchetto arriva in fondo al cuneo con la velocità maggiore? Spiega.

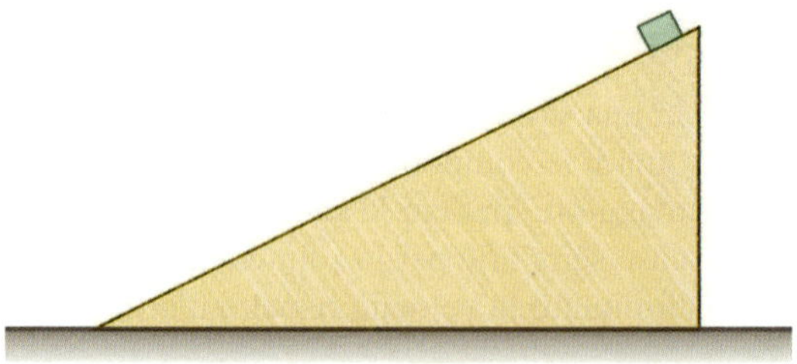

70 Un blocchetto di metallo scivola giù, senza attrito, da una rampa alta 75 cm. Al fondo della rampa il blocchetto incontra una zona il cui coefficiente d'attrito col metallo ha valore 0,3.

- Quanti metri percorre il blocchetto prima di fermarsi? [2,5 m]

71 Un nastro trasporta scatolette di massa m = 0,23 kg alla velocità di 2,6 m/s verso un piano inclinato alto h = 42 cm, lungo il quale le scatolette scivolano con attrito e raggiungono a 3,7 m/s un secondo nastro.

- Che lavoro compie la forza d'attrito su ciascuna scatoletta? [0,15 J]

72 **QUESITO** **CHE COSA SUCCEDE?** Una guida verticale ha la forma di un quarto di circonferenza di raggio R. Metà della guida (nera) ha una superficie liscia, che produce un attrito trascurabile, mentre l'altra (rossa) è scabra.

- Un blocco è posto sul punto più alto della guida e lasciato scivolare.
- In quale delle due configurazioni la velocità finale del blocco è maggiore? Spiega.

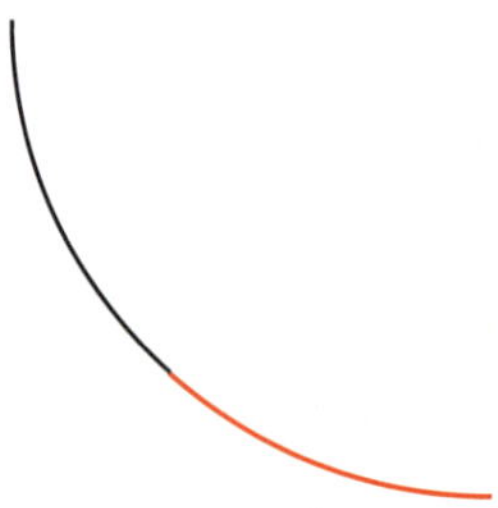
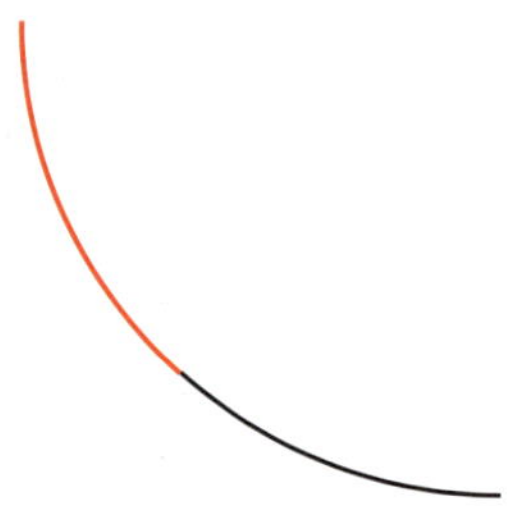

73 **PROBLEMA** **Con l'attrito**
#forzenonconservative

Un piano inclinato è lungo $L = 0{,}62$ m e alto $H = 0{,}34$ m. Un blocco è in cima al piano inclinato e inizia a scivolare. Arrivato in fondo al piano inclinato prosegue per $l = 0{,}63$ m e si ferma. Il piano inclinato e il piano orizzontale sul quale il blocco prosegue la corsa sono fatti dello stesso materiale, perciò il coefficiente d'attrito dinamico μ tra essi e il blocco è lo stesso.

▶ Calcola μ.

LA SITUAZIONE FISICA E IL MODELLO

Sul sistema agisce la forza di attrito, che è una forza non conservativa. Il lavoro che compie è uguale alla variazione di energia meccanica totale:

$$L_{nc} = E_f - E_i$$

Scegliamo come livello zero dell'energia potenziale gravitazionale la base del piano inclinato. Il corpo parte da fermo da un'altezza L:

$$E_i = mgH$$

Il corpo si ferma alla quota $h = 0$:

$$E_f = 0$$

La forza d'attrito compie un lavoro resistente L_{nc}^{incl} lungo il piano inclinato e L_{nc}^{oriz} lungo il piano orizzontale.

LA RISOLUZIONE

1. Il blocco si ferma ($E_f = 0$), per cui il lavoro totale compiuto dalla forza d'attrito è

$$L_{nc} = E_f - E_i = -E_i$$

2. Detta b la base del piano inclinato, il lavoro resistente lungo il piano inclinato è

$$L_{nc}^{incl} = -F_{at}L = -\mu mg\frac{b}{L}L = -\mu mgb$$

$$b = \sqrt{L^2 - H^2}$$

3. Il lavoro resistente lungo il piano orizzontale è

$$L_{nc}^{oriz} = -F_{at}l = -\mu mgl$$

4. Essendo

$$L_{nc} = L_{nc}^{incl} + L_{nc}^{oriz} = -\mu mg\,(l + b) = -mgH$$

per cui

$$\mu = \frac{H}{b + l} = 0{,}30$$

HA SENSO?

Nel risultato finale non compare la massa del blocco. Ciò accade perché tutte le forze a cui il blocco è soggetto sono direttamente proporzionali alla sua massa. Quindi anche l'energia iniziale e il lavoro della forza d'attrito sono direttamente proporzionali alla massa: nell'equazione $L_{nc} = -E_i$ le masse si elidono.

74 **PROBLEMA SIMILE**

Considera la situazione descritta nel problema.

▶ Dove si ferma il blocco se il coefficiente di attrito dinamico vale 0,4? [0,33 m]

75 Una rampa è lunga $L = 2{,}8$ m e alta $H = 1{,}2$ m. Una grossa scatola è in cima alla rampa e inizia a scivolare. Arrivata in fondo alla rampa prosegue sul pavimento del magazzino. Il coefficiente di attrito sulla rampa è $\mu_{incl} = 0{,}35$ mentre sul pavimento è $\mu_{oriz} = 0{,}22$.

▶ Calcola la distanza d che la scatola percorre sul pavimento prima di fermarsi. [1,4 m]

76 Un corpo di 2,5 kg è fermo su un piano orizzontale. Sotto l'azione di una forza orizzontale di 12 N, il corpo si muove sul piano (coefficiente di attrito dinamico 0,31) per 1,8 m. L'azione della forza cessa quando il corpo inizia a salire su un piano inclinato privo d'attrito.

▶ A quale altezza arriva il corpo? [0,32 m]

77 Un modellino di automobile di 85 g viene spinto lungo una pista orizzontale da una molla (k = 150 N/m) inizialmente compressa di 7,8 cm. La guida orizzontale termina con un quarto di circonferenza verticale. Gli attriti sono trascurabili.

- ▶ A che altezza massima arriva il modellino?
- ▶ Spiega se è necessario trattare separatamente i due casi seguenti:
  - il modellino esce dal punto più alto della guida;
  - il modellino non supera il punto più alto della guida. [55 cm]

78 Considera la situazione del problema precedente. Supponi che 67 cm della guida orizzontale siano rovinati, per cui il modellino risente di un attrito dinamico. Il carrellino supera questo tratto e arriva all'altezza massima di 28 cm.

- ▶ Calcola il coefficiente di attrito dinamico μ_d. [0,40]

79 **QUESITO** **LEGGI IL GRAFICO** Un corpo si muove lungo una guida che è formata da 4 tratti: due tratti rettilinei, un piano inclinato in salita e un piano inclinato in discesa. Sul corpo agiscono solo la forza peso e la reazione vincolare della guida. Il grafico seguente mostra l'andamento approssimato dell'energia cinetica e dell'energia potenziale del corpo lungo la guida.

- ▶ Qual è l'energia totale del corpo?
- ▶ A quale distanza dall'origine del riferimento c'è il tratto in discesa della guida?
- ▶ A quale distanza dall'origine del riferimento c'è il tratto in salita della guida?

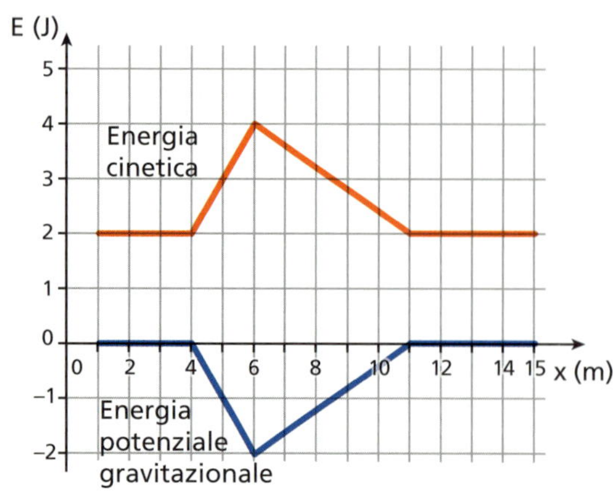

80 Marco ha costruito una pista giocattolo per slitte: a una discesa pendente di 32° rispetto all'orizzontale, segue una salita di 20°. Il coefficiente di attrito dinamico tra slitta e pista è di 0,3. Marco posiziona la slitta sulla sommità della discesa.

- ▶ Con quale velocità minima Marco deve lanciare la slitta affinché questa giunga fino alla sommità della salita? [2,5 m/s]

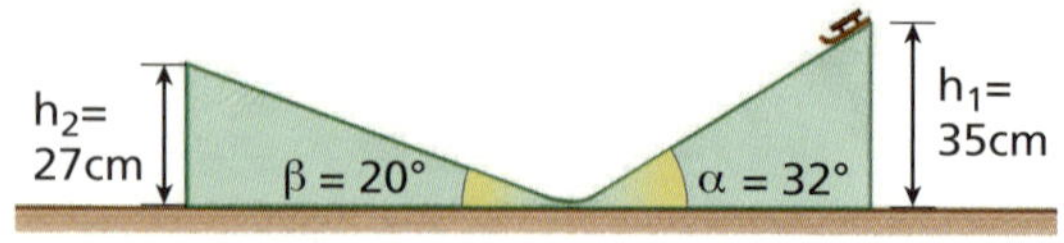

81 **QUESITO** **CHE COSA SUCCEDE?** Un blocchetto scivola senza attrito su una guida verticale che termina con una semicirconferenza. I due estremi della guida sono alla stessa quota. Il blocchetto parte da fermo dall'estremo sinistro della guida.

- ▶ Stabilisci quale delle situazioni seguenti si realizza quando il blocchetto risale e passa nel punto più alto della sua traiettoria ascendente. Motiva la risposta.

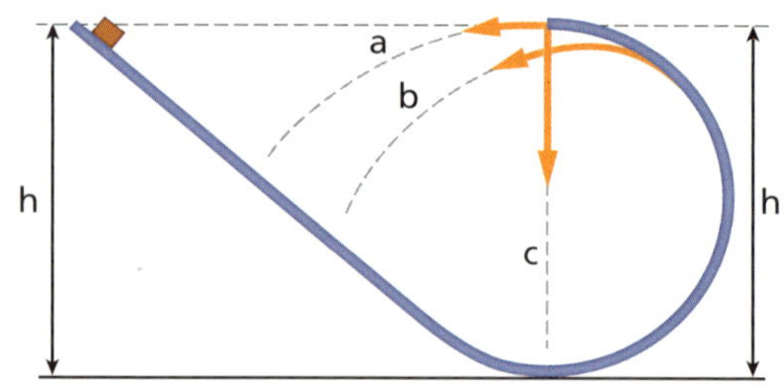

82 Una massa m scivola lungo una guida verticale priva d'attrito la cui parte finale è una semicirconferenza. La massa esce nel punto più alto della guida.

- ▶ Qual è la minima altezza h da cui la massa è partita da ferma?

(*Suggerimento*: nel punto più alto della traiettoria la forza centripeta deve essere maggiore o uguale al peso.)

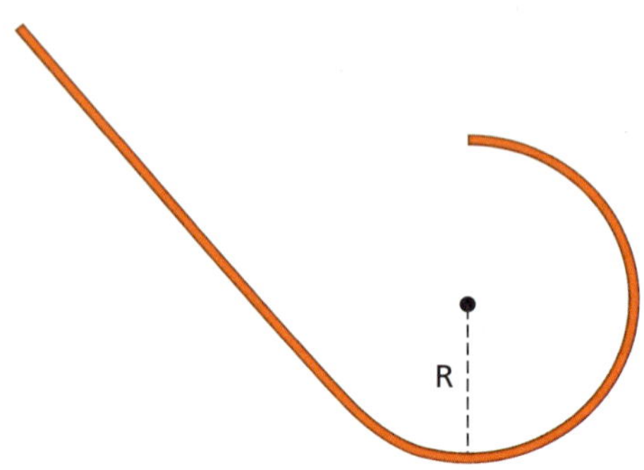

83 Una massa scivola su una guida verticale che termina con un arco di circonferenza di raggio R. La massa parte da ferma all'altezza $h > R$. Nel suo punto più alto l'arco ha tangente verticale. Considera il moto della massa dopo aver lasciato la guida.

▶ Per ciascuna delle seguenti affermazioni, stabilisci se è vera o falsa motivando le risposte:
a) la massa ha velocità nulla nel punto più alto della sua traiettoria.
b) raggiunge l'altezza h.
c) anche se viene tagliato il tratto finale della guida, la massa raggiunge l'altezza h.

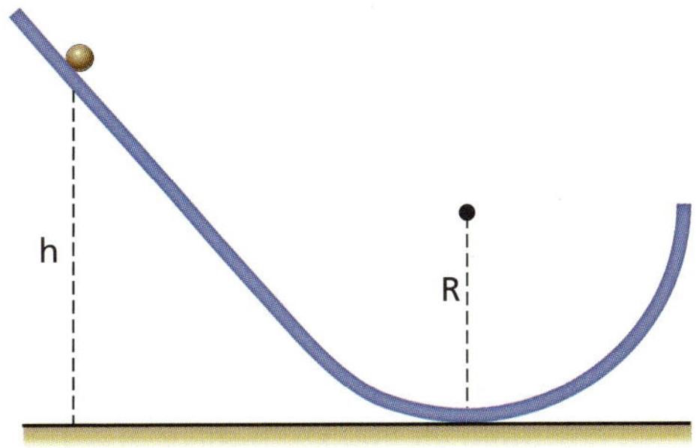

8 La potenza

84 **PROBLEMA** **Discesa frenata**
#potenza

Un cilindro di metallo di massa $m_1 = 2{,}0$ kg trascina un blocco di massa $m_2 = 5{,}0$ kg che si trova su un tavolo. Il sistema cilindro-blocco si muove a velocità costante $v = 1{,}5$ m/s. L'attrito della carrucola è trascurabile.

▶ Calcola la potenza dissipata dalla forza d'attrito tra il blocco m_2 e il tavolo.

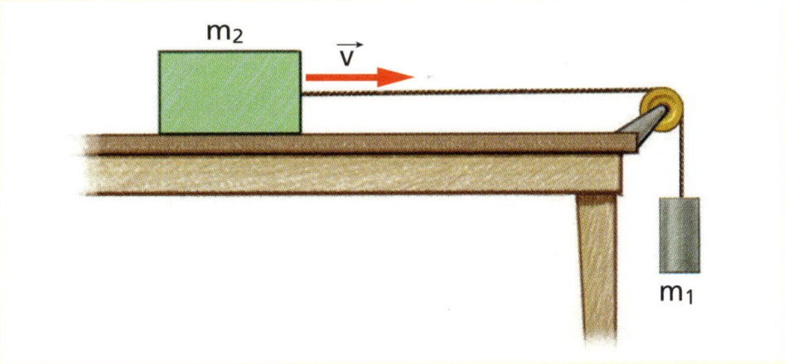

LA SITUAZIONE FISICA E IL MODELLO

Il blocco e il cilindro si muovono a velocità costante: per il secondo principio della dinamica, su ciascuno di essi agisce una forza risultante nulla.
Nota la forza d'attrito, si ricava la potenza che essa dissipa.

LA RISOLUZIONE

1. Il blocco si muove a velocità costante, per cui la forza di attrito è uguale (in modulo) alla tensione della fune:

$$T - F_{att} = 0 \quad \Rightarrow \quad T = F_{att}$$

2. Anche il cilindro che scende si muove a velocità costante, quindi la tensione della fune e uguale (in modulo) al peso del cilindro

$$T - P_1 = 0 \quad \Rightarrow \quad T = P_1$$

3. Uguagliando i secondi membri otteniamo

$$F_{att} = P_1 = m_1 g$$

4. La potenza dissipata dall'attrito è

$$\boxed{P = F_{att} v = m_1 g v}$$

I DATI E IL RISULTATO

$m_1 = 2{,}0$ kg
$m_2 = 5{,}0$ kg
$v = 1{,}5$ m/s

⇨ $P = (2{,}0 \text{ kg})(9{,}8 \text{ m/s}^2)(1{,}5 \text{ m/s}) = 29 \text{ W}$

85 **PROBLEMA SIMILE**

Il cilindro viene sostituito da un cilindretto di massa 1,5 kg. Il nuovo sistema blocco-cilindretto viene posto su un secondo tavolo fatto di un diverso materiale. In questo caso la velocità del sistema è di 1,1 m/s.

- ▶ Qual è la potenza dissipata dall'attrito?
- ▶ Determina il coefficiente d'attrito dinamico.

[16 W; 0,30]

86 Un montacarichi di massa 300 kg solleva un carico costituito da 500 kg di mattoni a 1,2 m/s. In prima approssimazione trascura l'attrito.

- ▶ Qual è la potenza necessaria? [9,4 kW]

87 Un paracadutista di 80 kg scende a velocità costante di 3,5 m/s per effetto dell'attrito con l'aria.

- ▶ Determina la potenza dissipata dall'attrito.

[2,7 kW]

88 Un Boeing 747 richiede una potenza di 140 MW circa per una velocità di crociera di 900 km/h.

- ▶ Calcola la spinta complessiva dei reattori.

[560 kN]

89 Durante la caduta libera, la forza peso trasforma l'energia potenziale gravitazionale in energia cinetica.

- ▶ Qual è il valore della potenza istantanea associata a questa trasformazione di energia per un oggetto di massa 5,0 kg dopo 2,0 s di caduta libera? [960 W]

90 Un'automobile di massa 800 kg viaggia a 36 km/h. Vuoi accelerarla di 2,0 m/s^2 e mantenere l'accelerazione per 5,0 s. Considera trascurabile l'attrito.

- ▶ Qual è la potenza necessaria inizialmente?
- ▶ Qual è la potenza dopo 5,0 s?

[16 kW; 32 kW]

91 Una slitta scorre su una rotaia con attrito trascurabile. La sua massa è 80 kg ed è spinta da un razzo particolare che mantiene costante la potenza al valore di 100 W. Inoltre la slitta è inizialmente ferma.

- ▶ Quale velocità raggiunge dopo un minuto?

[44 km/h]

PROBLEMI FINALI

92 **Una partita «sudata»**

Un essere umano allenato riesce a sviluppare in modo continuativo una potenza pari a circa 200 W. Un televisore a cristalli liquidi tenuto acceso per la durata di una partita consuma circa 630 kJ di energia elettrica.

- ▶ Uno spettatore riuscirebbe a produrre la potenza necessaria a vedere una partita?

93 **Perdite per rotolamento**

L'attrito di rotolamento delle ruote di un'automobile dipende dallo stato degli pneumatici e dal terreno. Per un'auto di massa 1 t questo tipo di attrito è circa 100 N.

- ▶ Stima la perdita di potenza a causa di questo attrito per un'automobile che viaggia a 70km/h.

[2 kW]

94 **UFO aerostatico** I palloni sonda (spesso scambiati per dischi volanti) sono grossi involucri riempiti di un gas leggero che permettono di trasportare ad alta quota strumentazione scientifica. La velocità di salita viene mantenuta a circa 300 m/min e la massa complessiva del pallone con la strumentazione è 4 kg.

- ▶ Esprimi l'energia potenziale gravitazionale in funzione del tempo.

95 **Che cos'è l'MGU?**

L'MGU (Motor Generator Unit) è un insieme di dispositivi che recuperano e immagazzinano energia dal funzionamento del motore delle auto di Formula 1. L'energia recuperata viene erogata alle ruote motrici e si aggiunge a quella fornita dal motore. In gara entra in funzione quando il pilota necessita di potenza aggiuntiva, per esempio durante un sorpasso. Per regolamento, un MGU può rilasciare *solo* 4,0 MJ per giro. Supponi che l'erogazione avvenga in 31 s.

- ▶ Calcola l'aumento di potenza ottenuto.

[130 kW]

96 L'attrito dell'alta velocità

Il treno ad alta velocità usato nelle ferrovie italiane è il modello ETR 500. Il treno raggiunge la velocità di 300 km/h e la potenza installata è di 8800 kW.

▶ Calcola la forza di attrito complessiva. [106 kN]

railwaymania.com

97 Potenza della natura

Nonostante la loro notorietà, le cascate del Niagara sono piuttosto basse (52 m). In compenso hanno un'enorme portata d'acqua, con una media annua di 110 000 m^3/min.

▶ Quanta potenza viene dissipata dalla cascata? [930 MW]

98 Pedalare contro l'aria

Per effetto della resistenza aerodinamica è molto più faticoso pedalare a 40 km/h che a 30 km/h. In pianura e con una bicicletta da corsa, a 30 km/h il ciclista deve fornire circa 0,17 kW, mentre a 40 km/h deve fornire circa 0,36 kW.

▶ Calcola quanta energia a kilometro si consuma a 30 km/h e quanta se ne consuma a 40 km/h. [$2{,}0 \cdot 10^4$ J/km; $3{,}2 \cdot 10^4$ J/km]

99 Bici in frenata

Se le pastiglie dei freni di una mountain bike si consumano in modo asimmetrico, possono appoggiarsi al disco e provocare una forza frenante indesiderata. Supponi che la ruota della bicicletta abbia raggio R = 32 cm, il disco del freno abbia raggio r = 11 cm e che le pastiglie producano una forza d'attrito sul bordo del disco di 5,0 N. La bicicletta procede a 25 km/h.

▶ Che potenza viene persa a causa del difetto delle pastiglie? [12 W]

100 Ferrovie di montagna

Un trenino di montagna avente una massa di 200 t sale di 510 m in un viaggio di 30 km effettuato alla velocità media di 25 km/h. L'insieme degli attriti ha l'effetto di una forza resistente pari al 2,0 % del peso del treno.

▶ Qual è l'energia cinetica media del treno?

▶ Calcola la variazione di energia potenziale gravitazionale occorsa durante il viaggio.

▶ Che lavoro compiono gli attriti?

▶ Quale potenza sviluppano in media i motori del treno? [4,8 MJ;1,0 GJ;1,2 GJ; 0,5 MW]

101 Pistola ad acqua over-size

Nel lago di Ginevra si trova il Jet d'Eau, che come dice il nome è un enorme getto d'acqua visibile anche dagli aerei. La fontana lancia fino a 140 m di altezza 500 L d'acqua ogni secondo.

▶ A quale velocità esce l'acqua dalla fontana?

▶ Calcola quanta energia consuma in un giorno il Jet d'Eau. [190 km/h; $5{,}9 \cdot 10^{10}$ J]

Chris James / Wikimedia Commons

102 Evoluzioni

Un carrello di massa 250 g è lanciato da una molla di costante elastica k = 400 N/m lungo una pista che presenta un anello di raggio r = 80 cm, come indicato in figura. Trascura gli attriti.

▶ Calcola di quanto devi comprimere la molla affinché il carrello riesca a effettuare il giro completo senza staccarsi dalla pista. [16 cm]

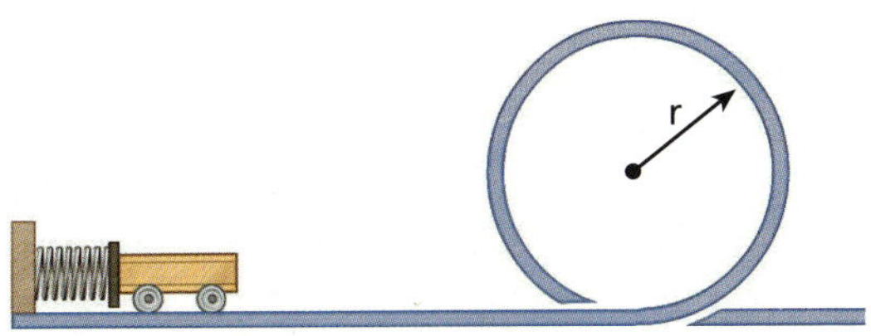

103 **Freestyle**

Uno sciatore, inizialmente fermo, parte da una quota h sopra il centro di una collinetta rotonda, il cui raggio è 4,0 m. Trascura ogni attrito.

▶ Qual è la massima altezza h che consente allo sciatore di rimanere in contatto con la neve nel punto più alto della collinetta? [6,0 m]

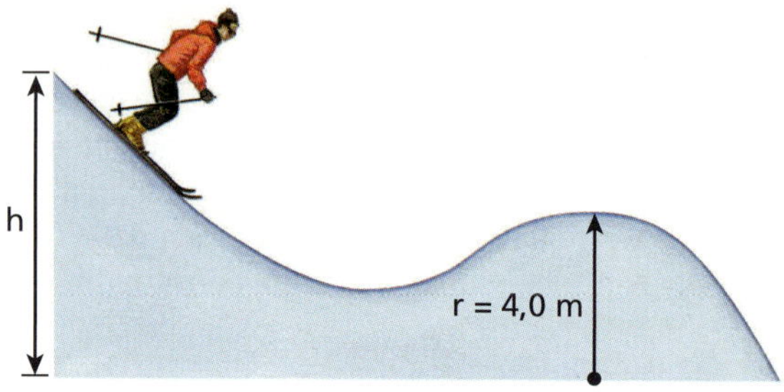

104 **Salto con l'asta**

Nel salto con l'asta gli atleti utilizzano un'asta elastica per convertire l'energia cinetica della rincorsa in energia potenziale durante lo scavalcamento dell'asticella. Supponi che il baricentro dell'atleta sia all'altezza di 1,1 m durante la rincorsa e a 6,10 m nel punto più alto del salto. La massa dell'asta è trascurabile rispetto a quella dell'atleta.

▶ Qual è la velocità minima che l'atleta deve raggiungere nella rincorsa per superare l'asticella?

▶ Quale ipotesi devi fare sull'asta?

Nella realtà, nessun atleta di salto con l'asta è in grado di sviluppare una velocità simile.

▶ Spiega come è possibile che molti atleti abbiano superato i 6 m di altezza.

TEST

1 Un ragazzo di massa *m* fa pattinaggio sopra un lago ghiacciato percorrendo un tratto di lunghezza *L*. Se l'accelerazione di gravità è *g*, il lavoro fatto dalla gravità vale:

A mL
B mgL
C zero
D mg sen(90°)
E mg cos(0°)

(Ammissione a Odontoiatria, 2003/2004)

2 Una pallina di gomma viene lasciata cadere, da ferma, da una altezza di 1 m, e rimbalza sul pavimento. Si osserva che l'energia cinetica della pallina, tra l'istante subito prima e l'istante subito dopo ogni rimbalzo, diminuisce del 20%. Dopo il terzo rimbalzo, trascurando l'attrito con l'aria, a quale altezza massima ci aspettiamo che possa arrivare la pallina?

A meno di 10 cm
B circa 20 cm
C circa 33 cm
D circa 40 cm
E circa 51 cm

(Ammissione a Odontoiatria, 2011/2012)

3 La molla di un'automobilina giocattolo viene caricata spingendo l'automobilina all'indietro con una forza media di 15 N per una distanza di 0,5 m. Trascurando l'attrito, quanta energia potenziale elastica viene immagazzinata nella molla in questo processo?

A 1,9 J
B 3,8 J
C 7,5 J
D 30 J
E 56 J

(Ammissione a Olimpiadi della Fisica, 2013/2014)

4 Durante un trasloco abbiamo la necessità di sollevare un pianoforte dalla strada sino a una finestra posta a una altezza di 15 m. Sapendo che il pianoforte ha una massa di 400 kg, quanto impiegherà, come minimo, un motore di 1 kW a portare il pianoforte dalla strada alla finestra?

A circa 6 secondi
B circa 1 minuto
C circa 10 minuti
D poco più di un'ora
E alcune ore

(Ammissione a Veterinaria, 2010/2011)

5 Siano date due macchine *A* e *B*. La macchina *A* assorbe una potenza da 70 kW ed è accesa per 2 ore, la macchina *B* impegna 140 kW e resta accesa 1 ora. Possiamo dire dell'energia spesa che:

A è uguale per le due macchine
B quella di *B* è uguale a 2 volte quella di *A*
C è doppia nella macchina *A* rispetto a quella di *B*
D quella di *A* sta a quella di *B* come 140 sta a 35
E quella di *A* sta a quella di *B* come 35 sta a 140

(Ammissione a Medicina e Chirurgia, 2002/2003)

SEI PRONTO PER LA VERIFICA?

IN 1 ORA

1 Gli ascensori più veloci del grattacielo World Financial Center di Shanghai salgono a 35 km/h portando un carico massimo di 2,0 t.

▶ Calcola la potenza erogata da motore. [190 kW]

..... / 20

2 Un blocco (m = 280 g) si muove con velocità iniziale v = 3,7 m/s lungo la guida priva di attrito rappresentata in figura. Alla fine del tratto rettilineo posto a quota h = 22 cm dal punto iniziale c'è una molla (k = 24 N/m).

▶ Qual è l'accorciamento massimo d che il blocco provoca alla molla?

▶ È necessario verificare che il blocco superi il dosso della guida, alto 38 cm rispetto al punto di partenza? Spiega perché.

..... / 20

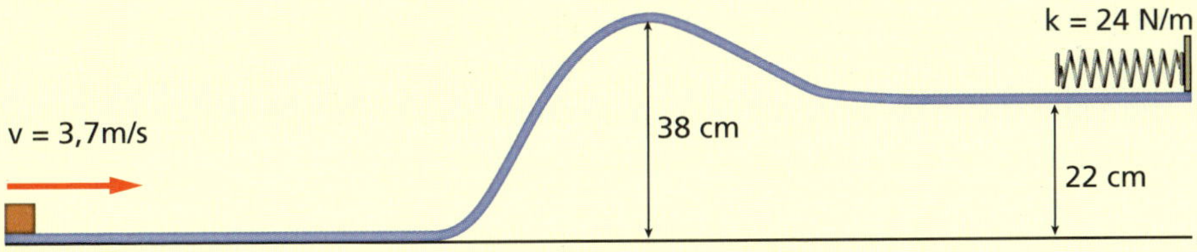

3 Una delle specialità dello sci nordico è il salto dal trampolino. Gli atleti scendono muniti di sci lungo un profilo inclinato lungo il quale acquistano una grande velocità iniziale che consente loro di compiere salti lunghi oltre 200 m.

In una data gara, il trampolino ha il profilo schematizzato in figura. Un atleta di 55 kg si lascia scivolare giù dal punto più alto (H = 52 m).

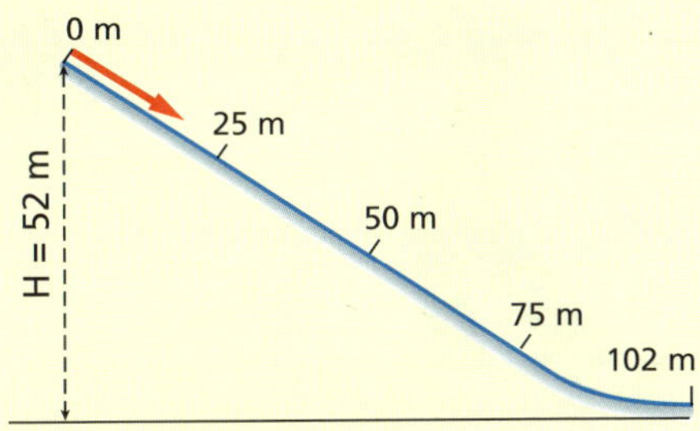

..... / 20

a Calcola la velocità con cui l'atleta lascerebbe il trampolino se gli attriti fossero trascurabili.

..... / 15

In realtà gli attriti non sono trascurabili. Il grafico seguente riporta l'andamento approssimato del modulo della forza d'attrito totale sull'atleta in funzione della posizione d lungo il trampolino. L'origine del sistema è il punto più alto, mentre nel punto più basso la coordinata è 102 m.

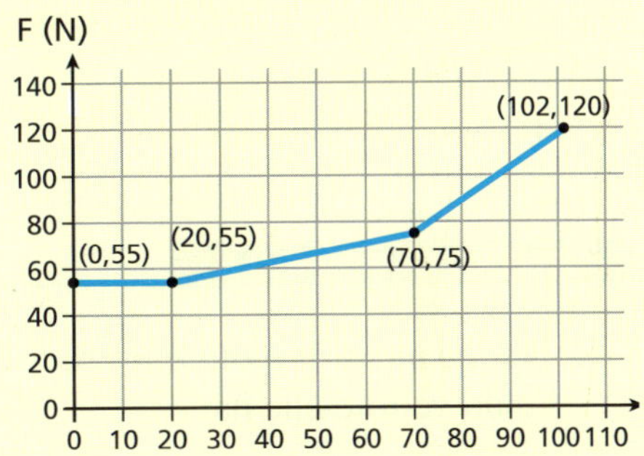

b Calcola il lavoro compiuto dalla forza d'attrito sull'atleta lungo una discesa. ..... / 15

c Calcola la velocità d'uscita dal trampolino. ..... / 15

d L'inclinazione del trampolino è costante, però la forza d'attrito totale cresce lungo la discesa. Spiega perché. [32 m/s; −7,5 kJ; 27 m/s] ..... / 15

TOTALE .... / 100

CAPITOLO

4 LA QUANTITÀ DI MOTO

1 La quantità di moto

FISICA QUOTIDIANA
Lancio

Quando lanci in avanti un oggetto pesante, ti accorgi che il tuo busto si muove indietro. Se lanci uno zaino stando su uno skateboard ti muovi in verso opposto, proprio come accadrebbe se afferrassi uno zaino lanciato verso di te da un compagno. Puoi arretrare alla stessa velocità sia lanciando a bassa velocità uno zaino molto pesante, sia lanciando a velocità maggiore uno zaino più leggero.

Per capire meglio cosa succede, si può introdurre una nuova grandezza fisica: la quantità di moto.

#quantitàdimoto

La **quantità di moto** di un corpo di massa m che si muove a velocità $\vec{v}$ è il vettore

$$\vec{p} = m\vec{v} \quad (1)$$

DENTRO LA FORMULA

- La quantità di moto è il prodotto di uno scalare m e di un vettore $\vec{v}$, quindi è un vettore che ha:
  - stessa direzione e stesso verso del vettore velocità $\vec{v}$;
  - modulo uguale al prodotto della massa del corpo per il modulo della sua velocità:

$$p = mv$$

  - l'unità di misura di p è kg·m/s.

La quantità di moto è una grandezza additiva:

la quantità di moto totale $\vec{p}_{tot}$ di un sistema composto da N corpi è la risultante delle quantità di moto di ciascun corpo:

$$\vec{p}_{tot} = \vec{p}_1 + \vec{p}_2 + \vec{p}_3 + \ldots$$

Quantità di moto e secondo principio della dinamica

La quantità di moto di un corpo cambia quando su di esso agisce una forza totale non nulla.

Per esempio, durante il decollo la spinta $\vec{F}$ dei motori accelera l'aereo e ne aumenta la quantità di moto, che passa da $\vec{p}_i$ a $\vec{p}_f$.

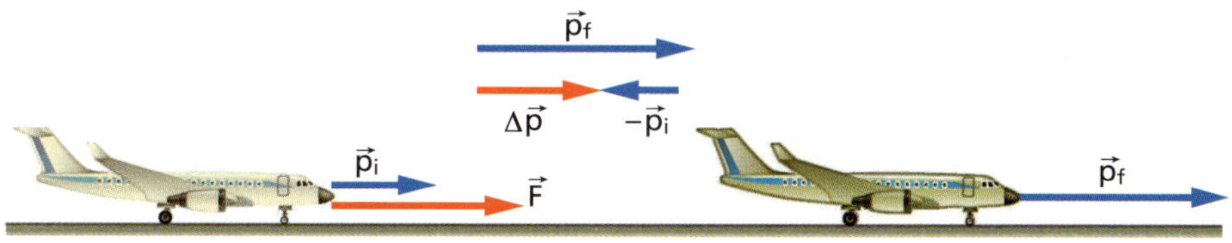

Notiamo che la variazione della quantità di moto $\Delta\vec{p} = \vec{p}_f - \vec{p}_i$ ha la stessa direzione e lo stesso verso della forza totale $\vec{F}$ che la provoca. Queste due grandezze sono intimamente correlate; si dimostra infatti il seguente risultato:

una forza totale $\vec{F}$ che agisce su un corpo per un intervallo di tempo Δt provoca una variazione della sua quantità di moto tale che

$$\Delta\vec{p} = \vec{F}\,\Delta t \qquad (2)$$

#quantitàdimoto
#secondoprincipio

Questa è proprio la formulazione originale del secondo principio della dinamica data da Newton:

un cambiamento della quantità di moto è proporzionale alla forza motrice impressa e ha luogo lungo la linea retta sulla quale la forza agisce.

Dimostriamo la (2) nel caso di un corpo di massa m che nell'intervallo Δt passa dalla velocità $\vec{v}_i$ alla velocità $\vec{v}_f$ sotto l'azione della forza costante $\vec{F}$.

1 La variazione della sua quantità di moto è

$$\Delta\vec{p} = m\vec{v}_f - m\vec{v}_i = m\left(\vec{v}_f - \vec{v}_i\right) = m\Delta\vec{v} \qquad (3)$$

e l'accelerazione del corpo è

$$\vec{a} = \frac{\Delta\vec{v}}{\Delta t}$$

2 Per il secondo principio della dinamica $\vec{F} = m\vec{a}$: sostituendo la relazione precedente e moltiplicando entrambi i membri per Δt si ha

$$\vec{F} = m\,\frac{\Delta\vec{v}}{\Delta t} \quad \Rightarrow \quad \vec{F}\Delta t = m\Delta\vec{v}$$

3 Inserendo questa relazione nella (3) otteniamo in definitiva la (2):

$$\Delta\vec{p} = \vec{F}\Delta t$$

Nel caso di un sistema di corpi, il secondo principio assume la forma

$$\Delta\vec{p}_{\text{tot}} = \vec{F}_{\text{tot}}\Delta t \qquad (4)$$

dove $\Delta\vec{p}_{\text{tot}}$ è la variazione della quantità di moto del sistema e $\vec{F}_{\text{tot}}$ è la risultante delle forze esterne che agiscono sul sistema.

→ PROBLEMA **Cambia la quantità di moto** • pag. 198
#quantitàdimoto

2 L'impulso di una forza

Teorema dell'impulso

Nella relazione (2) compare una nuova grandezza: l'**impulso** di una forza. L'impulso $\vec{I}$ della forza costante $\vec{F}$ è il prodotto di $\vec{F}$ per l'intervallo di tempo in cui essa agisce:

$$\vec{I} = \vec{F}\Delta t \qquad (5)$$

L'unità di misura dell'impulso è newton × secondi (N·s) ed è la stessa della quantità di moto; infatti

$$1\ \text{N}\cdot\text{s} = 1\ \text{kg}\cdot\text{m/s}^2 \cdot \text{s} = 1\ \text{kg}\cdot\text{m/s}$$

Quando viene formulata in termini dell'impulso, la (2) è nota come **teorema dell'impulso**:

la variazione della quantità di moto di un corpo è uguale all'impulso della forza che ha agito su di esso:

#impulso

$$\Delta\vec{p} = \vec{I} \qquad (6)$$

Nel caso di un sistema di corpi, il teorema dell'impulso diviene

$$\Delta\vec{p}_{\text{tot}} = \vec{I}_{\text{tot}}$$

in cui si considera la variazione della quantità di moto del sistema a seguito dell'impulso totale delle forze agenti su di esso.

PER ESEMPIO **L'impulso della gravità**

Un pallone da basket (m = 0,62 kg) viene lanciato.

▸ Quanto vale il suo impulso nell'unità di tempo?

Trascurando la resistenza dell'aria, l'unica forza che agisce sul pallone mentre è in volo è la forza peso. La quantità di moto del pallone varia quindi per effetto dell'impulso della gravità $m\vec{g}\Delta t$. Indipendentemente dalla traiettoria che percorre, la variazione $\Delta\vec{p}$ della sua quantità di moto è un vettore diretto verso il basso (come la forza peso) che ha modulo:

$$\Delta p = F\Delta t = (6{,}2 \cdot 10^{-1})(9{,}8\ \mathrm{m/s^2})(1\ \mathrm{s}) = 6{,}1\ \mathrm{N \cdot s}$$

Impulso di una forza variabile

Nelle situazioni quotidiane i corpi sono soggetti a forze che variano nel tempo.

Il piede del calciatore esercita sul pallone una forza che non rimane costante ma che, durante il contatto, cambia modulo, direzione e verso.

Il modulo della forza è nullo all'istante iniziale del contatto tra la palla e il piede, cresce fino a un valore massimo e poi torna nullo nell'istante del distacco.

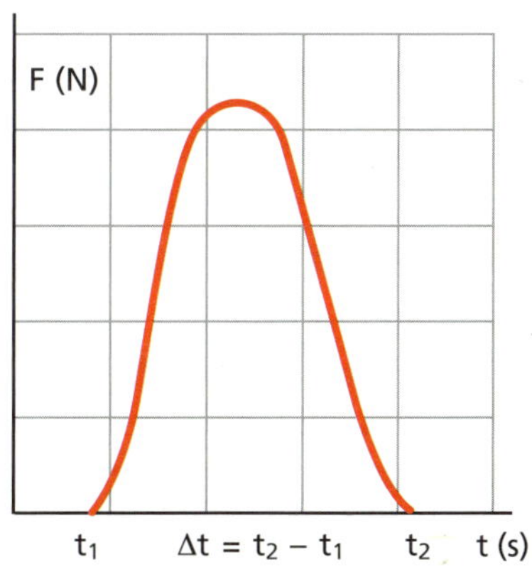

Calcolare l'impulso in queste situazioni è molto laborioso. Si può però definire una forza media costante $\vec{F}_\mathrm{m}$ che, nell'intervallo di tempo Δt in cui la forza $\vec{F}$ agisce, dà luogo allo stesso impulso totale e quindi determina la stessa variazione totale di quantità di moto

$$\vec{I} = \vec{F}_\mathrm{m}\Delta t \qquad (7)$$

I grafici seguenti illustrano il significato fisico di F_m nel caso di una forza avente direzione costante, come succede negli urti in cui l'intervallo di tempo in cui agisce la forza è piccolo.

■ Nel caso di una forza di modulo costante F, l'area sotto il grafico della forza fra gli istanti t_1 e t_2 è

$$\text{area} = F(t_2 - t_1) = F\Delta t$$

e ha lo stesso valore dell'impulso della forza $I = F\Delta t$.

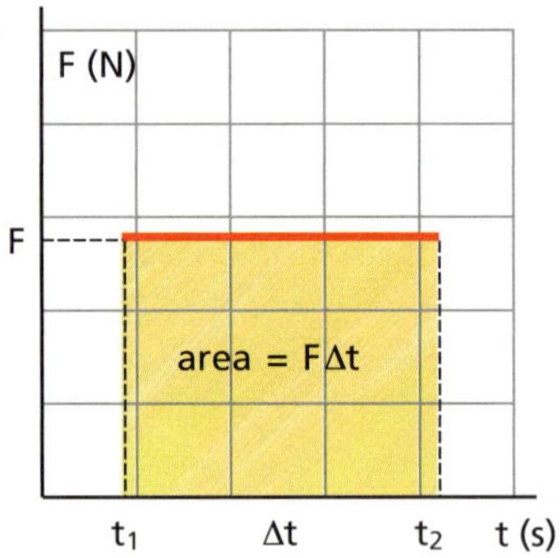

■ Anche nel caso di una forza variabile l'impulso totale ha lo stesso valore dell'area sotto il grafico della forza fra gli istanti t_1 e t_2.

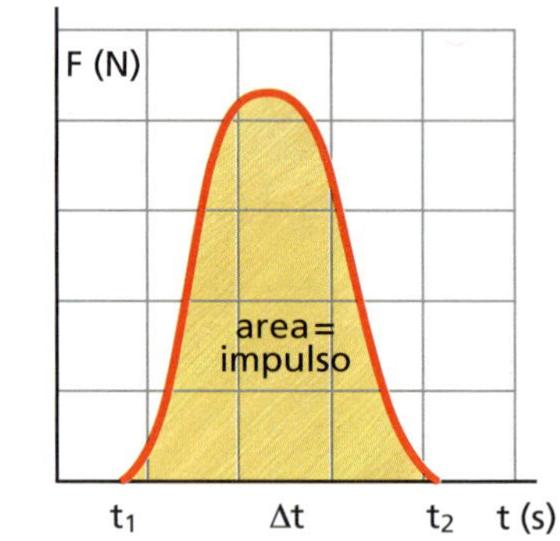

■ Il valore medio F_m del modulo di $\vec{F}$ durante l'intervallo di tempo Δt è quel valore per il quale l'area del rettangolo con base Δt e altezza F_m è uguale all'area sotto il grafico della forza.

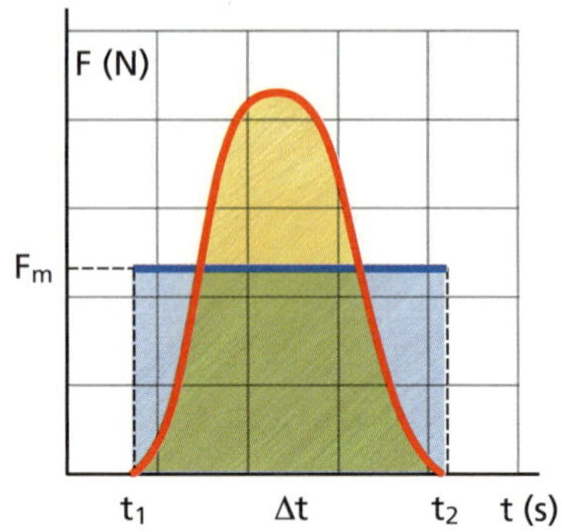

In altri termini, F_m è il modulo della forza costante che origina lo stesso impulso totale della forza variabile.

→ PROBLEMA Dall'area alla forza media • pag. 199
#impulso

→ PROBLEMA SU PIÙ CONCETTI Rimbalzo • pag. 200
#impulso #conservazioneenergia

Forze impulsive

Durante gli urti fra corpi agiscono in genere **forze impulsive**, cioè forze molto intense ma di breve durata. Misurare in modo diretto l'intensità di una forza impulsiva è molto difficile, anche perché l'intensità varia durante l'urto. Le relazioni precedenti consentono però di determinare un'espressione utile per valutare il valore medio di una forza impulsiva. Sostituendo infatti nella relazione (6) l'espressione dell'impulso medio (7), si ha

$$\Delta p = F_m \Delta t$$

e quindi

$$F_m = \frac{\Delta p}{\Delta t} \tag{8}$$

Per ottenere una stima del valore medio F_m di una forza impulsiva si può quindi usare la seguente procedura:

- si determina la variazione $\Delta p = p_f - p_i$;
- si stima la durata Δt dell'urto;
- si calcola $F_m = \Delta p/\Delta t$.

Nei problemi unidimensionali, cioè quando i corpi si muovono lungo una data direzione, utilizziamo le seguenti convenzioni sui segni delle grandezze coinvolte:

- la quantità di moto iniziale è positiva;
- la variazione di quantità di moto $\Delta\vec{p}$ è positiva quando $\vec{p}$ aumenta e negativa quando $\vec{p}$ diminuisce;
- la forza è positiva quando aumenta la quantità di moto, mentre è negativa se la riduce.

PER ESEMPIO **Una respinta coi pugni**

Un portiere respinge con i pugni un pallone (m = 450 g) tirato a 100 km/h (ovvero 28 m/s). Il pallone torna indietro a 60 km/h (17 m/s). Il contatto pugno-pallone dura circa 0,1 s.

► Qual è l'intensità della forza media che agisce durante il contatto?

Scegliamo come positivo il segno della velocità iniziale. La forza media è

$$F_m = \frac{\Delta p}{\Delta t} = \frac{p_f - p_i}{\Delta t} = \frac{mv_f - mv_i}{\Delta t} = \frac{m(v_f - v_i)}{\Delta t} =$$

$$= \frac{(4{,}5 \cdot 10^{-1}\ \text{kg})[(-1{,}7 \cdot 10\ \text{m/s}) - (2{,}8 \cdot 10\ \text{m/s})]}{1 \cdot 10^{-1}\ \text{s}} = -2{,}0 \cdot 10^2\ \text{N}$$

Il segno negativo della forza indica che questa si è opposta al moto iniziale della palla. La forza peso del pallone è $P = (4{,}5 \cdot 10^{-1}\ \text{kg})(9{,}8\ \text{m/s}^2) = 4{,}4$ N: quindi la forza media F_m durante l'urto è circa 50 volte il peso del pallone.

3 La conservazione della quantità di moto

Ogni sistema, formato da un certo numero di corpi, può essere sottoposto a:

- **forze interne**, cioè forze che i corpi del sistema esercitano gli uni sugli altri;
- **forze esterne**, cioè forze originate dall'interazione con corpi esterni al sistema.

Consideriamo un sistema formato da due carrellini uguali di massa m, connessi da una molla compressa e tenuti assieme da un filo. Quando sono fermi sul tavolo, la quantità di moto totale $\vec{p}_{tot}$ del sistema è nulla.

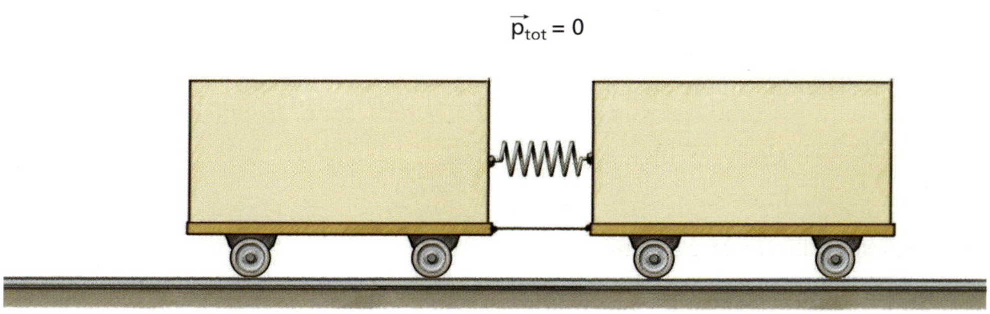

1 **Una forza esterna può cambiare la quantità di moto totale del sistema**: per esempio, se spingiamo con una mano i due carrellini muovendoli a velocità $\vec{v}$, la quantità di moto del sistema diventa $\vec{p}_{tot} = 2m\vec{v}$.

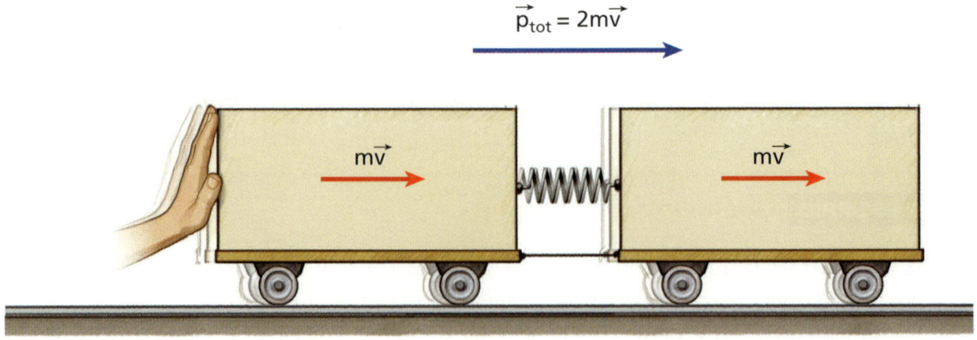

2 **Le forze interne non cambiano la quantità di moto totale del sistema**: quando sono fermi, tagliamo il filo che li tiene uniti. L'azione della forza interna dovuta alla molla mette in moto i carrellini. I due carrellini sono uguali e per il terzo principio della dinamica sono uguali le forze che ciascuno di essi riceve dalla molla: quindi si allontanano con velocità uguali e opposte $\vec{v}$ e $-\vec{v}$. Ciascun carrellino acquista una quantità di moto uguale e opposta all'altro, per cui la quantità di moto del sistema rimane nulla.

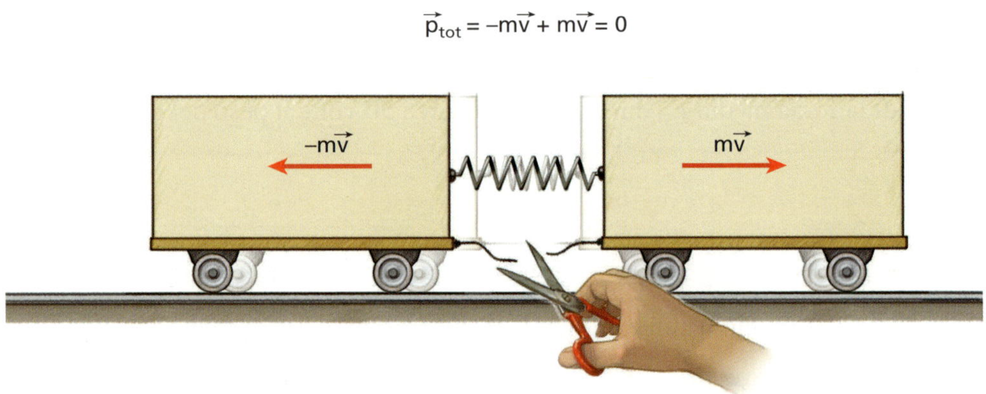

Queste osservazioni si possono generalizzare:

> la quantità di moto di un sistema di corpi può essere modificata solo dall'azione di forze esterne.

Questo fondamentale risultato è una delle leggi più importanti della fisica ed è noto come **legge di conservazione della quantità di moto**:

> se è nulla la risultante delle forze esterne agenti su un sistema, la quantità di moto totale del sistema rimane costante
>
> $$\vec{p}_{i\,tot} = \vec{p}_{f\,tot} \qquad (9)$$

#quantitàdimoto

La (9) è una relazione vettoriale e quindi vale separatamente per ciascuna componente. Per esempio, nel caso di un proiettile la componente orizzontale x della forza esterna totale è nulla e quindi si conserva la componente x della quantità di moto del proiettile

$$F_{x\,\text{est}} = 0 \quad \Rightarrow \quad p_{x\,\text{tot}} = \text{costante} \quad \Rightarrow \quad v_x = \text{costante}$$

Invece in direzione verticale la quantità di moto del proiettile cambia sotto l'azione della forza di gravità.

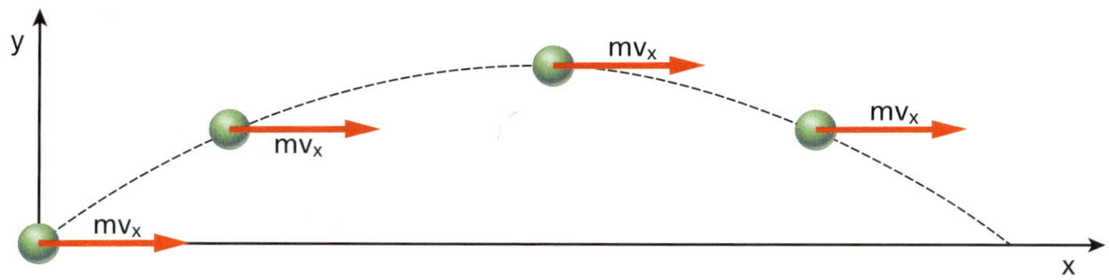

La legge di conservazione della quantità di moto è una conseguenza dei principi della dinamica. Per dimostrarlo, consideriamo un sistema formato da un certo numero di corpi.

1 Su ciascuno di essi possono agire forze interne ed esterne. La forza totale sul sistema è la somma delle risultanti delle forze interne e delle forze esterne:

$$\vec{F}_{\text{tot}} = \vec{F}_{\text{int}} + \vec{F}_{\text{est}}$$

2 La variazione della quantità di moto del sistema è data dalla (4):

$$\Delta\vec{p}_{\text{tot}} = \left(\vec{F}_{\text{int}} + \vec{F}_{\text{est}}\right)\Delta t \tag{10}$$

3 Per il terzo principio della dinamica, le forze interne sono coppie di forze azione/reazione che agiscono sui corpi del sistema. Ognuna di queste coppie è formata da due forze che hanno lo stesso modulo ma verso opposto, per cui la risultante di ciascuna di queste coppie è nulla. La somma delle coppie di forze interne di azione/reazione è quindi nulla:

$$\vec{F}_{\text{int}} = 0$$

4 La (10) diventa perciò

$$\Delta\vec{p}_{\text{tot}} = \vec{F}_{\text{est}}\,\Delta t$$

La quantità di moto totale di un sistema di corpi può essere modificata solo dall'azione di forze esterne, perché le forze interne al sistema non hanno alcun effetto su di essa.

5 Quando un sistema è isolato, cioè non è soggetto a forze esterne, oppure quando la risultante delle forze esterne è nulla, si ha $\vec{F}_{\text{est}} = 0$ e quindi

$$\Delta\vec{p}_{\text{tot}} = 0 \quad \Rightarrow \quad \vec{p}_{\text{f}} = \vec{p}_{\text{i}}$$

cioè la quantità di moto del sistema rimane costante.

PER ESEMPIO La barca si allontana

Da una barca ferma, un bagnino lancia con v_s = 3 m/s un salvagente di m_s = 5 kg. La massa della barca e del bagnino è m_b = 140 kg.

▶ Come si muove la barca dopo il lancio?

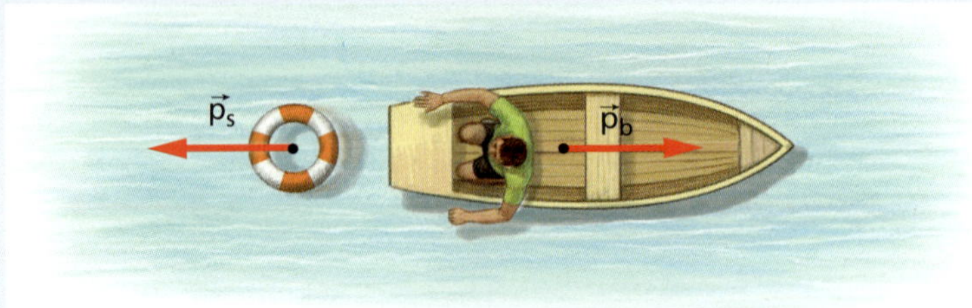

Prima del lancio la quantità di moto del sistema salvagente + barca + bagnino è nulla. Poiché la risultante delle forze esterne al sistema è nulla, anche dopo il lancio la quantità di moto totale rimane nulla: la quantità di moto del salvagente $\vec{p}_s$ e quella di barca + bagnino $\vec{p}_b$ hanno risultante nulla

$$m_b v_b + m_s v_s = 0 \quad \Rightarrow \quad v_b = -\frac{m_s}{m_b} v_s = -\frac{5\text{ kg}}{140\text{ kg}}(3\text{ m/s}) = -0{,}1\text{ m/s}$$

Dopo il lancio barca e bagnino si muovono in verso opposto a quello del salvagente con velocità di 0,1 m/s.

→ **PROBLEMA** Una spinta artistica • pag. 202
#quantitàdimoto

Lavoro delle forze interne

Le forze interne non alterano la quantità di moto totale di un sistema, ma in genere producono effetti sui singoli corpi che formano il sistema. Consideriamo la situazione vista nell'esempio precedente. La forza $\vec{F}_{b \to s}$, che il bagnino esercita sul salvagente, e la forza $\vec{F}_{s \to b}$, che il salvagente esercita sul bagnino, sono una coppia di forze di azione e reazione interne al sistema.

Il salvagente, che prima era fermo, acquista energia cinetica nel lancio perché la forza $\vec{F}_{b \to s}$, esercitata dal bagnino, compie un lavoro su di esso. Contemporaneamente, la forza di reazione del salvagente $\vec{F}_{s \to b}$ compie un lavoro sul sistema bagnino + barca, che acquista energia cinetica.

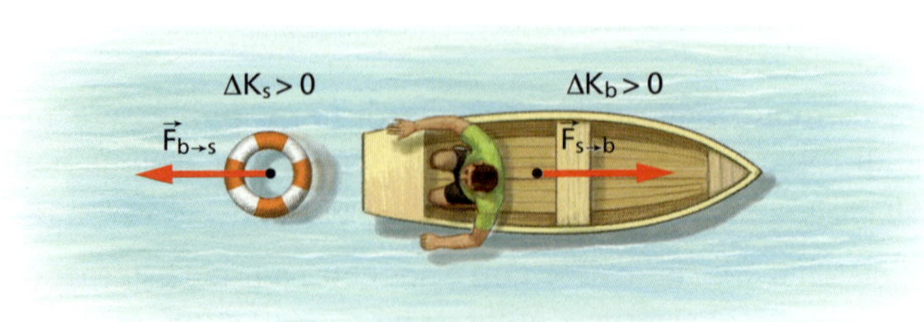

In generale:

le forze interne a un sistema possono compiere un lavoro che modifica l'energia cinetica totale del sistema.

Sappiamo che, l'energia totale di un sistema isolato si conserva. Ogni variazione di energia cinetica del sistema deve quindi corrispondere a una variazione uguale, ma di segno opposto, di altre forme di energia all'interno del sistema stesso. Nell'esempio in esame, l'energia cinetica finale è uguale all'energia chimica convertita dai muscoli del bagnino durante il lancio.

4 Urti e leggi di conservazione

Urti e quantità di moto

Un urto è un'interazione fra due corpi che vengono a contatto per un intervallo di tempo molto breve.

Quando due corpi urtano, si originano fra di essi forze interne che hanno intensità molto maggiori delle forze esterne dovute all'interazione con altri corpi. Di conseguenza nell'urto la risultante delle forze esterne al sistema può essere trascurata: la quantità di moto totale del sistema formato dai due corpi si conserva.

In altri termini:

la quantità di moto del sistema immediatamente prima dell'urto è uguale alla quantità di moto del sistema immediatamente dopo l'urto.

La conservazione della quantità di moto è uno strumento fondamentale per analizzare la dinamica degli urti, cioè per mettere in relazione le velocità dei corpi prima dell'urto con le loro velocità dopo l'urto.

Urti ed energia

Come abbiamo discusso, il sistema formato da due corpi che collidono può essere sempre considerato, con buona approssimazione, un sistema isolato. Per il principio di conservazione dell'energia, la sua energia totale si conserva durante l'urto. Non è detto però che si conservi la sua energia meccanica. In genere, durante l'impatto, compiono lavoro forze dissipative che trasformano l'energia cinetica iniziale in forme di energia non meccanica, provocando deformazioni permanenti, riscaldamento delle superfici venute a contatto ed emissione di suono.

■ La deformazione delle auto è dovuta a una trasformazione dell'energia cinetica che avevano prima dell'urto.

■ Una buona parte dell'energia cinetica dei piatti si trasforma in suono.

Nei comuni urti fra oggetti «estesi» l'energia cinetica finale del sistema è sempre minore di quella iniziale.

Un **urto anelastico** è un urto in cui non si conserva l'energia cinetica totale.

Se i corpi rimangono attaccati dopo la collisione si parla di **urto completamente anelastico** e si ha la massima perdita di energia cinetica. Invece, se la perdita di energia cinetica è trascurabile, l'energia cinetica totale si ripartisce fra i corpi in modo che il suo valore rimanga costante: si parla in questi casi di urto elastico.

Un **urto elastico** è un urto in cui si conserva l'energia cinetica totale.

■ I paraurti delle automobili sono progettati in modo da non deformarsi in caso di urti con velocità minore di 5 km/h: in queste situazioni il loro comportamento è di tipo elastico.

■ Le bocce da biliardo sono fatte di materiale molto rigido: in un urto non si deformano in modo permanente e mantengono praticamente invariata l'energia cinetica iniziale.

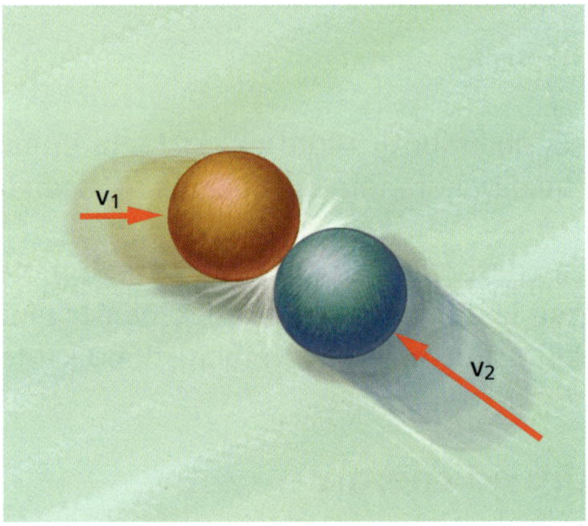

MINDBUILDING

A volte le leggi di conservazione non bastano

Nell'urto fra due corpi, il problema fondamentale è calcolare le due velocità finali $\vec{v}_{1f}$ e $\vec{v}_{2f}$ conoscendo le velocità $\vec{v}_{1i}$ e $\vec{v}_{2i}$ prima dell'urto.

In molti casi di interesse pratico le sole leggi di conservazione non bastano per prevedere gli esiti di un urto. Consideriamo il caso di urti in cui le velocità iniziali e finali dei due corpi hanno la stessa direzione e vediamo quando è possibile calcolare il valore delle incognite $\vec{v}_{1f}$ e $\vec{v}_{2f}$ a partire dai dati conosciuti $\vec{v}_{1i}$ e $\vec{v}_{2i}$.

Urto in una dimensione	Incognite	Prima equazione	Seconda equazione	Problema determinato/ indeterminato
Urto anelastico	$\vec{v}_{1f}$ e $\vec{v}_{2f}$	Conservazione della quantità di moto		Una equazione con due incognite: il problema è indeterminato
Urto completamente anelastico	$\vec{v}_{1f}$ e $\vec{v}_{2f}$	Conservazione della quantità di moto	I corpi rimangono incastrati: $\vec{v}_{1f}$ e $\vec{v}_{2f}$	Due equazioni indipendenti con due incognite: il problema è determinato
Urto elastico	$\vec{v}_{1f}$ e $\vec{v}_{2f}$	Conservazione della quantità di moto	Conservazione dell'energia cinetica	Due equazioni indipendenti con due incognite: il problema è determinato

Nel caso di urto anelastico, ma non completamente anelastico, non si può prevedere l'esito dell'urto perché è impossibile stabilire a priori la frazione di energia cinetica che sarà dissipata o trasformata in deformazioni permanenti dalle forze interne che agiscono durante l'urto. Al contrario, nel caso di urto elastico o di urto completamente anelastico in una dimensione, il problema risulta determinato: note le velocità iniziali si possono calcolare le velocità finali.

5 Urti anelastici

Evgeny Murtola / Shutterstock

Nel caso di un urto anelastico fra due corpi

- la quantità di moto totale si conserva: $\vec{p}_{\text{i tot}} = \vec{p}_{\text{f tot}}$;
- l'energia cinetica totale non si conserva: $K_{\text{i tot}} \neq K_{\text{f tot}}$.

In particolare, se l'urto è completamente anelastico, i due corpi rimangono «incastrati» dopo l'urto e quindi hanno la stessa velocità finale: $\vec{v}_{1\text{f}} = \vec{v}_{2\text{f}} = \vec{v}_{\text{f}}$.

Un esempio di urto completamente anelastico è lo scontro di due veicoli che rimangono incastrati l'uno nell'altro. Le deformazioni permanenti riportate dai veicoli sono dovute alla trasformazione di buona parte dell'energia cinetica iniziale.

FISICA QUOTIDIANA
Incidente

Urto anelastico in una dimensione

Consideriamo l'urto fra due corpi che si muovono lungo una stessa direzione, come per esempio due carrelli su una rotaia ad aria in cui l'attrito è trascurabile.

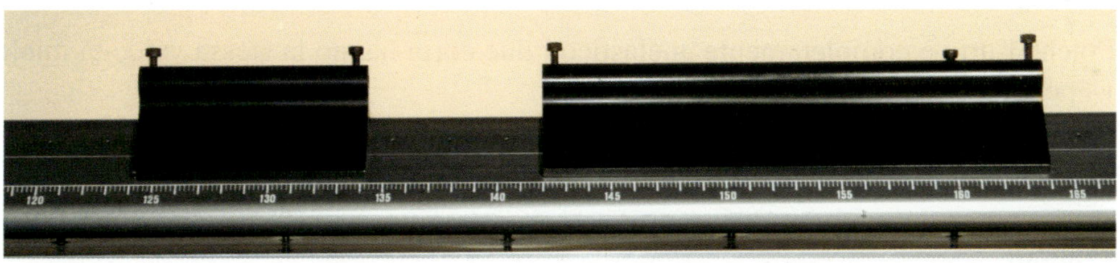
Massimo Romeni

Se i carrelli si muovono inizialmente l'uno verso l'altro, urtano in modo anelastico. In genere nell'urto i carrelli non rimangono incastrati, e quindi l'urto non è completamente anelastico. Però durante l'urto si dissipa parte dell'energia iniziale, per esempio sotto forma di suono: il classico rumore dell'urto.

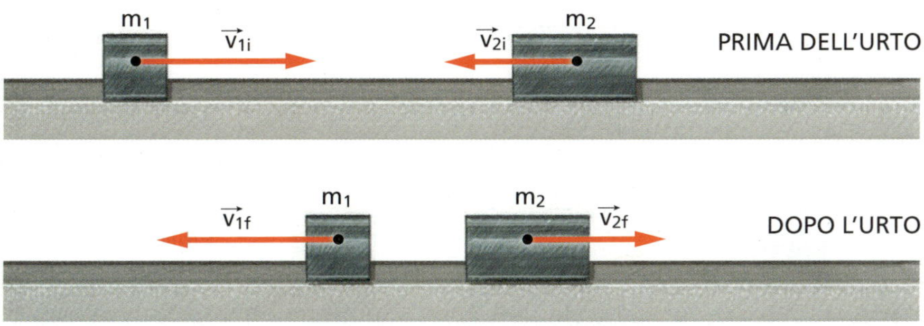

La conservazione della quantità di moto impone che

$$m_1 \vec{v}_{1\text{i}} + m_2 \vec{v}_{2\text{i}} = m_1 \vec{v}_{1\text{f}} + m_2 \vec{v}_{2\text{f}}$$

Lungo la direzione del moto, questa equazione si scrive in forma scalare mediante le componenti:

$$m_1 v_{1i} + m_2 v_{2i} = m_1 v_{1f} + m_2 v_{2f}$$

Nel caso di urto anelastico non esiste un'altra relazione da associare alla precedente, che contiene ben quattro variabili: v_{1i}, v_{2i}, v_{1f}, v_{2f}. Bisogna quindi conoscere tre di esse per determinare la quarta: per esempio, note le velocità iniziali e la velocità finale di un corpo, si può calcolare la velocità finale dell'altro corpo.

Urto completamente anelastico in una dimensione

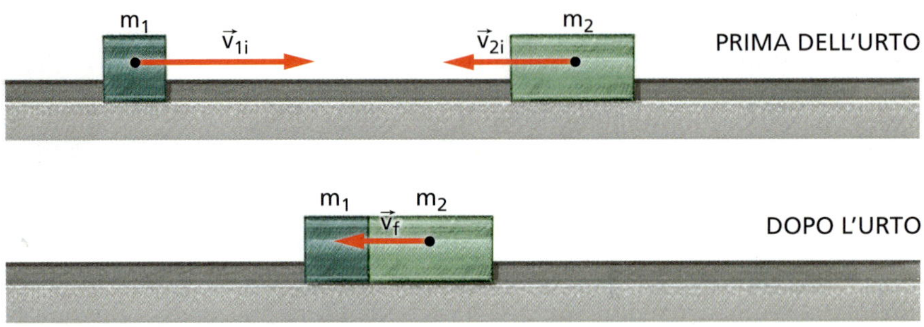

Come nel caso precedente, la conservazione della quantità di moto porta all'equazione scalare

$$m_1 v_{1i} + m_2 v_{2i} = m_1 v_{1f} + m_2 v_{2f}$$

Poiché l'urto è completamente anelastico i due corpi hanno la stessa velocità finale v_f, per cui risulta:

$$m_1 v_{1f} + m_2 v_{2f} = (m_1 + m_2)\, v_f$$

e quindi

#urtoanelastico

$$m_1 v_{1i} + m_2 v_{2i} = (m_1 + m_2)\, v_f \qquad (11)$$

Se sono note le velocità iniziali si può calcolare la velocità finale:

$$v_f = \frac{m_1 v_{1i} + m_2 v_{2i}}{m_1 + m_2}$$

Supponiamo che il corpo 2 (il *bersaglio*) sia inizialmente in quiete e venga colpito dal corpo 1 (il *proiettile*).

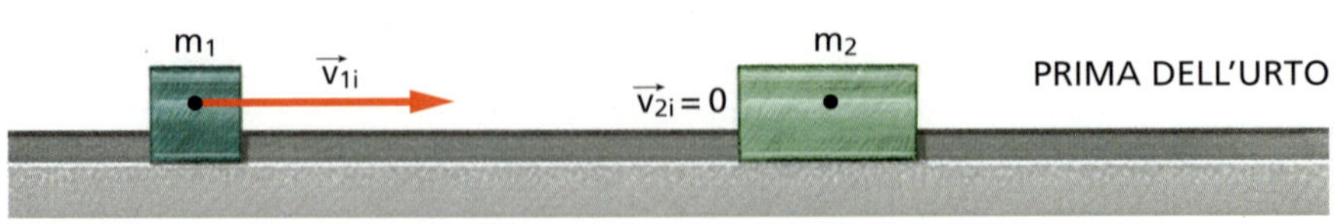

La velocità finale del sistema composto dai due corpi incastrati è

$$v_f = \frac{m_1}{m_1 + m_2} v_{1i}$$

Si osservano due casi interessanti.

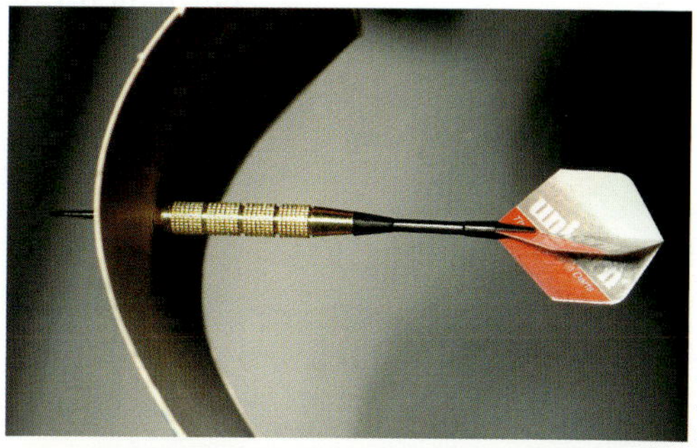
Massimo Romeni

■ **Proiettile massiccio.** La massa del proiettile è molto maggiore di quella del bersaglio ($m_1 \gg m_2$), quindi

$$v_f = \frac{m_1}{m_1 + m_2} v_{1i} \approx \frac{m_1}{m_1 + 0} v_{1i} = v_{1i}$$

La velocità finale è praticamente uguale alla velocità iniziale del proiettile.

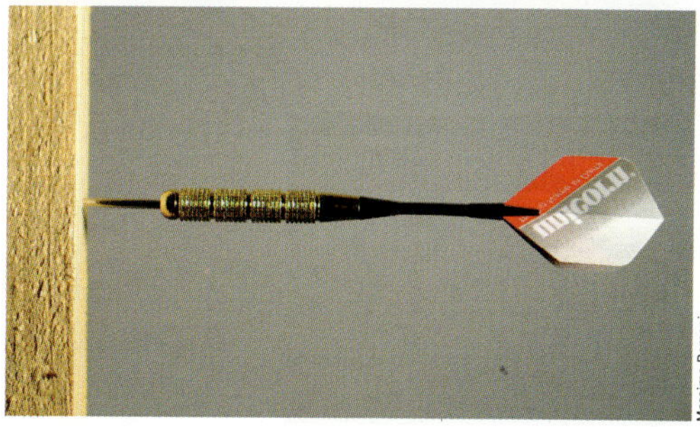
Massimo Romeni

■ **Bersaglio massiccio.** La massa del bersaglio è molto maggiore di quella del proiettile ($m_2 \gg m_1$), quindi

$$v_f = \frac{m_1}{m_1 + m_2} v_{1i} \approx \frac{0}{0 + m_2} v_{1i} = 0$$

La velocità finale è praticamente uguale alla velocità iniziale del bersaglio, cioè nulla.

→ PROBLEMA Incontro tra carrelli • pag. 205
#urtoanelastico

→ PROBLEMA SU PIÙ CONCETTI I carrelli si fermano • pag. 206
#urtoanelastico #forzenonconservative

Urto completamente anelastico in due dimensioni

Supponiamo che l'urto avvenga su un piano e indichiamo le due direzioni con gli assi x e y. La conservazione della quantità di moto

$$m_1 \vec{v}_{1i} + m_2 \vec{v}_{2i} = m_1 \vec{v}_{1f} + m_2 \vec{v}_{2f}$$

è una relazione vettoriale che dà luogo alle due equazioni scalari

$$\begin{aligned} m_1 v_{x1i} + m_2 v_{x2i} &= m_1 v_{x1f} + m_2 v_{x2f} \\ m_1 v_{y1i} + m_2 v_{y2i} &= m_1 v_{y1f} + m_2 v_{y2f} \end{aligned} \qquad (12)$$

L'urto è completamente anelastico, quindi i due corpi hanno la stessa velocità finale

$$v_{x1f} = v_{x2f} = v_{xf}$$
$$v_{y1f} = v_{y2f} = v_{yf}$$

Sostituendo nelle equazioni (12) otteniamo in definitiva le due equazioni

$$\begin{aligned} m_1 v_{x1i} + m_2 v_{x2i} &= (m_1 + m_2) v_{xf} \\ m_1 v_{y1i} + m_2 v_{y2i} &= (m_1 + m_2) v_{yf} \end{aligned} \qquad (13)$$

che consentono di calcolare le due componenti della velocità finale a partire dalla conoscenza delle velocità iniziali. Notiamo che ciascuna delle equazioni (13) corrisponde all'equazione (11), valida nel caso di urto in una dimensione.

6 Urti elastici

FISICA QUOTIDIANA
Il biliardo

Nel gioco del biliardo, come abbiamo visto, le bocce non subiscono deformazioni permanenti quando urtano fra loro: questo assicura urti praticamente elastici, che vengono utilizzati dai giocatori per calcolare le giuste traiettorie.

Kostantin Mironov / Shutterstock

GUARDA!

Nel caso di un urto elastico fra due corpi

- la quantità di moto totale si conserva: $\vec{p}_{\text{i tot}} = \vec{p}_{\text{f tot}}$;
- l'energia cinetica totale si conserva: $K_{\text{i tot}} = K_{\text{f tot}}$.

Notiamo che l'energia cinetica di ciascun corpo può cambiare: quello che rimane costante è la somma delle energie cinetiche dei due corpi.

Urto elastico in una direzione

Le due leggi di conservazione (della quantità di moto $\vec{p}$ e dell'energia cinetica K) danno luogo alle due equazioni seguenti

#urtoelastico

$$\begin{cases} m_1 v_{1i} + m_2 v_{2i} = m_1 v_{1f} + m_2 v_{2f} & \text{conservazione di } \vec{p} \\ \frac{1}{2} m_1 v_{1i}^2 + \frac{1}{2} m_2 v_{2i}^2 = \frac{1}{2} m_1 v_{1f}^2 + \frac{1}{2} m_2 v_{2f}^2 & \text{conservazione di } K \end{cases} \tag{14}$$

La risoluzione del sistema (14) è piuttosto laboriosa: in funzione dei dati, cioè delle velocità iniziali v_{1i} e v_{2i}, le velocità finali v_{1f} e v_{2f} sono

$$\begin{aligned} v_{1f} &= \frac{m_1 - m_2}{m_1 + m_2} v_{1i} + \frac{2 m_2}{m_1 + m_2} v_{2i} \\ v_{2f} &= \frac{2 m_1}{m_1 + m_2} v_{1i} + \frac{m_2 - m_1}{m_1 + m_2} v_{2i} \end{aligned} \tag{15}$$

Supponiamo che il corpo 2 (il bersaglio) sia inizialmente in quiete ($v_{2i} = 0$) e venga colpito dal corpo 1 (il proiettile). Ponendo nelle relazioni (15) $v_{2i} = 0$ si ha

$$\begin{aligned} v_{1f} &= \frac{m_1 - m_2}{m_1 + m_2} v_{1i} \\ v_{2f} &= \frac{2 m_1}{m_1 + m_2} v_{1i} \end{aligned} \tag{16}$$

Si distinguono i seguenti casi.

- **Bersaglio massiccio**, cioè la massa del bersaglio è molto maggiore di quella del proiettile ($m_2 \gg m_1$):

$$v_{1f} = \frac{m_1 - m_2}{m_1 + m_2} v_{1i} \approx \frac{0 - m_2}{0 + m_2} v_{1i} = -v_{1i}$$

$$v_{2f} = \frac{2m_1}{m_1 + m_2} v_{1i} \approx \frac{2 \cdot 0}{0 + m_2} v_{1i} = 0$$

A seguito dell'urto, il proiettile inverte la velocità ($v_{1f} = -v_{1i}$) mentre il bersaglio rimane praticamente fermo ($v_{2f} = 0$).

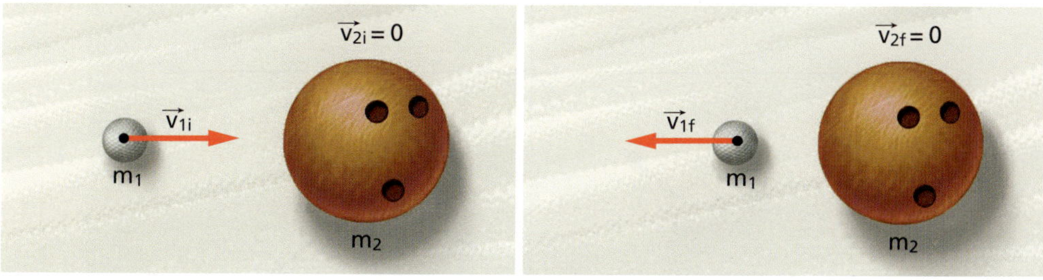

■ **Bersaglio con la stessa massa del proiettile** ($m_1 = m_2 = m$):

$$v_{1f} = \frac{m_1 - m_2}{m_1 + m_2} v_{1i} = \frac{m - m}{m + m} v_{1i} = 0$$

$$v_{2f} = \frac{2m_1}{m_1 + m_2} v_{1i} = \frac{2m}{m + m} v_{1i} = v_{1i}$$

Nell'urto il proiettile e il bersaglio si scambiano le velocità: il proiettile si ferma mentre il bersaglio parte con la velocità che il proiettile aveva prima dell'urto.

■ **Proiettile massiccio**, cioè la massa del proiettile è molto maggiore di quella del bersaglio ($m_1 \gg m_2$):

$$v_{1f} = \frac{m_1 - m_2}{m_1 + m_2} v_{1i} \approx \frac{m_1 - 0}{m_1 + 0} v_{1i} = v_{1i}$$

$$v_{2f} = \frac{2m_1}{m_1 + m_2} v_{1i} \approx \frac{2m_1}{m_1 + 0} v_{1i} \approx 2v_{1i}$$

Per effetto dell'urto, il proiettile mantiene la sua velocità iniziale mentre il bersaglio acquista una velocità doppia di quella iniziale del proiettile.

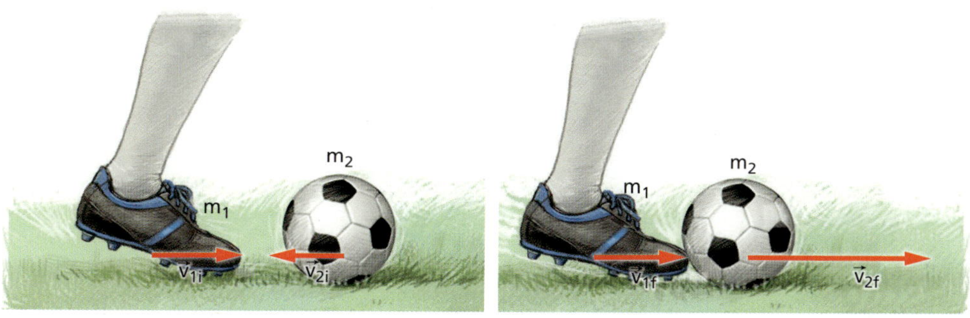

Urto elastico in due dimensioni

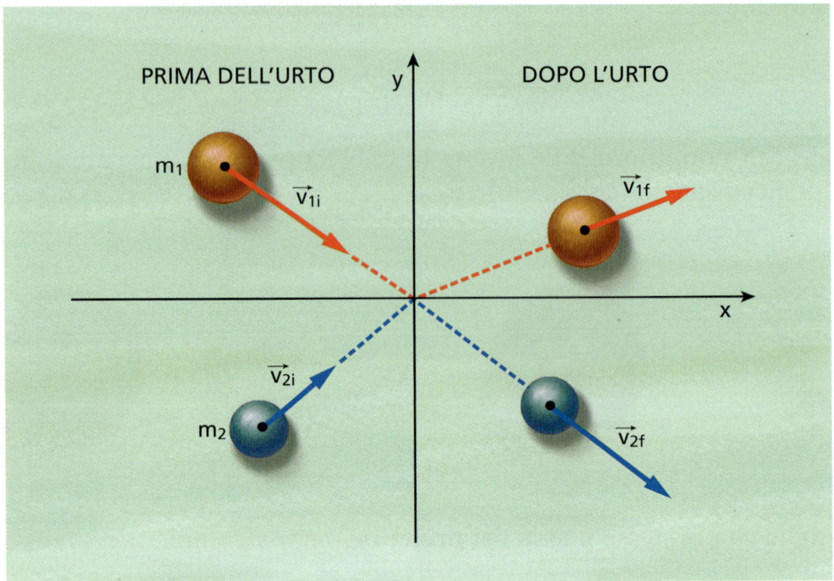

Le due leggi di conservazione (della quantità di moto $\vec{p}$ e dell'energia cinetica K) danno luogo alle tre equazioni seguenti:

$$\begin{cases} m_1 v_{x1i} + m_2 v_{x2i} = m_1 v_{x1f} + m_2 v_{x2f} & \text{conservazione di } p_x \\ m_1 v_{y1i} + m_2 v_{y2i} = m_1 v_{y1f} + m_2 v_{y2f} & \text{conservazione di } p_y \\ \dfrac{1}{2} m_1 v_{1i}^2 + \dfrac{1}{2} m_2 v_{2i}^2 = \dfrac{1}{2} m_1 v_{1f}^2 + \dfrac{1}{2} m_2 v_{2f}^2 & \text{conservazione di } K \end{cases}$$

Anche conoscendo le quattro componenti delle velocità iniziali v_{x1i}, v_{y1i}, v_{x2i} e v_{y2i} non è possibile determinare con sole tre equazioni le quattro componenti delle velocità finali v_{x1f}, v_{y1f}, v_{x2f} e v_{y2f}. Bisogna avere informazioni ulteriori: per esempio, se è nota la velocità finale di un corpo è possibile calcolare la velocità finale dell'altro.

Un caso interessante di urto bidimensionale si ha quando un proiettile colpisce un bersaglio fermo ($v_{2i} = 0$) che ha la sua stessa massa m.

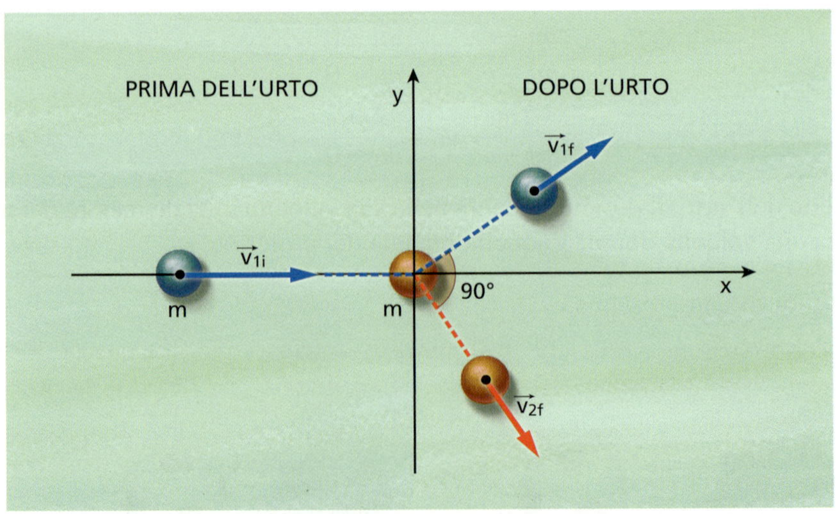

Dopo l'urto le velocità dei due corpi sono sempre perpendicolari fra loro.

Per dimostrare questo risultato utilizziamo il calcolo con i vettori.

1 Scriviamo le leggi di conservazione in notazione vettoriale:

$$\begin{cases} m\vec{v}_{1i} = m\vec{v}_{1f} + m\vec{v}_{2f} \\ \dfrac{1}{2}m\vec{v}_{1i}^{2} = \dfrac{1}{2}m\vec{v}_{1f}^{2} + \dfrac{1}{2}m\vec{v}_{2f}^{2} \end{cases}$$

Semplifichiamo nella prima equazione il termine m e nella seconda il termine $(1/2)m$:

$$\begin{cases} \vec{v}_{1i} = \vec{v}_{1f} + \vec{v}_{2f} \\ \vec{v}_{1i}^{2} = \vec{v}_{1f}^{2} + \vec{v}_{2f}^{2} \end{cases} \qquad (17)$$

2 Eleviamo al quadrato i due membri della prima equazione:

$$\left(\vec{v}_{1i}\right)^2 = \left(\vec{v}_{1f} + \vec{v}_{2f}\right)^2 \quad \Rightarrow \quad \vec{v}_{1i}^{2} = \vec{v}_{1f}^{2} + 2\left(\vec{v}_{1f} \cdot \vec{v}_{2f}\right) + \vec{v}_{2f}^{2}$$

Sostituendo nella seconda equazione (17) otteniamo:

$$\vec{v}_{1f}^{2} + 2\left(\vec{v}_{1f} \cdot \vec{v}_{2f}\right) + \vec{v}_{2f}^{2} = \vec{v}_{1f}^{2} + \vec{v}_{2f}^{2}$$

ossia

$$\vec{v} \cdot \vec{v}_{2f} = 0$$

3 Il prodotto scalare di due vettori non nulli è uguale a zero quando i due vettori sono perpendicolari fra loro. Concludiamo quindi che, dopo l'urto, le velocità dei due corpi sono sempre perpendicolari fra loro. Notiamo però che le direzioni lungo cui si allontanano i corpi dopo l'urto non possono essere calcolate a priori, perché dipendono dalla forma dei corpi e dalle caratteristiche dell'impatto.

→ **PROBLEMA** **Un proiettile contro un bersaglio** • pag. 208
#urtoelastico

MINDBUILDING

L'effetto fionda gravitazionale

Come vedremo nel capitolo «La gravitazione», il Sole attrae tutti i corpi del Sistema Solare. Per inviare un satellite verso i pianeti esterni, come Marte o Giove, è necessario fornirgli una grande energia. Non è possibile farlo semplicemente utilizzando il motore del satellite perché sarebbe necessario lanciare il satellite con un'enorme quantità di combustibile al suo interno.

La conservazione della quantità di moto permette di aggirare questo problema e di utilizzare la spinta di un pianeta per aumentare la velocità del satellite.

Per semplicità, consideriamo un satellite di massa m e un pianeta di massa M che si muovono l'uno verso l'altro con velocità, misurate rispetto al Sole, v_i, e V_i rispettivamente. La traiettoria iniziale del satellite è scelta in modo tale che esso sorvoli il pianeta senza impattare su di esso. Si può parlare ancora di «urto» perché i due corpi entrano in contatto mediante una forza interna al sistema: la forza di attrazione gravitazionale. I dettagli di questa forza non interessano perché è una forza interna e come tale non cambia la quantità di moto del sistema. Inoltre l'urto è «elastico» perché durante il «contatto» non c'è dissipazione di energia cinetica.

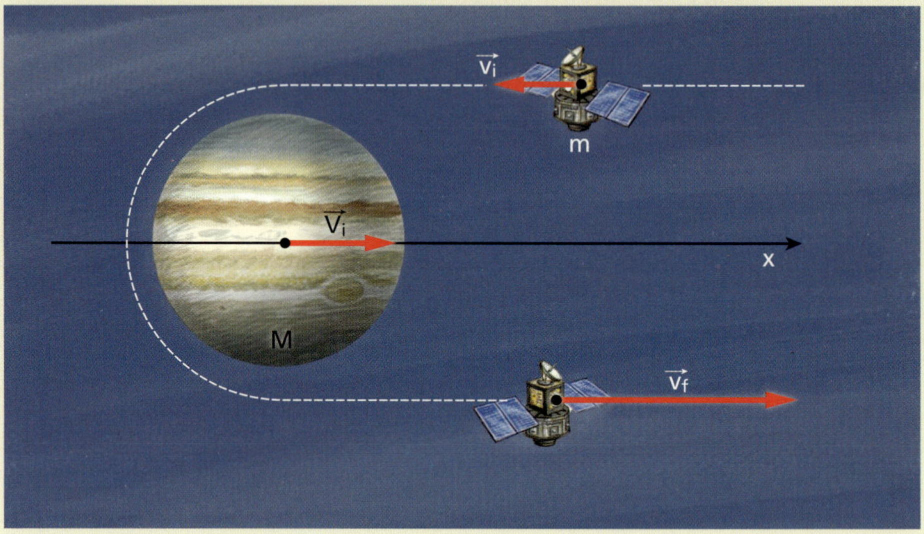

Nel caso in esame, le velocità dopo l'urto sono date dalle equazioni (15):

$$v_f = \frac{m - M}{m + M} v_i + \frac{2M}{m + M} V_i$$

$$V_f = \frac{2m}{m + M} v_i + \frac{M - m}{m + M} V_i$$

La massa del satellite ($m = 10^2$ kg) è così piccola rispetto a quella del pianeta ($M = 10^{25}$ kg) che può essere considerata nulla, quindi

$$v_f \approx \frac{0 - M}{0 + M} v_i + \frac{2M}{0 + M} V_i = -v_i + 2V_i$$

$$V_f \approx \frac{2 \cdot 0}{0 + M} v_i + \frac{M - 0}{0 + M} V_i = V_i$$

Come era lecito attendersi, la velocità finale del pianeta è praticamente identica alla sua velocità iniziale. Invece il satellite esce dall'urto con una velocità che ha modulo uguale alla somma del modulo della sua velocità iniziale e del doppio del modulo della velocità del pianeta.

Se consideriamo che la Terra si muove attorno al Sole alla velocità di 30 km/s, possiamo capire l'entità dell'*effetto fionda*. Un satellite che si avvicina alla Terra con $v_i = -10$ km/s, dopo l'urto se ne allontana con una velocità pari a

$$v_f = -(-10 \text{ km/s}) + 2(30 \text{ km/s}) = 70 \text{ km/s} \approx 250\,000 \text{ km/h}$$

7 Il centro di massa

I corpi estesi possono essere considerati come sistemi di masse puntiformi. Per analizzare il moto di un sistema di masse è utile considerare un particolare punto detto **centro di massa del sistema**.

Il **centro di massa** di un sistema di n masse puntiformi $m_1, m_2, ..., m_n$ disposte nelle posizioni $x_1, x_2, ..., x_n$ dell'asse x è il punto di ascissa

$$x_{CM} = \frac{m_1 x_1 + m_2 x_2 + ... + m_n x_n}{m_1 + m_2 + ... + m_n} \quad (18)$$

#centrodimassa

GUARDA!

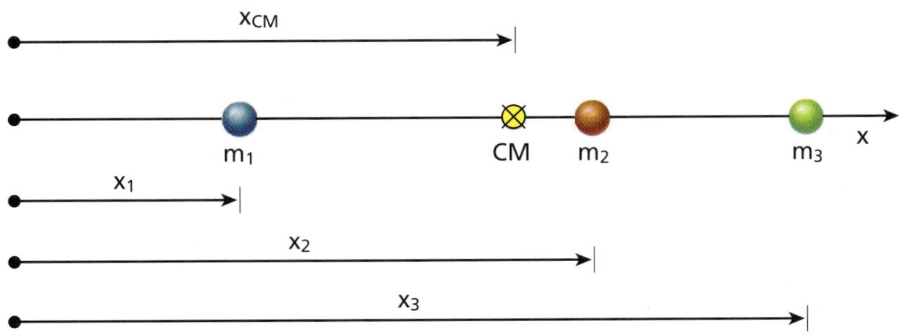

La posizione del centro di massa di un sistema dipende dalla grandezza e dalla disposizione delle masse che formano il sistema.

Consideriamo sistemi formati da due masse.

- Il centro di massa di una coppia di masse puntiformi uguali è equidistante dalle due masse:

$$x_{CM} = \frac{m x_1 + m x_2}{m + m} = \frac{1}{2}(x_1 + x_2)$$

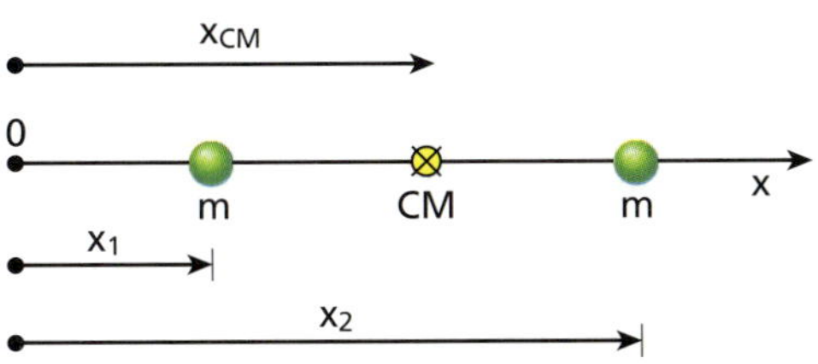

- Se una delle due masse è molto maggiore dell'altra, il centro di massa del sistema coincide praticamente con la massa maggiore:

$$x_{CM} = \frac{m x_1 + M x_2}{m + M} \approx \frac{M x_2}{M} = x_2$$

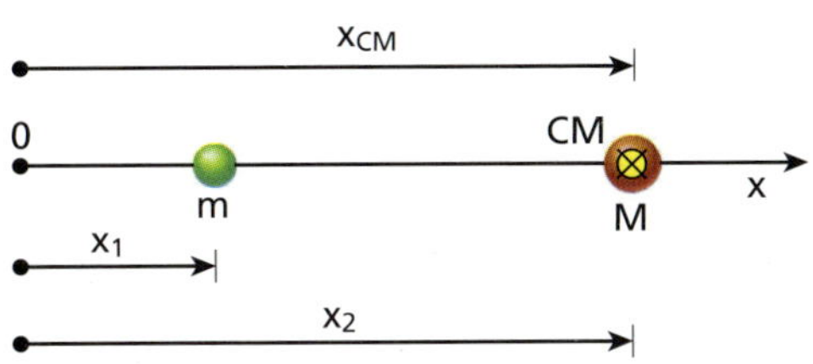

In generale, il centro di massa di un sistema di due corpi puntiformi è tanto più vicino al corpo con massa maggiore quanto più è grande la differenza fra le masse.

PER ESEMPIO **Il centro di massa del sistema Terra-Luna**

Il sistema Terra-Luna può essere schematizzato con due masse puntiformi, rispettivamente di $6{,}0 \cdot 10^{24}$ kg e $7{,}4 \cdot 10^{22}$ kg, distanti $3{,}8 \cdot 10^{5}$ km. Fissiamo l'origine dell'asse x nel centro della Terra.

▶ Dove si trova il centro di massa del sistema?

L'ascissa del centro di massa Terra-Luna è

$$x_{CM} = \frac{(6{,}0 \cdot 10^{24}\ \text{kg})(0\ \text{km}) + (7{,}4 \cdot 10^{22}\ \text{kg})(3{,}8 \cdot 10^{5}\ \text{km})}{6{,}0 \cdot 10^{24}\ \text{kg} + 7{,}4 \cdot 10^{22}\ \text{kg}} = 4{,}6 \cdot 10^{3}\ \text{km}$$

Il raggio della Terra è $6{,}4 \cdot 10^{3}$ km: quindi il centro di massa del sistema Terra-Luna è interno alla Terra.

Nel caso di un sistema di masse distribuite nello spazio il centro di massa è definito nel modo seguente:

il centro di massa di un sistema di n masse puntiformi m_1, m_2, ..., m_n disposte nelle posizioni $\vec{r}_1$, $\vec{r}_2$, ..., $\vec{r}_n$ è il punto avente posizione

$$\vec{r}_{CM} = \frac{m_1\vec{r}_1 + m_2\vec{r}_2 + ... + m_n\vec{r}_n}{m_1 + m_2 + ... + m_n} \qquad (19)$$

Questa relazione vettoriale corrisponde a tre relazioni scalari analoghe alla (18), una per ogni componente del vettore posizione:

$$x_{CM} = \frac{m_1 x_1 + m_2 x_2 + ... + m_n x_n}{m_1 + m_2 + ... + m_n}$$

$$y_{CM} = \frac{m_1 y_1 + m_2 y_2 + ... + m_n y_n}{m_1 + m_2 + ... + m_n}$$

$$z_{CM} = \frac{m_1 z_1 + m_2 z_2 + ... + m_n z_n}{m_1 + m_2 + ... + m_n}$$

Il calcolo esplicito per determinare il centro di massa può essere evitato nel caso di sistemi simmetrici di masse. Infatti il centro di massa di un sistema simmetrico di masse è nel centro di simmetria. Per esempio, il centro di massa di una sfera omogenea o di un pallone da basket è collocato nel centro della sfera.

Moto del centro di massa di un sistema

Semplici esperienze evidenziano la proprietà fondamentale del centro di massa di un corpo.

Consideriamo il moto di una chiave inglese dopo il lancio.

■ Su un tavolo orizzontale, la risultante delle forze sulla chiave è nulla: il suo centro di massa (puntino rosso) si muove lungo una retta.

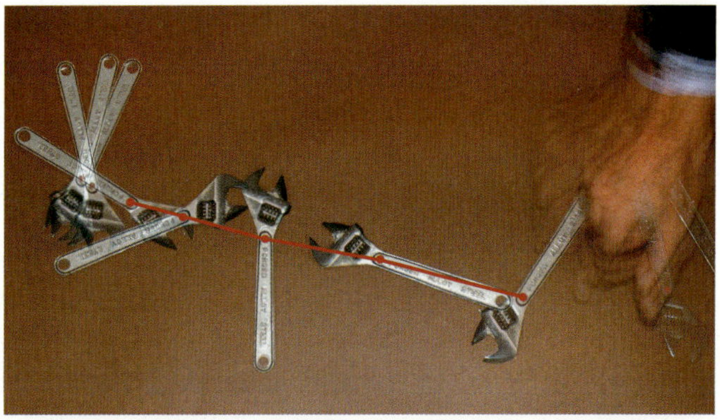

Massimo Romeni

■ Se viene lanciata in aria, sulla chiave agisce una forza esterna (il peso) non equilibrata: il moto del suo centro di massa è quello parabolico di un proiettile.

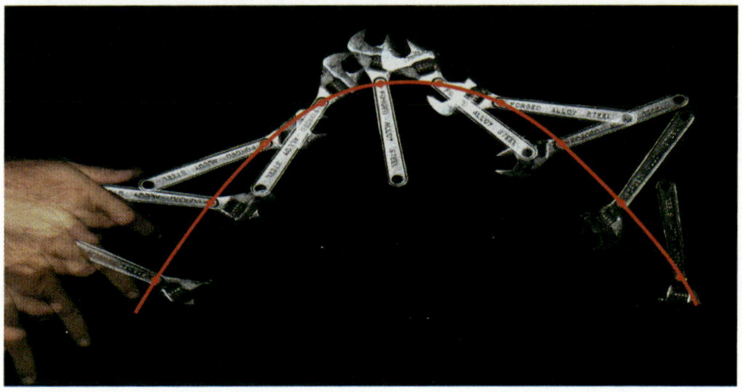

Massimo Romeni

In generale

> il centro di massa di un sistema si muove come un corpo puntiforme che ha la stessa massa totale del sistema e che è soggetto alla forza esterna risultante che agisce sul sistema stesso.

Dalla legge di conservazione della quantità di moto deriva che

> il centro di massa di un sistema isolato si muove di moto rettilineo uniforme.

Dimostriamo queste proprietà nel caso di un sistema composto da due masse puntiformi m_1 e m_2.

1 Nell'intervallo di tempo Δt, lo spostamento del centro di massa del sistema è una conseguenza degli spostamenti $\Delta\vec{r}_1$ e $\Delta\vec{r}_2$ delle masse

$$\Delta\vec{r}_{CM} = \frac{m_1\Delta\vec{r}_1 + m_2\Delta\vec{r}_2}{m_1 + m_2}$$

2 Dividendo entrambi i membri per Δt, otteniamo la relazione che lega la velocità del centro di massa alle velocità delle due masse del sistema:

$$\vec{v}_{CM} = \frac{m_1\vec{v}_1 + m_2\vec{v}_2}{m_1 + m_2}$$

3 La somma al numeratore è la quantità di moto totale $\vec{p}_{tot}$ del sistema mentre la somma al denominatore è la massa totale M del sistema, per cui la relazione precedente diventa:

$$M\,\vec{v}_{CM} = \vec{p}_{tot} \qquad (20)$$

4 Se il sistema è isolato, la sua quantità di moto si conserva: la grandezza $M\vec{v}_{CM}$ e quindi la velocità $\vec{v}_{CM}$ del centro di massa, rimangono costanti durante il moto. Quindi il centro di massa di un sistema isolato si muove di moto rettilineo uniforme.

5 Quando sul sistema agisce una forza esterna non nulla, la sua quantità di moto subisce una variazione

$$\Delta\vec{p}_{tot} = \vec{F}_{est}\,\Delta t$$

e quindi anche la grandezza $M\vec{v}_{CM}$ subisce una variazione:

$$M\,\Delta\vec{v}_{CM} = \vec{F}_{est}\,\Delta t$$

Dividendo entrambi i membri per Δt otteniamo in definitiva

$$\vec{F}_{est} = \frac{M\,\Delta\vec{v}_{CM}}{\Delta t} \quad \Rightarrow \quad \vec{F}_{est} = M\vec{a}_{CM}$$

che è identica al secondo principio della dinamica nel caso di un corpo di massa M soggetto alla somma delle forze esterne.

Concludiamo quindi che

#centrodimassa

il centro di massa di un sistema

- si muove come un punto materiale in cui è concentrata tutta la massa del sistema;
- è soggetto alla forza esterna risultante che agisce sul sistema.

Nel caso di urto fra due corpi che formano un sistema isolato il moto del centro di massa è rettilineo uniforme e quindi manifesta una regolarità che non hanno i moti dei due corpi.

■ L'urto cambia le velocità dei corpi ma non quella del centro di massa del sistema.

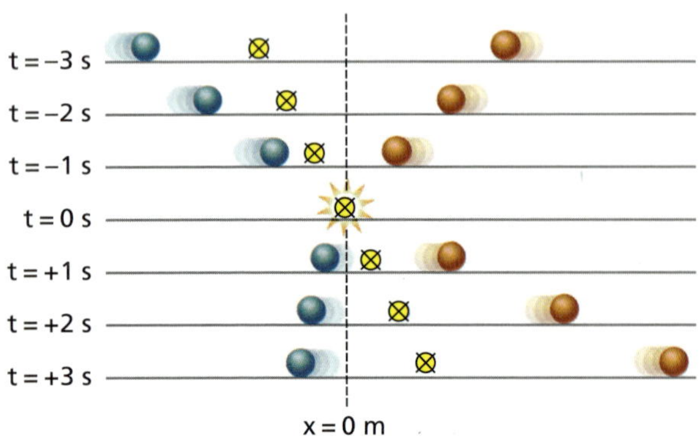

■ I corpi e le loro velocità cambiano direzione a causa dell'urto ma il centro di massa continua a muoversi lungo la stessa direzione.

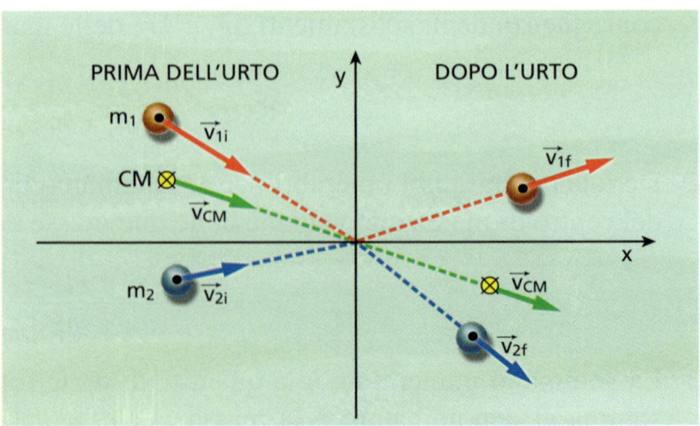

→ PROBLEMA La velocità del centro di massa • pag. 210
#centrodimassa

La quantità di moto

IN 3 MINUTI
La quantità di moto

Quantità di moto

$$\vec{p} = m\vec{v}$$

- **quantità di moto** (kg·m/s): $\vec{p}$
- **massa** del corpo: m
- **velocità** del corpo: $\vec{v}$

Impulso

$$\vec{I} = \vec{F}\Delta t = \Delta\vec{p}$$

- **impulso** di una forza (N·s): $\vec{I}$
- **forza** che agisce sul corpo: $\vec{F}$

Urto completamente anelastico in una dimensione

$$v_f = \frac{m_1 v_{1i} + m_2 v_{2i}}{m_1 + m_2}$$

■ **Se il corpo 2 è in quiete ($v_{2i} = 0$):**

$$v_f = \frac{m_1}{m_1 + m_2} v_{1i}$$

– Proiettile massiccio ($m_1 \gg m_2$): $v_f = v_{1i}$

– Bersaglio massiccio ($m_2 \gg m_1$): $v_f = 0$

Urto elastico in una dimensione

$$v_{1f} = \frac{m_1 - m_2}{m_1 + m_2} v_{1i} + \frac{2m_2}{m_1 + m_2} v_{2i}$$

$$v_{2f} = \frac{2m_1}{m_1 + m_2} v_{1i} + \frac{m_2 - m_1}{m_1 + m_2} v_{2i}$$

■ **Se il corpo 2 è in quiete ($v_{2i} = 0$):**

$$v_{1f} = \frac{m_1 - m_2}{m_1 + m_2} v_{1i}$$

$$v_{2f} = \frac{2m_1}{m_1 + m_2} v_{1i}$$

– Bersaglio massiccio ($m_2 \gg m_1$): $v_{1f} = -v_{1i}$ $v_{2f} = 0$

– Stessa massa ($m_1 = m_2$): $v_{1f} = 0$ $v_{2f} = v_{1i}$

– Proiettile massiccio ($m_1 \gg m_2$): $v_{1f} = v_{1i}$ $v_{2f} = 2v_{1i}$

Centro di massa

$$\vec{r}_{CM} = \frac{m_1\vec{r}_1 + m_2\vec{r}_2 + ... + m_n\vec{r}_n}{m_1 + m_2 + ... + m_n}$$

Moto del centro di massa

$$M\,\vec{v}_{CM} = \vec{p}_{CM} = \vec{F}_{est}\Delta t$$

- **massa** totale del sistema: M

$$\vec{F}_{est} = M\vec{a}_{CM}$$

ESERCIZI

ZTE ONLINE
Mettiti alla prova
con 20 esercizi interattivi

1 La quantità di moto

1 Calcola il modulo della quantità di moto di:
- ▶ un proiettile di massa 20 g che viaggia alla velocità di 300 m/s;
- ▶ un *jogger* di massa 80 kg che procede con una velocità di 3,3 m/s;
- ▶ un'automobile di massa 2,0 t che viaggia a 80 km/h.

[6,0 kg·m/s; 2,6 · 10^2 kg·m/s; 4,4 · 10^4 kg·m/s]

2 Una pallina di massa 0,5 kg colpisce il pavimento con una velocità di 2 m/s e rimbalza con la stessa velocità verso l'alto.
- ▶ Qual è la variazione della quantità di moto?

[−2 kg·m/s]

3 Una biglia di massa 110 g colpisce una parete con una velocità di 13 m/s, arrivando perpendicolarmente alla parete. La biglia rimbalza nella stessa direzione con una velocità di 8,0 m/s.
- ▶ Calcola la variazione della quantità di moto.

[−2,3 kg·m/s]

4 PROBLEMA **Cambia la quantità di moto**
#quantitàdimoto

Sotto l'azione di una forza costante di 18 N un corpo di 14 kg inizialmente fermo (v_0 = 0 m/s) raggiunge la velocità v_1 = 22 m/s.
- ▶ Calcola la variazione della sua quantità di moto.
- ▶ Calcola per quanto tempo agisce la forza.

LA SITUAZIONE FISICA E IL MODELLO

Il secondo principio della dinamica consente di calcolare la variazione della quantità di moto e quindi l'intervallo di tempo di applicazione della forza.

LA RISOLUZIONE

1. La variazione della quantità di moto è

$$\Delta p = mv_1 - mv_0 = mv_1$$

2. Utilizziamo il secondo principio della dinamica nella sua formulazione originale:

$$F\Delta t = \Delta p \quad \Rightarrow \quad \Delta t = \frac{\Delta p}{F}$$

I DATI E IL RISULTATO

v_1 = 22 m/s

m = 14 kg

F = 18 N

$$\Delta p = (14\ \text{kg})(22\ \text{m/s}) = 3{,}1 \cdot 10^2\ \text{kg·m/s}$$

$$\Delta t = \frac{3{,}1 \cdot 10^2\ \text{kg·m/s}}{18\ \text{N}} = 17\ \text{s}$$

HA SENSO?

Un corpo soggetto a una forza costante accelera in modo uniforme, per cui la sua velocità aumenta in modo direttamente proporzionale al tempo. Dato che la massa del corpo è costante, anche la quantità di moto aumenta in modo direttamente proporzionale al tempo.

5 PROBLEMA SIMILE

Per effetto di una forza di attrito di 2,4 N, un corpo di 1,7 kg rallenta da 5,6 m/s a 2,2 m/s.
- ▶ Quanto varia la sua quantità di moto?
- ▶ Per quanto tempo agisce la forza?

[−5,8 kg m/s; 2,4 s]

6 Un vaso di 2,5 kg cade da un'altezza di 7,6 m.
- ▶ Calcola la quantità di moto finale.
- ▶ Quanto tempo è durata la caduta?

[31 kg·m/s; 1,2 s]

7 Un'automobile di 1500 kg passa da 70 km/h a 90 km/h in 3,8 s.
- ▶ Qual è la variazione della quantità di moto?
- ▶ Determina l'intensità della forza motrice.

[$8,3 \cdot 10^3$ kg·m/s; $2,2 \cdot 10^3$ N]

8 Una pallina da tennis di massa 58 g viaggia a 16 m/s, urta il terreno con un angolo di 30° e riparte in modo simmetrico con uguale velocità in modulo.
- ▶ Calcola il modulo della quantità di moto prima e dopo il rimbalzo.
- ▶ Calcola il modulo della variazione della quantità di moto. [0,93 kg·m/s, 0,93 kg·m/s; 0,93 kg·m/s]

9 **QUESITO** **ARGOMENTA** Un corpo ha quantità di moto iniziale $\vec{p}_i$. Sotto l'azione di una forza la quantità di moto diviene $\vec{p}_f$.
- ▶ È possibile che i tre vettori $\Delta\vec{p}$, $\vec{p}_i$ e $\vec{p}_f$ abbiamo lo stesso modulo? Spiega.

10 Una pallina di 46 g è lanciata verso l'alto con una velocità di 2,1 m/s.
- ▶ Quanto vale la variazione della quantità di moto nel punto più alto della traiettoria?
- ▶ Calcola la variazione della quantità di moto quando ripassa per il punto dal quale è stata lanciata. [$-9,7 \cdot 10^{-2}$ kg·m/s; $-1,9 \cdot 10^{-1}$ kg·m/s]

11 Un'automobile di massa $1,8 \cdot 10^3$ kg viaggia a velocità costante. Affronta un tonante (curva di 180°) e subisce una variazione della quantità di moto di $-1,8 \cdot 10^4$ kg·m/s.
- ▶ A quale velocità viaggia l'automobile?
- ▶ A quale forza è imputabile la variazione della quantità di moto? [18 km/h]

2 L'impulso di una forza

12 Durante una schiacciata in una partita di pallavolo, la mano esercita per 10 ms una forza media di 70 N.
- ▶ Quanto vale il modulo dell'impulso che agisce sulla palla? [$7 \cdot 10^{-1}$ N·s]

13 Una giocatrice di pallanuoto blocca in 0,20 s una palla di massa 510 g lanciata a 32,0 km/h.
- ▶ Determina l'impulso.
- ▶ Calcola la forza media esercitata.

[4,5 N·s; 23 N]

14 Una palla da biliardo di massa $3,2 \cdot 10^2$ g viene lanciata perpendicolarmente contro la sponda del tavolo con una velocità di 3,8 m/s. L'impulso esercitato dalla sponda sulla palla è di −2,1 N·s.
- ▶ Calcola la velocità di rimbalzo della palla.

[−2,8 m/s]

15 Un corpo di 0,60 kg, si muove inizialmente con una velocità di 15 m/s. Successivamente viene fermato da una forza costante di 50 N nell'intervallo di tempo Δt.
- ▶ Quanto vale l'impulso di questa forza?
- ▶ Determina l'intervallo di tempo Δt.

[−9,0 N·s; 0,18 s]

16 Una biglia di 110 g colpisce una parete con una velocità di 13 m/s, arrivando perpendicolarmente alla parete. La biglia rimbalza nella stessa direzione con una velocità di −8,0 m/s. Il tempo di contatto è di 0,02 s.
- ▶ Quanto vale l'impulso esercitato dalla parete?
- ▶ Determina l'intensità della forza media corrispondente.

[−2,3 N·s; $-1,2 \cdot 10^2$ N]

17 **PROBLEMA** **Dall'area alla forza media**
#impulso

Durante un urto, la forza tra due corpi ha l'andamento temporale schematizzato in figura.
- ▶ Quanto vale l'impulso I della forza?
- ▶ Calcola il valore medio F_m della forza.

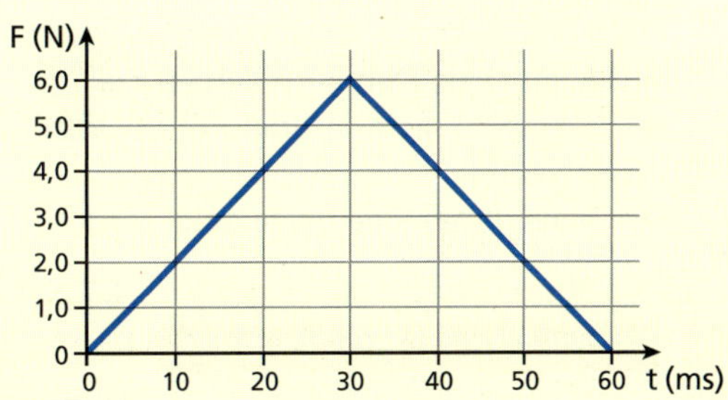

LA SITUAZIONE FISICA E IL MODELLO

L'impulso della forza è uguale all'area sottesa dal grafico della forza in funzione del tempo.

Il valore medio della forza è quel valore costante della forza che dà luogo allo stesso impulso della forza variabile nel tempo.

LA RISOLUZIONE

1. L'impulso della forza è uguale all'area del triangolo avente come altezza la forza massima F_{max} e come base l'intervallo di tempo Δt durante il quale agisce la forza:

$$I = \frac{1}{2} F_{max} \Delta t$$

2. Il valore medio della forza è

$$F_m = \frac{I}{\Delta t} = \frac{1}{2} \frac{F_{max} \Delta t}{\Delta t} = \frac{F_{max}}{2}$$

I DATI E IL RISULTATO

$F_{max} = 6{,}0\ \text{N}$

$\Delta t = 60\ \text{ms} = 0{,}060\ \text{s}$

$$I = \frac{1}{2}(6{,}0\ \text{N})(0{,}060\ \text{ms}) = 0{,}18\ \text{N·s}$$

$$F_m = \frac{6{,}0\ \text{N}}{2} = 3{,}0\ \text{N}$$

18 **PROBLEMA SIMILE**

Supponi che la forza massima sia 231 N e la durata 255 ms.

▶ Calcola l'impulso della forza. [29,5 N·s]

19 Una forza varia nel tempo come schematizzato nel grafico seguente.

▶ Calcola l'impulso della forza.

▶ Determina il valore medio della forza.

[0,13 N·s; 2,5 N]

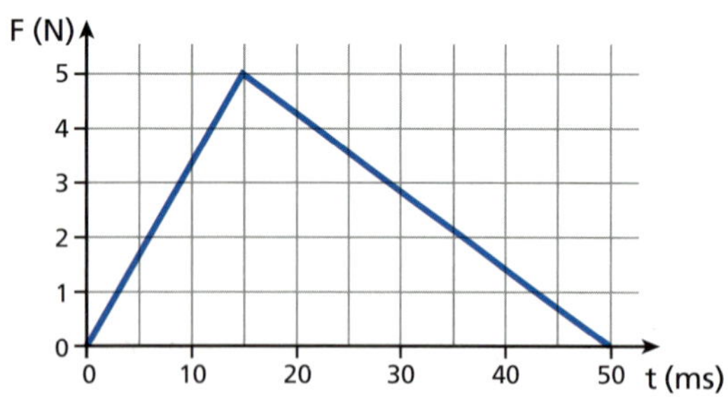

20 Un carrello di massa 320 g che si muove di moto rettilineo uniforme con velocità 4,2 m/s subisce l'azione di una forza impulsiva diretta nel verso opposto. Il grafico mostra l'andamento del modulo della forza in funzione del tempo.

▶ Quanto vale l'impulso della forza?

▶ La forza è stata in grado di invertire il moto del carrello?

▶ Qual è la velocità finale della sfera?

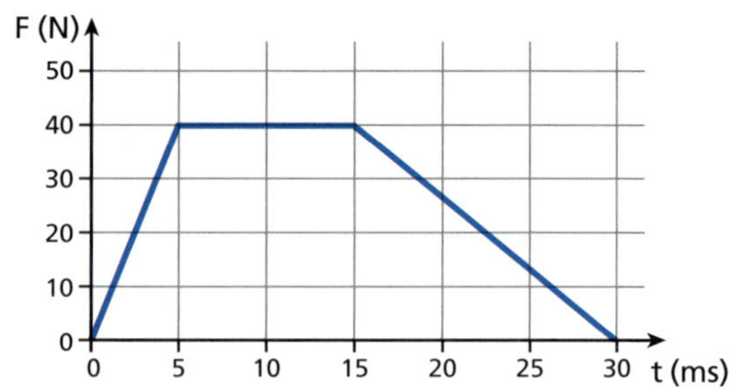

[−0,80 N·s; 1,7 m/s]

21 In una battuta il contatto fra la pallina (m = 60 g) e la racchetta da tennis dura circa 10^{-2} s. Un professionista imprime alla pallina velocità di oltre 50 m/s (180 km/h).

▶ Confronta gli impulsi esercitati sulla pallina dalla racchetta e dalla gravità: quanto vale il loro rapporto? [500]

22 **QUESITO** **SPIEGA PERCHÉ** Nel baseball, il ricevitore deve prendere al volo la pallina lanciata dal lanciatore a oltre 150 km/h e indossa un guanto con molte imbottiture.

▶ Spiega perché.

23 **PROBLEMA SU PIÙ CONCETTI** **Rimbalzo**

#impulso #conservazioneenergia

Una palla di 0,40 kg cade da una quota di 2,0 m e rimbalza sul pavimento a una quota di 1,5 m.

▶ Calcola l'impulso esercitato dal pavimento sulla palla.
▶ Calcola la forza media esercitata dal pavimento se la palla rimane in contatto con questo per 10 ms.

LA SITUAZIONE FISICA E IL MODELLO

Scegliamo un asse verticale diretto verso l'alto e dividiamo l'evento in tre momenti distinti: discesa, contatto con il pavimento, risalita.
In figura è illustrato il momento in cui la palla tocca il pavimento e quello, subito successivo, in cui inizia la risalita.
L'energia meccanica si conserva durante la discesa e durante la salita, mentre viene in parte dissipata nell'urto col pavimento, infatti la palla non raggiunge la quota iniziale.

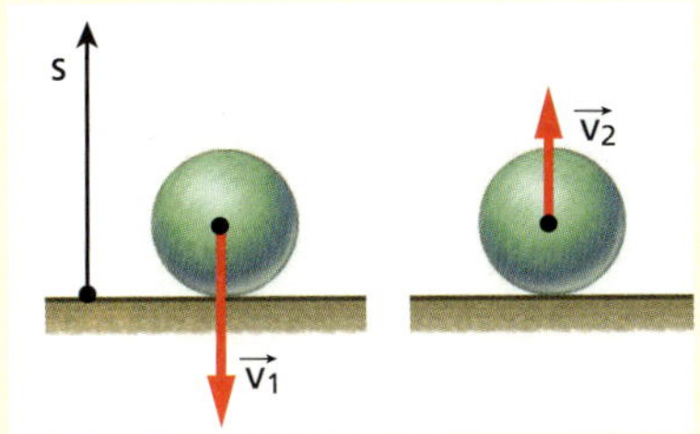

LA RISOLUZIONE

1. **Discesa.** Si conserva l'energia tra lo stato iniziale, in cui la palla è ferma ($v_i = 0$) alla quota $h_i = h_1$, e lo stato finale, in cui arriva a terra ($h_f = 0$) con velocità $v_f = v_1$:

$$E_i = E_f \quad \Rightarrow \quad K_i + U_i = K_f + U_f$$

$$mgh_1 = \frac{1}{2}mv_1^2$$

$$v_1 = -\sqrt{2gh_1}$$

2. **Contatto col pavimento.** L'energia non si conserva:

$$E_i \neq E_f$$

3. **Risalita.** Si conserva l'energia tra l'istante in cui la palla inizia la risalita con velocità v_2 (stato iniziale) e l'istante in cui raggiunge la quota h_2 (stato finale):

$$E_i = E_f \quad \Rightarrow \quad K_i + U_i = K_f + U_f$$

$$\frac{1}{2}mv_2^2 = mgh_2$$

$$v_2 = \sqrt{2gh_2}$$

4. Per il teorema dell'impulso lungo la direzione del moto si ha

$$I = m(v_2 - v_1)$$

$$= m\left[\sqrt{2gh_2} - \left(-\sqrt{2gh_1}\right)\right] = 4{,}7\ \text{N·s}$$

5. La forza media che agisce nell'intervallo di tempo Δt è

$$I = F_m \Delta t \quad \Rightarrow \quad F_m = \frac{I}{\Delta t} = 470\ \text{N}$$

24 ■■■ Una mattonella di 0,30 kg viene lasciata cadere da una quota di 8,0 m. Essa colpisce il pavimento e si ferma in 1,3 ms.
▶ Qual è l'impulso esercitato dal pavimento sulla mattonella?
▶ Calcola la forza media esercitata dal pavimento. [3,8 N·s; 2,9 kN]

25 ■■■ Quando una palla da baseball di 0,15 kg viene colpita da una mazza la sua velocità varia da +20 m/s a −20 m/s. La palla rimane in contatto con la mazza per 0,0013 s.
▶ Determina il modulo dell'impulso fornito dalla mazza alla palla.
▶ Calcola la forza media esercitata sulla palla. [6,0 N·s; – 4,6 kN]

26 ■■■ La traiettoria di una pallina, di massa $2{,}6 \cdot 10^2$ g, lanciata contro un muro alla velocità di 2,8 m/s, forma un angolo di 45° con la parete. La pallina rimbalza in direzione simmetrica con una velocità di 2,5 m/s.
▶ Calcola le componenti parallela e perpendicolare rispetto alla parete dell'impulso esercitato dalla parete. [−0,055 N·s; 0,97 N·s]

27 ■■■ **QUESITO** **FAI UNA STIMA** In un film d'azione, il protagonista colpisce con un pugno la mascella del cattivo, inizialmente fermo, che cade rovinosamente all'indietro.
▶ È possibile che il protagonista non si faccia seriamente male alla mano?

28 Su un corpo fermo di massa 7,3 kg viene applicata una forza di 4,8 N per un tempo di 2,8 s.
- ▶ Calcola la velocità finale del corpo utilizzando le leggi della dinamica e verifica il risultato utilizzando il teorema dell'impulso.
- ▶ Calcola lo spazio percorso dal corpo utilizzando le leggi della dinamica e verifica il risultato utilizzando il teorema dell'energia cinetica.

[1,8 m/s; 2,6 m]

3 La conservazione della quantità di moto

29 Un ragazzo salta da un pontile su una barca con una velocità orizzontale di 2 m/s. Le masse del ragazzo e della barca sono rispettivamente 70 kg e 120 kg.
- ▶ A quale velocità si muove il sistema ragazzo + barca?

[0,7 m/s]

30 QUESITO CHE COSA SUCCEDE? Un carrello pieno di sabbia procede su una guida orizzontale priva d'attrito. Da un forellino sul fondo del carrello, la sabbia cade verticalmente. Trascura le perdite per attrito.
- ▶ La velocità del carrello cambia nel tempo? Spiega.

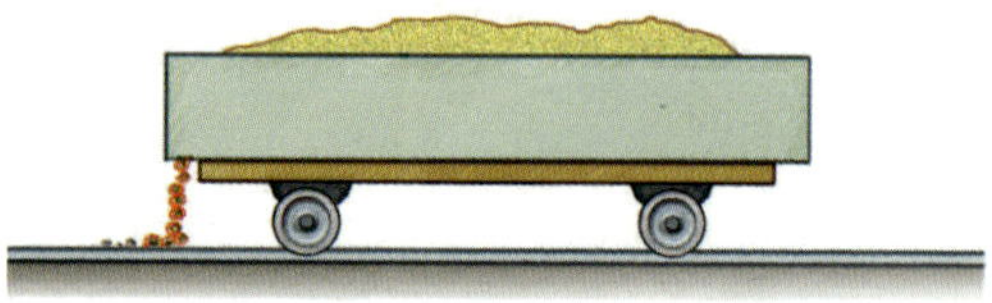

31 QUESITO CHE COSA SUCCEDE? Un carrello è dotato di uno scivolo dal quale si fanno scendere blocchi precedentemente caricati sul pianale. Inizialmente il carrello è fermo. Trascura le perdite per attrito.
- ▶ Il carrello inizia a muoversi? Spiega che cosa succede.

32 Un proiettile di 20 g è sparato orizzontalmente con la velocità di 250 m/s da un fucile di 1,50 kg.
- ▶ Quale sarebbe la velocità di rinculo del fucile se colui che spara l'impugnasse senza opporre resistenza?

[−3,3 m/s]

33 Lungo un canale veneziano, due gondolieri si incontrano e si fermano per scambiarsi informazioni. La prima gondola, con a bordo solo il rematore, ha una massa complessiva di $4{,}7 \cdot 10^2$ kg. Terminata la chiacchierata, il primo gondoliere spinge la gondola del collega, con tre passeggeri a bordo, con una velocità di 0,16 m/s, mentre lui si allontana con una velocità di 0,21 m/s.
- ▶ Determina la massa complessiva della seconda gondola.

[$6{,}2 \cdot 10^2$ kg]

34 Un carro merci aperto (m = 15 t) si muove lungo un binario alla velocità v_1 = 6,0 m/s. Piove, e la pioggia, vista dal carro, cade lungo la verticale. Trascura le perdite per attrito.
- ▶ Qual è la velocità v_2 del carro dopo che ha raccolto una massa m' = 3,0 t d'acqua?

[5,0 m/s]

35 QUESITO ARGOMENTA Considera la situazione del problema precedente, ma questa volta le gocce si vedono cadere in direzione perpendicolare al terreno nel riferimento della stazione.
- ▶ Che cosa cambia?

36 Un ragazzo di 50 kg sale su un carrello di 12 kg, posto su un piano orizzontale, portando con sé due mattoni di 5,0 kg. Egli lancia i mattoni orizzontalmente dalla parte posteriore del carrello, uno alla volta, con velocità di 4,0 m/s rispetto a se stesso.
- ▶ Con quale velocità si muove dopo aver tirato il secondo mattone?
- ▶ Con quale velocità si muoverebbe se lanciasse entrambi i mattoni simultaneamente con la velocità di 4,0 m/s rispetto a se stesso?

[−0,62 m/s; – 0,65 m/s]

37 PROBLEMA **Una spinta artistica**
#quantitàdimoto

Una coppia di pattinatori su ghiaccio è ferma sulla pista. All'inizio dell'esibizione, l'uomo (M = 85 kg) spinge la donna (m = 52 kg) imprimendole una velocità v = 3,2 m/s rispetto al ghiaccio.
- ▶ A quale velocità V si muove l'uomo?
- ▶ Qual è il lavoro L compiuto dall'uomo?

LA SITUAZIONE FISICA E IL MODELLO

Sul sistema formato dai due pattinatori la risultante delle forze esterne è nulla. La quantità di moto iniziale del sistema è nulla e tale rimane immediatamente dopo la spinta.
L'energia cinetica acquistata dai due pattinatori è dovuta al lavoro della forza esercitata dall'uomo. Questa forza è interna al sistema per cui modifica le quantità di moto dei pattinatori ma non la quantità di moto del sistema.

LA RISOLUZIONE

1. Imponendo la conservazione della quantità di moto totale nella direzione del lancio determiniamo V:

$$MV + mv = 0 \quad \Rightarrow \quad \boxed{V = -\frac{mv}{M}}$$

2. L'energia cinetica totale è dovuta al lavoro compiuto dal pattinatore

$$L = K_{\text{tot}} = \frac{1}{2}mv^2 + \frac{1}{2}MV^2$$

3. Scriviamo il lavoro in funzione dei dati iniziali

$$\boxed{L = \frac{1}{2}mv^2 + \frac{1}{2}\frac{m^2v^2}{M} = \frac{1}{2}mv^2\left(1 + \frac{m}{M}\right)}$$

I DATI E IL RISULTATO

$M = 85$ kg
$m = 52$ kg
$v = 3{,}2$ m/s

$$V = -\frac{(52\ \text{kg})(3{,}2\ \text{m/s})}{85\ \text{kg}} = 2{,}0\ \text{m/s}$$

$$L = \frac{1}{2}(52\ \text{kg})(3{,}2\ \text{m/s})^2\left(1 + \frac{52\ \text{kg}}{85\ \text{kg}}\right) = 430\ \text{J}$$

HA SENSO?

Spingendo la donna in una direzione, l'uomo si sposta in verso opposto a causa della forza (interna) di reazione esercitata dalla donna. Il lavoro compiuto dai suoi muscoli fornisce l'energia cinetica di entrambi. L'energia cinetica del pattinatore è trascurabile solo se m/M è molto piccolo, ossia se $M \gg m$, infatti

$$L = \frac{1}{2}mv^2\left(1 + \frac{m}{M}\right) \approx \frac{1}{2}mv^2$$

38 **PROBLEMA SIMILE**

Una particolare figura dell'esibizione dei due pattinatori prevede che la donna si spinga via dall'uomo quando sono entrambi fermi sul ghiaccio. Il pattinatore si muove a 1,4 m/s.
- ▶ A che velocità si sposta la donna?
- ▶ Qual è il lavoro compiuto dalla donna?

[2,3 m/s; 220 J]

39 Due carrelli, rispettivamente di massa $m_1 = 2{,}3$ kg e $m_2 = 3{,}2$ kg sono posti su un piano privo di attrito. Tra i due carrelli, in quiete, c'è una molla, di massa trascurabile, compressa tramite un filo. L'energia elastica della molla nella configurazione iniziale è di 0,38 J.
- ▶ Calcola le velocità dei due carrelli dopo che il filo è stato tagliato e la molla è tornata a riposo.

[0,44 m/s; – 0,32 m/s]

40 Una carica esplosiva libera 32 J di energia e determina l'espulsione in direzioni opposte di due masse inizialmente ferme. Le masse sono 120 g e 340 g. La velocità di espulsione della prima massa è 18,0 m/s.
- ▶ Qual è la velocità di espulsione della seconda massa?
- ▶ Calcola l'energia dell'esplosione che non si è convertita in energia cinetica delle due masse.

[–6,4 m/s; 5,7 J]

41 Un ragazzo fermo su uno skateboard (massa complessiva 40 kg) lancia una palla di 0,40 kg in avanti. La velocità della palla è tale che essa raggiungerebbe una quota di 8,0 m se fosse lanciata verso l'alto in verticale.

- ▶ Calcola la velocità con cui si muove il ragazzo subito dopo il lancio.
- ▶ Qual è il lavoro compiuto dal ragazzo?

[−0,13 m/s; 32 J]

42 Due carrelli sono tenuti uniti da un filo che mantiene compressa una molla e viaggiano a una velocità di 7,3 m/s. Le rispettive masse sono $m_1 = 3{,}2$ kg e $m_2 = 2{,}7$ kg. A un certo istante il filo si rompe e la molla si allunga. Il carrello di massa m_1 continua a muoversi nella stessa direzione e nello stesso verso di partenza con una velocità di 9,2 m/s.

- ▶ Determina la direzione, il verso e il modulo della velocità del secondo carrello.

[5,0 m/s]

43 Un'automobilina di massa 0,20 kg si muove lungo una pista orizzontale in direzione di un giro della morte di raggio $R = 45$ cm. Il tratto orizzontale della pista ha massa trascurabile, mentre la massa del tratto curvo è 0,70 kg. L'attrito tra pista e piano è trascurabile.

- ▶ Che velocità iniziale deve avere l'automobilina per raggiungere la quota $R/2$?

[2,5 m/s]

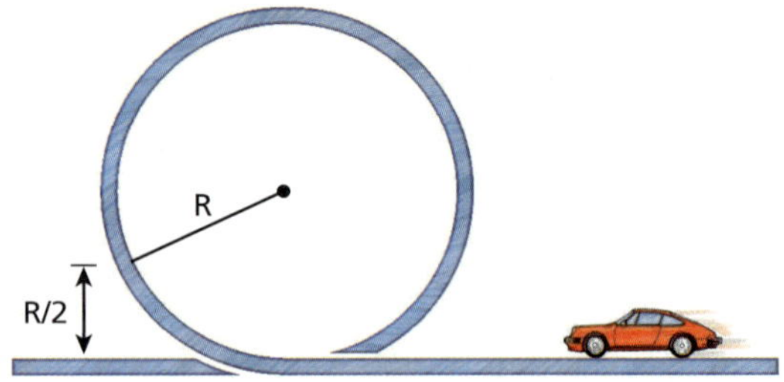

44 Considera la situazione del problema precedente. Dopo aver raggiunto la quota R/2, l'automobilina torna indietro.

- ▶ Calcola la velocità del profilo e dell'automobilina quando questa è nel tratto orizzontale.

[1,1 m/s; −1,3 m/s]

4 Urti e leggi di conservazione

45 Un carrello di 0,25 kg si muove a 2,3 m/s e urta un secondo carrello di massa 0,450 kg inizialmente fermo. Dopo l'urto i due carrelli si muovono con velocità rispettivamente 1,2 m/s e 1,1 m/s.

- ▶ Si è trattato di un urto elastico?

46 QUESITO LEGGI IL GRAFICO Due carrellini *A* e *B* si muovono sulla stessa rotaia. Il grafico riporta le loro leggi orarie, rilevate da sensori di moto applicati ad essi.

- ▶ Quale tipo di urto avviene fra i due carrellini?
- ▶ Si conserva l'energia cinetica del sistema?
- ▶ Si conserva la quantità di moto del sistema?

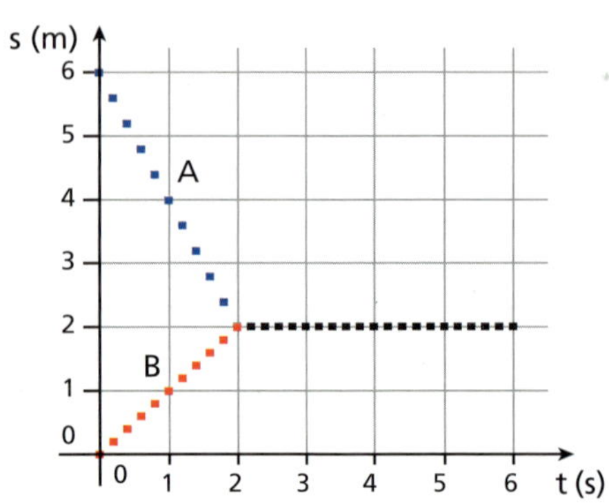

47 QUESITO LEGGI IL GRAFICO Due carrellini *A* e *B* si muovono sulla stessa rotaia. Il grafico riporta le loro leggi orarie, rilevate da sensori di moto applicati ad essi.

- ▶ Che tipo di urto avviene tra i due carrellini?
- ▶ Si conserva l'energia cinetica del sistema?
- ▶ Si conserva la quantità di moto del sistema?

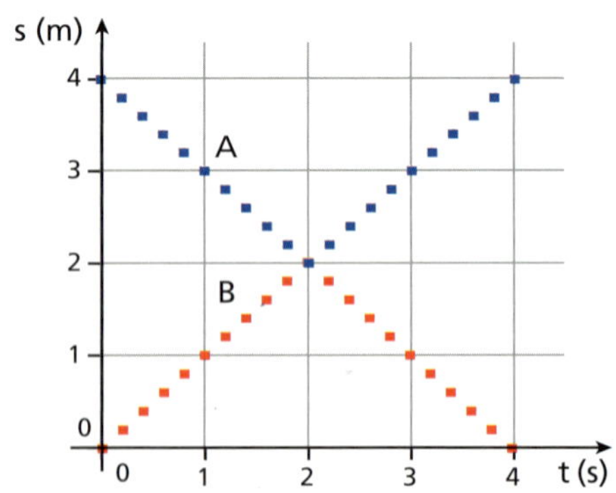

48 QUESITO TROVA IL MODELLO Due masse urtano l'una contro l'altra.

- ▶ È possibile che l'energia cinetica totale delle due masse aumenti? Spiega.

49 **QUESITO** **ARGOMENTA** In laboratorio un gruppo di studenti misura le velocità iniziali e finali di due carrelli di massa nota che urtano l'una contro l'altro. Tenuto conto delle incertezze, dai loro dati risulta che l'energia cinetica si è conservata e che la quantità di moto totale è raddoppiata nell'urto.

▶ L'esperimento è da ripetere? Spiega.

5 Urti anelastici

50 Un portiere di 80 kg para in aria e trattiene una palla di 0,5 kg calciata a 110 km/h.

▶ Che velocità ha il portiere subito dopo aver parato la palla? [0,2 m/s]

51 In una partita di football americano, un attaccante di 85 kg che corre con la velocità di 7,0 m/s compie un urto totalmente anelastico contro un difensore di 105 kg, inizialmente fermo.

▶ Calcola la velocità dei due giocatori subito dopo l'urto. [3,1 m/s]

52 **QUESITO** **LEGGI IL GRAFICO** Due carrellini *A* e *B* si muovono sulla stessa rotaia. Il grafico riporta le loro leggi orarie, rilevate da sensori di moto applicati a essi.

▶ Quale tipo di urto avviene fra i due carrellini?

▶ Quale dei due carrellini ha la massa maggiore?

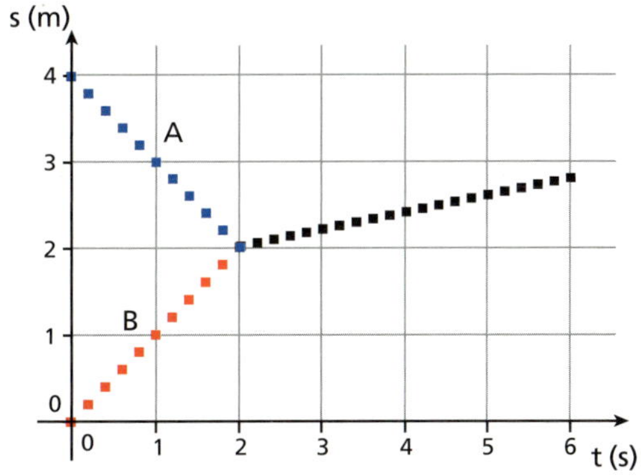

53 **PROBLEMA** **Incontro tra carrelli**
#urtoanelastico

Un carrello di massa $m_1 = 120$ g si muove a 1,3 m/s su una rotaia ad aria e incontra sul percorso un secondo carrello di massa $m_2 = 190$ g che viaggia in verso opposto a 2,1m/s. Dopo l'urto, i due carrelli proseguono agganciati.

▶ Calcola la velocità finale v dei due carrelli dopo l'urto.

LA SITUAZIONE FISICA E IL MODELLO

La quantità di moto totale si conserva in urto unidimensionale completamente anelastico tra due corpi che si muovono lungo direzioni opposte. Lungo la rotaia scegliamo come verso positivo quello della velocità iniziale v_1 del carrello di massa m_1. La velocità iniziale v_2 dell'altro carrello è quindi negativa.

LA RISOLUZIONE

Imponiamo la conservazione della quantità di moto totale

$$m_1v_1 + m_2v_2 = (m_1 + m_2)v \quad \Rightarrow \quad \boxed{v = \frac{m_1v_1 + m_2v_2}{m_1 + m_2}}$$

I DATI E IL RISULTATO

$m_1 = 120$ g

$m_2 = 190$ g

$v_1 = 1{,}3$ m/s

$v_2 = -2{,}1$ m/s

$$v = \frac{(120\ \text{g})(1{,}3\ \text{m/s}) - (190\ \text{g})(2{,}1\ \text{m/s})}{120\ \text{g} + 190\ \text{g}} = -0{,}78\ \text{m/s}$$

HA SENSO?

Poiché la velocità finale è negativa, i due carrelli si muovono alla fine lungo la direzione di moto iniziale del secondo carrello.

54 **PROBLEMA SIMILE**

Supponi che la velocità finale dei due carrelli sia uguale a zero.

▶ Qual è la velocità iniziale del secondo carrello? [–0,82 m/s]

55 Un pesce di 3,0 kg nuota a 1,5 m/s verso destra e inghiotte un pesce di 0,25 kg che nuota a 4,0 m/s in senso opposto.

▶ Qual è la velocità del pesce più grande, subito dopo il pranzo? [1,1 m/s verso destra]

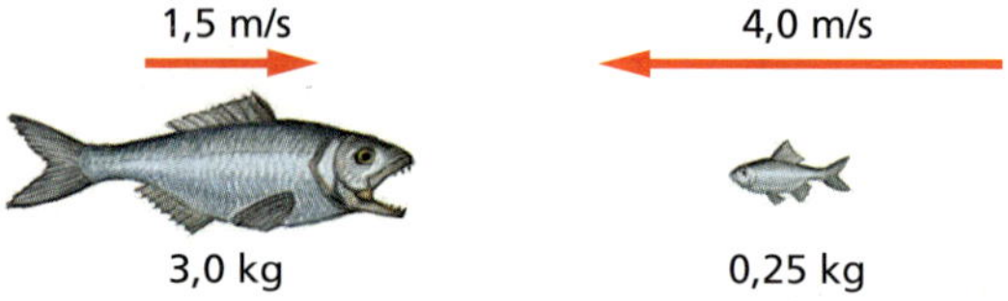

56 Due paracadutisti di massa $m_1 = 75$ kg e $m_2 = 92$ kg scendono in caduta libera lungo la stessa verticale con velocità costante $v_1 = 95$ km/h e $v_2 = 115$ km/h. Il paracadutista più veloce si è lanciato per ultimo e raggiunge il paracadutista più lento, unendosi a lui.

▶ Che velocità hanno i due paracadutisti subito dopo l'urto?

▶ Come varia la quantità di moto di ciascuno dei due paracadutisti a causa dell'incontro in quota? [106 km/h; 230 kg·m/s; –230 kg·m/s]

57 Un carrello di 25 kg raggiunge con una velocità relativa di 1,5 m/s rispetto a un secondo carrello identico che si sta muovendo a 3,1 m/s. Entrando in contatto, i due carrelli restano agganciati.

▶ Qual è la velocità finale dei due carrelli? [3,9 m/s]

58 **PROBLEMA SU PIÙ CONCETTI** **I carrelli si fermano**

#urtoanelastico #forzenonconservative

Un carrello di 800 g si muove di moto rettilineo a 1,9 m/s e incontra sul percorso un secondo carrello che viaggia in verso opposto a una velocità di 2,4 m/s. Dopo l'urto, i due carrelli proseguono agganciati, nello stesso verso in cui si muoveva il primo, a una velocità di 1,6 m/s.

▶ Calcola la massa del secondo carrello.

L'urto danneggia le ruote dei carrelli che strisciano, frenati da una forza d'attrito di 8,3 N.

▶ Calcola lo spazio percorso dai carrelli prima di fermarsi.

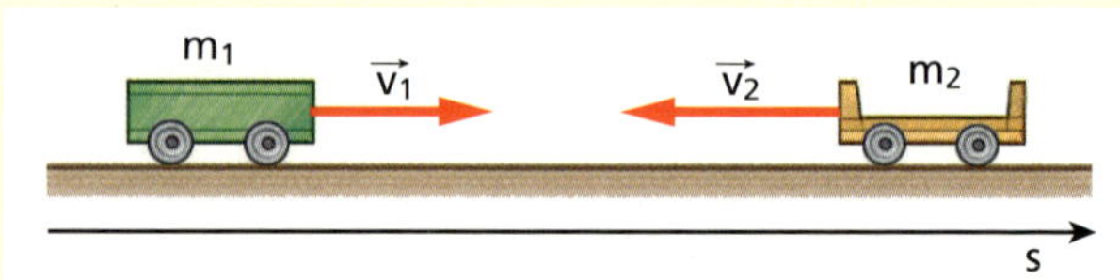

LA SITUAZIONE FISICA E IL MODELLO

Si tratta di un urto completamente anelastico in una dimensione. Si conserva la quantità di moto ma non l'energia cinetica. Dopo l'urto, l'energia cinetica residua dei due carrelli viene dissipata dal lavoro della forza d'attrito.

LA RISOLUZIONE

1. Imponiamo la conservazione della quantità di moto

$$\vec{p}_{\text{i tot}} = \vec{p}_{\text{f tot}}$$

$$m_1 v_{1i} + m_2 v_{2i} = (m_1 + m_2) v_f$$

$$m_1 (v_{1i} - v_f) = m_2 (v_f - v_{2i})$$

2. Isoliamo l'incognita m_2 e osserviamo che le velocità prima dell'urto hanno la stessa direzione, ma verso opposto:

$$m_2 = \frac{m_1 (v_{1i} - v_f)}{v_f - v_{2i}} = 0{,}060 \text{ kg}$$

3. Dopo l'urto, per il teorema dell'energia cinetica, si ha

$$L = \vec{F}_{\text{att}} \cdot \vec{s}$$

$$F_{\text{att}} s = \frac{1}{2} (m_1 + m_2) v_f^2$$

$$s = \frac{(m_1 + m_2) v_f^2}{2 F_{\text{att}}} = 0{,}13 \text{ m}$$

59 Un'automobile di 2,01 t si muove verso destra a 30 m/s, inseguendo un'altra automobile di 2,01 t che si muove, anch'essa verso destra, a 10 m/s.

- ▶ Calcola quale sarebbe la loro velocità se le due automobili si urtassero e rimanessero agganciate.
- ▶ Calcola la variazione di energia meccanica che si ha nell'urto. [20 m/s; $-2,0 \cdot 10^5$ J]

60 Un bambino gioca con le automobiline. Lancia una Cinquecento di massa 65 g a velocità di 4,2 m/s contro un camion di massa 1,4 kg fermo. Dopo l'urto la Cinquecento torna indietro con una velocità di 2,7 m/s.

- ▶ Determina la velocità del camion dopo l'urto.
- ▶ Quanta energia viene dissipata nell'urto? [0,32 m/s; 0,26 J]

61 Un modellino di automobile si muove alla velocità $v = 4,0$ m/s e urta una secondo modellino identico fermo. Nell'urto, i due modellini si deformano dissipando metà dell'energia cinetica, per cui l'energia cinetica finale è la metà di quella iniziale.

- ▶ A che velocità si muovono i due modellini dopo l'urto? [2,0 m/s; 2,0 m/s]

62 Un carrello di massa 15 kg si muove orizzontalmente con la velocità di 6,0 m/s. Un blocco di 5,0 kg, inizialmente fermo, viene lasciato cadere sul carrello.

- ▶ Calcola la quantità di moto del carrello prima che vi cada il blocco.
- ▶ Qual è la quantità di moto del sistema costituito dal carrello e dal blocco dopo l'arrivo di quest'ultimo?
- ▶ Calcola la velocità finale del sistema carrello-blocco. [90 kg·m/s; 90 kg·m/s; 4,5 m/s]

63 Un pezzo di stucco di 300 g viene lanciato contro un blocco di 1,3 kg inizialmente fermo su un pavimento orizzontale. Lo stucco colpisce il blocco e vi resta attaccato. Il sistema stucco-blocco striscia per 16 cm lungo il pavimento prima di fermarsi. Il coefficiente d'attrito è 0,30.

- ▶ Calcola la velocità iniziale dello stucco. [5,2 m/s]

64 Una pattinatrice di 48 kg si muove a 3,0 m/s verso un pattinatore di 60 kg fermo. I due ripartono abbracciati e percorrono 5,0 m prima di fermarsi.

- ▶ Quanto vale il coefficiente d'attrito tra i pattinatori e il ghiaccio? [0,018]

65 Un giocatore di baseball di 70 kg salta verticalmente per prendere una palla di 0,14 kg che viaggia orizzontalmente a 40 m/s. La velocità del giocatore subito prima di prendere la palla è di 15 cm/s diretta verso l'alto.

- ▶ Stabilisci modulo e direzione della sua velocità subito dopo. [17 cm/s a 62° rispetto all'orizzontale]

66 Un'automobile di 1,5 t che viaggia verso Nord a 70 km/h urta a un incrocio un'automobile di 2,0 t che viaggia verso Ovest a 55 km/h. Le due automobili restano agganciate.

- ▶ Calcola il modulo della quantità di moto totale del sistema prima dell'urto.
- ▶ Determina il modulo e la direzione orientata della velocità del sistema subito dopo l'urto. [$4,2 \cdot 10^4$ kg·m/s; 43 km/h, 44° a Nord-Ovest]

67 Un proiettile di 12 g è sparato con la velocità orizzontale di $3,2 \cdot 10^2$ m/s contro un pendolo di legno (detto pendolo balistico) di 0,99 kg. L'urto è completamente anelastico e il proiettile rimane dentro il pendolo.

- ▶ Calcola la massima quota raggiunta dal sistema pendolo + proiettile. [0,75 m]

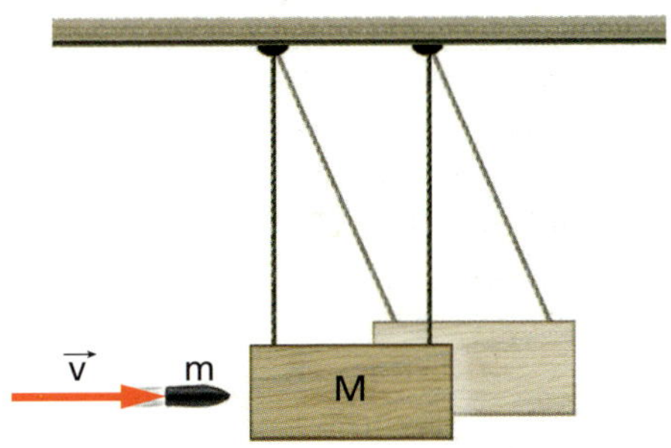

68 Un martello di 0,60 kg è usato per conficcare chiodi di 25 g nel legno. Se il martello, quando urta il chiodo, ha una velocità di 4,0 m/s, il chiodo in un colpo penetra di 1,5 cm.

- ▶ Calcola la velocità comune del martello e del chiodo immediatamente dopo l'urto, supponendo che l'urto sia totalmente anelastico.

Supponiamo che il chiodo acquisti velocità in un intervallo di tempo trascurabile e che successivamente sia decelerato in modo costante.

- ▶ Calcola l'intervallo di tempo durante il quale il chiodo è in moto.
- ▶ Calcola la forza media che il legno esercita sul chiodo. [3,8 m/s; 7,9 ms; $3,0 \cdot 10^2$ N]

6 Urti elastici

69 Rafael Nadal, giocatore di tennis, lancia in alto la palla per effettuare la battuta. La palla è colpita, quando sta per iniziare la discesa, con una velocità di $1 \cdot 10^2$ km/h. La massa complessiva del braccio e della racchetta è di 4 kg, mentre quella della palla è di 60 g. Ipotizza l'urto pallina-racchetta come elastico.
► Quale velocità acquista la pallina? [$2 \cdot 10^2$ km/h]

70 **PROBLEMA** **Un proiettile contro un bersaglio**
#urtoelastico

Un corpo di massa $m_1 = 4{,}0$ kg viene lanciato con una velocità $v_1 = 17$ m/s contro un altro di massa $m_2 = 6{,}6$ kg, fermo. L'urto è elastico.
► Calcola la velocità v_{1f} e v_{2f} dei due corpi subito dopo l'urto.

LA SITUAZIONE FISICA E IL MODELLO

Nell'urto elastico tra un corpo in moto e uno fermo, le velocità finali dei due corpi dipendono dalla conservazione sia della quantità di moto che dell'energia cinetica.

LA RISOLUZIONE

Imponendo la conservazione dell'energia cinetica e della quantità di moto si ottengono le relazioni (16) relative al caso in cui il bersaglio sia inizialmente in quiete ($v_{2i} = 0$):

$$v_{1f} = \frac{m_1 - m_2}{m_1 + m_2} v_{1i}$$

$$v_{2f} = \frac{2m_1}{m_1 + m_2} v_{1i}$$

I DATI E IL RISULTATO

$m_1 = 4{,}0$ kg
$m_2 = 6{,}6$ kg
$v_{1i} = 17$ m/s
$v_{2i} = 0$ m/s

$$v_{1f} = \frac{4{,}0\ \text{kg} - 6{,}6\ \text{kg}}{4{,}0\ \text{kg} + 6{,}6\ \text{kg}}(17\ \text{m/s}) = -4{,}2\ \text{m/s}$$

$$v_{2f} = \frac{2(4{,}0\ \text{kg})}{4{,}0\ \text{kg} + 6{,}6\ \text{kg}}(17\ \text{m/s}) = 13\ \text{m/s}$$

71 **PROBLEMA SIMILE**
Un corpo di 1 kg, che si muove alla velocità di 5 m/s, compie un urto elastico contro un corpo fermo avente massa di 1 g.
► Calcola la velocità di ciascun corpo dopo l'urto. [5 m/s per il corpo di 1 kg, 10 m/s per il corpo di 1 g]

72 Un blocco di 4,0 kg si muove verso destra a 3,0 m/s e urta un blocco di 6,0 kg che si muove verso sinistra a 2,0 m/s.
► Qual è la quantità di moto totale del sistema costituito dai due blocchi?
► Calcola la velocità finale di ciascun blocco nel caso di urto perfettamente anelastico.
► Calcola la velocità finale di ciascun blocco nel caso di urto elastico.
[0 N·s; 0 m/s; –3,0 m/s, 2,0 m/s]

73 Un carrello di 230 g si muove su una lunga rotaia a cuscino d'aria alla velocità di 6,7 m/s quando urta elasticamente un secondo carrello fermo di massa 160 g.
► Calcola la velocità relativa del secondo carrello rispetto al primo dopo l'urto.
► Il risultato cambia se cambiano le masse dei due carrelli? [6,7 m/s]

74 Una pallina di 25 g viene sparata orizzontalmente alla velocità di 28 m/s contro una seconda pallina appesa a un filo e inizialmente ferma. Dopo l'urto, la prima pallina ha una velocità di 11 m/s nella stessa direzione che aveva prima dell'urto. Supponi che l'urto sia elastico.

- ▶ Qual è la massa della seconda pallina?
- ▶ Calcola la sua velocità finale.

[11 g; 39 m/s]

75 Una pallina di massa m si muove a velocità v e urta elasticamente un'altra pallina ferma di massa $3m$. Dopo l'urto le palline si muovono lungo la stessa direzione d'arrivo della prima pallina.

- ▶ Determina le velocità delle palline dopo l'urto.
- ▶ Quali sono le velocità delle palline dopo l'urto nel caso in cui la pallina di massa m sia ferma e venga colpita a velocità v dalla pallina di massa $3m$?

[$(-1/2)v$ per m e $(1/2)v$ per $3m$; $(1/2)v$ per $3m$ e $(3/2)v$ per m]

76 QUESITO ARGOMENTA Lungo una guida priva di attrito, un carrellino A di massa m è inviato con velocità v_A contro un carrellino B di massa M in quiete. L'urto è elastico.

- ▶ Quale condizione si deve realizzare affinché il carrellino A torni indietro?

77 Un filo di lunghezza 30 cm con appesa una massa di 120 g è libero di oscillare in un piano verticale. A partire dalla posizione orizzontale e con filo teso, la massa è lasciata scendere finché, quando raggiunge la posizione più bassa, colpisce elasticamente un secondo corpo di massa 55 g inizialmente fermo e appoggiato su un piano orizzontale. A causa dell'attrito, il secondo corpo si arresta in un intervallo di tempo di 1,2 s dopo l'urto.

- ▶ Quanto vale il coefficiente di attrito dinamico tra il secondo corpo e il piano su cui esso appoggia?

[0,28]

78 Un carrello di 250 g colpisce elasticamente a una velocità di 4,2 m/s un secondo carrello di massa doppia e inizialmente fermo. Dopo l'urto, il secondo carrello imbocca un percorso in salita privo di attrito.

- ▶ Qual è l'altezza massima cui arriva il secondo carrello?

[40 cm]

79 QUESITO CHE COSA SUCCEDE? Lungo una guida priva di attrito, un carrellino A urta con velocità v un carrellino B che si trova in quiete. L'urto è elastico.

- ▶ Nel riferimento solidale con il carrello B descrivi il moto del carrellino A prima e dopo l'urto.
- ▶ Nel riferimento solidale con il carrello A descrivi il moto del carrellino B prima e dopo l'urto.

80 Su un piano orizzontale, una sferetta di 130 g si muove con velocità di 5,6 m/s e urta in modo elastico una sferetta identica in quiete. Dopo l'urto la velocità della prima sferetta forma un angolo di 27° con la direzione iniziale.

- ▶ Qual è l'angolo che la velocità della seconda sferetta forma con la direzione iniziale della prima sferetta?
- ▶ Calcola i moduli delle velocità delle due sferette dopo l'urto.

[63°; 5,0 m/s, 2,5 m/s]

81 Una pallina si muove a 4,1 m/s e urta elasticamente un'altra pallina identica ferma. Dopo l'urto le palline si muovono in due direzioni distinte e la velocità della pallina proiettile è 3,4 m/s.

- ▶ Che angolo formano i vettori velocità dopo l'urto?
- ▶ Calcola il modulo della velocità della pallina bersaglio.

[90°; 2,3 m/s]

82 Due fili uguali, lunghi 1,5 m con appese due masse identiche, sono liberi di oscillare in un piano verticale. I due fili vengono posizionati come in figura e lasciati liberi contemporaneamente. Supponi che le due masse si urtino nel punto più basso.

- ▶ Calcola gli angoli α e β sapendo che le velocità prima dell'urto sono rispettivamente 5,1 m/s e 2,2 m/s.
- ▶ A quale angolo arrivano le palline dopo un urto elastico?
- ▶ Calcola a quale angolo arrivano le palline in caso di urto totalmente anelastico.

[83°, 33°; 33°, 83°; 22° dal lato della pallina 2]

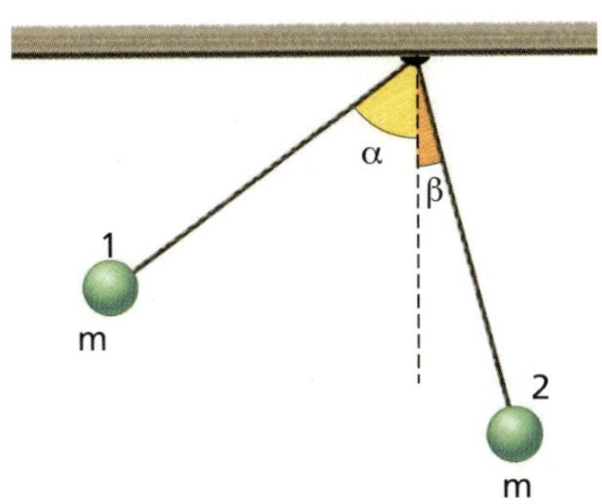

7 Il centro di massa

83 Un bambino di massa 24 kg si trova a 20,0 m da un uomo di massa 86 kg.
▶ Dove si trova il centro di massa del sistema? [Tra di loro a 4,4 m dall'uomo]

84 Un corpo di 5,0 kg si trova nel punto $x = 10$ cm e un corpo di 10 kg nel punto $x = 25$ cm.
▶ Dove si trova il centro di massa del sistema formato dai due corpi? [$x = 20$ cm]

85 Considera il sistema di masse che è mostrato in figura.
▶ Calcola il centro di massa. [$y_{CM} = 2,8$ cm]

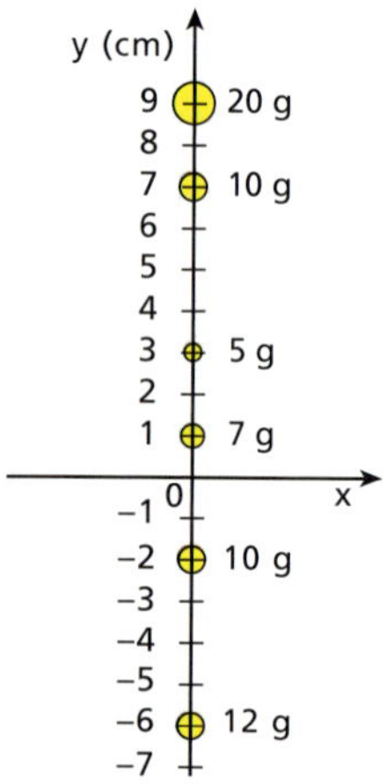

86 Tre sfere di massa $m_1 = m$, $m_2 = 2m$ e $m_3 = 4m$ sono poste, rispetto a un sistema di riferimento cartesiano ortogonale, rispettivamente nei punti $A = (2 \text{ cm}, 5 \text{ cm})$, $B = (7 \text{ cm}, 1 \text{ cm})$, $C = (3 \text{ cm}, 7 \text{ cm})$.
▶ Determina le coordinate del centro di massa del sistema. [(4 cm, 5 cm)]

87 Due masse, di cui la seconda è il doppio della prima, si trovano a una distanza di 34 cm.
▶ A che distanza si trovano dal centro di massa? [23 cm; 11 cm]

88 Due masse di 18 kg e 35 kg vengono spostate rispettivamente di 3,2 m e 8,9 m nello stesso verso lungo la direzione che le congiunge.
▶ Di quanto si è spostato il centro di massa? [7,0 m]

89 Un pescatore aggancia con l'amo un pezzo di legno galleggiante distante 25,3 m dalla barca. Riavvolge quindi il filo per portare il legno sulla barca. Durante tale operazione la barca si sposta di 0,3 m nella direzione del pezzo di legno. La massa complessiva del pescatore e della barca è di 1200 kg. Considera trascurabile l'attrito con l'acqua.
▶ Di quanto si è spostato il pezzo di legno?
▶ E il centro di massa?
▶ Calcola la massa del pezzo di legno. [−25,0 m; 0 m; 14 kg]

90 QUESITO ARGOMENTA Un sistema è formato da due masse libere di muoversi su una rotaia.
▶ È possibile che il centro di massa del sistema si muova mentre le masse rimangono in quiete?
▶ È possibile che il centro di massa del sistema sia in quiete mentre le masse si muovono?

91 PROBLEMA **La velocità del centro di massa**
#centrodimassa

Un'automobile di massa $m_1 = 1,5$ t si muove verso Est con velocità di modulo $v_1 = 20$ m/s, mentre un furgone di massa $m_2 = 3,0$ t si muove verso Ovest con velocità di modulo $v_2 = 16$ m/s.
▶ Calcola la quantità di moto totale p_{tot} del sistema;
▶ Qual è la velocità v_{CM} del centro di massa del sistema?

LA SITUAZIONE FISICA E IL MODELLO

La velocità del centro di massa dipende dalla massa totale e dalla quantità di moto totale del sistema costituito da due corpi in moto lungo la stessa direzione:

$$v_{CM} = \frac{p_{tot}}{m_1 + m_2}$$

Nel calcolare la quantità di moto totale, occorre tenere conto del segno algebrico delle velocità dei due corpi. Scegliamo come positivo il verso da Est a Ovest: di conseguenza, $v_1 < 0$ e $v_2 > 0$.

LA RISOLUZIONE

1. Gli automezzi si muovono lungo la direzione Est-Ovest. La quantità di moto del sistema che esse formano è

$$p_{tot} = m_1 p_1 + m_2 p_2$$

2. Per la (20) velocità del centro di massa del sistema è

$$v_{CM} = \frac{p_{tot}}{m_1 + m_2}$$

I DATI E IL RISULTATO

$m_1 = 1{,}5 \text{ t} = 1{,}5 \cdot 10^3 \text{ kg}$

$m_2 = 3{,}0 \text{ t} = 3{,}0 \cdot 10^3 \text{ kg}$

$$p_{tot} = (1{,}5 \cdot 10^3 \text{ kg})(-20 \text{ m/s}) + (3{,}0 \cdot 10^3 \text{ kg})(16 \text{ m/s}) = 1{,}8 \cdot 10^4 \text{ kg·m/s}$$

$$v_{CM} = \frac{1{,}8 \cdot 10^4 \text{ kg·m/s}}{4{,}5 \cdot 10^3 \text{ kg}} = 4{,}0 \text{ m/s}$$

92 **PROBLEMA SIMILE**

Supponi che anche la prima automobile si muova verso Ovest.

▶ Qual è la velocità del centro di massa? [17 m/s]

93 Un autocarro di 2,2 t che procede a 89 km/h vede arrivare verso di se un'automobile con una velocità relativa di 20 km/h. Il centro di massa si muove a 82 km/h. Assumi positiva la velocità dell'autocarro.

▶ L'automobile si muove nello stesso verso o nel verso opposto rispetto all'autocarro?

▶ Qual è la velocità dell'automobile rispetto alla strada?

▶ E la sua massa? [69 km/h; 1 t]

94 Un carrello di 230 g urta alla velocità di 0,78 m/s un secondo carrello di 150 g fermo. L'urto è completamente anelastico e avviene su una rotaia a cuscino d'aria.

▶ Determina la velocità del centro di massa prima e dopo l'urto. [0,47 m/s; 0,47 m/s]

95 Un uomo di 70 kg viaggia su un carrello di 20 kg che si muove su un pavimento piano con la velocità di 2,0 m/s. Egli salta giù dalla parte posteriore del carrello in modo da avere una velocità di 0,80 m/s rispetto al suolo, nel verso opposto a quello del carrello.

▶ Qual è la velocità del centro di massa del sistema uomo-carrello dopo che l'uomo è saltato giù?

▶ Calcola la velocità del carrello dopo che l'uomo è saltato giù.

▶ Calcola la velocità del centro di massa del sistema dopo che l'uomo ha toccato il suolo e si è fermato.

▶ Individua quale forza è responsabile della variazione di velocità del centro di massa. [2,0 m/s; 12 m/s; 2,6 m/s]

96 Un fuoco d'artificio di 3 kg slitta su un piano orizzontale privo d'attrito nella direzione x con la velocità di 6 m/s, poi esplode spaccandosi in due frammenti, uno di 2 kg e l'altro di 1 kg. Dopo l'esplosione, il frammento di 1 kg si muove sul piano orizzontale nella direzione y con la velocità di 4 m/s.

▶ A che velocità si muove il frammento di 2 kg?

▶ Qual è la velocità del centro di massa dopo l'esplosione?

[9 m/s; 6 m/s]

Ingrid Prats / Shutterstock

PROBLEMI FINALI

97 Incidente in gara

Nelle gare automobilistiche della classe NASCAR, disputate principalmente nel Nord America, gli incidenti fra automobili sono abbastanza frequenti. Due automobili da 1500 kg viaggiano a 100 km/h, le loro traiettorie formano un angolo di 15° e si scontrano con un urto completamente anelastico.

▶ Calcola la velocità delle vetture dopo l'urto.

[99km/h]

gamedayticketdeals.com

98 La lenta discesa del ghiacciaio

Il ghiacciaio dell'Aletsch, in Svizzera, è il più grande dell'arco alpino. Ha un volume di circa $2{,}7 \cdot 10^{10}\ m^3$ e si muove verso valle con una velocità media di 150 m/anno. La densità del ghiaccio è 917 kg/m^3.

▶ Calcola la sua quantità di moto e la sua energia cinetica.

▶ Confronta questi valori con quelli di un proiettile di 4,0 g sparato a 330 m/s.

[$1{,}2 \cdot 10^8$ kg·m/s, 0,28 kJ; 1,3 kg·m/s, $2{,}2 \cdot 10^2$ J]

99 Prima e dopo si equivalgono

Due corpi con masse rispettivamente m_1 e m_2 urtano in modo elastico.

▶ Verifica che la velocità relativa $v_{1i} - v_{2i}$ con cui i due corpi si avvicinano prima dell'urto è uguale alla velocità relativa $v_{2f} - v_{1f}$ con cui essi si allontanano dopo l'urto.

100 Quello che io guadagno, tu lo perdi

Considera due corpi di masse m_1 e m_2 che si muovono lungo la stessa direzione, con verso opposto e velocità v_1 e v_2. I due corpi subiscono un urto completamente anelastico con velocità finale v.

▶ Determina le espressioni delle variazioni di quantità di moto Δp_1 e Δp_2 subite dai due corpi a causa dell'urto.

▶ Verifica che sono uguali e opposte.

101 Aggancio fallito

Alla stazione di Brig in Svizzera ai convogli merci diretti verso Berna viene aggiunta una locomotiva per affrontare la salita del Lötschberg. La locomotiva aggiuntiva (massa 87 t) si muove verso il convoglio (massa 860 t) con una velocità di 40 cm/s quando lo urta, comprimendo i respingenti formati da due grosse molle. Sfortunatamente il sistema di aggancio non funziona e la locomotiva viene respinta. L'urto è praticamente elastico.

▶ Calcola la velocità della locomotiva e del convoglio dopo il fallito aggancio.

[−33 cm/s; 7,3 cm/s]

102 Pronto 1515, un bosco va a fuoco!

Il Canadair CL415 è un aereo di soccorso e antincendio della Protezione Civile; è in grado di raccogliere acqua dal mare o da laghi per scaricarla sul fronte dell'incendio. Durante la fase di riempimento vola sul pelo dell'acqua a 130 km/h e in 12 secondi carica 6100 L d'acqua.

▶ Calcola l'impulso e la forza media aggiuntiva che devono fornire i suoi motori durante un riempimento. [$2{,}2 \cdot 10^5$ N·s; $1{,}8 \cdot 10^4$ N]

Pier Luigi Rocco / Wikimedia Commons

103 Al semaforo

L'auto del signor Rossi, ferma al semaforo, viene tamponata da quella del signor Bianchi. Quest'ultimo, in tribunale, afferma che stava viaggiando a 50 km/h, ma il signor Rossi pensa che Bianchi stesse andando molto più veloce. Dopo l'urto le due auto sono rimaste incastrate e dalle tracce sull'asfalto si è potuto stabilire che, immediatamente dopo l'urto, viaggiavano a 30 km/h. Il signor Bianchi guidava una utilitaria di massa 800 kg e Rossi una berlina di massa 1400 kg.

▶ Bianchi dice la verità?

[No, viaggiava a 83 km/h]

104 L'unione... fa la spinta

I motori ionici utilizzati per la propulsione di alcune sonde spaziali si basano sull'accelerazione di ioni (atomi elettricamente carichi) di gas per mezzo di forze elettriche. La massa di ciascuno ione è di $2{,}21 \cdot 10^{-25}$ kg e questi vengono espulsi dalla sonda a una velocità di 31,5 km/s.

- ▶ Determina quanti ioni occorrono per aumentare la velocità della sonda Deep Space 1, di massa 486 kg, di 1,00 m/s. Trascura la variazione di massa della sonda dovuta all'espulsione degli ioni. [$6{,}98 \cdot 10^{22}$]

105 L'attacco del falco

Un falco pellegrino ($m = 640$ g) si getta in picchiata verticale a una velocità di 260 km/h e afferra con gli artigli un colombaccio ($m = 410$ g) in volo orizzontale a 105 km/h.

- ▶ Calcola modulo e direzione della velocità del falco subito dopo che ha afferrato la preda.

[164 km/h, 15° rispetto alla verticale nella direzione di volo del colombaccio]

106 Fido gioca al riporto

Un cane di massa 15 kg, con un salto, afferra un bastone di massa 1,0 kg lanciato dal padrone. Il bastone e il cane viaggiano entrambi a 6,2 m/s e la traiettoria del cane e del bastone formano un angolo di 30°.

- ▶ Determina il modulo e la direzione della velocità del cane dopo che ha afferrato il bastone.

[6,2 m/s]

107 Jetpack

Il *jetpack*, zaino jet che consente a un uomo di compiere piccoli voli, utilizza come propellente acqua ossigenata, che a contatto con opportuni metalli libera violentemente l'ossigeno. Questo, espulso verso il basso ad alta velocità, produce la spinta per il decollo.

- ▶ Se il gas esce a 250 m/s, calcola quanto occorre espellerne ogni secondo per sollevare un uomo di 75 kg e lo «zaino» di 50 kg.

[4,9 kg/s]

108 Quarter pipe

Un ragazzo sullo skateboard è fermo in cima a un profilo concavo di raggio 1,20 m e massa 160 kg. La massa totale del ragazzo e dello skateboard è di 67 kg. Il profilo si muove con attrito trascurabile sulla superficie d'appoggio.

- ▶ Calcola la velocità del profilo quando il ragazzo raggiunge l'asfalto.

[1,7 m/s]

109 Assorbimento salvavita

Un proiettile da 9 mm ha una massa di circa 8 g e viene sparato a una velocità di 360 m/s. Una persona di 70 kg che indossa un giubbotto antiproiettile viene colpita al centro del petto.

- ▶ Determina la velocità acquisita dal corpo del malcapitato.
- ▶ Quanto vale l'energia dissipata dall'impatto?

[4 cm/s; $5 \cdot 10^2$ J]

110 Proiettili spaziali

Uno dei problemi più comuni e di difficile soluzione nel mandare oggetti in orbita è che la Terra è letteralmente circondata da rifiuti spaziali, composti da pezzi di vecchi satelliti, parti meccaniche o componenti di lanci che vengono semplicemente abbandonati dopo l'utilizzo. Questi sono veri e propri proiettili che rischiano di causare gravi danni sia ai satelliti artificiali sia alla Stazione Spaziale Internazionale (ISS). Supponi che la ISS urti frontalmente con velocità relativa di circa 27 700 km/h contro un frammento di massa 10 g e che l'impatto duri $1 \cdot 10^{-2}$ s.

- ▶ Qual è l'energia dissipata dall'impatto?
- ▶ Calcola la forza applicata al rivestimento nel punto di impatto. [$3{,}0 \cdot 10^5$ J; $8 \cdot 10^3$ N]

111 L'urto del pendolo

Un pendolo è formato da una sferetta di massa $M = 350$ g che viene lasciata andare da un'altezza di 48 cm. Quando arriva nel punto più basso della traiettoria, la sferetta urta in modo elastico un blocco di massa m.

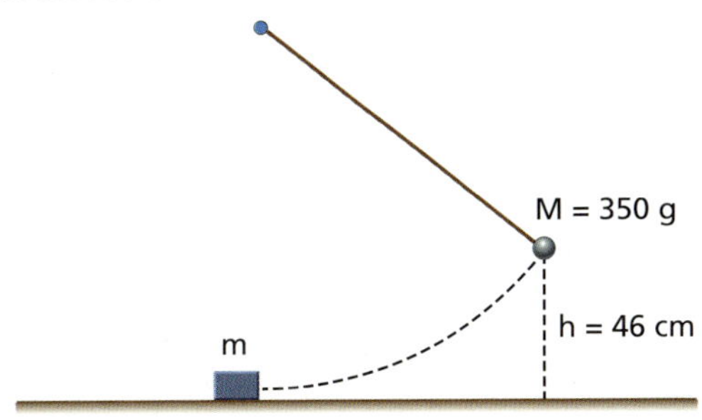

La velocità V della sferetta e la velocità v del blocco immediatamente dopo l'urto dipendono anche dalla massa m del blocchetto. Scegli positive le velocità dirette verso sinistra.

- ▶ Completa la tabella seguente nei casi m molto maggiore di M, m uguale a M e m molto minore di M.

	V (m/s)	v (m/s)
$m \gg M$		
$m = M$		
$m \ll M$		

112 **Impulso aereo**

Gli alianti sono aerei senza motore che volano sfruttando le correnti presenti nell'atmosfera. Hanno una massa relativamente piccola, di circa 280 kg. Un aliante risale seguendo una spirale con raggio di curvatura di 80 m e guadagnando 20 m a ogni giro. La componente orizzontale della velocità dell'aliante è 100 km/h e il pilota pesa 60 kg.

- Determina le componenti della quantità di moto dell'aliante orizzontale e verticale.
- Quanto vale l'impulso verticale subito dall'aliante?

[($9{,}4 \cdot 10^3$ kg·m/s, $3{,}8 \cdot 10^2$ kg·m/s); 0 kg·m/s]

113 **Neutroni lenti**

L'urto elastico è un meccanismo importante nel rallentamento dei neutroni prodotti dalla fissione in un reattore, allo scopo di permetterne la cattura e produrre un'altra reazione di fissione A questo scopo, nei rettori nucleari sono inserite delle barre di grafite (carbonio purissimo), che hanno questa funzione. Un neutrone di massa m si muove con velocità v e urta frontalmente un atomo di carbonio di massa $12m$ inizialmente fermo. Supponi che l'urto sia perfettamente elastico.

- Determina la velocità del neutrone e dell'atomo di carbonio subito dopo l'urto.
- Calcola la frazione di energia cinetica trasferita all'atomo di carbonio dal neutrone.

[$v_n = -(11/13)v$, $v_C = (2/13)v$; 48/169]

TEST

1 In un sistema .... la quantità di moto totale si conserva. Qual è la parola mancante?

A conservativo
B isolato
C inerziale
D aperto
E meccanico

(Ammissione a Veterinaria, 2003/2004)

2 Due blocchi, il primo di massa M e il secondo di massa $2M$, sono appoggiati su un piano orizzontale senza attrito e sono inizialmente fermi. A ciascun blocco viene applicata la stessa forza orizzontale, di modulo F, per lo stesso intervallo tempo, Δt. Qual è il rapporto tra l'energia cinetica del secondo blocco e quella del primo, quando la forza ha cessato di agire?

A 0,0625
B 0,125
C 0,25
D 0,5
E 1

(Olimpiadi della Fisica, 2012/2013)

3 Una sfera dalla massa di 2 kg si muove di moto rettilineo su una superficie liscia e piana ad una velocità di 5 m/s. Essa urta contro una superficie verticale e rimbalza indietro nella stessa direzione ad una velocità di 3 m/s. Calcolare la variazione di quantità di moto della sfera (dovuta all'urto).

A 32 kg m/s
B 16 kg m/s
C 8 kg m/s
D 4 kg m/s
E 2 kg m/s

(Ammissione ad Architettura, 2013/2014)

4 Un astronomo osserva che un meteorite (di massa m_1 e velocità v_1) si dirige contro un secondo avente massa $m_2 = 2m_1$ e velocità $v_2 = v_1/2$ che gli va incontro sulla stessa retta. Potremo asserire che:

A hanno quantità di moto uguali ed opposte.
B hanno la stessa quantità di moto.
C non si possono incontrare.
D il baricentro del sistema è all'infinito.
E l'urto sarà elastico.

(Ammissione a Medicina e Chirurgia, 2003/2004)

5 Un'automobile di massa $m = 1{,}2 \cdot 10^3$ kg accelera uniformemente, su un tratto rettilineo di strada, da $v_1 = 10$m/s a $v_2 = 20$ m/s in 5 s. Quanto vale l'intensità della forza risultante che ha agito sull'automobile durante questo intervallo di tempo?

A $1{,}2 \cdot 10^3$ N
B $2{,}4 \cdot 10^3$ N
C $4{,}8 \cdot 10^3$ N
D $1{,}2 \cdot 10^4$ N
E $2{,}4 \cdot 10^4$ N

(Olimpiadi della Fisica, 2011/2012)

6 Due carrelli si trovano su una rotaia orizzontale con attrito trascurabile. Il primo, che ha massa m_1 e si muove con velocità v_0, urta contro il secondo, inizialmente fermo, che ha massa $m_2 = 9m_1$ e resta attaccato a esso. Qual è la velocità dei due carrelli dopo l'urto?

A v_0
B $(9/10)v_0$
C $(8/9)v_0$
D $(1/9)v_0$
E $(1/10)v_0$

(Olimpiadi della Fisica, 2013/2014)

SEI PRONTO PER LA VERIFICA? IN 1 ORA

1 Nella Major League (il campionato di baseball americano) la palla ($m = 145$ g) viene lanciata anche a 150 km/h. Dopo l'urto con la mazza, che dura circa 1 ms, la palla esce a circa 170 km/h in verso opposto.

► Stima l'intensità della forza. [13 kN] ..... / 20

2 Un vagone di 1,8 t si avvicina con una velocità relativa di 15,2 km/h a un secondo vagone che si sta muovendo nella stessa direzione e stesso verso a 42 km/h. Una volta a contatto, i due vagoni restano agganciati e proseguono con una velocità di 48 km/h.

► Qual è la massa del secondo vagone? [2,7 t] ..... / 20

3 Una pattuglia della Polizia Stradale è stata chiamata per un incidente tra due auto avvenuto nell'inserimento di uno svincolo autostradale nella strada statale. Al loro arrivo gli agenti constatano quanto segue:

- le due auto hanno una massa rispettivamente $m_A = 1300$ kg e $m_B = 850$ kg;
- le due auto sono incastrate l'una nell'altra a seguito di uno scontro frontale;
- l'auto A procedeva sulla strada statale mentre l'auto B si stava inserendo nella statale dopo essere uscita dallo svincolo;
- non sono presenti tracce di strisciate di pneumatici sull'asfalto.

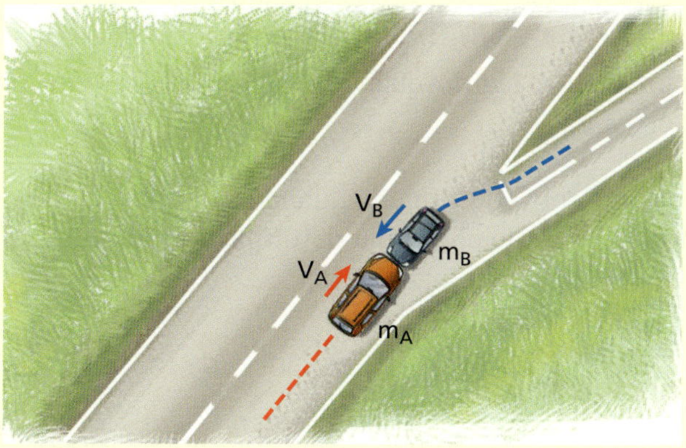

a Quest'ultimo fatto è fondamentale per la ricostruzione dell'incidente. Spiega perché. ..... / 20

b Il conducente dell'auto B sostiene di essersi fermato allo stop e poi di essere ripartito a velocità bassa mentre l'auto A procedeva a velocità elevata. Le affermazioni sono false: motivalo esprimendo la velocità dell'auto B in funzione di quella dell'auto A. ..... / 20

L'auto A aveva appena superato un autovelox, posto in prossimità dell'incrocio proprio per limitare la velocità delle auto nella strada statale. Gli agenti verificano che l'autovelox non ha segnalato alcuna infrazione da parte dell'auto A. Essi ipotizzano quindi che l'auto A procedesse alla massima velocità consentita, ossia 50 km/h. Inoltre assumono che la durata dell'urto sia stata circa 0,1 s.

c Calcola la forza media che ha fermato ciascuna delle due auto. Queste forze hanno la stessa intensità? ..... / 20

TOTALE .... / 100

CAPITOLO

5 LA DINAMICA DEI CORPI IN ROTAZIONE

1 Il corpo rigido e il moto rotatorio

Corpo rigido

Guardwolf

I moti dei corpi estesi che osserviamo quotidianamente sono molto complicati da descrivere perché in genere la forma di un corpo cambia durante il moto, come succede nel caso di nuvole in movimento o di acqua che scorre.

La descrizione del moto è più agevole nel caso di corpi rigidi.

Un **corpo** si dice **rigido** quando la distanza fra ogni possibile coppia di punti rimane costante.

Poiché tutti i corpi si deformano quando sono sottoposti a forze, in pratica si considera rigido ogni corpo che abbia deformazioni trascurabili durante il periodo di osservazione.

Moto rotatorio

Il moto di un corpo rigido può essere traslatorio, rotatorio o una combinazione dei due.

- Nel **moto traslatorio** tutti i punti del corpo percorrono con la stessa velocità traiettorie parallele, che non sono necessariamente rettilinee.

Hxdbzxy/Shutterstock

- Nel **moto rotatorio** tutti i punti del corpo rigido percorrono traiettorie circolari che hanno il centro sulla stessa retta, detta **asse di rotazione**.

Aliisik/Shutterstock

Quando un corpo rigido ruota attorno a un asse fisso tutti i suoi punti percorrono circonferenze che hanno il centro sull'asse e raggio uguale alla distanza del punto dall'asse.

Consideriamo una ruota di bicicletta che gira attorno al suo asse. In un intervallo di tempo Δt un punto P del copertone e la valvola V compiono lo stesso spostamento angolare, anche se il punto P percorre un arco di circonferenza più lungo del punto V.

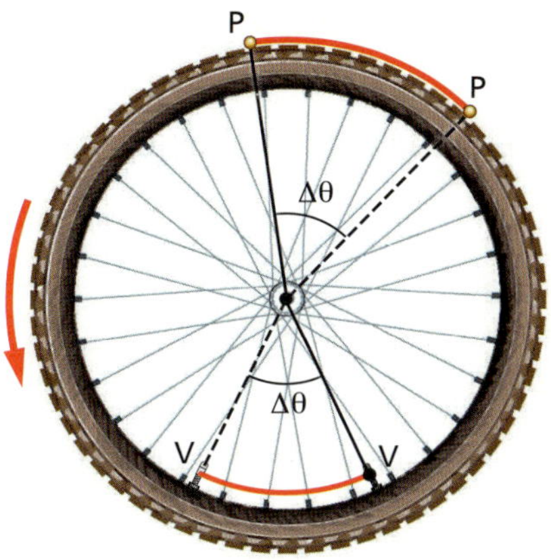

Durante una rotazione attorno a un asse, tutti i punti di un corpo rigido percorrono traiettorie che sono archi di circonferenza. Per questa ragione le proprietà del moto circolare valgono anche per il moto di rotazione di un corpo rigido.

2 Grandezze angolari nel moto circolare

Il **moto circolare** è il moto di un corpo che si muove lungo una circonferenza. Nel capitolo «Applicazione dei principi» abbiamo analizzato due grandezze lineari del moto circolare uniforme: la velocità e l'accelerazione centripeta. Vediamo ora come descrivere il moto circolare mediante le corrispondenti grandezze angolari.

Posizione angolare

Poiché un corpo in moto circolare mantiene costante la sua distanza dal centro della traiettoria, per individuare la sua posizione basta fornire la sua posizione angolare.

La **posizione angolare** θ è l'angolo che il raggio passante per P forma con una semiretta fissata avente origine nel centro della traiettoria.

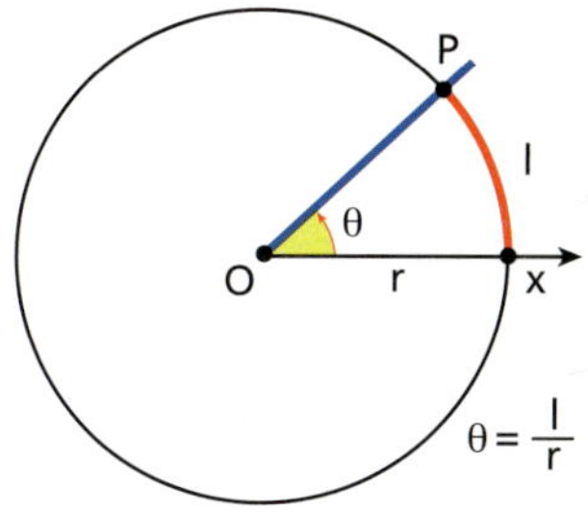

Per convenzione, la posizione angolare è *positiva* quando è misurata in *verso antiorario* a partire dalla semiretta di riferimento e *negativa* quando è misurata in *verso orario*.

Nel Sistema Internazionale, l'ampiezza degli angoli si misura in *radianti*.

L'ampiezza di un angolo θ espressa in **radianti** (rad) è il rapporto l/r fra la lunghezza l dell'arco intercettato dall'angolo su una circonferenza con centro nel vertice e il raggio r della circonferenza.

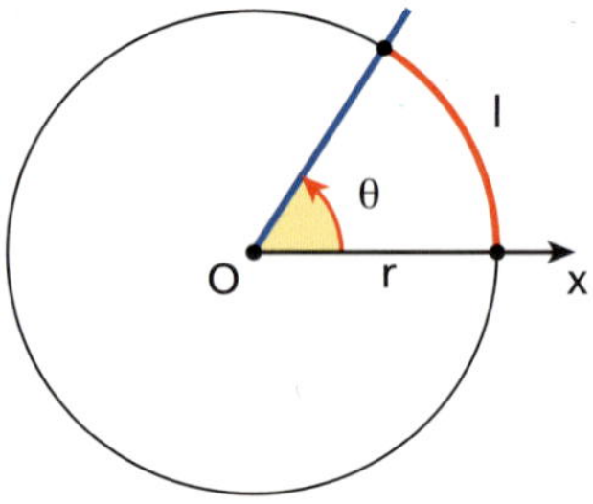

$\theta = 1$ rad $\Rightarrow l = r$

Questo valore è un rapporto fra due lunghezze e non ha dimensioni: l'ampiezza di un angolo in radianti è seguita dall'indicazione «rad» solo per evitare ambiguità.

Dalla definizione segue che un angolo di 1 rad stacca su una circonferenza un arco di lunghezza uguale al raggio della circonferenza.

Un angolo giro (360°) stacca su una circonferenza di raggio r un arco lungo come la circonferenza stessa, cioè $2\pi r$, quindi la misura in radianti dell'angolo giro è

$$\frac{2\pi r}{r} = 2\pi$$

La misura in gradi θ° e la misura in radianti θ^r di uno stesso angolo sono legate dalla proporzione

$$\theta^\circ : \theta^r = 360 : 2\pi$$

Velocità angolare media

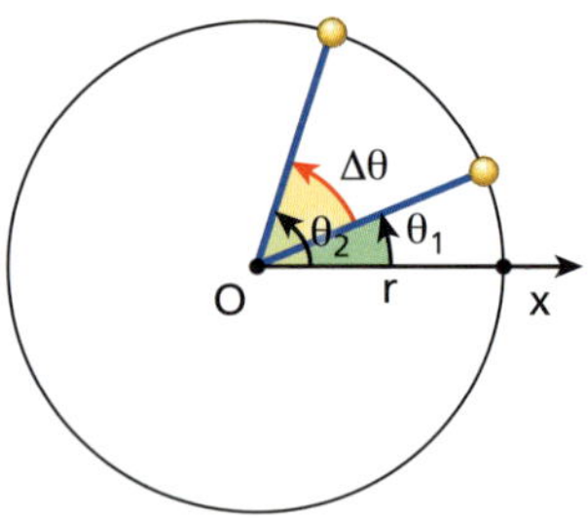

La posizione angolare di un corpo che si muove lungo una circonferenza cambia nel tempo.

Si dice **spostamento angolare** $\Delta\theta = \theta_2 - \theta_1$ la variazione di posizione angolare.

In modo analogo alla velocità lineare, si definisce la velocità angolare media.

#velocitàangolare

La **velocità angolare media** $\bar{\omega}$ è il rapporto fra lo spostamento angolare $\Delta\theta$ e l'intervallo di tempo Δt in cui è avvenuto:

$$\bar{\omega} = \frac{\Delta\theta}{\Delta t} \tag{1}$$

La velocità angolare si misura in radianti al secondo (rad/s) oppure in s^{-1}.

Per convenzione $\omega > 0$ quando il movimento lungo la circonferenza avviene in verso antiorario e $\omega < 0$ quando avviene in verso orario.

Velocità angolare istantanea

Quando Δt è molto piccolo, la velocità angolare rimane praticamente invariata durante la misurazione e coincide proprio con la velocità angolare media durante quell'intervallo di tempo. Quindi

#velocitàangolare

la **velocità angolare istantanea** ω è il valore limite a cui tende il rapporto $\Delta\theta/\Delta t$ quando Δt è piccolissimo

$$\omega = \frac{\Delta\theta}{\Delta t} \quad \text{quando } \Delta t \text{ è molto piccolo}$$

Durante una rotazione attorno a un asse fisso tutti i punti di un corpo rigido compiono lo stesso spostamento angolare $\Delta\theta$ nello stesso intervallo di tempo Δt. Quindi

quando un corpo rigido ruota attorno a un asse fisso, tutti i suoi punti hanno la stessa velocità angolare, detta **velocità angolare del corpo rigido**.

PER ESEMPIO **La velocità angolare dei secondi**

► Qual è la velocità angolare della lancetta dei secondi di un orologio?

La punta della lancetta dei secondi di un orologio compie un giro in 60 s, quindi ha una velocità angolare

$$\omega = \frac{2\pi}{6 \cdot 10\ \text{s}} \approx 0{,}1\ \text{rad/s}$$

Per visualizzare un radiante basta osservare lo spostamento angolare che compie in 10 s la punta della lancetta dei secondi.

Accelerazione angolare media

Quando un corpo in moto circolare cambia la sua velocità angolare è soggetto a un'accelerazione angolare.

L'**accelerazione angolare media** $\overline{\alpha}$ è il rapporto fra la variazione di velocità angolare $\Delta\omega$ e l'intervallo di tempo Δt in cui è avvenuta:

$$\overline{\alpha} = \frac{\Delta\omega}{\Delta t} \qquad (2)$$

#accelerazioneangolare

L'accelerazione angolare si misura in radianti al secondo quadrato (rad/s^2) o in s^{-2}.

Accelerazione angolare istantanea

Quando Δt è molto piccolo, l'accelerazione angolare rimane praticamente invariata durante la misurazione e coincide proprio con l'accelerazione angolare media durante quell'intervallo di tempo. Quindi

l'**accelerazione angolare istantanea** α è il valore limite a cui tende il rapporto $\Delta\omega/\Delta t$ quando Δt è piccolissimo

$$\alpha = \frac{\Delta\omega}{\Delta t} \quad \text{quando } \Delta t \text{ è molto piccolo}$$

#accelerazioneangolare

Periodo e frequenza di una rotazione uniforme

Quando un corpo rigido ruota attorno a un asse con velocità angolare costante, il suo moto può essere descritto mediante due grandezze incontrate nel moto circolare uniforme: il **periodo** e la **frequenza**.

Il **periodo** T è l'intervallo di tempo che un corpo impiega a compiere un giro e si misura in secondi.

La **frequenza** f è il numero di giri che un corpo effettua in un secondo e si misura in hertz (1 Hz = 1 s^{-1}).

Fra queste grandezze esiste una semplice relazione:

$$f = \frac{1}{T}$$

Ricordando che 1 giro = 2π rad, la velocità angolare è

$$\omega = \frac{2\pi}{T} = 2\pi f$$

PER ESEMPIO **Il cestello della lavatrice**

Durante il programma di lavaggio noto come centrifuga, il cestello di una lavatrice ruota a 1000 giri/min.

► Qual è la sua velocità angolare?

In questo caso, la frequenza di rotazione è

$$f = \frac{10^3}{60\ \text{s}}$$

quindi la velocità angolare del cestello è pari a

$$\omega = 2\pi f = 2\pi\,\frac{10^3}{60\ \text{s}} \approx 100\ \text{rad/s}$$

Relazioni fra grandezze lineari e grandezze angolari

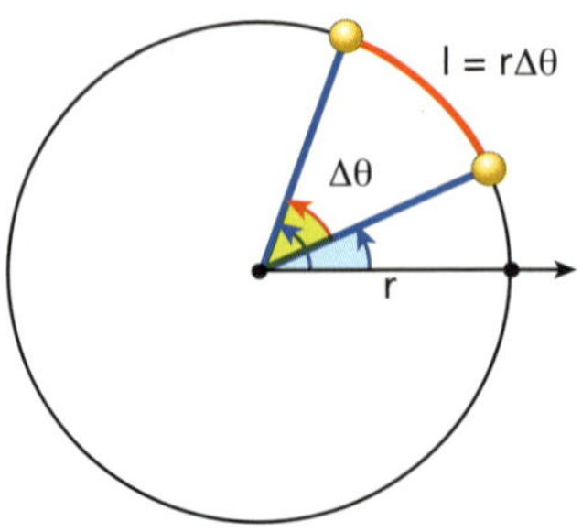

Velocità

Consideriamo un corpo che si muove lungo una circonferenza di raggio r. Se in un intervallo di tempo Δt si sposta di un arco l la sua velocità media è

$$\bar{v} = \frac{l}{\Delta t}$$

La lunghezza dell'arco l è legata allo spostamento angolare $\Delta\theta$ e al raggio della circonferenza r dalla relazione

$$l = r\Delta\theta$$

quindi

$$\bar{v} = \frac{l}{\Delta t} = r\,\frac{\Delta\theta}{\Delta t}$$

Ma $\Delta\theta/\Delta t$ è la velocità angolare media $\bar{\omega}$ nell'intervallo di tempo Δt, pertanto

$$\bar{v} = \bar{\omega}\, r$$

Questa relazione vale anche quando Δt diventa molto piccolo, per cui concludiamo che la velocità lineare e la velocità angolare, in un moto circolare, sono legate dalla relazione

$$v = \omega r \quad (3)$$

#velocità
#velocitàangolare

Notiamo che la velocità v di un punto di un corpo rigido che sta ruotando è direttamente proporzionale alla sua distanza dall'asse di rotazione.

L'effetto appare evidente nella foto: nell'intervallo di tempo in cui è stata scattata, i punti di una pala hanno percorso un arco tanto maggiore quanto più lontani sono dall'asse di rotazione.

FISICA QUOTIDIANA
Pale eoliche

Studio Michieletto&Morelli

→ **PROBLEMA** Il lettore CD • pag. 237
#velocitàangolare

Accelerazione centripeta

Un corpo che si muove lungo una traiettoria circolare di raggio r è soggetto a un'accelerazione centripeta, cioè diretta verso il centro, di modulo $a_c = v^2/r$. Sostituendo in questa relazione la (3), si ha:

$$a_c = \frac{(\omega r)^2}{r}$$

$$a_c = \omega^2 r \quad (4)$$

#accelerazione
#accelerazioneangolare

PER ESEMPIO L'accelerazione centripeta della Terra

La Terra si muove attorno al Sole lungo un'orbita praticamente circolare di raggio $1{,}5 \cdot 10^{11}$ m in un anno, cioè in $3{,}15 \cdot 10^{7}$ s.

► Qual è la sua accelerazione centripeta?

Utilizzando la (4) si ha

$$a_c = \left(\frac{2\pi}{3{,}15 \cdot 10^7 \text{ s}}\right)^2 (1{,}5 \cdot 10^{11} \text{ m}) \approx 6 \cdot 10^{-3} \text{ m/s}^2$$

Relazioni cinematiche

Le relazioni tra le grandezze del moto circolare si possono ricavare da quelle del moto rettilineo con le seguenti sostituzioni:

$$x \to \theta \qquad v \to \omega \qquad a \to \alpha$$

La tabella elenca le relazioni più importanti della cinematica rettilinea e circolare.

Moto rettilineo	**Moto circolare**
Velocità lineare costante	Velocità angolare costante
$x = x_0 + vt$	$\theta = \theta_0 + \omega t$
Accelerazione lineare costante	Accelerazione angolare costante
$v = v_0 + at$	$\omega = \omega_0 + \alpha t$
$x = x_0 + v_0 t + \frac{1}{2} at^2$	$\theta = \theta_0 + \omega_0 t + \frac{1}{2} \alpha t^2$
$v^2 = v_0^2 + 2a \Delta x$	$\omega^2 = \omega_0^2 + 2\alpha \Delta\theta$

→ PROBLEMA SU PIÙ CONCETTI Il giradischi • pag. 238
#accelerazioneangolare #accelerazione

3 Il moto di rotolamento

Un moto che ha una grande importanza pratica è quello di un corpo che rotola senza strisciare su una superficie. Consideriamo la ruota di una moto che si muove lungo un rettilineo. La ruota gira attorno al suo asse ma questo si sposta mantenendo costante la sua orientazione.

Condizione di rotolamento

Perché vi sia rotolamento senza strisciamento deve realizzarsi una ben precisa condizione:

un corpo di raggio r rotola senza strisciare solo quando la velocità v del suo centro e la velocità angolare ω con cui ruota attorno all'asse passante per il suo centro sono tali che

#rotolamento

$$v = \omega r \qquad (5)$$

Dimostriamo la relazione precedente.

1 Durante un giro completo di un corpo di raggio r tutti i punti della sua circonferenza esterna sono entrati in contatto una volta con il piano. Non c'è strisciamento se la traccia che hanno lasciato ha la stessa lunghezza della circonferenza $2\pi r$.

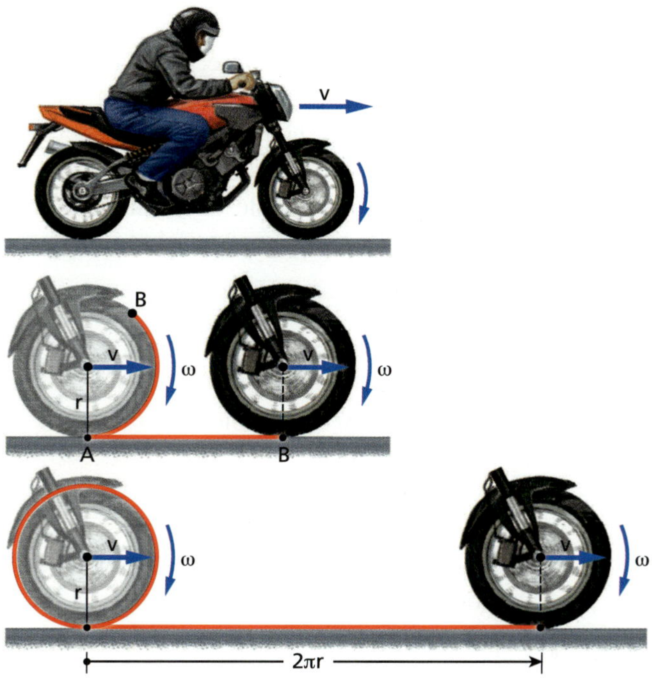

2 Anche l'asse di rotazione si è spostato di $2\pi r$ nello stesso intervallo di tempo T in cui è avvenuta la rotazione completa. Quindi la velocità dell'asse è

$$v = \frac{2\pi r}{T}$$

3 Ma $2\pi/T$ è la velocità angolare ω della ruota, per cui questa rotola senza strisciare quando

$$v = \omega r$$

PER ESEMPIO **Rotolamento a 290 km/h**

Una monoposto di Formula 1 viaggia a 290 km/h (80 m/s). La sua ruota posteriore ha un raggio di circa 37 cm.

▸ Qual è la velocità angolare delle ruote posteriori?

Dalla (5) esplicitiamo ω e otteniamo

$$\omega = \frac{v}{r} = \frac{8 \cdot 10 \text{ m/s}}{3{,}7 \cdot 10^{-1} \text{ m}} \approx 2 \cdot 10^{2} \text{ rad/s}$$

Accelerazione e moto di rotolamento

Per cambiare la sua velocità, il motociclista deve fare in modo che cambi la velocità angolare della ruota motrice. L'accelerazione a è legata all'accelerazione angolare α e al raggio della ruota dalla relazione

$$a = \alpha r \qquad (6)$$

#rotolamento

Dimostriamo questo risultato.

1 Se le ruote rotolano sull'asfalto senza strisciare, vale la relazione (5):

$$v = \omega r$$

2 Supponiamo che la velocità angolare delle ruote subisca una variazione $\Delta\omega$ nell'intervallo di tempo Δt. Se le ruote non strisciano, la velocità subisce una variazione

$$\Delta v = \Delta\omega\, r$$

Dividendo entrambi i membri per Δt otteniamo

$$\frac{\Delta v}{\Delta t} = \frac{\Delta\omega}{\Delta t}\, r$$

3 Ma $\Delta v/\Delta t$ è l'accelerazione a del motociclista e $\Delta\omega/\Delta t$ è l'accelerazione angolare ω delle ruote, per cui si ottiene la relazione

$$a = \alpha r$$

→ PROBLEMA In autostrada • pag. 239
#rotolamento

4 Dinamica rotazionale

Una forza applicata a un corpo puntiforme lo accelera. Una forza applicata a un corpo rigido può modificarne non solo la velocità di traslazione ma anche la velocità di rotazione.

Momento di una forza o momento torcente

Immaginiamo di applicare una forza $\vec{F}$ ad un punto P di un corpo rigido. L'effetto della forza sul corpo dipende anche dal suo *braccio*.

Il **braccio** b di una forza rispetto a un punto O è la distanza di O dalla retta d'azione della forza.

Il braccio è nullo se la retta d'azione della forza passa per l'asse di rotazione.

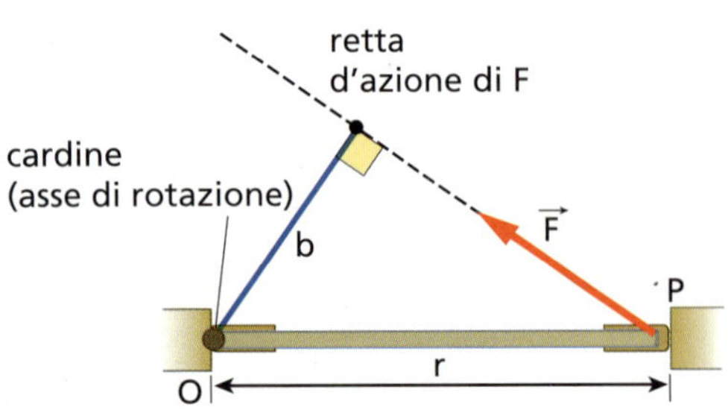

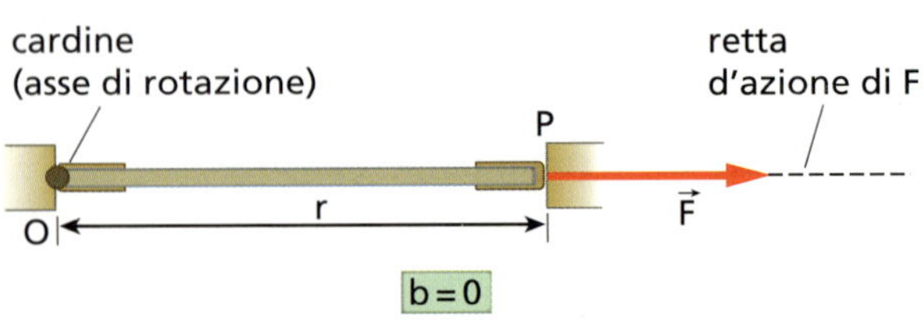

Quando spingiamo una porta, facciamo tanta più fatica ad aprirla quanto più applichiamo la nostra forza vicino ai cardini. Spingendo o tirando la porta in direzione dei cardini, poi, la porta non ruota affatto. L'effetto che una forza ha sulla rotazione di un corpo rigido dipende da una grandezza detta **momento torcente** o **momento della forza**.

Il momento di una forza $\vec{F}$ di braccio b è

$$M = bF \qquad (7)$$

#momentotorcente

DENTRO LA FORMULA

- Nel Sistema Internazionale il momento di una forza si misura in newton per metro (N·m).
- Per convenzione, il segno è considerato *positivo* quando il momento tende a provocare una rotazione in *verso antiorario* attorno all'asse di rotazione e *negativo* quando tende a provocare una rotazione in *verso orario*.

Se r è la distanza da O del punto P di applicazione della forza e θ è l'angolo formato dalla retta OP e dalla retta d'azione della forza $\vec{F}$, il braccio è

$$b = r \operatorname{sen} \theta$$

e il momento torcente della forza si può scrivere come

$$M = Fr \operatorname{sen} \theta$$

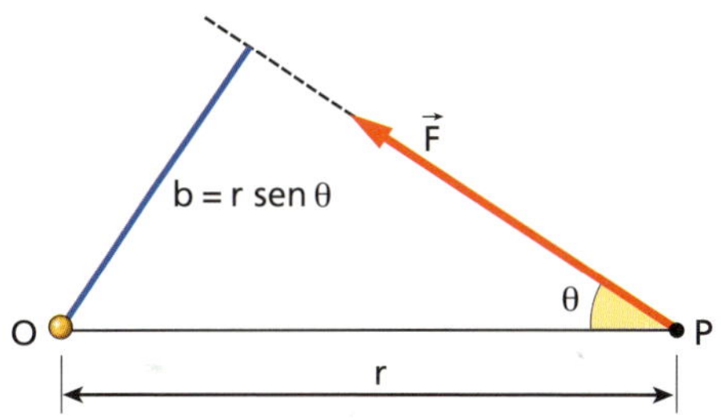

Momento torcente e accelerazione angolare

Consideriamo un corpo rigido libero di ruotare attorno ad un asse. L'azione di una forza cambia la velocità di rotazione del corpo solo se genera un momento torcente attorno all'asse di rotazione.

Per esempio, se un'automobile è sollevata dal crick la ruota non gira per effetto della forza peso. Infatti, in questo caso il braccio e il momento torcente sono nulli.

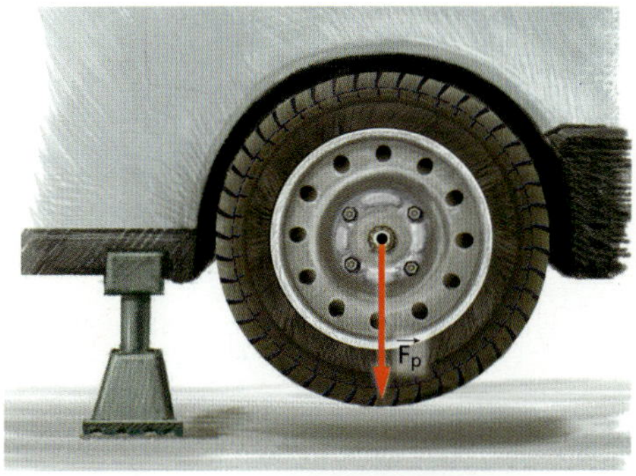

Invece, quando la ruota è frenata con i ferodi la forza d'attrito produce un momento torcente di segno opposto al verso di rotazione della ruota.

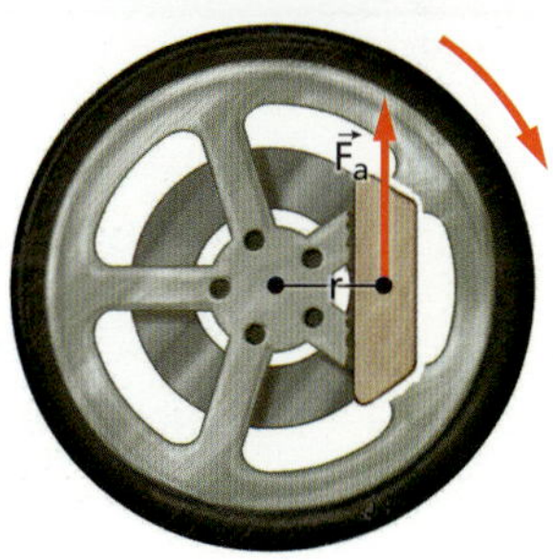

Fra la causa (il momento torcente) e l'effetto (la rotazione del corpo) sussiste una precisa relazione; infatti si verifica sperimentalmente che

l'accelerazione angolare di un corpo rigido è proporzionale al momento torcente che agisce su di esso:

$$\alpha \propto M \qquad (8)$$

Momento d'inerzia

La costante di proporzionalità fra momento torcente e accelerazione angolare dipende dall'entità della massa del corpo rigido e dalla sua disposizione rispetto all'asse di rotazione.

Consideriamo, per esempio, una sbarra: uno stesso momento torcente provoca un'accelerazione minore all'aumentare della sua massa m. Se la sbarra è fatta ruotare prima attorno al suo punto medio (figura A) e poi attorno a un suo estremo (figura B), uno stesso momento torcente provoca una maggiore accelerazione angolare nel primo caso.

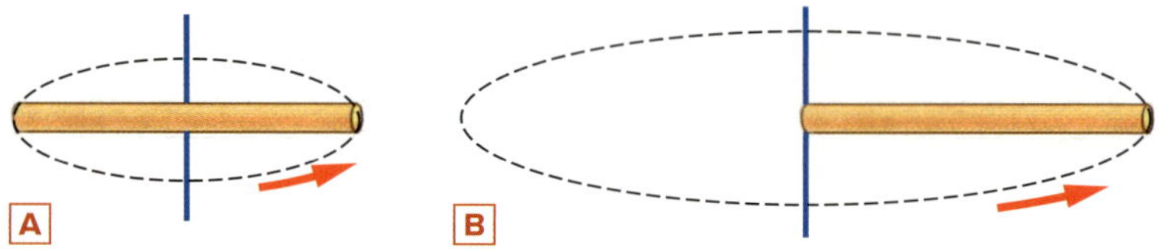

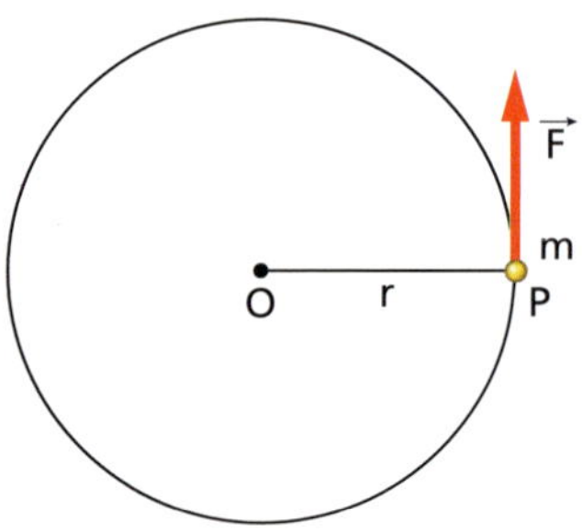

La relazione tra accelerazione angolare e momento torcente deriva dal secondo principio della dinamica. Per semplicità verifichiamolo nel caso di un corpo di massa m e dimensioni trascurabili che ruota attorno al punto O legato con una fune lunga r e priva di massa.

La forza tangenziale $\vec{F}$ dà luogo a un'accelerazione tangenziale di modulo $a = F/m$ e a un'accelerazione angolare

$$\alpha = \frac{a}{r} \quad \Rightarrow \quad \alpha = \frac{F}{mr} \tag{9}$$

Il momento torcente di $\vec{F}$ è $M = rF$, cioè $F = M/r$. Sostituendo nella (9) otteniamo:

$$\alpha = \frac{M/r}{mr}$$

da cui segue:

$$\alpha = \frac{M}{mr^2} \tag{10}$$

La grandezza $I = mr^2$ è il **momento d'inerzia** della massa m rispetto all'asse passante per O. La relazione (10) può quindi essere posta nella forma

#momentoinerzia

$$M = I\alpha \tag{11}$$

L'analogia con il secondo principio della dinamica $\vec{F} = m\vec{a}$ suggerisce che

il momento d'inerzia I è una misura della tendenza di un corpo a mantenere costante la sua velocità angolare.

Il momento d'inerzia si misura in kg·m^2.

In generale, però, non abbiamo sempre a che fare con corpi puntiformi. A differenza del caso lineare, l'inerzia rotazionale dipende non solo dalla massa del corpo, ma anche da come essa è disposta attorno all'asse di rotazione.

Il momento d'inerzia I di un corpo rigido rispetto a un asse si può calcolare mediante la seguente procedura:

- si divide il corpo in masse elementari m_1, m_2, ...;
- si calcola il momento d'inerzia di ciascuna di esse:

$$I_1 = m_1 r_1^2$$
$$I_2 = m_2 r_2^2$$
$$\dots$$

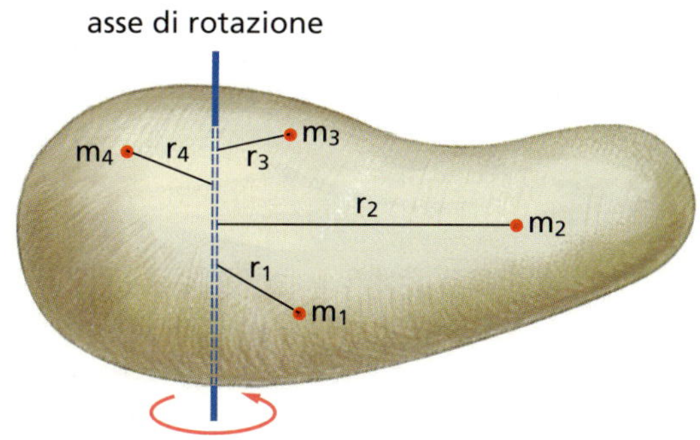

- si calcola la somma di tutti i momenti d'inerzia così ottenuti

$$I = I_1 + I_2 + \dots$$

Il momento d'inerzia del corpo rigido rispetto all'asse fissato è

$$I = m_1 r_1^2 + m_2 r_2^2 + \dots \qquad (12)$$

Determinare in questo modo il momento d'inerzia di un corpo rigido può essere molto laborioso. Per questa ragione ci limitiamo a considerare corpi rigidi che sono ben approssimati da uno dei corpi della tabella seguente.

Momenti d'inerzia di alcuni corpi di massa m		
Cilindro o guscio cavo con pareti sottili, asse di rotazione coincidente con l'asse del cilindro	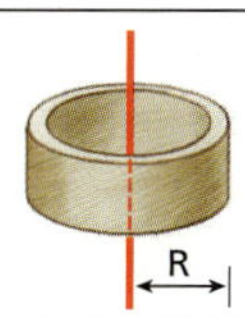	$I = mR^2$
Cilindro o disco pieno, asse di rotazione coincidente con l'asse del cilindro	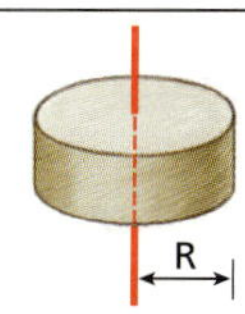	$I = \frac{1}{2} mR^2$
Sfera piena, asse di rotazione passante per il centro	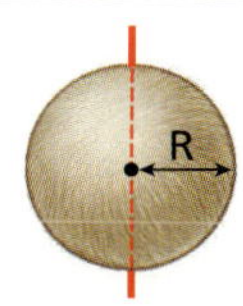	$I = \frac{2}{5} mR^2$
Sfera piena, asse di rotazione tangente alla superficie	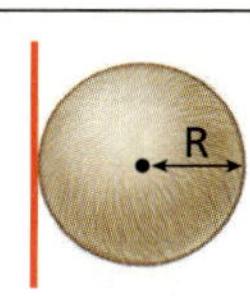	$I = \frac{7}{5} mR^2$
Asta sottile, asse di rotazione perpendicolare all'asta e passante per il suo centro	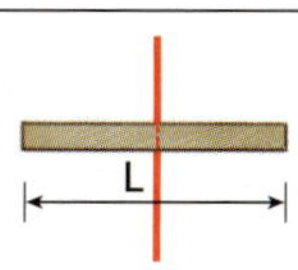	$I = \frac{1}{12} mL^2$
Asta sottile, asse di rotazione perpendicolare all'asta e passante per un suo estremo	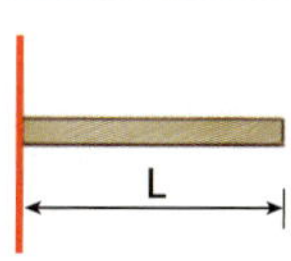	$I = \frac{1}{3} mL^2$

Lamina sottile rettangolare, asse di rotazione parallelo a un lato e passante per il centro dei due lati perpendicolari a esso	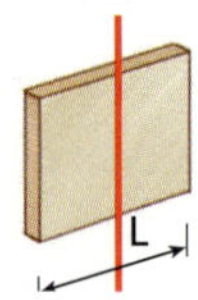	$I = \frac{1}{12} mL^2$
Lamina sottile rettangolare, asse di rotazione su uno dei lati	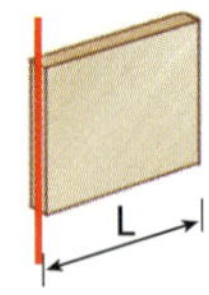	$I = \frac{1}{3} mL^2$

Secondo principio della dinamica per il moto rotazionale

Il risultato (11) ottenuto per una massa puntiforme può essere generalizzato. Vale infatti il **secondo principio della dinamica per il moto rotazionale**:

> il momento d'inerzia I di un corpo rigido, la sua accelerazione angolare α e il momento torcente totale M a cui è sottoposto, calcolati rispetto allo stesso asse, sono tali che
>
> $$M = I\alpha \tag{13}$$

#secondoprincipio

Nell'equazione precedente, il momento totale è quello delle forze esterne al corpo. Infatti le forze interne sono sempre coppie di forze di azione-reazione e i loro momenti si annullano a vicenda.

L'analogia con la dinamica lineare appare evidente quando si confrontano fra loro relazioni corrispondenti:

	Dinamica lineare	Dinamica rotazionale
Inerzia	Massa m	Momento d'inerzia I
Causa del moto	Forza F	Momento torcente M
Effetto	Accelerazione lineare a	Accelerazione angolare α
Legame causa-effetto	$F = ma$	$M = I\alpha$

→ PROBLEMA **Un cilindro che ruota** • pag. 242
#secondoprincipio

Energia cinetica rotazionale

Quando un corpo rigido ruota attorno a un asse, le particelle che lo compongono sono in movimento e quindi possiedono energia cinetica. Consideriamo un corpo rigido che ruota con velocità angolare ω attorno a un asse: ogni sua particella di massa m_i, a distanza r_i dall'asse, ha una velocità tangenziale $v_i = \omega r_i$, e un'energia cinetica

$$K_i = \frac{1}{2} m_i v_i^2 = \frac{1}{2} m_i (r_i \omega)^2 = \frac{1}{2} m_i r_i^2 \omega^2$$

L'energia cinetica del corpo rigido è la somma delle energie cinetiche di tutte le particelle che lo costituiscono:

$$K = \frac{1}{2} m_1 r_1^2 \omega^2 + \frac{1}{2} m_2 r_2^2 \omega^2 + \ldots$$

Raccogliendo $(1/2)\omega^2$ si ha:

$$K = \frac{1}{2}\left(m_1 r_1^2 + m_2 r_2^2 + \ldots\right)\omega^2$$

La somma tra parentesi è il momento d'inerzia I del corpo rigido rispetto all'asse di rotazione. Quindi, in definitiva:

l'**energia cinetica rotazionale** di un corpo rigido che ruota con velocità angolare ω attorno a un asse rispetto al quale ha un momento d'inerzia I è

$$K = \frac{1}{2} I \omega^2 \qquad (14)$$

#energiacinetica

Il moto di un corpo rigido può essere descritto come la combinazione di un moto traslatorio, con velocità uguale a quella del centro di massa, e di un moto rotatorio intorno a un asse passante per il centro di massa stesso. Pertanto

l'energia cinetica totale di un corpo rigido è la somma della sua **energia cinetica di traslazione** K_t e della sua **energia cinetica di rotazione** K_r: un corpo rigido che ruota con velocità angolare ω rispetto a un asse passante per il suo centro di massa, mentre il centro di massa si sposta con velocità v_{CM}, ha un'energia cinetica totale pari a

$$K = K_t + K_r = \frac{1}{2} m v_{CM}^2 + \frac{1}{2} I_{CM} \omega^2 \qquad (15)$$

PER ESEMPIO **Una boccia da bowling che rotola senza strisciare**

Una boccia da bowling è una sfera omogenea di raggio 10 cm con una massa di circa 7 kg. La boccia rotola senza strisciare a 4 m/s.

► Qual è la sua energia cinetica?

Quando rotola senza strisciare la sua velocità angolare è $\omega = v/r$. Se si sposta a 4 m/s, la sua energia cinetica totale è la somma di:

- energia cinetica di traslazione

$$K_t = \frac{1}{2} m v^2 = 0{,}5\ (7\ \text{kg})(4\ \text{m/s})^2 = 60\ \text{J}$$

- energia cinetica di rotazione

$$K_r = \frac{1}{2}\left(\frac{2}{5} m r^2\right)\left(\frac{v}{r}\right)^2 = \frac{1}{5} m v^2 = 0{,}2\ (7\ \text{kg})(4\ \text{m/s})^2 = 20\ \text{J}$$

Quindi,

$$K_{tot} = K_t + K_r = 60\ \text{J} + 20\ \text{J} = 80\ \text{J}$$

5 Il momento angolare

La quantità di moto è una grandezza fondamentale nello studio del moto perché vale per essa un principio di conservazione. Nel moto rotazionale la grandezza che corrisponde alla quantità di moto è il *momento angolare*.

Momento angolare di un corpo puntiforme

Consideriamo un corpo puntiforme di massa m che si muove a velocità v e quindi ha quantità di moto $\vec{p} = m\vec{v}$. Indichiamo con $\vec{r}$ il vettore posizione del corpo rispetto al punto O.

#momentoangolare

Il momento angolare di un corpo puntiforme rispetto al punto O è il vettore

$$\vec{L} = \vec{r} \times \vec{p}$$

DENTRO LA FORMULA

Il momento angolare è un vettore che ha:

- modulo dato dalla relazione

$$L = rp \operatorname{sen} \theta$$

- dove $r = OP$ e θ è l'angolo fra $\vec{r}$ e $\vec{p}$;
- direzione perpendicolare al piano che contiene $\vec{r}$ e $\vec{p}$;
- verso stabilito secondo la regola della mano destra, cioè uscente dal palmo della mano destra posta con il pollice nel verso di $\vec{r}$ e con le altre dita nel verso di $\vec{p}$.

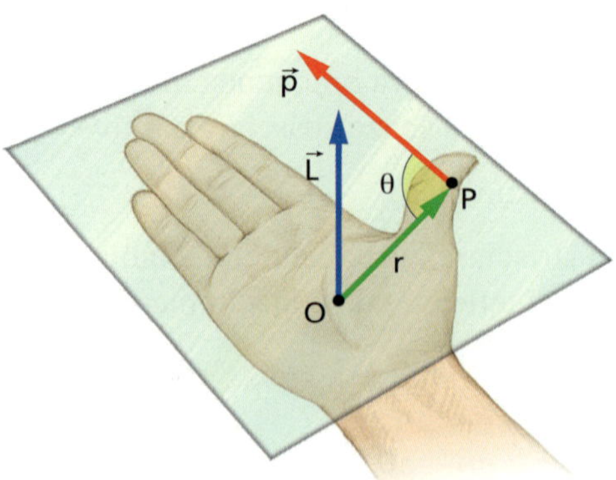

- L'unità di misura del momento angolare è (m)(kg·m/s) = kg·m^2/s.

Momento angolare di un corpo rigido

Il momento angolare di un sistema formato da n corpi puntiformi è la somma vettoriale dei momenti angolari dei singoli costituenti:

$$\vec{L} = \vec{L}_1 + \vec{L}_2 + ... + \vec{L}_n$$

Un corpo rigido può essere pensato come un sistema formato da tanti costituenti puntiformi, per cui il momento angolare di un corpo rigido è la somma vettoriale di quelli dei suoi costituenti.

Nelle applicazioni è molto utile considerare il modulo del momento angolare.

Il modulo del momento angolare $\vec{L}$ di un corpo rigido che ruota con velocità angolare ω attorno a un asse fisso e ha momento d'inerzia I rispetto a questo asse è

$$L = I\omega \quad (16)$$

#momentoangolare

DENTRO LA FORMULA

- L'unità di misura del momento angolare è $(kg{\cdot}m^2)(s^{-1}) = kg{\cdot}m^2/s$.
- Il segno del momento angolare è lo stesso della velocità angolare.

L si ottiene formalmente dalla quantità di moto $p = mv$ sostituendo le grandezze lineari con le corrispondenti grandezze rotazionali:

$$m \rightarrow I \quad e \quad v \rightarrow \omega.$$

L'analogia col caso di un corpo puntiforme può aiutare a comprendere la definizione precedente. Consideriamo un corpo puntiforme di massa m in moto circolare uniforme su una traiettoria di raggio r.

1 La sua velocità è legata alla corrispondente velocità angolare ω dalla relazione $v = \omega r$, per cui la quantità di moto del corpo è

$$p = mv = m\omega r$$

2 Poiché r e v sono perpendicolari ($\theta = 90°$), il momento angolare del corpo rispetto al centro O ha modulo

$$L = rm\omega r = mr^2\omega$$

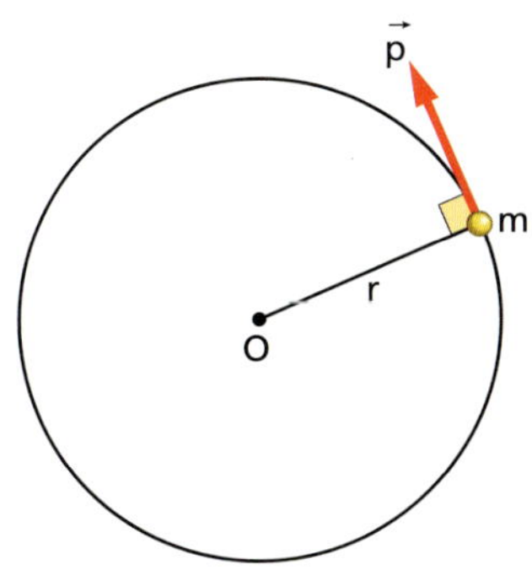

3 Osserviamo che $I = mr^2$ è il momento d'inerzia del corpo rispetto al punto O, per cui il momento angolare ha modulo $L = I\omega$, in piena analogia con la definizione (16).

Momento angolare e secondo principio per il moto rotazionale

Per muovere una porta girevole è necessario applicare ad essa un momento torcente, per esempio spingendo una delle sue ante. Inizialmente ferma, per effetto della spinta la porta gira e acquista un momento angolare.

In generale per modificare il momento angolare di un corpo deve agire un momento torcente. Vale infatti la relazione seguente, che è una nuova forma del **secondo principio per il moto rotazionale**:

#momentoangolare
#secondoprincipio

$$M = \frac{\Delta L}{\Delta t} \tag{17}$$

Un momento torcente applicato a un corpo ne cambia il momento angolare, proprio come una forza risultante modifica la quantità di moto del corpo su cui agisce.

PER ESEMPIO **Che momento!**

Per mettere in rotazione la London Eye, i motori generano un momento torcente nella parte inferiore della ruota. Partendo da ferma, la ruota raggiunge la velocità angolare di regime ($4{,}0 \cdot 10^{-3}$ rad/s) in circa 10 s. Approssima la ruota come un disco di 2100 t e raggio 65 m.

► Qual è il momento torcente generato dai motori?

Inizialmente la ruota è ferma per cui il momento angolare iniziale è nullo: $L_i = 0$. Il momento angolare finale è

$$L = I\omega = mR^2\omega = (2{,}1 \cdot 10^6 \text{ kg})(65 \text{ m})^2(4{,}0 \cdot 10^{-3} \text{ rad/s}) = 3{,}5 \cdot 10^7 \text{ kg·m}^2\text{/s}$$

Il momento torcente prodotto dai motori è

$$M = \frac{L_f - L_i}{\Delta t} = \frac{3{,}5 \cdot 10^7 \text{ kg·m}^2\text{/s}}{10 \text{ s}} \approx 4 \cdot 10^6 \text{ kg·m}^2\text{/s}^2$$

Calgary Reviews/Flickr

Dimostriamo la relazione (17).

1 Un corpo rigido con momento d'inerzia I e sottoposto a un momento torcente totale M subisce un'accelerazione angolare α. Il secondo principio del moto rotazionale stabilisce che

$$M = I\alpha$$

2 Ricordando che $\alpha = \Delta\omega/\Delta t$, l'equazione precedente diventa:

$$M = I\frac{\Delta\omega}{\Delta t} \qquad (18)$$

3 Se il momento d'inerzia del corpo è costante, si ha

$$I\Delta\omega = I(\omega_f - \omega_i) = I\omega_f - I\omega_i$$

e, poiché $L = I\omega$ è il momento angolare del corpo,

$$I\Delta\omega = L_f - L_i = \Delta L$$

4 Sostituendo nella (18) si ottiene la relazione cercata:

$$M = \frac{\Delta L}{\Delta t}$$

Conservazione del momento angolare

Come per la quantità di moto, anche per il momento angolare esiste una legge di conservazione. Se il momento torcente M su un corpo è nullo, dalla (17) si ha:

$$M = 0 \quad \Rightarrow \quad M = \frac{\Delta L}{\Delta t} = 0$$

per cui

$$L_f = L_i$$

Vale quindi la **legge di conservazione del momento angolare**:

il momento angolare di un corpo si conserva quando è nullo il momento torcente totale che agisce su di esso, cioè

$$M = 0 \quad \Rightarrow \quad L_f = L_i \qquad (19)$$

#momentoangolare

La conservazione del momento angolare è una delle leggi fondamentali della fisica perché vale per tutti i sistemi fisici, indipendentemente dalle loro dimensioni.

Inoltre, vale in generale anche quando un corpo soggetto a un momento nullo subisce una modifica di forma e quindi di momento d'inerzia per effetto di forze interne. In questi casi la conservazione del momento angolare impone che $L_f = L_i$, cioè

$$I_f\,\omega_f = I_i\,\omega_i$$

Se cambia il momento d'inerzia del corpo allora cambia la sua velocità angolare secondo la relazione

$$\omega_f = \frac{I_i}{I_f}\,\omega_i \qquad (20)$$

Quando il momento d'inerzia aumenta, il valore assoluto della velocità di rotazione diminuisce: viceversa, quando I diminuisce, il valore assoluto di ω aumenta.

■ Sulla pattinatrice agisce un momento totale nullo, quindi mantiene il suo momento angolare iniziale. Se allarga le braccia allontanandole dall'asse di rotazione, il suo momento d'inerzia aumenta e quindi diminuisce la sua velocità di rotazione.

■ Il Sistema Solare si è formato dal collasso di una immensa nube di gas e polveri. Inizialmente la rotazione era lentissima ma, diminuendo la dimensione del Sistema, è aumentata la sua velocità di rotazione in modo da mantenere L costante.

→ PROBLEMA Mi gira la testa • pag. 244
#momentoangolare

MINDBUILDING

Un modello di pattinatore

La dinamica del corpo umano è molto complicata perché durante il movimento la testa, il busto e gli arti assumono configurazioni variabili. Per valutare le caratteristiche principali del moto si introducono quindi opportune semplificazioni.

Un pattinatore su ghiaccio ruota inizialmente alla velocità angolare di 1 giro/s (6,2 rad/s) con le braccia aperte. Approssimiamo il pattinatore con un cilindro (tronco e gambe) di raggio $R = 20$ cm e massa $M = 60$ kg e un'asta sottile (le braccia) lunga 1,8 m con massa $m = 10$ kg.

Il suo momento d'inerzia iniziale è

$$I_i = \frac{1}{2}MR^2 + \frac{1}{12}mL^2 =$$

$$= \frac{1}{2}(60\ \text{kg})(0{,}20\ \text{m})^2 + \frac{1}{12}(10\ \text{kg})(1{,}8\ \text{m})^2 = 3{,}9\ \text{kg·m}^2$$

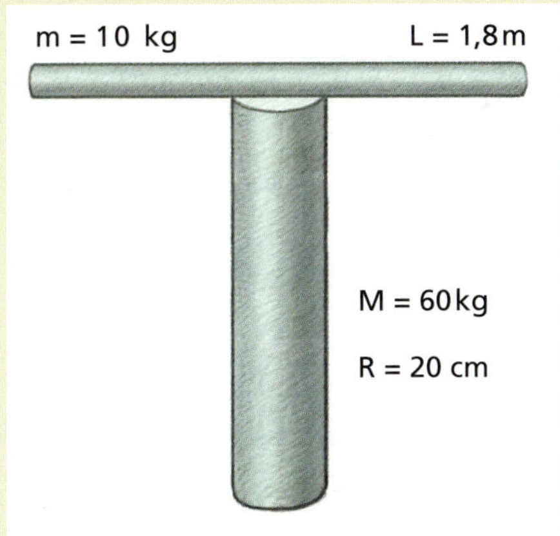

Dopo aver recuperato le mani al petto, il pattinatore può essere approssimato con un cilindro di massa totale 70 kg e raggio 25 cm.

Il suo momento d'inerzia finale è

$$I_f = \frac{1}{2}(M + m)R^2 =$$

$$= \frac{1}{2}(7{,}0 \cdot 10\ \text{kg})(2{,}5 \cdot 10^{-1}\ \text{m})^2 = 2{,}2\ \text{kg·m}^2$$

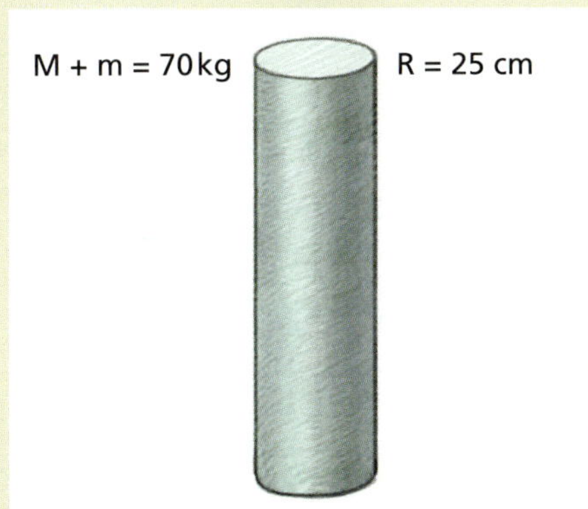

È ragionevole assumere che i momenti torcenti esterni sul pattinatore siano nulli; quindi il momento angolare si conserva: $I_f\omega_f = I_i\omega_i$. La velocità di rotazione finale è

$$\omega_f = \frac{I_i}{I_f}\omega_i = \frac{3{,}9\ \text{kg·m}^2}{2{,}2\ \text{kg·m}^2}(6{,}3\ \text{rad/s}) = 11\ \text{rad/s}$$

Calcoliamo ora le energie di rotazione:

$$K_i = \frac{1}{2}I_i\omega_i^2 = \frac{1}{2}(3{,}9\ \text{kg·m}^2)(6{,}3\ \text{rad/s})^2 = 77\ \text{J}$$

$$K_f = \frac{1}{2}I_f\omega_f^2 = \frac{1}{2}(2{,}2\ \text{kg·m}^2)(11\ \text{rad/s})^2 = 130\ \text{J}$$

e scopriamo che l'energia cinetica finale supera di oltre 50 J quella iniziale. Durante la piroetta, le forze esterne non hanno compiuto lavoro sul pattinatore. Poiché l'energia potenziale del pattinatore è rimasta praticamente invariata, concludiamo che in questo processo non si è conservata l'energia meccanica totale.

L'aumento di energia cinetica è quindi dovuto all'azione delle forze interne al sistema: in particolare, al lavoro della forza muscolare (di natura chimica) che il pattinatore ha esercitato per ricongiungere le braccia al corpo.

La dinamica dei corpi in rotazione

IN 3 MINUTI
Il momento angolare

Velocità angolare

$$\omega = \frac{\Delta\theta}{\Delta t}$$

ω: **velocità angolare** (rad/s); $\Delta\theta$: **spostamento angolare**

$$\omega = \frac{2\pi}{T} = 2\pi f$$

T: **periodo** di rotazione; f: **frequenza** (Hz)

Accelerazione angolare

$$\alpha = \frac{\Delta\omega}{\Delta t}$$

α: **accelerazione angolare** (rad/s^2)

Moto circolare

Uniforme

$$\theta = \theta_0 + \omega t$$

Uniformemente accelerato

$$\omega = \omega_0 + \alpha t$$

$$\theta = \theta_0 + \omega_0 t + \frac{1}{2}\alpha t^2$$

Rotolamento

$$v = \omega r$$

$$a = \alpha r$$

Momento di una forza

$$M = bF = Fr \operatorname{sen}\theta$$

M: **momento di una forza** (N·m); b: braccio

Momento d'inerzia

$$I = mr^2$$

I: **momento d'inerzia** (kg·m^2)

$$M = I\alpha$$

Energia cinetica

Rotazionale

$$K = \frac{1}{2}I\omega^2$$

Totale del corpo rigido

$$K = K_t + K_r = \frac{1}{2}mv_{CM}^2 + \frac{1}{2}I_{CM}\omega^2$$

Momento angolare

$$\vec{L} = \vec{r} \times \vec{p}$$

$\vec{L}$: **momento angolare** (kg·m^2/s); $\vec{p}$: **quantità di moto** del corpo

$$L = I\omega = mr^2\omega$$

Secondo principio rotazionale

$$M = \frac{\Delta L}{\Delta t}$$

ESERCIZI

ZTE ONLINE
Mettiti alla prova
con 20 esercizi interattivi

2 Grandezze angolari nel moto circolare

1 Considera un angolo pari a 1 rad.
- ▶ Quanti gradi misura quell'angolo?

[57° 17′ 45″]

2 Un disco ruota alla velocità angolare di 5,2 rad/s.
- ▶ Calcola la sua velocità di rotazione in giri/s.

[0,83 giri/s]

3 Considera il moto di rotazione della Terra attorno al suo asse.
- ▶ Quanto vale la velocità angolare?

[$7{,}3 \cdot 10^{-5}$ rad/s]

4 Considera un punto dell'equatore terrestre ($R_T = 6380$ km).
- ▶ Qual è la sua velocità lineare?
- ▶ Quanto vale la sua accelerazione centripeta?

[464 m/s; 0,0337 m/s^2]

5 **PROBLEMA** **Il lettore CD**
#velocitàangolare

I bit di un CD audio sono contenuti su tracce circolari concentriche (in realtà si tratta di un'unica pista a spirale) i cui raggi variano tra $r_{min} = 2{,}5$ cm e $r_{max} = 6{,}0$ cm. La velocità $v = 125$ cm/s con cui la testina laser vede scorrere il disco sotto di sé deve essere mantenuta costante, qualunque sia la distanza della testina dal centro del disco.
- ▶ Calcola, in giri/min, i valori f_{max} e f_{min} della frequenza di rotazione del CD durante la lettura.

LA SITUAZIONE FISICA E IL MODELLO

Si ricava la relazione esistente tra frequenza di rotazione e velocità lineare nel moto circolare attraverso il calcolo della velocità angolare.

LA RISOLUZIONE

1. La frequenza di rotazione, la velocità angolare e la velocità lineare sono legate dalla relazioni:

$$f = \frac{\omega}{2\pi} \qquad \omega = \frac{v}{r}$$

2. Sostituendo la seconda nella prima, otteniamo che a velocità costante la frequenza di rotazione e il raggio sono inversamente proporzionali:

$$f = \frac{\omega}{2\pi} = \frac{v}{2\pi r}$$

3. Poiché la velocità v è costante, la frequenza minima si ha alla distanza massima dal centro del disco, e viceversa per la frequenza massima:

$$f_{min} = \frac{v}{2\pi r_{max}}$$

$$f_{max} = \frac{v}{2\pi r_{min}}$$

I DATI E IL RISULTATO

$r_{min} = 2{,}5$ cm
$r_{max} = 6{,}0$ cm
$v = 125$ cm/s

$$f_{min} = \frac{125 \text{ cm/s}}{2\pi\,(6{,}0 \text{ cm})}(60 \text{ s/min}) = 2{,}0 \cdot 10^2 \text{ giri/min}$$

$$f_{max} = \frac{125 \text{ cm/s}}{2\pi\,(2{,}5 \text{ cm})}(60 \text{ s/min}) = 4{,}8 \cdot 10^2 \text{ giri/min}$$

6 **PROBLEMA SIMILE**
La codifica di 1 bit (l'unità elementare di informazione) sul disco è lunga 0,30 μm.
- ▶ Calcola la frequenza di rotazione alla distanza intermedia dal centro del disco.
- ▶ Calcola la velocità di lettura della testina in bit/s.

[$2{,}8 \cdot 10^2$ giri/min; $4{,}2 \cdot 10^6$ bit/s]

7 Un disco ruota alla velocità di 11 000 giri/min.
- ▶ A quale distanza dal centro la velocità lineare diventa uguale alla velocità del suono in aria (1230 km/h)? [30 cm]

8 In un hard disk l'informazione è contenuta in dischi del diametro di 3,5 pollici (1 pollice = 2,54 cm) che ruotano a 7200 giri/min. Facendo alcune misure, valuti che durante l'accensione la velocità di rotazione dei dischi arrivi a regime in 1,2 s.
- ▶ Qual è l'accelerazione angolare di un disco?
- ▶ Quanto vale l'accelerazione centripeta sul bordo espressa come multiplo dell'accelerazione di gravità g? [$6{,}3 \cdot 10^2$ rad/s^2; $2{,}6 \cdot 10^3\,g$]

9 Il cestello di una lavatrice ha un diametro di 46 cm e ruota a 650 giri/min. La biancheria bagnata si dispone sulle pareti del cestello formando uno strato alto, in media, 12 cm.
- ▶ Calcola le accelerazioni minima e massima (in unità g) a cui è sottoposta la biancheria. [$52\,g$; $110\,g$]

10 Negli utensili che ruotano a grandi velocità, come la smerigliatrice e il trapano, l'arresto della rotazione deve avvenire in tempi dell'ordine del secondo per motivi di sicurezza. Una smerigliatrice ruota a 10 000 giri/min.
- ▶ Stima l'accelerazione angolare di arresto. [$-1 \cdot 10^3$ rad/s^2]

11 PROBLEMA SU PIÙ CONCETTI **Il giradischi**
#accelerazioneangolare #accelerazione

Il piatto di un giradischi sta ruotando a 33,3 giri/min. Il giradischi viene spento e il piatto si ferma dopo 9,0 s. Supponi che l'accelerazione angolare sia costante.
- ▶ Quanto vale l'accelerazione angolare?
- ▶ Quanti giri effettua prima di fermarsi?

LA SITUAZIONE FISICA E IL MODELLO

Si applica il modello del moto circolare uniformemente accelerato con grandezze angolari, utilizzando la relazione che lega l'accelerazione angolare all'angolo complessivo descritto durante il moto.

LA RISOLUZIONE

1. La velocità angolare iniziale (in s^{-1}) è legata alla frequenza (in giri/min) dalla relazione

$$\omega_i = \frac{2\pi f}{60} = 2\pi\,\frac{33{,}3\ \text{giri/min}}{60\ \text{s/min}} = 3{,}5\ \text{rad/s}$$

2. L'accelerazione angolare è

$$\alpha = \frac{\omega_f - \omega_i}{\Delta t} = -0{,}39\ \text{rad/s}^2$$

3. Per determinare l'angolo descritto dal piatto prima di fermarsi utilizziamo la relazione tra le velocità angolari iniziale e finale e l'accelerazione angolare:

$$2\alpha\Delta\theta = \omega_f^2 - \omega_i^2 \quad \Rightarrow \quad \Delta\theta = \frac{\omega_f^2 - \omega_i^2}{2\alpha} = 16\ \text{rad}$$

4. Per passare dall'angolo ai giri occorre dividere per 2π:

$$\text{numero di giri} = \frac{\Delta\theta}{2\pi} = 2{,}5\ \text{giri}$$

12 Un modellino radiocomandato di aereo percorre una traiettoria circolare di raggio 36 m alla velocità di 18 m/s, quando viene sottoposto per 6,5 s all'accelerazione tangenziale di 1,3 m/s^2.
- ▶ Calcola l'accelerazione angolare.
- ▶ Calcola quanti giri percorre durante la fase di accelerazione. [$3{,}6 \cdot 10^{-2}$ rad/s^2; 0,64 giri]

13 La centrifuga di una lavatrice passa da 0 a 650 giri/min in 5,0 s.
- ▶ Calcola l'accelerazione angolare.
- ▶ Quanti giri effettua il cestello prima di arrivare alla velocità finale? [14 rad/s^2 ; 27 giri]

14 Il coefficiente d'attrito tra pneumatici e asfalto è 0,8; un'automobile affronta una curva, lunga 50 m e tale da farle cambiare direzione di 60°, alla velocità di 72 km/h.
- ▶ Riesce a effettuare la curva?

15 Tre masse uguali, ciascuna di 80 g, sono legate tra loro da pezzi di filo leggero in modo che la distanza tra una massa e l'altra sia 20 cm. Le tre masse ruotano su un piano senza attrito attorno a un perno, effettuando 1,0 giri/s.
▶ Determina la tensione dei tre tratti di fune.
[3,8 N; 3,2 N; 1,9 N]

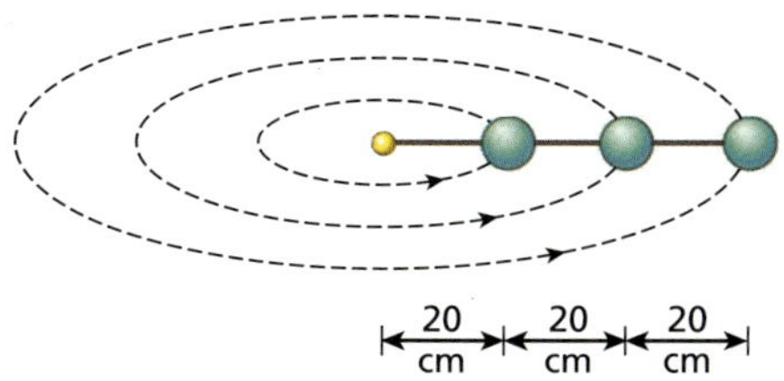

3 Il moto di rotolamento

16 Il raggio di una ruota di bicicletta è 33 cm.
▶ Qual è la velocità angolare della ruota quando la bicicletta viaggia a 10 m/s? [30 rad/s]

rw11wat / Shutterstock

17 La ruota di una bicicletta ha una circonferenza esterna di 1,9 m. La bicicletta si muove a 18 km/h.
▶ Qual è la frequenza di rotazione della ruota?
[2,6 giri/s]

18 Si vuole trasformare la frequenza di rotazione di un motore che ruota con una frequenza $f_1 = 10$ giri/min. Tramite una cinghia, si collega il disco del motore a un secondo disco collegato a un proprio albero. Il diametro del primo disco è $d_1 = 25$ cm mentre la frequenza di rotazione del secondo albero deve essere $f_2 = 95$ giri/min.
▶ Qual è il diametro d_2 del secondo disco?
[2,6 cm]

19 Quattro dischi ruotano insieme senza strisciare. Il disco di raggio 50 cm (figura) ha una velocità angolare pari a 18 rad/s.
▶ Qual è la velocità angolare degli altri tre dischi?

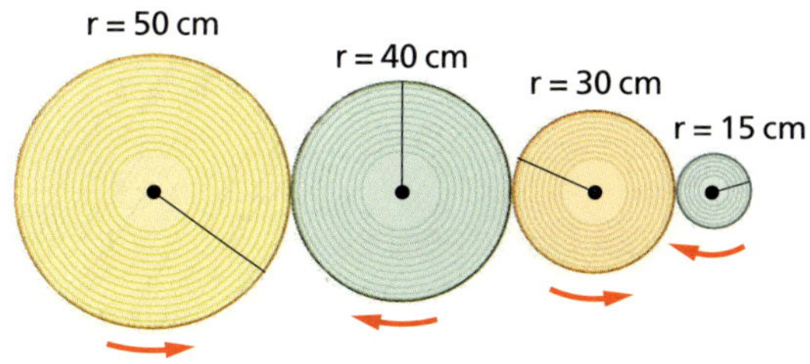

[−23 rad/s, 30 rad/s, − 60 rad/s]

20 Una bicicletta viaggia alla velocità di 12 km/h. Le ruote hanno un diametro di 72 cm.
▶ Calcola la velocità angolare delle ruote.
La ruota dentata solidale con i pedali ha 54 denti mentre la ruota dentata solidale con la ruota posteriore ha 16 denti.
▶ Calcola la frequenza di rotazione dei pedali.
[9,3 rad/s; 0,44 giri/s]

21 PROBLEMA **In autostrada**
#rotolamento

Un'automobile viaggia in autostrada alla velocità iniziale $v_i = 28$ m/s (≈ 100 km/h). Le ruote hanno un diametro esterno $d = 550$ mm. Per effettuare un sorpasso, il conducente aumenta la velocità al valore $v_f = 33$ m/s (≈ 120 km/h) in un intervallo di tempo $\Delta t = 5{,}8$ s.
▶ Qual è le velocità angolare iniziale ω_i e finale ω_f delle ruote?
▶ Calcola la corrispondente accelerazione angolare media $\bar{\alpha}$.

LA SITUAZIONE FISICA E IL MODELLO

Durante la marcia dell'automobile le ruote rotolano sull'asfalto senza strisciare. Velocità di traslazione e velocità di rotazione delle ruote sono legate dalla relazione $v = \omega r = \omega d/2$. L'accelerazione angolare media è $\bar{\alpha} = \Delta\omega/\Delta t$.

LA RISOLUZIONE

1. La velocità angolare iniziale e finale delle ruote è

$$\omega_i = \frac{v_i}{r} = \frac{2v_i}{d}$$

$$\omega_f = \frac{v_f}{r} = \frac{2v_f}{d}$$

2. L'accelerazione angolare corrispondente è

$$\bar{\alpha} = \frac{\omega_f - \omega_i}{\Delta t}$$

I DATI E IL RISULTATO

$v_i = 28$ m/s

$v_f = 33$ m/s

$\Delta t = 5{,}8$ s

$d = 550$ mm $= 0{,}550$ m

$$\omega_i = 2\frac{28\ \text{m/s}}{0{,}550\ \text{m}} = 102\ \text{rad/s} \approx 1{,}0 \cdot 10^2\ \text{rad/s}$$

$$\omega_f = 2\frac{33\ \text{m/s}}{0{,}550\ \text{m}} = 120\ \text{rad/s} \approx 1{,}2 \cdot 10^2\ \text{rad/s}$$

$$\bar{\alpha} = \frac{120\ \text{rad/s} - 102\ \text{rad/s}}{5{,}8\ \text{s}} = 3{,}1\ \text{rad/s}^2$$

COSA SUCCEDE SE

La relazione tra la velocità di traslazione di una ruota e la sua frequenza di rotazione è utilizzata dal tachimetro dell'automobile per misurarne la velocità. Nel caso di pneumatici molto sgonfi, cambia il raggio della ruota e il tachimetro indica una velocità maggiore di quella effettiva.

22 **PROBLEMA SIMILE**

Dopo il sorpasso, l'automobile diminuisce la sua velocità di 48 km/h in 18 s.

► Qual è l'accelerazione angolare delle ruote?

► E la loro velocità angolare finale? [–2,7 rad/s²; 72 rad/s]

23 Durante una prova di accelerazione un'automobile passa da ferma a 100 km/h in 8,4 s. Le sue ruote hanno un raggio di 31 cm e supponi che si muovano senza strisciare sull'asfalto.

► Calcola l'accelerazione angolare delle ruote. [11 rad/s²]

24 Una motocicletta percorre 1,00 km in 33 s a velocità costante. La frequenza di rotazione delle ruote è 24 giri/s.

► Qual è il diametro delle ruote? [40 cm]

25 Una ruota sollevata da terra e disposta verticalmente ruota intorno a un asse fisso orizzontale con una velocità di 14 rad/s. Una volta appoggiata liberamente su un piano orizzontale essa rotola slittando per 0,85 s dopo di che rotola senza slittare con una velocità di 2,2 m/s. Il raggio della ruota è 225 mm.

► Calcola la decelerazione angolare della ruota durante la fase di slittamento. [–5 rad/s²]

26 Una motocicletta che viaggia a 50 km/h accelera uniformemente raggiungendo la velocità di 85 km/h in 10 s. Le ruote della motocicletta hanno un diametro di 62 cm.

► Calcola l'accelerazione angolare delle ruote.

► Quanti giri compiono le ruote nel frattempo? [3,1 rad/s²; 96 giri]

27 A 70 km/h il contagiri del motore dell'auto indica 1800 rpm (giri al minuto). L'autista preme l'acceleratore e accelera di 10 km/h al secondo, senza cambiare marcia.

► Determina l'accelerazione angolare α dell'asse del motore. [27 rad/s²]

28 Un ciclista attraversa lentamente un tratto di strada da poco asfaltato e alcuni sassolini ricoperti di catrame si attaccano al copertone. Successivamente accelera e quando raggiunge la velocità di 18 km/h i sassolini iniziano a staccarsi e volar via. I sassolini hanno una superficie S di cir-

ca 5 mm^2 e una massa di 30 mg. Il raggio della ruota è circa 32 cm.
▶ Valuta la forza di adesione per unità di superficie che lega i sassolini al copertone. [0,5 kN/m^2]

29 PROVA ESPERTA Tra i controlli della trazione, negli autoveicoli è molto diffuso il controllo antipattinamento ASR (Anti-Slip Regulation). Il dispositivo agisce quando le ruote dell'auto rotolano con strisciamento sull'asfalto.
▶ TROVA IL MODELLO Come può questo dispositivo rilevare il pattinamento delle ruote?
▶ FAI UN'IPOTESI Dopo aver rilevato il pattinamento, come interviene per diminuirlo?

4 Dinamica rotazionale

30 Una gru è in grado di sopportare un momento di 245 kN·m e ha un braccio di 25 m.
▶ Qual è il carico massimo che la gru può sollevare? [$1{,}0 \cdot 10^3$ kg]

31 Un meccanico deve serrare un dado che porta l'indicazione 40 N·m. Impugna la chiave inglese a 20 cm dal dado ed esercita una forza di modulo F in direzione perpendicolare alla chiave.
▶ Calcola F. [200 N]

32 Una semisfera ha raggio 8,2 cm e massa 2,8 kg.
▶ Calcola il momento d'inerzia rispetto a un asse perpendicolare alla base e passante per il suo centro. [$3{,}8 \cdot 10^{-3}$ kg·m²]

33 QUESITO ARGOMENTA Il pallone da rugby ha una forma inconfondibile.
▶ Rispetto a quale dei due assi indicati ritieni si abbia il momento d'inerzia minore? Spiega.

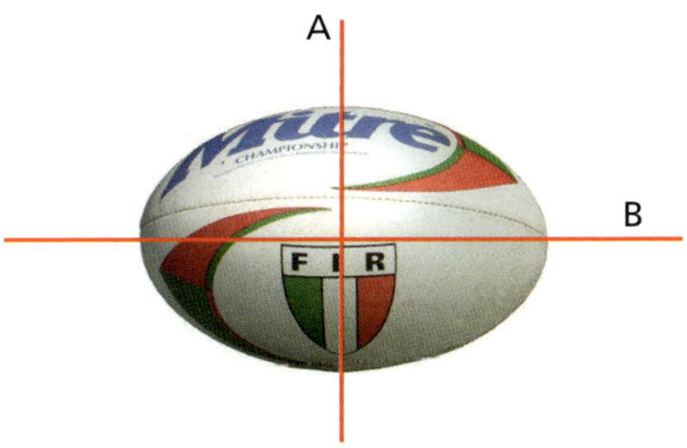

34 Un cilindro avente un momento d'inerzia pari a 14 kg·m² ruota alla velocità di 12 rad/s.
▶ Determina l'energia cinetica del cilindro. [$1{,}0 \cdot 10^3$ J]

35 Un'asta di massa 1,4 kg è lunga 1,8 m. Calcola la sua energia cinetica se ruota:
▶ a 2,2 rad/s attorno al suo centro di massa.
▶ alla stessa velocità angolare attorno a un suo estremo. [0,91 J; 3,7 J]

36 QUESITO TROVA IL MODELLO Durante una frenata, un autoveicolo è rallentato dall'azione della forza d'attrito fra pneumatici e asfalto. Il sistema ABS impedisce il bloccaggio delle ruote.
▶ Perché questo dispositivo riduce lo spazio di frenata?

37 La maniglia di una porta dista $d = 75$ cm dall'asse su cui ruota. Per chiudere la porta, applichi una forza $F = 1{,}2$ N inclinata di un angolo $\alpha = 66°$ rispetto al piano della porta. Osservata dall'alto, la porta ruota in senso antiorario quando viene aperta.
▶ Qual è il momento della forza rispetto all'asse di rotazione?
▶ E nel caso in cui l'angolo di 66° sia riferito alla direzione perpendicolare alla porta? [−0,82 N·m; − 0,37 N·m]

38 Un'asta sottile di massa 300 g e lunghezza 24 cm ha sulle sue estremità due masse di 75 g e 178 g.
▶ Quanto vale il momento d'inerzia complessivo rispetto al centro dell'asta? [$5{,}1 \cdot 10^{-3}$ kg·m²]

39 Un'asta sottile di lunghezza 26 cm è costituita da due metà di masse 18 g e 38 g rispettivamente.
▶ Calcola il momento d'inerzia rispetto a un asse perpendicolare all'asta e passante per il suo centro. [$3{,}2 \cdot 10^{-4}$ kg·m²]

40 Su un'asta di massa trascurabile sono fissate tre masse come in figura.
▶ Qual è il momento d'inerzia rispetto all'asse perpendicolare che passa per il centro di massa? [6,7 kg·m²]

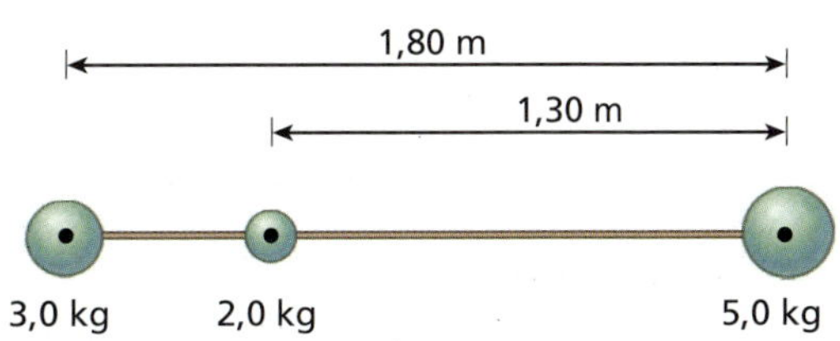

41 **PROBLEMA** **Un cilindro che ruota**
#secondoprincipio

Un cilindro fermo di massa $m = 4{,}00$ kg ha un raggio $R = 12{,}0$ cm ed è imperniato in modo da ruotare sul suo asse. Attorno al cilindro è avvolta una corda che viene tirata con una forza $F = 1{,}80$ N.

- ▶ Calcola il momento d'inerzia del cilindro.
- ▶ Calcola l'accelerazione angolare.
- ▶ Calcola la velocità angolare dopo 4,0 s.

LA SITUAZIONE FISICA E IL MODELLO

La dinamica della rotazione di un corpo rigido intorno a un asse viene descritta applicando il secondo principio della dinamica per il moto rotazionale, a partire dal calcolo del momento di inerzia.

LA RISOLUZIONE

1. Il momento di inerzia di un cilindro rispetto al suo asse è

$$I = \frac{1}{2} mR^2$$

2. La corda si svolge tenendosi tangente al cilindro, vale a dire perpendicolare al raggio, quindi il momento della forza è

$$M = FR$$

3. Il momento della forza produce un'accelerazione angolare costante:

$$\alpha = \frac{M}{I} = \frac{2FR}{mR^2} = \frac{2F}{mR}$$

4. La velocità angolare cresce linearmente con t:

$$\omega = \alpha \Delta t$$

I DATI E IL RISULTATO

$m = 4{,}00$ kg
$R = 0{,}120$ m
$F = 1{,}80$ N

$$I = \frac{1}{2}(4{,}00\ \text{kg})(0{,}120\ \text{m})^2 = 0{,}0288\ \text{kg·m}^2$$

$$\alpha = \frac{2(1{,}80\ \text{N})}{(4{,}00\ \text{kg})(0{,}120\ \text{m})} = 7{,}50\ \text{rad/s}^2$$

$$\omega = (7{,}50\ \text{rad/s}^2)(4{,}0\ \text{s}) = 30\ \text{rad/s}$$

COSA SUCCEDE SE

Se invece di un cilindro pieno si trattasse di un cilindro cavo con pareti molto sottili ma con la stessa massa, il momento d'inerzia sarebbe il doppio: infatti $I_{\text{cavo}} = mR^2 = 2\,I_{\text{pieno}}$. Quindi l'accelerazione e la velocità finale sarebbero la metà di quelle ottenute nel caso del cilindro pieno.

42 **PROBLEMA SIMILE**

Considera un cilindro fatto dello stesso materiale e con la stessa altezza ma il cui raggio sia il doppio.

- ▶ Qual è la massa del cilindro?
- ▶ Calcola di nuovo le risposte alle domande precedenti.

[16,0 kg; 0,461 kg·m^2; 0,938 rad/s^2; 3,8 rad/s]

43 Una sfera di raggio 0,25 m e massa 6,0 kg appoggiata su un piano orizzontale viene inizialmente posta in rotazione intorno a un asse verticale con una velocità di 0,50 m/s lungo il suo equatore. La sfera si arresta a causa dell'attrito dopo 75 s.

- ▶ Qual è il momento torcente esercitato dall'attrito?

[$4{,}0 \cdot 10^{-3}$ N·m]

44 Un cilindro di raggio 75 cm e massa 200 kg viene posto in rotazione tramite un motore che applica un momento torcente di 20 Nm facendo raggiungere al cilindro la frequenza di rotazione di 12 giri/s.

- ▶ Qual è l'accelerazione angolare del cilindro?
- ▶ Quanto tempo è trascorso?

[0,36 rad/s^2; $2{,}1 \cdot 10^2$ s]

45 Una forza di 0,68 N è applicata in senso antiorario a 2,8 cm dal centro di un disco mentre una forza di 0,13 N è applicata in senso orario a 9,3 cm. Il disco ha un raggio di 12 cm e una massa di 320 g ed è inizialmente fermo.
- ▶ Determina il momento torcente applicato al disco.
- ▶ Qual è il corrispondente verso di rotazione?
- ▶ Quale frequenza di rotazione raggiunge il disco dopo 23 s? [$7,0 \cdot 10^{-3}$ Nm; antiorario; 11 giri/s]

46 La Terra si muove nel Sistema Solare con velocità media pari a 29,8 km/s. La sua energia cinetica di traslazione K_t è notevolmente maggiore dell'energia cinetica di rotazione K_r attorno al suo asse. Approssima la Terra come una sfera omogenea.
- ▶ Calcola il rapporto K_t/K_r. [$\sim 10^4$]

47 Un volano è costituito da un disco d'acciaio di densità $7,86 \cdot 10^3$ kg/m^3, di raggio 10 cm e di spessore 3,0 cm.
- ▶ Quanta energia cinetica accumula quando ruota a 1000 giri/min? [$2,0 \cdot 10^2$ J]

48 Un blocco di massa 0,45 kg appeso tramite una fune avvolta su una carrucola di raggio 20 cm scende con un'accelerazione di 1,2 m/s^2. Trascura la massa e lo spessore della fune.
- ▶ Qual è la tensione della fune?
- ▶ Qual è il momento torcente esercitato dalla fune sulla carrucola?
- ▶ A partire dall'accelerazione del blocco, determina l'accelerazione angolare della carrucola.
- ▶ Qual è il momento d'inerzia della carrucola? [3,9 N; 0,77 N·m; 6,0 rad/s^2; 0,13 kg·m^2]

49 Una sfera inizialmente ferma rotola senza scivolare lungo un piano inclinato di altezza $h = 45$ cm.
- ▶ Qual è la velocità finale v della sfera? [2,5 m/s]

50 Un'asta lunga 46 cm è appesa a un perno in corrispondenza di un suo estremo. L'asta, posta inizialmente in posizione orizzontale, viene lasciata ruotare verso il basso a causa della forza peso. In questo modo la sua energia potenziale si trasforma in energia cinetica. Il calcolo dell'energia potenziale dell'asta può essere effettuato immaginando che la sua massa sia concentrata nel baricentro.
- ▶ Di quanto è variata l'altezza del baricentro quando l'asta raggiunge la posizione verticale?
- ▶ Quant'è la velocità angolare posseduta dall'asta in tale posizione? [23 cm; 8,0 rad/s]

51 QUESITO ARGOMENTA Una sfera piena e una sfera cava, aventi la stessa massa e lo stesso raggio, sono lasciate cadere da ferme lungo un piano inclinato alto h. Entrambe le sfere rotolano senza strisciare.
- ▶ Quale delle due arriva prima in fondo al piano inclinato? Come mai?

52 Una sfera rotola senza strisciare lungo un piano inclinato che forma un angolo con l'orizzontale.
- ▶ Dimostra che la sfera scende con accelerazione costante $a = (5/7)\, g \operatorname{sen} \theta$.

53 Una molla ha una sfera di massa 85 g attaccata a un estremo mentre l'altro estremo è fissato a un perno. La sfera e la molla ruotano attorno al perno con frequenza di rotazione 30 giri/min. La massa della molla è trascurabile mentre la sua lunghezza durante la rotazione è 29 cm. La costante elastica della molla è 5,0 N/m.
- ▶ Qual è la forza centripeta che agisce sulla massa?
- ▶ Calcola la lunghezza a riposo della molla.
- ▶ Quanto vale l'energia meccanica della sfera? [0,24 N; 24 cm; 41 mJ]

54 Una piccola sfera è lasciata rotolare senza strisciare dentro un contenitore di forma semisferica e di raggio $R = 0,50$ m. Inizialmente la sfera è ferma.
- ▶ Calcola la velocità con cui transita nel punto più basso. [2,6 m/s]

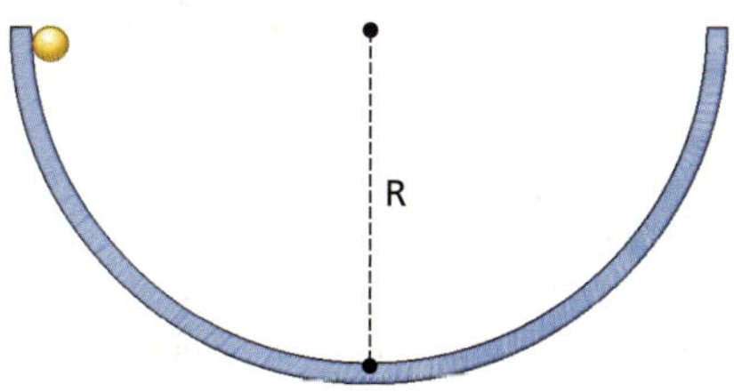

55 Una sferetta di legno rotola senza strisciare su una guida che termina con una semicirconferenza di raggio R. Il raggio della biglia è molto minore di R.
- ▶ Determina la minima altezza h dalla quale lasciar rotolare la biglia perché esca dal bordo superiore della semicirconferenza. [$2,7\,R$]

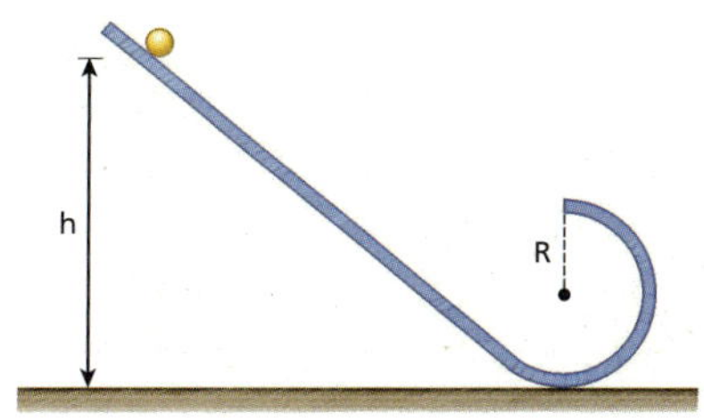

5 Il momento angolare

56 Un frisbee, di raggio 15 cm e massa 140 g, ruota a 5 giri/s.

▶ Qual è il suo momento angolare?

[$5 \cdot 10^{-2}$ kg·m²/s]

57 Giove ha una massa di $1{,}9 \cdot 10^{27}$ kg, dista $7{,}8 \cdot 10^{11}$ m dal Sole e orbita muovendosi a 13 km/s.

▶ Qual è il suo momento angolare rispetto al Sole?

[$1{,}9 \cdot 10^{43}$ kg·m²/s]

58 Una pattinatrice con momento d'inerzia 1,3 kg·m² compie 1,5 giri/s.

▶ Calcola il suo momento angolare.

[12 kg·m²/s]

59 Un blocchetto di massa 230 g scivola senza attrito lungo un pendio di forma circolare di raggio 29 cm partendo da un'altezza uguale al raggio.

▶ A quale velocità il blocchetto raggiunge il piano orizzontale?

▶ Determina il corrispondente momento angolare rispetto al centro della circonferenza.

[2,4 m/s; 0,16 kg·m²/s]

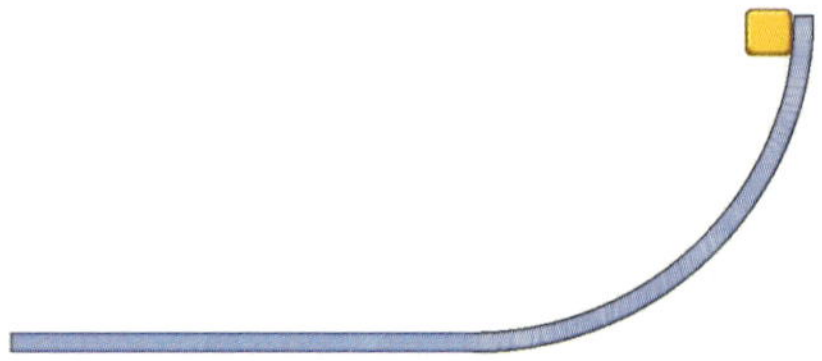

60 PROBLEMA **Mi gira la testa**
#momentoangolare

Un ragazzo ha una massa m = 55 kg e si trova su una piattaforma che ruota liberamente attorno al suo asse con una frequenza f_1 = 1,3 giri/s. Il momento d'inerzia della piattaforma è $I_p = 7{,}8 \cdot 10^2$ kg·m². Inizialmente il ragazzo è fermo a R_1 = 1,2 m dall'asse di rotazione. Poi il ragazzo si sposta sul bordo della piattaforma a una distanza R_2 = 2,5 m dal centro della piattaforma.

▶ Qual è la frequenza di rotazione f_2 dopo lo spostamento?

LA SITUAZIONE FISICA E IL MODELLO

Consideriamo il sistema costituito da due corpi, la piattaforma e il ragazzo, per cui il momento d'inerzia complessivo è la somma dei loro momenti d'inerzia. Poiché la piattaforma ruota liberamente, il momento angolare complessivo resta inalterato nonostante lo spostamento del ragazzo. Imponendo la conservazione del momento angolare del sistema calcoliamo la frequenza di rotazione dopo lo spostamento.

LA RISOLUZIONE

1. Il momento angolare totale prima e dopo lo spostamento si conserva:

$$I_1 \omega_1 = I_2 \omega_2$$

2. In termini delle frequenze di rotazione:

$$I_1 2\pi f_1 = I_2 2\pi f_2 \quad \Rightarrow \quad I_1 f_1 = I_2 f_2$$

3. La frequenza di rotazione finale è

$$f_2 = \frac{I_1}{I_2} f_1$$

4. Il momento d'inerzia del sistema è la somma del momento d'inerzia della piattaforma e di quello del ragazzo:

$$I_1 = I_p + mR_1^2$$

$$I_2 = I_p + mR_2^2$$

I DATI E IL RISULTATO

m = 55 kg

f_1 = 1,3 giri/s

R_1 = 1,2 m

R_2 = 2,5 m

$I_p = 7{,}8 \cdot 10^2$ kg·m²

$$I_1 = 7{,}8 \cdot 10^2 \text{ kg·m}^2 + (55 \text{ kg})(1{,}2 \text{ m})^2 = 8{,}6 \cdot 10^2 \text{ kg·m}^2$$

$$I_2 = 7{,}8 \cdot 10^2 \text{ kg·m}^2 + (55 \text{ kg})(2{,}5 \text{ m})^2 = 1{,}1 \cdot 10^3 \text{ kg·m}^2$$

$$f_2 = \frac{8{,}6 \cdot 10^2 \text{ kg·m}^2}{1{,}1 \cdot 10^3 \text{ kg·m}^2}(1{,}3 \text{ giri/s}) = 1{,}0 \text{ giri/s}$$

HA SENSO?

La giostra ruota liberamente per cui non è spinta da alcun momento torcente esterno. Inoltre, quando il ragazzo si sposta, sfrutta l'attrito tra le sue scarpe e la superficie della piattaforma. In questo modo esercita una forza sulla piattaforma, la quale a sua volta esercita per reazione una forza sul ragazzo consentendogli di spostarsi. Tuttavia, tali forze sono forze interne e quindi non influenzano il momento angolare complessivo. La forza peso del ragazzo, essendo verticale, non esercita alcun momento torcente rispetto all'asse di rotazione.

61 **PROBLEMA SIMILE**
Supponi che il ragazzo si sposti a una distanza di 50 cm dal centro.
▶ Qual è la frequenza di rotazione finale? [1,4 giri/s]

62 Una donna di 60 kg è ferma sul bordo esterno di una giostra con massa 250 kg e raggio 3,2 m. La giostra ruota a 0,35 giri/s. La donna cammina verso l'asse della giostra e si ferma a 1,1 m da esso.
▶ Quanto vale la velocità di rotazione finale della giostra? [3,1 rad/s]

63 Un bambino di 25 kg si trova sul bordo esterno di una giostra ferma di raggio 1,8 m. Il momento d'inerzia della giostra è 52 kg·m^2. Il bambino salta in direzione tangenziale alla giostra con una velocità iniziale di 1,5 m/s. Supponi che la giostra ruoti senza attrito.
▶ Calcola la velocità di rotazione della giostra:
- mentre il bambino è in aria.
- quando il bambino atterra su di essa.

[1,3 rad/s; 0 rad/s]

64 **QUESITO** **SPIEGA PERCHÉ** In alcuni tuffi dalla piattaforma di 10 m gli atleti partono dalla posizione verticale.
▶ Spiega perché nessuno parte dalla posizione rannicchiata.

bikeriderlondon / Shutterstock

65 **QUESITO** **CHE COSA SUCCEDE?** Un disco ruota attorno all'asse passante per il suo centro con velocità angolare ω. Un secondo disco identico e inizialmente fermo viene appoggiato sul primo in modo che i due centri siano uno sopra l'altro. Trascura la variazione di energia potenziale del secondo disco.
▶ Che cosa accade al momento angolare totale L_{tot} e all'energia cinetica totale K_{tot} del sistema se fra i due dischi non c'è attrito?
▶ Che cosa succede, invece, se c'è attrito?

66 Nel 1960 fu lanciato il satellite Echo, in pratica un pallone riflettente di alluminio che fu mandato in orbita impacchettato e poi gonfiato (massa totale circa 75 kg). Quando era impacchettato il pallone era più o meno una sfera di raggio 46 cm; una volta gonfiato divenne un pallone di raggio 15 m. Supponi che prima di essere gonfiato il satellite avesse una piccola velocità di rotazione, per esempio 1 giro/s. Trascura la massa del gas usato per gonfiare il pallone e considera una piccola sfera piena che diventa una grossa sfera cava.
▶ Calcola la velocità di rotazione del satellite dopo il gonfiaggio. [2 giri/h]

NASA

67 Un disco di massa 2,8 kg e raggio 25,0 cm ruota liberamente con una frequenza di 2,5 giri/s. Un secondo disco, inizialmente fermo, di massa 3,7 kg e raggio 11,0 cm viene appoggiato in modo coassiale sul primo disco. Fra i due dischi c'è attrito.

▶ Qual è la frequenza di rotazione finale del sistema complessivo costituito dai due dischi?

[2,0 giri/s]

68 Un disco di raggio $R_d = 22$ cm e massa $m_d = 75$ g ruota liberamente a 1,7 giri/s attorno al suo asse. Una massa puntiforme di massa $m_p = 25$ g viene appoggiata sul disco a una distanza $R_p = 18$ cm dal centro di rotazione.

▶ Calcola la nuova frequenza di rotazione in giri/s.

Si vuole riportare il sistema disco + massa alla frequenza di rotazione originaria in un intervallo di tempo $\Delta t = 10$ s.

▶ Quale momento torcente deve essere applicato al sistema?

[1,2 giri/s; $8{,}7 \cdot 10^{-4}$ N·m]

69 **QUESITO** **CHE COSA SUCCEDE?** Su un tavolo orizzontale privo d'attrito, una massa m si muove di moto circolare uniforme con velocità angolare iniziale ω_i e raggio r grazie alla tensione del filo che passa per un foro ed è sottoposto alla forza $\vec{F}$ diretta verso il basso. A un dato istante, viene aumentata l'intensità della forza diretta verso il basso.

▶ Che cosa succede alla massa?

▶ Il momento angolare della massa si conserva?

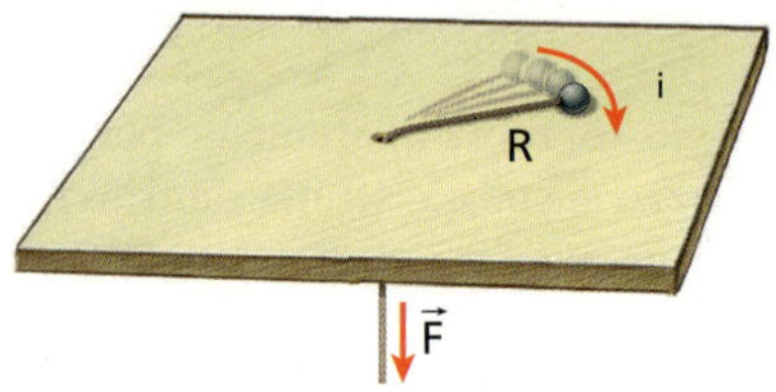

70 Un disco di raggio 25 cm e massa 850 g ruota liberamente a 2,5 giri/s attorno al suo asse. Un secondo disco inizialmente fermo di raggio 15 cm e massa 1,5 kg viene appoggiato in modo coassiale sul primo. In seguito viene applicato un momento torcente di 35 mN per riportare il sistema alla frequenza di rotazione originaria.

▶ Qual è la frequenza di rotazione subito dopo che il secondo disco è stato appoggiato sul primo?

▶ Dopo quanto tempo dall'applicazione del momento torcente, il sistema raggiunge la velocità originaria?

[1,5 giri/s; 7,8 s]

71 Un satellite artificiale ha forma sferica con raggio di 75 cm. Il suo momento d'inerzia è circa 150 kg·m^2 e sta ruotando a 1 rad/s attorno a un suo asse. Un meteorite di massa 20 g che si muove a 0,5 km/s si conficca nel satellite colpendolo quasi tangenzialmente sul suo equatore, nella stessa direzione della rotazione (la massa del meteorite non cambia sostanzialmente la massa del satellite).

▶ Di quanto aumenta la velocità di rotazione del satellite?

[0,05 rad/s]

PROBLEMI FINALI

72 **Il lacrosse**

Il lacrosse è uno sport giocato in Nord America, in particolare in Canada. I giocatori utilizzano una racchetta simile a un acchiappafarfalle con cui viene colpita una pallina. Supponi che la pallina venga lanciata effettuando una rotazione di 90° da una racchetta lunga 1 m e che acquisti una velocità di 5 m/s.

▶ Qual è l'accelerazione angolare della racchetta?

[8 rad/s^2]

Shutterstock

73 **Equilibratura ruote**

I gommisti utilizzano un'apposita macchina per verificare l'equilibratura delle ruote. Supponi che durante la verifica a 98 giri/min risulti che per reazione alla forza centripeta, la ruota sollecita l'asse di rotazione con una forza risultante di 2,3 N. La macchina indica al gommista il valore della massa che deve essere attaccata al bordo del cerchione per compensare tale squilibrio attraverso una forza uguale e contraria. Il diametro del cerchione è 550 mm.

▶ Qual è il valore della massa?

[79 g]

74 **Una porta non montata a regola d'arte**

La porta di un garage è stata montata male: quando è accostata non risulta perfettamente verticale ma ha un'inclinazione di 2,0° per cui tende ad aprirsi spontaneamente. La larghezza della porta è 90 cm e la sua massa è 12 kg.

▶ Calcola il momento torcente che agisce sulla porta a causa della forza peso. [1,8 N·m]

75 **Le misure degli pneumatici**

Uno pneumatico è identificato da una sequenza di tre numeri: il primo indica la larghezza L in mm, il secondo il rapporto in percentuale H tra l'altezza laterale e la larghezza, il terzo il diametro interno D espresso in pollici (1″ = 2,54 cm). Considera un'automobile le cui ruote compiono 25 giri/s e che monta degli pneumatici 195/55 R 16.

▶ Qual è il diametro esterno degli pneumatici?

▶ Calcola la velocità dell'automobile in km/h.

[0,51 m; $1,4 \cdot 10^2$ km/h]

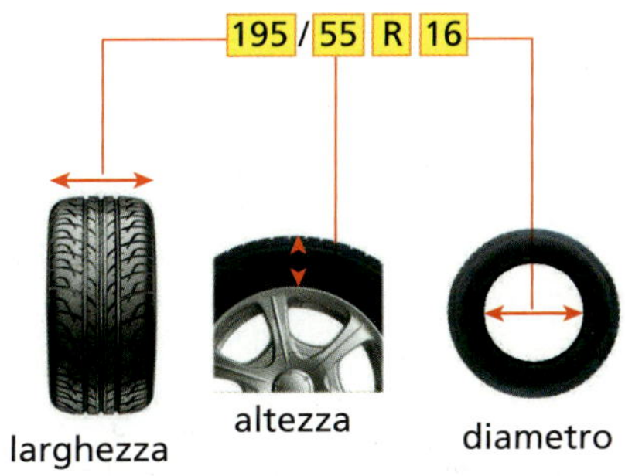

76 **La lunghezza dell'angolo**

Roma e Boston (USA) si trovano all'incirca sul 42° parallelo, mentre la differenza delle rispettive latitudini è 83° 30′. Utilizza per il raggio terrestre il valore approssimato di 6400 km.

▶ Stima la distanza fra le due città misurata sulla superficie terrestre. [$7 \cdot 10^3$ km]

77 **Moti oculari**

La saccade è il movimento oculare che permette di mettere a fuoco sulla fovea (la parte più sensibile della retina) l'oggetto da osservare. La velocità massima di questo movimento è di 900°/s. Il tempo di reazione tra la comparsa dell'immagine da osservare e la saccade è di circa 225 ms. Supponi che un oggetto appaia a 3,0 m di distanza dall'occhio e spostato 0,50 m verso destra.

▶ Quanto impiega l'occhio a puntare l'oggetto? [0,24 s]

78 **Ruota di mountain bike**

Una ruota di mountain bike ha massa circa 2,5 kg e circonferenza circa 2,0 m. Supponi che tutta la massa della ruota sia concentrata in un anello tra il cerchione e il copertone, a 28 cm dal centro.

▶ Calcola il momento angolare della ruota quando la bicicletta si muove a 20 km/h. [3,4 kg·m²/s]

79 **Anche la Terra rallenta**

La Terra ($m = 5{,}972 \cdot 10^{24}$ kg, $r = 6371$ km) rallenta il proprio moto di rotazione a causa dell'energia dissipata durante le maree dovute all'interazione gravitazionale con la Luna. Come conseguenza, fra un secolo il giorno si sarà allungato di 2,0 ms.

▶ Qual è il momento torcente che produce tale rallentamento? [$-5{,}2 \cdot 10^{16}$ Nm]

80 **Più rapido della caduta libera**

Lasciata libera in posizione orizzontale, un'asta di lunghezza 30 cm ruota verso il basso attorno a un perno che coincide con un suo estremo.

▶ Qual è l'accelerazione angolare iniziale dell'asta?

(*Suggerimento*: ricorda che il peso dell'asta può essere considerato applicato al baricentro.)

▶ A quale distanza dal perno, l'accelerazione tangenziale corrispondente è uguale all'accelerazione di gravità? [49 rad/s²; 20 cm]

81 **Una misura di potenza**

Un metodo per misurare la potenza di un motore consiste in una morsa che stringe l'albero del motore e che termina con una lunga asta al cui estremo c'è un dinamometro. La forza d'attrito tra l'asse del motore e la morsa spinge in su l'asta contro il dinamometro che la mantiene orizzontale.

▶ Qual è il momento torcente M che l'asta applica al motore?

▶ Dal punto di vista dell'albero motore, è l'asta che ruota intorno ad esso. Calcola il lavoro compiuto dalla forza dell'asta in un intero giro.

▶ A quale potenza P corrisponde?

▶ Verifica che la potenza può essere calcolata direttamente attraverso la formula $P = M\omega$, essendo ω la velocità angolare.

[600 Nm; 3,77 kJ; 6,28 kW]

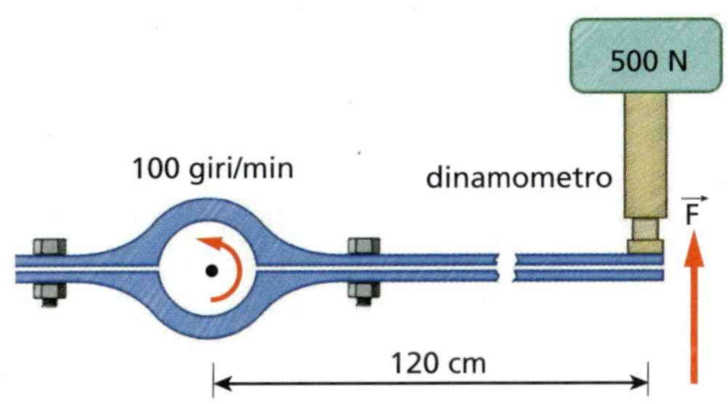

82 Una signora da primato

Beatrice è una delle turbine eoliche più grandi al mondo. Ognuna delle sue tre pale ha una lunghezza di 61,5 m e un peso di 17,5 t. La velocità massima a cui possono girare le pale è di 12,1 rpm (giri al minuto). Considera che il momento d'inerzia di una pala rispetto a un estremo può essere stimato tramite la formula:

$$I = \frac{1}{3}ML^2$$

- Calcola il momento d'inerzia di Beatrice.
- Calcola l'energia cinetica a velocità massima.

[$6{,}62 \cdot 10^7$ kg·m^2; $5{,}31 \cdot 10^7$ J]

83 Stratagemma stabilizzante

Per migliorare la stabilità dei proiettili tutte le armi hanno una rigatura interna elicoidale che imprime un moto rotatorio alle pallottole. Acquistando momento angolare esse deviano meno dalla traiettoria. La pallottola compie un giro completo su se stessa dopo avere percorso all'interno del fucile una distanza che prede il nome di passo. Il passo della rigatura di una canna di fucile è 19 cm. Una pallottola di massa 3,0 g e diametro 9,0 mm viene sparata a 350 m/s. Supponiamo che la pallottola abbia forma cilindrica.

- Qual è il periodo di rotazione della pallottola?
- Calcola il suo momento angolare.

[0,54 ms; $3{,}5 \cdot 10^{-4}$ kg·m^2/s]

84 Giocando a biliardo

Un giocatore di biliardo colpisce con la stecca una boccia di diametro 68 mm e massa 170 g imprimendole una forza orizzontale che passa per il suo centro di massa. Il momento torcente rispetto al centro della sfera è quindi dovuto alla sola forza di attrito statico con il piano del biliardo. L'accelerazione impressa alla boccia è 2,9 m/s^2. Trascura l'attrito tra la superficie della boccia e la punta della stecca.

- Determina l'accelerazione angolare della boccia.
- Qual è il corrispondente momento torcente?
- Calcola la forza di attrito statico.

[85 rad/s^2; $6{,}7 \cdot 10^{-3}$ N·m; 0,20 N]

TEST

1 Una ruota di bicicletta durante il moto rotola senza strisciare sulla strada. La velocità della bicicletta è costante e vale V_0. Sapendo che il raggio della ruota vale R si domanda la velocità istantanea del punto della ruota più lontano dal suolo.

A Il doppio della velocità del centro, quindi $2V_0$.
B È un moto accelerato e la velocità aumenta.
C La stessa del centro: V_0.
D Non può essere specificata.
E La velocità del centro moltiplicata per il raggio, quindi RV_0.

(Ammissione a Medicina e Chirurgia, 2006/2007)

2 Il momento di una forza diversa da zero, rispetto ad un punto non giacente sulla retta d'azione della forza stessa:

A è una grandezza senza dimensioni.
B ha le stesse dimensioni fisiche di una pressione.
C varia al variare del braccio ed è massimo quando il braccio è nullo.
D è un vettore perpendicolare sia alla forza sia al braccio.
E è definito soltanto nel caso di forze costanti e braccio costante.

(Ammissione a Veterinaria, 2002/2003)

3 Una pattinatrice su ghiaccio sta piroettando con le braccia strette al corpo. Ad un certo punto allarga improvvisamente le braccia. Indicare l'affermazione più probabile tra le seguenti:

A La velocità di rotazione aumenta.
B La velocità di rotazione diminuisce.
C La velocità di rotazione rimane inalterata.
D La velocità di rotazione dipende dallo stato del ghiaccio.
E La velocità di rotazione dipende dall'affilatura dei pattini.

(Ammissione a Odontoiatria, 2009/2010)

4 Una pattinatrice sta ruotando su se stessa con le braccia allargate alla velocità angolare di 3,0 rad/s. In tale situazione il suo momento di inerzia vale 0,8 kg·m^2. Ad un certo istante chiude le braccia lungo il corpo e la sua velocità angolare raggiunge i 7 rad/s. Si può trascurare qualsiasi forma di attrito e la resistenza dell'aria. Qual è il momento di inerzia della ragazza con le braccia lungo il corpo?

A 0,15 kg·m^2
B 0,34 kg·m^2
C 0,56 kg·m^2
D 1,5 kg·m^2
E 1,8 kg·m^2

(Olimpiadi della Fisica, 2011/2012)

SEI PRONTO PER LA VERIFICA?

IN 1 ORA

1 Le pulsar sono stelle nella fase finale della loro vita che ruotano a grandissima velocità attorno al proprio asse. Una delle più veloci è PSRJ1748-2446ad: ruota a 716 giri/s. La sua forma è sferica con un raggio di soli 16 km.

▶ A che velocità si muove un punto sul suo equatore? [$7{,}2 \cdot 10^7$ m/s] ..... / 20

2 La Terra ha un raggio $r = 6{,}4 \cdot 10^3$ km e orbita attorno al Sole su una traiettoria ben approssimata da una circonferenza di raggio $R = 1{,}5 \cdot 10^8$ km. La Terra possiede quindi un'energia cinetica rotazionale K_{rot} del moto di rotazione attorno al suo asse e un'energia cinetica rotazionale K_{riv} del moto di rivoluzione attorno al Sole.

▶ Mostra che $K_{rot}/K_{riv} \approx 10^{-4}$. ..... / 20

3 Ciascuno dei dischi A e B è fissato a un'asta di massa trascurabile che passa per il suo asse. Il disco A, di raggio $R = 38$ cm, è mantenuto in rotazione con $\omega_A = 6{,}8$ rad/s mediante un motore che agisce sull'asta. Il disco B, di massa $m = 380$ g e raggio $r = 20$ cm, inizialmente è in quiete. Poi viene avvicinato all'altro disco e mantenuto in contatto con esso. Fra i due bordi c'è attrito, mentre le aste sono fissate a cuscinetti che non oppongono un attrito apprezzabile alla rotazione.

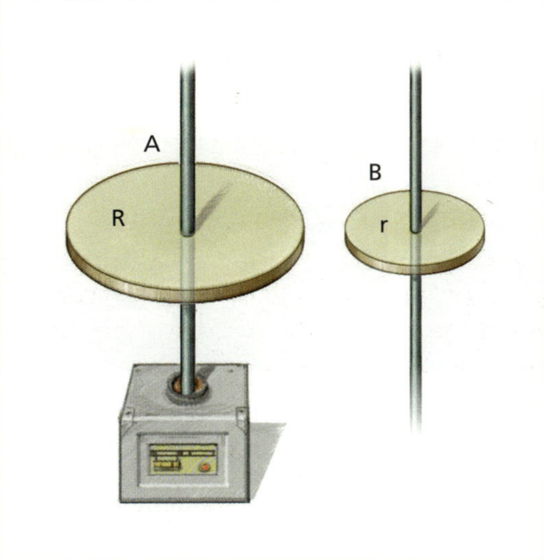

a Qual è l'effetto di questa forza sul disco B? ..... / 15

b Calcola la velocità angolare del disco B a regime, cioè quando i due dischi rotolano uno a contatto dell'altro senza strisciare. ..... / 15

c Il momento d'inerzia di un disco di massa M e raggio R è $I = (1/2)MR^2$. I due bordi strisciano per 4,5 s. Calcola l'intensità della forza d'attrito fra di essi. ..... / 15

Quando il disco B ha raggiunto la velocità di regime, viene allontanato dal bordo del disco A. Dall'alto cade sul disco una freccetta a ventosa ($m_{fr} = 65$ g), che si fissa a $d = 17$ cm dall'asta.

d Calcola la velocità angolare finale del sistema disco + freccetta. ..... / 15

[13 rad/s; 0,11 N; 10 rad/s]

TOTALE .... / 100

CAPITOLO

6 LA GRAVITAZIONE

1 Le leggi di Keplero

L'uomo ha osservato il cielo fin dall'antichità, notando regolarità nel moto dei corpi celesti. Queste regolarità hanno consentito di misurare lo scorrere del tempo associandolo al presentarsi di particolari eventi, come l'alternanza del buio e della luce causata dal moto apparente del Sole rispetto alla Terra.

Sistematiche osservazioni hanno poi svelato che le stelle sembrano immobili nella volta celeste e quindi ruotano con essa, mentre altri corpi detti **pianeti** (in greco «erranti») cambiano la loro posizione rispetto alle stelle.

Nella sequenza sono riportate le posizioni dei pianeti Mercurio, Venere e Giove durante tre notti successive del maggio 2013.

Osservando con attenzione si può concludere che i tre pianeti si sono mossi rispetto alle stelle sullo sfondo e che ogni pianeta si muove con velocità diversa dagli altri.

Per spiegare questi moti sono stati ideati modelli cosmologici come quello **geocentrico**, secondo il quale la Terra è al centro dell'Universo e attorno a essa ruotano in orbite circolari il Sole, la Luna e gli altri pianeti. Nel secondo secolo dopo Cristo, Claudio Tolomeo perfeziona il modello geocentrico a tal punto da renderlo uno strumento così preciso da permettere il calcolo di eventi celesti, come le eclissi o i transiti di particolari stelle.

Il primo modello che pone il Sole al centro dell'Universo è di Aristarco di Samo (III secolo a.C.), ma un **modello eliocentrico** di precisione comparabile con quello geocentrico di Tolomeo viene proposto solo nel 1543 da Niccolò Copernico nel suo *De revolutionibus orbium coelestium*. Il sistema copernicano prevede anche il corretto ordine con cui i pianeti sono disposti attorno al Sole: un indubbio vantaggio rispetto al sistema tolemaico, nel quale l'ordine dei pianeti non può essere stabilito in modo definitivo.

Tuttavia nell'opera di Copernico permangono ipotesi non giustificate da dati osservativi, prima fra tutte il moto circolare uniforme con cui i pianeti orbitano attorno al Sole. Questo particolare moto sembra avere le caratteristiche di eternità e perfezione che si attribuiscono ai Cieli. Dunque le leggi che regolano i corpi celesti sono diverse da quelle che spiegano i fenomeni terrestri e nell'opera di Copernico troviamo una distinzione netta tra la fisica della Terra e la fisica del Cielo.

Il passo fondamentale verso la comprensione profonda del moto dei pianeti è compiuto dall'astronomo tedesco Johannes Kepler che, all'inizio del Seicento, utilizzando le precise misurazioni di Tycho Brahe, scopre le principali caratteristiche delle orbite dei pianeti.

Prima legge di Keplero

Keplero scopre che in realtà i pianeti percorrono orbite chiuse che hanno la forma di ellissi.

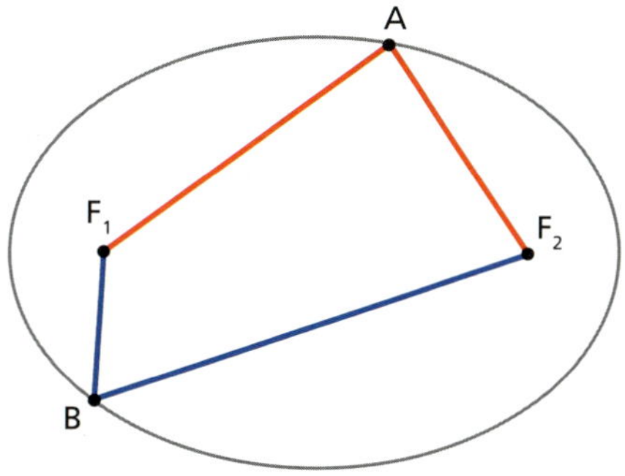

L'ellisse è una figura piana caratterizzata dalla seguente proprietà: la somma delle distanze di ogni suo punto da due punti fissi F_1 e F_2, detti **fuochi**, è costante.

$$AF_1 + AF_2 = BF_1 + BF_2$$

L'ellisse ha due assi di simmetria: quello che passa per i fuochi si chiama asse maggiore. La lunghezza del semiasse maggiore è indicata con la lettera a.

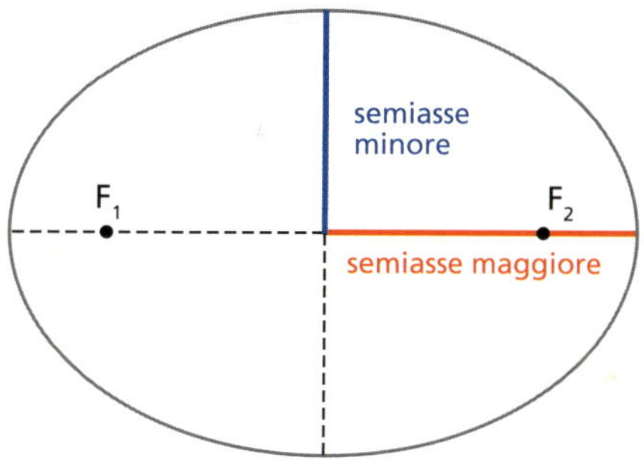

Quanto più la distanza tra i due fuochi è piccola rispetto al semiasse, tanto più l'ellisse è simile a una circonferenza. Quando poi i due fuochi coincidono, l'ellisse diventa una circonferenza: i due assi sono uguali e il semiasse maggiore è il raggio.

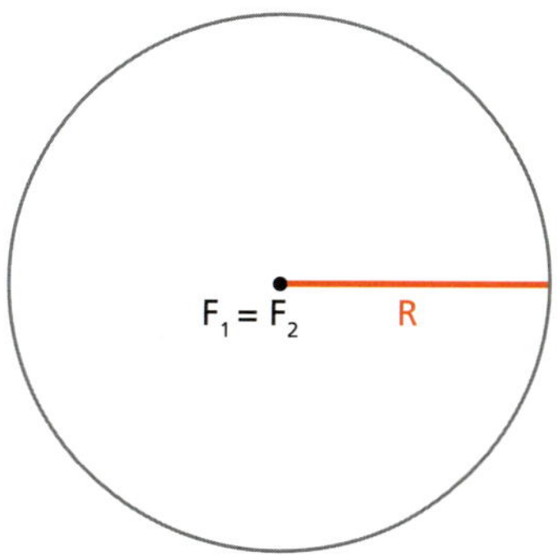

Mediante accurate misure condotte in particolare sull'orbita di Marte, Keplero scopre la

Prima legge di Keplero: le orbite dei pianeti attorno al Sole sono ellissi di cui il Sole occupa uno dei fuochi.

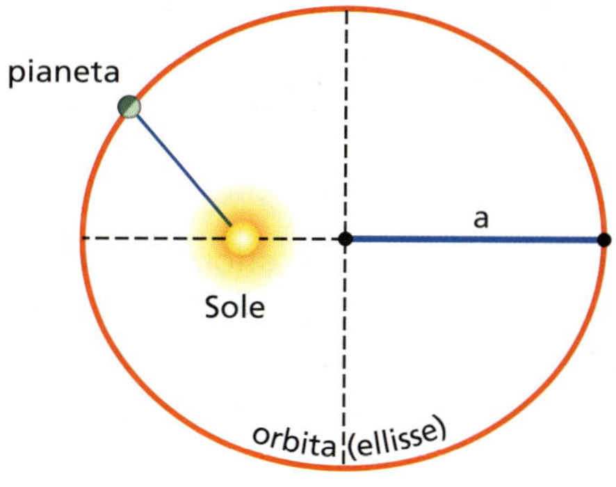

#primaleggeKeplero

Per tutti i pianeti, la distanza tra i fuochi è molto minore della lunghezza dei rispettivi semiassi: quindi le orbite planetarie sono molto simili a circonferenze.

Se disegnassimo l'orbita terrestre come un'ellisse con semiasse maggiore di 1 km, la differenza con una circonferenza di raggio 1 km sarebbe contenuta in poco più di 10 cm.

Seconda legge di Keplero

Dopo aver stabilito che le orbite dei pianeti non sono circolari, Keplero scopre che non vengono percorse a velocità costante. Egli formula tale proprietà in termini di raggi vettori di un pianeta.

Il **raggio vettore** è l'ipotetico segmento che congiunge un pianeta con il Sole. Mentre il pianeta orbita attorno al Sole, il raggio vettore si muove nel tempo.

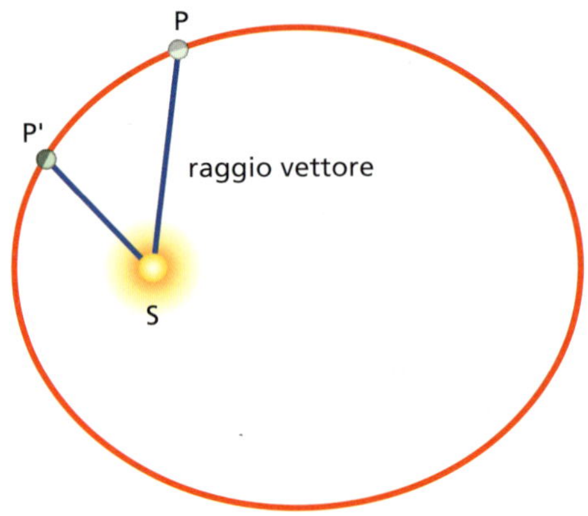

#secondaleggeKeplero

Seconda legge di Keplero: il raggio vettore di un pianeta spazza aree uguali in tempi uguali.

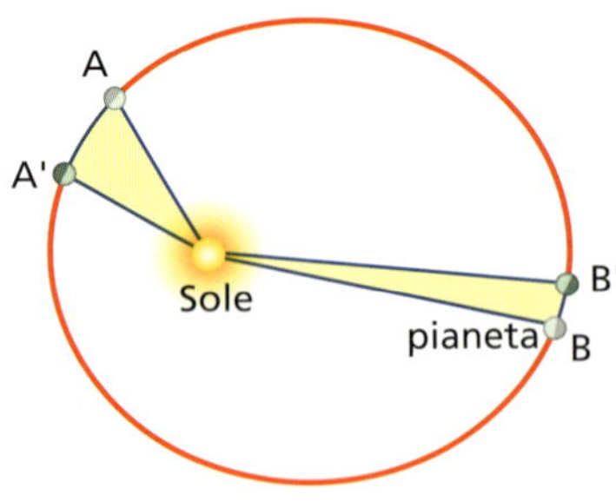

La figura mostra le aree spazzate nello stesso intervallo di tempo dal raggio vettore di un pianeta in due punti dell'orbita. La seconda legge stabilisce che le due aree sono uguali.

Ma i raggi vettori del pianeta quando percorre l'arco AA' sono minori di quelli relativi all'arco BB': quindi il pianeta si muove con velocità maggiore lungo l'arco AA'.

In generale, un pianeta si sposta con velocità maggiore quando è più vicino al Sole.

Lungo la sua orbita, un pianeta ha la velocità maggiore al **perielio**, il punto dell'orbita più vicino al Sole, e la velocità minore all'**afelio**, il punto più lontano dal Sole.

Terza legge di Keplero

Il moto di un pianeta attorno al Sole è caratterizzato da due parametri fondamentali: la lunghezza a del semiasse maggiore dell'orbita e il periodo di rivoluzione T necessario per completare un giro attorno al Sole. Keplero scopre che i due parametri non sono indipendenti, ma che fra essi esiste una ben precisa relazione, espressa dalla terza legge.

Terza legge di Keplero: il rapporto fra il cubo del semiasse maggiore a dell'orbita e il quadrato del periodo di rivoluzione T attorno al Sole è lo stesso per tutti i pianeti

$$\frac{a^3}{T^2} = \text{costante}$$

#terzaleggeKeplero

Per esempio, la Terra e Marte hanno periodi di rivoluzione diversi e si muovono su orbite con semiassi diversi, ma

$$\frac{a_T^3}{T_T^2} = \frac{a_M^3}{T_M^2}$$

Dunque, maggiore è la dimensione dell'orbita di un pianeta, più lungo è il suo periodo di rivoluzione attorno al Sole. Per esempio Mercurio, il pianeta più interno del sistema solare, ha un periodo di circa 88 giorni, mentre Saturno impiega quasi 30 anni a compiere una rivoluzione completa attorno al Sole.

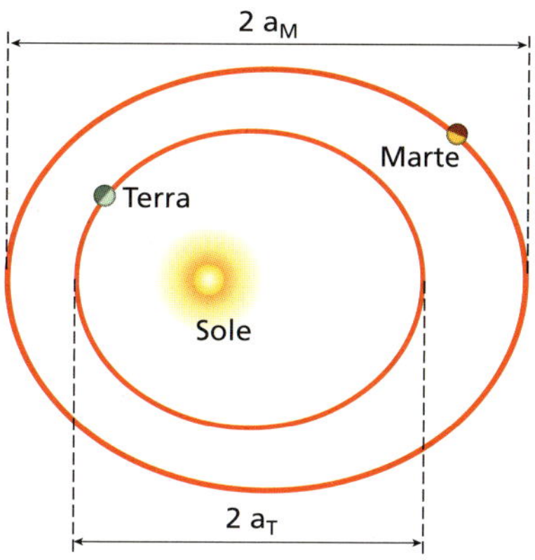

Le leggi di Keplero sono valide non solo per il moto dei pianeti attorno al Sole, ma esprimono le caratteristiche comuni alle orbite di qualunque satellite in orbita attorno a un corpo celeste.

2 La legge di gravitazione universale

Le leggi di Keplero si limitano a descrivere le proprietà dei moti planetari: la loro spiegazione viene fornita da Newton circa settantanni dopo.

Dopo aver formulato i princìpi della dinamica, Newton li applica allo studio dei moti dei pianeti attorno al Sole, assumendo che le leggi della fisica siano le stesse per tutti i corpi dell'Universo. Il moto di un pianeta è quindi l'effetto della forza totale a cui è soggetto. In particolare, il moto orbitale è dovuto all'azione di una forza centripeta che fa deviare il pianeta dalla traiettoria rettilinea lungo la quale si muoverebbe per inerzia.

Come mostra il disegno originale di Newton, un pianeta non si sposta lungo la direzione AB ma devia per effetto di una forza diretta sempre verso il Sole S. Ne risulta una traiettoria che passa per i punti A, B, C, D, E, F ecc.: questa traiettoria è l'orbita del pianeta attorno al Sole.

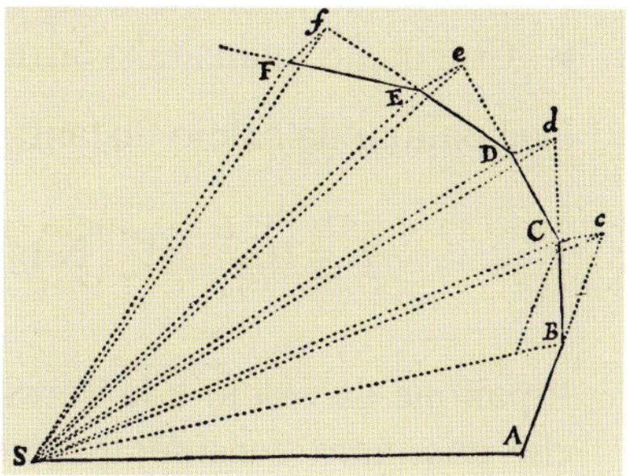

Questa forza è attrattiva e ha la stessa natura della gravità che attrae i corpi verso la Terra. Newton determina le grandezze da cui dipende questa forza e come essa varia in funzione della distanza e, attorno al 1680, enuncia una delle leggi più importanti di tutta la fisica: la **legge di gravitazione universale**.

Due corpi puntiformi di massa m_1 e m_2 e distanti r si attraggono l'un l'altro con una forza che

- agisce lungo la retta congiungente i due corpi;
- ha modulo

#gravitazioneuniversale

$$F = G\frac{m_1 m_2}{r^2} \tag{1}$$

La costante G vale:

$$G = 6{,}674 \cdot 10^{-11}\ \mathrm{N{\cdot}m^2/kg^2}$$

DENTRO LA FORMULA

- L'attrazione gravitazionale tra due corpi è una forza con raggio d'azione infinito; anche se diminuisce con la distanza, è diversa da zero per ogni valore di r.
- G è detta **costante di gravitazione universale** perché ha lo stesso valore per *qualunque* coppia di masse, *ovunque* esse si trovino nell'Universo.
- Il valore di G è molto piccolo: per questa ragione non sentiamo l'attrazione gravitazionale degli oggetti attorno a noi ma sentiamo solo quella della Terra, che ha una massa enorme ($6 \cdot 10^{24}$ kg).

Nella legge di gravitazione universale compaiono le grandezze m_1 e m_2 che esprimono l'attitudine dei corpi a esercitare e subire l'attrazione di gravità: a rigore, si tratta di una nuova proprietà della materia detta **massa gravitazionale**. Tuttavia esperimenti raffinatissimi hanno portato a concludere che la massa gravitazionale e la massa inerziale (che misura la resistenza alle variazioni di velocità) di un corpo hanno lo stesso valore. Quindi m_1 e m_2 si misurano in kg e coincidono con le rispettive masse inerziali. Per questa ragione nel seguito non faremo più distinzione fra esse.

PER ESEMPIO **Le attrazioni di un pallone da calcio**

Un pallone da calcio ha una massa di 0,45 kg.

- ▶ Con quale intensità si attraggono due palloni a distanza di 1 m?
- ▶ Con quale intensità si attraggono un pallone e la Terra?

Due palloni da calcio distanti 1 m si attraggono con una forza pari a

$$F = (6{,}7 \cdot 10^{-11}\ \mathrm{N{\cdot}m^2/kg^2})\,\frac{(0{,}45\ \mathrm{kg})(0{,}45\ \mathrm{kg})}{(1\ \mathrm{m})^2} \approx 1 \cdot 10^{-11}\ \mathrm{N}$$

Il pallone da calcio e la Terra ($m = 6{,}0 \cdot 10^{24}$ kg), invece, hanno una distanza che possiamo considerare pari al raggio della Terra stessa ($r = 6{,}4 \cdot 10^6$ m). Perciò si attraggono con una forza pari a

$$F = (6{,}7 \cdot 10^{-11}\ \mathrm{N{\cdot}m^2/kg^2})\,\frac{(0{,}45\ \mathrm{kg})(6{,}0 \cdot 10^{24}\ \mathrm{kg})}{(6{,}4 \cdot 10^6\ \mathrm{m})^2} \approx 4\ \mathrm{N}$$

Attrazione gravitazionale e principio di azione e reazione

Consideriamo due corpi che si attraggono gravitazionalmente, come indicato in figura.

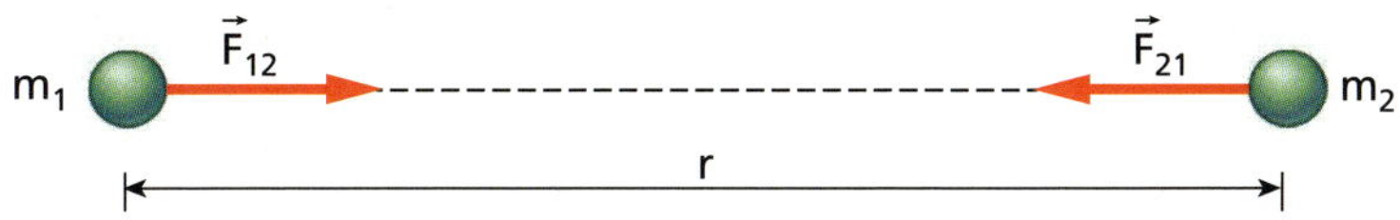

Le forze $\vec{F}_{12}$ e $\vec{F}_{21}$ hanno lo stesso modulo

$$F = G\frac{m_1 m_2}{r^2}$$

e agiscono lungo la stessa direzione, ma in verso opposto, quindi

$$\vec{F}_{12} = -\vec{F}_{21}$$

Le forze $\vec{F}_{12}$ e $\vec{F}_{21}$ sono perciò una *coppia di forze di azione e reazione*, proprio come stabilisce il terzo principio della dinamica. Anche se i due corpi non sono a contatto, ciascuno esercita sull'altro una forza uguale e contraria a quella che agisce su di esso.

Attrazione gravitazionale tra corpi non puntiformi

Nella realtà i corpi non sono puntiformi ma estesi. Per calcolare l'attrazione gravitazionale fra due corpi estesi dovremmo suddividerli in parti piccolissime, calcolare tutte le attrazioni gravitazionali fra di esse e sommarle per ottenere la risultante su ciascun corpo.

In realtà nella maggior parte dei casi non è necessario eseguire questa complessa procedura. Valgono infatti i due risultati seguenti.

La forza di attrazione gravitazionale fra due corpi si calcola mediante l'equazione (1) quando i corpi

- hanno dimensioni molto minori della distanza r fra di essi;
- hanno simmetria sferica; in questo caso r è la distanza fra i loro centri.

PER ESEMPIO **L'attrazione gravitazionale Terra-Luna**

La Terra e la Luna possono essere considerate corpi sferici omogenei. Inoltre, poiché hanno dimensioni molto minori rispetto alla distanza che li separa, possiamo approssimarli come due corpi puntiformi.

▶ Quanto vale l'intensità dell'attrazione gravitazionale fra Terra e Luna?

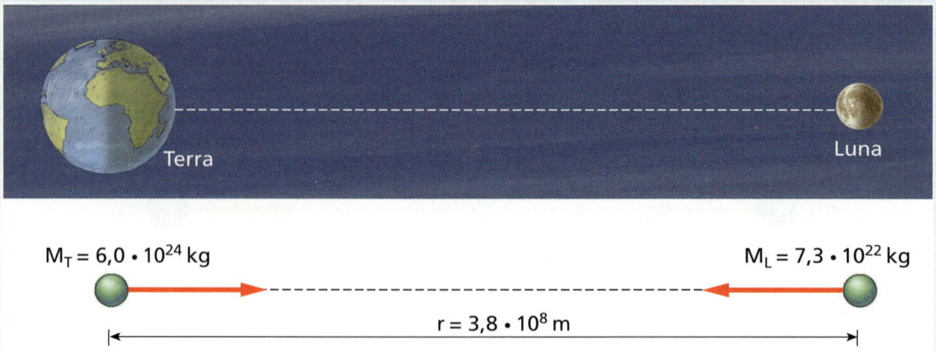

L'attrazione gravitazionale è

$$F_{TL} = F_{LT} = G\frac{M_T M_L}{r^2} =$$

$$= \left(6{,}7 \cdot 10^{-11}\ \text{N·m}^2/\text{kg}^2\right)\frac{\left(6{,}0 \cdot 10^{24}\ \text{kg}\right)\left(7{,}3 \cdot 10^{22}\ \text{kg}\right)}{\left(3{,}8 \cdot 10^{8}\ \text{m}\right)^2} \approx 2 \cdot 10^{20}\ \text{N}$$

Valore della costante *G*

Il valore della costante G è stato misurato con una precisione maggiore solo un secolo più tardi: nel 1798 il fisico inglese Henry Cavendish utilizza una bilancia di torsione dotata di una grandissima sensibilità.

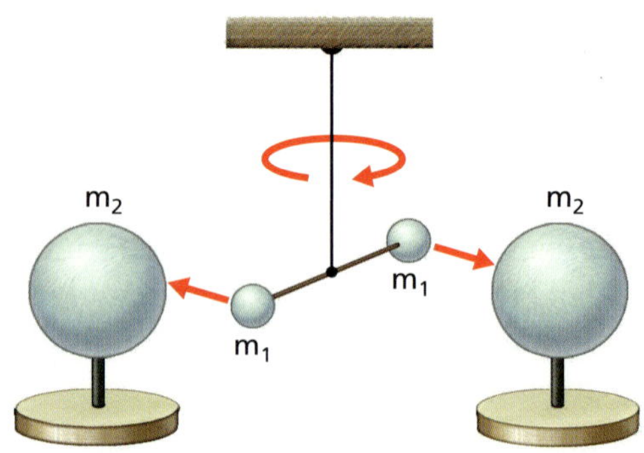

Un manubrio è sospeso tramite un filo e alle sue estremità sono fissate due masse m_1.

L'attrazione gravitazionale con due grosse sfere di massa m_2 fa ruotare il manubrio: misurando l'angolo di rotazione si riesce a determinare la forza di attrazione gravitazionale F fra le sfere.

Essendo note le masse m_1 e m_2 e la distanza r fra i centri delle sfere, Cavendish ricava

$$G = F\frac{r^2}{m_1 m_2} = 6{,}74 \cdot 10^{-11}\ \text{N·m}^2/\text{kg}^2$$

un valore che differisce solo dell'1% da quello oggi accettato.

3 Attrazione gravitazionale e peso dei corpi

La massa m di un corpo è una misura della sua inerzia. Invece

il peso $\vec{P}$ di un corpo è la forza gravitazionale che la Terra esercita su di esso.

A livello del mare il peso di un corpo di massa m è una forza che è diretta verso il centro della Terra e ha modulo

$$P = G\frac{mM_T}{r_T^2} \qquad (2)$$

dove M_T e r_T sono rispettivamente la massa e il raggio della Terra.

Per semplicità, con il termine «peso» spesso si indica il modulo di $\vec{P}$.

Il peso di un corpo dipende dall'altezza a cui si trova. Se un corpo è a un'altezza h il suo peso è

$$P = G\frac{mM_T}{(r_T + h)^2} \qquad (3)$$

ed è minore di quello al livello del mare, perché il denominatore nella formula aumenta da r_T^2 a $(r_T + h)^2$.

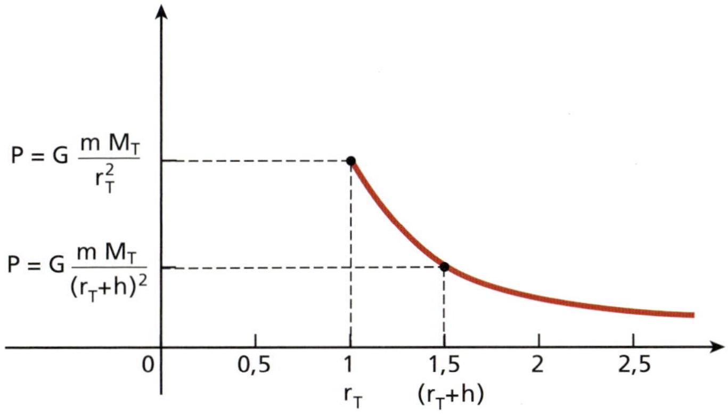

Accelerazione di gravità

Consideriamo un corpo di massa m a livello del mare.

■ Il peso e la massa del corpo sono legati dal secondo principio della dinamica:

$$P = mg$$

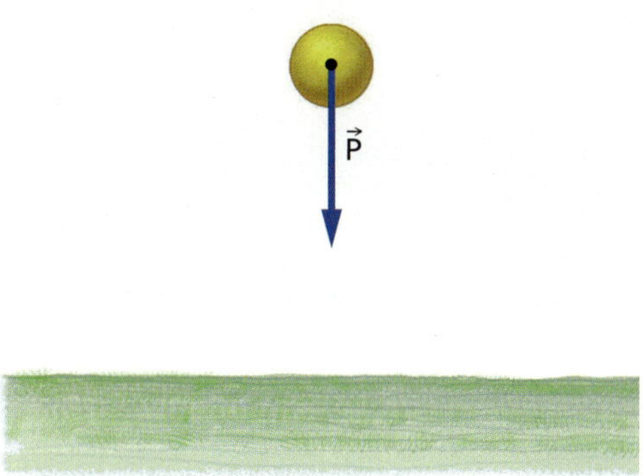

■ Il peso è la forza con cui la Terra attrae la massa:

$$P = G\frac{mM_T}{r_T^2}$$

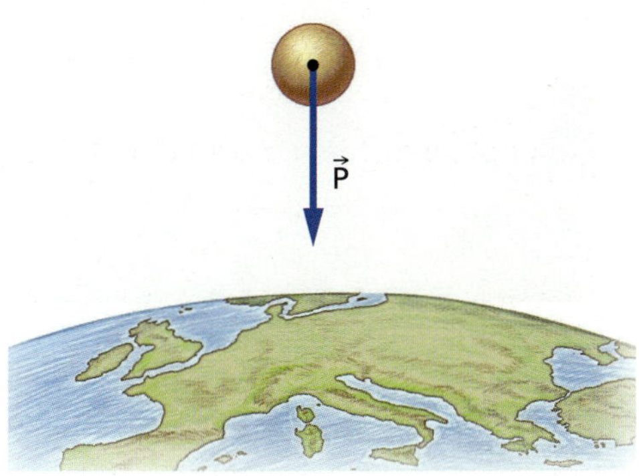

Dalle due equazioni deriva che

$$mg = G\frac{mM_T}{r_T^2}$$

e quindi l'**accelerazione di gravità** è

#accelerazionegravità

$$g = G\frac{M_T}{r_T^2} \qquad (4)$$

DENTRO LA FORMULA

La (4) spiega le proprietà già note dell'accelerazione di gravità g:

- non dipende dalla massa m del corpo;
- a livello del mare è costante perché G, M_T e r_T sono costanti.

Applicando questa relazione, possiamo calcolare il valore di g sulla superficie terrestre:

$$g = (6{,}7 \cdot 10^{-11}\ \text{N·m}^2/\text{kg}^2)\frac{6{,}0 \cdot 10^{24}\ \text{kg}}{(6{,}4 \cdot 10^6\ \text{m})^2} \approx 9{,}8\ \text{m/s}^2$$

Con la formula (4) si calcola anche l'accelerazione di gravità g_p su qualunque pianeta: basta inserire i valori della massa e del raggio del pianeta.

Il peso di un corpo di massa m su un pianeta con accelerazione di gravità g_p è

$$P = mg_p$$

PER ESEMPIO **L'accelerazione di gravità su Venere**

Il pianeta Venere ha dimensioni simili a quelle della Terra, perché ha un raggio $r_V = 6 \cdot 10^6$ m e una massa $M_V = 5 \cdot 10^{24}$ kg.

► Quanto vale l'accelerazione di gravità su Venere?

$$g_V = G\frac{M_V}{r_V^2} = (6{,}7 \cdot 10^{-11}\ \text{N·m}^2/\text{kg}^2)\frac{5 \cdot 10^{24}\ \text{kg}}{(6 \cdot 10^6\ \text{m})^2} \approx 8\ \text{m/s}^2$$

stryfoto.org

➜ **PROBLEMA** **A zonzo su Marte** • pag. 279
#accelerazionegravità

Massa e densità media della Terra

La formula (4) contiene tre grandezze che si misurano in modo indipendente:

- l'accelerazione di gravità $g = 9{,}8\ \text{m/s}^2$ si determina mediante la misura del periodo di oscillazione di un pendolo;
- la costante di gravitazione universale $G = 6{,}67 \cdot 10^{-11}\ \text{N}\cdot\text{m}^2/\text{kg}^2$ si misura con esperimenti simili a quello di Cavendish;
- il raggio terrestre $r_\text{T} = 6{,}38 \cdot 10^6$ m, già stimato in modo accurato da Eratostene, si determina con misurazioni di angoli e di lunghezze fatte sulla superficie terrestre.

Ponendo l'equazione (4) nella forma

$$M_\text{T} = g\,\frac{r_\text{T}^2}{G}$$

e sostituendo i valori di g, G e r_T si può quindi ricavare la massa della Terra:

$$M_\text{T} = 5{,}98 \cdot 10^{24}\ \text{kg}$$

La densità media della Terra è quindi

$$d_\text{T} = \frac{M_\text{T}}{\frac{4}{3}\pi r_\text{T}^3} = 5{,}50 \cdot 10^3\ \text{kg/m}^3$$

4 Le orbite dei satelliti

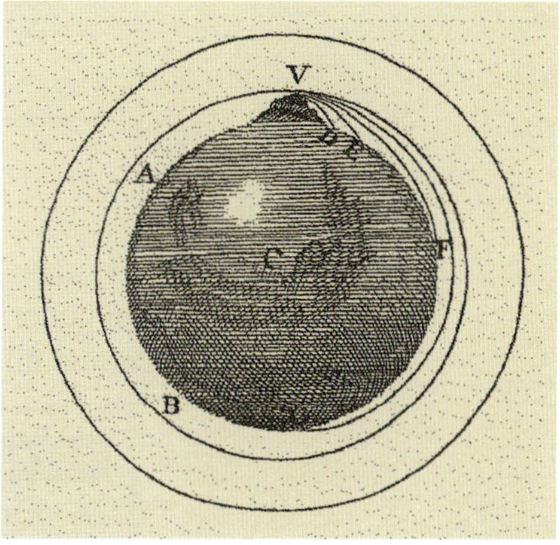

Un proiettile lanciato in direzione orizzontale atterra tanto più lontano quanto maggiore è la velocità impressa al momento del lancio.

Newton intuisce che, aumentando la velocità di lancio, prima o poi il proiettile non ricade sulla Terra, ma gira attorno a essa in un'orbita circolare: il proiettile diventa un **satellite** della Terra.

Il disegno originale di Newton mostra le traiettorie del proiettile all'aumentare della velocità con cui è lanciato dalla cima di una montagna.

La velocità di un satellite in un'orbita circolare

Un satellite si muove di moto circolare uniforme quando su di esso agisce una forza centripeta di modulo

$$F = \frac{mv^2}{r}$$

dove m è la massa del satellite, v la sua velocità e r il raggio dell'orbita.

SIMULAZIONE
Gravità e orbite
(PhET, University of Colorado)

Se trascuriamo l'attrito dell'aria, l'unica forza che agisce sul satellite è l'attrazione gravitazionale della Terra:

$$F = G\,\frac{mM_\text{T}}{r^2}$$

Quindi l'attrazione terrestre è proprio la forza centripeta che mantiene il satellite in moto circolare, per cui

$$\frac{mv^2}{r} = G\frac{mM_T}{r^2}$$

Risolvendo rispetto a v si determina la **velocità orbitale di un satellite terrestre**:

#velocitàorbitale

$$v = \sqrt{\frac{GM_T}{r}} \qquad (5)$$

DENTRO LA FORMULA

- Nella (5) non compare la massa del satellite: ciò significa che la velocità di un satellite non dipende dalla sua massa ma solo dal raggio r della sua orbita, cioè dalla sua distanza dal centro della Terra.
- La distanza r dal centro della Terra è a denominatore: più il satellite è vicino alla Terra, maggiore è la sua velocità.

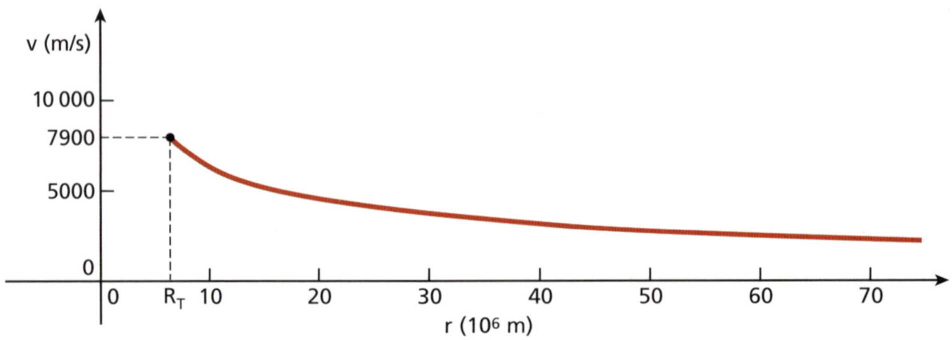

In generale la (5) vale per un satellite in orbita attorno a un qualunque corpo celeste, come un pianeta o una stella: basta sostituire M_T con la massa del corpo celeste.

PER ESEMPIO **Un'orbita radente alla Terra**

▶ Qual è la velocità di un satellite nell'orbita più bassa attorno alla Terra?

L'orbita più bassa ha il raggio uguale a quello terrestre ($r = R_T = 6{,}4 \cdot 10^6$ m):

$$v = \sqrt{\frac{(6{,}7 \cdot 10^{-11}\ \text{N}\cdot\text{m}^2/\text{kg}^2)(6{,}0 \cdot 10^{24}\ \text{kg})}{6{,}4 \cdot 10^6\ \text{m}}} \approx 8 \cdot 10^3\ \text{m/s} = 8\ \text{km/s}$$

→ **PROBLEMA** La velocità della Stazione Spaziale Internazionale • pag. 281
#velocitàorbitale

Messa in orbita dei satelliti

Per mettere in orbita un satellite non basta lanciarlo verso l'alto, ma bisogna anche portarlo alla velocità orizzontale che corrisponde all'orbita scelta secondo la relazione

$$v = \sqrt{\frac{GM_T}{r}}$$

Per questa ragione il razzo che porta il satellite, mentre sale verso l'alto, acquista progressivamente una velocità parallela alla superficie terrestre. La traiettoria del lancio è studiata in modo che il satellite raggiunga la velocità v proprio quando è a distanza r dal centro della Terra. A questo punto il satellite è «parcheggiato» nell'orbita e si muove a motore spento su di essa.

FISICA QUOTIDIANA
Soyuz

La Soyuz è il veicolo spaziale che porta gli astronauti e i rifornimenti alla Stazione Spaziale Internazionale. Per far questo deve raggiungere l'altezza di circa 400 km e la velocità orizzontale di 28 000 km/h, in modo da collocarsi, con una serie di complicate manovre, sulla stessa orbita della stazione. Poi si muove a motori spenti attorno alla Terra.

NASA

Assenza apparente di peso

All'interno della Stazione Spaziale Internazionale gli astronauti sembrano «galleggiare» come se si trovassero in assenza di gravità. In realtà, però, sugli astronauti e sulla navicella agisce la forza di gravità della Terra, che come abbiamo visto, ha raggio d'azione infinito.

È proprio la forza di attrazione terrestre che mantiene l'astronauta e la navicella in moto su un'orbita circolare, assicurando la forza centripeta necessaria.

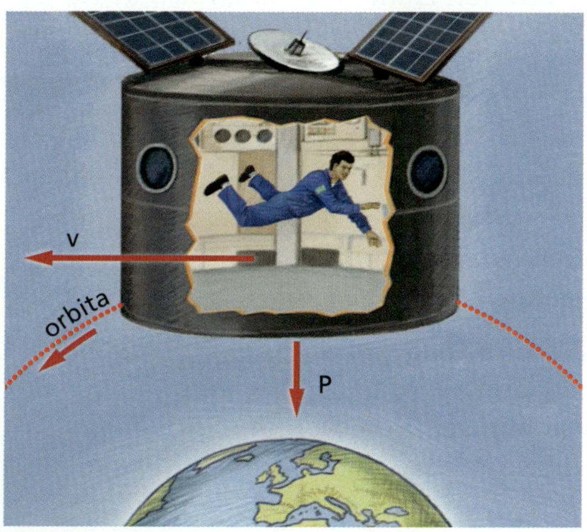

Nonostante sull'astronauta agisca la forza di gravità, il suo peso apparente è nullo perché si realizza una situazione simile a quella dell'ascensore in caduta libera.

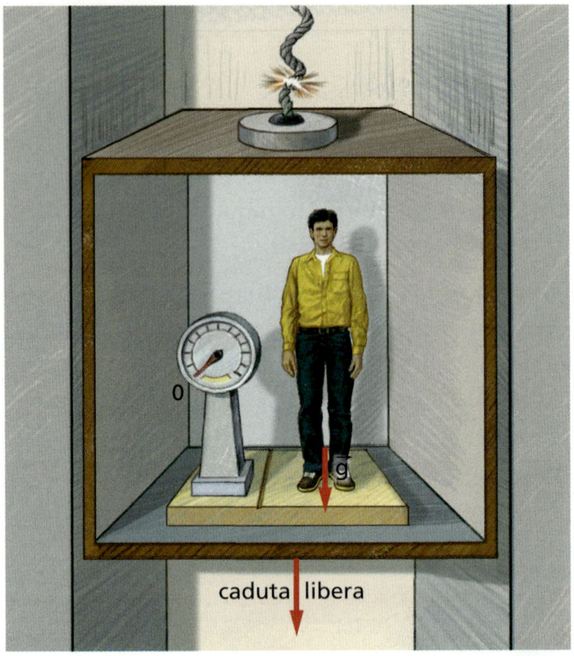

Nell'ascensore in caduta libera il peso apparente della persona è nullo, perché essa si muove con la stessa accelerazione g della bilancia e fra queste non si esercitano forze reciproche. Lo stesso accade nella stazione spaziale, dove bilancia e astronauta si muovono con la stessa accelerazione centripeta attorno alla Terra.

L'astronauta è quindi in una condizione di «caduta libera» attorno alla Terra in cui il suo peso apparente è nullo, ma il suo peso reale, cioè la forza con cui è attratto dalla Terra, è dato dalla relazione

$$P = G\frac{mM_T}{r^2}$$

Osserva la fotografia. L'astronauta Leroy Chiao ha fotografato una goccia d'acqua posta fra sé e la macchina fotografica a bordo della Stazione Spaziale Internazionale nel 2005:

- la goccia galleggia senza peso apparente perché è in caduta libera attorno alla Terra;
- la forma della goccia è dovuta solo alla tensione superficiale dell'acqua, che ha simmetria sferica;
- per effetto della rifrazione della luce nei passaggi aria-acqua-aria, la goccia forma un'immagine capovolta del viso dell'astronauta.

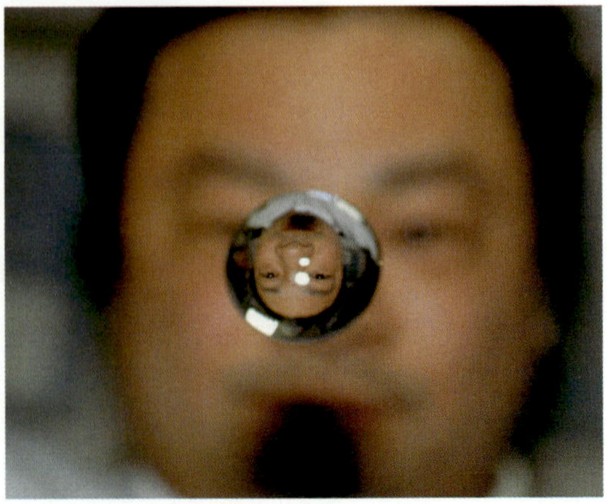
boston.com

Satelliti geostazionari

Le antenne paraboliche ricevono i segnali inviati a Terra da satelliti per telecomunicazioni. Le antenne sono fisse e puntano sempre nella stessa direzione del cielo, mentre il satellite sembra essere fermo rispetto alla superficie terrestre.

In realtà, l'antenna ruota con la Terra, perciò il satellite deve ruotare attorno alla Terra in modo da sembrare fermo rispetto all'antenna. Per esempio, in sei ore il satellite percorre un quarto di orbita.

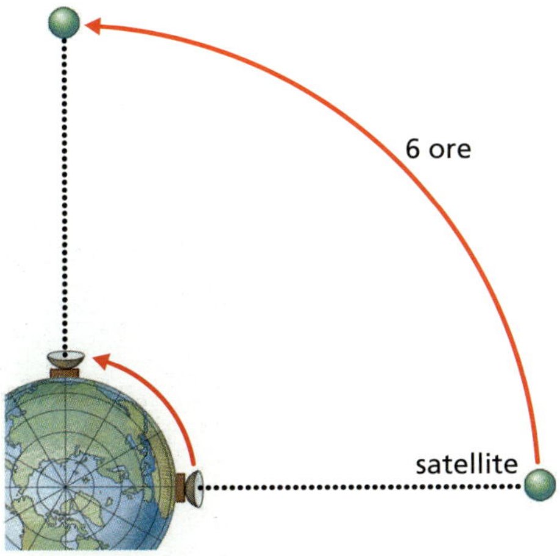

Un satellite si dice **geostazionario** quando appare fermo rispetto alla superficie terrestre.

L'orbita di un satellite geostazionario ha due caratteristiche fondamentali:

- è un'orbita circolare contenuta nel piano equatoriale della Terra;
- è percorsa dal satellite esattamente in un giorno siderale ($T = 23^h\,56'\,4''$), cioè nel tempo che la Terra impiega a compiere una rotazione attorno al proprio asse.

Un'orbita geostazionaria di raggio R e lunghezza $2\pi R$ è percorsa dal satellite nel tempo T con una velocità v tale che

$$2\pi R = vT$$

ma poiché

$$v = \sqrt{\frac{GM_T}{r}}$$

si ha

$$2\pi R = \sqrt{\frac{GM_T}{r}}\,T$$

Elevando al quadrato entrambi i membri dell'equazione si ottiene

$$4\pi^2 R^2 = \frac{GM_T}{R}T^2 \quad \Rightarrow \quad R^3 = \frac{GM_T}{4\pi^2}T^2$$

Quindi il raggio dell'orbita geostazionaria vale

$$R = \sqrt[3]{\frac{GM_T}{4\pi^2}T^2}$$

Un'orbita geostazionaria viene percorsa in $23^h\ 56'\ 4'' = 8{,}6 \cdot 10^4$ s, perciò il suo raggio è

$$R = \sqrt[3]{\frac{(6{,}7 \cdot 10^{-11}\ \text{N·m}^2/\text{kg}^2)(6{,}0 \cdot 10^{24}\ \text{kg})}{4\,(3{,}14)^2}(8{,}6 \cdot 10^4\ \text{s})^2} \approx 4 \cdot 10^7\ \text{m}$$

cioè circa 7 volte il raggio terrestre.

MINDBUILDING

I pianeti extrasolari

Una delle ricerche più affascinanti dell'astrofisica è quella dei pianeti extrasolari, cioè dei pianeti che non appartengono al Sistema Solare ma orbitano attorno a stelle diverse dal Sole. A partire dal 1995 sono stati scoperti migliaia di pianeti al di fuori del Sistema Solare. Il solo telescopio spaziale Kepler dal 2009 ne ha scoperti quasi 2000.

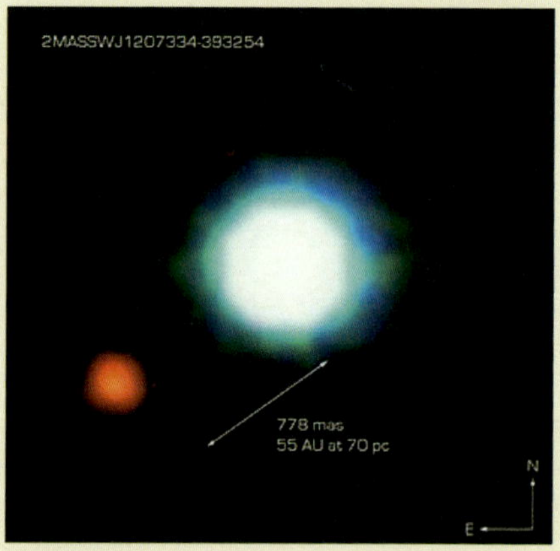

Tra le poche decine di pianeti che sono stati osservati in modo diretto vi è 2M1207b (in rosso nella foto, accanto alla sua stella che dista circa 170 anni luce dalla Terra). Questo pianeta è visibile nell'infrarosso grazie anche alle sue enormi dimensioni: la sua massa, infatti, è circa 500 volte maggiore di quella della Terra.

In genere, però, i pianeti sono troppo lontani e non abbastanza luminosi per essere osservati direttamente con un telescopio. Per questa ragione gli astrofisici hanno sviluppato vari metodi. Fra questi i più efficienti sono il metodo della velocità radiale e il metodo del transito.

Metodo del transito

L'idea del metodo è semplice: quando un pianeta transita davanti alla sua stella ne riduce la luminosità che osserviamo da Terra. Se si misura l'intensità della luce proveniente dalla stella, si osservano diminuzioni periodiche: tali diminuzioni indicano che un pianeta orbita attorno alla stella.

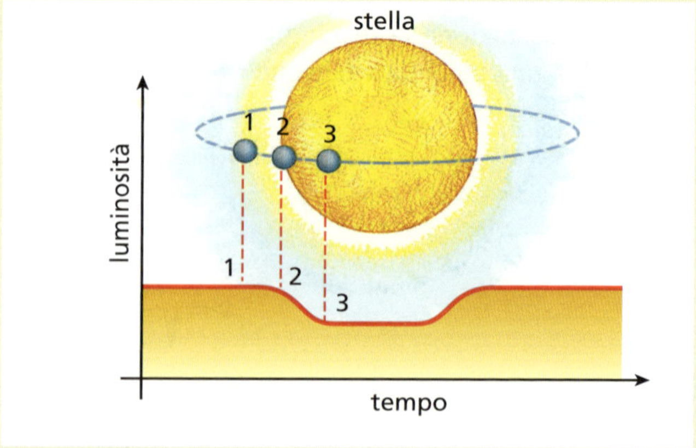

È una sorta di osservazione in *negativo*: rileviamo l'esistenza di un pianeta misurando una attenuazione periodica della luce proveniente dalla sua stella.

Questo metodo consente di rilevare un pianeta solo se questo transita fra noi e la propria stella. Poiché un pianeta è molto piccolo rispetto alla propria stella, il suo transito davanti ad essa ne riduce la luminosità solo di una piccolissima frazione. Per questo motivo il metodo necessita di telescopi in orbita, come Kepler, fuori dall'atmosfera terrestre allo scopo di evitare ogni disturbo della debolissima variazione di luce rilevata.

Metodo della velocità radiale

Questo metodo si basa sulle perturbazioni periodiche che un pianeta provoca nel moto della sua stella orbitando attorno ad essa.

Una stella e un pianeta formano un sistema isolato. Le loro distanze r_s, e r_p dal centro di massa e le loro masse M_s e M_p sono legate dalla relazione

$$M_s r_s = M_p r_p$$

Ciascuno di essi si muove attorno al centro di massa del sistema in un'orbita che, per semplicità, consideriamo circolare. Il raggio dell'orbita della stella è quindi

$$r_s = \frac{M_p}{M_s} r_p$$

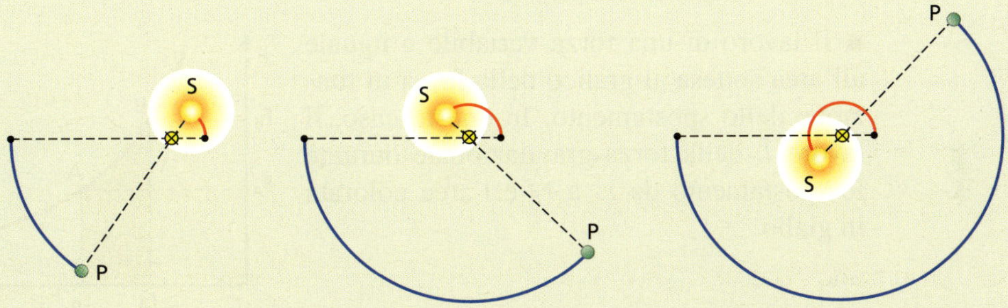

Le stelle hanno masse molto maggiori dei pianeti e quindi in genere il rapporto M_p/M_s è molto piccolo; nel caso Terra-Sole è circa $3 \cdot 10^{-6}$. Di conseguenza gli spostamenti della stella sono in genere troppo piccoli per essere osservati dalla Terra. Nel caso però di un pianeta con grande massa (come Giove) lo spostamento della stella attorno a cui orbita è misurabile. In particolare, siamo in grado di misurare le piccole variazioni della velocità radiale v_r della stella, cioè della velocità con cui la stella si muove in direzione della Terra.

Il grafico mostra una tipica misurazione della velocità radiale di una stella (in questo caso GJ1214, distante 42 anni luce).

Studiando la curva che meglio approssima i dati (in rosso nel grafico) gli scienziati hanno concluso che attorno alla stella ruota un pianeta con una massa pari a 6,55 M_T e un raggio pari a 2,68 R_T, essendo M_T e R_T rispettivamente la massa e il raggio della Terra.

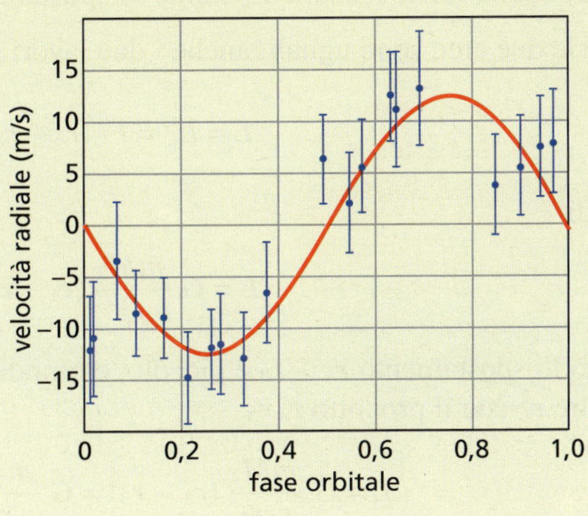

5 L'energia potenziale gravitazionale

Lavoro della forza gravitazionale

Consideriamo un corpo di massa m inizialmente a una distanza r_A dal centro della Terra.

■ Per effetto dell'attrazione gravitazionale, il corpo si avvicina alla Terra a una distanza r_B. La forza gravitazionale

$$F = G\frac{mM_T}{r^2}$$

dipende dalla distanza r fra il corpo e la Terra e cambia durante lo spostamento del corpo.

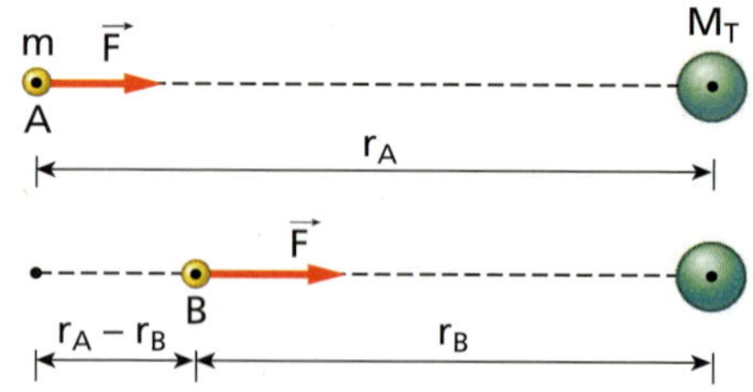

■ Il lavoro di una forza variabile è uguale all'area sottesa al grafico della forza in funzione dello spostamento. In questo caso, il lavoro L della forza gravitazionale durante lo spostamento da r_A a r_B è l'area colorata in giallo.

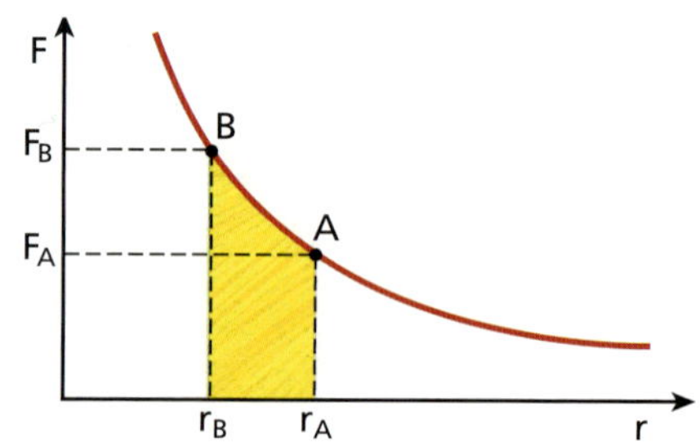

■ Si può individuare un rettangolo che ha la stessa base e la stessa area del trapezio mistilineo. L'altezza del rettangolo è la forza

$$F_C = G\frac{mM_T}{r_C^2}$$

calcolata a una distanza compresa fra r_A e r_B.

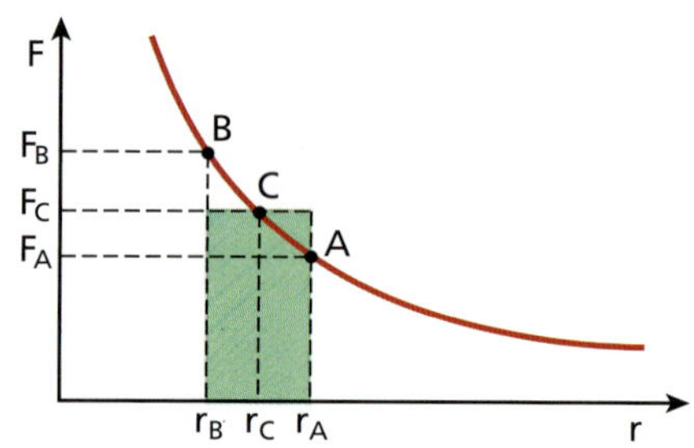

L'area del rettangolo è il lavoro

$$L_C = F_C(r_A - r_B)$$

compiuto dalla forza costante F_C lungo lo spostamento da r_A a r_B.

Poiché le due aree sono uguali, anche i due lavori L e L_C sono uguali:

$$L = L_C = F_C(r_A - r_B)$$

e quindi

$$L = G\frac{mM_T}{r_C^2}(r_A - r_B)$$

Quando lo spostamento $r_A - r_B$ è piccolo, e quindi r_A e r_B sono molto simili, si può sostituire r_C^2 con il prodotto $r_A r_B$:

$$L = G\frac{mM_T}{r_A r_B}(r_A - r_B) = G\frac{mM_T}{r_B} - G\frac{mM_T}{r_A}$$

Quindi si ottiene

$$L = -G\frac{mM_T}{r_A} + G\frac{mM_T}{r_B} \qquad (6)$$

Energia potenziale gravitazionale

Il lavoro compiuto sul corpo dalla forza di gravità provoca una variazione dell'energia potenziale data dall'equazione

$$L = U_A - U_B$$

in cui U_A e U_B sono le energie potenziali nei punti A e B. Se confrontiamo le due equazioni concludiamo che la forma più generale dell'energia potenziale è

$$U = -G\frac{mM_T}{r} + c \qquad (7)$$

Quando si calcola il lavoro della forza di gravità nel cammino da A a B, la costante additiva c scompare:

$$L = U(r_A) - U(r_B) = \left(-G\frac{mM_T}{r_A} + c\right) - \left(-G\frac{mM_T}{r_B} + c\right) =$$

$$= -G\frac{mM_T}{r_A} + c + G\frac{mM_T}{r_B} - c = -G\frac{mM_T}{r_A} + G\frac{mM_T}{r_B}$$

Il lavoro non dipende dal valore di c. In altri termini, qualunque valore abbia la costante c, il lavoro è sempre dato dalla (6). Si è quindi liberi di scegliere il valore da attribuire a c. Per convenzione si sceglie di porre $c = 0$ e di considerare nulla l'energia potenziale quando il corpo è a distanza infinita dalla Terra:

$$U(r) \xrightarrow[r\to\infty]{} 0$$

L'energia potenziale del sistema costituito da due masse m_1 e m_2, poste a distanza r è

$$U(r) = -G\frac{m_1 m_2}{r} \qquad (8)$$

#energiapotenziale
#gravitazioneuniversale

DENTRO LA FORMULA

- L'energia potenziale U è negativa: quando una forza esterna allontana le due masse una dall'altra la forza gravitazionale si oppone con un lavoro negativo. Ciò significa che le due masse formano uno stato legato e per separarle bisogna fornire energia, compiendo lavoro su di esse.
- La (8) vale quando le masse sono sferiche o quando sono a una distanza molto maggiore delle loro dimensioni.

→ **PROBLEMA** L'energia di WMAP • pag. 282
#energiapotenziale

Quale formula usare per l'energia potenziale?

Consideriamo la variazione dell'energia potenziale gravitazionale di un corpo di massa m che cade al suolo da un'altezza h.

■ Per la formula dell'energia potenziale gravitazionale si ha

$$U_i - U_f = mgh - mg \cdot 0 = mgh$$

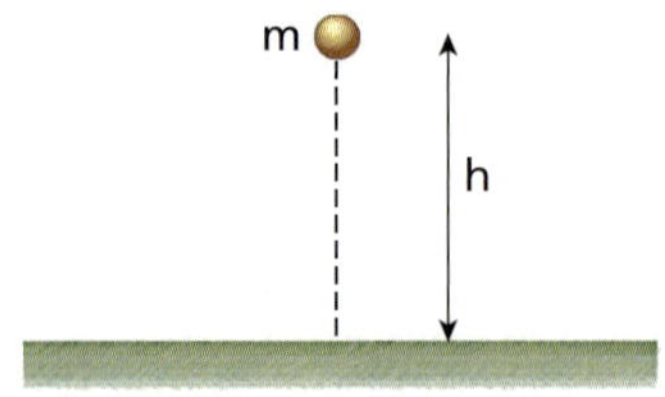

■ All'inizio il corpo dista dal centro della Terra $R_T + h$ e dopo la caduta dista R_T. Per la formula (8) si ha

$$U_i - U_f = -G\frac{mM_T}{R_T + h} - \left(-G\frac{mM_T}{R_T}\right)$$

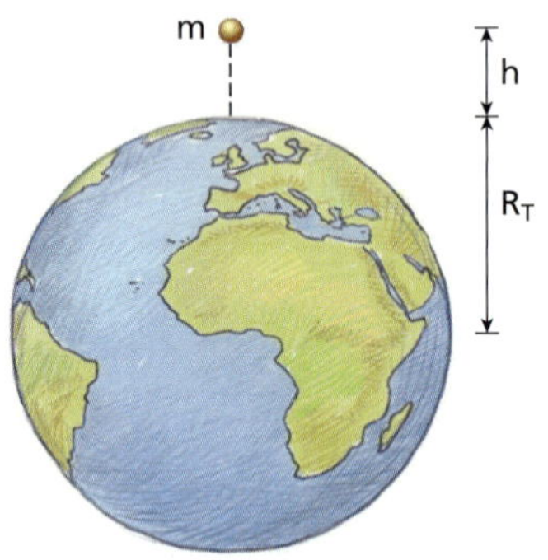

La seconda formula vale in generale, mentre la prima vale solo se la forza di gravità mg rimane costante nella caduta e ciò accade se h è molto piccolo rispetto al raggio della Terra.

Quale delle due formule usare per calcolare $U_i - U_f$? Si dimostra che, se h è molto piccolo rispetto a R_T, le due formule danno lo stesso risultato.

Nel caso di moti vicino alla superficie terrestre si usa la formula $U_i - U_f = mgh$ perché è più semplice.

Verifichiamo che le due formule per il calcolo della variazione $U_i - U_f$ dell'energia potenziale sono equivalenti quando h è molto minore di R_T. Calcoliamo $U_i - U_f$ utilizzando la (8):

$$U_i - U_f = -G\frac{mM_T}{R_T + h} - \left(-G\frac{mM_T}{R_T}\right) = GmM_T\left(-\frac{1}{R_T + h} + \frac{1}{R_T}\right) =$$

$$= GmM_T\frac{R_T - R_T + h}{R_T(R_T + h)} = GmM_T\frac{h}{R_T(R_T + h)}$$

Poiché h è molto più piccolo di R_T, approssimando $R_T + h$ con R_T risulta

$$U_i - U_f \approx G\frac{mM_T h}{R_T^2} = m\frac{GM_T}{R_T^2}h$$

Ma poiché

$$\frac{GM_T}{R_T^2} = g$$

si ottiene

$$U_i - U_f = mgh$$

In conclusione, se h è molto minore di R_T le due formule sono equivalenti.

6 Conservazione dell'energia, velocità di fuga e buchi neri

I pianeti e i satelliti si muovono sotto l'azione della forza di gravità, che è una forza conservativa. Se si esclude il caso di satelliti in orbite molto basse come GOCE (foto), su di essi non agisce alcuna forza di attrito apprezzabile. Quindi la loro energia si conserva durante il moto.

ESA

Lanciato nel marzo 2009, il satellite GOCE misura con grande precisione i valori della gravità terrestre orbitando a soli 250 km da Terra. A quell'altezza, l'atmosfera è molto tenue ma esercita un attrito costante che frena il satellite. Per questa ragione GOCE è dotato di motori ionici che integrano l'energia persa per attrito, in modo da mantenere il satellite nell'orbita prevista.

Energia totale di un satellite

L'energia totale di un satellite di massa m in un'orbita di raggio r si conserva e vale

$$E = \frac{1}{2}mv^2 - G\frac{mM_T}{r}$$

La velocità del satellite è data dalla (5):

$$v = \sqrt{\frac{GM_T}{r}}$$

Sostituendo nell'equazione precedente si ha

$$E = \frac{1}{2}m\left(\sqrt{\frac{GM_T}{r}}\right)^2 - G\frac{mM_T}{r} = \frac{1}{2}G\frac{mM_T}{r} - G\frac{mM_T}{r}$$

e quindi

$$E = -\frac{1}{2}G\frac{mM_T}{r} \qquad (9)$$

#energiatotalesatellite

L'energia totale di un satellite in orbita è negativa ed è uguale alla metà della sua energia potenziale gravitazionale.

→ PROBLEMA L'energia totale dell'astronauta • pag. 283
#energiatotalesatellite

→ PROBLEMA SU PIÙ CONCETTI La Stazione Spaziale Internazionale precipita! • pag. 284
#energiatotalesatellite #forzenonconservative

Velocità di fuga

Consideriamo un corpo lanciato verso l'alto con una velocità iniziale v e un'energia cinetica

$$K = \frac{1}{2}mv^2$$

■ Mentre il corpo sale, la velocità e l'energia cinetica diminuiscono a causa del lavoro compiuto dalla forza di attrazione gravitazionale terrestre $\vec{F}_g$.

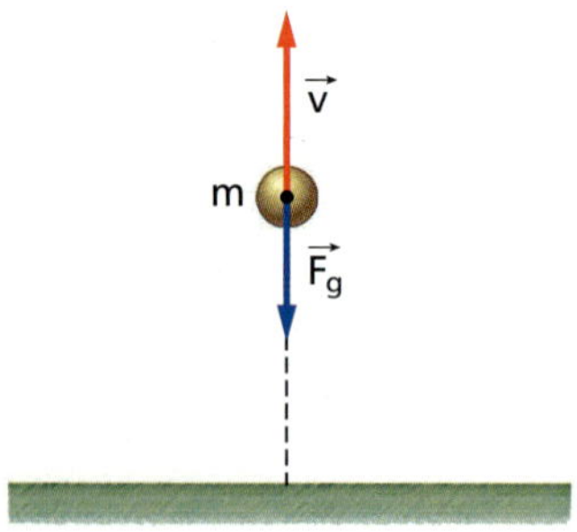

■ Nel punto più alto, la sua velocità è nulla e quindi è nulla anche la sua energia cinetica.

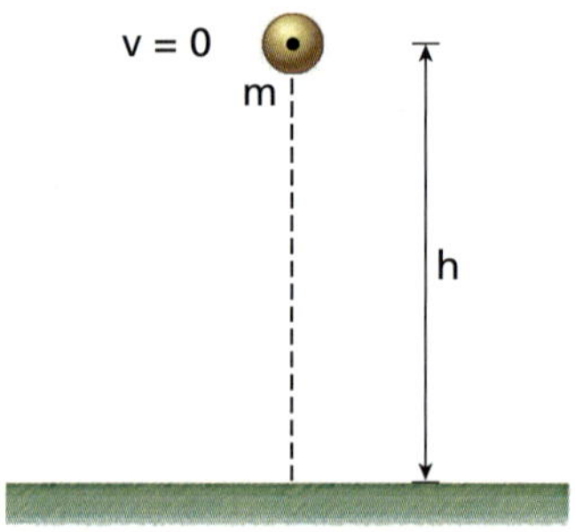

Si dice **velocità di fuga** v_f la minima velocità che deve avere un corpo al momento del lancio per allontanarsi indefinitamente dalla superficie di un pianeta.

Un corpo lanciato dalla superficie di un pianeta non ricade su di esso se arriva a distanza infinita dal pianeta con una energia cinetica K maggiore o uguale a zero. Se vi arriva con energia cinetica nulla, il corpo è stato lanciato proprio con la velocità di fuga v_f. Ma a distanza infinita dal pianeta l'energia potenziale del corpo è nulla, quindi la sua energia totale è nulla.

L'energia totale si conserva per cui si ha

$$\frac{1}{2}mv^2 - G\frac{mM_p}{r_p} = 0$$

dove il primo termine è l'energia totale al momento del lancio e il secondo termine è l'energia totale a distanza infinita; M_p e r_p sono la massa e il raggio del pianeta.

Dall'equazione precedente ricaviamo la **velocità di fuga**:

#velocitàdifuga

$$v_f = \sqrt{\frac{2GM_p}{r_p}} \qquad (10)$$

DENTRO LA FORMULA

- La velocità di fuga non dipende dalla massa del corpo.
- La velocità di fuga è grande su pianeti con massa grande e raggio piccolo.

PER ESEMPIO **Fuga dalla Terra**

▶ Quale velocità iniziale deve avere un corpo per allontanarsi indefinitamente dalla Terra?

La velocità di fuga dalla Terra vale

$$v_f = \sqrt{\frac{2(6{,}67 \cdot 10^{-11}\ \text{N·m}^2/\text{kg}^2)(5{,}98 \cdot 10^{24}\ \text{kg})}{6{,}37 \cdot 10^6\ \text{m}}} \approx 1{,}12 \cdot 10^4\ \text{m/s} = 11{,}2\ \text{km/s}$$

I buchi neri

Ute Kraus / Wikimedia Commons

La luce viaggia alla velocità $c = 3{,}0 \cdot 10^8$ m/s, cioè a 300 000 km /s. Che cosa succede su un corpo celeste che ha una velocità di fuga da esso maggiore di c? Secondo la teoria della relatività di Einstein neanche la luce può sfuggire all'attrazione gravitazionale di un corpo del genere, che quindi è chiamato **buco nero**. Il nome è dovuto al fatto che ogni raggio di luce emesso dalla sua superficie è «intrappolato» dalla gravità e non può uscire verso l'esterno.

Un buco nero può essere osservato solo in modo indiretto, analizzando i fenomeni che accadono attorno a esso. L'immagine mostra una simulazione al calcolatore degli effetti di un buco nero posto fra noi e il centro della nostra Galassia.

I buchi neri sono oggetti molto complessi, ma l'equazione (10) permette di stimarne alcune caratteristiche. In particolare, determiniamo il **raggio di Schwarzschild** r_S di un corpo di massa M, cioè il raggio del corpo per il quale esso diventa un buco nero. Ciò accade quando la velocità di fuga da esso è uguale alla velocità della luce. Poniamo $v_f = c$ nell'equazione (10):

$$c = \sqrt{\frac{2GM}{r_S}}$$

Eleviamo al quadrato entrambi i membri e isoliamo il raggio di Schwarzschild r_S:

$$r_S = \frac{2GM}{c^2} \qquad (11)$$

Inserendo nell'equazione precedente i valori numerici di G e c si ha:

$$r_S = \frac{2\,(6{,}7 \cdot 10^{-11}\ \text{N·m}^2/\text{kg}^2)\,M}{(3{,}0 \cdot 10^8\ \text{m/s})^2} = (1{,}5 \cdot 10^{-27}\ \text{m/kg})\,M$$

Il fattore che moltiplica la massa M è molto piccolo: quindi il raggio di Schwarzschild di un corpo è molto piccolo anche se la massa è grande, come nel caso di una stella.

Secondo gli astrofisici, un buco nero si forma a partire da una stella di grande massa che, nelle fasi finali della sua evoluzione, si contrae fino a raggiungere un raggio uguale al suo raggio di Schwarzschild. Dopo essersi formato, il buco nero continua a catturare materia e quindi ad aumentare la sua massa, grazie all'immensa attrazione gravitazionale che esercita sui corpi vicini.

Si ritiene che al centro della nostra Galassia, vicino a un corpo celeste denominato Sagittario A* (SgrA*), ci sia un buco nero con una massa enorme: stimata nel 2008 in circa 4 milioni di masse solari. La sua esistenza sembra confermata dal fatto che nelle vicinanze sono state osservate numerose stelle che orbitano a velocità molto elevata.

7 Le leggi di Newton e le leggi di Keplero

Le leggi di Keplero sono diretta conseguenza delle leggi della dinamica e della legge di gravitazione universale.

Prima legge di Keplero

#primaleggeKeplero

Le orbite dei pianeti attorno al Sole sono ellissi di cui il Sole occupa uno dei fuochi.

Il moto di un corpo è conseguenza del secondo principio della dinamica $\vec{F} = m\vec{a}$. Se la forza di attrazione $\vec{F}$ a cui è soggetto dipende dall'inverso del quadrato della distanza, come nel caso gravitazionale, Newton dimostrò per primo che il corpo percorre orbite chiuse che sono ellissi.

La prima legge di Keplero è una diretta conseguenza del secondo principio della dinamica e del fatto che l'attrazione gravitazionale è una forza che dipende dall'inverso del quadrato della distanza.

Seconda legge di Keplero

#secondaleggeKeplero

Il raggio vettore di un pianeta spazza aree uguali in tempi uguali.

Consideriamo un pianeta che si muove attorno al Sole in un'orbita ellittica.

■ In ogni istante l'attrazione gravitazionale è diretta verso il centro del Sole, che è anche il punto attorno al quale ruota il pianeta. Quindi il momento della forza di gravità è nullo.

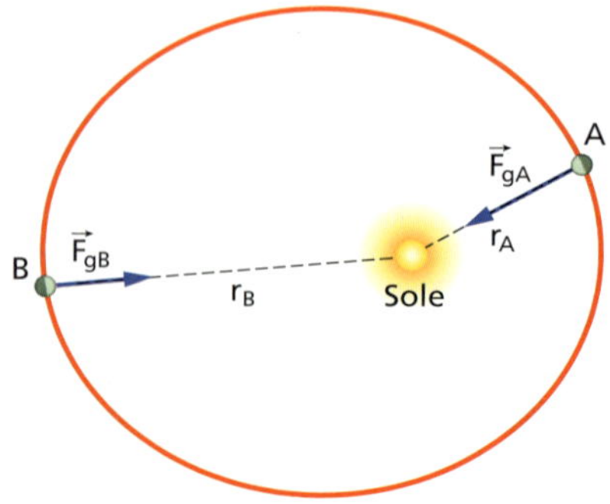

■ Come conseguenza rimane costante il momento angolare L del pianeta, dato da

$$L = m v_{\perp} r$$

dove m è la massa del pianeta, r la sua distanza dal Sole e $v_{\perp}$ la componente della sua velocità perpendicolare al raggio.

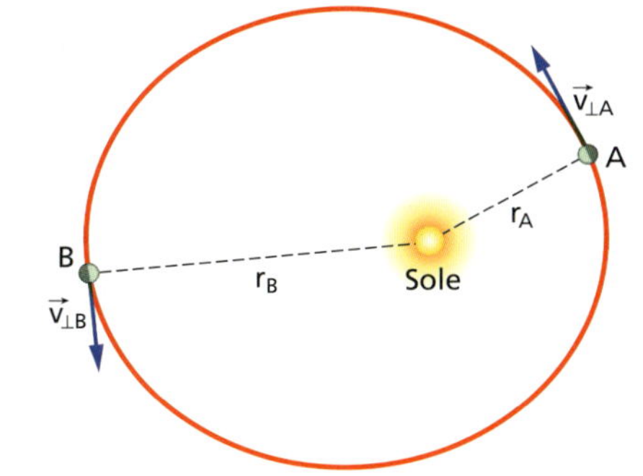

■ Consideriamo il pianeta in due punti A e B dell'orbita. Si ha:

$$L_A = L_B \quad \Rightarrow \quad m v_{\perp A} r_A = m v_{\perp B} r_B$$

e quindi

$$v_{\perp A} r_A = v_{\perp B} r_B \qquad (12)$$

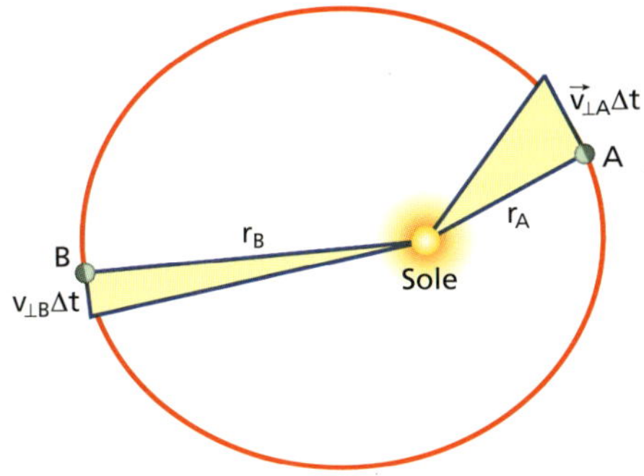

In un piccolo intervallo di tempo Δt, il pianeta si sposta di un tratto $v_{\perp}\Delta t$ e il suo raggio vettore spazza un'area circa uguale a quella del triangolo colorato

$$\frac{1}{2} v_{\perp} \Delta t \, r$$

Se moltiplichiamo entrambi i membri della (12) per $\Delta t/2$ otteniamo che le aree spazzate nei pressi di A e B sono uguali:

$$\frac{1}{2} v_{\perp A} \Delta t \, r_A = \frac{1}{2} v_{\perp B} \Delta t \, r_B$$

Questa è proprio la seconda legge di Keplero.

Analizzando la dimostrazione possiamo concludere che

la seconda legge di Keplero è una diretta conseguenza del fatto che l'attrazione gravitazionale è una forza centrale.

Terza legge di Keplero

Il rapporto fra il cubo del semiasse maggiore a dell'orbita e il quadrato del periodo di rivoluzione T attorno al Sole è lo stesso per tutti i pianeti:

$$\frac{a^3}{T^2} = \text{costante}$$

#terzaleggeKeplero

Per semplicità, supponiamo che l'orbita dei pianeti sia circolare con raggio r. La forza centripeta $F_c = mv^2/r$ che mantiene un pianeta di massa m in orbita è l'attrazione gravitazionale del Sole:

$$F_{gS} = G \frac{m M_S}{r^2}$$

quindi

$$\frac{mv^2}{r} = G\frac{mM_S}{r^2} \quad \Rightarrow \quad v^2 = G\frac{M_S}{r}$$

La velocità è $v = 2\pi r/T$, dove T è il periodo di rivoluzione del pianeta. Sostituendo nell'ultima equazione si ha:

$$\left(\frac{2\pi r}{T}\right)^2 = G\frac{M_S}{r}$$

La relazione può essere messa nella forma

$$\frac{r^3}{T^2} = \frac{GM_S}{4\pi^2}$$

Questa è proprio la terza legge di Keplero, in cui la costante è

$$\frac{GM_S}{4\pi^2} = 3{,}36 \cdot 10^{18}\ \mathrm{m^3/s^2}$$

Analizzando la dimostrazione possiamo concludere che

la terza legge di Keplero è una conseguenza del secondo principio della dinamica e del fatto che l'attrazione gravitazionale dipende dal quadrato della distanza.

→ PROBLEMA Un telescopio in orbita • pag. 285
#terzaleggeKeplero

8 Dall'azione a distanza al campo gravitazionale

Azione a distanza e campo di forza

Nella vita quotidiana è facile vedere oggetti che interagiscono attraverso forze di contatto, cioè forze che si esercitano mediante un contatto diretto tra le loro superfici, come avviene per esempio negli urti.

Per lungo tempo si è ritenuto che tutte le forze fossero forze di contatto di natura meccanica, fino a quando Newton ha scoperto le proprietà dell'attrazione gravitazionale e ha compreso che questa forza si esercita senza il contatto diretto fra corpi. Nelle pagine finali dei suoi *Principia*, egli scrive: la forza di gravità «agisce non in proporzione alla quantità di superficie del corpo su cui agisce (come farebbe se avesse origine meccanica) ma in proporzione alla quantità di materia solida, e questa azione si estende ovunque a distanze immense [...]».

Newton è consapevole che la sua scoperta «è sufficiente per spiegare tutti i moti del cielo e del mare [le maree]» ma sceglie di non pronunciarsi sulla causa della gravità: «Non sono stato in grado di dedurre dai fenomeni le ragioni di queste proprietà della gravità e non formulo ipotesi».

Dopo Newton, la caratteristica della gravità di agire attraverso lo spazio vuoto è spiegata come un effetto di **azione a distanza**: la forza gravitazionale fra due corpi si propaga istantaneamente nello spazio senza bisogno di alcun mezzo materiale che trasmetta l'interazione.

Nel corso del Settecento le ricerche sui fenomeni elettrici e magnetici sembrano confermare l'esistenza di forze a distanza di natura non gravitazionale: i corpi elettrizzati si attraggono o si respingono senza alcun contatto, proprio come i pianeti.

Solo attorno al 1830 le ricerche di Michael Faraday evidenziano una spiegazione alternativa, basata sul concetto di **campo di forza**, che viene sviluppato per tutto l'Ottocento fino a diventare uno dei fondamenti della fisica moderna.

Campo gravitazionale

Consideriamo in particolare il campo di forza della gravità o **campo gravitazionale**. L'idea di fondo è semplice: la presenza di una massa modifica lo spazio circostante e attribuisce a ogni suo punto la proprietà di esercitare una forza su una massa collocata in esso.

Per comprendere più in dettaglio le caratteristiche del campo gravitazionale, consideriamo una massa puntiforme m_1 ferma in un punto O: su una massa puntiforme m_2 collocata in un punto P a distanza r da m_1, agisce una forza diretta verso m_1 di modulo

$$F = G\frac{m_1 m_2}{r^2}$$

Descriviamo l'interazione fra le due masse mediante il concetto di campo gravitazionale:

- la massa m_1, genera un campo nello spazio circostante;
- la massa m_2 interagisce col campo e risente di una forza gravitazionale;
- non esiste alcuna forza a distanza fra m_1 e m_2.

Se in P c'è una massa puntiforme m_3, cambia solo il modulo della forza che agisce su di essa:

$$F = G\frac{m_1 m_3}{r^2}$$

Ma l'attrazione gravitazionale è proporzionale alla massa: quindi il rapporto F/m rimane costante per qualunque massa m si trovi in P e dipende solo dalla massa m_1 e dalla posizione di P rispetto a O. In altri termini: rimane costante la **forza per unità di massa** con cui m_1 attrae una qualsiasi massa posta in P.

■ La massa m_2 risente di una forza $\vec{F}_2$ e di una forza per unità di massa:

$$\frac{F_2}{m_2} = \frac{G\frac{m_1 m_2}{r^2}}{m_2} = G\frac{m_1}{r^2}$$

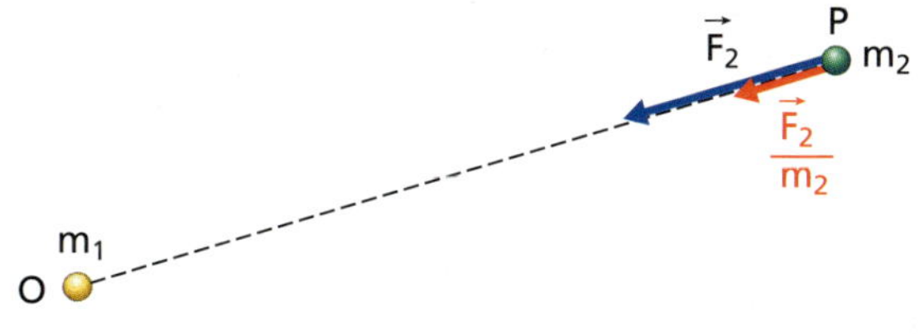

■ La massa m_3 è il doppio di m_2 e quindi risente di una forza doppia

$$\vec{F}_3 = 2\vec{F}_2$$

ma la forza per unità di massa rimane costante:

$$\frac{F_3}{m_3} = \frac{G\dfrac{m_1 m_3}{r^2}}{m_3} = G\frac{m_1}{r^2}$$

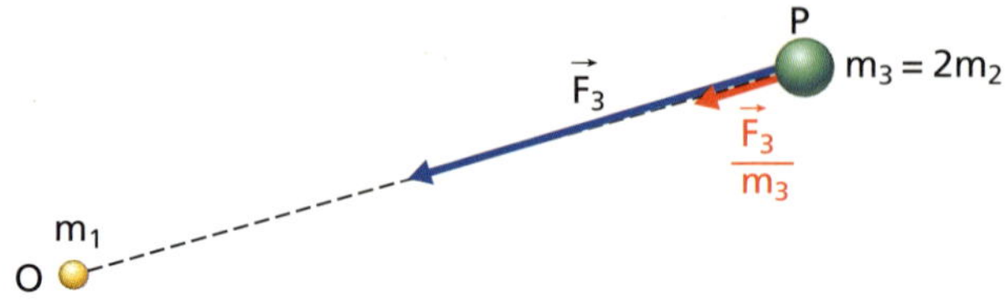

Diamo quindi le seguente definizione:

il campo gravitazionale creato nel punto P dalla massa m_1 posta in O è un vettore $\vec{g}$ che

- ha modulo

#campogravitazionale

$$g = G\frac{m_1}{r^2} \qquad (13)$$

- è diretto lungo la direzione PO nel verso di O.

L'unità di misura del campo gravitazionale è la stessa dell'accelerazione:

$$\text{N/kg} = \text{m/s}^2$$

La gravità è una forza con raggio d'azione infinito, per cui la massa m_1 genera un campo gravitazionale in tutto lo spazio. In ogni punto dello spazio è quindi definito un vettore $\vec{g}$ diretto verso m_1 e con modulo dato dalla (13).

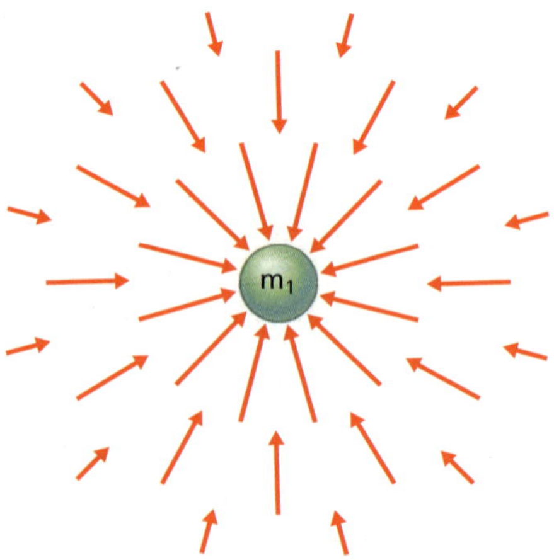

Il campo generato da due o più masse è la somma vettoriale dei campi generati da ciascuna di esse.

La Terra non è esattamente sferica, né omogenea: oceani, catene montuose e disomogeneità di densità danno luogo a un campo gravitazionale che differisce, seppure di poco, da quello di una massa puntiforme. Nel 2009 l'Agenzia Spaziale Europea (ESA) ha lanciato il satellite GOCE (Gravity field and steady-state Ocean Circulation Explorer) per misurare queste disomogeneità con grande accuratezza (fino a 10^{-5} m/s^2) e quindi determinare la forma della Terra con una precisione mai raggiunta prima.

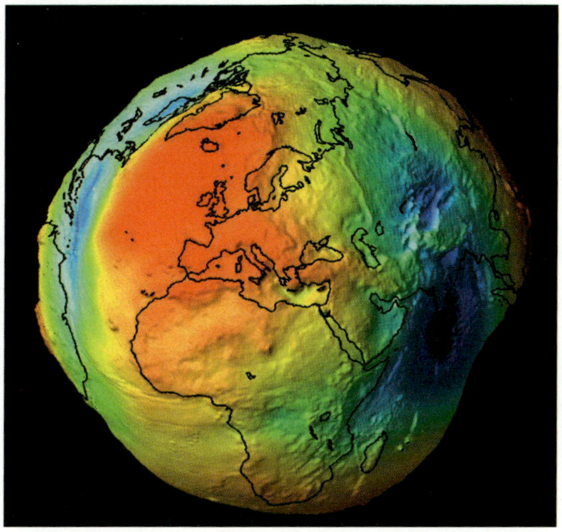

LIGO/T Pyle

La ricostruzione grafica mostra rispettivamente in rosso e in blu le zone il cui il campo gravitazionale ha una intensità superiore o inferiore al valor medio.

Onde gravitazionali

Nello spazio avvengo fenomeni che liberano energie enormi, come accade nelle fasi finali della vita di stelle di grande massa o nella fusione di buchi neri. Durante questi eventi cambiano violentemente le strutture dei corpi coinvolti e, quindi, le caratteristiche dei loro campi gravitazionali. Secondo la teoria della relatività generale di Einstein, una grande massa sottoposta a una accelerazione violenta emette onde gravitazionali che si propagano nello spazio alla velocità della luce. Possiamo immaginarle come le onde generate da un sasso lanciato in acqua, però in questo caso non oscilla la superficie di un fluido, ma lo spazio stesso.

Per rilevare in modo diretto le onde gravitazionali bisogna misurare la variazione della distanza fra due punti dello spazio che esse generano al loro passaggio. La sfida sperimentale è formidabile perché le onde gravitazionali più intense provocano variazioni molto più piccole del diametro di un atomo. Dopo decine di anni di ricerche infruttuose, il 14 settembre 2015 è stato rilevato il passaggio di un treno di onde gravitazionali. Elaborando i dati raccolti, gli scienziati hanno scoperto che quelle onde erano state emesse nelle ultime fasi della fusione di due buchi neri, di masse rispettivamente 36 e 29 masse solari, avvenuta alla distanza di 1,3 miliardi di anni luce.

LIGO/T Pyle

La gravitazione

IN 3 MINUTI
La legge della gravitazione universale

Legge di gravitazione universale

$$F = G\frac{m_1 m_2}{r^2}$$

$$G = 6{,}674 \cdot 10^{-11}\ \mathrm{Nm^2/kg^2}$$

Peso dei corpi

$$P = G\frac{m M_T}{(r_T + h)^2}$$

M_T: **massa** della Terra
r_T: **raggio** della Terra
h: **distanza** dal livello del mare

Accelerazione di gravità

$$g = G\frac{M_P}{r_P^2}$$

M_P: **massa** del pianeta
r_P: **raggio** del pianeta

Energia potenziale gravitazionale

$$U(r) = -G\frac{m_1 m_2}{r}$$

Satelliti

■ **Velocità orbitale**

$$v = \sqrt{\frac{G M_T}{r}}$$

r: **raggio** dell'orbita

■ **Orbita geostazionaria**

$$R = 4 \cdot 10^7\ \mathrm{m}$$

$$T = 23^{\mathrm{h}}\ 56'\ 4'' = 8{,}6 \cdot 10^4\ \mathrm{s}$$

■ **Energia totale**

$$E = -\frac{1}{2}G\frac{m M_T}{r}$$

Velocità di fuga

$$v_f = \sqrt{\frac{2 G M_p}{r_p}}$$

■ **Raggio di Schwarzschild**

$$r_S = (1{,}5 \cdot 10^{-27}\ \mathrm{m/kg})\, M$$

ESERCIZI

Per risolvere gli esercizi usa i dati della tabella in fondo al volume

ZTE ONLINE
Mettiti alla prova con 20 esercizi interattivi

2 La legge di gravitazione universale

1 Due sfere di metallo uguali di massa 50 kg sono poste a una distanza di 0,6 m.
- ▶ Quanto è intensa la forza gravitazionale che una esercita sull'altra?
- ▶ A quale distanza le devi porre perché la forza con cui si attraggono si dimezzi?

[$4{,}6 \cdot 10^{-7}$ N; 0,85 m]

2 La Terra e il Sole ($m_S = 2{,}0 \cdot 10^{30}$ kg) distano $1{,}5 \cdot 10^{8}$ km.
- ▶ Quanto è intensa la forza esercitata dalla Terra sul Sole? [$3{,}6 \cdot 10^{22}$ N]

3 Il pianeta Venere ha una distanza minima dalla Terra di $4{,}2 \cdot 10^{7}$ km, mentre quella di Giove è $6{,}3 \cdot 10^{8}$ km.
- ▶ Determina il rapporto fra la forza esercitata dalla Terra su Venere e quella esercitata su Giove. [0,58]

4 La Terra orbita intorno al Sole ($m_S = 2{,}0 \cdot 10^{30}$ kg) lungo una traiettoria ellittica. Al perielio essa dista $1{,}471 \cdot 10^{8}$ km dal Sole mentre all'afelio dista $1{,}521 \cdot 10^{8}$ km.
- ▶ Di quanto varia la forza di attrazione dovuta al Sole tra il perielio e l'afelio? [$2{,}37 \cdot 10^{21}$ N]

5 Due masse puntiformi m_1 e m_2 di 1,0 kg sono poste alla distanza di 8,0 m. Una massa puntiforme m_3 è posta sull'asse del segmento congiungente m_1 e m_2 alla distanza di 5,0 m da m_2.
- ▶ Quale forza si esercita su m_3? [(0,071 kg/m^2)Gm_3]

6 I pianeti Marte e Saturno si trovano alla distanza di 8 UA (Unità Astronomiche). Un meteorite si trova sulla congiungente Marte-Saturno. Trascura le forze gravitazionali dovute agli altri corpi del Sistema Solare.
- ▶ A quale distanza da Marte il meteorite ha un'accelerazione gravitazionale nulla?

[0,3 UA]

7 Una utilitaria di massa $8 \cdot 10^{2}$ kg e un camper di massa $4 \cdot 10^{3}$ kg sono posteggiati a 3 m di distanza l'una dall'altro. Per semplicità considera i due autoveicoli come puntiformi.
- ▶ Calcola il modulo della forza gravitazionale esercitata dal camper sull'utilitaria.
- ▶ È più grande la forza gravitazionale esercitata sulla utilitaria dalla Luna o quella esercitata dal camper? [$2 \cdot 10^{-5}$ N]

8 Considera la linea congiungente la Terra con il Sole ($m_S = 2{,}0 \cdot 10^{30}$ kg). La distanza Terra-Sole è $d_{TS} = 1{,}5 \cdot 10^{8}$ km.
- ▶ A quale distanza dalla Terra si trova il punto in cui la gravità del Sole annulla quella della Terra? [$2{,}6 \cdot 10^{5}$ km]

9 In un romanzo di fantascienza si parla di un pianeta che ha lo stesso raggio della Terra, ma un'accelerazione gravitazionale pari a 15 volte quella terrestre.
- ▶ Che massa dovrebbe avere quel pianeta?
- ▶ Quale dovrebbe essere la sua densità media?

[15 M_T; 83 g/cm^3]

3 Attrazione gravitazionale e peso dei corpi

10 PROBLEMA **A zonzo su Marte**
#accelerazionegravità

All'inizio del 2004 la NASA ha inviato sulla superficie di Marte i veicoli Spirit e Opportunity, due rover gemelli, per esplorare il pianeta. La massa di Spirit è m = 185 kg.
- ▶ Qual è l'accelerazione di gravità marziana g_M?
- ▶ Quanto pesa Spirit su Marte?

NASA

LA SITUAZIONE FISICA E IL MODELLO

La legge di gravitazione universale determina l'accelerazione di gravità e quindi il peso dei corpi sulla superficie di un pianeta.

LA RISOLUZIONE

1. L'accelerazione di gravità è

$$g_M = G\frac{M}{r^2}$$

2. Il peso di Spirit su Marte è

$$P = mg_M$$

I DATI E IL RISULTATO

$G = 6{,}67 \cdot 10^{-11}\ \text{N·m}^2/\text{kg}^2$

$M = 6{,}42 \cdot 10^{23}\ \text{kg}$

$r = 3{,}40 \cdot 10^6\ \text{m}$

$m = 185\ \text{kg}$

$$g_M = (6{,}67 \cdot 10^{-11}\ \text{N·m}^2/\text{kg}^2)\frac{6{,}42 \cdot 10^{23}\ \text{kg}}{(3{,}40 \cdot 10^6\ \text{m})^2} = 3{,}70\ \text{m/s}^2$$

$$P = (185\ \text{kg})(3{,}70\ \text{m/s}^2) = 685\ \text{N}$$

11 **PROBLEMA SIMILE**
Il diametro di Marte ai poli è 6755 km.
► Calcola la gravità ai poli di Marte. [3,75 m/s²]

12 La Luna ha una massa pari a $7{,}3 \cdot 10^{22}$ kg e un raggio di $1{,}7 \cdot 10^3$ km.
► Quanto vale l'accelerazione di gravità sulla superficie lunare?
► Qual è la massa di un corpo che sulla Luna pesa 102 N? [1,7 m/s²; 60 kg]

13 La Stazione Spaziale Internazionale si trova in orbita a un altezza di $4{,}0 \cdot 10^2$ km. In seguito alle modifiche apportate nel 2016, ha raggiunto una massa di $4{,}2 \cdot 10^5$ kg.
► Qual è il suo peso? [$3{,}7 \cdot 10^6$ N]

14 Completa la seguente tabella.

Pianeta	Massa (kg)	Raggio (m)	Accelerazione di gravità alla superficie del pianeta (m/s²)
Mercurio	$3{,}30 \cdot 10^{23}$	$2{,}44 \cdot 10^6$	
Venere	$4{,}87 \cdot 10^{24}$	$6{,}05 \cdot 10^6$	
Giove	$1{,}90 \cdot 10^{27}$	$7{,}15 \cdot 10^7$	
Saturno	$5{,}69 \cdot 10^{26}$	$6{,}03 \cdot 10^7$	

15 **QUESITO** **FAI UN'IPOTESI** Considera i dati dell'esercizio precedente.
► Calcola le densità dei pianeti.
► Stabilisci quali sono i pianeti rocciosi e quali quelli gassosi.

16 A quale altezza dalla superficie terrestre l'accelerazione di gravità diventa uguale a quella della Luna (1,7 m/s²)? [$8{,}9 \cdot 10^3$ km]

17 Uno strumento di massa 75 kg è portato a un'altezza di 40 km sul livello del mare da un pallone sonda.
► Di quale percentuale diminuisce il suo peso? ($R_T = 6380$ km) [1,23%]

18 Gli asteroidi carbonacei hanno densità di circa 1800 kg/m³.
► Qual è l'accelerazione di gravità su un asteroide sferico di raggio 100 km? [0,050 m/s²]

4 Le orbite dei satelliti

19 **QUESITO** **SPIEGA PERCHÉ** Stabilisci se la seguente affermazione è vera o falsa: «La forza centripeta di un satellite in orbita attorno alla Terra deve essere minore dell'attrazione gravitazionale della Terra».

20 PROBLEMA **La velocità della Stazione Spaziale Internazionale**
#velocitàorbitale

La Stazione Spaziale Internazionale ruota attorno alla Terra su un'orbita praticamente circolare a un'altezza dal suolo $h = 4{,}0 \cdot 10^2$ km.

▶ Calcola la velocità della stazione.

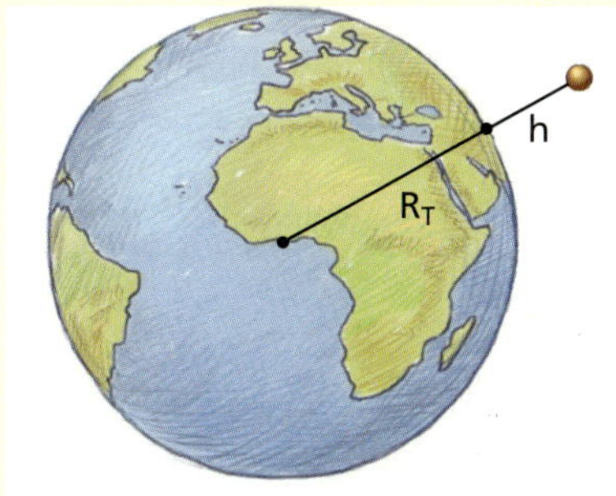

LA SITUAZIONE FISICA E IL MODELLO

Nota l'altezza di un satellite si calcola la sua distanza dal centro della Terra e quindi la velocità con cui orbita.

LA RISOLUZIONE

1. Il raggio dell'orbita è

$$r = R_T + h$$

2. La velocità della stazione

$$v = \sqrt{\frac{GM_T}{r}} = \sqrt{\frac{GM_T}{R_T + h}}$$

I DATI E IL RISULTATO

$G = 6{,}7 \cdot 10^{-11}$ N·m²/kg²
$R_T = 6{,}4 \cdot 10^6$ m
$h = 4 \cdot 10^2$ km $= 4 \cdot 10^5$ m

$$v = \sqrt{\frac{(6{,}7 \cdot 10^{-11}\ \mathrm{N \cdot m^2/kg^2})(6{,}0 \cdot 10^{24}\ \mathrm{kg})}{(6{,}4 \cdot 10^6\ \mathrm{m}) + (4{,}0 \cdot 10^5\ \mathrm{m})}} = 7{,}7 \cdot 10^3\ \mathrm{m/s} \approx 28 \cdot 10^3\ \mathrm{km/h}$$

21 PROBLEMA SIMILE
Stima di quanto cambierebbe la velocità della Stazione Spaziale Internazionale se orbitasse a una distanza dalla superficie terrestre pari alla metà di quella effettiva. [circa +100 m/s]

22 Un satellite è posto in orbita circolare intorno alla Terra a un'altezza di 495 km.
▶ A che velocità si muove il satellite? [7,61 km/s]

23 W2A è un satellite per telecomunicazioni in orbita geostazionaria.
Ricorda che $G = 6{,}67 \cdot 10^{-11}$ N·m²/kg² e $T = 23^h\ 56'\ 4''$.
▶ A che altezza si trova W2A rispetto alla superficie terrestre? [$3{,}58 \cdot 10^7$ m]

24 QUESITO **TROVA IL MODELLO** Per misurare la massa di un oggetto un astronauta in orbita non può usare una comune bilancia, ma può fissare l'oggetto all'estremo di una molla.
▶ Spiega in che modo può determinare la massa dell'oggetto.

25 Una navicella spaziale orbita intorno alla Luna ($m_L = 7{,}3 \cdot 10^{22}$ kg; $r_L = 1{,}7 \cdot 10^3$ km) a un'altezza di 130 km.
▶ Calcola il suo periodo orbitale. [2,0 h]

26 I satelliti che assicurano il servizio GPS per la localizzazione sulla superficie terrestre orbitano a un'altezza $h = 20\,200$ km.
▶ Calcola il loro periodo orbitale T in ore. [12 h]

27 Considera un satellite in orbita geostazionaria.
▶ Qual è la sua velocità?
▶ A che accelerazione centripeta è sottoposto? [$3{,}1 \cdot 10^3$ m/s; 0,22 m/s²]

28 Un satellite è posto in orbita circolare intorno alla Terra con una velocità di $6{,}80 \cdot 10^3$ m/s.
▶ Qual è la sua distanza dalla superficie terrestre? [2,25 Mm]

29 QUESITO **SPIEGA PERCHÉ** Per mettere in orbita un satellite bisogna imprimergli una grande velocità tangenziale. I satelliti vengono sempre lanciati verso est da basi il più possibile vicine all'Equatore.
▶ Come mai?

30 Grazie al suo cannocchiale, Galileo scoprì alcuni satelliti di Giove: Io, Europa, Ganimede e Callisto.

▶ Supponendo che le loro orbite siano circolari, completa la seguente tabella.

Satellite	Distanza media da Giove (km)	Periodo orbitale (giorni)
Io	$4{,}22 \cdot 10^5$	1,77
Europa	$6{,}71 \cdot 10^5$	
Ganimede	$1{,}07 \cdot 10^6$	
Callisto	$1{,}88 \cdot 10^6$	

31 Con quale velocità deve essere lanciato un oggetto dalla stazione spaziale orbitale affinché cada verticalmente sulla Terra?

32 Un satellite orbita attorno a un pianeta di massa M su un'orbita circolare di raggio r.

▶ Determina l'espressione della sua velocità angolare.

33 QUESITO FAI UN'IPOTESI Se prolungata nel tempo, la condizione di assenza apparente di peso provoca inconvenienti fisiologici agli astronauti. Una missione su Marte prevede un viaggio di oltre due anni.

▶ Come potresti ricreare una condizione di gravità nella sonda spaziale?

34 QUESITO LEGGI IL GRAFICO Considera i grafici mostrati nella figura.

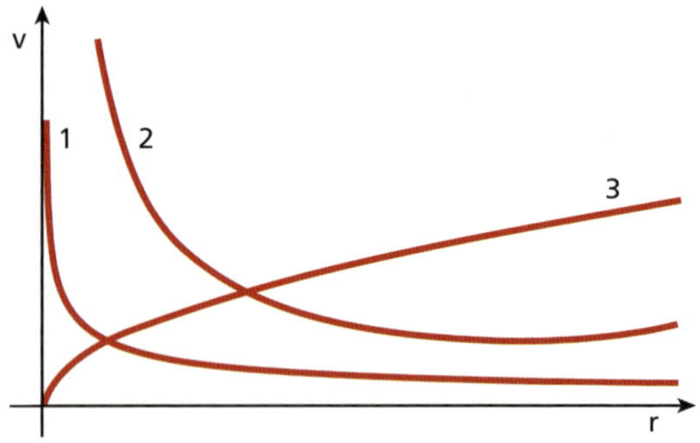

▶ Quale di essi può rappresentare l'andamento della velocità v di un satellite al variare del raggio r della sua orbita? Giustifica la risposta.

35 Durante una missione sul suolo lunare, Alan Shepard, nel 1971, lanciò una pallina da golf, con un angolo di 30° rispetto all'orizzontale, che ricadde dopo 400 m. Supponi che un lancio orizzontale con la stessa velocità totale venga effettuato su un asteroide di densità uguale a quella lunare ($3{,}34 \cdot 10^3$ kg/m^3).

▶ Quale massa deve avere l'asteroide perché il lancio metta in orbita la pallina?

[$3{,}2 \cdot 10^{17}$ kg]

5 L'energia potenziale gravitazionale

36 Una massa di 1 kg si trova ferma sulla superficie terrestre.

▶ Qual è la sua energia potenziale gravitazionale?

[$-6 \cdot 10^7$ J]

37 Un libro di massa 1,3 kg cade sul pavimento da un'altezza di 4,0 m.

▶ Qual è la sua variazione di energia potenziale gravitazionale?

[51 J]

38 PROBLEMA **L'energia di WMAP**
#energiapotenziale

Il satellite WMAP orbita a $1{,}5 \cdot 10^6$ km dalla Terra, in posizione opposta al Sole per compiere misurazioni sull'origine dell'Universo. La sua massa è 830 kg.

▶ Calcola l'energia potenziale del sistema WMAP-Terra.

LA SITUAZIONE FISICA E IL MODELLO

L'energia potenziale $U = -GmM/r$ è una proprietà di un sistema di corpi, in questo caso formato dalla Terra e dal satellite.

LA RISOLUZIONE

1. L'energia potenziale del sistema è

$$U = -G\frac{mM_T}{r}$$

I DATI E IL RISULTATO

$G = 6{,}67 \cdot 10^{-11}$ N·m²/kg²
$M_T = 5{,}98 \cdot 10^{24}$ kg
$R_T = 6{,}38 \cdot 10^{6}$ m
$m = 8{,}3 \cdot 10^{2}$ kg
$r = 1{,}5 \cdot 10^{6}$ km $= 1{,}5 \cdot 10^{9}$ m

$$U = -(6{,}67 \cdot 10^{-11}\ \text{N·m}^2/\text{kg}^2)\frac{(8{,}3 \cdot 10^{2}\ \text{kg})(5{,}98 \cdot 10^{24}\ \text{kg})}{1{,}5 \cdot 10^{9}\ \text{m}} = -2{,}2 \cdot 10^{8}\ \text{J}$$

39 **PROBLEMA SIMILE**
Supponi che il satellite WMAP disti $151{,}5 \cdot 10^{6}$ km dal Sole ($m_S = 2{,}0 \cdot 10^{30}$ kg).
▶ Calcola l'energia potenziale gravitazionale del sistema WMAP-Sole. [$-7{,}3 \cdot 10^{11}$ J]

40 La Terra orbita intorno al Sole ($m_S = 2{,}0 \cdot 10^{30}$ kg).
▶ Calcola l'energia potenziale gravitazionale del sistema Terra-Sole. [$-5{,}3 \cdot 10^{33}$ J]

41 Un corpo di 10 kg viene portato dalla superficie terrestre fino a un'altezza di 1000 km.
▶ Calcola il lavoro compiuto sul corpo dalla forza di gravità. [$8{,}5 \cdot 10^{7}$ J]

42 La Terra orbita intorno al Sole ($m_S = 2{,}0 \cdot 10^{30}$ kg) lungo una traiettoria ellittica. Al perielio essa dista $1{,}471 \cdot 10^{8}$ km dal Sole mentre all'afelio dista $1{,}521 \cdot 10^{8}$ km.
▶ Di quanto varia l'energia potenziale del sistema Terra-Sole quando la Terra passa dall'afelio al perielio?
▶ Come cambia l'energia cinetica totale del sistema? [$-1{,}77 \cdot 10^{32}$ J; $1{,}77 \cdot 10^{32}$ J]

43 Un satellite di $3{,}5 \cdot 10^{2}$ kg si trasferisce da un'orbita con raggio di $6{,}7 \cdot 10^{6}$ m a un'orbita con raggio di $6{,}9 \cdot 10^{6}$ m.
▶ Calcola la variazione della sua energia potenziale. [$6{,}0 \cdot 10^{8}$ J]

44 Calcola il lavoro necessario per portare 19 t di rifornimenti alla Stazione Spaziale Internazionale, in orbita a 380 km dalla Terra. [$6{,}7 \cdot 10^{10}$ J]

45 Il giorno marziano dura 24 h e 39 min. Una sonda di massa $2{,}01 \cdot 10^{3}$ kg viene immessa in un'orbita stazionaria attorno a Marte.
▶ Qual è l'energia potenziale gravitazionale della sonda?
▶ Calcola l'energia cinetica della sonda. [−4,2 GJ; 2,1 GJ]

46 Dimostra che l'energia potenziale di un corpo di massa m in prossimità del livello del mare può essere calcolata mediante la formula $U = -mgR_T$, dove $g = 9{,}8$ m/s² e R_T è il raggio terrestre.

6 Conservazione dell'energia, velocità di fuga e buchi neri

47 Quale raggio dovrebbero avere la Terra e il Sole ($m_S = 2{,}0 \cdot 10^{30}$ kg) per trasformarsi in buchi neri? [9 mm; 3 km]

48 **PROBLEMA** **L'energia totale dell'astronauta**
#energiatotalesatellite

Un astronauta di 80 kg fa parte dell'equipaggio della Stazione Spaziale Internazionale.
▶ Calcola la sua energia totale in orbita a un'altezza $h = 4{,}0 \cdot 10^{2}$ km.

LA SITUAZIONE FISICA E IL MODELLO

L'energia meccanica totale di un oggetto in orbita attorno alla Terra si può determinare a partire dalla conoscenza della sua energia potenziale gravitazionale:

$$E = -\frac{1}{2}U \quad \Rightarrow \quad E = -\frac{1}{2}G\frac{mM_T}{r}$$

LA RISOLUZIONE

1. Il raggio dell'orbita è

$$r = R_T + h$$

2. L'energia totale dell'astronauta è

$$E = -\frac{1}{2}G\frac{mM_T}{R_T + h}$$

I DATI E IL RISULTATO

$G = 6{,}7 \cdot 10^{-11}\ \text{N}\cdot\text{m}^2/\text{kg}^2$

$M_T = 6{,}0 \cdot 10^{24}\ \text{kg}$

$R_T = 6{,}4 \cdot 10^{6}\ \text{m}$

$m = 80\ \text{kg}$

$h = 4{,}0 \cdot 10^{2}\ \text{km} = 4{,}0 \cdot 10^{5}\ \text{m}$

$$E = -\frac{1}{2}(6{,}7 \cdot 10^{-11}\ \text{N}\cdot\text{m}^2/\text{kg}^2)\frac{(80\ \text{kg})(6{,}0 \cdot 10^{24}\ \text{kg})}{6{,}4 \cdot 10^{6}\ \text{m} + 4{,}0 \cdot 10^{5}\ \text{m}} = -2{,}4 \cdot 10^{9}\ \text{J}$$

HA SENSO?

Il fatto che l'energia totale di un corpo in orbita intorno a un altro corpo è sempre negativa, significa che i due corpi costituiscono un sistema legato, in quanto occorre fornire energia per portarli a distanza infinita. Infatti, l'energia totale minima che possiedono i due corpi portati a distanza infinita è quella di due corpi fermi, per cui il suo valore è nullo.

49 PROBLEMA SIMILE

La Stazione Spaziale Internazionale ha massa $m = 420$ t.

► Qual è la sua energia totale? [$-1{,}2 \cdot 10^{13}$ J]

50 La Terra ruota attorno al Sole ($m_S = 2{,}0 \cdot 10^{30}$ kg) su un'orbita di $1{,}5 \cdot 10^{8}$ km.

► Determina l'energia totale della Terra. [$-2{,}7 \cdot 10^{33}$ J]

51 Verifica che la velocità di un corpo in orbita intorno a un pianeta è sempre minore della velocità di fuga dal pianeta.

52 La sonda Voyager, quando si è trovata a una distanza dal Sole pari a 9 UA (1 UA = $1{,}5 \cdot 10^{11}$ m), è stata indirizzata fuori dal Sistema Solare.

► Considera la sola attrazione del Sole e calcola la velocità che doveva avere per lasciare definitivamente il Sistema Solare. [$1{,}4 \cdot 10^{4}$ m/s]

53 PROBLEMA SU PIÙ CONCETTI **La Stazione Spaziale Internazionale precipita!**
#energiatotalesatellite #forzenonconservative

In una comunicazione della NASA si legge: «In January 2009, the altitude [of International Space Station] was 340 kilometers. By March it has lost 8 kilometers». La causa è l'attrito con l'alta atmosfera. La massa della stazione è 420 t.

► Calcola l'energia dissipata per attrito.

LA SITUAZIONE FISICA E IL MODELLO

L'energia totale di un satellite dipende dal raggio della sua orbita. Poiché è negativa, se il raggio dell'orbita diminuisce, anche l'energia del satellite diminuisce, pur aumentando la sua energia cinetica.

LA RISOLUZIONE

1. Energia totale di un satellite di massa m a un'altezza h:

$$E = -\frac{1}{2} G \frac{mM_T}{R_T + h}$$

2. Variazione dell'energia totale passando dalla quota h_i alla quota h_f:

$$\Delta E = -\frac{1}{2} G \frac{mM_T}{R_T + h_i} + \frac{1}{2} G \frac{mM_T}{R_T + h_i}$$

$$= \frac{1}{2} GmM_T \frac{h_i - h_f}{(R_T + h_f)(R_T + h_i)}$$

3. Entro due cifre significative si ha

$$R_T + h_i = R_T + h_f$$

quindi

$$\Delta E \approx \frac{1}{2} GmM_T \frac{h_i - h_f}{(R_T + h_i)^2} = 1{,}5 \cdot 10^{10}\ \text{J}$$

54 Considera il risultato del problema precedente. Supponi che la modifica dell'orbita della Stazione Spaziale Internazionale sia avvenuta in 60 giorni.

▶ Stima l'intensità della resistenza aerodinamica esercitata dall'atmosfera sulla Stazione. [0,4 N]

55 Lo Shuttle era una navicella spaziale che veniva immessa in orbita mediante un razzo e che poteva rientrare in modo autonomo sulla Terra atterrando su una pista. Uno Shuttle di $8 \cdot 10^4$ kg orbitava a una velocità di circa 28000 km/h. Le manovre per rientrare sulla Terra duravano circa 30 min, durante i quali la navicella era frenata solo dalla resistenza aerodinamica dell'atmosfera.

▶ Stima la potenza che veniva dissipata per attrito. [$1{,}3 \cdot 10^9$ W]

56 QUESITO TROVA IL MODELLO Durante una missione extraveicolare fuori da uno Shuttle che orbitava a 400 km di altezza, un'astronauta si fece sfuggire uno zaino di 14 kg contenente attrezzi.

▶ Lo zaino continuò a orbitare attorno alla Terra vicino allo Shuttle o cadde verso Terra?

57 Sulla Luna ($m_L = 7{,}3 \cdot 10^{22}$ kg; $r_L = 1{,}7 \cdot 10^3$ km) un oggetto viene inizialmente sparato verso l'alto, dopo di che la sua traiettoria viene corretta solo tramite spinte perpendicolari alla traiettoria, al fine di portarlo su un'orbita circolare a un'altezza di 250 km.

▶ Calcola la velocità iniziale. [$1{,}8 \cdot 10^3$ m/s]

58 Considera un buco nero con una massa pari a quella di Marte.

▶ Qual è il suo raggio di Schwarzschild? [$9{,}5 \cdot 10^{-4}$ m]

59 Un proiettile viene lanciato verticalmente dalla superficie terrestre con una velocità iniziale uguale a quella di fuga.

▶ Calcola la velocità del proiettile quando si trova a un'altezza uguale al raggio terrestre. [7,9 km/s]

60 Sulla superficie di un pianeta di raggio R_p l'accelerazione di gravità è g_p.

▶ Dimostra che la velocità di fuga dal pianeta è

$$v_f = \sqrt{2 g_p R_p}$$

7 Le leggi di Newton e le leggi di Keplero

61 PROBLEMA **Un telescopio in orbita**
#terzaleggeKeplero

Il telescopio Hubble orbita intorno alla Terra a un'altezza di circa 560 km.

▶ Quanto tempo impiega a percorrere un'orbita?

LA SITUAZIONE FISICA E IL MODELLO

La terza legge di Keplero vale anche nel caso di satelliti terrestri: basta sostituire la massa del Sole con quella della Terra.

LA RISOLUZIONE

1. Sostituendo la massa del Sole con quella della Terra, la terza legge di Keplero vale anche per i satelliti terrestri:

$$\frac{r^3}{T^2} = G\frac{M_T}{4\pi^2}$$

2. Il periodo orbitale è quindi

$$T = \sqrt{\frac{4\pi^2 r^3}{GM_T}}$$

I DATI E IL RISULTATO

$G = 6{,}7 \cdot 10^{-11}\ \text{N·m}^2/\text{kg}^2$

$M_T = 6{,}0 \cdot 10^{24}$ kg

$R_T = 6{,}4 \cdot 10^6$ m

$h = 5{,}6 \cdot 10^2\ \text{km} = 5{,}6 \cdot 10^5$ m

$r = R_T + h = 7{,}0 \cdot 10^6$ m

$$T = \sqrt{\frac{4(3{,}14)^2(7{,}0 \cdot 10^6\ \text{m})^3}{(6{,}7 \cdot 10^{-11}\ \text{N·m}^2/\text{kg}^2)(6{,}0 \cdot 10^{24}\ \text{kg})}} = 5{,}8 \cdot 10^3\ \text{s} \approx 97\ \text{min}$$

COSA SUCCEDE SE

Se non si ricorda la costante della terza legge di Keplero, il problema può essere risolto a partire dalla conoscenza del periodo orbitale e della distanza di un altro satellite (per esempio la Luna) dalla Terra: infatti il rapporto del quadrato dei rispettivi periodi orbitali è uguale al rapporto dei cubi delle rispettive distanze.

62 **PROBLEMA SIMILE**
La stazione spaziale americana Skylab orbitava a un'altezza di 440 km.
▶ Dal confronto con il periodo orbitale del telescopio Hubble, determina il periodo orbitale di Skylab. [94 min]

63 Un'astronave orbita intorno al Sole a una distanza di $83 \cdot 10^6$ km.
▶ Dal confronto con il periodo di rivoluzione della Terra intorno al Sole, determina il periodo di rivoluzione dell'astronave espresso in giorni. [150 giorni]

64 Europa è un satellite di Giove (massa $1{,}9 \cdot 10^{27}$ kg) che si muove su un'orbita di raggio $6{,}7 \cdot 10^5$ km.
▶ Calcola il periodo orbitale di Europa. [$3{,}1 \cdot 10^5$ s]

65 Un satellite *A* percorre un'orbita circolare intorno alla Terra a una distanza dalla superficie uguale al raggio della Terra. Un satellite *B* percorre un'orbita circolare intorno alla Terra a una distanza dalla superficie uguale al doppio del raggio della Terra.
▶ Confronta i periodi dei due satelliti. [$T_A/T_B = (8/27)^{1/2}$]

66 Nel 1969 l'Apollo 8 fu messo in orbita intorno alla Luna a un'altezza di $1{,}10 \cdot 10^2$ km rispetto alla sua superficie. La Luna ha un raggio di $1{,}74 \cdot 10^3$ km e il periodo orbitale dell'Apollo 8 era di 1 h 59 min.
▶ Calcola la massa della Luna. [$7{,}35 \cdot 10^{22}$ kg]

67 Nel 2007 è stato scoperto un satellite di Saturno, denominato Tarqeq. Il satellite orbita attorno a Saturno con un periodo di 895 giorni. La massa di Saturno è $5{,}7 \cdot 10^{26}$ kg.
▶ Quanto vale la lunghezza del semiasse maggiore dell'orbita di Tarqeq? [$1{,}8 \cdot 10^{10}$ m]

68 **QUESITO** **ARGOMENTA** Dimostra che la terza legge di Keplero può essere così formulata: la velocità di un pianeta in un'orbita circolare è inversamente proporzionale alla radice quadrata del raggio.

PROBLEMI FINALI

69 Eruzioni di ghiaccio

Nel febbraio 2010 la sonda Cassini, che orbita attorno a Saturno, ha fotografato, come mostra l'immagine, violenti getti di finissimi cristalli di ghiaccio emessi dalla superficie di Encelado, una luna di Saturno che ha un raggio di $5{,}0 \cdot 10^2$ km e una massa di $8{,}6 \cdot 10^{19}$ kg.

- ▶ Calcola l'accelerazione di gravità sulla superficie di Encelado.
- ▶ Calcola la velocità di fuga da Encelado. [$0{,}023$ m/s^2; $1{,}5 \cdot 10^2$ m/s]

ciclops.org

70 L'energia potenziale del Sole

L'energia potenziale gravitazionale di un corpo sferico omogeneo di massa M e raggio R è

$$U = -\frac{3}{5}\frac{GM^2}{R}$$

Considera il Sole come una sfera omogenea di raggio $R = 7 \cdot 10^8$ m e massa $2 \cdot 10^{30}$ kg.

- ▶ Stima l'energia potenziale del Sole. [$-2 \cdot 10^{41}$ J]

71 L'origine dell'energia del Sole

Inizialmente la materia che forma il Sole era dispersa nello spazio: la sua energia potenziale era nulla. Alla fine del processo di contrazione, l'energia potenziale del Sole ha il valore negativo calcolato nel problema precedente. Poiché l'energia si conserva, alla fine dell'Ottocento si riteneva che l'energia mancante fosse proprio quella che il Sole ha irraggiato nel corso dei suoi 4,5 miliardi di anni di vita.

- ▶ Se questa supposizione fosse vera, quale sarebbe la potenza media emessa dal Sole?

Confronta il dato ottenuto con la potenza effettiva irraggiata dal Sole, che è $4 \cdot 10^{26}$ W.

- ▶ Che cosa puoi concludere? [$1 \cdot 10^{24}$ W]

72 Un accometaggio morbido

Il 12 novembre 2014 la sonda Philae si è posata sulla superficie della cometa Churyumov-Gerasimenko. Nella prima discesa, la piccolissima forza di gravità esercitata dalla cometa non ha trattenuto la sonda che è rimbalzata con una velocità di circa 38 cm/s. Muovendosi come un proiettile lanciato in direzione verticale, la sonda ha raggiunto un'altezza di circa 1 km, per poi cadere nuovamente verso la superficie cometaria.

- ▶ Stima l'accelerazione di gravità sulla superficie della cometa. [$7 \cdot 10^{-5}$ m/s^2]

73 Comete sul Sole

Le comete sono corpi celesti che percorrono orbite fortemente ellittiche attorno al Sole. Grazie al satellite SOHO si possono osservare comete, dette *sungrazing*, che passano così vicino al Sole da essere distrutte. Tale sorte è capitata a una cometa osservata nel gennaio del 2010 (indicata dalla scia chiara in basso a sinistra nella sequenza di immagini). Il perielio di questa cometa sarebbe stato di 0,005 UA (1 UA = $1{,}5 \cdot 10^8$ km); il suo afelio era invece collocato nella Nube di Oort, che dista mediamente $6 \cdot 10^4$ UA dal Sole. Nell'afelio è noto che tale cometa aveva una velocità trascurabile.

- ▶ Calcola la velocità che aveva la cometa in prossimità del Sole ($m_S = 2{,}0 \cdot 10^{30}$ kg). [$6 \cdot 10^5$ m/s]

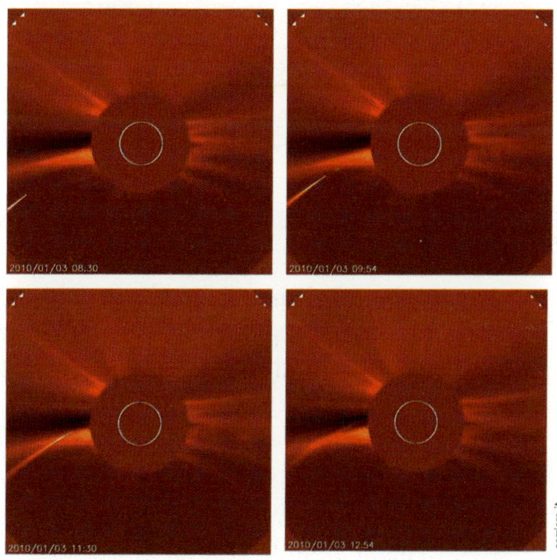

corriere.it

74 Il nostro buco nero

La stella S2 orbita attorno al buco nero SgrA* posto al centro della nostra Galassia. Il raggio dell'orbita è 1030 UA (1 UA = $1{,}5 \cdot 10^{11}$ m) e il periodo di rivoluzione è 15,9 anni.

- ▶ Calcola la massa di SgrA*.
- ▶ Esprimi la massa in termini di masse solari ($m_S = 2{,}0 \cdot 10^{30}$ kg). [$8{,}7 \cdot 10^{36}$ kg; $4{,}3 \cdot 10^6$ m_S]

75 **Dalla Terra alla Luna**

Sulla superficie terrestre l'accelerazione di gravità è 9,8 m/s^2. Il raggio dell'orbita lunare è 60 volte il raggio terrestre.

▶ Determina l'accelerazione centripeta della Luna. [$2{,}7 \cdot 10^{-3}$ m/s^2]

76 **Icarus**

L'asteroide 1566 Icarus è un corpo celeste di circa 1,5 km di diametro che orbita attorno al Sole su una ellisse molto schiacciata. La sua distanza dal Sole passa da 0,19 UA nel punto più vicino (perielio) a 1,97 UA nel punto più lontano (afelio). Il semiasse maggiore dell'orbita è la media aritmetica delle distanze di afelio e perielio.

▶ Calcola la lunghezza del semiasse maggiore.

▶ Calcola il periodo orbitale in giorni terrestri. [1,08 UA; circa 410 giorni]

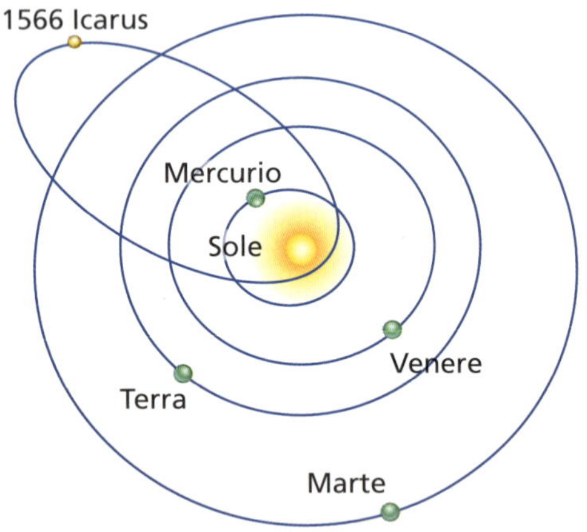

77 **Dimensioni dei crateri lunari e massa degli asteroidi**

I crateri lunari si sono formati a seguito dell'impatto di asteroidi provenienti da grandissima distanza. Si valuta che, per formare un cratere di diametro d (in metri), un asteroide deve avere un'energia cinetica (in joule) pari a $4 \cdot 10^6 d^3$. Supponi che l'asteroide abbia impattato la superficie con la velocità di fuga dalla Luna ($m_L = 7{,}3 \cdot 10^{22}$ kg; $r_L = 1{,}7 \cdot 10^3$ km).

▶ Calcola la massa dell'asteroide che ha formato un cratere di diametro $d = 100$ m. [$1{,}4 \cdot 10^6$ kg]

78 **Il pianeta con gli anelli**

Gli anelli di Saturno sono formati da piccole particelle che orbitano attorno al pianeta. Da Terra si è misurato che le particelle, distanti dal centro di Saturno $1{,}35 \cdot 10^5$ km, orbitano a una velocità di 17 km/s.

▶ Calcola la massa di Saturno. [$5{,}8 \cdot 10^{26}$ kg]

ciclops.org

79 **L'asteroide Cerere**

Nel 1801 l'astronomo Giuseppe Piazzi scoprì un asteroide che denominò Cerere. Oggi sappiamo che Cerere orbita fra Marte e Giove, ha una massa di $(9{,}43 \pm 0{,}07) \cdot 10^{20}$ kg e un raggio medio che vale $(4{,}70 \pm 0{,}04) \cdot 10^5$ m.

▶ Determina l'intervallo di valori dell'accelerazione gravitazionale g_C sulla superficie di Cerere compatibili con i dati osservativi. [$0{,}278$ m/s$^2 < g_C < 0{,}292$ m/s^2]

80 **La cometa più famosa**

La cometa di Halley si muove attorno al Sole lungo un'orbita ellittica che percorre in 75,8 anni.

▶ Calcola la lunghezza del semiasse maggiore dell'orbita.

La minima distanza dal Sole a cui arriva la cometa di Halley è 0,596 UA.

▶ Calcola la sua massima distanza dal Sole in UA.

Nel punto più vicino al Sole la velocità della cometa è 54,5 km/s.

▶ Calcola la sua velocità nel punto più lontano. [$2{,}68 \cdot 10^{12}$ m; 35,2 UA; 923 m/s]

81 **Una strana forza di gravità**

Supponi che un corpo di massa m stia ruotando attorno a un centro di forza fisso C lungo un'orbita circolare di raggio R. La forza che lo attrae dipende dall'inverso della distanza da C secondo la legge $F = a/R$.

▶ Dimostra che la velocità del corpo non dipende da R.

▶ Dimostra che il periodo di rivoluzione cresce linearmente con R.

82 PROVA ESPERTA **SOHO: un osservatorio solare attorno al punto lagrangiano L1**

SOHO (SOlar and Heliospheric Observatory) è un satellite dell'ESA (European Space Agency) che tiene sotto costante osservazione i fenomeni altamente energetici che avvengono sulla superficie solare. SOHO orbita attorno a un punto, detto *punto lagrangiano* L_1, che dista $r = 1{,}5 \cdot 10^9$ m dalla Terra e che si muove in modo tale da rimanere sempre fra il Sole e la Terra. Per semplicità, supponi che SOHO sia esattamente in L_1. Indica con M la massa del Sole, con m la massa della Terra e con v la velocità di SOHO. La distanza Terra-Sole è $R + r = 1{,}495 \cdot 10^{11}$ m. Il periodo di rivoluzione di SOHO attorno al Sole è $T = 2\pi R/v$.

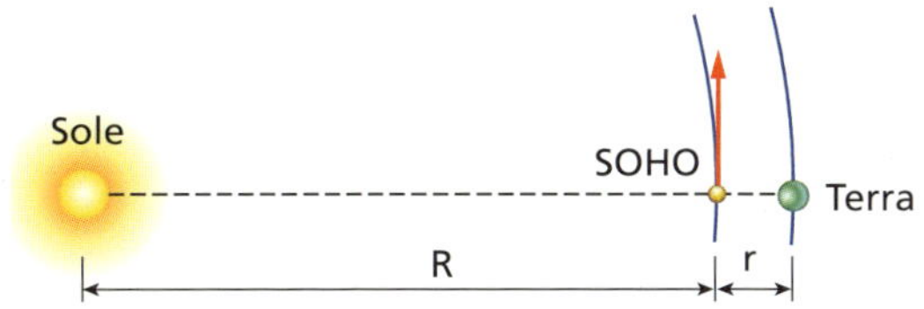

▶ **TROVA IL MODELLO** Dimostra che la velocità di SOHO è legata alla distanza dalla Terra dalla relazione

$$v^2 = G\frac{M}{R} - G\frac{mR}{r^2}$$

▶ **SPIEGA PERCHÉ** Perché deve essere $T = 3{,}15 \cdot 10^7$ s, cioè esattamente pari a un anno terrestre?

▶ **ARGOMENTA** Verifica che i valori di R e r devono soddisfare l'equazione

$$\left(\frac{2\pi R}{3{,}15 \cdot 10^7\ \text{s}}\right)^2 = G\frac{M}{R} - G\frac{mR}{r^2}$$

TEST

1 La formula

$$F = G\frac{Mm}{r^2}$$

esprime la legge della gravitazione universale (o di Newton). Tra le seguenti affermazioni *una sola* è *errata*. Quale di esse?

A G non dipende dal sistema delle unità di misura usato.
B G non dipende dalla porzione di universo in cui le masse M e m sono localizzate.
C F è direttamente proporzionale al prodotto delle masse.
D F è direttamente proporzionale alla massa m.
E F è inversamente proporzionale al quadrato della distanza r.

(Ammissione a Odontoiatria, 2005/2006)

2 Un cosmonauta «galleggia» senza sforzo all'interno di una stazione spaziale che orbita intorno alla Terra a velocità angolare costante. Questo avviene principalmente perché:

A è sufficientemente lontano dalla Terra da non risentire dell'attrazione di gravità terrestre.
B la sua accelerazione centripeta è uguale a quella della stazione spaziale.
C essendo la sua velocità costante, la sua accelerazione è nulla, quindi per il secondo principio della dinamica non è soggetto a forze esterne.
D si muove all'interno di un veicolo ad atmosfera compensata nel quale la pressurizzazione è tale da equilibrare la forza gravitazionale.
E la stazione spaziale viene in realtà fatta ruotare sul suo asse per compensare la forza di attrazione gravitazionale della Terra.

(Ammissione a Odontoiatria, 2012/2013)

3 Un satellite che percorre con velocità costante v_0 un'orbita stabile circolare a distanza R dal centro della Terra, viene fatto frenare più volte e immesso in un'orbita circolare stabile a distanza inferiore pari a $0{,}8R$. Della velocità con cui percorre la nuova orbita possiamo dire che:

A è più grande di v_0 perché la forza centripeta (e quindi centrifuga) è maggiore.
B è sicuramente inferiore a v_0 a causa delle frenate.
C è rimasta la stessa perché l'energia cinetica si conserva.
D è rimasta la stessa perché l'energia potenziale si conserva.
E è nulla.

(Ammissione a Veterinaria, 2005/2006)

4 Se il pianeta Terra improvvisamente raddoppiasse il suo raggio mantenendo la stessa densità, cosa succederebbe al peso di un corpo, misurato sulla superficie del pianeta?

A Rimarrebbe costante.
B Si dimezzerebbe.
C Si raddoppierebbe.
D Diventerebbe un quarto.
E Si quadruplicherebbe.

(Ammissione a Veterinaria, 2012/2013)

SEI PRONTO PER LA VERIFICA?

IN 1 ORA

1 Stima l'intensità della forza con cui una persona di 60 kg attrae il Sole.

(Dati: $M_S = 2 \cdot 10^{30}$ kg, $d_{TS} = 1{,}5 \cdot 10^8$ km.)

[0,4 N] ..... / 20

2 Molti satelliti si muovono su orbite ellittiche in cui la Terra occupa uno dei fuochi. I punti dell'orbita rispettivamente più vicino e più lontano dal fuoco centro della Terra si dicono perigeo e apogeo.

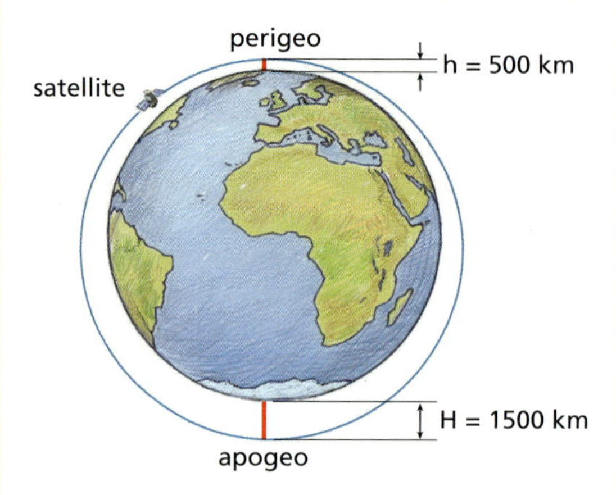

L'orbita di un satellite prevede il perigeo a $h = 500$ km e l'apogeo a $H = 1500$ km dalla superficie terrestre (diametro terrestre $d = 1{,}28 \cdot 10^4$ km).

▶ Calcola il periodo dell'orbita in minuti. [105 min] ..... / 20

3 Il 20 luglio 1969 gli astronauti Neil Armstrong e Edwin Aldrin furono i primi uomini a scendere sulla Luna. Essi «allunarono» utilizzando una particolare navicella, il modulo lunare, mentre Mike Collins nel modulo di comando orbitava attorno alla Luna all'altezza $h = 110$ km.

a Qual era il periodo orbitale del modulo di comando? ..... / 15

b Spiega perché non è possibile mantenere un satellite in orbita attorno alla Terra a soli 100 km dalla superficie. ..... / 15

La Luna ruota attorno al proprio asse con velocità angolare bassissima, per cui è molto piccola anche la velocità tangenziale sulla sua superficie. Nel punto in cui avvenne l'allunaggio tale velocità è circa 4 m/s.

Al termine della missione sulla Luna, Armstrong e Aldrin utilizzarono il modulo lunare per raggiungere il modulo di comando in orbita. La massa complessiva del modulo lunare era $m = 4{,}9$ t.

c Qual era il peso del modulo lunare sulla superficie della Luna? ..... / 15

d Calcola l'energia erogata dai motori del modulo lunare per raggiungere il modulo di comando. ..... / 15

[2 h; 8,3 kN; $7{,}3 \cdot 10^9$ J]

TOTALE .... / 100

CAPITOLO

7

DINAMICA DEI FLUIDI

1 Richiami di statica dei fluidi

I liquidi e i gas non hanno una forma propria e scorrono con facilità: per questo sono detti **fluidi** (dal latino *fluere* che significa scorrere). La *statica dei fluidi* studia le proprietà dei fluidi in quiete all'interno di contenitori fermi. La grandezza fondamentale nello studio dei fluidi è la pressione.

La pressione nei fluidi

La **pressione** p esercitata da una forza $\vec{F}$ che agisce in direzione perpendicolare a una superficie di area A è il rapporto

$$p = \frac{F}{A}$$

#pressione

La pressione è una grandezza scalare perché è il rapporto tra due scalari: il modulo della forza e l'area della superficie. L'unità di misura della pressione è newton su metro quadro (N/m^2) ed è chiamata pascal (Pa): 1 Pa è la pressione esercitata da una forza di 1 N che agisce su una superficie di 1 m^2:

$$1\ \text{Pa} = \frac{1\ \text{N}}{1\ \text{m}^2}$$

Una pressione di 1 Pa è molto piccola: corrisponde circa alla pressione esercitata da due fogli sovrapposti di carta da cucina (ciascuno di massa 2 g e dimensioni 20 cm × 20 cm) appoggiati su un tavolo:

FISICA QUOTIDIANA
Pressioni in cucina

$$p = \frac{F}{A} = \frac{mg}{l^2} = \frac{(0{,}004\ \text{kg})(9{,}8\ \text{N/kg})}{(0{,}2\ \text{m})^2} \approx 1\ \text{Pa}$$

I fluidi esercitano forze e quindi pressioni sulle superfici a contatto con essi: per esempio, quando ci immergiamo in mare o in piscina percepiamo la pressione dell'acqua sui timpani, che sono sottilissime membrane poste in fondo al condotto uditivo esterno.

In generale:

- la forza esercitata su una superficie dalla pressione del fluido agisce solo in direzione perpendicolare alla superficie;
- in ogni punto del fluido la pressione è la stessa in tutte le direzioni.

Il principio di Pascal

FISICA QUOTIDIANA
La pompa della bicicletta

Gonfiando la gomma di una bicicletta, spingiamo lo stantuffo della pompa e aumentiamo la pressione dell'aria al suo interno. L'aumento di pressione si propaga fino all'altro estremo della pompa che è connesso alla valvola della bicicletta. Quando la pressione è sufficiente a far abbassare la valvola, l'aria passa dall'interno della pompa alla camera d'aria.

Milan Vosicek/Shutterstock

In generale, quando sono sottoposti a una pressione esterna i fluidi reagiscono secondo quanto enunciato dal **principio di Pascal**:

una pressione esterna esercitata su una superficie a contatto con un fluido si trasmette invariata a tutto il fluido.

Gravità e pressione: la legge di Stevino

Nei liquidi la pressione aumenta con la profondità perché anche questi, come tutti i corpi, sono sottoposti all'attrazione gravitazionale. In un fluido in quiete, infatti, ogni strato grava col suo peso sugli strati sottostanti: questa forza genera una pressione all'interno del fluido detta **pressione idrostatica**.

La pressione idrostatica cresce con la profondità perché il peso del fluido sovrastante aumenta. La gravità provoca quindi una variazione di pressione all'interno del fluido.

Per i fluidi incomprimibili, come i liquidi, vale la **legge di Stevino**:

alla profondità h, la pressione dovuta al peso di un fluido di densità ρ è

#Stevino

$$p = \rho g h \qquad (1)$$

DENTRO LA FORMULA

- La costante g è l'accelerazione di gravità: come era prevedibile, in assenza di gravità ($g = 0$ m/s^2) il liquido non esercita alcuna pressione.
- La densità ρ di un liquido è praticamente costante perché il volume di un liquido non cambia in modo apprezzabile al variare della pressione.
- La pressione non dipende dalla forma del recipiente ma solo dalla profondità.

Comunemente, sulla superficie libera dei liquidi agisce una pressione esterna p_0. Per il principio di Pascal questa pressione si trasmette invariata in tutto il liquido e si addiziona alla pressione idrostatica presente in esso. In questi casi la legge di Stevino assume la forma

$$p = p_0 + \rho g h$$

In genere la pressione sulla superficie libera dei liquidi è la **pressione atmosferica**, cioè la pressione esercitata dall'aria in cui siamo immersi. L'effettivo valore della pressione atmosferica in un luogo dipende dalle condizioni dell'atmosfera in quel preciso istante. In condizioni meteorologiche standard, la pressione atmosferica è

$$p_{\mathrm{atm}} = 1{,}013 \cdot 10^5\ \mathrm{Pa}$$

→ **PROBLEMA** Leggi il manometro • pag. 313
#Stevino

La spinta idrostatica

I corpi immersi nei liquidi ricevono sempre una spinta verso l'alto, detta **spinta idrostatica**.

Esperienze facili da realizzare lo confermano. Per tenere immersa nell'acqua una pallina da ping-pong bisogna esercitare una forza verso il basso al fine di contrastare la spinta idrostatica.

Anche i corpi che affondano ricevono una spinta verso l'alto.

Questo spiega perché gli ippopotami, che si muovono sulla terra ferma in modo piuttosto impacciato, sott'acqua appaiono eleganti e fluidi nei movimenti. Quando sono immersi, il loro peso reale è praticamente annullato dalla spinta idrostatica.

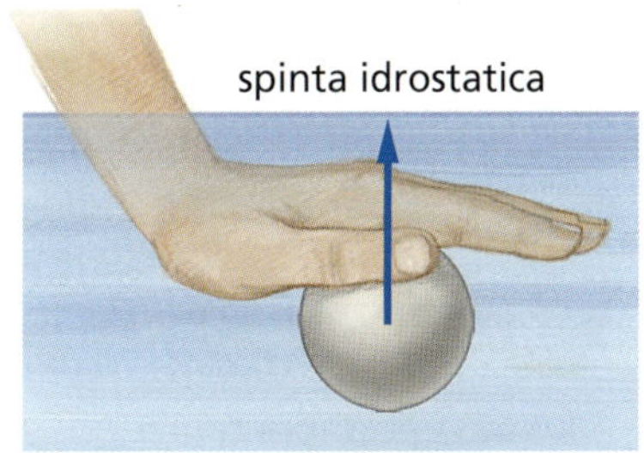

photobucket.com

SIMULAZIONE
Galleggiamento
(PhET, University of Colorado)

Nel III secolo a.C. Archimede comprese per primo le caratteristiche della spinta idrostatica e formulò per i liquidi un principio fondamentale, conosciuto come **principio di Archimede**:

> un corpo immerso in un liquido riceve una spinta verso l'alto pari al peso del liquido spostato.

Il principio di Archimede può essere formulato sotto forma di legge quantitativa valida per tutti i fluidi:

> la spinta idrostatica $\vec{F}_{\mathrm{i}}$ su un corpo immerso per un volume V in un fluido di densità ρ è una forza diretta verso l'alto di intensità
>
> $$F_{\mathrm{i}} = \rho V g \qquad (2)$$
>
> uguale al peso del fluido spostato.

#Archimede

DENTRO LA FORMULA

La spinta idrostatica dipende:

- dalla densità del fluido e non da quella del corpo immerso in esso;
- dal volume della porzione del corpo immersa nel fluido e non dal volume totale del corpo.

Dal principio di Archimede deriva la condizione di galleggiamento di un corpo immerso in un fluido:

un oggetto immerso in un fluido galleggia quando la sua densità è minore o uguale a quella del fluido, mentre affonda quando la sua densità è maggiore di quella del fluido.

Il ferro ha una densità molto maggiore rispetto all'acqua, per cui un blocco omogeneo di ferro affonda.

Al contrario, una nave galleggia perché sposta con lo scafo una quantità di acqua che ha il suo stesso peso. Considerando tutti gli spazi vuoti al suo interno, la nave ha una densità totale minore di quella dell'acqua.

Nei pesci la vescica natatoria, piena di aria, contribuisce ad adattare la densità del corpo del pesce a quella dell'acqua in cui staziona, evitando che l'animale consumi energia per mantenere il galleggiamento.

PER ESEMPIO **Speriamo galleggi!**

Le navi portacontainer più grandi al mondo sono lunghe 400 m. Per semplicità supponi che a pieno carico la parte immersa dello scafo sia un parallelepipedo con dimensioni 400 m × 50 m × 15 m.

► Quanta spinta idrostatica riceve dall'acqua di mare?

Lo scafo immerso sposta un volume d'acqua

$$V_{im} = (400\ \text{m})(50\ \text{m})(15\ \text{m}) = 3 \cdot 10^5\ \text{m}^3$$

e riceve dall'acqua di mare (densità $1{,}03 \cdot 10^3$ kg/m^3) una spinta verso l'alto pari a

$$F_i = \rho_a V_{im}\, g = (1{,}03 \cdot 10^3\ \text{kg/m}^3)(3 \cdot 10^5\ \text{m}^3)(9{,}8\ \text{N/kg}) = 3 \cdot 10^9\ \text{N}$$

2 Fluidi in movimento

I moti dei fluidi possono essere molto complessi in virtù della loro facilità a scorrere. I moti più semplici da descrivere sono quelli che avvengono come flussi stazionari.

Szefei/Shutterstock

Flusso stazionario o laminare

Nel **flusso stazionario** la velocità delle particelle del fluido in ogni punto rimane costante nel tempo. In un flusso stazionario, punti diversi possono avere velocità diverse: però in ogni punto le particelle di fluido transitano sempre con la stessa velocità.

■ In un punto vicino all'argine il fluido ha velocità minore rispetto a un punto al centro del canale.

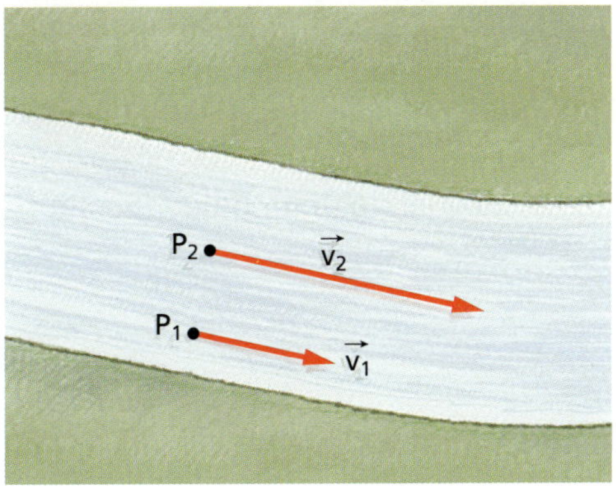

■ Le particelle di fluido passano per il punto *P* sempre con la stessa velocità, indipendentemente dal tempo.

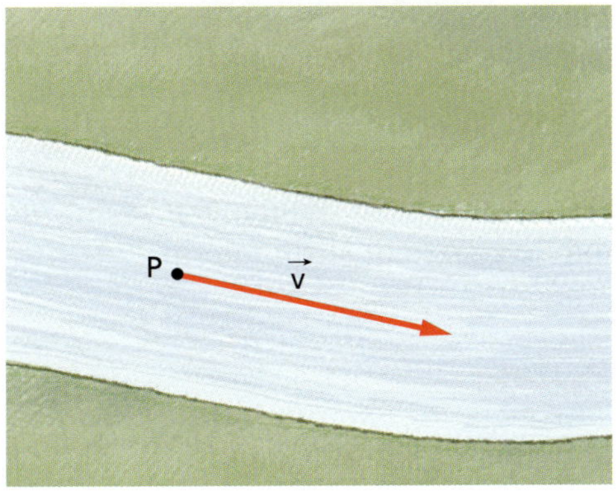

Le traiettorie delle particelle di un fluido che scorre con flusso stazionario si dicono **linee di flusso**. In ogni punto la velocità del liquido è tangente alla linea di flusso che passa per quel punto.

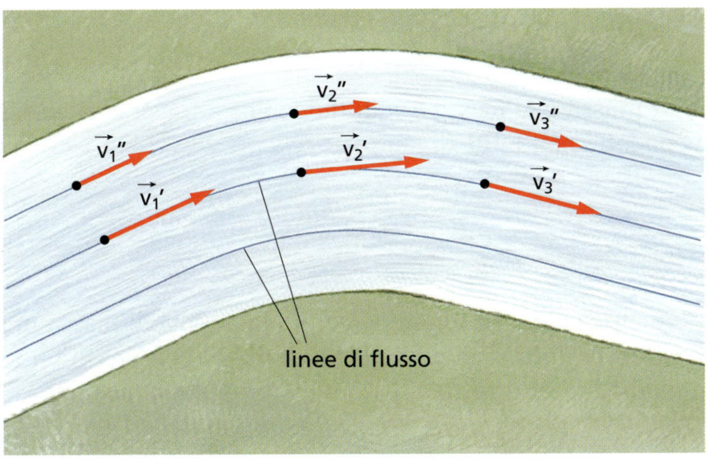

Le linee di flusso non si intersecano, perché in ogni punto il fluido può avere una sola velocità. Il flusso stazionario si dice anche **flusso laminare** proprio perché il fluido in moto sembra formato da «lamine» (strati) che non si intrecciano fra loro.

In molte situazioni il moto di un fluido cambia nel tempo e si dice quindi **non stazionario**. Un esempio di flusso non stazionario è il flusso sanguigno nelle nostre arterie, che è originato dell'attività cardiaca e quindi varia in relazione al battito del cuore.

Un flusso non stazionario è detto **turbolento** quando la velocità cambia in modo imprevedibile e caotico e nel fluido si formano e si dissolvono incessantemente percorsi circolari, detti **vortici**.

Nelle immagini seguenti vediamo due esempi di moto turbolento su scale molto diverse: a sinistra, una foto satellitare mostra una corrente marina che lambisce la costa del Golfo del Messico; a destra, il flusso d'aria turbolento creato dall'aereo è reso visibile da fumi colorati che salgono dal terreno.

Per semplicità, ci limitiamo a esaminare il flusso stazionario di un fluido incomprimibile e privo di attriti interni

Portata

Per studiare il flusso stazionario di un fluido attraverso un condotto si introducono le seguenti grandezze:

- la **portata volumetrica**, o semplicemente **portata**, è il volume di fluido ΔV che attraversa una sezione trasversale di un condotto nell'unità di tempo:

$$Q_V = \frac{\Delta V}{\Delta t}$$

- la **portata di massa** è la massa Δm di fluido che attraversa una sezione trasversale di un condotto nell'unità di tempo:

$$Q_m = \frac{\Delta m}{\Delta t}$$

La portata volumetrica si misura in m^3/s mentre la portata di massa in kg/s. Le due grandezze sono legate, infatti un volume ΔV di fluido con densità ρ ha una massa $\Delta m = \rho \Delta V$ e quindi

$$Q_m = \rho Q_V$$

PER ESEMPIO **La portata dei fiumi**

La portata di un fiume varia durante l'anno a causa della variabilità delle piogge. La portata media del Po è circa $1{,}5 \cdot 10^3$ m^3/s. Una piscina olimpionica lunga 50 m contiene $2{,}5 \cdot 10^3$ m^3 di acqua.

► In quanto tempo il più grande fiume d'Italia riempirebbe la piscina?

Possiamo ricavare il tempo necessario a riempire la piscina, dividendo il suo volume per la portata del Po:

$$\Delta t = \frac{\Delta V}{\text{portata}} = \frac{2{,}5 \cdot 10^3 \text{ m}^3}{1{,}5 \cdot 10^3 \text{ m}^3\text{/s}} = 2 \text{ s}$$

Il Rio delle Amazzoni ha una portata media di $2 \cdot 10^5$ m^3/s quindi ogni secondo riempirebbe

$$\frac{2 \cdot 10^5 \text{ m}^3\text{/s}}{2{,}5 \cdot 10^3 \text{ m}^3} = 80 \text{ piscine}$$

ossia una piscina lunga $80 \cdot 50$ m = 4 km.

Equazione di continuità

Consideriamo un fluido che scorre con un flusso stazionario all'interno di un condotto dove non ci sono punti dai quali il fluido possa uscire (**pozzi**) o dai quali altro fluido possa essere inserito (**sorgenti**). La portata di massa è uguale in tutti i punti del condotto, ma la velocità del fluido varia al variare della sezione del condotto secondo la legge detta **equazione di continuità**.

In due sezioni 1 e 2 qualsiasi di un condotto in cui scorre un fluido vale la relazione

$$\rho_1 A_1 v_1 = \rho_2 A_2 v_2 \qquad (3)$$

#equazionedicontinuità

dove

- ρ è la densità del fluido (kg/m^3);
- A è l'area della sezione del condotto (m^2);
- v è la velocità del fluido (m/s).

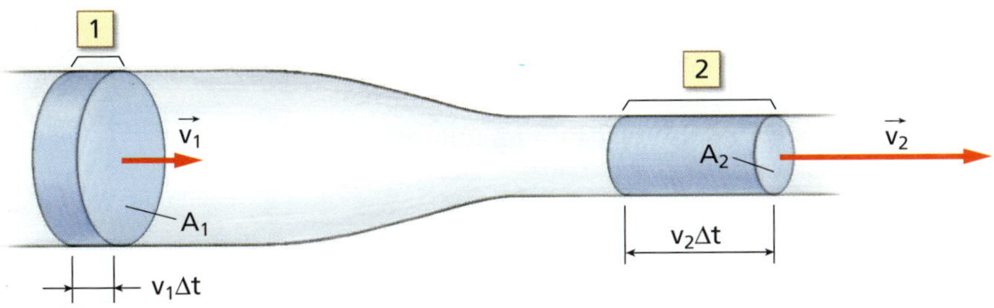

Per dimostrare la (3), consideriamo due sezioni A_1 e A_2 di condotto nelle quali il fluido ha velocità rispettivamente v_1 e v_2.

1 Nell'intervallo di tempo Δt attraverso ciascuna di esse passa il fluido. Consideriamo la sezione A_1, che nell'intervallo di tempo Δt viene attraversata da un volume di fluido uguale ad $A_1 v_1 \Delta t$ e quindi da una massa di fluido $\rho_1 A_1 v_1 \Delta t$. Nello stesso intervallo di tempo, la sezione A_2 viene attraversata da una massa di fluido $\rho_2 A_2 v_2 \Delta t$.

2 Poiché tra le due sezioni non ci sono né sorgenti né pozzi, la portata di massa ha lo stesso valore attraverso le due sezioni:

$$\rho_1 A_1 v_1 \Delta t = \rho_2 A_2 v_2 \Delta t$$

Dividendo entrambi i membri per Δt si ottiene l'equazione di continuità (3).

L'equazione di continuità per fluidi incomprimibili

Se il fluido è incomprimibile, come nel caso di un liquido, la sua densità rimane costante durante il moto ($\rho_1 = \rho_2 = \rho$). Semplificando ρ nell'equazione di continuità, si ottiene:

$$A_1 v_1 = A_2 v_2 \qquad (4)$$

Il prodotto Av è il volume di fluido che attraversa la superficie nel tempo Δt, quindi

la portata volumetrica di un fluido incomprimibile è uguale in tutte le sezioni di un condotto senza sorgenti e pozzi.

La velocità di un fluido incomprimibile che scorre in un condotto è inversamente proporzionale alla sezione del condotto. Dove il condotto presenta una strozzatura, la sezione è minore rispetto agli altri punti ($A_2 < A_1$) e la velocità del fluido è maggiore:

$$v_2 = \frac{A_1}{A_2} v_1$$

Basta quindi restringere la sezione di uscita di un condotto per aumentare la velocità di efflusso, come per esempio nel caso di tubi di irrigazione per giardino o di fontane.

FISICA QUOTIDIANA
Il rubinetto

Forse hai già notato che la sezione del getto di un rubinetto si assottiglia man mano che il getto cade. È una conseguenza dell'equazione di continuità: mentre l'acqua cade aumenta la sua velocità, ma la portata deve rimanere costante in ogni sezione. Quindi, all'aumentare della velocità diminuisce la sezione del getto, fino a quando si divide in gocce perché non c'è massa d'acqua a sufficienza per mantenere un getto continuo.

PER ESEMPIO **Il Jet d'Eau a Ginevra**

Nel Lago di Ginevra la fontana denominata Jet d'Eau lancia un getto d'acqua in verticale che raggiunge i 140 m di altezza. La portata del tubo di alimentazione è 500 L/s e l'ugello d'uscita ha una sezione di circa 1 dm^2.

deviantart.net

► Con quale velocità esce il getto d'acqua?

La portata del tubo è

$$A_1 v_1 = 500 \text{ L/s} = 5 \cdot 10^{-1} \text{ m}^3\text{/s}$$

mentre la sezione d'uscita è

$$A_2 = 1 \text{ dm}^2 = 1 \cdot 10^{-2} \text{ m}^2$$

Per la relazione precedente, la velocità d'uscita del getto d'acqua è

$$v_2 = \frac{A_1 v_1}{A_2} = \frac{5 \cdot 10^{-1} \text{ m}^3\text{/s}}{1 \cdot 10^{-2} \text{ m}^2} = 50 \text{ m/s}$$

ossia quasi 200 km/h.

MINDBUILDING

Quanta energia dal vento?

Gli impianti eolici trasformano l'energia cinetica del vento in energia elettrica. Consideriamo il più diffuso tipo di generatore eolico, formato da tre pale che intercettano un flusso di vento con area A. L'aria entra con una velocità v_i ed esce con una velocità v_f inferiore. La differenza tra le energie cinetiche iniziale e finale $K_i - K_f$ è l'energia ceduta al generatore.

Vogliamo stabilire quanto vale l'energia massima che il generatore può estrarre dal vento.

1 Supponiamo, per semplicità, che l'aria sia incomprimibile e che la velocità dell'aria quando entra in contatto con le pale sia la media aritmetica fra le velocità d'ingresso e d'uscita:

$$v_p = \frac{1}{2}\left(v_i + v_f\right)$$

2 In un intervallo di tempo Δt attraverso le pale passa un volume d'aria pari a

$$\frac{V}{\Delta t} = \frac{1}{2}\left(v_i + v_f\right)A$$

e quindi una massa d'aria

$$\frac{m}{\Delta t} = \frac{\rho V}{\Delta t} = \frac{1}{2}A\rho\left(v_i + v_f\right)$$

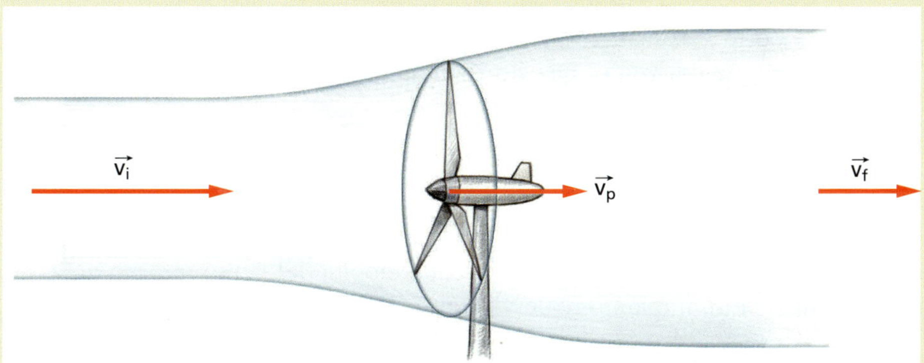

3 L'energia ceduta al generatore nell'intervallo di tempo Δt, cioè la potenza P_g ceduta al generatore, è

$$P_g = \frac{E}{\Delta t} = \frac{\frac{1}{2}mv_i^2 - \frac{1}{2}mv_f^2}{\Delta t} = \frac{1}{2}\frac{m}{\Delta t}\left(v_i^2 - v_f^2\right) = \frac{1}{4}A\rho\left(v_i + v_f\right)\left(v_i^2 - v_f^2\right)$$

Raccogliendo il termine v_i, nella prima parentesi e il termine v_i^2 nella seconda, la potenza può essere messa nella forma

$$P_g = \frac{1}{4}A\rho v_i^3\left(1 + \frac{v_f}{v_i}\right)\left[1 - \left(\frac{v_f}{v_i}\right)^2\right]$$

4 Una sezione di area A di vento con velocità v_i ha una potenza

$$P_{max} = \frac{1}{2}mv_i^2 = \frac{1}{2}\rho A v_i v_i^2 = \frac{1}{2}\rho A v_i^3$$

P_{max} è la potenza del vento che entra nel generatore: pertanto è la potenza massima che il generatore può convertire in potenza utile.

5 Quindi il rapporto fra la potenza utilizzata dal generatore e la potenza massima disponibile del vento è

$$\frac{P_g}{P_{max}} = \frac{1}{2}\left(1 + \frac{v_f}{v_i}\right)\left[1 - \left(\frac{v_f}{v_i}\right)^2\right]$$

Il grafico mostra l'andamento del rapporto P_g/P_{max} nell'intervallo $0 < v_f/v_i < 1$.

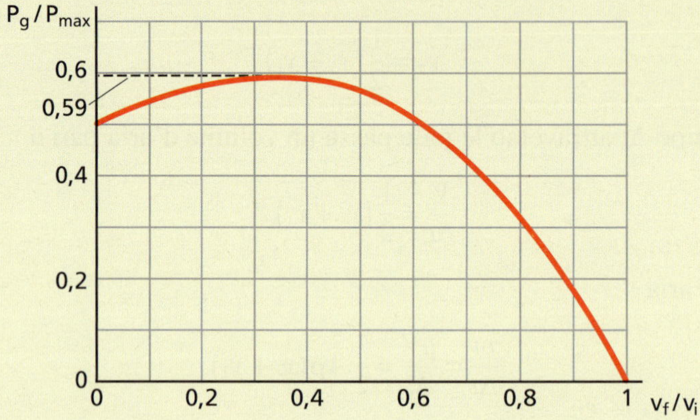

Il valore massimo del rapporto P_g/P_{max} è 16/27, circa 0,59: ciò significa che il generatore eolico converte al massimo il 59% dell'energia del vento. Questo risultato è noto come **teorema di Betz**, dal nome del fisico tedesco Albert Betz che lo dimostrò nel 1919.

I moderni generatori eolici riescono a estrarre non più del 50% dell'energia del vento.

Prova tu

I generatori eolici forniscono la massima efficienza con velocità del vento intorno ai 20 m/s. La conversione di potenza massima per un impianto reale vale circa il 50%.

- Calcola la velocità del vento all'uscita.
- Calcola la variazione percentuale di sezione che avrebbe il tubo di flusso di aria incidente trascurando la variazione di densità.

[12 m/s; +62%]

3 Equazione di Bernoulli

Consideriamo il flusso stazionario di un fluido all'interno di un condotto. Se il fluido è incomprimibile e il movimento avviene senza attriti, la pressione, la velocità e la quota del fluido sono legate da una relazione scoperta dallo svizzero Daniel Bernoulli e nota come **equazione di Bernoulli**.

#Bernoulli

In un flusso stazionario e senza attriti di un fluido incomprimibile la grandezza

$$p + \frac{1}{2}\rho v^2 + \rho g h \qquad (5)$$

assume lo stesso valore in tutte le sezioni.

DENTRO LA FORMULA

- Le grandezze coinvolte sono:
  - p = pressione del fluido;
  - ρ = densità del fluido;
  - v = velocità del fluido;
  - g = accelerazione di gravità;
  - h = altezza rispetto a una quota di riferimento.
- I valori di p, ρ, v e h sono calcolati nella stessa sezione del flusso.
- L'unità di misura di ciascun addendo della somma (5) è N/m^2.
- La quota di riferimento rispetto alla quale determinare h può essere fissata in modo arbitrario, ma deve rimanere la stessa per tutte le sezioni considerate.

Nelle applicazioni pratiche si individuano due sezioni 1 e 2 del flusso e si mettono in relazione fra di esse le grandezze coinvolte. In questi casi la (5) si può mettere nella forma

$$p_1 + \frac{1}{2}\rho v_1^2 + \rho g h_1 = p_2 + \frac{1}{2}\rho v_2^2 + \rho g h_2 \qquad (6)$$

Dimostriamo l'equazione di Bernoulli.

1 Consideriamo lo spostamento del piccolo elemento di fluido marcato in colore in figura, di massa m, attraverso la sezione 1. Poiché il fluido è incomprimibile, l'effetto è quello di provocare lo spostamento di una identica massa m di fluido attraverso la sezione 2.

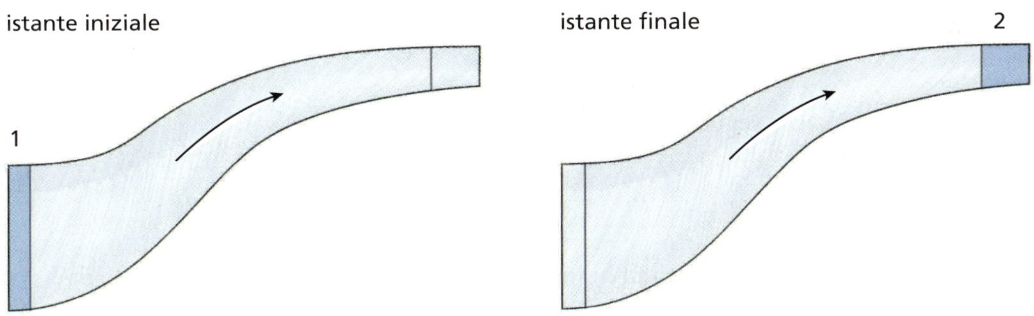

2 L'elemento di fluido si sposta di un tratto l_1 per effetto della pressione p_1 che esercita una forza

$$F_1 = p_1 A_1$$

Il movimento è contrastato dalla pressione p_2 che esercita una forza

$$F_2 = p_2 A_2$$

opposta allo spostamento nel tratto l_2. Il lavoro fatto sull'elemento è quindi

$$L = p_1 A_1 l_1 - p_2 A_2 l_2$$

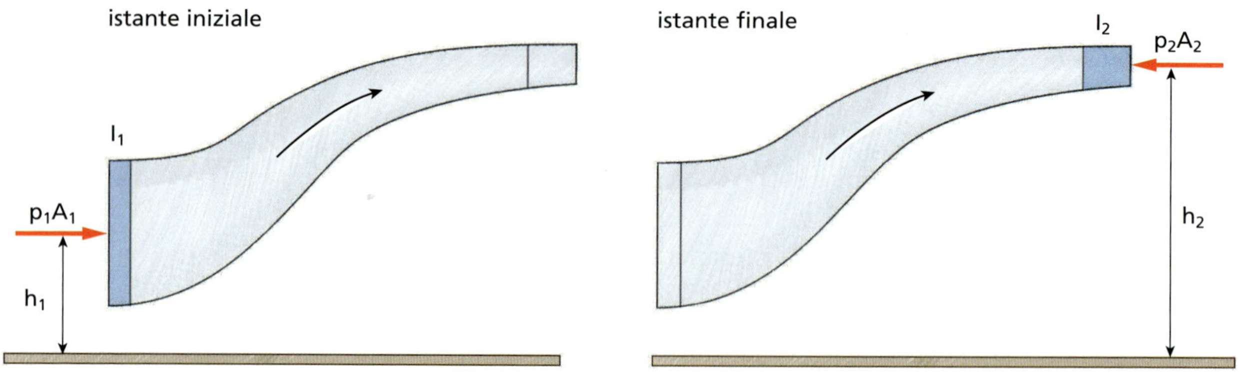

3 Il fluido è incomprimibile, quindi $A_1 l_1 = A_2 l_2 = V$ è il volume della massa m di fluido spostata. Il lavoro esercitato dalle forze di pressione sull'elemento di fluido nel passaggio dalla sezione 1 alla sezione 2 è quindi

$$L = p_1 V - p_2 V$$

4 Per effetto di questo lavoro, passando da una zona ad alta pressione a una zona a pressione minore, l'elemento di fluido acquista energia. Poiché si considerano nulli gli attriti, la sua energia totale si conserva nel passaggio tra le sezioni 1 e 2. Quindi l'acquisto di energia L da parte dell'elemento è uguale alla somma delle variazioni dell'energia cinetica ΔK e dell'energia potenziale ΔU:

$$L = \Delta K + \Delta U$$

ossia

$$p_1 V - p_2 V = \frac{1}{2} m v_2^2 - \frac{1}{2} m v_1^2 + mgh_2 - mgh_1 \qquad (7)$$

da cui segue

$$p_1 V + \frac{1}{2} m v_1^2 + mgh_1 = p_2 V + \frac{1}{2} m v_2^2 + mgh_2 \qquad (8)$$

Dividendo entrambi i membri per il volume V e ricordando che $m/V = \rho$, si ottiene la relazione (6).

Conservazione dell'energia ed equazione di Bernoulli

Come evidenzia la dimostrazione precedente,

l'equazione di Bernoulli esprime la conservazione dell'energia nel caso di flusso stazionario di un fluido incomprimibile.

Nella forma (7) l'equazione di Bernoulli stabilisce che l'energia totale di un volume V di fluido con massa m ha lo stesso valore in due sezioni qualsiasi del condotto e quindi che l'energia totale si conserva lungo il flusso.

Altrettanto significativa è l'interpretazione della (6). Ciascun termine è ottenuto dal corrispondente della (7) dividendo per il volume V; quindi ciascuno di essi è una energia per unità di volume, cioè una densità di energia, misurata in $J/m^3 = N{\cdot}m/m^3 = N/m^2 = Pa$.

In particolare:

- p è la densità di energia dovuta alla pressione del fluido;
- $(1/2)\rho v^2$ è la densità di energia cinetica;
- ρgh è la densità di energia potenziale gravitazionale.

Quindi l'equazione di Bernoulli stabilisce che

la densità di energia del fluido rimane costante lungo il flusso.

L'equazione di Bernoulli consente di spiegare alcuni interessanti fenomeni relativi a fluidi in movimento.

Effetto Venturi

Quando il flusso è orizzontale ($y_1 = y_2$) l'equazione di Bernoulli diventa

$$p_1 + \frac{1}{2}\rho v_1^2 = p_2 + \frac{1}{2}\rho v_2^2$$

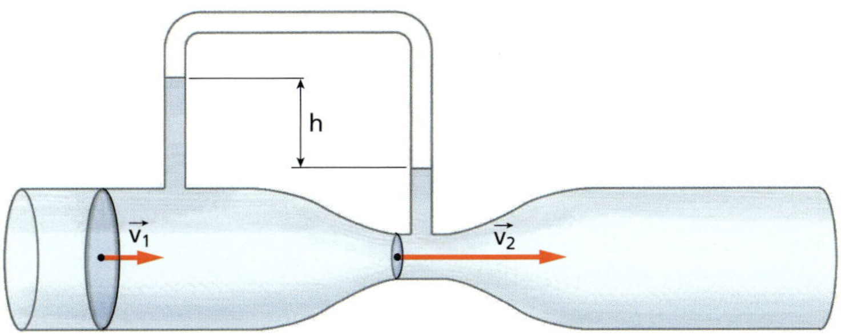

Consideriamo che cosa avviene in una strozzatura. Poiché il fluido è incomprimibile, per l'equazione di continuità la velocità del fluido aumenta. Per l'equazione di Bernoulli la somma $p + (1/2)\rho v^2$ rimane costante.

Quindi, in definitiva, si ha l'**effetto Venturi**, dal nome dell'italiano Giovanni Battista Venturi:

passando per una strozzatura, la velocità di un fluido aumenta e la sua pressione diminuisce.

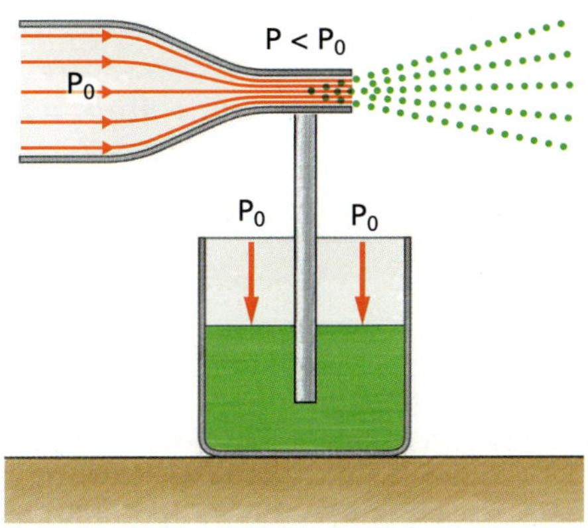

Questo effetto viene sfruttato, per esempio, nella verniciatura a spruzzo: quando passa nella strozzatura dell'ugello, l'aria ha una pressione minore di quella atmosferica, che grava sulla superficie della vernice. La vernice viene quindi spinta verso l'alto e nebulizzata dal flusso d'aria.

FISICA QUOTIDIANA
Uragani

Durante gli uragani, i venti che soffiano anche a 200 km/h scoperchiano letteralmente i tetti delle case in legno. In realtà i tetti «esplodono» verso l'esterno: la pressione dell'aria esterna sul tetto diventa minore di quella all'interno della casa. Si origina così sul tetto una forza netta verso l'esterno che lo divelle.

→ **PROBLEMA SU PIÙ CONCETTI** Velocità e pressione dell'acqua • pag. 315
#equazionedicontinuità #Bernoulli

Teorema di Torricelli

Nel 1643 Evangelista Torricelli scopre una proprietà che hanno i liquidi ideali, per i quali gli attriti possono essere trascurati:

#Torricelli

la velocità di efflusso v di un liquido ideale da un'apertura a profondità h è uguale alla velocità di un corpo che cade dall'altezza h

$$v = \sqrt{2gh}$$

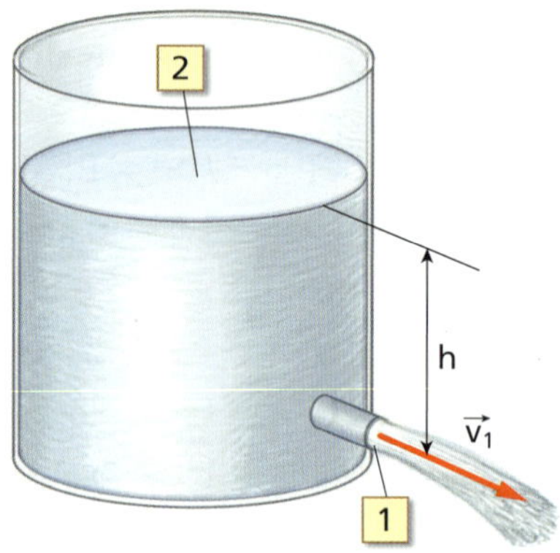

Dimostriamo il teorema di Torricelli.

1 Consideriamo l'equazione di Bernoulli per un liquido ideale (8):

$$p_1 V + \frac{1}{2} m v_1^2 + m g h_1 = p_2 V + \frac{1}{2} m v_2^2 + m g h_2$$

2 Se il contenitore è molto grande rispetto al foro, la velocità v_2 con cui si abbassa la superficie libera è praticamente nulla. Inoltre la pressione sulla superficie libera e all'esterno del foro è quella atmosferica, quindi $p_1 = p_2$. L'equazione (8) diventa:

$$\frac{1}{2} m v_1^2 + m g h_1 = m g h_2 \quad \Rightarrow \quad \frac{1}{2} v_1^2 = g h_2 - g h_1$$

3 Ponendo $h_1 - h_2 = h$ si ha in definitiva

$$v_1 = \sqrt{2gh}$$

Nel moto dei liquidi reali l'attrito in genere non può essere trascurato: quindi la velocità di efflusso è minore di quella prevista dal teorema di Torricelli.

Lo stesso effetto si presenta nella risalita di un liquido.

■ Un liquido senza attriti interni risalirebbe alla quota della superficie libera.

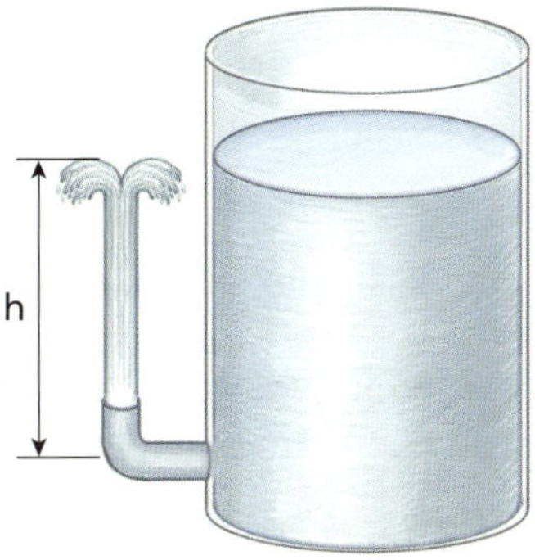

■ In realtà gli attriti diminuiscono la velocità di uscita e quindi la quota di risalita.

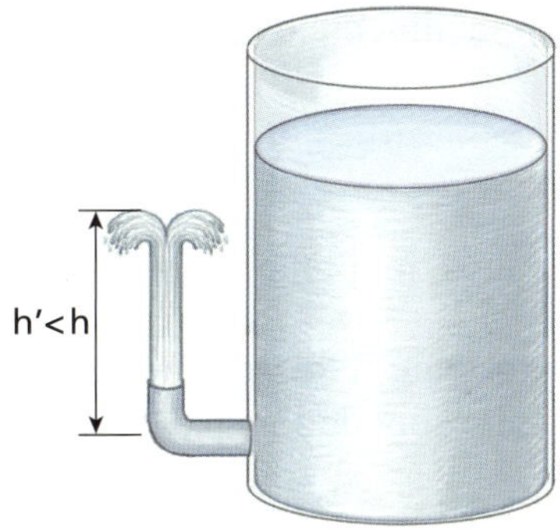

→ PROBLEMA SU PIÙ CONCETTI Dove arriva l'acqua? • pag. 317
#Torricelli #motoparabolico

Effetto Magnus

Un corpo in rotazione che si muove in un fluido subisce una forza che ne modifica la traiettoria: si tratta dell'**effetto Magnus**, dal nome del fisico tedesco Heinrich Gustav Magnus. Questo effetto è molto utilizzato nei giochi con la palla (calcio, pallavolo, tennis, tennis tavolo) per ottenere traiettorie imprevedibili.

■ Il pallone è in moto verso destra: ciò equivale a pensare il pallone fermo investito da un flusso d'aria che proviene da destra. Se il pallone non ruota, la velocità dell'aria è la stessa ai lati del pallone.

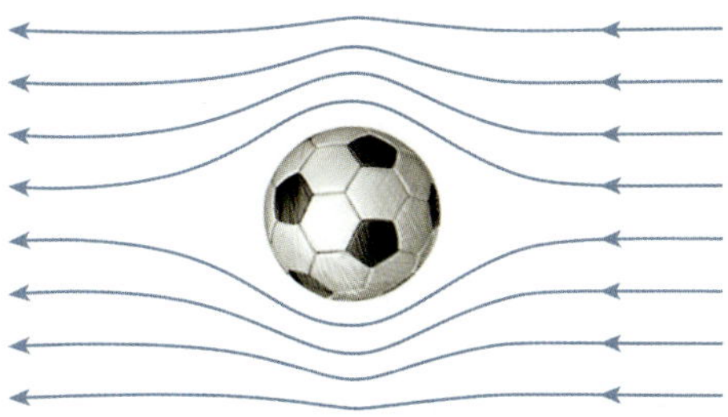

■ Se il pallone ruota trascina l'aria circostante e quindi modifica la simmetria del flusso. In un lato l'aria viene accelerata, mentre in quello opposto viene decelerata: si crea così una differenza di pressione fra i due lati. Ciò origina una forza diretta verso il lato a pressione minore che deflette il pallone.

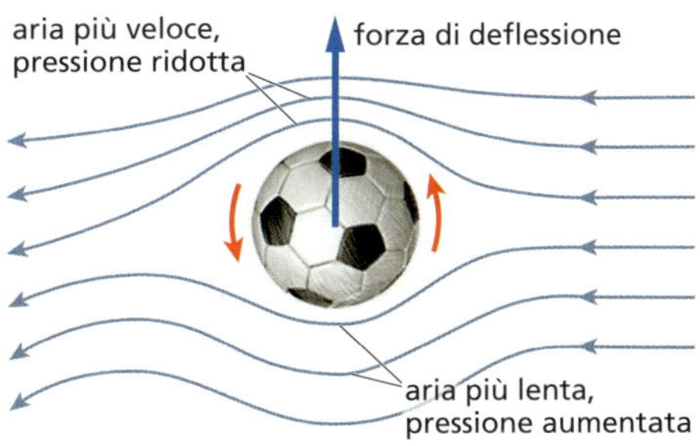

■ La differenza di pressione dell'aria genera una forza risultante che, come mostra la figura, fa deviare la palla facendole percorrere una traiettoria curva.

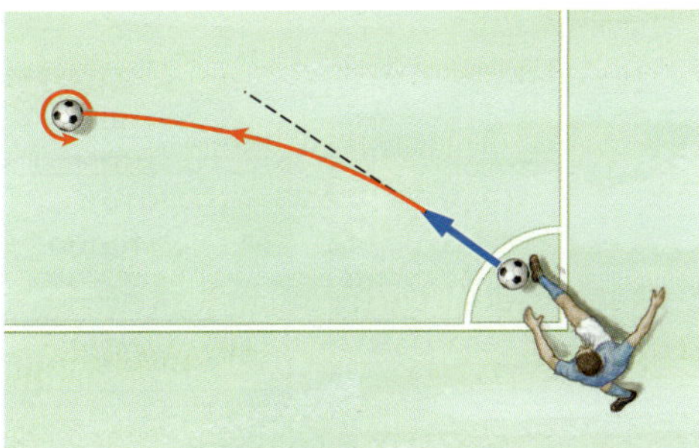

4 Viscosità e tensione superficiale

Un fluido reale, come l'aria o l'acqua, manifesta caratteristiche dovute agli effetti delle forze attrattive che agiscono fra le sue molecole. Vediamo in particolare due fenomeni facilmente osservabili: la viscosità e la tensione superficiale.

Viscosità

In molte situazioni i fluidi presentano attriti interni che dissipano energia meccanica.

■ In un torrente il flusso è più veloce al centro: sulle sponde l'acqua è quasi ferma.

■ L'aria esercita una forza di attrito su ogni corpo che si muove attraversandola.

Nei moti dei fluidi o attraverso i fluidi l'energia meccanica non si conserva a causa delle forze di attrito interne al fluido. Questa caratteristica è detta **viscosità** del fluido.

Il miele ha una grande viscosità, mentre l'aria ha una viscosità molto piccola. Per fornire una valutazione quantitativa della viscosità si introduce il coefficiente di viscosità η mediante la seguente procedura.

■ Un fluido è posto fra due lastre piane e parallele. Su una di esse si applica la forza $\vec{F}$ che la muove a velocità costante $\vec{v}$ rispetto all'altra. Supponiamo che il fluido sia formato da tanti strati sottili. Quindi lo strato a contatto con la lastra superiore si muove con velocità $\vec{v}$ mentre quello a contatto con la lastra inferiore sta fermo.

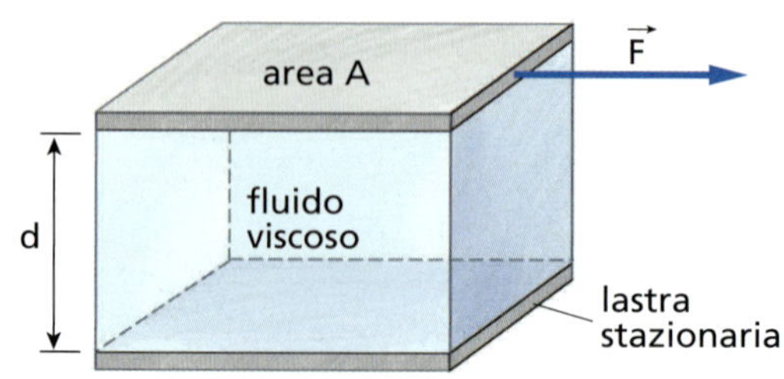

■ Lo strato fermo esercita un attrito che rallenta il moto dello strato immediatamente superiore, il quale a sua volta rallenta il moto dello strato successivo e cosi via. La velocità degli strati cresce da zero al valore massimo $\vec{v}$.

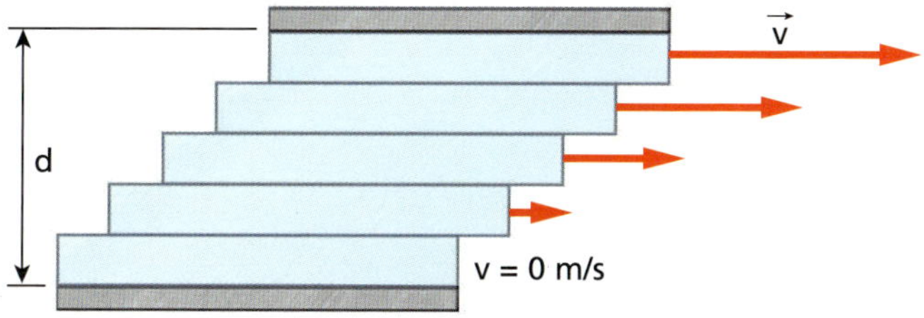

La forza esterna $\vec{F}$ equilibra la somma delle forze d'attrito di tutti gli strati di fluido. La forza $\vec{F}$ dipende dal tipo di fluido e da altri fattori come mostra la seguente legge sperimentale:

la forza $\vec{F}$ necessaria per muovere a velocità costante $\vec{v}$ uno strato di fluido di area A posto a distanza d dalla lastra fissa è

$$F = \eta \frac{Av}{d} \qquad (9)$$

#viscosità

dove η è detto **coefficiente di viscosità**.

DENTRO LA FORMULA

- Poiché

$$\eta = \frac{Fd}{Av}$$

l'unità di misura del coefficiente di viscosità è

$$\frac{\text{N}\cdot\text{m}}{\text{m}^2\cdot\text{m/s}} = \frac{\text{N}\cdot\text{s}}{\text{m}^2} = \text{Pa}\cdot\text{s}$$

- Il valore di η dipende dal fluido e varia molto con la temperatura.

FISICA QUOTIDIANA
Olio d'oliva

L'olio d'oliva estratto dal frigorifero a una temperatura di 5 °C ha un coefficiente di viscosità molto alto: $\eta(5\ °\text{C}) = 183 \cdot 10^{-3}$ Pa·s. Per questa ragione, in una padella lasciata in frigorifero sembra che l'olio non riesca a scorrere. Ma l'olio scorre molto bene a temperature elevate; infatti a 95 °C il suo coefficiente di viscosità diventa $\eta(95\ °\text{C}) = 9{,}5 \cdot 10^{-3}$ Pa·s, cioè circa 20 volte più piccolo:

$$\frac{\eta(5\ °\text{C})}{\eta(95\ °\text{C})} = \frac{183 \cdot 10^{-3}\ \text{Pa}\cdot\text{s}}{9{,}5 \cdot 10^{-3}\ \text{Pa}\cdot\text{s}} \approx 20$$

Per questo motivo bisogna prestare molta attenzione a spostare una padella contenente olio caldo.

Coefficiente di viscosità di alcune sostanze

Sostanza	Coefficiente di viscosità a 20 °C (Pa·s)
Ammoniaca	$9{,}2 \cdot 10^{-6}$
Metano	$10{,}2 \cdot 10^{-6}$
Aria	$17{,}1 \cdot 10^{-6}$
Acqua	$1{,}00 \cdot 10^{-3}$
Mercurio	$1{,}55 \cdot 10^{-3}$
Sangue (37 °C)	$4{,}0 \cdot 10^{-3}$
Olio di oliva	$8{,}4 \cdot 10^{-2}$
Glicerina	1,50

Corrente fluida viscosa

Quando un fluido con viscosità η scorre lungo un condotto, la viscosità agisce come una forza d'attrito: dissipa energia meccanica e tende a rallentare il fluido fino a fermarlo. Nel disegno il fluido scorre lungo un condotto cilindrico di raggio *r*. L'altezza raggiunta nei tubicini verticali è proporzionale alla pressione dell'acqua alla base del tubicino stesso: le altezze, e quindi le pressioni, decrescono nel verso di scorrimento del fluido.

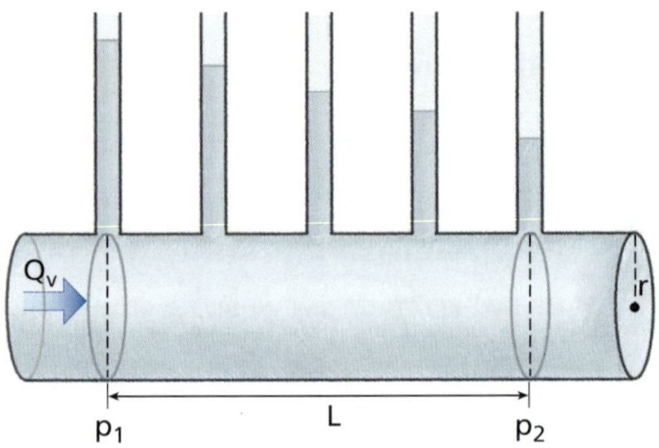

La caduta di pressione Δp in un tratto lungo L è legata alla portata Q_V dalla relazione seguente, nota come **legge di Poiseuille**:

#Poiseuille

$$\Delta p = \frac{8\eta L}{\pi r^4} Q_V \qquad (10)$$

In realtà questa relazione è valida solo per flussi laminari, ma si può applicare in prima approssimazione anche a casi in cui il flusso non dia luogo a turbolenze accentuate. Notiamo che la differenza di pressione dipende in modo marcato dal raggio del condotto: se il raggio si dimezza, per mantenere la stessa portata bisogna fornire una differenza di pressione $2^4 = 16$ volte maggiore.

FISICA QUOTIDIANA
Grasso nell'aorta

Questo spiega la pericolosità degli accumuli di grasso nelle arterie. Per mantenere invariato il flusso sanguigno attraverso l'aorta, nel caso in cui sia presente una riduzione del 10% del raggio, il cuore deve esercitare una pressione p_m maggiore del 50% di quella abituale p. Infatti

$$\frac{p_m}{p} = \frac{r^4}{(0{,}9\,r)^4} = \frac{1}{(0{,}9)^4} = 1{,}5$$

Tensione superficiale

La superficie di un liquido si comporta come se fosse una membrana elastica.

■ Le gocce di rugiada hanno forma sferica, come se fossero contenute in palloncini trasparenti.

Jon Sullivan

■ La graffetta è sostenuta dalla superficie dell'acqua che si incurva e ne equilibra il peso.

mossmatt / Flickr

Questa proprietà della superficie di un liquido di resistere a una forza esterna che tende a deformarla è detta **tensione superficiale** γ.

La tensione superficiale, opponendosi alla deformazione, agisce come una forza che tende a ridurre la superficie del liquido, perciò è diretta parallelamente alla superficie del liquido e perpendicolare al bordo della superficie stessa.

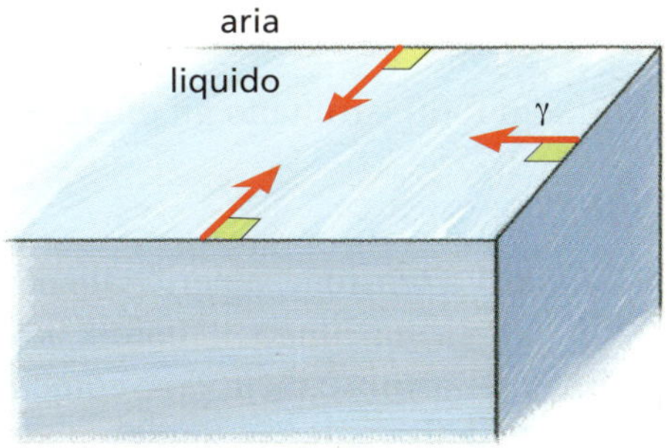

La tensione superficiale

$$\gamma = \frac{F}{L}$$

si manifesta come una forza per unità di lunghezza e si misura quindi in newton al metro (N/m).

La tensione superficiale è un effetto delle forze attrattive che si esercitano fra le molecole del liquido. Le molecole all'interno del liquido sono attratte in media nello stesso modo in tutte le direzioni e quindi risentono di una forza nulla (vedi figura a pagina seguente). Al contrario, le molecole sulla superficie o sui bordi sono richiamate verso l'interno da forze non equilibrate. L'azione di queste forze si manifesta a livello macroscopico come tensione superficiale.

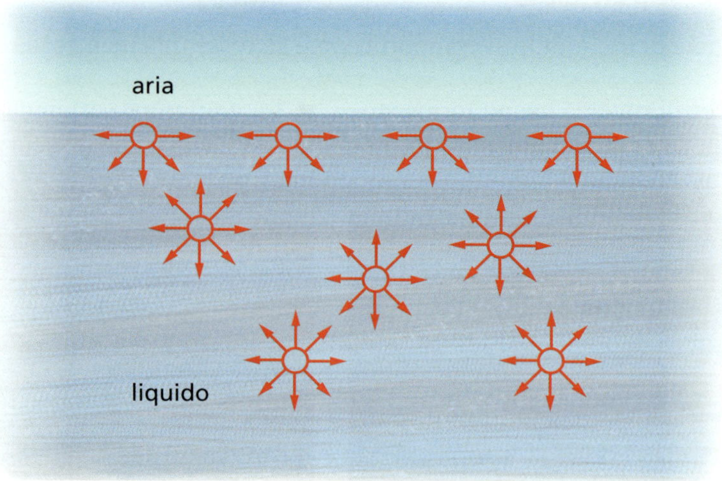

Tensione superficiale di alcune sostanze

Sostanza	Tensione superficiale (N/m)
Mercurio (20 °C)	0,44
Sangue (37 °C)	0,058
Alcol etilico (20 °C)	0,023
Acqua (0 °C)	0,076
Acqua (20 °C)	0,072
Acqua (100 °C)	0,059
Acqua e sapone (sospensione)	0,025

Molti esseri, come il gerride (in foto), sfruttano gli effetti della tensione superficiale dell'acqua.

■ Le foglie di queste piante galleggiano sull'acqua di un laghetto alpino grazie alla tensione superficiale. In questo modo rimangono esposte alla luce del sole e ottengono dalla sintesi clorofilliana l'energia necessaria alla loro sopravvivenza.

■ La tensione superficiale dà luogo a una forza totale applicata lungo il bordo della foglia. La superficie dell'acqua è incurvata, come mostra l'ombra irregolare della foglia: in questo modo la tensione superficiale ha una componente verticale che equilibra il peso della foglia.

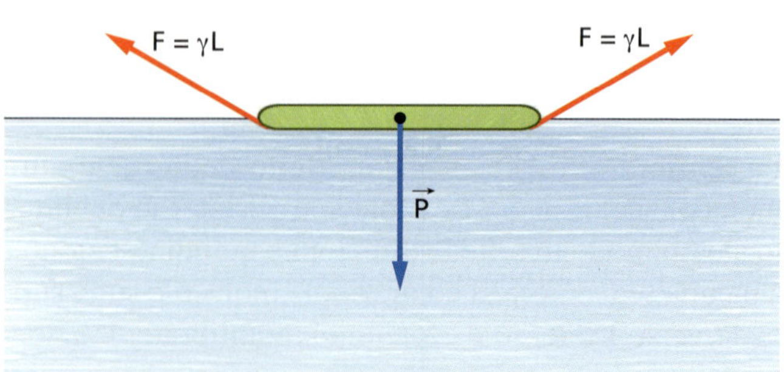

Dinamica dei fluidi

IN 3 MINUTI
La pressione

Pressione

$$p = \frac{F}{A}$$

- **pressione** (Pa)
- **forza** perpendicolare alla superficie (N)
- area della **superficie** (m^2)

Equazione di continuità

$$\rho_1 A_1 v_1 = \rho_2 A_2 v_2$$

- **densità** del fluido (kg/m^3)
- **sezione** del condotto
- **velocità** del fluido

Fluido incomprimibile

$$A_1 v_1 = A_2 v_2$$

Legge di Stevino

$$p = p_0 + \rho g h$$

- **pressione**
- **pressione** esterna
- **densità** del fluido (kg/m^3)
- accelerazione di gravità = 9,8 m/s^2
- **profondità**

Equazione di Bernoulli

$$p + \frac{1}{2}\rho v^2 + \rho g h = \text{costante}$$

$$pV + \frac{1}{2}mv^2 + mgh = \text{costante}$$

Principio di Archimede

$$F_i = \rho V g$$

- **spinta idrostatica** (N)
- **volume** del corpo immerso nel fluido
- **densità** del fluido (kg/m^3)

Teorema di Torricelli

$$v = \sqrt{2gh}$$

Portata

Portata volumetrica

$$Q_V = \frac{\Delta V}{\Delta t}$$

Portata di massa

$$Q_m = \frac{\Delta m}{\Delta t} = \rho Q_V$$

Viscosità

$$F = \eta \frac{Av}{d}$$

- **forza** necessaria a muovere uno strato di fluido
- **coefficiente di viscosità** del fluido (Pa·s)

Legge di Poiseuille

$$\Delta p = \frac{8\eta L}{\pi r^4} Q_V$$

- **lunghezza** del condotto cilindrico
- **raggio** del condotto cilindrico
- **portata volumetrica**

ESERCIZI

ZTE ONLINE
Mettiti alla prova con 20 esercizi interattivi

1 Richiami di statica dei fluidi

1 In un bacino idroelettrico la profondità dell'acqua è 180 m.
- ▶ Calcola la pressione esercitata dall'acqua sul fondo. [$1{,}8 \cdot 10^6$ Pa]

2 Durante un temporale la pressione si abbassa e la colonnina di mercurio di un barometro scende al valore di 740 mm. La densità del mercurio è $\rho = 13{,}6\ \text{g/cm}^3$.
- ▶ Calcola la pressione. [98,6 kPa]

3 QUESITO SPIEGA PERCHÉ La foto mostra la diga che forma il Lago Fedaia sotto la Marmolada.
- ▶ Spiega perché lo spessore dei contrafforti della diga è maggiore alla base.

Massimo Romeni

4 QUESITO FAI UN'IPOTESI Vuoi installare nel tuo appartamento una presa d'aria che permetta al gas, eventualmente fuoriuscito nel caso di una perdita, di fluire verso l'esterno. La densità dell'aria è 1,2 kg/m^3.
- ▶ Se nel tuo appartamento usi il metano ($\rho = 0{,}71\ \text{kg/m}^3$), in che posizione del muro installi la presa d'aria: in alto o in basso?
- ▶ E se, invece, usi il GPL ($\rho = 1{,}87\ \text{kg/m}^3$)?

5 Un cubo di rame di 0,50 kg (densità 9,0 g/cm^3) è immerso in acqua ed è appeso a un dinamometro come in figura.
- ▶ Calcola il valore che si legge sulla scala del dinamometro. [4,4 N]

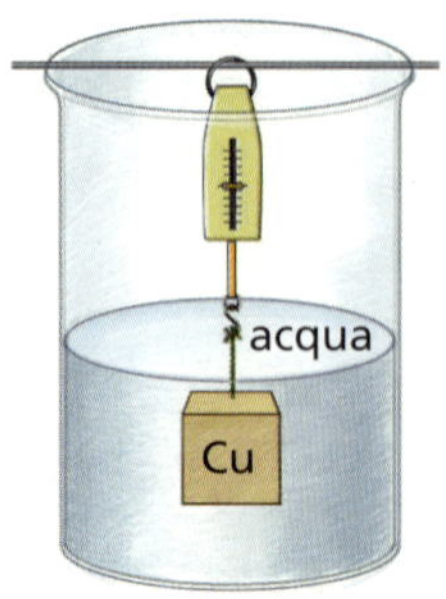

6 Un blocco omogeneo di materiale sconosciuto pesa 5,00 N in aria e 4,55 N quando è immerso in acqua.
- ▶ Calcola la densità del materiale. [11,1 kg/L]

7 Un'automobile esce di strada e affonda in un lago fino a toccare il fondo a una profondità di 8 m. Supponi che l'area di una portiera dell'automobile sia 0,5 m^2 e l'interno dell'automobile sia a pressione atmosferica.
- ▶ Calcola la forza esercitata sulla portiera.
- ▶ Che cosa dovrebbe fare il guidatore per riuscire ad aprire la portiera? [39,2 kN]

8 Il plasma sanguigno scorre da un contenitore attraverso un tubo entrando nella vena di un paziente, dove la pressione del sangue è di 9,0 mmHg. La densità del plasma sanguigno a 37 °C è 1,03 g/cm^3.
- ▶ Determina la quota minima del contenitore tale che la pressione, mentre entra nella vena, sia almeno di 12,0 mmHg. [16 cm]

9 PROVA ESPERTA Un aereo, al cui interno è mantenuta una pressione dell'aria uguale a quella presente al livello del mare, sta volando alla quota di $5{,}5 \cdot 10^3$ m. La pressione atmosferica diminuisce con l'altezza *h* dal suolo secondo la legge illustrata dal grafico seguente.

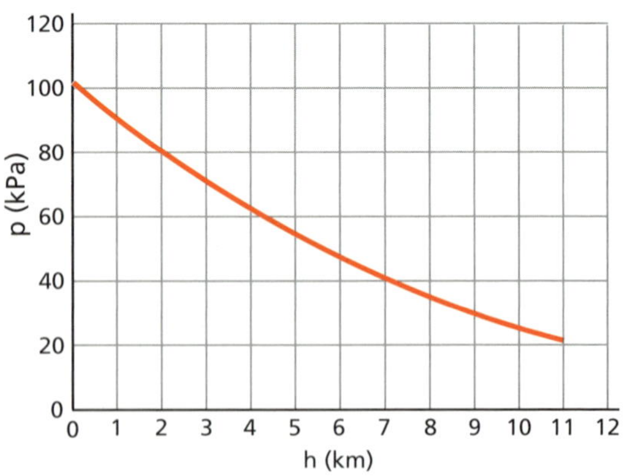

- ▶ LEGGI IL GRAFICO Quanto vale la pressione esterna?
- ▶ DISEGNA IL GRAFICO Se l'aria seguisse la legge di Stevino, come sarebbe il grafico?

Il portellone dell'aereo misura 2,0 m di altezza e 1,0 m di larghezza.
- ▶ Che forza deve esercitare il meccanismo di trattenuta del portellone dell'aereo? [100 kN]

10 **PROBLEMA** **Leggi il manometro**
#Stevino

Un manometro è costituito da un tubo a forma di «U» che contiene liquido ed è progettato per misurare piccole differenze di pressione tra i suoi due bracci. Supponi di avere un manometro a olio ($\rho = 0{,}9\ g/cm^3$) che può essere letto con una precisione di ±0,5 mm.
▶ Calcola la minima variazione di pressione che si può determinare.

LA SITUAZIONE FISICA E IL MODELLO

Il livello raggiunto dall'olio dipende dalla pressione presente nel braccio del manometro, secondo la legge di Stevino. Di conseguenza, la differenza di pressione fra i due bracci può essere calcolata dalla differenza delle altezze raggiunte dall'olio. L'errore assoluto sulla pressione così ottenuta dipende dalla precisione nella lettura dell'altezza.

LA RISOLUZIONE

1. L'altezza h è soggetta all'errore $\varepsilon_h = \pm 0{,}5$ mm. Applichiamo la legge di Stevino:

$$p_1 = \rho g(h + \varepsilon_h)$$
$$p_2 = \rho g(h - \varepsilon_h)$$

2. Indichiamo con Δh la variazione di altezza corrispondente all'errore ε_h:

$$\Delta h = \varepsilon_h$$

3. La minima variazione Δp è data dalla differenza fra i due valori p_1 e p_2:

$$\Delta p = p_1 - p_2 = 2\rho g \Delta h$$

4. L'errore ε_p sulla pressione è la metà di Δp:

$$\varepsilon_p = \frac{1}{2}\Delta p = \rho g \Delta h$$

I DATI E IL RISULTATO

$\rho = 0{,}9\ g/cm^3 = 900\ kg/m^3$
$\Delta h = 0{,}5\ mm = 0{,}5 \cdot 10^{-3}\ m$
$g = 9{,}8\ m/s^2$

$$\varepsilon_p = (900\ kg/m^3)(9{,}8\ m/s^2)(0{,}5 \cdot 10^{-3}\ m) = 4{,}0\ Pa$$

11 **PROBLEMA SIMILE**
Un manometro come quello dell'esercizio precedente viene usato per delle misure di pressione attorno ai 900 Pa. L'errore su tali misure deve essere limitato all'1%.
▶ Quale deve essere la precisione di lettura in questo caso? [±1 mm]

12 Considera il manometro del problema. La densità dell'olio cambia con la temperatura: tra l'estate e l'inverno varia dell'1%.
▶ Di quanto varia, al variare della stagione, la lettura di una pressione corrispondente a 8,82 Pa. [0,08 Pa]

13 In un tubo a forma di «U» contenente acqua si versano 5,0 cm di olio ($\rho = 900\ kg/m^3$). Si osserva un dislivello h dell'acqua tra i due rami.
▶ Calcola h. [4,5 cm]

14 La densità dell'aria è $1{,}2\ kg/m^3$.
▶ Quanto vale la spinta che ricevi dall'aria in percentuale del tuo peso? [0,12%]

15 Un cubo d'olmo ($\rho = 0{,}57\ g/cm^3$) galleggia su un liquido emergendo per il 19% della parte immersa.
▶ Calcola la densità del liquido. [$0{,}68\ g/cm^3$]

16 La densità media di un sommozzatore di 75 kg è 0,96kg/L.
▶ Calcola che massa di piombo bisogna aggiungergli affinché abbia una spinta nulla. [3,1 kg]

17 Una zattera quadrata di lato 3,0 m e spessa 10 cm è realizzata con legno avente densità $\rho = 0{,}60\ g/cm^3$.
▶ Quante persone di 70 kg possono stare sulla zattera senza bagnarsi i piedi in condizioni di mare calmo? [5 persone]

18 QUESITO **FAI UN'IPOTESI** Un contenitore a forma di parallelepipedo, riempito parzialmente di acqua, è posto in equilibrio su un piccolo cuneo. Con estrema delicatezza, viene messo un modellino di imbarcazione sulla superficie dell'acqua.

▶ Il contenitore rimane in equilibrio o cade?

▶ Dipende dalla posizione in cui viene messo il modellino?

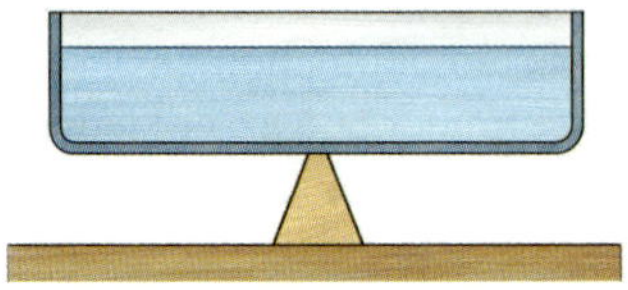

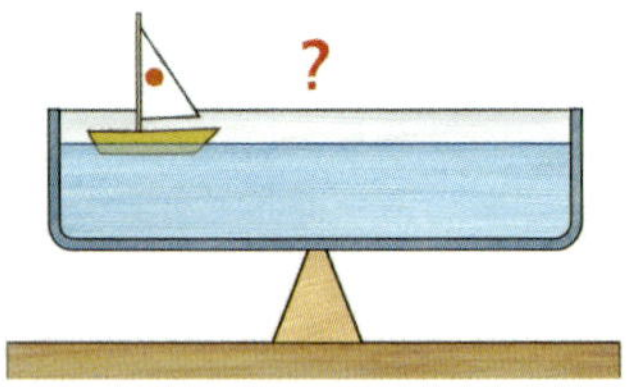

19 Il densimetro mostrato in figura è uno strumento che permette la misura della densità dei liquidi. Il bulbo contiene pallini di piombo e la densità dei liquidi può essere letta direttamente dal livello del liquido sul tubicino, una volta che esso sia stato tarato. Il volume del bulbo è 20,0 mL, il tubicino è lungo 15,0 cm con un diametro di 5,00 mm e la massa del vetro è 6,00 g.

▶ Quale massa di pallini di piombo bisogna aggiungere perché la densità minima misurabile sia 0,900 kg/L?

▶ Calcola la densità massima di un liquido che si può misurare in quel caso. [14,7 g; 1,03 g/cm^3]

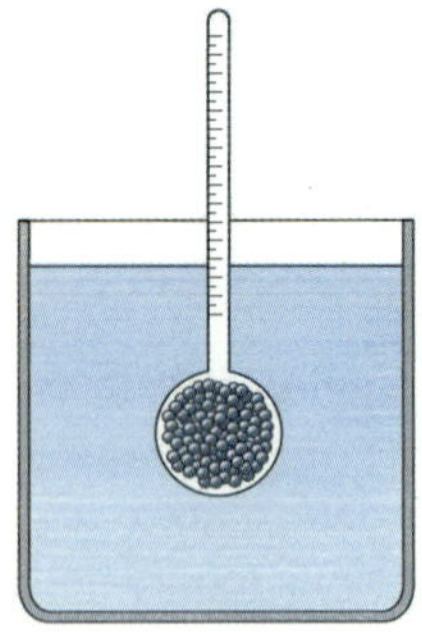

20 Una vasca a base quadrata di lato 20 cm contiene 20 cm d'acqua. Viene accelerata verso destra con una accelerazione g.

▶ Quanto vale la pressione nell'estremo destro A e nell'estremo sinistro B della vasca (figura)? [$9{,}8 \cdot 10^2$ Pa; $2{,}9 \cdot 10^3$ Pa]

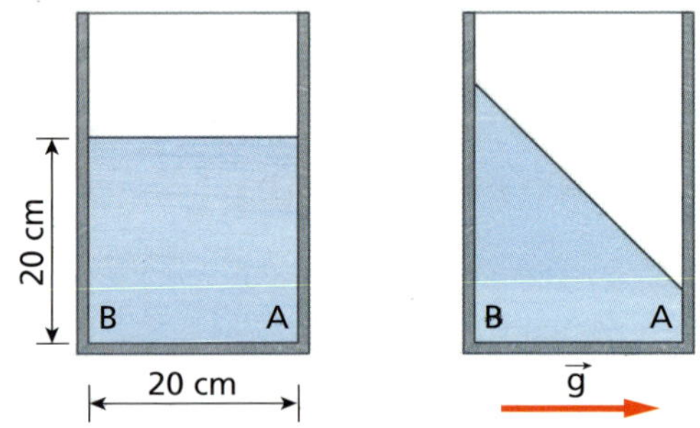

2 Fluidi in movimento

21 Un tubo viene attraversato da 1000 m^3 di acqua in un'ora.

▶ Qual è la sua portata volumetrica? [0,28 m^3/s]

22 Un tubo viene attraversato da 1000 m^3 di acqua in un'ora.

▶ Qual è la sua portata di massa?

L'acqua viene sostituita prima da olio di silicone (ρ = 760 kg/m^3), e poi da acqua di mare (ρ = 1030 kg/m^3).

▶ In ciascun caso calcola la portata di massa.

▶ A parità di volume, c'è relazione tra la portata e la densità del fluido?

[280 kg/s; 211 kg/s; 286 kg/s]

23 Una conduttura cilindrica ha un diametro di 50 cm. Il fluido che l'attraversa ha una velocità di 6 m/s.

▶ Qual è la sua portata volumetrica? [1,18 m^3/s]

24 La velocità del vento Ora, che si sviluppa da Sud verso Nord lungo il lago di Garda, aumenta andando verso Nord perché la valle in cui si trova il lago si stringe. Un dato giorno a Bardolino soffia a forza Beaufort 2 (10 km/h).

▶ A quale velocità soffia a Tortole, dove si dimezza la sezione della valle? [20 km/h (forza 4)]

25 Al decollo per il suo viaggio verso la Luna il vettore Saturn 5 espelleva un flusso di gas con una portata pari a $8 \cdot 10^4$ m^3/s e una sezione di 80 m^2.

▶ Qual era la velocità dei gas espulsi? [10^3 m/s]

26 Una canna da irrigazione viene attraversata da acqua alla velocità di 0,014 m/s. Appoggiando il pollice di una mano sull'apertura di uscita, la sua sezione viene ridotta dell'80%.

▶ Come cambia la velocità dell'acqua? [+0,07 m/s]

27 Un tubo per innaffiare ha un'apertura di area 2,8 cm^2 e riempie un annaffiatoio di 8,0 L di capienza in 30 s.

▶ Qual è la velocità con cui esce l'acqua dal tubo?

Se si dimezza il diametro del tubo, la velocità dell'acqua aumenta.

▶ Serve più tempo per riempire l'annaffiatoio?

[0,95 m/s]

28 Una stanza ha un volume di $1{,}6 \cdot 10^2$ m^3 e il sistema di condizionamento è progettato per ricambiare l'aria in 30 min attraverso un condotto di sezione quadrata. Per ridurre i rumori la velocità dell'aria nelle canalizzazioni non può superare i 4,0 m/s.

▶ Calcola la dimensione minima del condotto.

[15 cm]

29 Si vuole triplicare la velocità del fluido che attraversa una conduttura a sezione circolare.

▶ Di quanto bisogna ridurre il diametro?

[58%]

30 Tre manichette di raggio 4,0 cm sono collegate a un idrante alimentato da un tubo sotterraneo di diametro 80 cm in cui l'acqua ha una velocità di 0,30 m/s.

▶ Quanta acqua sono in grado di riversare in un'ora i pompieri da questo idrante?

▶ Qual è la velocità dell'acqua nelle manichette?

[540 m^3; 10 m/s]

3 Equazione di Bernoulli

31 Un tubo orizzontale è collegato ad una pompa che fa fluire l'acqua al suo interno ad una velocità di 12,0 m/s. La velocità di uscita attraverso l'apertura finale del condotto, che si trova a pressione atmosferica, è di 15,0 m/s.

▶ Qual è la pressione esercitata dalla pompa nel condotto?

[142 kPa]

32 QUESITO FAI UNA STIMA Secondo uno studio della Drexel University di Filadelfia, quando si starnutisce l'aria raggiunge la velocità di 320 km/h.

▶ Stima la differenza di pressione massima rispetto all'esterno raggiunta dall'aria nei polmoni.

[$5 \cdot 10^3$ Pa]

33 QUESITO SPIEGA PERCHÉ Un condotto attraversato da aria a grande velocità presenta un allargamento. Nel condotto è inserito un manometro il cui liquido è acqua.

▶ Spiega quale delle tre situazioni si verifica e perché.

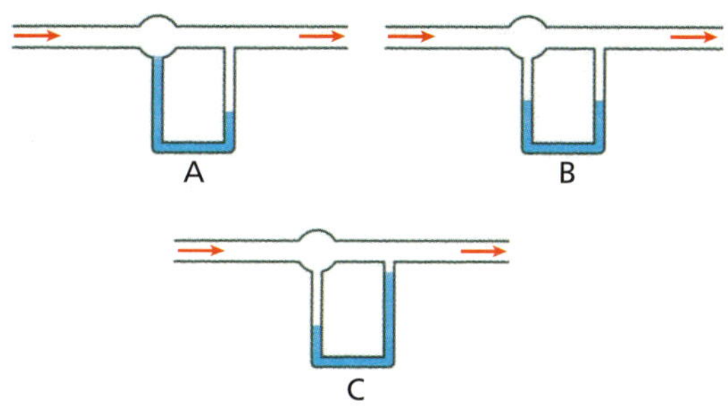

34 PROBLEMA SU PIÙ CONCETTI **Velocità e pressione dell'acqua**
#equazionedicontinuità #Bernoulli

In un tubo di 3,0 cm di diametro l'acqua scorre a 0,65 m/s; il tubo termina con una strozzatura che ha il diametro di 0,30 cm.

▶ Con quale velocità passa l'acqua attraverso la strozzatura?

All'estremità più larga del tubo c'è una pompa e la strozzatura, che si trova a pressione atmosferica, è alla sua stessa quota.

▶ Calcola la pressione esercitata dalla pompa.

LA SITUAZIONE FISICA E IL MODELLO

L'acqua è un fluido incomprimibile, per cui soddisfa l'equazione di continuità nella forma $A_1 v_1 = A_2 v_2$. La pressione esercitata dalla pompa è legata alle altre variabili in gioco dall'equazione di Bernoulli.

LA RISOLUZIONE

1. Applichiamo l'equazione di continuità (4) e risolviamo nell'incognita velocità di uscita v_2:

$$v_2 = \frac{v_1 S_1}{S_2} = \frac{v_1 \pi \left(\frac{d_1}{2}\right)^2}{\pi \left(\frac{d_2}{2}\right)^2} = v_1 \left(\frac{d_1}{d_2}\right)^2 = 65\ \text{m/s}$$

2. Applichiamo l'equazione di Bernoulli al caso particolare di un fluido che scorre in un tubo orizzontale. Indichiamo con p_2 la pressione nell'ultima strozzatura del tubo:

$$p_1 + \frac{1}{2}\rho v_1^2 = p_2 + \frac{1}{2}\rho v_2^2$$

$$p_1 = p_2 + \frac{1}{2}\rho\left(v_2^2 - v_1^2\right) = 2{,}2 \cdot 10^6\ \text{Pa}$$

35 Sotto l'effetto di una pressione di 200 kPa, in un tubo orizzontale scorre acqua alla velocità di 3,00 m/s. Il tubo si restringe a metà del suo diametro iniziale.
- ▶ Calcola la velocità della corrente fluida nella sezione stretta.
- ▶ Calcola la pressione nella sezione stretta.
- ▶ Confronta le portate in volume nelle due sezioni. [12,0 m/s; 133 kPa]

36 In caso di arteriosclerosi si forma un deposito sulle pareti delle arterie che riduce l'apertura attraverso la quale può fluire il sangue. In una ostruzione dell'arteria carotidea (nel collo) il sangue scorre a una velocità tripla rispetto alla parte non ostruita.
- ▶ Determina il valore del rapporto tra i diametri efficaci delle due zone.
- ▶ Spiega perché, per l'effetto Venturi, il paziente è a rischio di vita. [0,58]

37 L'aneurisma è il rigonfiamento del tratto di un'arteria. Un paziente presenta un aneurisma, in corrispondenza del quale il raggio dell'arteria raddoppia ($r_2 = 2r_1$). La densità relativa del sangue è 1,06 e la sua velocità media nel tratto di arteria non dilatata è $v_1 = 30$ cm/s.
- ▶ A che velocità scorre il sangue in corrispondenza della dilatazione?
- ▶ Come aumenta la pressione? (L'aumento della pressione nell'aneurisma può provocare la lacerazione dell'arteria e, quindi, un'emorragia interna.) [7,5 cm/s; 45 Pa]

38 Nei palazzi con riscaldamento centralizzato la caldaia solitamente è posta al piano terra. Supponi che l'acqua calda prodotta da una di queste caldaie sia pompata alla velocità di 0,30 m/s attraverso un tubo di diametro 3,5 cm e a una pressione di $3{,}2 \cdot 10^5$ Pa. Il tubo di arrivo al primo piano, di altezza 2,5 m da terra, ha un diametro di 3,0 cm.
- ▶ Determina la velocità e la pressione dell'acqua calda quando arriva al primo piano. [0,41 m/s; $3{,}0 \cdot 10^5$ Pa]

39 Il tubo di un oleodotto è posto a 50 cm dal suolo. La sua sezione misura 3,0 dm^2, la pressione è di $2{,}1 \cdot 10^5$ Pa e la velocità del petrolio (densità 0,84 g/cm^3) è di 8,0 m/s. Per oltrepassare un canale, il tubo sale a 1,5 m dal suolo e presenta un allargamento dove la pressione è di $1{,}9 \cdot 10^5$ Pa. Considera il petrolio un fluido ideale.
- ▶ Qual è la sezione in corrispondenza dell'allargamento del tubo? [2,5 dm^2]

40 **QUESITO** **CHE COSA SUCCEDE?** Un tubo è saldato su un disco di metallo in corrispondenza di un foro su di esso, in modo che l'aria che passa a grande velocità attraverso il tubo fuoriesca dal disco. Si avvicina al disco un secondo disco, identico ma non forato, e lo si lascia libero di muoversi.
- ▶ Il disco si avvicina all'altro o si allontana?

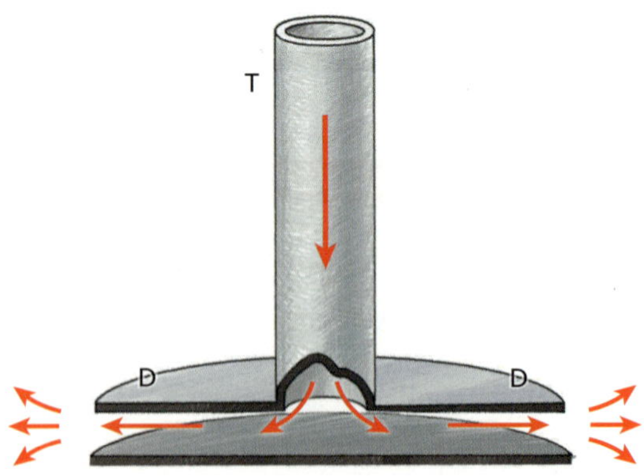

41 Una pompa a livello del suolo alimenta una fontana progettata per spingere un getto d'acqua ($\rho = 1{,}0 \cdot 10^3$ kg/m^3) all'altezza $h = 13$ m. Il tubo che collega la pompa alla fontana ha un diametro $d_1 = 2{,}0$ cm. L'ugello d'uscita, sempre a livello del suolo, ha una strozzatura di diametro $d_2 = 1{,}0$ cm.

▶ Qual è la pressione esercitata dalla pompa?

[$2{,}3 \cdot 10^5$ Pa]

42 Presso il castello di Linderhof, nella Baviera meridionale, è stata realizzata una fontana che può generare uno spettacolare getto d'acqua. L'acqua passa attraverso un'apertura di 5,0 cm di diametro, collegata a una conduttura di diametro quadruplo in cui il liquido scorre a 1,37 m/s.

▶ Qual è l'altezza raggiunta dal getto d'acqua?

[25 m]

43 Un pozzo artesiano è un pozzo in cui l'acqua esce naturalmente, senza la necessità di una pompa. Infatti, presso tali pozzi, la falda acquifera può essere paragonata a una condotta in pressione. Considera una falda a 3,0 m di profondità, in cui l'acqua ha una pressione di 180 kPa. Un pozzo artesiano dal diametro di 30 cm porta l'acqua a livello del suolo. Qui si trova una strozzatura, da cui esce un getto d'acqua alto 2,0 m.

▶ Calcola il diametro della strozzatura.

[6,8 cm]

44 PROBLEMA SU PIÙ CONCETTI **Dove arriva l'acqua?**
#Torricelli
#motoparabolico

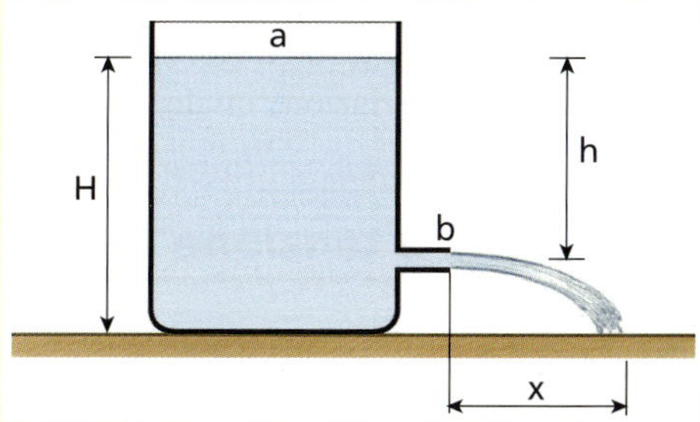

Un grande recipiente ha un'apertura a una distanza h sotto la superficie dell'acqua, costituita da un piccolo tubo, come è mostrato in figura.

▶ Calcola la distanza x raggiunta dall'acqua che sgorga dal recipiente.

LA SITUAZIONE FISICA E IL MODELLO

L'acqua esce dall'apertura nel recipiente a causa della pressione esercitata dall'acqua soprastante. La velocità di uscita ha direzione orizzontale, cioè parallela al suolo. Se trascuriamo gli attriti e le turbolenze, l'acqua si comporta come un proiettile di cui calcoliamo la gittata.

LA RISOLUZIONE

1. La velocità di uscita dall'apertura è data dal teorema di Torricelli:

$$v = \sqrt{2gh}$$

2. La direzione della velocità dell'acqua che esce dal contenitore è orizzontale. Durante il volo l'acqua è in caduta libera come un proiettile: trascurando l'attrito, in orizzontale il moto è uniforme, mentre in verticale è uniformemente accelerato.

3. Il tempo di volo è

$$\Delta t = \sqrt{\frac{2(H-h)}{g}}$$

mentre la gittata è

$$x = v\Delta t = \sqrt{2gh}\sqrt{\frac{2(H-h)}{g}} = 2\sqrt{h(H-h)}$$

COSA SUCCEDE SE

I liquidi reali hanno attriti interni che dissipano energia. Per questa ragione in pratica il getto non arriva così lontano.

45 Considera un recipiente molto grande da cui esce l'acqua attraverso i tre fori A, B e C. Supponi che l'acqua nel contenitore si comporti come un liquido ideale e che il livello dell'acqua nel recipiente non diminuisca in modo apprezzabile nel tempo. Utilizzando anche il risultato dell'esercizio precedente, dimostra che:

▶ i getti dei fori A e C toccano il suolo nello stesso punto;

▶ la gittata massima dell'efflusso è quella dal foro B.

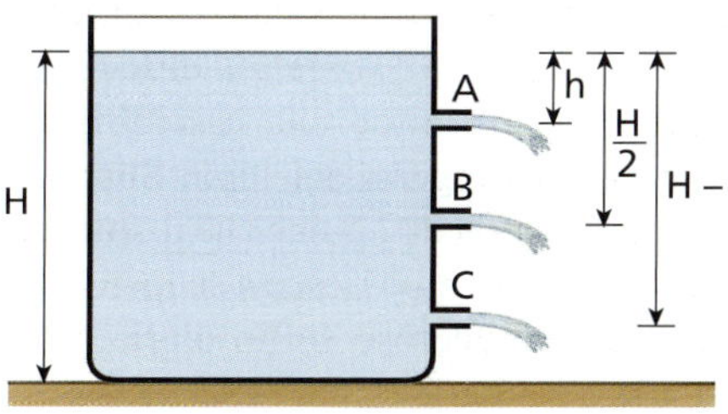

46 In una enoteca è presente una botte alta h e di sezione S_1. Alla base della botte c'è un piccolo rubinetto di sezione S_2. Supponi che $S_1 \gg S_2$.
- ▶ Calcola la velocità di uscita del vino dal rubinetto.
- ▶ Calcola la velocità d'uscita senza fare ricorso ad alcuna approssimazione.

$\left[v = \sqrt{2gh};\ v = S_1\sqrt{2gh/(S_1^2 - S_2^2)}\right]$

47 **QUESITO** **FAI UN'IPOTESI** L'A380 è il più grande aereo passeggeri attualmente in attività. Ha un'apertura alare di 80 m e una massa al decollo che può arrivare a 500 t. Nel sito di una importante azienda di aviazione civile, si legge che: «Durante il decollo, le ali dell'A380 si alzano di 4 m».
- ▶ Qual è la causa di questa flessione verso l'alto? Spiega.

Dimitry A. Motti

4 Viscosità e tensione superficiale

48 Un condizionatore assicura un flusso d'aria a 20 °C di 8 m^3/s in un condotto cilindrico di raggio 0,2 m e lungo 10 m.
- ▶ Quanto vale la differenza di pressione fra gli estremi del condotto? [2 Pa]

49 Considera un tubo orizzontale avente diametro interno 2,0 mm e lunghezza 30 cm dove scorre acqua a 0,25 mL/s. La viscosità dell'acqua è 1,0 mPa·s.
- ▶ Calcola la differenza di pressione necessaria per avere questa corrente fluida. [$1{,}9 \cdot 10^2$ Pa]

50 Fai riferimento al tubo dell'esercizio precedente.
- ▶ Calcola il diametro di un tubo che abbia una portata doppia e la stessa differenza di pressione. [2,4 mm]

51 Il sangue che scorre in un capillare lungo 1,0 mm del sistema circolatorio umano impiega 1,0 s per attraversarlo. Il diametro del capillare è 7,0 μm e la differenza di pressione agli estremi è 2,6 kPa.
- ▶ Calcola la viscosità del sangue. [$4{,}0 \cdot 10^{-3}$ Pa·s]

52 Si chiama *gradiente di pressione* la grandezza $\Delta p/L$. Mantenendo costante il gradiente di pressione, si vuole ridurre dell'80% il flusso d'acqua in un tubo di gomma.
- ▶ Calcola di quanto deve essere ridotto il raggio del tubo. [33%]

PROBLEMI FINALI

53 **Per pulire a fondo: acqua e pressione**

Le idropulitrici sono compressori che sparano un getto d'acqua ad alta pressione per ripulire le superfici. La pressione dell'acqua nel serbatoio viene mantenuta a 2 bar in più rispetto all'aria.
- ▶ Calcola la velocità di uscita dell'acqua. [20 m/s]

54 **Effetto Venturi: un'applicazione da favola**

Nella nota fiaba *I tre porcellini* di Jacobs Joseph, uno di essi costruisce una casetta quadrata di canne per proteggersi dal lupo. Supponi che il lato della casa sia di 2,5 m e che il tetto abbia una massa di 8 kg. Il lupo riesce a scoperchiare la casetta con un poderoso soffio d'aria. La densità dell'aria è 1,3 kg/m^3.
- ▶ Quanto vale la velocità minima dello «sbuffo» del lupo? [4,4 m/s]

55 **La regina delle dighe**

La Diga delle Tre Gole è il nome dell'enorme diga situata sul Fiume Azzurro (portata 33000 m^3/s) nella Cina meridionale. La sua costruzione è stata controversa: ha permesso la navigazione della parte alta del fiume e una grossa produzione di energia elettrica, ma al prezzo di un enorme danno ambientale e culturale (1300 siti archeologici sommersi). Normalmente il livello dell'acqua è di 175 m, con un volume corrispondente di $2{,}2 \cdot 10^{10}$ m^3. La capacità massima dell'invaso a monte della diga è pari a $3{,}9 \cdot 10^{10}$ m^3.

▶ Determina la pressione sul fondo del bacino in condizioni normali.
▶ Se per un imprevisto la diga dovesse restare chiusa, in quanto tempo si riempirebbe?

[17 atm; 6 giorni]

56 Centrale Einaudi

L'impianto di Entracque, intitolato allo statista piemontese Luigi Einaudi, è il maggiore impianto idroelettrico d'Italia e uno dei più grandi d'Europa. Esso lavora tra il bacino del Chiotas, a 1978 m sul livello del mare, e il Lago della Piastra, a quota 956 m sul livello del mare. Di giorno l'acqua viene fatta scendere per una condotta forzata e, tramite delle turbine che fanno girare gli alternatori, produce energia elettrica. La notte, quando la richiesta di energia elettrica diminuisce, ma le centrali termiche o nucleari continuano a produrne, il gruppo alternatore-turbina viene utilizzato per ripompare l'acqua nel bacino superiore. La centrale funziona quindi come un accumulatore di energia per i momenti di maggior richiesta.

▶ Calcola la forza che l'acqua esercita sulla valvola di diametro 3,35 m posta a valle prima delle turbine.

La portata massima della condotta forzata è di 26,0 m^3/s. Trascura gli attriti.

▶ Determina la potenza massima della centrale.

La potenza elettrica prodotta è di 125 MW.

▶ Calcola il rendimento, ossia il rapporto fra potenza ottenuta e potenza fornita.

[$8{,}9 \cdot 10^7$ N; 260 MW; 0,48]

57 Un tempo c'erano i motori aspirati

Il cilindro di un motore a quattro tempi compie una aspirazione (riempimento del cilindro con miscela aria-benzina) ogni 2 giri dell'albero motore.

▶ Se la cilindrata di un motore a quattro tempi monocilindrico (volume totale del cilindro) è di 200 cm^3, calcola la velocità media dell'aria nel condotto di aspirazione di diametro 4,0 cm quando il motore gira a 3500 giri/min.

[4,6 m/s]

58 Quando non c'era l'iniezione elettronica

In figura è illustrato un carburatore di tipo motociclistico. Il flusso d'aria che alimenta i cilindri viene fatto passare per una strozzatura del condotto di filo dell'acceleratore aspirazione. In questa strozzatura si trova un piccolo forellino, in comunicazione con una vaschetta piena di benzina. A causa della strozzatura la velocità del fluido aumenta e la pressione diminuisce: in questo modo la benzina viene aspirata da una vaschetta collocata 5,0 cm sotto la strozzatura e miscelata al flusso d'aria.

▶ Calcola quanto deve essere la strozzatura minima affinché la benzina venga aspirata, utilizzando anche i dati ottenuti dall'esercizio precedente.

[1,9 cm]

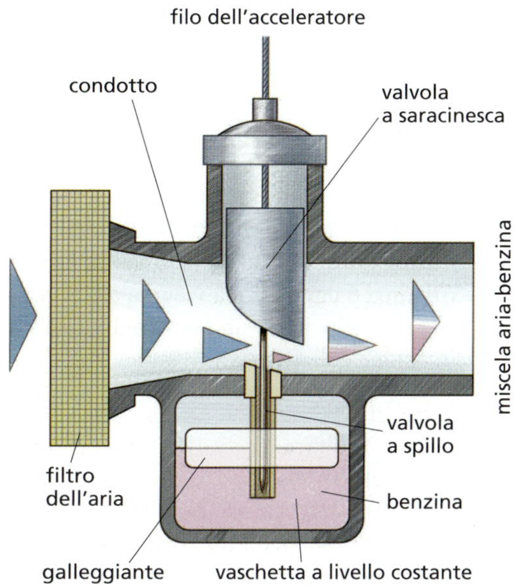

59 **Il batiscafo Trieste**

Nel batiscafo Trieste la parte destinata ad accogliere l'equipaggio era una sfera in acciaio (densità 7,5 g/cm^3) di 2,16 m di diametro esterno e pareti spesse 13 cm. Per farla galleggiare furono utilizzati dei galleggianti ripieni di benzina (densità 0,72 g/cm^3) in quanto per le altissime pressioni raggiunte non era possibile utilizzare aria, ma era necessario un fluido incomprimibile.

▶ Determina quanta benzina fu necessaria per mantenere neutra la sfera in acqua (trascura tutte le masse dello scafo eccetto la sfera).

[26 m^3]

atrieste.org

TEST

1 Una sfera rigida, piena ed omogenea, immersa in una soluzione acquosa di glicerina, galleggia mantenendo fuori dal fluido una porzione pari a 1/6 del suo volume. Determinare la densità del materiale di cui è composta la sfera sapendo che la densità del fluido è pari a 1,2 g/cm^3.

A 1 g/cm^3
B 0,6 g/cm^3
C 0,8 g/cm^3
D 1,2 g/cm^3
E 1,6 g/cm^3

(Ammissione ad Architettura, 2008/2009)

2 In una tubatura orizzontale a sezione circolare viene trasportato un flusso costante d'acqua. Se in un punto nel quale la tubatura ha una sezione di area 6 cm^2 l'acqua viaggia a 0,80 m/s, quale è la sua velocità in un punto nel quale l'area della sezione è di 4 cm^2?

A 0,40 m/s
B 0,60 m/s
C 0,75 m/s
D 1,20 m/s
E 1,50 m/s

(Ammissione ad Architettura, 2011/2012)

3 Un contenitore cilindrico e un contenitore conico hanno la stessa altezza, pari a 10 cm, e la stessa area di base, pari a 10^3 cm^2. Entrambi poggiano con la loro base su un piano orizzontale e sono interamente riempiti con un olio avente una densità di 900 g/L. Assumendo che sia g = 10 m/s^2, l'intensità della forza esercitata dall'olio sul fondo del recipiente è:

A 90 N per il cilindro e 30 N per il cono.
B 90 N sia per il cilindro che per il cono.
C 9 N sia per il cilindro che per il cono.
D 9 N per il cilindro e 3 N per il cono.
E è superiore, per l'elevata viscosità dell'olio, a quella che si sarebbe prodotta se i recipienti fossero stati riempiti di acqua distillata.

(Ammissione a Odontoiatria, 2011/2012)

4 Un pezzo di alluminio è appeso ad una bilancia a molla, la quale indica che il peso del pezzo di alluminio in aria è di 13,5 N. La bilancia viene abbassata fino a che il pezzo di alluminio è immerso completamente in un liquido inerte di densità 1,50 g/cm^3. Quale peso indica ora la bilancia? (Si consideri la densità dell'alluminio pari a 2,70 g/cm^3 e si trascuri l'immersione della bilancia a molla.)

A 0 N
B 8,5 N
C 6,0 N
D 7,5 N
E 13,5 N

(Ammissione ad Architettura, 2015/2016)

SEI PRONTO PER LA VERIFICA? IN 1 ORA

1 Un recipiente è pieno fino al bordo di acqua ($\rho = 1{,}0 \cdot 10^3$ kg/m^3). Un blocchetto di legno con massa 270 g e volume 0,38 dm^3 viene messo a galleggiare nell'acqua.

▶ Dal recipiente

A esce un volume di acqua uguale a quello del blocchetto.
B esce una massa d'acqua uguale a quella del blocchetto.
C non esce acqua perché il blocchetto galleggia. ..... / 20

2 In un canale per irrigazione l'acqua scorre a 35 cm/s. In un punto una chiusa riduce la sezione del canale del 20%.

▶ Con che velocità la corrente passa attraverso la chiusa?

[44 cm/s] ..... / 20

3 In una condotta aperta scorre acqua con velocità $v_1 = 3{,}7$ m/s. Un tubo a «L» e a sezione costante è inserito vicino al pelo libero dell'acqua. L'uscita dal ramo verticale del tubo è alla quota $h = 30$ cm rispetto al pelo libero dell'acqua. Gli attriti sono trascurabili e la pressione all'inizio e alla fine del tubo sono uguali a quella atmosferica.

a Calcola la velocità v_2 con cui l'acqua esce in verticale dal tubo. ..... / 20
b Calcola l'altezza H rispetto al foro d'uscita a cui arriva il getto. ..... / 20
c Il tubo viene successivamente immerso alla profondità $d = 25$ cm. Spiega se ed eventualmente come cambia l'altezza H rispetto al foro d'uscita a cui arriva il getto.

[2,8 m/s; 0,40 m] ..... / 20

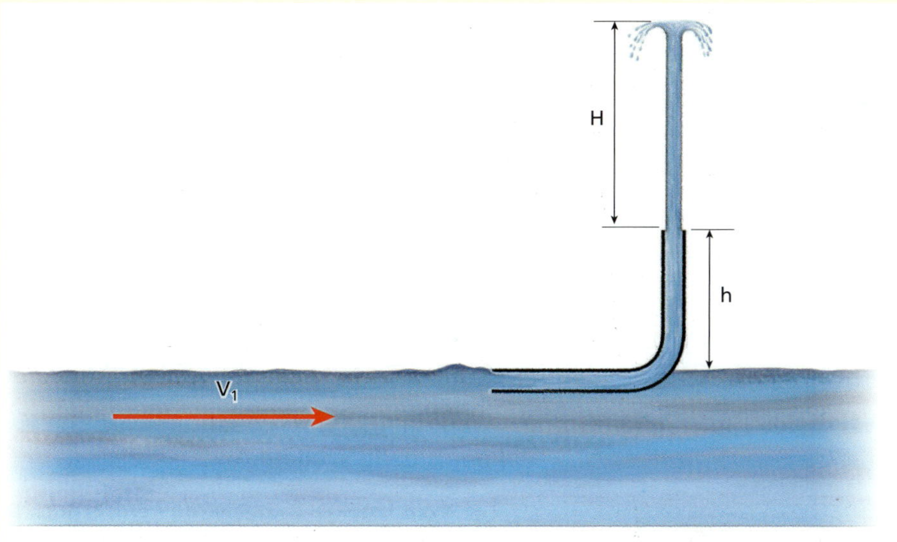

TOTALE .... / 100

CAPITOLO

8 LA TEMPERATURA

1 La temperatura e la sua misura

Tra le varie caratteristiche che percepiamo di un oggetto c'è quella di «essere caldo» o «essere freddo». In modo intuitivo associamo questa caratteristica dell'oggetto alle sensazioni che proviamo interagendo con esso. È facile convincersi che descrizioni di questo tipo sono soggettive e dipendono dalle condizioni in cui si realizzano. Proviamo infatti a toccare un oggetto con entrambe le mani dopo aver tenuto la sinistra a contatto con un blocco di ghiaccio: con la mano sinistra percepiamo un corpo «più caldo» di quello che sta toccando anche la mano destra.

Dalla sensazione alla misura: il termometro

Per valutare in modo oggettivo la grandezza fisica **temperatura** si deve costruire uno strumento, il **termometro**, e stabilire una procedura operativa di misura.

Il funzionamento di un qualsiasi termometro si basa sul fatto che alcune grandezze fisiche, come il volume, variano al variare della temperatura. I più diffusi termometri sono costituiti da un bulbo di vetro pieno di una sostanza termometrica, come alcol o galinstan, collegato a un tubicino chiuso all'altra estremità.

Per far sì che l'altezza del liquido nel tubicino indichi direttamente la sua temperatura nella **scala Celsius**, il termometro deve essere tarato mediante la seguente procedura:

- si immerge il termometro in un bagno di acqua e ghiaccio in equilibrio: per convenzione si pone uguale a 0 gradi il livello a cui si stabilizza il liquido nel tubicino;
- si immerge il termometro in un bagno di acqua che bolle: per convenzione si pone uguale a 100 gradi il livello a cui si stabilizza il liquido nel tubicino;
- si divide l'intervallo tra i due livelli in 100 parti uguali indicate con il simbolo «°C» e dette *gradi Celsius*, dal nome dello svedese Anders Celsius.

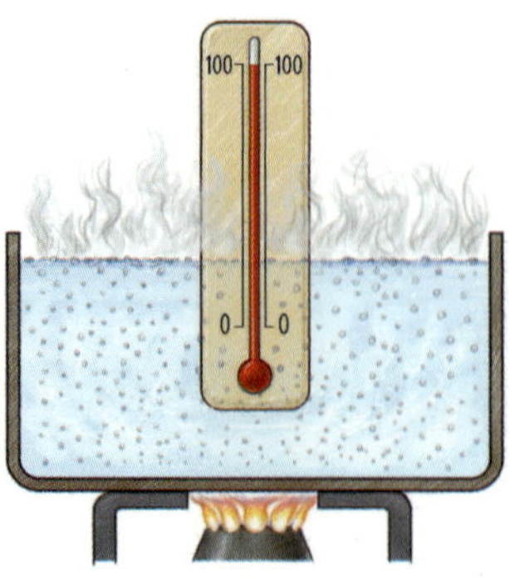

La scala Celsius è una *scala centigrada*, perché la differenza di temperatura fra l'acqua in ebollizione e il ghiaccio fondente è posta uguale a 100 gradi.

Per misurare la temperatura T della sostanza termometrica, quando il termometro è immerso nell'acqua di un recipiente, basta aspettare che il livello si stabilizzi e leggere sulla scala graduata il valore T. La scala può essere estesa anche a temperature negative e a temperature superiori a 100 °C.

La scala Kelvin

Nel Sistema Internazionale l'unità di misura della temperatura è il kelvin (K), dal nome del fisico William Thomson, lord Kelvin. La scala Kelvin ha le seguenti caratteristiche:

- la differenza di temperatura di 1 K corrisponde esattamente a 1 °C;
- la temperatura T_K, in kelvin, e la corrispondente temperatura T_C, in gradi Celsius, sono legate dalla relazione

$$T_K = T_C + 273{,}15 \qquad (1)$$

#scalaKelvin

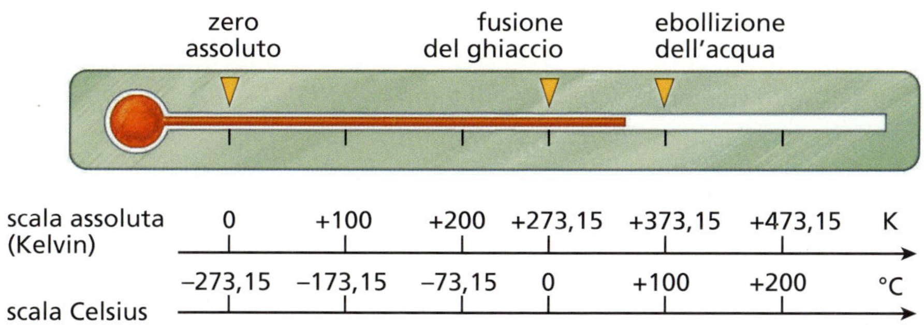

Lo zero della scala Kelvin (0 K = −273,15 °C) corrisponde alla minima temperatura raggiungibile da qualsiasi sistema fisico: per questo motivo è detto **zero assoluto**.

2 Equilibrio termico e principio zero della termodinamica

Un termometro è uno strumento che misura la temperatura della sua sostanza termometrica. Analizziamo una procedura operativa che consente di utilizzare un termometro per misurare la temperatura dei corpi con cui è posto a contatto.

Le variabili di stato

Consideriamo un sistema fisico, per esempio una data quantità di gas. Lo stato del sistema è descritto da un certo numero di grandezze fisiche, dette anche variabili perché i loro valori possono cambiare nel tempo. Fra queste giocano un ruolo fondamentale le **variabili di stato**.

Una variabile di stato è una grandezza fisica il cui valore dipende solo dallo stato del sistema fisico e non dai suoi stati precedenti.

Per esempio, nel caso di una data quantità di gas, il volume V e la pressione p sono variabili di stato.

Quando le variabili di stato di un sistema rimangono costanti nel tempo, il sistema è in uno **stato di equilibrio**.

L'equilibrio termico

Un sistema è in continua interazione con l'ambiente esterno o con altri sistemi. Quando due sistemi interagiscono, lo stato di ciascuno di essi, e quindi le variabili che lo definiscono, possono cambiare.

Due sistemi che possono scambiarsi energia anche senza compiere lavoro l'uno sull'altro si dicono a **contatto termico**: per esempio, un termometro e l'acqua del bicchiere in cui è immerso.

Inizialmente i valori delle variabili di stato cambiano. Col trascorrere del tempo, però, le variabili si stabilizzano su valori costanti e ciascuno dei due sistemi raggiunge uno stato di equilibrio. Quando ciò avviene, i due sistemi sono in equilibrio termico.

Due sistemi posti a contatto termico sono in **equilibrio termico** quando le loro variabili di stato rimangono costanti nel tempo.

Il principio zero della termodinamica

■ Consideriamo un sistema B che è in uno stato di equilibrio e poniamolo a contatto termico con il sistema A.
Se, dopo il contatto, le variabili di stato del sistema B non variano, anche quelle del sistema A resteranno inalterate: questo significa che B è in equilibrio termico con A.

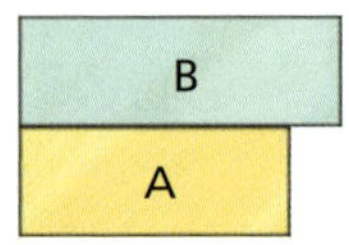

■ Prendiamo poi il sistema B e poniamolo in contatto termico con il sistema C. Anche in questo caso, se le variabili di stato del sistema B restano inalterate, anche quelle di C non variano. Quindi B è in equilibrio termico anche con il sistema C.

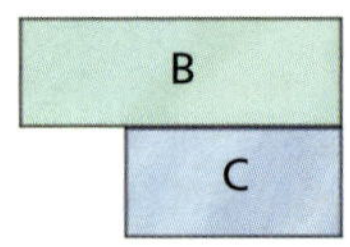

■ In queste condizioni, se si pongono a contatto termico diretto i sistemi A e C, si osserva sperimentalmente che A è in equilibrio termico con C.

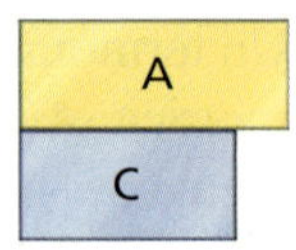

Siamo quindi in grado di stabilire se due sistemi sono in equilibrio termico anche senza metterli in contatto termico diretto: basta verificare che ciascuno di essi sia in equilibrio termico con un terzo sistema. Questa proprietà fondamentale è nota come **principio zero della termodinamica**:

due sistemi in equilibrio termico con un terzo sistema sono in equilibrio termico fra di loro.

Equilibrio termico e temperatura

L'equilibrio termico è intimamente connesso alla temperatura dei sistemi a contatto. Infatti si verifica sperimentalmente che

due sistemi in equilibrio termico hanno la stessa temperatura.

Quando due sistemi A e B sono messi a contatto termico, le loro variabili di stato cambiano fino a che le temperature T_A, e T_B diventano uguali: ciò indica che i due sistemi hanno raggiunto l'equilibrio termico. Se uno dei sistemi è un termometro, la temperatura di equilibrio può essere letta con facilità: questa temperatura è sia la temperatura della sostanza termometrica del termometro sia la temperatura dell'altro sistema.

Un termometro è quindi in grado di misurare la temperatura dei corpi con cui è posto a contatto termico.

Ciò giustifica la seguente definizione operativa della grandezza fisica **temperatura**.

La **temperatura di un corpo** è la temperatura indicata da un termometro che sia in equilibrio termico con esso.

■ Prima di essere inserito nel liquido, il termometro indica la temperatura della sua sostanza termometrica.

■ Quando il termometro e il liquido hanno raggiunto l'equilibrio termico, il termometro indica la sua nuova temperatura che è uguale a quella del liquido.

Le temperature di due corpi possono essere confrontate utilizzando il principio zero della termodinamica: basta mettere ciascuno di essi in equilibrio termico con un termometro e confrontare tra loro le temperature indicate.

3 La dilatazione termica di solidi e liquidi

La maggior parte delle sostanze si dilata quando la temperatura aumenta e si contrae quando la temperatura diminuisce. Il fenomeno della **dilatazione termica** è descritto con buona approssimazione da leggi sperimentali, ossia da relazioni fra grandezze fisiche che non possono essere dimostrate a partire da leggi fondamentali, ma che sono generalizzazioni ottenute da ripetute esperienze empiriche. Vediamo le principali.

La dilatazione lineare dei solidi

Consideriamo una sbarra in cui una dimensione, la lunghezza, è molto maggiore delle altre due. Si verifica che la lunghezza L della sbarra varia con la temperatura.

Con buona approssimazione la dilatazione lineare di una sbarra è descritta dalla seguente legge sperimentale, detta **legge della dilatazione lineare**:

#dilatazionetermica

una sbarra di lunghezza L_i, sottoposta a una variazione di temperatura ΔT, presenta un allungamento

$$\Delta L = \lambda L_i \Delta T \tag{2}$$

dove λ è il **coefficiente di dilatazione lineare** e dipende dal materiale di cui è fatta la sbarra.

DENTRO LA FORMULA

- Il coefficiente λ si misura in K^{-1}.
- Poiché le variazioni di temperatura ΔT hanno lo stesso valore numerico nella scala Celsius e nella scala Kelvin, λ si può misurare anche in $°C^{-1}$.

Coefficienti di dilatazione lineare di alcune sostanze

Sostanza	Coefficiente di dilatazione lineare (K^{-1})
Diamante	$1{,}3 \cdot 10^{-6}$
Invar (64% Fe, 36% Ni)	$1{,}5 \cdot 10^{-6}$
Vetro pirex	$3 \cdot 10^{-6}$
Tungsteno	$4{,}5 \cdot 10^{-6}$
Vetro comune	$9 \cdot 10^{-6}$
Ferro	$12 \cdot 10^{-6}$
Acciaio	$13 \cdot 10^{-6}$
Cemento armato	$14 \cdot 10^{-6}$
Rame	$17 \cdot 10^{-6}$
Bronzo	$18 \cdot 10^{-6}$
Ottone	$19 \cdot 10^{-6}$
Argento	$19 \cdot 10^{-6}$
Alluminio	$23 \cdot 10^{-6}$
Stagno	$23 \cdot 10^{-6}$
Piombo	$29 \cdot 10^{-6}$
Zinco	$30 \cdot 10^{-6}$

Poiché $\Delta L = L - L_i$, la (2) diventa

$$L - L_i = \lambda L_i \Delta T \quad \Rightarrow \quad L = L_i + \lambda L_i \Delta T$$

Mediante il raccoglimento di L_i nel secondo membro, la legge della dilatazione lineare può essere posta nella forma:

#dilatazionetermica

$$L = L_i(1 + \lambda \Delta T) \tag{3}$$

La dilatazione termica modifica le dimensioni di strutture come ponti o gasdotti.

Anche se la variazione relativa della lunghezza è molto piccola, l'effetto diventa consistente nel caso di strutture molto lunghe.

FISICA QUOTIDIANA
La dilatazione nelle costruzioni

■ La lunghezza di una sezione di ponte cambia dall'estate all'inverno: per connettere fra loro le sezioni sono necessari giunti che ne permettono lo scorrimento relativo. Il passaggio delle auto sopra i giunti è più rumoroso in inverno, quando gli spazi fra essi sono maggiori.

Natursport / Shutterstock

■ I tubi di un gasdotto esterno sono esposti a consistenti variazioni di temperatura. Per assorbire le variazioni di lunghezza, i tratti rettilinei sono alternati con archi a forma di omega, che si deformano in modo non permanente.

C. Gardini, Parma 2004

PER ESEMPIO **Il ponte si è accorciato!**

Un ponte di cemento armato ha una lunghezza totale di 70 m.

► Qual è il suo accorciamento per ogni grado di diminuzione della temperatura?

Per la (2) si ha

$$\Delta L = (14 \cdot 10^{-6}\ °C^{-1})(7 \cdot 10\ m)(-1\ °C) = -1 \cdot 10^{-3}\ m = -1\ mm$$

La differenza di temperatura del ponte tra una giornata assolata d'estate e una notte invernale può arrivare a 50 °C: il ponte si accorcia di ben 5 cm!

La dilatazione volumica di solidi e liquidi

Al variare della temperatura un solido si dilata o si contrae. Con buona approssimazione la dilatazione volumica di un solido è descritta dalla seguente legge sperimentale, detta **legge della dilatazione volumica**:

un solido di volume V_i sottoposto a una variazione di temperatura ΔT, presenta una variazione di volume

$$\Delta V = \alpha V_i \Delta T \qquad (4)$$

dove α è il **coefficiente di dilatazione volumica** e dipende dal materiale di cui è fatto il solido.

#dilatazionetermica

Come λ, il coefficiente α si misura in K^{-1} o in $°C^{-1}$.

Poiché $\Delta V = V - V_i$, la (4) diventa

$$V - V_i = \alpha V_i \Delta T \quad \Rightarrow \quad V = V_i + \alpha V_i \Delta T$$

Mediante il raccoglimento di V_i nel secondo membro, la legge della dilatazione volumica può essere posta nella forma:

#dilatazionetermica

$$V = V_i(1 + \alpha \Delta T) \qquad (5)$$

La variazione di volume di un solido con la temperatura è conseguenza del fatto che ognuna delle sue tre dimensioni cambia secondo la legge (3). Ci si può aspettare, quindi, che esista una relazione tra i coefficienti di dilatazione volumica e lineare. In effetti per i solidi, con buon approssimazione, si verifica che

$$\alpha = 3\lambda$$

Nelle applicazioni pratiche è frequente il caso di recipienti solidi sottoposti a variazioni di temperatura, come per esempio una pentola messa sul fuoco. La dilatazione e la contrazione del recipiente cambiano la sua capienza. Più precisamente

un recipiente si dilata e si contrae al variare della temperatura come se fosse pieno del materiale di cui sono fatte le pareti.

Quindi, per calcolare il volume interno di un recipiente quando cambia la sua temperatura basta applicare la relazione (5) in cui il coefficiente di dilatazione volumica α è quello del materiale di cui è fatto il recipiente.

In modo analogo a quanto accade per i solidi, il volume V dei **liquidi** varia con la temperatura secondo la legge

$$\Delta V = \alpha V_i \Delta T \qquad (6)$$

dove V_i è il volume alla temperatura iniziale e $\Delta T = T_f - T_i$ è la variazione di temperatura.

Il coefficiente di dilatazione volumica dei liquidi è maggiore di uno o due ordini di grandezza rispetto a quello dei solidi.

Al variare della temperatura, il coefficiente di dilatazione volumica dei liquidi non rimane costante ma varia. Questa variazione, però, è in genere così piccola che, per intervalli di temperatura di qualche decina di gradi, si può assumere che α rimanga costante.

FISICA QUOTIDIANA
Una conseguenza del riscaldamento globale

Anche se non riusciamo a percepirlo a occhio nudo, un effetto dell'espansione termica dovrebbe preoccuparci seriamente: l'aumento del livello del mare. Nel periodo 1993-2010 si è registrato un aumento medio annuo del livello del mare di 1,1 mm dovuto esclusivamente all'espansione causata dall'aumento della temperatura (fonte IPCC 2013).

Se poi si considerano tutti gli effetti del riscaldamento globale, tra cui lo scioglimento dei ghiacciai continentali, il livello del mare sta aumentando al ritmo di 2,8 mm ogni anno.

→ PROBLEMA L'acqua esce dalla boccia • pag. 346
#dilatazionetermica

Le singolari proprietà dell'acqua

L'acqua è una sostanza che presenta un gran numero di proprietà interessanti. La più evidente si manifesta col ghiaccio che galleggia nell'acqua: contrariamente alle altre sostanze, l'acqua allo stato solido ha una densità minore che allo stato liquido.

Anche l'acqua allo stato liquido presenta un'anomalia nell'andamento della densità. Per la quasi totalità delle sostanze, all'aumentare della temperatura la densità diminuisce per effetto dell'aumento di volume; la densità dell'acqua invece aumenta quando la temperatura passa da 0 °C a 4 °C, perché il suo volume diminuisce. Oltre i 4 °C l'acqua si comporta come le altre sostanze: il volume aumenta con la temperatura e quindi la densità diminuisce.

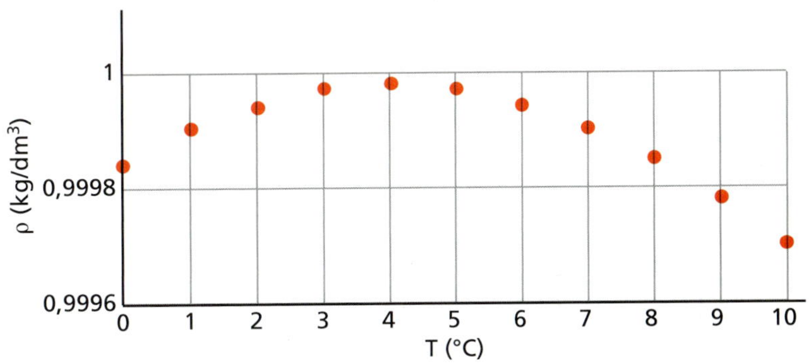

Queste proprietà dell'acqua hanno importanti conseguenze per la vita sulla Terra.

■ Durante l'inverno la temperatura degli strati superficiali dei laghi si abbassa: l'acqua diventa più densa e scende sul fondo, mentre l'acqua più calda sale in superficie dove a sua volta si raffredda. Questo ciclo ha termine quando tutta l'acqua del lago ha raggiunto la densità massima a 4 °C.

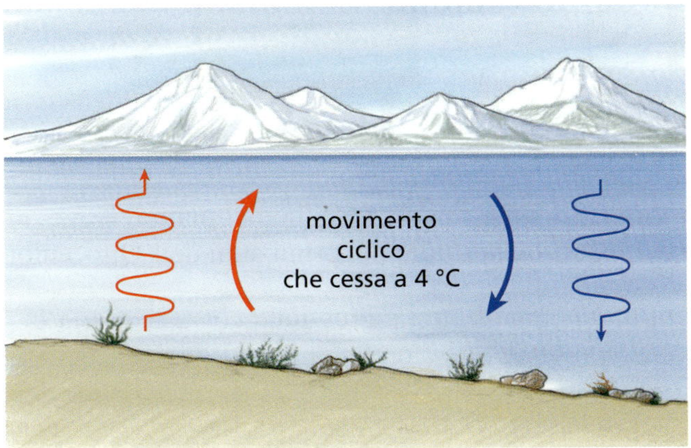

■ Una diminuzione ulteriore della temperatura rende l'acqua meno densa, per cui rimane a galleggiare in superficie, fino a quando si trasforma in ghiaccio, che non affonda perché meno denso dell'acqua. Sotto lo strato di ghiaccio, la vita della flora e della fauna continua in modo abituale.

Se l'acqua non avesse queste strane proprietà, la Terra sarebbe un pianeta molto meno ospitale. Durante l'inverno nei climi più freddi si accumulerebbero enormi quantità di ghiaccio sul fondo dei laghi e dei mari, che probabilmente non si scioglierebbero del tutto durante l'estate. L'accumulo di ghiacci influirebbe sulla temperatura del pianeta, rendendolo meno adatto alla diffusione di piante e animali.

4 Le leggi dei gas

SIMULAZIONE

Le proprietà dei gas

(PhET, University of Colorado)

Una variazione della temperatura provoca un cambiamento del volume di solidi e liquidi, mentre nel caso dei gas può modificare non solo il volume ma anche la pressione. Ciò è conseguenza del fatto che lo **stato di equilibrio** di una data massa m di gas è definito dal valore di tre grandezze fisiche: la pressione p, il volume V e la temperatura T del gas.

Queste grandezze non sono indipendenti: al variare di una, le altre possono variare anche in modo complicato. Per questa ragione si adotta la seguente strategia: per una data quantità di gas, si mantiene costante una di esse e si studia la relazione che lega le altre due.

Le tre leggi empiriche seguenti descrivono il comportamento di un gas tanto meglio quanto più è rarefatto, ossia ha bassa densità.

Dilatazione di un gas a pressione costante: la prima legge di Gay-Lussac

GUARDA!

Consideriamo una data massa di gas racchiusa in un contenitore con uno stantuffo mobile.

Quando lo stantuffo è in equilibrio la pressione del gas è uguale alla pressione esterna e ha lo stesso valore in tutti i punti del gas.

Si mantiene costante la pressione esterna, per esempio lasciando sullo stantuffo un pesetto, e si cambia per stadi successivi la temperatura del gas. Ogni volta che il gas è in uno stato di equilibrio, si registra la coppia (temperatura, volume) per quella data massa m di gas.

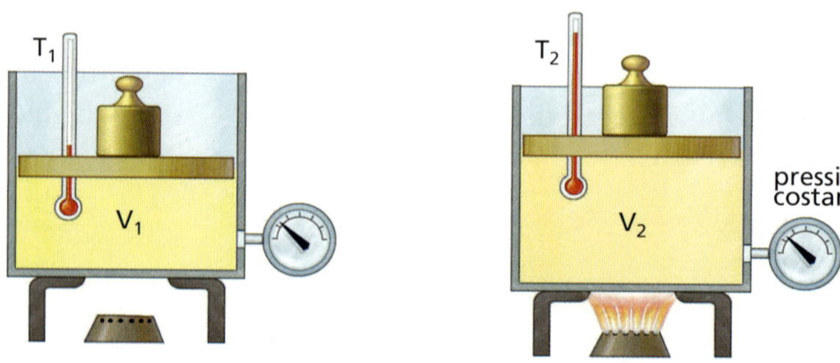

Il comportamento del gas è descritto dalla legge nota come **prima legge di Gay-Lussac**, dal nome di uno dei fisici che la studiò nei primi anni dell'Ottocento:

#1aleggeGayLussac

il volume V di una data massa di gas, mantenuta a pressione costante, varia in modo lineare con la temperatura:

$$V = V_0(1 + \alpha T) \qquad (7)$$

dove:

- V è il volume del gas alla temperatura T (°C);
- V_0 è il volume del gas a 0 °C;
- α è il coefficiente di dilatazione volumica del gas.

DENTRO LA FORMULA

- Il coefficiente di dilatazione volumica è praticamente uguale per tutti i gas molto rarefatti e vale

$$\alpha = \frac{1}{273,15}\ °C^{-1} = 3,661 \cdot 10^{-3}\ °C^{-1}$$

- Il coefficiente α dei gas è circa 10^2 volte maggiore di quello dei solidi: questo significa che la dilatazione del recipiente in cui il gas è contenuto è del tutto trascurabile rispetto a quella del gas.
- Fissate la massa del gas e la pressione a cui si effettua l'esperimento, il volume varia in modo lineare con la temperatura, perciò il grafico della (7) è una retta. Per ogni valore *m* della massa di gas si ottiene una retta con una diversa inclinazione.

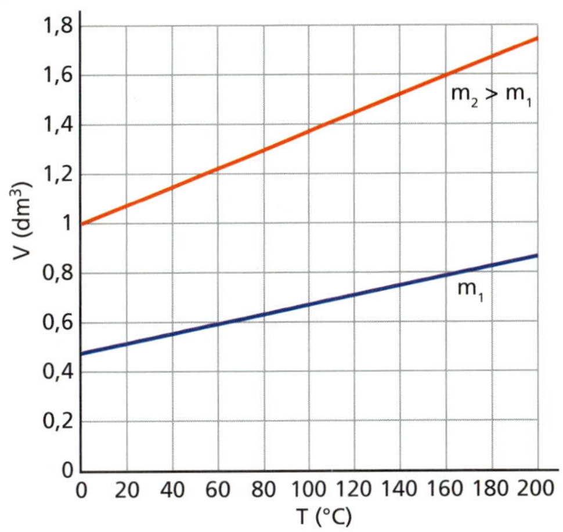

PER ESEMPIO **La bottiglia si accartoccia**

Una bottiglia di PET da 1,5 L è piena di aria alla pressione ambiente. Dopo averla tappata, si mette in un frigorifero e la temperatura scende a 0 °C.

▶ Qual è il volume dell'aria dentro la bottiglia?

Trascuriamo la variazione di volume del recipiente: nel frigo la bottiglia si deforma tanto da mantenere la pressione dell'aria al suo interno uguale a quella esterna. Noto il volume *V* a 20 °C, dalla (7) otteniamo il volume V_0:

$$V = V_0(1 + \alpha \Delta T) \quad \Rightarrow$$

$$V_0 = \frac{V}{1 + \alpha \Delta T} = \frac{1,5\ \text{L}}{1 + (3,66 \cdot 10^{-3}\ °C^{-1})(20\ °C)} = 1,4\ \text{L}$$

Il volume della bottiglia, e quindi dell'aria al suo interno, diminuisce di 1,5 L − 1,4 L = 0,1 L che equivale circa a mezzo bicchiere.

Variazioni della pressione di un gas a volume costante: la seconda legge di Gay-Lussac

Consideriamo una data massa di gas racchiusa in un contenitore con uno stantuffo mobile.

Al variare della temperatura del gas si vuole mantenere costante il suo volume, perciò si aumenta la pressione esterna sullo stantuffo in modo da mantenerlo fermo: in questo caso, la pressione del gas è uguale a quella esterna.

Ogni volta che il gas è in uno stato di equilibrio, si registra la coppia (temperatura, pressione) per quella data massa *m* di gas.

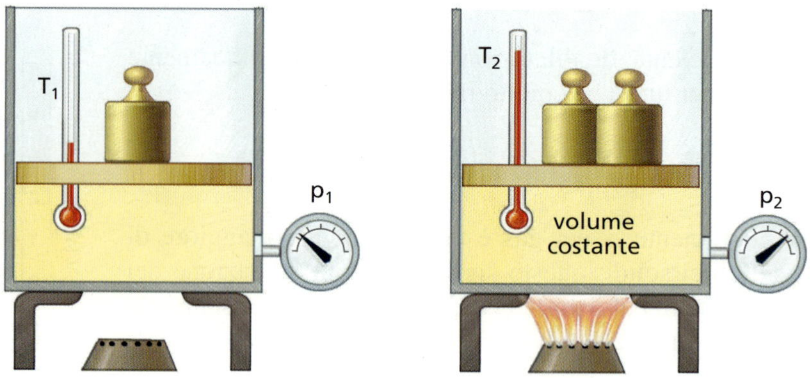

Sperimentalmente si verifica che la relazione tra la temperatura di una data massa di gas e la sua pressione è descritta dalla **seconda legge di Gay-Lussac**:

#2aleggeGayLussac

la pressione p di una data massa di gas, mantenuta a volume costante, varia in modo lineare con la temperatura:

$$p = p_0(1 + \alpha T) \qquad (8)$$

dove:

- p è la pressione del gas alla temperatura T (°C);
- p_0 è la pressione del gas a 0 °C;
- α è il coefficiente di dilatazione volumica del gas.

DENTRO LA FORMULA

- Per tutti i gas molto rarefatti

$$\alpha = \frac{1}{273,15}\ °C^{-1} = 3,661 \cdot 10^{-3}\ °C^{-1}$$

- Fissati la massa di gas e il volume a cui si effettua l'esperimento, la pressione varia in modo lineare con la temperatura e il grafico della (8) è una retta. Quando varia la massa m del gas si ottiene una retta con una diversa inclinazione.

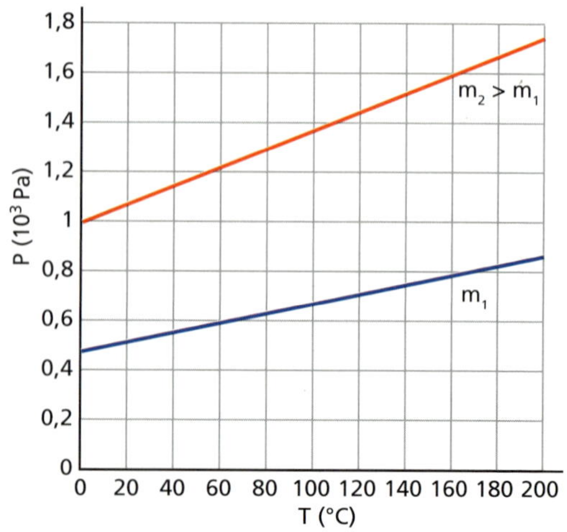

Ora possiamo comprendere perché d'estate i gommisti consigliano di non gonfiare eccessivamente gli pneumatici di un'auto prima di effettuare un viaggio.

Yellow / Shutterstock

FISICA QUOTIDIANA
La pressione degli pneumatici

Immaginiamo di gonfiare gli pneumatici al mattino prima di iniziare il viaggio: l'attrito con l'asfalto scaldato dal sole aumenta la loro temperatura, e quindi la temperatura dell'aria al loro interno, di varie decine di gradi. Poiché il loro volume non cambia apprezzabilmente, si registra un aumento di pressione dell'aria interna anche del 10% del valore iniziale.

La pressione eccessiva può essere un fattore di rischio per uno pneumatico in condizioni non ottimali, magari a seguito di un urto contro un marciapiede.

Variazione di pressione e di volume di un gas a temperatura costante: la legge di Boyle

Consideriamo una data massa di gas racchiusa in un contenitore con uno stantuffo mobile. Il contenitore è a contatto termico con un fluido mantenuto a temperatura costante T.

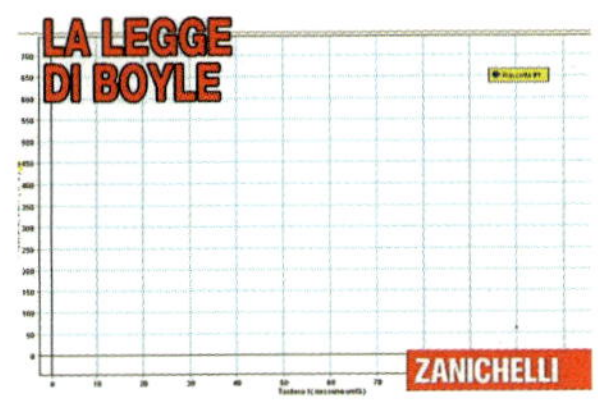

GUARDA!

Si cambia la pressione esterna sullo stantuffo e si attende che il gas raggiunga l'equilibrio termico con il fluido, cioè che ritorni alla temperatura iniziale. A questo punto si misurano la pressione e il volume del gas.

Si ripete la procedura e ogni volta che il gas è in uno stato di equilibrio, si registra la coppia (pressione, volume) per quella data massa m di gas.

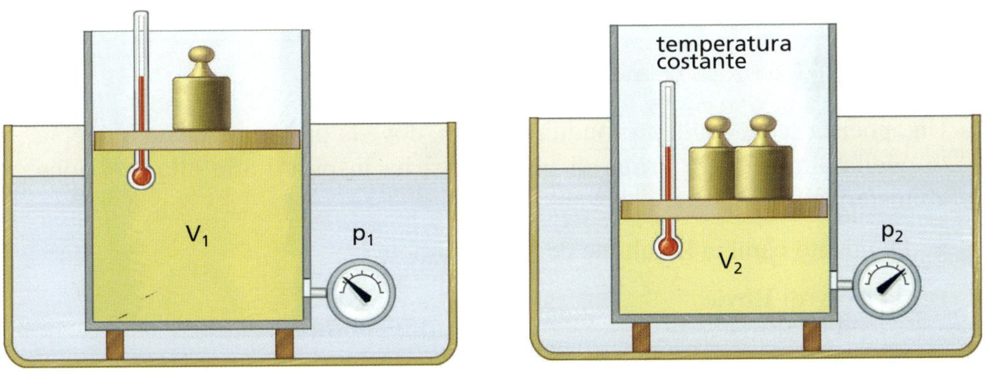

La legge sperimentale che lega il volume e la pressione di un gas a temperatura costante è stata scoperta da Robert Boyle. La **legge di Boyle** afferma che

la pressione p e il volume V di una data massa di gas, mantenuta a temperatura costante, sono legati dalla relazione

$$pV = \text{costante} \qquad (9)$$

#leggeBoyle

DENTRO LA FORMULA

- La costante al secondo membro dipende dalla massa del gas e dalla temperatura alla quale si effettua l'esperimento.
- Una volta fissate la massa e la temperatura del gas, la pressione e il volume sono grandezze inversamente proporzionali. Variando la temperatura del gas si ottengono curve diverse.

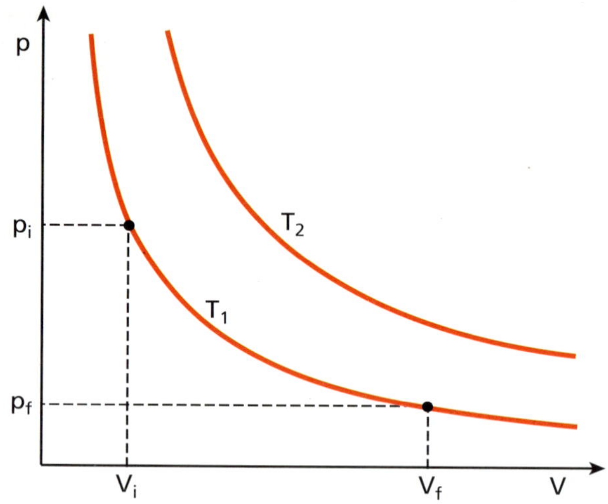

- Se una data massa di gas passa da uno stato con valori p_i e V_i a uno stato con valori p_f e V_f, per la legge di Boyle

$$p_i V_i = p_f V_f$$

PER ESEMPIO **Una strizzata ai polmoni**

Un apneista scende alla profondità di 10 m, dove la pressione totale è doppia di quella atmosferica. Prima di immergersi ha inspirato aria alla pressione atmosferica.

► Di quanto cambia il volume dei suoi polmoni?

Per la legge di Boyle

$$p_f V_f = p_i V_i \quad \Rightarrow \quad V_f = V_i \frac{p_i}{p_f}$$

Poiché la pressione è doppia ($p_f = 2p_i$), il volume dei suoi polmoni si è dimezzato.

→ **PROBLEMA SU PIÙ CONCETTI** **Cambiamento di stato** • pag. 348
#pressione #leggeBoyle

Le leggi di Gay-Lussac e la temperatura assoluta

Le due leggi di Gay-Lussac presentano una stretta analogia:

- il volume (a pressione costante) e la pressione (a volume costante) di una data quantità di gas variano linearmente con la temperatura;
- la costante α ha lo stesso valore in entrambe le leggi;
- i grafici delle due leggi sono identici se sono poste nella forma

$$\frac{V}{V_0} = 1 + \alpha T \qquad \frac{p}{p_0} = 1 + \alpha T$$

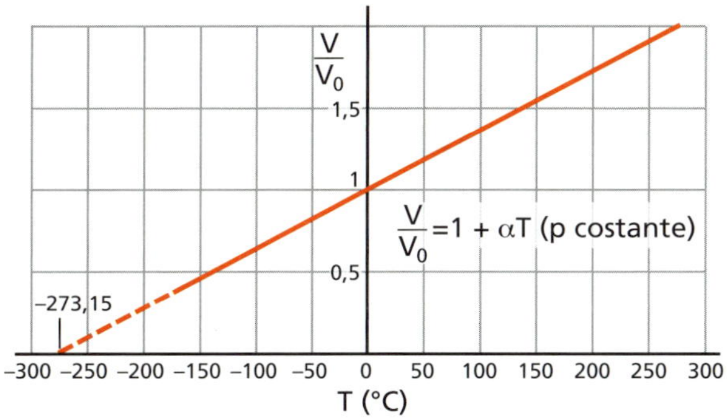

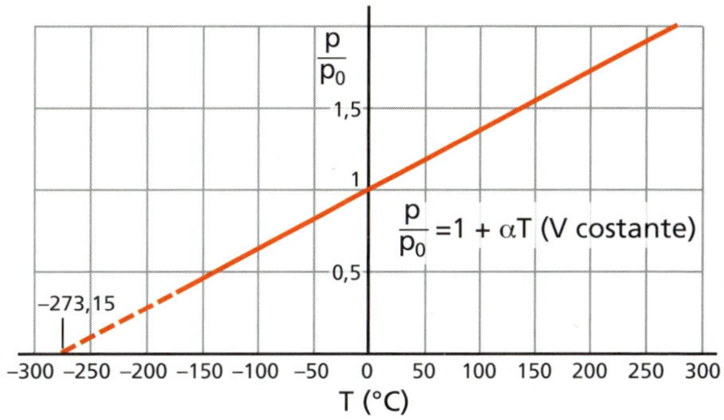

Corrispondenze così strette tra le due leggi portano a supporre l'esistenza di relazioni profonde tra le grandezze fisiche coinvolte.

Al diminuire della temperatura i rapporti V/V_0 e p/p_0 diminuiscono e dovrebbero annullarsi quando $1 + \alpha T = 0$, cioè alla temperatura

$$1 + \alpha T = 0 \quad \Rightarrow \quad T = -\frac{1}{\alpha} = -273{,}15\ °\text{C}$$

Questa temperatura viene detta **zero assoluto**. In realtà i gas reali liquefanno prima di raggiungere questa temperatura. Tuttavia considerazioni teoriche stabiliscono che lo zero assoluto segna il limite inferiore delle temperature raggiungibili da qualunque sistema fisico.

La scala Kelvin assume lo zero assoluto come valore iniziale nella misura delle temperature. La temperatura T_K, in kelvin, detta anche **temperatura assoluta**, e la corrispondente temperatura T_C, in gradi Celsius, sono legate dalla relazione (1):

$$T_K = 273{,}15 + T_C$$

Mediante tale relazione possiamo esprimere, in funzione di T_K, il fattore $1 + \alpha T_C$ delle leggi di Gay-Lussac, che diviene

$$1 + \alpha T = 1 + \frac{T_C}{273{,}15} = \frac{273{,}15 + T_C}{273{,}15} = \frac{T_K}{273{,}15}$$

Se si indicano con V_0 e p_0 il volume e la pressione del gas a $T_0 = 273{,}15$ K, le leggi di Gay-Lussac stabiliscono che:

- a pressione costante, il volume di un gas è proporzionale alla sua temperatura assoluta:

$$V = \frac{V_0}{T_0} T_K \qquad (10)$$

- a volume costante, la pressione di un gas è proporzionale alla sua temperatura assoluta:

$$p = \frac{p_0}{T_0} T_K \qquad (11)$$

5 L'equazione di stato del gas perfetto

Il gas perfetto

Le leggi dei gas descrivono le relazioni che esistono tra coppie di variabili di stato di una data massa di gas.

Il **gas perfetto** è un gas ideale che soddisfa in modo esatto le leggi di Boyle e di Gay-Lussac.

Gli esperimenti evidenziano che un gas reale approssima il comportamento del gas perfetto in modo tanto più preciso quanto meglio soddisfa due condizioni:

- il gas è rarefatto;
- il gas opera a temperature molto maggiori di quella alla quale diventa liquido.

Queste due condizioni sono soddisfatte dai gas, come l'azoto e l'ossigeno, che compongono l'aria attorno a noi: infatti, oltre a essere piuttosto rarefatti, sono lontani dalle temperature alle quali condensano in liquido (77 K per l'azoto e 90 K per l'ossigeno). Al contrario, il vapor d'acqua all'interno di una pentola a pressione non si comporta come un gas perfetto perché la sua temperatura (circa 390 K) è prossima a quella in cui il vapore si condensa in acqua liquida.

L'equazione di stato del gas perfetto

Le leggi di Boyle e Gay-Lussac possono essere sintetizzate in un'unica relazione detta **equazione di stato del gas perfetto**:

i generici stati (p, V, T) e (p_0, V_0, T_0) di una data massa di gas perfetto sono legati dalla relazione

#gasperfetto

$$\frac{pV}{T} = \frac{p_0 V_0}{T_0} \qquad (12)$$

DENTRO LA FORMULA

- La pressione si misura in pascal, il volume in metri cubi e la temperatura assoluta in kelvin.
- Se la pressione è costante, si riottiene la prima legge di Gay-Lussac:

$$p = p_0 \quad \Rightarrow \quad V = \frac{V_0}{T_0} T$$

- Se il volume è costante, si riottiene la seconda legge di Gay-Lussac:

$$V = V_0 \quad \Rightarrow \quad p = \frac{p_0}{T_0} T$$

- Se la temperatura è costante, si riottiene la legge di Boyle:

$$T = T_0 \quad \Rightarrow \quad pV = p_0 V_0$$

Per dimostrare che l'equazione di stato del gas perfetto deriva dalle leggi dei gas, consideriamo una data massa di gas nello stato iniziale caratterizzato da un volume V_0, una pressione p_0 e una temperatura assoluta T_0. Vogliamo portarla in uno stato definito dai valori V_f, p_f e T_f.

1 Se si mantiene costante la temperatura T_0, la legge di Boyle stabilisce che in ogni stato intermedio del gas

$$p_i V_i = p_0 V_0 \quad (T_0 = \text{costante}) \tag{13}$$

2 Scegliamo come stato intermedio quello che ha lo stesso volume dello stato finale. Ponendo $V_i = V_f$ nell'equazione precedente si ottiene:

$$p_i V_f = p_0 V_0 \quad (T_0 = \text{costante}) \tag{14}$$

3 Se si mantiene costante il volume, per la seconda legge di Gay-Lussac lo stato finale è tale che:

$$p_i = \frac{p_f}{T_f} T_0 \tag{15}$$

4 Sostituendo l'espressione ottenuta per p_i nell'equazione (13), si ottiene:

$$\frac{p_f}{T_f} T_0 V_i = p_0 V_0$$

Ricordando che $V_f = V_i$, la relazione precedente può essere posta nella forma

$$\frac{p_f V_f}{T_f} = \frac{p_0 V_0}{T_0}$$

Lo stato finale scelto per la dimostrazione non ha niente di particolare: può essere un qualunque stato caratterizzato dalle grandezze p, V e T. Quindi la relazione precedente è proprio l'equazione di stato del gas perfetto:

$$\frac{pV}{T} = \frac{p_0 V_0}{T_0}$$

→ **PROBLEMA** Il pallone sonda • pag. 350
#gasperfetto

6 Dalla massa al numero di particelle: la legge di Avogadro

Consideriamo due volumi uguali di due gas diversi che si trovano alla stessa pressione e alla stessa temperatura, come per esempio 10 L di idrogeno e 10 L di azoto. Se misuriamo le masse dei due gas otteniamo che

$$m_{H_2} = 0{,}89\ g \qquad m_{N_2} = 12\ g$$

A livello macroscopico, le «quantità» dei due gas sono molto diverse, ma se scendiamo a livello microscopico scopriamo che i due gas sono formati dallo stesso numero di particelle.

Nel 1811 Amedeo Avogadro enuncia una proprietà fondamentale dei gas, nota come **legge di Avogadro**:

nelle stesse condizioni di temperatura e pressione, volumi uguali di gas diversi contengono lo stesso numero di particelle.

Dalla legge di Avogadro deriva che

fissate temperatura e pressione, il volume V di un gas è direttamente proporzionale al numero N di particelle che lo compongono:

$$V \propto N \quad (p, T \text{ fissate}) \tag{16}$$

Consideriamo infatti due volumi uguali V di un dato gas, contenenti lo stesso numero N di particelle e separati da un setto mobile.

- Inizialmente i due volumi di gas hanno la stessa pressione e la stessa temperatura e quindi sono in equilibrio termico.

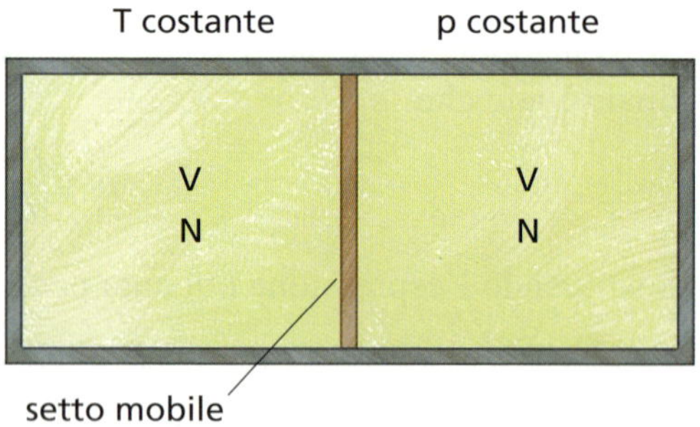

- Quando il setto viene rimosso, la temperatura e la pressione non cambiano. Nel volume $V_f = 2V$ è contenuto un numero di particelle $N_f = 2N$ e quindi

$$\frac{V_f}{V} = \frac{N_f}{N}$$

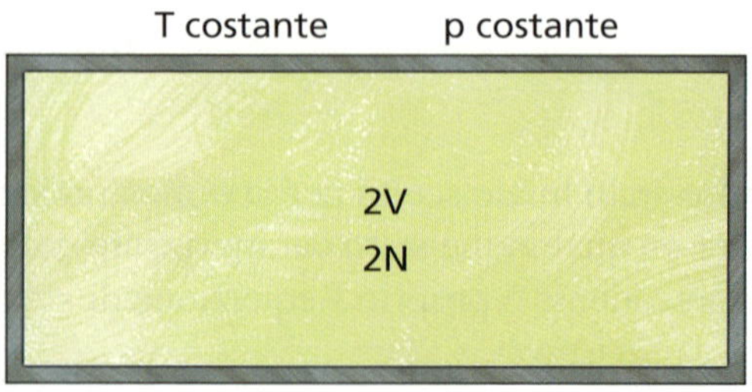

Lo stesso ragionamento si può ripetere con volumi uguali di gas e concludere che

$$V_f \propto N$$

cioè che il volume è proporzionale al numero di particelle (se T e p sono fissate).

La mole e il numero di Avogadro

La legge di Avogadro stabilisce che il comportamento di un gas non è legato tanto alla sua massa quanto al numero di particelle che lo compongono. Proprio a partire dagli studi sui gas, nella seconda metà dell'Ottocento si comprende che la materia è composta da atomi e da molecole, formate da due o più atomi legati assieme.

Grazie a queste ricerche si introduce il concetto di **mole** di una sostanza:

una mole (1 mol) di una sostanza contiene tante unità elementari quanti sono gli atomi in 0,012 kg di carbonio-12 (C^{12}).

Nella definizione le «unità elementari» sono da intendersi:

- **atomi**, se la sostanza è un elemento semplice;
- **molecole**, formate da due o più atomi legati assieme, se la sostanza è un composto.

Accurate misurazioni stabiliscono che 1 mole è formata da un numero di particelle uguale a

$$N_A = 6{,}02214 \cdot 10^{23}\ \text{mol}^{-1}$$

Il numero N_A è detto **numero di Avogadro**. Quindi

la mole di una sostanza è un numero di Avogadro di particelle di quella sostanza.

N_A è un numero enorme e per visualizzarlo è utile ricorrere a confronti. Per esempio, una collana formata da una mole di atomi di idrogeno (diametro 10^{-10} m) sarebbe lunga

$$(6 \cdot 10^{23})(10^{-10}\ \text{m}) = 6 \cdot 10^{13}\ \text{m}$$

circa 400 volte la distanza Terra-Sole ($1{,}5 \cdot 10^{11}$ m).

L'unità di massa atomica

Dalla definizione di mole deriva che una mole di atomi di carbonio C^{12} corrisponde a 12 g di carbonio. Poiché una mole corrisponde a $N_A = 6{,}02214 \cdot 10^{23}$ atomi, la massa $m_{C^{12}}$ di un atomo di carbonio C^{12} è

$$m_{C^{12}} = \frac{1{,}20000 \cdot 10^{-2}\ \text{kg}}{6{,}02214 \cdot 10^{23}} = 1{,}9926 \cdot 10^{-26}\ \text{kg}$$

A partire da questo valore, si introduce un'unità di misura per le masse degli atomi.

L'**unità di massa atomica** (u) è 1/12 della massa di un atomo di C^{12}:

$$1\ \text{u} = \frac{1{,}9926 \cdot 10^{-26}\ \text{kg}}{12} = 1{,}6605 \cdot 10^{-27}\ \text{kg}$$

La tavola periodica riporta il **peso atomico** (o massa atomica) di ogni elemento, cioè le masse degli atomi di ogni elemento in unità di massa atomica.

Il **peso molecolare** di un composto è uguale alla somma dei pesi atomici di tutti gli atomi che formano una molecola. Nel caso dell'acqua la molecola è H_2O:

$$m_{H_2O} = 2\,m_H + m_O = 2\,(1{,}008\ \text{u}) + 15{,}999\ \text{u} = 18{,}015\ \text{u}$$

Masse in grammi e masse atomiche o molecolari

A partire dal valore di una grandezza macroscopica come la massa si può determinare il numero di atomi o molecole di una sostanza.

#massamolare

La massa in grammi di una mole di una sostanza è numericamente uguale al suo peso atomico (o molecolare).

La massa in grammi di una mole è anche detta **massa molare**.

Consideriamo una mole di un elemento che ha peso atomico p; la sua massa è

$$M = p\,(1\ \text{u})\,N_A$$

cioè

massa di 1 mol = (peso atomico)(unità di massa atomica)(numero di Avogadro)

Il prodotto $(1\ \text{u})\,N_A$ vale

$$(1\ \text{u})\,N_A = (1{,}6605 \cdot 10^{-27}\ \text{kg})(6{,}02214 \cdot 10^{23}) = 1{,}000 \cdot 10^{-3}\ \text{kg} = 1{,}000\ \text{g}$$

quindi

$$M = p\,(1{,}000\ \text{g})$$

massa di 1 mol = (peso atomico)(grammi)

Il numero di Avogadro rappresenta quindi un fattore di conversione tra proprietà macroscopiche, legate alla massa di una sostanza, e proprietà microscopiche, connesse al numero di atomi o molecole della sostanza. Mediante una semplice misurazione della massa siamo in grado di ottenere un'informazione che diversamente ci è preclusa: il numero di particelle di un dato campione di sostanza.

PER ESEMPIO **Un pizzico di sale**

Il sale da cucina è cloruro di sodio (NaCl) il cui peso atomico è pari a 23 u + 35 u = 58 u; una mole di NaCl ha quindi una massa di 58 g. Condisci l'insalata con un pizzico di sale (circa 0,5 g).

▸ Quante molecole di sale hai aggiunto alla tua insalata?

Si tratta di una piccola frazione di mole

$$\frac{5 \cdot 10^{-1}\ \text{g}}{58\ \text{g}} = 9 \cdot 10^{-3}\ \text{mol}$$

che però contiene un numero enorme di molecole

$$(9 \cdot 10^{-3}\ \text{mol})(6{,}02214 \cdot 10^{23}\ \text{mol}^{-1}) = 5 \cdot 10^{21}$$

Se fossero grandi come palline da tennis (volume $3 \cdot 10^{-5}\ \text{m}^3$) occuperebbero un volume pari a

$$(5 \cdot 10^{21})(3 \cdot 10^{-5}\ \text{m}^3) = 1{,}5 \cdot 10^{17}\ \text{m}^3$$

circa 40 volte il volume del Mediterraneo ($4 \cdot 10^{15}\ \text{m}^3$)!

➜ **PROBLEMA** **Le moli nel gessetto** • pag. 351
#massamolare

7 L'equazione del gas perfetto in termini di moli

Riprendiamo in esame l'equazione di stato del gas perfetto nella forma (12)

$$\frac{pV}{T} = \frac{p_0 V_0}{T_0}$$

Si verifica sperimentalmente che

alla pressione $p_0 = 1{,}0132 \cdot 10^5$ Pa e alla temperatura $T_0 = 273{,}15$ K, una mole di gas perfetto occupa un volume pari a $2{,}2414 \cdot 10^{-2}\ \text{m}^3$.

Per una mole di gas il membro di destra dell'equazione di stato (12) diventa quindi

$$\frac{p_0 V_0}{T_0} = \frac{(1{,}0132 \cdot 10^5\ \text{Pa})(2{,}2414 \cdot 10^{-2}\ \text{m}^3)}{273{,}15\ \text{K}} = 8{,}314\ \text{J/(K·mol)}$$

Il valore così ottenuto è la costante R, detta **costante dei gas**:

$$R = 8{,}314\ \text{J/(K·mol)} \qquad (17)$$

Possiamo quindi scrivere l'equazione di stato di una mole di gas perfetto nella forma

$$\frac{pV}{T} = R$$

ossia

$$pV = RT \tag{18}$$

Per la (16) il volume è proporzionale al numero di particelle, quindi la relazione precedente si può generalizzare al caso di n moli:

#gasperfetto

l'equazione di stato di n moli di gas perfetto è

$$pV = nRT \tag{19}$$

dove $R = 8{,}314$ J/(K·mol) è la costante dei gas.

PER ESEMPIO **Una scia di anidride carbonica**

Un'automobile utilitaria emette una quantità di CO_2 pari a circa 130 g/km. Il peso molecolare dell'anidride carbonica è 44 u.

► Quante moli di CO_2 emette l'auto ogni kilometro?

Ogni kilometro l'auto lascia dietro di sé

$$\frac{130 \text{ g/km}}{44 \text{ g/mol}} = 2{,}9 \text{ mol/km}$$

Quando viene emessa, diffonde nell'aria fino a una pressione di circa 40 Pa a 290 K, quindi il volume finale della scia di anidride carbonica per kilometro è ben

$$V_\text{f} = \frac{(2{,}9 \text{ mol})(8{,}314 \text{ J/(K·mol)})(2{,}9 \cdot 10^2 \text{ K})}{4 \cdot 10 \text{ Pa}} = 1{,}7 \cdot 10^2 \text{ m}^3$$

→ **PROBLEMA** Trasformazioni di un gas perfetto • pag. 353
#gasperfetto

La legge di Dalton delle pressioni parziali

L'aria è una miscela di gas, come azoto e ossigeno, in condizioni tali che:

- ogni gas può essere considerato un gas perfetto;
- i gas sono all'equilibrio termico;
- i gas non reagiscono chimicamente fra loro dando luogo a composti.

Nel 1801 l'inglese John Dalton scopre sperimentalmente che esiste un semplice legame tra la pressione totale della miscela e le **pressioni parziali** dei gas, cioè le pressioni che ciascuno di essi avrebbe se occupasse da solo il contenitore. La relazione è nota come **legge delle pressioni parziali**:

#pressioniparziali

la pressione esercitata da una miscela di gas è uguale alla somma delle pressioni parziali dei gas.

La legge di Dalton si può dimostrare a partire dall'equazione di stato del gas perfetto. Per semplicità consideriamo una miscela formata da n_A moli del gas A e n_B moli del gas B, che occupa il volume V alla temperatura T.

1 La miscela è quindi composta da $n_A + n_B$ moli di gas perfetto e la sua pressione p è data dall'equazione di stato (19):

$$p = (n_A + n_B)\frac{RT}{V}$$

2 Il secondo membro può essere posto nella forma

$$p = n_A\frac{RT}{V} + n_B\frac{RT}{V}$$

Notiamo che

$$p_A = n_A\frac{RT}{V} \qquad p_B = n_B\frac{RT}{V}$$

sono le pressioni parziali dei due gas, cioè le pressioni che ciascuno di essi eserciterebbe se occupasse da solo il volume V. Quindi la pressione totale che i gas esercitano sulle pareti è la somma delle pressioni parziali:

$$p = p_A + p_B$$

3 Il risultato si può generalizzare a una miscela di n gas:

$$p = p_1 + p_2 + \ldots + p_n$$

Concludiamo che la pressione totale di un miscuglio di gas è la somma delle pressioni parziali dei singoli gas.

PER ESEMPIO **La pressione dell'umidità**

In una giornata molto umida con una temperatura di 18 °C, la pressione parziale del vapor d'acqua presente nell'aria è $p_{va} = 2 \cdot 10^3$ Pa, mentre la pressione atmosferica è $p_{aria} = 1 \cdot 10^5$ Pa.

▶ Qual è la percentuale di molecole di vapor d'acqua nell'aria?

Il rapporto fra le pressioni è uguale al rapporto fra le moli n_{va} del vapor d'acqua e le moli n_{aria} del miscuglio che forma l'aria

$$\frac{p_{va}}{p_{aria}} = \frac{n_{va}\frac{RT}{V}}{n_{aria}\frac{RT}{V}} = \frac{n_{va}}{n_{aria}}$$

Inserendo i dati si ottiene:

$$\frac{n_{va}}{n_{aria}} = \frac{2 \cdot 10^3 \text{ Pa}}{1 \cdot 10^5 \text{ Pa}} = 2 \cdot 10^{-2} = 2\%$$

➔ **PROBLEMA SU PIÙ CONCETTI** **Da una bombola all'altra** • pag. 354
#leggeBoyle #pressioniparziali

La temperatura

IN 3 MINUTI
La temperatura

Temperatura assoluta

$$T_K = T_C + 273{,}15$$

T_K: **temperatura assoluta** (K)

T_C: **temperatura** (°C)

Leggi dei gas

Prima legge di Gay-Lussac

$$V = V_0(1 + \alpha \Delta T)$$

V: **volume** di una massa di gas a pressione costante

V_0: **volume** del gas a 0 °C

α: $3{,}661 \cdot 10^{-3}$ °C^{-1}

Seconda legge di Gay-Lussac

$$p = p_0(1 + \alpha \Delta T)$$

p: **pressione** di una massa di gas a volume costante

p_0: **pressione** del gas a 0 °C

α: $3{,}661 \cdot 10^{-3}$ °C^{-1}

Legge di Boyle

$$pV = \text{costante}$$

Dilatazione termica

Lineare

$$\Delta L = \lambda L_i \Delta T$$

λ: coefficiente di dilatazione lineare (K^{-1})

L_i: **lunghezza** della sbarra

ΔT: variazione di **temperatura**

Volumica

$$\Delta V = \alpha V_i \Delta T$$

α: coefficiente di dilatazione volumica (K^{-1})

V_i: **volume** del solido

ΔT: variazione di **temperatura**

Equazione di stato del gas perfetto

Per una massa di gas

$$\frac{pV}{T} = \frac{p_0 V_0}{T_0}$$

Per *n* moli di gas

$$pV = nRT$$

n: **numero di moli** di gas

R: 8,314 J/(K·mol) costante dei gas

ESERCIZI

ZTE ONLINE
Mettiti alla prova con 20 esercizi interattivi

1 La temperatura e la sua misura

1 Il satellite IRAS (InfraRed Astronomical Satellite), mandato in orbita nel 1983, è stato il primo satellite per il rilevamento delle sorgenti infrarosse. Per eliminare tutte le interferenze delle sorgenti di calore interne e misurare le sorgenti lontane il satellite operava a una temperatura di 1,65 K.

▶ Esprimi questa temperatura in °C.

[−271,5 °C]

2 Il 21 luglio 1983 a Vostok, nell'Antartide, si misurò una temperatura di −89 °C, la più bassa registrata sulla Terra.

▶ Esprimi questa temperatura in kelvin. [184 K]

3 Negli sport invernali si utilizza la sciolina per diminuire l'attrito degli sci o dello snowboard con la neve. Un tipo di sciolina molto utilizzata in condizioni di neve naturale è efficace se la temperatura della neve è compresa tra i −5,0 °C e i −12 °C.

▶ Esprimi questo intervallo di temperatura in kelvin. [7,0 K]

4 Il punto di ebollizione dell'ossigeno (O_2) è −182,86 °C.

▶ Determina questa temperatura in kelvin.

[90,29 K]

5 QUESITO SPIEGA PERCHÉ Marco si sta esercitando nelle conversioni tra °C e K. Nelle istruzioni di un composto chimico legge la dicitura «mantenere tra le temperature di 15 °C e 25 °C». Subito Marco li converte in kelvin, ottenendo 288 K e 298 K. Soddisfatto, procede con un'altra conversione: la differenza tra le due temperature è di 10 K, quindi convertita in °C vuol dire una differenza di −263 °C!

▶ Spiega perché Marco sta sbagliando.

6 Possiedi un termometro C, tarato in gradi Celsius, e un termometro K, tarato in kelvin.

▶ Indica a quale temperatura il termometro K indica un valore uguale a 3 volte quello di C.

[410 K]

7 All'esterno di un albergo in montagna è appeso un grande termometro a mercurio. Il termometro misura temperature da $T_{min} = -15$ °C a $T_{max} = 45$ °C. Le tacche corrispondenti ai valori estremi di temperatura sono distanti $L = 55$ cm.

▶ Calcola la distanza d delle tacche di gradazione dei gradi Celsius.

Un cliente molto pignolo lo legge con una lente d'ingrandimento e ritiene di essere in grado di apprezzare variazioni di 1 mm nella scala.

▶ Con quale precisione il cliente crede di poter esprime la temperatura? [0,92 cm/°C; 0,11 °C]

8 La lunghezza della colonna di un termometro a mercurio è 4,0 cm se il termometro è immerso in una miscela di acqua e ghiaccio e 24,0 cm se è immerso in acqua bollente.

▶ Determina la lunghezza della colonna alla temperatura ambiente di 22,0 °C.

Il termometro viene immerso in una soluzione chimica in ebollizione e la colonna di mercurio è lunga 25,4 cm.

▶ Qual è la temperatura della soluzione?

[8,4 cm; 107 °C]

9 L'attività giornaliera della lucertola muragliola dipende dalle stagioni e dalle condizioni atmosferiche. In primavera e in autunno l'animale è attivo durante tutta la giornata, mentre nel periodo estivo è raro vederlo durante le ore più calde. La sua temperatura ideale è intorno ai 306 K, mentre se scende sotto i 288 K si ripara nel suo nascondiglio.

▶ Quanto valgono queste due temperature in gradi Celsius? [33 °C; 15 °C]

3 La dilatazione termica di solidi e liquidi

10 Una sbarra di alluminio ($\lambda = 23 \cdot 10^{-6}\ K^{-1}$) è lunga 2,00 m a 273 K. Si porta la sua temperatura a 510 K.

▶ Di quanto si allunga la sbarra?

[1,1 cm]

11 Durante una lavorazione a caldo, una lamina di rame ($\lambda = 17 \cdot 10^{-6}\ K^{-1}$) si allunga di 1,5 cm quando la sua temperatura passa da 18 °C a 150 °C.

▶ Determina la lunghezza iniziale della lamina.

[6,7 m]

12 Una sbarretta di ottone lunga 20 cm viene riscaldata e la sua temperatura aumenta di 90 °C. Il coefficiente di dilatazione lineare dell'ottone è $19 \cdot 10^{-6}$ K^{-1}.

▶ Quanto vale l'allungamento relativo della sbarretta? [0,17%]

13 **QUESITO** **TROVA IL MODELLO** Un pendolo è formato da un filo di acciaio a cui è agganciata una piccola massa di bronzo.

▶ Quando la temperatura della stanza aumenta, il periodo del pendolo cambia?

14 Un ponte, costruito in acciaio e formato da un'unica struttura continua lunga $1{,}0 \cdot 10^2$ m, è situato in una località dove, nelle giornate più fredde dell'inverno, si registra una temperatura di −30 °C e, in quelle più calde dell'estate, una temperatura di 40 °C.

▶ Quanto varia la sua lunghezza tra le due stagioni? [9,1 cm]

15 La *Freedom of the seas* è una delle navi da crociera più grandi al mondo. È costruita in acciaio e ha una stazza lorda di circa 300 000 tons. La stazza lorda di una nave ne indica il volume e 1 ton = 1 m^3.

▶ Quanto vale la variazione del suo volume tra una crociera nei mari artici ($T = -25$ °C) e una ai Caraibi ($T = 30$ °C)? [≈ 600 m^3]

16 **QUESITO** **LEGGI IL GRAFICO** La densità del mercurio tra 0 °C e 100 °C varia con la legge $\rho = \rho_0(1 - \alpha T)$, dove ρ e ρ_0 sono la densità rispettivamente alla temperatura T e a 0 °C.

▶ Stima il valore del coefficiente di dilatazione volumica dal grafico.

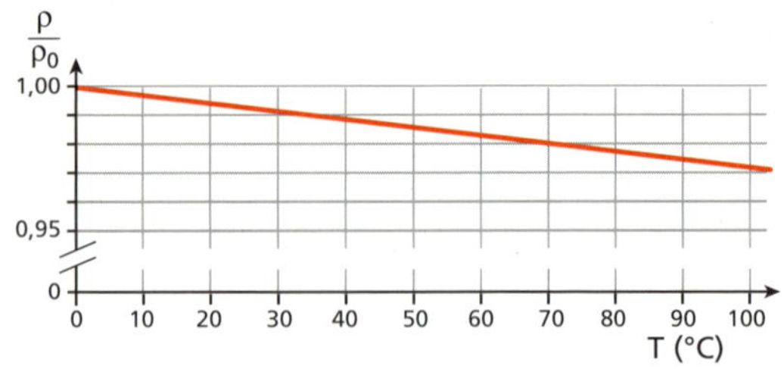

17 Vuoi realizzare un termometro con un tubicino avente una sezione $6{,}00 \cdot 10^{-3}$ mm^2 dove il mercurio ($\alpha = 1{,}80 \cdot 10^{-4}$ K^{-1}) sale di 3,00 mm per ogni aumento di 1 K. Trascura la dilatazione del vetro e quella del mercurio nel tubicino.

▶ Calcola il volume del bulbo. [0,10 cm^3]

18 Il bulbo di un termometro a mercurio ha il volume di $3{,}0 \cdot 10^2$ mm^3 e segna temperature tra 0 °C e 50 °C. La distanza tra le tacche della temperatura minima e massima è di 10 cm.

▶ Qual è il volume di mercurio nel capillare quando il termometro raggiunge la temperatura massima?

▶ Qual è l'area della sezione del capillare del tubicino? [2,7 mm^3; $2{,}7 \cdot 10^{-2}$ mm^2]

19 **PROBLEMA** **L'acqua esce dalla boccia**
#dilatazionetermica

Una boccia di vetro pirex ($\alpha_v = 1{,}0 \cdot 10^{-5}$ $°C^{-1}$) da 1,0 L è riempita d'acqua, con $\alpha_a = 2{,}07 \cdot 10^{-4}$ $°C^{-1}$, fino all'orlo, alla temperatura di 8,0 °C.

▶ Quanta acqua fuoriesce dalla boccia di vetro se aumenti la temperatura fino a 28 °C?

LA SITUAZIONE FISICA E IL MODELLO

La boccia di vetro e l'acqua in essa contenuta subiscono la stessa variazione di temperatura. Inizialmente il volume dell'acqua è uguale al volume interno della boccia, che si dilata come se fosse riempito di vetro. Per effetto dell'aumento di temperatura, hanno un incremento rispettivamente ΔV_a e ΔV_v. L'aumento maggiore è quello dell'acqua, perché il coefficiente di dilatazione dell'acqua è maggiore di quello del vetro. La differenza $\Delta V_a - \Delta V_v$ è il volume dell'acqua che fuoriesce dalla boccia.

LA RISOLUZIONE

1. Con l'equazione (4) calcoliamo le variazioni di volume ΔV_v della boccia di vetro e ΔV_a dell'acqua:

$$\Delta V_v = \alpha_v V_i \Delta T$$

$$\Delta V_a = \alpha_a V_i \Delta T$$

2. La quantità di acqua ΔV_{af} che fuoriesce dalla boccia è

$$\Delta V_{af} = \Delta V_a - \Delta V_v = (\alpha_a - \alpha_v) V_i \Delta T$$

I DATI E IL RISULTATO

$\alpha_v = 1{,}0 \cdot 10^{-5}\ °C^{-1}$
$\alpha_a = 2{,}07 \cdot 10^{-4}\ °C^{-1}$
$T_1 = 8\ °C$
$T_2 = 28\ °C$
$V_i = 1{,}0\ L$

$\Delta T = 20\ °C$

$\Delta V_{af} = (2{,}07 \cdot 10^{-4}\ °C^{-1} - 1{,}0 \cdot 10^{-5}\ °C^{-1})(1{,}0\ L)(20\ °C)$

$= 39 \cdot 10^{-4}\ L = 3{,}9\ mL$

20 **PROBLEMA SIMILE**

Considera una boccia di acciaio (coefficiente di dilatazione volumica $\alpha = 39 \cdot 10^{-6}\ °C^{-1}$) completamente riempita d'acqua alla temperatura di 12 °C. Il volume iniziale dell'acqua nella boccia è 2,0 L. La temperatura viene portata a 31 °C.

▶ Calcola il volume di acqua che fuoriesce. [6,4 mL]

21 Un cilindro graduato di vetro è riempito fino all'orlo con alcol ($\alpha = 1{,}1 \cdot 10^{-3}\ K^{-1}$) alla temperatura di 25 °C. La temperatura diminuisce fino a 5,0 °C.

▶ Calcola la percentuale di volume del cilindro che rimane vuoto, trascurando la contrazione della bottiglia di vetro. [2,2%]

22 Risolvi il problema precedente considerando anche la contrazione del contenitore. [2,18%]

23 Un'automobile ha un serbatoio d'acciaio con una capienza di 60 L, riempito fino all'orlo con benzina alla temperatura di 10 °C. Il coefficiente di dilatazione volumica della benzina è $\alpha = 0{,}90 \cdot 10^{-3}\ K^{-1}$. L'automobile è parcheggiata al sole e la temperatura aumenta fino a 25 °C.

▶ Valuta quanta benzina trabocca dal serbatoio, tenendo conto anche della sua dilatazione. [0,78 L]

24 Una bottiglietta da 300 mL è riempita con alcol etilico alla temperatura di 0 °C ($\rho = 0{,}81 \cdot 10^3\ kg/m^3$) e, se viene portata alla temperatura di 70 °C, fuoriescono 19 g di alcol.

▶ Qual è la densità dell'alcol a 70 °C?

▶ Trascurando la dilatazione della bottiglia, determina il coefficiente di dilatazione volumica dell'alcol. [$0{,}75 \cdot 10^3\ kg/m^3$; $1{,}1 \cdot 10^{-3}\ °C^{-1}$]

25 **QUESITO** **ARGOMENTA** Una lamina bimetallica è costituita da due lamine di metalli diversi saldati insieme. Alla temperatura T_0 la lamina bimetallica è rettilinea. La temperatura viene aumentata e la lamina si flette verso destra, come indica la figura.

▶ Che cosa puoi dire dei coefficienti di dilatazione dei due metalli?

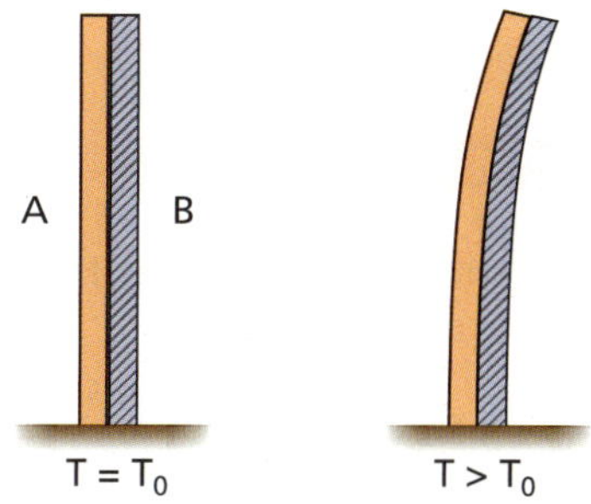

26 **QUESITO** **TROVA IL MODELLO** La figura mostra un termometro ideato da Galileo e realizzato per la prima volta dai suoi allievi riuniti nell'Accademia del Cimento a Firenze. Il liquido interno è alcol, il cui coefficiente di dilatazione volumica è maggiore di quello del vetro. Le boccette contenenti liquido colorato all'interno dell'ampolla principale hanno tutte lo stesso volume ma masse leggermente differenti. Ogni boccetta di vetro ha un piccolo ciondolo che reca l'indicazione della temperatura: per esempio 22 °C, 23 °C. Osservi che all'aumentare della temperatura, sempre meno boccette rimangono in alto.

▶ Qual è il principio di funzionamento di questo termometro?

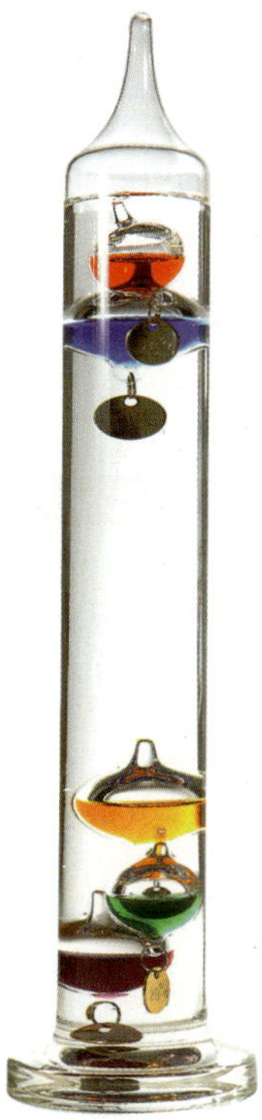

Aptyp_koK / Shutterstock

4 Le leggi dei gas

27 Alla temperatura di 15 °C, un palloncino pieno d'elio ha un volume di 2,7 L. Il palloncino viene inserito in un congelatore, dove la temperatura scende a −17 °C.
- ▶ Qual è il volume finale del palloncino? [2,4 L]

28 Una bombola contiene elio a $1,2 \cdot 10^5$ Pa alla temperatura di 0 °C. La bombola viene lasciata al sole e raggiunge la temperatura di 35 °C.
- ▶ Calcola la pressione finale dell'elio. [$1,4 \cdot 10^5$ Pa]

29 Un cilindro di 40,0 mL, dotato di stantuffo, contiene aria alla pressione di 3,00 atm. Tramite lo stantuffo si abbassa la pressione di 1,00 atm, mentre la temperatura rimane costante.
- ▶ Calcola il volume finale dell'aria. [120 mL]

30 QUESITO LEGGI IL GRAFICO Il grafico riporta due stati di un gas mantenuto a volume costante.
- ▶ Determina graficamente il valore della pressione a $T = 0$ °C.
- ▶ Qual è il valore della temperatura per $p = 5,5 \cdot 10^4$ Pa? [$5 \cdot 10^4$ Pa; 15 °C]

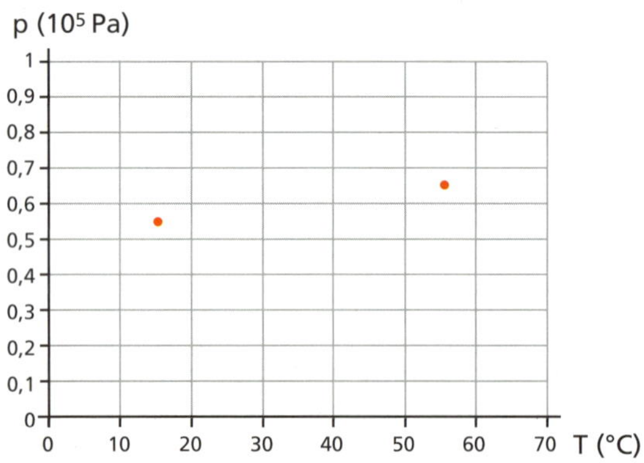

31 Un cilindro contiene 8,0 L di gas alla pressione di 0,60 atm. Mantenendo la temperatura costante, mediante uno stantuffo si raddoppia il volume del gas.
- ▶ A quale pressione finale arriva il gas? [0,30 atm]

32 Si innalza la temperatura di un gas da 50 °C a 100 °C, mantenendo costante la pressione.
- ▶ Calcola la variazione percentuale del suo volume. [18%]

33 Il gas contenuto in uno stantuffo viene raffreddato da 230 °C a 150 °C, mentre la pressione rimane invariata.
- ▶ Calcola la variazione percentuale del suo volume. [−29%]

34 QUESITO LEGGI IL GRAFICO Il grafico riporta due stati di una certa massa di gas mantenuta a volume costante.
- ▶ Spiega come è possibile stimare graficamente il valore della pressione a $T = 0$ °C.
- ▶ Come si può ricavare graficamente il valore dello zero assoluto?

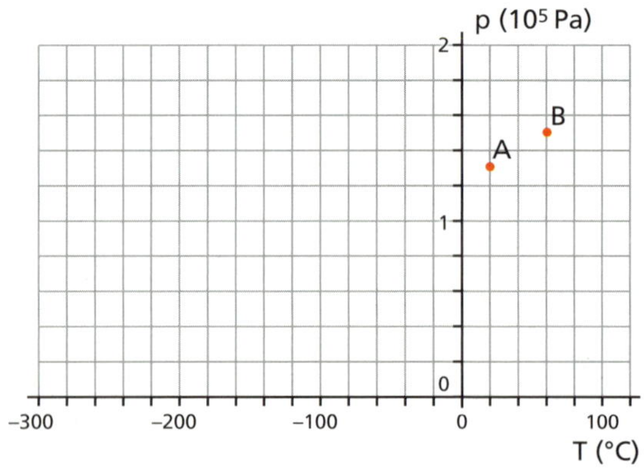

35 PROBLEMA SU PIÙ CONCETTI **Cambiamento di stato**
#pressione #leggeBoyle

Un contenitore cilindrico di raggio $r = 5,0$ cm e altezza $h = 30$ cm ha pareti molto sottili ed è chiuso da uno stantuffo che è libero di muoversi senza attrito. All'interno del contenitore c'è un gas alla pressione di 2,0 atm. Aggiungendo una massa di 20 kg sullo stantuffo, si raggiunge una nuova condizione di equilibrio. Durante la trasformazione la temperatura rimane costante.
- ▶ Qual è il volume finale del gas?

LA SITUAZIONE FISICA E IL MODELLO

La trasformazione avviene a temperatura costante, per cui gli stati di equilibrio del gas sono legati dalla legge di Boyle. La variazione di pressione è dovuta alla forza peso della massa sopra allo stantuffo e vale $\Delta p = mg/A$, dove A è l'area dello stantuffo. Poiché le pareti del cilindro sono molto sottili, assumiamo che lo stantuffo abbia la stessa area del cilindro e quindi che $A = \pi r^2$.

LA RISOLUZIONE

1. Indichiamo con V_i e V_f i volumi iniziale e finale e con p_i e p_f le pressioni iniziale e finale. Poiché T = costante, per la legge di Boyle si ha

$$p_f V_f = p_i V_i \quad \Rightarrow \quad V_f = V_i \frac{p_i}{p_f}$$

2. La pressione finale è

$$p_f = p_i + \frac{mg}{A} = p_i + \frac{mg}{\pi r^2}$$

3. Il volume finale del gas è

$$V_f = V_i \frac{p_i}{p_f} = \frac{p_i}{p_i + \frac{mg}{A}} hA = \frac{p_i}{p_i + \frac{mg}{\pi r^2}} h\pi r^2 = 2{,}1 \cdot 10^{-3}\ \text{m}^3 = 2{,}1\ \text{L}$$

36 In un cilindro di diametro 5,0 cm e altezza 40 cm è contenuto un gas alla pressione di 1,5 atm. Viene posizionata una massa sullo stantuffo, libero di muoversi senza attrito, e si attende che il sistema raggiunga una nuova condizione di equilibrio mantenendo costante la temperatura. L'altezza finale del cilindro è di 35 cm.
- ▶ Calcola il valore della massa posizionata sullo stantuffo. [4,0 kg]

37 Un gas è contenuto in un cilindro di volume pari a 0,300 m³ munito di stantuffo, che si trova a un'altezza di 70,0 cm dal fondo; il gas ha una pressione di $1{,}30 \cdot 10^5$ Pa. Si mette sullo stantuffo una massa di 573 kg e la pressione del gas aumenta. La temperatura rimane costante durante la trasformazione.
- ▶ A quale pressione finale è soggetto il gas?
- ▶ A quale altezza dal fondo si trova lo stantuffo?

[$1{,}43 \cdot 10^5$ Pa; 63,7 cm]

5 L'equazione di stato del gas perfetto

38 Considera una bomboletta spray che contiene un gas a una pressione di 2 atm a temperatura ambiente. Il contenitore regge fino a 6 atm.
- ▶ Quale temperatura può raggiungere la bomboletta? [≈ 600 °C]

39 Nobile sorvolò il Polo Nord a bordo del dirigibile Italia. Il volume del dirigibile alla partenza dall'Italia, alla temperatura di 30 °C, era di $2 \cdot 10^4$ m³.
- ▶ Di quanto diminuì il volume del dirigibile durante il passaggio sopra il Polo Nord, a una temperatura di −40 °C? [$5 \cdot 10^3$ m³]

40 Un contenitore, a pareti rigide, contiene un gas rarefatto alla temperatura di 15 °C e alla pressione di 90 kPa. La pressione viene abbassata fino a 60 kPa raffreddando il gas.
- ▶ Calcola il valore della temperatura finale del gas. [−81 °C]

41 QUESITO ARGOMENTA Attraverso una serie di trasformazioni, un gas passa dallo stato iniziale allo stato finale. La tabella riporta i valori delle variabili di stato.

Stato	p ($\cdot 10^5$ Pa)	V (L)	T (°C)
Iniziale	2,2	4,5	22
Finale	3,8	4,1	98

- ▶ Si tratta di un gas perfetto? Spiega.

42 Un palloncino sferico riempito di elio all'interno di una casa a 20 °C ha un diametro di 36 cm. Il palloncino viene portato all'esterno a una temperatura di −10 °C. Considera trascurabili le sue forze elastiche, così che la pressione interna sia sempre di 1,0 atm.
- ▶ Determina il diametro del palloncino all'esterno della casa.

[35 cm]

43 Un recipiente metallico cubico con lo spigolo di 20,0 cm contiene aria alla pressione di 1,00 atm e alla temperatura di $3{,}00 \cdot 10^2$ K. Viene sigillato, in modo da mantenere costante il volume dell'aria, e riscaldato fino alla temperatura di $4{,}00 \cdot 10^2$ K.
- ▶ Calcola la forza risultante che agisce su ogni parete del recipiente.

[5,39 kN]

1atm = 101325 Pa

44 Un termometro a gas a volume costante indica una pressione di 5,00 kPa a 0 °C.

▶ Quanto vale la pressione quando il termometro misura una temperatura di $3,00 \cdot 10^2$ K?

▶ Qual è la temperatura corrispondente a 12,0 kPa? [5,49 kPa; 655 K]

45 Molte lampadine a incandescenza contengono al loro interno dell'argon, un gas inerte, per prolungarne la durata e ridurre l'annerimento del bulbo dovuto ai depositi del filamento di tungsteno che sublima quando la lampadina è accesa. Considera una lampadina spenta, alla temperatura ambiente di 18 °C, in cui l'argon è alla pressione di 0,75 atm. La lampadina accesa con il filamento incandescente raggiunge la temperatura di 320 °C.

▶ Calcola la pressione del gas all'interno della lampadina accesa. [1,5 atm]

46 Un termometro a gas a volume costante indica una pressione di 4,00 kPa quando misura una temperatura di 372 K.

▶ Qual è la sua pressione al punto di congelamento dell'acqua?

▶ Quale temperatura corrisponde alla pressione di 190 Pa? [2,94 kPa; 17,7 K]

47 Un ragazzo parte con la sua mountain bike per una gita. Alla partenza le gomme sono a una pressione di $4,5 \cdot 10^5$ Pa e a una temperatura di 17 °C. Durante il picnic la bici è lasciata sotto il sole e la temperatura delle gomme raggiunge i 33 °C. Supponi che il volume della camera d'aria non cambi.

▶ Determina la variazione percentuale della pressione. [+5,5%]

48 Uno pneumatico di automobile viene gonfiato alla pressione relativa di 200 kPa quando la temperatura ambiente è di 20 °C. Dopo che l'automobile ha viaggiato ad alta velocità, la temperatura dello pneumatico è salita a 50 °C. Supponi che il volume interno allo pneumatico non sia cambiato e che l'aria sia un gas rarefatto.

▶ Qual è la nuova pressione dell'aria contenuta nello pneumatico?

Lo pneumatico si espande, ora, in modo che il volume aumenti del 10%.

▶ Qual è la pressione in questo caso? [220 kPa; 200 kPa]

49 PROBLEMA **Il pallone sonda**
#gasperfetto

Per misurare i principali parametri fisici dell'atmosfera, i meteorologi lanciano palloni sonda riempiti di idrogeno che portano verso l'alto opportuni strumenti di misura. Quando viene lasciato partire da terra ($p_i = 1,0 \cdot 10^5$ Pa e $T_i = 12$ °C), un tipico pallone sonda ha un volume $V_i = 3,5$ m^3. Il pallone raggiunge l'altezza di 11 km, dove la pressione è $p_f = 2,5 \cdot 10^4$ Pa e la temperatura è $T_f = -45$ °C.

▶ Qual è volume finale del pallone?

Wyoming National Guard / Flickr

LA SITUAZIONE FISICA E IL MODELLO

Assumiamo che l'idrogeno all'interno del pallone sonda si comporti come un gas perfetto. Inoltre ipotizziamo che la forza elastica esercitata durante l'espansione dal materiale di cui è composto il palloncino sia trascurabile: ciò assicura che in quota la pressione interna del gas sia uguale alla pressione atmosferica esterna.
Con queste ipotesi il volume finale può essere calcolato a partire dall'equazione di stato del gas perfetto, in cui le temperature devono essere espresse nella scala kelvin.

LA RISOLUZIONE

1. Le grandezze che caratterizzano gli stati iniziale e finale del gas sono legate dall'equazione di stato del gas perfetto

$$\frac{p_f V_f}{T_f} = \frac{p_i V_i}{T_i}$$

2. Il volume finale del gas è

$$V_f = V_i \frac{p_i T_f}{p_f T_i}$$

I DATI E IL RISULTATO

$p_i = 1{,}0 \cdot 10^5$ Pa

$T_i = 12$ °C $= 285$ K

$V_i = 3{,}5$ m^3

$p_f = 2{,}5 \cdot 10^4$ Pa

$T_f = -45$ °C $= 228$ K

$$V_f = (3{,}5 \text{ m}^3)\frac{(1{,}0 \cdot 10^5 \text{ Pa})(228 \text{ K})}{(2{,}5 \cdot 10^4 \text{ Pa})(285 \text{ K})} = 11 \text{ m}^3$$

50 **PROBLEMA SIMILE**

Il pallone sonda raggiunge la quota di 5,5 km, in cui $p = 5{,}0 \cdot 10^4$ Pa e $T = -18$ °C.

▶ Qual è il suo volume? [6,3 m^3]

51 A livello del mare e alla temperatura di 20 °C un palloncino ha un volume di $14 \cdot 10^3$ cm^3. Lasciato libero sale fino a $3{,}0 \cdot 10^3$ m sopra il livello del mare, dove la pressione è $7{,}0 \cdot 10^4$ Pa e la temperatura −12 °C.

▶ Che volume ha il palloncino? [$18 \cdot 10^3$ cm^3]

52 Un cilindro metallico ha uno stantuffo mobile e contiene una certa quantità di gas. Nello stato iniziale, il gas ha pressione $2{,}8 \cdot 10^5$ Pa, occupa un volume di 35 dm^3. Nello stato finale, alla temperatura di 22 °C, la pressione è aumentata del 35% e il volume è diminuito del 22%.

▶ Calcola la temperatura iniziale del gas.

Lo stantuffo ha un diametro di 6,5 cm. Supponi che venga lasciato libero di muoversi quando il gas ha raggiunto lo stato finale. La pressione esterna allo stantuffo è $p_{est} = 1{,}0 \cdot 10^5$ Pa.

▶ Calcola la forza totale iniziale che lo pone in movimento. [7 °C; 920 N]

6 Dalla massa al numero di particelle: la legge di Avogadro

53 La massa di una sterlina inglese d'oro (peso atomico 197 u) è di 7,99 g.

▶ Quante moli sono contenute in una sterlina?

▶ Quanti atomi?

cgi.ebay.it

[$4{,}06 \cdot 10^{-2}$ moli; $2{,}44 \cdot 10^{22}$ atomi]

54 Un bambino gioca a fare le bolle di sapone in una giornata estiva a 30 °C in riva al mare. Una delle sue bolle ha un raggio di 2,5 cm.

▶ Quante molecole di gas sono contenute nella bolla?

L'aria è composta per il 78% di azoto, per il 21% di ossigeno e per il rimanente 1% di altri gas.

▶ Quante molecole di ossigeno sono contenute nella bolla? [$1{,}6 \cdot 10^{21}$; $3{,}4 \cdot 10^{20}$]

55 **PROBLEMA** **Le moli nel gessetto**
#massamolare

I gessi utilizzati a scuola sono composti da solfato di calcio, $CaSO_4$, la cui molecola è formata da un atomo di calcio (peso atomico 40 u), uno di zolfo (peso atomico 32 u) e quattro di ossigeno (peso atomico 16 u). La densità del solfato di calcio è $\rho = 3{,}0$ g/cm^3. Un gessetto ha un raggio di 0,50 cm e una lunghezza di 6,0 cm.

▶ Calcola il numero di moli contenute nel gessetto.

LA SITUAZIONE FISICA E IL MODELLO

Una molecola di solfato di calcio ha un peso molecolare dato dalla somma dei pesi atomici dei suoi componenti. La massa molare del solfato di calcio è numericamente uguale al suo peso molecolare. Il numero di moli presenti nel gessetto è dato dal rapporto tra la massa del gessetto e la massa molare del solfato di calcio.

LA RISOLUZIONE

1. Il peso molecolare del solfato di calcio è la somma dei pesi atomici dei suoi componenti:

$$m_{CaSO_4} = m_{Ca} + m_S + 4m_O$$
$$= (40\ u) + (32\ u) + 4(16\ u) = 136\ u$$

2. La massa molare del solfato di calcio è

$$m_{mol} = 136\ g/mol$$

3. La massa del gessetto è

$$M = \rho V = \rho L \pi r^2$$

4. Il numero di moli di solfato di calcio presenti nel gessetto è

$$n = \frac{M}{m_{mol}} = \frac{\rho L \pi r^2}{m_{mol}}$$

I DATI E IL RISULTATO

$\rho = 3{,}0\ g/cm^3$
$r = 0{,}50\ cm$
$L = 6{,}0\ cm$

$$n = \frac{(3{,}0\ g/cm^3)(6{,}0\ cm)\pi(0{,}50\ cm)^2}{136\ g/mol} = 0{,}10\ mol$$

56 **PROBLEMA SIMILE**

Il saccarosio è il comune zucchero da cucina e la sua molecola è composta da 12 atomi di carbonio (peso atomico 12 u), 22 di idrogeno (peso atomico 1,0 u) e 11 di ossigeno (peso atomico 16 u).

► Quante moli sono presenti in 0,50 kg di zucchero? [1,5 mol]

57 La molecola dell'ammoniaca, NH_3, è formata da un atomo di azoto (peso atomico 14,007) e da tre atomi di idrogeno (peso atomico 1,008).

► Determina il suo peso molecolare.

► Calcola la sua massa. [17,031 u; $2{,}828 \cdot 10^{-26}$ kg]

7 L'equazione del gas perfetto in termini di moli

58 Una mole di gas si trova a una temperatura di −10 °C e a una quota di 5000 m, dove la pressione è metà di quella atmosferica a livello del mare.

► Qual è il volume occupato dal gas? [40 L]

59 Una pompa a diffusione d'olio permette di ottenere una pressione minima di $1{,}3\ 10^{-6}$ Pa. Considera $1{,}0\ cm^3$ di gas a questa pressione e a 300 K.

► Quante molecole di gas contiene? [$3{,}1 \cdot 10^8$]

60 **QUESITO** **ARGOMENTA** Due contenitori uguali, tenuti alla stessa temperatura, contengono rispettivamente 1,0 g di elio (peso atomico 4 u) e 1,0 g di neon (peso atomico 20 u).

► La pressione nei due contenitori è la stessa? Motiva la risposta.

61 **QUESITO** **LEGGI IL GRAFICO** Osserva con attenzione il grafico.

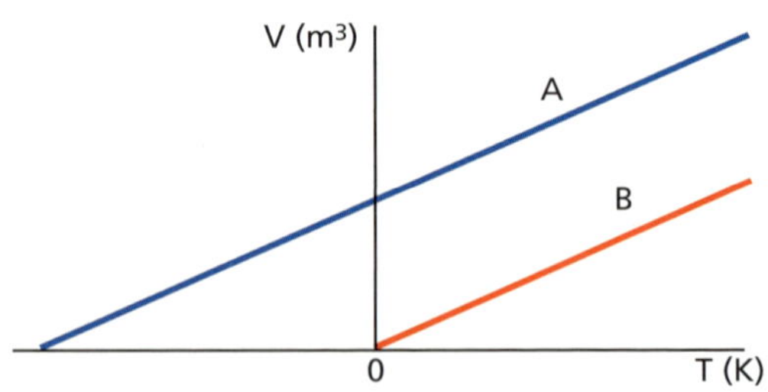

► Quale delle due curve rappresenta la prima legge di Gay-Lussac per un gas perfetto? Spiega.

62 Un recipiente, contenente elio (massa atomica 4,0 u) allo stato gassoso, si trova a una temperatura di 80 K e a pressione atmosferica.

► Determina la densità dell'elio. [$0{,}61\ kg/m^3$]

63 Un recipiente di 10 L contiene gas a 0 °C e alla pressione di 4,0 atm.
- Quante moli di gas sono contenute all'interno del recipiente?
- E quante molecole? [1,8 mol; $1{,}1 \cdot 10^{24}$]

64 **PROBLEMA** **Trasformazioni di un gas perfetto**
#gasperfetto

Un recipiente a pareti rigide contiene 5,0 L di gas perfetto, mantenuto a una temperatura di 315 K e a una pressione di $2{,}0 \cdot 10^5$ Pa.
- Qual è il numero di moli del gas?

Successivamente si cambia la temperatura e la pressione diventa $2{,}3 \cdot 10^5$ Pa.
- Quale temperatura si raggiunge?

LA SITUAZIONE FISICA E IL MODELLO

L'equazione di stato del gas perfetto $pV = nRT$ esprime la relazione tra pressione, volume, temperatura e numero di moli di un gas perfetto. Note tre di queste grandezze si calcola il valore della quarta.

LA RISOLUZIONE

1. Esplicitiamo il numero n di moli di gas dall'equazione del gas perfetto:

$$pV = nRT \quad \Rightarrow \quad n = \frac{pV}{RT}$$

2. Il gas è sottoposto a una trasformazione a volume costante. Utilizziamo ancora l'equazione dei gas perfetti scritta nello stato finale e isoliamo l'incognita T:

$$T = \frac{p_f V}{nR}$$

I DATI E IL RISULTATO

$V = 5{,}0\ \text{L} = 5{,}0 \cdot 10^{-3}\ \text{m}^3$
$p_i = 2{,}0 \cdot 10^5\ \text{Pa}$
$T = 315\ \text{K}$
$R = 8{,}31\ \text{J/(K·mol)}$
$p_f = 2{,}3 \cdot 10^5\ \text{Pa}$

$$n = \frac{(2{,}0 \cdot 10^5\ \text{Pa})(5{,}0 \cdot 10^{-3}\ \text{m}^3)}{(8{,}31\ \text{J/(K·mol)})(315\ \text{K})} = 0{,}38\ \text{mol}$$

$$T = \frac{(2{,}3 \cdot 10^5\ \text{Pa})(5{,}0 \cdot 10^{-3}\ \text{m}^3)}{(0{,}38\ \text{mol})(8{,}31\ \text{J/(K·mol)})} = 360\ \text{K}$$

65 **PROBLEMA SIMILE**
Un contenitore contiene 3,0 moli di un gas perfetto alla pressione di $6{,}2 \cdot 10^5$ Pa e alla temperatura di 340 K.
- Calcola il volume del contenitore.
- Se la temperatura viene portata a 170 K, qual è la nuova pressione nel contenitore? [14 L; $3{,}1 \cdot 10^5$ Pa]

66 Un recipiente da 50 L contiene 400 g di argon (peso atomico 39,9 u) a una temperatura di 22 °C.
- Calcola la pressione del gas.

Successivamente la temperatura è mantenuta costante e si comprime il gas finché non occupa un volume di 25 L.
- Qual è la pressione finale?

[$4{,}9 \cdot 10^5$ Pa; $9{,}8 \cdot 10^5$ Pa]

67 Un tubo fluorescente di raggio 1,00 cm e lunghezza 20,0 cm è a una temperatura di 300 K e contiene gas neon, il cui peso atomico è 20,2 u a una pressione di 1,00 atm.
- Quanti atomi sono contenuti nel tubo?
- Di quanto aumenta la pressione quando il tubo è acceso e raggiunge i 330 K?

[$1{,}53 \cdot 10^{21}$ atomi; 111 kPa]

68 Un recipiente contiene 50,0 L di un gas a 10 °C e a 100 kPa. La pressione sale fino a 120 kPa e il gas occupa un terzo in più del volume iniziale.
- Calcola il numero di moli del gas.
- Determina la sua temperatura finale.

[2,13 moli; 452 K]

69 Un gas è racchiuso in una bombola d'acciaio a una temperatura di 20 °C e a una pressione di 5,0 atm. La bombola viene immersa in acqua bollente e si attende che raggiunga l'equilibrio termico.

▶ Quale pressione raggiunge il gas in questo stato?
Mantenendo la bombola immersa a 100 °C, si lascia sfuggire il gas finché la pressione non torna a 5,0 atm.
▶ Calcola la frazione di gas, in peso, che è fuoriuscita.
La temperatura del gas rimasto nella bombola è riportata a 20 °C.
▶ Qual è la pressione finale?
[$6{,}4 \cdot 10^5$ Pa; 0,21; $4{,}0 \cdot 10^5$ Pa]

70 Una mole di gas è alla pressione di 1,0 atm e alla temperatura di 300 K.
▶ Calcola il volume del gas.
Il gas si espande a temperatura costante fino a raddoppiare il suo volume iniziale.
▶ Determina la nuova pressione.
▶ Traccia un grafico di p in funzione di V per quest'ultima trasformazione isoterma.
[$25 \cdot 10^{-3}$ m^3; $0{,}5 \cdot 10^5$ Pa]

71 Una stanza ha dimensioni 6,0 m × 5,0 m × 3,0 m. La pressione è di 1,0 atm e la temperatura di 300 K.
▶ Qual è il numero di moli di aria nella stanza?
La temperatura aumenta di 5 K e la pressione resta costante.
▶ Quante moli di aria escono dalla stanza?
[≈ 3700; 60]

72 Durante un safari in Kenya, la pressione assoluta delle gomme della jeep al mattino presto, con una temperatura di 12 °C, è 2,3 atm. Al pomeriggio, quando si raggiunge la temperatura più alta, la pressione sale a 2,6 atm.
▶ Valuta la temperatura raggiunta, assumendo che la dilatazione delle gomme sia trascurabile.
[49 °C]

73 Supponi che uno pneumatico della jeep dell'esercizio precedente abbia un volume di 18 L e sia gonfiato con aria (per semplicità considera 21% di ossigeno e 79% di azoto).
▶ Quante moli di ossigeno e di azoto contiene?
▶ Quali sono le pressioni parziali dei due gas nel pomeriggio?
[0,37; 1,4; $5{,}5 \cdot 10^4$ Pa; $2{,}1 \cdot 10^5$ Pa]

74 **PROBLEMA SU PIÙ CONCETTI** **Da una bombola all'altra**
#leggeBoyle #pressioniparziali

La bombola A da 32 L e la bombola B da 55 L contengono elio a 23 °C. Dopo essere state utilizzate per gonfiare palloncini a una fiera, in entrambe è rimasta una piccola quantità di gas. Le pressioni nelle due bombole sono rispettivamente $p_A = 1{,}4 \cdot 10^5$ Pa e $p_B = 1{,}1 \cdot 10^5$ Pa. Le due bombole vengono connesse mediante un tubicino e i gas contenuti all'interno di esse possono fluire liberamente dall'una all'altra. Quando si raggiunge l'equilibrio, la temperatura non è cambiata.
▶ Calcola la pressione finale p_f.

LA SITUAZIONE FISICA E IL MODELLO

Assumiamo che l'elio contenuto nelle bombole si comporti come un gas perfetto.
Quando le bombole vengono connesse mediante il tubicino, il gas contenuto in ciascuna di esse si distribuisce in modo uniforme in tutto il volume $V_A + V_B$. Il gas originariamente in una bombola raggiunge una pressione parziale che non dipende dalla presenza del gas proveniente dall'altra. Le due pressioni parziali finali si calcolano mediante la legge di Boyle, perché le temperature iniziale e finale sono uguali.
Per la legge di Dalton, la pressione finale è la somma delle pressioni parziali di ciascuna porzione di gas.

LA RISOLUZIONE

1. Per la legge di Boyle, le due pressioni parziali finali sono

$$p_{Af} = \frac{p_A V_A}{V_A + V_B} \qquad p_{Bf} = \frac{p_B V_B}{V_A + V_B}$$

2. La pressione finale dell'elio è la somma delle pressioni parziali:

$$p_f = p_{Af} + p_{Bf} = \frac{p_A V_A}{V_A + V_B} + \frac{p_B V_B}{V_A + V_B}$$

$$= \frac{p_A V_A + p_B V_B}{V_A + V_B} = 1{,}2 \cdot 10^5 \text{ Pa}$$

COSA SUCCEDE SE

Il risultato non cambierebbe se le bombole contenessero due gas diversi, per esempio elio e idrogeno. L'importante è che ciascuno di essi sia in condizioni tali da poter essere considerato un gas perfetto.

75 Due recipienti A e B contengono rispettivamente idrogeno e azoto. È noto che $V_A = V_B/3$ e $p_A = 3p_B$. I due contenitori vengono uniti da un tubicino, attraverso il quale i gas fluiscono liberamente fino allo stato di equilibrio. Durante il processo la temperatura non cambia.

▶ Esprimi la pressione finale come percentuale di p_A. [50% p_A]

76 Un recipiente di 16 L è diviso in due parti uguali, A e B, da un setto mobile verticale ed è riempito con azoto alla stessa temperatura. Nella parte A la pressione del gas è 1,7 atm mentre nella parte B è 3,4 atm. Si estrae il setto e l'azoto occupa tutto il volume.

▶ Determina la pressione. [$2{,}6 \cdot 10^5$ Pa]

77 Una mongolfiera è composta da un pallone riempito di aria, che viene riscaldato mediante un bruciatore a gas a circa 130 °C, e da un cestello, a esso agganciato, in grado di contenere i passeggeri e le bombole per il gas. Il volume del pallone è circa 2500 m^3 e il volume del cestello è trascurabile. La mongolfiera si libra in volo orizzontale a pochi metri d'altezza da una spiaggia in una mite giornata primaverile (T = 25 °C). La densità dell'aria è $\rho = 1{,}29$ kg/m^3.

▶ Calcola la massa delle parti solide (cestello, tessuto del pallone, passeggeri e bombole). [circa 800 kg]

78 Un recipiente munito di pistone contiene 1,5 moli di gas alla pressione iniziale di 2,0 atm e alla temperatura iniziale di 300 K.

▶ Qual è il volume iniziale del gas?

Successivamente si lascia espandere il gas a temperatura costante finché la pressione non diventa 1 atm.

▶ Determina il nuovo volume.

Il gas viene compresso e riscaldato al tempo stesso finché il suo volume non torna al valore iniziale e la pressione si stabilizza a 2,5 atm.

▶ Quale temperatura è stata raggiunta?

[19 dm^3; $3{,}8 \cdot 10^{-2}$ m^3; $3{,}8 \cdot 10^2$ K]

79 Un gas ideale è contenuto in un cilindro di volume $5{,}0 \cdot 10^5$ cm^3 e munito di pistone, che si trova a un'altezza di 33 cm dal fondo, a una pressione di $2{,}0 \cdot 10^5$ Pa e a una temperatura di 280 K. Con un fornello si aumenta la temperatura e il volume del gas, mentre la pressione rimane costante. Si vuole aumentare l'altezza del pistone di 12 cm rispetto alla condizione iniziale.

▶ Quante moli sono contenute nel cilindro?

▶ Fino a quale temperatura deve essere riscaldato il gas? [43; $3{,}8 \cdot 10^2$ K]

80 Due moli di gas perfetto occupano un volume di 30,0 L alla pressione di 101 kPa.

▶ Determina la temperatura del gas.

Il recipiente è munito di un pistone in modo da variarne il volume. Si riscalda il gas a pressione costante ed esso si espande fino a occupare un volume di 40,0 L.

▶ Calcola la temperatura in gradi Celsius e in kelvin.

Il volume è tenuto costante a 40,0 L mentre si scalda il gas fino alla temperatura di 350 K.

▶ Quale pressione si raggiunge?

[182 K; –30 °C; 243 K; 145 kPa]

PROBLEMI FINALI

81 **La scala delle temperature made in USA**

Negli Stati Uniti d'America è tuttora in uso la scala Fahrenheit per la temperatura. La conversione fra la temperatura in gradi Fahrenheit (simbolo °F) e quella in gradi Celsius è espressa dalla formula

$$T_C = \frac{T_F - 32}{1{,}8}$$

▶ Calcola a quale temperatura, espressa in gradi Celsius, corrispondono 122 °F. [50 °C]

82 **Ferrovia in espansione**

Le rotaie in uso sulla Rete Ferroviaria Italiana modello 60 UNI sono singole travi in acciaio ($\lambda = 1{,}3 \cdot 10^{-6}$ K^{-1}) che, termosaldate tra loro, raggiungono una lunghezza minima di 200 m. L'escursione termica media tra gennaio e agosto nella pianura padana è di circa 22 °C.

▶ Calcola la variazione di lunghezza delle rotaie tra estate e inverno. [5,7 mm]

83 **Inspira, espandi, espira**

Durante una inspirazione profonda riusciamo a introdurre circa 4 L di aria nei polmoni. Questo valore viene ottenuto misurando la quantità di aria che transita in ingresso dalla bocca a una temperatura di 16 °C. Trattenendola abbastanza a lungo, la sua temperatura raggiunge quella interna del corpo, pari a 37 °C. Considera l'aria un gas ideale.

▶ Quale volume è occupato dall'aria espirata?

[4,3 L]

84 **Il punto ideale**

Un cubetto di ghiaccio (ρ = 0,917 g/cm^3) galleggia in un bicchiere d'acqua.

▸ A quale temperatura la parte emersa è maggiore? [4 °C]

85 **Cambia la parte emersa**

Fai riferimento all'esercizio precedente.

▸ Calcola la variazione relativa di volume della parte emersa tra quando essa assume il valore massimo e quando l'acqua è a 0 °C. [$2 \cdot 10^{-3}$]

86 **La fabbrica dell'aria**

La fotosintesi clorofilliana è un insieme di reazioni chimiche attraverso le quali le piante producono il glucosio ($C_6H_{12}O_6$) e forniscono come scarto l'ossigeno (O_2). Il glucosio viene ottenuto partendo da biossido di carbonio (CO_2), acqua (H_2O) e luce solare. La massa atomica delle specie chimiche coinvolte è: O = 16 u, C = 12 u, H = 1 u. Una pianta ha prodotto 15 g di glucosio.

▸ Quante moli di anidride carbonica e di vapore acqueo sono necessarie?

▸ Quante moli di O_2 vengono prodotte?

[CO_2 = 0,50 mol, H_2O = 0,50 mol; O_2 = 0,50 mol]

87 **Cocktail di gas**

L'aria è una miscela di gas. Per semplicità supponiamo che la sua composizione in massa sia per il 75,4% di azoto (m_{N2} = 28,0 u), per il 23,2% di ossigeno (m_{O2} = 32,0 u) e per l'1,4% di argon (m_{Ar} = 40,0 u).

▸ Determina la frazione molare dei tre gas.

▸ Calcolane le pressioni parziali.

[78,0%; 21,0%; 1,0%; $7,8 \cdot 10^4$ Pa; $2,1 \cdot 10^4$ Pa; $1,0 \cdot 10^4$ Pa]

88 **Incastro spaziale**

Dopo il lancio avvenuto nell'aprile 2011, Intelsat ha avuto un problema al satellite New Dawn. La missione del vettore si è completata alla perfezione, con l'inserimento in orbita geostazionaria del satellite. Il problema è sorto al momento di aprire l'antenna ovest, un paraboloide di alluminio che sulla Terra a temperatura ambiente misurava 2,50 m di diametro. Dal controllo missione hanno cercato di capire se si trattava di un problema meccanico o un problema di mancata propagazione del comando di apertura verso gli attuatori. I tecnici hanno anche provato a sbloccare l'antenna mediante dilatazione termica, provocata dall'esposizione alternata al Sole e all'ombra, con una variazione di temperatura da 200 °C a −170 °C.

▸ Che variazione ha subito il diametro dell'antenna tra le due situazioni? [2,1 cm]

orbital.com

89 **Un trucco da meccanico**

Per inserire le bronzine o i cuscinetti a sfera nelle loro sedi si ricorre spesso al trucco di scaldare la sede e raffreddare il cuscinetto in modo che quando i pezzi ritornano all'equilibrio termico rimangano saldamente incastrati. Un cuscinetto in acciaio di diametro 100,05 mm deve essere inserito in una sede, sempre in acciaio, di diametro 99,85 mm, misurati a 20 °C. Il cuscinetto viene raffreddato a −18 °C.

▸ A quale temperatura minima deve essere portata la sede affinché avvenga l'incastro? [136 °C]

90 **L'Oriental Pearl Tower**

L'Oriental Pearl Tower è una torre televisiva alta 468 m che fa parte del panorama di grattacieli e torri caratteristico della nuova Shanghai. È costituita da 11 sfere di differenti dimensioni, collegate da tre colonne. La sfera più grande ha un diametro di 50 m. Le sfere sono costituite principalmente da acciaio e cemento, con coefficiente di dilatazione lineare $\lambda = 1,2 \cdot 10^{-5}$ K^{-1}. Le temperatura annuali a Shanghai variano da un minimo di 2 °C nel pieno dell'inverno a un massimo di 35 °C in estate.

▸ Di quanto varia il volume della sfera più grande della torre nel corso dell'anno? [77 m^3]

91 **Una strizzata ai polmoni**

Il 14 giugno 2007 nei mari della Grecia, Herbert Nitsch ha raggiunto la profondità record di −214 m in una immersione in assetto variabile assoluto (discesa con zavorra e risalita con pallone). Nitsch, che detiene numerosi altri record di apnea, deve queste sue straordinarie performance anche a una grande capacità polmonare, che è di ben 15 L.

▸ Calcola il volume dei polmoni di Nitsch alla profondità record da lui raggiunta. [0,67 L]

92 Il pallone da calcio

Secondo le regole ufficiali del gioco del calcio, il pallone deve essere approssimativamente sferico, con una circonferenza compresa tra 68 e 70 cm e un peso compreso tra 410 e 450 g. L'aria al suo interno (peso molecolare medio 29 u) deve essere a una pressione compresa tra 1,6 atm e 2,1 atm.

- ▶ Calcola la massa minima e massima di aria presenti in un pallone regolamentare quando la temperatura è di 20 °C. [10 g; 15 g]

93 Lo zaffiro blu di Ceylon

Lo zaffiro è un ossido di alluminio (Al_2O_3) con densità 3,99 g/cm^3. Come ogni pietra preziosa, deve il suo colore a particolari impurità chimiche presenti nella sua struttura. Lo zaffiro raffigurato è di 12 carati ma, prima di essere lavorato, era di ben 32 carati. Un carato equivale a una massa di 0,200 g. (Masse atomiche: Al = 27 u, O = 16 u).

adnkronos.com

- ▶ Determina il numero di atomi di alluminio contenuti nello zaffiro.
- ▶ Quale volume aveva lo zaffiro originale? [$2{,}83 \cdot 10^{22}$; 1,60 cm^3]

94 La luce sottoterra

In passato nelle miniere erano molto utilizzate le lampade ad acetilene. Queste lampade si basano sulla reazione chimica che avviene combinando carburo di calcio e acqua; si ottiene idrossido di calcio ($Ca(OH)_2$) e gas acetilene (C_2H_2):

$$CaC_2 + 2\,H_2O \quad \rightarrow \quad Ca(OH)_2 + C_2H_2 \text{ (gas)}$$

(Ca = 40 u, C = 12 u, H = 1,0 u, O = 16 u). L'acetilene così prodotto viene poi bruciato, liberando una luce molto intensa. Tali lampade, per la loro grande affidabilità e autonomia, sono ancora utilizzate dagli speleologi.

- ▶ Calcola il volume dell'acetilene che si ottiene, a 8 °C e a $1{,}1 \cdot 10^5$ Pa, da 100 g di carburo di calcio. [34 L]

95 Esperimenti al ritorno dalla gita

Un ragazzo si trova a Plateau Rosa (3500 m di quota, $T = -15$ °C, $p = 6{,}5 \cdot 10^4$ Pa) dove beve il contenuto di un recipiente da 0,50 L, che, di conseguenza, si riempie di aria; poi lo chiude e torna a casa (sul livello del mare, $T = 25$ °C).

- ▶ Quanto valgono pressione, temperatura e volume del gas all'interno del recipiente, se questo è una bottiglietta di plastica (morbida)?
- ▶ E se il recipiente è una bottiglia di vetro (pareti rigide)?
- ▶ E se è un thermos (rigido e ipoteticamente in grado di mantenere la stessa temperatura)?

[$1{,}0 \cdot 10^5$ Pa, 25 °C, 0,37 L; $7{,}5 \cdot 10^4$ Pa, 25 °C, 0,50 L; $6{,}5 \cdot 10^4$ Pa, −15 °C, 0,50 L]

96 Palloni stratosferici

I palloni stratosferici sono aerostati in polietilene riempiti di elio che trasportano nella stratosfera un carico di strumenti scientifici. Alcuni modelli arrivano a circa 35 km di altezza dove hanno un diametro di circa 1000 m e un volume di $1{,}5 \cdot 10^5$ m^3. Questi palloni vengono trasportati verso Est dalla circolazione dei venti di altissima quota per migliaia di kilometri. Avvistati da terra, danno immancabilmente luogo a segnalazioni di UFO a causa della brillantezza con cui riflettono la luce solare.

- ▶ Quali effetti provoca su un pallone l'alternarsi di luce solare e ombra?

A 35 km di quota, le condizioni dell'aria sono: temperatura $T = 36$ K, pressione $p = 53$ Pa. Supponiamo che il pallone venga lanciato da terra con $T = 17$ °C e $p = 1{,}0 \cdot 10^5$ Pa.

- ▶ Calcola il volume dell'elio al momento del lancio. [$6{,}4 \cdot 10^2$ m^3]

cnes.fr

97 Nel cielo blu

Una mongolfiera moderna racchiude un volume di circa 3000 m^3 di aria a 15 °C, alla pressione di 1,0 atm e con la densità di 1,225 kg/m^3. Considera l'aria un gas perfetto.

- ▶ Quale temperatura dovrebbe raggiungere l'aria, all'interno del pallone, per far sollevare la mongolfiera (massa totale 300 kg)? [38 °C]

98 Una sbronza subacquea

La narcosi d'azoto è un'insidiosa e pericolosa sindrome che può insorgere nelle persone che praticano attività subacquea. È stata anche definita «euforia da azoto» o «estasi da profondità», poiché gli effetti sul subacqueo sono simili a quelli da eccesso di alcol. Essa è causata dalla respirazione di aria con una pressione parziale di azoto troppo elevata. Il limite sicuro per immersioni utilizzando aria compressa (frazioni molari: 21% O_2 e 79% N_2) è fissato a 39 m, mentre per immersioni più profonde si utilizzano miscele ossigeno-azoto più ricche di ossigeno, dette *nitrox*. Queste possono essere utilizzate fino a profondità dove la pressione parziale di ossigeno non superi la pressione critica di 1,6 atm, altrimenti creano problemi di tossicità. Per immersioni ancora più profonde occorre introdurre altri gas (come l'elio) nella miscela, che, in questo caso, viene detta *trimix*; in tal modo si riducono le pressioni parziali sia di O_2 sia di N_2.

- ▶ La massima pressione critica di N_2 considerata sicura è quella corrispondente a 39 m. Quanto vale?
- ▶ Qual è la massima profondità sicura raggiungibile con una miscela nitrox, in modo da non superare nessuna delle due pressioni parziali critiche?
- ▶ Determina la composizione di questa miscela.

[$3{,}9 \cdot 10^5$ Pa; 45 m; $O_2/N_2 = 30/70$]

99 Le fibre del legno

Il coefficiente di espansione volumica di un corpo vale 3λ solo nel caso in cui tale corpo sia isotropo, ossia se tutti gli assi geometrici del materiale sono equivalenti. Questo non vale, per esempio, nel legno; infatti le fibre sono orientate lungo l'asse del tronco e non sparpagliate in tutte le direzioni. I coefficienti di dilatazione termica del legno, lungo le direzioni parallela e ortogonale delle fibre, valgono rispettivamente $58 \cdot 10^{-6}\ K^{-1}$ e $4 \cdot 10^{-6}\ K^{-1}$.

- ▶ Quanto vale il coefficiente di dilatazione della sezione del tronco?
- ▶ E quanto il coefficiente di dilatazione volumica del legno?
- ▶ Qual è il rapporto tra l'allungamento relativo e la variazione di sezione relativa di un albero per una variazione di temperatura generica?

[$8 \cdot 10^{-6}\ K^{-1}$; $66 \cdot 10^{-6}\ K^{-1}$; 7,25]

TEST

1 Un recipiente rigido contiene un gas ideale a una data pressione. Un aumento di temperatura del gas provoca:

- A nessun effetto.
- B un aumento di pressione.
- C una diminuzione di densità.
- D effetti diversi in diverse ore del giorno.
- E la liquefazione del gas.

(Ammissione ad Architettura, 2008/2009)

2 Un solido di un certo materiale ha una densità uniforme di 2 g/cm³ e un volume V_0 a una temperatura di 20 °C. Il volume V del solido varia in funzione della temperatura T secondo la legge

$$V - V_0 = V_0\,(0{,}002)\,(T - 20°)$$

Se il solido ha una massa di 10 g, quale sarà il suo volume alla temperatura $T = 40$°C?

- A 5,5 cm³
- B 5,04 cm³
- C 5,02 cm³
- D 5,002 cm³
- E 5,2 cm³

(Ammissione ad Architettura, 2012/2013)

3 Un gas perfetto è racchiuso in un cilindro e mantenuto a temperatura costante T. Se il suo volume viene fatto espandere lentamente fino a raggiungere il doppio del valore iniziale:

- A la pressione esercitata dal gas si dimezza.
- B anche la pressione esercitata dal gas raddoppia.
- C la pressione esercitata dal gas resta costante.
- D la temperatura interna aumenta.
- E la temperatura interna diminuisce.

(Ammissione a Medicina e Chirurgia, 2005/2006)

5 Un contenitore chiuso è riempito di gas perfetto. In che relazione stanno la pressione e la temperatura del gas e il volume occupato?

- A Il volume è proporzionale al prodotto di pressione e temperatura.
- B La temperatura è proporzionale al rapporto tra pressione e volume.
- C Il prodotto di pressione e volume è proporzionale alla temperatura.
- D Il prodotto di pressione, temperatura e volume è una costante.
- E La pressione è proporzionale al prodotto di volume e temperatura.

(Ammissione a Odontoiatria, 2009/2010)

SEI PRONTO PER LA VERIFICA?

IN 1 ORA

1 La Torre Eiffel a Parigi è una struttura formata da circa 7300 t di ferro. La densità del ferro a 0 °C è 7,96 kg/dm^3 e il coefficiente di dilatazione lineare è $12 \cdot 10^{-6}$ K^{-1}. Considera un aumento della temperatura da 0 °C a 25 °C.

▶ Di quanto aumenta il volume del materiale che forma la Torre Eiffel? [0,83 m^3] ..... / 20

2 Due cilindri A e B con stantuffo mobile contengono due masse diverse di gas perfetto. Il grafico riporta le misure effettuate facendo variare la temperatura tra i valori T_1 e T_2 a pressione costante p_0.

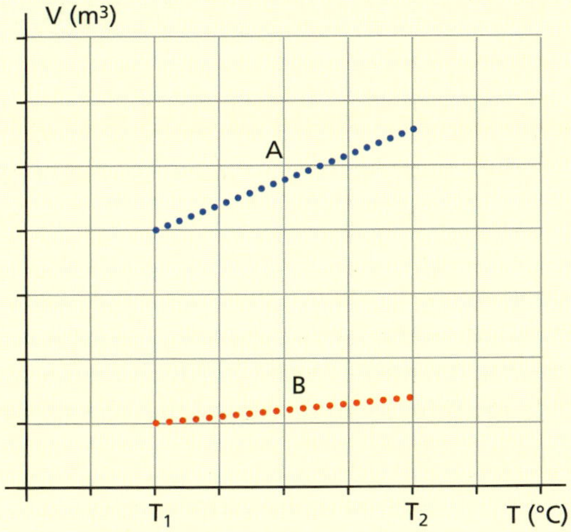

▶ Puoi stabilire quale dei due cilindri contiene il numero maggiore di moli di gas?

▶ E quale dei due contiene la massa maggiore di gas? ..... / 20

3 Un cilindro chiuso contiene due quantità di gas alla stessa temperatura $T_0 = 27$ °C separate da un setto che si muove con attrito trascurabile. Il gas A occupa un volume $V_A = 1{,}4$ L mentre il gas B occupa un volume $V_B = 4{,}5$ L. Entrambi i gas possono essere considerati un gas perfetto.

a Quale condizione si deve realizzare affinché il setto sia in equilibrio? ..... / 15

Indica con n_A e n_B le moli di ciascun gas.

b Dimostra che all'equilibrio $n_A/V_A = n_B/V_B$. ..... / 15

Assumi che $n_A = 1{,}3$ mol.

c Calcola il numero di moli e il numero di particelle nella parte B del setto. ..... / 15

Il setto viene rimosso e la temperatura viene abbassata a −15 °C.

d Qual è la pressione finale all'interno del cilindro? [4,2 mol; $2{,}5 \cdot 10^{24}$; $2{,}0 \cdot 10^6$ Pa] ..... / 15

TOTALE .... / 100

CAPITOLO 9

I GAS E LA TEORIA MICROSCOPICA DELLA MATERIA

1 La teoria microscopica della materia

I sistemi macroscopici dal punto di vista microscopico

L'evoluzione di un sistema fisico può essere studiata analizzando grandezze che descrivono gli stati del sistema nel suo complesso, senza fare alcun riferimento ai suoi componenti elementari. Nel caso di una data quantità di gas, tutta l'informazione necessaria per conoscerne lo stato è data dai valori che assumono le grandezze presenti nell'equazione di stato: la pressione, il volume e la temperatura. Queste grandezze sono suggerite dai nostri sensi e si riferiscono a caratteristiche globali del sistema: sono quindi **grandezze macroscopiche** che possono essere misurate in modo diretto mediante opportuni strumenti.

Ogni sistema fisico è però formato da un numero enorme di costituenti elementari. A partire dall'inizio dell'Ottocento, le ricerche sui gas hanno evidenziato che la materia è composta da particelle (atomi e molecole) e che, almeno nei casi più semplici, il comportamento dei sistemi fisici può essere descritto mediante i moti e le proprietà di questi costituenti elementari. Lo stato di un sistema fisico viene quindi analizzato in termini di **grandezze microscopiche** come, nel caso di un gas, la massa e l'energia media delle sue molecole. Queste grandezze non possono essere misurate in modo diretto, ma devono essere dedotte a partire dai valori di grandezze macroscopiche a esse collegate.

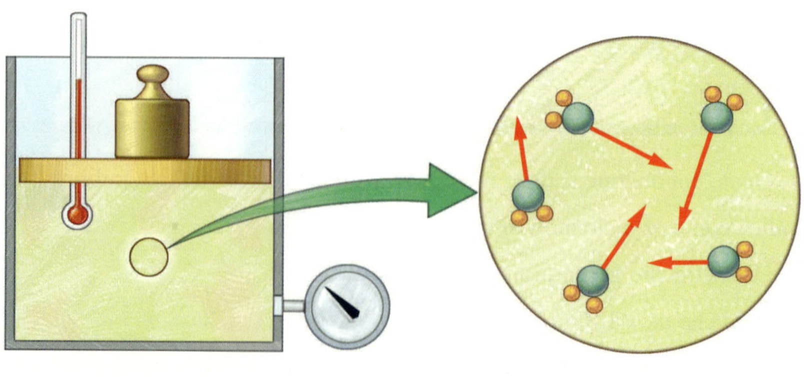

L'obiettivo di una **teoria microscopica** è quello di spiegare le proprietà osservate nei sistemi macroscopici mediante un ristretto insieme di proprietà fondamentali degli atomi e delle molecole.

Questa spiegazione è tanto più precisa quanto più è dettagliata la conoscenza dei costituenti elementari della materia. Tuttavia in molti casi di grande interesse, come per i gas, si ottengono ottimi risultati anche utilizzando il modello molto semplificato di materia che è analizzato di seguito.

Un modello microscopico

Uno dei più grandi fisici del Novecento, l'americano Richard Feynman, così si esprime all'inizio di un suo famoso corso di fisica:

«Se in qualche cataclisma andassero perdute tutte le conoscenza scientifiche, e una sola frase potesse essere tramandata alle generazioni successive, quale enunciato conterrebbe la maggiore informazione possibile nel minor numero di parole? Io credo che si tratti dell'ipotesi atomica, secondo la quale tutte le cose sono fatte di [...] piccole particelle in perpetuo movimento che si attraggono a breve distanza, ma si respingono se pressate l'una contro l'altra.»

Per comprendere il modello microscopico a cui si riferisce Feynman, e che svilupperemo nel seguito, basta fare alcune considerazioni di tipo semiquantitativo sulle particelle (molecole) di una sostanza comune: l'acqua.

Le molecole sono piccole

La molecola d'acqua (H_2O) ha peso atomico 18 u, quindi 18 g di acqua contengono un numero di Avogadro ($6 \cdot 10^{23}$) di molecole. Allo stato liquido, la densità dell'acqua è $1{,}0 \cdot 10^3$ kg/m^3, quindi 18 g di acqua occupano un volume

$$V = \frac{1{,}8 \cdot 10^{-2}\ \text{kg}}{1{,}0 \cdot 10^3\ \text{kg/m}^3} = 1{,}8 \cdot 10^{-5}\ \text{m}^3$$

In media una molecola occupa un volume

$$V_\text{m} = \frac{1{,}8 \cdot 10^{-5}\ \text{kg}}{6 \cdot 10^{23}} = 3 \cdot 10^{-29}\ \text{m}^3$$

che corrisponde al volume di un cubo di lato

$$l = \sqrt[3]{3 \cdot 10^{-29}\ \text{m}^3} = 3 \cdot 10^{-10}\ \text{m}$$

Concludiamo che

il diametro di una molecola d'acqua è minore di $3 \cdot 10^{-10}$ m.

Le molecole si attraggono a breve distanza

Quando sono abbastanza vicine, le molecole d'acqua esercitano forze attrattive le une sulle altre: una data quantità di acqua liquida mantiene il suo volume proprio perché le molecole si attraggono fra di loro.

Un altro fenomeno dovuto all'attrazione fra molecole è la **tensione superficiale**, per cui la superficie libera di un liquido si comporta come se fosse una membrana elastica in tensione. A questa «membrana» si deve la formazione delle gocce d'acqua.

Massimo Romeni

Le molecole d'acqua sono molto più lontane fra loro nello stato di vapore. La densità del vapore d'acqua è circa 10^3 volte minore di quella dell'acqua allo stato liquido.

Nello stato di vapore ogni molecola

- ha a disposizione, in media, un volume 10^3 volte maggiore rispetto a quello nello stato liquido;
- è, in media, circa $\sqrt[3]{10^3} = 10$ volte più lontana dalle altre molecole di quanto sia nello stato liquido;
- non risente, in pratica, di alcuna attrazione da parte delle altre molecole.

Di conseguenza

nello stato di vapore, le molecole d'acqua sono libere di muoversi e tendono a occupare tutto il volume disponibile.

I pezzi sulla scacchiera, mostrati nelle figure, hanno le stesse distanze relative delle molecole d'acqua allo stato liquido e di vapore, anche se sono circa 100 milioni di volte più grandi.

■ «Molecole d'acqua» allo stato liquido.

Massimo Romeni

■ «Molecole d'acqua» allo stato di vapore.

Massimo Romeni

Le molecole si respingono se pressate le une contro le altre

Come tutti i liquidi e i solidi, l'acqua è difficilmente comprimibile: anche applicando una forza molto intensa, il volume di una data quantità d'acqua non varia in modo apprezzabile. Le molecole d'acqua non possono essere compattate troppo tra di loro: ciò significa che,

quando sono molto vicine, le molecole tendono a respingersi fra loro.

Le molecole sono in perpetuo movimento

Depositiamo con delicatezza una goccia di inchiostro colorato sul fondo di un bicchiere pieno d'acqua, prestando attenzione a non mescolare le due sostanze. Col passare del tempo, l'inchiostro diffonde nell'acqua, che si colora progressivamente, come mostrano le immagini alla pagina seguente.

Massimo Romeni

Massimo Romeni

Ciò avviene perché

le molecole dell'inchiostro e dell'acqua si muovono incessantemente.

Questo moto continuo delle molecole è la causa di una proprietà caratteristica dei gas: la pressione.

2 La teoria cinetica dei gas e la pressione

Immaginiamo di osservare per dieci minuti il parcheggio di un grande centro commerciale nell'ora di punta. Vediamo che *in media* rimane quasi completo. Eppure durante quell'intervallo di tempo le automobili non sono rimaste le stesse: alcune sono uscite, altre sono entrate. Quello che vediamo è l'effetto medio (il parcheggio quasi pieno) del comportamento delle singole unità (gli avventori del centro commerciale). In linea di principio, possiamo descrivere quanto accade nel parcheggio in due modi distinti ma connessi:

- comunichiamo il valore medio del numero di auto parcheggiate, senza alcun riferimento ai singoli avventori;
- noto il comportamento di ogni singolo avventore, calcoliamo il numero di auto parcheggiate in ogni istante.

Il primo tipo di descrizione è quello che abbiamo sviluppato nel capitolo precedente, in cui abbiamo trattato le grandezze macroscopiche dei gas senza preoccuparci di stabilire le loro cause microscopiche.

Ma esiste un'altra possibilità: descrivere le grandezze macroscopiche come effetto medio delle grandezze microscopiche legate alle molecole del gas.

Sviluppando questo secondo approccio si giunge nella seconda metà dell'Ottocento a elaborare una importante teoria fisica nota come **teoria cinetica dei gas**. In particolare,

la teoria cinetica dei gas dimostra che le grandezze macroscopiche sono legate ai valori medi di grandezze microscopiche di tipo dinamico, come l'energia cinetica delle molecole.

La teoria cinetica si basa su un modello di gas che abbiamo introdotto nel capitolo precedente: il **gas perfetto**.

Il modello di gas perfetto

Un gas reale molto rarefatto, cioè a densità molto bassa, si comporta con ottima approssimazione come un gas perfetto: in ogni suo stato di equilibrio le grandezze macroscopiche pressione, volume e temperatura soddisfano l'equazione di stato $pV = nRT$.

Queste grandezze sono legate a proprietà microscopiche dei costituenti del gas, le molecole. Le molecole hanno però dimensioni dell'ordine di 10^{-10} m e sono in numero enorme: non è quindi possibile studiarne i singoli moti, ma ci si limita a valutare gli effetti complessivi di essi.

Si introduce quindi il **modello di gas perfetto**, ossia un gas ideale che ha le seguenti proprietà:

- le molecole non hanno struttura interna;
- le molecole sono in movimento continuo e casuale, detto moto di agitazione termica;
- il moto delle molecole è quello previsto dai princìpi della dinamica;
- le forze esterne e le forze di attrazione reciproca che agiscono sulle molecole sono trascurabili, cioè la velocità di una molecola cambia solo per effetto di urti elastici con un'altra molecola o con le pareti del contenitore.

La pressione dal punto di vista microscopico

Consideriamo un gas perfetto composto da N molecole uguali di massa m, racchiuse in un parallelepipedo di volume V. Facciamo inoltre le seguenti ipotesi:

- la densità del gas è uniforme, cioè volumi uguali contengono lo stesso numero di molecole;
- lungo ciascuna delle tre direzioni, x, y, z, si muovono $N/3$ molecole;
- tutte le molecole hanno velocità di modulo v.

Concentriamo l'attenzione su quanto accade lungo l'asse x.

In termini macroscopici, la pressione del gas è la forza per unità di superficie che il gas esercita sulle pareti del contenitore.

#pressione

Dal punto di vista microscopico la pressione del gas è un effetto degli urti incessanti delle molecole del gas contro le pareti del contenitore.

Quando una molecola urta contro la parete, subisce una forza che fa variare la sua quantità di moto. Durante la collisione, la molecola trasferisce quantità di moto alla parete: infatti la parete subisce una variazione della quantità di moto uguale e contraria a quella della molecola. La forza media F è legata alla variazione della quantità di moto Δp nell'intervallo Δt dal secondo principio della dinamica:

$$F = \frac{\Delta p}{\Delta t}$$

La forza complessiva sulla parete è la somma delle forze esercitate da tutte le molecole del gas su di essa, quindi:

$$\begin{pmatrix}\text{forza esercitata}\\ \text{dalle molecole}\\ \text{sulla parete}\end{pmatrix} = \frac{\begin{pmatrix}\text{quantità di moto trasferita}\\ \text{da una molecola in un urto}\end{pmatrix}\begin{pmatrix}\text{numero di urti}\\ \text{nell'intervallo } \Delta t\end{pmatrix}}{\text{intervallo di tempo } \Delta t} \tag{1}$$

Calcoliamo i singoli fattori.

Quantità di moto trasferita da una molecola in un urto

A seguito di un urto contro la parete, la quantità di moto di una molecola subisce una variazione

$$\Delta p_{x\,\mathrm{mol}} = p_{x\mathrm{f}} - p_{x\mathrm{i}}$$

Rispetto alla massa della particella, la massa della parete può essere considerata infinita e, poiché l'urto è elastico, la velocità della molecola si inverte senza cambiare modulo. Quindi

$$\Delta p_{x\,\mathrm{mol}} = p_{x\mathrm{f}} - p_{x\mathrm{i}} = -mv_x - mv_x = -2mv_x$$

La quantità di moto totale si conserva durante l'urto, quindi la variazione della quantità di moto della parete Δp_{par} è uguale e opposta alla variazione della quantità di moto della molecola $\Delta p_{x\,\mathrm{mol}}$. Risulta perciò che la quantità di moto trasferita in un urto da una molecola è

$$\Delta p_{\mathrm{par}} = -\Delta p_{x\,\mathrm{mol}} = 2mv_x \qquad (2)$$

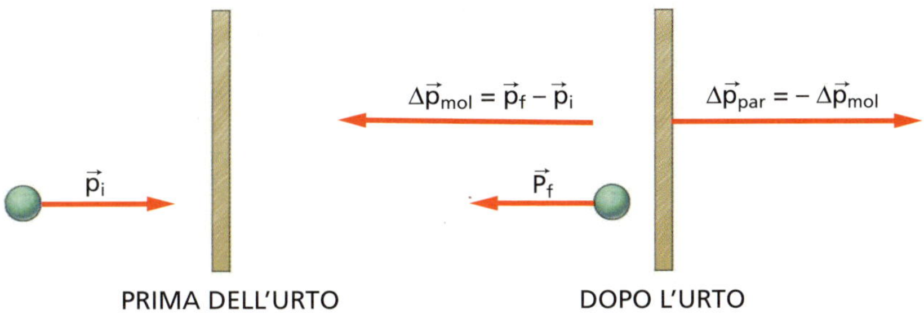

Numero di urti nell'intervallo di tempo Δt

Nell'intervallo di tempo Δt urtano contro il contenitore tutte le molecole che soddisfano le seguenti condizioni:

- sono dirette verso la parete;
- distano meno di $v_x\Delta t$ dalla parete.

Se la parete ha area A, le molecole che urtano la parete nell'intervallo Δt sono quelle contenute nel volume

$$V' = (v_x\Delta t)A$$

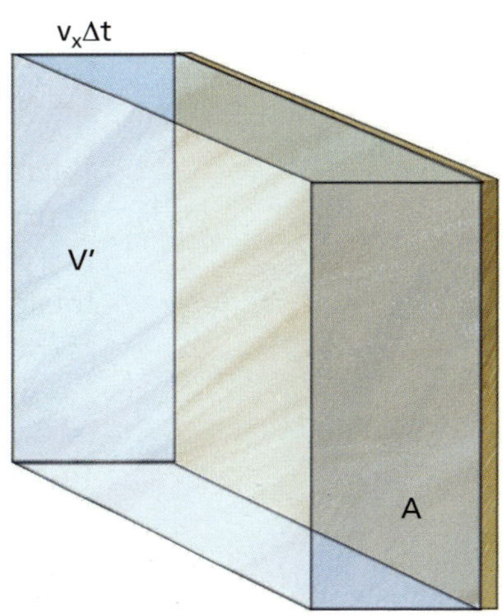

Il numero di molecole di gas per unità di volume N/V è costante in tutto il contenitore, per cui nel volume V', in prossimità della parete, si trovano

$$\frac{N}{V}v_x\Delta t A$$

molecole. In media metà di esse si muovono contro la parete e metà se ne allontanano. Quindi il numero di molecole che urtano contro la parete nell'intervallo di tempo Δt è

$$\frac{1}{2}\frac{N}{V}v_x\Delta t A \qquad (3)$$

Sostituendo le relazioni (2) e (3) nella (1), si ottiene la forza esercitata dalle molecole sulla parete:

$$F = \frac{2mv_x \frac{1}{2}\frac{N}{V} v_x \Delta t A}{\Delta t} = \frac{N}{V} m v_x^2 A$$

Dividendo per A, nel primo membro il rapporto F/A è la pressione p esercitata dal gas:

$$p = \frac{N}{V} m v_x^2$$

L'energia cinetica di una molecola che si muove nella direzione x è

$$K_x = \frac{1}{2} m v_x^2$$

per cui la relazione precedente può essere posta nella forma

$$p = 2\frac{N}{V} K_x \qquad (4)$$

Per semplificare la deduzione della relazione precedente sono state fatte alcune ipotesi che non sono necessarie. Vediamo come questo risultato può essere generalizzato.

Le molecole effettuano anche urti obliqui con le pareti

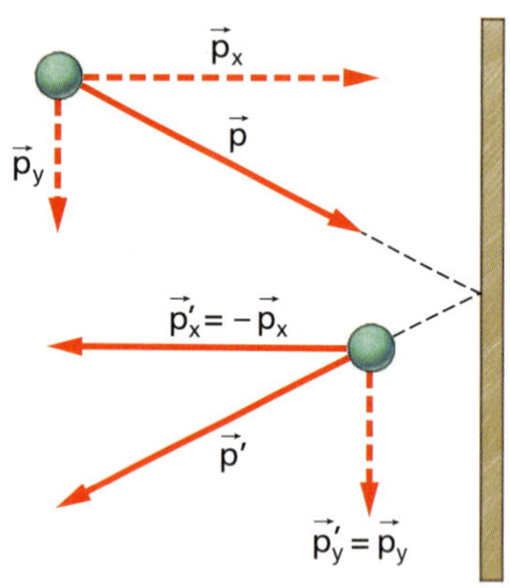

Le molecole urtano contro le pareti, non solo in direzione perpendicolare a esse, ma anche in direzioni oblique.

In questi casi, cambia solo la componente della quantità di moto perpendicolare alla parete, mentre quella parallela a essa rimane invariata. Durante l'urto si esercitano quindi solo forze perpendicolari alla parete.

La relazione (4) vale perciò anche nel caso di urti obliqui, in cui K_x è l'energia cinetica della molecola lungo la direzione perpendicolare alla parete.

Le molecole non hanno tutte la stessa energia cinetica

Il termine NK_x è la somma delle energie cinetiche delle molecole lungo la direzione x, perché abbiamo supposto che le N molecole abbiano tutte la stessa energia cinetica K_x. Se le molecole hanno energie cinetiche diverse tra loro, l'energia cinetica totale nella direzione x è

$$K_{x\text{tot}} = K_{x1} + K_{x2} + \ldots + K_{xN}$$

Il valore medio $\langle K_x \rangle$ dell'energia di una molecola è

$$\langle K_x \rangle = \frac{K_{x\text{tot}}}{N}$$

quindi

$$K_{x\text{tot}} = N\langle K_x \rangle$$

e la (4) diviene

$$p = 2\frac{N}{V}\langle K_x \rangle \qquad (5)$$

L'energia cinetica media lungo una direzione è legata all'energia cinetica media totale

Le energie cinetiche media di traslazione lungo le tre direzioni x, y, z sono

$$\langle K_x \rangle = \left\langle \frac{1}{2} m v_x^2 \right\rangle$$

$$\langle K_y \rangle = \left\langle \frac{1}{2} m v_y^2 \right\rangle$$

$$\langle K_z \rangle = \left\langle \frac{1}{2} m v_z^2 \right\rangle$$

Il termine $(1/2)m$ è uguale per tutte le molecole, quindi possiamo scrivere le energie cinetiche medie nella forma

$$\langle K_x \rangle = \frac{1}{2} m \langle v_x^2 \rangle$$

$$\langle K_y \rangle = \frac{1}{2} m \langle v_y^2 \rangle$$

$$\langle K_z \rangle = \frac{1}{2} m \langle v_z^2 \rangle$$

La loro somma è l'energia cinetica media totale $\langle K \rangle$ di una particella:

$$\langle K \rangle = \langle K_x \rangle + \langle K_y \rangle + \langle K_z \rangle =$$

$$= \frac{1}{2} m \langle v_x^2 \rangle + \frac{1}{2} m \langle v_y^2 \rangle + \frac{1}{2} m \langle v_z^2 \rangle = \frac{1}{2} m \left(\langle v_x^2 \rangle + \langle v_y^2 \rangle + \langle v_z^2 \rangle \right)$$

Le tre direzioni x, y, z sono equivalenti e non vi è motivo per cui non siano uguali le energie cinetiche medie:

$$\langle K_x \rangle = \langle K_y \rangle = \langle K_z \rangle$$

per cui

$$\langle K \rangle = 3\langle K_x \rangle$$

L'energia cinetica media lungo x è quindi legata all'energia cinetica media totale:

$$\langle K_x \rangle = \frac{1}{3}\langle K \rangle$$

Sostituendo nella (5) si ottiene la relazione fondamentale

$$p = \frac{2}{3}\frac{N}{V}\langle K \rangle \qquad (6)$$

#pressione

DENTRO LA FORMULA

- La pressione esercitata da un gas è direttamente proporzionale all'energia cinetica media delle sue molecole.
- La (6) rende manifesto il legame fra due grandezze macroscopiche, la pressione e il volume di un gas, e due grandezze microscopiche, il numero e l'energia cinetica media delle molecole del gas.

PER ESEMPIO **L'unione fa l'energia!**

Una mole di gas perfetto occupa un volume di circa 20 L a 20 °C e a $1 \cdot 10^5$ Pa.

► Qual è l'energia cinetica media di traslazione delle sue molecole?

L'energia richiesta è

$$\langle K \rangle = \frac{3pV}{2N_A} = \frac{3(1 \cdot 10^5 \text{ Pa})(2 \cdot 10^{-2} \text{ m}^3)}{2(6 \cdot 10^{23})} = 5 \cdot 10^{-21} \text{ J}$$

È un'energia molto piccola, però il gas ha una notevole energia cinetica totale:

$$K_{gas} = N_A \langle K \rangle = (6 \cdot 10^{23})(5 \cdot 10^{-21} \text{ J}) = 3 \cdot 10^3 \text{ J}$$

Questa energia è equivalente al lavoro necessario per sollevare di 20 cm un'automobile di 1500 kg.

→ **PROBLEMA** **Elio nella bombola** • pag. 387
#pressione

3 La teoria cinetica dei gas e la temperatura

La teoria cinetica dei gas evidenzia lo stretto legame tra la temperatura di un gas (grandezza macroscopica) e l'energia cinetica media delle molecole del gas (grandezza microscopica).

La temperatura dal punto di vista microscopico

L'equazione di stato di n moli di gas perfetto stabilisce che

$$pV = nRT$$

Il prodotto pV nel caso di un gas perfetto può essere espresso in termini di grandezze microscopiche mediante la (6):

$$pV = \frac{2}{3} N \langle K \rangle$$

Confrontando le due relazioni si ha che

$$\frac{2}{3} N \langle K \rangle = nRT$$

Il numero di moli n è il rapporto fra il numero di molecole N di gas e il numero di Avogadro N_A:

$$n = \frac{N}{N_A}$$

per cui

$$\frac{2}{3} N\langle K\rangle = \frac{N}{N_A} RT$$

L'energia cinetica media è

$$\langle K\rangle = \frac{3}{2}\frac{R}{N_A} T$$

Il rapporto fra la costante dei gas e il numero di Avogadro è detto **costante di Boltzmann** e prende il nome dal fisico austriaco Ludwig Boltzmann:

$$k_B = \frac{R}{N_A} = 1{,}381 \cdot 10^{-23}\ \text{J/K}$$

Sostituendo nella relazione precedente si ottiene uno dei risultati più importanti della teoria cinetica dei gas:

l'energia cinetica media $\langle K\rangle$ delle molecole di un gas perfetto a temperatura T è

$$\langle K\rangle = \frac{3}{2} k_B T \qquad (7)$$

#energiacinetica

DENTRO LA FORMULA

- L'energia cinetica media delle molecole di un gas è direttamente proporzionale alla temperatura assoluta del gas.
- Nel caso di un miscuglio di gas diversi alla stessa temperatura, le molecole hanno tutte la stessa energia cinetica media, indipendentemente dalla loro massa.

Notiamo un fatto importante. La costante di Boltzmann k_B permette di convertire una grandezza macroscopica, la temperatura, in una grandezza microscopica, l'energia cinetica media delle molecole di un gas. Con uno strumento macroscopico come il termometro si misura di fatto l'energia cinetica media delle molecole.

Una forma alternativa per l'equazione di stato del gas perfetto

In termini del numero di moli n, l'equazione di stato del gas perfetto è

$$pV = nRT$$

La costante dei gas R può essere espressa in funzione della costante di Boltzmann k_B:

$$R = N_A k_B$$

per cui l'equazione di stato diventa

$$pV = nN_A k_B T$$

Il prodotto fra il numero di moli e il numero di Avogadro è uguale al numero N di molecole del gas:

$$N = nN_A$$

In definitiva, l'equazione di stato del gas perfetto può essere posta nella forma

#gasperfetto

$$pV = Nk_BT \tag{8}$$

PER ESEMPIO **Ma non era vuoto?**

Le pompe turbomolecolari riescono a creare un vuoto spinto, riducendo la pressione di un gas fino a $1 \cdot 10^{-6}$ Pa, circa 10^{11} volte minore della pressione atmosferica.

▶ Quante molecole ci sono in un metro cubo di gas?

Anche in queste condizioni, il numero di molecole per unità di volume è grandissimo:

$$\frac{N}{V} = \frac{p}{k_BT} = \frac{1 \cdot 10^{-6}\ \text{Pa}}{(1{,}38 \cdot 10^{-23}\ \text{J/K})(3 \cdot 10^2\ \text{K})} = 2 \cdot 10^{14}\ \text{m}^{-3}$$

ossia 200 000 miliardi di molecole per metro cubo (ce ne sarebbero circa 10 miliardi nel volume di un telefono cellulare di 50 cm^3).

La velocità quadratica media

L'energia cinetica media delle molecole di un gas è

$$\langle K \rangle = \frac{1}{2} m \langle v^2 \rangle$$

Il termine $\langle v^2 \rangle$ è il valor medio dei quadrati delle velocità delle N molecole del gas:

$$\langle v^2 \rangle = \frac{v_1^2 + v_2^2 + v_3^2 + \ldots + v_N^2}{N}$$

La radice quadrata di $\langle v^2 \rangle$ è detta **velocità quadratica media** v_{qm}:

$$v_{qm} = \sqrt{\langle v^2 \rangle} \tag{9}$$

In termini di v_{qm} l'energia cinetica media $\langle K \rangle$ delle molecole del gas è

$$\langle K \rangle = \frac{1}{2} m v_{qm}^2$$

L'energia cinetica media delle molecole è legata alla temperatura assoluta del gas dalla relazione (7):

$$\langle K \rangle = \frac{3}{2} k_BT$$

Confrontando le due equazioni si ha

$$\frac{1}{2}mv_{qm}^2 = \frac{3}{2}k_B T$$

e quindi

$$v_{qm} = \sqrt{\frac{3k_B T}{m}} \qquad (10)$$

#velocitàquadraticamedia

dove

- $k_B = 1{,}381 \cdot 10^{-23}$ J/K è la costante di Boltzmann;
- T è la temperatura assoluta del gas;
- m è la massa di una molecola di gas.

Effettuare una misura diretta della velocità quadratica media delle molecole di un gas è estremamente complicato: la (10) mostra che si può misurare in modo indiretto con un semplice termometro.

PER ESEMPIO **Quanto sono veloci!**

La massa di una molecola di ossigeno O_2 è $m = 5{,}3 \cdot 10^{-26}$ kg. Considera una stanza in cui la temperatura dell'aria è 20 °C.

► Qual è la velocità quadratica media delle molecole d'ossigeno?

Dalla (10) risulta

$$v_{qm} = \sqrt{\frac{3(1{,}381 \cdot 10^{-23}\ \text{J/K})(293\ \text{K})}{5{,}3 \cdot 10^{-26}\ \text{kg}}} = 480\ \text{m/s}$$

Si tratta di una velocità davvero elevata: oltre 1700 km/h. Ancora più veloci sono in media le molecole di idrogeno ($m = 3{,}4 \cdot 10^{-27}$ kg). Infatti

$$v_{qm} = \sqrt{\frac{3(1{,}381 \cdot 10^{-23}\ \text{J/K})(293\ \text{K})}{3{,}4 \cdot 10^{-27}\ \text{kg}}} = 1{,}9\ \text{km/s}$$

ossia quasi 7000 km/h!

Il teorema di equipartizione dell'energia

L'energia cinetica media $\langle K \rangle$ delle molecole di un gas alla temperatura T è per la (7)

$$\langle K \rangle = \frac{3}{2}k_B T$$

indipendentemente dal numero di atomi che formano la molecola.

Nel modello di gas perfetto fin qui adottato, le molecole sono sferette prive di struttura interna, come nel caso dell'elio, la cui molecola è formata da un solo atomo. Questo comporta che l'energia cinetica di una molecola monoatomica può essere solo energia di traslazione.

Nel caso di gas biatomici, come l'azoto, la molecola è composta da due atomi che, oltre a traslare insieme, possono anche ruotare attorno al loro centro di massa. Quindi l'energia cinetica totale di una molecola biatomica è la somma dell'energia di traslazione del centro di massa e dell'energia di rotazione attorno al centro di massa.

Si pone in questo caso il problema di stabilire se esiste un legame fra la temperatura del gas e l'energia cinetica totale media delle sue molecole. La risposta è affermativa:

l'energia cinetica totale media delle molecole di un gas biatomico è

$$\langle K_{\text{tot}} \rangle = \frac{5}{2} k_{\text{B}} T \tag{11}$$

Per comprendere questo risultato si devono valutare i **gradi di libertà** di una molecola. In generale

i **gradi di libertà** di un sistema fisico sono i termini quadratici, come

$$\frac{1}{2} m v_x^2 \quad \text{o} \quad \frac{1}{2} k x^2 \quad \text{o} \quad \frac{1}{2} I \omega_x^2$$

che compaiono nella formula dell'energia totale del sistema.

Nel caso di una molecola monoatomica i gradi di libertà sono 3, perché l'energia totale della molecola è

$$E = \frac{1}{2} m v_x^2 + \frac{1}{2} m v_y^2 + \frac{1}{2} m v_z^2$$

Nel caso di gas biatomici come l'azoto la molecola è composta da due atomi che, oltre a traslare insieme, possono anche ruotare attorno al loro centro di massa.

- Al moto di traslazione del centro di massa è associata l'energia cinetica di traslazione

$$E_{\text{tras}} = \frac{1}{2} m v_x^2 + \frac{1}{2} m v_y^2 + \frac{1}{2} m v_z^2$$

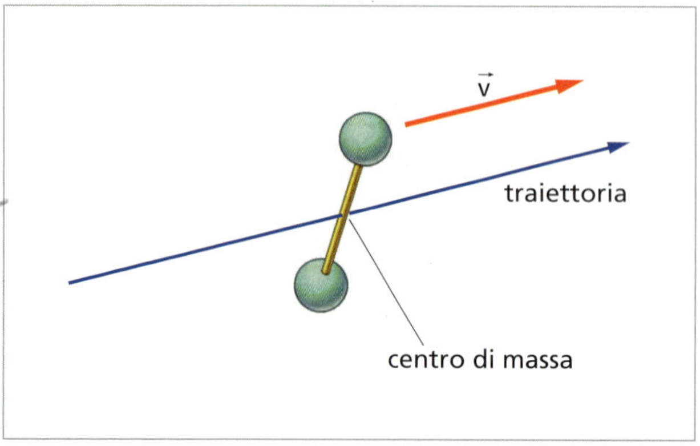

- Al moto di rotazione degli atomi attorno ai due assi a e b perpendicolari fra loro e passanti per il centro di massa della molecola è associata l'energia cinetica di rotazione

$$E_{\text{rot}} = \frac{1}{2} I_a \omega_a^2 + \frac{1}{2} I_b \omega_b^2$$

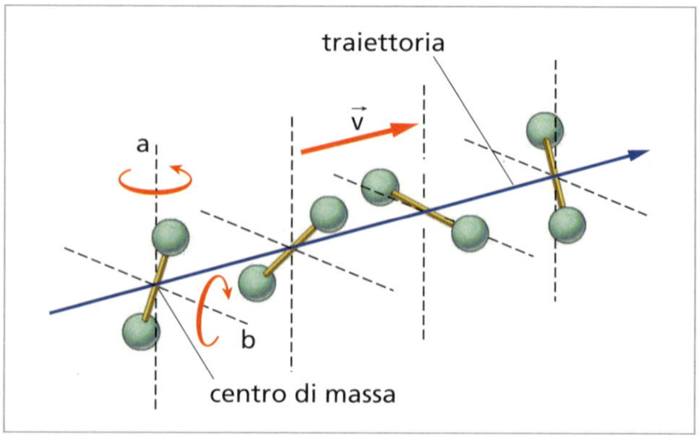

L'energia totale ha cinque termini quadratici:

$$E_{\text{tot}} = E_{\text{tras}} + E_{\text{rot}} = \frac{1}{2} m v_x^2 + \frac{1}{2} m v_y^2 + \frac{1}{2} m v_z^2 + \frac{1}{2} I_a \omega_a^2 + \frac{1}{2} I_b \omega_b^2$$

Quindi una molecola biatomica ha 5 gradi di libertà.

Siamo ora in grado di enunciare il teorema fondamentale da cui deriva la (11), noto come **teorema di equipartizione dell'energia**:

in un sistema fisico all'equilibrio alla temperatura T, a ogni grado di libertà è associata un'energia media

$$\frac{1}{2}k_B T \tag{12}$$

#equipartizioneenergia

Il teorema deve il suo nome al fatto che ogni grado di libertà riceve la stessa energia media $(1/2)k_B T$: un sistema con f gradi di libertà ha un'energia media

$$\langle E \rangle = f\frac{1}{2}k_B T \tag{13}$$

Notiamo un fatto importante: la pressione di un gas perfetto dipende solo dall'energia cinetica media di traslazione, quindi nella relazione (6):

$$p = \frac{2}{3}\frac{N}{V}\langle K \rangle$$

il termine $\langle K \rangle$ indica solo l'energia cinetica media di traslazione, che per tutti i gas vale $(3/2)k_B T$.

L'energia interna di un gas perfetto

L'**energia interna** U di un gas è la somma delle energie cinetiche e potenziali delle molecole che lo costituiscono.

Come vediamo alla fine del capitolo, le molecole dei gas reali esercitano attrazioni reciproche che sono associate a energie potenziali. Al contrario nel modello di gas perfetto si trascurano sia le forze di attrazione fra le molecole sia le forze esterne, per cui una molecola non possiede alcuna energia potenziale. L'energia totale media di una molecola è quindi solo di tipo cinetico. Ciò comporta che

l'energia interna di n moli di gas perfetto è

$$U = f\frac{1}{2}nRT \tag{14}$$

dove f è il numero di gradi di libertà delle molecole del gas.

#energiainterna

#gasperfetto

Infatti, nel caso di un gas perfetto composto da N molecole l'energia interna è

$$U = f\frac{1}{2}Nk_B T$$

Ricordando che la costante di Boltzman è uguale al rapporto fra la costante dei gas R e il numero di Avogadro N_A, la relazione precedente diviene

$$U = f\frac{1}{2}\frac{NR}{N_A}T$$

Ma N/N_A è uguale al numero di moli n del gas, quindi, sostituendo nella relazione precedente, si ottiene la (14).

La tabella riassume i casi di gas perfetto monoatomico e biatomico.

Tipo di gas	Gradi di libertà *f*	Energia interna di traslazione	Energia interna di rotazione
Monoatomico	3	$\frac{3}{2}nRT$	0
Biatomico	5	$\frac{3}{2}nRT$	$2\frac{1}{2}nRT = nRT$

PER ESEMPIO **Un pieno di energia**

Il serbatoio di un'automobile ha una capacità di 70 L. Supponiamo che a $T = 300$ K sia riempito solo di aria, che per semplicità supponiamo composta interamente di n moli di azoto biatomico.

► Qual è l'energia interna del gas contenuto nel serbatoio?

Il numero di moli di azoto biatomico nel serbatoio è

$$n = \frac{pV}{RT} = \frac{(1{,}0 \cdot 10^5\ \text{Pa})(7{,}0 \cdot 10^{-2}\ \text{m}^3)}{(8{,}31\ \text{J/(mol·K)})(3{,}0 \cdot 10^2\ \text{K})} = 2{,}8\ \text{mol}$$

Il serbatoio contiene un'energia pari a

$$U = \frac{5\,(2{,}8\ \text{mol})(8{,}31\ \text{J/(mol·K)})(3{,}0 \cdot 10^2\ \text{K})}{2} = 1{,}7 \cdot 10^4\ \text{J}$$

→ PROBLEMA SU PIÙ CONCETTI **L'energia di un respiro** • pag. 389
#energiainterna #gasperfetto

4 Il cammino libero medio

Le molecole di un gas si muovono incessantemente con velocità medie molto grandi. Si potrebbe pensare quindi che, aprendo una boccetta di profumo in una stanza chiusa, le molecole di profumo diffondano in modo quasi istantaneo nella stanza.

In realtà, questo non avviene perché le molecole di profumo urtano con le molecole dei gas che compongono l'aria.

Se fosse libera di muoversi in linea retta con una velocità media $\langle v \rangle = 5 \cdot 10^2$ m/s, una molecola si sposterebbe da una parte all'altra di una stanza di 5 m in un tempo brevissimo:

$$\Delta t = \frac{5\ \text{m}}{5 \cdot 10^2\ \text{m/s}} = 1 \cdot 10^{-2}\ \text{s}$$

In realtà una molecola si muove in linea retta fino a quando urta contro un'altra molecola e l'urto modifica la sua direzione di moto. Ogni molecola percorre quindi traiettorie che sono linee spezzate.

Si definisce **cammino libero medio** λ la distanza media che una molecola percorre fra due urti successivi con altre molecole del gas.

È ragionevole attendersi che in un gas a densità elevata, cioè con molte molecole per unità di volume, il cammino libero medio sia minore di quello in un gas molto rarefatto. Infatti si verifica che

il cammino libero medio λ delle molecole di un gas è

$$\lambda = \frac{1}{\sqrt{2}\pi d^2 \frac{N}{V}} \quad (15)$$

dove d è il diametro delle molecole e N/V è il numero di molecole per unità di volume.

#camminoliberomedio

DENTRO LA FORMULA

- λ diminuisce all'aumentare del diametro delle molecole.
- λ è inversamente proporzionale al numero di molecole per unità di volume.

Dall'equazione di stato dei gas perfetti nella forma $pV = Nk_BT$ deriva che

$$\frac{N}{V} = \frac{p}{k_BT}$$

Sostituendo nella (15) si ha che il cammino libero medio può essere calcolato mediante la seguente formula:

$$\lambda = \frac{k_BT}{\sqrt{2}\pi d^2 p} \quad (16)$$

PER ESEMPIO **Il cammino libero medio dell'azoto a livello del mare**

Una molecola di azoto ha diametro $d = 4 \cdot 10^{-10}$ m. Per semplicità supponiamo che l'aria sia composta solo da molecole di azoto e che sia $p = 1 \cdot 10^5$ Pa e $T = 300$ K.

▶ Qual è il cammino libero medio delle molecole di azoto?

Per la (16) risulta

$$\lambda = \frac{(1{,}38 \cdot 10^{-23}\ \text{J/K})(3 \cdot 10^2\ \text{K})}{\sqrt{2}\pi(4 \cdot 10^{-10}\ \text{m})^2(1 \cdot 10^5\ \text{Pa})} = 6 \cdot 10^{-8}\ \text{m}$$

Il cammino libero medio è circa 100 volte maggiore del diametro di una molecola.

Intervallo di tempo medio tra due urti

Tra due urti successivi, una molecola percorre in media un tratto rettilineo uguale al cammino libero medio λ. Se la sua velocità media è $\langle v \rangle$, l'intervallo di tempo τ che intercorre tra due urti successivi è

$$\tau = \frac{\lambda}{\langle v \rangle} \qquad (17)$$

Ricordando la (15) si ha

$$\tau = \frac{1}{\sqrt{2}\pi d^2 \frac{N}{V}\langle v \rangle} \qquad (18)$$

Poiché nei gas il cammino libero medio è piccolo e la velocità media è grande, τ è un intervallo di tempo molto piccolo.

PER ESEMPIO **Un urto continuo**

Le molecole di azoto nell'aria hanno una velocità media $\langle v \rangle = 5 \cdot 10^2$ m/s e un cammino libero medio $\lambda = 5 \cdot 10^{-8}$ m.

► Qual è l'intervallo di tempo medio tra due urti successivi?

In media una molecola subisce un urto ogni

$$\tau = \frac{5 \cdot 10^{-8}\ \text{m}}{5 \cdot 10^{2}\ \text{m/s}} = 1 \cdot 10^{-10}\ \text{s} \quad \Rightarrow \quad \frac{1}{\tau} = \frac{1}{1 \cdot 10^{-10}\ \text{s}} = 1 \cdot 10^{10}\ \text{s}^{-1}$$

cioè 10 miliardi di urti al secondo.

5 La distribuzione delle velocità molecolari

In uno stato di equilibrio a temperatura T, le molecole di un gas hanno una velocità quadratica media

$$v_{\text{qm}} = \sqrt{\frac{3 k_{\text{B}} T}{m}}$$

Questo non significa che tutte le molecole del gas si muovano esattamente con quella velocità. Al contrario, la velocità di ogni molecola cambia incessantemente per effetto degli urti con le altre molecole e, a ogni istante, le molecole hanno velocità differenti fra loro.

Il numero enorme di molecole in un gas rende impossibile seguire come cambia nel tempo la velocità di ogni singola molecola. Ma, proprio perché il numero di molecole è enorme, è possibile studiare le regolarità statistiche del loro moto e individuare valori medi che descrivono con grande precisione il loro comportamento, come per esempio il numero medio di molecole con velocità maggiori di v_{qm}.

Per fare questo bisogna conoscere la **distribuzione delle velocità molecolari**, cioè la funzione che stabilisce con quale probabilità le velocità delle molecole si ripartiscono fra i valori possibili.

Attorno alla metà dell'Ottocento il grande fisico scozzese James Clerk Maxwell dimostra che le velocità delle molecole di un gas all'equilibrio si distribuiscono secondo la legge seguente, detta **distribuzione maxwelliana delle velocità**:

$$P(v) = \frac{4}{\sqrt{\pi}} \left(\frac{m}{2k_B T} \right)^{3/2} v^2 e^{-\frac{mv^2}{2k_B T}} \qquad (19)$$

#distribuzioneMaxwell

dove m è la massa delle molecole, v la loro velocità e T la temperatura del gas.

DENTRO LA FORMULA

- $P(v)$ ha le dimensioni dell'inverso della velocità $(m/s)^{-1}$. Infatti
  - l'esponente $\frac{mv^2}{2k_B T}$ è un numero adimensionale perché è il rapporto fra due energie;
  - il fattore $\left(\frac{m}{2k_B T} \right)^{3/2} v^2$ ha le dimensioni

$$\left(\frac{kg}{(J/K)K} \right)^{3/2} (m/s)^2 = \left(\frac{kg}{kg\,(m/s)^2} \right)^{3/2} (m/s)^2 = (m/s)^{-3}(m/s)^2 = (m/s)^{-1}$$

- $P(v)$ è una funzione di distribuzione di probabilità così definita: $P(v)\,dv$ è un numero adimensionale e rappresenta la probabilità che una molecola abbia velocità comprese fra v e $v + dv$ (con dv molto piccolo rispetto a v).

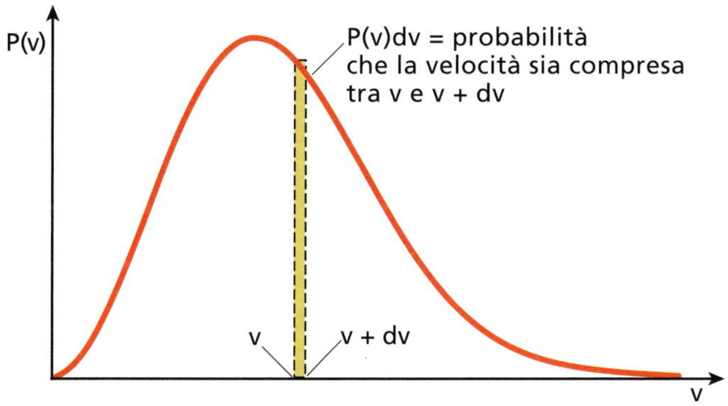

- $P(v)\,dv$ è l'area della striscia di altezza $P(v)$ e larghezza dv: se dv è piccola, $P(v)\,dv$ è pari all'area sottesa dalla curva fra v e $v + dv$.
- $P(v)\,dv$ può essere interpretata come la frazione di molecole con velocità comprese fra v e $v + dv$: se N è il numero di molecole del gas, il prodotto $NP(v)\,dv$ è il numero di particelle con velocità comprese fra v e $v + dv$.

Proprietà della distribuzione di Maxwell

Valore massimo

La curva di distribuzione presenta un massimo in corrispondenza della velocità detta **velocità più probabile** v_p che si calcola con la formula

$$v_p = \sqrt{\frac{2k_B T}{m}}$$

Per una temperatura fissata si ha $v_p < v_{qm}$, cioè la velocità più probabile è sempre minore della velocità quadratica media. Infatti

$$\sqrt{\frac{2k_BT}{m}} < \sqrt{\frac{3k_BT}{m}}$$

Il grafico mostra la distribuzione delle velocità delle molecole d'azoto nell'aria a $T = 20\ °C$.

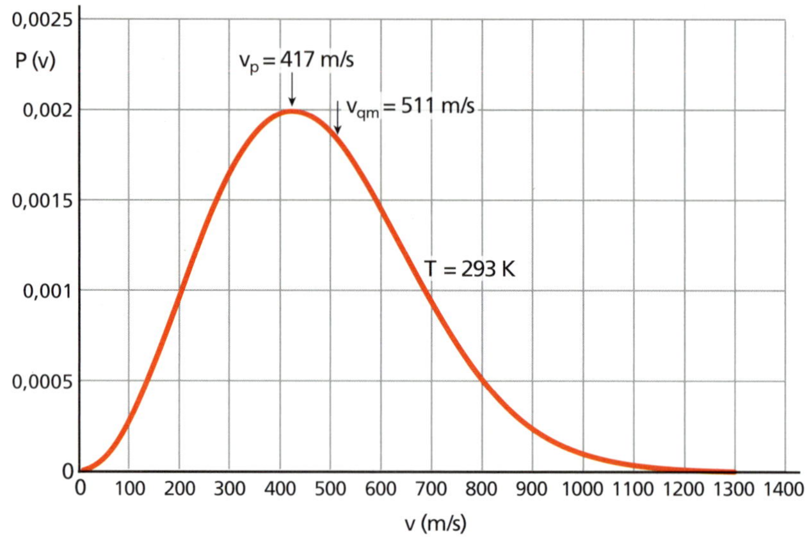

Area

L'area totale compresa fra la curva di distribuzione e l'asse delle velocità è uguale a 1, perché corrisponde alla probabilità che una molecola abbia una velocità compresa fra zero e infinito, cioè alla probabilità dell'evento certo.

La distribuzione dipende dalla temperatura

Il grafico mostra le distribuzioni delle velocità per l'azoto molecolare relative a tre differenti temperature.

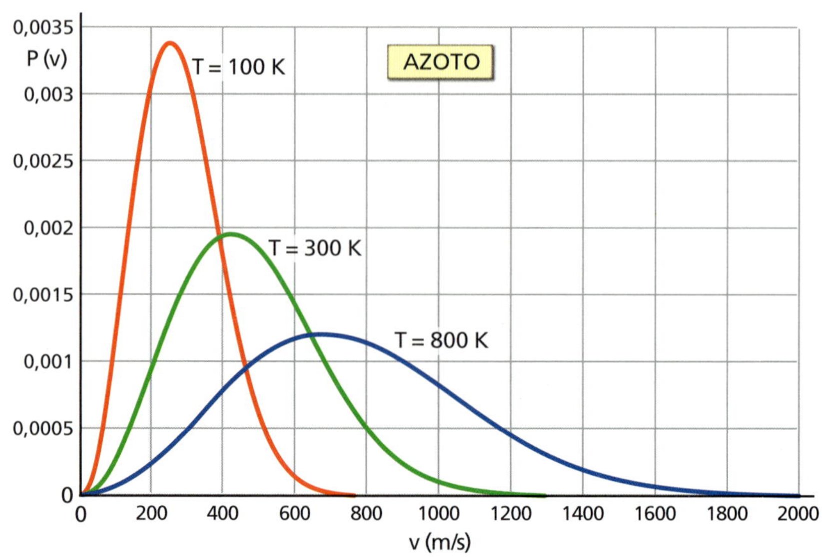

La distribuzione dipende dalla massa delle molecole

Molecole di gas diversi alla stessa temperatura hanno la stessa energia cinetica media. Le distribuzioni di velocità sono però diverse a causa della massa differente, come mostra il grafico seguente relativo ad alcuni gas presenti nell'aria.

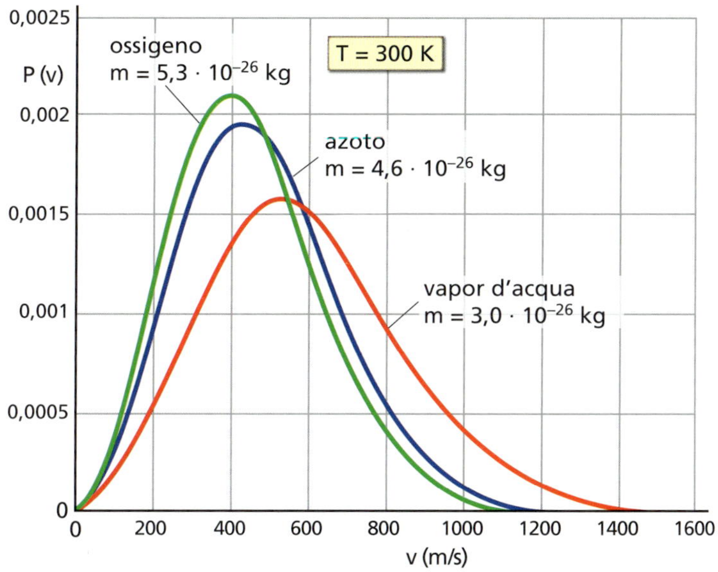

Poiché

$$v_p = \sqrt{\frac{2k_BT}{m}}$$

le molecole con massa minore hanno la velocità più probabile maggiore e conseguentemente la loro distribuzione è più allargata, come nel caso del vapor d'acqua ($m = 3{,}0 \cdot 10^{-26}$ kg) rispetto all'ossigeno ($m = 5{,}3 \cdot 10^{-26}$ kg).

Equilibrio e distribuzione di Maxwell

La distribuzione di Maxwell è connessa allo stato di equilibrio di un gas. Si dimostra infatti il seguente fondamentale risultato:

un gas isolato raggiunge lo stato di equilibrio quando la distribuzione delle sue velocità molecolari è la distribuzione di Maxwell.

Per comprendere questa caratteristica degli stati di equilibrio, consideriamo due recipienti uguali, ciascuno contenente una mole ($1\ N_A$) di gas perfetto monoatomico e in grado di isolare il gas dall'esterno. Supponiamo inoltre che l'energia interna $U = N_A K$ sia la stessa nei due contenitori A e B, ma che i due gas non siano inizialmente in uno stato di equilibrio.

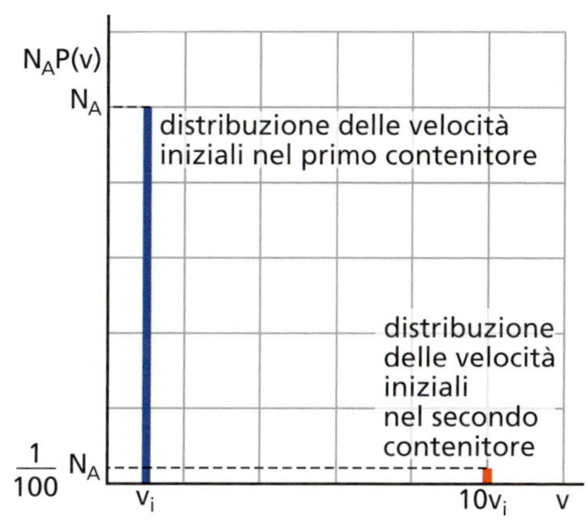

- Nel primo contenitore tutte le molecole hanno la stessa velocità v_i e la stessa energia cinetica

$$\frac{1}{2}mv_i^2 = K$$

quindi l'energia interna è

$$U_i = N_A K$$

- Nel secondo contenitore si muovono solo $(1/100)N_A$ molecole tutte con stessa velocità $10\,v_i$ e la stessa energia cinetica

$$\frac{1}{2}m(10\,v_i)^2 = 100\,K$$

quindi l'energia interna è

$$U_2 = \left(\frac{1}{100}N_A\right)(100\,K) = N_A K$$

Se si lasciano i due gas liberi di evolvere, gli urti ridistribuiscono le velocità fra le molecole.

Dopo qualche tempo si verifica che:

- gli stati finali dei due gas sono identici e per entrambi la temperatura finale è tale che

$$U = \frac{3}{2}RT_f$$

cioè

$$T_f = \frac{2}{3}\frac{U}{R}$$

- l'energia interna si è ripartita fra tutte le molecole in modo che ciascuna di esse abbia un'energia cinetica media

$$\langle K\rangle = \frac{3}{2}k_B T_f$$

- i due gas hanno la distribuzione delle velocità uguale, precisamente la distribuzione maxwelliana con temperatura T_f.

Questo spiega l'importanza della distribuzione di Maxwell:

lasciato libero di evolvere, un gas raggiunge sempre uno stato di equilibrio in cui le sue molecole obbediscono alla distribuzione di Maxwell.

MINDBUILDING

La distribuzione di Maxwell col foglio elettronico

Le proprietà della distribuzione maxwelliana possono essere studiate utilizzando un foglio elettronico. Per semplificare la scrittura delle formule di calcolo, poniamo la distribuzione nella forma

$$P(v) = Av^2\, e^{-cv^2} \tag{20}$$

in cui si sono introdotte le due costanti

$$c = \frac{m}{2k_B T} \qquad A = \frac{4}{\sqrt{\pi}}\left(\frac{m}{2k_B T}\right)^{3/2} = \frac{4}{\sqrt{\pi}}c^{3/2}$$

Nel caso di azoto a T = 300 K il foglio di calcolo può essere impostato nel modo indicato dal seguente tabulato.

◇	A	B	C	D	E	F	G
1	**Distribuzione delle velocità molecolari dell'azoto**						
2							
3	m=	=4,6*10^(-26)	kg				
4	kB=	=1,38*10^(-23)	J/K				
5	T=	=300	K				
6	dv=	=10	m/s				
7	c=	=B3/(2*B4*B5)		v	P(v)		
8	A=	=4/RADQ(PI.GRECO())*B7^1,5		=0	=$B$8*D8^2*EXP(-$B$7*D8^2)		
9				=D8+$B$6	=$B$8*D9^2*EXP(-$B$7*D9^2)		
10				=D9+$B$6	=$B$8*D10^2*EXP(-$B$7*D10^2)		
11				=D10+$B$6	=$B$8*D11^2*EXP(-$B$7*D11^2)		
12				=D11+$B$6	=$B$8*D12^2*EXP(-$B$7*D12^2)		
13				=D12+$B$6	=$B$8*D13^2*EXP(-$B$7*D13^2)		
14				=D13+$B$6	=$B$8*D14^2*EXP(-$B$7*D14^2)		
15				=D14+$B$6	=$B$8*D15^2*EXP(-$B$7*D15^2)		
16				=D15+$B$6	=$B$8*D16^2*EXP(-$B$7*D16^2)		
17				=D16+$B$6	=$B$8*D17^2*EXP(-$B$7*D17^2)		

$$P(v) = Av^2\, e^{-cv^2} \qquad c = \frac{m}{2k_BT} \qquad A = \frac{4}{\sqrt{\pi}}\left(\frac{m}{2k_BT}\right)^{3/2} = \frac{4}{\sqrt{\pi}}\,c^{3/2}$$

L'aspetto del foglio con i valori al posto delle formule e con il grafico della distribuzione è mostrato nel seguente tabulato.

◇	A	B	C	D	E
1	**Distribuzione delle velocità molecolari dell'azoto**				
2					
3	m=	4,6E-26	kg		
4	kB=	1,38E-23	J/K		
5	T=	300	K		
6	dv=	10	m/s		
7	c=	5,556E-06		v	P(v)
8	A=	2,955E-08		0	0
9				10	2,95349E-06
10				20	1,17943E-05
11				30	2,64635E-05
12				40	4,68636E-05
13				50	7,28592E-05
14				60	0,000104278
15				70	0,000140913
16				80	0,000182522
17				90	0,000228833
18				100	0,000279543
18				110	0,000334324
20				120	0,000392821
21				130	0,000454661
22				140	0,000519449
23				150	0,000586776
24				160	0,000656221
25				170	0,000727354
26				180	0,000799739
27				190	0,000872938

Columns F–K:

$$P(v) = Av^2\, e^{-cv^2} \qquad c = \frac{m}{2k_BT} \qquad A = \frac{4}{\sqrt{\pi}}\left(\frac{m}{2k_BT}\right)^{3/2} = \frac{4}{\sqrt{\pi}}\,c^{3/2}$$

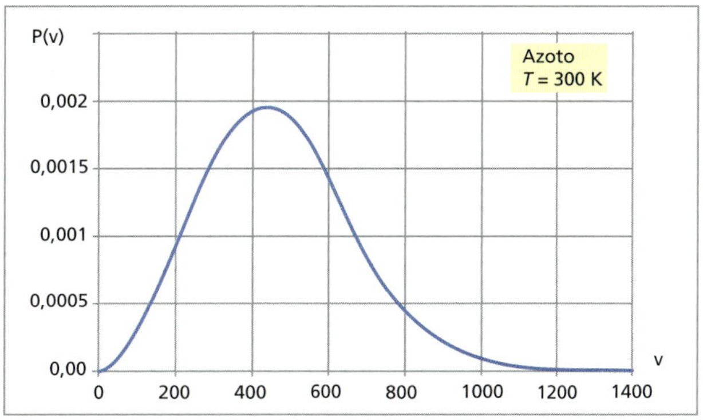

Mediante lo stesso foglio di calcolo si possono studiare le distribuzioni relative ad altri gas, cambiando m, e ad altre temperature, cambiando T.

6 I gas reali

Il modello di gas perfetto introduce due notevoli semplificazioni nello studio dei gas: trascura il volume delle molecole e le forze con cui si attraggono.

Queste due ipotesi sono soddisfatte quando il gas è molto rarefatto, perché le molecole si muovono in un volume molto maggiore di quello che esse occupano.

Al contrario, quando il gas è denso, le dimensioni delle molecole e le forze attrattive tra di esse producono effetti molto marcati. Analizziamoli nel caso di una mole di gas.

Effetti dovuti alle dimensioni delle molecole

Approssimando una molecola con una sfera di raggio r, ciascuna di esse ha un volume

$$V_{\mathrm{m}} = \frac{4}{3}\pi r^3$$

Nel complesso le molecole hanno a disposizione un volume minore del volume V del contenitore.

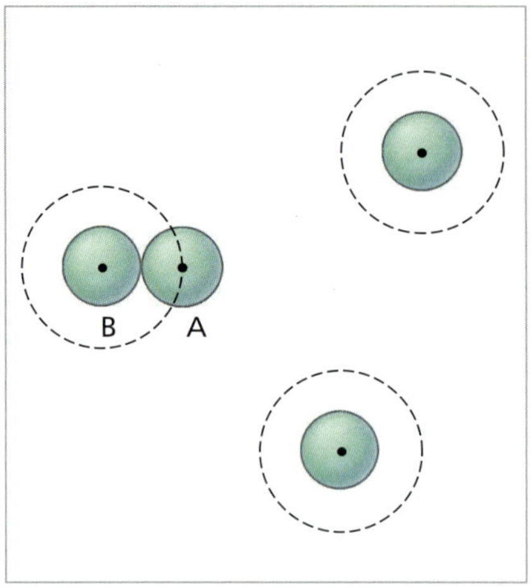

Per comprenderlo consideriamo la molecola A: durante l'urto con la molecola B il suo centro non può entrare nella sfera tratteggiata. Il raggio della sfera è il doppio del raggio r di una molecola e il suo volume è $8\,V_{\mathrm{m}}$, quindi durante un urto ogni molecola esclude l'altra da un volume $8\,V_{\mathrm{m}}$. Poiché gli urti coinvolgono due molecole, in media ciascuna di esse non può accedere a un volume $4\,V_{\mathrm{m}}$.

In totale, le N_{A} molecole non possono accedere a un volume

$$b = 4\,N_{\mathrm{A}} V_{\mathrm{m}} \tag{21}$$

Il volume a disposizione delle molecole è quindi

$$V - b \tag{22}$$

con b dato dalla (21).

Effetti dovuti all'attrazione fra molecole

Le molecole esercitano forze attrattive le une sulle altre. Lontano dalle pareti del contenitore, le molecole sono attratte in modo simmetrico in tutte le direzioni: quindi in media le forze intermolecolari non hanno effetti sul moto delle molecole all'interno del contenitore.

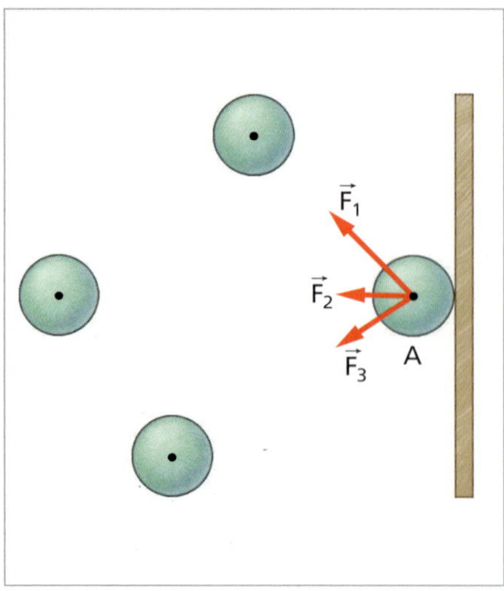

Al contrario, quando le molecole sono molto vicine alle pareti del contenitore, risentono di una forza media diretta verso l'interno che è la risultante delle attrazioni esercitate dalle altre molecole del gas. Questa forza media compie un lavoro che si oppone al moto verso l'esterno e che quindi diminuisce le velocità con cui le molecole urtano la parete.

Il risultato è che le molecole esercitano una pressione p che è inferiore di Δp alla pressione p_{perf} che esercitano le molecole di un gas perfetto nelle stesse condizioni:

$$p = p_{\mathrm{perf}} - \Delta p \tag{23}$$

La diminuzione Δp è proporzionale sia al numero N_u di molecole che urtano le pareti nell'unità di tempo sia all'intensità F della forza attrattiva che si esercita su ciascuna molecola:

$$\Delta p \propto N_u F$$

Notiamo che:

- N_u è proporzionale alla densità del gas, cioè, più molecole sono presenti per unità di volume, maggiore è il numero degli urti, mentre la densità è inversamente proporzionale al volume V del gas; quindi

$$N_u \propto \frac{1}{V}$$

- F è proporzionale al numero di molecole che sono tanto vicine da esercitare una forza attrattiva, ma questo numero è proporzionale alla densità del gas e quindi inversamente proporzionale al volume V:

$$F \propto \frac{1}{V}$$

In definitiva

$$\Delta p = \frac{a}{V^2}$$

dove a è una costante da determinarsi sperimentalmente. Inserendo la relazione precedente nella (23) si ha

$$p_{perf} = p + \frac{a}{V^2} \tag{24}$$

L'equazione di van der Waals

L'equazione di stato di una mole di gas reale può essere derivata a partire da quella del gas perfetto $p_{perf}V_{perf} = RT$ operando le sostituzioni (22) e (24):

$$V_{perf} \longrightarrow V - b \qquad p_{perf} \longrightarrow p + \frac{a}{V^2}$$

L'equazione che ne deriva prende il nome dal fisico olandese Johannes Diderik van der Waals, che la propose nel 1873. L'**equazione di stato di van der Waals** ha quindi la forma

$$\left(p + \frac{a}{V^2}\right)(V - b) = RT \tag{25}$$

#vanderWaals

DENTRO LA FORMULA

- a e b sono parametri che dipendono dal tipo di gas; le unità di misura sono:

$$[a] = \mathrm{J \cdot m^3/mol^2} \qquad [b] = \mathrm{m^3/mol}$$

- b è detto *covolume*; se si considerano le molecole come sfere rigide di raggio r, per la (21) si ha:

$$b = 4N_A V_m$$

Parametri *a* e *b* dell'equazione di van der Waals per alcuni gas.

Gas	*a* ($J \cdot m^3/mol^2$)	*b* (m^3/mol)
Aria	0,14	$3{,}6 \cdot 10^{-5}$
Diossido di carbonio (CO_2)	0,36	$4{,}3 \cdot 10^{-5}$
Azoto (N_2)	0,14	$3{,}9 \cdot 10^{-5}$
Idrogeno (H_2)	0,024	$2{,}7 \cdot 10^{-5}$
Acqua (H_2O)	0,55	$3{,}0 \cdot 10^{-5}$
Ammoniaca (NH_3)	0,42	$3{,}7 \cdot 10^{-5}$
Elio (He)	0,0034	$2{,}4 \cdot 10^{-5}$
Metano (CH_4)	0,23	$4{,}3 \cdot 10^{-5}$

Notiamo i fatti seguenti:

- se il gas reale è rarefatto, a è molto piccolo e b è trascurabile rispetto a V, quindi la (25) si trasforma nell'equazione di stato del gas perfetto $pV = RT$;
- la (25) vale per una mole di gas, pertanto l'equazione di van der Waals per n moli di gas è

$$\left(p + n^2 \frac{a}{V^2}\right)(V - nb) = nRT \qquad (26)$$

PER ESEMPIO **Un'aria perfetta**

Consideriamo una mole di aria a temperatura $T = 0$ °C e pressione $p = 1$ atm.

▸ L'equazione di van der Waals differisce molto dall'equazione di stato del gas perfetto?

No: per queste condizioni l'equazione di van der Waals fornisce risultati assai simili all'equazione di stato del gas perfetto. Infatti le correzioni Δp e b sono piccole rispetto ai valori di pressione p e di volume V di un gas perfetto nelle stesse condizioni:

$$\Delta p = \frac{a}{V^2} = \frac{1{,}4 \cdot 10^{-1}\ \text{J} \cdot \text{m}^3/\text{mol}^2}{(2{,}2 \cdot 10^{-2}\ \text{m}^3)^2} = 3 \cdot 10^2\ \text{Pa}$$

$$b = 3{,}6 \cdot 10^{-5}\ \text{m}^3/\text{mol}$$

→ **PROBLEMA** Una bombola di ossigeno • pag. 392
#vanderWaals

7 Le fluttuazioni all'equilibrio

Dal punto di vista macroscopico, la pressione di un gas all'equilibrio sembra rimanere costante nel tempo. In realtà, effettuando misure molto precise in intervalli di tempo molto piccoli, si verifica che il valore della pressione presenta **fluttuazioni** Δp attorno a un valor medio $\langle p \rangle$.

Ciò significa che la pressione p non è sempre uguale ma fluttua nel tempo: a volte è maggiore e a volte è minore del valor medio $\langle p \rangle$. Oltre a ripetersi in modo incessante, le fluttuazioni avvengono in modo assolutamente casuale, non prevedibile.

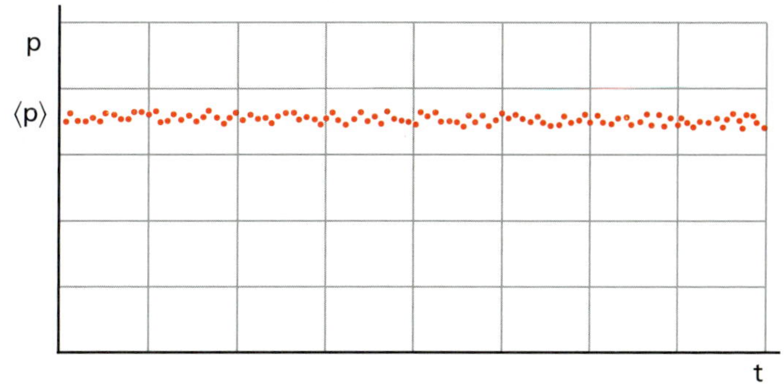

Le fluttuazioni hanno origine perché la pressione è l'effetto medio degli urti delle molecole di gas. A causa dei moti molecolari il numero di urti e la loro intensità variano in modo casuale, quindi varia anche il loro effetto, cioè la pressione.

L'entità delle fluttuazioni dipende dal numero N delle molecole in gioco: si verifica che

gli effetti delle fluttuazioni sono tanto più piccoli quanto più grande è il numero di molecole N coinvolte nel fenomeno.

Per comprendere questo risultato supponiamo di osservare il parabrezza di un'auto durante una pioggia leggera e di registrare il numero di gocce di pioggia che cadono ogni 10 s dentro due quadrati di lato 2 cm e 10 cm.

- Il numero di gocce che cade ogni 10 s nel quadrato più piccolo presenta grandi fluttuazioni rispetto al valor medio.

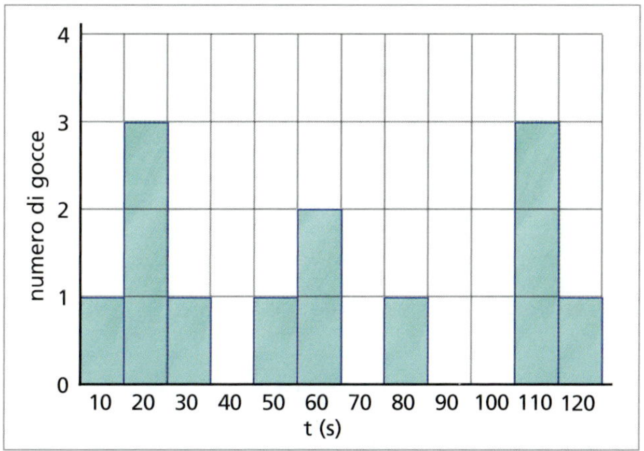

- Anche il numero di gocce che cade dentro un quadrato di lato 10 cm cambia nel tempo, ma le fluttuazioni rispetto al valor medio sono minori.

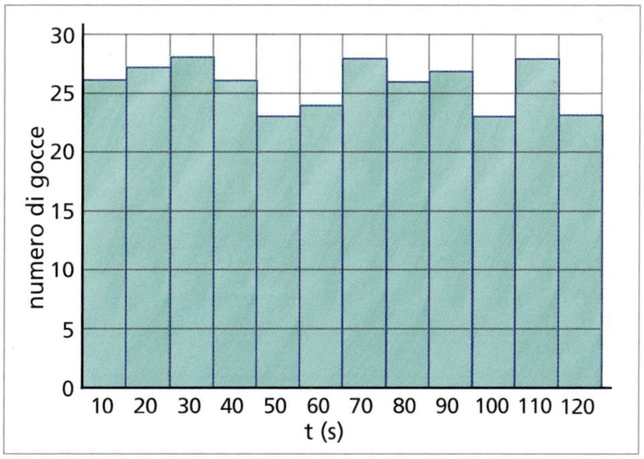

Potendo effettuare le misurazioni sull'intero parabrezza, si noterebbe che le fluttuazioni del numero di gocce incidenti si presentano sempre, ma in questo caso sono quasi trascurabili.

La pioggia esercita una pressione sul parabrezza, perché le gocce trasferiscono quantità di moto, proprio come le molecole di un gas quando urtano una parete. Nell'esempio precedente, su ciascuna delle superfici considerate la pioggia esercita la stessa pressione media ma sulla superficie più piccola gli effetti delle fluttuazioni sono molto più evidenti. Questa osservazione permette di comprendere in modo intuitivo una proprietà dei sistemi composti da un numero enorme di particelle:

le fluttuazioni che avvengono a livello microscopico hanno un'incidenza del tutto trascurabile sui valori assunti dalle grandezze macroscopiche quando il sistema è costituito da un numero enorme di particelle.

I gas e la teoria microscopica della materia

Teoria cinetica dei gas

■ **Quantità di moto**

quantità di moto trasferita in un urto alla parete

$$\Delta p_{\text{par}} = -\Delta p_{\text{mol}} = 2mv$$

variazione di **quantità di moto** della molecola

■ **Numero di urti nel tempo Δt**

$$\frac{1}{2}\frac{N}{V}v_x \Delta t A$$

■ **Pressione esercitata dal gas**

$$p = \frac{2}{3}\frac{N}{V}\langle K \rangle$$

■ **Energia cinetica media del gas**

$$\langle K \rangle = \frac{3}{2}k_{\text{B}}T$$

costante di Boltzman

$$k_{\text{B}} = \frac{R}{N_{\text{A}}} = 1{,}381 \cdot 10^{-23}\ \text{J/K}$$

Velocità quadratica media

$$v_{\text{qm}} = \sqrt{\frac{3k_{\text{B}}T}{m}}$$

massa di una molecola di gas

Teorema di equipartizione dell'energia

$$\langle E \rangle = f\frac{1}{2}k_{\text{B}}T$$

gradi di libertà di un sistema

Energia interna di *n* moli di gas perfetto

$$U = f\frac{1}{2}nRT$$

Cammino libero medio

$$\lambda = \frac{1}{\sqrt{2}\pi d^2 \frac{N}{V}}$$

diametro delle molecole

numero di molecole per unità di volume

Distribuzione maxwelliana delle velocità

$$P(v) = \frac{4}{\sqrt{\pi}}\left(\frac{m}{2k_{\text{B}}T}\right)^{3/2} v^2 e^{-\frac{mv^2}{2k_{\text{B}}T}}$$

■ **Velocità più probabile**

$$v_{\text{p}} = \sqrt{\frac{2k_{\text{B}}T}{m}}$$

Equazione di stato di van der Waals per una mole di gas reale

parametro ($\text{J} \cdot \text{m}^3/\text{mol}^2$)

$$\left(p + \frac{a}{V^2}\right)(V - b) = RT$$

covolume (m^3/mol)

ESERCIZI

1 La teoria microscopica della materia

1 La punta di uno spillo è approssimativamente una semisfera di diametro 0,1 mm e una molecola ha dimensioni lineari pari a circa $3 \cdot 10^{-10}$ m.

► Quante molecole occorrono per ricoprire la punta dello spillo? [$2 \cdot 10^{11}$]

2 Una gocciolina d'acqua ha le dimensioni di un granello di sabbia, circa 1 mm^3. Immagina di ingrandire ogni molecola d'acqua fino a portarla alla dimensione di un granello di sabbia.

► Stima quale sarebbe il volume della gocciolina? [$3 \cdot 10^{10}$ m^3]

3 Una bolla di CO_2 che si forma in un bicchiere di acqua gasata ha il diametro di 3 mm.

► Stima con una sola cifra significativa il numero delle molecole che contiene la bolla. [$4 \cdot 10^{17}$]

4 Schematizziamo una molecola d'acqua (peso atomico 18 u) come un cubo di lato $L = 3 \cdot 10^{-10}$ m. Immaginiamo di disporre le molecole d'acqua contenute in una gocciolina sferica di nebbia, di diametro 2 μm, una accanto all'altra, formando così una fila.

► Stima la lunghezza della fila. [40 m]

5 La nostra atmosfera è sostanzialmente composta dal 78% di azoto molecolare (N_2), dal 21% di ossigeno molecolare (O_2) e dall'1% di argon (Ar). Le masse atomiche dei tre elementi sono rispettivamente 14 u, 16 u e 40 u.

► Qual è la massa molecolare media di una molecola dell'atmosfera? [29 u]

2 La teoria cinetica dei gas e la pressione

6 Un recipiente da 10 L contiene 1 mol di ammoniaca (NH_3) alla pressione di 2,5 bar.

► Quanto vale l'energia cinetica media di traslazione di una molecola? [$6 \cdot 10^{-21}$ J]

7 **PROBLEMA** **Elio nella bombola**
#pressione

Una bombola di $V = 30$ L contiene $n = 3{,}5$ mol di elio alla pressione $p = 2{,}9$ atm.

► Calcola l'energia cinetica media delle molecole di elio.

► Determina l'energia cinetica totale delle molecole di elio.

LA SITUAZIONE FISICA E IL MODELLO

Per risolvere il problema dobbiamo supporre che l'elio si comporti come un gas perfetto. Il numero N di molecole presenti nella bombola si ottiene come prodotto del numero di moli per il numero di Avogadro N_A. Dai valori delle grandezze macroscopiche pressione p e volume V, calcoliamo il valore della grandezza microscopica energia cinetica media delle molecole $\langle K \rangle$ mediante la (6). L'energia cinetica totale K è data dal prodotto $N\langle K \rangle$.

LA RISOLUZIONE

1. Il numero di molecole è

$$N = nN_A$$

2. L'energia cinetica media delle molecole di un gas è legata al volume e alla pressione del gas dalla relazione (6):

$$p = \frac{2}{3}\frac{N}{V}\langle K \rangle \quad \Rightarrow \quad \boxed{\langle K \rangle = \frac{3}{2}\frac{pV}{N} = \frac{3}{2}\frac{pV}{nN_A}}$$

3. L'energia cinetica totale delle molecole è

$$\boxed{K = N\langle K \rangle = \frac{3}{2}\frac{NpV}{N} = \frac{3}{2}pV}$$

I DATI E IL RISULTATO

$V = 30 \text{ L} = 0{,}030 \text{ m}^3$

$n = 3{,}5 \text{ mol}$

$p = 2{,}9 \text{ atm} = 2{,}9 \cdot 10^5 \text{ Pa}$

$N_A = 6{,}02 \cdot 10^{23} \text{ mol}^{-1}$

$$\langle K \rangle = \frac{3}{2}\frac{(2{,}9 \cdot 10^5 \text{ Pa})(0{,}030 \text{ m}^3)}{(3{,}5 \text{ mol})(6{,}02 \cdot 10^{23} \text{ mol}^{-1})} = 6{,}2 \cdot 10^{-21} \text{ J}$$

$$K = \frac{3}{2}(2{,}9 \cdot 10^5 \text{ Pa})(0{,}030 \text{ m}^3) = 1{,}3 \cdot 10^4 \text{ J}$$

HA SENSO?

L'energia cinetica media di una molecola è molto piccola, ma le molecole sono tante. La loro energia cinetica totale è ben 13 kJ: corrisponde all'energia cinetica di un'auto di 1500 kg che si muove a 15 km/h.

8 **PROBLEMA SIMILE**

Considera la situazione precedente.

▶ Qual è la temperatura dell'elio contenuto nella bombola?

Mantenendo costante la temperatura, vengono inserite nella bombola altre 3,5 mol di elio.

▶ L'energia cinetica media delle molecole cambia? Spiega. [$3{,}0 \cdot 10^2$ K]

9 In un recipiente contenente 1 g di elio ($m_{\text{He}} = 4$ u) si aggiunge 1 g di argon ($m_{\text{Ar}} = 40$ u), senza che avvengano variazioni di temperatura.

▶ Di quanto aumenta la pressione?

▶ È possibile calcolare l'energia cinetica media delle particelle? [10%]

10 Un recipiente da 5,0 L si trova alla temperatura di 20 °C e contiene 1,0 g di elio ($m_{\text{He}} = 4$ u) e 1,0 g di idrogeno ($m_{\text{H}} = 2{,}0$ u).

▶ Calcola la pressione totale.

▶ Qual è l'energia cinetica media delle molecole? [$3{,}7 \cdot 10^5$ Pa; $6{,}2 \cdot 10^{-21}$ J]

3 La teoria cinetica dei gas e la temperatura

11 La molecola di idrogeno ha 1/16 della massa della molecola di ossigeno.

▶ A parità di temperatura, quanto è più veloce una molecola di idrogeno rispetto a una di ossigeno? [4 volte]

12 Le molecole di un gas perfetto hanno un'energia cinetica media di $5{,}84 \cdot 10^{-21}$ J.

▶ Qual è la temperatura del gas? [282 K]

13 Un gas passa da 20 °C a 40 °C.

▶ Qual è l'aumento percentuale dell'energia cinetica media delle sue molecole? [7%]

14 **QUESITO** **ARGOMENTA** Il contenitore *A* ha volume doppio del contenitore *B*. Entrambi si trovano alla temperatura *T* e contengono lo stesso numero di moli *n*.

▶ Le pressioni nei due contenitori sono uguali?

▶ Le energie cinetiche medie delle molecole dei gas sono uguali?

▶ Le energie interne dei gas nei due contenitori sono uguali? Motiva le risposte.

15 **QUESITO** **LEGGI IL GRAFICO** Un cilindro con uno stantuffo mobile contiene 1,7 mol di gas perfetto monoatomico. Mantenendo costante la temperatura T_r del gas, si varia il volume e si misura la pressione dello stato ottenuto. Nel grafico sono riportate le misure relative ad alcuni stati, mentre la curva rossa rappresenta la relazione teorica tra *p* e *V*.

▶ Stabilisci la temperatura del gas.

La curva blu rappresenta la relazione teorica tra *p* e *V* per una identica massa di gas perfetto, mantenuta però alla temperatura costante T_b.

▶ Quale delle due temperature è maggiore? [310 K = 37 °C]

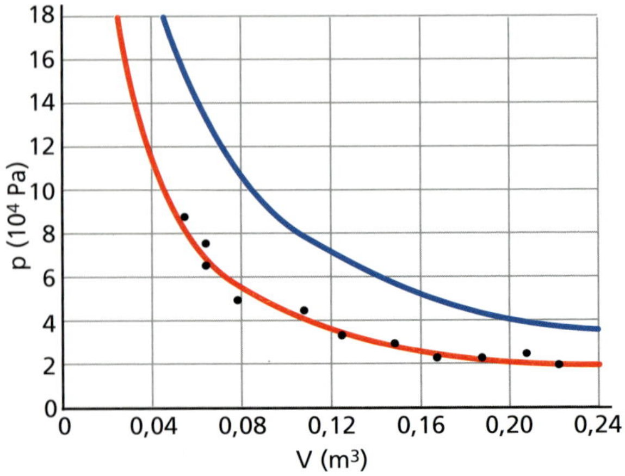

16 Un recipiente di volume $V = 13$ L contiene $M = 21$ g di argon, un gas monoatomico avente massa molare $m_{\text{mol}} = 40$ g/mol alla pressione $p = 1{,}3 \cdot 10^5$ Pa.

- ▶ Qual è l'energia cinetica media degli atomi di argon?
- ▶ Qual è la velocità quadratica media degli atomi di argon? [$8{,}0 \cdot 10^{-21}$ J; 489 m/s]

17 In una bottiglia di prosecco, la regione fra il pelo libero del vino e il tappo contiene aria e anidride carbonica a una pressione di 2,4 atm a 18 °C. Supponi che il gas occupi il volume di 28 cm^3. Per semplicità assumiamo che le molecole di gas abbiano una massa molecolare media di 38 g/mol.

- ▶ Quante moli di gas sono contenute nella regione?
- ▶ Qual è l'energia cinetica media delle molecole?
- ▶ Determina la velocità quadratica media delle molecole di CO_2 (peso molecolare 44 u). [$2{,}8 \cdot 10^{-3}$ mol; $6{,}0 \cdot 10^{-21}$ J; 406 m/s]

18 Circa il 21% dell'aria di una stanza a 20 °C è formato da ossigeno. Una molecola di ossigeno ha una massa di $5{,}31 \cdot 10^{-26}$ kg. Calcola

- ▶ l'energia cinetica media delle molecole di ossigeno;
- ▶ la velocità media di una molecola. [$6{,}0 \cdot 10^{-21}$ J; 478 m/s]

19 L'azoto ha massa molecolare pari a 28 u, mentre l'ossigeno ha massa molecolare pari a 32 u.

- ▶ Qual è la differenza percentuale tra le velocità medie dell'azoto e dell'ossigeno dell'aria a 0 °C?
- ▶ Questa differenza percentuale aumenta o diminuisce all'aumentare della temperatura? [6%]

20 **PROBLEMA SU PIÙ CONCETTI** **L'energia di un respiro**

#energiainterna #gasperfetto

Con una inspirazione profonda, immettiamo 4,40 L di aria a 21,0 °C nei polmoni. L'aria è un miscela di gas, formata principalmente da azoto N_2 ($m_{N_2} = 28{,}0$ g/mol), ossigeno O_2 ($m_{O_2} = 32{,}0$ g/mol) e argon ($m_{Ar} = 40{,}0$ g/mol). La frazione molare di ogni gas, ossia il rapporto tra numero di moli del gas e numero di moli totali, è 78,1% per l'azoto, 20,9% per l'ossigeno e 1,0 % per l'argon.

- ▶ Qual è l'energia interna dell'aria immessa nei polmoni?

LA SITUAZIONE FISICA E IL RISULTATO

Assumiamo che l'aria sia formata da gas perfetti. Dall'equazione del gas perfetto determiniamo il numero n di moli totali di gas presenti nei polmoni. La pressione dell'aria è la pressione atmosferica: $p = 1{,}01 \cdot 10^5$ Pa. L'energia interna di un gas perfetto non dipende dal particolare gas ma solo dal numero f di gradi di libertà delle sue molecole

$$U = f\frac{1}{2}nRT$$

Azoto e ossigeno sono gas biatomici, per cui $f = 5$, mentre l'argon è monoatomico, per cui $f = 3$. Il contributo di ciascun gas all'energia interna totale è proporzionale alla frazione molare con cui compare nella miscela.

LA RISOLUZIONE

1. Il numero totale di moli di gas presenti nei polmoni è

$$n = \frac{pV}{RT} = 0{,}182 \text{ mol}$$

2. Nell'aria la frazione molare dei gas biatomici, azoto e ossigeno, è

$$F_{\text{bi}} = 78{,}1\% + 20{,}1\% = 99{,}0\%$$

mentre quella del gas monoatomico è

$$F_{\text{mo}} = 1{,}0\%$$

3. L'energia interna dell'aria nei polmoni è quindi

$$U = \frac{5}{2}nF_{\text{bi}}RT + \frac{3}{2}nF_{\text{mo}}RT = $$
$$= 1{,}10 \cdot 10^3 \text{ J}$$

21 Considera la situazione del problema precedente. Trattenendo l'aria nei polmoni, ne alziamo la temperatura di 5,0 °C.

- Calcola l'energia fornita all'aria.
- Stima quanta energia perdiamo in un giorno in conseguenza del riscaldamento dell'aria che respiriamo. [$1,12 \cdot 10^3$ J; 20 J]

22 L'argon è un gas monoatomico. Considera 1,0 L di argon alla pressione di $3 \cdot 10^6$ Pa.

- Qual è la sua energia interna?
- Se il gas fosse ossigeno O_2, quale sarebbe la sua energia interna? [4,5 kJ; 7,5 kJ]

23 Considera una miscela di 10 g di ossigeno (O_2) e 10 g di elio (He) a temperatura ambiente.

- Calcola l'energia interna U della miscela. [11 kJ]

24 Il joule è un'unità di energia adatta agli oggetti macroscopici, non alle molecole. Per gli oggetti microscopici i fisici usano un'unità tipica il cui ordine di grandezza è quello delle reazioni chimiche e che prende il nome di *elettronvolt* (eV):

$$1 \text{ eV} = 1,60 \cdot 10^{-19} \text{ J}$$

- Determina, in elettronvolt, l'energia cinetica media di una molecola di gas a 0 °C. [0,035 eV]

25 PROVA ESPERTA L'energia interna U di un gas perfetto è la somma delle energie di movimento delle molecole, sia cinetica sia di rotazione. Se scaldi un gas perfetto senza farlo espandere, l'energia che gli fornisci sotto forma di calore aumenta i valori medi di queste energie molecolari. Il rapporto tra la quantità di energia Q fornita a 1 mol di gas e il suo aumento di temperatura ΔT si chiama *calore specifico molare a volume costante* (C_V).

- ARGOMENTA Utilizzando le formule dell'energia interna, dimostra che per un gas monoatomico vale la relazione $C_V = (3/2)R$, mentre per un gas biatomico vale la relazione $C_V = (5/2)R$.

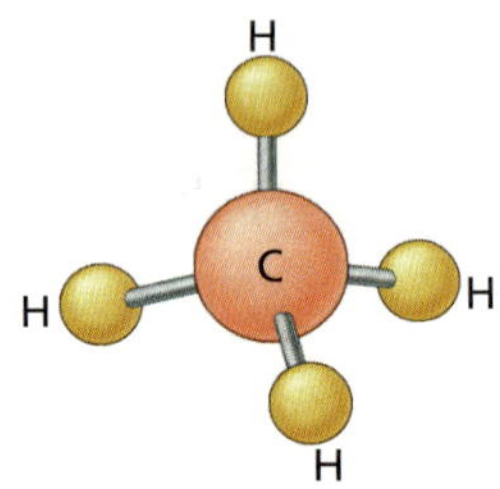

Il metano (CH_4) ha una molecola poliatomica tridimensionale. Supponi che la molecola sia rigida, cioè che non esistano movimenti di oscillazione degli atomi che ne modifichino le distanze.

- TROVA IL MODELLO Qual è il calore specifico a volume costante del metano previsto dall'equipartizione dell'energia? [$(5/2)R$]

26 La pressione di un gas perfetto si può scrivere nella forma

$$p = \frac{1}{3} d \langle v^2 \rangle$$

dove d è la densità del gas.

- Dimostralo.

4 Il cammino libero medio

27 Le molecole di un gas hanno un diametro di $3 \cdot 10^{-10}$ m. Si vuole ridurre la pressione in modo che il cammino libero medio delle molecole diventi 1 mm a temperatura ambiente.

- Quale pressione bisogna raggiungere? [10 Pa]

28 Una bombola contiene elio; le molecole del gas hanno velocità media di $9 \cdot 10^2$ m/s e cammino libero medio di 30 nm.

- Calcola quanti urti al secondo subisce in media una molecola. [$3 \cdot 10^{10}$]

29 QUESITO FAI UN'IPOTESI Supponi di avere due tubi A e B riempiti dello stesso gas, per esempio azoto N_2, alla stessa temperatura ma a pressioni una il doppio dell'altra ($p_A = 2p_B$). Nei due estremi di sinistra dei tubi viene inserito un batuffolo di cotone, intriso di ammoniaca, mentre nei due estremi di destra sono inseriti rilevatori di ammoniaca. L'ammoniaca evapora e diffonde nei tubi.

- Quale dei due rilevatori segnalerà per primo la presenza di ammoniaca?

30 Nello strato limite della bassa atmosfera, posto a circa 100 km di quota, il cammino libero medio di una molecola è circa 15 cm. Considera molecole di circa $3 \cdot 10^{-10}$ m.

- Qual è la densità molecolare dell'atmosfera a quella altezza? [$2 \cdot 10^{19}$ molecole/m^3]

31 All'altezza di 45 km, la pressione atmosferica è circa 2 mbar (1 bar = 10^5 Pa) e la temperatura è circa 300 K.

- Qual è il cammino libero medio delle molecole di ossigeno (diametro $3 \cdot 10^{-10}$ m)? [0,05 mm]

32 Nello spazio esterno al Sistema Solare, la densità di materia è così bassa che si misura in particelle per centimetro cubo. Supponi che in una data zona vi siano 3,0 atomi di idrogeno per cm^3. Il diametro di un atomo di idrogeno è circa 0,1 nm.
- ▶ Calcola il cammino libero medio degli atomi di idrogeno.
- ▶ Confronta il dato ottenuto con la distanza Terra-Sole ($1{,}5 \cdot 10^8$ km). [$7{,}5 \cdot 10^{12}$ m]

33 La frequenza media degli urti fra le molecole di un gas cresce con la radice quadrata della temperatura del gas.
- ▶ Dimostralo.

5 La distribuzione delle velocità molecolari

34 Considera un gas a temperatura T.
- ▶ Calcola di quanto è maggiore in percentuale la velocità quadratica media rispetto alla velocità più probabile. [22%]

35 La *velocità quadratica media* è definita come radice quadrata della media dei quadrati delle velocità:

$$v_{qm} = \sqrt{\langle v^2 \rangle}$$

La velocità scalare media $\langle v \rangle$ è invece la media dei valori delle velocità scalari. Si dimostra che

$$\langle v \rangle = \sqrt{\frac{8k_B T}{\pi m}}$$

- ▶ Verifica che questa velocità media ha un valore compreso tra la velocità più probabile e la velocità quadratica media. [$\langle v \rangle = 1{,}13\ v_p$; $\langle v \rangle = 0{,}92\ v_{qm}$]

36 Considera i due elementi elio ($m_{He} = 4{,}00$ u) e neon ($m_{Ne} = 20{,}2$ u).
- ▶ Qual è la loro velocità più probabile a temperatura ambiente? [1,10 km/s; 491 m/s]

37 QUESITO LEGGI IL GRAFICO Il grafico riporta le distribuzioni di Maxwell di due gas alla stessa temperatura.

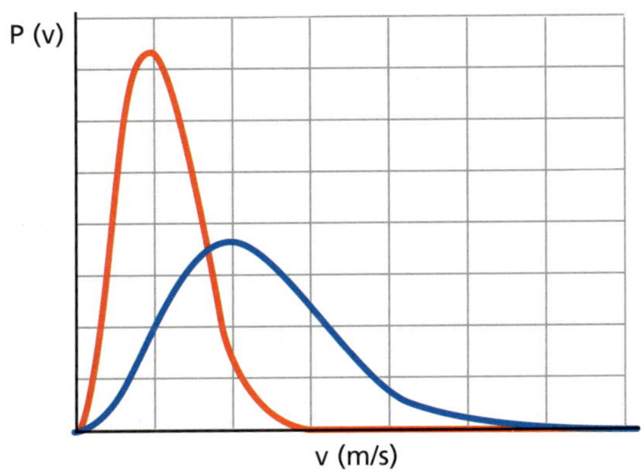

- ▶ Le due curve sottendono la stessa area?
- ▶ Quale delle due curve è relativa al gas con molecole di massa maggiore?

38 QUESITO LEGGI IL GRAFICO In un recipiente sono contenute N_0 molecole di azoto a 20 °C. Il grafico in rosso fornisce il numero di molecole che hanno velocità minore di v. In altri termini: fissata la velocità v_1, il grafico consente di calcolare in numero di molecole che hanno velocità minore di v_1.
- ▶ Determina la percentuale di molecole che hanno velocità compresa fra 300 m/s e 600 m/s.

Il grafico blu fornisce il numero di molecole di azoto che hanno velocità minore di v all'interno di un recipiente che contiene N_0 molecole a temperatura T.
- ▶ In questo caso, T è maggiore o minore di 20 °C? Spiega perché. [60%]

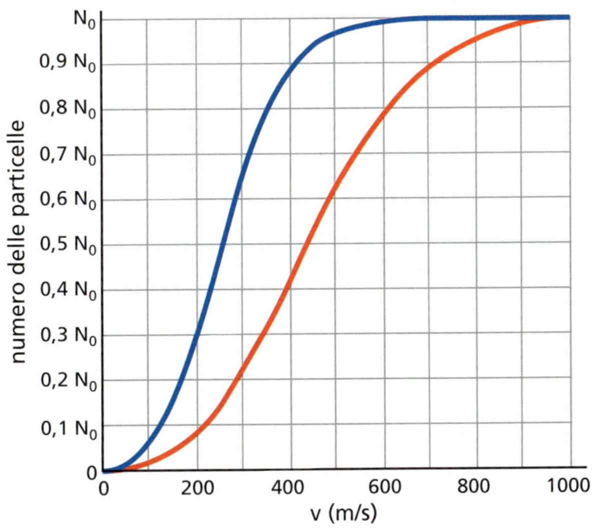

39 Determina la dipendenza tra il numero medio di urti al secondo n_m di una molecola e la temperatura del gas nel caso in cui:
- ▶ il volume è tenuto costante.
- ▶ la pressione è tenuta costante.

40 La distribuzione di Maxwell si può scrivere nella forma

$$P(v) = \frac{4}{\sqrt{\pi}\, v_p^3} v^2 e^{-\left(\frac{v}{v_p}\right)^2}$$

dove

$$v_p = \sqrt{\frac{2k_B T}{m}}$$

è la velocità più probabile.

- ▶ Stima la probabilità che una molecola abbia una velocità compresa tra $0{,}99\,v_p$ e $1{,}01\,v_p$, vale a dire che la sua velocità differisca per meno dell'1% dal suo valore più probabile.

[1,7%]

41 Alla temperatura di 20 °C, le molecole di acqua presenti nell'aria hanno una velocità quadratica media di 637 m/s.

- ▶ Calcola la probabilità che una molecola d'acqua abbia velocità comprese fra $0{,}995\,v_p$ e $1{,}005\,v_p$.
- ▶ Esprimi in m/s gli estremi dell'intervallo di velocità richiesto.

[0,8%; 517 m/s $< v <$ 523 m/s]

42 Il numero di urti che nell'intervallo di tempo Δt le molecole di un gas chiuso in un recipiente di volume V effettuano su una superficie di area A, è proporzionale sia a Δt sia ad A. Consideriamo la grandezza Z, numero di urti per unità di tempo e di superficie; Z dipende dalla velocità media $\langle v \rangle$ secondo la legge:

$$Z = \frac{1}{4}\frac{N}{V}\langle v \rangle$$

La velocità media è

$$\langle v \rangle = \sqrt{\frac{8k_B T}{\pi m}}$$

- ▶ Esprimi Z in termini di pressione e di temperatura.
- ▶ Calcola il numero di urti al secondo su una superficie di 1 mm^2 dovuti all'aria (usa per la massa della molecola d'aria il valore medio 29 u) in condizioni standard (T = 20 °C, p = 1,0 bar).

[$Z = p/(2\pi m k_B T)^{1/2}$; $2{,}9 \cdot 10^{21}$ urti/(s·mm^2)]

6 I gas reali

43 L'equazione di van der Waals contiene i parametri a e b, le cui unità di misura sono rispettivamente J·m^3/mol^2 e m^3/mol. Per esempio, per il CO_2 si ha:

$$a = 0{,}36\ \text{J·m}^3/\text{mol}^2$$

$$b = 4{,}3 \cdot 10^{-5}\ \text{m}^3/\text{mol}$$

Nelle misure di laboratorio si usano spesso i litri (L) e i bar al posto dei metri cubi e dei pascal.

- ▶ Esprimi i coefficienti a e b in queste unità.

[a = 3,6 bar·L^2/mol^2, b = 0,043 L/mol]

44 QUESITO **CHE COSA SUCCEDE?** Un cilindro chiuso contiene una certa quantità di un gas reale.

- ▶ Che cosa succederebbe se le molecole del gas non subissero attrazioni reciproche?

45 PROBLEMA **Una bombola di ossigeno**
#vanderWaals

Nelle ambulanze sono presenti bombole di ossigeno per il trasporto di pazienti con carenze respiratorie. Una tipica bombola portatile ha un volume V = 5,0 L e contiene 35 mol di ossigeno. La bombola è alla temperatura T = 18 °C. In queste condizioni, il comportamento dell'ossigeno è descritto dall'equazione di van der Waals, con a = 0,14 J·m^3/mol^2 e $b = 3{,}2 \cdot 10^{-5}$ m^3/mol.

- ▶ Qual è la pressione dell'ossigeno nella bombola?
- ▶ Confrontala con la pressione che avrebbe se fosse un gas perfetto.

LA SITUAZIONE FISICA E IL MODELLO

In condizioni standard (273 K, 1 atm), 1 mol di gas perfetto occupa un volume di circa 22,4 L. Perciò è ragionevole attendersi che l'ossigeno nella bombola non si comporti come un gas perfetto. Ci aspettiamo, quindi, che la pressione all'interno della bombola sia minore di quella che si avrebbe se l'ossigeno fosse un gas perfetto.

LA RISOLUZIONE

1. Per n moli di gas reale, l'equazione di van der Waals stabilisce che

$$\left(p + \frac{na}{V^2}\right)(V - nb) = nRT$$

quindi

$$p = \frac{nRT}{V - nb} - n^2 \frac{a}{V^2}$$

2. Per n moli di gas perfetto

$$p_{\text{perf}} = \frac{nRT}{V}$$

I DATI E IL RISULTATO

$n = 35$ mol

$V = 5{,}0\ \text{L} = 5{,}0 \cdot 10^{-3}\ \text{m}^3$

$T = 18\ °\text{C} = 291\ \text{K}$

$a = 0{,}14\ \text{J·m}^3/\text{mol}^2$

$b = 3{,}2 \cdot 10^{-5}\ \text{m}^3/\text{mol}$

$$p = \frac{(35\ \text{mol})\,[8{,}314\ \text{J/(K·mol)}]\,(291\ \text{K})}{(5{,}0 \cdot 10^{-3}\ \text{m}^3) - (35\ \text{mol})(3{,}2 \cdot 10^{-5}\ \text{m}^3/\text{mol})} - (35\ \text{mol})^2 \frac{0{,}14\ \text{J·m}^3/\text{mol}^2}{(5{,}0 \cdot 10^{-3}\ \text{m}^3)^2} = 1{,}5 \cdot 10^7\ \text{Pa}$$

$$p_{\text{perf}} = \frac{(35\ \text{mol})\,[8{,}314\ \text{J/(K·mol)}]\,(291\ \text{K})}{(5{,}0 \cdot 10^{-3}\ \text{m}^3)} = 1{,}7 \cdot 10^7\ \text{Pa}$$

HA SENSO?

Come ci aspettavamo, la pressione del gas reale (l'ossigeno nella bombola) è minore di quella che avrebbe lo stesso numero di moli di un gas perfetto. In questo caso la pressione «reale» è circa il 10% in meno di quella «ideale».

46 **PROBLEMA SIMILE**

Considera la bombola dell'esercizio precedente.

▶ Calcola la pressione dell'ossigeno nella bombola se la temperatura arriva a 35 °C.

[$1{,}6 \cdot 10^7$ Pa]

47 Un serbatoio da $0{,}500\ \text{m}^3$ contiene 335 mol di aria compressa per usi industriali. Il manometro segna una pressione di $1{,}6 \cdot 10^6$ Pa. I parametri dell'equazione di van der Waals per l'aria sono $a = 0{,}14\ \text{J·m}^3/\text{mol}^2$ e $b = 3{,}6 \cdot 10^{-5}\ \text{m}^3/\text{mol}$.

▶ A che temperatura si trova il gas? [18 °C]

48 **FOGLIO ELETTRONICO** Usa il foglio elettronico per ottenere il grafico delle isoterme (cioè delle curve a temperatura costante) per l'equazione dei gas di van der Waals, nel caso del biossido di carbonio. Considera una sola mole di gas e utilizza come unità i bar per la pressione e i litri per il volume. Usa come parametro i valori di temperatura tra 260 K e 360 K. Usa il volume come variabile indipendente, partendo da 0,060 L con incrementi di 0,008 L. Per i valori dei coefficienti a e b utilizza quelli dell'esercizio 44.
Osserva che le isoterme sopra i 304 K assomigliano a quelle del gas perfetto, mentre quelle con temperature inferiori presentano una discesa e una risalita: in quella zona il gas sta passando allo stato liquido.

PROBLEMI FINALI

49 **La taglia dell'aceto**

Utilizzando l'equazione di van der Waals è possibile definire un *volume di van der Waals* di una molecola tramite il parametro b. L'acido acetico (molecola dell'aceto) in forma gassosa ha $b = 0{,}0001068\ \text{m}^3/\text{mol}$.

▶ Calcolane il volume di van del Waals in nm^3.

[$4{,}4 \cdot 10^{-2}\ \text{nm}^3$]

50 Proiettili solari

La corona solare è una regione che si estende per centinaia di migliaia di chilometri attorno al Sole. È formata da particelle con densità molto bassa ma a temperatura elevatissima, circa 10^6 K, molto più grande della temperatura superficiale della stella, che non arriva a 6000 K. A causa dell'elevatissima temperatura gli atomi non sono in grado di formare molecole e sono «spogliati» di molti dei loro elettroni; per esempio il ferro ($m_{Fe} = 56$ u) ne perde più di 13!

▶ Calcola la velocità quadratica media di un atomo di ferro. [$2{,}1 \cdot 10^4$ m/s]

blog.ilmatemagico.com

51 Regime molecolare

Nella ricerca di fisica della materia i nuovi materiali che si studiano vengono realizzati in condizioni di vuoto spinto, tra 10^{-1} Pa e i 10^{-6} Pa. Quando la pressione è così bassa si arriva al cosiddetto *regime molecolare*, in cui il cammino libero medio delle molecole d'aria è superiore alle dimensioni fisiche della camera di crescita (circa 0,5 m), cioè del recipiente in cui avviene l'esperimento. In queste condizioni, in pratica, le molecole si comportano come biglie. (Considera la temperatura ambiente e le molecole di azoto.)

▶ Calcola la pressione per cui si ha regime molecolare nella camera da vuoto considerata. [11 mPa]

52 Quasi nessuno ce la fa...

Gli alveoli polmonari più piccoli hanno un diametro di circa 0,1 mm. Se una molecola di ossigeno ($d = 3 \cdot 10^{-10}$ m) fosse particolarmente «fortunata» potrebbe attraversarne uno da parte a parte senza subire urti.

▶ Stima quanti cammini liberi medi dovrebbe percorrere la molecola. [10^3]

53 Cosa aspetta gli astronauti

L'atmosfera di Marte ha caratteristiche decisamente inospitali: la pressione massima è circa 700 Pa, la temperatura intorno ai −40 °C ed è composta al 95% da CO_2. Un impianto di coltivazione potrebbe pompare dall'esterno CO_2 per alimentare le piante, portandolo a temperatura e pressione terrestri. Approssima il gas come ideale.

▶ Stima i litri di gas necessari per produrre 1 L di gas in condizioni terrestri. [100 L]

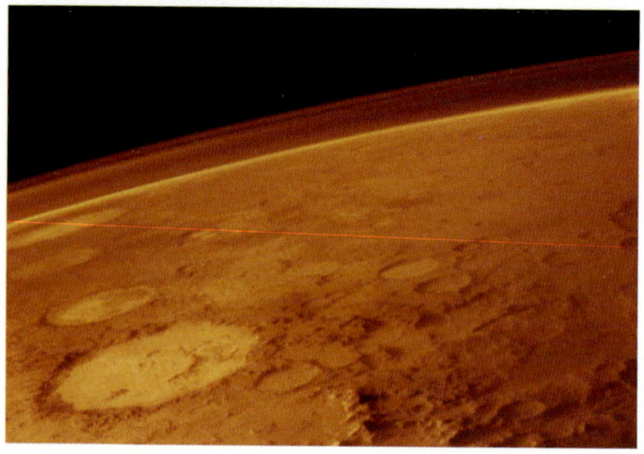

link2universe.net

54 Le dimensioni dell'oro

Le foglioline d'oro con cui si realizzano le dorature delle cornici hanno spessori molto piccoli, che arrivano a 0,1 μm. L'oro ha peso atomico 197 u e densità $\rho = 1{,}93 \cdot 10^4$ kg/m^3.

▶ Stima le dimensioni di un atomo di oro.

▶ Stima il numero di atomi che formano lo spessore della fogliolina. [300 pm; 300]

55 I movimenti nella nebbia

In un mattino d'inverno, privo di vento, la temperatura dell'aria è 2,5 °C. La nebbia vicino al terreno è formata da goccioline d'acqua (densità $\rho = 1{,}0$ g/cm^3), con diametri medi dell'ordine di 10 μm.

▶ Calcola la velocità quadratica media di goccioline con questo diametro. [0,15 mm/s]

56 Temperatura e larghezza delle righe

Quando gli atomi di un gas vengono messi a bassa pressione in un tubo di vetro e viene fornita loro energia, questi emettono luce. Ogni atomo emette luce secondo determinate frequenze, che appaiono come righe di colore se analizzate con uno spettroscopio. La larghezza naturale di queste righe dipende dalle velocità degli atomi del gas ed è tanto maggiore quanto maggiore è la loro velocità quadratica media. Ciò significa che, a parità di temperatura, le righe di un gas leggero come il neon ($m_{Ne} \approx 20$ u) hanno una larghezza superiore a quelle dei vapori di mercurio ($m_{Hg} \approx 200$ u).

▶ A quale temperatura si dovrebbe portare il neon perché la larghezza delle sue righe sia la stessa di quelle emesse dai vapori di mercurio a temperatura ambiente? [−240 °C]

57 **Pressione e altezza**

La pressione atmosferica diminuisce con l'altezza da terra. La temperatura dell'atmosfera cambia a causa di molti effetti. Se noi consideriamo una situazione semplificata di un'atmosfera ferma e a temperatura costante T, allora la pressione diminuisce con l'altezza secondo la legge esponenziale:

$$p(h) = p_0\, e^{-\frac{mgh}{kT}}$$

dove $p(h)$ è la pressione a quota h, p_0 è la pressione al suolo, m è la massa di una molecola dell'atmosfera, g la costante di gravità e k la costante di Boltzmann. Considera una massa molecolare media di 29 u per le molecole dell'atmosfera. Al suolo la pressione è circa 1,0 bar.

- ▶ Calcola la pressione a 3,0 km di quota nell'ipotesi che la temperatura sia costante a un valor medio $T = 280$ K. [0,70 bar]

58 **Altezza di dimezzamento**

La formula per la pressione atmosferica presentata nell'esercizio precedente si può scrivere:

$$p(h) = p_0\, 2^{-\frac{h}{h_{1/2}}}$$

dove $h_{1/2}$ ha le dimensioni di una lunghezza e rappresenta la quota alla quale il valore della pressione si dimezza rispetto a quello al suolo.

- ▶ Con i dati dell'atmosfera semplificata trova questa quota di dimezzamento. [$h_{1/2} \approx 5{,}7$ km]

59 **Sorpassata dal suono**

La velocità del suono nell'aria è circa 340 m/s. Questo valore è legato alla densità del fluido e non dipende troppo dalla presenza di altri gas (se presenti in piccola frazione). A temperatura ambiente una molecola nell'aria ha velocità media dovuta all'agitazione termica minore di quella del suono.

- ▶ Che massa minima in unità di massa atomica (u) deve avere questa molecola?
- ▶ Se è un gas nobile, quale può essere?

[63 u; kripton]

60 **Perché non brucia?**

Una reazione chimica del tipo $X + Y \rightarrow Z$ avviene solo se le molecole dei reagenti urtano con energie sufficienti a vincere la loro repulsione a piccola distanza. Questa energia è fornita dall'agitazione termica. In presenza di ossigeno, il legno può bruciare secondo la reazione $C + O_2 \rightarrow CO_2$.

- ▶ Perché a temperatura ambiente il legno non prende fuoco?
- ▶ Che cosa cambia quando viene messo in una stufa accesa?

61 **La cura nordica**

All'interno di una sauna finlandese si ha aria molto secca ma a temperatura decisamente alta, fino a 100 °C. Se ci troviamo realmente in Finlandia, fuori dalla sauna possono esserci anche −20 °C.

- ▶ Calcola la percentuale di aumento dell'energia cinetica media delle molecole d'aria entrando nella sauna. [47%]

62 **Il fratello maggiore dell'ossigeno**

La molecola di ozono ($m_{O_3} = 8{,}0 \cdot 10^{-26}$ kg) è un composto instabile dell'ossigeno. Essendo una molecola ternaria non lineare, possiede 9 gradi di libertà: 3 traslazionali, 3 rotazionali e 3 vibrazionali. La maggiore concentrazione in atmosfera si trova a circa 25 km di altezza, nella ozonosfera (la zona in cui vengono filtrati i raggi UV provenienti dal Sole). A quella quota la temperatura dell'aria è circa −50 °C.

- ▶ Calcola l'energia termica di 1 mol di ozono.
- ▶ Determina la frazione di energia traslazionale.
- ▶ Quanto vale la velocità media delle molecole?

[8,3 kJ; 2,8 kJ; 0,34 km/s]

63 **Liberare l'energia**

Durante una reazione chimica 1 mol di ossigeno atomico si lega in O_2 gassoso liberando $2{,}7 \cdot 10^4$ J. Questa energia è inizialmente sotto forma di energia cinetica «aggiuntiva», che viene poi rapidamente ridistribuita nell'ambiente.

- ▶ Calcola la velocità più probabile prima della suddetta ridistribuzione. [1,3 km/s]

64 **Fasci molecolari**

Uno dei metodi utilizzati nei laboratori per avere molecole o atomi relativamente pesanti con molta energia cinetica e direzione di moto ben definita, è quello di mescolarli a una grossa quantità di atomi più leggeri (per esempio di elio) e far passare questa miscela per un ugello. Quello che si ottiene è un fascio molecolare in cui le specie chimiche leggere, scontrandosi con quelle pesanti, forniscono a esse energia finché queste non hanno la loro stessa velocità. Un gas di elio (He) e ossigeno (O_2) a 300 K viene fatto espandere in una camera da vuoto.

- ▶ Calcola il rapporto tra l'energia cinetica finale e iniziale di una molecola di ossigeno. [8]

65 **Mix tecnico**

I subacquei che si spingono sotto i 60 m di profondità devono utilizzare una miscela di gas particolare per evitare problemi dovuti alla variazione di pressione. Una delle miscele utilizzate è chiamata *trimix* ed è composta dal azoto (55%), elio (25%) e ossigeno (20%). Supponi che un subacqueo si trovi a 90 m di profondità e che l'acqua sia a una temperatura di 6 °C.

- ▶ Quanto vale la pressione parziale dei tre gas?
- ▶ E la velocità più probabile delle molecole dei gas?

[$p_{N_2} = 2{,}2 \cdot 10^5$ Pa, $p_{He} = 7{,}1 \cdot 10^5$ Pa, $p_{O_2} = 0{,}7 \cdot 10^5$ Pa; $v_{N_2} = 410$ m/s, $v_{He} = 10^3$ m/s $v_{O_2} = 380$ m/s]

66 ■■■ **Fluttuazioni grandi ma trascurabili**

Immaginiamo una stanza chiusa di 40 m³ idealmente divisa in due metà uguali S e D, in cui sono presenti $2N$ molecole di gas. L'aria nella stanza si ripartisce in un modo che appare totalmente uniforme su scala macroscopica, per cui siamo portati a ritenere che in ciascuna metà ce ne siano esattamente $N/2$. In realtà i numeri di particelle N_S e N_D cambiano in continuazione per effetto dei moti di agitazione termica.
La teoria prevede che le fluttuazione ΔN del numero di particelle presenti in una data quantità di gas siano di fatto dell'ordine di grandezza di $\sqrt{N}$. Ciò significa che, per esempio, il numero N_S di molecole nella parte sinistra della stanza sarà compreso fra i valori

$$N - \sqrt{N} < N_S < N + \sqrt{N}$$

- ▶ Calcola il numero N se $p = 1{,}0 \cdot 10^5$ Pa e $T = 20$ °C.
- ▶ Stima il valore della fluttuazione $\sqrt{N}$ del numero di particelle.
- ▶ Confronta il risultato con il numero N. Che cosa concludi? [$4{,}94 \cdot 10^{26}$; $2{,}2 \cdot 10^{13}$]

67 ■■■ **Molecole veloci al freddo!**

L'Antartide è il luogo più freddo della Terra: si sono registrate temperature di –70 °C! A causa della distribuzione di Maxwell, però, ci sarà sempre una certa frazione di molecole con velocità pari alla v_p che avrebbero alla temperatura di luoghi più ospitali. Considera un intorno dv pari a 10 m/s.

- ▶ Stima la percentuale di tali molecole. [2%]

TEST

1 A e B sono rispettivamente la costante dei gas e il numero di Avogadro. La costante di Boltzmann è

- A $C = A \cdot B$
- B $C = A/B$
- C $C = B/A$
- D $C = 1/(A \cdot B)$
- E $C = A + B$

2 Un recipiente contiene un gas perfetto monoatomico A e un gas perfetto biatomico B alla temperatura di equilibio T. Quale delle seguenti affermazioni è vera?

- A Le molecole dei due gas hanno tutte la stessa velocità
- B Le molecole dei due gas hanno la stessa velocità media
- C Le molecole dei due gas hanno la stessa energia totale
- D Le molecole dei due gas hanno la stessa energia media
- E Nessuna delle precedenti

3 Un recipiente adiabatico è diviso in due parti da un setto mobile. Nello stato iniziale, la parte sinistra contiene un gas perfetto monoatomico a temperatura T_1 mentre la parte destra contiene un gas perfetto biatomico a temperatura T_2. Successivamente il setto viene rimosso e il sistema raggiunge l'equilibrio. Quale delle seguenti affermazioni è vera?

- A Le particelle dei due gas mantengono le velocità quadratiche medie che avevano nello stato iniziale
- B Le particelle del gas monoatomico hanno velocità quadratica media minore di quelle del gas biatomico
- C Le particelle del gas monoatomico hanno velocità quadratica media uguale a quelle del gas biatomico
- D Le particelle del gas monoatomico hanno velocità quadratica media maggiore di quelle del gas biatomico
- E Non si può determinare la velocità quadratica media delle particelle dei due gas nello stato finale

4 Un recipiente con volume V contiene N molecole di gas perfetto biatomico alla temperatura T. Il cammino libero medio delle molecole di un gas è

- A inversamente proporzionale a N/V
- B direttamente proporzionale N/V
- C direttamente proporzionale a T_2
- D inversamente proporzionale a T
- E direttamente proporzionale alla pressione

SEI PRONTO PER LA VERIFICA?

IN 1 ORA

1 Un cilindro di $V = 2{,}8\ \text{dm}^3$ contiene $n = 12$ mol di CO_2. Per questo gas i parametri dell'equazione di van der Waals sono

$$a = 0{,}36\ \text{J}\cdot\text{m}^3/\text{mol} \quad \text{e} \quad b = 4{,}3 \cdot 10^{-5}\ \text{m}^3/\text{mol}$$

- ▶ Calcola il volume delle molecole di CO_2.
- ▶ Sulla base del dato ottenuto, ritieni che l'anidride carbonica contenuta nel cilindro si comporti come un gas perfetto? Spiega. [0,52 dm³] ..... / 20

2 Un cilindro chiuso contiene una miscela di elio monoatomico (He) e idrogeno biatomico (H_2) a 85 °C.

- ▶ Completa la tabella. ..... / 20

Gas	Gradi di libertà	Energia cinetica media di rotazione in joule	Energia cinetica media di traslazione in joule
He			
H_2			

3 Le lampadine fluorescenti sfruttano il fatto che i vapori di mercurio, in modo simile a ogni altro gas, emettono luce quando sono colpiti da elettroni di energia adeguata. Quando la lampadina è accesa, all'interno del tubo, di volume $V = 45\ \text{cm}^3$, è presente una miscela di argon (Ar) e di vapori di mercurio (Hg) a 45 °C.

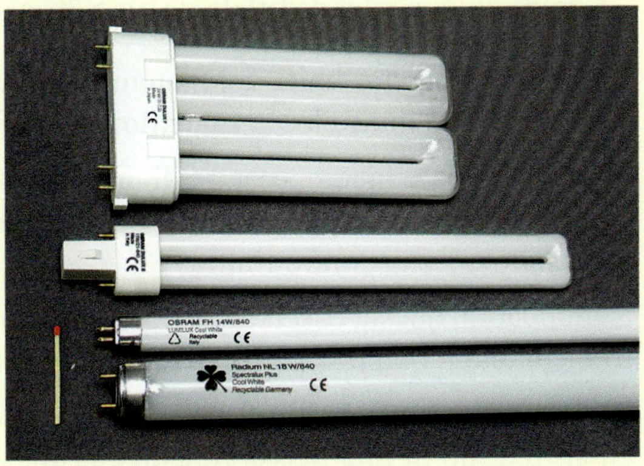

lampadadeascarica.blogfree.net

a Calcola l'energia cinetica media degli atomi di argon. ..... / 15

b Gli atomi di mercurio hanno la stessa energia cinetica media di quelli di argon? Fornisci una adeguata spiegazione. ..... / 15

Il mercurio ha massa molecolare $m_{\text{mol}} = 201$ g/mol.

c Calcola la velocità quadratica media e la velocità più probabile degli atomi di mercurio. ..... / 15

La pressione dei gas all'interno del tubo durante il funzionamento è 280 Pa. A questa pressione, argon e vapori di mercurio si comportano come gas perfetti.

d Calcola l'energia interna del miscuglio di gas contenuti nel tubo. ..... / 15

[$6{,}6 \cdot 10^{-21}$ J; 200 m/s; 160 m/s; 19 mJ]

TOTALE .... / 100

CAPITOLO

10 IL CALORE

1 Da fluido calorico a energia in transito

Nel linguaggio comune i termini *temperatura* e *calore* sono spesso confusi fra di loro. Si dice che «un corpo è caldo» per affermare che la sua temperatura è alta e che «l'acqua si scalda sul fuoco» quando la temperatura dell'acqua aumenta a contatto con una sorgente di calore. Il calore appare sia come ciò che caratterizza la temperatura di un corpo sia come ciò che la modifica.

La caloria e il suo equivalente meccanico

Anche senza sapere *che cosa è* il calore se ne possono misurare gli effetti. Nei primi dell'Ottocento viene a tale scopo introdotta una unità di misura del calore, la **caloria**.

La **caloria** (cal) è la quantità di calore necessaria per innalzare la temperatura di 1 grammo di acqua distillata da 14,5 °C a 15,5 °C.

La caloria non è un'unità del Sistema Internazionale, ma è ancora largamente usata assieme al suo multiplo, la **kilocaloria**: 1 kcal = 10^3 cal.

Si può cambiare la temperatura di un corpo anche senza scambi di calore, per esempio dissipando lavoro meccanico mediante attrito come quando scaldiamo le mani sfregandole l'una contro l'altra.

Sviluppando questa osservazione, James Prescott Joule mette a punto un esperimento mediante il quale stabilire la relazione quantitativa tra calore ed energia.

L'idea dell'esperimento è semplice: dissipare una quantità nota di energia meccanica all'interno di una massa d'acqua termicamente isolata, cioè che non può scambiare calore con l'esterno, e misurarne l'aumento di temperatura.

Una massa d'acqua m è posta in un recipiente con le pareti isolanti. La discesa di due masse M pone in rotazione un mulinello dentro l'acqua. Al termine della discesa, l'energia iniziale $E_i = 2Mgh$ delle due masse è stata dissipata in lavoro meccanico di rimescolamento dell'acqua e la temperatura dell'acqua è aumentata di ΔT. Ma la temperatura dell'acqua può essere innalzata di ΔT anche fornendo una quantità di calore Q.

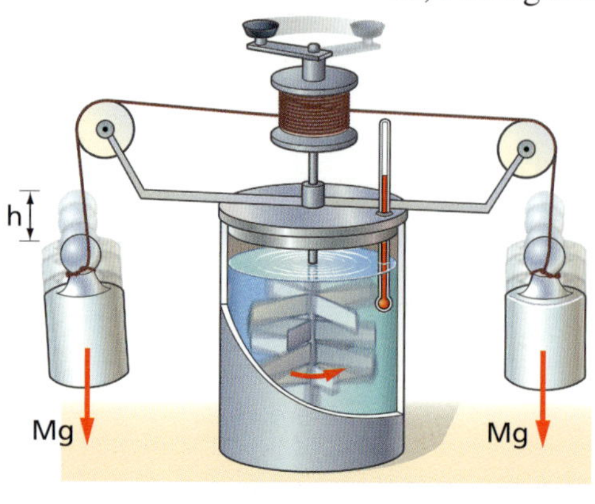

Poiché si può ottenere lo stesso effetto, cioè l'aumento di temperatura ΔT, con due procedimenti fisici differenti, come un trasferimento di energia e un passaggio di calore, si conclude che lavoro meccanico e calore sono equivalenti. Dall'uguaglianza $2Mgh = Q$ si ottiene l'**equivalente meccanico della caloria**:

$$1 \text{ cal} = 4{,}186 \text{ J} \qquad (1)$$

e quindi 1 kcal = 4,186 kJ.

PER ESEMPIO Che energia il calore!

Fornendo 1 cal di «calore» a 1 g di acqua si aumenta di 1 °C la sua temperatura.

► A quale energia meccanica corrisponde?

Con la stessa energia (1 cal = 4,186 J) si potrebbe alzare 1 g di acqua di ben

$$h = \frac{Q}{mg} = \frac{4{,}2\ \text{J}}{(1 \cdot 10^{-3}\ \text{kg})(9{,}8\ \text{m/s}^2)} = 4 \cdot 10^2\ \text{m}$$

Calore come energia in transito

L'esperimento di Joule evidenzia che il calore non è una sostanza che risiede all'interno dei corpi, come ipotizzavano i sostenitori del calorico, ma è un *trasferimento di energia* da un sistema all'altro. Più precisamente

il **calore** Q è l'energia scambiata tra due corpi unicamente a causa della differenza di temperatura esistente fra di essi.

Il calore che fluisce da un corpo caldo a un corpo freddo corrisponde in realtà al trasferimento di energia dal corpo a temperatura maggiore verso quello a temperatura minore.

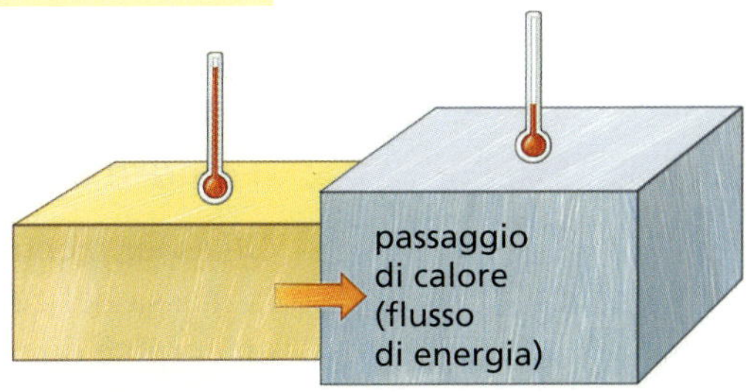

Quando un corpo si scalda riceve energia dall'esterno, questa viene immagazzinata e contribuisce all'**energia interna** del corpo, già definita per il gas perfetto:

l'**energia interna** U di un corpo è la somma delle energie cinetiche e potenziali delle sue molecole.

#energiainterna

In modo analogo, un corpo si raffredda quando cede energia all'esterno e di conseguenza diminuisce la sua energia interna.

Si può osservare un fatto importante:

la direzione del flusso di calore fra due corpi dipende dalla loro temperatura ma non dalla loro energia interna.

Per esempio, un nuotatore ha un'energia interna minore di quella dell'acqua in cui è immerso. Però il calore, cioè l'energia, fluisce dal suo corpo (circa 37 °C) all'acqua (circa 25 °C) per effetto della differenza di temperatura.

2 Capacità termica e calore specifico

La capacità termica

Quando si fornisce energia termica a un corpo la sua temperatura cambia. L'entità della variazione dipende da una caratteristica del corpo: la sua **capacità termica**.

La **capacità termica** C di un corpo è la quantità di energia che si deve fornire a esso per aumentarne la temperatura di 1 K.

#capacitàtermica

In generale

l'energia ΔE che un corpo deve acquistare o cedere per variare la sua temperatura di ΔT è legata alla sua capacità termica dalla relazione

#capacitàtermica

$$\Delta E = C\Delta T \qquad (2)$$

DENTRO LA FORMULA

- La capacità termica si misura in J/K (joule/kelvin).
- ΔE è positiva se la temperatura del corpo aumenta, cioè se $\Delta T = T_f - T_i > 0$: l'energia *entra* nel corpo.
- ΔE è negativa se la temperatura del corpo diminuisce, cioè se $\Delta T = T_f - T_i < 0$: l'energia *esce* dal corpo.

Quando l'energia è fornita o sottratta al corpo sotto forma di calore, la relazione precedente si scrive

$$Q = C\Delta T \qquad (3)$$

con la capacità termica espressa in J/K o cal/°C.

Il calore specifico

Gli esperimenti mostrano che la capacità termica di un corpo dipende da due fattori: la massa del corpo e la sostanza di cui è fatto. In particolare la capacità termica di un corpo è direttamente proporzionale alla sua massa m:

$$C = cm \qquad (4)$$

La costante di proporzionalità c è il **calore specifico** della sostanza di cui è fatto il corpo.

#calorespecifico

Il **calore specifico** c di una sostanza è la quantità di energia che si deve fornire a 1 kg di essa per aumentarne la temperatura di 1 K.

Il calore specifico di una sostanza si misura in J/(kg·K).

Colore specifico di alcune sostanze a pressione atmosferica

Sostanza	Calore specifico (J/(kg·K))
Acciaio inossidabile (293 K)	500
Acqua (293 K)	4186
Alluminio (293 K)	880
Anidride carbonica (273 K)	820
Argento (293 K)	240
Aria secca (273 K)	1005
Asfalto (293 K)	920
Azoto liquido (70 K)	1980
Carbonio (293 K)	850
Elio (273 K)	5100
Ferro (293 K)	460

Sostanza	Calore specifico (J/(kg·K))
Ghiaccio (273 K)	2093
Idrogeno (273 K)	14 300
Mercurio (293 K)	140
Olio d'oliva (293 K)	1650
Oro (293 K)	129
Ossigeno (273 K)	920
Ottone (293 K)	380
Piombo (293 K)	130
Rame (293 K)	387
Vapore d'acqua (273 K)	2000
Vetro (in media) (293 K)	800

In termini della massa del corpo e del calore specifico della sostanza di cui è composto, la (2) diviene

$$\Delta E = cm\Delta T \qquad (5)$$

#calorespecifico

Quando l'energia è fornita o sottratta al corpo sotto forma di calore, la relazione precedente si scrive

$$Q = cm\Delta T \qquad (6)$$

con il calore specifico misurato in J/(kg·K) o cal/(g·°C).

PER ESEMPIO **Che fatica la febbre alta!**

Il calore specifico del nostro corpo è circa quello del suo costituente principale, l'acqua.

▶ Quanta energia spende il nostro corpo per innalzare la temperatura corporea di 2 °C durante la febbre?

Si tratta di un'energia enorme (consideriamo una persona di 60 kg):

$$Q = \left[4{,}2 \cdot 10^3\ \text{J/(kg·K)}\right](6 \cdot 10\ \text{kg})(2\ \text{K}) = 5 \cdot 10^5\ \text{J}$$

Questa energia equivale all'energia potenziale del corpo innalzato a circa 850 m di altezza.

→ **PROBLEMA** Calore specifico e capacità termica • pag. 425
#capacitàtermica

Il calore specifico dell'acqua

Il calore specifico delle sostanze varia con la temperatura. In genere la variazione può essere trascurata: per questa ragione la tabella precedente fornisce il valore di c per un solo valore della temperatura.

Quando però si definisce la caloria, è necessario valutare con attenzione l'intervallo di temperatura in cui si misura il calore specifico c dell'acqua. I dati sperimentali, riportati nel grafico seguente, mostrano infatti che c varia circa dell'1% nell'intervallo fra 0 °C e 100 °C.

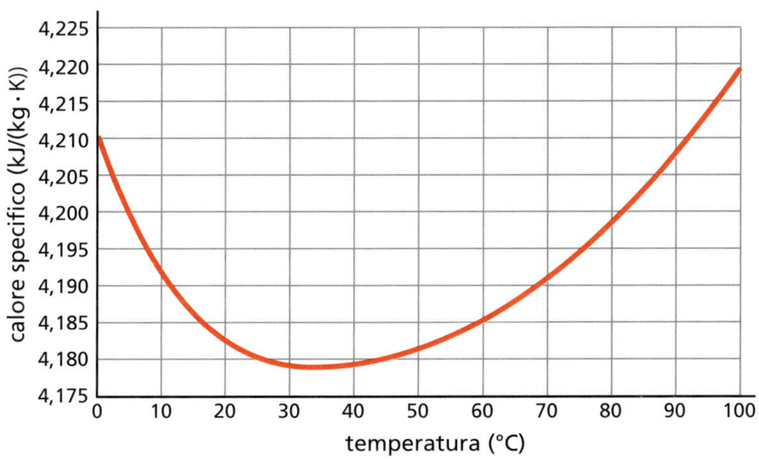

La scelta del valore 4,186 è dovuta al fatto che questo è il valor medio di c e corrisponde proprio al valore del calore specifico misurato nell'intervallo fra 14,5 °C e 15,5 °C.

FISICA QUOTIDIANA
Il calore specifico dell'acqua

L'acqua ha un calore specifico molto grande e questa proprietà ha effetti notevoli sul clima. Nelle zone in cui si hanno estese masse d'acqua, come i mari, il clima è temperato perché la temperatura superficiale del mare varia in maniera significativa solo in seguito a enormi trasferimenti di energia che richiedono tempi lunghi. Questo spiega perché, nel bacino del Mediterraneo, le variazioni della temperatura superficiale del mare fra notte e giorno sono dell'ordine di 0,1 °C, mentre quelle fra estate e inverno sono contenute in circa 10 °C.
Al contrario, nelle zone continentali il suolo, che ha un calore specifico molto minore dell'acqua, acquista e cede calore con più velocità e quindi presenta variazioni maggiori di temperatura nel ciclo giornaliero (notte-giorno) e stagionale (estate-inverno).

3 La calorimetria

Consideriamo un insieme di due corpi a contatto termico: essi formano un **sistema isolato** se non possono scambiare energia in alcuna forma con l'esterno.

Per il principio di conservazione dell'energia, l'energia totale di un sistema isolato rimane costante nel tempo, ma si può ridistribuire all'interno del sistema. Infatti, fino a quando i due corpi hanno temperature differenti, all'interno del sistema l'energia si trasferisce dal corpo a temperatura maggiore verso quello a temperatura minore. Se questi scambi di energia avvengono senza alcun lavoro meccanico, si può parlare di calore che fluisce dal corpo più caldo a quello più freddo.

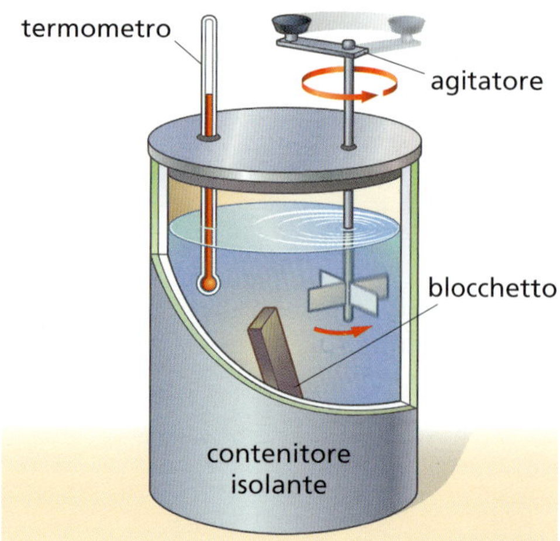

La **calorimetria** si occupa della valutazione quantitativa degli scambi di calore.

Per effettuare misure calorimetriche è necessario disporre di uno strumento, detto **calorimetro**, che assicuri un adeguato isolamento del sistema che si vuole analizzare dall'ambiente esterno.

Il *calorimetro delle mescolanze* è costituito da un recipiente con pareti e coperchio di materiale isolante, che hanno lo scopo di rendere minimi gli scambi di calore con l'esterno. Il recipiente contiene dell'acqua ed è dotato di un agitatore per mescolarla e di un termometro per misurarne la temperatura.

Per misurare il calore specifico c_b della sostanza di cui è composto un blocchetto, si esegue la seguente procedura:

- si inserisce nel calorimetro una massa m_a di acqua e se ne misura la temperatura iniziale T_a;
- si scalda il blocchetto di massa m_b a una temperatura T_b maggiore di T_a;
- si inserisce il blocchetto nel calorimetro, si chiude il coperchio e si mescola con l'agitatore;
- si attende che la temperatura si stabilizzi e si registra il valore finale T_f.

La quantità di calore ceduta dal blocchetto all'acqua è

$$Q_b = c_b m_b (T_f - T_b)$$

Il blocchetto si raffredda, quindi $T_f < T_b$ e $Q_b < 0$. La quantità di calore acquistata dall'acqua è

$$Q_a = c_a m_a (T_f - T_a)$$

L'acqua si riscalda, quindi $T_f > T_a$ e $Q_a > 0$.

Il calore ceduto dal blocchetto è interamente assorbito dall'acqua. Per il principio di conservazione dell'energia, la somma delle due quantità di calore deve essere nulla

$$Q_b + Q_a = 0$$

Possiamo quindi scrivere l'equazione che stabilisce la temperatura di equilibrio T_f:

$$c_b m_b (T_f - T_b) + c_a m_a (T_f - T_a) = 0 \qquad (7)$$

#temperaturaequilibrio

Esplicitando c_b nella formula precedente, il calore specifico della sostanza viene espresso in termini dei valori misurati sperimentalmente

$$c_b = c_a \frac{m_a (T_f - T_a)}{m_b (T_b - T_f)}$$

→ PROBLEMA Acqua e pallini di piombo • pag. 426
#temperaturaequilibrio

Il potere calorifico

Fin dall'antichità, la fonte di calore più utilizzata è il fuoco. Più precisamente, la combustione di materiali contenenti carbonio con l'ossigeno dell'aria.

La combustione è una reazione chimica *esotermica*, cioè che avviene con rilascio di energia all'esterno. Per esempio, la reazione di combustione del carbonio con l'ossigeno è

$$C + O_2 \longrightarrow CO_2$$

Se avviene a pressione costante, come nel caso della fiamma di una candela, per ogni mole di biossido di carbonio (CO_2) che si forma vengono rilasciati nell'ambiente circa 400 kJ di energia. Nella pratica è più comodo riferirsi al **potere calorifico** del combustibile.

Il **potere calorifico** è l'energia rilasciata dalla combustione completa di una massa unitaria di combustibile.

#poterecalorifico

Il potere calorifico si misura in J/kg. Il potere calorifico dei gas può essere espresso anche in J/m^3; in questo caso bisogna specificare che il volume è quello del gas alla pressione di $1{,}01 \cdot 10^5$ Pa.

Potere calorifico di alcuni combustibili

Combustibile	Potere calorifico (MJ/kg)
Idrogeno	120
Metano	50
Gas propano	50
Benzina	46
Butano	46
Gasolio	45

Combustibile	Potere calorifico (MJ/kg)
Petrolio	42
Antracite	33
Alcol etilico	28
Legno secco	16
TNT (tritolo)	5

PER ESEMPIO **Energia dal butano**

Per far funzionare fornelli e lampade da campeggio si utilizza il gas butano. Una bomboletta contiene circa 110 g di gas.

► Quanta energia libera la combustione di quella massa di gas?

Dalla tabella si ha che il potere calorifico del butano è 46 MJ/kg. Quindi la combustione di 110 g = 0,11 kg di butano rilascia un'energia

$$E = (46\ \text{MJ/kg})(0{,}11\ \text{kg}) = 5{,}1\ \text{MJ}$$

→ **PROBLEMA SU PIÙ CONCETTI** Scaldacqua a legna • pag. 428
#poterecalorifico #capacitàtermica

Il potere calorifico degli alimenti

Una classe molto importante di combustibili è quella degli alimenti. Tutti gli animali utilizzano l'energia liberata nella combustione degli alimenti per il loro metabolismo, cioè per effettuare il complesso di reazioni chimiche e fisiche che sono alla base della vita.

Nelle indicazioni nutrizionali presenti sulle confezioni degli alimenti, in genere il potere calorifico degli alimenti è riferito a 100 g di prodotto.

Potere calorifico di alcuni alimenti

Alimento	Potere calorifico (MJ/100 g)
Pane	1,2
Riso, pasta	1,5
Zucchero	1,6
Olio d'oliva	3,8
Burro	3,2
Latte intero	0,3

Alimenti	Potere calorifico (MJ/100 g)
Uova	0,6
Prosciutto	1,0
Bistecca di manzo	0,5
Sogliola	0,3
Patate	0,4
Mele	0,2

4 La propagazione del calore: conduzione e convezione

Il calore si propaga da un corpo all'altro o da un punto all'altro dello spazio mediante tre processi distinti: la *conduzione*, la *convezione* e l'*irraggiamento*. Nelle situazioni concrete questi processi possono aver luogo nello stesso istante e solo per semplicità li analizziamo separatamente.

La conduzione

Consideriamo una pentola messa sul fornello acceso. Se i manici della pentola sono di metallo, dopo un poco non si riescono più a impugnare perché si sono scaldati. Anche se non sono a contatto diretto con la sorgente di energia, la loro temperatura è aumentata per effetto del flusso di calore che si è propagato attraverso il metallo della pentola.

La **conduzione** è un processo di propagazione del calore che avviene per effetto di una differenza di temperatura all'interno di un mezzo materiale e senza trasporto di materia.

Nella conduzione l'energia trasferita, mediante contatto termico con una parte del corpo, si propaga attraverso di esso.

Per studiare sperimentalmente le caratteristiche della conduzione, si pone una sbarra di un dato materiale a contatto termico con due corpi a temperature fissate T_1 e T_2, con $T_2 > T_1$. Si fa in modo che la perdita di calore dalla superficie laterale della sbarra sia trascurabile.

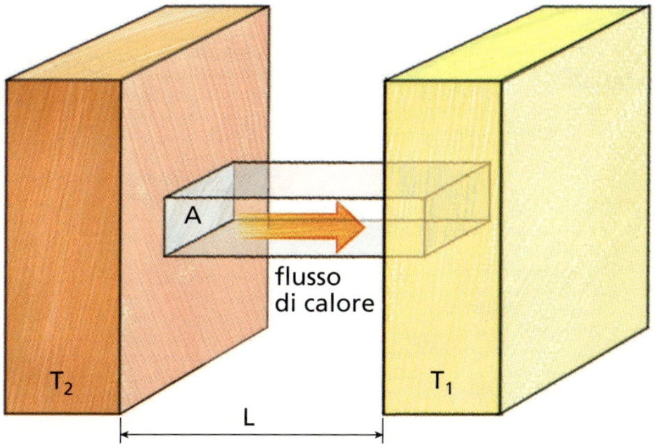

Gli esperimenti mostrano che la quantità di calore Q trasferita dal corpo a temperatura maggiore T_2 al corpo a temperatura minore T_1 nell'intervallo di tempo Δt è

- direttamente proporzionale alla differenza di temperatura

$$\Delta T = T_2 - T_1$$

  fra gli estremi della sbarra;
- direttamente proporzionale alla sezione A della sbarra;
- inversamente proporzionale alla lunghezza L della sbarra.

In generale vale la seguente relazione, detta **legge di Fourier** dal nome del fisico francese Jean Baptiste Joseph Fourier:

il calore trasferito nell'intervallo di tempo Δt all'interno di un corpo di lunghezza L e sezione A, i cui estremi sono mantenuti alle temperature T_2 e T_1 è

$$Q = \lambda A \frac{T_2 - T_1}{L} \Delta t \qquad (8)$$

#Fourier

dove λ è la **conducibilità termica** del materiale di cui è composto il corpo.

DENTRO LA FORMULA

- La conducibilità termica dipende dal materiale e viene misurata in J/(m·s·K) o in W/(m·K).
- La (8) è una legge sperimentale che è tanto meglio soddisfatta quanto più la lunghezza della sbarra è piccola rispetto alla sua dimensione trasversale.

I materiali sono buoni conduttori di calore quando hanno una conducibilità termica elevata, mentre sono cattivi conduttori o *isolanti termici* quando hanno una conducibilità termica bassa.

Il rapporto

$$\frac{T_2 - T_1}{L} = \frac{\Delta T}{L}$$

è anche detto *gradiente di temperatura* ed esprime la variazione di temperatura per unità di lunghezza. A parità di materiale, la conduzione è proporzionale al gradiente di temperatura.

Conducibilità termica di alcuni materiali a temperatura ambiente

Categoria di materiali	Materiale	Conducibilità termica (W/(m·K))
Metalli	Acciaio	46
	Alluminio	210
	Argento	410
	Ferro	80
	Rame	390
Altri materiali	Calcestruzzo	0,84
	Carta	0,13
	Feltro (lana)	0,036
	Ghiaccio	2,2
	Gomma	0,14
	Legno	0,10-0,30
	Marmo	3,0
	Ceramica per piastrelle	1,1
	PVC	0,16
	Sughero	0,050
	Vetro	0,7-1,0
Liquidi	Acetone	0,20
	Acqua	0,60
	Olio per motori	0,15
Gas	Aria	0,024
	Azoto	0,024
	Biossido di carbonio	0,017
	Elio	0,15
	Idrogeno	0,18
	Ossigeno	0,025
	Vapore acqueo	0,016

PER ESEMPIO **Uno spreco costante**

In un'abitazione la maggiore perdita di calore verso l'esterno si ha attraverso le finestre. Considera, per esempio, una vetrata di 1 m^2, composta da un singolo vetro di spessore 5 mm, che isola dall'esterno ($T_e = 3$ °C) una stanza a $T_s = 18$ °C.

► Quanto calore fluisce ogni ora attraverso la finestra ($\lambda = 0,93$ W/(m·K))?

Per la legge di Fourier, ogni ora escono verso l'esterno

$$Q = \lambda A \frac{T_s - T_e}{L} \Delta t =$$

$$= [0{,}93\ \text{W/(m·K)}](1\ \text{m}^2) \frac{15\ \text{K}}{5 \cdot 10^{-3}\ \text{m}} (3{,}6 \cdot 10^3\ \text{s}) = 1 \cdot 10^7\ \text{J} = 10\ \text{MJ}$$

In 5 ore la perdita corrisponde al calore prodotto dalla combustione di circa 1 kg di metano.

→ PROBLEMA SU PIÙ CONCETTI Dispersione termica • pag. 429
#poterecalorifico #Fourier

FISICA QUOTIDIANA Sensazione di calore

Quando tocchiamo un oggetto ne valutiamo in modo approssimativo la temperatura a partire dalla sensazione che proviamo. Ma queste sensazioni sono legate al flusso di calore che transita attraverso la nostra pelle. Può capitare quindi che al tatto due corpi ci sembrino a temperatura diversa anche se sono in equilibrio termico fra loro.

Consideriamo per esempio cosa accade quando camminiamo a piedi nudi su un tappeto posto sopra il pavimento. Tappeto e pavimento sono alla stessa temperatura, ma il tappeto ci sembra più caldo: in realtà la lana del tappeto ha una conducibilità termica (0,036 W/(m·K)) molto minore delle piastrelle del pavimento (1,1 W/(m·K)). Quindi il calore che transita dalla nostra pelle verso il tappeto è minore di quello che transita verso il pavimento: il tappeto ci sembra «più caldo».

La convezione

In un fluido scaldato in modo non uniforme si creano spostamenti di materia per effetto di variazioni di densità al suo interno. Consideriamo l'aria vicino a una teiera bollente. A contatto con la teiera e con il suo contenuto l'aria si scalda, si dilata e quindi la sua densità diminuisce. L'aria calda viene sollevata dalla spinta di Archimede generata dall'aria circostante che è più fredda. Si crea una corrente ascendente, detta **corrente convettiva**, lungo la quale l'aria calda trasporta verso l'alto l'energia termica acquistata a contatto con la teiera. In queste condizioni il calore si sposta insieme alla corrente di fluido.

La **convezione** è un processo di propagazione del calore che avviene per effetto del trasferimento di materia dovuto alle correnti che si instaurano in un fluido. Questo processo si realizza solo in presenza della forza di gravità, a cui si deve la spinta di Archimede e, quindi, la formazione di correnti all'interno del fluido.

Nei fluidi la convezione è un meccanismo di propagazione del calore molto più efficiente rispetto alla conduzione. Come mostra la tabella precedente, la conducibilità termica dei liquidi e dei gas è molto bassa, per cui è ridotta la velocità con cui un fluido conduce calore. Al contrario, le correnti convettive spostano grandi quantità di materia all'interno di un fluido e danno quindi un notevole contributo alla diffusione del calore attraverso di esso.

FISICA QUOTIDIANA Diffondere o trattenere il calore

Nelle situazioni reali la convezione viene favorita quando si vuole diffondere il calore. Per esempio, nelle case i radiatori sono posti in basso in modo che le correnti convettive, che salgono verso l'alto, trasportino il calore in tutta la stanza. Viceversa, se è necessario limitare le perdite di calore, la convezione viene ostacolata. In inverno, infatti, indossiamo il piumino che intrappola l'aria vicino al nostro corpo e impedisce la formazione di moti convettivi con l'ambiente esterno. Poiché l'aria ha una piccolissima conducibilità termica, il nostro corpo perde meno calore.

Nell'atmosfera la convezione è uno dei fenomeni più diffusi. Sopra il suolo riscaldato dal Sole si formano correnti convettive ascensionali, dette **termiche**, che spostano ingenti quantità di aria. Gli uccelli sfruttano le termiche per alzarsi in quota veleggiando senza battere le ali.

Le termiche sono la causa del regime di brezze delle località marine.

- Durante il giorno le termiche si formano nell'entroterra, che si scalda più del mare: l'aria marina più fredda e densa si sposta verso l'entroterra, dando luogo alla brezza di mare.

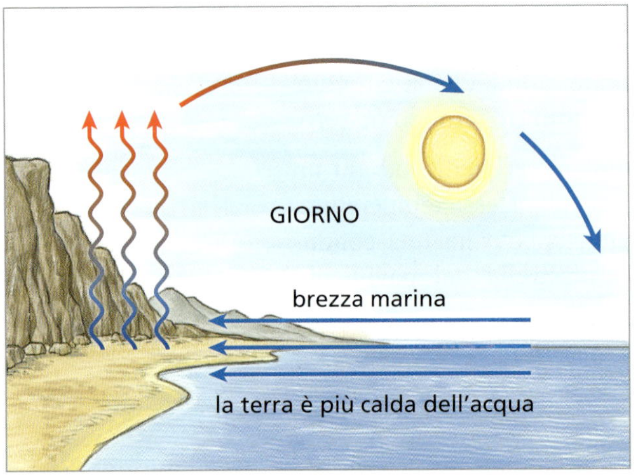

- Al contrario, durante la notte e nel primo mattino le brezze di terra si muovono verso la costa perché le termiche si formano sul mare, che si raffredda molto meno dell'entroterra.

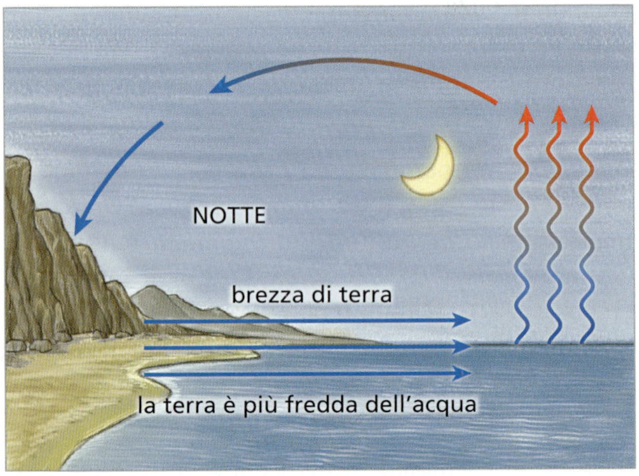

L'effetto è un flusso costante di aria che influenza il microclima delle regioni costiere.

La convezione si presenta in fenomeni che hanno scale spaziali e temporali moto diverse. Per esempio, i movimenti delle placche della litosfera, a cui si devono fra l'altro i terremoti, sono causati proprio dalle correnti convettive presenti nel mantello terrestre.

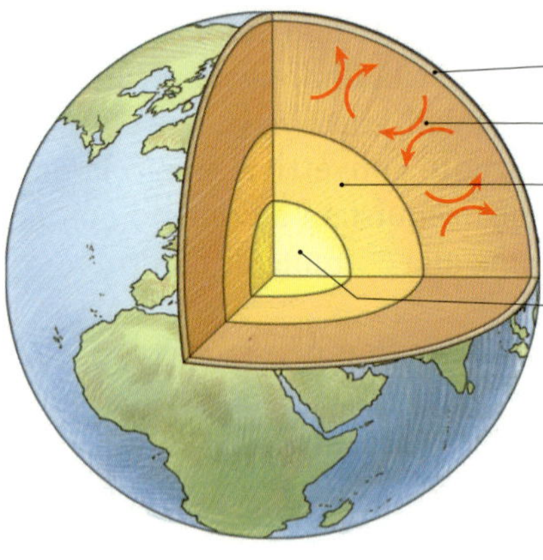

5 La propagazione del calore: irraggiamento

La Terra dista dal Sole 150 milioni di km di spazio praticamente vuoto. Eppure il calore del Sole giunge sul nostro pianeta assicurando un flusso costante di energia alle varie forme di vita che lo popolano. Deve quindi esistere un meccanismo che assicura la trasmissione del calore anche senza materia: è l'**irraggiamento**.

L'**irraggiamento** è il processo fisico mediante il quale il calore si propaga nello spazio vuoto.

L'irraggiamento consiste nell'emissione di radiazioni, le **onde elettromagnetiche**, a cui appartengono le onde luminose (la luce), le onde radio e i raggi X. Con il termine **radiazione termica** di un corpo si denota l'insieme delle radiazioni elettromagnetiche emesse dal corpo solo per effetto della sua temperatura. In particolare, le onde che percepiamo come calore sono dette **radiazioni infrarosse** perché hanno frequenze minori della luce rossa.

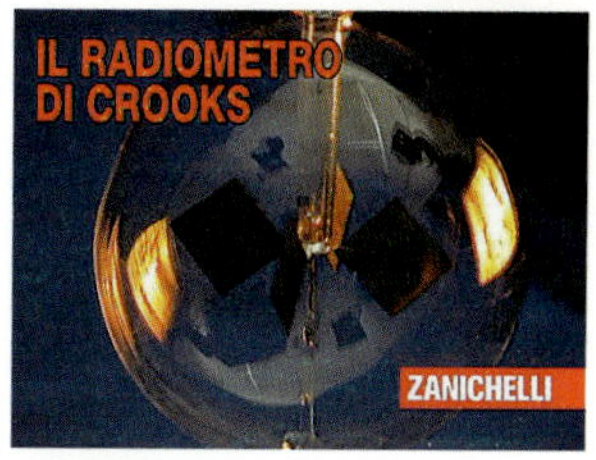

GUARDA!

Le onde elettromagnetiche si propagano nel vuoto alla velocità della luce ($c = 3{,}00 \cdot 10^8$ m/s) e sono emesse, riflesse e assorbite dai corpi. Come tutte le onde anche le onde elettromagnetiche trasportano energia: un corpo che emette onde elettromagnetiche perde energia, mentre un corpo che la assorbe, ne acquista.

La legge di Stefan-Boltzmann

Dall'esperienza quotidiana impariamo che un corpo irraggia tanta più energia quanto più la sua temperatura è elevata. Per esempio, passando vicino a due automobili, una bianca e l'altra nera, parcheggiate al sole, percepiamo, senza toccarle, che la seconda è più calda della prima. I recettori di radiazione infrarossa presenti nella nostra pelle ci avvisano che l'auto nera, a temperatura maggiore, irraggia più radiazioni infrarosse di quella bianca.

In effetti, per la radiazione termica di un corpo vale la **legge di Stefan-Boltzmann**:

la potenza P_e della radiazione termica emessa da un corpo di superficie A e a temperatura assoluta T è

$$P_e = e\sigma A T^4 \tag{9}$$

dove e è l'**emittanza** o **emissività** della superficie del corpo.

#StefanBoltzmann

DENTRO LA FORMULA

- L'emittanza e è un numero adimensionale compreso fra 0 e 1 e dipende dalle caratteristiche della superficie del corpo: nel caso di corpi neri, come per esempio il carbone, è molto vicino a 1, mentre per corpi riflettenti è vicino a 0.
- Il caso ideale di una superficie con $e = 1$ è detto **corpo nero** e assorbe totalmente le radiazioni elettromagnetiche incidenti.
- σ è la costante universale, detta **costante di Stefan-Boltzmann**: per tutti i corpi vale

$$\sigma = 5{,}67 \cdot 10^{-8}\ \text{W/(m}^2\cdot\text{K}^4)$$

Un buon assorbitore è anche un buon emettitore: a parità di temperatura, un corpo irraggia tanto di più quanto più grande è la sua emittanza.

Ogni corpo irraggia radiazione termica e allo stesso tempo è immerso in un flusso di radiazione termica emessa dai corpi che lo circondano. La radiazione che incide sulla sua superficie viene in parte riflessa e in parte assorbita. Nel caso di una persona esposta alla radiazione solare, la radiazione riflessa lo rende visibile agli altri, la radiazione assorbita lo riscalda.

La potenza P_a della radiazione assorbita da un corpo di superficie A posto in un ambiente a temperatura uniforme T_a è

$$P_a = e\sigma A T_a^4 \tag{10}$$

dove e è l'*emittanza* o *emissività* della superficie del corpo.

Consideriamo un corpo a temperatura T che è inserito in un ambiente a temperatura uniforme T_a. Per irraggiamento termico, il bilancio netto della potenza irraggiata e assorbita dal corpo è

$$P_T = e\sigma A\left(T_a^4 - T^4\right) \tag{11}$$

DENTRO LA FORMULA

- Quando l'ambiente ha una temperatura maggiore di quella del corpo, la potenza assorbita è maggiore di quella irraggiata e $P_T > 0$: il corpo acquista energia netta e si riscalda.
- Quando l'ambiente ha una temperatura minore di quella del corpo, la potenza assorbita è minore di quella irraggiata e $P_T < 0$: il corpo perde energia netta e si raffredda.
- Quando sono alla stessa temperatura, corpo e ambiente sono in equilibrio termico.

Uno stesso coefficiente per emissione e assorbimento

L'ultima osservazione consente di comprendere perché il coefficiente e di una data superficie è lo stesso sia per l'emissione sia per l'assorbimento. Gli esperimenti dimostrano che si ha equilibrio termico quando il corpo ha la stessa temperatura T_e dell'ambiente. All'equilibrio la temperatura del corpo rimane costante, pertanto nell'unità di tempo il corpo emette e acquista la stessa energia. Questo si traduce nel fatto che la potenza emessa uguaglia quella assorbita:

$$e\sigma A T_e^4 = e\sigma A T_a^4$$

I due termini dell'equazione sono uguali solo se il coefficiente e ha lo stesso valore per l'emissione e per l'assorbimento.

PER ESEMPIO **Perdite di energia stando fermi in piscina**

Un ragazzo in costume è fermo sul bordo di una piscina coperta. La sua superficie corporea è a 34 °C, ha un'area di 1,5 m^2 e una emissività $e = 0{,}7$. La temperatura dell'ambiente, invece, è di 22 °C.

▶ Quanta potenza termica irraggia?

La sua perdita di calore per irraggiamento dalla superficie corporea è

$$P_T = 0{,}7 \cdot \left[5{,}67 \cdot 10^{-8}\ \mathrm{W/(m^2{\cdot}K^4)}\right]\left(1{,}5\ \mathrm{m^2}\right)\left[(307\ \mathrm{K})^4 - (295\ \mathrm{K})^4\right] = 80\ \mathrm{W}$$

Con questa potenza si terrebbero accese varie lampadine a basso consumo.

Energia dal Sole ed effetto serra

Il Sole irraggia nello Spazio una quantità di energia enorme: $3{,}8 \cdot 10^{26}$ W.

■ Una frazione di questa energia incide sulla Terra. Attraverso una superficie di 1 m^2, posta al di fuori dell'atmosfera terrestre e perpendicolare ai raggi solari, fluiscono in media 1360 W di radiazione termica solare. Questo valore è noto come **costante solare**.

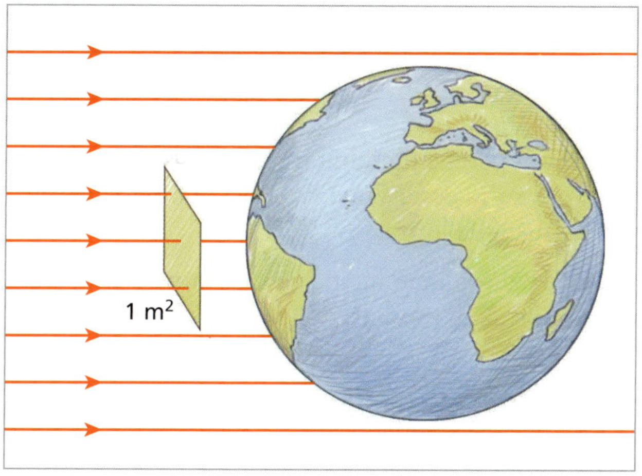

■ La Terra intercetta la radiazione solare con un'area uguale alla sua sezione $A = \pi R_T^2$. Solo il 70% dell'energia incidente viene assorbita dalla Terra, mentre il 30% è riflesso nello spazio dai mari e dalle nubi.

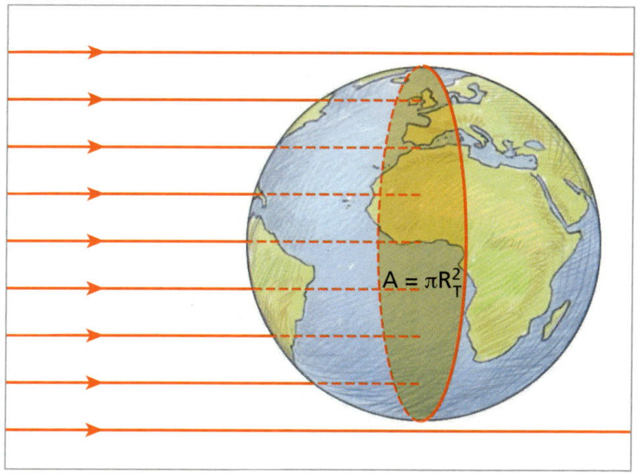

In definitiva, la potenza totale della radiazione solare assorbita dalla Terra è

$$P_a = 0{,}70 \cdot (1{,}36 \cdot 10^3 \text{ W/m}^2)\pi R_T^2$$

La Terra emette a sua volta radiazione termica come se fosse un corpo con superficie $4\pi R_T^2$, emittanza $e \approx 1$ e temperatura T_e:

$$P_e = \sigma(4\pi R_T^2)T_e^4$$

Poiché la Terra è in equilibrio, la potenza emessa è uguale a quella assorbita:

$$P_e = P_a \quad \Rightarrow \quad \sigma(4\pi R_T^2)T_e^4 = 0{,}70 \cdot (1{,}36 \cdot 10^3 \text{ W/m}^2)\pi R_T^2$$

Semplificando ed esplicitando rispetto a T_e si ottiene

$$T_e = \sqrt[4]{\frac{0{,}70 \cdot (1{,}36 \cdot 10^3 \text{ W/m}^2)}{4\sigma}} = \sqrt[4]{\frac{0{,}70 \cdot (1{,}36 \cdot 10^3 \text{ W/m}^2)}{4[5{,}67 \cdot 10^{-8} \text{ W/(m}^2\cdot\text{K}^4)]}} = 255 \text{ K}$$

Se la temperatura superficiale fosse così bassa, circa −18 °C, il nostro pianeta sarebbe assolutamente inadatto a ospitare le forme di vita che lo popolano. In realtà la temperatura media della superficie terrestre è circa 283 K = 15 °C. La causa di questa differenza è l'atmosfera terrestre e l'effetto serra che si realizza grazie a essa.

La radiazione solare incidente, ricca di raggi visibili e ultravioletti, viene assorbita dai gas atmosferici solo in minima parte, mentre la restante viene assorbita dal suolo. Il suolo, poi, emette verso lo spazio una radiazione termica composta quasi interamente da radiazione infrarossa.

SIMULAZIONE

L'effetto serra
(PhET, University of Colorado)

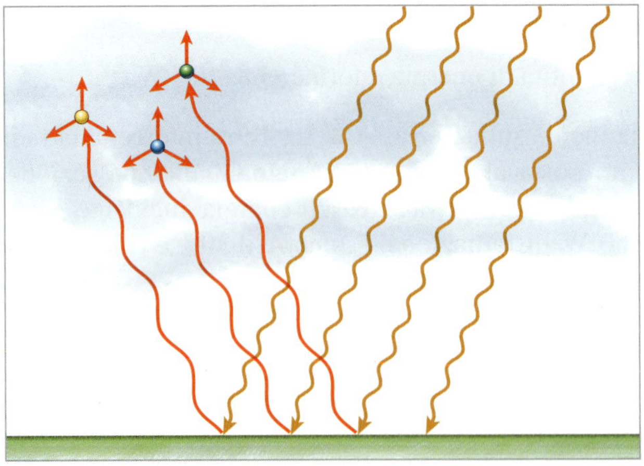

Gas come il biossido di carbonio (CO_2), il metano (CH_4), l'ossido di azoto (N_2O) e il vapore acqueo (H_2O) assorbono le radiazioni infrarosse provenienti dal suolo e le riemettono in tutte le direzioni. Quindi una parte di esse viene indirizzata nuovamente verso il basso e contribuisce al riscaldamento della superficie terrestre.

Questi gas danno luogo a un **effetto serra** perché trattengono la radiazione infrarossa emessa dalla superficie terrestre. I gas serra contribuiscono così in modo determinante a garantire le condizioni per la vita sulla Terra.

In questi ultimi due secoli, però, le attività umane hanno immesso nell'atmosfera una enorme quantità di gas serra sotto forma di prodotti della combustione di petrolio, carbone e metano.

Consideriamo, per esempio, il biossido di carbonio: prima dell'era industriale la concentrazione di CO_2 nell'atmosfera era circa 280 ppm (parti per milione), mentre dal 2016 ha superato stabilmente 400 ppm.

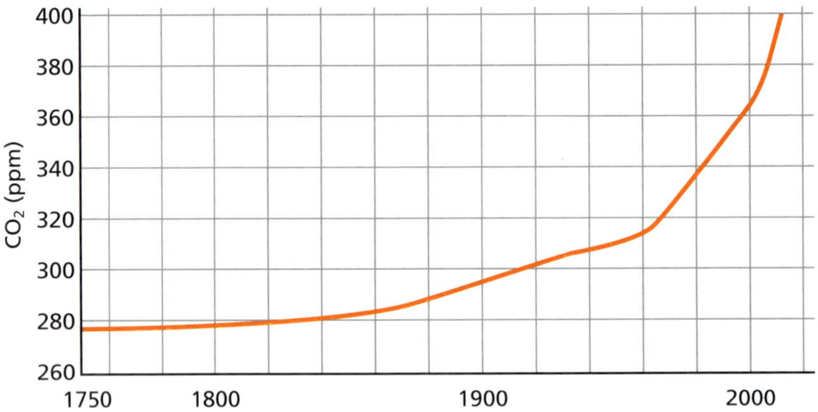

Come evidenzia il rapporto dell'IPCC (*Intergovernmental Panel on Climate Change*) pubblicato nel 2015, l'effetto di questo aumento di CO_2 è uno squilibrio tra i flussi entranti e uscenti di energia nel sistema climatico terrestre. Mentre l'energia solare in ingresso è costante, la Terra irraggia nello spazio circa 2 W/m^2 in meno di prima, di conseguenza la temperatura della Terra sta aumentando.

I modelli di previsione sono concordi nel prevedere che nei prossimi decenni questo aumento della temperatura media terrestre darà luogo a cambiamenti climatici sostanziali come variazioni estreme nelle precipitazioni, scioglimento dei ghiacciai e innalzamento del livello dei mari.

L'umanità dovrà pertanto fronteggiare i cambiamenti climatici attuando strategie di **mitigazione**, attraverso azioni che riducano le emissioni di gas serra nell'atmosfera, e strategie di **adattamento** alle conseguenze ambientali derivanti da tali cambiamenti.

6 Gli stati della materia

SIMULAZIONE
Gli stati della materia
(PhET, University of Colorado)

Nelle condizioni fisiche esistenti sulla Terra, la materia si presenta in tre stati distinti: solido, liquido e gassoso o aeriforme.

Questi stati o *fasi* sono il risultato di una competizione fra l'agitazione termica delle molecole e le forze di interazione fra di esse:

- l'energia cinetica dell'agitazione termica ha l'effetto di disordinare il sistema di molecole, che tendono a muoversi su scala molto maggiore dei loro diametri e quindi a formare stati dispersi, non aggregati di materia;
- le forze attrattive tra le molecole sono l'effetto di energie potenziali di legame, che tendono a impacchettare le molecole in stati ordinati mantenendole a distanze comparabili a quelle dei loro diametri.

Lo stato che un sistema di molecole assume dipende quindi dalla sua energia interna U, cioè dalla somma delle energie cinetiche (positive) e delle energie potenziali (negative) delle molecole:

$$U = E_{cin} + E_{pot}$$

Gas

Nel gas perfetto e nei gas rarefatti le molecole sono libere di muoversi perché non sono praticamente soggette a forze attrattive: le forze molecolari entrano in gioco solo durante gli urti come forze repulsive. Le forze attrattive hanno invece effetti apprezzabili nel caso di gas reali, come evidenzia il termine relativo alla pressione interna nell'equazione di van der Waals. L'energia potenziale è, però, molto minore dell'energia cinetica e quindi, in ogni caso, il comportamento di un gas è dominato dall'agitazione termica: gli unici vincoli al moto delle molecole sono le pareti del contenitore. Per questa ragione i gas occupano tutto il volume a disposizione e diffondono velocemente gli uni negli altri, formando miscele come l'aria.

In sintesi:

un sistema di molecole è allo **stato gassoso** quando $E_{cin} > |E_{pot}|$, cioè l'energia cinetica totale è maggiore del valore assoluto dell'energia potenziale totale, e quindi ha energia interna $U > 0$.

Liquidi

In un liquido ogni molecola è attratta da un gruppo di molecole vicine, ma possiede un'energia cinetica che è comparabile con l'energia di legame che la trattiene. Le molecole formano così una struttura che, pur essendo compatta, mantiene una mobilità dovuta al fatto che le molecole si possono spostare le une rispetto alle altre.

In termini intuitivi si può immaginare un liquido come una struttura di sferette, impacchettate in modo non regolare, che non ha regolarità su grande scala. Dal fatto che i liquidi sono praticamente incomprimibili si comprende che l'impacchettamento è molto denso, senza spazi vuoti. In ogni istante una molecola è a contatto con gruppi formati da altre molecole, che non sono fisse, ma si spostano per effetto dell'agitazione termica. In questo modo le posizioni relative delle molecole cambiano nel tempo.

In sintesi:

un sistema di molecole è allo **stato liquido** quando $E_{cin} \approx |E_{pot}|$, cioè l'energia cinetica totale è comparabile al valore assoluto dell'energia potenziale totale, e quindi ha energia interna $U \approx 0$.

Solidi

Le molecole di un solido sono trattenute in posizioni di equilibrio fissate dalle forze intermolecolari. L'energia di legame impone quindi un ordine alla struttura, che è diverso a seconda delle molecole interessate. Per esempio, nel caso importante dei metalli la struttura è un reticolo cristallino formato da una disposizione regolare di atomi che si estende su scala macroscopica. Poiché i solidi risultano praticamente incomprimibili, le unità elementari (atomi o molecole) sono densamente impacchettate nei reticoli e sono separate da distanze comparabili con le loro stesse dimensioni.

L'agitazione termica di un atomo consiste in un moto di oscillazione attorno alla sua posizione di equilibrio. L'ampiezza di queste oscillazioni è in genere minore di circa un decimo della distanza interatomica.

In sintesi:

un sistema di molecole è allo **stato solido** quando $E_{cin} < |E_{pot}|$, cioè l'energia cinetica totale è minore del valore assoluto dell'energia potenziale totale, e quindi ha energia intema $U < 0$.

Lo stato della materia più diffuso nell'Universo: il plasma

Consideriamo un gas, per esempio elio. All'aumentare della temperatura, l'energia cinetica media degli atomi supera l'energia con cui gli elettroni sono legati alla struttura atomica. In un urto un atomo può quindi ionizzarsi, cioè perdere uno o più elettroni. L'effetto complessivo degli urti dovuti all'agitazione termica è quello di produrre un **plasma**.

Un **plasma** è un gas nel quale una frazione consistente degli atomi sono ionizzati.

Realizzare sulla Terra le condizioni per la formazione del plasma è difficile, perché sono necessarie temperature dell'ordine dei 10^4 K. Per esempio, il bagliore di un fulmine è dovuto all'emissione di luce da parte dell'aria, che diventa plasma quando viene portata ad altissima temperatura dal passaggio di cariche elettriche.

Ma il plasma è lo stato della materia più diffuso nell'Universo: le stelle sono formate quasi interamente da plasma di idrogeno ed elio.

7 I cambiamenti di stato dal punto di vista microscopico

Lo stato di aggregazione di una sostanza dipende dalle condizioni di temperatura e pressione in cui si trova: l'acqua scorre liquida dal rubinetto (15 °C), è ghiaccio nel congelatore (−18 °C) e vapore acqueo sopra la minestra in ebollizione (100 °C). In genere per cambiare lo stato di aggregazione di una sostanza si utilizzano trasferimenti di energia sotto forma di calore.

I cambiamenti di stato sono rappresentati nella figura a fianco.

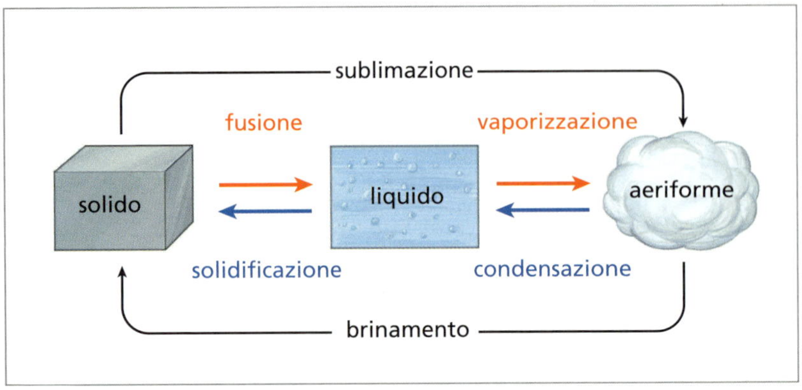

Proprietà dei cambiamenti di stato e calore latente

I cambiamenti di stato hanno le seguenti proprietà:

#cambiamentidistato

a pressione costante, ogni passaggio di stato di una sostanza:

- avviene a una ben determinata temperatura;
- si realizza a temperatura costante;
- necessita di un trasferimento di energia Q tra sostanza e ambiente proporzionale alla massa m di sostanza:

$$Q = Lm \tag{12}$$

La costante L è detta **calore latente** e rappresenta l'energia che si deve trasferire perché una massa unitaria di sostanza effettui il passaggio di stato. Il calore latente si misura in J/kg.

Gli esperimenti mostrano che per ogni sostanza a pressione costante i calori latenti nei passaggi di stato inversi hanno lo stesso valore:

$$L_{\text{fusione}} = L_{\text{solidificazione}}$$

$$L_{\text{vaporizzazione}} = L_{\text{condensazione}}$$

$$L_{\text{sublimazione}} = L_{\text{brinamento}}$$

Questi fatti sono una diretta conseguenza del principio di conservazione dell'energia.

Calori latenti di alcune sostanze (a $p = 1{,}01 \cdot 10^5$ Pa)

Sostanza	Temperatura di fusione		Calore di fusione	Temperatura di ebollizione		Calore di vaporizzazione
	(°C)	(K)	(10^3 J/kg)	(°C)	(K)	(10^3 J/kg)
Acqua	0	273	334	100	373	2260
Alcol etilico	−114	159	104	78	351	854
Ammoniaca	−78	195	333	−33	240	1370
Argento	961	1234	109	2193	2466	2340
Azoto	−210	63	25,5	−196	77	200
Elio	–	–	–	−268,9	4,2	21
Idrogeno	−259	14	58,6	−253	20	452
Ossigeno	−219	54	13,8	−183	90	213
Piombo	328	601	22,9	1750	2023	859
Rame	1083	1356	205	2336	2609	4700
Stagno	232	505	59	2602	2875	2480
Zolfo	119	392	54	445	718	310

Il calore latente dal punto di vista microscopico

Il calore latente fornisce importanti informazioni sulle energie di legame delle particelle (atomi o molecole) nei vari stati di aggregazione di una sostanza. Infatti durante un passaggio di stato la temperatura non varia e quindi rimane costante l'energia cinetica media delle particelle: l'energia che transita nel sistema ne modifica solo l'energia potenziale. Consideriamo per esempio il processo di fusione che si realizza scaldando un pezzetto di rame.

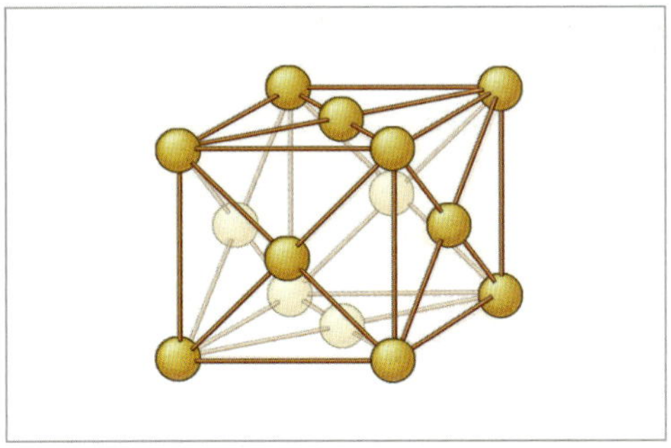

■ Nello stato solido, ciascun atomo di rame oscilla attorno a una posizione di equilibrio ben definita all'interno del reticolo. L'energia cinetica media di oscillazione degli atomi cresce con la temperatura. Quando si raggiunge la temperatura di fusione T_{fus} = 1083 °C, gli atomi di rame hanno un'energia cinetica media uguale all'energia di legame dello stato cristallino.

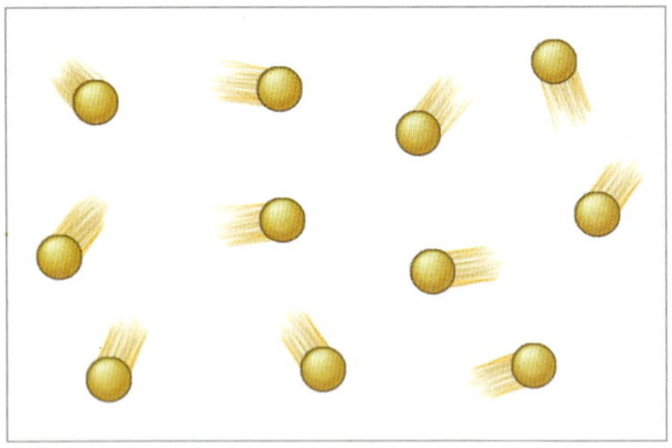

■ Fino a che vi sono atomi legati nel reticolo, l'energia fornita dall'esterno è utilizzata solo per rompere i legami residui e non è convertita in energia cinetica; quindi la temperatura rimane costante. Quando il reticolo è stato completamente distrutto, gli atomi non sono più vincolati in una posizione fissa, ma si possono muovere, scorrendo gli uni rispetto agli altri: il rame è ora allo stato liquido. Da questo momento l'energia proveniente dall'esterno si converte in energia cinetica degli atomi e quindi la temperatura inizia a salire.

L'analisi dei calori latenti rivela un fatto interessante:

per quanto riguarda l'energia di legame, lo stato liquido è più «simile» allo stato solido che allo stato aeriforme.

Infatti la tabella evidenzia che per ogni sostanza il calore latente di vaporizzazione è maggiore rispetto a quello di fusione. Per esempio, nel caso dell'acqua $L_{vap} \approx 7\,L_{fus}$ e questo significa che rompere i legami del reticolo cristallino costa solo 1/7 dell'energia necessaria per svincolare gli atomi dall'attrazione che subiscono dagli atomi limitrofi nello stato liquido.

Acqua e ghiaccio

L'acqua si differenzia dalle altre sostanze per alcune sue proprietà molto particolari. Per esempio, allo stato solido ha una densità minore rispetto a quella dello stato liquido. Questo strano comportamento è dovuto alle proprietà delle sue molecole e della particolare forza attrattiva che si esercita tra due molecole molto vicine: il **legame idrogeno** (figura a sinistra).

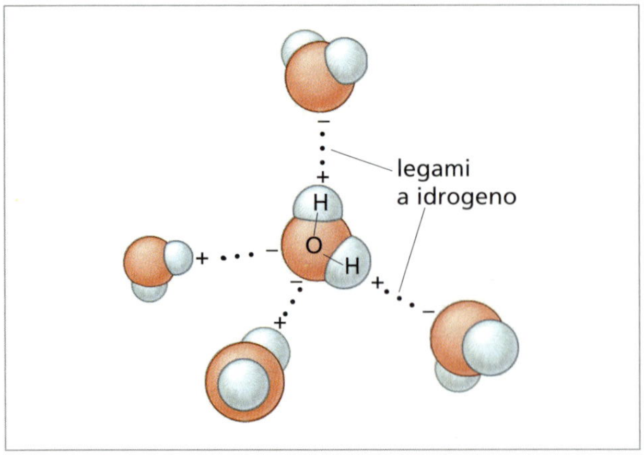

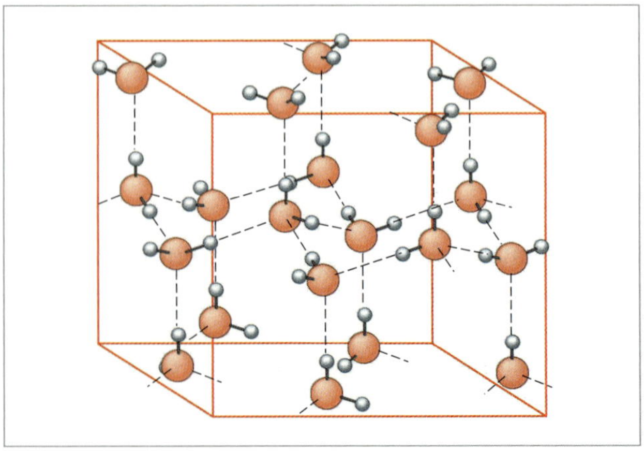

Allo stato solido, le molecole di acqua non sono libere di muoversi e formare legami temporanei con le molecole vicine, ma sono vincolate in un reticolo cristallino: ciascuna di esse forma un legame esattamente con quattro molecole disposte come i vertici di un tetraedro (figura a destra della pagina precedente).

Con l'aumentare della temperatura aumenta la distanza media delle molecole e quindi il solido, cioè il ghiaccio, si dilata. Quando raggiunge la temperatura di fusione, il reticolo cristallino si sfalda e le molecole d'acqua non sono più localizzate in punti definiti dello spazio ma possono muoversi le une rispetto alle altre, pur rimanendo impacchettate fra loro. In questa condizione ogni molecola forma in media cinque legami con le vicine, rispetto ai quattro legami nel reticolo cristallino. Aumentando il numero di legami, diminuisce la distanza media fra le molecole: per questo motivo la densità dell'acqua liquida è maggiore di quella del ghiaccio.

→ PROBLEMA Acqua e ghiaccio • pag. 431
#cambiamentidistato

→ PROBLEMA SU PIÙ CONCETTI Butta la pasta! • pag. 432
#calorespecifico #cambiamentidistato

8 Evaporazione ed equilibrio liquido-vapore

L'evaporazione

La vaporizzazione di una sostanza, cioè il passaggio dallo stato liquido allo stato aeriforme, avviene a una ben precisa temperatura T_{vap} per effetto dell'assorbimento di calore dall'esterno. Al contrario, l'**evaporazione** di un liquido avviene a tutte le temperature: il pavimento bagnato si asciuga proprio perché l'acqua si trasforma in vapore disperdendosi nell'aria. In generale

l'**evaporazione** è il processo di vaporizzazione che avviene alla superficie libera di un liquido.

Dal punto di vista microscopico l'evaporazione è una conseguenza del moto di agitazione termica. In un liquido, a temperatura T, le molecole sono in uno stato legato perché l'energia cinetica media $\langle K \rangle = (3/2)\,k_B T$ non è sufficiente per vincere l'energia di legame che le vincola alle altre molecole. In ogni istante, però, esistono molecole alla superficie del liquido che hanno una velocità elevata, molto maggiore della velocità quadratica media v_{qm}.

Queste molecole sono in grado di vincere le attrazioni molecolari e, se hanno la giusta direzione, lasciano il liquido sotto forma di vapore. In questo modo sfuggono dal liquido molecole con energia molto maggiore dell'energia cinetica media relativa a quella temperatura; l'energia cinetica media delle molecole rimanenti diminuisce e quindi il liquido si raffredda.

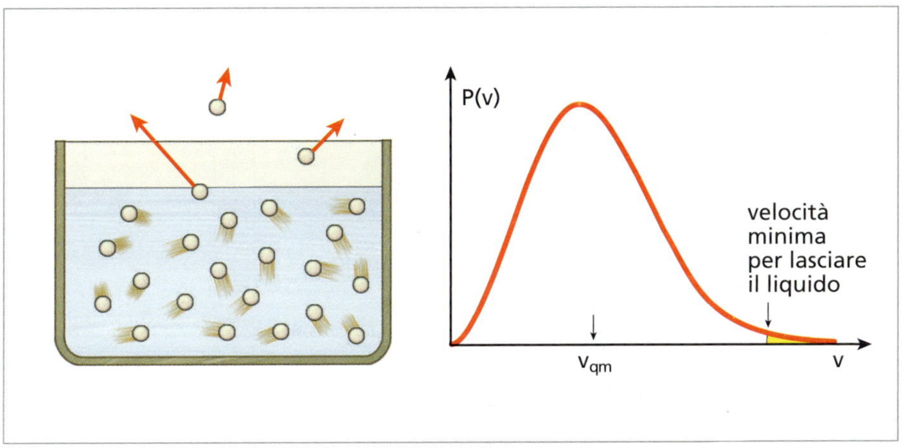

Dal punto di vista macroscopico, l'evaporazione corrisponde a una perdita di calore del liquido, che quindi si raffredda.

FISICA QUOTIDIANA
La sudorazione

La sudorazione si basa proprio su questo meccanismo: l'acqua secreta dalla pelle sotto forma di sudore evapora e rimuove una grande quantità di calore dal nostro corpo, contribuendo in modo significativo a evitare un pericoloso aumento della temperatura corporea.

Equilibrio liquido-vapore e pressione di vapore saturo

Se le molecole che evaporano da un liquido sono continuamente rimosse dallo spazio sopra il liquido, in un certo intervallo di tempo il liquido evapora completamente. Al contrario, se il liquido è posto in un contenitore chiuso, il sistema liquido + vapore giunge a una condizione di equilibrio.

Consideriamo un recipiente chiuso che contiene un liquido alla temperatura T. Dopo aver fatto il vuoto con una pompa, osserviamo l'andamento della pressione sopra il liquido.

■ Inizialmente la pressione residua è molto bassa perché la pompa ha rimosso gran parte dei gas sopra la superficie libera del liquido.

■ Col passare del tempo, il liquido evapora e la pressione aumenta. All'inizio l'evaporazione è veloce, ma progressivamente diminuisce fino a cessare, come evidenzia il fatto che la pressione cresce fino a stabilizzarsi a un valore massimo p_v.

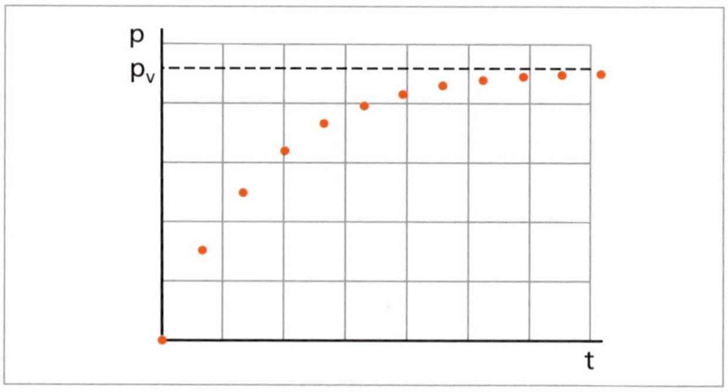

Questo fenomeno si interpreta come il raggiungimento di un equilibrio dinamico fra due effetti opposti: l'evaporazione e la condensazione. Indichiamo con $n_{A \to B}$ il numero di molecole che passa dallo stato A allo stato B nell'unità di tempo.

■ All'inizio prevale l'evaporazione e il numero di molecole che lascia il liquido è molto maggiore del numero di quelle che vi fanno ritorno:

$$n_{\text{liq}\to\text{vap}} > n_{\text{vap}\to\text{liq}}$$

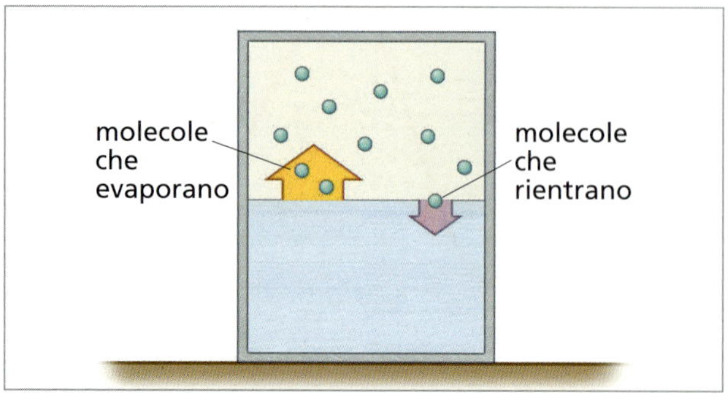

■ Man mano che aumenta il numero delle molecole allo stato di vapore, aumenta anche il numero di quelle che sono catturate dalle forze attrattive dello stato liquido.

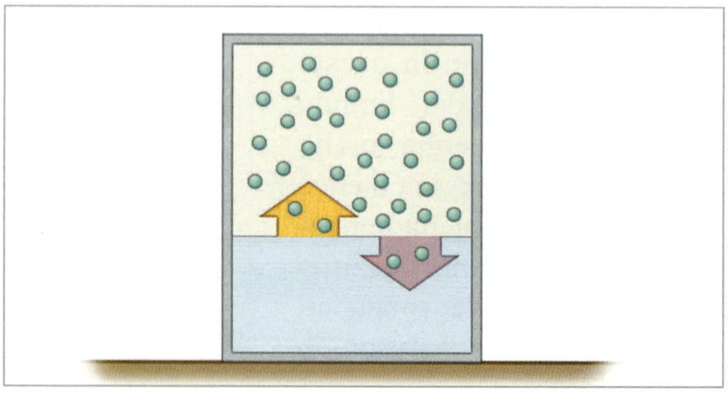

Si raggiunge l'equilibrio dinamico tra liquido e vapore quando

$$n_{\text{liq}\rightarrow\text{vap}} = n_{\text{vap}\rightarrow\text{liq}}$$

L'evaporazione e la condensazione continuano incessantemente, ma rimane costante il numero di molecole allo stato di vapore.

Quando un vapore è in equilibrio con il suo liquido si dice **vapore saturo** e la pressione che esso esercita si dice **pressione** (o **tensione**) **di vapore saturo**.

#vaporesaturo

La pressione di vapore saturo varia da sostanza a sostanza, come indicato in tabella.

Le sostanze con una grande pressione di vapore saturo sono *volatili*, perché tendono a evaporare con facilità: il valore elevato della pressione indica che per raggiungere l'equilibrio liquido-vapore è necessario che il vapore abbia una densità grande e quindi che deve evaporare tanto liquido.

La pressione di vapore saturo dipende dalla temperatura. All'aumentare della temperatura aumenta l'energia cinetica media delle molecole di un liquido e di conseguenza cresce $n_{\text{liq}\rightarrow\text{vap}}$. L'equilibrio si ristabilisce solo con il parallelo aumento della densità del vapore che comporta a sua volta un aumento di $n_{\text{vap}\rightarrow\text{liq}}$.

Quindi la pressione di vapore saturo cresce con la temperatura, come mostra il grafico a fianco, che descrive il comportamento dell'acqua.

Pressione di vapore saturo per alcune sostanze (a 20 °C)

Sostanza	Pressione (kPa)
Acetone	24,0
Alcol etilico	5,87
Acqua	2,34
Benzene	10,0
Cloroformio	21,3
Etere etilico	55,3
Mercurio	$1{,}63 \cdot 10^{-4}$

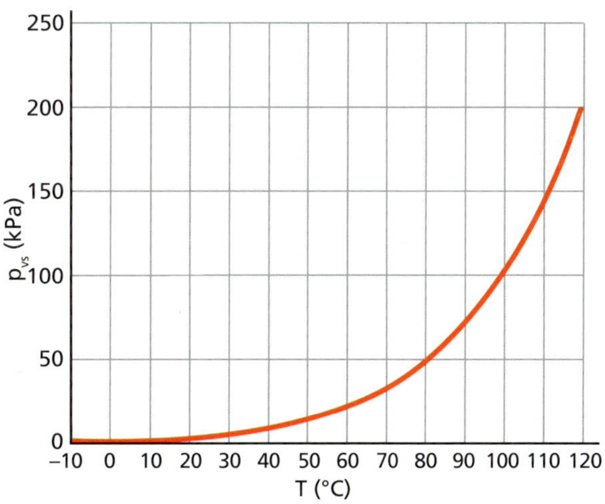

L'umidità relativa

Le proprietà dell'acqua e i suoi passaggi di stato caratterizzano molti fenomeni atmosferici e influenzano profondamente il clima terrestre.

La radiazione solare che incide sull'atmosfera terrestre ha una potenza media annua di 340 W/m^2. Ben il 25% di questa potenza, circa 84 W/m^2, viene assorbita dall'evaporazione delle acque superficiali. Quando il vapore si condensa, restituisce l'energia all'atmosfera sotto forma di calore latente, che innesca i moti convettivi all'interno delle nubi.

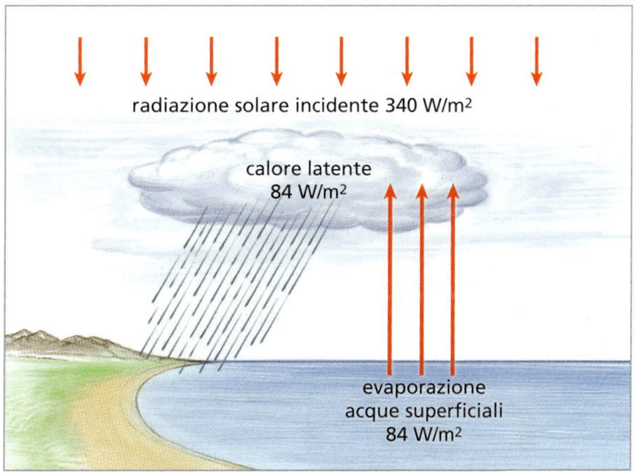

La presenza di vapore d'acqua nell'aria è indicata con l'**umidità relativa**:

l'**umidità relativa** H_r di una massa d'aria è il rapporto fra la pressione parziale p_{H_2O} del vapore d'acqua presente e la pressione del vapore saturo p_{vs} a quella temperatura:

#umiditàrelativa

$$H_r = \frac{p_{H_2O}}{p_{vs}} \qquad (13)$$

DENTRO LA FORMULA

- L'umidità relativa è un rapporto fra grandezze omogenee e quindi è un numero privo di dimensioni.
- L'umidità relativa si esprime anche in percentuale.
- Nota la temperatura, la pressione di vapore saturo si può determinare mediante i grafici precedenti.

FISICA QUOTIDIANA
Che afa!

Quando l'umidità relativa è molto alta avvertiamo una spiacevole sensazione di caldo: la presenza di molto vapore nell'aria contrasta l'evaporazione del sudore sulla nostra pelle e quindi limita il raffreddamento della superficie corporea.

PER ESEMPIO **C'è acqua nell'aria**

In una afosa giornata estiva, la temperatura è 25 °C e l'umidità relativa è 90%. La pressione di vapore saturo a quella temperatura è $p_v = 3{,}2$ kPa.

► Qual è la pressione parziale del vapore acqueo presente nell'aria?

Per la (13) segue

$$p_{H_2O} = \frac{90}{100}(3{,}2 \text{ Pa}) = 2{,}9 \text{ kPa}$$

In una stanza di 50 m^3 c'è una grande quantità di vapore acqueo:

$$n_{H_2O} = \frac{pV}{RT} = \frac{(2{,}9 \cdot 10^3 \text{ Pa})(50 \text{ m}^3)}{[8{,}314 \text{ J/(K·mol)}](298 \text{ K})} = 59 \text{ mol}$$

che equivale a circa (59 mol)(18 g/mol) = 1,1 kg.

→ PROBLEMA SU PIÙ CONCETTI **Il vapore saturo** • pag. 433
#vaporesaturo #umiditàrelativa

L'ebollizione

In genere per portare a ebollizione un liquido forniamo a esso del calore, come avviene mettendo una pentola d'acqua sul fornello.

L'**ebollizione** è un processo di vaporizzazione che avviene in tutta la massa di un liquido.

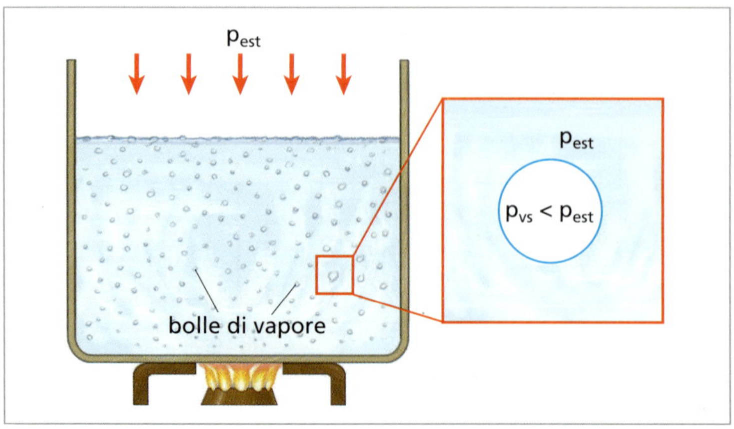

Per comprendere le cause dell'ebollizione, consideriamo un liquido sulla cui superficie libera si esercita una pressione p_{est}. Mentre il liquido viene scaldato, la sua temperatura sale e con essa aumenta anche la sua pressione di vapore saturo p_{vs}.

Durante il riscaldamento si ha evaporazione ma non ebollizione. Le molecole di vapore sfuggono dalla superficie libera ma non possono formare bolle stabili all'interno del liquido, perché la pressione esterna è maggiore della pressione al loro interno.

Quando il liquido giunge alla temperatura alla quale $p_{vs} = p_{est}$ l'evaporazione può avvenire in tutta la massa del liquido: si formano bollicine al cui interno le molecole di vapore esercitano una pressione p_{vs} che equilibra quella esterna.

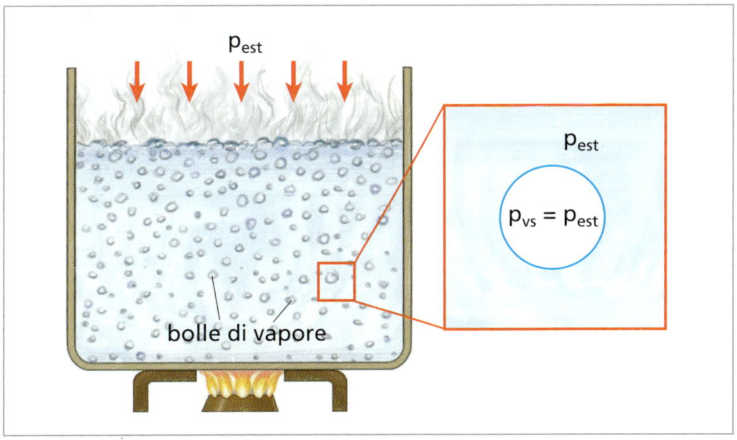

La **temperatura di ebollizione** di un liquido è la temperatura alla quale la sua pressione di vapore saturo uguaglia la pressione sulla superficie libera.

Nel caso dell'acqua, la pressione di vapore saturo è uguale a 101 kPa quando la temperatura è 100 °C: per questa ragione l'acqua bolle a 100 °C a livello del mare.

FISICA QUOTIDIANA
L'acqua non bolle a 100 °C

Se varia la pressione sulla superficie libera del liquido, varia anche la sua temperatura di ebollizione. In alta montagna la pressione atmosferica è minore di 101 kPa e quindi la temperatura di ebollizione dell'acqua è minore di 100 °C.

Per esempio, in un rifugio a 3000 m di quota, $p_{est} = 70$ kPa: la pressione di vapore saturo dell'acqua ha questo valore quando l'acqua raggiunge circa 90 °C, per cui nel rifugio l'ebollizione avviene a 90 °C.

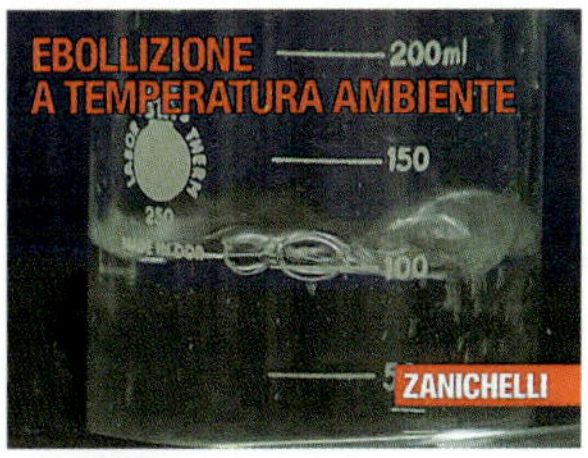

GUARDA!

Nelle pentole a pressione, una valvola consente la fuoriuscita di aria e vapore solo quando la pressione interna supera i 200 kPa. L'acqua bolle solo quando la sua pressione di vapore saturo arriva a quel valore. Dal grafico della tensione di vapore saturo dell'acqua vediamo che ciò accade alla temperatura di circa 120 °C.

theulltruth.com

Ma l'ebollizione più sorprendente è quella che si vede nella scia che un'elica lascia sott'acqua. Questo fenomeno, detto *cavitazione*, è dovuto al movimento delle pale dell'elica che, ruotando, creano depressioni violentissime in cui si formano bolle di vapor d'acqua.

9 I passaggi liquido-vapore per i gas reali

La temperatura critica

Nel modello del gas perfetto si assume che non esistano forze attrattive fra le molecole. Non si possono formare legami fra le molecole anche se il gas è molto denso e a bassa temperatura, cioè anche se le molecole sono molto vicine e hanno piccola energia cinetica. Il gas perfetto non può quindi condensare o liquefare, cioè passare allo stato liquido.

I gas reali hanno un comportamento assai diverso. Gli esperimenti mostrano infatti che ogni sostanza allo stato aeriforme può essere liquefatta mediante compressione a temperatura costante. L'unica condizione che si deve verificare è che la compressione avvenga a temperatura inferiore a un valore caratteristico della sostanza noto come **temperatura critica** T_c.

Temperatura critica di alcune sostanze

Sostanza	°C
Acqua	374
Benzolo	290
Alcol etilico	243
Ammoniaca	132
Propano	97
Anidride carbonica	31

Sostanza	°C
Etilene	10
Metano	−82
Ossigeno	−119
Azoto	−147
Idrogeno	−240
Elio	−268

Al di sopra della sua temperatura critica, una sostanza aeriforme non può essere liquefatta per compressione e si comporta in modo simile al gas perfetto: le sue molecole hanno un'energia cinetica media tanto elevata da impedire la formazione di legami intermolecolari e sono quindi libere di muoversi nello spazio.

Gas e vapore

Mediante la temperatura critica è possibile stabilire la differenza tra gas e vapore:

- un **gas** è una sostanza aeriforme che si trova al di sopra della sua temperatura critica;
- un **vapore** è una sostanza aeriforme che si trova al di sotto della sua temperatura critica.

L'essere un gas o un vapore non è quindi una proprietà definitiva di una sostanza aeriforme, ma dipende dalla temperatura alla quale viene utilizzata.

Nel caso dell'acqua si parla genericamente di *vapore di acqua* e non di *gas di acqua* perché a temperatura ambiente si trova ben al di sotto della temperatura critica di 374 °C e quindi condensa quando viene compresso.

A temperatura ambiente il metano non può esistere allo stato liquido, perché la sua temperatura critica è −82 °C. Le bombole che contengono metano sono riempite ad alta pressione (circa 200 atm) perché al loro interno possa esserci una quantità significativa di gas. Invece, il propano, che è il principale costituente del GPL, può essere liquefatto per compressione a temperatura ambiente perché la sua temperatura critica è 97 °C.

MINDBUILDING

Le isoterme di un gas reale

Il comportamento di una mole di un gas reale è descritto dall'equazione di van der Waals (capitolo 9):

$$\left(p + \frac{a}{V^2}\right)(V - b) = RT \qquad (14)$$

Questa equazione, per ogni temperatura T fissata, descrive una curva nel piano pV. Tali curve sono dette *isoterme* perché ognuna di esse rappresenta un insieme di stati del gas che hanno la stessa temperatura.

Il grafico di sinistra mostra alcune isoterme per una mole di biossido di carbonio.

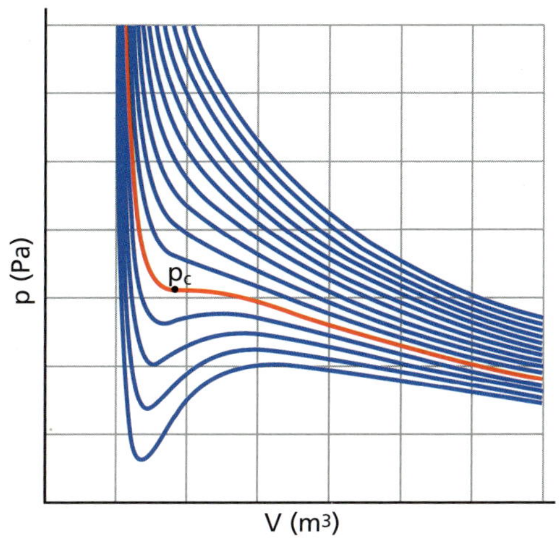

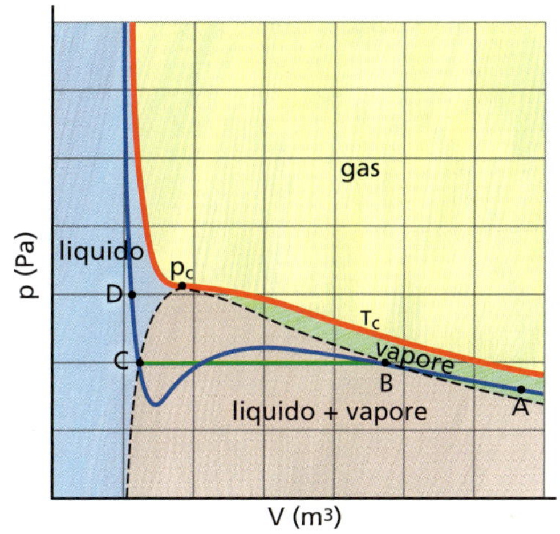

Le isoterme di van der Waals

- alle alte temperature sono iperboli equilatere: il gas si comporta come il gas perfetto, per il quale l'equazione di stato è proprio $pV = \text{cost}$;
- al di sopra della temperatura critica $T_c = 304$ K, sono funzioni decrescenti: all'aumentare di V diminuisce p;
- per temperature inferiori a T_c hanno un comportamento anomalo: in alcuni tratti all'aumentare del volume aumenta anche la pressione.

Gli esperimenti mostrano che i gas reali

- per $T > T_c$, cioè quando non è possibile la condensazione per compressione, seguono l'andamento previsto dall'equazione di van der Waals;
- per $T = T_c$ condensano in modo istantaneo quando la pressione è uguale a p_c;
- per $T < T_c$ si allontanano dalle isoterme di van der Waals negli stati in cui coesistono liquido e vapore.

Consideriamo una mole di biossido di carbonio nello stato A alla temperatura di 280 K, nella quale è un vapore e quindi può condensare (figura a destra).

Diminuendo il volume a temperatura costante, si raggiunge lo stato B: il vapore comincia a condensare quando la pressione è uguale alla pressione di vapore saturo p_{vs}. Se si continua a comprimere il vapore, la pressione rimane uguale a p_{vs} fino a quando è presente vapore che può condensare. Il tratto BC dell'isoterma è quindi orizzontale. Nello stato C tutto il vapore si è trasformato in liquido: una piccolissima diminuzione del volume provoca un aumento rapido della pressione perché il liquido è praticamente incomprimibile.

Gli esperimenti mostrano che in tutti gli stati interni alla regione di piano pV delimitata dalla curva tratteggiata il vapore e il liquido coesistono in equilibrio alla pressione di vapore saturo.

Capacità termica

capacità termica (J/K)

$$\Delta E = C\Delta T = cm\Delta T$$

calore specifico (J/(kg · K))

massa del corpo

Temperatura di equilibrio

$$c_\mathrm{b} m_\mathrm{b}(T_\mathrm{f} - T_\mathrm{b}) + c_\mathrm{a} m_\mathrm{a}(T_\mathrm{f} - T_\mathrm{a}) = 0$$

temperatura di equilibrio

Legge di Fourier

conducibilità termica (J/(m · s · K))

temperatura degli estremi della sbarra

$$Q = \lambda A \frac{T_2 - T_1}{L} \Delta t$$

sezione della sbarra

lunghezza della sbarra

Legge di Stefan-Boltzmann

Potenza emessa

potenza della radiazione termica emessa dal corpo (W)

temperatura assoluta del corpo (K)

$$P_\mathrm{e} = e\sigma A T^4$$

emittanza

superficie del corpo

costante di Stefan-Boltzmann
5,67 · 10^{-8} W/(m^2 · K^4)

Potenza assorbita

potenza della radiazione termica assorbita dal corpo (W)

$$P_\mathrm{a} = e\sigma A T_\mathrm{a}^4$$

temperatura dell'ambiente (K)

Calore latente

energia scambiata tra sostanza e ambiente

$$Q = Lm$$

calore latente (J/kg)

massa della sostanza

Umidità relativa

pressione del vapore d'acqua

$$H_\mathrm{r} = \frac{p_{\mathrm{H_2O}}}{p_\mathrm{vs}}$$

pressione del vapore saturo

ESERCIZI

ZTE ONLINE
Mettiti alla prova con 20 esercizi interattivi

1 Da fluido calorico a energia in transito

1 Solitamente il contenuto calorico dei cibi viene fornito in calorie; in realtà però la cosiddetta caloria «alimentare» viene indicata con l'iniziale maiuscola (Cal) ed equivale a 1000 cal. Su una confezione di zucchero c'è scritto che 100 g di prodotto contengono 390 Cal.
- ▶ A quante calorie equivalgono?
- ▶ Converti il risultato in joule. [$3{,}9 \cdot 10^5$ cal; 1,6 MJ]

2 QUESITO ARGOMENTA Considera la seguente affermazione: «Il calore è energia in transito da un corpo con energia interna maggiore a uno con energia interna minore».
- ▶ È un'affermazione corretta?

3 Un ragazzo di 75 kg legge su una confezione di albicocche secche che ogni etto fornisce un apporto energetico di 270 kcal.
- ▶ Calcola quale dislivello deve superare il ragazzo per smaltire le calorie ingerite con mezzo etto di albicocche. [770 m]

4 Durante una staccata, cioè una violenta frenata prima di una curva, un motociclista passa da 230 km/h a 110 km/h. La massa del sistema motociclista-moto è 320 kg. Supponi che tutta l'energia dispersa nella frenata sia dissipata in calore.
- ▶ Quante calorie sono state prodotte? [120 kcal]

2 Capacità termica e calore specifico

5 Il fabbisogno medio di energia per un essere umano è di 2000 Cal (1 Cal = 1000 cal) al giorno.
- ▶ Quanti kilogrammi di acqua si possono portare da 20 °C a 70 °C con questa quantità di energia? [40 kg]

6 Supponi di voler aumentare la temperatura di 20 kg di acqua da 10 °C a 20 °C.
- ▶ Quanti joule di energia sono necessari? [$8{,}4 \cdot 10^5$ J]

7 Supponi di voler aumentare la temperatura di 2,0 kg di rame da 20 °C a 100 °C.
- ▶ Quanto calore è necessario fornire? [62 kJ]

8 Un blocco di 3,0 kg di piombo è a 180 °C. Cedendo una quantità di calore Q si raffredda e raggiunge la temperatura di 20 °C.
- ▶ Quanto vale Q? [–62 kJ]

9 PROBLEMA **Calore specifico e capacità termica**
#capacitàtermica

Un corpo di massa 15 kg, a seguito dell'assorbimento di una quantità di calore di 40 kJ, porta la sua temperatura da 278 K a 298 K.
- ▶ Qual è la capacità termica del corpo?
- ▶ Calcola il calore specifico del materiale di cui è fatto il corpo.

LA SITUAZIONE FISICA E IL MODELLO

La capacità termica di un corpo è definita come la quantità di calore necessaria perché la sua temperatura aumenti di 1 K.
Il calore specifico è una proprietà del materiale di cui è composto il corpo e corrisponde alla capacità termica per kg di materiale.

LA RISOLUZIONE

1. Per la (3) la capacità termica C è

$$C = \frac{Q}{\Delta T}$$

2. Il calore specifico c si ottiene dalla (4):

$$c = \frac{C}{m}$$

I DATI E IL RISULTATO

$Q = 40\text{ kJ} = 4{,}0 \cdot 10^4\text{ J}$

$\Delta T = 20\text{ K}$

$m = 15\text{ kg}$

$$C = \frac{4{,}0 \cdot 10^4\text{ J}}{20\text{ K}} = 2{,}0 \cdot 10^3\text{ J/K}$$

$$c = \frac{2{,}0 \cdot 10^3\text{ J/K}}{15\text{ kg}} = 130\text{ J/(kg·K)}$$

10 **PROBLEMA SIMILE**

Un oggetto metallico di 2,2 kg aumenta la sua temperatura di 50 °C quando assorbe 55 kJ di calore.
- ▶ Qual è la capacità termica del corpo?
- ▶ Calcola il calore specifico del materiale di cui è fatto il corpo.
- ▶ Di che materiale si tratta? [1,1 kJ/K; 0,50 kJ/(kg·K)]

11 Da una ricetta inglese per la preparazione del tè: «Per una tazza di tè scaldare 2 dL d'acqua a 90 °C [...]». Dal rubinetto esce acqua a 15 °C.
- ▶ Quanto calore è necessario fornire all'acqua? [63 kJ]

12 Per una buona frittura la temperatura dell'olio deve essere almeno 160 °C. Una friggitrice ha una potenza di 1,0 kW e contiene 2,5 L d'olio d'oliva (ρ = 0,92 g/cm^3), che inizialmente è alla temperatura di 20 °C. Trascura il calore disperso.
- ▶ Quanto tempo si deve attendere dall'accensione prima di immergere nell'olio le patatine? [≈ 9 min]

3 La calorimetria

13 Un barman prepara un cocktail mescolando 1/3 di liquore (c = 0,8 cal/(g·°C)) a 20 °C con 2/3 di acqua a 4 °C.
- ▶ Qual è la temperatura della bevanda? [9 °C]

14 Si aggiungono 10 mL di latte freddo (4 °C) a una tazza di tè da 100 mL a 90 °C. Il latte e il tè hanno praticamente lo stesso calore specifico dell'acqua.
- ▶ Qual è la temperatura finale? [≈ 80 °C]

15 Dal rubinetto l'acqua calda esce a 60 °C e quella fredda a 10 °C.
- ▶ Come devono essere miscelate per fare una doccia a 30 °C? [2/5 di acqua calda e 3/5 di acqua fredda]

16 **PROBLEMA** **Acqua e pallini di piombo**
#temperaturaequilibrio

Una massa di 200 g di pallini di piombo è riscaldata a 90 °C e posta in 500 g di acqua inizialmente a 20 °C. Trascura la capacità termica del recipiente e le perdite di calore del sistema.
- ▶ Qual è la temperatura finale dell'insieme acqua-piombo?

LA SITUAZIONE FISICA E IL MODELLO

I pallini di piombo caldi cedono calore alla massa d'acqua, fino a raggiungere una temperatura di equilibrio T_f. Se le perdite di calore sono trascurabili, tutto il calore Q_{Pb} ceduto dal piombo viene assorbito dall'acqua.

LA RISOLUZIONE

1. Indichiamo con T_f la temperatura finale di equilibrio del sistema acqua-piombo.
Il calore ceduto dai pallini di piombo Q_{Pb} e il calore assorbito dall'acqua Q_{H_2O} sono dati dall'equazione (6).

$$Q = mc\Delta T \qquad Q_{Pb} = m_{Pb}c_{Pb}(T_{Pb} - T_f) \qquad Q_{H_2O} = m_{H_2O}c_{H_2O}(T_f - T_{H_2O})$$

2. Trascurando le perdite e il calore assorbito dal contenitore, possiamo uguagliare le quantità di calore Q_{Pb} e Q_{H_2O} e risolvere nell'incognita T_f:

$$m_{Pb}c_{Pb}(T_{Pb} - T_f) = m_{H_2O}c_{H_2O}(T_f - T_{H_2O}) \quad \Rightarrow \quad \boxed{T_f = \frac{m_{Pb}c_{Pb}T_{Pb} + m_{H_2O}c_{H_2O}T_{H_2O}}{m_{Pb}c_{Pb} + m_{H_2O}c_{H_2O}}}$$

I DATI E IL RISULTATO

$m_{Pb} = 200 \text{ g} = 0{,}200 \text{ kg}$

$m_{H_2O} = 500 \text{ g} = 0{,}500 \text{ kg}$

$T_{Pb} = 90 \text{ °C} = 363 \text{ K}$

$T_{H_2O} = 20 \text{ °C} = 293 \text{ K}$

$c_{Pb} = 130 \text{ J/(kg·K)}$

$c_{H_2O} = 4{,}19 \cdot 10^3 \text{ J/(kg·K)}$

$$m_{Pb}c_{Pb}T_{Pb} + m_{H_2O}c_{H_2O}T_{H_2O} = \\ = (0{,}200 \text{ kg})[130 \text{ J/(kg·K)}](363 \text{ K}) + \\ + (0{,}500 \text{ kg})[4{,}19 \cdot 10^3 \text{ J/(kg·K)}](293 \text{ K}) = \\ = 6{,}23 \cdot 10^5 \text{ J}$$

$$m_{Pb}c_{Pb} + m_{H_2O}c_{H_2O} = \\ = (0{,}200 \text{ kg})[130 \text{ J/(kg·K)}] + (0{,}500 \text{ kg})[4{,}19 \cdot 10^3 \text{ J/(kg·K)}] = \\ = 2{,}12 \cdot 10^3 \text{ J/K}$$

$$T_f = \frac{6{,}23 \cdot 10^5 \text{ J}}{2{,}12 \cdot 10^3 \text{ J/K}} = 294 \text{ K} = 21 \text{ °C}$$

COSA SUCCEDE SE

Nella pratica di laboratorio è molto difficile evitare che una piccola parte di calore fluisca dal calorimetro verso l'esterno. In questi casi, la temperatura di equilibrio risulta minore di quella teorica, perché parte dell'energia è uscita dal sistema.

17 **PROBLEMA SIMILE**

Considera la situazione descritta nell'esercizio precedente e sostituisci il piombo con il rame.

▶ Determina la temperatura finale dell'insieme acqua-rame. [22 °C]

18 Per raffreddare un pezzo di alluminio di 0,20 kg che si trova alla temperatura di 150 °C lo poni in un contenitore che contiene 3,0 kg d'acqua alla temperatura di 20 °C. Assumi che non ci siano scambi di calore con l'ambiente circostante.

▶ Calcola la temperatura di equilibrio. [22 °C]

19 Il calore specifico di un certo metallo viene determinato misurando la variazione di temperatura che si produce quando si pone un blocchetto riscaldato del metallo in un recipiente isolato fatto dello stesso materiale e contenente acqua. Il blocchetto di metallo da esaminare ha una massa di 100 g ed è inizialmente a 100 °C; il recipiente ha una massa di 200 g e contiene 500 g di acqua alla temperatura iniziale di 17,3 °C. La temperatura finale del sistema è 22,7 °C.

▶ Qual è il calore specifico del metallo? [1,7 kJ/(kg·K)]

20 Un blocchetto di metallo (m = 450 g) alla temperatura di 50 °C viene immerso in un recipiente contenente 1,50 L d'acqua a 18 °C. La temperatura finale di equilibrio, in assenza di scambi di calore con l'esterno, è 19 °C.

▶ Qual è il calore specifico del metallo? [450 J/(kg·K)]

21 In un calorimetro contenente 4,5 L d'acqua, alla temperatura di 10 °C, viene immerso un cubetto di $3{,}4 \cdot 10^2$ g alla temperatura di 200 °C. La temperatura di equilibrio è di 13 °C. Trascura gli scambi di calore con l'esterno.

▶ Calcola il calore specifico del materiale del cubetto. [0,21 cal/(g·°C)]

22 In un contenitore isolato termicamente dall'esterno vengono posizionati un pezzo di rame da 0,20 kg alla temperatura di 25 °C e un pezzo di alluminio da 0,30 kg alla temperatura T_{Al}. L'equilibrio viene raggiunto alla temperatura di 33 °C.

▶ Determina la temperatura iniziale T_{Al} dell'alluminio. [35 °C]

23 In un contenitore vengono mescolati 1,5 L di acqua alla temperatura di 40 °C con 5,0 L di acqua a temperatura differente T_2. L'equilibrio termico si raggiunge alla temperatura di 46 °C.

▶ Qual è la temperatura iniziale T_2? [48 °C]

24 In un thermos contenente 0,50 L di tè alla temperatura di 60 °C si aggiunge 1,0 L di tè alla temperatura di 90 °C. Le due masse liquide si mescolano e raggiungono una temperatura finale di equilibrio.

► Determina la temperatura di equilibrio.

► Calcola la quantità di calore ceduta dalla seconda massa alla prima. [80 °C; –42 kJ]

25 PROBLEMA SU PIÙ CONCETTI **Scaldacqua a legna**

#poterecalorifico #capacitàtermica

Uno chalet in montagna ha lo scaldacqua a legna. Il proprietario stima che nel fine settimana avrà bisogno di 3 m^3 d'acqua calda sanitaria (T = 80 °C) e l'acqua della sorgente è a 5 °C. Il processo di riscaldamento dell'acqua ha un'efficienza di circa il 60%. Ciò significa che solo il 60% del calore prodotto nella combustione della legna viene utilizzato per scaldare l'acqua, mentre il rimanente 40% viene disperso nell'ambiente.

► Quanta legna deve accantonare il proprietario?

LA SITUAZIONE FISICA E IL MODELLO

La combustione della legna genera il calore necessario per scaldare il volume V di acqua. Poiché l'efficienza η del processo di riscaldamento è minore di 1, la massa M di legna necessaria sarà maggiore di quella calcolata nel caso ideale.

LA RISOLUZIONE

1. La massa d'acqua è $m = \rho V$. Per aumentare la temperatura di ΔT, l'acqua deve assorbire una quantità di calore

$$Q = cm\Delta T = c\rho V\Delta T$$

2. Del calore Q' fornito mediante combustione, solo la frazione $Q = \eta Q'$ serve per scaldare l'acqua. Indicato con p_c il potere calorifico del legno, si ha

$$Q' = Mp_c$$

3. In definitiva la quantità di legna necessaria è

$$M = \frac{\rho c V \Delta T}{\eta p_c} = 98 \text{ kg}$$

26 Un fornello da campeggio consuma 140 g/h di propano e ha un'efficienza del 60% nel trasferire il calore a una pentola posta sopra di esso.

► Quanto tempo impiegherà a portare 0,75 L d'acqua da 15 °C alla temperatura di ebollizione di 100 °C? [4 min]

27 Il *marocchino* è un modo italiano di servire il caffè (ρ = 1,0 g/cm^3, c = 1,0 cal/(g·°C)) con l'aggiunta di schiuma di latte (ρ = 0,5 g/cm^3, c = = 1,0 cal/(g·°C)). Per realizzarlo in casa, in versione semplice, si utilizza un bicchierino trasparente di massa 150 g e c = 0,19 cal/(g·°C) a temperatura ambiente di 20 °C. Si versano 5 cL di caffè a 80 °C e 3 cL di schiuma di latte a temperatura di 50 °C. Trascura le perdite di calore verso l'ambiente.

► Determina la temperatura di equilibrio. [60 °C]

4 La propagazione del calore: conduzione e convezione

28 Una padella di rame per friggere, piena d'olio a 200 °C, è sostenuta tramite il manico (di rame), di sezione 1 cm^2 e lungo 20 cm.

► Quanto calore raggiunge la mano in 1 s, tenendo presente che la temperatura corporea è di circa 40 °C? [≈ 30 J]

29 Considera l'esercizio precedente nel caso in cui la padella abbia il manico di legno (λ = 0,20 W/(m·K)) con una sezione di 3 cm^2.

► Quanto calore raggiunge la mano in 1 s? [0,05 J]

30 QUESITO SPIEGA PERCHÉ L'aria è un cattivo conduttore di calore. Lo scopri ogni volta che esci bagnato dalla doccia: se stai fermo la sensazione di freddo si attenua, mentre se ti muovi o agiti l'asciugamano la sensazione di disagio aumenta.

► Fornisci una spiegazione di questo effetto.

▶ Spiega perché, in caso di temperature elevate, muovere l'aria attorno a sé, magari con un ventaglio o un foglio di carta, provoca una sensazione di sollievo.

31 Le finestre di una casa occupano un'area totale di 30 m^2 e sono costituite da un singolo vetro spesso 5,0 mm. La temperatura interna è 20 °C mentre quella esterna è −10 °C. La conducibilità termica vale λ = 0,90 W/(m·K).

▶ Calcola la perdita di calore per conduzione che avviene nell'unità di tempo attraverso le finestre, esprimendo il risultato in watt.

[0,16 MW]

32 Una barra di rame lunga 2,0 m ha una sezione circolare di raggio 1,0 cm. Un'estremità è tenuta a 100 °C, mentre l'altra è a 0 °C; la superficie laterale è isolata in modo che la perdita di calore attraverso essa sia trascurabile.

▶ Quanto vale la quantità di calore che fluisce attraverso la barra nell'unità di tempo?

▶ Determina il gradiente di temperatura $\Delta T/\Delta x$, cioè la variazione di temperatura per unità di lunghezza.

▶ Qual è il valore di temperatura a 25 cm dall'estremità calda?

[6,1 J/s; 50 K/m; 88 °C]

33 Due cubi metallici, uno di ferro (Fe) e uno di rame (Cu), di spigolo 4,00 cm sono disposti a contatto con due termostati, come rappresentato in figura. Il termostato di sinistra ha una temperatura di 100 °C, mentre quello di destra ha una temperatura di 30 °C.

▶ Qual è la temperatura della superficie di contatto tra i due cubi?

▶ Calcola la quantità di calore che fluisce, nell'unità di tempo, attraverso le superfici di contatto tra i due cubi e le rispettive pareti esterne e attraverso la superficie di contatto dei due cubi.

[42 °C; 0,19 kJ]

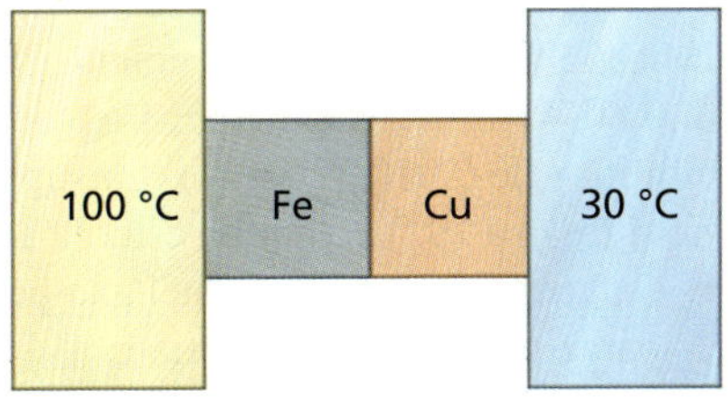

34 Nell'esercizio precedente inverti le posizioni dei cubi.

▶ Determina la temperatura della superficie di contatto tra i cubi.

[88 °C]

35 PROBLEMA SU PIÙ CONCETTI **Dispersione termica**
#poterecalorifico #Fourier

In una stanza si mantiene la temperatura T_i = 20 °C mentre quella esterna è T_e = −2,0 °C. La finestra della stanza ha le dimensioni di 1,2 m × 1,5 m, il vetro è spesso d = 0,60 cm e ha conducibilità termica λ = 0,90 W/(m·K).

▶ Quanto calore fuoriesce ogni minuto per effetto della conduzione?

Supponi che all'interno della stanza una stufa a pellet con rendimento η = 75% mantenga la temperatura costante. Il potere calorifico del particolare pellet utilizzato è p_c = 12 MJ/kg.

▶ Quanta legna si deve bruciare al minuto?

LA SITUAZIONE FISICA E IL MODELLO

La quantità di calore Q trasmessa per conduzione è determinata dalla legge di Fourier. Nel caso di una stufa, un rendimento η del 75% significa che solo il 75% del calore prodotto nella combustione rimane nella stanza, mentre il rimanente 25% fuoriesce attraverso lo scarico dei fumi.

LA RISOLUZIONE

1. Per la (8) risulta:

$$Q = \lambda A \frac{T_i - T_e}{d} \Delta t = 360 \text{ kJ}$$

2. Bruciando una massa M di pellet, la stufa produce una quantità totale di calore $Q' = Mp_c$, di cui solo il 75% scalda l'aria della stanza. Quindi $Q = \eta Q'$ e

$$M = \frac{Q}{\eta p_c} = 40 \text{ g}$$

36 Una parete di legno di uno chalet di montagna è larga 4,0 m, alta 2,5 m e spessa 20 cm. Il coefficiente di conducibilità del legno è 0,20 W/(m·K). La temperatura della stanza è di 18 °C mentre quella esterna, durante le ore più calde, è di 1°C.

- Quanto vale la quantità di calore che attraversa la parete nell'arco delle tre ore più calde della giornata?
- Quanta legna si deve bruciare per compensare la perdita? [1,8 MJ; 0,11 kg]

37 Un carpentiere costruisce un muro di una casa con uno strato di legno spesso 3,2 cm all'esterno e del materiale isolante spesso 2,3 cm all'interno. Il pannello di legno ha una conducibilità termica di 0,80 W/(m·K), mentre per l'isolante la conducibilità vale 0,010 W/(m·K). La superficie interna si trova a 19 °C e quella esterna a −10 °C.

- Calcola la temperatura nella superficie di separazione tra i due materiali. [−9,5 °C]

38 La conducibilità termica di un materiale isolante viene misurata costruendo con esso una scatola cubica di spigolo 50 cm e lo spessore delle facce di 2,0 cm. Poni all'interno un riscaldatore di potenza 135 W e misuri che la temperatura interna a regime è 60 °C maggiore di quella esterna.

- Determina la conducibilità termica del materiale. [0,030 W/(mK)]

39 Un frigorifero presenta le seguenti dimensioni: 60 cm × 50 cm × 200 cm. Le sue pareti sono costituite da due sottili strati di acciaio, che hanno la sola funzione di supporto meccanico, distanti 4,0 cm. Lo spazio tra le pareti è riempito di materiale isolante avente una conducibilità termica λ = 0,10 W/(m·K). La temperatura esterna è di 25 °C, mentre quella all'interno del frigorifero è di 5 °C.

- Valuta la potenza termica, ovvero la quantità di calore che deve essere portata all'esterno del frigorifero. [0,25 kW]

5 La propagazione del calore: irraggiamento

40 Si raddoppia la temperatura assoluta di un corpo nero.

- Di quale fattore aumenta la potenza totale irraggiata? [16]

41 Un corpo di area 24 cm^2 si trova alla temperatura di $1{,}3 \cdot 10^3$ K e presenta un coefficiente di emissività di 0,73.

- Quanto vale la potenza della radiazione termica emessa? [$2{,}8 \cdot 10^2$ W]

42 QUESITO SPIEGA PERCHÉ Il flusso geotermico proveniente dall'interno della Terra è stimato in 0,05 W/m^2.

- Spiega perché è del tutto trascurabile nel bilancio energetico del nostro pianeta.

43 QUESITO TROVA IL MODELLO Un tè caldo appena fatto ha una temperatura di circa 95 °C. La tazza si trova in condizioni ambientali normali.

- Quali sono le cause principali del raffreddamento?

44 Una bistecca (e = 0,8) di 20 cm^2 è posta in prossimità di braci a 500 °C, e raggiunge lo stato di cottura desiderato in 3 min. Ipotizziamo che a pari quantità di calore assorbito per irraggiamento corrisponda lo stesso grado di cottura.

- Quanto calore assorbe la bistecca durante la cottura?

Supponi di voler cuocere una bistecca identica con braci di 400 °C.

- Quanto tempo è necessario per completare la cottura? [6 kJ; 5 min]

45 Una lampadina a incandescenza emette luce perché il suo filamento di scalda per il passaggio di corrente elettrica. Supponiamo che tutta la potenza elettrica dissipata in esso contribuisca a innalzarne la temperatura e sia quindi irraggiata verso l'esterno. Inizialmente il filamento di una lampadina ha una temperatura di 1500 °C. La potenza elettrica viene raddoppiata.

- Qual è la temperatura finale del filamento? [≈ 1800 °C]

46 Si dispone un telo nero (e = 0,98) su una piscina gonfiabile di 1,5 m di diametro e riempita con 20 cm d'acqua alla temperatura di 20 °C. La radiazione solare ha un'intensità di 800 W/m^2. Trascura le perdite di calore dalle pareti e dal fondo della piscina gonfiabile.

- Calcola quanto tempo occorre per scaldare l'acqua fino a 28 °C. [2,4 h]

47 Per misurare l'emissività di un materiale si realizza una sfera cava del materiale stesso, di raggio 15 cm, e la si pone all'interno di un'altra sfera più grande, mantenuta a 0 °C. Si realizza il vuoto tra le due sfere, si accende un riscaldatore che sviluppa una potenza di 10 W all'interno della prima sfera e, a regime, si misura la differenza di temperatura ΔT all'equilibrio.

▶ Quanto vale l'emissività nel caso in cui si abbia $\Delta T = 7,7$ °C? [0,95]

6 Gli stati della materia
7 I cambiamenti di stato dal punto di vista microscopico

48 Un pezzo di piombo di 20 g è inizialmente a 300 K.
▶ Quanto calore è necessario per fonderlo? [1,2 kJ]

49 Un pezzo di rame di 20 g è inizialmente a 300 K.
▶ Quanto calore è necessario per fonderlo? [12 kJ]

50 Per mantenere freddi i gelati si utilizza talvolta il «ghiaccio secco», ovvero CO_2 allo stato solido. A pressione ambiente il CO_2 solido non fonde ma sublima in forma gassosa a −76 °C. Il calore latente di sublimazione è 0,6 MJ/kg.
▶ Quanto calore sottraggono la sublimazione di 70 g di ghiaccio secco? [≈ 40 kJ]

51 QUESITO SPIEGA PERCHÉ In caso di febbre molto alta, i pediatri suggeriscono di mantenere umida la pelle dei bambini mediante spugnature.
▶ Perché?

52 Uno sciatore di 80 kg scende lungo una pista che ha un dislivello di 1000 m. La temperatura esterna è di 0 °C. Assumi che tutta l'energia potenziale venga dissipata al contatto fra la neve e gli sci.
▶ Quanta neve si scioglie? [≈ 2 kg]

53 Si vogliono portare 5,0 kg di ghiaccio dalla temperatura di −10 °C a 18 °C. Il calore specifico del ghiaccio è 2,1 kJ/(kg·K).
▶ Quanto calore è necessario? [2,2 MJ]

54 Un orafo vuole fondere un lingotto da 200 g d'oro che si trova a una temperatura di 20 °C. La temperatura di fusione dell'oro è di 1064 °C, il calore latente è $6,3 \cdot 10^4$ J/kg e il calore specifico dell'oro solido 0,13 kJ/(kg·K).
▶ Qual è la minima quantità di calore necessaria affinché avvenga la fusione? [40 kJ]

55 PROBLEMA **Acqua e ghiaccio**
#cambiamentidistato

Un blocco di ghiaccio con $m_g = 210$ g a $T_g = 0$ °C viene messo in acqua a $T_a = 20$ °C ($m_a = 560$ g). Il sistema si trova in un contenitore di capacità termica trascurabile e isolato dall'ambiente esterno.
▶ Quanto ghiaccio si fonde?
▶ Qual è la temperatura di equilibrio del sistema?

LA SITUAZIONE FISICA E IL MODELLO

L'acqua si raffredda a causa dello scioglimento del ghiaccio. La quantità massima di calore che l'acqua può cedere al ghiaccio è

$$Q_a = m_a c_a \Delta T = m_a c_a (T_a - 273 \text{ K})$$

Per fondersi interamente, il ghiaccio deve ricevere dall'acqua una quantità di calore

$$Q_{tot} = m_g L$$

Se $Q_a = Q_{tot}$, il ghiaccio si scioglie interamente; se $Q_a < Q_{tot}$, solo una parte di ghiaccio si scioglie. In entrambi i casi la temperatura di equilibrio raggiunta è 0 °C.
Se $Q_a > Q_{tot}$ il ghiaccio si scioglie interamente e l'acqua rimane a una temperatura maggiore di 0 °C.

LA RISOLUZIONE

1. La quantità massima di calore che l'acqua può cedere è

$$\boxed{Q_a = m_a c_a (T_a - 273 \text{ K})}$$

2. Il ghiaccio fonde totalmente se riceve una quantità di calore

$$\boxed{Q_{tot} = m_g L}$$

I DATI E IL RISULTATO

$m_g = 210\ \text{g} = 0{,}21\ \text{kg}$

$m_a = 560\ \text{g} = 0{,}56\ \text{kg}$

$T_a = 20\ °\text{C} = 293\ \text{K}$

$L = 334\ \text{kJ/kg} = 3{,}34 \cdot 10^5\ \text{J/kg}$

$c_a = 4{,}19 \cdot 10^3\ \text{J/(kg·°C)}$

$$Q_a = (0{,}56\ \text{kg})\left[4{,}19 \cdot 10^3\ \text{J/(kg·°C)}\right](293\ \text{K} - 273\ \text{K}) = 47\ \text{kJ}$$

$$Q_{tot} = (0{,}21\ \text{kg})(3{,}34 \cdot 10^5\ \text{J/kg}) = 70\ \text{kJ}$$

Poiché risulta $Q_a < Q_{tot}$, il ghiaccio non si scioglie interamente e si trasforma in acqua una massa pari a

$$m = \frac{Q_a}{L} = \frac{4{,}7 \cdot 10^4\ \text{J}}{3{,}34 \cdot 10^5\ \text{J/kg}} = 0{,}14\ \text{kg}$$

La temperatura di equilibrio del miscuglio acqua + ghiaccio è 0 °C.

56 **PROBLEMA SIMILE**

Considera la situazione precedente. Quale temperatura minima deve avere l'acqua per sciogliere tutto il ghiaccio? [30 °C]

57 Per una festa estiva, si prepara una ciotola da 5,0 L di una bevanda a base di succhi di frutta alla temperatura di 16 °C. Per mantenerla fresca, durante il party, aggiungi 300 g di cubetti di ghiaccio a 0 °C. Trascura tutti gli scambi di calore con l'esterno e ipotizza che la bevanda abbia lo stesso calore specifico e la stessa densità dell'acqua.

- ▶ Qual è la temperatura finale del sistema?
- ▶ Rimane del ghiaccio alla temperatura finale? [10 °C]

58 Vuoi raffreddare 100 g di vapor d'acqua a 150 °C fino a solidificarli in 100 g di ghiaccio a 0 °C. Il calore specifico del vapore è 2,01 kJ/(kg·K).

- ▶ Quanto calore devi sottrarre? [0,31 MJ]

59 Un blocchetto di alluminio di massa pari a 50 g, con calore specifico 0,88 kJ/(kg·K) a 20 °C, è posto in un grande contenitore di azoto liquido, che si trova alla temperatura di ebollizione di 77 K.

- ▶ Quanto azoto evapora per raffreddare l'alluminio fino a 77 K? [48 g]

60 **PROBLEMA SU PIÙ CONCETTI** **Butta la pasta!**

#calorespecifico #cambiamentidistato

Su un particolare fornello una pentola con 2,0 L d'acqua impiega 12 min a raggiungere l'ebollizione da temperatura ambiente (20 °C). Quando butti 300 g di pasta osservi che occorrono 60 s prima che il sistema ritorni in equilibrio e all'ebollizione. Il tempo totale di cottura della pasta è di 10 min. Trascura le perdite di calore verso l'esterno.

- ▶ Calcola il calore specifico della pasta.
- ▶ Quanta massa di acqua evapora durante la cottura da quando l'acqua riprende a bollire?

LA SITUAZIONE FISICA E IL MODELLO

Il fornello fornisce una potenza costante che può essere calcolata a partire dal tempo necessario perché l'acqua assorba una quantità di calore tale che la porti alla temperatura di ebollizione.
Nota la potenza fornita, dal tempo trascorso fra l'immersione della pasta e la nuova ebollizione si può ricavare la capacità termica della pasta, e quindi il suo calore specifico.
Raggiunta la temperatura di ebollizione, la potenza termica fornita al sistema viene usata per l'evaporazione dell'acqua.

LA RISOLUZIONE

1. La potenza fornita dal fornello è

$$P = \frac{m_{acqua} c_{acqua} (T_f - T_i)}{\Delta t_{acqua}} = 930 \text{ W}$$

2. Il calore specifico della pasta è

$$c_{pasta} = \frac{P \Delta t_{pasta}}{m_{pasta}(T_f - T_i)} = 2,3 \text{ kJ/(kg·K)}$$

3. La massa di acqua evaporata durante la cottura da quando l'acqua riprende a bollire è

$$m_{vapore} = \frac{P \Delta t_{cottura}}{L} = 220 \text{ g}$$

61 In un contenitore isolante, con capacità termica trascurabile, sono posti 250 g di neve a –30 °C. Il calore specifico della neve è 2,05 kJ/(kg·K). Si dispone di una sorgente di calore avente una potenza di 40 W. Trascura il calore assorbito dal recipiente o perduto in altri modi.
- ▶ Calcola il tempo necessario per portare la neve alla temperatura di ebollizione. [1,4 h]

62 Un recipiente isolato è costituito da un secchiello di polistirolo espanso con un coperchio a tenuta dello stesso materiale. Ha una superficie effettiva di 1,8 m^2 e uno spessore medio di 2,0 cm. La conducibilità termica è di 50 mW/(m·°C). Il contenitore viene riempito con 3,0 kg di acqua e 2,0 kg di ghiaccio, entrambi a 0 °C. La temperatura della superficie esterna è di 15 °C e resta a questo valore.
- ▶ Calcola la quantità di calore che fluisce nell'unità di tempo.
- ▶ Quanto tempo è necessario per fondere tutto il ghiaccio? [68 W; 2,7 h]

63 In un recipiente isolato contenente un blocco di ghiaccio di 400 g a 0 °C si immette vapore acqueo a 100 °C finché il ghiaccio non si fonde e la temperatura dell'acqua non diventa 60 °C.
- ▶ Determina la massa d'acqua prodotta dalla liquefazione di ghiaccio e vapore a questa temperatura. [0,51 kg]

64 In un recipiente sferico è contenuto elio liquido al suo punto di ebollizione (4,2 K). Uno spazio vuoto separa il recipiente da uno schermo che lo racchiude ed è mantenuto alla temperatura dell'azoto liquido (77 K). Il recipiente ha un diametro di 30 cm e la sua superficie esterna è annerita in modo da comportarsi da corpo nero.
- ▶ Quanto elio evapora ogni ora? [97 g]

8 Evaporazione ed equilibrio liquido-vapore

65 Considera del vapor d'acqua in aria a una temperatura di 0 °C (p_{vs} = 0,6 kPa) e umidità relativa pari al 100%.
- ▶ Quanto vale la sua pressione parziale? [0,6 kPa]

66 A circa 5,5 km di altezza la pressione atmosferica è la metà della pressione che viene misurata al livello del mare.
- ▶ A quale temperatura bolle l'acqua? [≈ 80 °C]

67 A 30 °C la pressione parziale del vapor d'acqua è 3,0 kPa (p_{vs} = 4,2 kPa).
- ▶ Calcola l'umidità relativa. [≈ 70%]

68 QUESITO **SPIEGA PERCHÉ** Dopo aver messo una pentola d'acqua sul fornello acceso, noti che sulla parete interna del coperchio si formano goccioline di acqua anche se l'acqua non bolle.
- ▶ Perché?

69 PROBLEMA SU PIÙ CONCETTI **Il vapore saturo**
#vaporesaturo #umiditàrelativa

Considera del vapore saturo.
- ▶ A quale temperatura T la sua pressione è 3,0 kPa?
- ▶ Quanti grammi di acqua contiene 1,0 m^3 di aria con umidità relativa del 75% a quella temperatura?

LA SITUAZIONE FISICA E IL MODELLO

La relazione fra pressione e temperatura di vapore saturo si ricava dal grafico mostrato nella figura. Inoltre, l'umidità relativa H_r di una massa d'aria è il rapporto fra la pressione parziale p_{H_2O} del vapore d'acqua presente e la pressione del vapore saturo p_{vs} a quella temperatura.

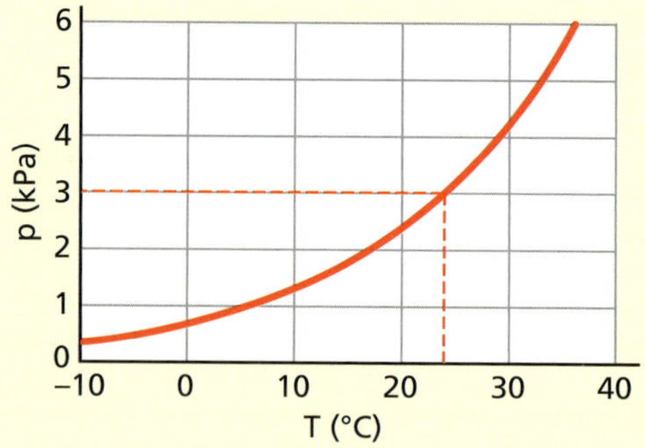

LA RISOLUZIONE

1. La temperatura T si determina mediante il grafico della pressione di vapore saturo in funzione della temperatura. Il punto del grafico che ha ordinata 3,0 kPa ha ascissa $T = 24$ °C.

2. La pressione parziale p_{H_2O} è legata all'umidità relativa H_r e alla pressione di vapore saturo p_{vs} dalla relazione (13):

$$p_{H_2O} = H_r p_{vs}$$

3. Mediante l'equazione di stato si determina il numero di moli di vapore d'acqua presenti:

$$n = \frac{p_{H_2O}V}{RT} = 0{,}91 \text{ mol}$$

4. La massa del vapore d'acqua presente è

$$m = (18 \text{ g/mol})(0{,}91 \text{ mol}) = 16 \text{ g}$$

70 Considera 1 m^3 di aria a 20 °C con umidità relativa del 60%.

▶ Quanti grammi di acqua contiene? [≈ 10 g]

71 Un deumidificatore riduce dal 90% al 70% l'umidità relativa di 100 m^3 di aria a 20 °C.

▶ Quanti grammi di acqua escono dallo scarico? [350 g]

72 Il *punto di rugiada* è la temperatura alla quale la pressione parziale del vapor d'acqua è uguale alla pressione di vapor saturo. In una giornata la temperatura è di 20 °C e il punto di rugiada è a 10 °C.

▶ Stima l'umidità relativa. [60%]

73 QUESITO ARGOMENTA In una fredda giornata invernale, una casa è immersa nella nebbia. All'interno una stufa assicura una temperatura di 18 °C ma l'umidità è molto alta, circa il 90%. Si vuol fare asciugare il bucato estratto da una lavatrice.

▶ Spiega quale delle seguenti azioni assicura il tempo di asciugatura più rapido e perché.

- Si stendono i panni all'esterno.
- Si stendono i panni all'interno ma si tengono le finestre chiuse.
- Si stendono i panni all'interno ma ogni tanto si aprono le finestre.

(*Suggerimento*: considera l'umidità relativa.)

9 I passaggi liquido-vapore per i gas reali

74 Il butano, un gas presente nel GPL da cucina, ha una temperatura critica $T_c = 152$ °C.

▶ A temperatura ambiente, deve essere considerato un vapore o un gas?

75 PROVA ESPERTA Il grafico riporta la curva della pressione di vapore saturo per il propano utilizzato nelle bombole.

▶ LEGGI IL GRAFICO A che temperatura bolle il propano a pressione ambiente?

Una bombola per uso domestico, inizialmente vuota, viene interamente riempita con propano liquido. La temperatura è 10 °C.

▶ CHE COSA SUCCEDE? Che cosa succede all'interno della bombola quando il propano viene erogato all'impianto esterno? Il propano rimane liquido? [≈ −45 °C]

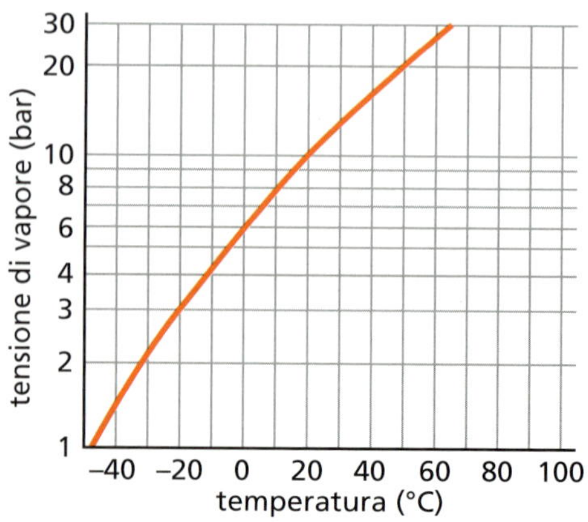

PROBLEMI FINALI

76 L'efficienza dell'acqua

Osservando la tabella dei calori latenti di vaporizzazione si nota come l'acqua abbia un valore decisamente elevato rispetto ad altri liquidi. Questo la rende estremamente utile per il raffreddamento: infatti, se si forza l'evaporazione (sfruttando la tensione di vapore), si riesce a rimuovere un'enorme quantità di calore rispetto a quanto si otterrebbe, per conduzione, con un circuito di raffreddamento. Considera due casi di raffreddamento: nel primo 1 L d'acqua si scalda di 30 K e nell'altro si formano 10 g di vapore.

▶ Determina il calore assorbito nei due casi. [130 kJ; 23 kJ]

77 Isolamento quasi perfetto

Nei laboratori per raggiungere basse temperature si utilizza l'elio liquido, che ha una temperatura di ebollizione di 4,2 K. Per contenerlo si utilizzano barili metallici concentrici, separati fra loro da intercapedini in cui è stato fatto il vuoto. In questo modo la conducibilità è trascurabile e l'irraggiamento, limitato dalla bassa emissività del metallo (circa 0,05), viene ulteriormente smorzato dalle intercapedini in serie. Se non ci fossero le intercapedini si avrebbe una potenza trasmessa decisamente alta. Considera infatti il caso di un unico barile con superficie totale di 3 m^2.

▶ Quanto vale la potenza netta trasmessa per irraggiamento in una stanza a 20 °C? [63 W]

78 La regina del cielo notturno

Se si esclude il Sole, la stella più luminosa del cielo (per un osservatore terrestre) è Sirio α. Questo è un sistema binario composto da due stelle: Sirio A e Sirio B. La seconda ha luminosità trascurabile mentre la prima ha una temperatura superficiale di 10 000 K e il diametro è 2 volte quello del Sole, che ha una temperatura superficiale «solo» di 5800 K.

▶ Calcola la potenza irraggiata da Sirio rispetto a quella solare. [35 volte quella solare]

79 Problema da bar

Un bicchiere contiene circa 0,2 L di aperitivo. La temperatura iniziale è quella ambiente: 20 °C. Nel bicchiere vengono messi alcuni cubetti di ghiaccio a –15 °C da 6 g l'uno. Se il bicchiere non scambiasse calore con l'esterno il ghiaccio raffredderebbe l'aperitivo in modo ottimale, portandolo a 0 °C.

▶ Qual è, in questo caso, il numero minimo necessario di cubetti? [8]

80 Perché i thermos sono argentati?

Considera un contenitore a doppia parete riempito di tè a 90 °C con una superficie di 0,05 m^2, mantenuto a una temperatura esterna di 20 °C.

▶ Determina la quantità di calore scambiata tra le pareti in caso di solo vetro (e = 0,95) e di vetro alluminato (e = 0,05). [27 W; 1,4 W]

81 Sole sulla neve

Considera un prato orizzontale ricoperto di neve a 0 °C (densità circa 0,3 g/cm^3, emittanza 0,9) in un giorno di primavera (Sole inclinato di 45°).

▶ Calcola quanti centimetri di neve si sciolgono tra le 11:00 e le 13:00. (Supponi che l'inclinazione solare rimanga costante e che il flusso della radiazione sia 1,3 kW/m^2; considera anche la radiazione emessa dalla neve.) [≈ 4 cm]

82 Quanto calore per la farinata?

La farinata è un tipico piatto ligure. Si prepara mescolando 750 g di acqua e 250 g di farina di ceci a temperatura ambiente (20 °C) e si cuoce al forno in grandi «testi» di rame, che hanno un'alta conducibilità termica e rendono uniforme la temperatura. Quando esce dal forno, la farinata è a circa 100 °C e ha una massa di soli 400 g, perché parte dell'acqua è evaporata. Il calore specifico della farina di ceci e 0,42 kcal/(kg·°C).

▶ Quanto calore è stato necessario per cuocere la farinata? [1,6 MJ]

83 Il termometro della Terra

L'Artico, così come l'Antartide, e uno dei «termometri» più affidabili del riscaldamento globale. Tra il 1978 e il 2010 l'estensione media dei ghiacci artici è passata da $15{,}5 \cdot 10^6$ km^2 a $14 \cdot 10^6$ km^2 e il loro spessore medio da 3,5 m a 2,5 m.

▶ Stima quanta energia la Terra ha trattenuto ogni anno per causare tale scioglimento.

▶ Stima la percentuale rispetto all'energia totale ricevuta dal Sole. [$2 \cdot 10^{20}$ J; 0,005%]

84 Freddo fumante

In inverno capita spesso di vedere la condensa uscire dalla bocca durante l'espirazione. Ciò è dovuto al fatto che la tensione di vapore saturo è minore della pressione parziale del vapore acqueo nell'aria che emettiamo. Supponi che, respirando normalmente (senza trattenere il respiro), si inizi a vedere il vapore intorno ai 7 °C e che l'aria abbia inizialmente umidità relativa bassa.

▶ Stima l'umidità relativa dell'aria quando si trovava nei polmoni. [20%]

85 ■■■ **Un gas per l'ambiente**

Le finestre sono la causa principale della perdita di calore delle case durante l'inverno. Per migliorare l'efficienza energetica degli edifici, diminuendo così il consumo di combustibile per il riscaldamento, da vari anni sono stati introdotti doppi o tripli vetri. Nelle intercapedini dei modelli migliori si trova argon (0,018 W/(m·K)) che migliora l'isolamento termico rispetto a un vetro singolo (≈ 1 W/(m·K)). Considera una casa con 15 m^2 di finestre e una differenza di temperatura con l'esterno di 20 K. Gli spessori dei vetri e dell'intercapedine si possono valutare in circa 4 mm ognuno.

▶ Calcola la perdita di potenza nel caso in cui le finestre siano a vetro singolo.

▶ Calcola la perdita di potenza nel caso di doppi vetri.

(*Suggerimento*: la potenza che passa attraverso ogni strato e la potenza totale.) [75 kW; 1,3 kW]

86 ■■■ **I liofilizzati**

La liofilizzazione è una tecnica per asportare quasi completamente l'acqua dalle sostanze, come medicinali o cibi, per la loro conservazione. Consiste in due fasi. Nella prima la sostanza viene raffreddata dalla temperatura ambiente (20 °C) fino a −30 °C. Nella seconda fase viene abbassata la pressione e il ghiaccio sublima rimovendo in questo modo l'acqua dalla sostanza. La sublimazione comincia a −30 °C con vuoto inferiore a 1,33 mbar. Piastre metalliche percorse internamente da olio caldo forniscono in ogni istante al prodotto il calore latente di sublimazione (2830 kJ/kg), mentre la temperatura rimane costante. Considera solo l'acqua e trascura dal punto di vista termico le altre sostanze presenti.

▶ Quanto calore deve essere assorbito (per litro d'acqua) dalla sostanza prima dell'inizio della seconda fase?

▶ Calcola la potenza di riscaldamento necessaria durante la seconda fase, se le pompe sono in grado di asportare 1000 m^3/h di vapore alla pressione di 1,33 mbar. [0,48 MJ; 0,94 kW]

87 ■■■ **Bagno turco... per piante**

Molte serre sono riscaldate con tubi in cui scorre vapor d'acqua ad alta temperatura. Considera il vapore un gas perfetto. All'ingresso dei tubi il vapore ha una temperatura di 220 °C e all'uscita di 150 °C e una pressione costante di 4,0 atm. Per scaldare la serra occorrono 5,0 kW.

▶ Valuta il flusso di vapore all'ingresso della serra. [$2,5 \cdot 10^{-2}$ m^3/s]

TEST

1 Per riscaldare un blocco di rame di massa 60 kg da 20 °C a 60 °C serve una certa quantità di calore Q. Per riscaldare invece da 20 °C a 40 °C un blocco di rame di massa 30 kg servirà quindi una quantità di calore pari a:

A $Q/3$
B $3Q/4$
C $2Q/3$
D $Q/4$
E $Q/2$

(Ammissione ad Architettura, 2007/2008)

2 Uno sperimentatore scalda un corpo di massa m con la fiamma: la temperatura iniziale è t_i, quella finale t_f, il calore fornito ΔQ, il calore specifico e la capacità termica del corpo sono c e k. Di conseguenza sarà:

A $t_f - t_i = \Delta Q/(c \cdot m)$
B $t_f - t_i = \Delta Q \cdot k$
C $\Delta Q = k(t_f - t_i)/m$
D $\Delta Q = k(t_f - t_i) \cdot m$
E $\Delta Q \cdot cm \cdot (t_f - t_i) = 0$

(Ammissione a Odontoiatria, 2004/2005)

3 50 g di acqua alla temperatura di 20 °C vengono versati in un contenitore nel quale sono già presenti altri 200 g di acqua, quest'ultima a temperatura di 70 °C. Qual è la temperatura finale di tutta l'acqua al termine del processo di mescolamento? [Si assuma che non vi sia trasferimento di calore tra l'acqua e l'ambiente circostante, compreso il contenitore.]

A 30 °C
B 40 °C
C 45 °C
D 50 °C
E 60 °C

(Ammissione ad Architettura, 2014/2015)

4 Un blocco di ghiaccio con una massa di 0,5 kg alla temperatura di 0 °C viene trasformato a pressione atmosferica in acqua alla temperatura finale di +10 °C. Il blocco richiede un dispendio energetico di 188 kJ per apportare tale trasformazione. Calcolare il calore latente specifico di fusione del ghiaccio.
[Capacità termica specifica espressa in kJ/(kg·K): ghiaccio 2,12; acqua 4,18]

A 167
B 372
C 376
D 355
E 334

(Ammissione a Odontoiatria, 2013/2014)

SEI PRONTO PER LA VERIFICA?

IN 1 ORA

1 In commercio si trovano riscaldatori elettrici a immersione che servono per preparare bevande calde. Un modello di questo dispositivo genera una potenza termica di 250 W. Viene immerso in un recipiente che contiene 150 g di acqua a 25 °C. Trascura le perdite verso l'esterno.

▶ Quanto tempo impiega il riscaldatore per innalzare la temperatura dell'acqua a 80 °C? [138 s] ..... / 20

2 La resistenza di un forno elettrico è formata da un conduttore cilindrico di area $A = 420\ \text{cm}^2$. Quando è in funzione, la resistenza irraggia una potenza di 950 W.

▶ Calcola la temperatura della resistenza in °C. [520 °C] ..... / 20

3 **PROBLEMA**

Durante una gita in montagna, ti riposi all'interno di un bivacco alpino. Le pareti esterne del bivacco, aventi area $A = 15\ \text{m}^2$, sono formate da lastre di acciaio spesse $d_a = 4{,}5$ mm. All'interno sono rivestite da pannelli di legno di $d_l = 2{,}5$ cm. Il volume interno del bivacco è $V = 9{,}5\ \text{m}^3$. La temperatura esterna è $T_e = -4$ °C e il tempo è nuvoloso e senza vento. All'interno accendi una piccola stufetta, che mantiene la temperatura $T_i = 9$ °C.

a A quale fenomeno si deve la maggior dispersione di calore verso l'esterno? ..... / 15

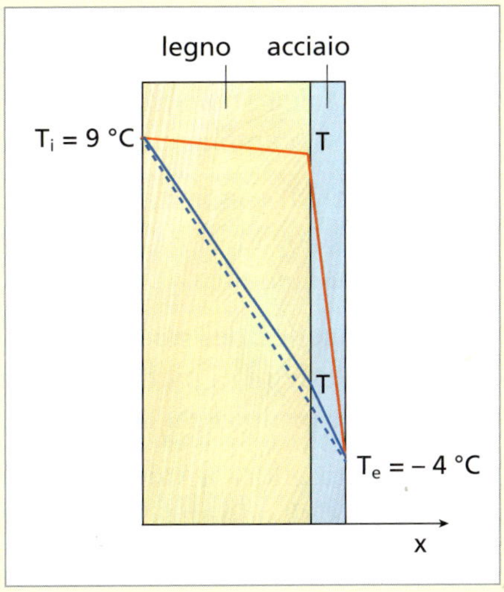

Il grafico mostra l'andamento della temperatura all'interno del sistema pannello di legno + lastra d'acciaio. La curva tratteggiata è quella che si avrebbe con una lastra di materiale omogeneo. Tieni presente che la potenza termica che attraversa la lastra di legno è la stessa che attraversa la lastra di acciaio.

b La situazione reale nella parete del bivacco è quella indicata dalla curva blu o dalla curva rossa? ..... / 15

Un igrometro, che misura l'umidità relativa dell'aria, indica che all'interno del bivacco c'è un'umidità relativa del 95%. La tabella fornisce alcuni valori della tensione di vapore saturo per l'acqua.

Temperatura (°C)	6	8	10
Pressione di vapore saturo (kPa)	0,937	1,076	1,233

c Qual è la massa di vapore acqueo all'interno del bivacco? ..... / 15

Ti cambi la maglietta sudata e la stendi sulla spalliera di una sedia.

d Asciugherà in fretta? ..... / 15

Dati: $\lambda_a = 46$ W/(m·K), $\lambda_l = 0{,}15$ W/(m·K). [80 g]

TOTALE .... / 100

CAPITOLO 11

IL PRIMO PRINCIPIO DELLA TERMODINAMICA

Luciano Meirelles / Shutterstock

1 La termodinamica

Una monoposto di Formula 1 frena violentemente per affrontare una curva. Per studiarne il moto, concentriamo la nostra attenzione su grandezze come la velocità o la forza centripeta durante la curva. Ma basta allargare lo sguardo per vedere fenomeni che coinvolgono il calore: il motore accelera la monoposto bruciando carburante, l'attrito rende i freni incandescenti.

Per descrivere i fenomeni della vita quotidiana i principi della dinamica non bastano.

Oltre la dinamica

Nella meccanica si analizza il moto dei corpi che interagiscono fra loro mediante forze e che si scambiano energia compiendo lavoro meccanico.

Per descrivere il comportamento di un corpo si utilizzano grandezze fisiche, come la massa o la velocità, che racchiudono tutta l'informazione necessaria per calcolarne l'evoluzione dinamica.

La teoria cinetica dei gas estende il campo di applicazione della meccanica ai gas visti come insiemi di particelle. Una massa di gas, però contiene un numero di particelle così elevato che è di fatto impossibile descrivere il moto di ciascuna di esse.

Ci limitiamo allora a valutare i valori medi delle grandezze molecolari (come la velocità), stabilendo una corrispondenza fra questi valori medi e le grandezze di tipo macroscopico (come la temperatura).

Nel corso dell'Ottocento si è affermata una branca della fisica che studia i fenomeni relativi a scambi di energia senza fare ipotesi sulla natura microscopica dei corpi in esame: la *termodinamica*.

La **termodinamica** ha come oggetto la descrizione macroscopica dell'interazione fra corpi che possono scambiare energia per effetto dell'azione di forze (lavoro) o in conseguenza di differenze di temperatura (calore).

La termodinamica si basa su alcuni principi fondamentali che sono stati desunti per via sperimentale, a partire dai quali si derivano risultati generali che non dipendono da interpretazioni microscopiche dei fenomeni analizzati.

La termodinamica affronta in particolare lo studio delle trasformazioni di calore in lavoro e di lavoro in calore. Oltre a presentare notevole interesse teorico, queste trasformazioni rivestono un'importanza fondamentale nella progettazione di quelle macchine termiche, come i frigoriferi o i motori a combustione interna, che hanno reso possibile lo sviluppo delle civiltà industrializzate.

Sistemi termodinamici e ambiente

La termodinamica studia le interazioni fra i sistemi termodinamici e l'ambiente esterno. In generale, un **sistema termodinamico** è una data quantità di materia racchiusa all'interno di una superficie chiusa, mentre l'**ambiente** è l'insieme dei corpi con cui il sistema interagisce. Per esempio, un sistema termodinamico è il gas contenuto in una bombola e l'ambiente esterno è la stanza in cui questa è collocata.

La caratteristica distintiva di un sistema termodinamico è quella di poter scambiare energia con l'esterno anche sotto forma di calore.

Nelle situazioni in cui si vuole impedire il flusso di calore fra sistema e ambiente, anche in presenza di differenze di temperatura, si pone il sistema all'interno di **pareti adiabatiche**, cioè composte di materiali che sono pessimi conduttori di calore. Per esempio, per trasportare il gelato, si utilizzano vaschette di polistirene.

Massimo Romeni

Una parete adiabatica ideale blocca completamente il flusso di calore fra sistema e ambiente, mentre una sua realizzazione pratica lo diminuisce a tal punto che la quantità di calore scambiata non ha effetti apprezzabili nel corso di un esperimento.

Quando si vuole mantenere costante la temperatura di un sistema, lo si pone a contatto termico con una **sorgente di calore** o **termostato**, cioè con un corpo che

- è in grado di scambiare calore ma non lavoro con i corpi con cui è a contatto;
- ha una capacità termica così elevata rispetto al sistema da non modificare in modo apprezzabile la propria temperatura, pur scambiando calore col sistema.

Quando siamo immersi nel mare proviamo una sensazione di freddo perché il nostro corpo cede calore all'acqua, eppure la temperatura del mare non varia in modo apprezzabile: il mare si comporta come un termostato.

FISICA QUOTIDIANA
Il mare

2 Stati termodinamici e trasformazioni

Stati di equilibrio e diagramma *p-V*

Lo stato di un sistema termodinamico è descritto da un insieme di grandezze fisiche, dette anche variabili termodinamiche.

Se il sistema è una data quantità di gas perfetto, le variabili termodinamiche che ne descrivono gli stati sono il volume V del contenitore, il numero di moli n, la pressione p e la temperatura T del gas.

Un sistema è in uno stato di equilibrio termodinamico quando le sue variabili termodinamiche rimangono costanti nel tempo.

Perché ciò si realizzi devono verificarsi contemporaneamente queste condizioni.

- *Equilibrio meccanico*: le forze all'interno del sistema e tra il sistema e l'ambiente sono tutte equilibrate.
- *Equilibrio termico*: la temperatura è uniforme in tutti i punti del sistema ed è uguale a quella dell'ambiente.
- *Equilibrio chimico*: la struttura interna del sistema e la sua composizione chimica rimangono costanti.

Quando n moli di gas perfetto occupano un volume V in uno stato di equilibrio termodinamico, la pressione e la temperatura sono uniformi in tutti i punti del sistema. Lo stato del sistema è rappresentato da un punto in un **diagramma pressione-volume** o **diagramma p-V**; il valore della temperatura può essere calcolato a partire dall'equazione di stato del gas perfetto:

$$T = \frac{pV}{nR}$$

Il diagramma in figura mostra due stati, A e B, di un sistema formato da 2 mol di gas perfetto.

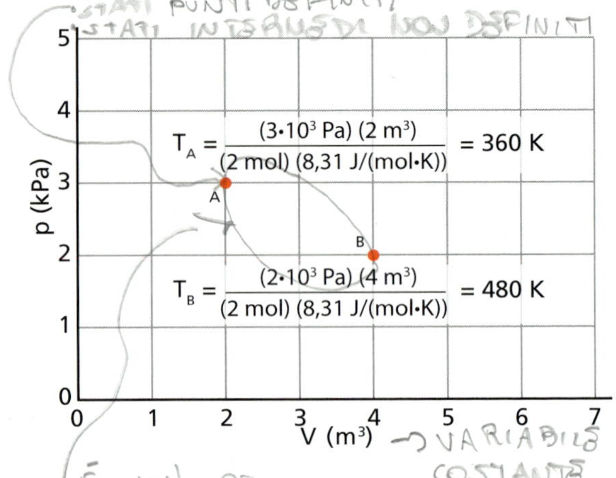

Trasformazioni termodinamiche

Un sistema rimane in uno stato di equilibrio termodinamico fino a quando un'interazione con l'esterno modifica i valori di alcune delle sue variabili termodinamiche. Consideriamo, per esempio, un gas contenuto in un cilindro con uno stantuffo mobile e a contatto termico con un termostato che lo mantiene alla temperatura costante T. Inizialmente il gas è in uno stato di equilibrio A caratterizzato dai valori (p_A, V_A, T): in ogni punto del cilindro la pressione del gas è uguale a quella esterna.

- Se si aggiunge un pesetto sullo stantuffo, la pressione esterna diventa maggiore di quella all'interno del gas ($p_{est} > p_{gas}$) e quindi

$$F_{est} > F_{gas}$$

Il sistema è soggetto a una forza non equilibrata, per cui abbandona lo stato di equilibrio.

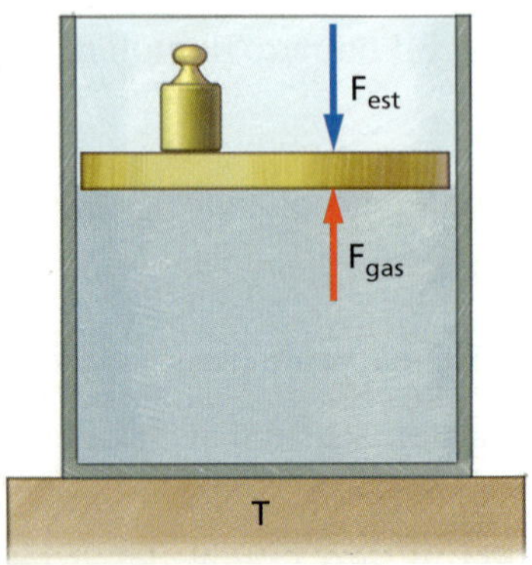

- Lo stantuffo scende fino a quando si ristabilisce l'equilibrio meccanico. Ciò avviene quando $p_{est} = p_{gas}$ e quindi

$$F_{est} = F_{gas}$$

Lo stato di equilibrio finale B è caratterizzato dai valori (p_B, V_B, T).

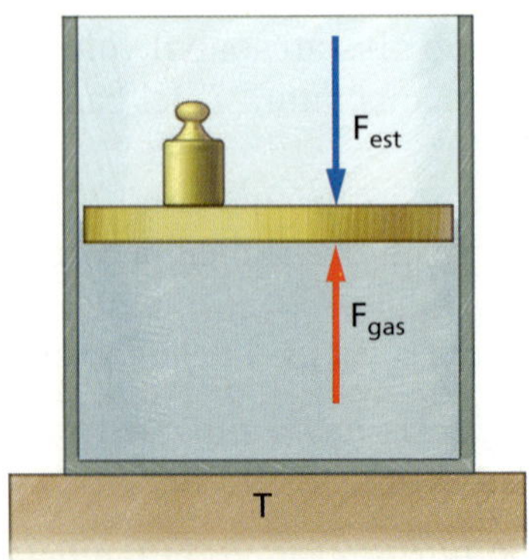

Lo stato iniziale A e lo stato finale B sono stati di equilibrio, ma non sono stati di equilibrio quelli attraverso i quali passa il gas durante la trasformazione. Basta considerare che inizialmente l'aggiunta del pesetto aumenta la pressione solo negli strati del gas a contatto con lo stantuffo: zone diverse del gas hanno pressioni differenti e quindi non esiste una pressione da assegnare al gas nel suo complesso.

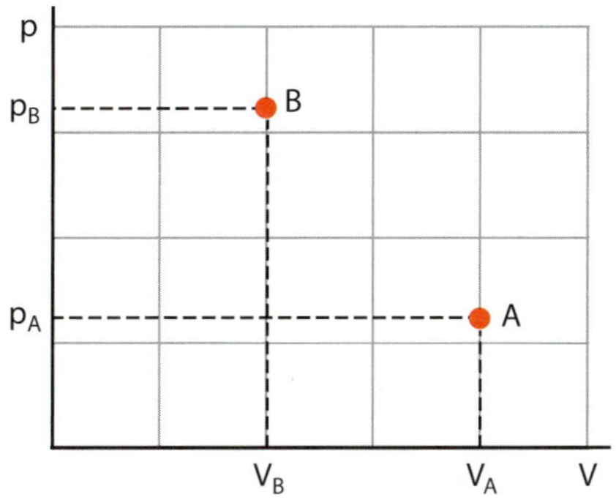

Ogni stato di equilibrio è rappresentato da un punto nel diagramma p-V perché la pressione e la temperatura hanno valori uniformi nel sistema.

Al contrario, uno stato di non equilibrio non può corrispondere a un punto nel diagramma p-V: infatti a ogni punto nel diagramma è associato un valore ben determinato di pressione, mentre in un sistema fuori dall'equilibrio la pressione non è uniforme.

Trasformazioni quasi-statiche

Ogni trasformazione reale è l'effetto di una serie di forze non equilibrate e quindi avviene attraverso stati di non equilibrio, nei quali le grandezze termodinamiche non hanno valori ben definiti.

Si può però immaginare una trasformazione ideale realizzata mediante una successione continua di stati, ciascuno dei quali è caratterizzato da valori precisi delle grandezze termodinamiche e può quindi essere rappresentato con un punto del diagramma p-V. Questo tipo di trasformazione si dice *quasi-statica*.

Una **trasformazione** è detta **quasi-statica** quando avviene attraverso una successione di stati che differiscono da stati di equilibrio solo per quantità infinitesime.

#trasformazioni

Una trasformazione quasi-statica è quindi una trasformazione che avviene molto lentamente, tanto che ciascuno stato può essere considerato uno stato di equilibrio e differisce di una quantità infinitesima da quello precedente.

La successione degli stati intermedi di una trasformazione quasi-statica è rappresentata da una curva continua nel diagramma p-V.

Nel seguito prendiamo in esame solo trasformazioni reali che siano approssimate molto bene da corrispondenti trasformazioni quasi-statiche.

Particolari trasformazioni quasi-statiche

Analizziamo alcune delle più semplici trasformazioni attraverso cui un sistema termodinamico può evolvere da uno stato iniziale a uno stato finale.

#trasformazioni

- **Isobara**: trasformazione che avviene a pressione costante. Nel diagramma p-V è un segmento parallelo all'asse orizzontale che connette gli stati iniziale A e finale B.

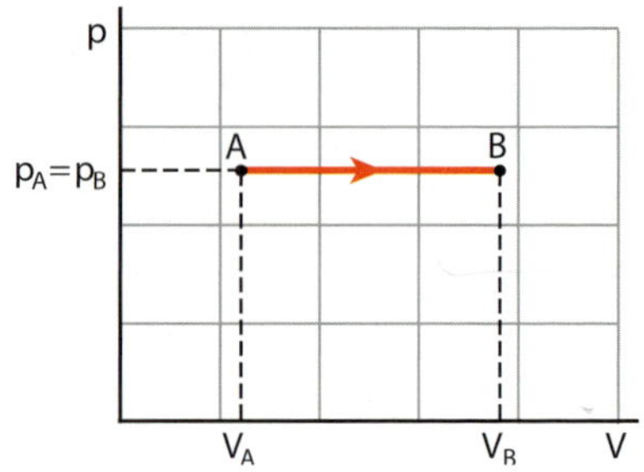

- **Isocora**: trasformazione che avviene a volume costante. Nel diagramma p-V è un segmento parallelo all'asse verticale che connette gli stati iniziale A e finale B.

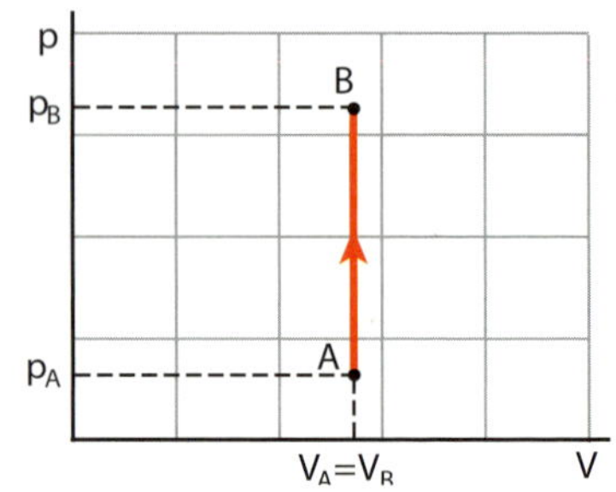

- **Isoterma**: trasformazione che avviene a temperatura costante. Se il sistema è un gas perfetto, nel diagramma p-V è un ramo di iperbole equilatera pV = costante che connette gli stati iniziale A e finale B.

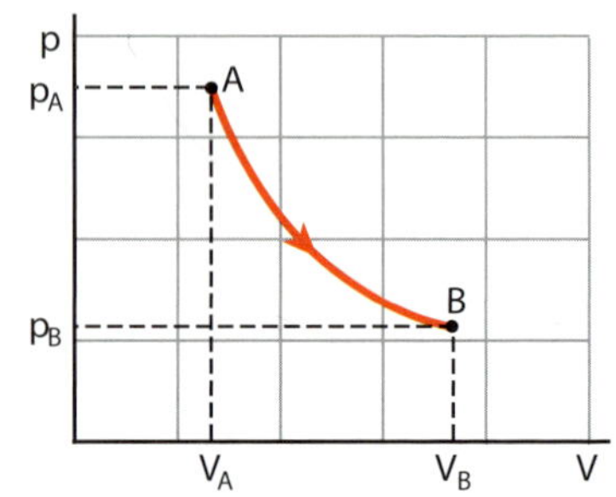

- **Adiabatica**: trasformazione che avviene senza scambi di calore con l'ambiente. La curva nel diagramma p-V interseca l'isoterma passante per lo stato iniziale A e l'isoterma passante per lo stato finale B.

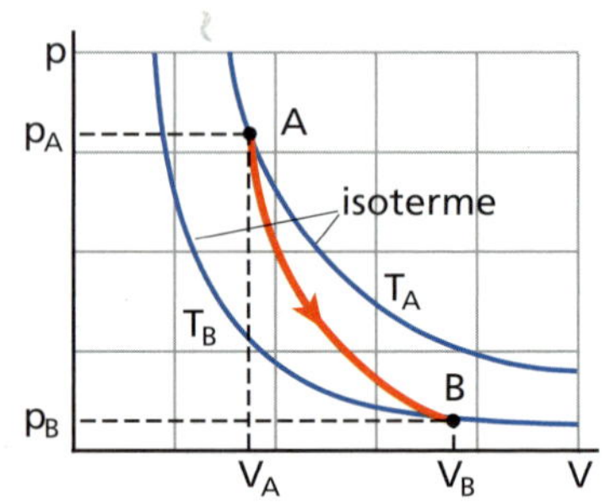

- **Ciclica**: trasformazione che inizia e finisce nello stesso stato. Poiché lo stato iniziale e finale coincidono, nel diagramma p-V è una curva chiusa.

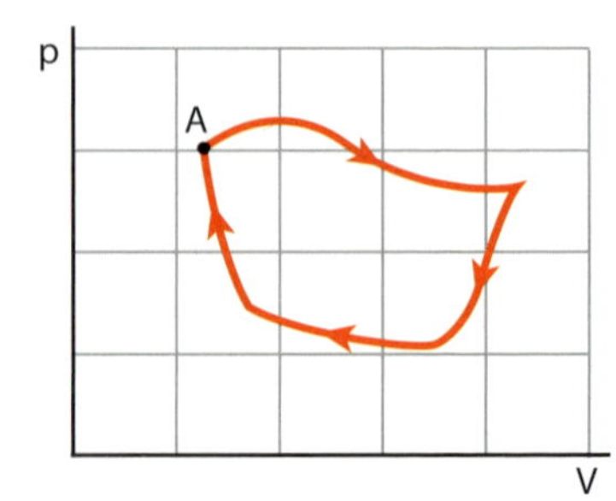

→ PROBLEMA Due stati, una isoterma? • pag. 466
#trasformazioni

3 Il lavoro in una trasformazione termodinamica

Il segno del lavoro in termodinamica

Nella dinamica si studia il comportamento dei corpi sotto l'azione di forze risultanti esterne. In particolare, la forza totale compie un lavoro positivo quando agisce nello stesso verso in cui avviene lo spostamento del corpo e negativo quando agisce in verso opposto. Quindi l'energia totale di un corpo aumenta quando sul corpo viene compiuto un lavoro positivo.

Al contrario, in termodinamica si è interessati alla forza totale che un sistema esercita sull'ambiente. Per questa ragione si considera positivo il lavoro compiuto da un sistema quando la forza che esso esercita ha lo stesso verso dello spostamento che genera e negativo quando ha verso opposto.

La convenzione stabilita sul segno del lavoro implica che:

- $L > 0$ quando il sistema si espande, cioè aumenta il suo volume: la superficie del sistema o una sua parte si sposta nello stesso verso della forza esercitata dal sistema;
- $L < 0$ quando il sistema si contrae, cioè diminuisce il suo volume: la superficie del sistema o una sua parte si sposta in verso opposto rispetto alla forza esercitata dal sistema.

■ Se il lavoro è positivo il sistema trasferisce energia meccanica verso l'ambiente.

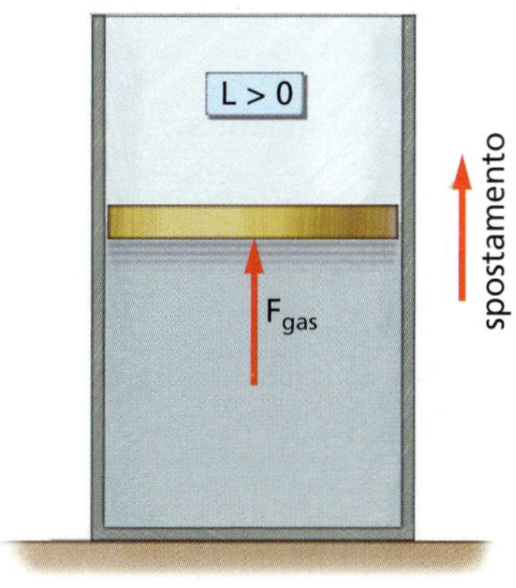

■ Se il lavoro è negativo il sistema riceve energia meccanica dall'ambiente.

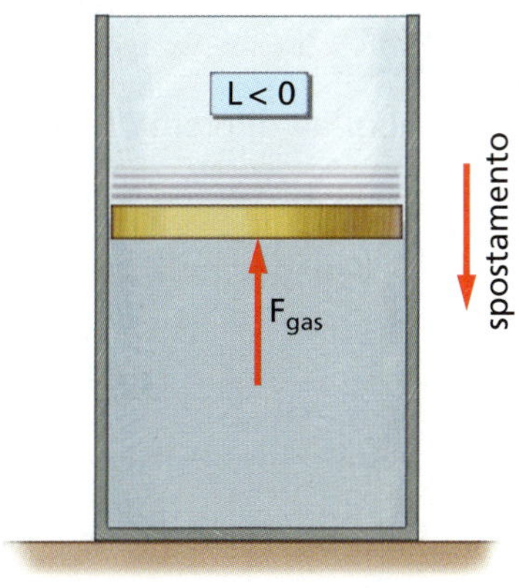

Quando il volume di un sistema rimane costante, non vi è alcun trasferimento netto di lavoro tra il sistema e l'ambiente. Quindi,

> in una trasformazione a volume costante (isocora) il sistema non compie alcun lavoro.

Il lavoro in una trasformazione isobara

Consideriamo un gas racchiuso in un cilindro con lo stantuffo mobile. Quando il gas si espande a pressione costante p, compie un lavoro positivo spostando lo stantuffo verso l'esterno. Il gas esercita sullo stantuffo una forza $F = pA$, dove A è l'area dello stantuffo.

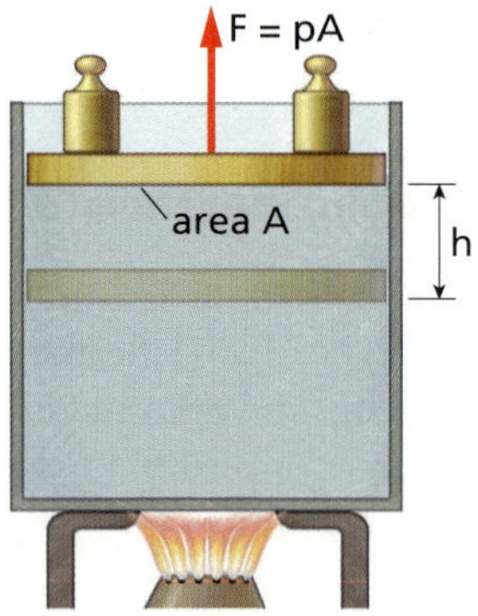

Indicando con h lo spostamento dello stantuffo verso l'alto, il lavoro compiuto dal gas è

$$L = Fh = pAh$$

Ma $Ah = \Delta V$ è la variazione di volume del gas.

In generale

#lavoro

il lavoro compiuto da un sistema durante una trasformazione a pressione costante è

$$L = p\Delta V \qquad (1)$$

DENTRO LA FORMULA

- $\Delta V = V_B - V_A$ è la variazione di volume fra gli stati iniziale e finale.
- In una espansione si ha $\Delta V > 0$ e quindi $L > 0$: il gas compie un lavoro positivo sull'esterno esercitando una forza nello stesso verso in cui si sposta lo stantuffo.
- In una compressione si ha $\Delta V < 0$ e quindi $L < 0$: il gas compie lavoro negativo esercitando una forza in verso opposto a quello in cui si sposta lo stantuffo.

PER ESEMPIO **Il lavoro in una bolla**

Fai una «bolla» di 6 cm di diametro con una gomma da masticare.

► Quanto lavoro è necessario?

Quando si espande nell'ambiente, la bolla compie un lavoro

$$L = (1{,}01 \cdot 10^5 \text{ Pa}) \frac{4}{3}\pi (3 \cdot 10^{-2} \text{ m})^3 = 10 \text{ J}$$

Nel caso di una trasformazione isobara, il lavoro del sistema è numericamente uguale all'area della porzione di piano compresa fra il segmento di isobara che connette gli stati iniziale e finale, l'asse dei volumi e le rette $V = V_A$ e $V = V_B$. Il segno è positivo per un'espansione e negativo per una compressione.

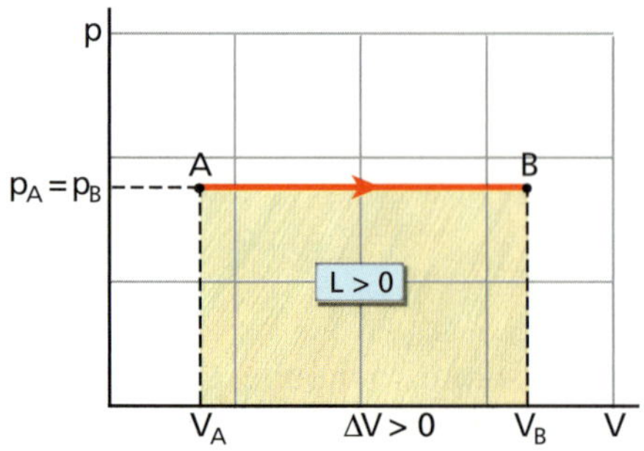

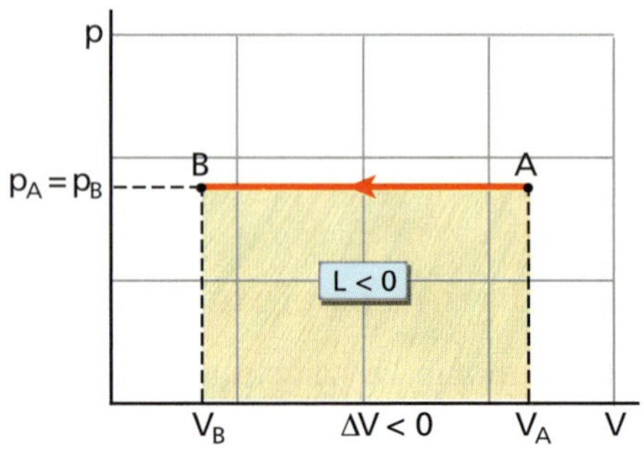

Il lavoro in una trasformazione generica

Il risultato precedente si può generalizzare:

il lavoro compiuto da un sistema durante una trasformazione è uguale all'area sottesa dal grafico della trasformazione nel diagramma p-V.

#lavoro

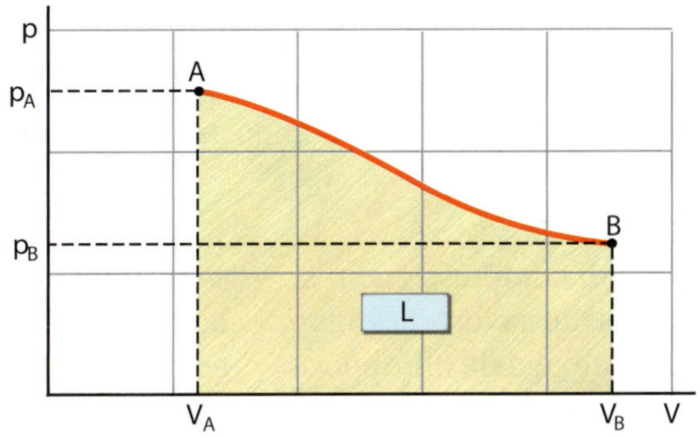

Per giustificare il risultato precedente, approssimiamo la trasformazione con una opportuna serie di isocore e di isobare.

■ Ciò corrisponde a sostituire al grafico della trasformazione una spezzata formata da segmenti orizzontali (isobare) e segmenti verticali (isocore).
Il sistema compie un lavoro nullo in ciascuna isocora, mentre nella k-esima isobara compie un lavoro pari a

$$L_k = p_k \Delta V_k$$

uguale all'area del rettangolo sotteso dall'isobara.

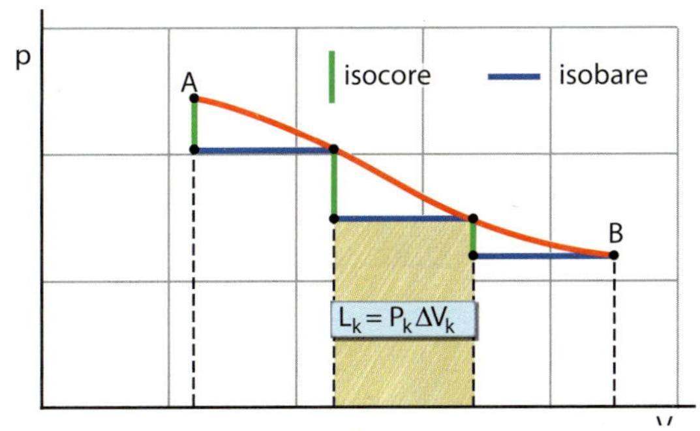

■ La somma
$$L = L_1 + L_2 + L_3 + ... + L_n = p_1 \Delta V_1 + p_2 \Delta V_2 + ... + p_n \Delta V_n$$
dei lavori calcolati lungo le isobare è una approssimazione del lavoro totale L effettivamente compiuto dal sistema nella trasformazione.

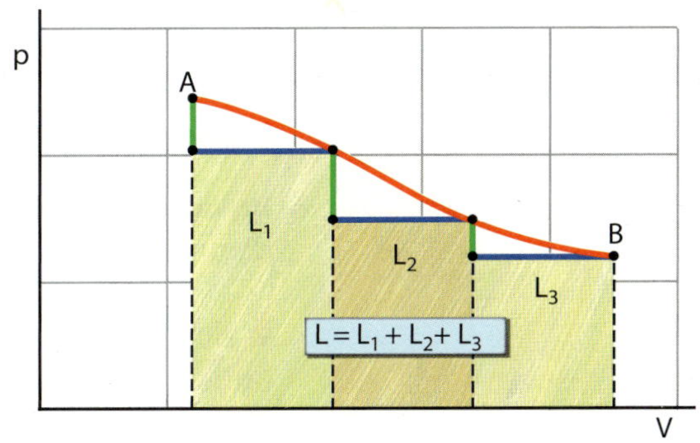

■ Al diminuire della variazione di volume ΔV_k di ciascuna isobara, la somma delle aree dei rettangoli tende a diventare uguale all'area della regione di piano sottesa dal grafico della trasformazione.

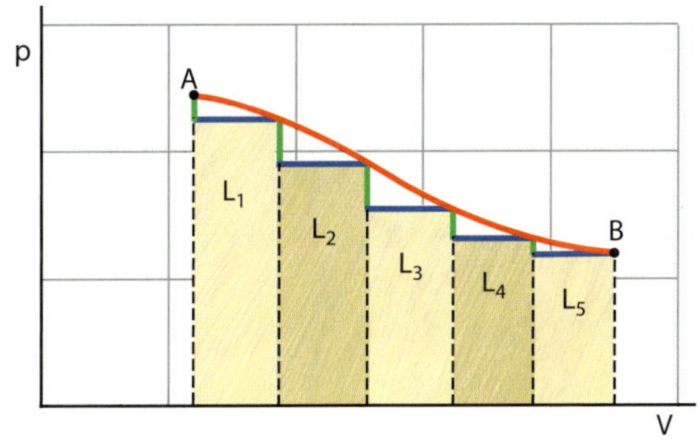

Il lavoro in una trasformazione ciclica

Nel caso di una trasformazione in cui lo stato finale coincide con lo stato iniziale vale il seguente risultato:

#lavoro

il lavoro compiuto da un sistema in una trasformazione ciclica è uguale all'area della regione di piano racchiusa dalla curva della trasformazione nel diagramma *p*-*V*.

Consideriamo una trasformazione ciclica composta da un'espansione e da una compressione.

- Nella fase di espansione il sistema compie un lavoro positivo, numericamente uguale all'area colorata in giallo.

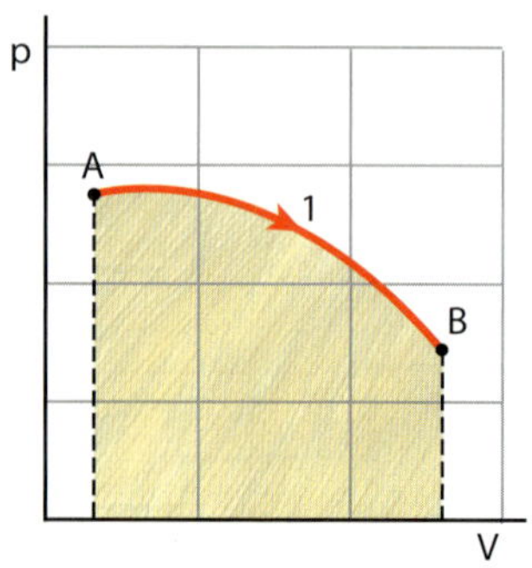

- Nella fase di compressione il sistema compie un lavoro negativo, numericamente uguale all'opposto dell'area colorata in verde.

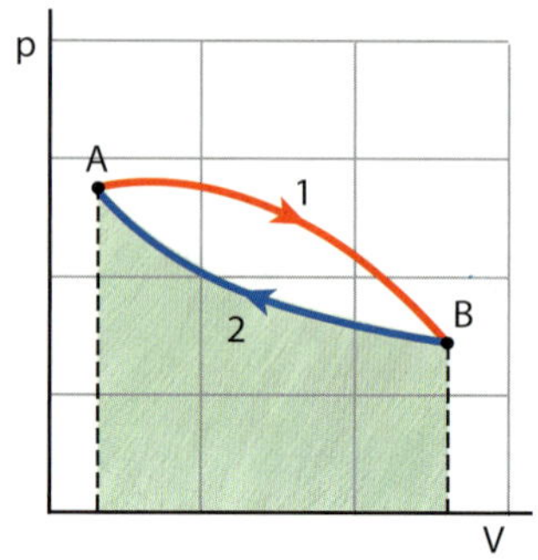

- In totale, il sistema compie un lavoro che è uguale alla somma algebrica dei due lavori precedenti.

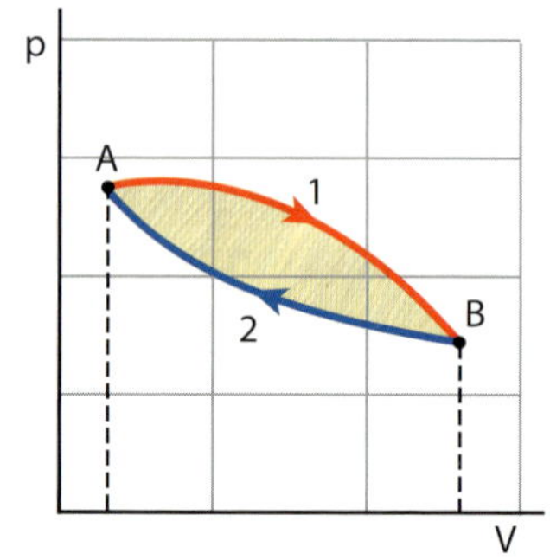

Nel caso preso in esame, la trasformazione viene percorsa in senso orario e il lavoro totale è positivo. Se il ciclo viene percorso in senso antiorario il lavoro totale è negativo.

Il lavoro dipende dalla trasformazione

In teoria esistono molte trasformazioni diverse attraverso le quali un sistema passa da uno stato iniziale *A* a uno stato finale *B*.

- Se si effettua prima un'isocora e poi un'isobara il sistema compie un lavoro L_1.

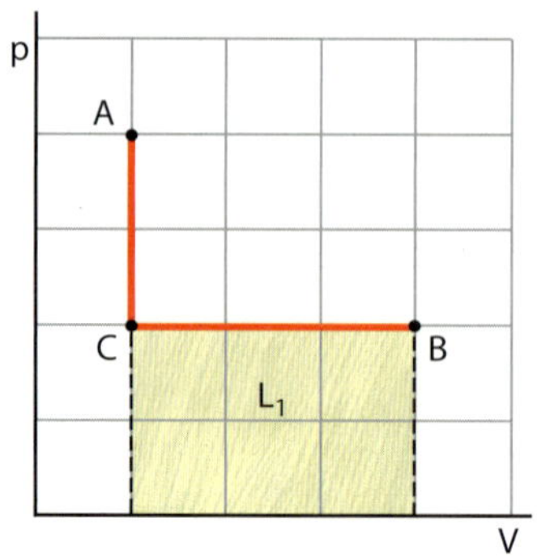

- Se si effettua prima un'isobara e poi un'isocora, il sistema compie un lavoro L_2.

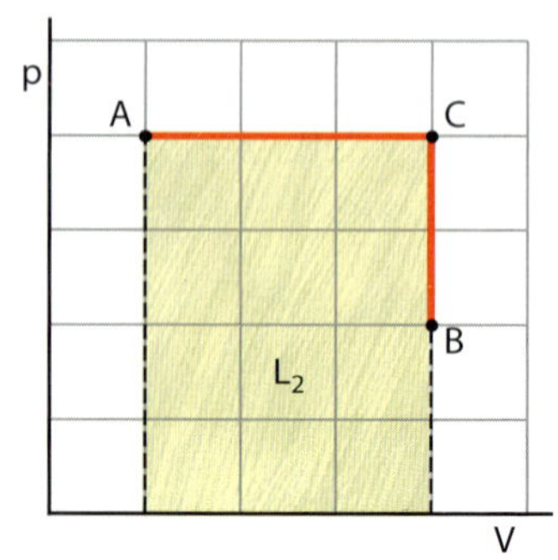

Notiamo che $L_2 > L_1$ e che quindi i due lavori sono diversi: il lavoro che il sistema compie per passare da uno stato iniziale a uno stato finale dipende anche dalle trasformazioni effettuate e quindi anche dagli stati intermedi. In generale

il lavoro compiuto da un sistema in una trasformazione non dipende solo dagli stati iniziale e finale ma anche dalla particolare trasformazione che ha seguito.

Questa caratteristica del lavoro ha conseguenze importanti. Noto lo stato di un sistema termodinamico, non ha senso chiedersi qual è il valore del lavoro associato ad esso. Pertanto *il lavoro non è una funzione di stato* e quindi non può essere considerato una variabile termodinamica come la pressione o il volume.

→ **PROBLEMA** Il lavoro in una compressione • pag. 468
#lavoro

4 Il primo principio della termodinamica

I trasferimenti di energia fra un sistema termodinamico e l'ambiente possono realizzarsi mediante scambi di lavoro o di calore.

Le convenzioni adottate sui segni di questi flussi di energia sono riportate nelle figure seguenti.

- Il lavoro è
  - positivo quando è compiuto dal sistema;
  - negativo quando è compiuto sul sistema.

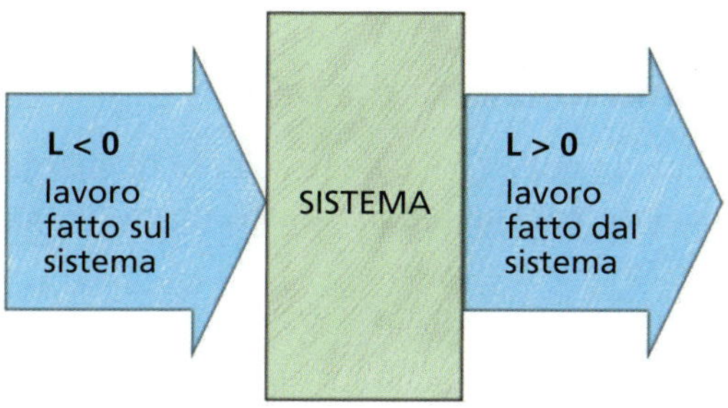

- Il calore è
  - positivo quando entra nel sistema;
  - negativo quando esce dal sistema.

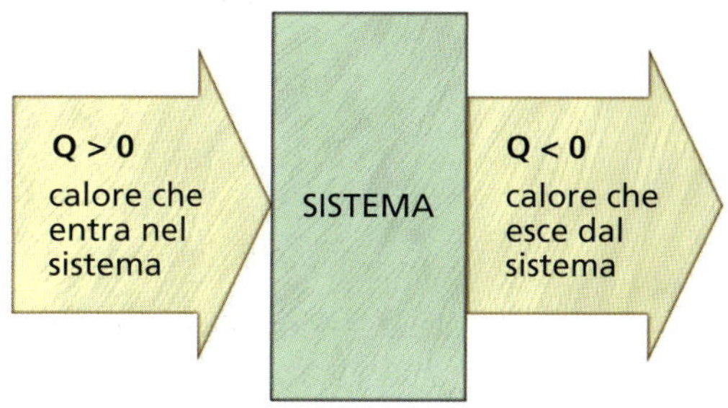

Durante una trasformazione in cui il sistema scambia sia calore sia lavoro con l'ambiente, il bilancio netto degli scambi energetici verso il sistema è dato dalla grandezza

$$Q - L$$

Il passaggio di un generico sistema da uno stato iniziale A a uno stato finale B può essere realizzato mediante un numero illimitato di trasformazioni diverse. In generale

il calore e il lavoro che il sistema scambia con l'ambiente dipendono dalla particolare trasformazione seguita.

Consideriamo per esempio due trasformazioni attraverso le quali si può innalzare la temperatura di una massa d'acqua. Per semplicità, trascuriamo l'aumento di volume dell'acqua dovuto alla dilatazione termica.

■ La discesa dei pesetti muove le palette che a loro volta esercitano una forza contro l'acqua. Il lavoro L compiuto dalle palette sul sistema ne innalza la temperatura. Le pareti adiabatiche impediscono uno scambio di calore con l'esterno ($Q = 0$).

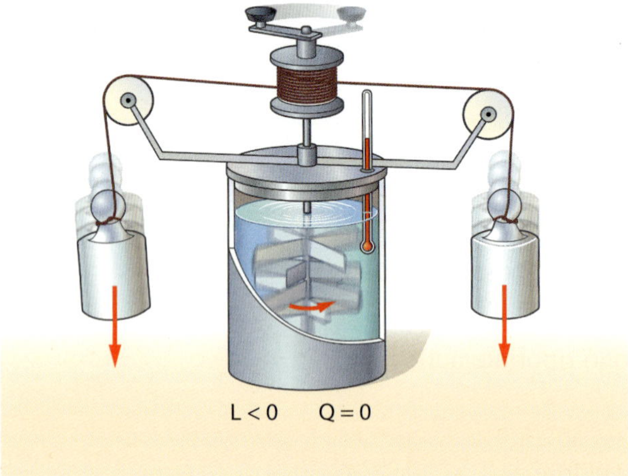

■ Il calore Q che fluisce dal termostato aumenta la temperatura dell'acqua. Il volume rimane costante e quindi il sistema non compie lavoro ($L = 0$).

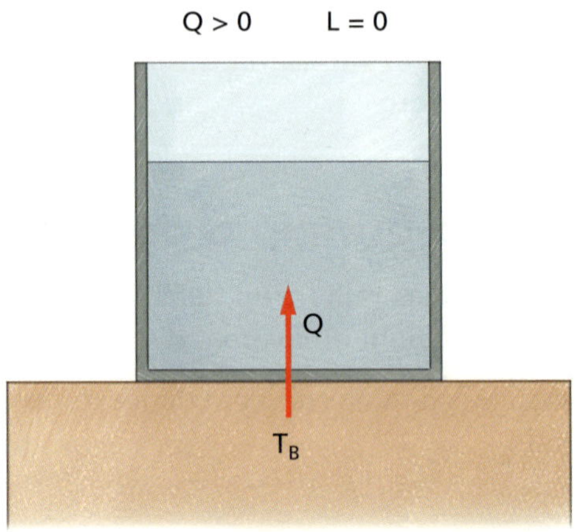

Se considerati separatamente, il lavoro e il calore dipendono dalla trasformazione attraverso la quale un sistema passa dallo stato iniziale A allo stato finale B.

L'energia interna del sistema è una funzione di stato

Gli esperimenti mostrano però che il bilancio netto $Q - L$ degli scambi di energia fra sistema e ambiente assume lo stesso valore per qualunque trasformazione porti il sistema dallo stato A allo stato B.

Si conclude quindi che

#energiainterna

la grandezza $Q - L$ dipende solo dagli stati iniziale e finale del sistema.

Questo fatto implica che esiste una grandezza fisica U che ha le seguenti proprietà:

- è una **funzione di stato**, cioè dipende solo dalle variabili termodinamiche che descrivono lo stato di un sistema;
- la differenza $\Delta U = U(B) - U(A)$ fra i valori che assume in due stati A e B è uguale al valore della grandezza $Q - L$ calcolata attraverso una qualunque trasformazione fra i due stati

$$\Delta U = Q - L$$

- ΔU è uguale al bilancio netto dell'energia che il sistema scambia con l'ambiente durante una trasformazione fra gli stati A e B, quindi ΔU può essere interpretata come la variazione dell'*energia interna* del sistema.

La funzione U è detta **energia interna** del sistema termodinamico.

Le considerazioni precedenti sono riassunte in una delle leggi fondamentali della fisica, il **primo principio della termodinamica**:

la variazione dell'energia interna di un sistema durante una trasformazione in cui riceve una quantità di calore Q ed effettua un lavoro L è

$$\Delta U = Q - L \qquad (2)$$

#primoprincipiotermo

Il primo principio rappresenta l'applicazione del principio di conservazione dell'energia ai sistemi termodinamici, cioè ai sistemi che possono scambiare energia con l'esterno anche sotto forma di calore.

Non importa la natura del sistema o il tipo di processi a cui è sottoposto: il primo principio è valido per una nuvola che si forma in un pomeriggio estivo e per un mitocondrio che alimenta di energia la cellula che lo ospita.

Come avviene per tutte le leggi *fondamentali* della fisica, il primo principio non può essere derivato a partire da qualche legge più generale, ma descrive una regolarità emersa da ripetute osservazioni sperimentali.

L'impossibilità del moto perpetuo

Quando un sistema esegue una trasformazione ciclica, lo stato finale B coincide con lo stato iniziale A. Poiché è una funzione di stato, l'energia interna assume lo stesso valore negli stati iniziale e finale $U(A) = U(B)$ e quindi

$$\Delta U = 0$$

Ciò significa che, in una trasformazione ciclica, il bilancio energetico di un sistema termodinamico si deve chiudere in pareggio: se il sistema ha compiuto un lavoro netto diverso da zero, che per esempio può essere utilizzato per muovere un oggetto, deve aver ricevuto dall'esterno la stessa quantità di energia sotto forma di calore. In altri termini:

un sistema trasforma energia, ma non la può creare.

Il primo principio postula quindi l'impossibilità di realizzare il **moto perpetuo di prima specie**, cioè di un dispositivo di qualsivoglia natura che, mediante una trasformazione ciclica, produca lavoro meccanico utilizzando solo la sua energia interna.

Dal punto di vista storico, anche attraverso gli infruttuosi tentativi di realizzare il moto perpetuo di prima specie mediante macchine termiche si è giunti, nell'Ottocento, a chiarire l'equivalenza fra calore e lavoro, che è alla base del primo principio della termodinamica.

L'energia interna di un gas perfetto

Studiando la teoria cinetica dei gas abbiamo visto che l'energia interna di un gas perfetto dipende dalla temperatura ma non dal volume o dalla pressione del gas. Questo stesso risultato può essere derivato a partire dal primo principio della termodinamica, senza fare alcuna ipotesi sulla natura dei costituenti del gas perfetto. Basta assumere che il gas reale preso in esame sia molto rarefatto.

Consideriamo infatti una particolare trasformazione di un gas: l'**espansione libera**.

■ Due recipienti A e B connessi da un rubinetto sono a contatto termico con una certa quantità d'acqua a temperatura T. Inizialmente il gas è contenuto in A, mentre in B è stato fatto il vuoto.

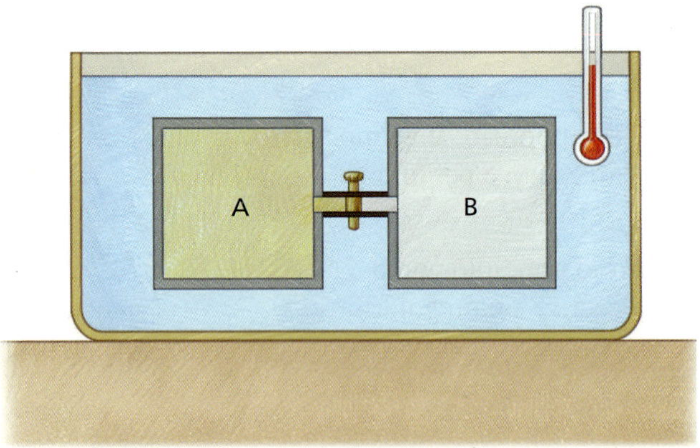

■ Quando si apre il rubinetto, il gas diffonde in B fino a quando nei due recipienti si stabilisce la stessa pressione, che è minore di quella iniziale. Si misura poi la temperatura dell'acqua.

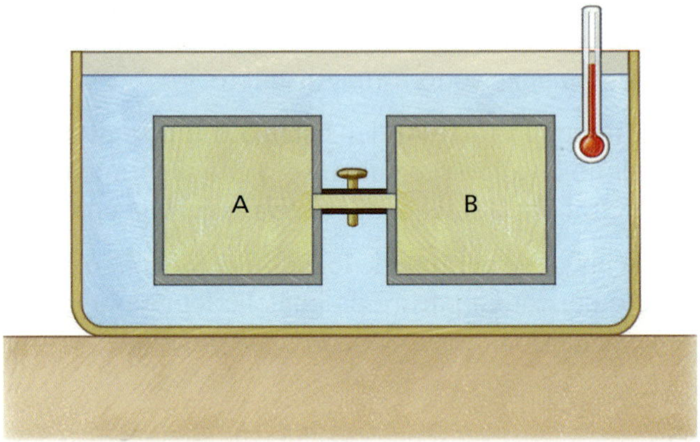

Se il gas posto inizialmente in A è molto rarefatto, non si misurano variazioni apprezzabili della temperatura. Ciò significa che il gas non ha scambiato calore col termostato e quindi nell'espansione $Q = 0$.

D'altra parte, durante l'espansione, il sistema non ha compiuto lavoro sull'esterno perché le pareti dei contenitori non si sono mosse. Inoltre anche lo scambio di energia tra sistema e ambiente durante l'apertura del rubinetto può essere reso trascurabile. Quindi nella trasformazione $L = 0$.

Per il primo principio della termodinamica

$$\Delta U = Q - L = 0$$

L'energia interna è una funzione di stato: poiché il suo valore non cambia, U deve dipendere solo dall'unica variabile termodinamica che rimane costante nell'espansione, cioè la temperatura. Concludiamo quindi che

#energiainterna
#gasperfetto

l'energia interna del gas perfetto dipende dalla temperatura ma non dal volume o dalla pressione del gas

$$U = U(T)$$

Nel corso di una trasformazione isoterma, l'energia interna di un gas molto rarefatto rimane quindi costante.

→ PROBLEMA **Quanto aumenta la temperatura** • pag. 470
#primoprincipiotermo

5 Applicazioni del primo principio

Il primo principio stabilisce la relazione che lega la variazione di energia interna di un sistema durante una trasformazione e l'energia che questo scambia con l'ambiente sotto forma di calore e lavoro. Note due delle tre grandezze ΔU, Q e L il primo principio consente di determinare la terza.

Analizziamo alcune trasformazioni di un sistema formato da gas perfetto, sottoposto a trasformazioni quasi-statiche.

Trasformazione isocora

In una trasformazione isocora dallo stato A allo stato B, il volume del sistema rimane invariato. Poiché $\Delta V = V_B - V_A$ per la (1) si ha:

$$L = p\Delta V = 0$$

Il sistema non compie lavoro: lo scambio di energia con l'esterno avviene sotto forma di calore. Per il primo principio

$$\Delta U = Q \tag{3}$$

In una trasformazione isocora la variazione dell'energia interna di un sistema è uguale alla quantità di calore scambiato con l'ambiente.

A seguito di una trasformazione isocora l'energia interna del sistema:

- aumenta, se il sistema acquista energia sotto forma di calore dall'esterno;
- diminuisce, se il sistema cede energia sotto forma di calore all'esterno.

Come abbiamo visto nel capitolo «I gas e la teoria microscopica della materia», l'energia interna di n moli di gas perfetto alla temperatura T è

$$U = \frac{1}{2} fnRT$$

dove f è il numero di gradi di libertà della molecola del gas e $R = 8{,}31$ J/(mol·K) è la costante dei gas.

Una trasformazione isocora che cambia la temperatura del gas da T_A a T_B ne cambia anche l'energia interna della quantità

$$U = \frac{1}{2} fnRT_B - \frac{1}{2} fnRT_A = \frac{1}{2} fnR(T_B - T_A)$$

In generale,

per una trasformazione isocora il primo principio della termodinamica assume la forma

$$Q = \frac{1}{2} fnR(T_B - T_A) \tag{4}$$

Trasformazione isobara

In una trasformazione isobara dallo stato A allo stato B, la pressione p del sistema rimane costante. Il trasferimento di energia fra sistema e ambiente avviene sotto forma di lavoro compiuto dal sistema

$$L = p(V_B - V_A) = p\Delta V$$

e di calore Q. Per il primo principio

$$\Delta U = Q - L$$

In generale

in una trasformazione isobara la variazione dell'energia interna di un sistema è uguale alla differenza tra il calore assorbito dal sistema e il lavoro compiuto dal sistema.

PER ESEMPIO **Aumento dell'energia interna nella vaporizzazione**

Si vuole trasformare in vapore 1,00 kg di acqua liquida alla pressione di $1{,}01 \cdot 10^5$ Pa e alla temperatura di 100 °C (calore latente di vaporizzazione 2260 kJ/kg).

▸ Come varia l'energia interna durante il passaggio di stato?

Per trasformarla in vapore è necessario fornire una quantità di calore pari a

$$Q = Lm = (2260\ \text{kJ/kg})(1{,}00\ \text{kg}) = 2260\ \text{kJ}$$

Alla pressione di $1{,}01 \cdot 10^5$ Pa, il vapore occupa un volume che è 1700 volte quello dell'acqua liquida: in questo caso, 1,7 m^3. Durante l'espansione compie un lavoro sull'esterno pari a

$$L = p\Delta V = (1{,}01 \cdot 10^5\ \text{Pa})(1{,}7\ \text{m}^3) = 170\ \text{kJ}$$

Per il primo principio, la variazione di energia interna è

$$\Delta U = Q - L = 2260\ \text{kJ} - 170\ \text{kJ} \approx 2100\ \text{kJ}$$

Trasformazione isoterma

In una trasformazione isoterma dallo stato A allo stato B, la temperatura T del sistema rimane costante. Nel caso di gas perfetto, anche l'energia interna rimane costante, perché dipende solo dalla temperatura e quindi

$$\Delta U = U(B) - U(A) = 0$$

Il primo principio stabilisce che

$$L = Q \tag{5}$$

cioè in una trasformazione isoterma il gas perfetto compie un lavoro uguale al calore assorbito.

Nel diagramma p-V una trasformazione isoterma di gas perfetto è rappresentata da un ramo di iperbole equilatera. Il lavoro compiuto dal gas è uguale all'area sottesa dal ramo di iperbole delimitato dai punti corrispondenti agli stati iniziale e finale.

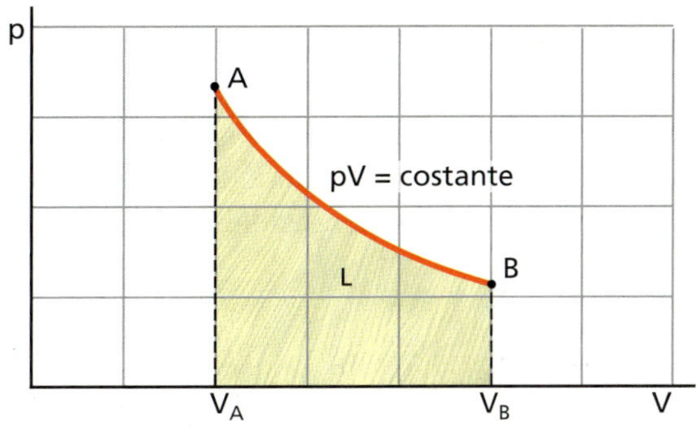

Si dimostra che

il lavoro compiuto da n moli di gas perfetto in una trasformazione a temperatura costante T dal volume V_A al volume V_B è

$$L = nRT \ln \frac{V_B}{V_A} \qquad (6)$$

DENTRO LA FORMULA

- La funzione $y = \ln x$ è il logaritmo naturale o in base e, dove $e = 2{,}71828...$ è un numero irrazionale, detto **numero di Nepero**.
- La funzione $\ln x$ gode delle seguenti proprietà:
  - è definita per $x > 0$;
  - ha valori negativi per $0 < x < 1$;
  - è nulla solo per $x = 1$;
  - ha valori positivi quando $x > 1$.

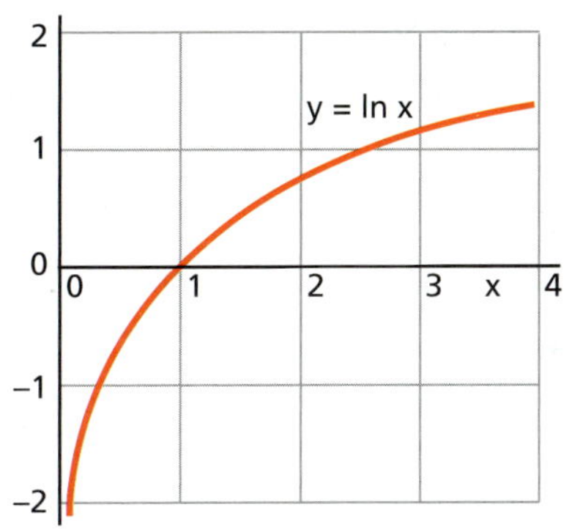

- In una trasformazione isoterma il lavoro L è:
  - negativo, quando $\ln(V_B/V_A) < 0$, cioè quando $V_B/V_A < 1$, ossia quando $V_B < V_A$ (compressione);
  - nullo, quando $\ln(V_B/V_A) = 0$, cioè quando $V_B/V_A = 1$, ossia quando $V_B = V_A$ (isocora);
  - positivo, quando $\ln(V_B/V_A) > 0$, cioè quando $V_B/V_A > 1$, ossia quando $V_B > V_A$ (espansione).

Tenendo conto della relazione (6) si verifica che

per la trasformazione isoterma di n moli di gas perfetto il primo principio diviene

$$Q = nRT \ln \frac{V_B}{V_A} \qquad (7)$$

Trasformazione ciclica

In una trasformazione ciclica il sistema torna nello stato iniziale attraverso una successione di trasformazioni, detta **ciclo**. Poiché l'energia interna è una funzione di stato, indipendentemente dalla natura del sistema e dalle trasformazioni che compongono il ciclo, la variazione di energia interna è nulla perché gli stati iniziale e finale coincidono:

$$\Delta U = U(B) - U(A) = 0$$

Il primo principio stabilisce che

in un ciclo un sistema compie un lavoro uguale al calore assorbito:

$$L = Q \quad (8)$$

→ PROBLEMA SU PIÙ CONCETTI Trasformazioni di stato • pag. 472
#lavoro #primoprincipiotermo

6 Calori molari del gas perfetto

Calore molare

Come abbiamo discusso nel capitolo «Il calore», per aumentare di ΔT la temperatura di una massa m di una data sostanza si deve fornire una quantità di calore Q pari a

$$Q = cm\Delta T \quad (9)$$

dove c è il calore specifico della sostanza ed è pari alla quantità di energia che si deve fornire a 1 kg di essa per aumentarne la temperatura di 1 K.

La massa m della sostanza è composta da n moli, ciascuna delle quali ha massa M_{mol}:

$$m = M_{\text{mol}}\, n$$

Sostituendo nella (9) si ha

$$Q = cM_{\text{mol}}\, n\Delta T \quad (10)$$

che può essere scritta come

$$Q = C_{\text{mol}}\, n\Delta T \quad (11)$$

dove $C_{\text{mol}} = cM_{\text{mol}}$ è il *calore molare*.

#caloremolare

Il **calore molare** C_{mol} di una sostanza è l'energia che si deve fornire a 1 mol della sostanza per aumentarne la temperatura di 1 K.

Il calore molare è una grandezza comunemente utilizzata nello studio dei gas, per i quali le quantità sono espresse non in kilogrammi ma in moli.

In generale, quando le proprietà di una sostanza sono riferite alle moli, si evidenziano regolarità inattese, che svelano legami profondi fra grandezze fisiche. Consideriamo per esempio il caso dei metalli a temperatura ambiente: i loro calori specifici c sono molto diversi. La tabella mostra però che i calori molari $C_{mol} = cM_{mol}$ sono praticamente gli stessi.

Metallo	Calore specifico c (J/(kg·K))	Massa di 1 mol M_{mol} (kg/mol)	Calore molare $C_{mol} = cM_{mol}$ (J/(K·mol))
Alluminio	880	0,027	24
Rame	380	0,063	24
Argento	220	0,108	24
Piombo	129	0,207	25

Equipartizione dell'energia e calori molari dei solidi

La regolarità precedente, scoperta in modo sperimentale nel 1819, è nota come **legge di Dulong e Petit**:

per tutti i solidi monoatomici il calore molare a volume costante è

$$C_{mol} = 3R$$

dove $R = 8{,}314$ J/(K·mol) è la costante dei gas.

#caloremolare

La regolarità osservata nei calori molari dei metalli è conseguenza del teorema di equipartizione dell'energia, secondo il quale a ogni grado di libertà di un sistema fisico a temperatura T è associata un'energia media

$$\frac{1}{2} k_B T$$

1 Consideriamo 1 mol di un solido cristallino composto da atomi elementari; la sua energia interna totale è

$$U = N_A \langle E \rangle$$

dove N_A è il numero di Avogadro ed $\langle E \rangle$ l'energia media di un atomo.

2 Possiamo ipotizzare che ogni atomo oscilli attorno a una posizione di equilibrio come se fosse sottoposto a una forza di richiamo elastica. Lungo ognuna delle tre direzioni spaziali, ogni atomo ha 2 gradi di libertà perché si muove con un'energia

$$E_x = \frac{1}{2} m v_x^2 + \frac{1}{2} k x^2$$

3 Le oscillazioni avvengono in modo indipendente lungo le 3 direzioni spaziali: quindi un atomo ha in totale $3 \cdot 2 = 6$ gradi di libertà e un'energia media pari a

$$\langle E \rangle = 6 \frac{1}{2} k_B T = 3 k_B T$$

4 L'energia interna del solido è quindi

$$U = 3 N_A k_B T$$

Ma $N_A k_B = R$, per cui

$$U = 3RT$$

La variazione di volume di un solido quando aumenta di 1 K la sua temperatura è trascurabile: tutta l'energia che assorbe va ad aumentare la sua energia interna.

L'energia ΔU necessaria per aumentare di ΔT la temperatura di 1 mol di solido monoatomico è $\Delta U = 3R\Delta T$. Quindi

$$C_{\text{mol}} = \frac{\Delta U}{\Delta T} = 3R$$

è il calore molare del solido, come stabilisce la legge di Dulong e Petit.

Calori molari dei gas

Quando la sostanza è allo stato solido o liquido, la variazione di volume dovuta alla dilatazione termica è generalmente trascurabile. Per questa ragione non si considera il lavoro che la sostanza compie durante la dilatazione: l'energia assorbita sotto forma di calore si converte interamente in energia interna della sostanza.

Al contrario, quando un gas assorbe calore, può espandersi in modo considerevole: l'entità dell'espansione dipende dalle caratteristiche del sistema di cui il gas fa parte e quindi dal tipo di trasformazione attraverso la quale può evolvere.

Consideriamo una certa quantità di gas perfetto contenuta in un cilindro con uno stantuffo e inizialmente a temperatura T. Per aumentare di ΔT la temperatura del gas, il cilindro viene posto a contatto con un termostato a temperatura $T + \Delta T$. La trasformazione a cui è sottoposto il gas dipende dalla mobilità dello stantuffo:

- se lo stantuffo è bloccato, il volume rimane costante e il gas compie una trasformazione isocora;
- se lo stantuffo è libero di muoversi e viene mantenuta una pressione costante su di esso, il gas compie un'espansione isobara.

■ Il gas assorbe calore Q ma non cambia volume e quindi non compie lavoro. L'aumento dell'energia interna del gas è uguale al calore assorbito:

$$\Delta U = Q$$

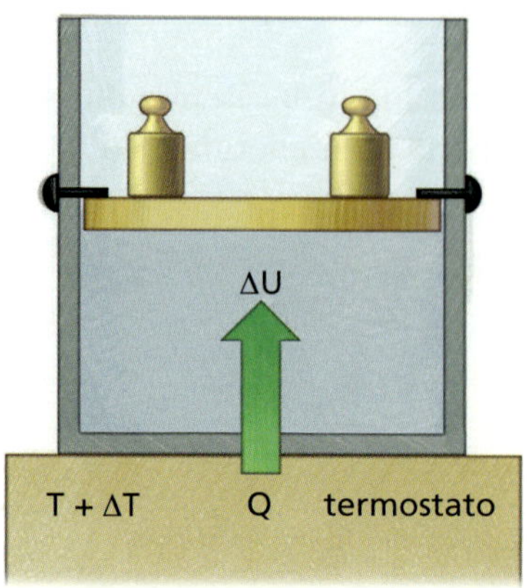

■ Il gas assorbe il calore Q e si espande compiendo un lavoro L. L'aumento dell'energia interna del gas è uguale alla differenza fra il calore assorbito e il lavoro compiuto:

$$\Delta U = Q - L$$

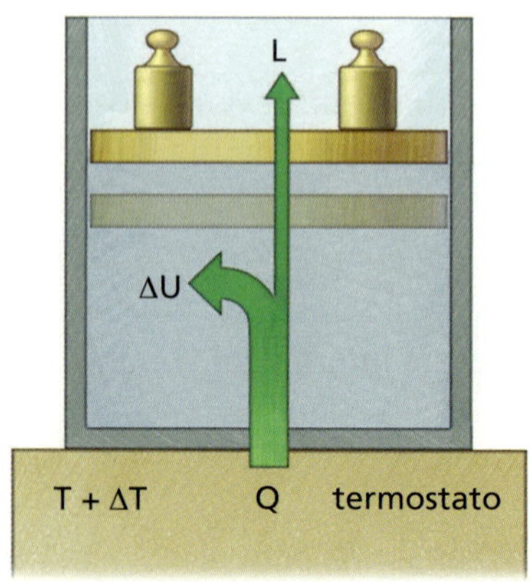

L'energia interna di un gas è proporzionale alla sua temperatura, quindi l'aumento di energia interna ΔU è proporzionale all'aumento di temperatura ΔT.

Come mostrano gli esempi, una quantità di calore Q produce un aumento di temperatura maggiore quando il gas la assorbe a volume costante rispetto a quando la assorbe a pressione costante.

Questo fondamentale risultato può essere formulato mediante due importanti grandezze del gas perfetto:

- il **calore molare a volume costante**:

$$C_V = \left(\frac{Q}{n\Delta T}\right)_{\text{isocora}} \tag{12}$$

- il **calore molare a pressione costante**:

$$C_p = \left(\frac{Q}{n\Delta T}\right)_{\text{isobara}} \tag{13}$$

In generale

per un gas il calore molare a pressione costante è maggiore del calore molare a volume costante:

$$C_p > C_V$$

Quindi, per ottenere lo stesso aumento di temperatura di un gas a pressione costante, è necessario fornire una quantità di calore maggiore di quella fornita a volume costante.

Una rappresentazione nel diagramma p-V aiuta a comprendere questa relazione. Nella trasformazione isocora (verde) il gas non compie lavoro per spostarsi sull'isoterma a temperatura $T + \Delta T$. Al contrario, per spostarsi sulla stessa isoterma con un'espansione isobara (blu), il gas compie un lavoro uguale all'area in colore.

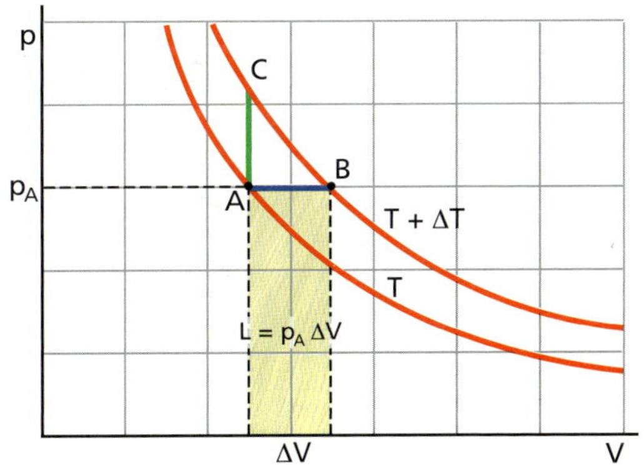

Calore molare a volume costante

Vale il seguente risultato

per un gas perfetto le cui molecole hanno f gradi di libertà, il calore molare a volume costante è

$$C_V = \frac{1}{2} f R \tag{14}$$

#caloremolare
#gasperfetto

Dimostriamo la relazione precedente.

1 Per il primo principio della dinamica, l'aumento di energia interna di un gas che assorbe a volume costante una quantità di calore Q è

$$\Delta U = Q$$

Vogliamo scrivere questa relazione in termini di grandezze legate al gas perfetto.

2 L'energia interna di n moli di gas perfetto alla temperatura T è

$$U = \frac{1}{2} fnRT$$

dove f è il numero di gradi di libertà della molecola del gas e $R = 8{,}31$ J/(mol·K) è la costante dei gas.

3 Nel passaggio alla temperatura $T + \Delta T$ la variazione di energia interna è

$$\Delta U = \frac{1}{2} fnR(T + \Delta T) - \frac{1}{2} fnRT$$

ossia

$$\Delta U = \frac{1}{2} fnR\Delta T \qquad (15)$$

4 Il calore è assorbito a volume costante, quindi per la (12)

$$Q = nC_V \Delta T \qquad (16)$$

5 In termini delle ultime due relazioni, il primo principio (3) diviene

$$\frac{1}{2} fnR\Delta T = nC_V \Delta T$$

Semplifichiamo i fattori $n\Delta T$ ed esplicitiamo in termini del calore molare a volume costante:

$$C_V = \frac{1}{2} fR$$

Calore molare a pressione costante

Vale il seguente risultato

#caloremolare
#gasperfetto

per un gas perfetto le cui molecole hanno f gradi di libertà, il calore molare a pressione costante è

$$C_p = \frac{f+2}{2} R \qquad (17)$$

Dimostriamo la relazione precedente.

1 Per il primo principio della termodinamica (2), l'aumento di energia interna di un gas che assorbe a pressione costante p una quantità di calore Q è $\Delta U = Q - L$, ossia

$$Q = \Delta U + L$$

Vogliamo scrivere questa relazione in termini di grandezze legate al gas perfetto.

2 Dalla relazione (15)

$$\Delta U = \frac{1}{2} f n R \Delta T$$

3 Il lavoro durante la trasformazione isobara in cui il gas aumenta il suo volume di ΔV è

$$L = p\Delta V$$

Dall'equazione di stato del gas perfetto

$$p\Delta V = nR\Delta T$$

quindi

$$L = nR\Delta T \qquad (18)$$

4 Il calore è assorbito a pressione costante, quindi per la (13)

$$Q = nC_p\Delta T$$

5 Sostituendo le relazioni trovate nella (2), il primo principio diviene

$$Q = \Delta U + L \quad \Rightarrow \quad nC_p\Delta T = \frac{1}{2} f n R \Delta T + nR\Delta T$$

Semplifichiamo i fattori $n\Delta T$ ed esplichiamo in termini del calore molare a pressione costante:

$$C_p = \frac{1}{2} f R + R \qquad (19)$$

ossia

$$C_p = \frac{f+2}{2} R$$

La relazione fra C_p e C_V

Confrontando le relazioni (14) e (19) otteniamo la relazione fondamentale fra i calori molari del gas perfetto

$$C_p = C_V + R \qquad (20)$$

#caloremolare
#gasperfetto

Grazie a questo risultato si può fornire un'interessante interpretazione della costante dei gas:

la costante dei gas R è numericamente uguale al lavoro di espansione a pressione costante di 1 mol di gas perfetto a seguito dell'aumento di 1 K di temperatura.

Notiamo che questo lavoro è indipendente dalla pressione esterna p a cui il gas è sottoposto.

Il rapporto fra i calori molari a pressione costante e a volume costante è indicato con la lettera γ; dalle relazioni (14) e (17) deriva che

$$\gamma = \frac{C_p}{C_V} = \frac{f+2}{f} \tag{21}$$

I valori dei calori molari dipendono dal numero di gradi di libertà della molecola del gas. In particolare:

- per i gas monotomici ($f = 3$):

$$C_V = \frac{3}{2}R \qquad C_p = \frac{5}{2}R \qquad \gamma = \frac{5}{3}$$

- per i gas biatomici ($f = 5$):

$$C_V = \frac{5}{2}R \qquad C_p = \frac{7}{2}R \qquad \gamma = \frac{7}{5}$$

I risultati ottenuti per il gas perfetto valgono con ottima approssimazione anche per i gas reali rarefatti, come mostrano i dati della tabella seguente.

Calori molari del gas perfetto

Gas	C_V		C_p		γ	
	Misurato	Teorico	Misurato	Teorico	Misurato	Teorico
Elio (H)	1,52R	1,50R	2,52R	2,50R	1,66	1,67
Argon (Ar)	1,50R	1,50R	2,51R	2,50R	1,67	1,67
Idrogeno (H_2)	2,44R	2,50R	3,44R	3,50R	1,41	1,40
Azoto (N_2)	2,45R	2,50R	3,46R	3,50R	1,41	1,40
Ossigeno (O_2)	2,50R	2,50R	3,50R	3,50R	1,40	1,40
Monossido di azoto (NO)	2,51R	2,50R	3,51R	3,50R	1,40	1,40

→ **PROBLEMA** **Riscaldamento a volume costante** • pag. 474
#caloremolare

7 Trasformazioni adiabatiche

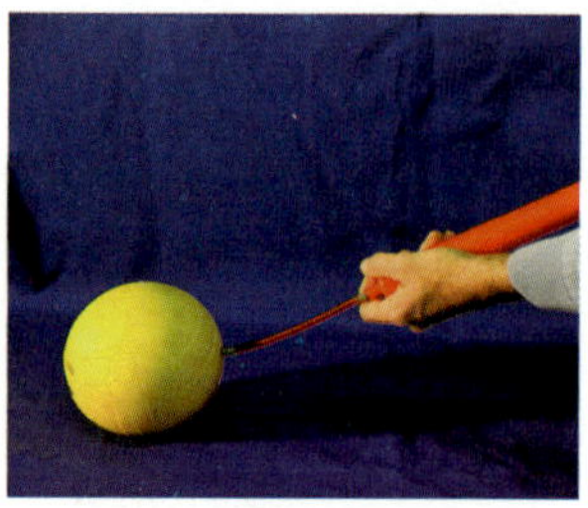

Massimo Romeni

Quando si gonfia un pallone o lo pneumatico di una bicicletta con una pompa a mano, ci si accorge che l'aria all'interno della pompa si scalda. Il moto dello stantuffo è infatti molto veloce e al suo interno l'aria viene compressa così rapidamente da non riuscire a scambiare calore con l'esterno.

Questo è un esempio di trasformazione adiabatica.

Un sistema compie una **trasformazione adiabatica** quando evolve da uno stato iniziale a uno stato finale senza scambi significativi di calore con l'ambiente.

Per realizzare una trasformazione adiabatica è necessario chiudere il sistema all'interno di pareti isolanti, dette appunto adiabatiche, che impediscono lo scambio di calore tra sistema e ambiente. In realtà, i materiali isolanti ostacolano il flusso di calore ma non lo annullano: per questa ragione nella pratica una trasformazione si considera adiabatica quando avviene in tempi piccoli rispetto a quelli necessari al sistema per scambiare con l'ambiente quantità apprezzabili di calore.

Poiché il sistema non scambia calore con l'esterno, $Q = 0$ e l'equazione del primo principio si riduce a

$$\Delta U = -L$$

Pertanto

- se il gas si espande, $L > 0$ e $\Delta U = U_f - U_i < 0$: la sua energia interna diminuisce e il gas si raffredda;
- se il gas viene compresso, $L < 0$ e $\Delta U = U_f - U_i > 0$: la sua energia interna aumenta e il gas si riscalda.

Gli stati iniziale e finale di un gas che compie una trasformazione adiabatica sono legati dalla seguente relazione

$$p_i V_i^{\gamma} = p_f V_f^{\gamma} \qquad (22)$$

#adiabatica

dove $\gamma = C_p/C_V$ è il rapporto dei calori molari del gas.

FISICA QUOTIDIANA
In montagna è più freddo

L'espansione adiabatica è la causa del fatto che in montagna la temperatura media è minore che in pianura. L'aria si scalda in prossimità del suolo, la sua densità diminuisce e viene sospinta verso l'alto dalla spinta idrostatica. Salendo la massa d'aria si espande perché la pressione diminuisce con l'altezza. La risalita avviene piuttosto rapidamente per cui la massa d'aria non scambia quantità apprezzabili di calore con l'esterno: l'espansione è quindi adiabatica e viene fatta a spese dell'energia interna della massa d'aria, che di conseguenza si raffredda.

Lavoro compiuto da un gas perfetto in un'adiabatica

Se l'adiabatica è effettuata in modo quasi-statico, gli stati intermedi della trasformazione possono essere rappresentati nel diagramma p-V.

Mettiamo a confronto due espansioni di un gas biatomico ($\gamma = 7/5$) dal volume V_i, al volume V_f: una isoterma e una adiabatica.

Durante l'isoterma, il gas compie lavoro utilizzando unicamente il calore assorbito dall'esterno: infatti la sua temperatura e la sua energia interna rimangono invariate.

Invece, durante l'adiabatica, il gas compie lavoro a spese della sua energia interna e la sua temperatura diminuisce. Lo stato finale si trova quindi su un'isoterma a temperatura minore di quella iniziale ($T_f < T_i$).

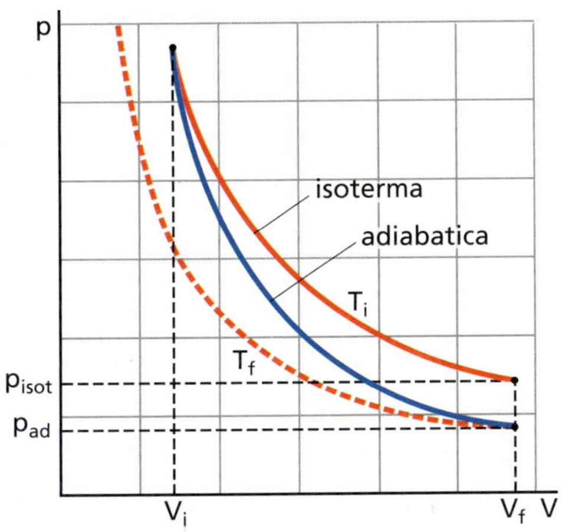

Lo stato finale dell'adiabatica ha una pressione minore dello stato con lo stesso volume raggiunto attraverso l'isoterma. Come mostra il grafico, l'area sottesa dalla adiabatica è minore di quella sottesa dall'isoterma: durante l'espansione adiabatica il gas compie quindi un lavoro inferiore rispetto all'espansione isoterma.

Vale il seguente risultato

#lavoro
#adiabatica

durante una trasformazione adiabatica dal volume V_i al volume V_f, un sistema formato da n moli di gas perfetto compie un lavoro

$$L = nC_V(T_i - T_f) \tag{23}$$

dove C_V è il calore molare a volume costante e T_i e T_f sono le temperature degli stati iniziale e finale del gas.

DENTRO LA FORMULA

- Il gas compie lavoro sull'ambiente ($L > 0$) quando si espande e quindi si raffredda durante la trasformazione ($T_i - T_f > 0$).
- L'ambiente compie lavoro sul gas ($L < 0$) quando il gas viene compresso e quindi si riscalda durante la trasformazione ($T_i - T_f < 0$).
- Le temperature degli stati iniziale e finale possono essere calcolate mediante l'equazione di stato dei gas perfetti a partire dai corrispondenti valori di volume e pressione.

Per dimostrare la (23) partiamo dal primo principio della termodinamica nella forma

$$L = -\Delta U \tag{24}$$

1 Per l'equazione (15) la variazione di energia interna fra gli stati iniziale e finale è

$$\Delta U = \frac{1}{2} fnRT_f - \frac{1}{2} fnRT_i = \frac{1}{2} fnR(T_f - T_i)$$

2 Nella relazione precedente si può inserire una proprietà nota del gas perfetto: il calore molare a volume costante. Infatti per la (14) si ha:

$$C_V = \frac{1}{2} fR$$

quindi

$$\Delta U = nC_V(T_f - T_i)$$

3 Sostituendo la relazione precedente nella (24) si ottiene la (23):

$$L = nC_V(T_i - T_f)$$

La temperatura nelle trasformazioni adiabatiche

Durante una trasformazione adiabatica, le temperature degli stati di equilibrio di n moli di gas perfetto sono legate ai volumi e alle pressioni dalle seguenti relazioni:

$$T_i V_i^{\gamma-1} = T_f V_f^{\gamma-1} \tag{25}$$

$$T_i p_i^{\frac{1-\gamma}{\gamma}} = T_f p_f^{\frac{1-\gamma}{\gamma}} \tag{26}$$

Cominciamo a dimostrare la (25).

1 Scriviamo l'equazione di stato del gas perfetto nella forma

$$p = \frac{nRT}{V}$$

2 Sostituendo nella (22) si ha

$$\frac{nRT_i}{V_i} V_i^{\gamma} = \frac{nRT_f}{V_f} V_f^{\gamma}$$

3 Dividendo per nR e ricordando che $1/V = V^{-1}$ otteniamo:

$$T_i V_i^{\gamma} V_i^{-1} = T_f V_f^{\gamma} V_f^{-1}$$

e quindi la (25):

$$T_i V_i^{\gamma-1} = T_f V_f^{\gamma-1}$$

La dimostrazione della (26) procede in modo analogo.

1 Sostituendo nella (22) l'espressione del volume del gas

$$V = \frac{nRT}{p}$$

si ha

$$p_i \left(\frac{nRT_i}{p_i}\right)^{\gamma} = p_f \left(\frac{nRT_f}{p_f}\right)^{\gamma}$$

2 Semplificando il fattore $(nR)^{\gamma}$ e notando che

$$\frac{1}{p^{\gamma}} = p^{-\gamma}$$

si ha

$$T_i^{\gamma} p_i p_i^{-\gamma} = T_f^{\gamma} p_f p_f^{-\gamma} \quad \Rightarrow \quad T_i^{\gamma} p_i^{1-\gamma} = T_f^{\gamma} p_f^{1-\gamma}$$

dopo aver elevato entrambi i membri a $1/\gamma$ otteniamo in definitiva la (26):

$$T_i p_i^{\frac{1-\gamma}{\gamma}} = T_f p_f^{\frac{1-\gamma}{\gamma}}$$

PER ESEMPIO **Il Föhn**

L'elevata temperatura del Föhn, un vento intenso che in particolari situazioni meteorologiche soffia in pianura Padana, è dovuta a una compressione adiabatica di aria povera di umidità, che avviene lungo la rapida discesa dalle Alpi.

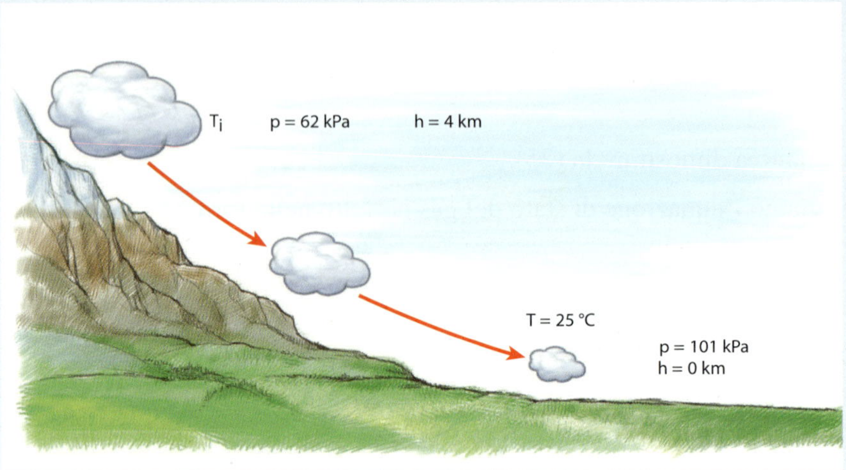

Considera un Föhn che arriva in pianura a 25 °C.

▶ Quale temperatura aveva l'aria quando era a 4 km di altezza alla pressione $p = 62$ kPa?

Per la (26)

$$T_i \, p_i^{\frac{1-\gamma}{\gamma}} = T_f \, p_f^{\frac{1-\gamma}{\gamma}} \quad \Rightarrow \quad T_i = T_f \left(\frac{p_f}{p_i}\right)^{\frac{1-\gamma}{\gamma}}$$

Ponendo $\gamma = 1{,}4$ per l'aria,

$$T_i = (298 \text{ K}) \left(\frac{101 \text{ kPa}}{62 \text{ kPa}}\right)^{\frac{1-1{,}4}{1{,}4}} = 260 \text{ K}$$

circa −13 °C.

FISICA QUOTIDIANA
Durante un brindisi

Quando stappiamo una bottiglia di spumante, vediamo formarsi una caratteristica «nuvoletta» che esce dal collo della bottiglia. Fra il tappo e il pelo libero del vino esiste una condizione di equilibrio liquido-vapore, per cui l'umidità relativa è del 100% e la pressione è circa di 2 atm. Quando togliamo la bottiglia dal frigorifero, in cui era alla temperatura di 4 °C, e la stappiamo, la pressione diminuisce molto velocemente, per cui il vapore si espande in modo adiabatico e si raffredda fino a circa –40 °C. Il vapore acqueo, allora, condensa sotto forma di minuscole goccioline.

→ **PROBLEMA SU PIÙ CONCETTI** Senza scambio di calore • pag. 476
#adiabatica #lavoro

Il primo principio della termodinamica

IN 3 MINUTI
Il primo principio della termodinamica

Lavoro in una trasformazione termodinamica

■ Il sistema trasferisce energia meccanica verso l'ambiente:

$$L > 0$$

■ Il sistema assorbe energia meccanica dall'ambiente:

$$L < 0$$

■ Trasformazione isocora:

$$L = 0$$

■ Trasformazione isobara:

$$L = p\Delta V$$

Calore molare

$$C_{mol} = cM_{mol}$$

calore molare (C_{mol}); calore specifico (c); massa di una mole (M_{mol})

■ Legge di Dulong e Petit (solidi monoatomici)

$$C_{mol} = 3R \qquad R = 8{,}314 \text{ J/(K·mol)}$$

■ Calore molare a volume costante (gas perfetto)

$$C_V = \left(\frac{Q}{n\Delta T}\right)_{\text{isocora}} = \frac{1}{2}fR$$

■ Calore molare a pressione costante (gas perfetto)

$$C_p = \left(\frac{Q}{n\Delta T}\right)_{\text{isobara}} = \frac{f+2}{2}R$$

$$C_p = C_V + R \qquad \gamma = \frac{C_p}{C_V} = \frac{f+2}{f}$$

Primo principio della termodinamica

$$\Delta U = Q - L$$

variazione dell'**energia interna** del sistema (ΔU); **calore** ricevuto dal sistema (Q); **lavoro** compiuto dal sistema (L)

■ Trasformazione isocora

$$\Delta U = Q$$

■ Trasformazione isobara

$$\Delta U = Q - L$$

■ Trasformazione isoterma del gas perfetto

$$Q = L = nRT \ln\frac{V_B}{V_A}$$

■ Trasformazione ciclica

$$Q = L$$

■ Trasformazione adiabatica

$$\Delta U = -L$$

Trasformazioni adiabatiche per un gas perfetto

$$p_i V_i^{\gamma} = p_f V_f^{\gamma}$$

■ Lavoro compiuto

$$L = nC_V(T_i - T_f)$$

■ Temperatura

$$T_i V_i^{\gamma-1} = T_f V_f^{\gamma-1}$$

$$T_i p_i^{\frac{1-\gamma}{\gamma}} = T_f p_f^{\frac{1-\gamma}{\gamma}}$$

ESERCIZI

ZTE ONLINE
Mettiti alla prova con 20 esercizi interattivi

2 Stati termodinamici e trasformazioni

1 Gli stati A e B rappresentati nel diagramma sono relativi a n moli di gas perfetto.

- ▶ Quanto vale il rapporto T_B/T_A fra le temperature dei due stati?
- ▶ Quanto vale il rapporto T_B/T_C?

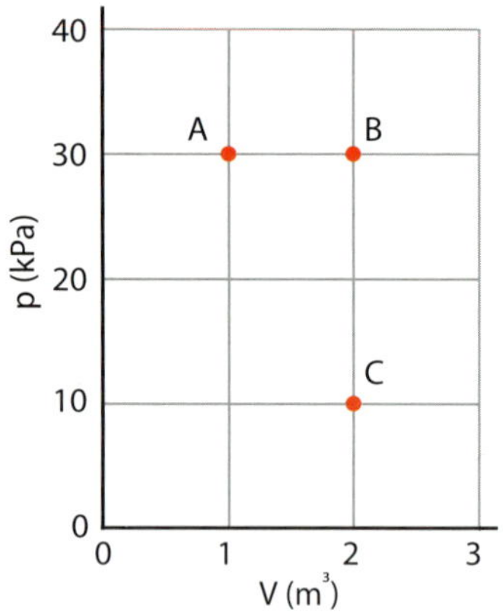

2 Inserisci nel diagramma p-V i seguenti stati di 2,5 moli di gas perfetto:

- ▶ $p = 2{,}1 \cdot 10^4$ Pa, $V = 0{,}34$ m^3;
- ▶ $p = 2{,}4 \cdot 10^4$ Pa, $T = 320$ K.

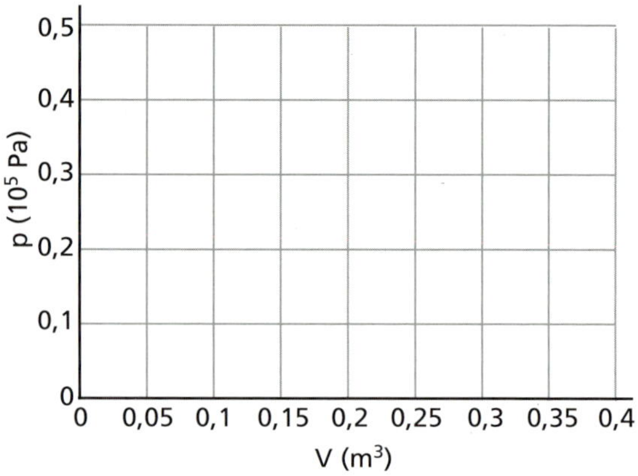

3 Il diagramma riporta lo stato A di 4,8 mol di gas perfetto a 350 K.

- ▶ Calcola p. [$3{,}5 \cdot 10^4$ Pa]

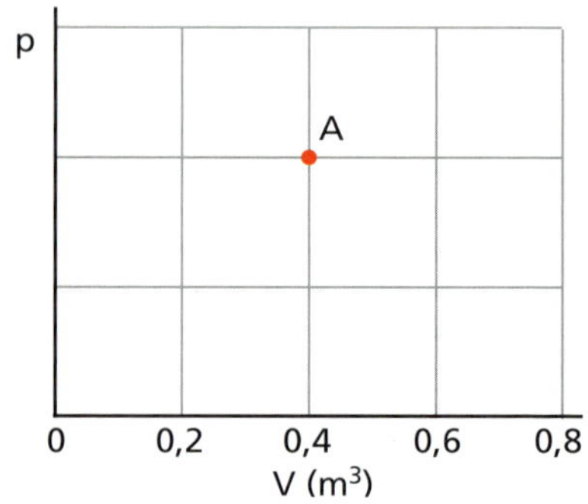

4 PROBLEMA **Due stati, una isoterma?**
#trasformazioni

Considera lo stato A di 0,80 mol di gas perfetto rappresentato nel diagramma.

- ▶ Determina la temperatura del gas.
- ▶ Stabilisci se lo stato B appartiene alla stessa isoterma di A.

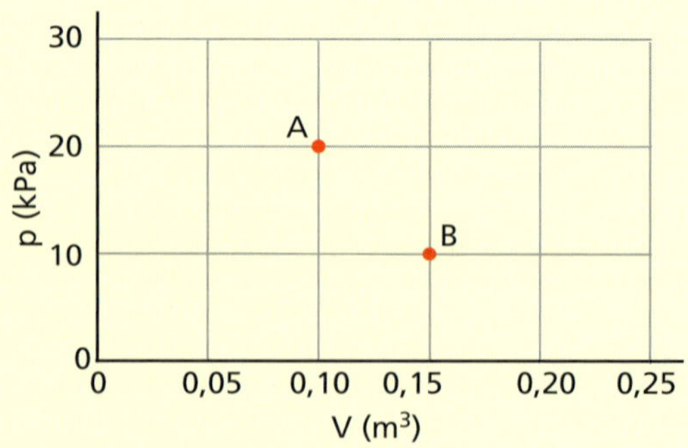

LA SITUAZIONE FISICA E IL MODELLO

In un grafico p-V, ogni punto corrisponde a un solo stato di una data massa di gas caratterizzato da un valore di pressione e un valore di volume. I valori di p e V per gli stati A e B possono essere desunti dal grafico con due cifre significative. La temperatura può essere ricavata tramite l'equazione del gas perfetto, conoscendo il numero di moli n.

LA RISOLUZIONE

1. Dal diagramma ricaviamo pressione e volume del gas nei due stati.

2. Calcoliamo T_A e T_B mediante l'equazione del gas perfetto $pV = nRT$:

$$T_A = \frac{p_A V_A}{nR} \qquad T_B = \frac{p_B V_B}{nR}$$

3. Lo stato B sta sulla stessa isoterma dello stato A solo se $T_A = T_B$.

I DATI E IL RISULTATO

$p_A = 2{,}0 \cdot 10^4$ Pa
$V_A = 0{,}10\ \text{m}^3$
$p_B = 1{,}0 \cdot 10^4$ Pa
$V_B = 0{,}15\ \text{m}^3$

$$T_A = \frac{p_A V_A}{nR} = \frac{(2{,}0 \cdot 10^4\ \text{Pa})(0{,}10\ \text{m}^3)}{(0{,}80\ \text{mol})[8{,}31\ \text{J/(mol·K)}]} = 300\ \text{K}$$

$$T_B = \frac{p_B V_B}{nR} = \frac{(1{,}0 \cdot 10^4\ \text{Pa})(0{,}15\ \text{m}^3)}{(0{,}80\ \text{mol})[8{,}31\ \text{J/(mol·K)}]} = 230\ \text{K}$$

$T_A \neq T_B$, quindi i due stati non appartengono alla stessa isoterma.

HA SENSO?

Se i due stati del gas appartenessero alla stessa isoterma dovrebbero essere legati dalla legge di Boyle (T costante). Se così fosse, lo stato B avrebbe una pressione pari a

$$p_B = \frac{V_A}{V_B} p_A = 13\ \text{kPa}$$

invece di 10 kPa, come indicato nel grafico.

5 **PROBLEMA SIMILE**

Due stati A e B, composti da 0,70 mol di gas perfetto, si trovano sulla stessa isoterma. Lo stato A ha pressione $2{,}5 \cdot 10^4$ Pa e volume 80 dm^3, mentre lo stato B ha volume equivalente alla metà di V_A.

- Qual è la pressione dello stato B?
- Disegna i due stati su un grafico p-V. [340 K; $5{,}0 \cdot 10^4$ Pa]

6 A partire dallo stato con $p = 6{,}0 \cdot 10^4$ Pa e $V = 0{,}20\ \text{m}^3$, 4,0 mol di gas perfetto vengono compresse isotermicamente fino a dimezzarne il volume.

- Calcola la temperatura del gas.
- Disegna la trasformazione nel piano p-V [$T = 360$ K]

7 Il punto A nel diagramma p-V corrisponde a uno stato di 160 moli di gas perfetto.

- Calcola la temperatura del gas nello stato A.
- Traccia la trasformazione isocora che porta il gas dallo stato A allo stato B con pressione doppia.
- Traccia la trasformazione isobara che porta il gas dallo stato A allo stato C con volume doppio.
- È possibile trasformare lo stato B nello stato C mediante una trasformazione isoterma? [$T_A = 300$ K; $T_B = T_C = 600$ K]

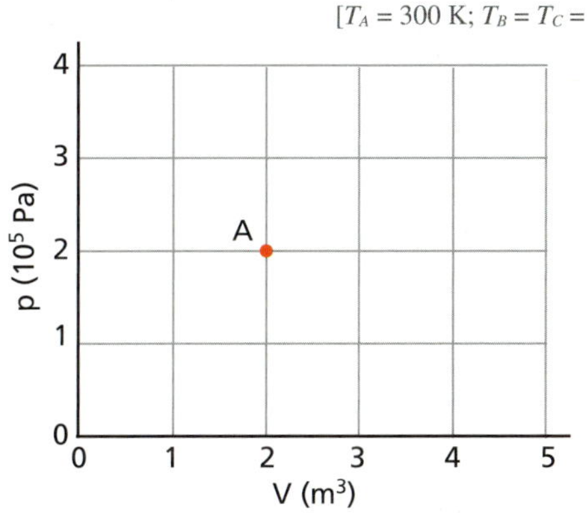

8 QUESITO **LEGGI IL GRAFICO** Tre recipienti, di volume rispettivamente 1 L, 2 L e 3 L, contengono ciascuno un decimo di mole di gas a 250 K. Successivamente i tre recipienti sono portati a 450 K. In questo modo il gas di ciascun recipiente subisce una trasformazione isocora il cui grafico nel diagramma p-V è rappresentato nella figura.

▶ Come si rappresentano queste trasformazioni in un diagramma p-T dove in ascissa è riportata la temperatura in kelvin?

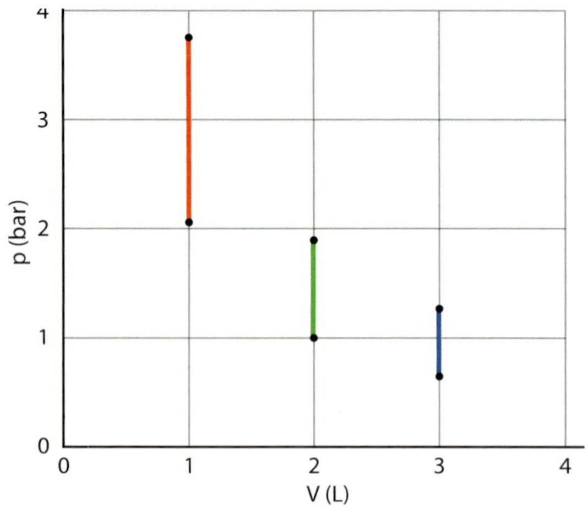

9 Lo stato di 18 mmol (10^{-3} mol) di elio è rappresentato dal punto A nel diagramma p-V.

▶ Quanto vale la temperatura del gas?

Mediante una trasformazione isoterma il gas viene portato nello stato B.

▶ Calcola p_B.

Mediante una trasformazione isocora il gas viene portato dallo stato A allo stato C in cui $p_C = p_B$.

▶ Calcola T_C.

Il calore specifico dell'elio è 0,75 kcal/(kg·K).

▶ Dermina il calore fornito al gas nella trasformazione isocora.

[270 K; $2{,}7 \cdot 10^4$ Pa; $7{,}2 \cdot 10^2$ K; $1{,}0 \cdot 10^2$ J]

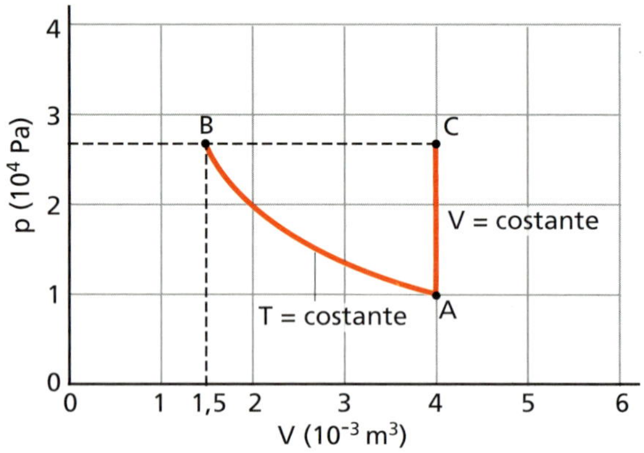

3 Il lavoro in una trasformazione termodinamica

10 Considera di voler gonfiare un canotto che è alla pressione di 0,2 bar tramite una pompa di volume 0,4 L. Supponi che l'aria introdotta dalla pompa in una singola escursione non cambi in modo apprezzabile la pressione all'interno del canotto.

▶ Quanto lavoro è necessario per comprimere fino in fondo lo stantuffo? [≈ 8 J]

11 Un gas, che inizialmente è alla pressione di 4,0 atm e occupa un volume di 1,5 L, si espande a pressione costante finché il suo volume diventa di 4,5 L.

▶ Determina il lavoro compiuto dal gas.

[1,2 kJ]

12 PROBLEMA **Il lavoro in una compressione**
#lavoro

Un gas inizialmente alla pressione di 400 kPa occupa un volume di 5,00 L. Il gas viene quindi compresso fino a un valore di 3,00 L e a una pressione di 200 kPa. Ipotizza che la trasformazione sia rappresentabile con un segmento.

▶ Calcola il lavoro compiuto dal gas.

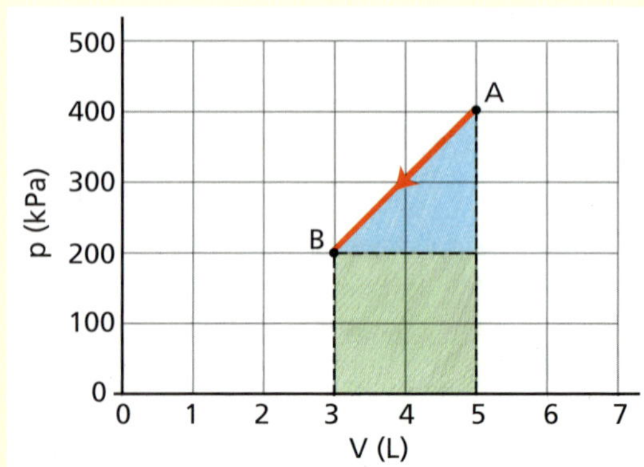

LA SITUAZIONE FISICA E IL MODELLO

Una trasformazione quasi-statica può essere rappresentata in un grafico p-V con un segmento. Il lavoro compiuto dal gas è indicato dall'area sottesa dal grafico.

LA RISOLUZIONE

1. Rappresentiamo la trasformazione in un piano p-V e calcoliamo il lavoro compiuto dal gas come area sottesa dal segmento che la schematizza.

2. L'area totale è la somma delle aree del triangolo azzurro e del rettangolo verde. Il lavoro è dato dalla somma delle due aree.

I DATI E IL RISULTATO

$p_i = 400$ kPa

$p_f = 200$ kPa

$V_i = 5{,}00$ L

$V_f = 3{,}00$ L

$$\text{Area triangolo} = \frac{1}{2}(5{,}00 \cdot 10^{-3}\ \text{m}^3 - 3{,}00 \cdot 10^{-3}\ \text{m}^3)(400\ \text{kPa} - 200\ \text{kPa}) = 200\ \text{J}$$

$$\text{Area rettangolo} = (5{,}00 \cdot 10^{-3}\ \text{m}^3 - 3{,}00 \cdot 10^{-3}\ \text{m}^3)(200\ \text{kPa}) = 400\ \text{J}$$

$$L_{tot} = -200\ \text{J} - 400\ \text{J} = -600\ \text{J}$$

13 **PROBLEMA SIMILE**

Un gas perfetto compie un ciclo *ABCA* formato dalle trasformazioni indicate nel diagramma p-V.

- ▶ Quanto vale il lavoro compiuto dal gas?
- ▶ E quanto il lavoro quando il ciclo è percorso in senso opposto?

[4 kJ; – 4 kJ]

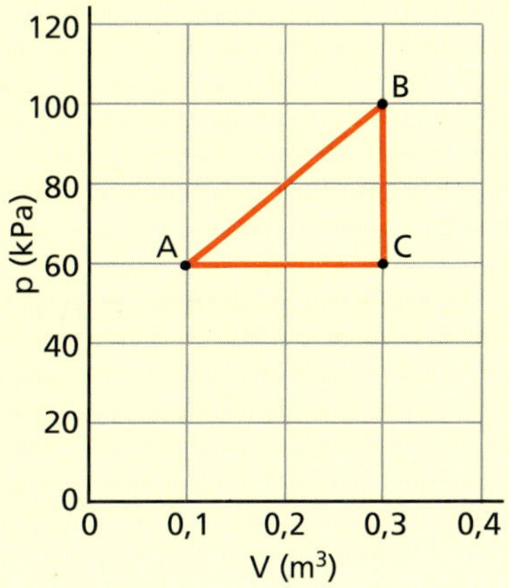

14 Una certa quantità di gas compie un ciclo formato dalle trasformazioni mostrate nel diagramma p-V di figura.

- ▶ Calcola il lavoro totale compiuto dal gas quando percorre il ciclo:
  - in senso orario;
  - in senso antiorario.

[+1,2 kJ; –1,2 kJ]

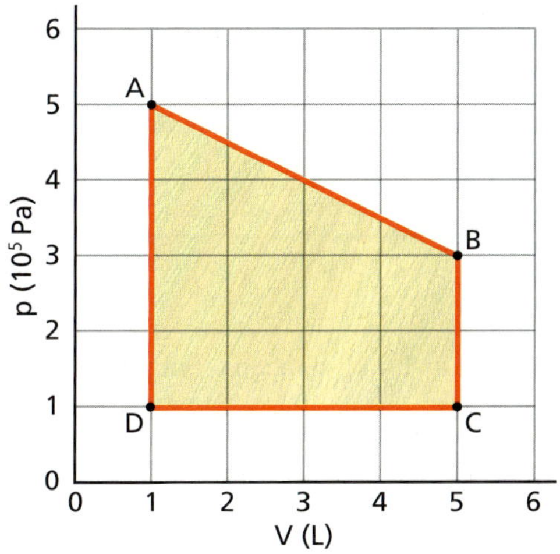

15 2,0 mol di gas perfetto si trovano a una temperatura di 370 K e occupano un volume V_i. Il gas si espande con una trasformazione isobara fino a occupare un volume triplo.

- ▶ Determina il lavoro compiuto dal gas. [12 kJ]

16 Il volume occupato da 1 mol di gas perfetto è $1{,}0 \cdot 10^{-3}\ \text{m}^3$ a 280 K. Attraverso una trasformazione isocora raggiunge la temperatura di 320 K. Successivamente una trasformazione isobara lo porta a un volume di $1{,}7 \cdot 10^{-3}\ \text{m}^3$.

- ▶ Rappresenta le trasformazioni in un piano p-V.
- ▶ Calcola il lavoro compiuto dal gas. [1,9 kJ]

17 Considera le due trasformazioni dell'esercizio precedente. Immagina di compiere prima l'isobara e poi l'isocora.

- ▶ Calcola il lavoro. [1,6 kJ]

18 **QUESITO** **FAI UNA STIMA** Un gas compie la trasformazione ciclica *ABCA* rappresentata nel diagramma p-V.

▶ Stima il lavoro compiuto dal gas.

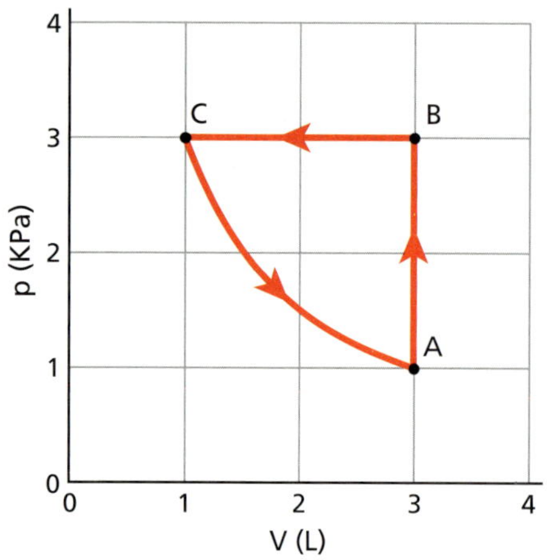

19 Considera n mol di gas perfetto che compiono il ciclo *ABCA* mostrato nel diagramma p-V. La temperatura dello stato A è $T_A = 310$ K.

▶ Quanto vale n?
▶ E T_C?
▶ Quanto vale il lavoro compiuto dal gas?
▶ Indica se nella trasformazione *BC* il gas cede o acquista calore.

[3,9 mol; $7{,}4 \cdot 10^2$ K; 6,0 kJ]

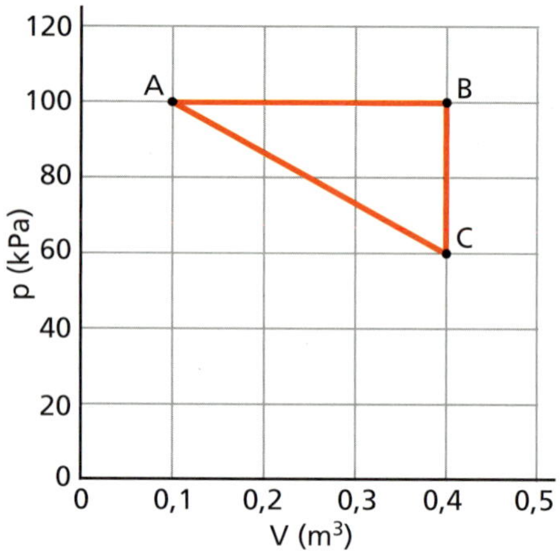

4 Il primo principio della termodinamica

20 Un sistema compie un lavoro di $3 \cdot 10^5$ J e cede $2 \cdot 10^5$ J di calore.

▶ Quanto vale la variazione dell'energia interna del sistema? [$-5 \cdot 10^5$ J]

21 Un sistema termodinamico riceve dall'esterno 20 J di lavoro e 80 cal di calore.

▶ Calcola la variazione della sua energia interna. [0,35 kJ]

22 Fornisci 400 kcal a un gas che si espande e compie 800 kJ di lavoro.

▶ Determina la variazione di energia interna. [0,87 MJ]

23 L'energia interna di un sistema termodinamico aumenta di 400 J a seguito di una somministrazione di calore di 270 J.

▶ Quanto vale il lavoro compiuto sul sistema? [−130 J]

24 QUESITO TROVA IL MODELLO Considera la Terra un sistema in interazione con lo spazio esterno.

▶ Per il sistema Terra vale il primo principio della termodinamica?
▶ Quali forme di energia scambia con lo spazio esterno?

25 Un proiettile di piombo ha una temperatura di 20 °C e si muove alla velocità di 200 m/s. Viene fermato da un blocco di legno. Supponi che tutta la variazione di energia riscaldi il proiettile.

▶ Qual è la temperatura del proiettile immediatamente dopo l'urto? [174 °C]

26 In un esperimento tipo quello di Joule, il mulinello è azionato da un peso di 4,0 kg che scende a velocità costante per un tratto di 1,5 m. Il sistema contiene 0,60 kg d'acqua.

▶ Di quanto aumenta la temperatura dell'acqua? [0,023 °C]

27 PROBLEMA **Quando aumenta la temperatura**
#primoprincipiotermo

Si vuole elevare da 20 °C a 25°C la temperatura di una massa di 1,0 kg di acqua. Supponiamo che nel processo non si acquisti né si perda calore.

▶ Calcola il lavoro necessario.

In un esperimento reale il lavoro compiuto per produrre questa variazione di temperatura è di 30 kJ.

▶ Quanto calore è stato ceduto all'esterno?

LA SITUAZIONE FISICA E IL MODELLO

La massa d'acqua che si riscalda aumenta la propria energia interna: durante la trasformazione, $\Delta U > 0$. Per il primo principio della termodinamica, la variazione di energia interna dipende dalla quantità di calore scambiato con l'esterno e dal lavoro compiuto dal sistema. In assenza di scambi con l'ambiente esterno, il lavoro compiuto deve essere uguale alla variazione di energia interna: $\Delta U = -L$.

LA RISOLUZIONE

1. L'aumento della temperatura corrisponde a un aumento dell'energia interna dell'acqua. Se trascuriamo il lavoro compiuto dalla dilatazione termica si ha:

$$\Delta U = cm\Delta T$$

2. Nell'ipotesi che l'acqua non scambi calore

$$\Delta U = -L \quad \Rightarrow \quad \boxed{L = -cm\Delta T}$$

3. Nell'esperimento reale, in cui vi sono scambi di calore tra acqua e ambiente, il primo principio stabilisce che

$$\Delta U = Q - L_r \quad \Rightarrow \quad \boxed{Q = L_r + \Delta U}$$

I DATI E IL RISULTATO

$m = 1{,}0$ kg

$c = 4{,}19$ kJ/(kg·K)

$\Delta T = 5$ °C $= 5$ K

$$L = -[4{,}19 \text{ kJ/(kg·K)}](5 \text{ K})(1{,}0 \text{ kg}) = -0{,}02 \text{ MJ}$$

$$L_r = -30 \text{ kJ} = -0{,}03 \text{ MJ}$$

$$\Delta U = 0{,}02 \text{ MJ}$$

$$Q = 0{,}03 \text{ MJ} + 0{,}02 \text{ MJ} = -0{,}01 \text{ MJ}$$

28 Un sistema termodinamico è costituito da un serbatoio contenente 5,0 L d'acqua a 50 °C. Il serbatoio viene posto in contatto termico con una sorgente fredda. Tramite un mulinello si compie sul sistema un lavoro di 30 kJ. Ipotizza che alla fine l'energia interna sia diminuita di 45 kJ.
- ▶ Quanto calore è stato sottratto al sistema?
- ▶ Quale temperatura finale ha raggiunto?

[−2,1 °C; 48 °C]

29 Agisci con un mulinello su un sistema termodinamico costituito da $7{,}0 \cdot 10^{-3}$ m^3 d'acqua compiendo un lavoro di 50 kJ e contemporaneamente fornisci 20 kcal di calore.
- ▶ Calcola la variazione di energia interna del sistema.
- ▶ Di quanto è variata la sua temperatura?

[130 kJ; 4,4 °C]

30 Nelle Cascate del Niagara l'acqua cade da una quota di 50 m. Considera che tutta l'energia potenziale diventi energia interna dell'acqua.
- ▶ Determina l'aumento di temperatura.

Svolgi lo stesso esercizio per le Cascate di Yosemite, dove l'acqua cade da una quota di 740 m e non si osservano aumenti di temperatura.
- ▶ Come si spiega, dal punto di vista energetico, il fatto che non ci siano aumenti di temperatura?

[0,12 °C; 1,7 °C]

31 Un pulmino di $4{,}8 \cdot 10^3$ kg procede su una strada rettilinea a velocità costante di 50 km/h. Ipotizza che l'energia cinetica si trasformi in calore.
- ▶ Calcola la quantità di calore che si sviluppa a causa della completa frenata del mezzo.

[$4{,}6 \cdot 10^5$ J]

32 Un sistema compie un lavoro pari a $1{,}7 \cdot 10^5$ J e il suo raffreddamento è ottenuto facendo evaporare circa 0,85 L d'acqua. Trascura gli altri scambi termici.
- ▶ Calcola la variazione di energia interna del sistema.

[$-2{,}1 \cdot 10^6$ J]

33 100 g di ghiaccio alla temperatura di 0 °C fondono in una bacinella che si trova in una stanza a 24 °C.
- ▶ Determina la quantità di calore scambiata con l'ambiente esterno quando si è raggiunto l'equilibrio.
- ▶ Quanto vale la variazione di energia interna all'equilibrio?

[$4{,}3 \cdot 10^4$ J; $4{,}3 \cdot 10^4$ J (il lavoro risulta trascurabile)]

34 Un cilindro di sezione 100 cm^2 contiene gas ed è a temperatura $T = 20$ °C. Il cilindro è chiuso con un tappo che scorre quasi senza attrito lungo le pareti. Il peso del tappo è 10 N. Inizialmente il tappo è fermo a 30 cm dalla base del cilindro. Il gas viene portato lentamente a 100 °C.

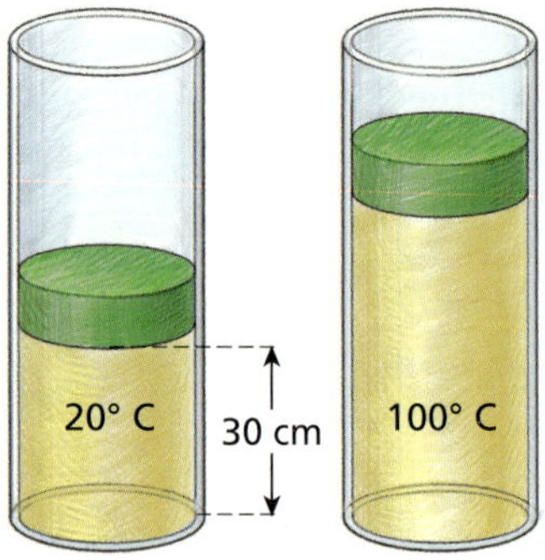

▶ Calcola:
- lo spostamento del tappo;
- il lavoro compiuto dal gas.

[8,2 cm; 0,82 J]

35 Considera la situazione dell'esercizio precedente. Nel cilindro è contenuto elio.
▶ Determina il calore assorbito dal gas nel passare dalla situazione iniziale a quella finale. [2,1 J]

36 In un esperimento dimostrativo si lancia verticalmente una scatola contenente pallini di piombo fino a una quota di 4,00 m, lasciandola poi cadere al suolo. La temperatura iniziale del piombo è di 20,0 °C. Dopo 5 lanci si misura la temperatura dei pallini. Ipotizza che non ci siano perdite di calore.
▶ A che temperatura sono? [21,5 °C]

5 Applicazioni del primo principio

37 5,0 moli di gas perfetto monoatomico passano dalla temperatura di 400 K a quella di 510 K a seguito di un lavoro subito di 2,0 kJ.
▶ Quanto vale il calore scambiato? [4,9 kJ]

38 1,0 mol di gas perfetto biatomico è racchiusa in un contenitore cubico di lato 0,50 m e a 130 kPa di pressione. Si vuole diminuire la pressione fino a 100 kPa.
▶ Quanto calore devi sottrarre? [9,4 kJ]

39 Un gas occupa inizialmente un volume di 2,00 L a una pressione di 100 kPa. Si espande isotermicamente e occupa un volume di 3,80 L.
▶ Qual è il lavoro compiuto dal gas? [128 J]

40 Un gas perfetto è inizialmente alla pressione di 4,0 atm e ha un volume di 1,0 L. Il gas viene espanso isotermicamente in un nuovo stato in cui pressione e volume sono rispettivamente 1,0 atm e 4,0 L.
▶ Calcola il lavoro compiuto dal gas. [$5{,}6 \cdot 10^2$ J]

41 2,0 mol di elio vengono compresse isotermicamente alla temperatura di 20 °C, dimezzando il volume iniziale.
▶ Qual è il lavoro subito dal gas?
▶ E la variazione di energia interna? [−3,4 kJ; 0 J]

42 In un atto respiratorio immetti nei polmoni circa 1/10 di mole di aria e poi la espiri avendola scaldata di circa 5 K.
▶ Quanto vale l'aumento di energia interna di quella quantità d'aria? [10 J]

43 Vengono espanse 3,0 mol di argon a una temperatura costante di 310 K da un volume di 0,010 m^3 a un volume finale di 0,040 m^3.
▶ Quanto lavoro ha compiuto il gas?
▶ Determina l'energia interna finale del gas. [11 kJ; 12 kJ]

44 PROBLEMA SU PIÙ CONCETTI **Trasformazioni di stato**
#lavoro #primoprincipiotermo

Un sistema composto da 50 mol di argon subisce tre trasformazioni. La prima è una isobara, dallo stato *A* allo stato *B*. La seconda è una isoterma da *B* a *C*. Infine una isocora trasforma lo stato *C* nuovamente nello stato *A*. Sono note la temperatura e il volume nello stato *A*: $T_A = 100$ K e $V_A = 0{,}70$ m^3; inoltre il volume in *B* è il triplo di quello in *A*.

- ▶ Traccia i grafici delle trasformazioni in un diagramma p-V.
- ▶ Qual è la pressione nello stato C?
- ▶ Calcola il lavoro compiuto dal gas durante le tre trasformazioni.

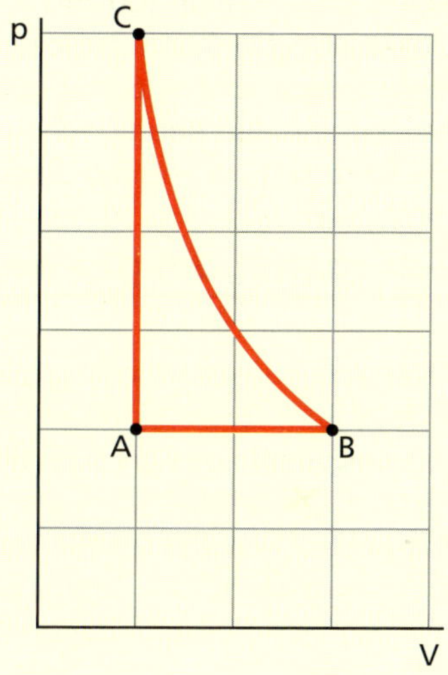

LA SITUAZIONE FISICA E IL MODELLO

La trasformazione da A a B è un'espansione isobara. L'isoterma da B a C potrebbe essere sia un'espansione, sia una compressione. Però un'isocora riporta il gas da C ad A. Quindi l'isoterma deve essere una compressione. La pressione in C può essere calcolata mediante l'equazione di stato del gas perfetto. Le tre trasformazioni danno luogo a una trasformazione ciclica: il lavoro compiuto dal gas è definito dall'area racchiusa dalla curva chiusa nel grafico p-V.

LA RISOLUZIONE

1. Mediante l'equazione dei gas perfetti calcoliamo la pressione dello stato A:

$$p_A V_A = nRT_A \quad \Rightarrow \quad p_A = \frac{nRT_A}{V_A} = \frac{(50\ \text{mol})\,[8{,}31\ \text{kg/(mol·K)}]\,(100\ \text{K})}{0{,}7\ \text{m}^3} = 59{,}36\ \text{kPa}$$

2. La trasformazione da A a B è una isobara, $p_B = p_A$. Questo permette di calcolare la temperatura in B:

$$p_B V_B = nRT_B \quad \Rightarrow \quad T_B = \frac{p_B V_B}{nR} = \frac{(59{,}36\ \text{kPa})\,3\,(0{,}7\ \text{m}^3)}{(50\ \text{mol})\,[8{,}31\ \text{kg/(mol·K)}]} = 300\ \text{K}$$

3. La trasformazione da B a C è una isoterma, per cui $T_B = T_C$. Calcoliamo la pressione in C:

$$p_C V_C = nRT_C \quad \Rightarrow \quad p_C = \frac{nRT_C}{V_C} = \frac{(50\ \text{mol})\,[8{,}31\ \text{kg/(mol·K)}]\,(300\ \text{K})}{0{,}7\ \text{m}^3} = 178{,}07\ \text{kPa}$$

4. Il lavoro svolto dalla trasformazione da A a B è positivo, ed è uguale all'area del rettangolo sotteso dal segmento nel grafico p-V:

$$L_{AB} = p_A(V_B - V_A) = (59{,}36\ \text{kPa})\,2\,(0{,}7\ \text{m}^3) = 83{,}10\ \text{kJ}$$

5. Il lavoro svolto dalla isoterma da B a C invece è negativo:

$$L_{BC} = -nRT_C \ln(2) = -(50\ \text{mol})[8{,}31\ \text{kg/(mol·K)}]\,(300\ \text{K})\ln(2) = -86{,}40\ \text{kJ}$$

6. Infine, il lavoro della isocora da C ad A è nullo. Il lavoro totale è dato dalla somma algebrica dei tre:

$$L_{\text{tot}} = L_{AB} + L_{BC} + L_{CA} = 83{,}10\ \text{kJ} - 86{,}40\ \text{kJ} + 0\ \text{J} = 3{,}3\ \text{kJ}$$

45 ■■■ Un gas occupa un volume di 0,3 L a una pressione di 90 kPa. Segue tre trasformazioni che possono essere riportate su un piano p-V:

- trasformazione A: si espande a pressione costante fino a occupare il doppio del volume iniziale;
- trasformazione B: diminuisce la sua pressione fino 75 kPa a volume costante;
- trasformazione C: aumenta il volume fino a 0,8 L mentre la pressione aumenta proporzionalmente fino a 96 kPa.

▶ Determina il lavoro compiuto dal gas nell'intero percorso. [44 J]

46 ■■■ 1 mol di gas perfetto si trova a una pressione di 3,00 atm, occupa un volume di 1,00 L e la sua energia interna è di 456 J. Il gas viene raffreddato a volume costante fino a raggiungere la pressione di 2,00 atm. Successivamente si espande a pressione costante fino a occupare un volume di 3,00 L.

- ▶ Traccia i grafici delle trasformazioni descritte in un diagramma p-V.
- ▶ Calcola il lavoro compiuto dal gas.
- ▶ Qual è il calore fornito al gas durante tale processo? [404 J; 860 J]

47 1 mol di gas perfetto si trova a una pressione di 3,00 atm, occupa un volume di 1,00 L e la sua energia interna è di 456 J. Il gas si espande a pressione costante fino al volume di 3,00 L. Si raffredda a volume costante finché la pressione non raggiunge il valore di 2.00 atm.

▶ Traccia i grafici delle trasformazioni descritte in un diagramma p-V.

▶ Calcola il calore fornito al gas durante tale processo. [606 J; 1,06 kJ]

6 Calori molari del gas perfetto

48 La fotosfera può essere considerata la superficie del Sole. Essa è composta prevalentemente di idrogeno e di elio e la sua superficie ha una temperatura di circa 4000 °C. A questa temperatura la fotosfera è ben descrivibile come un gas perfetto monoatomico.

▶ Quanto vale l'energia interna di una mole di questo gas? [≈ 50 kJ]

49 5 mol di gas monoatomico si trovano alla temperatura di 20 °C.

▶ Determina l'energia interna del gas. [$2 \cdot 10^4$ J]

50 In un contenitore a pareti rigide sono contenute 3,0 mol di gas biatomico. Il gas assorbe calore e la sua temperatura aumenta di 60 °C.

▶ Trova la variazione di energia interna. [3,7 kJ]

51 Il calore specifico del vapore acqueo, ipotizzato come gas perfetto (M = 18,0 g/mol) e misurato a pressione costante, è 2,50 kJ/(kg·K).

▶ Calcola il suo calore specifico a volume costante. [2,0 kJ/(kg·K)]

52 Il calore specifico dell'aria (M = 29,0 g/mol) a 0 °C e misurato a pressione costante è 1,00 J/(g·K).

▶ Calcola il suo calore specifico a volume costante. [0,71 J/(g·K)]

53 PROBLEMA **Riscaldamento a volume costante**
#caloremolare

1,0 mol di argon a pressione atmosferica vengono riscaldate da 293 K a 373 K. Durante il riscaldamento si tiene costante il volume.

▶ Quanto calore bisogna fornire?

▶ Determina l'aumento dell'energia interna del gas.

LA SITUAZIONE FISICA E IL MODELLO

Si tratta di una trasformazione isocora. Il calore fornito al gas per ottenere un aumento di temperatura ΔT si calcola utilizzando il calore molare a volume costante C_V. Questo dipende dai gradi di libertà del sistema, che nel caso di un gas monoatomico sono $f = 3$. Mediante il primo principio si calcola l'aumento di energia interna del gas.

LA RISOLUZIONE

1. Il calore molare a volume costante di un gas perfetto monoatomico è dato dalla (14):

$$C_V = \frac{3}{2}R$$

2. Il calore da fornire per aumentare di 80 K la temperatura del gas è dato dalla (16):

$$\boxed{Q = C_V \Delta T}$$

3. In una trasformazione isocora $L = 0$, quindi per il primo principio si ha:

$$\boxed{\Delta U = Q - L = Q}$$

I DATI E IL RISULTATO

R = 8,31 J/(mol·K)

ΔT = 80 K

$$Q = C_V \Delta T = \frac{3}{2}[8{,}31\ \text{J/(mol·K)}](80\ \text{K}) = 1{,}0\ \text{kJ}$$

$$\Delta U = Q = 1{,}0\ \text{kJ}$$

54 **PROBLEMA SIMILE**

2,0 mol di elio alla pressione atmosferica vengono riscaldate da 293 K a 373 K. Durante il processo la pressione viene mantenuta costante.

► Quanto calore bisogna fornire? [3,3 kJ]

55 La capacità termica a volume costante di una certa quantità di gas monoatomico è 49,8 J/K.

► Trova il numero di moli del gas.

► Calcola l'energia interna di questo gas alla temperatura $T = 300$ K.

► Determina la capacità termica del gas a pressione costante. [4,00 mol; 15,0 kJ; 83,0 J/K]

56 La legge di Dulong e Petit fu utilizzata inizialmente per determinare la massa molecolare di una sostanza dalla misura della sua capacità termica. Supponi che la misura del calore specifico di un certo solido dia il valore 0,447 kJ/(kg·K).

► Trova la massa molecolare della sostanza e individua di quale elemento si tratta. [55,8 g/mol]

57 Un certo elemento solido ha un calore specifico di 0,131 kJ/(kg·K) e segue la legge di Dulong e Petit.

► Calcola la massa molecolare della sostanza e individua di quale elemento si tratta. [190 g/mol]

58 La capacità termica a pressione costante per un certo gas supera di 29,1 J/K quella a volume costante.

► Trova il numero di moli del gas.

► Quanto valgono C_V e C_p nel caso di gas monoatomico?

► E nel caso di gas biatomico? [3,5 mol; $C_V = 43{,}6$ J/K, $C_p = 72{,}7$ J/K; $C_V = 72{,}7$ J/K, $C_p = 101{,}8$J/K]

59 A 1,0 mol di gas perfetto monoatomico, inizialmente a 273 K e 1,0 atm, sono forniti 500 J di calore.

► Calcola l'energia interna iniziale, quella finale e il lavoro compiuto dal gas a pressione costante.

► Ripeti il calcolo per una trasformazione a volume costante. [3,4 kJ, 3,7 kJ, 0,20 kJ; 3,4 kJ, 3,9 kJ, 0 J]

60 1,0 mol di gas perfetto monoatomico vengono riscaldate a volume costante da 300 K a 600 K.

► Calcola il calore fornito, il lavoro compiuto e la variazione di energia interna.

Supponi invece che il gas venga ora riscaldato a pressione costante, sempre da 300 K a 600 K

► Ripeti il calcolo precedente. [3,7 kJ, 0 J, 3,7 kJ; 6,2 kJ, 2,5 kJ, 3,7 kJ]

61 $1{,}00 \cdot 10^2$ mol di elio effettuano in successione le seguenti trasformazioni: isocora da A a B, isoterma da B a C, isobara da C ad A. È noto che $T_A = 273$ K, $p_A = 1{,}00$ atm e $p_B = 2p_A$.

► Determina V_C.

► Calcola il lavoro compiuto dal gas durante il ciclo di trasformazioni.

► Dimostra che in un ciclo il calore assorbito dal gas è uguale al lavoro che esso compie. (Per l'elio $C_V = (3/2)R$.) [4,48 m^3; 87,7 kJ]

7 Trasformazioni adiabatiche

62 Una *termica* è una bolla d'aria calda che si forma in prossimità del suolo e sale per effetto della spinta di Archimede. La trasformazione subita dall'aria è ben descritta da una adiabatica.

► Quanto vale la temperatura di una termica che al suolo ($p = 1$ atm) ha una temperatura di 28 °C, quando ha raggiunto una quota dove la pressione è di 0,7 atm, nell'ipotesi che non ci sia stata condensazione di vapore acqueo? [≈ 0 °C]

63 1 mol di gas perfetto monoatomico compie una trasformazione adiabatica portando la sua temperatura da 350 K a 300 K.

► Calcola il lavoro compiuto dal gas. [623 J]

64 Un gas perfetto biatomico è contenuto in un recipiente di 3,0 L che non scambia calore con l'esterno. A seguito di una sua compressione la pressione triplica rispetto a quella iniziale.

► Determina il volume finale occupato dal gas. [1,4 L]

65 QUESITO **SPIEGA PERCHÉ** Nei laboratori di fisica si può trovare un dispositivo formato da un cilindro trasparente e uno stantuffo. Dopo aver inserito un piccolo batuffolo di cotone dentro il cilindro, si abbassa violentemente lo stantuffo e il cotone si incendia.

▶ Perché?

© Mike Walker

66 QUESITO **LEGGI IL GRAFICO** Una massa di gas è sottoposta a due trasformazioni consecutive: inizialmente viene compressa in modo isotermo, poi viene lasciata espandere in modo adiabatico fino a quando torna al volume iniziale V_0.

▶ Individua nel grafico le due trasformazioni.

▶ Qual è il segno del lavoro totale compiuto dal gas?

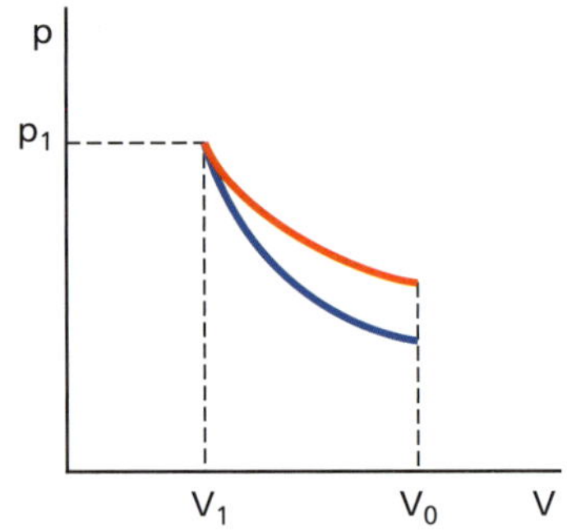

67 PROBLEMA SU PIÙ CONCETTI **Senza scambio di calore**
#adiabatica #lavoro

In un contenitore isolante di 2,0 L si trovano 2,0 mol di argon a una temperatura di 300 K. Il gas si espande a occupa un volume di 2,7 L.

▶ Quanto vale la temperatura del gas?

▶ Che lavoro ha compiuto il gas?

LA SITUAZIONE FISICA E IL MODELLO

Temperature e volumi degli stati iniziale e finale di una trasformazione adiabatica sono legati dalla relazione (25):

$$T_i V_i^{\gamma-1} = T_f V_f^{\gamma-1}$$

Poiché l'argon è un gas monoatomico, $C_p = 5/2$ e $C_V = 3/2$, per cui $\gamma = C_p/C_V = 5/3$.
Durante un'espansione adiabatica il gas compie un lavoro dato dalla (23):

$$L = -\Delta U = nC_V(T_i - T_f)$$

LA RISOLUZIONE

1. La temperatura T_f dello stato finale è

$$T_i V_i^{\gamma-1} = T_f V_f^{\gamma-1}$$

$$T_f = T_i \left(\frac{V_i}{V_f}\right)^{\gamma-1} = 246 \text{ K} \approx 250 \text{ K}$$

2. Il lavoro compiuto dal gas è

$$L = -\Delta U = nC_V(T_i - T_f) = 1{,}3 \text{ kJ}$$

68 2,0 mol di gas perfetto biatomico si espandono adiabaticamene e compiono un lavoro di 950 J, portandosi alla temperatura di 270 K e a un volume di 0,130 m^3.

▶ Qual era la temperatura iniziale del gas?

▶ E il suo volume iniziale? [293 K; 0,106 m^3]

69 Considera n moli di gas biatomico che si trovano a una pressione di 300 kPa in un volume di 0,018 m^3. Durante una trasformazione adiabatica il gas compie un lavoro di 870 J e arriva a 360 K.

▶ Determina il numero n di moli. [1,7 mol]

70 QUESITO **FAI UN'IPOTESI** La temperatura dell'aria diminuisce all'aumentare dell'altezza. In una giornata secca, in cui l'umidità relativa è molto bassa, la temperatura media diminuisce di circa 1 °C ogni 100 m di quota.

▶ Quando la giornata è molto umida, la temperatura media diminuisce della stessa quantità?

71 Un gas biatomico occupa un volume $V_A = 31{,}0$ L in un cilindro con uno stantuffo alla pressione $p_A = 1{,}01 \cdot 10^4$ Pa e alla temperatura $T_A = 281$ K. Mantenendo costante la temperatura, il gas viene compresso in un volume V_B uguale alla metà di quello iniziale. Successivamente il gas viene lasciato espandere velocemente, in modo adiabatico, fino a quando ritorna al volume iniziale.

▶ Qual è la temperatura T_f del gas nel suo stato finale?

▶ È stato maggiore il lavoro fatto dal gas o il calore che il gas ha acquistato dall'esterno?

[213 K]

72 In un recipiente da 6,0 L sono contenute 2,0 mol di ossigeno alla temperatura di 320 K. Il gas si espande a pressione costante fino a occupare un volume di 8,0 L. Poi il contenitore, isolato dall'esterno, viene riportato alla temperatura iniziale tramite una trasformazione adiabatica.

▶ Che lavoro ha compiuto il gas?

[6,2 kJ]

73 Il ciclo del problema precedente viene chiuso con una trasformazione isoterma.

▶ Quanto vale il calore totale scambiato in questo ciclo? [0,85 kJ]

PROBLEMI FINALI

74 Non tutti i gas sono uguali

Il lavoro svolto da una trasformazione dipende, oltre che dal tipo di trasformazione, anche dal gas che la subisce. Utilizza la tabella in fondo al paragrafo 6 del capitolo e considera una trasformazione adiabatica tra due temperature fissate.

▶ Determina il gas che compie o subisce meno lavoro.

75 Aria per il vento!

Una pompa usata per gonfiare la vela di un kitesurf contiene 0,1 mol di aria inizialmente a 20 °C. Quando si comprime l'aria lentamente, il sistema rimane in equilibrio termico e cede calore.

▶ Quanto calore fuoriesce se il volume viene dimezzato? [0,2 kJ]

76 Un compressore adiabatico

Un compressore è generalmente usato per produrre aria compressa. Supponi che, invece, venga usato per comprimere elio. Il processo di compressione può essere considerato adiabatico. Considera l'aria come un gas perfetto biatomico, mentre l'elio è monatomico.

▶ Dopo la compressione hanno la stessa temperatura?

77 Un polmone in laboratorio

Spesso nei laboratori si utilizzano gas, come l'elio, che poi vanno recuperati. Prima che il gas sia ricompresso nelle bombole, viene accumulato in un grosso sacco, detto «polmone», libero di espandersi. Considera un «polmone» che contiene 10 m^3 di elio. In una giornata estiva la sua temperatura passa da 26 °C a 30 °C.

▶ Quale variazione di volume subisce? [0,13 m^3]

78 Calore in bottiglia

Due bottiglie, una di vetro e una di plastica, entrambe da 1,5 L e piene d'aria ($C_V = 2{,}5\,R$) vengono messe nel freezer. La temperatura ambiente è 20 °C e la temperatura del freezer è circa −10 °C. Quella di plastica si deforma mentre quella di vetro mantiene la sua forma.

▶ Calcola il calore massimo estratto dall'aria contenuta nelle bottiglie nei due casi.

[39 J; 54 J]

79 Una trasformazione insolita

Le trasformazioni termodinamiche che hai trovato nel capitolo sono quelle associate in modo più semplice alle variabili termodinamiche ($p \to$ isobara, $V \to$ isocora, $T \to$ isoterma, $Q \to$ adiabatica), ma come potrai immaginare le trasformazioni sono infinite, perché ogni curva nel piano p-V può essere una trasformazione termodinamica quasi-statica. Considera un gas che subisce una compressione con $pV = \text{cost}$ e torna al punto di partenza con una trasformazione isocora e una isobara.

▶ Ricava l'espressione del lavoro complessivo in funzione del volume iniziale e finale della prima trasformazione.

[$L = nRT_i(\Delta V/V_i - \ln(V_f/V_i))$]

80 La prima lega metallica

Il bronzo è una lega di rame (M_{Cu} = 64,5 g/mol) e stagno (M_{Sn} = 118,7 g/mol). La percentuale di stagno, in massa, è circa l'8%.

▶ Trova il calore specifico per unità di massa secondo la legge di Dulong e Petit.

[372 J/(kg·K)]

81 Adiabatica in atmosfera

Le masse d'aria calda che si innalzano a causa della minore densità hanno scambi di calore molto ridotti con l'ambiente. La trasformazione a cui sono soggette è quindi in buona approssimazione adiabatica. Una massa di aria ($C_V = 2{,}5R$) di 200 m^3 risale dal suolo ($p = 1{,}0 \cdot 10^5$ Pa, T = 22 °C) fino a 1000 m di quota, dove la pressione è l'89% di quella al livello del mare.

▶ Calcola la temperatura finale.

▶ Determina il lavoro compiuto nel limite di trasformazione quasi-statica.

[12 °C; ≈ 2 MJ]

82 Il freno motore

I grossi camion, oltre ai freni normali, sono dotati di un ulteriore sistema frenante, detto *freno motore*. Quando il freno è azionato dal conducente si interrompe l'alimentazione di carburante al motore: i cilindri del motore si riempiono così solo d'aria (a pressione atmosferica) che viene compressa dal moto dei pistoni in modo veloce e quindi praticamente adiabatico. Quando l'aria è compressa, viene poi espulsa tramite l'apertura delle valvole. Ciò avviene 1100 volte al minuto. Considera un motore di 15 000 cm^3 di cilindrata (volume massimo dei cilindri) con un rapporto di compressione di 22:1 (ovvero il rapporto tra il volume massimo e minimo all'interno del cilindro e supponi che l'aria aspirata sia a 20 °C.

▶ Che temperatura raggiunge l'aria nel momento di massima compressione?

▶ Che lavoro compie il motore durante ogni compressione?

▶ Calcola la potenza frenante di questo sistema.

[740 °C; 9,2 kJ; 170 kW]

83 Il bilanciamento dei sottomarini

Per controllare il galleggiamento nei sottomarini si utilizzano apposite casse di zavorra presenti nello scafo che possono essere allagate o riempite d'aria. In questo modo si regola la spinta di Archimede sfruttando la differente densità di aria e acqua. Un sottomarino nucleare di classe Typhoon ha una massa di 23 200 t in emersione e di 33 800 t in immersione. Uno di questi sottomarini si trova in equilibrio a 200 m di profondità (densità dell'acqua di mare $1{,}03 \cdot 10^3$ kg/m^3) con le vasche di zavorra piene.

▶ Calcola il lavoro svolto dal gas per svuotare le vasche di zavorra.

[22 GJ]

TEST

1 Il primo principio della Termodinamica descrive lo scambio di energie fra il Sistema Termodinamico e l'Universo esterno. Le grandezze coinvolte sono: la variazione ΔU dell'energia interna U, il lavoro L fatto dal sistema (positivo se esce energia) e il calore Q scambiato (positivo se entra energia). Una sola affermazione è giusta:

A $\Delta U = 0$ se la trasformazione è ciclica.
B $Q = 0$ se la trasformazione è ciclica.
C $\Delta U = 0$ se la trasformazione è adiabatica.
D $\Delta U = Q/L$.
E $U + Q + L = 0$.

(Ammissione a Veterinaria, 2004/2005)

2 Un gas subisce una trasformazione ciclica rappresentata nel piano pressione/volume da un rettangolo che viene percorso in verso orario e avente lati $p_2 - p_1 > 0$ e $V_2 - V_1 > 0$ paralleli agli assi. La vera proposizione è:

A la temperatura finale coincide con quella iniziale.
B il lavoro esterno vale $p_2V_2 - p_1V_1$.
C il lavoro esterno è nullo.
D il gas non ha ricevuto calore.
E l'energia interna U è cresciuta ovvero $\Delta U > 0$.

(Ammissione a Odontoiatria, 2004/2005)

3 Sappiamo che una mole di gas perfetto, in condizioni standard, occupa un volume di 22,4 L. Se lo lasciamo espandere isotermicamente fino a 44,8 L, allora:

A la sua pressione sarà il doppio di prima.
B la sua pressione sarà pari a quella di prima.
C la sua pressione sarà 0,5 atm.
D la sua pressione sarà 101 325 Pa.
E la sua temperatura assoluta sarà il doppio di prima.

(Ammissione a Medicina e Chirurgia, 2003/2004)

SEI PRONTO PER LA VERIFICA?

IN 1 ORA

1 Una certa massa di gas compie una espansione isoterma dallo stato A allo stato B.
▶ Stima dal grafico quanto calore ha ricevuto dall'esterno. [33 J]

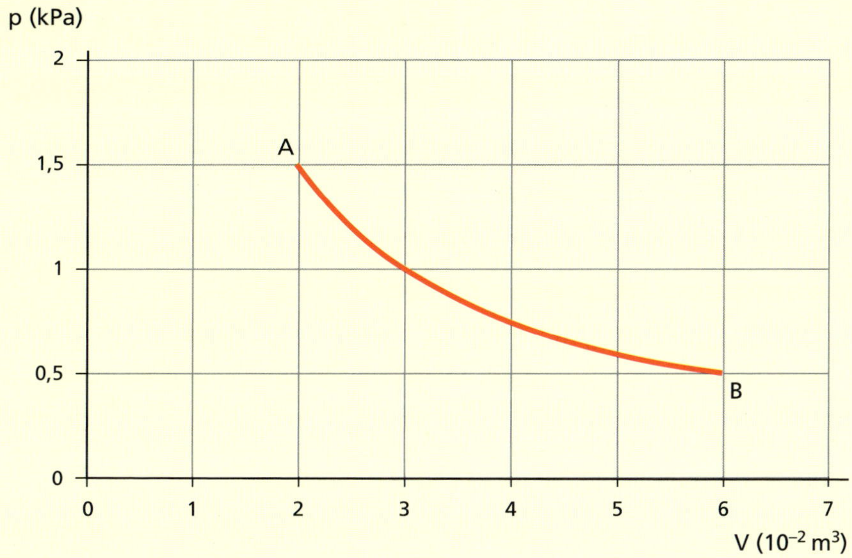

..... / 20

2 In un cilindro con uno stantuffo mobile 2,7 mol di gas perfetto si espandono alla pressione costante di $1{,}3 \cdot 10^5$ Pa passando da 21 L a 24 L. Durante l'espansione, il gas assorbe 220 cal.
▶ Calcola la variazione di energia interna del gas. [530 J] ..... / 20

3 Un cilindro con uno stantuffo mobile di massa trascurabile contiene 4,5 mol di H_2 a 37 °C. Sullo stantuffo è appoggiata una massa di 17 kg. Il gas è nello stato di equilibrio A e occupa un volume $V_A = 5{,}6 \cdot 10^{-2}$ m^3. Si vuol fare espandere il gas a pressione costante fino a raggiungere lo stato B in cui $V_B = 1{,}2\, V_A$.

a Come si può operare per raggiungere lo scopo? ..... / 15

b Calcola la variazione di energia interna del gas. ..... / 15

Vuoi riportare il gas allo stato iniziale e puoi scegliere tra due sequenze di trasformazioni:

1 un'isocora con cui riportare il gas nello stato C alla temperatura T_A e poi una isoterma per raggiungere lo stato iniziale A;

2 un'isocora con cui portare il gas nello stato D con temperatura T_D, dal quale portare il gas allo stato iniziale mediante una adiabatica.

c Traccia le due sequenze nel piano p-V. ..... / 15

d Spiega attraverso quale di esse il gas compie il lavoro massimo durante l'intero ciclo. [5,8 kJ] ..... / 15

TOTALE .... / 100

CAPITOLO

12 IL SECONDO PRINCIPIO DELLA TERMODINAMICA

1 Le macchine termiche

Trasformazioni reciproche di lavoro in calore

Il lavoro e il calore sono due modalità attraverso le quali sistemi in interazione tra loro cambiano la propria energia interna. Il primo principio della termodinamica stabilisce che il lavoro e il calore contribuiscono a determinare il bilancio energetico di una qualsiasi trasformazione che coinvolga un sistema, ma non fissa alcun vincolo sulla trasformabilità di lavoro in calore e viceversa.

È facile trasformare il lavoro eseguito su un sistema in calore che il sistema cede all'ambiente. Per esempio, azionando i freni di una bicicletta si esercitano forze di attrito che dissipano l'energia cinetica e la trasformano in energia interna dei freni e del cerchione, come testimonia l'aumento di temperatura che essi subiscono dopo una lunga frenata. Questa energia viene quindi restituita all'ambiente sotto forma di calore.

Al contrario, la possibilità di utilizzare calore per compiere lavoro appare più problematica: la ruota della bicicletta non si mette in movimento quando è a contatto con l'asfalto scaldato dal Sole o con un altro corpo a temperatura maggiore di essa.

Dispositivi che operano mediante trasformazioni cicliche: le macchine termiche

In alcune situazioni si può convertire in lavoro il calore prelevato da un'unica sorgente, attraverso l'espansione isoterma di un gas. Consideriamo, per esempio, un cilindro contenente un gas a temperatura ambiente e a pressione p_i maggiore di quella atmosferica p.

Se si sblocca lo stantuffo, il gas si espande e compie un lavoro L mentre assorbe dall'ambiente una quantità di calore Q. L'espansione termina quando la pressione del gas uguaglia quella esterna.

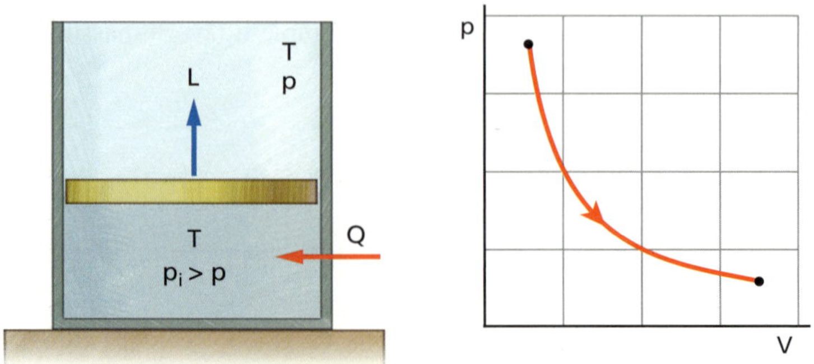

Durante l'espansione il gas è a contatto termico con l'ambiente e mantiene costante la temperatura, per cui la sua energia interna rimane invariata e $\Delta U = 0$. Per il primo principio della termodinamica:

$$L = Q$$

In una singola trasformazione è quindi possibile trasformare completamente calore in lavoro. Però nello stato finale il gas ha la stessa pressione dell'ambiente e non è più in grado di espandersi. Per fare in modo che possa nuovamente espandersi e compiere lavoro, bisogna riportarlo nello stato iniziale, compiendo un lavoro su di esso che dipende dalla particolare trasformazione effettuata.

- Per comprimere il gas lungo un'isoterma quasi-statica bisogna compiere su di esso la stessa quantità di lavoro che il gas ha fatto sull'ambiente. Il lavoro totale è nullo:

$$L_T = L - L = 0$$

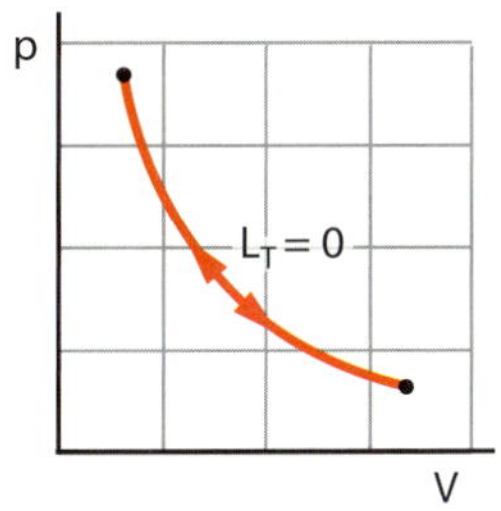

- Si può, però, riportare il gas allo stato iniziale attraverso un'isobara e un'isocora. In questa sequenza di trasformazioni si compie sul gas un lavoro $-L_f$ minore, in valore assoluto, di quello ottenuto nell'espansione. Il lavoro totale nel ciclo è positivo:

$$L_T = L - L_f > 0$$

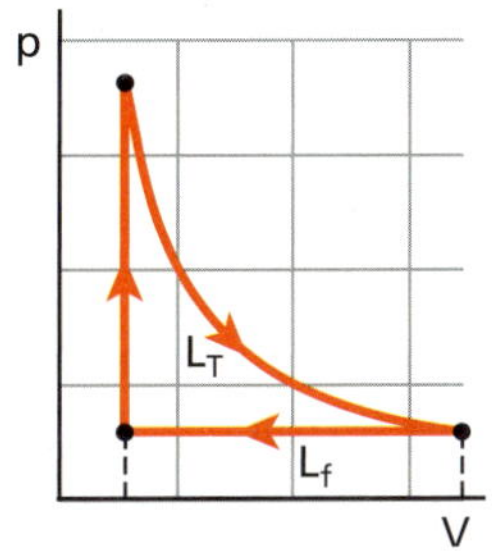

Se prendiamo in esame la seconda trasformazione ciclica, cioè quella formata da un'isoterma, un'isobara e un'isocora, si distinguono tre fatti importanti:

- il gas scambia calore con l'esterno: nell'espansione lo assorbe dall'ambiente, mentre nella compressione isobara lo cede a un termostato a temperatura minore dell'ambiente;
- il gas compie un lavoro netto $L_T > 0$, che può essere utilizzato, per esempio, per aumentare l'energia meccanica di un corpo;
- il gas torna nello stato iniziale e il *ciclo* può ripetersi indefinitamente.

Questo semplice modello presenta le caratteristiche fondamentali di ogni macchina termica.

Una **macchina termica** è un dispositivo che trasforma l'energia interna dei corpi in lavoro meccanico mediante trasformazioni cicliche di un sistema termodinamico.

Una macchina termica opera ciclicamente sul sistema formato da un **fluido di lavoro**, il quale viene sottoposto a una sequenza di trasformazioni che lo riportano ogni volta nello stato iniziale.

A partire dalle prime macchine a vapore del Settecento, sono state messe a punto macchine termiche sempre più efficienti.

■ Indipendentemente dalla complessità, il loro funzionamento si basa su tre fasi fondamentali che avvengono durante ogni ciclo:

- una certa quantità di calore Q_c viene assorbita dall'ambiente;
- una frazione del calore assorbito viene trasformata in lavoro L;
- il calore residuo Q_f viene ceduto all'ambiente.

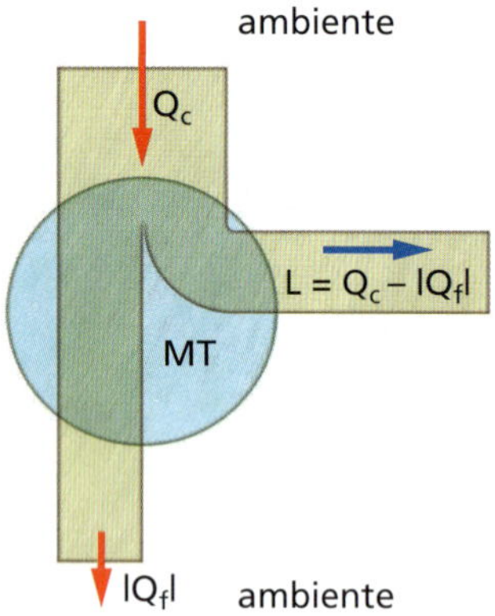

■ Molte macchine termiche utilizzano solo due sorgenti termiche (termostati), ognuna delle quali è in grado di mantenere una temperatura uniforme, indipendentemente dagli scambi di calore che avvengono. In questi casi si dice che la macchina *opera tra due sorgenti*, prelevando calore da quella a temperatura T_c più elevata e cedendo calore a quella a temperatura minore T_f.

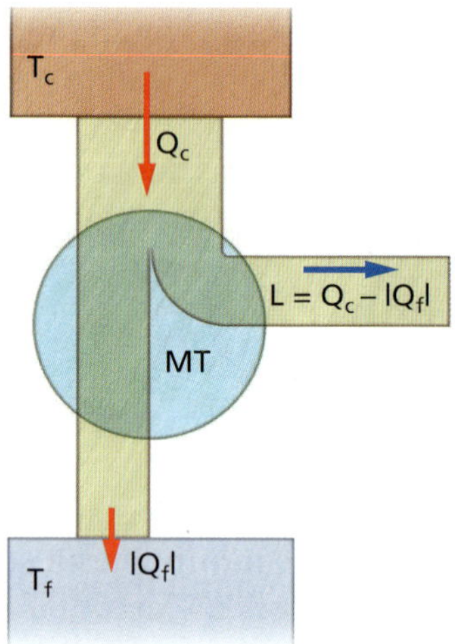

FISICA QUOTIDIANA
La centrale termoelettrica

Una centrale termoelettrica è una immensa macchina termica che opera fra due sorgenti termiche. Il fluido di lavoro è il vapore d'acqua che viene prodotto ad alta pressione nella caldaia (termostato caldo) mediante la combustione di gas o altro combustibile fossile nei bruciatori con cui è a contatto termico. Il vapore ad alta pressione pone in rotazione una turbina, che trasferisce energia meccanica a un alternatore, il quale la trasforma in energia elettrica. All'uscita della turbina, il vapore a bassa pressione viene raffreddato in un condensatore (termostato freddo), che disperde il calore all'esterno.

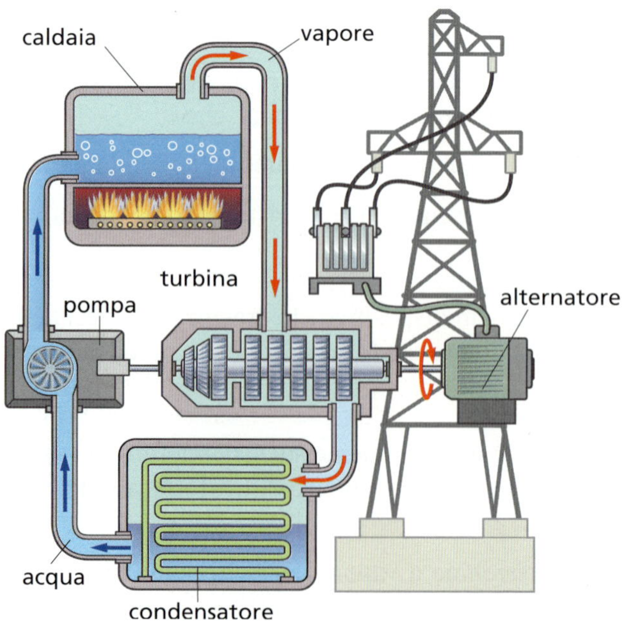

Il rendimento di una macchina termica

Il parametro fondamentale di una macchina termica è il suo *rendimento*.

Il **rendimento** η di una macchina termica è il rapporto tra il lavoro compiuto L e il calore assorbito dal termostato caldo Q_c misurati durante un ciclo:

$$\eta = \frac{L}{Q_c} \qquad (1)$$

#rendimento

Notiamo che il rendimento è un numero privo di dimensioni, in quanto lavoro e calore si misurano entrambi in joule.

In un ciclo la variazione di energia interna del fluido di lavoro è nulla ($\Delta U = 0$) e il calore netto scambiato è $Q_c - |Q_f|$, dove Q_c rappresenta il calore assorbito dalla sorgente calda e Q_f il calore ceduto alla sorgente fredda. Per il primo principio della termodinamica:

$$L = Q_c - |Q_f|$$

Sostituendo nella relazione (1) si ha:

$$\eta = \frac{Q_c - |Q_f|}{Q_c} \qquad (2)$$

→ PROBLEMA SU PIÙ CONCETTI Il fiume della centrale • pag. 519
#rendimento #capacitàtermica

2 I motori a combustione interna

I **motori a combustione interna** o **motori a scoppio** sono dispositivi che sfruttano l'energia termica prodotta al loro interno mediante reazioni chimiche di combustione. La combustione di una miscela di carburante e aria provoca un repentino aumento della pressione all'interno di un cilindro, in conseguenza del quale si sposta uno stantuffo mobile, detto **pistone**, che pone in rotazione l'albero motore.

Pur nella varietà dei motori a combustione interna che sono stati ideati, i princìpi di funzionamento sono molto simili a quelli del primo motore a benzina realizzato nel 1867 dal tedesco Nikolaus August Otto.

Il motore a benzina a quattro tempi

L'elemento fondamentale del motore è il **cilindro**, all'interno del quale si muove il **pistone**. Sulla testata del cilindro sono presenti un dispositivo, detto **candela**, che provoca l'accensione della miscela di aria e benzina mediante una scintilla elettrica, e le **valvole**, che consentono l'aspirazione della miscela e lo scarico dei gas prodotti nella combustione.

Il funzionamento del motore a benzina si basa sul **ciclo Otto**, che è formato da sei trasformazioni termodinamiche, durante quattro delle quali il pistone si muove nel cilindro: queste fasi sono dette **aspirazione**, **compressione**, **scoppio** e **scarico**.

Nel seguito ci riferiamo a una situazione ideale, in cui

- il fluido di lavoro è una miscela di aria e benzina, che viene rinnovato a ogni ciclo;
- le trasformazioni sono quasi-statiche e quindi gli stati intermedi del fluido di lavoro possono essere rappresentati in un diagramma p-V;
- si trascurano gli attriti.

■ **Aspirazione** ($A \rightarrow B$). Il pistone si muove verso il basso e aspira la miscela di aria e benzina finemente nebulizzata, che entra attraverso la valvola di aspirazione. Nei motori più moderni, un dispositivo, detto **iniettore**, immette la miscela direttamente nel cilindro mentre il pistone si abbassa. Con buona approssimazione, la trasformazione da A a B è un'espansione isobara a pressione ambiente.

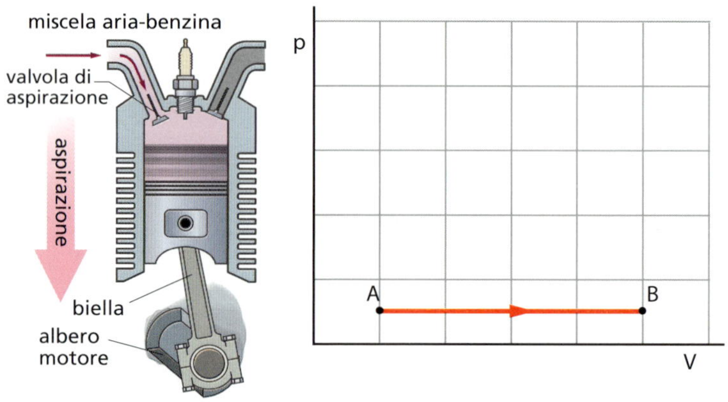

■ **Compressione** ($B \rightarrow C$). Le valvole sono chiuse e il pistone si muove verso l'alto, comprimendo la miscela. La trasformazione da B a C può essere considerata una compressione adiabatica, nella quale la miscela raggiunge una temperatura elevata.

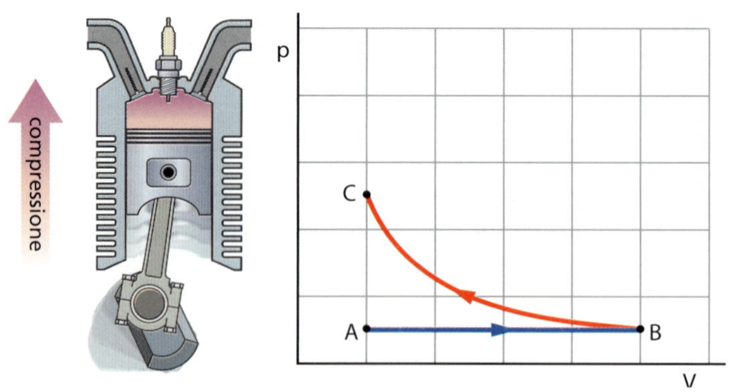

■ **Scoppio-espansione** ($C \rightarrow D \rightarrow E$). Una scintilla provoca la rapida combustione della miscela a volume costante (isocora $C \rightarrow D$). I gas prodotti nella combustione raggiungono pressioni e temperature elevatissime, a seguito delle quali il pistone si abbassa e i gas si espandono in modo adiabatico (espansione $D \rightarrow E$). Questa è la fase utile del ciclo, perché i gas caldi all'interno del cilindro compiono un lavoro positivo spingendo il pistone verso il basso. Il motore utilizza parte di questa energia cinetica per effettuare le altre fasi.

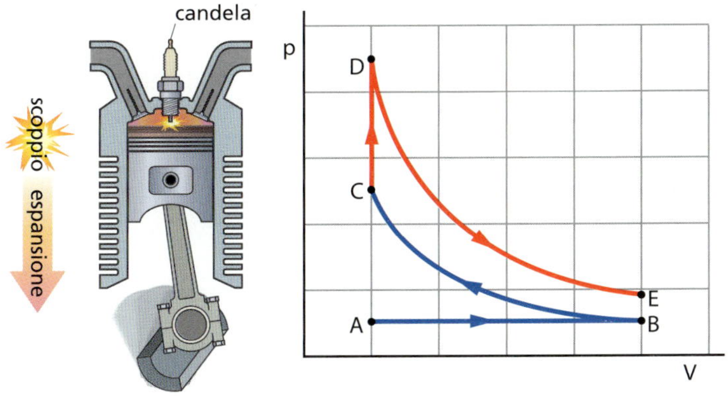

■ **Scarico** ($E \rightarrow B \rightarrow A$). A seguito dell'apertura della valvola di scarico, i gas caldi ad alta pressione escono verso l'esterno ($E \rightarrow B$). Ciò avviene quando il pistone è praticamente fermo, per cui la trasformazione $E \rightarrow B$ è una isocora. Poi il movimento del pistone espelle i gas rimanenti verso l'esterno a pressione ambiente (isobara $B \rightarrow A$).

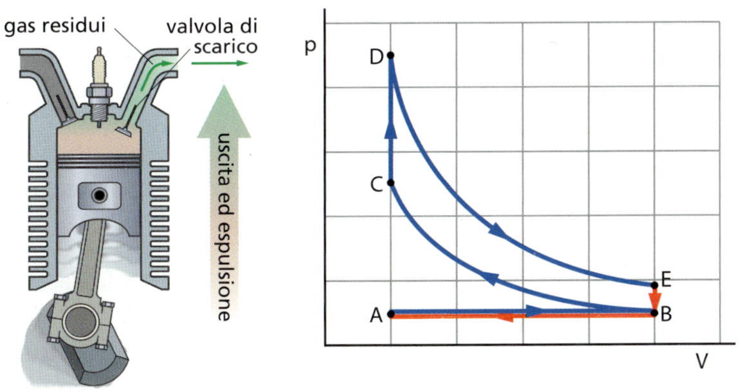

Il lavoro, durante l'aspirazione $A \rightarrow B$, è uguale e opposto al lavoro durante l'espulsione dei gas combusti $B \rightarrow A$. Quindi il lavoro totale eseguito durante un ciclo è pari all'area racchiusa dalle trasformazioni nel diagramma p-V.

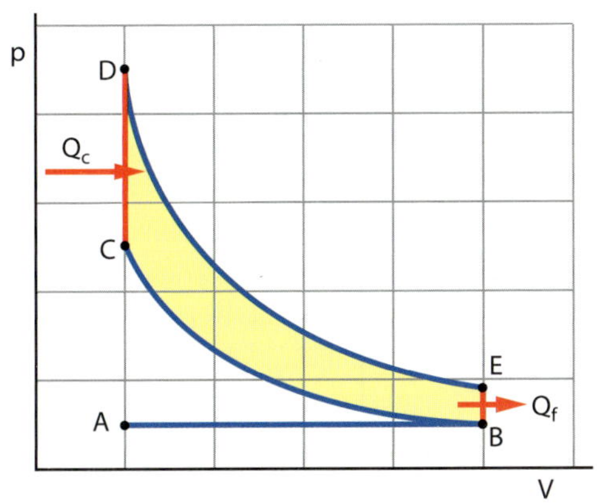

Il rendimento è

$$\eta = 1 - \frac{|Q_f|}{Q_c}$$

dove Q_c è il calore rilasciato dalla miscela durante l'esplosione e Q_f è il calore ceduto all'ambiente nella fase di espulsione dei gas combusti.

PER ESEMPIO **Che spreco!**

In condizioni ottimali un motore a benzina ha un rendimento circa del 25%, quindi disperde sotto forma di calore il 75% del potere calorifico della benzina (46 MJ/kg).

► Quanto calore disperde per ogni metro di percorso?

Se l'auto consuma 1 L di benzina (≈ 0,7 kg) ogni 12 km, per ogni metro di percorso disperde in calore

$$0{,}75\,\frac{(7\cdot 10^{-1}\ \text{kg})(4{,}6\cdot 10^{7}\ \text{J/kg})}{1{,}2\cdot 10^{4}\ \text{m}} = 2\ \text{kJ/m}$$

Convertendo questa energia in lavoro si potrebbe sollevare di 1 m una massa di 200 kg.

Il motore Diesel

Nel 1896 il tedesco Rudolf Christian Karl Diesel mette a punto un motore nel quale la combustione non è provocata dalla candela, ma avviene spontaneamente a causa della grande pressione dell'aria.

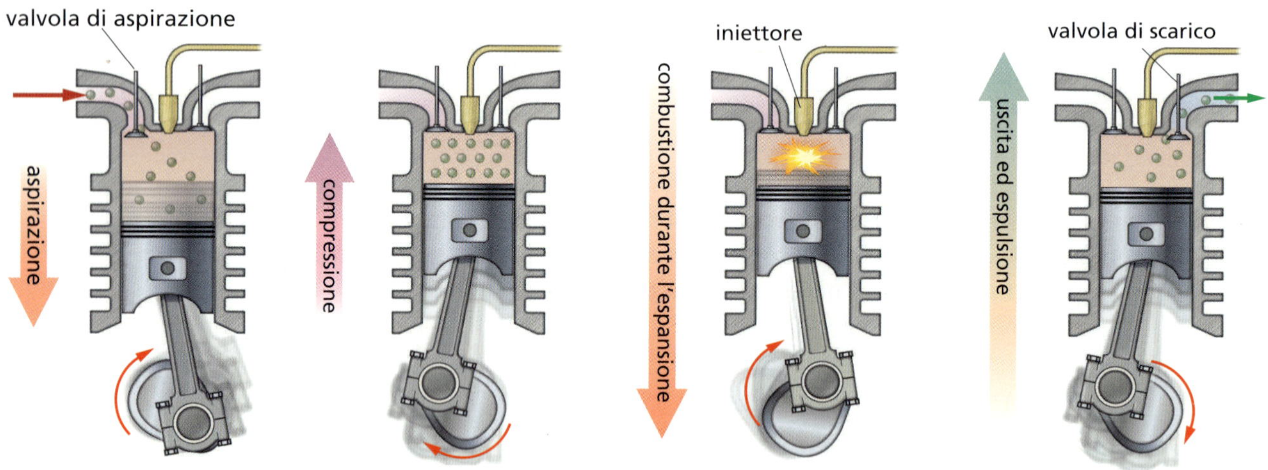

Nella fase di aspirazione nel cilindro entra solo aria. Terminata la fase di compressione, un iniettore immette nel cilindro il gasolio, per il quale la combustione procede più lentamente della benzina. Mentre il pistone scende, per qualche istante la combustione continua e mantiene quasi costante la pressione verso il basso.

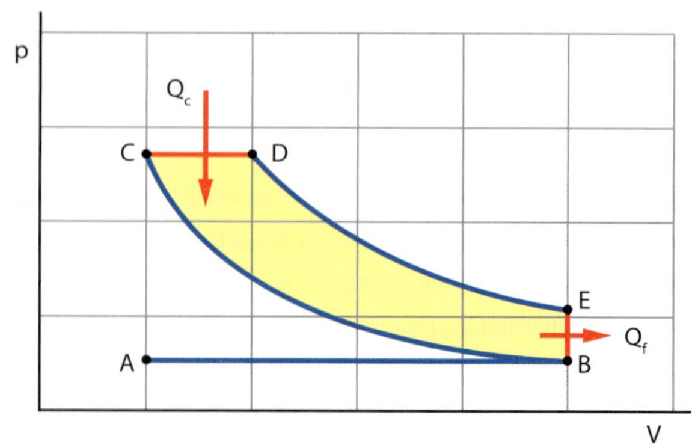

Il pistone effettua così una espansione isobara $C \rightarrow D$ che poi diventa una espansione adiabatica $D \rightarrow E$ quando termina la combustione.

Anche nel caso del ciclo Diesel, il lavoro totale è pari all'area racchiusa dalle trasformazioni nel diagramma p-V e il rendimento è

$$\eta = 1 - \frac{|Q_f|}{Q_c}$$

dove Q_c è il calore rilasciato dalla miscela durante l'esplosione e Q_f è il calore ceduto all'ambiente nella fase di espulsione dei gas combusti.

3 Il secondo principio della termodinamica: l'enunciato di Kelvin

Il primo principio della termodinamica stabilisce la conservazione dell'energia per i sistemi che interagiscono mediante scambi di calore e lavoro. Questo pone un vincolo solo sul bilancio energetico complessivo di un processo e non sulla natura delle trasformazioni attraverso cui si può realizzare.

La ricerca ha però mostrato che alcuni tipi di processi non possono essere realizzati, anche se conservano l'energia totale. L'evidenza sperimentale indica pertanto che al primo principio bisogna affiancare un secondo principio della termodinamica che assuma l'impossibilità di costruire dispositivi che mettano in atto tali processi.

L'enunciato di Kelvin

Il primo principio non vieta, per esempio, che si possa realizzare una macchina termica che operi con una sola sorgente di calore. Se esistesse un simile dispositivo, si avrebbe il **moto perpetuo di seconda specie**: basterebbe infatti prelevare calore accumulato dalle immense riserve del mare o della crosta terrestre e convertirlo in lavoro, alimentando praticamente senza fine il moto di un corpo.

Inoltre, se fosse possibile convertire in lavoro L in modo ciclico tutto il calore Q_c prelevato da una sola sorgente, si potrebbe costruire una macchina termica con rendimento

$$\eta = \frac{L}{Q_c} = 1$$

Anche se una macchina del genere conserva l'energia totale, e quindi soddisfa il primo principio, le ricerche sperimentali hanno mostrato che non è realizzabile perché è impossibile evitare che una macchina termica ceda all'esterno una parte del calore assorbito. Quindi una macchina termica deve operare almeno fra due sorgenti di calore a temperature diverse.

Questo risultato sperimentale viene assunto come secondo principio della termodinamica e fu formulato da lord Kelvin nel modo seguente:

Secondo principio della termodinamica (enunciato di Kelvin)

È impossibile realizzare una trasformazione il cui unico risultato sia quello di convertire in lavoro tutto il calore assorbito da un'unica sorgente a temperatura uniforme.

#secondoprincipiotermo

L'enunciato di Kelvin si riferisce alla conversione di calore in lavoro come *unico risultato* della trasformazione. È facile infatti eseguire una trasformazione totale di calore in lavoro, per esempio con una espansione isoterma di un gas. Consideriamo, a tale scopo, un gas a pressione iniziale maggiore di quella atmosferica.

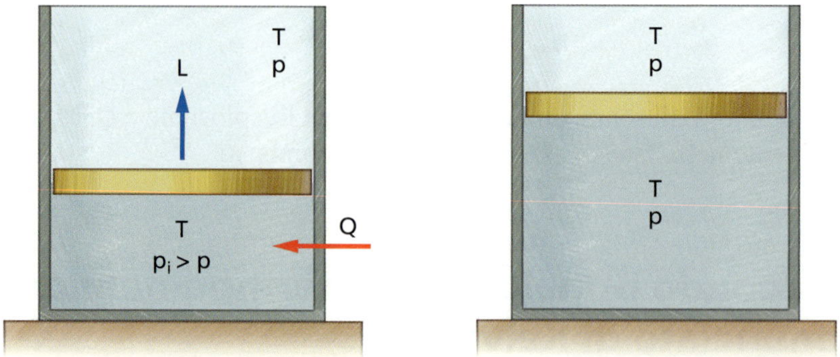

Se le pareti del contenitore assicurano il contatto termico del gas con l'esterno, il gas si espande in modo isotermo fino a quando la sua pressione diventa uguale a quella esterna.

L'energia interna del gas non cambia, per cui $\Delta U = 0$ e quindi $L = Q$. In questo caso, il gas converte in lavoro tutto il calore assorbito da un'unica sorgente: l'ambiente.

Questa trasformazione, però, non contraddice l'enunciato di Kelvin perché la conversione calore-lavoro non è l'unico risultato della trasformazione. Il gas, infatti, ha cambiato stato assumendo un volume maggiore e una pressione minore.

4 Le macchine frigorifere

Una **macchina frigorifera**, o semplicemente **frigorifero**, è una macchina termica che utilizza lavoro fornito dall'esterno per trasferire calore da una sorgente a temperatura minore (l'interno del frigorifero) a una sorgente a temperatura maggiore (l'ambiente esterno).

Come in ogni macchina termica, anche in un frigorifero il fluido di lavoro è sottoposto a trasformazioni cicliche. Le fasi principali di un ciclo di refrigerazione sono illustrate nello schema di figura.

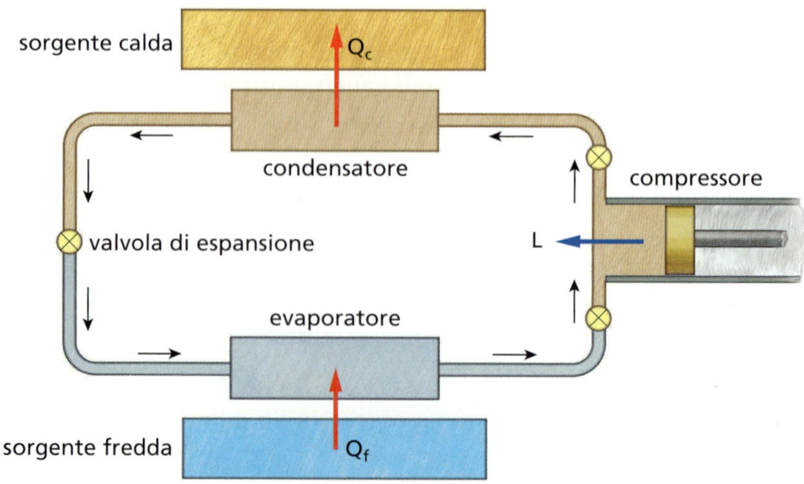

- Il liquido si espande attraverso una valvola di espansione per effetto di una differenza di pressione, per cui una parte di esso vaporizza. La sua temperatura diventa minore di quella della sorgente fredda.
- Posto a contatto termico con la sorgente fredda, assorbe la quantità di calore $Q_f > 0$, vaporizzandosi completamente.
- Il vapore viene compresso da un motore esterno compiendo così un lavoro negativo $L < 0$: la temperatura del vapore diventa maggiore di quella della sorgente calda.
- Posto a contatto termico con la sorgente calda, il vapore cede la quantità di calore $Q_c < 0$, condensandosi.

Un frigorifero opera tra due sorgenti, ognuna delle quali è in grado di mantenere una temperatura uniforme, indipendentemente dagli scambi di calore che avvengono.

L'ambiente rappresenta la sorgente di calore a temperatura più elevata T_c, mentre l'interno del frigorifero è la sorgente di calore alla temperatura minore T_f.

Per il primo principio della termodinamica, in un ciclo lo scambio netto di energia tra fluido e ambiente deve essere nullo. Considerando i versi, e quindi i segni, delle quantità di calore e del lavoro scambiati, dal primo principio deriva che

$$|L| = |Q_c| - Q_f \qquad (3)$$

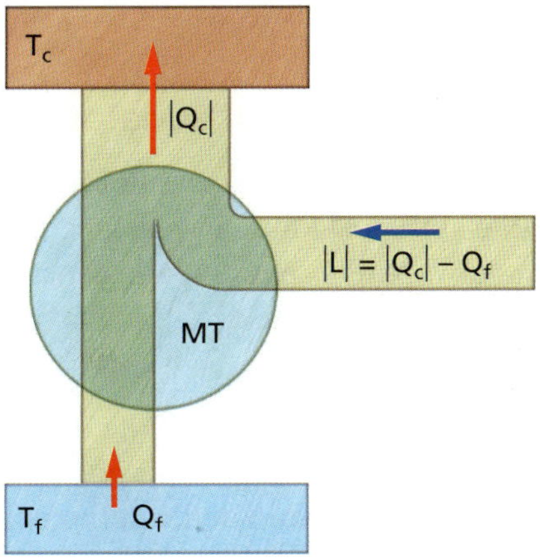

Il coefficiente di prestazione

Lo scopo di una macchina frigorifera è quello di prelevare la maggior quantità di calore dalla sorgente fredda utilizzando il minor lavoro esterno possibile. Per valutare la resa di un frigorifero si introduce il *coefficiente di prestazione* COP (*Coefficient Of Performance*).

Il **coefficiente di prestazione** è il rapporto fra il calore prelevato dalla sorgente fredda e il lavoro esterno compiuto:

$$\mathrm{COP} = \frac{Q_f}{|L|} \qquad (4)$$

#coefficientediprestazione

Notiamo che il coefficiente di prestazione è un numero privo di dimensioni, in quanto calore e lavoro si misurano entrambi in joule. Nei normali frigoriferi, il coefficiente di prestazione è compreso fra 3 e 6.

PER ESEMPIO **Estrazione di calore**

In condizioni di utilizzo medie, un frigorifero consuma annualmente 400 kWh di energia elettrica per comprimere il fluido di lavoro. Il coefficiente di prestazione è uguale a 5.

► Quanto calore estrae dal suo interno in un anno di funzionamento?

Ogni anno il frigorifero estrae dal suo interno una quantità di calore

$$Q_f = 5\,(4 \cdot 10^5\ \text{J/s})\,(3{,}6 \cdot 10^3\ \text{s}) = 7 \cdot 10^9\ \text{J}$$

Questo calore è sufficiente a innalzare di 20 °C la temperatura di 80 m^3 d'acqua ($c = 4{,}2 \cdot 10^3$ J/(kg·°C). Infatti

$$M = \frac{7 \cdot 10^9\ \text{J}}{\left[4{,}2 \cdot 10^3\ \text{J/(kg·°C)}\right](20\ \text{°C})} = 8 \cdot 10^4\ \text{kg}$$

→ **PROBLEMA SU PIÙ CONCETTI** Il frigorifero • pag. 521
#capacitàtermica #coefficientediprestazione

Frigoriferi, condizionatori e pompe di calore

Il fluido di lavoro dei comuni frigoriferi è una sostanza che è allo stato liquido quando è sottoposta a una pressione non troppo elevata a temperatura ambiente, ma diventa vapore a seguito della espansione adiabatica attraverso la valvola di espansione. Il calore latente di vaporizzazione è estratto dall'ambiente interno del frigorifero, che si raffredda.

Il fluido attraversa la valvola di espansione ed entra nell'evaporatore, che in genere è un tubicino a serpentina posto all'interno del frigorifero. Il fluido sotto forma di vapore è più freddo dell'interno del frigorifero, quindi estrae calore da esso. Il vapore viene poi compresso all'esterno del frigorifero e ripassa allo stato liquido; il calore latente, rilasciato durante la transizione di fase, viene ceduto all'ambiente nel passaggio del liquido lungo la serpentina posta nel retro del frigorifero.

Un **condizionatore** è di fatto un frigorifero che raffredda l'interno dell'abitazione, dove è collocato l'evaporatore, e trasferisce calore all'ambiente mediante il condensatore posto all'esterno.

Se si scambiano fra loro le posizioni dell'evaporatore e del condensatore si ottiene un dispositivo noto come **pompa di calore**, che «raffredda» l'ambiente esterno e trasferisce calore all'interno dell'abitazione,

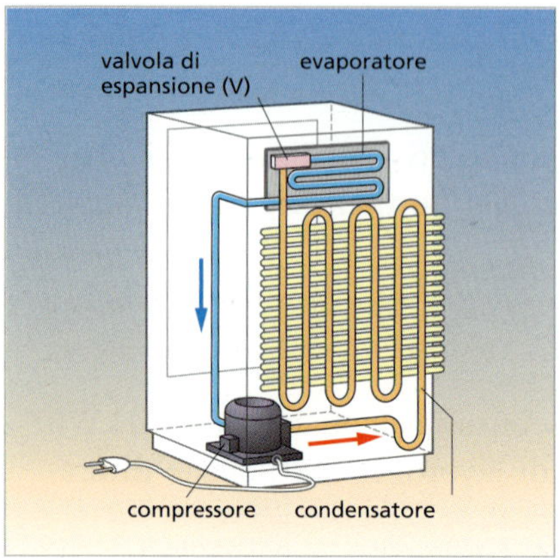

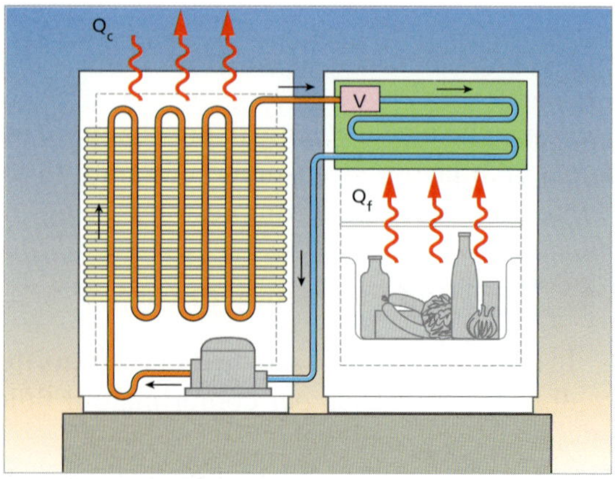

■ Quando la temperatura esterna è maggiore di quella interna, il dispositivo opera come condizionatore ed estrae calore dall'interno raffreddandolo.

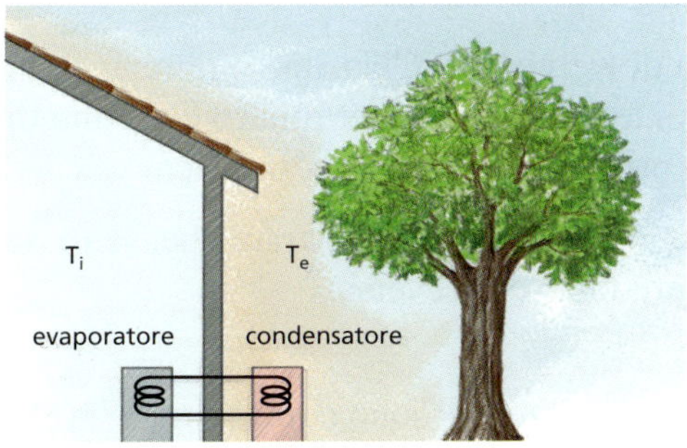

■ Quando la temperatura esterna è minore di quella interna, il dispositivo opera come pompa di calore e riscalda l'interno prelevando calore dall'esterno.

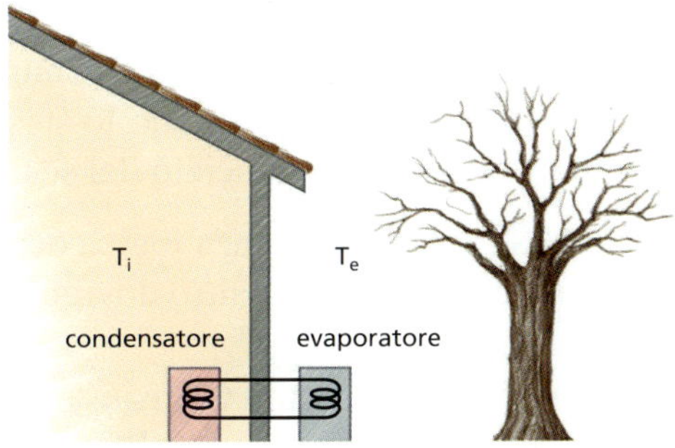

Una pompa di calore deve trasferire all'interno, cioè alla sorgente più calda, la maggior quantità di calore utilizzando il minor lavoro possibile. Nel caso di una pompa di calore il coefficiente di prestazione è detto *coefficiente di guadagno* COP_{PC}.

Il **coefficiente di guadagno** è il rapporto fra il calore ceduto alla sorgente calda e il lavoro esterno che è servito allo scopo:

$$COP_{PC} = \frac{Q_c}{|L|} \tag{5}$$

Il coefficiente di guadagno è un numero privo di dimensioni, in quanto calore e lavoro si misurano entrambi in joule.

Le pompe di calore in commercio per impieghi domestici hanno in genere coefficienti di guadagno compresi fra 4 e 6.

5 Il secondo principio della termodinamica: l'enunciato di Clausius

Il primo principio della termodinamica non vieta il passaggio di calore da un corpo a un altro a temperatura maggiore. Le ricerche sperimentali hanno però evidenziato che il passaggio avviene in modo spontaneo solo da un corpo più caldo a uno più freddo. Per realizzare il passaggio inverso è necessario utilizzare una macchina frigorifera che compia un lavoro.

Secondo principio della termodinamica (enunciato di Clausius)

È impossibile realizzare una trasformazione il cui unico risultato sia il trasferimento di calore da un corpo a temperatura minore a un corpo con una temperatura maggiore.

#secondoprincipiotermo

Questo risultato sperimentale fu formalizzato da Rudolf Julius Emanuel Clausius e rappresenta una formulazione equivalente del secondo principio della termodinamica.

L'enunciato di Clausius si riferisce al passaggio di calore verso il corpo più caldo come *unico risultato* della trasformazione. Il ciclo di refrigerazione, discusso per le macchine frigorifere, non contraddice l'enunciato di Clausius: il passaggio di calore non è l'unico risultato della trasformazione, perché questa si realizza solo se viene compiuto lavoro sul fluido.

Equivalenza degli enunciati di Kelvin e di Clausius

Le proprietà a cui si riferiscono gli enunciati di Kelvin e di Clausius sembrano assai diverse. In realtà essi esprimono lo stesso contenuto fisico e per questo ciascuno di essi è considerato un enunciato del secondo principio della termodinamica.

Per dimostrare l'equivalenza logica dei due enunciati basta dimostrare che, se fosse falso uno di essi, anche l'altro dovrebbe essere falso e viceversa:

$$\left.\begin{array}{l}\text{non Kelvin} \Rightarrow \text{non Clausius}\\ \text{non Clausius} \Rightarrow \text{non Kelvin}\end{array}\right\} \Rightarrow \text{Kelvin e Clausius sono equivalenti} \qquad (6)$$

Supponiamo sia falso l'enunciato di Kelvin: esiste quindi una macchina termica *non Kelvin* (non-K) che preleva una quantità di calore Q da una sorgente a temperatura T_f e la trasforma interamente in lavoro L.

1 Il lavoro può essere convertito interamente in calore mediante l'attrito, utilizzando per esempio un dispositivo come il mulinello di Joule. Con il lavoro L prodotto dalla macchina non-K si alzano i pesi del mulinello i quali poi, scendendo, muovono le palette immerse nell'acqua; l'attrito dell'acqua dissipa l'energia meccanica delle palette e la trasforma interamente in calore, che si trasferisce all'acqua.

2 Se l'acqua ha una temperatura T_c maggiore della temperatura T_f della sorgente utilizzata dalla macchina non-K, il processo complessivo ha come unico risultato il trasferimento di calore da una sorgente a una sorgente più calda.

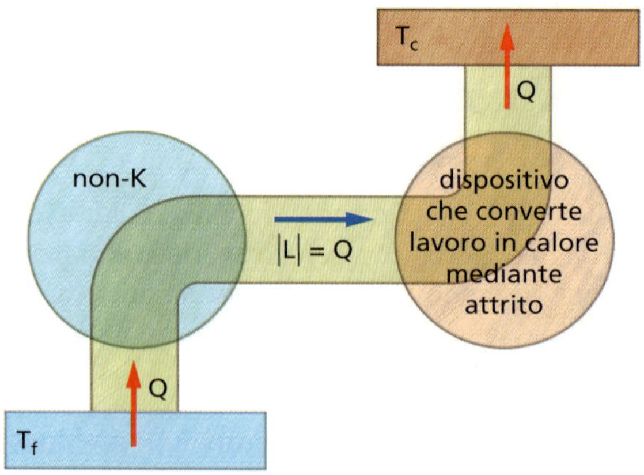

Questo contraddice l'enunciato di Clausius.

Se fosse falso l'enunciato di Kelvin sarebbe falso l'enunciato di Clausius:

$$\text{non Kelvin} \Rightarrow \text{non Clausius} \qquad (7)$$

Supponiamo sia falso l'enunciato di Clausius: esiste quindi una macchina termica *non Clausius* (non-C) che preleva una quantità di calore Q da una sorgente a temperatura T_f e la trasferisce interamente a una sorgente a temperatura maggiore T_c.

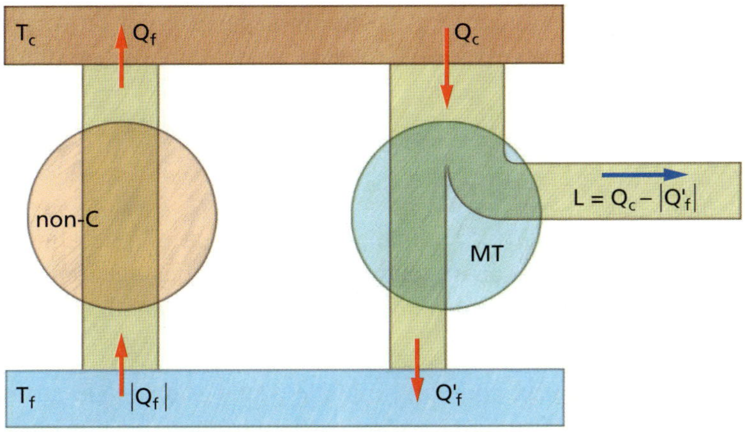

La macchina non-C è accoppiata a una macchina termica MT operante fra le due stesse sorgenti di calore. MT preleva dalla sorgente più calda la quantità di calore Q_c, compie un lavoro $L = Q_c - |Q'_f|$ e trasferisce Q'_f a quella più fredda.

La macchina non-C è regolata in modo da:

- prelevare dalla sorgente fredda una quantità di calore esattamente pari a $|Q'_f|$;
- cedere alla sorgente più calda una quantità di calore $|Q'_f|$.

In questo modo la sorgente fredda cede e acquista la stessa quantità di calore $|Q'_f|$: l'unico risultato della trasformazione complessiva è stato quello di trasformare interamente in lavoro il calore prelevato da un'unica sorgente, quella a temperatura maggiore. Questo contraddice l'enunciato di Kelvin. Quindi

se fosse falso l'enunciato di Clausius sarebbe falso l'enunciato di Kelvin:

$$\text{non Clausius} \Rightarrow \text{non Kelvin} \qquad (8)$$

La validità della (7) e della (8) completa la dimostrazione dell'equivalenza logica dei due enunciati: è quindi corretto affermare che sono enunciati differenti di uno stesso principio fisico, il secondo principio della termodinamica.

6 Trasformazioni reversibili e teorema di Carnot

Il secondo principio della termodinamica stabilisce che il rendimento di una macchina termica

$$\eta = 1 - \frac{|Q_f|}{Q_c}$$

non può essere 1 (ossia il 100%), perché la macchina deve necessariamente operare tra due termostati, a uno dei quali cede il calore $|Q_f|$. Il secondo principio non pone però alcun vincolo al valore di $|Q_f|$, per cui si può pensare di aumentare il rendimento di una macchina termica diminuendo quanto possibile $|Q_f|$ in modo che il rapporto $|Q_f|/Q_c$ sia molto piccolo e $\eta \approx 1$.

L'esperienza mostra che, nel caso delle macchine termiche reali, difficilmente si riescono a ottenere rendimenti superiori al 50%. È quindi necessario individuare le condizioni che assicurano il maggior rendimento possibile a una macchina termica che operi fra due dati termostati. Il funzionamento di una macchina termica è basato sulle trasformazioni termodinamiche del fluido di lavoro: per ottimizzare il rendimento della macchina è necessario analizzare in dettaglio le caratteristiche delle trasformazioni.

Le trasformazioni reversibili

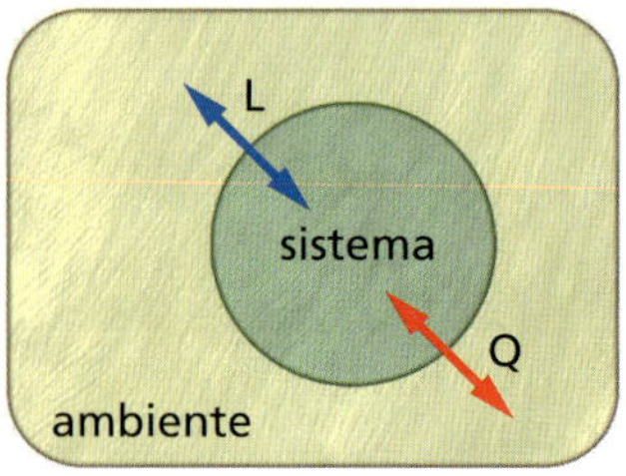

Durante una trasformazione termodinamica un sistema esegue almeno una delle seguenti azioni: compiere lavoro e scambiare calore. Queste azioni coinvolgono il *sistema* e il suo ambiente, cioè l'insieme di corpi che lo circondano e con cui interagisce.

Un sistema può evolvere da uno stato iniziale a uno stato finale attraverso molte trasformazioni differenti. Esaminiamo due particolari modalità con cui si può innalzare da T_i a T_f la temperatura di una data quantità d'acqua.

1 Si pone il contenitore su un fornello acceso. Poiché la fiamma ha una temperatura molto elevata, l'acqua a contatto con il fondo è più calda di quella in superficie: il sistema evolve attraverso stati di non equilibrio. Si formano così intensi moti convettivi sia nell'acqua sia nell'aria circostante che dissipano energia a causa della viscosità dei fluidi.

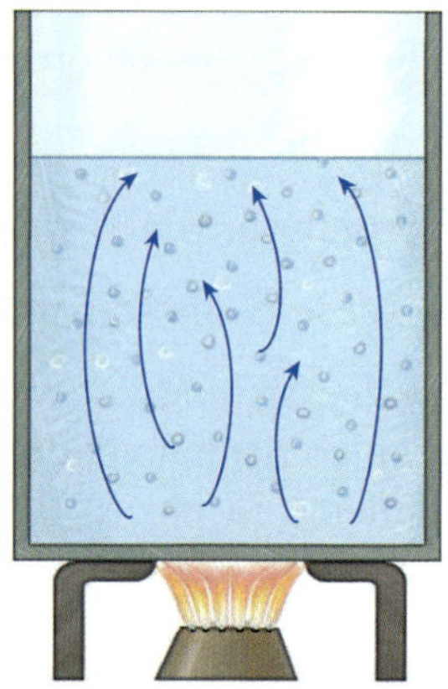

Raggiunto lo stato finale a temperatura T_f non è possibile riportare il sistema (acqua) e l'ambiente (stanza) nella loro situazione iniziale: raffreddare l'acqua non restituisce i gas che hanno reagito nella combustione né ferma i moti convettivi dell'aria calda nella stanza.

Questa modalità di riscaldamento è un **processo irreversibile**.

2 Si pone il contenitore a contatto termico con una successione di termostati, ciascuno dei quali ha una temperatura maggiore del precedente di una piccolissima quantità ΔT. Ogni termostato cede in modo quasi-statico una piccola quantità di calore all'acqua. Quando l'acqua ha raggiunto l'equilibrio col termostato, si sposta il contenitore sul termostato successivo. Al termine l'acqua raggiunge la temperatura T_f, passando attraverso stati di equilibrio.

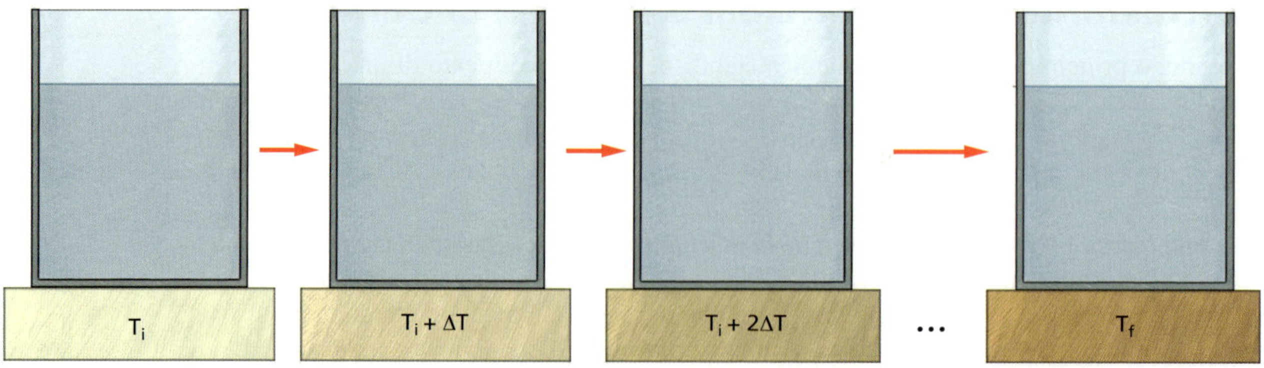

Per riportare il sistema (acqua) e l'ambiente (stanza) allo stato iniziale, basta invertire il processo. Ogni volta che il contenitore è posto a contatto termico con il termostato che ha una temperatura inferiore di ΔT a quella dell'acqua, l'acqua cede lo stesso calore che aveva acquistato nel processo diretto e diminuisce la sua temperatura di ΔT.

Al termine del processo inverso, l'acqua è tornata nel suo stato iniziale e ciascun termostato ha acquistato il calore ceduto precedentemente.

Realizzato in questo modo, il riscaldamento dell'acqua è un **processo reversibile**.

In generale

una trasformazione è **reversibile** se, a partire dallo stato finale, è possibile riportare sia il sistema sia l'ambiente con cui interagisce ai rispettivi stati iniziali.

#trasformazioni

Una trasformazione non reversibile è detta **irreversibile**.

Una trasformazione reversibile deve quindi essere quasi-statica sia per quanto riguarda il sistema sia per quanto riguarda l'ambiente esterno. Essa può essere perciò realizzata in verso opposto, in modo che sia il sistema sia l'ambiente ripassino per gli stessi stati di equilibrio attraversati nella trasformazione diretta.

In generale una trasformazione è reversibile quando sono soddisfatte entrambe le condizioni seguenti:

- la trasformazione è quasi-statica;
- non sono presenti effetti dissipativi, che convertono lavoro in energia interna del sistema o dell'ambiente, come, per esempio, attrito, viscosità e turbolenza.

Il teorema di Carnot

Le trasformazioni reali sono tutte irreversibili: basta pensare al fatto che gli attriti sono in pratica ineliminabili. Tuttavia le trasformazioni reversibili consentono di studiare il comportamento di un sistema termodinamico ideale, in modo analogo a quanto avviene nella dinamica quando si analizza il moto ideale di un corpo trascurando gli attriti che lo contrastano.

Si deve al francese Sadi Carnot il primo studio sistematico delle proprietà che una macchina termica deve avere per assicurare il massimo rendimento. Egli prese in esame le macchine termiche reversibili, nelle quali il fluido di lavoro opera mediante un ciclo di trasformazioni reversibili, e dimostrò il seguente teorema, noto come **teorema di Carnot**:

tutte le macchine termiche reversibili, operanti fra le temperature T_c e T_f, hanno lo stesso rendimento η_{rev} e nessuna macchina reale, operante fra le stesse temperature, ha un rendimento η_{irr} maggiore:

$$\eta_{rev} \geq \eta_{irr} \qquad (9)$$

#teoremaCarnot

DENTRO LA FORMULA

L'enunciato del teorema stabilisce in termini sintetici le seguenti proprietà delle macchine termiche:

- il rendimento di una macchina termica reversibile non dipende dal fluido di lavoro né dal particolare ciclo che compie, ma solo da T_c e T_f;

- quando operano fra le stesse temperature T_c e T_f, tutte le macchine termiche reversibili hanno lo stesso rendimento;
- disponendo di due termostati a temperature T_c e T_f, la macchina che assicura il massimo rendimento è una macchina reversibile; qualsiasi macchina reale non può avere un rendimento maggiore.

Dimostriamo la prima parte del teorema di Carnot.

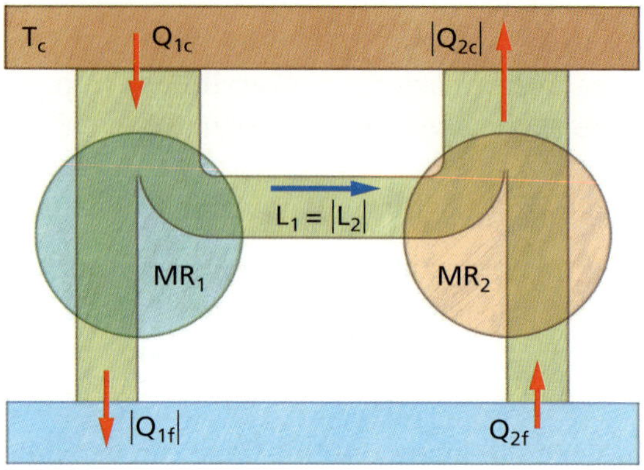

Supponiamo per assurdo che le due macchine reversibili MR_1 e MR_2 abbiano rendimenti diversi, per esempio $\eta_1 > \eta_2$. La MR_2 è una macchina reversibile e quindi può essere fatta operare come macchina frigorifera: la MR_1 compie un lavoro L_1 che viene totalmente utilizzato per il funzionamento di MR_2.

Il primo principio della termodinamica applicato a ciascuna delle due macchine termiche fornisce le seguenti relazioni:

$$L_1 = Q_{1c} - |Q_{1f}|$$

$$|L_2| = |Q_{2c}| - Q_{2f}$$

Per ipotesi:

- $L_1 = |L_2|$, quindi

$$Q_{1c} - |Q_{1f}| = |Q_{2c}| - Q_{2f} \qquad (10)$$

- $\eta_1 > \eta_2$, quindi

$$\frac{L_1}{Q_{1c}} > \frac{|L_2|}{|Q_{2c}|}$$

Ricordando che $L_1 = |L_2|$, si ha

$$|Q_{2c}| > Q_{1c}$$

cioè

$$|Q_{2c}| - Q_{1c} > 0 \qquad (11)$$

La (10) può essere posta nella forma

$$|Q_{2c}| - Q_{1c} = Q_{2f} - |Q_{1f}|$$

da cui, per la relazione precedente

$$Q_{2f} - |Q_{1f}| > 0 \qquad (12)$$

Poniamo

$$Q = |Q_{2c}| - Q_{1c} = Q_{2f} - |Q_{1f}|$$

Complessivamente le due macchine $MR_1 + MR_2$:

- assorbono, dal termostato freddo, il calore

$$Q = Q_{2f} - |Q_{1f}|$$

- cedono, al termostato caldo, il calore

$$Q = |Q_{2c}| - Q_{1c}$$

L'unico risultato della macchina termica $MR_1 + MR_2$ è quello di trasferire calore da un termostato a un altro a temperatura maggiore: ciò è in contraddizione con l'enunciato di Clausius del secondo principio. Quindi è impossibile che sia $\eta_1 > \eta_2$.

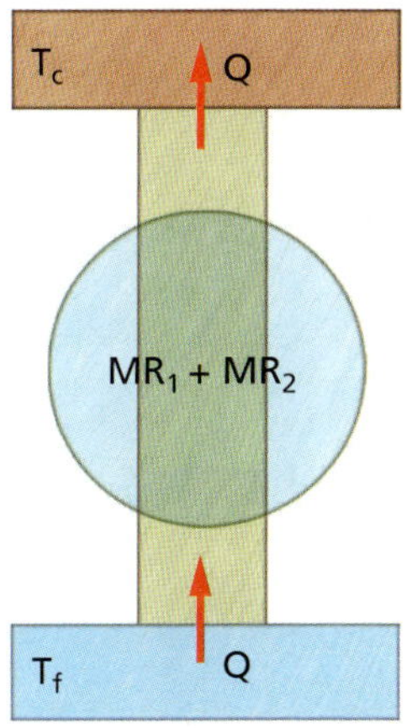

Per dimostrare che è impossibile anche il caso $\eta_1 < \eta_2$ basta ripetere la dimostrazione facendo operare MR_1 come macchina frigorifera.

Avendo dimostrato che è impossibile che risulti sia $\eta_1 > \eta_2$ sia $\eta_1 < \eta_2$, deve essere necessariamente $\eta_1 = \eta_2$.

Poiché nella dimostrazione non si sono tenuti in considerazione aspetti costruttivi delle due macchine, concludiamo che tutte le macchine termiche reversibili operanti tra gli stessi termostati hanno rendimenti uguali.

In modo analogo si dimostra che nessuna macchina reale ha un rendimento maggiore di una macchina reversibile operante fra le stesse temperature: basta ripetere il ragionamento precedente, sostituendo MR_1 con una macchina irreversibile e verificare che l'ipotesi $\eta_{irr} > \eta_{rev}$ porta a una contraddizione.

7 Macchina di Carnot e ciclo di Carnot

Nel 1824 Carnot propone un modello di macchina termica ideale, nota in seguito come **macchina di Carnot**, che opera tra due termostati compiendo trasformazioni reversibili.

Il ciclo attraverso cui funziona la macchina è detto **ciclo di Carnot** e consiste in quattro trasformazioni reversibili che il fluido di lavoro effettua in successione: un'espansione isoterma, un'espansione adiabatica, una compressione isoterma e una compressione adiabatica.

Consideriamo il sistema formato da un gas perfetto racchiuso dentro un cilindro che ha uno stantuffo libero di muoversi con attrito trascurabile. Il gas compie trasformazioni reversibili, assorbendo calore da una sorgente a temperatura T_c e cedendo calore a una sorgente a temperatura T_f.

Nello stato iniziale A del ciclo il gas ha la stessa temperatura T_c della sorgente più calda, la pressione $p_A > p_{amb}$ e occupa il volume V_A.

■ **Espansione isoterma** ($A \rightarrow B$). A contatto termico con la sorgente a temperatura T_c il gas si espande in modo isotermo, compiendo un lavoro positivo L_{AB} e assorbendo il calore Q_c. Per il primo principio $Q_c = L_{AB}$.

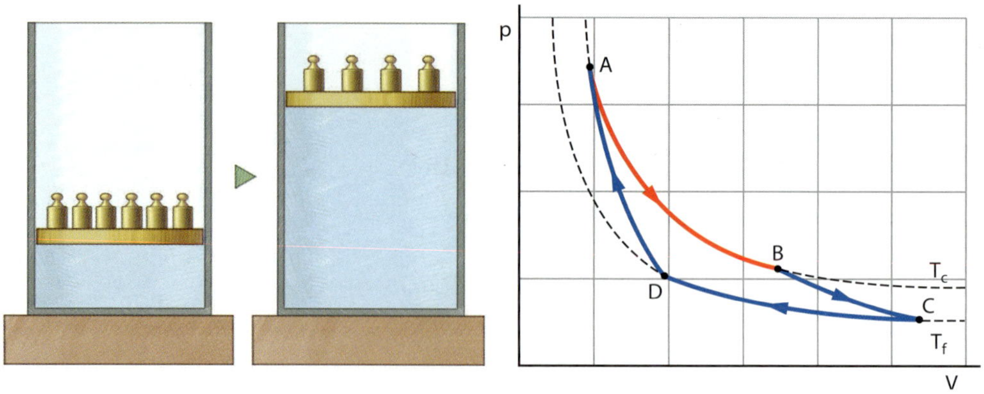

■ **Espansione adiabatica** ($B \rightarrow C$). Il gas si espande rimanendo isolato termicamente dall'ambiente: durante l'espansione adiabatica compie un lavoro positivo L_{BC} mentre la sua temperatura si abbassa al valore T_f.

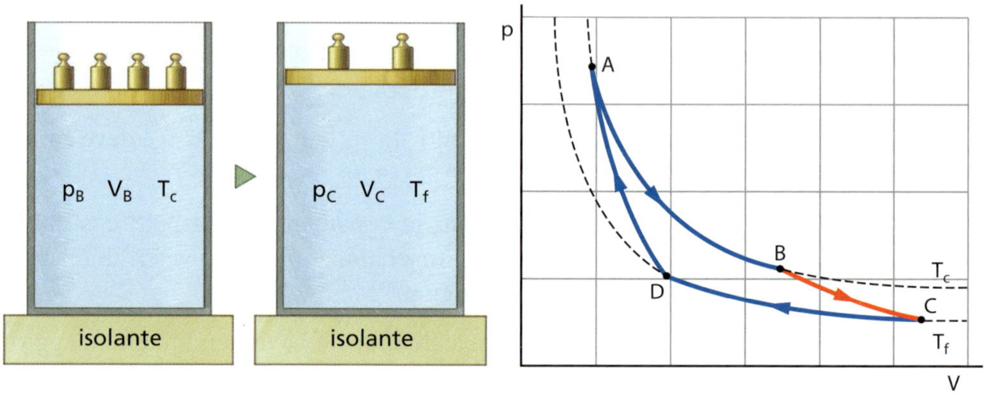

■ **Compressione isoterma** ($C \rightarrow D$). Posto a contatto termico con la sorgente a temperatura T_f il gas compie un lavoro negativo L_{CD} e cede il calore Q_f. Per il primo principio $Q_f = L_{CD}$.

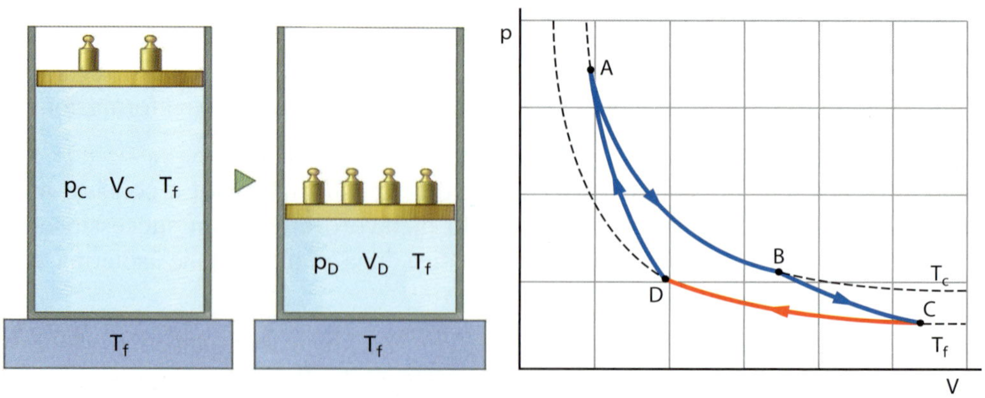

■ **Compressione adiabatica** ($D \rightarrow A$). Il gas compie un lavoro negativo L_{DA}. La compressione è adiabatica e la temperatura aumenta riportandosi al valore T_c che il gas aveva nello stato iniziale.

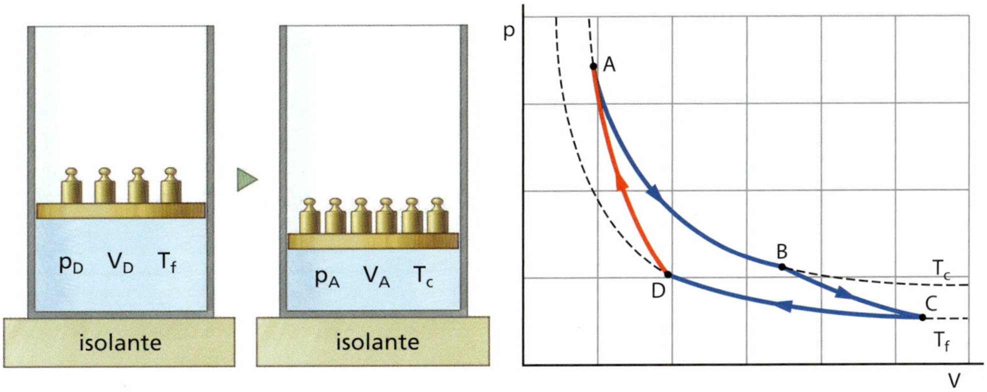

In ogni ciclo la macchina compie un lavoro

$$L = Q_c - |Q_f|$$

uguale all'area racchiusa dalle curve delle trasformazioni nel diagramma p-V.

Il rendimento di una macchina di Carnot

L'importanza della macchina di Carnot sta nel fatto che si può calcolare il suo rendimento a partire dalla conoscenza delle temperature dei due termostati tra i quali opera. Vale infatti il seguente risultato:

il rendimento di una macchina di Carnot che opera fra le temperature T_c e T_f è

$$\eta_{rev} = 1 - \frac{T_f}{T_c} \qquad (13)$$

#macchinaCarnot

dove le temperature sono espresse in kelvin.

La relazione (13) consente di esprimere le proprietà delle macchine termiche stabilite dal teorema di Carnot in termini delle temperature dei due termostati fra i quali operano. In particolare:

#rendimento

- tutte le macchine termiche reversibili operanti fra due termostati con temperature T_c e T_f hanno lo stesso rendimento, indipendentemente dalle caratteristiche con cui sono progettate e costruite;
- nessuna macchina termica reale, cioè non reversibile, operante fra due termostati con temperature T_c e T_f ha un rendimento superiore a una macchina di Carnot operante fra gli stessi termostati.

PER ESEMPIO **Il rendimento di una centrale**

In termini estremamente semplificati, una centrale termoelettrica è un'immensa macchina termica che opera fra due termostati: il vapore d'acqua a circa 550 °C e l'acqua di raffreddamento a circa 20 °C.

▶ Qual è il suo rendimento massimo?

Se fosse una macchina termica ideale il suo rendimento sarebbe

$$\eta = 1 - \frac{T_f}{T_c} = 1 - \frac{293\ \text{K}}{823\ \text{K}} = 0{,}64 = 64\%$$

Poiché è una macchina termica irreversibile, il rendimento effettivo è circa il 40%.

Per dimostrare la (13) consideriamo per prime le trasformazioni isoterme.

1 Il lavoro L compiuto da n moli di gas perfetto durante una trasformazione a temperatura T costante dal volume V_A al volume V_B è dato dalla (6) del capitolo precedente:

$$L = nRT \ln \frac{V_B}{V_A}$$

2 Nelle trasformazioni isoterme la temperatura rimane costante, quindi $\Delta U = 0$ e per il primo principio $Q = L$. In definitiva:

- nell'espansione isoterma AB, a temperatura T_c, da V_A a V_B, il gas acquista il calore

$$Q_c = nRT_c \ln \frac{V_B}{V_A}$$

  che è positivo perché l'argomento del logaritmo è $V_B/V_A > 1$, in quanto $V_B > V_A$;

- nella compressione isoterma CD, a temperatura T_f, da V_C a V_D, il gas cede il calore

$$Q_f = nRT_f \ln \frac{V_D}{V_C}$$

  che è negativo perché l'argomento del logaritmo è $V_D/V_C < 1$, in quanto $V_D < V_C$, ricordando che $\ln(a/b) = -\ln(b/a)$ la relazione precedente si può mettere nella forma:

$$|Q_f| = nRT_f \ln \frac{V_C}{V_D}$$

3 Il rapporto fra le quantità di calore uscente ed entrante nelle isoterme è

$$\frac{|Q_f|}{Q_c} = \frac{nRT_f \ln \frac{V_C}{V_D}}{nRT_c \ln \frac{V_B}{V_A}} = \frac{T_f \ln \frac{V_C}{V_D}}{T_c \ln \frac{V_B}{V_A}} \qquad (14)$$

Per semplificare l'espressione precedente, consideriamo le due trasformazioni adiabatiche del ciclo. Gli stati iniziale e finale di un gas che compie una trasformazione adiabatica sono legati dalla relazione (25) del capitolo precedente:

$$T_i V_i^{\gamma-1} = T_f V_f^{\gamma-1}$$

4 Per l'espansione adiabatica dallo stato B (a temperatura T_c) allo stato C (a temperatura T_f):

$$T_c V_B^{\gamma-1} = T_f V_C^{\gamma-1}$$

mentre per la compressione adiabatica dallo stato D (a temperatura T_f) allo stato A (a temperatura T_c):

$$T_f V_D^{\gamma-1} = T_c V_A^{\gamma-1}$$

5 Dividendo membro a membro la prima equazione per la seconda si ha

$$\frac{T_c V_B^{\gamma-1}}{T_c V_A^{\gamma-1}} = \frac{T_f V_C^{\gamma-1}}{T_f V_D^{\gamma-1}} \quad \Rightarrow \quad \frac{V_B^{\gamma-1}}{V_A^{\gamma-1}} = \frac{V_C^{\gamma-1}}{V_D^{\gamma-1}} \quad \Rightarrow \quad \frac{V_B}{V_A} = \frac{V_C}{V_D}$$

Inserendo questa relazione nella (14) si ottiene:

$$\frac{|Q_f|}{Q_c} = \frac{T_f \ln \dfrac{V_C}{V_D}}{T_c \ln \dfrac{V_B}{V_A}} = \frac{T_f}{T_c}$$

6 Sostituendo questa relazione nell'espressione del rendimento di una macchina termica

$$\eta = 1 - \frac{|Q_f|}{Q_c}$$

si ha la (13):

$$\eta_{rev} = 1 - \frac{T_f}{T_c}$$

→ PROBLEMA SU PIÙ CONCETTI **Il motore del fuoristrada** • pag. 522
#rendimento #macchinaCarnot

8 L'entropia

Il primo principio della termodinamica stabilisce l'esistenza di una funzione di stato, l'energia interna di un sistema, e la sua relazione quantitativa con l'energia scambiata fra sistema e l'ambiente sotto forma di calore e lavoro.

Gli enunciati di Kelvin e Clausius del secondo principio appaiono invece qualitativi, in quanto affermano l'impossibilità di realizzare macchine termiche con caratteristiche particolari, ma non forniscono esplicite relazioni quantitative fra grandezze termodinamiche.

In realtà, come scopre Clausius nel 1865, il secondo principio si fonda sull'esistenza di una funzione di stato che egli chiamò **entropia** (parola composta derivata dal greco e avente il significato di «cambiamento interno») e mediante la quale fornì un enunciato quantitativo del secondo principio stesso. La sua analisi si basa sulla generalizzazione delle proprietà dei cicli delle macchine termiche.

La disuguaglianza di Clausius

Consideriamo una generica macchina termica che opera prelevando il calore Q_c alla temperatura T_c e cedendo il calore Q_f alla temperatura T_f. Il rendimento di questa macchina termica è

$$\eta = 1 - \frac{|Q_f|}{Q_c}$$

mentre quello di una macchina reversibile che opera fra le stesse temperature è

$$\eta_{rev} = 1 - \frac{T_f}{T_c}$$

Per il teorema di Carnot

$$\eta \leq \eta_{rev}$$

vale quindi la disuguaglianza

$$1 - \frac{|Q_f|}{Q_c} \leq 1 - \frac{T_f}{T_c}$$

che si può mettere nella forma

$$\frac{|Q_f|}{T_f} \geq \frac{Q_c}{T_c}$$

Il calore ceduto al termostato freddo è negativo, per cui

$$|Q_f| = -Q_f$$

quindi la relazione precedente diventa

$$\frac{Q_f}{T_f} + \frac{Q_c}{T_c} \leq 0 \qquad (15)$$

dove l'uguaglianza sussiste solo nel caso di macchina termica reversibile.

La (15) stabilisce una importante caratteristica delle macchine termiche che operano fra due termostati: durante una trasformazione ciclica la somma dei rapporti Q/T, fra il calore scambiato con la sorgente e la temperatura della stessa, non può essere positiva.

La generalizzazione di questo risultato a un sistema termodinamico qualsiasi è nota come **disuguaglianza di Clausius**:

#disuguaglianzaClausius

quando un sistema termodinamico compie una trasformazione ciclica tra n sorgenti, la somma dei rapporti fra i calori ΔQ_i scambiati con ciascuna sorgente e la temperatura assoluta T_i della sorgente è minore o uguale a zero:

$$\sum_{i=1}^{n} \frac{\Delta Q_i}{T_i} \leq 0 \qquad (16)$$

e l'uguaglianza sussiste solo quando le trasformazioni sono reversibili.

DENTRO LA FORMULA

- Il simbolo $\sum_{i=1}^{n}$ si legge «sommatoria per i che va da 1 a n». Per semplicità di notazione useremo il simbolo $\sum_{i}$ intendendo il medesimo significato.
- Scrivendo in termini espliciti la somma a primo membro, si ha:

$$\frac{\Delta Q_1}{T_1} + \frac{\Delta Q_2}{T_2} + \frac{\Delta Q_3}{T_3} + \ldots + \frac{\Delta Q_n}{T_n} \leq 0$$

Una funzione di stato: l'entropia

A partire dalla disuguaglianza di Clausius si dimostra l'esistenza di una grandezza fisica, detta **entropia**, che ha la seguente proprietà

la variazione di entropia S di un sistema che passa da uno stato A a uno stato B è

$$S(B) - S(A) = \left(\sum_{i} \frac{\Delta Q_{i\,\text{rev}}}{T_i}\right)_{A\rightarrow B} \qquad (17)$$

#entropia

La sommatoria è calcolata lungo una qualsiasi trasformazione reversibile da A a B.

DENTRO LA FORMULA

- L'entropia si misura in J/K.
- Gli addendi $\Delta Q_{i\,\text{rev}}/T_i$ sono calcolati per ciascuna trasformazione reversibile in cui il sistema ha scambiato calore con un termostato.
- Ogni addendo $\Delta Q_{i\,\text{rev}}/T_i$ è il rapporto tra il calore $\Delta Q_{i\,\text{rev}}$ scambiato con il termostato a temperatura T_i in una trasformazione reversibile e la temperatura T_i del termostato stesso.

La variazione di entropia di un sistema che passa dallo stato A allo stato B non dipende dalla particolare trasformazione effettuata, ma può essere calcolata lungo una qualsiasi trasformazione reversibile che connette lo stato iniziale a quello finale: quindi,

l'entropia è una funzione di stato.

Consideriamo un sistema che esegue una trasformazione ciclica composta da due trasformazioni reversibili, R_1 e R_2, in sequenza.

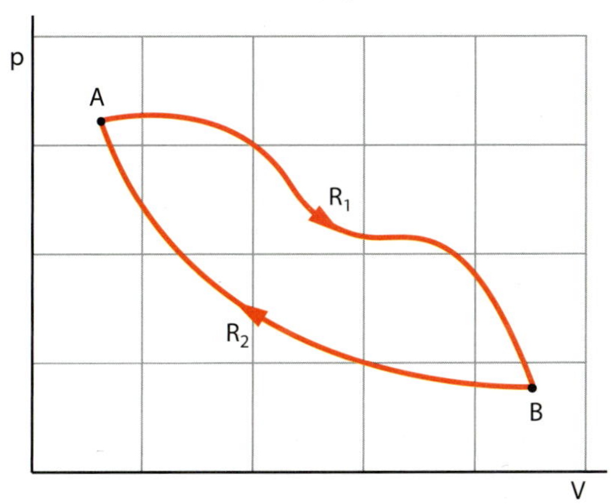

1 In questo caso la disuguaglianza di Clausius diventa

$$\sum_i \frac{\Delta Q_{i\,\text{rev}}}{T_i} = 0 \tag{18}$$

Si può scrivere come somma dei termini relativi a ciascuna trasformazione:

$$\left(\sum_i \frac{\Delta Q_{i\,\text{rev}}}{T_i}\right)_{\substack{A\to B\\ \text{lungo } R_1}} + \left(\sum_k \frac{\Delta Q_{k\,\text{rev}}}{T_k}\right)_{\substack{B\to A\\ \text{lungo } R_2}} = 0$$

e quindi

$$\left(\sum_i \frac{\Delta Q_{i\,\text{rev}}}{T_i}\right)_{\substack{A\to B\\ \text{lungo } R_1}} = -\left(\sum_k \frac{\Delta Q_{k\,\text{rev}}}{T_k}\right)_{\substack{B\to A\\ \text{lungo } R_2}}$$

2 Il segno meno davanti alla sommatoria presente al secondo membro può essere assegnato a ciascuno dei suoi addendi:

$$\left(\sum_i \frac{\Delta Q_{i\,\text{rev}}}{T_i}\right)_{\substack{A\to B\\ \text{lungo } R_1}} = \left(\sum_k -\frac{\Delta Q_{k\,\text{rev}}}{T_k}\right)_{\substack{B\to A\\ \text{lungo } R_2}} \tag{19}$$

3 Cambiare il segno della quantità di calore $\Delta Q_{k\,\text{rev}}$, scambiata a temperatura T_k significa invertire il senso in cui procede la trasformazione reversibile.

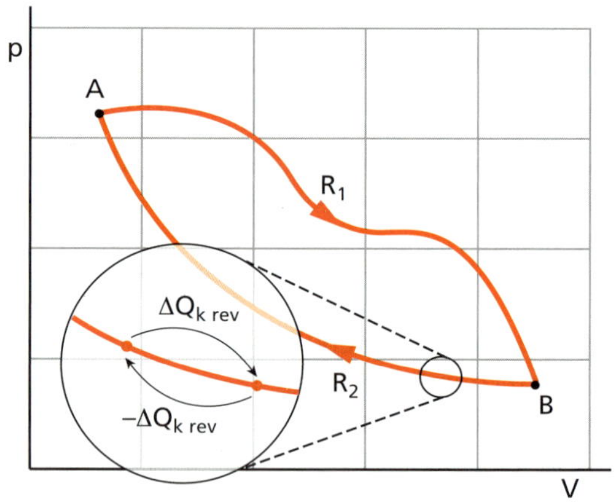

4 Cambiare il segno a tutti i contributi $\Delta Q_{k\,\text{rev}}$ significa percorrere una trasformazione R_3, da A a B, che corrisponde alla trasformazione R_2 percorsa in verso opposto.

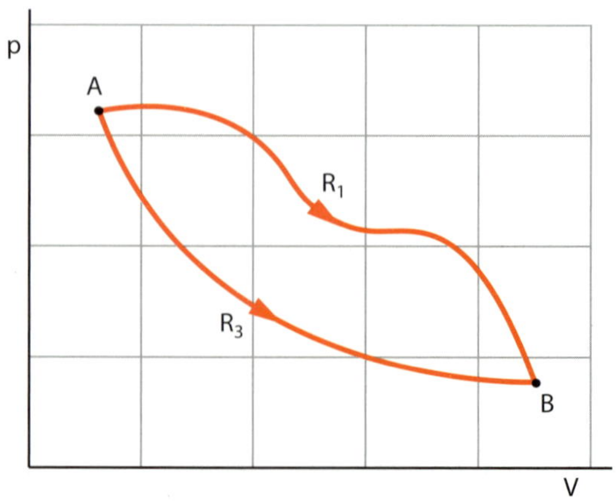

5 La (19) diventa quindi

$$\left(\sum_i \frac{\Delta Q_{i\,\text{rev}}}{T_i}\right)_{\substack{A\to B\\ \text{lungo } R_1}} = \left(\sum_k \frac{\Delta Q_{k\,\text{rev}}}{T_k}\right)_{\substack{A\to B\\ \text{lungo } R_3}} \tag{20}$$

Il risultato precedente è stato ottenuto senza fare alcuna ipotesi sulle trasformazioni, se non che siano reversibili. La relazione precedente vale quindi per qualsiasi trasformazione fra A e B e stabilisce che la grandezza

$$\left(\sum_i \frac{\Delta Q_{i\,\text{rev}}}{T_i}\right)_{A\to B}$$

non dipende dalla particolare trasformazione eseguita, ma solo dagli stati iniziale e finale del sistema.

L'entropia di uno stato

La relazione (17) consente di calcolare la variazione ΔS di entropia fra due stati di un sistema. Per assegnare il valore di entropia a uno stato, per esempio lo stato A, bisogna fissare uno stato di riferimento, che chiamiamo O e nel quale l'entropia del sistema è $S(O)$, e calcolare il valore di $S(A)$ mediante la (17):

$$S(A) = \left(\sum_i \frac{\Delta Q_{i\,\text{rev}}}{T_i}\right)_{O\to A} + S(O) \tag{21}$$

Quindi

l'entropia $S(A)$ di un sistema nello stato A è la variazione di entropia del sistema quando passa dallo stato di riferimento O allo stato A.

In modo analogo all'energia potenziale, anche l'entropia è definita a meno di una costante additiva, che è uguale all'entropia $S(O)$ del sistema nello stato di riferimento scelto. Ciò non rappresenta un problema, perché l'informazione fisica non è contenuta nel valore dell'entropia di uno stato, ma nel valore della variazione di entropia fra due stati.

L'entropia è una grandezza additiva

L'entropia gode di un'importante proprietà.

Se un sistema è formato da due sottosistemi indipendenti, l'entropia totale nello stato A è la somma delle entropie dei sottosistemi in quello stato:

$$S(A) = S_1(A) + S_2(A) \tag{22}$$

#entropia

L'entropia è quindi una grandezza additiva.

Per dimostrare la (22) consideriamo un sistema formato da due sottosistemi indipendenti, che non interagiscono tra loro, e supponiamo che l'energia totale e il lavoro compiuto dal sistema siano la somma dei contributi dei due sottosistemi:

$$U = U_1 + U_2 \qquad L = L_1 + L_2$$

Per il primo principio della termodinamica ($Q = \Delta U + L$) il calore totale Q scambiato dal sistema è la somma delle quantità di calore Q_1 e Q_2 scambiate da ciascun sottosistema:

$$Q = \Delta U + L = \Delta U_1 + \Delta U_2 + L_1 + L_2 = \\ = (\Delta U_1 + L_1) + (\Delta U_2 + L_2) = Q_1 + Q_2$$

Nella (21) ogni termine $\Delta Q_{i\,\mathrm{rev}}$ è la somma dei contributi dei due sottosistemi:

$$\Delta Q_{i\,\mathrm{rev}} = (\Delta Q_{i\,\mathrm{rev}})_1 + (\Delta Q_{i\,\mathrm{rev}})_2$$

Sostituiamo questa relazione nella (21), dove per semplicità poniamo $S(O) = 0$

$$S(A) = \left(\sum_i \frac{\Delta Q_{i\,\mathrm{rev}}}{T_i}\right)_{O\to A} = \left(\sum_i \frac{(\Delta Q_{i\,\mathrm{rev}})_1}{T_i}\right)_{O\to A} + \left(\sum_i \frac{(\Delta Q_{i\,\mathrm{rev}})_2}{T_i}\right)_{O\to A}$$

Otteniamo così la (22):

$$S(A) = S_1(A) + S_2(A)$$

Variazioni di entropia di liquidi e di solidi

Per aumentare la temperatura da T_i a T_f un blocco di metallo avente capacità termica C deve ricevere dall'ambiente una quantità di calore

$$Q = C(T_\mathrm{f} - T_\mathrm{i})$$

Possiamo immaginare che il processo avvenga mediante una sequenza di trasformazioni reversibili, in ciascuna delle quali il blocco a temperatura T_b riceve una piccolissima quantità di calore $\Delta Q_k = C(T_\mathrm{t} - T_\mathrm{b})_k = C\,\Delta T_k$ da un termostato con una temperatura T_t che differisce di una quantità piccolissima da quella del blocco.

La variazione di entropia ΔS del blocco è data dalla somma (17):

$$\Delta S = C\frac{\Delta T_1}{T_1} + C\frac{\Delta T_2}{T_2} + C\frac{\Delta T_3}{T_3} + \ldots$$

Si può dimostrare che

la variazione di entropia di un liquido o di un solido di capacità termica C che passa dalla temperatura T_i alla temperatura T_f è

#entropia

$$\Delta S = C \ln\frac{T_\mathrm{f}}{T_\mathrm{i}} \qquad (23)$$

PER ESEMPIO **L'entropia dell'acqua in pentola**

Per cucinare un piatto di pasta metti a scaldare 1 L di acqua (calore specifico $c_\mathrm{s} = 4{,}2 \cdot 10^3$ J/(kg·K)), che passa da 21 °C a 100 °C.

▶ Quanto aumenta l'entropia dell'acqua?

La massa dell'acqua nella pentola è 1 kg, mentre la sua capacità termica è

$$C = (1\ \text{kg})\,[4{,}2 \cdot 10^3\ \text{J/(kg·K)}] = 4{,}2 \cdot 10^3\ \text{J/K}$$

La variazione di entropia dell'acqua a seguito del riscaldamento è

$$\Delta S = (4{,}2 \cdot 10^3\ \text{J/K}) \ln \frac{373\ \text{K}}{294\ \text{K}} = 1\ \text{kJ/K}$$

→ PROBLEMA Variazioni di entropia • pag. 524
#entropia

9 Il secondo principio della termodinamica e l'entropia

Conservazione e reversibilità

L'esperienza ci induce a considerare «naturale» la direzione in cui evolvono spontaneamente i fenomeni. Per esempio, un gas si espande fino a occupare tutto il volume a disposizione. Allo stesso tempo un gas è libero di contrarsi in un volume minore: eppure a nessuno è mai capitato di entrare in una stanza e rimanere senza respiro perché l'aria si è raccolta tutta in un angolo. Per il primo principio della termodinamica i due processi sono entrambi possibili: basta che si conservi l'energia totale. Il fatto che abbia luogo solo l'espansione libera ma non la «compressione libera» è un esempio di un fatto generale:

i sistemi termodinamici manifestano una direzione privilegiata di evoluzione, nella quale i processi spontanei hanno luogo in modo irreversibile.

Per invertire questi processi è necessaria l'azione di un agente esterno, come una macchina termica, che provoca inevitabilmente altri cambiamenti nell'ambiente.

La direzione in cui i sistemi evolvono in modo spontaneo è legata all'aumento dell'entropia.

Il primo principio vieta le trasformazioni di un sistema nelle quali non si conservi l'energia totale. Per comprendere quale trasformazione si realizza effettivamente fra quelle possibili, bisogna prendere in esame le variazioni di entropia del sistema fra gli stati iniziale e finale.

Così facendo si scopre il profondo legame fra entropia e irreversibilità.

Irreversibilità meccanica e aumento dell'entropia

Consideriamo l'espansione libera di n moli di gas perfetto da V_i a V_f: il gas aumenta il suo volume a temperatura costante e in modo adiabatico, quindi la sua energia interna rimane costante. La trasformazione è però irreversibile, perché avviene attraverso stati di non equilibrio: in conseguenza di ciò, l'entropia del gas varia anche in assenza di scambi di calore con l'ambiente ($Q = 0$).

Per calcolare la variazione di entropia si può utilizzare una qualunque trasformazione reversibile fra gli stati iniziale e finale; poiché T è costante, scegliamo un'espansione isoterma reversibile, nella quale il lavoro compiuto dal gas è dato dalla (6) del capitolo precedente:

$$L = nRT \ln \frac{V_f}{V_i}$$

Per il primo principio, con $\Delta U = 0$, il calore totale scambiato dal gas è $Q = L$, ossia

$$Q = nRT \ln \frac{V_f}{V_i} \tag{24}$$

Per calcolare la variazione di entropia $\Delta S = S(B) - S(A)$ utilizziamo la (17):

$$\Delta S = \left(\sum_i \frac{\Delta Q_{i\,\text{rev}}}{T_i} \right)_{A \to B}$$

Poiché T è costante, si ha

$$\Delta S = \frac{1}{T} \left(\sum_i \Delta Q_{i\,\text{rev}} \right)_{A \to B}$$

La somma nel membro di destra è il calore totale scambiato dal gas e dato dalla (24):

$$\Delta S = \frac{1}{T} nRT \ln \frac{V_f}{V_i} = nR \ln \frac{V_f}{V_i}$$

La relazione precedente stabilisce che

la variazione di entropia di un gas perfetto quando passa a temperatura costante dal volume V_i al volume V_f è

$$\Delta S = nR \ln \frac{V_f}{V_i} \tag{25}$$

Nella precedente espressione il logaritmo è positivo perché in un'espansione si ha $V_f/V_i > 1$; concludiamo quindi che

in un'espansione libera l'entropia di un gas perfetto aumenta, cioè

$$\Delta S > 0$$

Irreversibilità termica e aumento dell'entropia

Consideriamo un sistema isolato formato da due termostati a temperature T_2 e T_1 differenti, per esempio con $T_2 > T_1$. Posti a contatto termico, una quantità di calore Q transita dal più caldo al più freddo. Il processo è irreversibile: per effettuare la trasformazione inversa bisogna operare con una macchina termica che altera le condizioni dell'ambiente.

La variazione di entropia del sistema è la somma delle variazioni di entropia dei due termostati:

- il più caldo cede il calore Q alla temperatura T_2, per cui $\Delta S_2 = -Q/T_2$;
- il più freddo acquista il calore Q alla temperatura T_1, per cui $\Delta S_1 = Q/T_1$.

La variazione totale $\Delta S = \Delta S_1 + \Delta S_2$ dell'entropia del sistema formato dai due termostati è

$$\Delta S = \frac{Q}{T_1} - \frac{Q}{T_2} = Q\left(\frac{1}{T_1} - \frac{1}{T_2}\right) \qquad (26)$$

Poiché $T_2 > T_1$, il secondo membro è positivo e quindi

quando il calore viene scambiato fra i componenti di un sistema isolato in conseguenza di differenze di temperatura, l'entropia aumenta:

$$\Delta S > 0$$

Entropia e secondo principio della termodinamica

Quanto abbiamo rilevato nell'espansione libera di un gas e nel trasferimento di calore fra due termostati è una caratteristica generale dei sistemi fisici: in ogni trasformazione irreversibile l'entropia aumenta.

Il legame profondo fra irreversibilità e limiti di funzionamento delle macchine termiche viene chiarito dal fatto che il secondo principio della termodinamica si può formulare in termini di entropia.

Secondo principio della termodinamica: enunciato dell'entropia

Durante una trasformazione qualsiasi l'entropia di un sistema isolato non diminuisce

$$\Delta S \geq 0 \qquad (27)$$

#secondoprincipiotermo
#entropia

DENTRO LA FORMULA

- L'entropia rimane costante ($\Delta S = 0$) solo quando la trasformazione è reversibile.
- Per un sistema isolato, composto da due sottosistemi, vale la relazione $\Delta S = \Delta S_1 + \Delta S_2$; se uno di essi registra una diminuzione di entropia ($\Delta S_1 < 0$), l'altro deve registrarne un aumento ($\Delta S_2 > 0$), in modo che valga la (27).

Per dimostrare la (27) consideriamo un ciclo composto da una trasformazione reversibile o irreversibile da A a B e da una trasformazione reversibile da B ad A.

Nel diagramma p-V la trasformazione AB non ammette una rappresentazione, se è irreversibile, perché avviene attraverso stati di non equilibrio, in cui le variabili non hanno valori uniformi nel sistema. Per questo motivo la indichiamo con una banda diffusa.

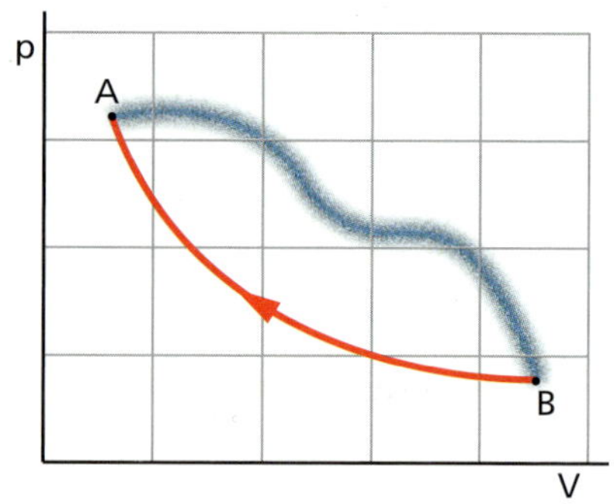

1 Scriviamo la disuguaglianza di Clausius (16) per l'intero ciclo:

$$\sum_i \frac{\Delta Q_i}{T_i} \leq 0$$

Dividiamo il ciclo nelle due trasformazioni:

$$\left(\sum_i \frac{\Delta Q_i}{T_i}\right)_{A\to B} + \left(\sum_j \frac{\Delta Q_j}{T_j}\right)_{B\to A} \leq 0 \qquad (28)$$

2 La variazione dell'entropia nella trasformazione reversibile da B ad A è data dalla (17):

$$S(A) - S(B) = \left(\sum_j \frac{\Delta Q_j}{T_j}\right)_{B\to A}$$

3 Sostituendo nella (28) si ha

$$\left(\sum_i \frac{\Delta Q_i}{T_i}\right)_{A\to B} + S(A) - S(B) \leq 0$$

che può essere posta nella forma

$$S(B) - S(A) \geq \left(\sum_i \frac{\Delta Q_i}{T_i}\right)_{A\to B}$$

4 Se durante la trasformazione da A a B il sistema è isolato, non scambia calore con l'esterno e quindi $\Delta Q_i = 0$. In definitiva si ottiene la (27):

$$\Delta S = S(B) - S(A) \geq 0$$

Lo stato di massima entropia

Consideriamo un sistema isolato con una ben determinata energia totale. Quando il sistema evolve *spontaneamente*, per la (27) passa da uno stato iniziale a stati con entropia maggiore. La sua evoluzione può continuare fino a quando non raggiunge lo stato in cui l'entropia ha il valore massimo compatibile con l'energia del sistema. Il sistema rimane indefinitamente in quello stato: per allontanarsene dovrebbe diminuire la sua entropia, in contrasto con la (27). Quindi

#entropia

per un sistema isolato qualsiasi, lo stato di entropia massima, compatibile con l'energia totale, è lo stato di equilibrio stabile.

In altri termini, l'entropia di un sistema isolato tende ad un valore massimo.

L'intero Universo può essere considerato un sistema isolato: la successione degli eventi che si susseguono nel tempo è legata quindi all'aumento dell'entropia dell'Universo.

MINDBUILDING

Che cos'è l'entropia?

L'irreversibilità che si manifesta nell'evoluzione dei sistemi termodinamici è legata al fatto che l'energia termica scambiata perde progressivamente la capacità di essere convertita in lavoro.

Consideriamo per esempio due corpi inizialmente a temperature differenti ($T_2 > T_1$): posti a contatto termico, i due corpi si scambiano calore Q fino a quando raggiungono la stessa temperatura T_{equil}. Al termine, il calore Q non può più essere utilizzato per ottenere lavoro mediante una macchina termica.

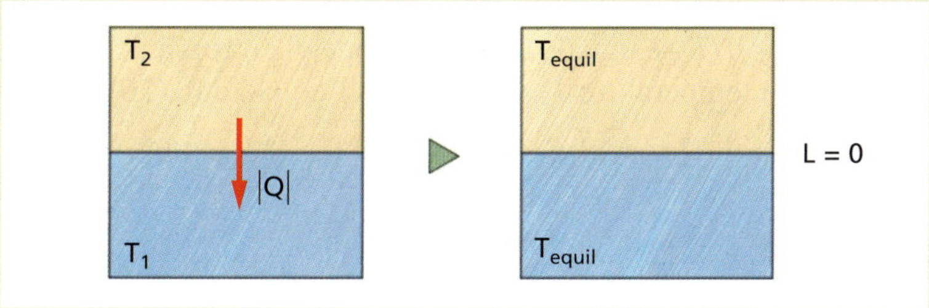

Prelevando lo stesso calore Q da termostati differenti per ottenere lavoro si scopre un fatto inatteso: la «qualità» dell'energia termica dipende dalla temperatura del termostato dalla quale viene prelevata.

Consideriamo infatti due termostati a temperature T_2 e T_1 (con $T_2 > T_1$) e facciamo operare una macchina termica reversibile tra ciascuno di essi e un termostato a temperatura T_0 inferiore.

La prima macchina preleva una quantità di calore Q direttamente dal termostato a temperatura T_2. La seconda macchina preleva la stessa quantità di calore Q ma dal termostato a temperatura T_1, dopo che questa è stata ceduta in modo irreversibile dal termostato a temperatura maggiore T_2.

■ La macchina che opera fra le temperature T_2 e T_0 ha un rendimento

$$\eta_2 = 1 - \frac{T_0}{T_2}$$

e compie un lavoro

$$L_2 = Q\eta_2 = Q\left(1 - \frac{T_0}{T_2}\right)$$

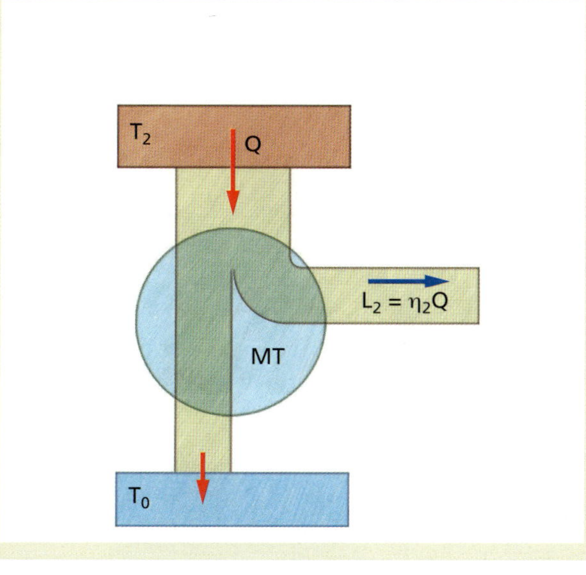

■ La macchina che opera fra le temperature T_1 e T_0 ha un rendimento

$$\eta_1 = 1 - \frac{T_0}{T_1}$$

e compie un lavoro

$$L_1 = Q\eta_1 = Q\left(1 - \frac{T_0}{T_1}\right)$$

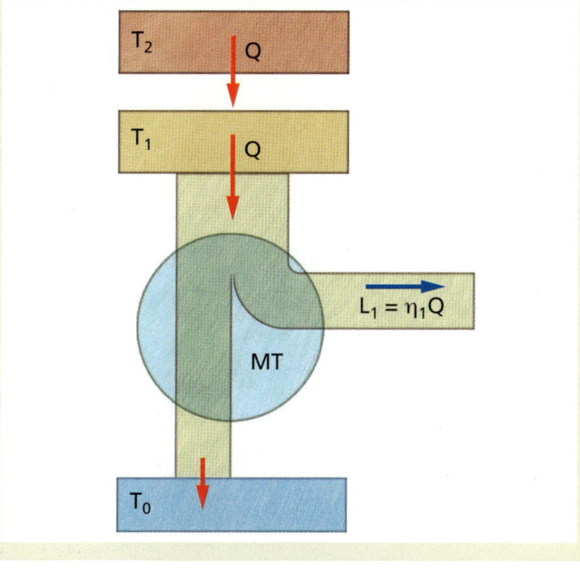

Le due macchine prelevano lo stesso calore Q ma compiono lavori differenti perché $T_2 > T_1$ e quindi $\eta_2 > \eta_1$. La differenza fra i due lavori è

$$L_2 - L_1 = Q\left(1 - \frac{T_0}{T_2}\right) - Q\left(1 - \frac{T_0}{T_1}\right)$$

che può essere messa nella forma

$$L_2 - L_1 = Q\left(\frac{1}{T_1} - \frac{1}{T_2}\right)T_0 \qquad (29)$$

Notiamo che il fattore $Q(1/T_1 - 1/T_2)$ è uguale alla variazione di entropia ΔS dovuta al passaggio spontaneo del calore Q fra i termostati a temperature T_2 e T_1 data dall'equazione (26):

$$\Delta S = Q\left(\frac{1}{T_1} - \frac{1}{T_2}\right)$$

Quindi la (29) diventa

$$L_2 - L_1 = T_0 \Delta S$$

da cui segue

$$L_1 = L_2 - T_0 \Delta S \qquad (30)$$

L_1 è minore di L_2 proprio della quantità $T_0 \Delta S$ che dipende dalla variazione di entropia causata dal passaggio della quantità di calore Q dal termostato a temperatura T_2 a quello a temperatura T_1. L'aumento ΔS dell'entropia implica una diminuzione della possibilità di convertire calore in lavoro.

Un esempio numerico aiuta a comprendere questo fatto fondamentale.

Nel passaggio di 1 J di energia termica tra due termostati, uno a temperatura $T_2 = 500$ K e l'altro a temperatura $T_1 = 400$ K, l'aumento di entropia è

$$\Delta S = (1\ \text{J})\left(\frac{1}{400\ \text{K}} - \frac{1}{500\ \text{K}}\right) = 5 \cdot 10^{-4}\ \text{J/K}$$

Una macchina termica che preleva 1 J di calore a 400 K e lavora con un termostato freddo a 300 K produce un lavoro L_1 inferiore al lavoro L_2 di una macchina termica che preleva 1 J a 500 K e lavora sempre con il termostato freddo a 300 K:

$$L_2 - L_1 = T_0 \Delta S = (300\ \text{K})(5 \cdot 10^{-4}\ \text{J/K}) = 0{,}15\ \text{J}$$

Per ottenere lavoro, è meglio disporre di una sorgente di calore a 500 K piuttosto che a 400 K.

In generale, la relazione (30) mostra il legame profondo tra aumento dell'entropia e degradazione dell'energia, intesa nel senso di perdita di capacità di compiere lavoro.

L'entropia di un sistema è legata al grado di utilizzabilità della sua energia termica.

Quando l'entropia aumenta diminuisce la convertibilità di calore in lavoro. In questa prospettiva si può interpretare il secondo principio della termodinamica come segue:

in un sistema isolato i processi spontanei evolvono diminuendo la quantità di energia che può essere trasformata in lavoro.

10 Il secondo principio della termodinamica dal punto di vista microscopico

Ordine e disordine a livello microscopico

A livello macroscopico, il calore e il lavoro sono due modalità diverse con cui i sistemi termodinamici si scambiano energia: per questa ragione compaiono come grandezze distinte nel primo principio della termodinamica.

Per comprendere la differenza fra calore e lavoro a livello microscopico, partiamo dai fatti seguenti:

- la materia è composta di molecole che si muovono in modo incessante e casuale;
- l'energia termica di un corpo è l'energia del movimento caotico delle sue molecole.

L'energia cinetica di ogni molecola cambia incessantemente per effetto dei continui urti con le altre molecole: rimane costante solo l'energia cinetica media, che a livello macroscopico interpretiamo come temperatura del corpo. L'energia termica è quindi **energia disordinata**.

Diverso è il caso di un corpo che si muove con velocità $\vec{v}$ in una data direzione: anche se mantengono il loro moto di agitazione termica, tutte le molecole del corpo traslano con la stessa velocità $\vec{v}$. L'energia cinetica di traslazione del corpo può essere quindi interpretata come **energia ordinata**.

Evidenziamo adesso la differenza fra calore e lavoro a livello microscopico.

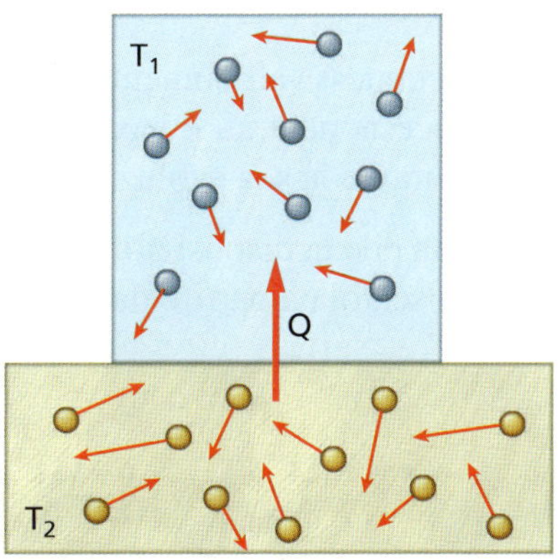

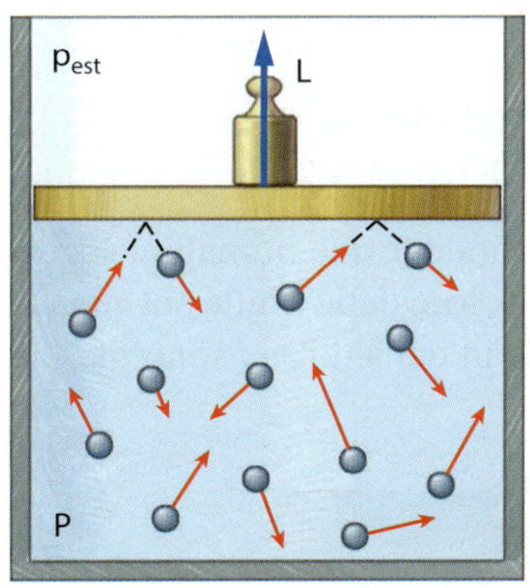

Inizialmente le molecole del termostato hanno un'energia cinetica media maggiore di quelle del sistema ($T_2 > T_1$) (figura a sinistra): attraverso gli urti cedono energia cinetica alle molecole del corpo. La superficie di contatto fra corpo e termostato rimane ferma, ma attraverso di essa fluisce energia termica.

Il **calore** è un trasferimento di energia che si basa sul **moto caotico** di agitazione termica delle molecole.

Lo stantuffo mobile riceve urti casuali dalle molecole del sistema e dell'ambiente (figura a destra). Quando la componente verticale della forza esercitata dalle molecole del sistema è maggiore di quella esercitata dalle molecole dell'ambiente ($p > p_{est}$) lo stantuffo solleva il pesetto e compie lavoro: le sue molecole si muovono in modo coordinato.

Il **lavoro** è un trasferimento di energia che si basa sul **moto coordinato** delle molecole.

Interpretazione microscopica del secondo principio

L'evidenza sperimentale mostra che l'evoluzione spontanea dei fenomeni avviene attraverso il passaggio da forme di energia ordinata a forme di energia disordinata e non in verso opposto. È facile convertire il lavoro in calore perché il moto coordinato delle molecole si degrada in modo naturale nel moto caotico di agitazione termica: il lavoro compiuto dal cucchiaino che mescola il tè si trasforma in aumento dell'agitazione termica delle molecole del liquido. Durante questo processo l'energia totale si conserva, quindi in linea di principio è possibile che accada anche il fenomeno opposto e cioè che il cucchiaio si metta in moto per effetto degli urti da parte delle molecole di liquido. Tuttavia ciò contrasta con l'enunciato di Kelvin del secondo principio della termodinamica, perché si otterrebbe lavoro come unico risultato utilizzando una sola sorgente di calore. Nessuno ha mai osservato questo fenomeno perché ha una probabilità di realizzarsi così piccola da essere in pratica uguale a zero. Quindi,

il secondo principio della termodinamica deve essere interpretato in termini probabilistici: non afferma l'impossibilità di particolari processi, ma constata che la probabilità che questi processi avvengano è praticamente nulla.

Interpretazione statistica dell'entropia

L'irreversibilità di una trasformazione termodinamica è connessa all'aumento dell'entropia del sistema. D'altro canto l'irreversibilità dei processi naturali è legata all'aumento del disordine che qualunque sistema manifesta durante la sua evoluzione.

Osservando le due immagini seguenti, nessuno si aspetta che la disposizione ordinata per colore delle biglie sia stata ottenuta scuotendo la scatola a partire dalla disposizione in cui le biglie sono mescolate fra loro.

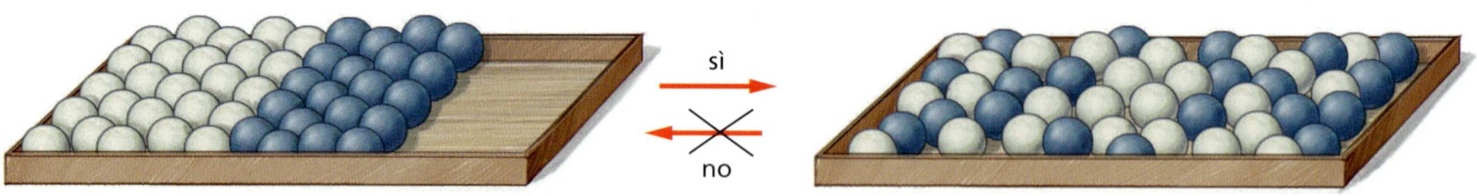

Questi due aspetti dell'irreversibilità suggeriscono l'esistenza di un legame profondo fra entropia e disordine.

Per precisare il significato fisico del termine *disordine* bisogna analizzare la differenza fra macrostati e microstati di un sistema.

Un **microstato** è noto quando sono note tutte le posizioni e le velocità delle molecole del sistema.

Un **macrostato** è definito dai valori di un numero limitato di grandezze macroscopiche, come la pressione o la temperatura.

A ogni microstato corrisponde un solo macrostato del sistema: la conoscenza di tutte le grandezze dinamiche delle molecole consente di calcolare in modo univoco i valori delle grandezze macroscopiche p, V, T.

Non è vero il viceversa: a ogni macrostato corrispondono moltissimi microstati. Per esempio, scambiando fra di loro le velocità di due molecole, si hanno due microstati diversi mentre il macrostato rimane invariato.

La **molteplicità** w di un macrostato è il numero di microstati che corrispondono a esso.

Poiché i sistemi termodinamici sono composti da numeri enormi di molecole, si comprende come le molteplicità dei macrostati siano numeri immensi.

Come discusso in dettaglio nel Mindbuilding che segue, un macrostato ordinato ha una molteplicità piccola perché a esso corrispondono pochi microstati. Al contrario, un macrostato disordinato ha una molteplicità molto grande.

La tendenza di un sistema al disordine ha quindi una interessante intepretazione:

un sistema isolato evolve in modo spontaneo verso il macrostato che ha la massima molteplicità compatibile con l'energia totale del sistema.

La relazione che esprime l'entropia S di un macrostato in funzione della sua molteplicità w è stata proposta nel 1877 dall'austriaco Ludwig Boltzmann:

l'entropia di un macrostato con molteplicità w è

$$S = k_B \ln w + S(O) \qquad (31)$$

dove $k_B = 1{,}381 \cdot 10^{-23}$ J/K è la costante di Boltzmann e $S(O)$ è l'entropia dello stato di riferimento.

Il logaritmo è una funzione crescente, cioè assume valori sempre più grandi a mano a mano che il suo argomento aumenta. Quindi l'entropia di uno stato aumenta all'aumentare della sua molteplicità. Poiché i macrostati con maggiore molteplicità sono quelli più disordinati, l'entropia è una misura del grado di disordine di un sistema. Lo stato di equilibrio stabile di un sistema, compatibile con l'energia totale del sistema, è quello che ha molteplicità e quindi entropia massime.

MINDBUILDING

Impossibile! Anzi, quasi certo!

Consideriamo un semplice modellino di sistema termodinamico, composto da due mazzi da 40 carte da gioco ciascuno. Supponiamo di lanciare in aria le carte e annotare quante cadono a terra con il dorso colorato verso l'alto. In questo caso

- un macrostato è identificato dal numero di carte che atterra con il dorso colorato verso l'alto: $M(k)$ è il macrostato con k carte con il dorso verso l'alto;
- un microstato è uno dei 2^{80} casi possibili (ogni carta ha 2 possibilità, quindi 80 carte possono formare 2^{80} configurazioni diverse); notiamo che 2^{80} è un numero enorme: in notazione scientifica equivale a $1{,}2 \cdot 10^{24}$.

La molteplicità $w_{80,k}$ del macrostato $M(k)$ è il numero di insiemi di k elementi scelti fra 80 elementi, cioè il numero di combinazioni di 80 elementi a k a k. Il calcolo combinatorio stabilisce che il numero di combinazioni $C_{n,k}$ di n elementi a k a k è uguale al coefficiente binomiale

$$C_{n,k} = \binom{n}{k} = \frac{n!}{k!\,(n-k)!}$$

Quindi

$$w_{80,k} = C_{80,k} = \binom{80}{k} = \frac{80!}{k!\,(80-k)!}$$

Il grafico mostra l'andamento della molteplicità w_k dello stato in funzione di k.

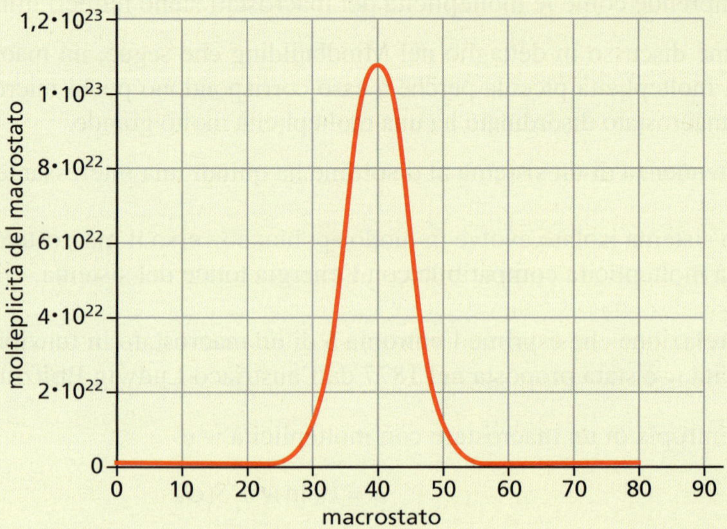

Notiamo che i macrostati con k vicino a 40, la metà del numero di carte lanciate, hanno molteplicità di gran lunga maggiori degli altri. Per esempio

$$w_0 = 1 \qquad \text{mentre} \qquad w_{40} \approx 1{,}1 \cdot 10^{23}$$

La molteplicità di un macrostato cresce in modo vertiginoso col numero di unità che lo costituiscono:

- con 100 carte $w_{50} \approx 1{,}0 \cdot 10^{29}$;
- con 1000 carte $w_{500} \approx 2{,}7 \cdot 10^{299}$;
- con 10 000 carte $w_{5000} \approx 1{,}6 \cdot 10^{3008}$.

È difficile persino immaginare la molteplicità del macrostato di una mole di gas ($6 \cdot 10^{23}$ molecole) equamente suddivisa fra due metà di un recipiente.

I macrostati più «ordinati» sono $M(0)$ e $M(80)$: in ciascuno di essi tutte le carte sono atterrate o con il dorso verso il basso o con il dorso verso l'alto. Invece il macrostato più «disordinato» è $M(40)$, in cui metà delle carte hanno il dorso verso l'alto e metà verso il basso.

Il macrostato più «disordinato» è quello più probabile, cioè $M(40)$: la probabilità che si presenti è il rapporto fra il numero dei casi favorevoli (w_{40}) e il numero dei casi possibili (2^{80}):

$$P_{40} = \frac{w_{40}}{2^{80}} \approx \frac{1{,}1 \cdot 10^{23}}{1{,}2 \cdot 10^{24}} \approx 9\%$$

I macrostati più ordinati, cioè $M(0)$ e $M(80)$ sono cosi improbabili da essere di fatto impossibili:

$$P_0 = P_{80} = \frac{1}{2^{80}} \approx 8 \cdot 10^{-23}$$

La probabilità che si presenti un numero di carte rovesciate compreso fra 30 e 50, cioè che si presenti un macrostato $M(k)$ con $30 \leq k \leq 50$, è superiore a 0,98 (98%): il disordine sembra essere il destino, quasi certo, dei sistemi fisici.

11 Il terzo principio della termodinamica

Nella prima metà dell'Ottocento la ricerca sperimentale ha evidenziato l'esistenza di limiti invalicabili al funzionamento delle macchine termiche. Questi limiti vengono assunti nella termodinamica come principi che regolano il comportamento di tutti i sistemi fisici: la conservazione dell'energia e l'impossibilità di costruire un motore termico con rendimento del 100%.

I due principi della termodinamica non escludono la possibilità di realizzare macchine frigorifere che, utilizzando i metodi più disparati, raggiungano temperature sempre più basse.

La necessità pratica della conservazione degli alimenti mediante frigoriferi si trasforma ben presto in una nuova disciplina, la **criogenia**, che studia le proprietà della materia a bassissima temperatura. Nella corsa verso lo zero assoluto, alcune tappe fondamentali sono state:

- 1877, il francese Louis-Paul Cailletet liquefa l'ossigeno a 90,2 K;
- 1898, l'inglese James Dewar liquefa l'idrogeno a 20,3 K;
- 1908, l'olandese Heike Kamerlingh Onnes liquefa l'elio a 4,2 K.

Attualmente si sono raggiunte temperature inferiori al decimiliardesimo di kelvin (10^{-10} K). Tuttavia, nonostante l'uso di tecniche sempre più sofisticate, lo zero assoluto sembra essere un limite irraggiungibile: al diminuire della temperatura aumentano le difficoltà che si devono superare per ottenere un ulteriore raffreddamento.

Tale fatto sperimentale viene assunto come **terzo principio della termodinamica**:

è impossibile raggiungere lo zero assoluto mediante un numero finito di trasformazioni.

#terzoprincipiotermo

Anche se un sistema non può essere portato allo zero assoluto, è importante prendere in considerazione le proprietà che un sistema avrebbe nello stato ideale in cui $T = 0$ K.

Nel 1906 Walter Nernst dimostra un teorema relativo all'entropia di un sistema allo zero assoluto. Nel 1911 Max Planck enuncia questa proprietà sotto forma di **terzo principio della termodinamica**:

qualunque sia il loro stato, allo zero assoluto tutti i sistemi in equilibrio interno hanno la stessa entropia che può essere posta uguale a zero.

La costante additiva $S(0)$ nelle definizioni dell'entropia di Clausius e di Boltzmann

$$S(A) = \left(\sum_i \frac{\Delta Q_{i\,\text{rev}}}{T_i} \right)_{O \to A} + S(O)$$

$$S = k_B \ln w + S(0)$$

può quindi essere posta uguale a zero se si sceglie come stato O di riferimento uno stato del sistema allo zero assoluto.

Il secondo principio della termodinamica

IN 3 MINUTI
L'entropia

Rendimento di una macchina termica

$$\eta = \frac{L}{Q_c} = 1 - \frac{|Q_f|}{Q_c}$$

- L: **lavoro** compiuto in un ciclo
- Q_c: **calore** assorbito dal termostato caldo
- $|Q_f|$: **calore** ceduto al termostato freddo

Macchine frigorifere

- **Coefficiente di prestazione**

$$COP = \frac{Q_f}{|L|}$$

- **Coefficiente di guadagno**

$$COP_{PC} = \frac{Q_c}{|L|}$$

Rendimento di una macchina di Carnot

$$\eta_{rev} = 1 - \frac{T_f}{T_c}$$

$$\eta_{rev} \geq \eta_{irr}$$

Disuguaglianza di Clausius

$$\sum_{i=1}^{n} \frac{\Delta Q_i}{T_i} \leq 0$$

- ΔQ_i: **calore** scambiato con la sorgente
- T_i: **temperatura** assoluta della sorgente
- $= 0$: uguale solo se la macchina termica è reversibile

Entropia

$$S(B) - S(A) = \left(\sum_i \frac{\Delta Q_{i\,rev}}{T_i} \right)_{A \to B}$$

- S: **entropia** (J/K)

- **Entropia di liquidi e solidi**

$$\Delta S = C \ln \frac{T_f}{T_i}$$

- **Entropia di un gas perfetto (T = cost)**

$$\Delta S = nR \ln \frac{V_f}{V_i}$$

- **Entropia di un sistema isolato**

$$\Delta S \geq 0$$

Equazione di Boltzmann

$$S = k_B \ln w + S(0)$$

- k_B: costante di Boltzmann = $1{,}381 \cdot 10^{-23}$ J/K
- w: molteplicità del macrostato
- $S(0)$: **entropia** del sistema allo zero assoluto

ESERCIZI

ZTE ONLINE
Mettiti alla prova con 20 esercizi interattivi

1 Le macchine termiche

1 Una macchina termica produce 40 J a ciclo, assorbendo 220 J di calore.
▶ Quanto calore viene disperso nell'ambiente? [180 J]

2 Una macchina termica ha un rendimento del 25%.
▶ Quanto calore deve utilizzare per produrre 100 J di lavoro? [400 J]

3 In ogni suo ciclo, una macchina termica assorbe 280 J da una sorgente calda e scarica 238 J nell'ambiente.
▶ Qual è il suo rendimento? [15%]

4 Una macchina termica assorbe 200 J di energia termica per ogni ciclo e scarica nell'ambiente 140 J. La macchina effettua 25 cicli al secondo.
▶ Qual è la potenza erogata? [1,5 kW]

5 Un motore sviluppa 1800 W effettuando 20 cicli/s e con un rendimento del 25%.
▶ Qual è l'energia scaricata nell'ambiente a ogni ciclo?
▶ E quella scaricata nell'ambiente in un'ora di funzionamento? [270 J; 19 MJ]

6 Una macchina termica con un rendimento del 35% rilascia nell'ambiente 3,9 kJ di calore per ogni ciclo. La macchina genera una potenza di 4,2 kW.
▶ Quanti cicli compie la macchina ogni secondo? [2]

7 PROBLEMA SU PIÙ CONCETTI **Il fiume della centrale**
#rendimento #capacitàtermica

Una centrale elettrica a carbone produce vapore acqueo ad alta temperatura che compie lavoro meccanico sul sistema turbina-alternatore mediante il quale si genera energia elettrica. Il processo termico produce vapore che ha una potenza $P_{vap} = 500$ MW con un rendimento $\eta = 35\%$. La potenza P_{fiu} non utilizzata deve essere rimossa dall'impianto mediante l'acqua di un fiume.
▶ Calcola P_{fiu}.
Per limitare l'inquinamento termico, si deve contenere l'aumento di temperatura dell'acqua entro 2 °C. Il calore specifico dell'acqua è $c_a = 4{,}19$ kJ/(°C·kg).
▶ Calcola la portata minima del fiume in kg/s.

LA SITUAZIONE FISICA E IL MODELLO

Senza considerare la produzione di energia elettrica, la centrale è una macchina termica che trasforma il calore in energia meccanica del vapore.
Il rendimento del processo può essere scritto in termini della potenza meccanica P_{vap} e della potenza termica P_{ter}:

$$\eta = \frac{L_{vap}}{Q_c} = \frac{\frac{L_{vap}}{\Delta t}}{\frac{Q_c}{\Delta t}} = \frac{P_{vap}}{P_{ter}}$$

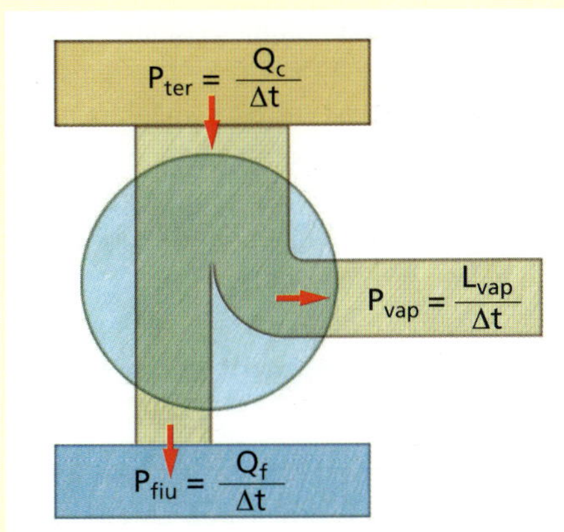

La potenza P_{fiu} viene rimossa mediante riscaldamento dell'acqua del fiume.
Perché la temperatura dell'acqua non salga al di sopra del limite, deve scorrere una certa quantità minima di acqua nell'unità di tempo, cioè il fiume deve avere una portata minima.

LA RISOLUZIONE

1. A partire da $P_{ter} = P_{vap} + P_{fiu}$ e η, calcoliamo la potenza termica P_{fiu} dispersa nel fiume

$$\eta = \frac{P_{vap}}{P_{ter}} = \frac{P_{vap}}{P_{vap} + P_{fiu}}$$

$$P_{fiu} = \frac{1-\eta}{\eta} P_{vap} = \frac{1-0{,}35}{0{,}35}(500\ \text{MW}) = 930\ \text{MW}$$

2. Indichiamo con Q_a il calore che viene ceduto all'acqua del fiume nell'intervallo di tempo Δt, con m_a la massa dell'acqua, con c_a il calore specifico dell'acqua e con ΔT il salto di temperatura. Risulta:

$$P_{fiu} = \frac{Q_a}{\Delta t} = \frac{m_a c_a \Delta T}{\Delta t}$$

3. La portata del fiume è $m_a/\Delta t$, quindi si ha:

$$\frac{m_a}{\Delta t} = \frac{P_{fiu}}{c_a \Delta T}$$

$$= \frac{9{,}3 \cdot 10^8\ \text{J/s}}{\left[4{,}19 \cdot 10^3\ \text{J/(°C·kg)}\right](2{,}0\ \text{°C})} = 1{,}1 \cdot 10^5\ \text{kg/s}$$

8 Considera la centrale dell'esercizio precedente e supponi che il suo rendimento sia del 30%, pur mantenendo la potenza prodotta di 500 MW.

► Quanto si innalzerebbe la temperatura dell'acqua del fiume con una portata di 44 m^3/s?

[6,3 °C]

9 Una macchina termica preleva in ogni ciclo 5,7 kJ di calore da una sorgente e lo converte in lavoro con un rendimento del 28%. Il calore disperso viene utilizzato per sciogliere una massa di ghiaccio a 0 °C trasformandola in acqua alla stessa temperatura. Il calore latente di liquefazione dell'acqua è 334 kJ/kg.

► Quanta massa di ghiaccio si è sciolta dopo 20 cicli?

[0,25 kg]

10 Il ciclo termico rappresentato in figura è costituito da quattro trasformazioni. Questo ciclo è effettuato da una macchina termica che contiene 0,150 mol di gas biatomico ($C_V = 5/2\ R$). Nello stato iniziale, cioè nel punto A, il volume è $V_A = 0{,}500$ L e la temperatura è quella ambiente, $T_a = 293$ K. Dopo il riscaldamento a volume costante la temperatura è salita al valore $T_B = 620$ K. L'espansione isoterma porta il volume a 1,60 L mantenendo costante la temperatura. La compressione a pressione costante riporta il gas alla temperatura iniziale. La seconda isoterma è una compressione che ripristina il valore iniziale di pressione.

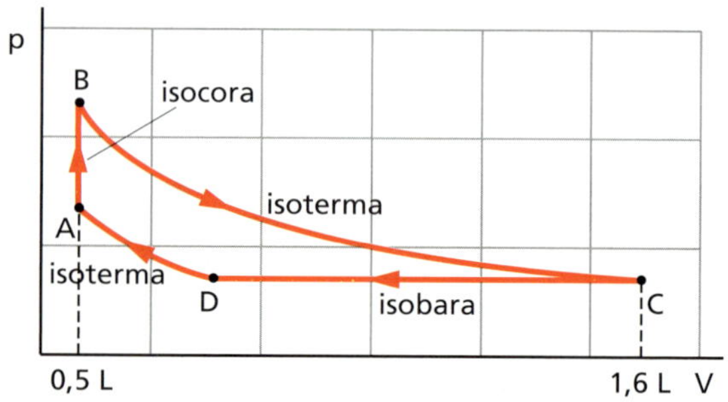

► Determina i valori di pressione, volume e temperatura nei punti A, B, C e D del ciclo.

► Calcola il lavoro, il calore e la variazione di energia interna per le quattro trasformazioni del ciclo.

► Quanto vale il rendimento del ciclo?

[Risposta:

	T (K)	p (Pa)	V (L)
A	293	$7{,}30 \cdot 10^5$	0,50
B	620	$1{,}54 \cdot 10^6$	0,50
C	620	$4{,}81 \cdot 10^5$	1,60
D	293	$4{,}81 \cdot 10^5$	0,76

	ΔU (J)	L (J)	Q (J)
Isocora $A \to B$	$1{,}02 \cdot 10^3$	0	$1{,}02 \cdot 10^3$
Isoterma $B \to C$	0	899	899
Isobara $C \to D$	$-1{,}02 \cdot 10^3$	-405	$-1{,}43 \cdot 10^3$
Isoterma $D \to A$	0	-152	-152

$\eta = 18\%$]

2 I motori a combustione interna

11 Un motore a combustione interna ha un rendimento del 32% e eroga una potenza meccanica di 16 kW.

► Calcola la potenza termica dissipata dal motore.

[34 kW]

12 **QUESITO** **CHE COSA SUCCEDE?** Due motori identici a combustione interna operano mediante il ciclo Otto. Il motore M_1 utilizza la benzina come combustibile, mentre il motore M_2 utilizza un combustibile che ha un potere calorifico minore di quello della benzina.

▶ In un ciclo erogano lo stesso lavoro?

13 **QUESITO** **SPIEGA PERCHÉ** Quando premi sull'acceleratore aumenti la quantità di benzina che viene introdotta nella camera di scoppio in ogni fase di aspirazione.

▶ Perché questo aumenta la potenza del motore?

4 Le macchine frigorifere

14 Un frigorifero, per estrarre 480 J dal suo interno, consuma 120 J.

▶ Quanto vale il suo coefficiente di prestazione? [4]

15 Una pompa di calore estrae 480 J dall'ambiente freddo esterno, consumando 120 J.

▶ Quanto vale il suo coefficiente di guadagno? [5]

16 Un frigorifero con coefficiente di prestazione pari a 4,5 consuma 100 W.

▶ Quanta potenza termica scarica all'esterno? [550 W]

17 Un condizionatore utilizza una potenza elettrica di 1,5 kW. In 1,0 h di funzionamento estrae 16 MJ di calore dalla stanza.

▶ Qual è il coefficiente di prestazione del condizionatore? [3,0]

18 In una calda giornata estiva con temperatura esterna 35 °C, un'auto viaggia per un'ora col climatizzatore acceso. La temperatura interna dell'abitacolo è di 20 °C. Possiamo stimare che l'auto assorba 3 kW dall'ambiente esterno, principalmente per irraggiamento. L'auto ha un motore a benzina, con rendimento 35%, e un condizionatore con COP = 2,0. Il potere calorifico della benzina è 46 MJ/kg, la sua densità 0,72 kg/L.

▶ Quanta benzina si consuma ogni ora per mantenere la temperatura nell'abitacolo? [0,47 L]

19 Il condizionatore dell'auto nell'esercizio precedente viene sostituito con un modello più recente, per cui nelle stesse condizioni sono necessari solo 0,27 L di benzina.

▶ Calcola il COP del nuovo condizionatore. [3,5]

20 **PROBLEMA SU PIÙ CONCETTI** **Il frigorifero**
#capacitàtermica #coefficientediprestazione

All'interno di un frigorifero ($T = 5$ °C) sono stati messi 10 L d'acqua a 20 °C. Il COP del frigorifero vale 4,2. Trascura le dispersioni termiche e i contenitori dell'acqua.

▶ Calcola l'energia utilizzata dal frigorifero per raffreddare l'acqua.

LA SITUAZIONE FISICA E IL MODELLO

Il frigorifero estrae calore dalla massa d'acqua, e lo scarica all'esterno. Per farlo, deve eseguire un lavoro L, che è dato dal rapporto fra il calore estratto e il coefficiente di prestazione del frigorifero, chiamato COP.

LA RISOLUZIONE

1. Il frigorifero estrae il calore Q_f dell'acqua (massa $m_a = 10$ kg, calore specifico $c_a = 4{,}19 \cdot 10^3$ J/kg):

$$Q_f = mc_a\Delta T$$

2. Il coefficiente di prestazione del frigorifero è il rapporto tra il calore estratto e il lavoro necessario per estrarlo:

$$\text{COP} = \frac{Q_f}{|L|} \quad \Rightarrow \quad |L| = \frac{Q_f}{\text{COP}} = \frac{mc_a\Delta T}{\text{COP}} = 0{,}15 \text{ MJ}$$

21 Un frigorifero ha un coefficiente di prestazione di 3,9 e temperatura interna 4 °C. Viene inserita una certa quantità d'acqua a 22 °C. Per raffreddarla completamente, il frigorifero deve svolgere un lavoro di 45 kJ.

▶ Calcola il volume dell'acqua introdotta nel frigorifero. [2,3 L]

22 Un frigorifero consuma 160 kJ per raffreddare 12 L di acqua da 16 °C a 4 °C.
▸ Determina il suo coefficiente di prestazione. [3,8]

23 Un frigorifero con coefficiente di prestazione COP = 5,1 abbassa di 16 °C la temperatura di 330 g di una bevanda con calore specifico 3,8 kJ/(kg · K).
▸ Quanta energia elettrica consuma? [3,9 kJ]

24 Durante ogni ciclo di funzionamento, un frigorifero con coefficiente di prestazione 3,5 estrae 680 cal dagli alimenti contenuti al suo interno.
▸ Quanto calore disperde nell'ambiente? [3,7 kJ]

25 In un ciclo industriale, un grosso frigorifero (COP = 4,8) trasforma acqua a circa 1 °C in ghiaccio a 0 °C. Il frigorifero consuma 800 W.
▸ Calcola quanti kilogrammi di ghiaccio produce ogni ora. [41 kg]

6 Trasformazioni reversibili e teorema di Carnot
7 Macchina di Carnot e ciclo di Carnot

26 Un motore opera fra le temperature di 50 °C e 650 °C.
▸ Quanto vale il suo rendimento massimo? [65 %]

27 Una macchina reversibile di Carnot prende 300 J a ciclo da una sorgente termica a 500 K.
▸ Quanto calore deve scaricare nell'ambiente? [≈ 180 J a ciclo]

28 Una macchina reversibile di Carnot assorbe calore da una sorgente a 400 °C e lo scarica nell'ambiente a 20 °C.
▸ Calcola il suo rendimento. [56%]

29 Una macchina termica, che assorbe calore da una sorgente a 600 K e scarica calore a 350 K, ha un rendimento del 30%.
▸ È una macchina di Carnot?

30 Una macchina termica opera tra due termostati con temperature rispettivamente 480 °C e 75 °C. In un ciclo di funzionamento, la macchina compie un lavoro di 110 J e cede al termostato più freddo 210 J di calore.
▸ Si tratta di una macchina termica reversibile?

31 La temperatura delle acque superficiali del mare può raggiungere i 25 °C, mentre nelle profondità si hanno temperature più basse, che si aggirano intorno ai 5 °C.
▸ Quale rendimento avrebbe una macchina di Carnot operante fra queste temperature? [< 7%]

32 Una macchina termica reversibile opera fra due sorgenti a temperature rispettivamente T_c e $T_f = 40$ °C.
▸ Determina la temperatura minima T_c che assicura un rendimento maggiore del 55%. [700 K]

33 Una macchina termica assorbe in un ciclo termico 200 J da una sorgente a temperatura alta e scarica 140 J nell'ambiente a 20 °C.
▸ Qual è il rendimento di questa macchina?
▸ È possibile che la sorgente a temperatura alta, da cui la macchina assorbe i 200 J, sia vapore a 120 °C? [30%]

34 PROBLEMA SU PIÙ CONCETTI **Il motore del fuoristrada**
#rendimento #macchinaCarnot

Il motore di un fuoristrada opera tra le temperature $T_c = 590$ °C (durante lo scoppio della miscela aria-benzina) e $T_f = 90$ °C (acqua del sistema di raffreddamento del motore). Il motore eroga un lavoro $L = 9{,}6$ MJ ogni 1,0 L di benzina, che ha potere calorifico $c = 46$ MJ/kg e densità $\rho = 0{,}72$ kg/L.
▸ Calcola il rendimento del motore.
▸ Calcola il rendimento che avrebbe il motore se fosse una macchina di Carnot.

LA SITUAZIONE FISICA E IL MODELLO

Il rendimento reale del motore è $\eta = L/Q$, dove L e Q sono rispettivamente il lavoro e la quantità di calore ottenuti dalla combustione di 1,0 L di benzina. Per calcolare Q bisogna ricordare che il potere calorifico è il calore fornito dalla combustione di una massa di 1 kg di sostanza. Il rendimento di una macchina termica ideale operante tra i due termostati a temperature T_c e T_f espresse in kelvin è

$$\eta_C = 1 - \frac{T_f}{T_c}$$

LA RISOLUZIONE

1. La massa di un volume $V = 1{,}0$ L di benzina è

$$m = \rho V = (0{,}72 \text{ kg/L})(1{,}0 \text{ L}) = 0{,}72 \text{ kg}$$

2. La combustione di 1,0 L di benzina fornisce una quantità di calore pari a

$$Q = cm = (46 \text{ MJ/kg})(0{,}72 \text{ kg}) = 33 \text{ MJ}$$

3. Il rendimento reale del motore è

$$\eta = \frac{L}{Q} = \frac{9{,}6 \text{ MJ}}{33 \text{ MJ}} = 29\%$$

4. Se fosse una macchina di Carnot, il motore avrebbe un rendimento

$$\eta_C = 1 - \frac{T_f}{T_c} = 1 - \frac{363 \text{ K}}{863 \text{ K}} = 58\%$$

35 Il motore di una jeep opera tra le temperature $T_c = 610$ °C (durante lo scoppio della miscela aria-benzina) e $T_f = 90$ °C e eroga un lavoro $L = 9{,}2$ MJ per ogni 1,0 L di benzina ($c = 46$ MJ/kg e $\rho = 0{,}72$ kg/L).

- ▶ Calcola il rendimento del motore.
- ▶ Determina il rendimento che avrebbe il motore se fosse una macchina di Carnot.

[28%; 59%]

36 Il motore di un'automobile eroga una potenza di 85 kW e opera con un rendimento del 18% fra le temperature $T_c = 550$ °C (durante lo scoppio della miscela aria-benzina) e $T_f = 90$ °C (acqua del sistema di raffreddamento del motore).

- ▶ Calcola la potenza termica dispersa nell'ambiente.
- ▶ Quale sarebbe il rendimento se il motore fosse una macchina termica ideale?

[390 kW; 56%]

37 **PROVA ESPERTA** Se fai funzionare a rovescio una macchina reversibile di Carnot, ottieni un frigorifero che raffredda un ambiente a temperatura T_f, scaricando calore in un luogo caldo a temperatura T_c.

- ▶ **ARGOMENTA** Dimostra che il coefficiente di prestazione di questo frigorifero è

$$\text{COP} = \frac{T_f}{T_c - T_f}$$

Un frigorifero reale con coefficiente di prestazione COP opera in una stanza in cui la temperatura è T_c. Supponi che le pareti del frigorifero siano perfettamente isolanti.

- ▶ **TROVA IL MODELLO** Esiste un limite teorico alla temperatura che si raggiunge all'interno del frigorifero?

38 Una pompa di calore immette 20 kW per scaldare una casa. L'aria che esce dalla pompa è a 40 °C, mentre l'esterno si trova a – 20 °C.

- ▶ Determina il suo COP.
- ▶ Calcola la potenza del motore che aziona la pompa di calore.

[5,2; 3,8 kW]

39 Una macchina termica produce 540 W, prelevando calore da una sorgente geotermica a 180 °C e scaricando il calore residuo in un lago in cui ci sono ghiaccio e acqua in equilibrio a 0 °C. Per fondere 1 kg di ghiaccio occorrono 334 kJ. La macchina termica ha un rendimento del 12%.

- ▶ Quanto ghiaccio viene fuso in 60 min?
- ▶ Se la macchina fosse una macchina di Carnot, quanto ghiaccio verrebbe fuso in 60 min?

[43 kg; 8,8 kg]

8 L'entropia

40 Un ragazzo nuota in un lago la cui temperatura è uguale a quella dell'ambiente (20 °C). Per conduzione termica e per il movimento delle sue braccia e gambe, il lago assorbe circa 200 W di potenza termica.

- ▶ Di quanto aumenta l'entropia del lago in un'ora di nuoto?

[2,5 kJ/K]

41 1,0 kg d'acqua a 0 °C diventa ghiaccio cedendo all'ambiente 334 kJ.
▶ Qual è la variazione di entropia dell'acqua divenuta ghiaccio? [−1,2 kJ/K]

42 Un corpo caldo a 400 K cede 720 J a un corpo freddo a 300 K. I due corpi hanno dimensioni tali che le loro temperature rimangono praticamente invariate.
▶ Qual è la variazione totale di entropia? [0,600 J/K]

43 Una resistenza mantiene calda l'acqua di una vasca alla temperatura di 30 °C, consumando una potenza $P = 400$ W.
▶ Qual è il tasso di produzione dell'entropia? [1,3 J/(K·s)]

44 Una macchina termica opera tra due termostati con temperatura $T_c = 700$ °C e $T_f = 60$ °C. Utilizza la disuguaglianza di Clausius.
▶ Stabilisci il lavoro massimo che la macchina può effettuare per ogni joule di calore prelevato dal termostato caldo. [0,66 J]

45 Una macchina termica opera tra due termostati con temperatura $T_c = 1200$ °C e $T_f = 320$ °C.
▶ Qual è il lavoro massimo che la macchina può effettuare prelevando 1,5 kJ di calore dal termostato caldo? [0,90 kJ]

46 Una macchina termica che opera tra due termostati con temperatura rispettivamente T_c e $T_f = 90$ °C, preleva dal termostato caldo 320 J di calore e ne rilascia 130 J al termostato freddo.
▶ Calcola la minima temperatura T_c del termostato caldo. [$T_c > 620$ °C]

47 **QUESITO** **SPIEGA PERCHÉ** In un sito nel web leggi che è stata costruita una macchina termica che opera tra due termostati con temperatura rispettivamente $T_c = 550$ °C e $T_f = 120$ °C, preleva dal termostato caldo 150 J di calore e ne rilascia 60 J al termostato più freddo.
▶ Può esistere una macchina simile? Spiega perché.

48 **PROBLEMA** **Variazioni di entropia**
#entropia

Un blocco di metallo di capacità termica 200 J/K a temperatura ambiente (20 °C) viene immerso in una grossa vasca piena di acqua a 80 °C. Dopo un certo tempo, il sistema raggiunge l'equilibrio.
▶ Calcola la variazione di entropia:
- dell'acqua;
- del blocco di metallo;
- del sistema acqua + blocco.

LA SITUAZIONE FISICA E IL MODELLO

La vasca piena d'acqua calda è molto grande e durante il processo la sua temperatura non varia in modo apprezzabile: l'acqua si comporta praticamente come un termostato a temperatura $T_c = 80$ °C.
La temperatura del blocco di metallo invece, a contatto con l'acqua più calda, aumenta da 20 °C a 80 °C . Trascuriamo le dispersioni termiche: il calore ceduto dall'acqua viene acquistato totalmente dal blocco.

LA RISOLUZIONE

1. Il blocco di metallo riceve dall'acqua il calore

$$Q = C(T_c - T_f)$$

2. L'acqua rimane a 80 °C e cede al metallo il calore Q, quindi la sua entropia diminuisce:

$$\Delta S_{acqua} = -\frac{Q}{T_c}$$

3. La variazione di entropia del blocco si calcola con la (23):

$$\Delta S_{blocco} = C \ln \frac{T_c}{T_f}$$

4. La variazione di entropia del sistema acqua+blocco è

$$\Delta S_{sist} = \Delta S_{acqua} + \Delta S_{blocco}$$

I DATI E IL RISULTATO

$C = 200$ J/K

$T_c = 80$ °C $= 353$ K

$T_f = 20$ °C $= 293$ K

$$Q = (200 \text{ J/K})(353 \text{ K} - 293 \text{ K}) = 12 \text{ kJ}$$

$$\Delta S_{acqua} = -\frac{12 \text{ kJ}}{353 \text{ K}} = -34 \text{ J/K}$$

$$\Delta S_{blocco} = (200 \text{ J/K}) \ln \frac{353 \text{ K}}{293 \text{ K}} = 37 \text{ J/K}$$

$$\Delta S_{sist} = -34 \text{ J/K} + 37 \text{ J/K} = 3 \text{ J/K}$$

HA SENSO?

La variazione di entropia del blocco non può essere calcolata semplicemente come $\Delta S = \Delta Q/T$ perché la sua temperatura cambia nel tempo.

49 **PROBLEMA SIMILE**

Considera l'esempio precedente con la seguente variante: il blocco di metallo, a 80,0 °C, viene immerso in una vasca d'acqua a 20,0 °C.

▸ Determina la variazione di entropia dell'acqua della vasca, del blocco di metallo e del sistema metallo + acqua. [41,0 J/K; – 37,3 J/K; 3,7 J/K]

50 Per fondere il ghiaccio occorrono 334 kJ/kg.

▸ Qual è la variazione di entropia di un cubetto di ghiaccio di 50,0 g che fonde in un bicchiere d'acqua a 0,00 °C? [61,2 J/K]

51 Mantenendo la pressione costante si trasformano 1,5 kg di acqua a 100 °C in vapore alla stessa temperatura. Il calore latente di vaporizzazione dell'acqua è 540 cal/g.

▸ Qual è la variazione di entropia dell'acqua? [9,1 kJ/K]

52 In un dispositivo simile a quello dell'esperimento di Joule (già visto nel capitolo «Il calore»), un mulinello è azionato da una massa di 8,5 kg che scende ogni volta per un tratto lungo 1,2 m. Nel mulinello è contenuta, dentro pareti adiabatiche, una massa di 0,64 kg di acqua ($c_a = 4{,}19$ kJ/(kg·K)) inizialmente a 15 °C. Il mulinello viene azionato 80 volte.

▸ Di quanto aumenta la temperatura dell'acqua?

▸ Come varia la sua entropia? [3,0 °C; 28 J/K]

53 In un recipiente termicamente isolato vengono mescolati 20 L di acqua a 15 °C con 30 L di acqua a 80 °C.

▸ Determina la temperatura di equilibrio.

▸ Calcola il calore scambiato tra le due quantità di acqua.

▸ Quanto valgono le loro variazioni di entropia?

▸ E la variazione complessiva di entropia? [54 °C; 3,3 MJ; 11 kJ/K, – 9,6 kJ/K; 1,4 kJ/K]

54 Un cilindro con uno stantuffo mobile contiene un gas perfetto a 25 °C. Il gas è sottoposto a una compressione isoterma reversibile, durante la quale viene compiuto sul gas un lavoro $L = 540$ J.

▸ Calcola la variazione di entropia del gas. [–1,8 J/K]

55 Durante un'espansione reversibile a temperatura T costante da V_i a V_f, n moli di gas perfetto compiono un lavoro

$$L = nRT \ln \frac{V_f}{V_i}$$

► Dimostra che nell'espansione l'entropia del gas subisce la variazione

$$\Delta S = nR \ln \frac{V_f}{V_i}$$

2,8 mol di gas perfetto si espandono reversibilmente alla temperatura costante di 28 °C, passando da 45 L a 58 L.

► Calcola la variazione di entropia del gas. [5,9 J/K]

56 Una macchina termica opera tra due termostati a temperatura rispettivamente 640 °C e 110 °C con un rendimento del 25%. In ogni ciclo produce un lavoro di 180 J.

► Si tratta di una macchina termica reversibile?

► Calcola la variazione di entropia totale. [0,62 J/K]

9 Il secondo principio della termodinamica e l'entropia

57 3,2 mol di gas perfetto vengono compresse a temperatura costante in modo che il volume finale sia 1/3 di quello iniziale.

► Come varia l'entropia del gas? [−29 J/K]

58 L'entropia è una funzione di stato e può essere usata come variabile, per esempio al posto della pressione. Se per rappresentare una trasformazione reversibile si usa il grafico T-S invece di quello p-V (T in ordinata e S in ascissa), allora l'area sottesa dal grafico della trasformazione rappresenta il calore e non più il lavoro.

► Spiega perché il diagramma mostra il ciclo di Carnot nel piano T-S.

► Dimostra che il rendimento del ciclo di Carnot è $\eta = 1 - T_f/T_c$.

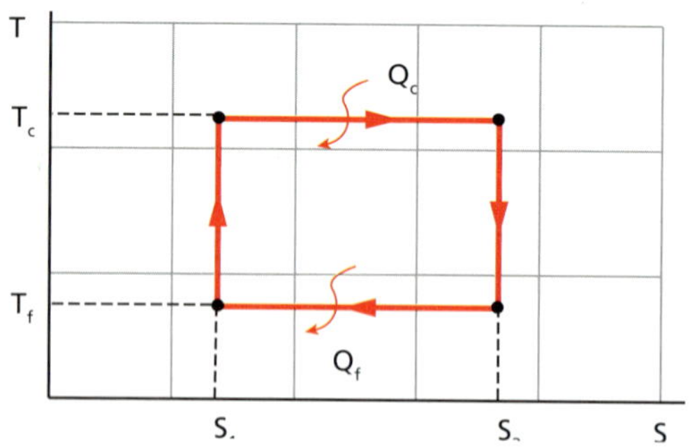

59 QUESITO TROVA IL MODELLO Un piatto di spaghetti viene fatto raffreddare sulla tavola.

► L'entropia del sistema piatto + spaghetti aumenta o diminuisce?

► Che cosa puoi dire della variazione di entropia dell'ambiente?

60 QUESITO ARGOMENTA Se esistesse una macchina termica «impossibile» con un rendimento maggiore di quello della macchina reversibile di Carnot, allora questa macchina sarebbe in grado di diminuire l'entropia totale.

► Dimostralo.

61 QUESITO ARGOMENTA Considera l'enunciato di Kelvin.

► Spiega perché, se esistesse una macchina in grado di violarlo, allora si potrebbe far diminuire l'entropia totale.

10 Il secondo principio della termodinamica dal punto di vista microscopico

62 Un gas evolve da un macrostato con molteplicità w a un altro con molteplicità $10^N w$, dove N il numero di Avogadro.

► Di quanto aumenta l'entropia? [20 J/K]

63 In una scatola sono contenute 200 monete che mostrano l'uomo di Vitruvio (per semplicità, testa): dopo averla scossa si contano solo 100 teste e 100 croci. È noto che il macrostato con 100 teste e 100 croci è formato da $9 \cdot 10^{58}$ microstati.

► Calcola l'aumento di entropia del sistema formato dalle 200 monete. [$1{,}9 \cdot 10^{-21}$ J/K]

64 Dopo aver lanciato 10 carte in aria, osservi un «macrostato» formato da 5 carte col dorso rivolto verso l'alto.

► Quanti sono i microstati corrispondenti? [252]

65 In una scatola lanci 20 monete e verifichi che vi sono 11 teste e 9 croci. Poi scuoti la scatola e noti che vi sono 14 teste e 6 croci. La molteplicità del primo macrostato è 167 960, mentre quella del secondo 38 760.

▶ Calcola la variazione di entropia.

[$-2{,}0 \cdot 10^{-23}$ J/K]

66 Un sistema formato da un gas estremamente rarefatto subisce una variazione di entropia $\Delta S = 2{,}5 \cdot 10^{-21}$ J/K.

▶ Calcola il rapporto tra le molteplicità dei macrostati finale e iniziale.

[$4{,}7 \cdot 10^{78}$]

67 Un contenitore adiabatico è diviso in due parti uguali da un setto rimovibile. Inizialmente una parte di esso contiene 0,2 mol di gas perfetto. Successivamente il setto viene rimosso.

▶ Calcola il rapporto tra le molteplicità dei macrostati finale e iniziale.

[$e^{8{,}3 \cdot 10^{22}}$]

PROBLEMI FINALI

68 **Il motore che è andato più lontano**

L'energia elettrica necessaria a far funzionare le sonde spaziali viene prodotta per via nucleare: un pezzo di materiale radioattivo, quindi caldo, viene utilizzato come sorgente di calore. Attraverso appositi materiali si realizza l'effetto Seebeck, la conversione diretta di una differenza di temperatura in corrente elettrica. L'efficienza di questi sistemi è bassa ma vengono utilizzati per la grande affidabilità. Il modello RHW-MTG, presente sulla sonda Voyager 1 (il primo oggetto costruito dall'uomo a lasciare il Sistema Solare), produce 160 W di potenza elettrica a fronte di 2400 W di potenza termica.

▶ Calcola il rendimento del sistema. [6,7%]

paid2write.org

69 **Caldaie vecchie e nuove**

Una famiglia media italiana consuma circa 1000 m^3 di metano all'anno per il riscaldamento. Attualmente il tipo di caldaia più diffuso ha un'efficienza (in questo caso, rapporto tra calore prodotto e calore trasferito all'impianto) di circa il 79%. Sostituendola con una a condensazione si potrebbe raggiungere il 96% di efficienza.

▶ Quanti metri cubi di metano si risparmierebbero in un anno? [180 m^3]

70 **La forza dell'evoluzione**

Le reazioni chimiche di produzione energetica all'interno delle nostre cellule avvengono sia nel citoplasma sia nei mitocondri. I secondi sono strutture più recenti dal punto di vista evolutivo e hanno un'efficienza molto maggiore. Bruciando una mole di glucosio si ottengono 680 kcal di energia. I processi chimici citoplsmatici riescono a produrre solamente 24 kcal utilizzabili dal corpo, mentre nei mitocondri il ciclo di Krebs produce ben 263 kcal.

▶ Calcola l'efficienza dei due processi.

[3,5%, 39%]

71 **Dalla marmitta al radiatore**

La temperatura di una marmitta catalitica deve essere superiore a 300 °C per il suo corretto funzionamento. In un'auto che viaggia in autostrada si ha un punto di raffreddamento del motore che è il radiatore, la cui temperatura media può essere stimata in circa 80 °C. Si potrebbe sfruttare questa differenza di temperatura per alimentare una macchina di Carnot.

▶ Che efficienza avrebbe? [38%]

72 **L'Airbus A 380 al decollo**

Ciascuno dei quattro motori GP 7200 di un Airbus A 380 genera una spinta massima $F = 311$ kN. Assumi che il rendimento dei motori sia $\eta = 38\%$ e che il combustibile utilizzato abbia un potere calorifico $c = 43$ MJ/kg. Durante il decollo i motori dell'A 380 erogano la spinta massima.

▶ Quanti kilogrammi di combustibile vengono consumati per percorrere la pista di decollo lunga $L = 2{,}5$ km? [190 kg]

73 **Maggiore efficienza = meno consumi**

Un motore Diesel ha un rendimento di circa il 33% mentre uno a benzina del 28%.

Con un'automobile Diesel si riescono a percorrere circa 20 km con 1 L di carburante.

▶ Calcola i kilometri percorsi nel caso di un motore a benzina. [17 km]

74 **Idrogeno sporco**

I veicoli a idrogeno sono una promessa per abbattere le emissioni inquinanti in città. Dal punto di vista energetico il «tallone d'Achille» di questa tecnologia è che se l'idrogeno viene prodotto da combustibili fossili si hanno rendimenti molto bassi e l'inquinamento è solo spostato dalla città alla centrale. Per produrre idrogeno da combustibile fossile si parte da una centrale termoelettrica ($\eta = 40\%$), l'elettricità viene utilizzata per scindere l'acqua ($\eta = 95\%$), l'idrogeno prodotto viene liquefatto ($\eta = 80\%$), «bruciato» in una cella a combustibile ($\eta = 45\%$) e infine convertito in energia meccanica da un motore elettrico ($\eta = 90\%$).

▶ Calcola il rendimento complessivo del processo. [12%]

75 **Il re dei motori Diesel**

I motori Diesel delle navi sono lentissimi se paragonati a quelli di un'automobile o di una moto. L'estrema lentezza è dovuta alle enormi dimensioni e permette un rendimento molto alto. Un motore navale gira a 76 giri/min e produce 35000 kW di potenza (rendimento 50%). La combustione di 1 L di gasolio produce circa 42 MJ di energia.

▶ Calcola quanto carburante viene immesso a ogni giro. [≈ 1,3 L]

76 **QUESITO** **ARGOMENTA** Un tuo amico asserisce che è possibile realizzare una trasformazione che compie lavoro convertendo il calore assorbito da un'unica sorgente a temperatura uniforme.

▶ Questa affermazione è compatibile con l'enunciato di Kelvin del secondo principio della termodinamica?

77 **QUESITO** **ARGOMENTA** Esistono trasformazioni che prelevano calore da un corpo e lo cedono a un corpo con temperatura maggiore.

▶ Questa affermazione è compatibile con l'enunciato di Clausius del secondo principio della termodinamica?

78 **Un aumento imprevisto!**

Un sasso di massa 2,5 kg affonda a velocità costante nell'acqua di un lago profondo 30 m. La temperatura dell'acqua e anche quella del sasso è di 15 °C. Il processo è irreversibile.

▶ Quanto vale l'aumento di entropia? [2,6 J/K]

79 **L'entropia varia nel frigorifero?**

Un frigorifero raffredda 1,5 L di acqua inizialmente a 21 °C fino a farli congelare e poi abbassa la temperatura del ghiaccio formatosi fino a −18 °C. I calori specifici di acqua e ghiaccio sono rispettivamente $c_a = 4{,}19$ kJ/(kg·K) e $c_g = 2{,}04$ kJ/(kg·K) e il calore latente di solidificazione è $L = 334$ kJ/kg.

▶ Calcola la variazione di entropia dell'acqua. [2,5 kJ/K]

80 **Consumi invernali**

Il sistema di riscaldamento di una casa di montagna è una pompa di calore che utilizza il ciclo di Carnot. Inizialmente la temperatura interna è uguale a quella esterna e pari a – 5 °C. Dopo un certo tempo la temperatura raggiunge i 18 °C.

▶ Calcola il COP_{PC} iniziale e finale. [∞; 13]

81 **Questa o quella per me pari son!**

Hai a disposizione tre termostati con temperature rispettivamente $T_2 > T_1 > T_0$ e due macchine termiche reversibili MT_1 e MT_2. Puoi produrre lavoro mediante una delle configurazioni seguenti:

- fai operare MT_1 tra i termostati a temperatura maggiore e minore e ottieni il lavoro L_{20};
- fai operare MT_1 tra i termostati a temperatura maggiore e intermedia e ottieni il lavoro L_{21}.

In sequenza, fai in modo che MT_2 prelevi dal termostato a temperatura intermedia la stessa quantità di calore Q_1 che vi scarica MT_1, ottenendo così il lavoro L_{10}.

▶ Dimostra che le due configurazioni hanno lo stesso rendimento.

▶ Quale condizione assicura che $L_{20} = L_{21} + L_{10}$?

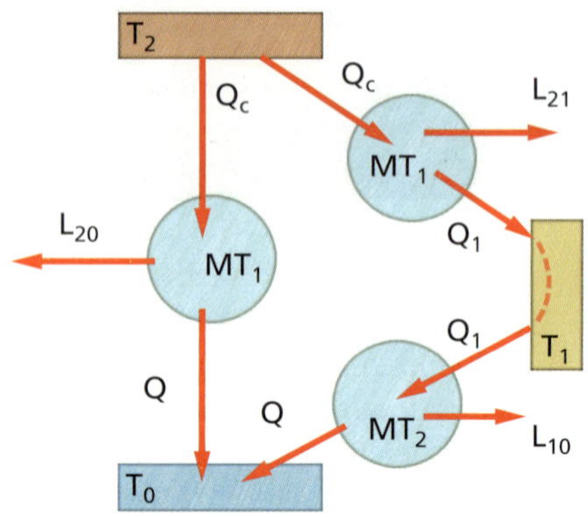

82 **Un motore tornato alla ribalta**

I motori Stirling fanno parte delle macchine termiche a combustione esterna: il gas che compie il ciclo termodinamico rimane sigillato e riceve calore per conduzione dall'esterno. Questi motori, inventati due secoli fa, stanno vivendo un nuovo periodo di interesse dovuto alla possibilità di recuperare calore «di scarto» e tramutarlo in energia meccanica (e quindi elettrica). Il ciclo è composto da due isocore separate da due isoterme. L'idea «geniale» del motore Stirling è quella di immagazzinare il calore ceduto nel tratto *BC* in un rigeneratore, per fornirglielo internamente durante l'isocora a basso volume *DA*.

▶ Ricava l'espressione che fornisce il rendimento del ciclo teorico (in assenza del rigeneratore).

▶ Nel caso sia presente il rigeneratore, a quale valore tende il rendimento?

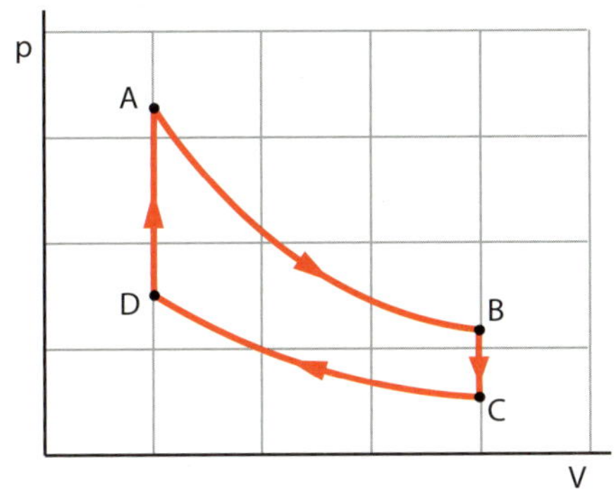

83 Il motore a benzina

Il ciclo Otto dei motori a benzina consiste di due trasformazioni isocore e due trasformazioni adiabatiche. Di fatto è caratterizzato da due valori di volume, V_A e V_B. Il loro rapporto $r = V_B/V_A$ viene definito rapporto di compressione. Considera un gas il cui calore specifico a volume costante è C_V.

▶ Dimostra che il rendimento del ciclo reversibile è

$$\eta = 1 - \left(\frac{1}{r}\right)^{\gamma-1}$$

84 Un processo irreversibile

Una bottiglia, di capacità termica trascurabile, contiene 2,00 L di acqua a 5 °C. La bottiglia viene immersa in un grosso recipiente contente acqua calda a 80 °C, assimilabile a un termostato. L'acqua fredda si riscalda fino a raggiungere gli 80 °C. Il processo è irreversibile e l'entropia complessiva aumenta.

▶ Determina la variazione di entropia dell'acqua, del termostato e quella complessiva.

[2,00 kJ/K, −1,78 kJ/K, 0,22 kJ/K]

TEST

1 Una certa quantità di gas perfetto subisce, a partire da uno stato di equilibrio, una trasformazione irreversibile generica, fino a un nuovo stato di equilibrio, caratterizzato da un volume doppio rispetto a quello iniziale e da una pressione pari a metà di quella iniziale. Cosa possiamo dire della temperatura nello stato di equilibrio finale?

A Non possiamo dire nulla, perché la trasformazione è irreversibile.

B Dato che la temperatura è un parametro di stato e vale la legge dei gas perfetti, la temperatura finale è uguale a quella iniziale.

C Dato che il sistema si è espanso, la temperatura finale è sicuramente inferiore a quella iniziale.

D Dato che abbiamo una generica trasformazione irreversibile, la temperatura finale è maggiore di quella iniziale.

E Sarebbe necessario specificare meglio come avviene la trasformazione, uscendo dalla genericità.

(Ammissione a Veterinaria, 2010/2011)

2 A partire da uno stato di equilibrio, una data quantità di gas perfetto compie una serie di trasformazioni, alcune anche irreversibili, sino a raggiungere un nuovo stato di equilibrio, ma senza mai scambiare calore con l'esterno. Si osserva che il volume finale è maggiore del volume iniziale. Quale delle seguenti deduzioni è corretta?

A La pressione finale è sicuramente uguale a quella iniziale.

B La temperatura finale è sicuramente maggiore di quella iniziale, visto che abbiamo anche trasformazioni irreversibili.

C Non avendo scambiato calore ma avendo anche trasformazioni irreversibili, la temperatura finale sarà sicuramente maggiore o uguale a quella iniziale.

D Non avendo scambiato calore, la temperatura finale è sicuramente uguale a quella iniziale.

E Non è possibile determinare univocamente i valori finali di temperatura e pressione.

(Ammissione a Veterinaria, 2011/2012)

SEI PRONTO PER LA VERIFICA?

IN 1 ORA

1 Un freezer industriale con COP = 4,7 utilizza una potenza di 420 W per trasformare acqua a 0 °C in ghiaccio alla stessa temperatura. Il calore latente di solidificazione dell'acqua è 334 kJ/kg.

▶ Quanto ghiaccio produce in 25 min? [8,9 kg] ..... / 20

2 50 biglie sono poste in una delle metà di una scatola. Successivamente la scatola viene scossa a lungo e poi viene posta in orizzontale, fino a quando le biglie si fermano. Ne conti 22 in una metà e 28 nell'altra. La molteplicità di questo macrostato è $8{,}9 \cdot 10^{13}$.

▶ Calcola la variazione di entropia delle biglie. [$4{,}3 \cdot 10^{-22}$ J/K] ..... / 20

3 I motori a combustione interna convertono in lavoro meccanico parte del calore prodotto dalla violenta reazione di un combustibile, come benzina o kerosene, e aria. Per semplicità supponiamo che un particolare motore operi con un termostato a temperatura T_c = 1500 K, cioè la temperatura che la miscela aria-benzina raggiunge nello scoppio, e un termostato alla temperatura T_f = 360 K dell'olio di raffreddamento e del blocco motore.

a Calcola il rendimento di una macchina di Carnot che operi fra quei due termostati. ..... / 15

Misure di laboratorio stabiliscono che il motore in ogni ciclo riceve dalla combustione della miscela 950 J di calore dei quali 630 J sono ceduti al termostato freddo.

b Calcola il rendimento effettivo del motore. ..... / 15

Per recuperare in parte l'energia dissipata dal motore, si costruisce un impianto di cogenerazione, che consiste in una macchina termica, con rendimento del 46 %, che preleva il 73% del calore rilasciato dal motore e lo trasforma in lavoro meccanico.

c Calcola il rendimento totale dell'impianto di cogenerazione. ..... / 15

L'impianto di cogenerazione opera in un locale chiuso. Le due macchine termiche che lo compongono eseguono 15 cicli/s. Solo i gas di scarico vengono convogliati all'esterno mediante un tubo, attraverso il quale fluisce il 55% del calore prodotto. Per mantenere la temperatura costante all'interno del locale, si installa un condizionatore con coefficiente di prestazione COP = 5,2.

d Qual è la potenza elettrica necessaria per il suo funzionamento? ..... / 15

[76%; 34%; 56%; 1,2 kW]

TOTALE .... / 100

VERSO L'ESAME

SEI PRONTO PER L'ESAME?

Prova di meccanica • 1 532

Prova di meccanica • 2 534

Prova di termodinamica 536

VERSO IL CLIL

PHYSICS HIGHLIGHTS

Newton's law of motion 538

Forces and motion 540

Work and energy 542

Linear momentum 544

Rotational dynamics 546

Gravitation 548

Fluids 550

Temperature 552

Kinetic theory of gases 554

Heat 556

First law of thermodynamics 558

Second law of thermodynamics 560

SEI PRONTO PER L'ESAME? IN 2 ORE

PROVA DI MECCANICA • 1

1 QUESITO

Un buon modello per descrivere la forza esercitata su una freccia scoccata da un arco è costituito da una molla ideale di costante elastica *k*. Hai a disposizione due archi, uno con costante elastica doppia dell'altro. Supponi di tendere i due archi con la stessa forza e di scoccare la freccia secondo l'angolo corrispondente alla gittata massima.

- ▶ Quale scegli per ottenere, a parità di angolo di tiro, la gittata maggiore?
- ▶ Qual è il rapporto tra le due gittate? [2]

2 QUESITO

Se osservi il tuo orologio a mezzogiorno in punto noterai che la lancetta delle ore e quella dei minuti sono perfettamente sovrapposte.

- ▶ A che ora le due lancette saranno nuovamente sovrapposte?
- ▶ Nell'arco di tempo delle 12 ore quante volte la lancetta dei minuti si sovrapporrà a quelle delle ore? [13:05:27; 12]

3 QUESITO

Ti trovi al quarto piano di un palazzo, a 12 m dal suolo e sei in una situazione di emergenza. Puoi uscire solo dalla finestra. Hai a tua disposizione una fune lunga 12 metri che però può reggere una massa di 60 kg mentre la tua è di 70 kg. Per metterti in salvo decidi di farti scivolare attraverso la fune in modo da scendere con un'accelerazione diversa da *g*.

- ▶ Qual è la minima accelerazione con cui puoi cadere?
- ▶ Esprimi la tua opinione sull'efficacia di questo metodo, valutando l'altezza equivalente di un salto libero che conduca alla stessa velocità di caduta al suolo.

[1,4 m/s^2; 1,7 m]

4 PROBLEMA

Lavorando per una compagnia assicuratrice

In un incrocio regolato da semaforo si verifica un incidente: un'autovettura ferma, in attesa del verde, viene tamponata da una moto. L'auto e la moto rimangono incastrate, mentre il conducente della moto cade in avanti sull'asfalto. Non si rilevano segni di frenata della moto.
Per una valutazione del danno e delle responsabilità associate, la compagnia assicuratrice della moto ti affida il compito di stimare la velocità con cui la moto ha tamponato la vettura.
I dati a tua disposizione sono i seguenti:

- Per determinare l'energia dissipata nelle deformazioni subite dalla moto nell'urto si ricorre a una particolare grandezza relativa alla moto, denominata *EES* (*Energy Equivalent Speed*). Si tratta di una sorta di «velocità virtuale» che indica la velocità per la quale l'energia cinetica della moto è uguale all'energia spesa per produrre le deformazioni visibili.

$$E_{\text{def moto}} = \frac{1}{2} m_{\text{moto}} EES^2$$

Il grafico riporta l'andamento della *EES* in funzione dell'accorciamento del passo Δa del mezzo a due ruote in seguito all'urto (il passo, o interasse, è la distanza tra gli assi delle due ruote). Il grafico è ottenuto elaborando le misure di particolari prove sperimentali di «crash».

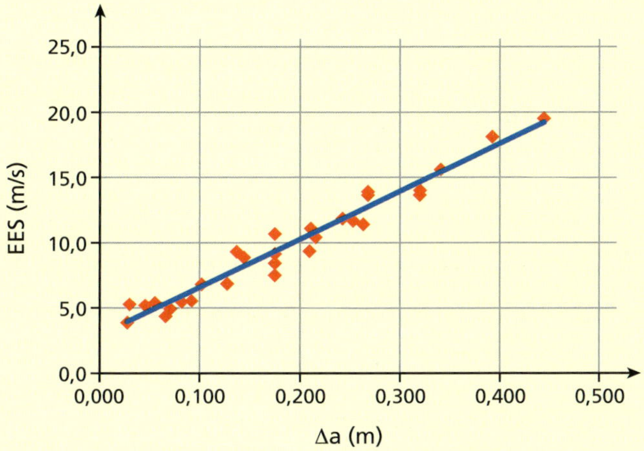

Dall'analisi del grafico risulta evidente che la relazione tra *EES* e accorciamento del passo Δa è ben approssimata da una relazione lineare del tipo:

$$EES = b_0 + b_1 \Delta a$$

- L'energia dissipata nella deformazione dell'auto è valutata attraverso metodo che consiste nel misurare il coefficiente d'intrusione C, ossia la massima deformazione, espressa in metri, subita dalle lamiere dell'auto.

  L'energia $E_{\text{def\_auto}}$ dissipata dall'auto è

$$E_{\text{def\_auto}} = 0{,}76\ m_{\text{moto}}\ b_1\ (b_0 + b_1\ \Delta a)\ [(0{,}564\ m^{-1})\ C + 0{,}0798]$$

  dove m_{moto} è la massa della moto, b_0 e b_1 i coefficienti determinati in precedenza, Δa l'accorciamento del passo e C il coefficiente d'intrusione.

Caratteristiche dei due mezzi

Moto	
Tipo	Suzuki GSX 400
Massa	190 Kg
Accorciamento del passo (distanza tra gli assi delle ruote) dovuto all'urto	Δa = 0,25 m

Autovettura	
Tipo	Audi Q7
Massa	2050 Kg.
Coefficiente d'intrusione	C = 0,28 m

a Analizzando il grafico, valuta i coefficienti b_0 e b_1 specificando le loro unità di misura.

b Analizza il fenomeno in esame soffermandoti sulle leggi fisiche necessarie per la sua descrizione.

c Indica con m e M le masse della moto e dell'auto. Dimostra che l'energia totale E dissipata nell'urto e la velocità v della moto sono legate dalla relazione:

$$E = \frac{1}{2}\frac{mMv^2}{m+M}$$

d Valuta la velocità v con cui la moto ha tamponato l'auto. [2,5 m/s; 38 s^{-1}; 66 km/h]

SEI PRONTO PER L'ESAME? IN 2 ORE

PROVA DI MECCANICA • 2

1 QUESITO

Per un sistema gravitazionale in equilibrio dinamico vale una relazione generale nota come «teorema del viriale». Indicando con K_A e U_A i valori medi dell'energia cinetica e dell'energia potenziale di un corpo A che orbita intorno a un corpo B, il teorema afferma che

$$K_A = -\frac{1}{2} U_A$$

- ► Dimostra il teorema del viriale nel caso particolare di un'orbita circolare.
- ► Qual è il significato fisico dell'energia meccanica negativa del corpo in orbita?

2 QUESITO

Una sottile sbarra metallica lunga $l = 1{,}0$ m e con massa $m_s = 3{,}0$ kg può ruotare intorno a un asse passante per il suo centro di massa e perpendicolare alla direzione della sua lunghezza. Un blocco di 100 g plastilina viene lanciato a 5,0 m/s sulla sbarra. Il punto d'impatto, dove la plastilina rimane attaccata, è situato a 40 cm dall'asse di rotazione della sbarra. La sbarra è inizialmente ferma e la direzione di lancio è perpendicolare sia a quella della lunghezza della sbarra sia all'asse di rotazione.

- ► Quali grandezze si conservano in un urto di questo tipo?
- ► Con quale velocità angolare inizia a ruotare la sbarra?
- ► Quant'è l'energia meccanica dissipata nell'urto? [0,75 rad/s; 1,18 J]

3 QUESITO

Vuoi svuotare un grosso serbatoio che contiene acqua fino al livello h, come nella figura. Sul fondo del recipiente è praticato un piccolo foro filettato in cui si può avvitare un tubo.
Avvitando tubi di lunghezza diversa, osservi che il serbatoio si svuota tanto più velocemente quando maggiore è la lunghezza L del tubo.

- ► Spiega perché.

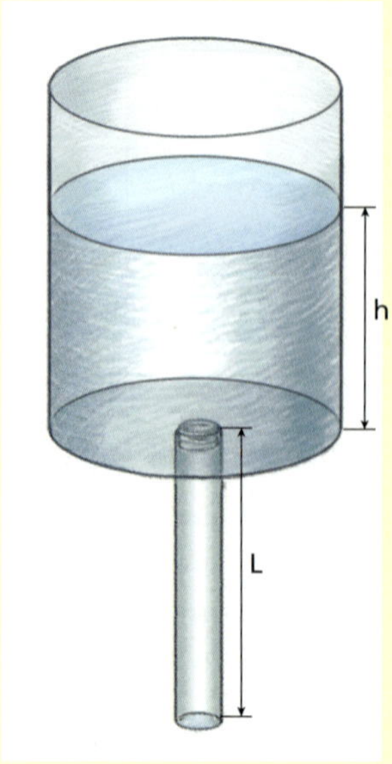

4 PROBLEMA

Navicella spaziale

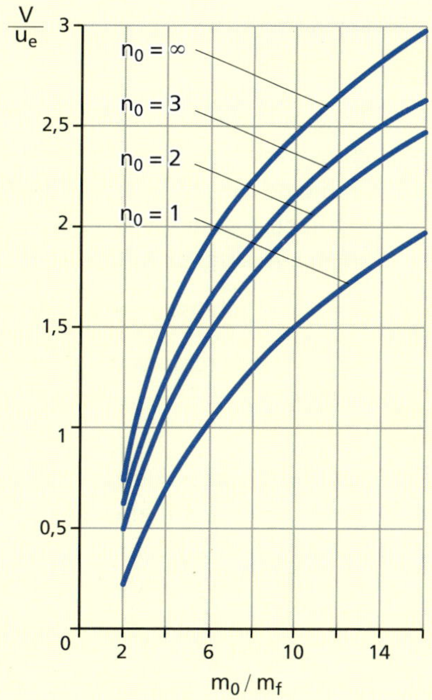

Sei invitato a collaborare alla costruzione di un software di simulazione relativo al lancio di una navicella spaziale. La navicella è spinta dal razzo SIRIUS che, al termine della fase propulsiva, la proietta nello spazio con velocità V.
I parametri che influenzano il valore di V sono molti: il rapporto μ tra la massa iniziale m_0 (massa complessiva del razzo, del combustile, del comburente e della navicella) e m_f (massa della navicella), la velocità u_e con cui sono emessi i gas che imprimono la spinta, la resistenza aereodinamica, l'attrazione di gravità e la durata t della fase propulsiva. L'influenza esercitata da alcuni fattori che rallentano il razzo potrebbe essere ridotta diminuendo la durata della propulsione, ma questo comporterebbe accelerazioni tali da risultare critiche sia per le proprietà meccaniche dei materiali, sia per la stessa vita degli eventuali astronauti.
A tal proposito si introduce una nuova grandezza, la *sopportazione*, indicata con n_0 e definita dal rapporto tra spinta e peso (*thrust-to-weight ratio* (TWR)). Nel caso di presenza a bordo di astronauti, la *sopportazione* n_0 non deve superare il valore 3. Il grafico riporta l'andamento del rapporto V/u_e, in funzione del rapporto di massa m_0/m_f per vari valori della sopportazione n_0.
Assumi i dati seguenti:

- al lancio il razzo SIRIUS ha una massa complessiva m_0 uguale a 14 volte la massa della navicella m_f, ossia $m_0/m_f = 14$;
- la navicella trasporta un equipaggio;
- la velocità u_e del getto dei gas espulsi dal razzo è $u_e = 2{,}0$ km/s.

a Valuta la massima velocità V impressa alla navicella al termine della fase propulsiva.

Il lancio avviene lungo la verticale terrestre. Indica con R_0 la distanza tra il centro della Terra e il punto in cui termina la fase propulsiva del razzo SIRIUS e la navicella acquista la velocità V, con g_0 il valore dell'accelerazione di gravità alla distanza R_0 e con M_T la massa della Terra.

b dimostra che la massima altezza h rispetto alla superficie terrestre raggiunta dalla navicella è data dalla seguente formula:

$$h = R_0 \frac{V^2}{2 g_0 R_0 - V^2}$$

Considera $R_0 = 6{,}4 \cdot 10^3$ km.

c Calcola il valore di h.

Quando SIRIUS cessa di esercitare la spinta, la velocità della navicella è verticale ed ha modulo V. Mediante piccoli motori laterali, che agiscono in direzione perpendicolare alla velocità istantanea, la navicella entra in un'orbita circolare di raggio R_0 e si muove con velocità di modulo V in direzione tangenziale all'orbita.

d La navicella rimane in orbita? (Suggerimento: Per rispondere confronta il valore di V con quello della velocità di un satellite che si muove in un'orbita circolare di raggio R_0)

[$5 \cdot 10^3$ m/s; $1{,}6 \cdot 10^6$ m]

SEI PRONTO PER L'ESAME? IN 2 ORE

PROVA DI TERMODINAMICA

1 QUESITO

Ti hanno appena consegnato un nuovo frigorifero. Lo colleghi alla presa di corrente e aspetti che la macchina vada a regime. In tali condizioni il freezer raggiunge la temperatura di –23 °C. La temperatura ambiente è di 27 °C. La cella del freezer è larga 50 cm e alta 50. In prima approssimazione assumi che le dimensioni della porta del freezer siano uguali a quelle della cella e che le guarnizioni siano a tenuta stagna. Assumi che l'aria si comporti come un gas perfetto.

► Stima l'intensità della forza netta che agisce sulla porta del freezer.

► Ti sembra realistico il risultato ottenuto? Quale spiegazione ne dai? [$2{,}1 \cdot 10^4$N]

2 QUESITO

Due recipienti cilindrici identici contengono la stessa quantità *m* di ghiaccio alla temperatura di fusione. Nel recipiente *A* il ghiaccio è adagiato sul fondo e forma una lastra di spessore *a* (dove *a* è molto minore del raggio della base del recipiente), nel recipiente *B* il ghiaccio ha invece la forma di una barra di altezza *h*. Trascura la variazione di volume associata alla transizione di fase.

► La quantità di calore che bisogna fornire al ghiaccio per sciogliersi totalmente è uguale nei due casi?

Una tua amica sostiene che

- in teoria le due quantità di calore sono diverse perché nel secondo caso si deve tener conto anche del contributo dell'energia potenziale gravitazionale della lastra posta inizialmente in verticale;
- in pratica la differenza tra le due quantità di calore è del tutto trascurabile.

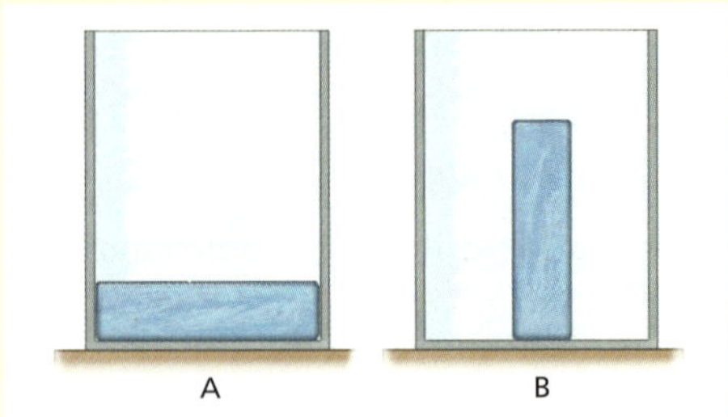

► Discuti le affermazioni della tua amica.

3 QUESITO

In una fonderia che produce grandi quantità di piombo, nell'ambito di una politica aziendale di risparmio energetico, si decide di utilizzare una macchina termica che lavora tra la temperatura del piombo fuso e la temperatura ambiente.
A ogni ciclo della macchina viene compiuto un lavoro W = 1150 J, viene ceduto all'ambiente una quantità di calore $Q_2 = -1150$ J e si solidificano 100 g di piombo.
Assumi che la macchina utilizzata sia reversibile.

► Determina la temperatura di fusione del piombo e il suo calore latente di fusione.

[600 K; $2{,}3 \cdot 10^4$J/kg]

4 PROBLEMA

L'esplosione di una moka

In figura è schematizzata la parte inferiore di una caffettiera moka, composta da una caldaia che contiene, oltre all'acqua, il filtro in cui va depositata la polvere di caffè. In seguito all'esplosione di una di queste caffettiere, la casa produttrice ha deciso di studiare approfonditamente le temperature e le pressioni di esercizio della caffettiera moka.

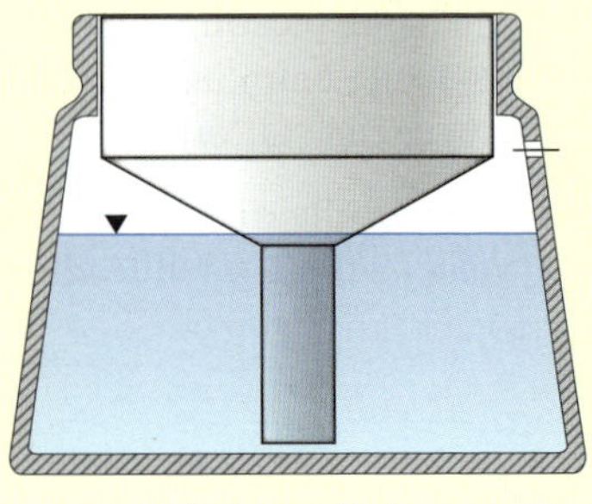

Il modello utilizzato si fonda sulla legge di filtrazione lineare di Darcy (un ingegnere francese che a metà Ottocento compì i primi studi sul passaggio dell'acqua attraverso terreni sabbiosi).
La legge di Darcy mette in relazione la quantità di fluido Q che passa nell'unità di tempo in un filtro di spessore L e sezione S con la differenza di pressione ΔP ai capi del filtro stesso. Più in particolare:

$$Q = \frac{K\rho S \Delta P}{\eta L}$$

dove la costante di filtrazione K ha, per il caffè, un valore $1{,}0 \cdot 10^{-13}$ m^2. Per la moka in esame, lo spessore del filtro è $L = 1{,}5$ cm e la sezione è $S = 25$ cm^2. La densità e la viscosità dell'acqua sono rispettivamente $\rho = 1{,}0 \cdot 10^3$ kg/m^3 e $\eta = 0{,}3 \cdot 10^{-3}$ Pa·s.
All'interno della moka, una massa di $1{,}0 \cdot 10^{-1}$ kg d'acqua passa attraverso il filtro in 70 s. Utilizza i dati forniti e il grafico, che riporta la pressione di vapore saturo dell'acqua in funzione della temperatura.

a Determina la temperatura di ebollizione all'interno della moka.

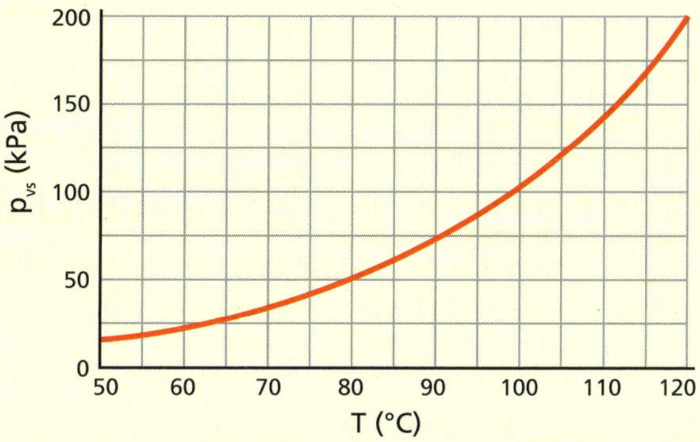

Il problema principale affrontato dalla casa costruttrice riguarda però l'esplosione della caffettiera in condizioni di funzionamento anomalo, ossia quando la valvola di sicurezza è ostruita e quando la polvere di caffè è così sottile e pressata da impedire il passaggio del liquido.
In queste condizioni i dati sperimentali indicano che la temperatura all'interno della moka può raggiungere, al momento dell'esplosione, valori fino a circa 600 K.

b Tratta il vapore all'interno della caldaia come se fosse un gas perfetto. Valuta la pressione massima, al momento dell'esplosione, per una caffettiera con una caldaia di 120 cm^3 di volume.
(Nella pratica questi valori di pressione non si raggiungono perché cede la filettatura che tiene avvitate insieme le parti inferiore e superiore della caldaia)

c Stima l'energia con cui vengono proiettati i frammenti della caffettiera.

Un effetto molto particolare, nel caso si fosse investiti dal getto di vapore proveniente dall'esplosione della caffettiera, è quello di non subire ustioni ma, al contrario, avvertire una sensazione di freschezza. Supponi che la caldaia esploda quando l'acqua (assumi $\gamma = C_P/C_V = 1{,}3$) al suo interno ha temperatura $T = 500$ K e pressione $p = 10$ atm.

d Qual è la temperatura del vapore dal quale si è investiti?

[105 °C; ≈ 10^8 Pa; ≈ 10^4 J; 20 °C]

NEWTON'S LAWS OF MOTION

■ A change in the velocity of any body is caused by a force. Forces are vector quantities: they have both magnitude and direction.

■ The SI unit for forces, the newton, is the unit for mass, the kilogram, times the unit for acceleration, metres per second squared.

■ Dynamics deals with the effects that forces have on motion. When two or more forces act upon a body, the net force is the vector sum of the forces.

1 **Newton's first law of motion**, or **law of inertia**.

If no net force acts on a body, the body's velocity cannot change.

2 **Newton's second law of motion**.

The net force on a body is equal to the product of the body's mass and its acceleration:

$$\vec{F} = m\vec{a}$$

This vector equation tells us that acceleration has the same direction as the force that causes it.

3 **Newton's third law of motion**, or **action-reaction law**.

When two objects A *and* B *interact, the force exerted by* A *on* B *is equal in magnitude to the force exerted by* B *on* A, *but the two forces point in opposite directions:*

$$\vec{F}_{A\to B} = -\vec{F}_{B\to A}$$

■ A very common example of force is weight, given by the mass of an object multiplied by the acceleration due to gravity $\vec{g}$:

$$\vec{W} = m\vec{g}$$

■ Reference frames in which Newton's laws are valid are called inertial reference frames. The **principle of relativity** states that

the laws of physics are the same in every inertial reference frame.

GLOSSARY AND RELEVANT EXPRESSIONS

change in ▶ variazione di (anche inteso come Δ, es. Δt = change in time)
vector quantity ▶ grandezza vettoriale (quantity = grandezza fisica)
unit ▶ unità di misura
times ▶ volte, per
per ▶ al, su (implica un quoziente e non va confuso con l'italiano «per»)
magnitude ▶ modulo o intensità
direction ▶ direzione e verso (si usa un unico termine per esprimere 2 informazioni)
velocity ▶ vettore velocità («speed» indica esclusivamente il modulo del vettore «velocity»)
force ▶ forza (a force acts on/upon a body, a force is exerted on a body)
net force ▶ forza risultante
due to ▶ dovuto a, di
inertial reference frame ▶ sistema di riferimento inerziale

Activities

1 **Complete the following definitions** with the words listed below.

force • equal • net • acting • exerts • frame • velocity • resultant • direction • acceleration • magnitude • opposite

- A vector quantity is a quantity that has both .... and ....
- Speed is just the magnitude of a vector called ....
- The net force is the vector sum, or ...., of all the forces .... simultaneously on a body.
- An action-reaction pair is a couple of forces that have .... magnitudes and .... directions.
- An inertial reference .... is one in which Newton's first law is valid.
- The mass of a body is the characteristic of that body that relates the body's .... to the .... force causing the acceleration.
- The weight of an object is the gravitational .... that the Earth .... on the object.

2 The following sentences about Newton's three laws all contain some mistakes. **Rewrite them correctly**.

- In the absence of an unbalanced force, an objects remains at rest if it is initially at rest, or moves in a straight line with constant acceleration if it is in motion.
- Acceleration is a vector unit and points in the same direction as the force.
- For every action there is an equal and opposite reaction, but action-reaction pairs act on the same objects and so they can be added.
- If no net force acts on a body, the body's position cannot change. That is, the body cannot move.
- For a given net force, the magnitude of the acceleration is directly proportional to the mass.
- Whenever an object acts a force on a second object, the second object exerts a force of equal intensity on the first object but in the opposite direction.

3 **Choose the correct option** in the following sentences.

- Mass changes / does not change as an object is moved from one location to another.
- Weight can / cannot vary, depending on how far the object is from the Earth's surface.
- Weight is a scalar / vector quantity while mass is a scalar / vector quantity.
- Weight always acts / exerts toward the centre of the Earth.

FORCES AND MOTION

■ When an external force tends to slide a body along a surface, a friction force acts on the body. The friction force is parallel to the surface and in the opposite direction to the displacement. Its magnitude depends on the normal force exerted by one of the surfaces on the other, but not on the surface area of contact. It also depends on the type of surfaces, through the coefficients of static friction μ_s and kinetic friction μ_k:

$$F_k = \mu_k \cdot N$$

■ Fluids always exert a resistive drag force on objects moving through them. The drag force is proportional to the square of the object's speed:

$$D = Cv^2$$

where C is the drag coefficient.

■ When an external force tends to stretch or compress a spring, the spring reacts by exerting an elastic force, described by **Hooke's law**.

The force required to stretch an elastic object such as a metal spring is directly proportional to the displacement of the spring's free end and acts in the opposite direction to the displacement:

$$\vec{F} = -k\vec{x}$$

■ When an object moves in uniform circular motion, the centripetal force acting on it is directly proportional to the square of the body's speed, is inversely proportional to the radius and is directed toward the centre:

$$F = m\frac{v^2}{r}$$

GLOSSARY AND RELEVANT EXPRESSIONS

static/kinetic friction force ▸ forza d'attrito statico/dinamico
elastic force ▸ forza elastica
centripetal force ▸ forza centripeta
drag force ▸ resistenza aerodinamica
normal force ▸ forza normale
resistive force ▸ forza di richiamo
restoring force ▸ forza di richiamo
displacement ▸ vettore spostamento («distance» indica il modulo del vettore «displacement»)
terminal speed ▸ velocità limite

Activities

1 **Complete the following definitions** with the words listed below.

friction • uniform • constant • external • elastic • acts • acceleration • exerts • less • third • dimensionless • kinetic • magnitude • motion

- The magnitude of the kinetic friction force, which acts when there is motion, is usually .... than the maximum magnitude of the static .... force, which acts when there is no motion.
- The component of a force that .... perpendicular to the surface is called the normal force. Its .... indicates how hard two surfaces are being pressed together.
- The coefficients of static and .... friction μ_s and μ_k are .... and must be determined experimentally.
- When the drag force acting on a body falling through air equals the gravitational force, the body's .... is equal to 0. The body then falls at a .... speed, called terminal speed.
- An elastic force is a force exerted by an object that is reversibly deformed (either stretched or compressed) by an .... force. These two forces form an action-reaction pair, as required by Newton's .... law.
- The centripetal force keeps an object moving in a circle at constant speed, that is, in .... circular ....

2 State whether the following statements are **true or false**. Where false, **rewrite them correctly**.

- The direction of any normal force is parallel to the surface, while the direction of the friction force is perpendicular to it.
- The two contacting surfaces exert action and reaction forces on each other.
- $F_k = \mu_k \cdot N$ is not a vector equation.
- The magnitude of the kinetic friction force is greater than the maximum magnitude of the static friction force.
- The static friction force opposes the tendency of one object to move across another.
- The kinetic friction force accelerates the motion of one surface relative to another surface.

3 **Match the first and second parts of the following sentences.**

1. If the speed of a car increases by two times, the drag force
2. When a body falls through air, the drag force
3. The force a spring exerts
4. The displacement of the free end of a spring
5. The SI unit for the drag coefficient *C*
6. The SI unit for the spring constant *k*

a. is proportional to the spring force.
b. is a restoring force because it acts to restore the spring to its equilibrium length.
c. exerted by the air quadruples.
d. is directed upward and opposes the gravitational force.
e. is the newton per metre.
f. is the kilogram per metre.

WORK AND ENERGY

- Work is done on an object when an external force acts on the object whilst it moves through some displacement. Work is the scalar product of the force and the displacement.

- The kinetic energy of an object is one half the product of its mass and the square of its speed. The SI unit of work is the joule (J), or newton metre (N·m), the same as energy.

- When a net force performs work on an object, the kinetic energy of the object changes, as stated by the **work-energy theorem**:

the work done by the net force on an object equals the change in the object's kinetic energy.

- A force is conservative when the work it does on a moving object is independent of the path between the object's initial and final positions. For conservative forces, such as the gravitational and the elastic force, the change in potential energy is equal to the negative of the work done by the force.

- Mechanical energy, that is the sum of an object's kinetic and potential energy, obeys a very important **law of conservation**:

in an isolated system where only conservative forces act, mechanical energy is conserved.

- The rate at which work is done, or energy is expended, is called power.

GLOSSARY AND RELEVANT EXPRESSIONS

work ▶ lavoro
to do work, to perform work ▶ fare lavoro
to state ▶ enunciare, stabilire
path ▶ percorso
rate ▶ ritmo, velocità

Activities

1 **Complete the following definitions** with the words listed below.

change • non-conservative • friction • divided • converted • closed • drag • transferred

- A force is conservative when it does no net work on an object moving around a .... path.
- A force that is not conservative, such as the kinetic .... force or the .... force, is called a non-conservative force.
- The work-energy theorem relates work to .... in kinetic energy.
- The concept of potential energy is not defined for a .... force.
- The law of conservation of energy states that energy can be .... from one object to another or .... from one form to another, but it cannot be destroyed or created.
- Power is the change in energy .... by the time during which the change occurs.

2 **Match the first and second parts of the following sentences** dealing with work as a scalar product.

1. A scalar product is the product of the magnitude of one vector and the component of the second vector
2. Work depends
3. Only the component of the force
4. If the force is parallel to the displacement, then
5. If the force is perpendicular to the displacement, then
6. Work can be positive or negative, depending

a. the force does no work at all.
b. work simplifies to force times distance.
c. along the displacement can do work on the object.
d. along the direction of the first vector.
e. on the angle between the directions of force and displacement.
f. on whether a component of the force points in the same direction as the displacement or in the opposite direction.

3 **Complete the following sentences** with the correct form of energy.

- .... is associated with moving objects.
- .... is a form of energy waiting to be released.
- .... is a non-negative scalar quantity and is independent of the direction of motion.
- .... is conserved for any object on which only conservative forces act.
- .... is zero if an object is stationary.
- Adding .... and .... gives the ....
- The greater the height of a body relative to an arbitrary zero level, the greater its ....

LINEAR MOMENTUM

■ The linear momentum of a body is a vector quantity defined as the product of the body's mass and velocity. It is important because a new conservation law can be stated in terms of it, the **principle of conservation of linear momentum**:

the total linear momentum of an isolated system is conserved. An isolated system is one for which the vector sum of the average external forces acting on the system is zero.

■ The following relations are equivalent expressions of Newton's second law of motion:

$$\vec{F} = \frac{\Delta\vec{p}}{\Delta t} \qquad\qquad \vec{F} = m\vec{a}$$

■ The conservation of linear momentum is useful in describing collisions, when the colliding objects constitute an isolated system. Collisions are often classified according to whether the total kinetic energy remains constant (elastic) or changes (inelastic) during the collision.

■ The impulse of a force is the product of the average force and the time interval during which the force acts. It is related to momentum by the **impulse-momentum theorem**:

when a net average force acts on an object over a time interval, the impulse of this force is equal to the change in momentum of the object.

GLOSSARY AND RELEVANT EXPRESSIONS

linear momentum or momentum ▶ quantità di moto
to state ▶ enunciare, stabilire
in terms of ▶ in funzione di
average ▶ medio
collision ▶ urto

Activities

1 **Complete the following definitions** with the words listed below.

conservation • average • kinetic • vector • inelastic • velocities • collision • before • divided • direction • linear-momentum

- Elastic/inelastic collision: one in which the total .... energy of the system after the .... is equal/not equal to the total kinetic energy .... the collision.
- According to the .... equation $\vec{p} = m\vec{v}$, momentum and velocity must always have the same ...., because mass is a scalar positive quantity.
- If a system is isolated so that no external force acts on it, then its .... must be constant even if there are internal changes.
- A one-dimensional collision is one in which the .... of the objects all point along a single line before and after contact.
- For an isolated system in which a two-dimensional collision occurs, the .... of momentum must be applied along each axis.
- If the colliding objects stick together, the collision is called completely .... and the bodies have the same final velocity.
- The net force applied to an object is equal to the change in that object's momentum .... by the time during which the change in momentum occurs.
- The centre of mass of a system is a point that represents the .... location for the total mass of the system.

2 **For each of the following phrases write an analogous one** based on the suggestion.

- Impulse is a vector quantity and has the same direction as the force.
  Linear momentum ....
  ....
- Internal forces are exerted by objects within a system on each other.
  External forces ....
  ....
- Internal forces cannot change the total linear momentum of a system.
  External forces ....
  ....
- An increase in speed increases momentum proportionally.
  An increase in mass ....
  ....
- In an elastic collision, the total kinetic energy of the system is the same before and after the collision.
  In an inelastic collision, ...
  ....

3 **Match the first and second parts of the following sentences.**

1. Because the momentum of an isolated system does not change with time, we can use
2. Using the idea of momentum constancy, we can analyse situations involving non-constant forces, without any
3. It is often difficult to measure directly the impulse of a net average force during a time interval, but we can get

a. information about the forces involved.
b. information about the net force indirectly by calculating the momentum change.
c. information about the momentum at one instant to determine the momentum at a later instant.

ROTATIONAL DYNAMICS

■ In the motion of rotation, a rigid object turns about an axis. The variables for rotation are analogous to those for one-dimensional motion: angular displacement, angular velocity, angular acceleration.

■ Mass must be replaced by moment of inertia, force by torque, linear momentum by angular momentum.

■ By substituting angular quantities for the linear ones, the laws of rotational dynamics can be derived from the laws of linear dynamics.

■ **Rotational analogue of Newton's second law**

The net torque acting on a rigid body is given by the body's moment of inertia multiplied by the resulting angular acceleration about the rotation axis.

■ **Law of conservation of angular momentum**

The angular momentum of a body remains constant if the net external torque acting on the body is zero.

■ **Requirements of equilibrium**

The vector sum of all the external forces that act on the body must be zero and also the vector sum of all the external torques that act on the body, measured about any possible point, must be zero.

GLOSSARY AND RELEVANT EXPRESSIONS

to turn about, to rotate about ▶ girare, ruotare attorno a
to turn or to rotate through an angle ▶ ruotare di un angolo
angular momentum ▶ momento angolare
moment of inertia or rotational inertia ▶ momento d'inerzia
torque ▶ momento di una forza
requirements ▶ condizioni
to undergo ▶ essere soggetto a (è un verbo transitivo molto usato nell'inglese scientifico)
variables ▶ variabili, incognite

Activities

1 **Complete the following definitions** with the words listed below.

inertia • arm • about • angular • action • moment • square • axis • limit • displacement • instantaneous • angular • approaches • about • ratio • through

- A body that rotates about a rotation axis, changing its .... position from θ_1 to θ_2, undergoes an angular .... $\Delta\theta = \theta_2 - \theta 1$.
- If a body rotates .... an angular displacement $\Delta\theta$ in a time interval Δt, its instantaneous angular velocity ω is the limit of the .... $\Delta\theta / \Delta t$ as Δt approaches zero, and its .... angular acceleration α is the .... of the ratio $\Delta\omega / \Delta t$ as Δt .... zero.
- A rigid body is a body that can rotate .... an .... with all its parts locked together with no change in shape.
- The perpendicular distance between the rotation axis and the line of .... of the force is called the moment (or lever) arm of the force $\vec{F}$.
- The torque acting on a body rotating .... an axis is the product of the moment .... and the force.
- Kinetic rotational energy is one-half the product of the object's .... of inertia and the .... of its angular velocity.
- The angular momentum of a rigid body rotating about a fixed axis is the product of the body's rotational .... and its .... velocity.

2 **Complete the following sentences.**

- The .... of angular velocity is the radian per second. The .... of .... is the newton metre.
- Since all points within a rigid body have the same .... velocity, points with greater radius have greater .... velocity.
- The tangential component of the linear acceleration of a point a_t is tangent to the .... of the point in question and is responsible for changes in the .... of the linear velocity. The .... component of the linear acceleration a_c is directed radially inward and is responsible for changes in the .... of the linear velocity.
- For a body moving in a circular path, both angular velocity and angular acceleration are directly proportional to the ....

3 **Match the first and the second parts of the following sentences.**

1. The equations of rotational dynamics can be derived from
2. The moment of inertia of a body with respect to its axis of rotation tells us
3. The ability of a force to rotate a body depends not only on its magnitude but also on
4. The net external torque is proportional to
5. A rigid body is in equilibrium if it has
6. The mathematical form of angular momentum is analogous to that of linear momentum, with the mass and the linear velocity being replaced with

a. zero translational acceleration and zero angular acceleration.
b. the angular acceleration.
c. how far from the axis of rotation the force is applied.
d. how the mass of the rotating body is distributed about the axis of rotation.
e. their rotational counterparts, the moment of inertia and the angular velocity.
f. the corresponding linear equations, substituting angular quantities for the linear ones.

GRAVITATION

■ Gravity is a universal attractive force that acts between any two masses. It is described by **Newton's law of universal gravitation**:

Between any two objects there is an attractive force that is proportional to their masses and inversely proportional to the square of the distance between them, and whose line of action always lies along the line connecting the interacting objects. The proportionality constant G is a universal constant.

$$F = G\frac{m_1 m_2}{r^2}$$

■ As a consequence of the fact that gravity is a conservative force, the gravitational potential energy can be defined, for any two-particle system, as proportional to the product of the masses and inversely proportional to their separation.

■ The law of universal gravitation also includes, as special cases, the **three Kepler's laws**.

1 **Law of orbits**: *all planets move in elliptical orbits with the Sun at one focus.*

2 **Law of areas**: *a line joining a planet to the Sun sweeps out equal areas in equal time intervals.*

3 **Law of periods**: *the square of the period of any planet is proportional to the cube of the semi-major axis of its orbit.*

■ The law of universal gravitation also describes the motion of any satellite.

GLOSSARY AND RELEVANT EXPRESSIONS

two-particle system ▶ coppia di particelle
to attract ▶ attrarre
to lie ▶ giacere
escape speed ▶ velocità di fuga
to double ▶ raddoppiare
to orbit ▶ orbitare

Activities

1 Complete the following definitions with the words listed below.

exerts • accelerations • force • gravitational • Earth • line • any • mass • magnitude • initial

- The force of gravity is an attraction between all objects that have ....
- A central force is one that always acts along the .... joining the interacting objects.
- The weight of an object is the .... force that the Earth .... on the object.
- Gravitational acceleration g is the acceleration due to gravity at the ....'s surface.
- The universal gravitational constant G is needed to calculate the .... acting between .... two objects.
- The gravitational force on particle 2 due to particle 1 has the same .... as the force on particle 1 due to particle 2 but they may produce very different ....
- The escape speed is the minimum .... speed that will cause a projectile to move upwards forever.

2 Choose the correct option from the pairs of words.

- The gravitational force exerted on particle 2 by particle 1 has / has not the same magnitude as the force on particle 1 due to particle 2 but the same / opposite direction. They form an action-reaction pair, according to Newton's first / third law.
- If we double the distance between the two objects, the force of gravity between them becomes smaller / greater by a factor of four / two.
- The gravitational potential energy of a one-particle / a two-particle system approaches zero as r approaches infinity and is negative / positive for any value of r.

3 State whether the following statements are **true or false. Rewrite the false ones** in their correct form.

- The gravitational forces that two spheres exert on each other are the same as if their entire masses were concentrated at their centre, at a distance r between the surfaces of the spheres.
- Free-fall acceleration g is independent of an object's mass. It only depends on the Earth's mass and radius.
- The ratio T^2 / a^3 has essentially the same value for every planetary orbit around a given massive body.
- Acceleration due to gravity G decreases as the distance r increases.

4 Complete the following sentences with one or more words

- An object will escape the gravitational attraction of an astronomical body if the object's speed near the body's surface is at least equal to ....
- For a given distance between a satellite and its central body, there is only one .... at which the satellite can remain in orbit.
- When a satellite orbits Earth in an elliptical path, both its speed and its distance from the centre of Earth vary. Thus, both its .... energy and .... vary, but its .... remains constant.
- For a given orbit, a satellite with a large mass has .... orbital speed as a satellite with a small mass.

FLUIDS

■ A fluid is a substance that can flow. It conforms to the shape of any container in which it is placed.

■ Fluids are conveniently described by such quantities as density and pressure.

■ In a static fluid, the pressure at a point at a given depth due to the fluid's weight is directly proportional to the fluid's density and to the depth.

■ **Pascal's principle** states that

if an external force causes a change in the pressure applied to an enclosed fluid, this change is transmitted to all parts of the fluid and to the walls of its container.

■ When an object is immersed in a fluid, **Archimedes' principle** applies:

the fluid applies a buoyant force that equals the weight of the fluid that the object displaces.

■ The behaviour of fluids in motion is described by the **equation of continuity**:

the product of the velocity of an ideal fluid and the cross-sectional area through which it flows is constant.

This is a consequence of the fact that mass is conserved.

■ In the steady flow of an ideal fluid, the pressure at a point at a given depth is related not only to the depth in the fluid but also to the speed, according to **Bernoulli's equation**. This is a consequence of the principle of conservation of mechanical energy.

GLOSSARY AND RELEVANT EXPRESSIONS

to flow ▸ fluire
depth ▸ profondità
cross-sectional area ▸ sezione
steady flow ▸ flusso stazionario
buoyant force ▸ spinta idrostatica (buoy = boa)
streamline ▸ linea di flusso
flow rate ▸ portata

Activities

1 **Complete the following definitions** with the words listed below.

incompressible • tangent • perpendicular • change • volume • exerted • acts • per

- The density of a substance is its mass divided by its ....
- Pressure is defined as the magnitude of the force acting .... to a surface divided by the area over which the force ....
- The buoyant force is the net upward force .... by a fluid of an object.
- In steady or laminar flow the velocity of the moving fluid at any fixed point does not .... with time.
- A streamline is the path followed by an individual fluid particle, and the velocity vector of the particle is .... to the streamline at every point.
- The volume/mass of fluid .... second that flows through a tube is called the volume/mass flow rate.
- An ideal fluid is an .... and non-viscous fluid.

2 State whether the following statements are **true or false. Where false, rewrite them correctly**.

- Pressure is a scalar quantity and has no directional characteristics.
- The force generated by the pressure of a static fluid is always tangent to the surface that the fluid is in contact with.
- Most liquids are incompressible; that is, the density of a liquid increases as the pressure changes.
- Gases are normally highly incompressible.
- A mercury barometer can be used to measure atmospheric pressure, while an open-tube manometer is used for measuring the pressure of a confined gas.
- In a hydraulic lever, the ratio of the forces equals the inverse of the ratio of the surfaces.

3 **Choose the correct option** in the following sentences.

- The buoyant force acting on a body exists because the pressure of the surrounding water increases / decreases with depth below the surface.
- When a body floats in a fluid, the magnitude of the upward / downward buoyant force on the body is equal to / greater than the magnitude of the upward / downward gravitational force on the body.
- A floating body displaces its own mass / weight of fluid.
- An object sinks if the buoyant force acting on it does not exist / is not large enough to balance its weight.

4 **Match the first and second parts** of the following sentences.

1. In steady flow, the pattern of
2. The equation of continuity is an expression of the fact that
3. Bernoulli's equation is obtained by applying
4. If the speed of a fluid element increases as the element travels along a horizontal streamline, the pressure of
5. Where velocity is high, and

a. the fluid must decrease, and conversely pressure increases when speed decreases.
b. the mass flow rate has the same value everywhere in the tube, that is, mass is conserved as the fluid flows.
c. streamlines are therefore close together, pressure is low. The converse also holds.
d. streamlines is steady in time and no two streamlines cross one another.
e. the principle of conservation of mechanical energy to the flow of an ideal fluid.

TEMPERATURE

■ Temperature is a base SI quantity, and in the SI system it is measured on the Kelvin scale, which is graduated in units called kelvins. Temperature is defined and measured as a consequence of the **zeroth law of thermodynamics**:

two systems individually in thermal equilibrium with a third system are in thermal equilibrium with each other.

■ All objects change size with changes in temperature, that is, they undergo linear and volume thermal expansion. The change in any linear dimension is proportional to the change in temperature and also to the initial length. The behaviour of water between 0 °C and 4 °C constitutes a notable exception to this law.

■ All gases exhibit changes in pressure and volume with changes in temperature, as expressed by Gay-Lussac's and Boyle's laws and as summarised by the **ideal gas law**:

The pressure of an ideal gas is directly proportional to the Kelvin temperature and the number of moles of the gas and is inversely proportional to the volume of the gas. The coefficient of proportionality is R, the universal gas constant.

GLOSSARY AND RELEVANT EXPRESSIONS

degrees ▶ gradi (0 °C si legge «zero degrees Celsius», 0 K si legge «zero kelvin»)
thermodynamics ▶ termodinamica
thermal expansion ▶ dilatazione termica

Activities

1 **Complete the following definitions** with the words listed below.

amount • related • volumes • equal • per • any • zero • law

- The temperature of .... body has a lower limit: this limiting low temperature is the .... of the Kelvin scale and is called absolute zero.
- When two bodies are in thermal equilibrium their temperatures are ....
- The mole is the SI base unit for expressing the .... of a substance. The number of atoms .... mole is called Avogadro's number.
- An ideal gas is one for which pressure, volume and temperature are .... by the ideal gas ....
- Equal .... of different types of gas, when at the same temperature and pressure, contain the same number of gas particles.

2 **Fill the table**: for each law, write the corresponding formula and the substances and/or requirements for which it is valid. Then **write the formula in words** and read it aloud.

Formulas:

$\Delta V = \alpha V_0 \Delta T$ • $\Delta L = \lambda L_0 \Delta T$ • $pV = nRT$ • $pV = \text{constant}$ • $V = V_0(1 + \alpha \Delta T)$ • $p = p_0(1 + \alpha T)$

Substances and requirements:

gases • solids • liquids • constant temperature • constant volume • constant pressure

	Formula	Substances / Requirements
Ideal gas law		
Boyle's law		
Gay-Lussac's first law		
Gay-Lussac's second law		
Linear expansion		
Volume expansion		

3 **Complete the following sentences.**

- Different materials with the same initial length expand and contract by different amounts as the temperature changes, so the .... depends on the nature of the material.
- Objects at different temperatures come to a thermal .... when they are placed in contact with each other.
- Between 0 °C and about 4 °C, water contracts with increasing temperature. Thus, at about 4 °C, the .... of water passes through a maximum.
- One mole is the number of .... contained in 12 grams of carbon-12.
- An ideal gas is an idealised .... for real gases that have sufficiently low densities.
- A .... contains a working substance with a measurable property that changes in a regular way as the substance becomes hotter or colder.

KINETIC THEORY OF GASES

■ The kinetic theory of gases relates the macroscopic properties of gases to the microscopic properties of their constituent atoms and molecules. These particles are in constant, random motion, colliding with each other and with the walls of the container and moving in a straight line at constant speed between collisions.

■ The velocities possessed by the particles are different from one another, and their probability distribution at a given temperature is described by **Maxwell's speed distribution law**.

■ The pressure that a gas exerts on the walls of a container is due to the force exerted by the gas molecules when they collide with the walls. The temperature of a gas can also be expressed in terms of microscopic properties, as stated by the significant equation

$$E_c = \frac{3}{2} k_B T$$

where E_c is the mean translational kinetic energy of the molecules, T is the absolute temperature of the gas and k_B is the Boltzmann constant.

■ A thermal energy can be defined for any gas as an internal energy comprising the sum of the kinetic energy associated with the random motion of the atoms and molecules of the gas and the potential energy due to their mutual attraction for one another.

GLOSSARY AND RELEVANT EXPRESSIONS

root-mean-square speed ▶ velocità quadratica media
most probable speed ▶ velocità più probabile
mean, average ▶ medio
to collide ▶ urtare
collision ▶ urto

Activities

1 **Complete the following definitions** with the words listed below.

square • independent • molecules • atoms • mean • values • random • energy • Brownian motion • root • length

- .... can be observed through a microscope with pollen grains suspended in water or with fine smoke particles in the air.
- Thermal energy is the sum of kinetic energy, due to the .... motion of the molecules, and potential energy, due to forces that act between the .... of a molecule and between ....
- Maxwell's distribution allows us to know how the possible .... of speed are distributed among the molecules.
- To determine the root-mean-square speed, ... each speed, find the .... of all these squared speeds, and then take the square .... of that mean.
- The mean free path is the average path .... travelled by a molecule between collisions.
- Degrees of freedom are .... ways in which the molecule can store energy.
- Each degree of freedom has associated with it, on average, an .... of $(1/2)k_B T$.

2 **Order the following snippets of text** in order to form a paragraph about Maxwell's speed distribution.

- Maxwell's distribution describes the distribution of
- the «most probable speed», but some molecules will have speeds that are
- the translational kinetic energy of its molecules. At a given temperature, all ideal gas molecules, no matter what their mass, have the same
- slow process. The greater part of the molecules have speeds close to
- many times the «most probable speed». Such molecules lie in
- average translational kinetic energy. The root-mean-square speeds are commonly so
- the repeated collisions with other molecules. Therefore, diffusion is a relatively
- high that air molecules often travel faster than bullets. Nevertheless, they travel very slowly because of
- the high-speed tail of the distribution curve.
- speeds within a large collection of molecules of an ideal gas at a constant temperature. When we measure the temperature of a gas, we are also measuring

HEAT

■ Heat is energy that flows from one object to another because of a temperature difference between them. Heat can be measured in Joules or in calories: 1 cal = 4.186 J.

■ Heat can be transferred via three different mechanisms: conduction in solids; convection in fluids; and radiation, which also acts through a vacuum. All bodies continuously radiate in the form of electromagnetic waves: according to the **Stefan-Boltzmann law**, the radiant power is proportional to the fourth power of the absolute temperature of the emitting object.

■ The greenhouse effect is due to the electromagnetic waves (infrared waves) that the Earth's surface radiates, but which cannot carry energy into space because they are reflected back by greenhouse gases.

■ When heat is absorbed or lost by a solid or a fluid, a change in temperature may occur, that is proportional to the heat. But also a phase change may occur, during which the temperature remains constant.

GLOSSARY AND RELEVANT EXPRESSIONS

heat ▶ calore
greenhouse effect ▶ effetto serra
vacuum ▶ vuoto
heat transfer mechanisms ▶ modalità di propagazione del calore
phase change ▶ cambiamento di fase
mass or bulk movement ▶ correnti convettive
equilibrium vapour pressure ▶ pressione di vapore saturo

Activities

1 **Complete the following definitions** with the words listed below.

transferred • mechanism • phase • temperature • equilibrium • change • proportionality • kelvin

- The heat capacity of a system is the .... constant between the heat that the object absorbs or loses and the resulting temperature .... of the object.
- Specific heat is the amount of heat required to raise the temperature of one gram of a substance by one ....
- The equilibrium vapour pressure of a liquid is the pressure of the vapour that coexists in .... with the liquid.
- Conduction is a heat transfer mechanism occurring in a solid due to a .... difference with no displacement of matter.
- Convection is the heat transfer .... by which heat is carried from place to place by the mass movement of a fluid.
- Radiation occurs when energy is .... by means of electromagnetic waves.
- Latent heat is the heat per kilogram associated with a .... change.

2 **Form short sentences** with the groups of words provided below.

- Solid, liquid, heat, to melt, to add.
  A solid can melt into a liquid if heat is added.
- Solid, liquid, heat, to freeze, to remove.
  ....
- Liquid, gas, heat, to evaporate, to supply.
  ....
- Liquid, gas, heat, to condense, to take away.
  ....
- Rapid evaporation, to form, to boil, bubbles, liquid.
  ....
- Solid, gas, directly, to provide, to sublime, heat.
  ....

3 **Find the direct and inverse proportionalities** existing between the elements of the first and the second groups.

1. The rate of conductive heating from the hot side of a material to the cool side
2. Convection occurs in fluids such as air or water because their weight
3. The amount of radiant energy increases markedly with increasing temperature because the thermal radiation emitted by all objects

a. the cross sectional area across which the thermal energy flows
b. the temperature
c. the temperature difference between the two sides
d. the density, which
e. the thermal conductivity of the material
f. the fourth power of the Kelvin temperature
g. the distance that the thermal energy travels

4 **Find the mistake** present in each of the following sentences and **rewrite them correctly**.

- Those materials that conduct heat poorly are called thermal conductors.
- The heat that must be supplied or removed to change the phase of a mass of substance equals the product of the mass and the specific heat capacity of the substance.
- When energy is absorbed as heat by a solid or a liquid, its temperature necessarily increases.
- A substance can never exist at equilibrium in more than one phase at the same time.
- Liquid, solid and vapour can coexist in thermal equilibrium at only one set of values of density and temperature.

FIRST LAW OF THERMODYNAMICS

■ A system's energy can change not only when external objects exert forces and do work on it, but also when heat is exchanged between the system and its environment: thermodynamics deals with such exchanges.

■ A typical thermodynamic system consists of a gas confined to a cylinder with a movable piston. Work can be done, on the system or by the system, through movement of the piston. Heat can flow between the system and an adjacent thermal reservoir.

■ Work done and heat exchanged are related to the change in the system's internal energy according to the law of conservation of energy, as stated by the **first law of thermodynamics**:

the change in internal energy of a system during any thermodynamic process is given by heat minus work.

■ This change depends on the initial and final states of the system and does not depend on the process or path that produces the final state. Thus, the internal energy of a thermodynamic system is a function of state.

■ The first law of thermodynamics finds application in several special cases such as, for example, isothermal, isochoric, isobaric, and adiabatic processes.

GLOSSARY AND RELEVANT EXPRESSIONS

to supply ▶ fornire
to exchange ▶ scambiare;
exchange ▶ scambio
environment, the surroundings ▶ ambiente, universo
thermal reservoir ▶ termostato
thermodynamic process ▶ trasformazione termodinamica
to exceed ▶ superare

Activities

1 **Complete the following definitions** with the words listed below.

states • volume • amount • transfer • constant • initial • thermal • occurs • by

- A quasi-static process is one in which changes occur slowly, so that every part of the system is always in .... equilibrium.
- An isothermal process takes place at .... temperature.
- An isobaric process is one that .... at constant pressure.
- An adiabatic process takes place without the .... of heat.
- An isochoric process is one that occurs at constant ....
- A cyclical process is one in which, after certain interchanges of heat and work, the system is restored to its .... state.
- A function of state depends only on the initial and final .... of a system.
- The molar heat is the amount of energy required to raise the temperature of one mole of a substance .... one kelvin.
- For a monoatomic gas the molar specific heat at constant pressure exceeds the molar specific heat at constant volume by an .... equal to R.

2 **Choose the correct options** in the following paragraph concerning energy exchanges.

The principle of energy conservation applies to isolated / closed systems, i.e., systems for which energy / no energy enters or leaves the system. The first law of thermodynamics is a special case / an extension of that principle to systems that are / are not isolated. In such cases, energy may be transferred into or out of the system as either potential or kinetic energy / work or heat. The internal energy of a system tends to decrease / increase if energy is added as heat and tends to decrease if energy is lost / supplied as work done by / on the system. The work done on a system is always the negative / same of the work done by a system. When a system changes from a given initial state to a given final state, both the work and the heat do not depend / depend on the nature of the process, but their sum / difference is the same for all processes.

3 **Complete the following sentences** with the appropriate forms of energy (internal energy, work, heat).

- For any kind of process, ... is the area under a pressure-volume graph.
- In an adiabatic process, ... cannot enter or leave the system because of insulation. The change in .... is totally converted into ....
- When a system performs work isothermally the .... does not change and the .... done equals the .... that has been supplied to the system.
- If the volume of a system is held constant, the system can do no .... Thus, if .... is absorbed/lost, the .... must increases/decrease by the same amount.
- In an isobaric process the .... done is simply the product of the constant pressure and the change in volume.

SECOND LAW OF THERMODYNAMICS

■ A heat engine is any device that uses heat to perform work. Heat is supplied to the engine at a high input temperature from a hot reservoir, but part of the heat is always rejected into a cold reservoir.

■ The efficiency of a heat engine is defined as the ratio of the work done by the engine to the input heat.

■ A reversible process is one in which both the system and its environment can be returned to exactly the same states as before the process occurred. According to **Carnot's principle**,

all reversible engines operating between two reservoirs at constant temperatures have the same efficiency, but no irreversible engine operating between the same temperatures can have a greater efficiency.

■ The **second law of thermodynamics** can be stated in a number of equivalent forms.

1 **Clausius' statement** is about the spontaneous flow of heat:

no series of processes is possible whose only result is the transfer of energy as heat from a reservoir at a given temperature to a reservoir at a higher temperature.

2 **Lord Kelvin's statement** is about efficiency:

no series of processes is possible whose only result is the transfer of energy as heat from a thermal reservoir and the complete conversion of this energy into work.

3 The third statement is about a new function of state, called **entropy**. This function can be defined both in terms of thermodynamic quantities (heat and temperature) and in terms of probability, that is, by counting the ways in which the molecules that make up a system can be arranged:

the total entropy of the universe does not change when a reversible process occurs, and increases when an irreversible process occurs.

■ The relationship between the entropy of a configuration and the multiplicity of that configuration is described by **Boltzmann's entropy equation**.

GLOSSARY AND RELEVANT EXPRESSIONS

heat engine ▶ macchina termica
device ▶ dispositivo (è un termine molto usato nell'inglese scientifico)
hot/cold reservoir ▶ termostato caldo/freddo
efficiency ▶ rendimento
power plant ▶ centrale per la produzione di energia elettrica
to deliver ▶ produrre, fornire

Activities

1 **Complete the following definitions** with the words listed below.

configuration • distribution • reservoirs • flow • ratio • microstates • device • cycle • temperature • increases • divided

- The second law of thermodynamics is a statement about the tendency of heat to .... from hot to cold.
- A heat engine is a .... that extracts energy as heat from a high-temperature reservoir and does a certain amount of useful work.
- The efficiency of a reversible engine depends only on the temperatures of the hot and cold ....
- A Carnot engine is a reversible engine in which all input heat originates from a hot reservoir at a single .... , and all rejected heat goes into a cold reservoir at a lower single temperature.
- A refrigerator is a device that, operating in a ...., uses energy from the environment in order to extract heat from a low-temperature reservoir.
- The coefficient of performance of a refrigerator or air conditioner is defined as the .... of the amount of heat it removes to the amount of work it uses.
- When a system exchanges heat at a constant temperature, this heat .... by the Kelvin temperature gives the system's change in entropy.
- A reversible process does not alter the total entropy of the universe, while any irreversible process .... the entropy of the universe.
- For identical molecules, each possible .... of molecules is called a microstate of the system.
- All equivalent .... are grouped into a configuration of the system. The number of microstates in a configuration is the multiplicity of the ....

2 **Match the first and second parts** of the following sentences.

1. The area enclosed in a pressure-volume diagram for a cycle represents
2. Only part of the energy extracted as heat from the high-temperature reservoir is
3. The amount of energy that any power plant throws away to the cold reservoir is
4. If some form of energy is
5. In a refrigerator or an air conditioner, work is

a. always greater than the amount of energy that it delivers in useful form.
b. used to remove heat from the cold reservoir and deposit heat into the hot reservoir.
c. available to do work, the rest is rejected to the low-temperature reservoir.
d. provided, heat can flow from cold to hot.
e. the work per cycle done by a Carnot engine.

3 **Complete the following sentences with the words** reversible **or** irreversible.

- Processes that occur spontaneously are always ....
- The entropy of one part of the universe may change because of a .... process, but if so, the entropy of another part changes in the opposite way by the same amount.
- When an .... process occurs and entropy of the universe increases, the energy available for doing work decreases.
- The direction in which an .... process proceeds is set by the change in entropy of the system undergoing the process.
- In the real word all processes are .... to some extent because of friction, turbulence and other factors.
- .... processes in which the system's entropy remains constant are always idealisations.

Indice analitico

A

accelerazione, 6, 41, 42
– angolare, 219, 225
– centripeta, 87, 221
– di gravità, 16, 74, 91, 257
ambiente, 439
Archimede, principio di, 293
attrito
– dinamico, 21
– statico, 20
– viscoso, 82
Avogadro
– legge di, 338
– numero di, 339

B

Bernoulli, equazione di, 300
Boltzmann, costante di, 369
Boyle, legge di, 333
buchi neri, 271

C

caduta libera, 55, 74, 262
calore, 399, 513
– latente, 415
– molare, 454, 459
– – a pressione costante, 458
– – a volume costante, 457
– – dei solidi, 455
– specifico, 400
caloria, 398
calorimetro delle mescolanze, 402
cambiamenti di stato, 414
cammino libero medio, 374
campo gravitazionale, 275
capacità termica, 399
Carnot
– ciclo di, 497
– macchina di, 497
– teorema di, 493, 495
Celsius, scala, 323
centro di massa, 193
ciclo
– di Carnot, 497
– Otto, 483
Clausius
– disuguaglianza di, 502
– enunciato di, 491, 492
coefficiente
– di attrito dinamico, 21
– di attrito statico, 21
– di dilatazione lineare, 325
– di dilatazione volumica, 327
– di emissione/assorbimento, 409, 410
– di guadagno, 491
– di prestazione (COP), 489
– di viscosità, 307
conduzione, 405
convezione, 407
COP (*coefficient of performance*), 489
Coriolis, forza di, 92
corpo rigido, 216, 230
costante
– di Boltzmann, 369
– di gravitazione universale, 254
– di Stefan-Boltzmann, 409
– elastica di una molla, 19

D

Dalton, legge di, 342
diagramma pressione-volume (p-V), 440
dilatazione
– lineare, 325
– volumica, 327, 330
dinamica, 34, 44, 50
– principi, v. principi della dinamica
distribuzione di Maxwell delle velocità, 376, 380
disuguaglianza di Clausius, 502
Dulong e Petit, legge di, 455
ebollizione, 420
effetto
– fionda gravitazionale, 191
– Magnus, 305
– serra, 412
– Venturi, 303

E

emissività, 409
emittanza, 409
energia
– cinetica, 134, 229
– interna, 399, 448, 449, 473
– meccanica, 146, 150
– potenziale, 140, 142, 149
– – elastica, 145
– – gravitazionale, 144, 267
– principio di conservazione, 151
entropia, 501, 503, 505, 506, 507, 509, 511
equazione
– di Bernoulli, 300
– di continuità, 297
– di stato del gas perfetto, 336, 341
– di van der Waals, 383
equilibrio, 16
– chimico, 439
– liquido-vapore, 418
– meccanico, 439
– termico, 324, 439
– termodinamico, 439
equipartizione dell'energia, 371, 373
espansione libera, 450
evaporazione, 417

F

fluidi, 291, 294
forza/e, 15, 42
– braccio di una, 224
– centrifuga, 91
– centripeta, 90
– conservative, 136
– di attrito, 19
– di Coriolis, 92
– di reazione vincolare, 48
– dissipativa, 139
– elastica, 18
– esterne, 49, 148, 180
– fittizie, 51
– gravitazionale, 254
– impulso di una, 176
– interne, 49, 148, 180, 182
– non conservative, 150
– normale, 48
– peso, 16, 55, 256, 261
Fourier, legge di, 405
frigorifero, 488, 490
funzione di stato, 448, 503

G

Galileo, trasformazioni di, 39
gas
– perfetto, 336, 341, 363, 370, 373, 450, 454
– reali, 381, 383, 421, 422
Gay-Lussac
– prima legge di, 330
– seconda legge di, 331
gradi
– Celsius, 323
– di libertà, 372
gradiente di temperatura, 406
gravitazione universale
– costante di, 254
– legge di, 253

H

Hooke, legge di, 19

I

impulso di una forza, 176
inerzia, 36
irraggiamento, 408

K

Kelvin
– enunciato di, 487, 492
– scala, 323
Keplero, leggi di, 250, 272

L

lavoro
– di una forza, 128, 130, 133, 136, 142, 182, 266
– in una trasformazione termodinamica, 443
legge/i
– dei gas perfetti, 336, 342
– della dilatazione lineare, 325
– della dilatazione volumica, 327
– di Avogadro, 338
– di Boyle, 333
– di conservazione del momento angolare, 233
– di conservazione della quantità di moto, 180
– di Dalton, 342
– di Dulong e Petit, 455
– di Fourier, 405
– di Gay-Lussac, 330, 331
– di gravitazione universale, 253
– di Hooke, 19
– di Keplero, 250, 272
– di Poiseuille, 308
– di Stefan-Boltzmann, 409
– di Stevino, 292

M

macchina
– di Carnot, 497, 499
– frigorifera, 488
– termica, 480
Magnus, effetto, 305
Maxwell, distribuzione di, 376, 380
mole, 339
molecole, 361
– distribuzione delle velocità, 376
– energia cinetica media, 369
– velocità quadratica media, 370
molteplicità di un macrostato, 515
momento
– angolare, 230, 233
– d'inerzia, 226
– di una forza, 224
moto
– armonico, 94, 96, 98
– circolare, 86, 217, 222
– di agitazione termica, 513
– di rotolamento, 222
– parabolico, 74, 76, 79, 85
– perpetuo, 449
– rettilineo, 2
– – uniforme, 6
– – uniformemente accelerato, 8
– rotatorio, 216, 228
– traslatorio, 216
motore
– a benzina a quattro tempi, 483
– a combustione interna, 483
– Diesel, 486

N

numero di Avogadro, 339

O

onde gravitazionali, 277
oscillatore armonico, 98
Otto, ciclo di, 483

P

Pascal, principio di, 292
pendolo, 100
peso, 16, 55, 256, 261
– apparente, 54
piano inclinato, 48
Poiseuille, legge di, 308
pompa di calore, 490
portata, 296
potenza, 152, 154
potere calorifico, 403, 404
pressione/i, 291, 364, 366
– atmosferica, 293
– di vapore saturo, 419
– idrostatica, 292
– parziali, 342
principi della dinamica
– primo principio, 34, 36
– secondo principio, 42, 53, 175, 228, 231
– terzo principio, 45, 255
principi della termodinamica
– primo principio, 447, 449
– principio zero, 324
– secondo principio, 487, 491, 507, 513
– terzo principio, 517
principio
– di Archimede, 293
– di conservazione dell'energia, 151
– di Pascal, 292
– di relatività galileiana, 37
prodotto
– scalare, 11, 15
– vettoriale, 13
punto materiale, 2

Q

quantità di moto, 174, 175, 179

R

radianti, 217
reazione vincolare, 48
relatività galileiana, 37
rendimento, 483, 499
resistenza aerodinamica, 82

S

satelliti, 259, 263, 269
scala
– Celsius, 322
– Kelvin, 323
sistema/i, 49, 50, 142
– di riferimento, 2, 75
– – accelerati, 51, 53
– – inerziali, 36
– isolato, 148, 151
– termodinamico, 439
spinta idrostatica, 293
stato/i
– cambiamenti di, 414
– della materia, 413
– di equilibrio, 323, 330, 379, 439
– termodinamici, 439
Stefan-Boltzmann
– costante di, 409
– legge di, 409
Stevino, legge di, 292

T

temperatura, 322, 324
– assoluta, 335
– critica, 422
– dal punto di vista microscopico, 368
tensione
– di una fune, 17
– superficiale, 309, 361
teorema
– dell'energia cinetica, 135
– dell'impulso, 176
– di Carnot, 493, 495
– di conservazione dell'energia meccanica, 146
– di equipartizione dell'energia, 371, 373
– di Torricelli, 304
teoria cinetica dei gas, 363
termodinamica, 438
– principi, v. principi della termodinamica

termometro, 322
termostato, 439
trasformazione/i, 440
– adiabatica, 442, 460
– ciclica, 442, 454
– di Galileo, 39
– irreversibile, 495, 507
– isobara, 442, 452
– isocora, 442, 451
– isoterma, 442, 452
– quasi-statica, 441
– reversibile, 493

U

umidità relativa, 419
urto/i, 183
– anelastico, 184, 185
– elastico, 184, 188

V

van der Waals, equazione di, 383
vapore saturo, 419
velocità, 4, 220
– angolare, 218, 220
– composizione delle, 40
– di fuga, 270
– limite, 83
– quadratica media, 370
Venturi, effetto, 303
vettore/i, 9
– componenti, 14
– prodotto scalare, 11, 15
– prodotto vettoriale, 13
vincoli, 48
viscosità, 306, 308

Z

zero assoluto, 323, 335

Sistema Internazionale di unità

GRANDEZZE FONDAMENTALI		
Nome	**Unità di misura**	**Simbolo**
Lunghezza	metro	m
Massa	kilogrammo	kg
Intervallo di tempo	secondo	s
Intensità di corrente	ampere	A
Temperatura	kelvin	K
Quantità di sostanza	mole	mol
Intensità luminosa	candela	cd

PREFISSI					
Nome	**Simbolo**	**Fattore**	**Nome**	**Simbolo**	**Fattore**
exa	E	10^{18}	deci	d	10^{-1}
peta	P	10^{15}	centi	c	10^{-2}
tera	T	10^{12}	milli	m	10^{-3}
giga	G	10^{9}	micro	µ	10^{-6}
mega	M	10^{6}	nano	n	10^{-9}
kilo	k	10^{3}	pico	p	10^{-12}
etto	h	10^{2}	femto	f	10^{-15}
deca	da	10^{1}	atto	a	10^{-18}

GRANDEZZE DERIVATE			
Nome	**Unità di misura**	**Simbolo**	**Unità derivata**
Area	metro quadro		m^2
Volume	metro cubo		m^3
Velocità	metro al secondo		m/s
Accelerazione	metro al secondo quadrato		m/s^2
Frequenza	hertz	Hz	1/s
Velocità angolare	radiante al secondo		rad/s
Forza	newton	N	$kg \cdot m/s^2$
Momento torcente	newton per metro		$N \cdot m$
Quantità di moto	kilogrammo per metro al secondo		$kg \cdot m/s$
Momento angolare	kilogrammo per metro quadrato al secondo		$kg \cdot m^2/s$
Energia, lavoro, calore	joule	J	$N \cdot m$
Potenza	watt	W	J/s
Densità (massa volumica)	kilogrammo al metro cubo		kg/m^3
Pressione	pascal	Pa	N/m^2
Capacità termica	joule al kelvin		J/K

UNITÀ DI MISURA CHE NON FANNO PARTE DEL SISTEMA INTERNAZIONALE

Grandezza	Unità di misura	Simbolo	Equivalenza nel SI
Lunghezza	unità astronomica anno-luce	UA a.l.	1 UA = $1{,}50 \cdot 10^{11}$ m 1 a.l. = $9{,}46 \cdot 10^{15}$ m
Intervallo di tempo	giorno anno	d a	1 d = $8{,}64 \cdot 10^{4}$ s 1 a = $3{,}16 \cdot 10^{7}$ s
Volume	litro	L	1 L = 10^{-3} m^3
Angolo piano	grado sessagesimale	°	1 ° = $\pi/180$ rad
Velocità	kilometro all'ora	km/h	1 km/h = 1/3,6 m/s
Energia	caloria kilowattora	cal kWh	1 cal = 4,186 J 1 kWh = $3{,}60 \cdot 10^{6}$ J
Potenza	cavallo vapore	CV	1 CV = $7{,}35 \cdot 10^{2}$ W
Massa	unità di massa atomica	u	1 u = $1{,}66 \cdot 10^{-27}$ kg
Pressione	bar millimetro di mercurio, torr atmosfera	bar mmHg, torr atm	1 bar = 10^{5} Pa 1 mmHg = $1{,}33 \cdot 10^{2}$ Pa 1 atm = $1{,}01 \cdot 10^{5}$ Pa

COSTANTI FONDAMENTALI

Nome	Simbolo	Valore
costante di gravitazione universale	G	$6{,}67 \times 10^{-11} \frac{N \cdot m^2}{kg^2}$
temperatura standard (0 °C)	T_0	273,15 K
costante dei gas perfetti	R	8,314 J/(mol · K)
costante di Boltzmann	k_B	$1{,}38 \times 10^{-23}$ J/K
numero di Avogadro	N_A	$6{,}022 \times 10^{23}$ $(mol)^{-1}$
velocità della luce nel vuoto	c	$2{,}9979 \times 10^{8}$ m/s

DATI RELATIVI AL SISTEMA SOLARE

Nome	Raggio equatoriale (km)	Massa (kg)	Densità media (kg/m^3)	Semiasse maggiore dell'orbita		Velocità di fuga (km/s)	Periodo di rivoluzione (anni)	Eccentricità dell'orbita
				$\cdot 10^6$ km	U.A.			
Mercurio	2440	$3{,}30 \cdot 10^{23}$	5430	57,9	0,387	4,2	0,240	0,206
Venere	6052	$4{,}87 \cdot 10^{24}$	5240	108,2	0,723	10,4	0,615	0,007
Terra	6370	$5{,}97 \cdot 10^{24}$	5510	149,6	1	11,2	1,000	0,017
Marte	3394	$6{,}42 \cdot 10^{23}$	3930	227,9	1,523	5,0	1,881	0,093
Giove	71 492	$1{,}90 \cdot 10^{27}$	1360	778,4	5,203	60	11,86	0,048
Saturno	60 268	$5{,}69 \cdot 10^{26}$	690	1427,0	9,539	36	29,42	0,054
Urano	25 559	$8{,}68 \cdot 10^{25}$	1270	2871,0	19,19	21	83,75	0,047
Nettuno	24 776	$1{,}02 \cdot 10^{26}$	1640	4497,1	30,06	24	163,7	0,009